HANDBUCH DER SPEZIELLEN PATHOLOGISCHEN ANATOMIE UND HISTOLOGIE

BEGRÜNDET VON
O. LUBARSCH UND F. HENKE

FORTGEFÜHRT VON
R. RÖSSLE

HERAUSGEGEBEN VON
E. UEHLINGER
ZÜRICH

SIEBENTER BAND
WEIBLICHE GESCHLECHTSORGANE

FÜNFTER TEIL
PLACENTA

SPRINGER-VERLAG BERLIN HEIDELBERG GMBH 1967

PLACENTA

BEARBEITET VON

F. STRAUSS
BERN / SCHWEIZ

K. BENIRSCHKE
HANOVER / NEW HAMPSHIRE / USA

SHIRLEY G. DRISCOLL
BOSTON / MASS. / USA

MIT 383 ZUM TEIL FARBIGEN ABBILDUNGEN
IN 410 EINZELDARSTELLUNGEN

SPRINGER-VERLAG BERLIN HEIDELBERG GMBH 1967

ISBN 978-3-662-23538-6   ISBN 978-3-662-25615-2 (eBook)
DOI 10.1007/978-3-662-25615-2

Library of Congress Catalog Card Number 25-11247

Titel-Nummer 5326

Vorwort

Die pathologische Anatomie der Placenta beschlägt ein Forschungsgebiet, das über viele Jahre vernachlässigt worden ist. Sie gehörte zum Niemandsland zwischen Geburtshelfer und Anatomen. Dies ganz zu Unrecht, bietet doch die normale und pathologische Anatomie der Placenta eine Fülle interessanter Probleme. Gegenüber den älteren Darstellungen der pathologischen Anatomie der Placenta sind in den letzten drei Jahrzehnten wesentliche neue Aspekte hinzugekommen:

1. hat das normalanatomische Bild der Placenta durch elektronenoptische Untersuchungen eine ungewöhnliche Bereicherung erfahren;

2. ist die Placenta ein Spiegel der verschiedensten Membranfunktionen;

3. hat die anatomische Überprüfung der Placenta im Hinblick auf die perinatale Mortalität eine wesentliche Aufwertung und Vertiefung erfahren;

4. nimmt die Placenta in der Abklärung der hypoxämischen Gewebsschädigungen, insbesondere der Chromosomen des Foetus, eine Schlüsselstellung ein.

Die Einführung in die *normale Anatomie der Placenta*, einschließlich der elektronenoptischen Befunde, hat in dankenswerter Weise Herr Professor Dr. F. Strauss vom Anatomischen Institut in Bern übernommen. Er hat sich seit Jahrzehnten mit diesem Problem beschäftigt. Die Bearbeitung der *pathologischen Anatomie der Placenta* liegt in den Händen von Professor Dr. K. Benirschke und Frau Dr. S. Driscoll. Professor Benirschke hat sich zunächst unter Leitung von Professor Dr. A. Hertig an der Harvard Medical School in Boston, Mass. (USA), dann in selbständiger Stellung an der Dartmouth Medical School Hanover, New Hampshire, um die Abklärung der pathologischen Anatomie der Placenta bemüht. Er verfügt, zusammen mit seiner Mitarbeiterin, Frau Dr. Driscoll, über ein umfangreiches Anschauungsmaterial, das heute in seiner Vollständigkeit wohl einzig dasteht. Mit der Herausgabe des Bandes "Placenta" ist das von F. Henke, O. Lubarsch und Dr. Ferd. Springer geplante Handbuch der pathologischen Anatomie und Histologie dem Abschluß wieder einen Schritt näher gerückt. Autoren, Verlag und Herausgeber hoffen, daß gerade dieser Band des Handbuchs, der viel Neuland erschließt, einen großen Leserkreis findet.

Zürich, Herbst 1966.   E. Uehlinger

Inhaltsverzeichnis

Die normale Anatomie der menschlichen Placenta

von

F. STRAUSS, Bern.

Mit 62 Abbildungen

Implantation.

Erst hundert Jahre nach der Entdeckung frischer Hunde-Eizellen durch
K. E. VON BAER im Frühjahr 1827 (BERTOLONI 1963) konnten menschliche Tuben-
eier, z. T. allerdings schon degeneriert, beschrieben werden (ALLEN, PRATT, NEWELL
and BLAND 1928, 1930). Von diesem Zeitpunkt an setzte eine vermehrte Suche
nach menschlichen Frühstadien ein, so daß wir uns heute, schon nach etwa einer
Generation, ein einigermaßen abgerundetes Bild über die humane, sieben Wochen
dauernde Frühentwicklung (Blasto- und Embryogenese) als auch über die damit
eng korrelierten Prozesse der Implantation und Placentation machen können.
In dieser Zeitspanne umfaßt die *Blastogenese* die ersten 18 Entwicklungstage
(TÖNDURY 1962), während die anschließende *Embryogenese* (bis zu Keimen von
28–30 mm größter Länge, Ovulationsalter: 47 ± 1 Tage) mit der siebten Woche
endet (STREETER 1942). Über die sich am Säugerkeim zu dieser Zeit abspielenden
biochemischen Prozesse orientiert MINTZ (1964), während BÖVING (1964) kürzlich
eine kritische (und leider unbefriedigend übersetzte) Darstellung des Eindringens
des Trophoblasten ins Uterusepithel publizierte.
Das frische menschliche und von 3000–4000 Cumulus oophorus- und Corona
radiata-Zellen umgebene *Tubenei* hat einschließlich Membrana pellucida einen
mittleren Durchmesser von 125 (110–150) μ. Dabei ist die nachgiebige und zwei-
schichtige Membrana pellucida 5–10 μ dick (SHETTLES 1960, 1963a), so daß das Ei
inkl. des dünnen, zum Ooplasma gehörigen Oolemms um etwa 10–20 Mikron
weniger mißt. Die Befruchtung des menschlichen Ovums, die offensichtlich von
der Zykluslänge abhängig ist (MURPHY and TORRANA 1964), geschieht gewöhnlich
innerhalb der ersten 12–24 Stunden post ovulationem (ROCK and HERTIG 1944,
1948) und vorzugsweise, sowie in Analogie zu manchen anderen Säugern (STRAUSS
1954), in der Ampulla tubae (SHETTLES 1962, 1963b). Ähnlich der Capacitation
der Spermien (CHANG 1958, 1959, CHANG and YANAGIMACHI 1963), die durch
eine intensive Sauerstoffaufnahme charakterisiert ist (HAMNER and WILLIAMS
1963), darf auch eine postovulatorische Imprägnationsreifung (= Aktivierung)
des Säugetiereies in der Tube vermutet werden (CHANG 1955, NOYES, DICKMANN,
DOYLE and GATES 1963, STRAUSS 1956). Etwa 24 Stunden nach der bestimmt
nicht explosiven Eiausstoßung (STRAUSS 1964b) haben sich die der Gamete noch
anhaftenden Follikelzellen (s. o.) unter dem enzymatischen Einfluß der Tuben-
schleimhaut und der Hyaluronidase (aus dem Acrosom) der Spermien (AUSTIN

1960, Hathaway and Hartree 1963, Masaki and Hartree 1962) vom Ei ab-
und allmählich aufgelöst (Mastroianni and Ehteshamzadeh 1964, Shettles
1962, 1963 a und b). Dabei ist das in Befruchtung begriffene Ei noch immer von
der allerdings jetzt nach außen nackten Membrana pellucida umgeben, die durch
die Ablösung der Follikelzellen ein granuläres Aussehen angenommen hat (Shettles 1963 a). Tierexperimentelle Untersuchungen ergeben immerhin, daß der Cumulus oophorus für die Zahl der Spermien, die das Ei erreichen, von Bedeutung ist
(Dickmann 1964 b). Ungefähr 36–38 Stunden p. o. ist die Befruchtung mit dem
Erreichen des Zweizellenstadiums abgeschlossen, worauf noch innerhalb der
Membrana pellucida die *Blastogenese* einsetzt, die 18 Tage dauert (Töndury 1962).
Der Membrana pellucida dürfte die Aufgabe zufallen, in der Frühphase der Blastogenese die Blastomeren zusammenzuhalten und die regelrechte Differenzierung
des Trophoblasten zu garantieren (Edwards 1964).

Der *implantationsreife menschliche Keim* ist eine Blastocyste, die kurz vor der
Nidation ihre Außenhülle, die Membrana pellucida, durch undulierende Bewe-
gungen perforierender Trophoblastfortsätze verloren hat (Shettles 1963 a)
(Abb. 1). Dabei mögen, ähnlich wie beim Meerschweinchen (Blandau 1949 a) oder
der Maus (Bryson 1964) bzw. der Ratte (Noyes, Dickmann, Doyle and Gates
1963), Kräfte des infolge des Wachstums steigenden Binnendruckes helfen, die Mem-

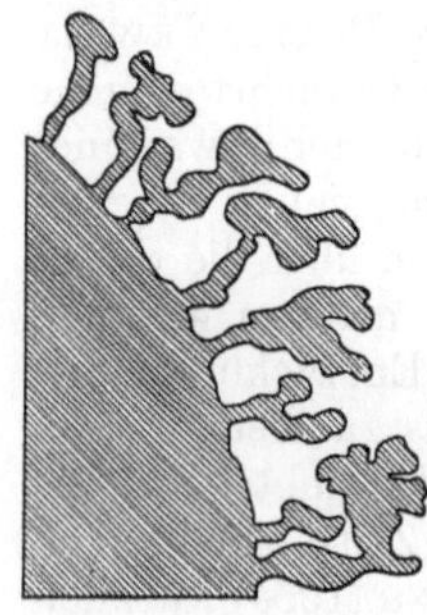

bran zu sprengen; auch könnte wie bei anderen Nagern
durch ein Zusammenwirken von Histamin, Oestrogen und
Progesteron (Johnson and Shelesnyak 1958) eine pH-Ver-
schiebung der uterinen Flüssigkeit die Viscosität der Membran
primär herabgesetzt und sekundär durch die Trophoblastfortsätze zum Schwund gebracht werden (Austin and Amoroso
1959). Auch an mögliche Einflüsse proteolytischer Enzyme
(Austin 1961, Chang and Hunt 1956, Gwatkin 1964) muß
gedacht werden. Nach tierexperimentellen Untersuchungen
zu schließen, dürfte die Membrana pellucida immerhin die
Differenzierung der Blastocyste nicht unwesentlich beeinflussen (Greenwald 1962). Jedenfalls tritt die menschliche
Zygote als Blastula im 5–12-Zellenstadium und nicht später
als am 4. Entwicklungstag (= 18. Zyklustag eines 28tägigen
Zyklus) in den Uterus ein, wo sie sich vom 4. bis zum 6. Entwicklungstag (18.–20. Zyklustag) zur Blastocyste mit 58–107

Abb. 1. Fortsätze des
primären Trophoblasten
eines jungen Menschen-
keimes, welche die Mem-
brana pellucida perfo-
rieren (nach Shettles
1963 a).

Zellen entwickelt; diese liegt noch frei im Cavum uteri. Am 20. Zyklustag beginnt
die Implantation, d. h. 6 Tage nach der Ovulation, die 14±2 Tage vor Beginn
der nächsten Menstruation stattgefunden hat (Hertig 1960). In dieses Zeitschema
paßt sich knapp die leider nur auf Grund älterer Literaturangaben und durch
Eigenbeobachtung einer Tubargravidität konzipierte Vorstellung von Augustin
(1954) ein, der menschliche Keim erreiche nach einer Tubenwanderung von knapp
4 Tagen seine Implantationsreife schon am 3. Entwicklungstag. Die sich ein-
nistende menschliche Blastocyste ist eindeutig polarisiert; der embryonale Pol ist
auch Implantationspol, der sich ins Endometrium einsenkt (Abb. 2).

In welchem Zustand befindet sich das Endometrium während der Prae-
implantation? Schon während der Sekretions- oder praegraviden Phase des
Genitalzyklus sind die ersten adaptiven Veränderungen der Uterusmucosa erkennbar.

Die Bezeichnung „Sekretionsphase" für den zweiten Abschnitt (= Luteinphase,
Courrier 1924) des mensuellen Zyklus ist nicht mehr eindeutig, da schon in der
Proliferations- oder Follikulinphase eine wässerige, glykogen- und mucoidhaltige
Sekretion der Uterindrüsen mit Höhepunkt während der Ovulationsperiode ins
Cavum uteri erfolgt (Bartelmez 1957 b). Wegen der sowohl human- als auch ver-

gleichend-anatomisch nur beschränkten Bedeutung des Begriffes „praemenstruelles Stadium" ist es unbedingt angezeigt, dieses Synonym endgültig fallen zu lassen (R. MEYER 1920, STRAUSS 1960).

Bei der heute herrschenden funktionellen Betrachtungsweise ist es geboten, von einer *praegraviden Phase* oder, dem physiologisch einleuchtenden Vorschag DEBIASI's (1962) folgend, von einem *Evolutions-* (1.—21. Zyklustag) und einem *Involutionsstadium* (21.—28. Tag) zu sprechen (Abb. 3). Im Gegensatz zur Abscheidung in der follikulären Phase wird das im praegraviden Stadium produzierte Sekret in den Drüsenlumina akkumuliert. Offensichtlich findet während des zyklischen Geschehens keine einschneidende Verschiebung des DNA- und RNA-Gehaltes im Endometrium statt (PINERO and FORAKER 1964). Als auffällig und in ihrer Bedeutung noch nicht erkannt darf auch die um den 20., 21. Tag in den Kernkörperchen der uterinen Epithelzellen auftretende Siebstruktur gewertet werden (CLYMAN 1963). Das gesunde Endometrium enthält pro Kern meist 2—3 Nucleolen, die als der bevorzugte Ort der RNS-Produktion angesehen werden (LONG and DOKO 1959, LONG, DOKO and TAYLOR, JR. 1958).

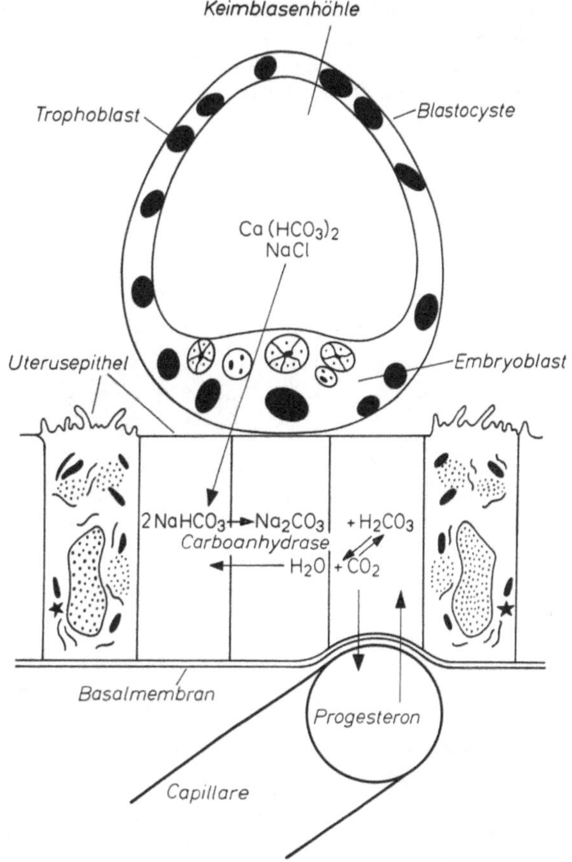

Abb. 2. Hypothetisches Schema der Anlagerung einer 6 Tage alten menschlichen Blastocyste im 107-Zellenstadium (Carnegie Coll. Nr. 8663) an das praegravide Uterusepithel (unter Benützung der Angaben von BÖVING 1960, 1962). Die beiden epithelialen Randzellen mit ihren Mikrozotten symbolisieren das in der praegraviden Phase gewonnene, elektronenoptische Bild des uterinen Oberflächenepithels (nach NILSSON 1962).

Während der Proliferationsphase findet sich Glykogen nur spurenweise in der Zellbasis der Epithelien, während es im Stroma ganz fehlt; Glykoprotein ist in sehr geringen Mengen im Zellapex und so auch im Drüsenlumen nachzuweisen. Zu Beginn der praegraviden Phase ist Glykogen basal in den Epithelzellen und in feintropfiger Form in den Stromazellen erkennbar. Mengenmäßig nimmt es im weiteren Verlauf der Luteinphase zu, wo es sich apical in den Drüsenzellen, im Drüsenlumen sowie in den bereits praedecidual veränderten Stromazellen anhäuft. Ebenso ist in den Zellen und den Lichtungen der Drüsen ein Anstieg des Glykoproteingehaltes festzustellen (LONG and DOKO 1959). Succinodehydrogenase findet sich sowohl im Drüsenepithel der Proliferations- als auch der praegraviden Phase, wobei ein Intensitätsanstieg bis ins frühe Luteinstadium zu beobachten ist. Hierauf folgt ein Rückgang der Succinodehydrogenase-Aktivität, was mit bio- und histochemischen Beobachtungen in Einklang ist (FORAKER, CELI and DENHAM 1954, LONG and DOKO 1959, STUERMER and STEIN 1952). Während der Aufbauphase

fehlen praktisch die sudanophilen Fette im Endometrium, um aber im Praegravidum reichlich gefunden zu werden; so spiegelt der endometrale Fettgehalt deutlich den mensuellen Zyklus wieder (ATKINSON 1955, GILLMAN 1941, LONG and
DOKO 1959, McLENNAN and KOETS 1953). Weitere Angaben über das histochemische Bild des normalen Endometriums finden sich bei STRAUSS (1964b),
während VILLEE (1959, 1960) verschiedentlich die biochemischen Aspekte diskutiert.

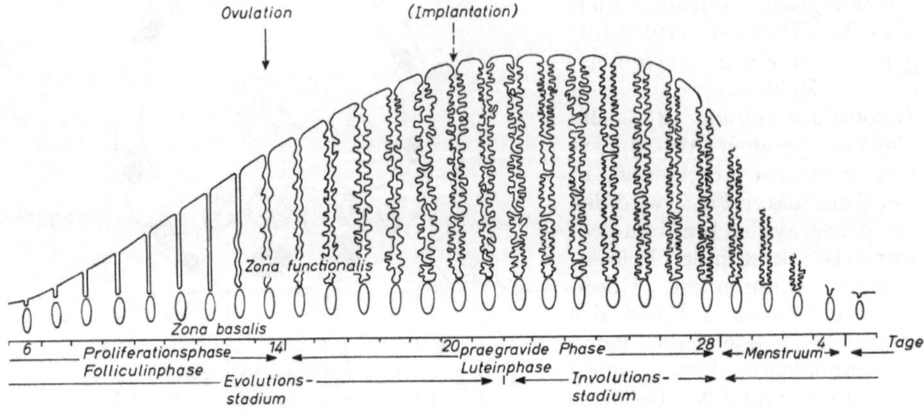

Abb. 3. Schematische Darstellung des mensuellen Zyklus.

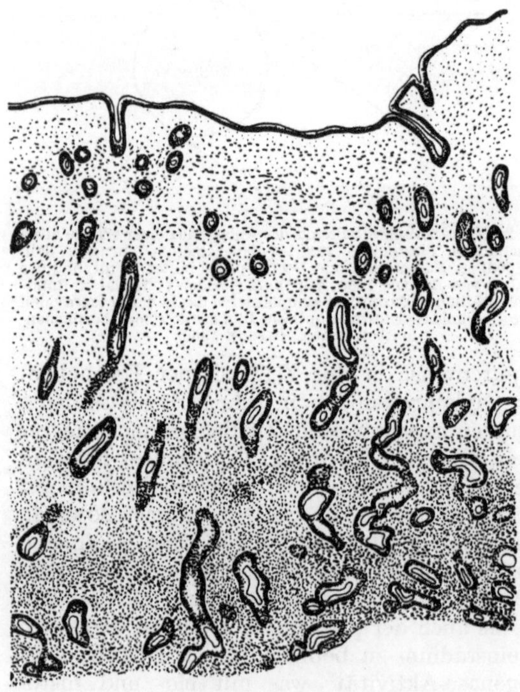

Abb. 4. Menschliches Endometrium gegen Ende der Proliferationsphase (nach BUCHER 1962) (Vergr.: 30fach).

Auf Grund differenter Re-
aktionsweisen lassen sich an der
ursprünglich in Zona functionalis
und basalis (SCHRÖDER 1930)
unterteilten *Gebärmutterschleimhaut* heute *4 Zonen unterscheiden*
(BARTELMEZ, CORNER and HART-
MAN 1951) (Abb. 4—6). In dieser
Neueinteilung umfaßt *Zone I* das
uterine Oberflächenepithel mit
einer schmalen subepithelialen
Bindegewebsschicht, die im Praegravidum gut vaskularisiert und
aufgelockert ist. Die *Zone II* hat
mehr interglanduläres Bindegewebe als Drüsen und so mani-
festieren sich hier die ersten
praedecidualen Veränderungen.
In *Zone III* überwiegen die un-
regelmäßigen und in der praegraviden Phase oft verzweigten
Uterindrüsen; so wird das Stroma
während der Luteinphase durch
intraglanduläre Sekretanhäufung
zu den interglandulären Bindege-
webssepten komprimiert. Zone II
und III sind die alte Functionalis.

Zone IV stellt die Basalis dar, die durch ein dichtes Stroma mit groben kollagenen Fibrillen charakterisiert ist; ihre Drüsenabschnitte sind vor allem während der Follikulinphase tätig. Die Zellteilung läuft in diesen 4 Schichten nicht synchron ab (BENSLEY 1951). Der Höhepunkt der mitotischen Aktivität wird kurz vor der Ovulation, d. h. gegen Ende der Proliferationsphase, erreicht. Auf eine gesteigerte Zellfunktion weist die Feststellung hin, daß das Kernvolumen des Drüsen- und Oberflächenepithels ohne weitere Zellteilungen hoch bleibt und erst nach dem 24. Zyklustag wieder absinkt (HINTZSCHE 1949).

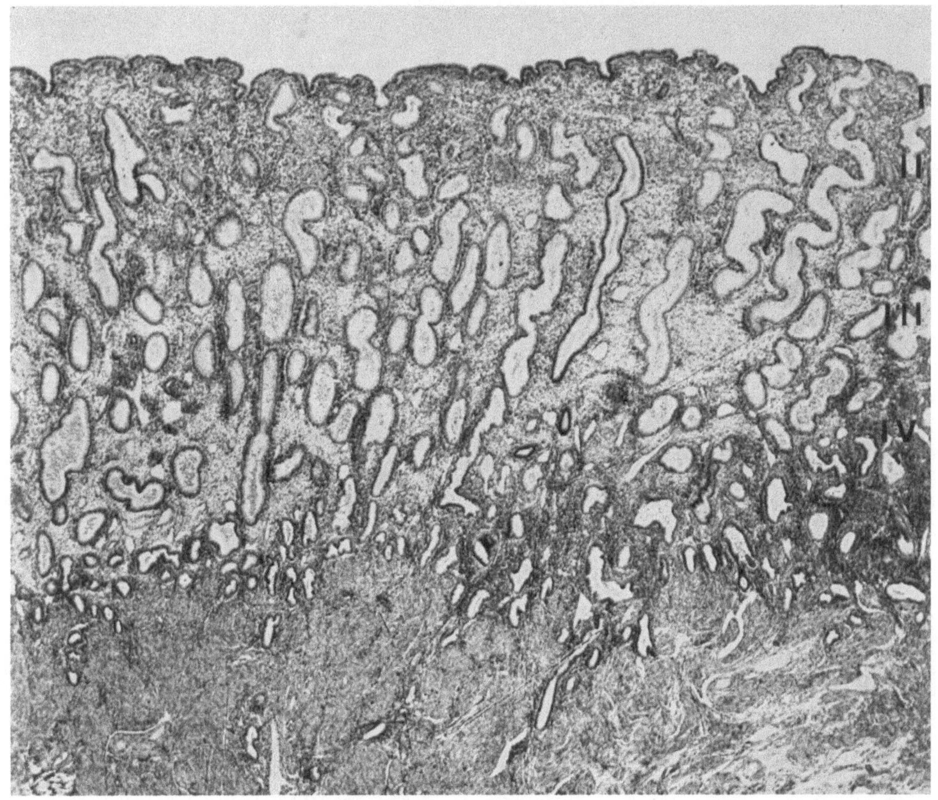

Abb. 5. Menschliches Endometrium auf dem Höhepunkt der prägraviden Phase (Färbg.: H.-E., Vergr.: 30fach).

Zu Beginn der Proliferationsphase liegen die ovoiden Kerne basal in den prismatischen und fein granulierten Drüsenzellen, während die Kerne der länglichen Stromazellen in Gruppen beisammen liegen. Gegen Ende der Follikulinphase werden die Kerne eher rund und färben sich intensiver (DE NEEF, BOUTSELIS and ULLERY 1963). Fast schlagartig wandelt sich das Bild der Drüsenzellen zu Beginn der Sekretionsphase, indem sie breiter und mehr kubisch werden. Gleichzeitig (15.—19. Tag) ist im Stroma endometrii und in den Drüsenzellen bei sowohl basaler als auch apikaler Ablagerung reichlich Glykogen vorhanden, das unter Progesteroneinfluß schnell zunimmt (FERIN 1964). Dabei wird der Kern nach der Zellspitze hin verlagert. Der Steigerung des Glykogengehaltes geht eine Anreicherung des alkalischen Phosphatase-Gehaltes voraus; gleichzeitig geht in den Drüsenzellen die Zahl der Mitosen zurück, die schließlich ganz verschwinden. In der mittleren Sekretionsphase (20.—23. Tag) verlagert sich der Kern in dem Maß, in dem das Zellprodukt ins Drüsenlumen hinein abgegeben wird, wieder an

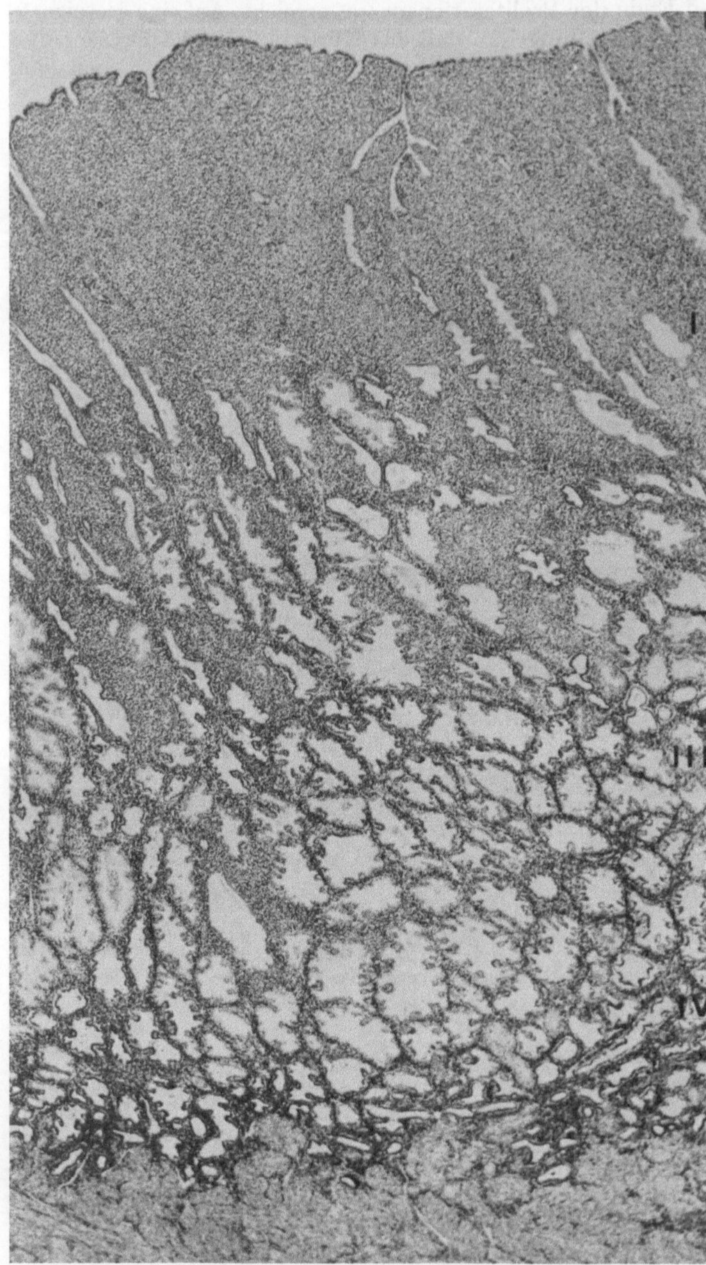

Abb. 6. Menschliches Endometrium am Ende der Luteinphase (28. Tag eines 29tägigen Zyklus) (Färbg.: Hämatoxylin-Benzopurpurin. Vergr.: 30fach).

die Zellbasis. Dabei nimmt das Drüsenzellvolumen zu, während in der subepithelialen Bindegewebsschicht ein leichtes Oedem auftritt. Auch im letzten Stadium

(24.—26. Tag) der Luteinphase liegen die runden Kerne der Drüsenzellen basal und die Drüsenlichtung enthält ein mucicarminophiles Sekret. In den Arteriolenwänden der Schleimhaut treten Mitosen auf, worauf sich die Gefäße zu spiralisieren beginnen; ebenso vermehren sich die Fibroblasten. In der Umgebung der Spiralarterien verwandeln sie sich allmählich zu praedecidualen Zellen, während sie an anderen Stellen als „K-Zellen" (HAMPERL et HELLWEG 1960) einen leucocytären Charakter annehmen. Das Oedem der subepithelialen Bindegewebszone verschwindet, wie überhaupt die ganze Mucosa uteri in dieser Zeit beträchtlich an Volumen einbüßt. Zusammenfassend ergibt sich, daß alkalische Phosphatase während des Schleimhautwachstums in stets zunehmender Menge nachzuweisen ist, während sie in der Phase der Differenzierung des Endometriums abnimmt (BOUTSELIS, DE NEEF, ULLERY and GEORGE 1963, McKAY, HERTIG, ADAMS and RICHARDSON 1958). Es wird angenommen, daß die alkalische Phosphatase die Hydrolyse der Phosphorsäureester gewährleistet, die am intermediären Stoffwechsel des Glykogens, der Neutralfette und der Nucleoproteine beteiligt sind. Die saure Phosphatase ist demgegenüber vor allem in der praegraviden Phase und während des ersten Schwangerschaftsdrittels tätig (McKAY, HERTIG, ADAMS and RICHARDSON 1958). Möglicherweise könnte sie auch das uterine Milieu für Ei und Spermien günstig beeinflussen (BOUTSELIS, De NEEF, ULLERY and GEORGE 1963). Sehr hoch ist auch der Gehalt an Beta-Glucuronidase während der Proliferationsphase. Sie wird mit der Zellvermehrung, dem Aufbau von Steroiden und der Hydrolyse von gebundenen Glucuroniden in Verbindung gebracht (O'DELL and FISHMAN 1950). Die Aktivität der LDH ist während der Proliferationsphase niedrig und im Praegravidum hoch, so daß in diesem Stadium die Aktivität im glykolytischen System als intensiv betrachtet werden kann. Die Aktivität der SDH steigt etwa von der Mitte der follikulären bis zur Mitte der Luteinphase an (FORAKER, CELI and DENHAM 1954), was wiederum mit Wachstumsprozessen, Differenzierung und Zellfunktionen zusammenhängen dürfte. Diese Vorgänge erfordern auch große Mengen von Ribonucleoproteinen, die entsprechend nachzuweisen sind (BOUTSELIS, DE NEEF, ULLERY and GEORGE 1963, McKAY, HERTIG, ADAMS and RICHARDSON 1958). Das reduzierte Coenzym I (DPNH) war vor allem in der praegraviden Phase nachzuweisen; das Coenzym II (TPNH) erreicht seinen Höhepunkt dagegen schon in der Proliferationsphase (BOUTSELIS, DE NEEF, ULLERY and GEORGE 1963).

In der praegraviden Zyklusphase werden unter zunehmendem Einfluß des Corpus luteum Arsen, Eisen, Fettstoffe, Glykogen und Phosphate im Endometrium, speziell in den Drüsenepithelien, abgelagert (STRAUSS 1944, 1960). Elektronenoptisch konnte im apikalen Drüsenzellteil eine Synthese von Mucopolysacchariden mit Ausscheidung ins Drüsenlumen nachgewiesen werden (CARTIER, MORICARD et MORICARD 1960, NILSSON 1962). Diese Materialien dürfen nicht als Ergebnis einer Gewebsdegeneration (FROBOESE 1924) gedeutet werden; sie sind vielmehr Ausdruck zyklischer Stoffumlagerungen (ALDEN 1947, 1948, VAN DYKE and CHEN 1940, GILLMAN 1941, GOHLISCH 1933, REYNOLDS 1949, ROSSMAN 1941), die in Hinblick auf eine mögliche Implantation von Bedeutung sind. Die morphologischen Charakteristika der unter diesen Einflüssen vom 23. bis zum 28. Zyklustag sich einstellenden Hyperplasie des Endometriums, die nach dem ersten Ausbleiben der Regelblutung zur Decidualisierung führt, sind das gleichzeitige Einsetzen einer Sekretion der Uterindrüsen in einem ödematösen sowie gestauten Stroma und dessen praedeciduale Metamorphose (HERTIG 1964).

Auf vergleichender Basis konnte eine Vielzahl von Wirkstoffen bei großer artspezifischer Verteilungsdifferenz im Fruchthaltersekret nachgewiesen werden (HAFEZ 1963b). Das Vehiculum wird dabei als ein Ultrafiltrat des Blutplasmas betrachtet, dem die verschiedenen Drüsensekrete beigegeben werden (RINGLER 1961). Sehr eingehend setzen sich FUHRMANN (1963) und SCHMIDT-MATTHIESEN (1963) mit den Fermenten, Sekreten und dem Stoffwechsel der menschlichen Uterindrüsen auseinander. Im Zusammenhang mit dem Zyklusproblem und der Krebsforschung hat unser Wissen um das funktionelle Bild des Endometriums durch cytologische, cyto- und histochemische Untersuchungen eine wesentliche Erweiterung erfahren. Die Ergebnisse sind erst vor kurzem zusammengestellt worden (GROSS 1964, LEATHEM 1959, DALLENBACH-HELLWEG 1964, FEYRTER 1961, FEYRTER und FROEWIS 1949, FUCHS 1959, JAKOBOVITS 1955, SCHÜLLER 1961 und STRAUSS 1964b), so daß diese auch für die Placentologie bedeutenden Fragen hier nicht eingehender erörtert werden müssen.

Zur Bereitstellung der nötigen Rohprodukte für diese Stoffe ist ein entsprechend angepaßtes *Gefäßsystem* erforderlich, wie es während der Luteinphase durch Erweiterung des Gefäßnetzes in der oberflächennahen Mucosa geschaffen wird (DARON 1936, WILKIN 1960). Sein Aufbau weicht starker interindividueller Unterschiede wegen (LUNDGREN 1957, SCHMIDT-MATTHIESEN 1962) jedoch beträchtlich von einem allgemeinen Bauplan ab. Das grundsätzliche Schema mit seinen zyklischen Differenzen hat SCHMIDT-MATTHIESEN (1963) herausgearbeitet. Der vermehrte Blutzustrom erweitert sowohl das bindegewebige Scherengitter in utero als auch das kulissenartig angeordnete Myometrium. Durch verschiedene endocrine Einflüsse exakt reguliert (HOFF und BAYER 1952) wird so Raum geschaffen für eine Vermehrung des Bindegewebes und Änderungen im Kollagengehalt (CRETIUS 1959). Die Auffassung von STIEVE (1926, 1932), es komme dabei zur Bildung neuer Muskelzellen, ist nicht unwidersprochen geblieben (REYNOLDS 1949) und bedarf erst noch detaillierter Abklärung. Elektronenmikroskopisch läßt sich eine Vermehrung der Mitochondrien sowie eine Vergrößerung des endoplasmatischen Reticulums erkennen (JAEGER 1962). Biochemische und -physikalische Untersuchungen führen die Zustandsänderung des Myometriums auf Druck- und Spannungsänderungen im Muskelmantel bzw. seines kontraktilen Eiweißes zurück (CRETIUS 1959, CSAPO 1955, 1959 a & b, LEDERMAIR-HASSELBACH 1959 und ZIMMER 1959). Das obere Schleimhautdrittel von Corpus und Fundus wird durch ein besonderes Gefäßsystem versorgt, das den zyklischen Beanspruchungen (BARTELMEZ 1957a) folgt (Abb. 7). Infolge der durch die Steroidhormone (LOESER 1948) gesteuerten, vermehrten Spiralisierung der Knäuelarterien (Abb. 8) (FERIN 1955, MARKEE 1948, 1950, MORICARD 1954, NOYES, HERTIG and ROCK 1950, OBER 1949) und der Aufweitung der initialen Rückflußgebiete entwickelt sich auf Grund der reduzierten Stromgeschwindigkeit während der zweiten Hälfte der praegraviden Phase in den oberen Schleimhautschichten ein charakteristisches Oedem. Dabei spielt das subepitheliale Kapillarnetz (Abb. 7) mit seinen erweiterten Abschnitten (200 μ $\varnothing$) (SCHMIDT-MATTHIESEN 1962), die während der Nidationsphase maximal gefüllt sind (WILKIN 1960), eine wesentliche Rolle für das Zustandekommen der Einnistung. Seine vermutlich erhöhte Permeabilität (HOLLSTEIN 1952, PRAHLAD 1962, PSYCHOYOS 1960) erlaubt den Durchtritt von auf dem Blutweg herangeführten Substraten in die perivasculären Räume. Deshalb darf dieses Oedem nicht als eine reine Flüssigkeitsansammlung betrachtet werden; es enthält neben Elektrolyten auch Abbauprodukte der Eiweiße und der Kohlehydrate aus der Stromagrundsubstanz (JOHNSON 1958, SCHMIDT-MATTHIESEN 1962, 1963). Mit dem Auftreten des Oedems, dessen Höhepunkt um den 20. Zyklustag erreicht wird, verschwinden im aufgeweiteten Gebiet allmählich die Reticulinfasern (WOLFE and WRIGHT 1942), so daß neben den biochemischen auch morphologische Umordnungen an den Zellen und ihrem Fasergerüst ablaufen. Zur gleichen Zeit stellen sich die ersten praedecidualen Veränderungen am die helicoidalen Arterien umgebenden Bindegewebe (= Gefäßsepten [GROSSER 1927, STRAUSS 1944]) ein (Abb. 7).

Neben der Anhäufung von prospektiven Nährstoffen (s. S. 7) kommt es auch
zur Anreicherung von für die Nidation wichtigen Enzymen (Histaminase —
SHELESNYAK et KRAICER 1960, Carboanhydrase — LUTWAK-MANN 1955, 1960,
LUTWAK-MANN and LASER 1954). Diese praegraviden und generell bei den

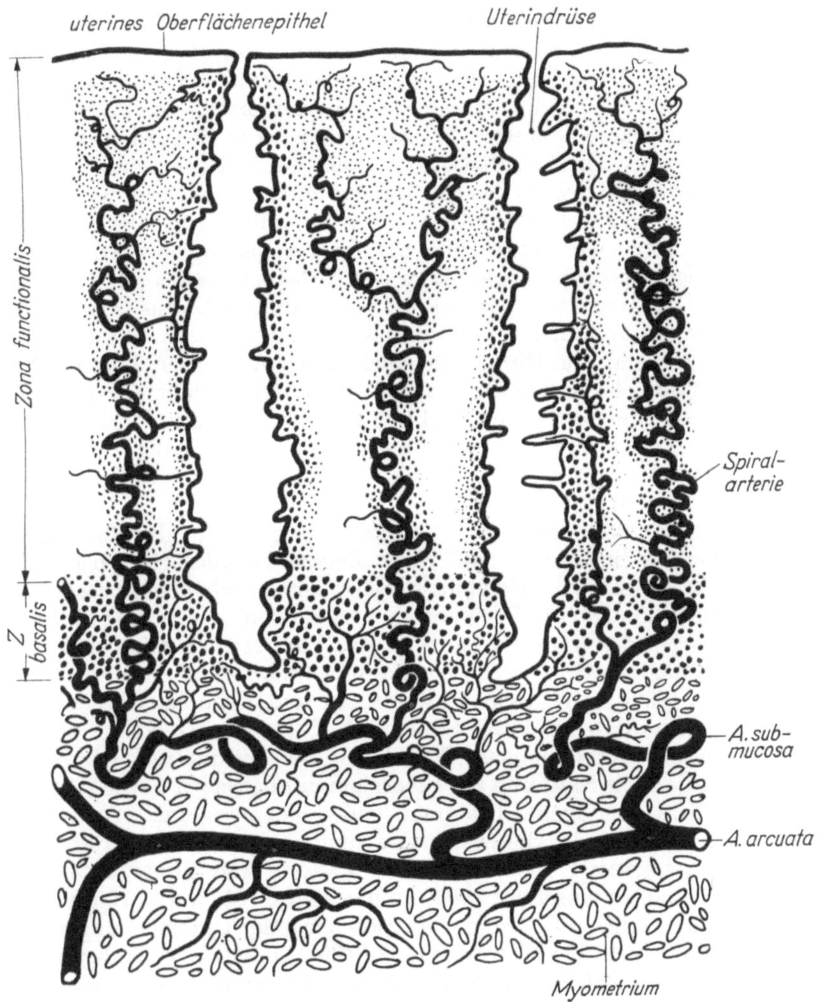

Abb. 7. Schema der Gefäßversorgung und -anordnung im menschlichen Endometrium (unter Benützung der
Angaben von SCHMIDT-MATTHIESEN 1962a, 1963b, und STRAUSS 1944b).

Säugern auftretenden Veränderungen sind deutlich vom *Nidationsstadium* zu
unterscheiden (STRAUSS 1960, 1964c). Auf Grund der Gefäßanordnung läßt sich
das menschliche Endometrium in einzelne und gegenseitig unabhängige Schleim-
hautfelder einteilen (KRAFKA 1941). Mehrere Läppchen bilden einen Lappen,
dessen genereller Aufbau an eine Karunkel der Wiederkäuer erinnert (JOACHIMO-
VITS 1928). Jeder Lobulus mit etwa 1 mm² Oberfläche wird von einer Spiral-

arterie (Endarterie!) mit einer je nach Zyklusphase variierenden Windungszahl versorgt (Strauss 1964c). Bei der Placentation wird jeder Lobulus (= Karunkel) einer Cotyledon zugeordnet. So entstehen auch im menschlichen Uterus auf der Basis der felderweisen Blutversorgung des Endometriums *Placentome*, die als Bau- und Strömungseinheiten zu betrachten sind (Strauss 1964a). Die innere Oberfläche nichtgravider menschlicher Uteri mißt etwa 1000 mm², auf denen rund 15000 Drüsen münden (Boyd 1959).

Das Endometrium der zentralen ventralen und dorsalen Funduswand ist höher als das seiner Umgebung (Bartelmez, Corner and Hartman 1951). Entsprechend sind hier auch die Uterindrüsen größer und die endocrinen Reaktionen deutlicher (stärkere sekretorische Aktivität) als in den Nachbargebieten. Zentrales Corpus- und Fundusgebiet sind somit eindeutig morphologisch wie physiologisch bevorzugt. Obwohl das ganze Endometrium gleichsinnig, aber nicht gleichzeitig von den zyklischen Veränderungen betroffen wird, beobachten wir bei Mensch und Tier eine große, offenbar Uterus-abhängige (Wilson 1960) Regelmäßigkeit der topographischen Lage des Nidationsareales (Hertig, Rock and Adams 1956, Strauss 1960, 1964c). Im menschlichen Uterus ist es vorzugsweise die Uterusrückwand. Diese auffällige Konstanz wird aus Anordnung und physiologischem Zustand der Blutgefäße sowie den geweblichen Besonderheiten des Fundus verständlich. Neben einer allgemeinen Bereitschaft des Endo-Myometrium-Komplexes sind es die topographisch gut lokalisierbaren Veränderungen, welche die Schleimhaut zur Keimaufnahme disponieren (Bartelmez 1957b, Strauss 1960). Das Wissen um das häufigste Nidationsareal ist wegen des Placentarsitzes wesentlich (s. S. 19).

Für die praedecidualen Vorgänge ist ebenso wenig wie für die Bildung einer mütterlichen Placenta (Krehbiel 1937) eine Zygote erforderlich. Unspezifische Reize können auf Grund der Ergebnisse von Tierversuchen im praegraviden Endometrium die Bildung von Deciduomen veranlassen, deren gewebliche und vasale Veränderungen der echten decidualen Reaktion recht ähnlich sind (Boyd and Hamilton 1952). Dafür werden sowohl chemisch-hormonale (Chambon 1960a, Clauberg 1936, Klar 1939, Shelesnyak and Kraicer 1961) als auch mechanische Einflüsse (Hisaw 1935, Loeb 1907, Orsini 1963, Selye and Mc-Keown 1936) verantwortlich gemacht. Mit Beginn der decidualen Reaktion bzw. kurz vor der Nidation soll Histamin ins Uteruslumen abgegeben werden (Shelesnyak 1959b). Dieses endogene Histamin, möglicherweise auch Acetylcholin (Chambon 1960b), wird als der die Decidualisierung auslösende Faktor angesehen (Johnson and Shelesnyak 1958, Kraicer, Marcus and Shelesnyak 1963, Marcus, Kraicer and Shelesnyak 1963, Shelesnyak 1957 a & b, 1959a, 1960); demgegenüber sind kürzlich auf Grund tierexperimenteller Untersuchungen Stimmen (Banik and Ketchel 1964, Finn and Keen 1962, Orsini 1963) laut geworden, die eine direkte Histaminwirkung ablehnen, aber dafür an eine Beeinflussung der proliferativen Kraft der Zellen durch das Histamin denken. Als Histaminquelle vermutet man (nach Beobachtungen an Ratten) die das Endometrium infiltrierenden segmentkernigen und eosinophilen Granulocyten sowie Mastzellen, die nach Abgabe ihres Wirkstoffes mit beginnender Implantation verschwinden. Diese Probleme sind jedoch z. Z. noch in lebhafter Diskussion (Gansenwinkel et Ferin 1960, Schmidt-Matthiesen 1963a, Shettles und Schmidt-Matthiesen 1963). Immerhin besteht ein Zusammenhang zwischen Oestrogenausschüttung und dem während der Decidualisation stark erhöhten Gehalt des (Ratten-) Fruchtträgers an Protein, DNA und RNA (Shelesnyak and Tic 1963 a & b). Diese Befunde stimmen gut mit der erhöhten proliferativen Tätigkeit des Endometriums überein. Wer könnte als Anlasser der Histamin-Abgabe funktionieren?

Sehr wahrscheinlich ein (für das Endometrium) exogener und unspezifischer Reiz, der im Fall einer Befruchtung als Blastocyste auftritt (ALLOITEAU 1958, SHELESNYAK 1956a). Allerdings reagiert nur ein durch Oestrogen und Progesteron entsprechend sensibilisiertes Endometrium mit Decidualisation (BLOCH 1958, 1959, 1960, CHAMBON 1949, 1952, 1962, MEUNIER et MAYER 1960, MEUNIER et THEVENOT-DULUC 1960, PHELPS 1946, PINCUS 1957, SHELESNYAK 1956 a & b, ZEILMAKER 1964), wobei der Eierstock die Quelle der oestrogenen Stoffe sein dürfte (SHELESNYAK, KRAICER and ZEILMAKER 1963).

Trotz vieler neuen Erkenntnisse wissen wir noch nicht, welche Kräfte den nidationsreifen Keim in die praesumptive Implantationsregion führen. In letzter Zeit hat sich vor allem BÖVING (1954, 1956, 1959a, 1959b, 1960b, 1962) dieses Problemes angenommen und durch Versuche am Kaninchen einer Lösung näher gebracht. Hier wird der Keim durch spontane Uteruskontraktionen an die Nidationsstelle geleitet. Man darf vermuten, die Blastocyste rege auch die nötige Histaminausschüttung (vgl. S. 10) an. Sobald die Blastocyste eine bestimmte Größe erreicht hat, kann sie (bei Oryctolagus cuniculus) vom Myometrium nicht mehr bewegt werden, worauf die eigentliche Implantation, deren genauer Vorgang für den Menschen noch nicht bekannt ist, beginnt.

Am 20. Zyklustag, d. h. etwa 6 Tage nach der Ovulation, beginnt bei Homo die *Nidation in einem Endometrium,* dessen Stroma ödematös ist und dessen Drüsen sezernieren. Die relative Situation des Keimes zum Einnistungsfeld ist von den gegenseitigen biochemischen Beziehungen abhängig (BÖVING 1959 a & c, 1960b, 1961, 1963, ZIMMERMANN 1960). Daraus ist die Lage des Implantationspoles als dem Zentrum der Trophoblastaktivität abzuleiten. Die spezifische Lage des Nidationspoles zum Endometrium (MOSSMAN 1937) weist vielleicht darauf hin, daß neben uterinen Kräften auch der Trophoblast mittels seiner Aktivität an der (art-) spezifischen Orientierung der Keimblase beteiligt ist.

Der Kontakt zwischen Blastocyste und Endometrium erfolgt beim Menschen in der überwiegenden Mehrzahl der Fälle an der fundusnahen, dorsalen Wand des Uteruskörpers. Diese Lage entspricht der orthomesometralen (= lateralen) und nicht einer meist angegebenen antimesometralen Position. An dieser Stelle ist das Endometrium in seiner zyklischen Entwicklung gegenüber den anderen Mucosabezirken voraus. Am 21. Zyklustag (= 7. Entwicklungstag) zeigt sich hier infolge gesteigerter Gelbkörper-Aktivität (WHITE, HERTIG, ROCK and ADAMS 1951) eine deutliche Größenzunahme der Uterindrüsen mit entsprechend gesteigerter Aktivität der Einzelzelle. Dadurch nimmt in Oberflächennähe das Sekretvolumen in den Drüsenlumina zu. Bei dieser Sekretanhäufung ist nicht nur an eine vermehrte Produktion, sondern infolge herabgesetzter Muskelaktivität auch an einen reduzierten Sekretabfluß zu denken. Am 22. Zyklustag (= 8. Entwicklungstag) treten an der Schleimhaut die ersten decidualen Veränderungen auf. Am Keim ist zu dieser Zeit eine geschlossene Trophoblasthülle erkennbar. Vom 23. Zyklustag (Blastocyste 9 Tage alt) an verstärkt sich die Decidualisierung bis gegen den theoretischen Beginn der nächsten Menses.

Die erste Kontaktnahme zwischen Mutter und Frucht geschieht durch ein Verkleben von Uterusepithel und Trophoblast, dessen Biologie BÖVING (1959c) und THIEDE (1963) eingehend besprechen.

Möglicherweise ist das Uterussekret wie bei den Borstenigeln (BLUNTSCHLI 1937) an diesem Vorgang beteiligt oder er geschieht etwa analog dem Ankleben der Kaninchen-Keimblase (BÖVING 1954). Bei der Ratte kommt das endometrale Epithel durch seine Mikrozotten mit dem Keim in Kontakt; dadurch ist der erste Stoffaustausch zwischen mütterlichem und kindlichem Gewebe möglich (FAINSTAT and CHAPMAN 1965). Die Ultrastruktur der epithelialen Mikrozotten ist Oestrogen-abhängig, und so könnten diese Veränderungen der Epitheloberfläche als materne Anpassungen an die

Ovoimplantation aufgefaßt werden. Vor einer unkritischen Verallgemeinerung der hier kurz skizzierten Modellfälle muß jedoch gewarnt werden. Beim Anheften der Kaninchen-Keimblase spielt die Differenz der Wasserstoffionenkonzentration zwischen Fruchthalter und Keim eine nicht unwesentliche Rolle. Dadurch wird an der Kontaktstelle das uterine Oberflächenepithel alkalisiert und sein Zellverband aufgelockert (Strauss 1964c). Der etwas verdickte Trophoblast kann nun zwischen den Zelllücken des Uterusepithels ein- und bis zu den darunter in der durch praegravide Vorgänge ebenfalls gelockerten Tunica propria gelegenen Gefäßen vordringen. Dabei darf nicht übersehen werden, daß z. B. in der implantationsreifen Blastocyste vom Meerschweinchen Proteolasen nachzuweisen sind (Blandau 1949b). Immerhin veranlaßt das der Trophoblastinvasion vorangegangene Ankleben einen basischen Gradienten zum mütterlichen Gefäßsystem. Nach bisher vorliegenden, vergleichenden Untersuchungen (Böving 1962, Popp 1958) dürfen wir annehmen, daß der Beginn der Nidation durch den Übergang vom anaeroben zum aeroben Zustand charakterisiert ist. Es ist durchaus möglich, daß der hier geschilderte Implantationsmodus allgemein gültig ist; dennoch ist es angezeigt, noch weitere, auf breiter Basis gewonnene Resultate abzuwarten. So ergaben Implantationsversuche mit Kaninchen-Blastocysten in der Gewebekultur, daß der primitive Trophoblast auf das uterine Oberflächenepithel sowohl wachstumsfördernd wirken als es auch in ein Symplasma verwandeln kann. Auch die Differenzierung des Chorionepithels in Cyto- und Plasmoditrophoblast scheint nach diesen Versuchen in Abhängigkeit vom Chorionbindegewebe vorzugsweise an den Kontaktstellen mit dem mütterlichen Gewebe zu geschehen, an denen Fusion und Resorption des uterinen Epithels gegenüber der Infiltration des uterinen Epithels im Vordergrund stehen (Glenister 1960, 1961 a & b, 1962, 1963).

Für die initialen Vorgänge der Implantation ist weiter zu berücksichtigen, daß zu dieser Zeit bei der Ratte im Embryo- und Trophoblast bereits ein gegenüber der unbefruchteten Zelle deutlich gesteigerter Proteinumsatz herrscht, der sich mit zunehmendem Wachstum der Blastocyste weiter verstärkt (Müller 1964). Gleichzeitig weisen die Deciduazellen einen gegenüber den fetalen Elementen stark reduzierten Proteinumsatz auf, so daß die stärker Eiweißstoffwechsel-aktiven Trophoblastzellen zum fermentativen Abbau der trägeren mütterlichen Zellen befähigt sind. Der Proteinumsatz der Trophoblastzellen bleibt anfänglich weiterhin hoch, denn er dient dem schnelleren chorialen Wachstum und der damit gekoppelten Fermentproduktion (s. o.). Nicht unberücksichtigt darf dabei der Reifegrad des primitiven Trophoblasten bleiben, der in einem allzu jugendlichen Zustand noch nicht die ihm zugeschriebenen Funktionen besitzt (Noyes 1959). Daraus erklärt sich auch die relative Selbständigkeit der älteren Blastocyste mit ihrem hohen Gehalt an Coenzymen und Vitaminen (Lutwak-Mann 1963). Trotz der noch fehlenden festen Verbindung zeigt der Trophoblast eine selektive Permeabilität für verschiedene, vom Endometrium dargebotene Ionen und Moleküle (Lutwak-Mann 1959, 1963) sowie für Viren (Flamm, Kunz, Zimmermann und Gottschewsky 1963). Und dennoch spielt das Endometrium bei den initialen Vorgängen der normalen interstitiellen Implantation (entsprechend dem Typus II der *Torpin*'schen Reihe [1956]) keine passive Rolle, wie das Bryce (1939) als Exponent einer älteren Embryologen-Generation mit Nachdruck vertrat. Die biochemische Situation der Mucosa uteri ist für die Wahl des zukünftigen Nidationsfeldes mitverantwortlich, wie sich das aus verschiedenen vergleichenden Untersuchungen ergibt (Graumann 1952, Strauss 1957, Wimsatt 1949, Wislocki and Dempsey 1945 u.a.). Ohne Beteiligung des Endometriums kann es gar nicht zum artspezifischen Implantationsmodus kommen (Noyes 1959). Wie die Bildung von Deciduomen lehrt, arbeitet die praegravide Mucosa uteri aktiv an der Keimeinnistung mit, wobei jedoch die Keimentwicklung und Schleimhautdifferenzierung einigermaßen koordiniert sein müssen (Hafez 1962). Bei diesem Zusammenspiel kann vielleicht der Blastocyste die Rolle des Weckers (s. S. 10) zugeschrieben werden. Dennoch darf die Bedeutung des Reifegrades des Keimes (Einfluß des „uterinen Faktors" [Kirby 1962]) für das Zustandekommen der Implantation nicht unterschätzt und seine individuelle Spezifität im Sinn einer Unverträglichkeit (Hafez 1963a) nicht überschätzt werden.

Das Zusammenspiel der kindlichen und mütterlichen Kräfte beim Ablauf der Ovoimplantation unterliegt der hormonalen Steuerung, die jedoch nicht in allen Punkten restlos geklärt ist (Bloch 1958, 1959, Chambon 1949, 1952, Mayer 1963, Mey 1960, Peckham and Greene 1950, Psychoyos 1962 a & b, 1963 a—c, Strauss 1960). Shelesnyak (1960) und Shelesnyak and Kraicer (1963) haben diesen, durch ein übersichtliches Schema (1963) etwas aufgehellten Verflechtungen alle Aufmerksamkeit geschenkt; sie glauben den Implantations-vorgang in zwei, durch plötzliche Oestrogen-Ausschüttung verursachte Phasen zerlegen zu können: *1.* in die Decidualisation des Endometriums durch Freisetzen von Histamin als Vorbereitung auf das *2.* Stadium, die Einnistung der aktivierten Blastocyste. Trotz unterschiedlicher Auffassungen über den Mechanismus der Nidation, die höchstwahrscheinlich artspezifisch begründet sind, besteht Einigkeit darüber, daß eine erfolgreiche Einnistung das Ergebnis eines ausgewogenen Zusammenspieles mütterlicher und kindlicher Kräfte ist. Das beste Ergebnis wird erzielt, wenn Zygote und Mucosa uteri bei der Kontaktnahme ihren (sicher art-) spezifischen Entwicklungszustand erreicht haben. Die Vorgänge, die zu dieser charakteristischen Differenzierungsstufe führen, sind wahrscheinlich von einander unabhängig (NOYES, DICKMANN, DOYLE and GATES 1963).

Alle Beobachtungen (HERTIG, ROCK and ADAMS 1956) sprechen dafür, daß sich der menschliche Keim in einem der bisherigen Schilderung entsprechend vorbereiteten Schleimhautfeld der fundusnahen Uterusrückwand und ungefähr gleich weit von den umgebenden Drüsenmündungen entfernt implantiert. Obwohl der aus dem Eileiter in die Gebärmutterhöhle übertretende Keim bisher nicht bekannt ist, nehmen wir an, daß er als 58-Zellenstadium am 3. Entwicklungstag (= 18. Zyklustag) das Cavum uteri erreicht und am 6. Tag als Blastocyste die Nidation beginnt. Die aus 58 Zellen aufgebaute Blastula besteht aus 5 zentralen, den Embryoblast bildenden und 53 peripheren sowie etwas kleineren, primären Trophoblastzellen (HERTIG 1962). Für die Überlebensfähigkeit der freien Keimblase in utero dürfte (nach Versuchen an Ratten) Progesteron als Antagonist des Oestrogens entscheidend sein (MEUNIER et THEVENOT-DULUC 1960). Der erste Kontakt zwischen Keimblase und Endometrium im prospektiven Nidationsareal dürfte durchschnittlich am 20. Tag des uterinen Zyklus erfolgen. Die Mucosa uteri hat in diesem Zeitpunkt, d.h. 6—7 Tage nach der Ovulation, auch den Höhepunkt der praegraviden Phase erreicht (Abb. 5) (HINTZSCHE 1949, PAPANICOLAOU, TRAUT and MARCHETTI 1948), der, von allen morphologischen Faktoren abgesehen, durch biochemische Besonderheiten ausgezeichnet ist (ASCHHEIM 1915, VAN DYKE and CHEN 1940, GILLMAN 1941, GOHLISCH 1933, GUTHMANN und HENRICH 1941, IMCHANITZKY-RIES und RIES 1912, ROSSMAN 1941).

Wenn wir auch bisher die menschliche Blastocyste nicht kennen, die im Alter von 5—6 Tagen als Einleitung der Implantation den Kontakt mit dem uterinen Oberflächenepithel aufnimmt, dürfen wir in Analogie zu Macaca mulatta (HEUSER and STREETER 1941) vermuten, daß der ganze Keim zur Vergrößerung der Kontaktfläche des von Trophoblast bedeckten Embryonalknotens mit dem mütterlichen Epithel leicht abgeflacht ist. In der Berührungszone proliferiert nun das Chorionepithel. Die Kontaktstelle der menschlichen Blastocyste mit dem uterinen Epithel liegt über einer subepithelialen Kapillare (Abb. 2). Dieser Beziehung kommt beim Übergang von Bicarbonat aus der Keimblase in das Epithel und dessen Abbau wesentliche Bedeutung zu (STRAUSS 1964c). Die durch die veränderte Wasserstoffionenkonzentration ausgelöste Epithelauflockerung (vgl. S. 12) erlaubt dem Trophoblast das Epithel zu passieren, so daß er mit der mütterlichen Gewebsflüssigkeit in der Tunica propria in Berührung kommt. Damit setzt seine Differenzierung in Cyto- und Plasmoditrophoblast ein. Das sehr weiche Stroma, das in den letzten Tagen der praegraviden Phase und während der ersten 4 Wochen der Gravidität proteolytische Fähigkeiten besitzt (CAFFIER 1929, FRANKL und ASCHNER 1911), setzt der starken Wachstumsenergie des Trophoblasten keinen nennenswerten Widerstand entgegen und erleichtert seine rasche Ausbreitung. Diese proteolytischen Fähigkeiten könnten möglicherweise

in irgendeiner Form mit den von SCHAUB (1964 a & b) im Ratten-Uterus nachgewiesenen, Kollagen abbauenden Enzymen identisch sein. Das Chorion ist auf
den Bezug der Nährstoffe aus dem praegraviden Endometrium angewiesen,
wozu infolge seiner resorptiven Funktionen der Plasmoditrophoblast dient. Dieser
beginnt sofort mütterliches Cytoplasma, materne Kerne und Erythrocyten zu
phagocytieren, so daß schon in dieser frühen Phase und entgegen älteren Ansichten
(GROSSER 1927, STIEVE 1936) die Keimernährung histo- und haemotroph geschieht. Sobald die plasmodialen Chorionzotten die ödematöse Schleimhautzone
durchsetzt haben und wieder mit etwas derberem Material in Berührung kommen,
werden ihre distalen Enden zu Cytotrophoblastsäulen, die peripher zusammenfließen und die Trophoblastschale mit ihren Lakunen bilden.

Elektronenoptisch konnte gezeigt werden, daß (beim Kaninchen) bei Kontakt
von Chorion- und Uterusepithel dieses ohne erkennbare Degenerationserscheinun-
gen zu einem Symplasma wird, wobei sich die epitheliale Basalmembran in der
Berührungszone (durch Flüssigkeitsverlust?) in Falten legt (LARSEN 1961).
Möglicherweise ließen sich die bei menschlichen Keimblasen (Nr. 8020 & 8004)
an der Kontaktstelle von Trophoblast und Uterusepithel in diesem auftretenden
Kernanhäufungen in gleicher Weise erklären. Bald darauf fließen Plasmoditropho-
blast-Kerne in das Symplasma ein und verdrängen die Kerne des maternen
Epithels. Die gefaltete Basalmembran als eine aus Reticulinfasern aufgebaute
Bindegewebslage bietet dem vordringenden Trophoblast in charakteristischer
Weise (STRAUSS 1944) etwas länger Widerstand als das epitheliale Symplasma;
sie wird (bei Oryctolagus) durchbrochen, sobald die uterinen Epithelkerne ver-
schwunden sind. Jetzt treten im Plasmoditrophoblast Vacuolen auf, die der
Pinocytose dienen und sich schrittweise zu Lakunen erweitern. Im menschlichen
Syncytiotrophoblast ist schon vor der Ausbildung von Zotten im Bereich des
Bürstensaumes reichlich alkalische Phosphatase nachzuweisen, während zu dieser
Zeit Cytotrophoblast, Deciduazellen und Drüsenepithelien nicht reagieren
(McKAY, HERTIG, ADAMS and RICHARDSON 1958). Gleichzeitig enthält der Tro-
phoblast keine saure Phosphatase, während sie in den basalen Drüsenepithelien
und in den oberflächlichen Schleimhautlagen in großen Mengen vorkommt.

Die auch während der Implantation wachsende *Blastocyste* dehnt und komprimiert die Uterindrüsen. Dabei kann es sowohl zu einem trophoblastischen Ver-
schluß der Drüsen als auch zu einem Eindringen des Chorionepithels in die Glan-
dulae uterinae kommen. Bei diesem von materner Seite erleichterten Vordringen
des Trophoblasten, dem sich keine entzündliche Abwehrreaktion entgegenstellt,
werden die mütterlichen Blutgefäße ebenfalls von Chorionepithel umflossen und
teilweise eröffnet (Abb. 8). Diese Eröffnung kann sicher nicht allein einer Tropho-
blastwirkung (s. S. 12) zugeschrieben werden, denn schon im Praegravidum
werden, wie die modernen Hypothesen über die Menstruation besagen (BARTEL-
MEZ 1941, CAPODACQUA 1961, DARON 1936, MARKÉE 1940, 1948, 1950, WILKIN
1960), die endometralen Kapillarwände vermehrt durchlässig. So darf auch hier
mit einer kombinierten fetalen und maternen Aktion gerechnet werden. Als deren
Ergebnis tritt mütterliches Blut aus und kann in die frisch gebildeten Lakunen
einfließen. Ferner kann, je nach Kontakt von Trophoblast und Drüsen, Sekret
in die Lakunen gelangen oder direkt vom abschließenden Trophoblast, der schon
in dieser Nidationsphase Glykogen enthält, resorbiert werden.

Trophoblast und Endometrium sind infolge der vom Chorionepithel ausgehen-
den Resorptionsknoten, in denen Überreste mütterlichen Gewebes liegen, leicht
gegeneinander verzahnt. Die im Plasmoditrophoblast intra- und interzellulär ent-
standenen Trophoblastlakunen haben sich schon zu einem ziemlich einheitlichen
System verbunden. Das Lakunengebiet vergrößert sich rasch, wobei der Tropho-

blast aussproßt. Bei dieser Aufsplitterung des Trophoblastmantels werden in das sich stürmisch ausdehnende Lakunengebiet auch Bindegewebsabkömmlinge des Trophoblasten aufgenommen, aus dem sich nun in Nähe der Keimblasenhöhle Angioblasten differenzieren. Ebenso spalten sich amniogene Zellen aus dem Cytotrophoblast ab, die zur Vergrößerung der Amnionhöhle dienen. Die Trophoblastsprossen bilden die Anlage der Placentarzotten, welche den Beginn der Placentation anzeigen. Damit ist gegen Ende der 2. Entwicklungswoche das Stadium der Implantation abgeschlossen. Zur Zeit der Einnistung läßt das Endometrium ein

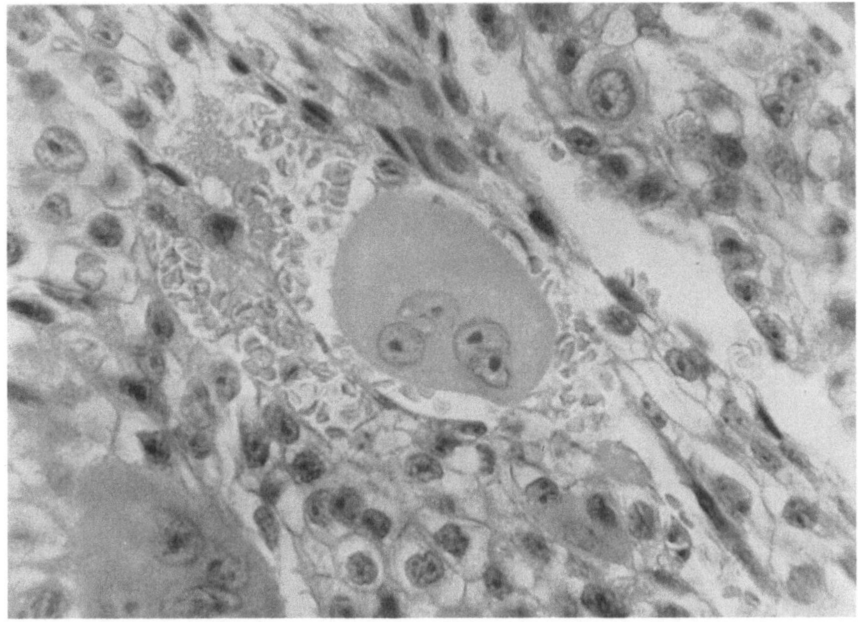

Abb. 8. Trophoblast in mütterlicher Kapillare (Keim 16 Tage alt) (Vergr.: 460fach).

oberflächliches Stratum compactum und ein basales sowie ödematöses Stratum spongiosum als Differenzierungsabschnitte der jetzt ungefähr 4–5 mm messenden Zona functionalis erkennen (KRAFKA 1941). Nach erfolgter Implantation nimmt die Flüssigkeitsdurchtränkung der Decidua vor allem in der unmittelbaren Keimumgebung zu; sie ist an einem eosinophilen Exsudat erkennbar, das die Bindegewebszellen separiert (HAMILTON and BOYD 1960). Gleichzeitig heben sich hier auch die sinusoidal erweiterten Blutgefäße durch Hyperaemie hervor, in deren Umgebung die deciduale Reaktion im Vergleich zu den entfernteren Gebieten verstärkt ist. Dabei ist die Differenzierung der Stromazellen am 12. Entwicklungstag noch als praedecidual anzusprechen, während sie innert der nächsten 48 Stunden das typisch deciduale Bild annehmen (HAMILTON and BOYD 1960). Gegenüber dem Cytotrophoblast unterscheiden sich die Deciduazellen durch ihre Umhüllung mit kollagenen und reticulären Fibrillen.

Die beigegebene Tabelle (Tab. 1), deren Gruppierung dem Vorschlag von STREETER (1942) folgt, vermittelt einen Überblick über die bis heute bekannten Menschenkeime der Nidationsphase.

Tabelle 1. Tabelle der jüngsten implantierten, aber noch avillösen menschlichen Keimstadien.

Gruppe	Keim	Alter in Tagen	Fundort	Endo-metrium	Autor
IV Keim in Nidation		5 und 6	Uterus		
V Keim implantiert, zottenfrei	8225	7	Rückwand	22. Tag	HERTIG, ROCK & ADAMS 1956
	8020	7	Rückwand	21. Tag	
	8155	8	Vorderwand	23. Tag	
	8215	9	Rückwand	?	
	8171	9	Rückwand	24. Tag	
	8004	9	Rückwand	25. Tag	
	Davies-Harding	10	Rückwand	25. Tag	DAVIES 1944
	Scipiades	11—12			SCIPIADES, Jr. 1938
	7699	11	Rückwand	25. Tag	HERTIG and ROCK 1941
	Miller	12	Curettage	25. Tag	MILLER 1913, STREETER 1926
	7950	12		23. Tag	HERTIG, ROCK and ADAMS
	7700	12	Rückwand	26. Tag	HERTIG and ROCK
	8558	12		25. Tag	HERTIG, ROCK and ADAMS
	8330	12		23. Tag	
	C6	12		29. Tag	
	Müller	13	Rückwand	25. Tag	MÜLLER 1930
	Werner	13	Rückwand	27. Tag	STIEVE 1936

Es erübrigt sich, da sie an mehreren Orten und unter verschiedenen Aspekten beschrieben sind (BOURNE 1962, HAMILTON 1949, HAMILTON and BOYD 1960, HERTIG 1945, 1960, 1962, HERTIG and ROCK 1941, 1945, HERTIG, ROCK and ADAMS 1956, HERTIG, ROCK, ADAMS and MULLIGAN 1954, STRAUSS 1964c), hier nochmals auf ihre Entwicklung und Choriondifferenzierung einzutreten. Eine ausführliche Übersicht der sich beim menschlichen Nidationsgeschehen stellenden biochemischen Probleme gibt SCHMIDT-MATTHIESEN (1963c), während sich REYNOLDS (1949, 1959) mehr mit den grobphysiologischen Erscheinungen auseinandersetzt, die durch die Anpassung der Gebärmutter an die Frucht auftreten.

Placentation.

Als Placenta wird die innige Verbindung des Endometriums mit der kindlichen Zottenhaut, dem Chorion, das zu den Eihäuten gehört, bezeichnet. Diese Verbindung – sie kann onto- wie phylogenetisch sowohl eine Anlagerung als auch eine Verwachsung sein (MOSSMAN 1937) – dient dem physiologischen Austausch zwischen fetalen Eihüllen und Mucosa uteri (PEARSON 1947). Dadurch ist der Begriff „Placenta" überwiegend physiologisch definiert. Ganz unähnlich allen anderen Körperorganen hat die menschliche Placenta eine (genetisch bedingte?) Lebenszeit von nur 9 Monaten, wobei sie im letzten Monat ein anatomisch richtig seniles und physiologisch degenerierendes Organ sein soll (NAGY 1960), das jedoch funktionell wie morphologisch noch recht bedeutende Leistungen vollbringt. Aus dieser Perspektive darf es nicht als alt und sich rückbildend angesprochen werden (BECKER 1962, CRAWFORD 1962). Der rasche Lebensablauf läßt sich sowohl an ihrem mikroskopischen Bild als auch in ihren verschiedenen Funktionen erkennen.

Bei allen Placentarformen sind das *kindliche* und *mütterliche Gefäßsystem streng getrennt.* Trotz der innigen geweblichen und topographischen Beziehungen der beiden Gefäßnetze – in diesen Relationen liegt ja gerade der besondere Wert der Placenta für den feto-maternen Stoffaustausch – erfolgt die Umlagerung auf dem Weg der Diffusion durch die Gefäßwände und durch eine aktive Leistung der fetalen Zellen. Eine direkte Mischung größerer Mengen mütterlichen und kindlichen Blutes findet nicht statt (vgl. S. 71).

Die *Eihäute* sind eine selbständige Bildung des jungen Keimes und vermitteln ihm Atmung und Ernährung. Diese Aufgabe ist der äußersten Haut, dem Chorion, überbunden, das von den embryonalen Anhangsorganen Nabelblase (= Dottersack) oder/und Allantois mit fetalen Gefäßen versorgt wird. Lesenswerte Studien über die historische Entwicklung des Begriffes Placenta haben LONG (1963) und DE WITT (1959) publiziert.

Die für die ganze Placentologie grundlegenden Arbeiten von GROSSER (1909, 1927) wurden zu Beginn des 20. Jahrhunderts veröffentlicht. Wir verdanken ihm eine morphologisch wie systematisch klare Einteilung der möglichen Placentarformen, die im Prinzip heute noch in Gebrauch ist (Abb. 9). Dieses morphologische Schema krankte jedoch daran, daß sein Autor (GROSSER 1929, 1933, 1936, 1941, 1942) in ihm gleichzeitig eine phylogenetische *und* physiologische Stufenleiter sehen wollte; sie sollte in der menschlichen Placenta als der in jeder Weise höchstentwickelten Placentarform gipfeln. Die zeitgenössischen Ergebnisse lehren jedoch, daß die Placenta des Menschen nicht als der höchstdifferenzierte, aber immerhin als ein hochspezialisierter Mutterkuchen angesprochen werden darf. Diese Erkenntnis verdanken wir der vergleichenden grob- und feinmorphologischen sowie der physiologischen Forschung der letzten Jahre. Die um die Mitte unseres Jahrhunderts rivalisierenden Auffassungen über Bau und Strömungsverhältnisse in der menschlichen Placenta hat TÖNDURY (1943) übersichtlich dargestellt, während kürzlich BENIRSCHKE (1961 a & b) einen kurzen Leitfaden zur Routineuntersuchung der Placenta, speziell der Zwillingsplacenten, publizierte.

Der Kontakt der mütterlichen Uterusschleimhaut mit dem Trophoblasten kann bei den verschiedenen Tierarten sehr verschieden eng sein. Auf Grund dieser artspezifischen, verschieden starken Verwachsung von Chorion und Decidua hat sich für die morphologische und funktionelle Beurteilung der verschiedenen Placenten das zuerst von GROSSER (Abb. 9) und später von AMOROSO (1961), MOSS-MAN (1937, 1945, 1959) und OWERS (1960) erweiterte Prinzip als nützlich erwiesen. Es steht heute allerdings bereits in Konkurrenz zu einem ebenfalls viergliederigen, auf den placentaren Passageleistungen basierenden physiologischen System (PAGE 1957), das bereits 1954 von VILLEE (1955) vorgeschlagen und eifrig diskutiert wurde. Dieses krankt in Analogie zum morphologischen Prinzip ebenfalls an einer einseitigen Orientierung; erwünscht wäre eine beide Gesichtspunkte verbindende Einteilung.

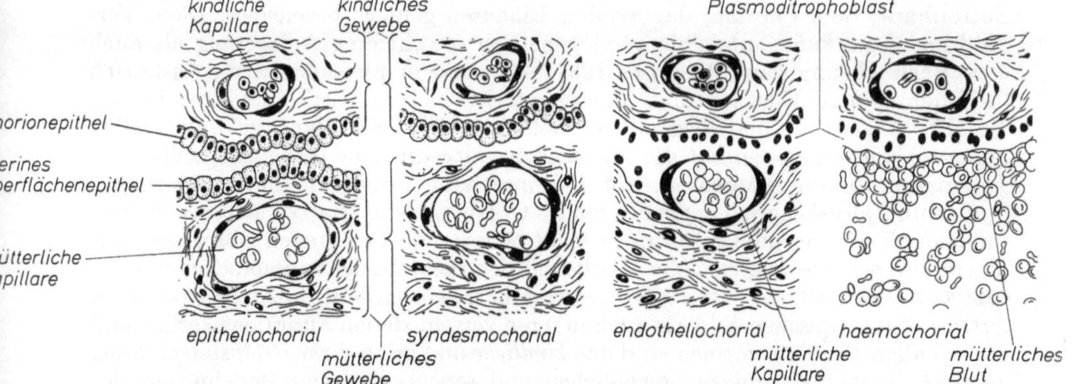

Abb. 9. Schematische Darstellung der GROSSERschen Klassifikation der vier placentaren Hauptformen (unter Verwendung einer Abbildung von AMOROSO, 1952).

Da in jedem Fall der frühschwangere, gesunde Uterus von einer intakten Schleimhaut mit Epithelüberzug ausgekleidet ist, muß beispielsweise die endothelio-choriale oder haemochoriale Placenta nach stufenweisem Gewebsabbau über ein epithelio- und dann syndesmochoriales Stadium entstehen. Es folgen sich die GROSSERschen Typen zeitlich; das gilt für die Ontogenese und in recht beschränktem Umfang auch für die Phylogenese.

Man darf aber keinesfalls schließen, wie das GROSSER noch tat, daß die epitheliochorialen Placenten recenter Säugetiere primitiv und die haemochorialen Formen, speziell die des Menschen, unbedingt spezialisiert sind. Aus der Einstufung einer Placentarform in einen bestimmten Strukturtyp sind Rückschlüsse sowohl auf die funktionelle Wertigkeit der Placenta als auch die phylogenetische Stellung der Tierform nicht zulässig. Die Evolutionslinie der Primaten zweigt nach unserer heutigen Auffassung sehr früh vom gemeinsamen Wurzelstock der echten Säugetiere, der Eutheria, ab (Abb. 10). Diese ancestrale Basis wird durch die allgemein als archaisch betrachteten Insektenfresser repräsentiert. Die placentare Entwicklungstendenz der Primaten ist durch Neigung zur Reduktion von Dottersack und Allantois mit entsprechend großer Implantationstiefe und recht frühzeitiger Ausbildung einer haemochorialen Placenta charakterisiert (STARCK 1956, 1959, 1960).

Infolge der großen Implantationstiefe des menschlichen Keimes entsteht eine vollständige Decidua capsularis, der anfangs Chorionzotten gegenüberstehen. So ist beim Menschen kein primär zottenfreies Chorion laeve vorhanden; das menschliche Chorion laeve entsteht sekundär durch Zottenverlust. Schon sehr bald nach der Nidation zeigen sich der unterschiedlichen Ernährungsverhältnisse wegen polare Differenzen im Wachstum der Fruchtblasenhülle. Aus naheliegenden Gründen wächst der Trophoblast am basalen, dem Endometrium zugewandten Pol intensiver als auf der capsularen Seite, so daß sich dort die Placenta entwickelt.

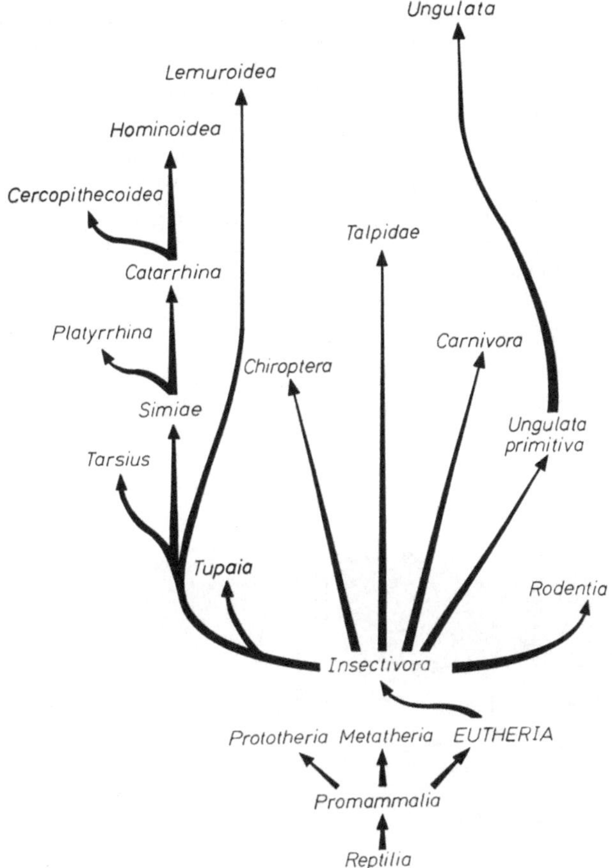

Abb. 10. Vereinfachtes Dendrogramm der evolutiven Beziehungen der Eihäute und der Placenta bei den Säugern (nach STARCK 1959).

In den letzten 15 Jahren sind Entwicklung und Reifung der menschlichen Placenta unter dem Einfluß pathologisch-anatomischer Interessen vermehrt verfolgt worden. Dieses Streben hat zu einer detaillierten Analyse der morphologischen Differenzierungsvorgänge in der Placenta geführt (BARGMANN und KNOOP 1959, BECKER 1963, HÖRMANN 1951, 1953, KNOPP 1960, 1962, ORTMANN 1960, SNOECK 1958 u. v. a.), das auch die vergleichende Placentologie vermehrt stimulierte (AMOROSO 1952, 1961, RAMSEY 1960, 1962, STARCK 1956, 1959, 1960, STRAUSS 1960, VILLEE 1960, WIMSATT 1962, WYNN 1964 usf.). Die menschliche Placenta ist wie die der nahe verwandten Menschenaffen eine einfach discoidale und haemochoriale Topf- oder Zottenplacenta (Abb. 11). Die Placenta sitzt vorzugsweise an der Rückwand des Cavum uteri (vgl. Implantationsareal S. 13), wie das auch die Placentographie bestätigt (BEHLKE, FISCHER and GODDARD 1961, COALE, RICHEY and McGANITY 1962, REID 1949, 1953). Dabei wird heute aus gesundheitlichen und praktischen Erwägungen anstelle des erst angewandten radioaktiven Natriums (BROWNE and VEALL 1950, 1952) dem radioaktiven menschlichen Serumalbumin (RISA) (BOSSART et DELALOYE 1963,

Cavanagh, Gilson and Powe 1961, Cerri, Turchetti and Zacutti 1963, Durfee and Howieson 1962, Gasso, Cisternino e Spino 1962, Hibbard 1961 [I 132], Swartz, Platt and Heafy 1963, Thaidigsman and Schulman 1964 und Weinberg, Rizzi, McManus and Rivera [I 131] 1957) oder mit Chrom 51 markierten Erythrocyten (Paul, Gahres, Albert, Terrell and Dodek 1963) der Vorzug gegenüber der Angiographie gegeben. Die Lokalisation der Placenta in vivo ist prognostisch wichtig, da nach neueren Zusammenstellungen der Sitz der Placenta die Kindslage beeinflußt (Fell 1956, Holzapfel 1940, Little 1964, Nieminen and Klinge 1963, Stevenson 1949, 1962, Torpin 1956 und Whitehead 1953) und für toxaemische Symptome verantwortlich gemacht wird (Bieniarz 1959 a & b, 1960, Friedman and Little 1958). Ferner ist die Placentarstelle nicht ohne Einfluß auf die myometrale Aktivität. So reduziert und modifiziert die Placenta lokal, vermutlich durch das placentare Progesteron (Csapo 1956 a & b, 1959), die Aktionsströme des Uterus (Järvinen, Huhmar and Unnerus 1963). So ist auf der Seite der Placentarstelle stets eine herabgesetzte Aktivität erkennbar. Auf Grund dieser Tatsachen wird es wahrscheinlich, daß die Placenta nicht nur die elektrische, sondern auch die verschiedentlich nachgewiesene, funktionelle Asymmetrie des Uterus (Bösch, Ikle und Käser 1954, Burnhill, Danezis and Cohen 1962, Caldeyro-Barcia and Poseiro 1960, Pitkänen, Krokfors and Hagner 1961) auslöst.

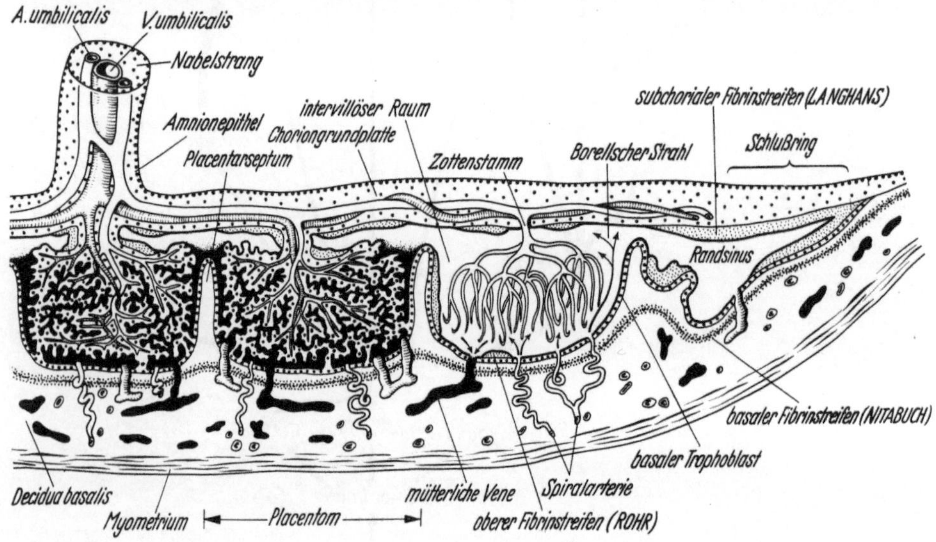

Abb. 11.   Schema der menschlichen Placenta. Im rechten Placentom ist ein Zottenstamm mit mehreren Subcotyledonen (nach Smart 1962) eingezeichnet und der intraplacentomare Kreislauf des mütterlichen Blutes dargestellt.

Das eigentliche Placentargewebe, d. h. der Mutterkuchen ohne Nabelschnur, Eihäute und Blutkoagula, wiegt etwa 500 g (Abb. 12) (Gruenwald and Minh 1961, Knopp 1960), während die gynäkologische Literatur (Hendricks 1964, Hosemann 1949, Knaus 1963) der Begleitgewebe wegen leicht höhere Werte (zwischen 500 und 600 g) (587–634 g) nennt. Davon treffen auf die Eihäute 13–14%, die Nabelschnur 5–6% und den Blutgehalt 24–26% des totalen Placentargewichtes. Zwischen Placentar- und Kindsgewicht besteht außerdem eine signifikante Beziehung, wobei sich das Gewicht der Placenta weitgehend dem endogen gesteuerten Kindsgewicht anpassen dürfte (Hosemann 1947, 1949, Knaus 1963, Walker 1954, Zschiesche und Gerlach 1963). Dabei liegen die Placentarwerte für männliche Früchte leicht über denen weiblicher. Das Volumen ist dabei vom II.–X. Monat knapp 100mal größer geworden (KNOPP 1960) (Abb. 12). Recht eindeutig ist auch die Abhängigkeit des Placentargewichtes vom Geschlecht des Kindes, dem sozialen Status der Mutter und ihrer Geburtenzahl (Abb. 13 a–c). Der Durchmesser der Placentarscheibe beträgt im Mittel 16–20 cm; sie erreicht den durchschnittlichen Endwert ihrer Dicke mit 20 mm (18–21 mm) (in situ fixiert) schon im IV. Monat, um in der zweiten Schwangerschaftshälfte nur noch der Fläche nach zu wachsen (HAMILTON-BOYD-MOSSMAN 1962, STIEVE 1942a). Dabei nimmt vor allem infolge seiner starken Wachstumskräfte das cotyledonare Kapillarbett zu, das sich während der ganzen Gravidität etwa 500fach vergrößert (CRAWFORD 1962). Der Wassergehalt ausgereifter, nicht durchströmter Placenten beträgt 83,25 Gew.-%, um nach Durchströmung auf 88,65–91,45% anzusteigen (MISCHEL 1957b mit Literaturübersicht). Aus diesen Zahlen wird ersichtlich, welche potentiellen Räume im interfibrillären Maschenwerk vorhanden sind.

Vor der Besprechung der einzelnen placentaren Bauelemente muß man sich über das *konstruktive Prinzip des Mutterkuchens* Rechenschaft geben. Als Austauschorgan verbindet und trennt die Placenta gleichzeitig; ihr Binnenraum muß bei aller Inkompressibilität gewisse Ausweichmöglichkeiten haben (FRANKEN 1954). Dazu ist die Placenta mit einem *Stützgerüst* versehen, das sie sowohl vor dem amniotischen als auch dem uterinen Druck sichert (BECKER 1963). Dieses Gerüstwerk besteht aus folgenden Elementen:
1. dem Blutgefäßsystem, das durch seine Verzweigungen und das es begleitende Faserwerk ein bis nahe an die peripheren Sinuoide reichende, fibröse Manschette hat (Abb. 14);
2. einem von den Blutgefäßen unabhängigen, kollagenen Fibrillengerüst, das in der Choriongrundplatte verankert ist, sich in den Stammzotten aufsplittert und kollagene Pfeiler bildet;
3. der decidualen Basalplatte mit den Placentarsepten (Abb. 11).
Kollagengerüst und Basalplatte sind stellenweise verbunden, so daß kindliche und mütterliche Organseite drucksicher gegeneinander verstrebt sind (TENZER 1962).

Als Topfplacenta bezeichnen wir eine Placenta mit unterteiltem intervillösen Raum (Abb. 11), den freie Zotten fast völlig ausfüllen. In diesem Zusammenhang interessiert der relative Anteil des intervillösen Raumes am Gesamtorgan Pla-

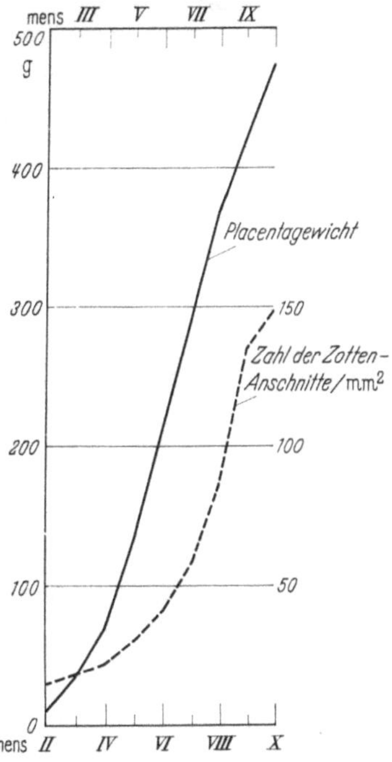

Abb. 12. Vergleich des ansteigenden (mittleren) Placenta-Gewichtes und der durchschnittlichen Zottenzahl/mm²(nach KNOPP 1960).

centa. Auf Grund stark auseinanderweichender Angaben (SALHARNICK, NEAL and MAHONEY 1956, VOKAER et VANDEN EYNDEN 1957 a, b) darf er auf etwa 25% geschätzt werden (vgl. S. 39). Es wäre irrig, sich unter intervillösem Raum einen weiten, von mütterlichem Blut durchströmten Raum vorzustellen. Die Zotten liegen in ihm vielmehr capillar aneinander, so daß ein räumliches „intervillöses Capillarsystem" (HÖRMANN 1951, 1953) entsteht. Infolge dieser engen Aneinanderlagerung der Zotten ist es zweifelhaft, ob es überhaupt gelingt, den intervillösen Raum zu punktieren (FUCHS, SPACKMAN and ASSALI 1963). Dieser Blutraum wird durch kammartig stehengebliebene Reste der Decidua, die unvollständigen Placentarsepten, in 15–30 Placentome separiert, die über ihren freien Rand hinweg miteinander in breiter Verbindung stehen (Abb. 11). Die Septen bilden niemals geschlossene Kammerwände, die eine Karunkel einzäunen würden (BECKER 1963) (Abb. 15–17). Bis vor wenigen Jahren waren die Placentarsepten noch als

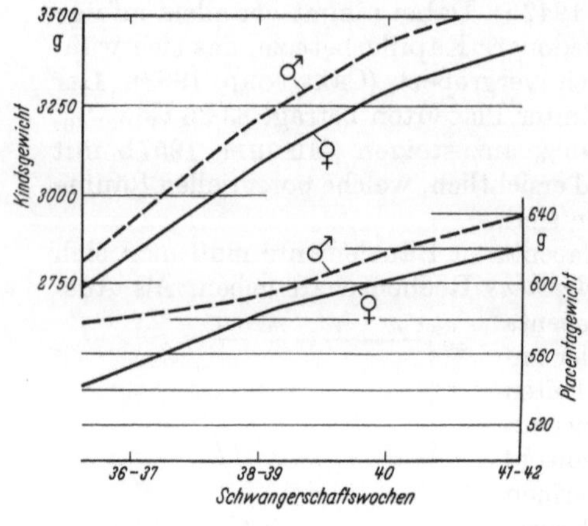

(Abb. 13a)

(Abb. 13b)

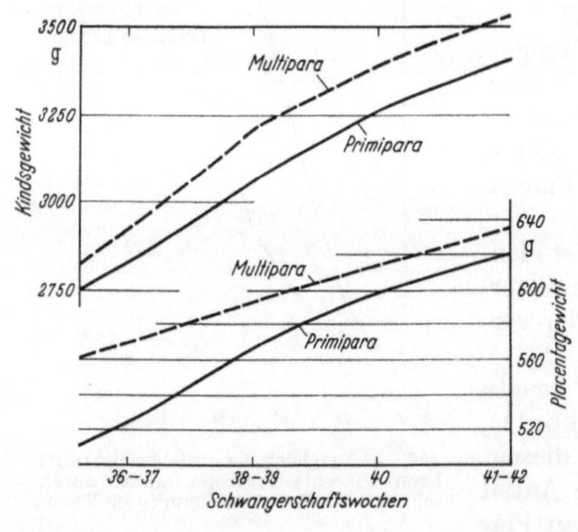

(Abb. 13c)

Abb. 13. Graphische Darstellung der Beziehung zwischen Geschlecht des Kindes und Placentagewicht (Abb. 13a), der Relationen zwischen Kinds- und Placentagewicht einerseits und sozialem Status der Mutter andererseits (Abb.13b), sowie der Beziehungen zwischen Geburtenzahl und Nachgeburtsgewicht (Abb. 13c) (nach HENDRICKS 1964)

Anhäufungen von basalem Cyto- und Syncytiotrophoblast angesprochen worden (SPANNER 1935b, STIEVE 1942a, 1956). Heute wissen wir jedoch, daß ihre Zellkerne ebenso wie die der großen Deciduainseln Sexchromatin enthalten und somit materner Herkunft sind (AUSTIN 1962, KLINGER und LUDWIG 1957, SADOVSKY, SERR and KOHN 1957, SOHVAL, GAINES and STRAUSS 1959). Mittels verschiedener Färbe- und Imprägnationsmethoden gelang kürzlich auch der Nachweis intraseptaler Bindegewebsfibrillen, auf die fetale Elemente aufgelagert sein können (WAIDL 1963 a, b) (Abb. 18–20). Somit ist der Beweis der maternen Entstehung der Scheidewände von zwei Seiten erbracht.

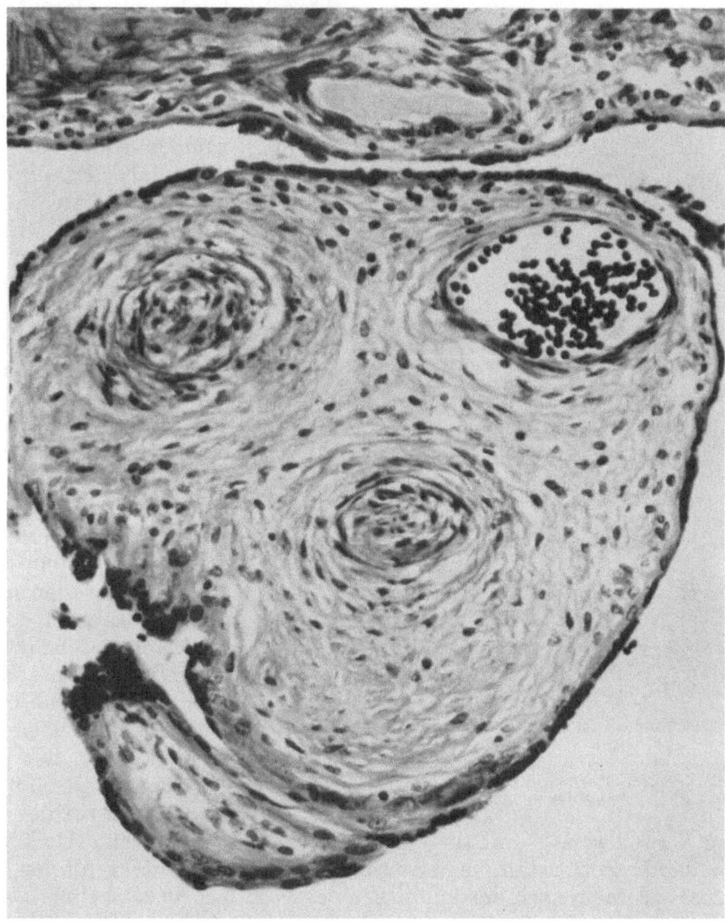

Abb. 14. Zwei muskelkräftige und von Bindegewebsmanschetten umgebene Arterien und eine Vene einer Stammzotte (IV. Reifezeichen) (Formalin. Färbg.: MASSON-GOLDNER, Vergr.: 120fach). Die Photokopien zu den Abbildungen 14 und 45 verdanke ich dem Entgegenkommen von Herrn Prof. V. BECKER (Karlsruhe).

Ein *Placentom* (Abb. 11) besteht aus einem kindlichen Anteil, der Cotyledon, deren es etwa 200 gibt (CORNER, JR. 1963), und dem mütterlichen Abschnitt, der Karunkel (Abb. 21). Erst beide Teile zusammen ergeben die morphologische wie nutritive Placentareinheit, das Placentom, das sehr oft irrtümlich als Cotyledon bezeichnet wird. Der kindliche Anteil kann sich gelegentlich und ohne Kontakt mit mütterlichem Blut oder Gewebe als gestielte Cotyledon nach der fetalen Seite des Mutterkuchens hin entwickeln (J. THOMAS 1962). Jede Cotyledon besteht aus einem, in der Choriongrundplatte verwurzelten Zottenstamm, der sich baumartig verzweigt. Nur wenige Äste tauchen in den unmittelbar unter der Choriongrundplatte gelegenen subchorialen Sinus ein. Einzelne der Spitzenzweige sind als Haftzotten in der Basalplatte verankert, die überwiegende Mehrzahl der Äste ist frei und flotiert dicht gepackt im intervillösen Raum. Der Aufzweigung eines Zottenbaumes entspricht auch das fetale, intraplacentare Gefäßnetz. Dabei sind die Arterien des Zottenstammes analog den decidualen Spiralarterien helicoidal gewunden, was möglicherweise als Reaktion auf placentare Steroidhormone angesehen und der Regulation des fetalen Blutdurchflusses dienen könnte (ROMNEY 1949). Arterieller und venöser Schenkel sind durch zwei Kapillarnetze verbunden. Das eine ist ein intravillöses, paravasculäres Netz, das Arterien und Venen kurzschließt, um eine Überlastung der Zottengefäße zu verhindern. Das andere System besteht aus auffällig weiten und kurzen Kapillaren in der Zottenperipherie. Sehr wahrscheinlich sind die Karunkeln mit den sie begrenzenden Septen bereits in der Felderung des Endometriums (vgl. S. 9), wie sie sich durch die Gefäß-

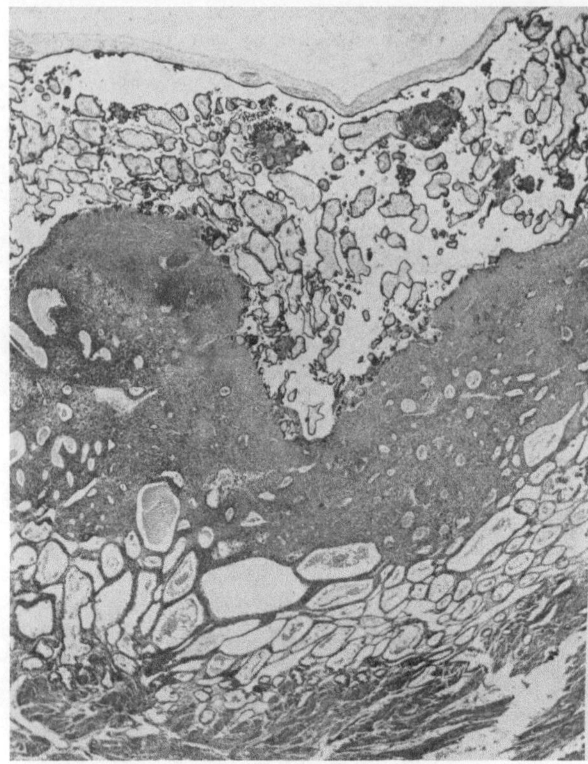

Abb. 15. Placentarseptum aus dem ersten Schwangerschaftsdrittel, das noch nicht als deutliche Trennwand imponiert (Fetus 23 mm SSL; Afa 16, 8 μ; Eisenhämatoxylin-Eosin, Vergr.: zehnfach).

versorgung der Uterusschleimhaut ergibt, potentiell vorhanden. Eine Chorionplatte, von der die Zottenstämme abgehen, schließt ohne Kontakt mit den Septen den intervillösen Raum nach der kindlichen Seite hin wie ein Deckel ab. Dadurch entsteht der die Einzeltöpfe über ihren Rand hinweg miteinander verbindende subchoriale Sinus.

Der Boden des Topfes wird von der decidualen Basalplatte gebildet, die gegen das Myometrium aus der Zona compacta deciduae und dem zwischengelagerten NITABUCHschen Fibrinstreifen (1887) besteht. Gegen den intervillösen Raum hin wird sie wie die Placentarsepten durch Chorionepithel, also von fetalen Elementen, abgedeckt. So kommt auch im reifen Mutterkuchen das Blut des intervillösen Raumes nirgends mit der Decidua in Berührung (STARCK 1955, 1959) (Abb. 11).

Die Decidua entwickelt sich im Fall einer Nidation durch fließenden Übergang aus der Tunica propria des praegraviden Endometriums. Infolge kontinuierlicher und steigender Oestrogen- und Progesteroneinflüsse (aus Ovarium und Trophoblast) wird bis zum III. Lunarmonat das Stroma vollständig decidualisiert und erreicht in dieser Zeit mit rund 7 mm seine höchste Ausdehnung (KAISER 1960). Unter *Decidualisation* verstehen wir somit die allmähliche Umformung und Vergrößerung von Stromaelementen durch Einlagerung von Fettstoffen und/oder

Glykogen in runde oder polygonale Zellen (Abb. 22–24). Parallel gehen damit eine Rückbildung und Funktionseinschränkung der in der Zona compacta gelegenen Drüsenepithelien einher, während die in der Zona spongiosa befindlichen Abschnitte der Gll. uterinae den Höhepunkt ihrer sekretorischen Aktivität erreichen (Abb. 25), nachdem bereits in der Luteinphase des Zyklus der Rückgang der glandulären Mitosen einsetzt. Im Stroma endometrii sind diese dagegen bis zum 3. Monat zu beobachten (KAISER 1960). Die beiden Schichten der Decidua sind nun etwa gleich hoch (Abb. 25). Am Ende des 3. Monats beginnt auch das Epithel des in der Spongiosa gelegenen Drüsenabschnittes sich abzuflachen, wodurch es zu einer Funktionsminderung kommt. So finden sich im letzten Schwangerschaftsdrittel nur noch schmale, endothelartig ausgekleidete und von flachen Deciduazellen umgebene Drüsenspalträume ohne Schlängelung. Die Rückbildung des Drüsenepithels geschieht dabei in Abhängigkeit von der Decidualisierung des interglandulären Bindegewebes. Je stärker dessen einzelne Zellen hypertrophieren, desto stärker wird das Drüsenepithel abgeflacht. Die wachsende Frucht bedingt erst vom 4. Fetalmonat an eine mechanische Dehnung der Decidua mit Abnahme der Schichthöhe.

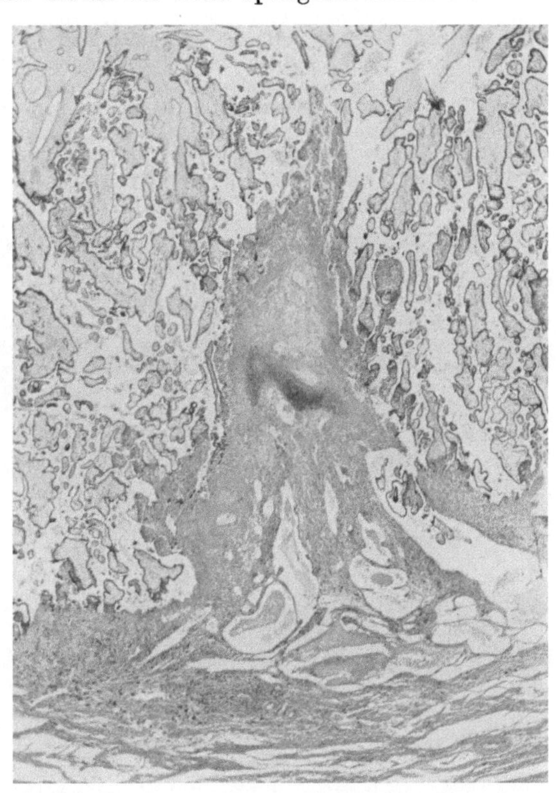

Abb. 16. Placentarseptum mit Lückenbildung des II. Trimesters, an dem zahlreiche Haftzotten festsitzen (Fetus 76 mm SSL; Afa 16, 8 μ; Eisenhämatoxylin-Eosin, Vergr.: zehnfach).

Gestalt und Aufgabe der Deciduazellen in den verschiedenen Lagen der Uteruswand dürften von Umgebungseinflüssen induziert sein. Sie unterscheiden sich vom Chorionepithel einerseits durch ihren Eisenmangel sowie ihre relative Armut an basophilem Material und andererseits durch den Reichtum an saueren Mucopolysacchariden ihrer Intercellularsubstanz und wechselnden Gehalt an Glykogen und Lipoiden (ORTMANN 1960). Die Decidua basalis wird, nachdem sie im III. Lunarmonat ihre volle Entwicklung erreicht hat, zunehmend dünner. Das geschieht sowohl durch Dehnung des Gewebes beim zunehmenden Uteruswachstum als auch durch ungenügende Ernährung des Endometriums, womit ihr Glykogengehalt ursächlich verknüpft ist.

Über die *Funktion der Deciduazellen* läßt sich recht wenig sagen. Eine gewisse Wahrscheinlichkeit hat die Auffassung für sich, daß die Deciduazellen während der Einnistung des Keimes und in den ersten Monaten der Placentation ihres Lipoid- und Glykogengehaltes wegen eine nutritive Aufgabe erfüllen (STRAUSS 1944a).

Neueste *elektronenoptische Untersuchungen* (WYNN 1965) zeigen, daß die Ultrastruktur der Deciduazellen komplizierter ist, als die Lichtmikroskopie bisher ahnen ließ. So haben sie neben ihrer Nährfunktion sehr wahrscheinlich weitere, im Augenblick noch nicht näher zu definierende Aufgaben. Die Decidua hat sowohl histologisch als auch elektronenmikroskopisch manche Charakteristika (Desmosomen) eines Epithels, während ihre mononucleären Zellen infolge der intensiven Produktion von Kollagen, dem Aufbau von Proteinen und dem damit verbundenen hohen Gehalt an DNS Fibroblasten gleichen. Diese geweblich nicht eindeutige Stellung der Decidua mag auch darin ihren Ausdruck finden, daß (nach Untersuchungen an Ratten) während der Gravidität eine Umwandlung kollagener Fibrillen in Reticulinfasern mit anschließender Rückdifferenzierung stattfinden soll (Fainstat 1964). Weitere Einzelheiten der decidualen Ultrastruktur (endoplasmatisches Reticulum, Mikrozotten, Falten der Plasmamembranen usf.) sprechen für eine sekretorische Zelleistung. Erst weitere, im Gang befindliche Untersuchungen werden hier genaueren Aufschluß geben können.

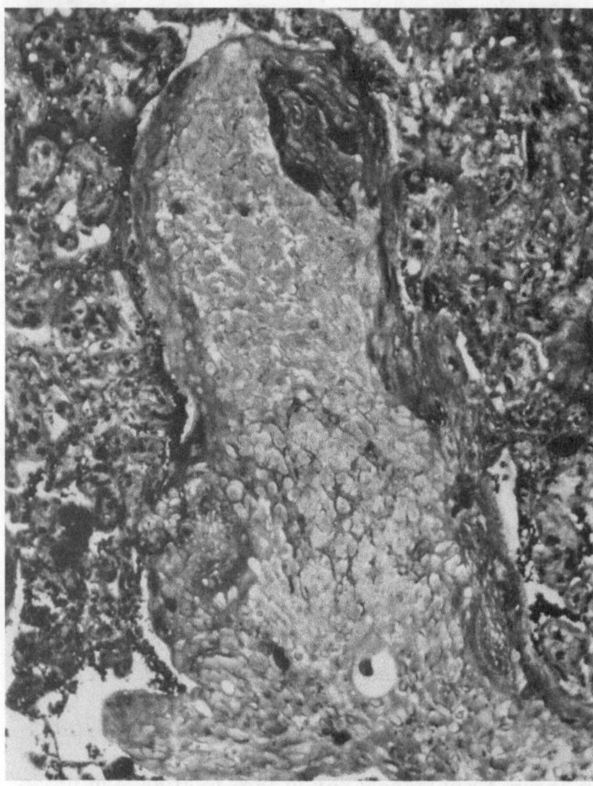

Abb. 17. Septum einer Reifplacenta mit Fibrinauf- und -einlagerungen (Susa, 8 μ; Azan, Vergr.: 70fach).

Um die Zeit des Geburtstermines dagegen dürften die Deciduazellen, wenigstens in der Basalplatte, inaktiv sein, worauf Kollageneinschlüsse hindeuten (Dallenbach-Hellweg 1961, Hamperl 1958, Wessel 1959). Dallenbach-Hellweg and Nette (1964) unterscheiden dabei große und kleine Deciduazellen, wobei sie glauben, diese spindelförmigen Elemente ihres Glykoproteingehaltes wegen als Trophoblastabkömmlinge ansehen zu dürfen. Sollte jedoch eine solche histochemisch begründete Genese, wie sie schon von Wislocki and Dempsey (1948) angedeutet wurde, zutreffen, so drängt sich des eindeutig definierten Begriffes „Decidua" wegen eine Namensänderung für die „small decidual cells" auf. Außerdem würde dadurch die Basalplatte zu einem Mischgewebe. Auch die Untersuchungen von Brettner (1964) sprechen in diesem Sinn; er konnte die Umwandlung glatter Muskelzellen der Gefäßwand in deciduaähnliche Zellen oder sogar in vielkernige Riesenzellen beobachten. Der Gehalt der Decidua an Enzymen unterscheidet sie deutlich vom Trophoblast und kann zur Differenzierung beider Gewebe herangezogen werden (Tab. 2) (Wachstein, Meagher and Ortiz 1963). Recht beachtenswert ist die Beobachtung, daß in den Drüsenzellen der Decidua Phospholipoide und gelegentlich doppelbrechende Materialien nachzuweisen sind; sie könnten materne Bausteine zur fetoplacentaren Steroidsynthese sein (Ortmann 1955). Rein morphologisch fällt an der reifen Decidua (etwa vom 4. Monat an) ihr besonders lockerer Bau auf; dichte Venenplexus und stark erweiterte sowie gewundene Uterindrüsen mit nur wenig interglandulärem und -vasalem Stroma, durch das auch noch die Endäste der Spiralarterien ziehen, füllen den Raum zwischen Myometrium und Basalplatte aus. Nach der Placentarperipherie hin verdichtet sich jedoch die Decidua basalis.

Mit zunehmender Verzahnung von Trophoblast und Decidua tritt an ihrer Kontaktstelle eine Schicht acidophilen Fibrins auf, das aus eröffneten mütterlichen Bluträumen und degenerierten Deciduazellen stammt (PAINE 1957, WISLOCKI and BENNETT 1943). Auf dem trophoblastischen Zottenüberzug wie auf den Wänden der Bluträume und dem basalen Trophoblast kommt es mit einsetzendem Senium der Placenta durch Degeneration und Abbau des Chorionepithels stellenweise zu weiterer Fibrinablagerung (hypo- oder subchorialer Fibrinstreifen (LANGHANS

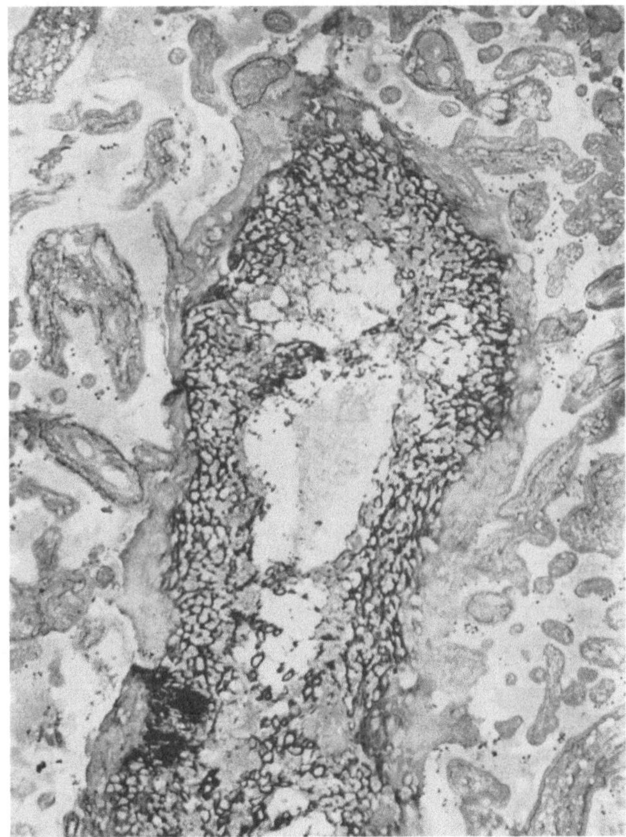

Abb. 18. Oberrandnaher Schnitt durch das Placentarseptum (einer 34 cm langen ♂-Frucht) mit decidualem, im Zentrum bereits in Auflösung begriffenen Gitterfaserwerk (Aldehydfuchsinfärbung nach MASKE 1955 [Vergr.:] 50fach) (aus WAIDL 1963a).

1877) und oberer Fibrinstreifen (ROHR 1899) (Abb. 11); dennoch handelt es sich, da Fibrin im gesunden Endometrium nicht vorkommt (PICOFF and LUGINBUHL 1964), um einen normalen physiologischen Vorgang, über dessen funktionelle Bedeutung wir noch keine Klarheit haben (LITTLE and PHILLIPS 1962).

Das kindliche Blut wird der Placenta gewöhnlich durch zwei *Arterien allantoider Genese* zugeführt, die sich um die *V. umbilicalis* ranken. In ungefähr 1% der Fälle von Einzelschwangerschaft fehlt eine A. umbilicalis, während es bei Zwil-

Tabelle 2. *Die histochemischen Charakteristika der verschiedenen Cytotrophoblast-Arten*
(Die *kursiv* gesetzten Enzyme dienen der Differenzierung) (nach McKay *et al.* 1958)

	I. Langhanszellen	II. Chorion laeve	III. Zellsäulen	IV. basal. Trophoblast	V. Placentarsepten
unreife Placenta	RNS Glykogen Glykogen nimmt mit Ausreifung der Placenta ab	unspezifische Esterase 5-Nucleotidase *alkalische Phosphatase* *Glykogen* Glykogen bleibt erhalten	RNS Glykogen	5-Nucleotidase *RNS* *saure Phosphatase* *Glykogen* Glykogen nimmt mit Ausreifung der Placenta ab	unspezifische Esterase *RNS* *saure Phosphatase* Glykogen Glykogen nimmt mit Ausreifung der Placenta ab
reife Placenta	VI. ischaemische Zotten *Glykogen* *RNS*	unspezifische Esterase 5-Nucleotidase *alk. Phosphatase* *Glykogen*		unspezifische Esterase 5-Nucleotidase *RNS* *saure Phosphatase*	unspezifische Esterase 5-Nucleotidase *RNS* *saure Phosphatase*

lingsschwangerschaften 3,5% sind; dabei ist nicht klar, ob es sich um eine Atrophie oder Aplasie handelt (BENIRSCHKE, SULLIVAN and MARIN-PADELLA 1964). Gendefekte dürften dabei keine große Rolle spielen (SEKI and STRAUSS 1964). Auch

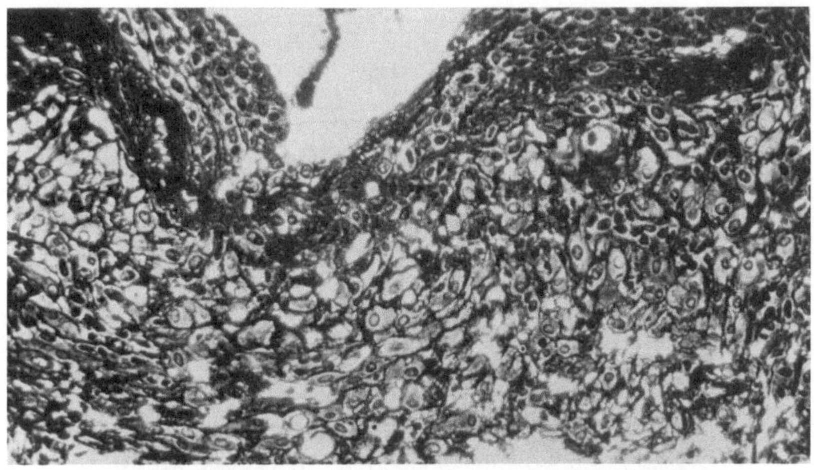

Abb. 19. Rückbildungserscheinungen am Reticulinfaserwerk im Zentrum eines Placentarseptums (zu einer 16 cm langen ♂-Frucht) (Silberimprägnation nach GÖMÖRI) (Vergr.: 150fach) (aus WAIDL 1963 a).

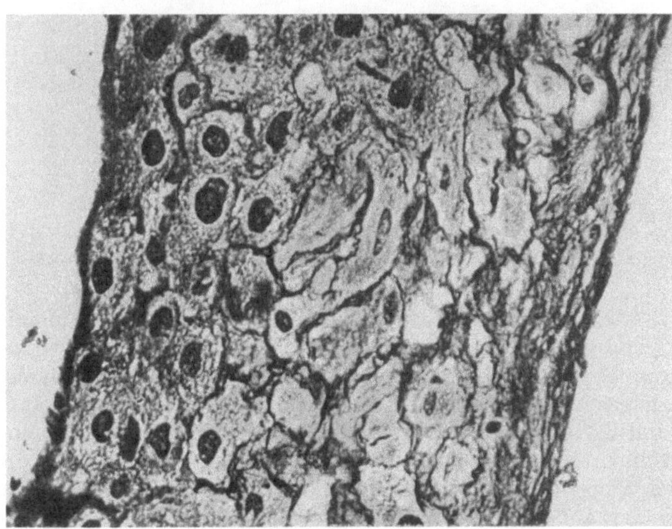

Abb. 20. Silberfasernetz mit regressiven Veränderungen aus einer großen Deciduainsel (Silberimprägnation nach GÖMÖRI) (Vergr.: 575fach) (aus WAIDL 1963 b). — Die Vorlagen zu den Abb. 18—20 überließ mir in sehr dankenswerter Weise Herr Prof. E. WAIDL (München).

J. THOMAS (1963) hat sich eingehend mit dem Problem der Nabelgefäßanomalien befaßt und fand solche bei Einlingen in 0,5 bzw. bei Mehrlingen in 4,3% von 9376 Geburten. Auf der fetalen Placentaroberfläche anastomosieren die Arterien nach einem recht variationsreichen Muster (PRIMAM 1959), dessen hauptsächliche

Formen Abb. 26 zeigt. Die arteriellen Querverbindungen mögen helfen, den fetalen Blutdruck in den einzelnen Cotyledonen während der uterinen Kontraktionen auszugleichen (PANIGEL 1962). Die weitere Aufzweigung wurde noch kürzlich als

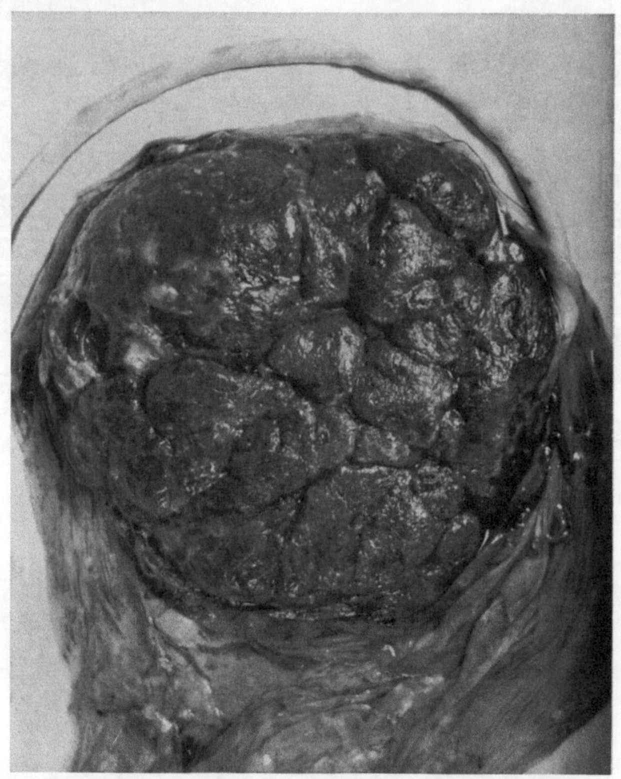

Abb. 21. Ansicht der mütterlichen Seite einer frisch geborenen Placenta mit deutlichen Karunkeln und ihren Grenzen.

sternförmig (FLORANGE und HÖER 1958, FRANKEN 1958) mit Aufsplitterung in primäre bis tertiäre Gefäßgruppen (Bøe 1953, 1954) angesehen. Neueste Untersuchungen konnten jedoch zeigen, daß sich die drei aus der Anastomose ergebenden Segmentarterien auf der kindlichen Placentaroberfläche in Abhängigkeit von der Nabelschnurinsertion aufspalten (BACSICH and SMOUT 1938). Bei einer Insertio centralis sind die drei Primärgefäße etwa gleich groß, so daß auch die drei Primärabschnitte der Placenta ungefähr gleiche Größe haben. Die etwa zirkuläre Verbindungslinie der äußersten Gefäßeintrittsstellen in die Placentarsubstanz, der Margo internus, begrenzt das Ausbreitungsgebiet der Umbilicalgefäße, während die peripher von diesem Rand gelegene Übergangszone von Chorium frondosum in Chorion laeve als Margo externus bezeichnet werden kann (BÜHLER 1964). Zwischen dem äußeren und inneren Rand liegt der nicht immer vollständig vorhandene Schlußring, dessen Fehlbildungen zu einer *Placenta circumvallata* oder *Placenta marginata* führen können (Abb. 27). Die Insertio marginalis ist meist durch das Fehlen des einen der drei arteriellen Hauptäste charakterisiert (SMART 1962). Die primären Segmentarterien ziehen geschlängelt auf der fetalen Placentarfläche weiter, um sich meist dichotom, seltener trichotom, in eine oder zwei

Folgen sekundärer Äste aufzuspalten. Diese teilen sich in tertiäre, cotyledonare
Arterien, die in das Placentargewebe eintreten und damit von der Choriongrundplatte kommend, als fetaler Zottenhauptstamm (= Zottenstamm I. Ord-

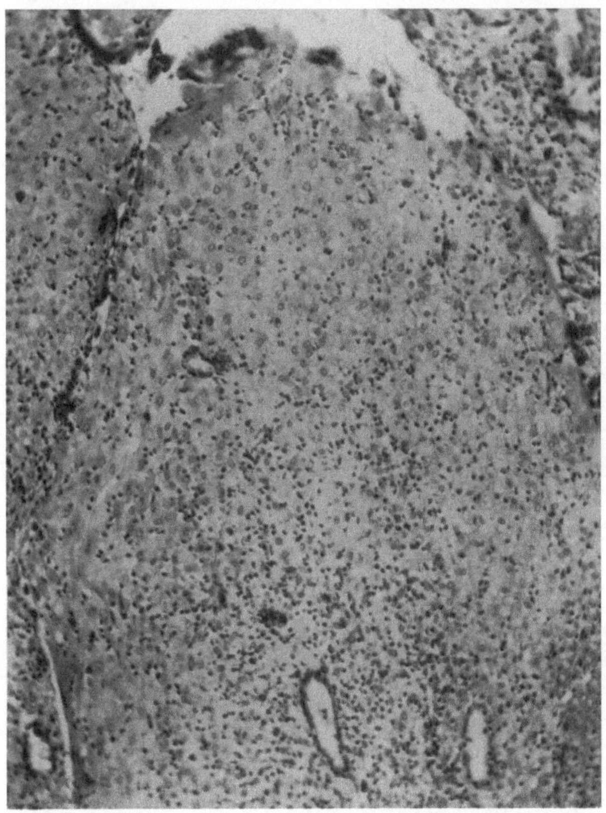

Abb. 22. Decidua parietalis — mens III. Die Abbildung zeigt eindrücklich die von oben nach unten fortschreitende Decidualisierung. (Susa, 8 μ; H.-E., Vergr.: 70fach).

nung) (SNOECK 1958, 1961) in jeden von den Septen begrenzten Bluttopf ein-
tauchen (Abb. 28). Jeder Hauptstamm teilt sich nach kurzem Verlauf, etwa auf
Höhe eines Karunkeleinganges, am Hilus einer Cotyledon kronenförmig in 2–5 sub-
cotyledonare Gefäße (Stämme II. Ordnung). Jedes *subcotyledonare Gefäß* bildet
das arterielle Zentrum einer kugelförmigen Subcotyledon von ungefähr 1 cm
Durchmesser (Abb. 29), die auf Grund ihrer relativ konstanten Form, Größe und
Gefäßanordnung als die fetale und unabhängige Placentareinheit angesehen wird
(PANIGEL 1962, SMART 1962). Etwa 4–5 Subcotyledonen bilden die kindlichen
Strömungseinheiten einer Cotyledon, deren 15–20 die Placenta fetalis bilden
(Abb. 30–31). Am Hilus subcotyledonis geschieht die weitere dichotome Auf-
teilung in Stämme III. Ordnung (Abb. 32) (FLORANGE und HÖER 1958, FRANKEN
1954, 1958, PETER 1950, WILKIN 1954, 1958, 1960). Diese Äste ziehen tonnenartig
um eine virtuelle mediane Achse angeordnet nach der Basalplatte, wo von den
größeren fetalen Arterien kleinere Zweige ins mütterliche Gewebe ziehen und
wahrscheinlich den Haftzotten zur besseren Verankerung dienen (Abb. 33)
(CRAWFORD 1956b). Diese choriodecidualen Gefäße dürften in der älteren Literatur
(SPANNER 1935a) so verwirrend gewirkt haben. Innerhalb einer Subcotyledon

liegen Arterien und Venen, im Gegensatz zur kindlichen Oberfläche, dicht beisammen; hier finden sich auch keinerlei Gefäßanastomosen, jedenfalls keine durch

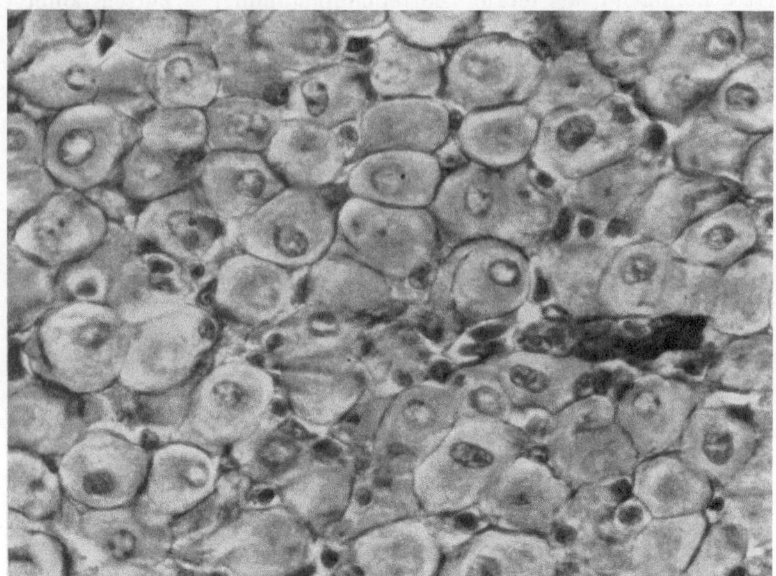

Abb. 23. Decidua basalis — mens IV (Embryo 95 mm SSL). Die einzelnen Zellen sind von einem kräftigen, kollagenen Fibrillennetz umgeben (10 μ; Azan, Vergr.: 420fach).

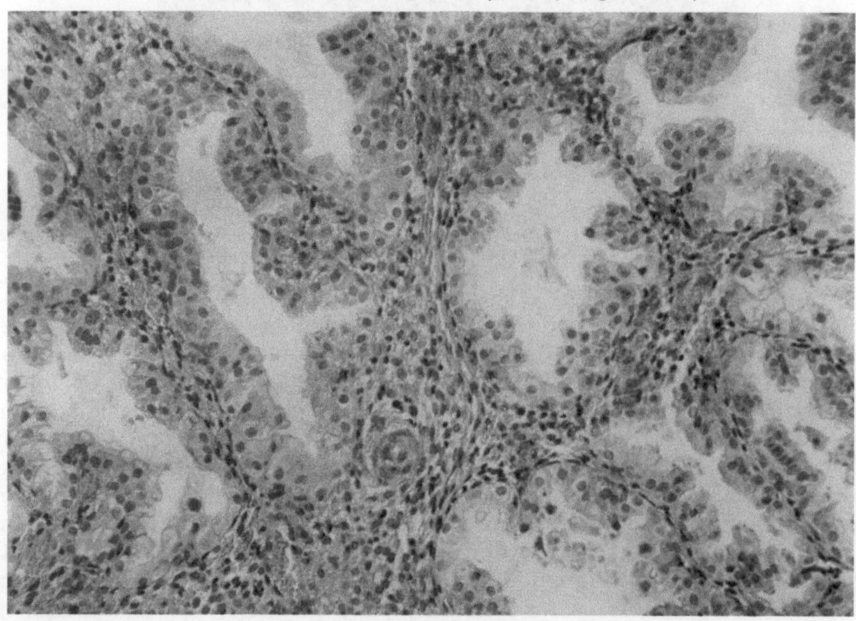

Abb. 24. Hochaktive Uterindrüsen aus der Decidua basalis bei einem 16 Tage alten Menschenkeim (Vergr.: 160fach).

das Injektionsverfahren nachweisbare arteriovenöse Anastomosen (SMART 1962), wie sie von DANESINO (1950 a & b) und LEMTIS (1955) demonstriert werden konnten.

Das placentare, fetale Gefäßsystem ist auf Grund seines Muskelgehaltes bestimmt aktiv an der *umbilicalen Zirkulation* beteiligt; wieweit dabei die im Chorion

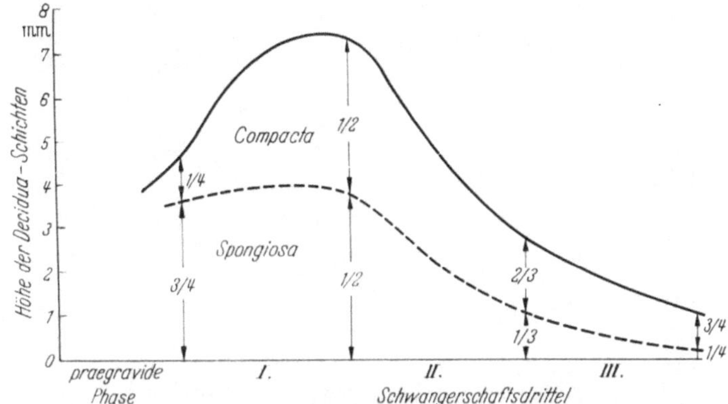

Abb. 25. Graphische Darstellung der im Laufe der Gravidität wechselnden Dicke der beiden Deciduaschichten (nach KAISER 1960).

Abb. 26. Die drei Hauptformen der fetalen Arterienanastomosen auf der Placentaoberfläche (nach SMART 1962).

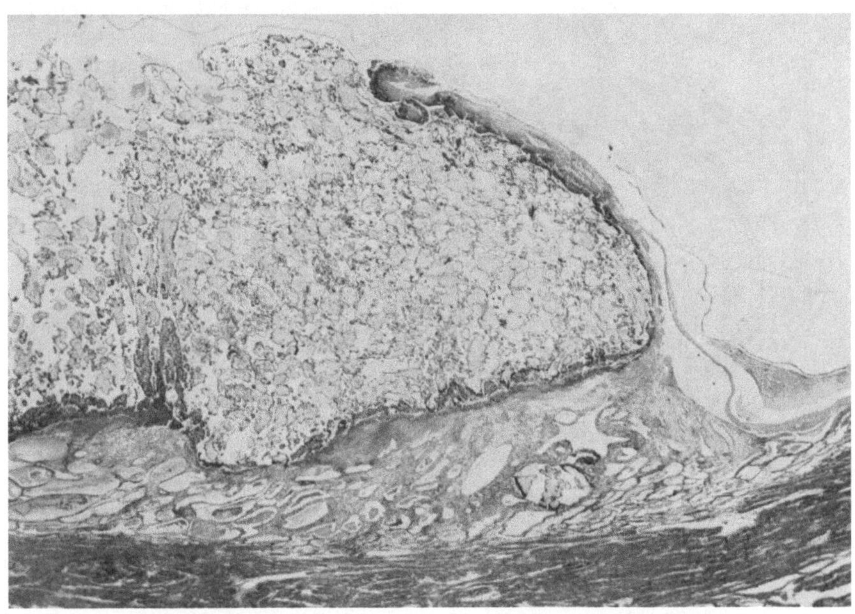

Abb. 27. Placenta circumvallata vom IV. Monat (Afa 16, 8 μ; Eisenhämatoxylin-Eosin, Vergr.: 4fach).

verschiedentlich nachgewiesenen glatten Muskelelemente (Zusammenstellung bei KRANTZ and PARKER 1963) mitwirken, ist aus den bisher vorgelegten Versuchs-

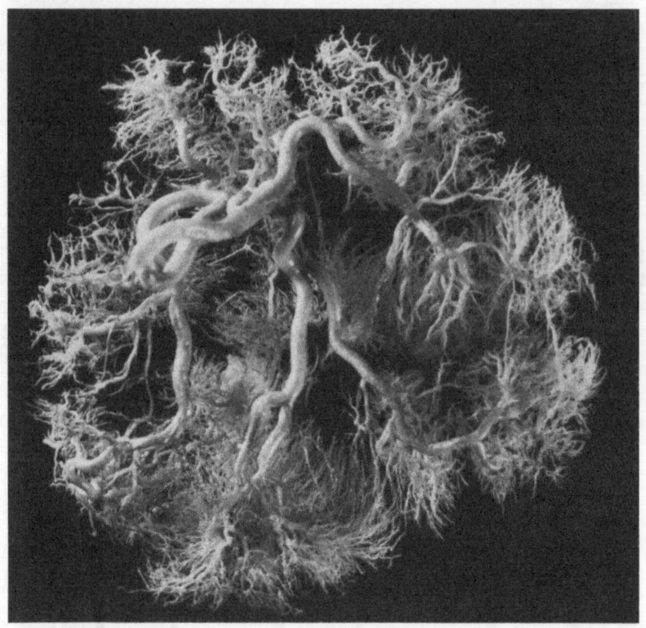

Abb. 28. Korrosionspräparat der kindlichen Arterien einer menschlichen Placenta — Ansicht der fetalen Seite. Die Aufzweigung der Zottenstammgefäße in die einzelnen Cotyledonen ist gut zu verfolgen.

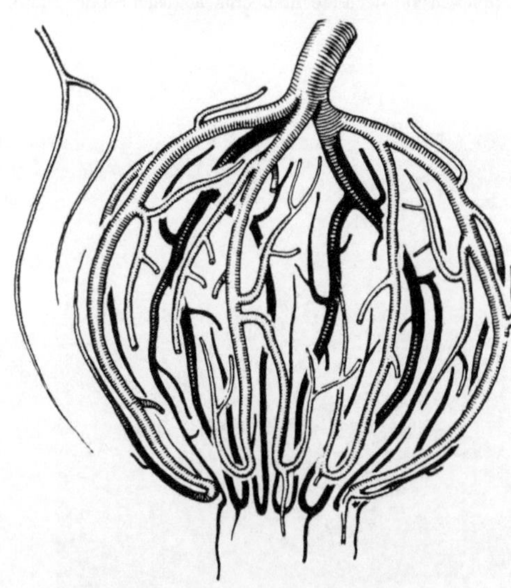

Abb. 29. Schematisches Bild der arteriellen Gefäße einer Subcotyledon (nach SMART 1962).

ergebnissen nicht klar erkennbar (vgl. S. 38). Der intraplacentare fetale und arterielle Blutdruck wird mit 60 und der venöse mit 30 mmHg angegeben (CRAWFORD 1962). Leider sind die in Tierexperimenten erzielten Ergebnisse (DAWES 1962 a & b) nicht unbesehen auf den Menschen übertragbar; immerhin mag auch hier die Feststellung Gültigkeit haben, daß der Hauptwiderstand für den fetalen Blutstrom im Nabelschnurkreislauf liegt und daß mit steigendem Schwangerschaftsalter und erhöhtem Fruchtgewicht die umbilicale Durchblutungsrate zunimmt, um überhaupt die fetalen Lebensbedingungen aufrechterhalten zu können. An eine nervöse Steuerung der fetoplacentaren Gefäße, die im ersten Viertel dieses Jahrhunderts gelegentlich vermutet (ARGAUD 1922, FOSSATI 1905, MABUCHI 1924) und gleich anschließend von GROSSER (1927) auf Grund negativer Befunde abgelehnt wurde, ist bei den nur wenig überzeugenden Argumenten und Präparaten von KERNBACH (1963) und TEN BERGE (1962, 1963) nicht zu denken.

Die *Arterien der Cotyledonen* mit ihren Seitenästen werden als Endarterien angesehen (ORTMANN 1960). Das für den Austausch so wichtige Kapillarnetz liegt erst im Zottenende (vgl. S. 42) und damit nahe am mütterlichen Blut. Es zerfällt

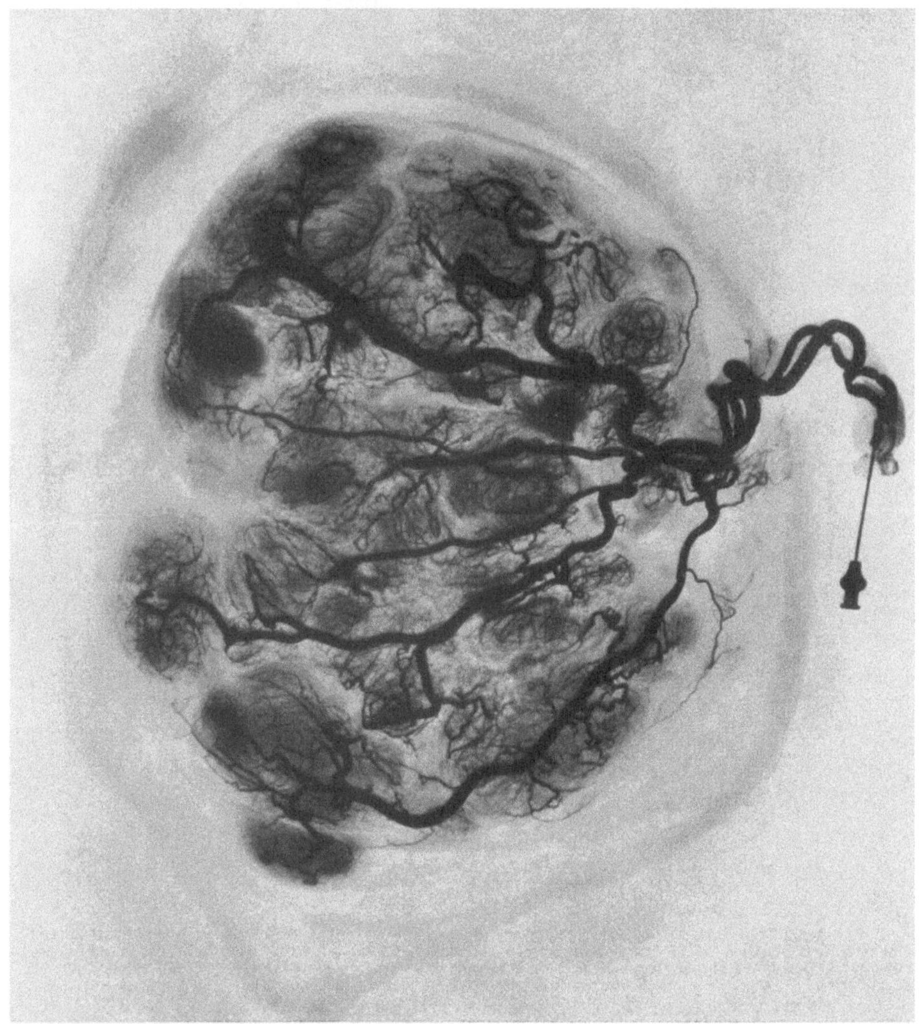

Abb. 30. Röntgenbild einer feto-arteriell mit Kontrastmittel injizierten, reifen Placenta. Man beachte die deutliche Abgrenzung der Cotyledonen, deren Gefäßsystem gelegentlich durch zarte Anastomosen verbunden ist.

nach einhelliger Auffassung in die netzig um die größeren Zottenäste bzw. -stämme gelegten paravasculären Kapillaren und in das eigentliche Kapillarbett. Dieses periphere und langschenkelige Netz ist reich gegliedert und stark geknäuelt (CRAWFORD 1956 a–c, 1962). Die Gesamtlänge des fetalen Gefäßsystems in der reifen Placenta wird mit 50 km angegeben. Ob das fetale Herz die alleinige Druck- und Saugpumpe für den kindlichen Placentarkreislauf darstellt (s. o.) (CORNER, JR. 1963), ist nach Durchströmungsversuchen von PANIGEL (1962a) fraglich; dieser konnte deutliche vasokonstriktorische Eigenschaften der Zottengefäße und erhöhte Ansprechbarkeit der Gefäßmuskulatur bei einer optimalen Sauerstoff-Kohlendioxyd-Mischung der Spülflüssigkeit nachweisen. Die poren-

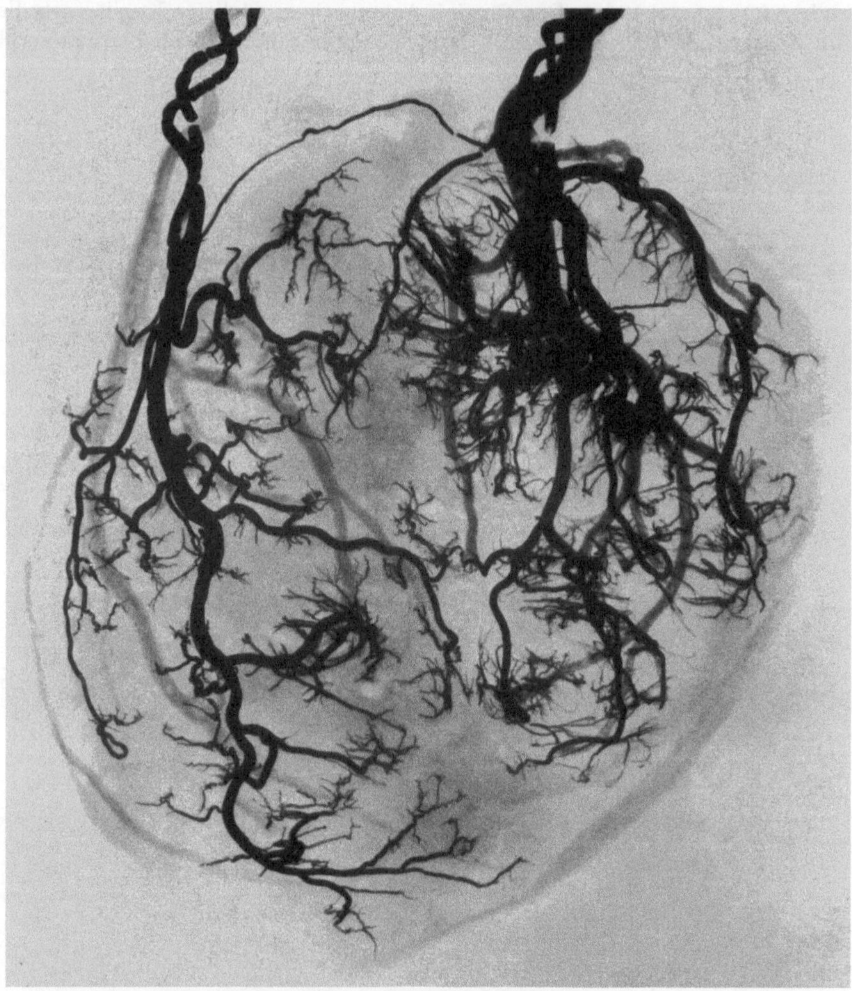

Abb. 31. Röntgenbild einer arteriell und venös injizierten eineiigen Zwillingsplacenta mit mehrfachen Anastomosen zwischen beiden Placenten. — Die Röntgenaufnahmen zu den Abb. 30 und 31 hat mir in freundschaftlicher Weise Herr Dr. W. ZÜRCHER (Leiter der Strahlenabteilung des Frauenspitals Basel-Stadt [Direktor: Prof. Dr. Th. Koller]) überlassen, wofür ich ihm herzlich danke.

freie, endotheliale Gefäßwand dürfte sich außerdem mit Unterstützung ihrer Pericyten aktiv an den transplacentaren Transportleistungen beteiligen, die, nach elektronenmikroskopischen Bildern zu urteilen, durch stark erweiterte interzelluläre Lücken zu geschehen scheinen(ANH et PANIGEL 1964). An dieser Stelle sei noch angefügt, daß die Verteilung kernhaltiger Erythrocyten im fetoplacentaren Gefäßsystem nicht einheitlich zu sein scheint; es finden sich im Nabelschnurblut in allen Phasen der Gravidität mehr kernhaltige Rote als in den Zottenkapillaren (ANDERSON 1941).

Die sphincterartigen Sperrvorrichtungen in den fetoplacentaren Venen, deren Bedeutung für die Erleichterung der Resorption bis vor wenigen Jahren so lebhaft diskutiert wurde, konnten in neueren Arbeiten nicht mehr bestätigt werden (ORTMANN 1960).

Für die *Anordnung der mütterlichen Blutbahnen und der fetalen Gefäße* ergeben sich ganz allgemeine Gesetzmäßigkeiten, auf die MOSSMAN (1926) bei der Kaninchenplacenta zuerst hingewiesen hat. Wir finden bei den sogenannten Labyrinthplacenten, daß der Blutstrom in den mütterlichen und kindlichen Gefäßen gegenläufig gerichtet ist (MOSSMANsche Regel). Das materne Blut fließt dabei in den für die Resorption entscheidenden Gefäßstrecken von der kindlichen zur mütterlichen Seite des Mutterkuchens. In den fetalen Gefäßen läuft der Blutstrom gerade umgekehrt. Dieses *Gegenstromprinzip* hat gegenüber der Parallelanordnung, wie sie lange und vor allem im SPANNERschen Schema (1935) für die Topfplacenta behauptet wurde, wesentliche Vorteile für die Diffusionsleistung. Heute sind auch die Strömungsverhältnisse in der Topfplacenta eindeutig geklärt; sie haben in den letzten Jahren durch eine vorbildliche morphologische und physiologische Zusammenarbeit die erforderliche Aufklärung erfahren (RAMSEY 1954, 1955, 1959 a & b, 1960, 1962, RAMSEY, CORNER, JR., and DONNER 1963 a & b,

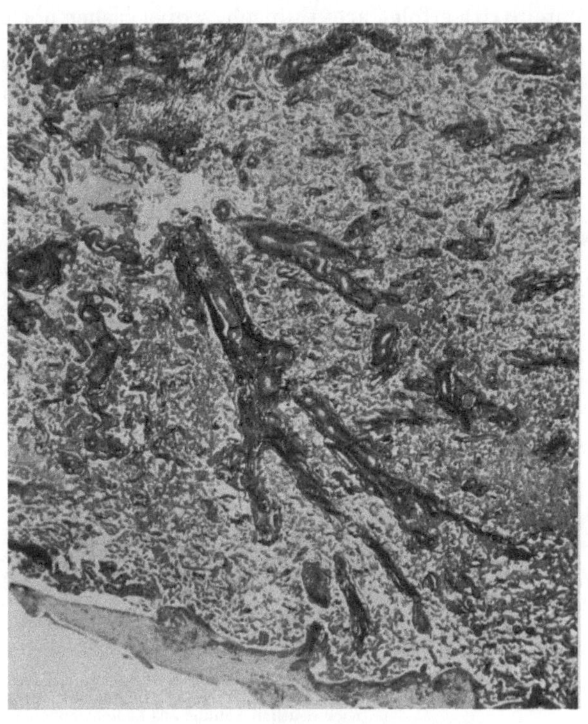

Abb. 32. Aufzweigung eines fast längsgetroffenen Zottenstammes in einer Geburtsplacenta (Susa, 10 μ; Azan, 10fach).

RAMSEY, CORNER, JR., DONNER and STRAN 1960, 1962, RAMSEY, CORNER, JR., LONG and STRAN 1959).

Um den maternen Blutkreislauf im intervillösen Raum zu verstehen, ist daran zu erinnern, daß die Placenta, wie neuere Untersuchungen vielfältig bewiesen haben, aus mehr oder weniger getrennten Strömungseinheiten, den Placentomen (Abb. 11), besteht, wie das bereits BUMM (1890, 1893, 1963) nachdrücklich vertreten hat und wie es neuerdings radiologisch an der Macacen-Placenta nachgewiesen werden konnte (RICHART, DOYLE and RAMSAY 1964). Das mütterliche Blut fließt darin ausschließlich durch die basal gelegenen uteroplacentaren Arterien in den intervillösen Raum ein, wobei der mütterliche Blutdruck die einzige treibende Kraft ist (CRAWFORD 1962, RAMSEY, CORNER, JR., DONNER and STRAN 1962). Dem wird von KRANTZ and PARKER (1963) entgegengehalten, daß jedenfalls im Experiment die Haftzotten durch ihre rhythmische Konzentration die Zirkulation im intervillösen Raum zu unterstützen scheinen (KRANTZ, PANOS and EVANS 1962). Auch hier ist mit Bedauern anzufügen, daß die weitschichtigen tierexperimentellen Resultate (HUCKABEE 1962) des mütterlichen, placentaren Durchflusses aus verschiedenen Gründen nicht auf den Uterus simplex humanus zu übertragen sind. Die 150–200 uteroplacentaren Arterien sind spiralisiert, zeigen eine gewisse funktionelle Unabhängigkeit und münden mit einer engen Mündungsdüse am Boden der einzelnen Blutkammer. Die Ausströmungsöffnungen der Spiralarterien sind dabei vorzugsweise diffus im Placentom verteilt; die sie passierende Blutmenge scheint ihrerseits vom Kaliber des Arterienastes abhängig zu sein, von welchem die betreffende A. helicoidalis abzweigt (Marais 1962). Der Bluteintritt erfolgt arhythmisch, wobei bisher noch keine Anhaltspunkte für die

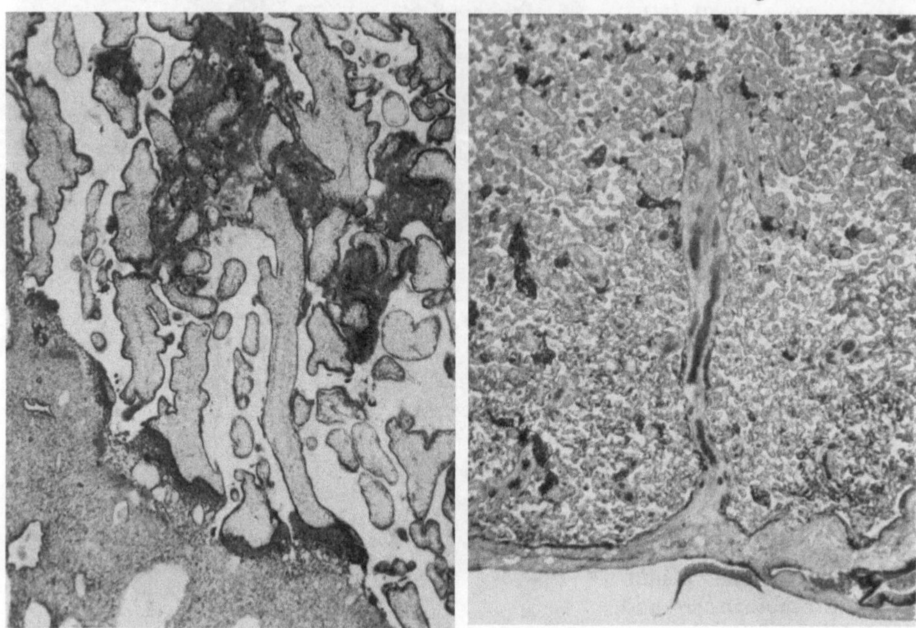

Abb. 33 zeigt links Haftzotten aus einer Placenta des IV. Monats (Afa 16, 10 μ; H.-E.) und rechts die einer Geburtsplacenta (Susa, 10μ; Azan) (Vergr.: 20fach für beide Aufnahmen). An den Haftzotten der jüngeren Placenta sind noch deutlich Schuhe aus Säulentrophoblast erkennbar.

Steuerung des mütterlichen Blutstromes vorliegen (Martin, McGaughey, Kaiser, Donner and Ramsey 1964). Aus den Einspritzdüsen mit einem ungefähren Durchmesser von 1 mm (Krantz 1958) steigt das afferente Blut als Borellscher Strahl infolge der Druckdifferenz von 60–80 mmHg (Ramsey 1954) zwischen mütterlichen Arterien und intervillösem Raum bis zur Choriongrundplatte auf, an der er sich, wie es die Cineradiographie lehrt (Richart, Doyle and Ramsay 1964), seitwärts ausbreitet. Die Druckdifferenz im diastolischen Uterus wird sonst mit zwischen 9,8 und 15 mmHg liegenden Werten angegeben (Crawford 1962, Hellman, Tricomi and Gupta 1957, Hendricks, Quilligan, Tyler and Tukker 1959, Prystowsky 1958). Aus dem subchorialen Sinus sickert das Blut langsam nach den Venentrichtern im basalen Teil der Placenta hin ab (Kladetzky-Haubrich 1952, Kölliker 1884), wo entsprechend dem Druck in den Beckenvenen ein Druck von 8 mmHg herrschen dürfte. Auf diesem Rückweg streicht das mütterliche Blut im Gegenstrom zum fetalen Blut an den Chorionzotten vorbei und erlaubt infolge der reduzierten Geschwindigkeit den feto-maternen Austausch. Die einzelne Blutkammer wird darnach brausenartig von oben gefüllt (Abb. 11); somit besteht eine gewisse funktionelle Analogie zur Labyrinthplacenta. Wir stellen uns vor, daß der Einfluß des mütterlichen Blutes in das intervillöse Kapillarsystem durch materne vasomotorische Regulationsmechanismen, wie wir sie von tierischen Placenten kennen (GOETZ 1936, SPANNER 1935, STRAUSS 1943) kontrolliert wird (BORELL, FERNSTRÖM und WESTMAN 1958, RAMSEY 1959, 1960). Dadurch kann sowohl eine Überflutung des intervillösen Raumes vermieden als auch seine Füllung dem jeweiligen Bedarf angeglichen werden. Als gemeinsames Expansionsgefäß der Placentome funktioniert der subchoriale Sinus. Randsinus kommen zwar regelmäßig vor, sind aber keine Hauptabflußbahn aus dem intervillösen Raum, sondern dürfen nur als relativ zottenfreie Teile des intervillösen Raumes aufgefaßt werden. Da die Placentarsepten keine lückenlosen Trennwände sind, besteht das Überlaufprinzip wohl zu Recht, nur funktioniert darin der Randsinus als Ausgleichsbecken. Nach diesen Darlegungen dürfte auch die von SPANNER (1935a) geäußerte und seither verschiedentlich wiederholte Ansicht, die reife Placenta stelle eine arterio-venöse Fistel im mütterlichen Kreislauf dar, schon von morphologisch-funktionellen Gesichtspunkten aus als unzutreffend widerlegt sein. Im übrigen ergaben sich bei physiologischen Untersuchungen keine Unterschiede in der Umstellung der haemodynamischen Belastung vom nichtschwangeren zum graviden Zustand; vielmehr passen sich im Gegensatz zu einem echten Kurz-schluß Herz und Kreislauf an (VALENTIN, HORATZ, KANN und SCHNEPPENHEIM 1962).

Bei einem *Anteil des intervillösen Raumes* von vielleicht *25% am Gesamt-volumen der Placenta* (vgl. S. 21) wird seine *Kapazität mit 175–250 ml* angegeben (JONEN 1927, ROSA et DE BLICOK 1957, VOKAER et VANDEN EYNDEN 1958). Das Minutenvolumen beträgt bei einer Sicherheitsmarge von etwas über 50% ungefähr 500–600 ml, wobei der Uterus ungefähr 25 cm^3 und der Fetus etwa 5 cm^3 O_2-min verbrauchen (BROWNE 1958, 1962, BROWNE and VEALL 1953, RAMSEY 1962, ROMNEY, METCALFE, REID and BURWELL 1959). In den letzten Schwangerschafts-wochen sinken choriodeciduale und myometrale Durchblutung allerdings leicht ab (DIXON, BROWNE and DAVEY 1963). Der arterielle, fetoplacentare Blutdruck wird gleichzeitig auf 50 und der venöse auf 25 mmHg geschätzt (MARGOLIS and ORCUTT 1960). Den Sauerstoffpartialdruck im intervillösen Raum geben QUILLIGAN and CIBLIS (1964) mit 42,0 mmHg an. So ist bei diesen Druckdifferenzen eine recht lebhafte Zirkulation anzunehmen. Bei dem Durchfluß handelt es sich jedoch nicht um einen gleichmäßigen, konstanten Blutstrom, sondern um eine von den Uterus-kontraktionen stark beeinflußte Zirkulation (BORELL, FERNSTRÖM, OHLSON and WIQVIST 1964). Während des Durchganges der Kontraktionswelle wird der uteroplacentare Blutstrom verlangsamt oder sogar völlig blockiert, womit auch die Sauerstoffspannung im intervillösen Raum herabgesetzt wird (QUILLIGAN and CIBLIS 1964).

Sowohl am mütterlichen Pol der kindlichen Strömungseinheit als auch auf dem ganzen Weg der Äste der 3. Stufe gehen gefäßhaltige Seitenzweige ab, die zu den definitiven Zotten werden und frei flottierend in den mütterlichen Blutsee eintauchen. Sie werden vor allem in der zweiten Schwangerschaftshälfte unter Reduktion des Einzeldurchmessers stark vermehrt (CRAWFORD 1962 [Abb. 34, 35]). Ihre Zahl dürfte etwa 1000 und am Geburtstermin eine gesamte Zotten-oberfläche von ungefähr 13—14 m^2 (CHRISTOFFERSEN 1934, CLAVERO and BO-TELLA 1963 a & b, DEES-MATTINGLY 1936, WILKIN et BURSZTEIN 1958), also etwa das Zehnfache der menschlichen Hautoberfläche erreichen. BLEYL (1963) gibt in seiner Darstellung der charakteristischen Merkmale der placentaren Rei-fungs- und Anpassungsvorgänge eine wertvolle Übersicht der durchschnittlichen monatlichen Zottenoberfläche. Nach Abschluß der Zottendifferenzierung sind davon zur Zeit des Geburtstermines etwa 8% mit Fibrin bedeckt (WILKIN 1960, WILKIN et BURSZTEIN 1958). 1 mm^2 der Außenfläche einer reifen Placenta ent-spricht ungefähr 34 mm^2 Zottenoberfläche (CHRISTOFFERSEN 1940). Die Volumina von Einzelzotten und Zottenverband schrumpfen während der Einbettung beträchtlich, so daß sich der intervillöse Raum gegenüber dem Frischpräparat vergrößert. 1 mm² im gefärbten Schnitt entspricht 1,43 mm² einer frischen Organ-

Abb. 34. Die beiden bei gleicher Vergrößerung (7,5fach) aufgenommenen Bilder zeigen von links nach rechts die Zunahme der Zottenquerschnitte im Laufe eines Monats (links: mens IV; Afa 16, 10 μ; Eisenhämatoxylin-Eosin; rechts: mens V; Afa 16, 10 μ; Eisenhämatoxylin-Eosin).

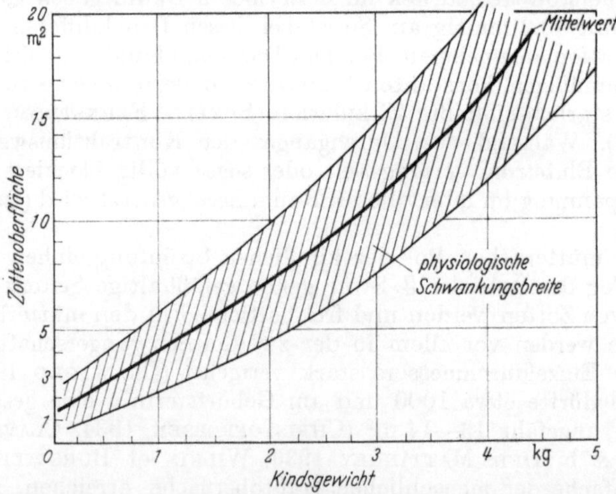

Abb. 35 vermittelt den Zusammenhang zwischen Kindsgewicht und Zottenoberfläche (nach CLAVERO-NUNEZ und BOTELLA-LLUSIA 1963).

schnittfläche (KNOPP 1960). Hier ist auch festzuhalten, daß in der Regel bei ihrem Entwicklungsalter gegenüber ungenügend differenzierten Placenten die Umfänge der Zotten stärker zurückgeblieben sind als ihre Zahl und Länge; ebenso ist die Kernzahl der Zotten stärker reduziert als ihre Gesamtoberfläche (KNOPP

1962). Die Hauptmasse der Zotten liegt in den basalen Zweidritteln der Placenta (RAMSEY 1960), so daß dort auch die Hauptarbeit des Stoffwechsels geleistet wird.

Das *Chorion*, dessen Ultrastruktur BOURNE (1962) monographisch dargestellt hat, zerfällt in einen *epithelialen = trophoblastischen* und einen *bindegewebigen Anteil*, der ebenfalls aus dem primären Trophoblast abzuleiten ist. Das Epithel

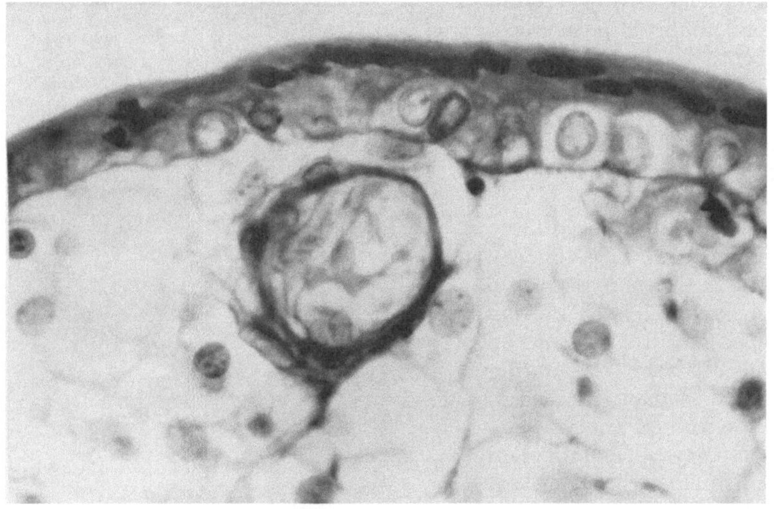

Abb. 36. Zweischichtiger Trophoblast einer Chorionzotte eines Embryo von 53 mm SSL. Der (dunklere) Plasmo-ditrophoblast mit seinen Kernanhäufungen hebt sich deutlich vom darunterliegenden kubischen (und helleren) Cytotrophoblast ab. In der Bildmitte eine subepitheliale Kapillare (10 μ; Azan, 630fach).

der Chorionzotten besteht anfänglich aus zwei Lagen (Abb. 36): einer oberfläch-lichen Syncytiumschicht und den darunter liegenden *Langhans*zellen oder dem Cytotrophoblasten, der auf dem Chorionbindegewebe ruht. Im Cytotrophoblast sind in der Nidationsphase und in den anschließenden jüngeren Entwicklungs-stadien zahlreiche Mitosen sichtbar, die nie im Syncytium gefunden werden. Da auch bisher kein eindeutiger Übergang von *Langhans*zellen zum Syncytium beobachtet wurde, wird erwogen, ob der Syncytiotrophoblast nicht ein direkter Abkömmling des primären Trophoblasten sei und sich amitotisch vermehre (HERTIG 1962, HERTIG, ROCK and ADAMS 1956). Neueste elektronenoptische Resultate sprechen für diese Annahme (TERZAKIS 1963).

Entgegen der üblichen Lehrbuchmeinung findet sich auch in der Placenta des letzten Drittels noch Cytotrophoblast, dessen Zellen ihr Centrosom und ihre Teilungsfähigkeit behalten (PANIGEL et ANH 1964). Sein Cytoplasma hat im Ver-gleich zum Syncytiotrophoblast eine reduzierte Elektronendichte und seine Kerne sind größer (RHODIN and TERZAKIS 1962, ZACKS and BLAZAR 1963). Das Syncy-tium überzieht als lückenlose Schicht die ganze Zottenoberfläche (LISTER 1963), wobei seine Höhe je nach Region stark variiert; dabei kann sie über einer Kapillare beträchtlich reduziert sein. Die Kerne sind nicht gleichmäßig verteilt, sondern stellenweise angehäuft. Als morphologischer Ausdruck der resorptiven Funktion trägt die Syncytiumoberfläche auf großen Strecken einen Bürstensaum (Abb. 37, 38). Daneben finden sich an den Zottenspitzen scharf umschriebene kernlose Epithelverdünnungen, die durch die darunter gelegenen Kapillarschlingen in den intervillösen Raum vorgebuchtet werden; sie stehen möglicherweise zur diaplacen-taren Diffusion in direkter Beziehung (AMSTUTZ 1960). Gegen Ende der Gravidität verdünnt sich, nach Beobachtungen im Phasenkontrastverfahren, der Syncytiotrophoblast an einzelnen Stellen sehr stark, um hier anschließend völlig zu verschwinden (ALVAREZ 1964). So sind in vielen Zotten die fetalen Kapillaren nur noch durch die trophoblastische Basalmembran und eine sehr dünne perikapilläre Bindegewebslage vom mütterlichen Blut getrennt. Stellenweise nimmt so die menschliche Placenta die Charakteristika des haemo-endothelialen Typus an.

Bei elektronenoptischer Untersuchung erweist sich der Bürstensaum übereinstimmend als ein ziemlich gleichmäßig ausgebildeter Rasen von Mikrovilli (Abb.39), der bei einem Durchmesser von 90—500 Å bis zu 2 µ hoch werden und in seiner Struktur fluktuieren kann. Die oft sehr regelmäßig ausgebildeten Reihen der Microvilli sind hie und da von wesentlich größeren, cytoplasmatischen Ausstülpungen unterbrochen, wobei sich das Cytoplasma kontinuierlich in diese Mitochondrienfreien Pilze (Abb. 40—42) hinein fortsetzt (ARNOLD, GELLER und SASSE 1961, BARGMANN und KNOOP 1959, BOYD and HUGHES 1954, GELLER 1962, ORTMANN 1960, RHODIN and TERZAKIS 1962, TERZAKIS 1963, WISLOCKI and DEMPSEY 1955, ZACKS and BLAZAR 1963). Die Zahl der Microvilli beträgt so rund 1 Milliarde/cm²

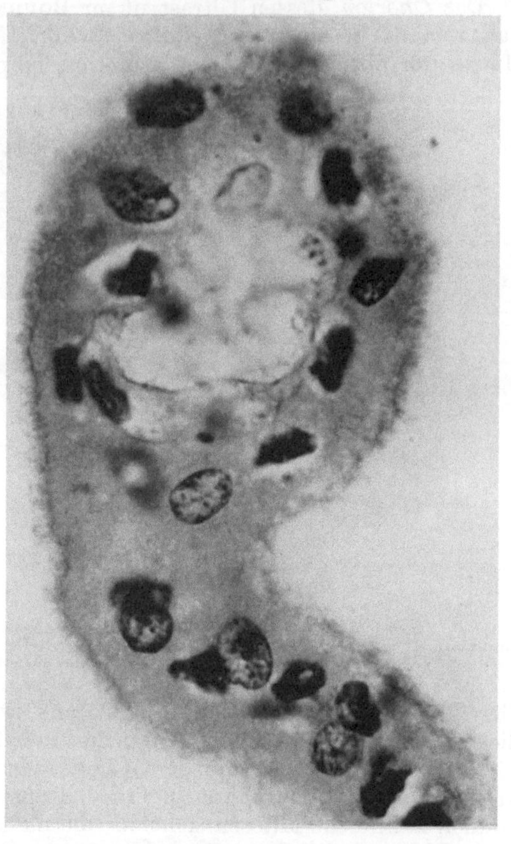

Abb. 37. Plasmoditrophoblast eines Resorptionsknotens mit Bürstensaum (Embryo 28 mm SSL; Stieve, 8 µ; H.-E., Vergr.: 900fach).

(ARNOLD, GELLER und SASSE 1961). Im Gegensatz zur Außenschicht des Chorionepithels tierischer Placenten (DEMPSEY and WISLOCKI 1956, WISLOCKI 1955) sind am Syncytiotrophoblast des Menschen keine Zellgrenzen erkennbar. Damit ist es heute wieder recht wahrscheinlich geworden, daß er ein Plasmodium und deshalb mit Plasmoditrophoblast zu bezeichnen ist (BARGMANN und KNOOP 1959, FAWCETT, ITO and SLAUTTERBACK 1959). Im plasmodialen Cytoplasma tritt Ribonukleinsäure gegen Ende des II. Lunarmonats auf, erreicht hohe Werte und nimmt, wie vielfältige Untersuchungen übereinstimmend dargetan haben (BLEYL 1962, BARGMANN und KNOOP 1959, DEMPSEY and WISLOCKI 1954, MAYER, PANIGEL et LECLERC-POLYAK 1959, ORTMANN 1949, REMOTTI 1956, WISLOCKI and DEMPSEY 1955), gegen Ende der Gravidität deutlich ab, während die Kerne des Plasmoditrophoblasten eine gleichbleibende Basophilie zeigen. Diese Untersuchungen ergaben daneben auch eine hohe mitotische Aktivität der jungen Placenta, die Proteine synthetisiert. Da vor allem das junge Plasmodium reich an RNS ist, wird in ihm der Ort der Proteinsynthese vermutet (MAYER, PANIGEL et LECLERC-POLYAK 1959, WISLOCKI and DEMPSEY 1955). Die von THOMSEN and PANKA (1956) erhobenen Befunde über die Aktivitäts-

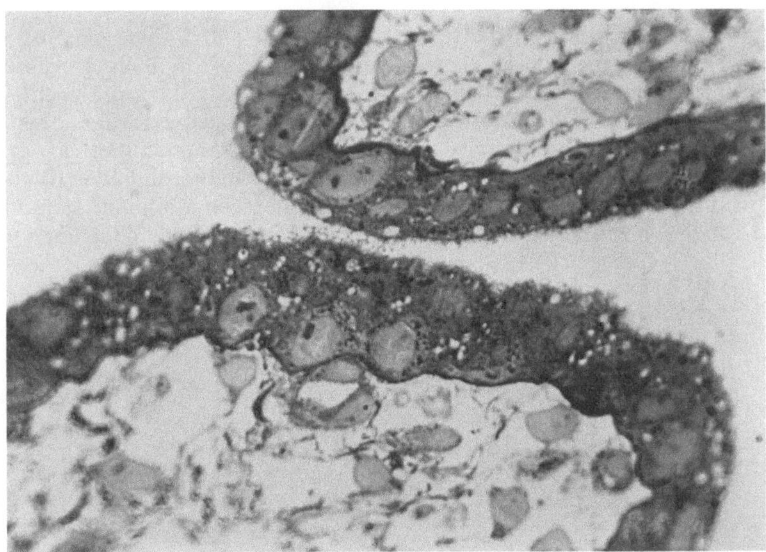

Abb. 38. Zweischichtiger Trophoblast aus dem ersten Drittel der Gravidität mit Bürstensaum sowie zahlreichen intraplasmatischen, PAS-positiven Granula und Vacuolen. Bei den Granula des Cytotrophoblasten handelt es sich um Glykogen (Vergr.: 900fach) (aus STRAUSS et al. 1965).

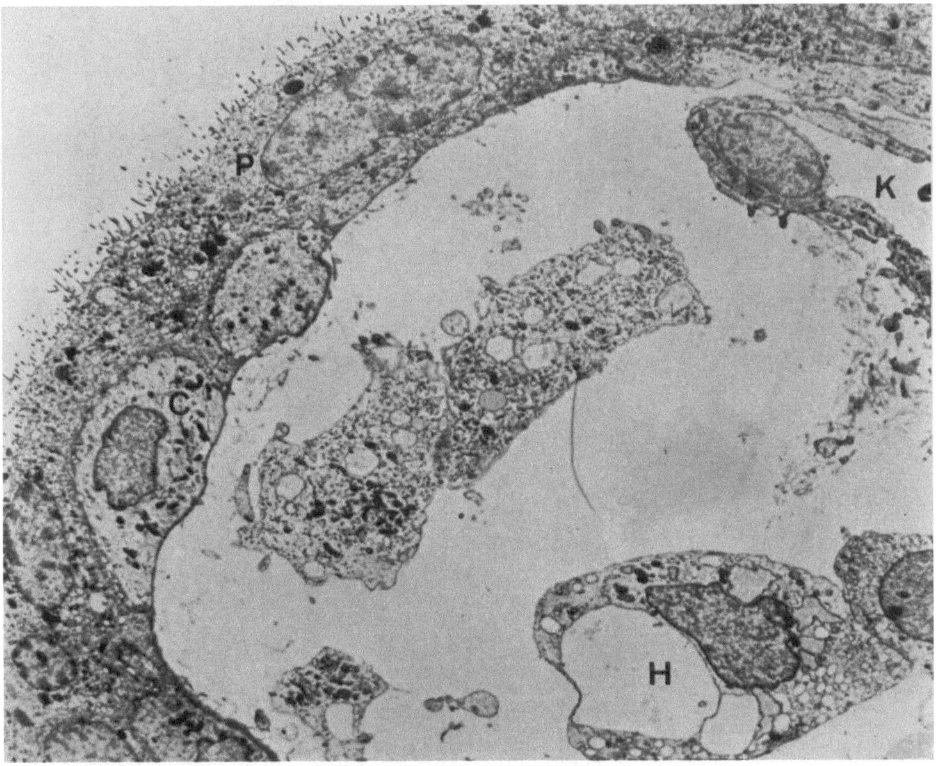

Abb. 39. Elektronenmikroskopischer Ausschnitt aus einer zweischichtigen Chorionzotte des ersten Schwangerschaftsdrittels. Im Plasmoditrophoblast (P) mit Bürstensaum (= Mikrozotten) ist die osmiophile Substanz als dunkle Einlagerung gut erkennbar. Das lockere Zottenstroma enthält Kapillaren (K) und vermutlich HOFBAUER-Zellen (H). C = Cytotrophoblast. (Vergr.: 2400fach) (aus STRAUSS et al. 1965).

zunahme des Enzyms Nucleotidase konnten von den drei eben genannten französischen Forschern nicht bestätigt werden. Sie fanden die 5-Nucleotidase wohl in allen Graviditätsphasen, jedoch in einer je nach Stadium unterschiedlichen Verteilung. Für eine vermutete Haploidie der Plasmoditrophoblast-Kerne (GALTON 1960) liegen keine Beweise vor; ihr mikrospektrophotometrisch ermittelter DNS-Gehalt ist statistisch jedenfalls mit dem normaler diploider Kerne identisch (QUINLIVAN 1962). Ferner läßt sich mit der gleichen Methodik an jenen Kernen und im Gegensatz zu denen des Cytotrophoblasten keine oder nur eine sehr

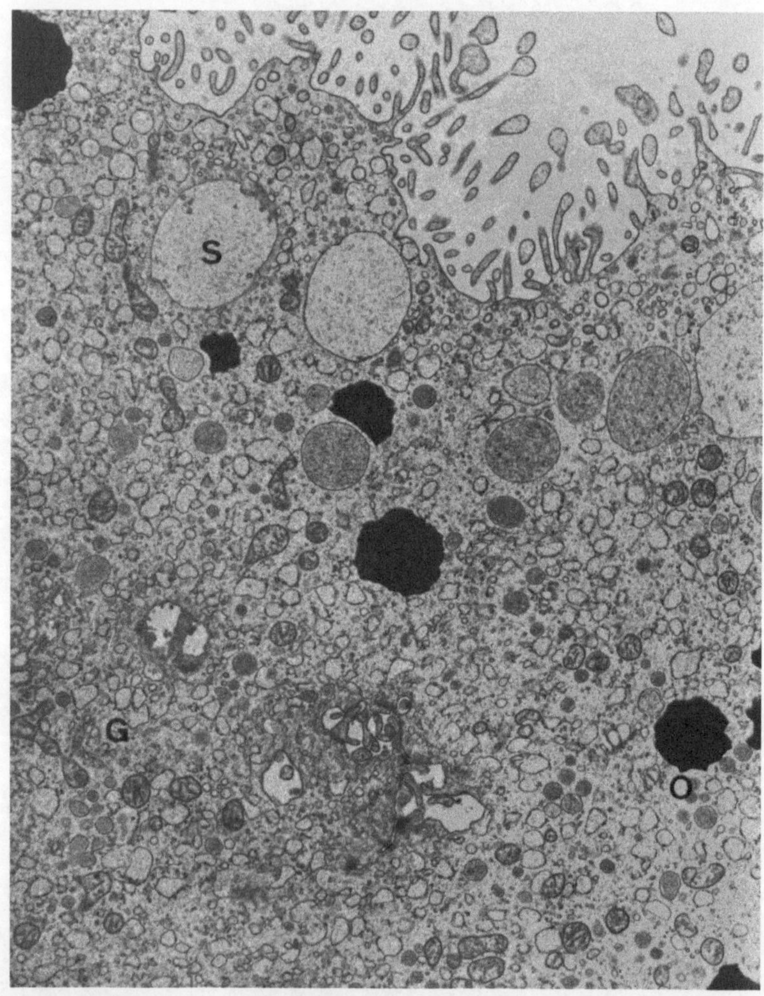

Abb. 40. Plasmoditrophoblast aus dem ersten Trimester der Gravidität mit pilzförmigen Mikrozotten. An deren Basis feine Einstülpungen und Vesiculae, die der Micropinocytose dienen dürften. Die Größe der Sekretgranula (S) im Cytoplasma nimmt nach apical zu. Die osmiophilen Granula (O) sind ohne Hülle. G = Golgi-Apparat (Vergr.: 7200fach) (aus STRAUSS et al. 1965).

geringe Vermehrungstendenz erkennen (GALTON 1962). Ein in seiner Weite von etwa 300 Å etwas wechselnder und unregelmäßig konturierter Interzellularspalt, der Einstülpungen, tote Gänge sowie Unterbrechungen aufweist, trennt Plasmodium und Cytotrophoblast. Die gegenseitige Verbindung geschieht durch

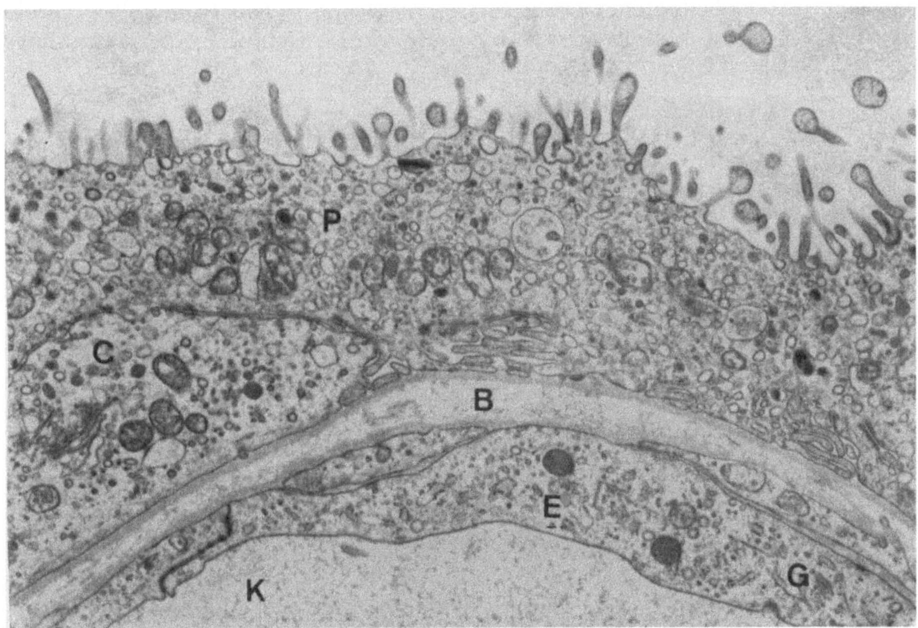

Abb. 41. Trophoblast einer Chorionzotte mit subepithelialer Kapillare (K) aus dem letzten Schwangerschaftsdrittel. An einzelnen Microvilli pilzartige Auftreibungen; an der Zottenbasis Vesiculae zur Micropinocytose. Die
Basalmembran (B) ist gegenüber dem Plasmodium (P) reich gefaltet, während die LANGHANSZELLE (C) völlig
flach aufsitzt. E = Kapillarendothel, G = Golgi-Apparat. (Vergr.: 12000fach) (aus STRAUSS et al. 1965).

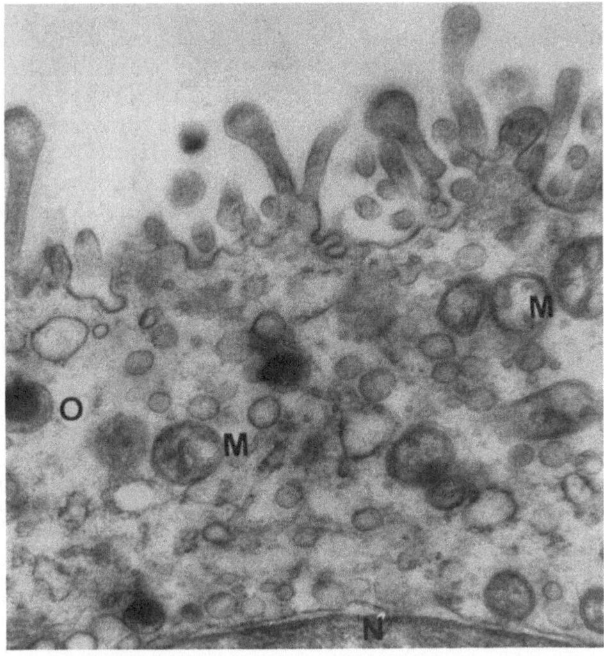

Abb. 42. Mikrozotten-Rasen des Plasmoditrophoblasten einer Reifplacenta bei stärkerer Vergrößerung (24500fach).
Die der Micropinocytose dienenden Vesiculae sind gut erkennbar. Im perinuclearen Cytoplasma liegen drei von
einer Membran umgebene osmiophile Granula (O). M = Mitochondrien, N = Nucleus (aus STRAUSS et al. 1965).

sogenannte Haftplatten oder Desmosomen, während die *Langhans*-Zellen sowohl durch die gleichen Haftstrukturen als auch durch Cytoplasmafortsätze ihrer Kontaktflächen miteinander verzahnt sind.

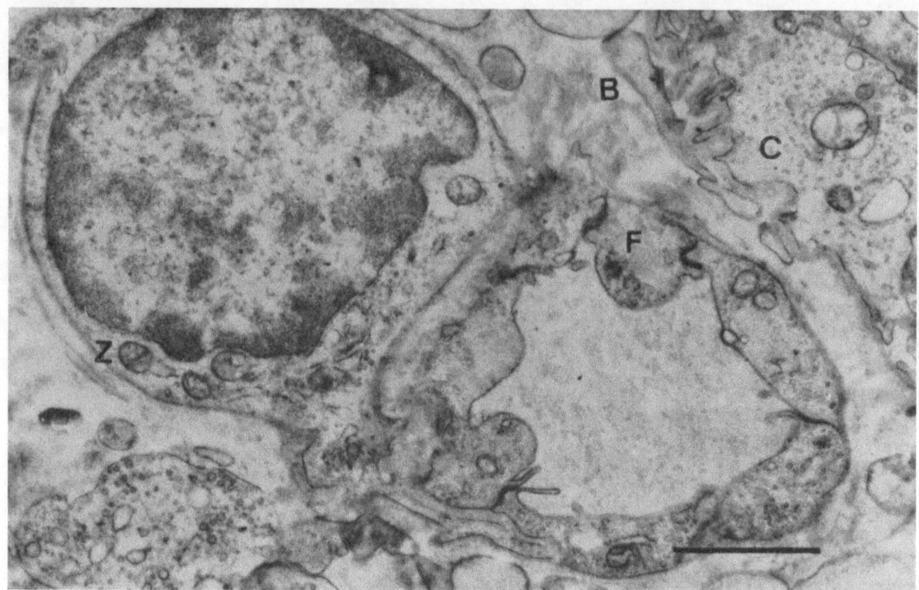

Abb. 43. Subepitheliale Zottenkapillare mit Pericyt (Z). Man beachte die sich stark ins Gefäßlumen vorwölben-den Endothelien, die reichlich Fibrillen (F) enthalten. C = Cytotrophoblast, B = Basalmembran mit Falten (Vergr.: 7500fach) (aus STRAUSS et al. 1965).

Der Cytotrophoblast ruht gegenüber dem Chorionmesoderm auf einer Basal-membran (Abb. 41), deren Dicke zwischen 80 und 500 mµ (ZACKS and BLAZAR 1963) bzw. 700 und 1300 Å schwankt (RHODIN and TERZAKIS 1962). Generell wird angenommen, der Cytotrophoblast verschwinde in der zweiten Schwanger-schaftshälfte, etwa zwischen der 20. und 30. Woche (HAMILTON and BOYD 1955, MACGREGOR 1960), völlig.

Diese Auffassung blieb jedoch nicht unwidersprochen (DAWKINS and WIGGLES-WORTH 1961, WISLOCKI and BENNETT 1943, WISLOCKI and DEMPSEY 1955). Neuere Untersuchungen (WIGGLESWORTH 1962) konnten nun darlegen, daß diese Wider-sprüche auf die übliche technische Behandlung des Untersuchungsgutes durch die Formol-Fixation und Paraffineinbettung zurückzuführen sind. Bei Fixation in HELLY und nachfolgender Färbung mit Eisenhämatoxylin HEIDENHAIN läßt sich Cytotrophoblast tatsächlich während der ganzen Schwangerschaftsdauer nachweisen, wobei sich seine Mitochondrien, wie das schon die elektronenoptische Untersuchung (WISLOCKI and DEMPSEY 1955) ergab, deutlich größer als die des Plasmodiums er-weisen. LISTER (1963) widerlegt diese ebenfalls von AMOROSO (1961) vertretene Dar-stellung und betont, auch die Kerne des Plasmoditrophoblasten seien größer als die der *Langhans*-Zellen, die in der reifen Placenta auch kein Lipoid mehr enthielten. Beide Oberflächen der Cytotrophoblastelemente sind am Ende der Schwangerschaft auch unregelmäßig gefaltet und ihr Ribonucleoprotein und Glykogen enthaltendes Cytoplasma ist von niedriger Elektronendichte. Möglicherweise ist der Sauerstoff-bedarf der *Langhans*-Zellen gegenüber dem Plasmoditrophoblast herabgesetzt, so daß er im Gegensatz zu diesem unter hypoxämischen Bedingungen proliferieren kann (WIGGLESWORTH 1962). Während der beiden ersten Monate enthält der Cytotropho-blast große Mengen von Ribonucleinsäure, deren Rückgang schon vor dem Abbau der *Langhans*-Zellen einsetzt (REMOTTI 1956).

Häufig kommen am Plasmodium noch zapfenartige Anhänge und Fortsätze vor, da es sowohl in gesunden als auch pathologischen Placenten eine sehr starke, mit zunehmender Reife der Placenta allerdings fallende Wachstumsintensität zeigt (ALVAREZ 1964, GELLER 1962). Man hat sie früher irrtümlich als Proliferationsknoten oder kürzlich noch als Degenerationszeichen gedeutet (NOVAK and WOOD-

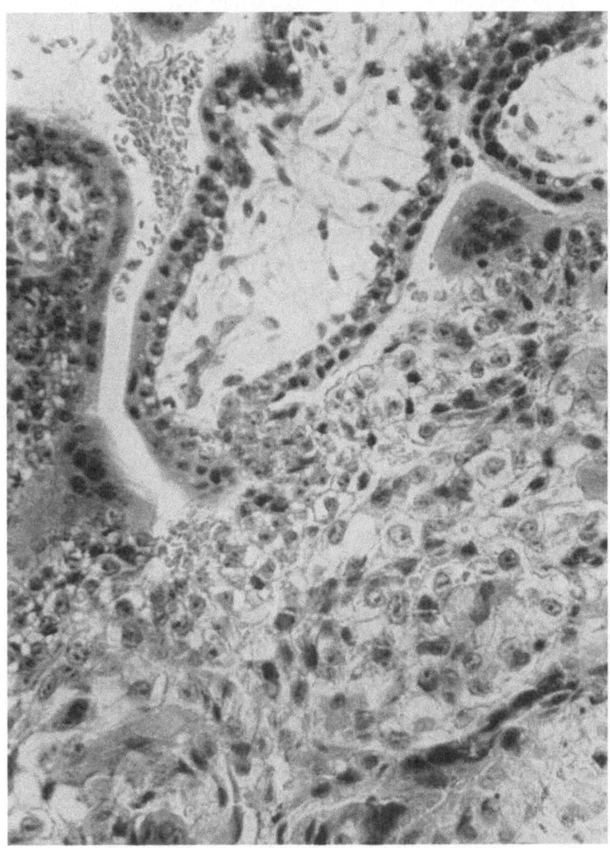

Abb. 44. Junge Haftzotte (Sekundärzotte) mit zweischichtigem Chorionepithel (Vergr.: 250fach).

RUFF 1962); sie verdanken ihren Ursprung aber nicht einer lokalisierten Wucherung, sondern sind der Ausdruck einer starken amöboiden Beweglichkeit (FRIEDHEIM 1929) und lebhaften Stoffaufnahme. Wir nennen sie daher besser Resorptionsknoten (Abb. 41); möglicherweise stehen sie dennoch zur flächenhaften Ausbreitung des Plasmoditrophoblasten in Beziehung (Abb. 44, 45), wobei das Auswachsen des Plasmodiums als Wirkung einer intensiven Tätigkeit des Cytotrophoblasten betrachtet wird (ALVAREZ 1964, THOMSEN und BLANKENBURG 1956, VOKAER 1958, WIGGLESWORTH 1962a, WISLOCKI and BENNETT 1943).

Dieses intensiven Wachstums wegen glaubt HERTIG (1961) an eine amitotische Zellvermehrung im Plasmodium. Demgegenüber hält WIELENGA (1962) fest, daß mit der Fibrinablagerung auf den Zotten der Plasmoditrophoblast unter anaeroben Bedingungen üppig zu wuchern beginne, was zur Anreicherung hyperplastischer, intervillöser Zellen führe; er sieht darin eine Rückdifferenzierung des Plasmodiums in die zellige Form. Die starke und differente Färbung des Plasmodiums weist auf eine resorbierende Tätigkeit hin. Experimentell werden tatsächlich in die mütterliche Blutbahn injizierte, speicherfähige Substanzen, wie z. B. Thorotrast, bevorzugt im Plasmodium abgelagert. Zahlreiche, schon in der lichtmikroskopischen Aera der Placentologie gesehene und funktionell richtig gedeutete (GROSSER 1943) Vakuolen in Oberflächennähe im Plasmodium zeigen ebenfalls Microvilli (Savasaki, Mori, Inoue and Shinmi 1957); dieser Befund entspricht der alten Deutung, zum mindesten einen Teil dieser Vakuolen als Stadien einer Flüssigkeitsaufnahme, einer Pinocytose, zu betrachten (Lister 1963, Ortmann 1960). Die Chorionzotte zeigt jedenfalls deutlich alle Eigenschaften eines resorbierenden Organes. Nicht nur die Funktion, sondern auch der Bau ähnelt der Struktur der Darmzotten oder des Kiemenfadens niederer Wirbeltiere.

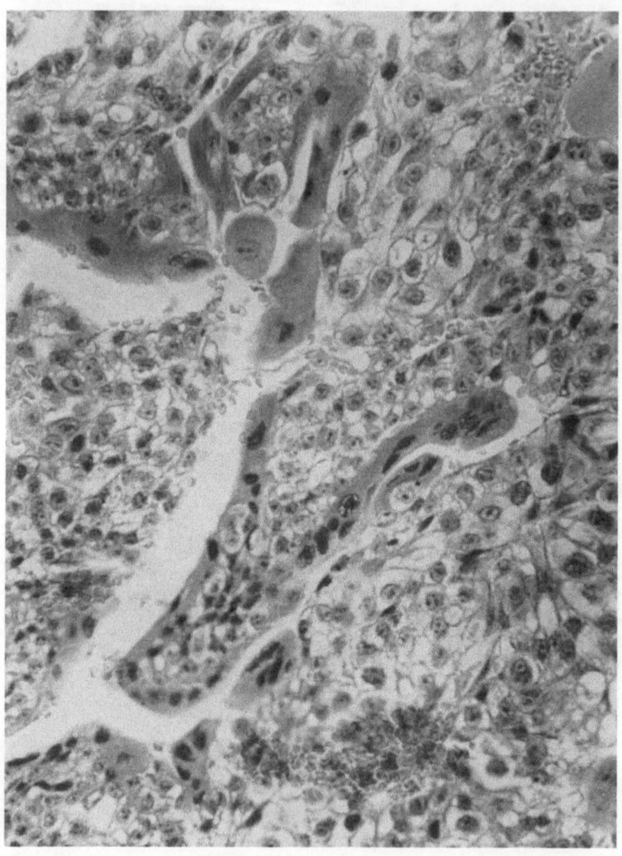

Abb. 45. Ausschwärmen des Plasmoditrophoblasten in die Decidua basalis bei einem 16 Tage alten Keim (Vergr.: 250fach). — Herr Prof. K. Benirschke (Hanover, N.H./USA) hat mir bereitwilligst gestattet, die Aufnahmen zu den Abb. 9, 44 und 45 an einem 16 Tage alten menschlichen Keim seiner Sammlung zu machen, wofür ich ihm nachdrücklich danke.

Die Resorptionsknoten können evtl. temporäre Verklebungen zwischen der Plasmodiumoberfläche benachbarter Zotten herstellen (Abb. 46) (Hamilton and Boyd 1951, Peter 1950), wie es bereits Langhans (1882) sah und wie es Stieve (1941 a & b, 1942 a & b) zur Annahme eines sogenannten Raumgitters der menschlichen Placenta verleitete. Von ihm ist mit Nachdruck die Ansicht vertreten worden, daß die Zottenenden untereinander in Verbindung treten und Anastomosen bilden. Auf diese Weise sollte, analog zur Labyrinthplacenta, das dreidimensionale Raumgitter entstehen. Die Angaben über so ausgedehnte Zottenanastomosen und -verwachsungen, wie sie dem Raumgitter zugrunde liegen müßten, konnten nicht bestätigt werden (Hörmann 1951, Ortmann 1938, 1941 a & b). Immerhin sind elektronenoptisch feinste Ausstülpungen des syncytialen Protoplasmas zu sehen, die mit den Microvilli benachbarter Zotten verschmelzen können (YOSHIDA 1964) und so einen einheitlichen Cytoplasmabezirk bilden, an dem nicht mehr zu erkennen ist, daß er aus ehemals getrennten Syncytium-abschnitten hervorgegangen ist (GELLER 1962). Beim Zusammentreffen der Mikrozotten atrophieren diese, wie von HINSELMANN (1958) angenommen, sicher nicht; es könnte sich bei dem Verschmelzen möglicherweise um das durch die Fixation festgehaltene Momentbild eines in vivo leicht amöboid fließenden Cyto-plasmas handeln (ARNOLD, GELLER und SASSE 1961). Dieses Zusammenfließen zweier Zotten entspricht auch eher der Dynamik stoffwechselaktiver Zellen als der Annahme, beim Syncytiotrophoblast handle es sich um eine starre Trennwand. Tatsächlich sind im jungen Plasmoditrophoblast auch enge Beziehungen zwischen

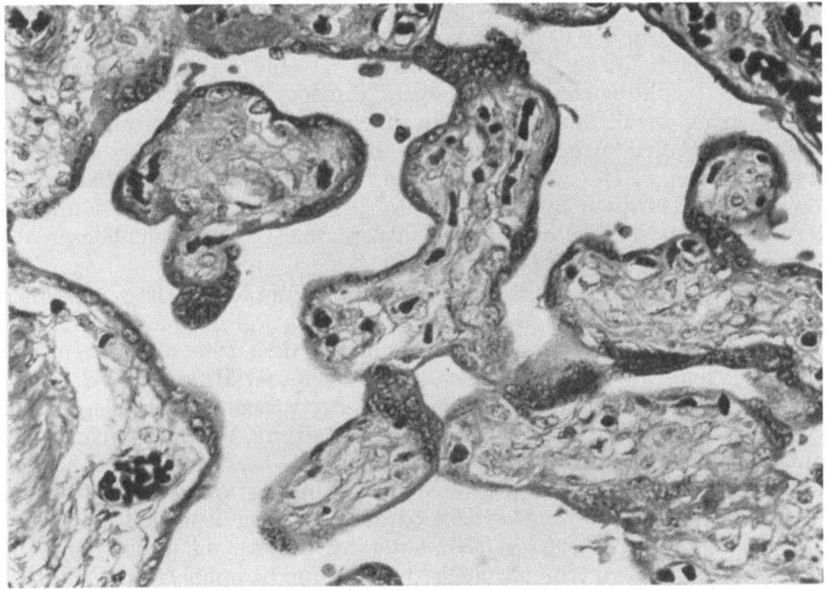

Abb. 46. Plasmodiale Brücken zwischen einzelnen Zotten einer Geburtsplacenta. III. Reifezeichen (Formol; Färbg.: MASSON-GOLDNER, Vergr.: 270fach).

Golgi-Apparat und basophilen bzw. PAS-positiven Sekretgranula (BAKER, HOOK and SEVERINGHAUS 1944) gefunden worden, die aus den Ribonucleoproteinen des endoplasmatischen Reticulums stammen, aus Glykoprotein bestehen und somit Beziehungen zum Choriogonadotropin haben sollen (PIERCE, MIDGLEY and BEALS 1964, YOSHIDA 1964). Die Sekretgranula sammeln sich im apikalen Zellteil, werden aber als Oberflächenvakuolen ohne wesentliches Begleitcytoplasma in den extrazellulären Raum abgegeben. Der Sekretionsmodus gleicht so in der Phase der Ansammlung dem apokrinen Typus, während die Ausstoßung nach der ekkrinen Art geschieht. Die Summe dieser Funktionen und die Differenzierung des Bürstensaumes, der Microkrypten, der verschiedenartigen und granulierten Einschlüsse sind unwiderlegbare Zeichen einer intensiven Teilnahme des Plas-modiums an der Arbeit der Placentarschranke, an der auch das Kapillarendothel aktiv teilhat (vgl. S. 42) (PANIGEL et ANH 1964).

Weiter können sich die *Resorptionsknoten* gelegentlich losreißen und dann *in den mütterlichen Kreislauf verschleppt werden*. Diese Deportation plasmodialer Elemente ist mehrfach für die Auslösung pathologischer Reaktionen des mütter-lichen Organismus verantwortlich gemacht worden. Bei der außerordentlichen Häufigkeit des Vorganges kann ihm aber in der Regel kaum eine pathogenetische

Ursache zuerkannt werden, denn sonst müßten multiple Lungenembolien viel häufiger sein. Tatsächlich ist durchschnittlich 1 Plasmoditrophoblast-Einheit pro cm³ im uterinen Venenblut zu finden (L. THOMAS 1961). Vielleicht geben Untersuchungen der letzten Jahre (BLEYL 1962, CARR 1964, GELLER 1962) einen Hinweis auf die Bedeutung solcher Verfrachtungen. Tatsächlich sind an vielen Stellen in den intervillösen Raum hinein abgelöste, vakuoläre Plasmodienanteile von Chorionzotten zu sehen. Dabei könnte es sich um eine echte Stoffabgabe aus dem Plasmoditrophoblast, in welchem in Nähe der Vakuolen Elemente des Golgi-Apparates auftreten, an das im intervillösen Raum zirkulierende mütterliche Blut handeln (GELLER 1962). Ebenso sprechen die Ergebnisse fluoreszenzmikroskopischer Versuche am allerdings überlebenden Plasmoditrophoblast für eine gerichtete Permeabilität in der Richtung vom Kind zur Mutter (BLEYL 1962, DE MELLO, DE KASTNER and VIANA 1964). Ebenso ist an eine gerichtete immunologische Aufgabe des Trophoblasten zu denken (L. THOMAS 1961). Dennoch ist in diesem Zusammenhang darauf aufmerksam zu machen, daß der vielkernige Trophoblast in der Gewebekultur schon einige Tage nach der Auspflanzung eine deutliche Syncytiolysis zeigt; sie wird einem noch unbekannten proteolytischen Enzym zugeschrieben, das auch im mütterlichen Organismus vorkommen und den ins materne Blut hinein abgelösten Plasmoditrophoblast vor Schadenbeginn abbauen könnte (CARR 1964, L. THOMAS 1961).

Die Frage der *Differenzierung der beiden Trophoblastarten* (Cyto- und Plasmoditrophoblast) dürfte heute nach langen Diskussionen (vgl. AMOROSO 1952) eindeutig zu beantworten sein. Mit großer Wahrscheinlichkeit sind die beiden Zellarten von der gleichen Stammzelle abzuleiten. So vermutet HERTIG (1962) auf Grund autoradiographischer in vitro-Versuche, daß der Plasmoditrophoblast durch eine Cytomorphose, d. h. durch plasmodiale Umgestaltung, Veränderung der Färbbarkeit und Vakuolenbildung aus dem Cytotrophoblast hervorgehe. Eine schon etwas genauere elektronenmikroskopische und autoradiographische Analyse ergab, daß bei der Differenzierung des Plasmodiums aus dem zelligen Trophoblast eine cytotrophoblastische Übergangsform entsteht, welche die ultramikroskopische Struktur sowohl des Cyto- als auch des Plasmoditrophoblasten hat (ENDERS 1965, MIDGLEY, PIERCE, DENEAU and GOSLING 1963, PIERCE and MIDGLEY 1963, PIERCE, MIDGLEY and BEALS 1964). Elektronenoptische Untersuchungen machten es wahrscheinlich, daß beim Übergang die cytotrophoblastischen Zellmembranen verschwinden und so durch Mischung des Cytoplasmas der Plasmoditrophoblast entsteht (CARTER 1964). Auch mittels histochemischer Reaktionen (auf Nucleotidase und Phosphatasen) bzw. ihre starke Differenzierungsmöglichkeiten läßt sich die Umbildung des Cytotrophoblasten im Laufe der Placentarreifung verfolgen (THOMSEN und BLANKENBURG 1956). Dabei ergibt sich, daß der Großteil des zelligen Trophoblasten nach der 17.—18. Woche sukzessiv dem Plasmodium einverleibt wird.

Die Gewebekultur von Trophoblast vermochte bis heute das Problem der Differenzierung des Chorionepithels nicht zu lösen. Bei den meisten Untersuchungen (DECLERC 1958, GUGGISBERG und NEUWEILER 1926, NEUWEILER 1927, SENGUPTA 1935, SOMA, EHRMANN and HERTIG 1961, THIEDE 1961 u. a.) standen morphologische Fragen zur Diskussion, die bisher nicht gestatteten, Ursprung und Verhalten der wachsenden Zellen eindeutig zu erkennen. Da im Explantat progressive und regressive Prozesse nebeneinander ablaufen, sind Rückschlüsse auf das Verhalten des Trophoblasten in vivo schwierig. So verschwindet in der Kultur der Cytotrophoblast unter Bildung von stark vakuolären, syncytialen Gebilden und Epithelzellen bereits bei 8—10 Wochen alten Placenten, an denen er in vivo noch gut erhalten ist (SOMA, EHRMANN and HERTIG 1961, UHER und JIRASEK 1963); dabei sollen (nach UHER und JIRASEK) die Vakuolen keine Glykoproteine (vgl. S. 54) enthalten. Diesem hier fehlenden histochemischen Nachweis gegenüber wird sonst stets angegeben, daß das die im Explantat wachsenden Zellen unmittelbar umgebende Kulturmedium Choriogonadotropin enthalte (NEUWEILER und HERMANN 1953, SOMA, EHRMANN and HERTIG 1961). In der in der Gewebekultur übertriebenen Vakuolisierung der nur kurzlebigen und vielkernigen Trophoblastriesenzellen könnte möglicherweise ein Modell der primären Entwicklung des intervillösen Raumes gesehen werden (SOMA, EHRMANN and HERTIG 1961).

Trotz dieser summarischen Schilderung wäre es verfehlt, anzunehmen, der Trophoblast biete während der ganzen Dauer der Gravidität das gleiche Bild. Neue Untersuchungen (ARNOLD, GELLER und SASSE 1961, HASHIMOTO, KOSAKA, MORI, KOMORI and AKASHI 1960, HASHIMOTO, KOSAKA, SHIMOYANA, HIRASAWA, KOMORI, KAWASAKI and AKASHI 1960, TERZAKIS 1963, ZACKS and BLAZAR 1963 u. a.), welche die aus den 50er Jahren stammenden Ergebnisse (BOYD and HUGHES 1954, ISOMURA 1955) wertvoll ergänzen, konnten zeigen, daß deutliche, wenn auch nicht schwerwiegende Differenzen zwischen der jungen (aus dem ersten Schwangerschaftsdrittel) und der reifen Placenta der letzten Graviditätsmonate bestehen. So ist infolge der großen Zahl von *Langhans*-Zellen der *Trophoblast der jüngeren Placenten* dicker als der der älteren. Am Plasmoditrophoblast, dessen Mikrozotten den in Stereocilien gefundenen Strukturen ähnliche Elemente enthalten, sind cytoplasmatische Einstülpungen als der Mikropinocytose dienende Bläschen erkennbar. Diese Vesiculae fließen zusammen und bilden größere Blasen und Vakuolen, welche in der älteren Placenta als Zellorganellen zu betrachten wären (RHODIN and TERZAKIS 1962). Der *Plasmoditrophoblast der 2. Schwangerschaftshälfte* ist relativ flach und zeigt nur wenig Fortsätze, die dazu noch mehrformig sind. Die aus homogenen und dichten Granula aufgebaute Basalmembran liegt bei einer ungefähren Dicke von 300 mμ etwa 20 mμ unter dem Trophoblast. Mit der Ausreifung der Placenta nimmt sie noch an Dicke zu, wobei aber ihre Dichte abnimmt; gleichzeitig treten in ihr Hohlräume (Durchmesser zwischen 50 und 100 mμ) auf (NAKANO 1963). Typisch ist auch die Vergrößerung des endoplasmatischen Reticulums (HASHIMOTO, KOSAKA, SHIMOYAMA, HIRASAWA, KOMORI, KAWASAKI and AKASHI 1960, NAKANO 1963). Zweifellos vergrößern Bürstensaum und Vesiculae die resorptive Oberfläche. Sie dienen wie die gegen den Cytotrophoblast oder die Basalmembran gerichteten Epithelfalten dem Stoffwechsel. RHODIN and TERZAKIS (1962) vermuten mit DEMPSEY (1960), daß diese ebenfalls eine Oberfläche vergrößernden Falten in Analogie zur Niere im Dienst des Wassertransportes bzw. exkretorischer Aufgaben stehen. Im weiteren sind schon heute deutliche Ansätze vorhanden, auf der Basis elektronenoptischer Bilder den Durchtritt auszutauschender Stoffe durch biologische Membranen sowie deren Bau biophysikalisch zu erklären (KAVANAU 1963). Das elektronenmikroskopische Bild der reifen Placenta bietet noch eine, metabolisch höchst wichtige Besonderheit. Es finden sich in den Zotten nicht selten Kapillaren, bei denen sich das Cytoplasma der Kapillarendothelien deutlich in das Gefäßlumen vorwölbt (LISTER 1963b, RHODIN and TERZAKIS 1962). Das Plasmodium der reifen Placenta ist gewöhnlich dünner als das der jungen, Zahl und Größe der Mikrozotten sind reduziert und dazu auf der mütterlichen Seite noch erweitert (LISTER 1963a).

Aus all diesen Veränderungen ergibt sich etwa folgende Vorstellung: die in den intervillösen Raum hinein abgegebenen, mütterlichen Stoffwechselprodukte werden durch die Mikropinocytose zuerst in die nahe der freien Plasmodiumoberfläche gelegenen Vesiculae aufgenommen, um anschließend durch Pinocytose in den großen Blasen akkumuliert zu werden. Die so in die cytoplasmatische Grundsubstanz aufgenommenen Materialien treten in den Raum des endoplasmatischen Reticulums über und gelangen damit an die Basis des Plasmoditrophoblasten. Von hier treten sie durch die Poren der Basalmembran ins Stroma bzw.

in die direkt ans Plasmodium grenzenden Kapillaren über. Ihre Endothelhöhe, Zahl der Mitochondrien und Menge der Ergastoplasmalamellen weisen auf eine erhebliche metabolische Aktivität hin; so dürfen wir neben der Diffusion auch aktive Transportmechanismen im Kapillarendothel vermuten (ARNOLD, GELLER und SASSE 1961). Die Diffusion wird durch die mit zunehmender Reife der Placenta sich verkürzende Distanz (von 30 auf 5 μ) zwischen Zottenoberfläche und Kapillarwand erleichtert (WILKIN et BURSZTEIN 1957). Ferner treten im Plasmoditrophoblast 4 Arten von Granula auf, wobei der erste Typus am häufigsten und überall im Plasmoditrophoblast vorkommt und gegen das placentare Reifestadium hin deutlich abnimmt. Er wird zudem in den Kapillarwänden, dem Zottenbindegewebe und in der Basalmembran beobachtet. Da diese besonders im ersten Schwangerschaftsdrittel zahlreichen und auch im Phasenkontrastverfahren nachweisbaren Granula (ZACKS and BLAZAR 1963) Fette enthalten, wird ihnen neuerdings (TERZAKIS 1963), im Gegensatz zu etwas älteren Auffassungen, die Steroidhormone in ihnen sehen wollten (HASHIMOTO, MITSUO, MORI, KOMONI and AKASHI 1960, SAWASAKI, MORI, INOUE and SHINMI 1957, WISLOCKI and DEMPSEY 1955), eine nutritive Aufgabe zugeschrieben; sie ist besser mit zeitgenössischen biochemischen Resultaten in Einklang zu bringen. Granula mittlerer Elektronendichte finden sich sowohl in der jungen wie alten Placenta, entstehen aus dem Golgi-Apparat und sind mit den von RHODIN and TERZAKIS (1962) für die reife Placenta beschriebenen Sekretgranula identisch. Ihr Vorkommen während der ganzen Lebensdauer der Placenta spricht dafür, daß sie die Steroidhormone darstellen. Im weiteren weist das Vorkommen großer Mengen von Ribonucleoproteinen im Plasmoditrophoblast darauf hin, daß in dieser Zellschicht eine intensive Proteinsynthese stattfindet (s. S. 42). Obwohl frühere Untersucher (DEMPSEY and WISLOCKI 1944, WISLOCKI, DEMPSEY and FAWCETT 1948) wenig oder kein Glykogen im Zottentrophoblast nachweisen konnten, ergab eine Neuuntersuchung beträchtliche Glykogenmengen im Plasmodi- und Cytotrophoblast (TERZAKIS 1963).

Der Plasmoditrophoblast enthält auch eine ganze Reihe von histochemisch nachweisbaren Stoffen. So tritt saure Phosphatase gegen Ende der Schwangerschaft hauptsächlich in den Kernen und etwas weniger deutlich im perinucleären Cytoplasma auf, wobei die Reaktion nicht so ausgesprochen wie bei der alkalischen Phosphatase ist (WIELENGA and WILLIGHAGEN 1962). Augenscheinlich ist die saure Phosphatase vorzugsweise in der Plasmodienperipherie angehäuft; auch das Zottenbindegewebe reagiert meist ebenfalls gut (WISLOCKI and DEMPSEY 1948). Diesen Aussagen stehen die Angaben von THOMSEN (1955) und THOMSEN und PANKA (1956) gegenüber; sie sahen das Maximum der Aktivität im 3. Schwangerschaftsmonat, worauf ein Abfall der Reaktion bis auf 0 in der reifen Placenta erfolgen soll. Diese differenten Untersuchungsergebnisse mögen in der Methodik begründet sein, wie das STRAUSS und HIERSCHE (1963) neuerdings nachdrücklich betonen. Auch die biochemische Untersuchung läßt ausgeprägte Unterschiede erkennen. So beläuft sich der Gehalt an alkalischer Phosphatase in gesunden reifen Placenten mit 269 KAE/g Trockengewicht etwa auf das Zehnfache dessen, was man in den ersten Schwangerschaftsmonaten findet (JEACOCK, MORRIS and PLESTER 1963). Der Gehalt an saurer Phosphatase fällt dagegen von 53 KAE/g Trockengewicht in der 7.—17. Woche auf 24 KAE/g am Termin ab. Eine feste Beziehung zwischen dem Gehalt an alkalischer und saurer Phosphatase war nicht nachzuweisen. Zusammenfassend ergibt sich, daß der Trophoblast der beiden ersten Schwangerschaftsmonate (s. S. 28) keine oder höchstens eine geringe Aktivität an saurer Phosphatase erkennen läßt. Sie tritt im Cytoplasma des Trophoblasten erst deutlich mit 5 Wochen auf, erreicht den Höhepunkt in der zweiten Hälfte des ersten Trimesters, um anschließend allmählich abzufallen (MCKAY, HERTIG, ADAMS and RICHARDSON 1958).

Alkalische Phosphatase findet sich schon früh (Abb. 47) und nimmt weiterhin zu, um einem Maximum in der 30. Woche zuzustreben (Abb. 48). Dabei reagiert auch hier die dem intervillösen Raum zugekehrte Trophoblastseite entschieden kräftiger als die dem Zottenstroma anliegenden Abschnitte (DEMPSEY and WISLOCKI 1947, HUMKE 1962, 1963, MCKAY, HERZIG, ADAMS and RICHARDSON 1958,

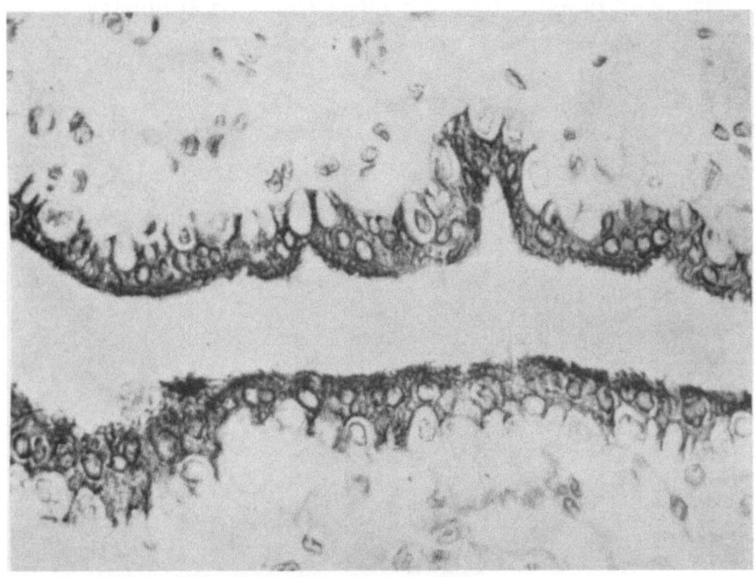

Abb. 47. Reaktion auf alkalische Phosphatase im Plasmoditrophoblast einer Placenta des zweiten Schwangerschaftsdrittels (17. Woche). Der reaktionsfreie Cytotrophoblast setzt sich deutlich gegenüber dem Plasmodium ab. (Gegenfärbung mit Paracarmin; Vergr.: 360fach) (aus THOMSEN 1956).

THOMSEN 1955, WIELENGA and WILLIGHAGEN 1962). Ferner fällt auf, daß der Trophoblastüberzug der Stammzotten deutlicher reagiert als die Endverzweigungen. Das Schicksal der alkalischen Phosphatase läßt sich auf Grund der verschiedenen Untersuchungen wie folgt darstellen. Während der ersten 5 Schwangerschaftswochen (s. S. 28) kommen im Plasmoditrophoblast große Mengen dieses Enzyms vor. Hierauf sinkt der Gehalt bis zur 10. Woche wieder ab, um anschließend kontinuierlich bis zum Ende der Gravidität anzusteigen. Es dürfte somit an den spezifischen Funktionen der Placenta wesentlich beteiligt sein (HUMKE 1963a). Im Gegensatz zum Plasmoditrophoblast enthält der Cytotrophoblast des ersten Schwangerschaftsdrittels keine alkalische Phosphatase, die im zweiten und dritten Trimester dagegen in steigendem Ausmaß in bestimmten Zellen (Choriongrundplatte, Placentarseptum und Basalplatte) vorkommt; dadurch ergibt sich auch eine Differenzierungsmöglichkeit des zelligen Trophoblasten. Ferner enthält auch das Endothel der decidualen Spiralarterien alkalische Phosphatase (MCKAY, HERTIG, ADAMS and RICHARDSON 1958). In Parallele zur alkalischen Phosphatase ist an der Basis des Plasmoditrophoblasten in Beziehung zur Basalmembran mittels Kobaltsulfitniederschlägen Carboanhydrase nachweisbar (BLEYL und MASCH 1964). Bei den vielfältigen Syntheseprozessen in der Placenta kann es weiter nicht überraschen, daß die gesunde menschliche Placenta rund 80 µg Diphosphopyridinnucleotid (DPN) enthält (ROBERT und RATHGEN 1963).

Die *Aldolase-Aktivität* setzt früh (mens II) im Cytotrophoblast ein und bleibt bis zum Ende des 2. Trimesters auch im Plasmodium eindeutig positiv, um anschließend unspezifisch zu werden (Onnis e Careddu 1962).

Die Reaktion auf *5-Nucleotidase* fällt, den Ergebnissen von Thomsen und Panka (1956) sowie von Wielenga and Willighagen (1962) folgend, meist uneinheitlich aus, wenn auch der an das mütterliche Blut grenzende Plasmoditrophoblast gewöhnlich deutlich und mit dem Placentaralter ansteigend reagiert (Abb. 49. Damit wird dessen intensive Stoffwechselaktivität illustriert.

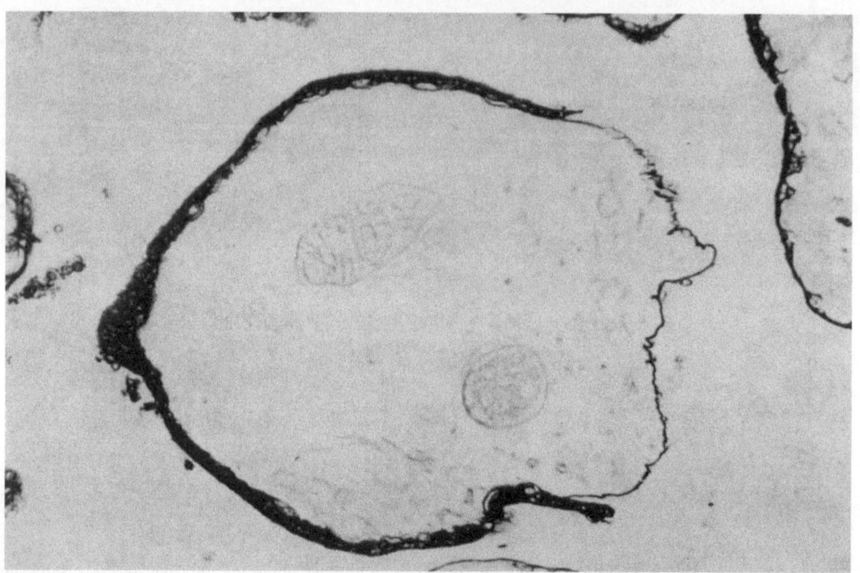

Abb. 48. Kräftige Reaktion auf alkalische Phosphatase im Zottenplasmodium einer Reifplacenta (Vergr.: 360fach) (aus Thomsen 1956).

Die beiden *Phosphatase-Enzyme* spielen eine bedeutsame Rolle im Kohlehydrat-, Fett- und Nucleinsäurestoffwechsel und damit bei allen energieliefernden Prozessen. Ferner besteht eine enge Beziehung zwischen Phosphatasegehalt und Glykogenspeicherung bzw. Calcium-Umlad und -Deponie. Glykogen, über dessen histochemische Verteilung in der Placenta erst kürzlich ausführlich berichtet wurde (Onnis e Careddu 1962, Wislocki and Padykula 1961), kann mit Ausnahme des Plasmodiums in allen Geweben der jungen Placenta in großen Mengen nachgewiesen werden. Es nimmt mit Ausreifung der Placenta ab und ist dafür in den Zellen des Stromas und des Cytotrophoblasten ischämischer Zotten zu finden. Glykoprotein tritt reichlich in den Bindesubstanzen des Amnions, des Chorions und der Zottenhauptstämme auf. Von der 35. Woche an bis zur Geburt verdickt sich die Basalmembran der Kapillaren in den Endzotten und des Trophoblasten progressiv (McKay, Hertig, Adams and Richardson 1958). Elektronenmikroskopisch konnten an Placenten der 7. und 8. Schwangerschaftswoche gezeigt werden, daß bei der Bildung des Glykogens im Cytotrophoblast sehr nahe Beziehungen zu den Ribonucleoproteinen und zum endoplasmatischen Reticulum bestehen, die beide entsprechend abnehmen (Yoshida 1964a). Dabei darf angenommen werden, daß die Glykogenbildung im Cytotrophoblast eine Folge von Stoffwechselvorgängen ist, die von regressiven Zellveränderungen begleitet sind. Calcium und anorganischer Phosphor sind im fetalen Blut in höherer Konzentration als im mütterlichen vorhanden. Vermehrter Gehalt an Ribonucleoproteinen findet sich an Stellen besonderer Wachstums- und Funktionsaktivität. Im Cytoplasma des Plasmodiums, aber nicht in den Mikrozotten, sind während des ersten Schwangerschaftsdrittels große Mengen von Ribonucleoproteinen nachzuweisen. Im zweiten Drittel beginnt ein allmählicher Abfall, so daß sie am Ende der Gravidität im Plasmoditrophoblast fehlen, während sie im Cytotrophoblast bis zur Geburt nachzuweisen sind. Der Abbau der Ribonucleoproteine geht parallel mit der Abnahme des plasmodialen Cytoplasmas. Im Cytotrophoblast der Zellsäulen sind während der drei ersten Schwangerschaftsmonate nur beschei-

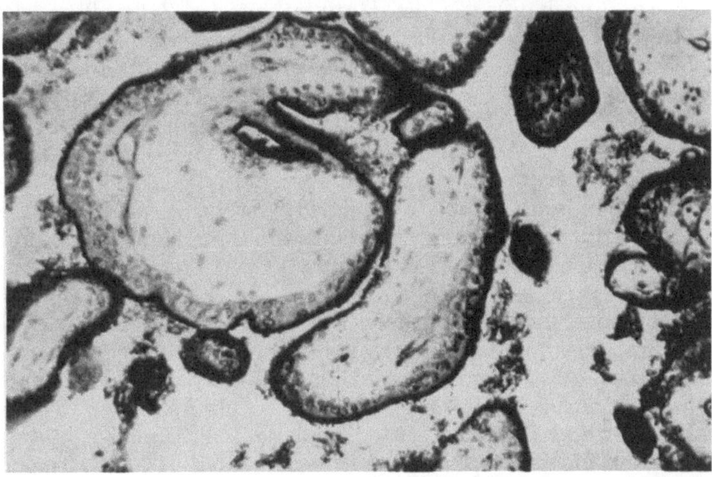

Abb. 49. Ungleiche Reaktion des Plasmoditrophoblasten auf Nucleotidase in einer Placenta der 8. Woche (Vergr.: 324fach) (aus THOMSEN und PANKA 1956/57).

dene Mengen an Ribonucleoproteinen nachzuweisen; sobald jedoch diese Zellen während des zweiten und letzten Trimesters in die Placentarsepten eingebaut werden, steigt ihr Gehalt stark an. Der basale Trophoblast enthält während der ganzen Gravidität große Mengen Ribonucleoprotein, das in mehr granulärer Form und konstanter Menge auch in der unterliegenden Decidua basalis nachzuweisen ist (McKay, Hertig, Adams and Richardson 1958). Das umgekehrte Verhältnis von Ribonucleinsäure (nachgewiesen durch die Basophilie des Cytoplasmas) und alkalischer Phosphatase ist eines der Hauptcharakteristika des Alterns der Placentarzotten. Allgemein ist festzuhalten, daß fast alle Fermente, soweit sie im Mutterkuchen bestimmt wurden, in diesem Organ qualitativ in der gleichen Art und Weise vorhanden sind wie in den übrigen menschlichen Organen (Stark 1960).

Bei der Vielfalt der Aufgaben und Funktionen der Placenta sind grundsätzlich *3 verschiedene Enzym-Gruppen* zu erwarten. So muß das Placentargewebe in erster Linie die Enzyme enthalten, die allgemein für die Zellaktivität erforderlich sind. Zweitens sollten die Enzyme zu finden sein, welche den feto-maternen Stoffaustausch in beiden Richtungen steuern. Als 3. Gruppe müssen die Enzyme vorhanden sein, die mit spezifischen Funktionen in den intermediären Stoffwechsel und sowohl in die Protein- als auch in die Steroidhormonsynthese eingeschaltet sind.

Es würde bei der Vielzahl der bisher in der Placenta gefundenen Enzyme (64!) zu weit führen, sie hier namentlich aufzuführen. Ältere Übersichten über die Placentarenzyme (Berger und Hornstein 1961, Boss and Craig 1962) sowie eine erst kürzlich nach den Prinzipien der Commission on Enzymes of the International Union of Biochemistry veröffentlichte Liste (Hagerman 1964) vermittelt die Namen und nötigen Literaturhinweise. Weitere, dort nicht erwähnte Angaben finden sich bei Bastide,

Dastugue, Baudon et Meunier 1962, Chieffi e Mangiarotti 1962, Hafez 1964, Hayashi and Baldrige 1963, Hayashi, Baldrige, Olmsted and Kimmel 1964, Helmy and Hack 1964, Kleiner, Wilkin und Snoek 1962, Reale e Pipino 1957, Ricci 1962 a & b, Semm 1963, Semm und Bernhard 1963, Stark und Oweis 1963 sowie Villee 1962.

Die Verteilung der Mitochondrien ist als ein Indikator des Zellstoffwechsels zu betrachten; so finden sie sich in großen Mengen im Plasmodium. Da anzunehmen ist, daß die Mitochondrien reichlich Riboflavin, Succinoxydase und Cytochromoxydase enthalten, ist die Behauptung statthaft, die Atmungsfermente seien hier ebenso angehäuft wie die Hauptarbeit des Zellstoffwechsels. Eisen findet sich als Enzymeisen (Cytochrom-System) in perinucleärer Lage im Plasmoditrophoblast, außerdem als Transporteisen in dessen Plasma und zwischen den *Langhans*zellen (Dempsey and Wislocki 1945). Der Eisengehalt der Placenta erreicht im 7. Monat seinen Höhepunkt, um später wieder um rund 50% abzufallen (McKay, Hertig, Adams and Richardson 1958). Der Mechanismus des Eisenübertrittes von der Mutter durch die Placenta auf das Kind, dessen Eisengehalt den maternen ums Doppelte übertrifft, ist heute noch nicht eindeutig klar; immerhin scheint festzustehen, daß das fetale Eisen in der Form des Ferritins aus dem mütterlichen Plasmaeisen stammt (Göltner 1957, Göltner und Stark 1957).

Die mit Vehemenz in den letzten Jahren vorangetriebenen histochemischen und elektronenmikroskopischen Untersuchungen am menschlichen Chorionepithel haben unser Wissen ganz wesentlich gefördert, aber auch eine weitere *Differenzierung des Cytotrophoblasten* gebracht. So unterscheiden wir heute drei (oder mit Wislocki and Bennett [1943] fünf) nach ihrer mikrotopographischen Situation wie nach ihrem Verhalten (Ortmann 1955, 1960, Sauramo 1961b) deutlich differente Cytotrophoblastformen: 1. die *Langhans*-Zellen (unter dem Plasmodium der Zotten), 2. den zelligen Trophoblast der Zellsäulen (am mütterlichen Ende der Haftzotten und nur während der ersten 4 Schwangerschaftsmonate) und 3. den Trophoblast der Trophoblastschale (Abb. 50). Auch histochemisch sind diese Formen heute zu differenzieren (Tab. 2). Dabei synthetisiert der basale Trophoblast um die Zeit der Geburt noch immer reichlich Proteine, so daß in seinem basophilen Cytoplasma viel Ribonukleinsäuren, an Proteine gebundene SH-Gruppen und verschiedene Enzyme nachzuweisen sind (Dallenbach-Hellweg and Nette 1964). *Langhans*-Zellen und Säulentrophoblast stammen bestimmt vom Chorionepithel, was ich trotz differenten histochemischen Verhaltens auch für den basalen Trophoblast (= Trophoblastschale) annehmen möchte. Ich vermute auf Grund der Untersuchungen von Ludwig (1959), dieser stammt aus den Zellsäulen. Von den Cytotrophoblastformen haben die *Langhans*-Zellen im Vergleich zu den beiden anderen Arten nur wenige typische Kennzeichen (Ortmann 1960). Deshalb möchte ich in ihnen die pluripotente Stammform des zelligen Trophoblasten sehen; Zellsäulentrophoblast und Trophoblastschale haben ihr gegenüber lokale Anpassung erfahren und sich spezialisiert. So geben denn auch die *Langhans*-Zellen keinerlei Hinweise für eine besondere Stoffwechselfunktion, während der zellige Trophoblast der Zellsäulen durch seinen hohen Polysaccharidgehalt charakterisiert ist; der Cytotrophoblast der Zellinseln und der Umlagerungszone darf auf Grund seiner Kernsekretion, seiner Eiweiß-, Lipoid- und Polysaccharidbausteine sowie seiner Fermenttätigkeit als besonders stoffwechselaktiv gelten (Ortmann 1955).

Über das Verhalten und die *Funktion der Hofbauer-Zellen*, die den Histiocyten zuzuzählen sind (Bargmann und Knoop 1959, Ortmann 1960) und lange als eine typische Zellform nur der ersten Schwangerschaftshälfte galten, sind wir durch neue Untersuchungen gut informiert. Zu ihrer Darstellung sei die Trichrom-

Färbung nach Churg and Prado (1956) besonders empfohlen (Bleyl 1962) (Abb. 51). Bei Anwendung dieser Methode sind sie mit ihren großen und kräftig gefärbten Kernen sowie einem blau-rot getüpfelten Cytoplasma auch nach dem V. Monat deutlich im interfibrillären Maschenwerk der jugendlichen Zotten auszumachen (Abb. 52), wobei jedoch feste Beziehungen zu den Bindegewebsfasern nicht erkennbar sind. Mit Ausdehnung der Kapillaren und deren Umformung zu Sinusoiden wird es jedoch zunehmend schwieriger, die Hofbauer-Zellen zu erkennen. Im reifen Mutterkuchen des letzten Lunarmonats heben sie sich dann im lockeren Maschenwerk der in ihrer Entwicklung dem V. Schwangerschaftsmonat entsprechenden Zotten (= Kompensationszotten) wieder besser

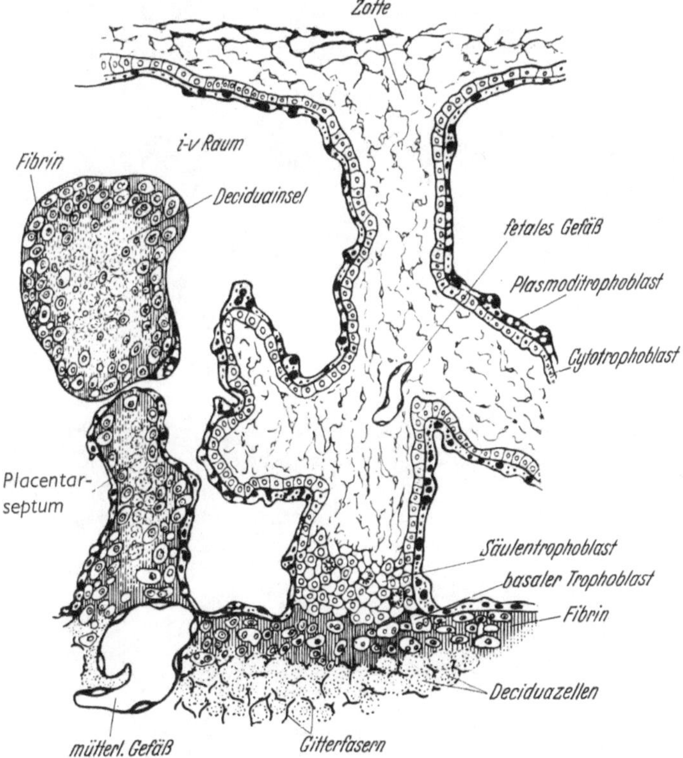

Abb. 50. Schematische Darstellung der vier Trophoblastformen in ihren topographischen Beziehungen (unter Benützung einer Figur von Ortmann 1960).

hervor (Geller 1957) (Abb. 53). Somit dürfen die Hofbauer-Zellen als wesentliche Elemente der jugendlich-lockeren Zotten von jungen und ausgereiften Placenten gelten (Bleyl 1962). Im elektronenmikroskopischen Bild sind sie, die große und kleine Vakuolen sowie zahlreiche Granula verschiedener Elektronendichte enthalten (Abb. 54), in der Nachbarschaft zu den kindlichen Kapillaren zu finden (Rhodin and Terzakis 1962) und während der ganzen Schwangerschaftsdauer zu erkennen (Panigel et Anh 1964).

Die Hofbauer-Zellen sind zweifellos den histiocytären Elementen zuzurechnen (Bautzmann und Schröder 1956, Geller 1957, Rhodin and Terzakis 1962) und darum zur Metamorphose zwischen Ruhe- und Wanderform befähigt (Bautzmann und Schröder 1957, Panigel et Anh 1964). Ihre Genese ist umstritten (Bautzmann und Schröder 1955c, Geller 1957), wenngleich Panigel et Anh (1964) sie als Mesenchym-Abkömmlinge betrachten. Die Hofbauer-Zellen reagieren negativ auf

Nucleotidase (THOMSEN und PANKA 1956), aber positiv sowohl auf alkalische als auch
auf saure Phosphatase, enthalten PAS-positive Substanzen und ihre protoplasmati-
schen Einschlüsse färben sich metachromatisch (GELLER 1957, STRAUSS und HIERSCHE
1963). Ebenso ist Aldolase in ihnen bis zum Graviditätsende nachzuweisen, in den
letzten 3 Monaten allerdings bei fallender Konzentration (ONNIS e CAREDDU 1962).
Möglicherweise erfüllen die HOFBAUER-Zellen in noch ungenügend vaskularisierten
Zotten eine Transportfunktion. Der hohe Gehalt an saurer Phosphatase darf sicher
als Ausdruck aktiver Stoffwechselvorgänge gedeutet werden, da jene in der Placenta
nur in Verbindung mit aktivem Gewebe und nie bei Rückbildungsvorgängen gefunden
wird (THOMSEN und NETZ 1955). Ebenso ist es nicht auszuschließen, daß Albumin
und Globulin in ihnen vorkommen (BARDAWIL, TOY and HERTIG 1958) und sie darum
zu Plasmazellen werden können (BENIRSCHKE and BOURNE 1958).

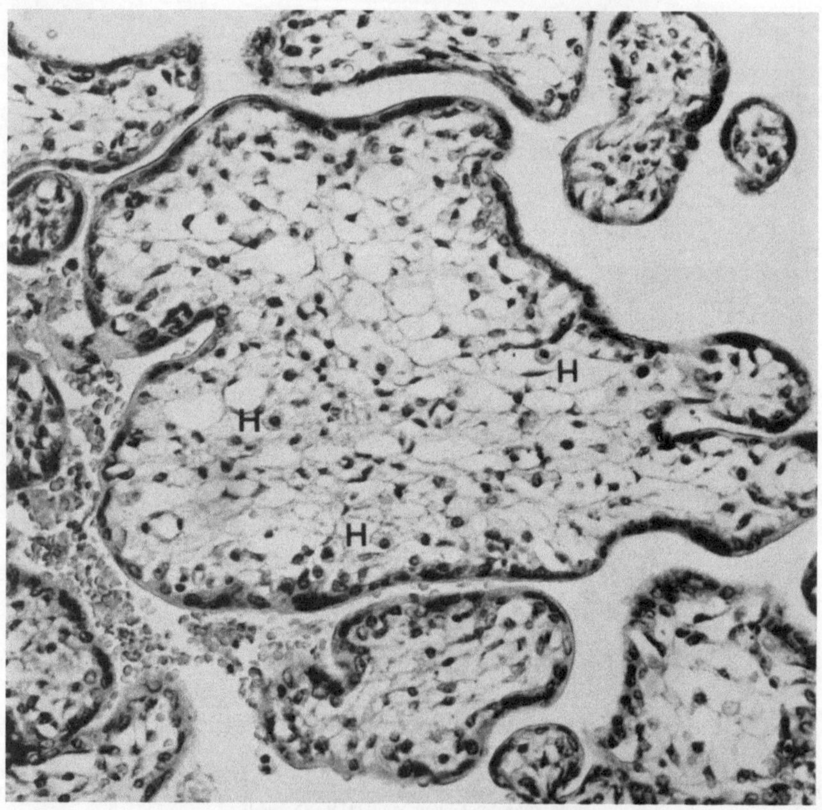

Abb. 51. Zottenquerschnitte einer Placenta vom V. Monat. Die HOFBAUER-Zellen (H) sind im interfibrillären
Netzwerk des Zottenbindegewebes an ihrem gegenüber der Umgebung dichten Cytoplasma gut erkennbar
(Formol; Trichrom-Färbung; Vergr.: 400fach) (aus BLEYL 1962).

Unsere für eine morphologische und physiologische Zusammenarbeit so wesentlichen Kenntnisse über die quantitativen Verhältnisse in der menschlichen Placenta sind in den letzten Jahren durch die Anwendung der *Histometrie* bedeutend
gemehrt worden. So wissen wir heute durch verschiedene Untersuchungen, daß
sich im Laufe der Gravidität vom II. zum IX. Monat die Relation von Bindegewebe zu Trophoblast nicht besonders verschiebt und im reifen Mutterkuchen
sich etwa wie 65 zu 35 verhält (ORTMANN 1960). Daran hat der Cytotrophoblast
mit 1–2% Anteil. Hier sei noch bemerkt, daß sich das Altern der Placenta durch
eine nicht sehr starke, aber immerhin signifikante Abnahme des epithelialen An-
teiles des Chorions (etwa 6%) ausdrückt (JAROSCHKA 1959).

Das *System der Chorionzotten* erinnert mit seinen Stämmen und Aufzweigungen lebhaft an das Bild eines Wurzelstockes, dessen feinste Äste dem Boden Flüssigkeit und Nährstoffe für das Gedeihen der Pflanze entziehen. Der Modus der Zottenverzweigung, die vorzugsweise spitzwinkelig geschieht, ist nicht einheitlich,

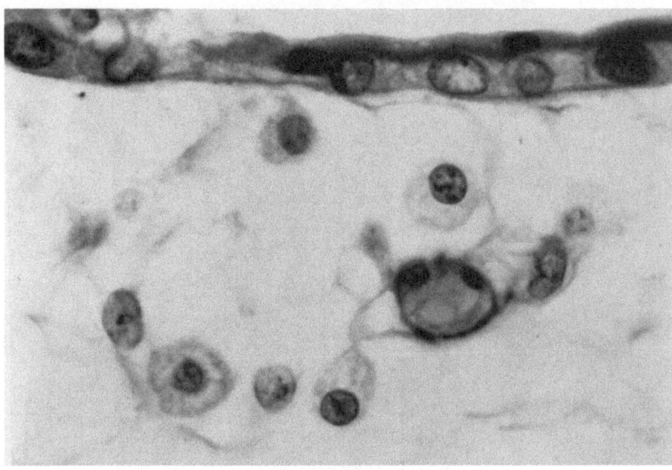

Abb. 52. Mehrere HOFBAUER-Zellen einer noch zweischichtigen Chorionzotte zu einem Embryo von 35 mm SSL, 10 μ; Azan, Vergr.: 700fach).

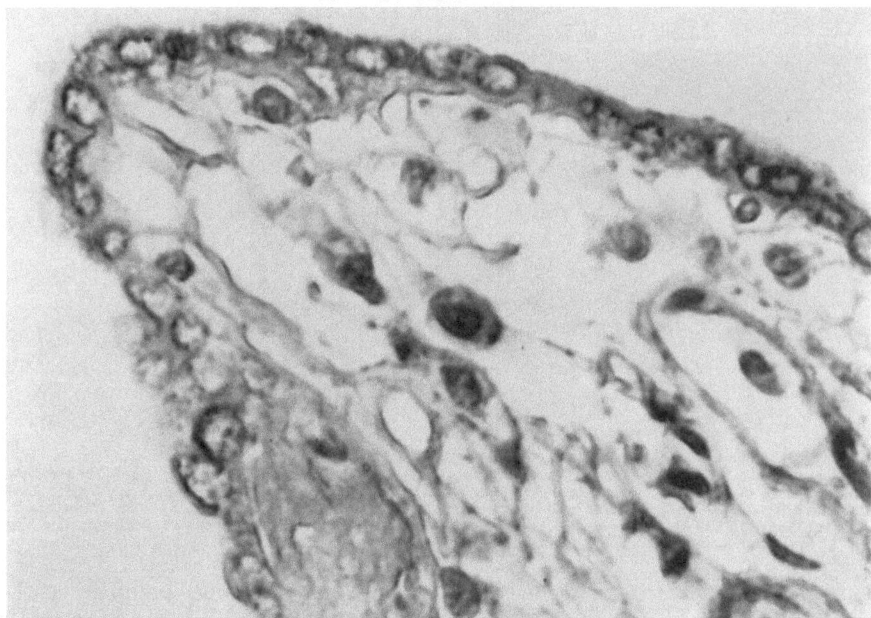

Abb. 53. HOFBAUER-Zellen in einer Resorptionszotte des letzten Schwangerschaftstrimesters (mens X). (Formol; Chromotrop-Anilinblau, Vergr.: 300fach) (aus BLEYL 1962). — Für die Überlassung der Mikrophotogramme zu den Abb. 51 und 53 danke ich Herrn Dr. U. BLEYL (Heidelberg) verbindlichst.

wenngleich der dichotome Typus mit 65–70% vorherrscht; in 20–25% der Fälle kommt Trichotomie vor, während in den restlichen 10% polychotome Verästelungen gesehen wurden (LAZITCH 1913). Im Wurzelstock sind für das Verstehen der Stoffaufnahme die resorbierenden Elemente zunächst wichtiger als die ableitenden

Rohre. Deshalb war es verlockend, die Entwicklung der Placentarzotten sukzessive zu verfolgen, um so zu einem Verständnis ihrer Leistung zu kommen (HÖRMANN 1951). Während der Schwangerschaft durchlaufen die biologisch aktiven Zotten-

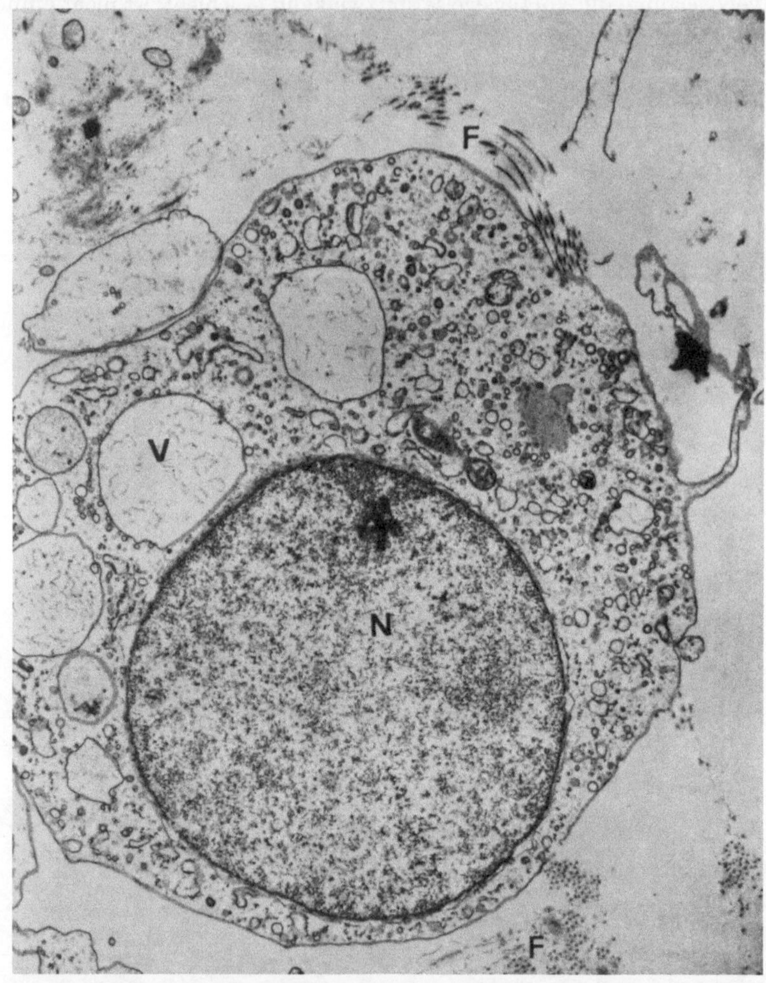

Abb. 54. Elektronenoptische Aufnahme einer HOFBAUER-Zelle des ersten Schwangerschaftsdrittels. In ihrem Cytoplasma große, von einer einschichtigen Membran umgebene Vakuolen (V) mit niedriger Elektronendichte und nur wenig endoplasmatisches Reticulum. Außerhalb der Zelle kollagene Fibrillen (F). (Vergr.: 7200fach) (aus STRAUSS et al. 1965). Der steten und hilfsbereiten Großzügigkeit von Frau Dr. L. STRAUSS (New York, N.Y. USA) verdanke ich die Aufnahmen der Abb. 38—43 und 54, die hier mit spezieller Genehmigung des Verlages, der *National Foundation*, New York, aus „Birth Defects Original Article Series 1/1 (1965)" republiziert werden.

elemente einen charakteristischen Entwicklungs- und Reifungsprozeß dessen Differenzierung an vier histologischen Reifezeichen verfolgt werden kann (BECKER 1963).

Das *I. Reifezeichen* besteht in einer progressiven, praepartalen Verkleinerung des Zottendurchmessers, wodurch die Oberfläche vergrößert wird. Mit der Zunahme an Oberfläche wird im Zeichen des

II. Reifezeichens das Zottenstroma durch die sich ausdehnenden Kapillaren – Differenzierung zu Sinusoiden – verdrängt, was sich auch am positiven bzw. negativen Resultat der 5-Nucleotidase-Reaktion im Kapillarendothel (+ bis etwa zur 20. Woche) verfolgen läßt (THOMSEN und PANKA 1956).

Als *III. Reifezeichen* werden Kernbrücken zwischen den Resorptionsknoten (Abb. 46) betrachtet, die infolge der Rückbildung des intervillösen Stromas als äußere Verstrebungen angesehen werden. Nach dem Bindegewebsabbau in den peripheren Zotten werden in den Stammzotten die Arterienwände verdickt und fibrös versteift (Abb. 14), so daß die arteriellen Druckdifferenzen von der funktionell höchst aktiven Peripherie ferngehalten werden. Diesem Gefäßwandumbau kommt mit BECKER der Wert des *IV. Reifezeichens* zu.

Die im kindlich-mütterlichen Stoffwechsel tätigen Zottenbausteine bezeichnen wir in ihrer Gesamtheit als *Placentarmembran*. Wir verstehen darunter die Gewebsschichten, die das mütterliche Blut vom fetalen Blut in den Zottenkapillaren trennen. Die Differenzierung dieser Elemente zerfällt in zwei einander überlappende Phasen (Abb. 55). Im ersten Stadium, etwa bis zum V. Lunarmonat, beherrscht allmählich abnehmend das Chorionepithel die Zottenentwicklung. In diese Zeit fällt die Vascularisation der anfänglich gefäßlosen Zotten. Gleichzeitig bilden Cytotrophoblast und HOFBAUER-Zellen einen integrierenden Bestandteil der Zotten. Während dieser Phase sinkt der Zottendurchmesser von etwa 140 μ auf 70 μ (Abb. 55). Die zweite Phase (mit der zweiten Schwangerschaftshälfte identisch) steht unter dem Einfluß des recht anpassungsfähigen placentaren Gefäßsystems. Der Durchmesser der Zotten sinkt weiter auf durchschnittlich 50 μ ab, wobei dieser Endwert gegen Ende des VIII. Lunarmonats erreicht wird. Aus den skizzierten Zottenquerschnitten (Abb. 55) ist zu entnehmen, daß die Ernährung in den ersten Wochen langsam und durch Diffusion aus dem mütterlichen Blut erfolgt, wobei die Grenzschichtdicke, durch die ein Austausch noch möglich ist, 70 μ nicht überschreitet. Mit steigender fetaler Anforderung an den fetomaternen Stoffwechsel kommt es zur Gefäßbildung und zum bindegewebigen Umbau in den Zotten. Die fortschreitende Zottendifferenzierung mit gleichzeitiger Oberflächenvergrößerung dient offensichtlich dazu, ein begrenztes, vom VI. Monat ab nicht mehr zu vergrößerndes mütterliches Blutvolumen funktionell besser auszunutzen (KNOPP 1962). Den steigenden physiologischen Anforderungen wird morphologisch sowohl durch zunehmende Verkleinerung der Einzelzotten als auch durch Reduktion der stoffwechselnden Placentarmembran von 0,025 mm zu Beginn der Gravidität auf 0,002 mm (0,003–0,006 mm nach WISLOCKI and DEMPSEY 1955) in der reifen Placenta entsprochen. Damit wird die aktiv zu überbrückende Distanz zwischen kindlichem und mütterlichem Blutstrom erheblich reduziert (Abb. 57).

Im *IV. Schwangerschaftsmonat* hat die *Placenta* ihre definitive Dicke mit rund 2 cm erreicht; eine weitere Tiefenausdehnung wird durch das intradeciduale Fibrin verhindert (LUDWIG 1959). Sie vergrößert sich in der Folgezeit nur noch in der Fläche. Dieses Flächenwachstum wird nach dem VII. Monat langsamer, kommt aber bis zur Geburt nicht zum Stillstand. Während dieser Zeit laufen erhebliche Umbauprozesse in der Placenta ab, über die wir bisher nur unvollständig unterrichtet sind. Auffallend ist jedenfalls der starke Schwund des Cytotrophoblasten nach dem IV. bis V. Monat. Vielleicht braucht er sich bei der Bildung des Plasmodiums und des Chorionbindegewebes völlig auf, da die reifen Zotten praktisch nur von einer dünnen, resorbierenden Plasmodiumlage bekleidet sind. Wir wollen jedenfalls behalten, daß auch an den reifen Zotten noch vereinzelt LANGHANS-Zellen (s. S. 46) zu finden sind.

Nach dieser summarischen Darstellung der morphologischen Verhältnisse sei noch kurz der Versuch unternommen, die mannigfachen *Leistungen der Placenta* zu schildern. Erst kürzlich hat der Physiologe HUGGETT (1959) ein klares Konzept der Placenta entworfen, wobei er entsprechend der placentaren Entwicklung vier Stadien unterscheidet. Daraus wird ersichtlich, daß die Placenta nicht, wie an-

fänglich vermutet, eine einfache Gewebsschranke zwischen kindlichem und mütterlichem Blutstrom ist. Sie hat einen ziemlich hohen Stoffumsatz, der weitgehend
enzymatisch gesteuert wird (s. S. 55); ihre Leistungen sind nicht einfach Expo-
nenten der Schichtenzahl der Barriere, wie das unter den Nachwirkungen von

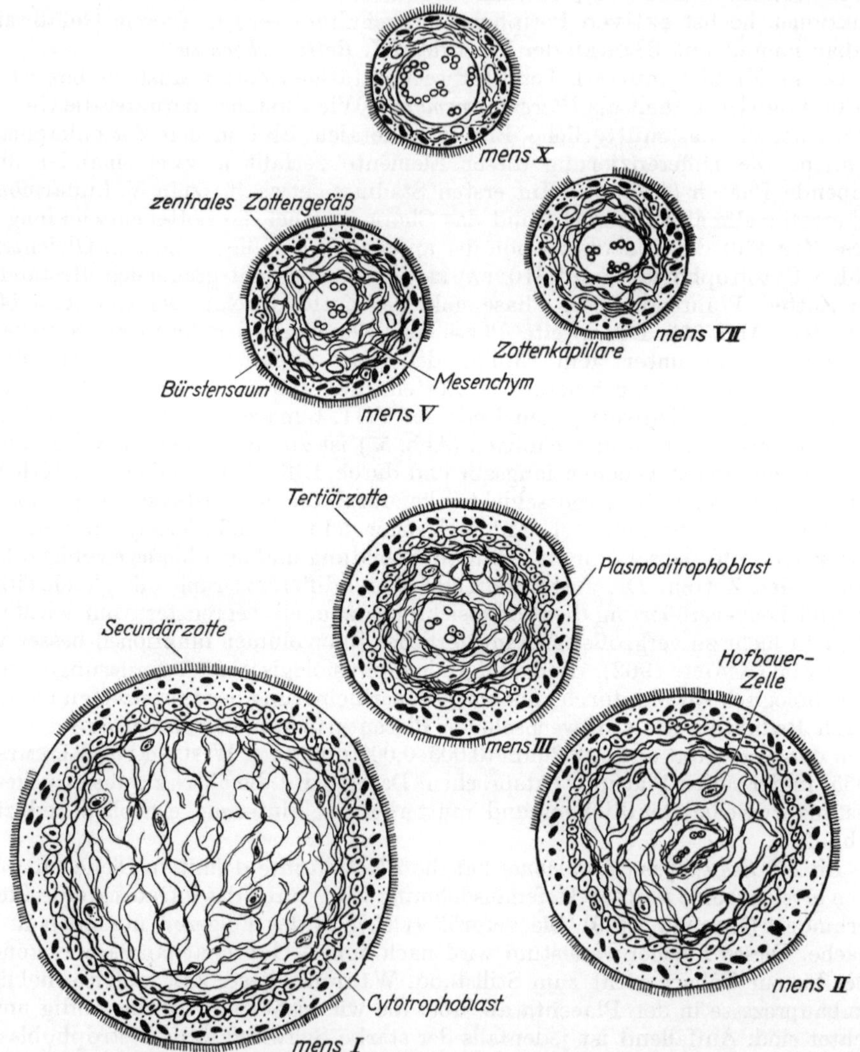

Abb. 55. Schematische Darstellung der Zottendifferenzierung mit Verwertung der Angaben von HÖRMANN, 1951.

GROSSER (1909) lange unser Denken beeinflußte. Heute gelingt es auch bei Reihen-
untersuchungen in der Klinik, sich durch die Oestriol-Ausscheidung im Harn über
das regelrechte Funktionieren der Placenta ins Bild zu setzen (GREENE and
TOUCHSTONE 1963). Gewisse Hinweise auf die aktive Beteiligung der Placenta
am Stoffdurchtritt ergeben sich auch aus den Versuchen zum Übergang von
Anaesthetica (FLOWERS 1963) und Therapeutica (ERICSSON and MALMNÄS 1962,
GAMET 1963, HELD 1952) aus dem mütterlichen in den kindlichen Kreislauf. Die

Anwendung von Isotopen bietet hier ein breites Spektrum (HAGERMAN and VILLEE 1960, STERNBERG 1960), das zeigt, daß bei Ca, Ru und Pu mit steigendem Atomgewicht die Durchtrittsrate abnimmt (PLUMLEE, HANSARD, SOMAR and BEESON 1952, WILKINSON and HOECKER 1953), während sich die Halogene umgekehrt zu verhalten scheinen. Für den transplacentaren und nachgewiesenen Thyroxintransport (FISHER, LEHMAN and LACKEY 1964) sind diese Fragen wesentlich. Im Gegensatz zur Ansicht HELD's soll die Fluorkonzentration im fetalen Blut nur stets ein Viertel der maternen betragen (ERICSSON and MALMNÄS 1962). Dabei fällt auf, daß die placentare Halogenpassage in ähnlicher Weise wie bei der Magenschleimhaut erfolgt (SÖREMARK 1960, ULLBERG and SÖREMARK 1961). Der Austausch von Nährstoffen zwischen mütterlichem und kindlichem Kreislauf hat seine Analogie in den Vorgängen des Stoffaustausches zwischen Blut und Gewebe beim Einzelindividuum. So werden jene Prozesse bestimmt nach den gleichen physikochemischen Gesetzen geregelt (WIDDAS 1961). Der komplizierten Überleitungsverhältnisse wegen, die sich vielleicht bald einmal durch eine künstliche Placenta, wie sie für Schweinefeten schon funktioniert (LAWN and McCANCE 1962, NOER 1946), werden klären lassen, ist auch schon die Hypothese geäußert worden, die Transferierung aller Stoffe sei nicht eine Funktion der Placenta schlechthin, sondern der Mutterkuchen sei vielmehr als eine Organsumme einzelner und differenter Übertragungsmechanismen zu betrachten (DEMPSEY 1960). Zum Verständnis der Funktion der Placenta ist es von Bedeutung, sich ihrer biochemischen Zusammensetzung bewußt zu sein. Der reife Mutterkuchen besteht aus 15,7% organischer und 84,3% anorganischer Substanz. Von diesen sind 83,23% Wasser und nur 1,05% Mineralien mit 17 Bioelementen und 10 Ballaststoffen, d. h. insgesamt 27 Elemente (MISCHEL 1957, STARK 1960). Des dystrophischen oder Degenerationskalkes wegen, dessen Gehalt in der normalen und reifen Placenta erstaunliche Schwankungen (0,15–7,2 g je Mutterkuchen) aufweist, ist das Wissen um den Calciumgehalt der gesunden Placenta von einiger Bedeutung. Er dürfte bei 522 bis 550 mg% Trockensubstanz liegen (EINBRODT, GELLER und BORN 1962, MISCHEL 1958, SCHMID 1962) und sich in den letzten vier Schwangerschaftswochen verdoppelt haben (JEACOCK, SCOTT and PLESTER 1963). Woher diese Unterschiede kommen, ist noch unbekannt; sie könnten, was bisher augenscheinlich zu wenig berücksichtigt wurde, mit dem Alter der Mutter und saisonalen Schwankungen zusammenhängen (FUJIKURA 1963 a & b). Die chemische Zusammensetzung der Placenta ändert sich in den einzelnen Schwangerschaftsmonaten entsprechend ihrem morphologischen Umbau. Dabei nehmen die Ionen im extrazellulären Raum (H_2O, Na, Cl) zugunsten eines Anstieges der Ionen und der Spurenelemente im intrazellulären ab. Detaillierte Angaben über den Mineralgehalt der menschlichen Placenta und ihrer Eihäute vermitteln BERGER und HORNSTEIN (1961) bzw. BERNOTH und MLYTZ (1962, 1963). Der placentare Wassergehalt ist in den Frühstadien höher als im Reifezustand (McKAY, HERTIG, ADAMS and RICHARDSON 1958, VILLEE 1953). Die fortschreitende physiologische Entwässerung, die 7% beträgt, kann mit der Abnahme der intrazellulären Flüssigkeit im Bindegewebe der Chorionzotten erklärt werden.

Bei dieser Betrachtung ist nicht außer acht zu lassen, daß neben dem Organ „Placenta", im Gegensatz zur Auffassung von GROSSER (1909), auch die Eihäute als *Paraplacenta* am *Austausch* beteiligt sind, worauf POLANO (1905, 1922) erstmals aufmerksam machte. Seither sind sowohl die morphologischen wie die histochemischen Untersuchungen (BAUTZMANN und SCHRÖDER 1953, 1955 a & b, BAUTZMANN, SCHMIDT und LEMBURG 1960, GLOWINSKI and KONECKI 1962, PETRY 1954, 1961, 1962, SAURAMO 1961 a, SCHMIDT 1956) an den Eihäuten so intensiviert worden, daß uns deren, auch topographisch leicht differente Textur (Abb. 56, 57) und

Inhaltsstoffe (McKay, Hertig, Adams and Richardson 1958) bekannt sind. Sie demonstrieren, daß die paraplacentaren, feto-maternen Berührungsflächen wichtige metabolische und regulatorische Funktionen ausüben (Bieniarz 1958, Petry 1962) (Abb. 58–61). Bei den in allen Eihautschichten gespeicherten Substanzen

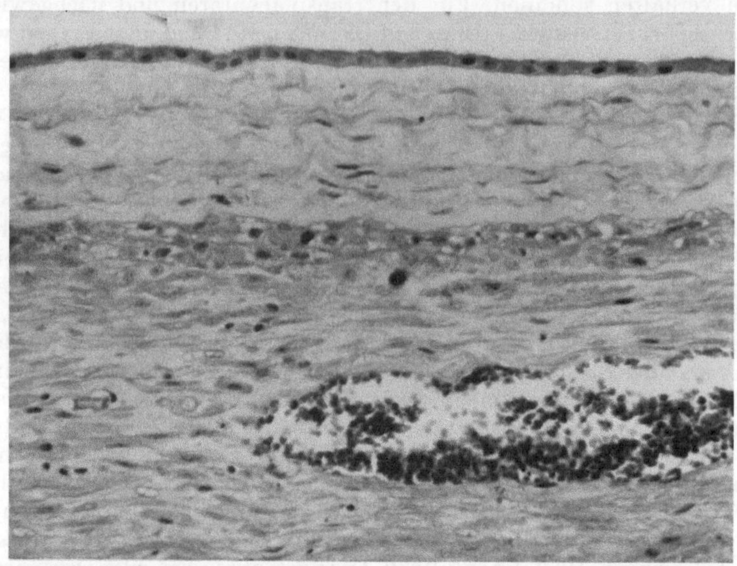

Abb. 56. Paraplacentare Kontaktzone mit (von oben nach unten) Amnionepithel, Amnion- und Chorionbindegewebe, Trophoblast und Decidua parietalis (mens VI; Zenker, 10 μ; Eisenhämatoxylin Heidenhain-Chromotrop 2R, Vergr.: 250fach).

Abb. 57. Schematische Darstellung des Wandbaues der paraplacentaren Kontaktzone (nach Umzeichnung aus Schmidt 1956).

handelt es sich um Glykogen sowie mit steigendem Graviditätsalter im Amnionepithel auch um geringe, aber sich leicht vermehrende Mengen von Ribonucleoprotein. Gleichzeitig fällt auch hier der Nachweis von Plasmalogen, das auf papierchromatographischem Weg als Ethanol-Analogon erkannt wurde, deutlich positiv aus (HELMY and HACK 1964). Neben ihnen kommen noch verschiedene Enzyme vor, die in Vorbereitung eines Stofftransportes eine fermentative Aufspaltung besorgen (HERMANN 1921). Auch das reichverzweigte Kapillarnetz der Decidua parietalis spricht in Verbindung mit den paraplasmatischen Einschlüssen in den Zellen aller Eihautschichten für ein aktives Eingreifen der Embryonalhüllen in den feto-maternen Stoffwechsel. Damit ist allerdings über die Richtung des Stofftransportes nichts ausgesagt. Die Angaben über den mit steigender Gravidität sich ändernden Gehalt des Fruchtwassers, dessen Oberflächenspannung bei 37° C mit 69,5 $\pm$ 0,4 dyn nahe der des Wassers liegt (ENHORNING 1964), an Fructose, Glukose und Milchsäure (D'ANNA e NICCOLI 1962, SCHREINER und GUBLER 1963, WOOD, ACHARYA, CORNWELL and PINKERTON 1963) verdienen hier immerhin registriert zu werden, auch wenn im Augenblick keine sicheren Zusammenhänge über den Austausch zwischen mütterlichem Gewebe bzw. Blut und Liquor amnii erkennbar sind. Möglicherweise könnte die im Laufe der Schwangerschaft absinkende Aktivität der Aldolase im Amnion einen Hinweis auf die Tätigkeit des gefäßlosen Amnions geben, das seinen Energiebedarf aus der anaeroben Glykolyse decken dürfte (ONNIS 1962). Dabei mag der paraplacentare Austausch zu 25 und mehr Prozent zwischen Mutter und Amnionflüssigkeit nicht direkt, sondern über den Fetus vor sich gehen (PLENTL 1959). Für den Durchtritt von Kohlehydraten durch das menschliche Chorion laeve bedarf es jedenfalls keines speziellen Transportsystems, denn nach neueren Versuchen ist die Durchlässigkeit für verschiedene Kohlehydrate ziemlich gleichmäßig. Der Diffusionskoeffizient beträgt etwa $0,2 \times 10^{-5}$ cm^2/sec (BATTAGLIA, HELLEGERS, MESCHIA and BARRON 1962, BATTAGLIA and HELLEGERS 1964).

Der *Austausch der Blutgase, von Wasser, Kristalloiden und niedermolekularen Stoffen* erfolgt im wesentlichen, wie z. B. für Lactate und Pyruvate (OTEY, STENGER, EITZMAN, ANDERSEN, GESSNER and PRYSTOWSKY 1964), durch Diffusion, die durch die Differenz des beidseits der Placentarmembran herrschenden hydrostatischen Druckes beeinflußt wird. Der Druckunterschied wird auf 30–40 mmHg geschätzt (SNOECK 1961). Dabei ist die Tatsache wichtig, daß die fetalen Erythrocyten eine größere Affinität zu O$_2$ haben als die mütterlichen, wie auch der Grundumsatz der kindlichen Zellen gegenüber den maternen erhöht ist. Neben dem Druckgefälle spielt bei der Diffusion natürlich auch das Konzentrationsgefälle der zu transferierenden Substanzen eine Rolle. In geeigneten Fällen dürften die Substanzen nach der Passage sofort durch die kindlichen Gewebe aufgenommen werden, wodurch deren Konzentration im fetalen Blut herabgesetzt wird. Der Konzentrationsunterschied ist bestimmt nicht der einzige und wichtigste Faktor, der die Passage beeinflußt. Die menschliche Placentarmembran läßt Creatinin, dessen Gehalt im fetalen Blut höher als im maternen ist, Harnsäure und Harnstoff ungehindert passieren. So haben gewisse Stoffe wie Chloride, Harnsäure, Harnstoff u. a. im mütterlichen wie im kindlichen Kreislauf ungefähr die gleiche Konzentration, während andere Substanzen (Cholesterin, Glukose, Lipoide, Proteine sowie Vitamin A und C) im maternen Blut in höherer Konzentration als im fetalen vorkommen. Dieses dagegen enthält z. B. mehr Aminosäuren, Calcium, Kalium, Eisen, anorganischen Phosphor und Vitamine der B-Gruppe als das der Mutter (VILLEE 1962). Die Konzentrationsunterschiede lassen sich teilweise mit den Veränderungen erklären, welche die betreffenden Substanzen durch und für den transplacentaren Austausch erfahren. Bei ihnen muß die Passage ein aktiver, Energie konsumierender Vorgang sein, wie das mit der Isotopentechnik gezeigt werden konnte (STERNBERG 1960). Diese hat in den letzten Jahren in Verbindung mit Morphogenese und Phylogenie vermehrt Eingang in die Placentologie gefunden und wesentliche Ergebnisse gezeitigt, die zu einem besseren Verständnis der Phy-

siologie der Placenta führen (STERNBERG 1962). Substanzen, die der Aufrecht-
erhaltung des biochemischen Gleichgewichtes dienen, vor allem also Wasser und
Elektrolyte wie auch Sauerstoff und Kohlensäure, sowie nach Abbau auch Amine,
diffundieren außerordentlich rasch (mg/sec), während bei den Nährstoffen infolge
der Einschaltung notwendiger Übertragungsmechanismen schon längere Zeit
(mg/min) verstreicht (PAGE 1957). *Der Gausaustausch in der Placenta*, der dem
Druckgefälle folgt, wird durch die Stoffwechselaufgaben der Placenta, die an den
gleichen Orten erledigt werden, kompliziert. Eine Reihe von Befunden spricht
dafür, daß trotz dieser Erschwernisse der placentare Gausaustausch den Gesetzen
der Diffusion folgt, wie das aus durch umsichtige Versuchsanordnung erzielten
Ergebnissen für den Sauerstoff- und Kohlendyoxydübertritt hervorgeht (BARTELS,
MOLL and METCALFE 1962, WULF 1962, 1964). Mit zunehmender Schwangerschaft
soll sich (in Relation zur Glykogen-Produktion) eine deutliche Abnahme des
Sauerstoffverbrauches einstellen (GHILAIN 1962, WHAT's new 1955) (Abb. 62).
Andere Autoren kamen durch ihre Versuche zur Ansicht, daß weder Placentar-
alter noch Kindsgewicht nach der 28. Woche den O_2-Verbrauch von 86,800 ±

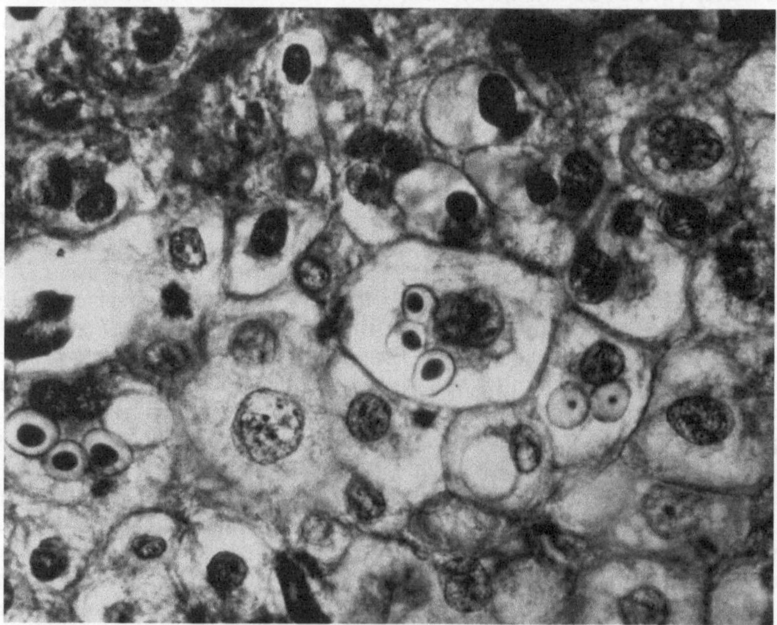

Abb. 58. Flachgeschnittenes menschliches Chorionepithel; man beachte die differenten Kerngrößen und die verschiedenen Vakuolenformen (Vergr.: 400fach) (aus PETRY 1963).

2,500 µl/h beeinflussen könnten (FRIEDMAN, LITTLE and SACHTLEBEN 1962). Die
beidseitige haematogene Wasserstoffionenkonzentration dürfte dabei nicht ohne
Bedeutung sein (HELLEGERS, HELLER, BEHRMAN and BATTAGLIA 1964), von der
allerdings der Arbeitskreis um PRYSTOWSKY (1961) entgegen dem rechnerischen
Ergebnis zur Ansicht kommt, es bestehe vielleicht doch keine pH-Differenz über
die Placentarschranke hinweg. Die ungefähr gleiche mütterliche und kindliche
Wasserstoffionenkonzentration ist zweifellos für den O_2-Transport von Bedeutung;
für ihn ist in der Placenta eine nicht fixierte Druckdifferenz von 20 mm Hg erforderlich, um den normalen fetalen Sauerstoffbedarf zu befriedigen (PRYSTOWSKY
1961, STENGER, EITZMAN, ANDERSEN, DE PADUA, GESSNER and PRYSTOWSKY

1964). Eng gekoppelt mit der Sauerstoffpassage, mit der sich auch BARTELS (1963) auseinandersetzt, ist der *transplacentare Kohlendioxyddurchgang*. Die Konzentrationsdifferenz beträgt zwischen beiden Seiten des Mutterkuchens ungefähr 0,22 mM/l, wobei der kindliche Spiegel um diesen Betrag höher ist; entsprechend liegt auch der Bicarbonatgehalt im fetalen Blut höher als im maternen (PRYSTOWSKY, HELLEGERS and BRUNS 1961). Vergleichend wird das Problem des diaplacentaren Gasaustausches von METCALFE, MOLL and BARTELS (1964) behandelt.

Für hochmolekulare Stoffe scheint eine elektive Durchlässigkeit der Placentarschranke zu bestehen. Als allgemeine Regel gilt, daß Substanzen mit einem Molekulargewicht unter 350 durch Diffusion übertragen werden (HUGGETT 1954, HUGGETT and HAMMOND 1952).

Die *Permeabilität der Placenta für diffundierende Stoffe* hängt in gewissen Grenzen von der Anzahl und der Beschaffenheit der trennenden Gewebsschichten zwischen den beiden Kreisläufen ab (FLEXNER 1955), wie vor allem durch Versuche mit schwerem Wasser und durch Markierung mit Isotopen, speziell mit Na, nach-

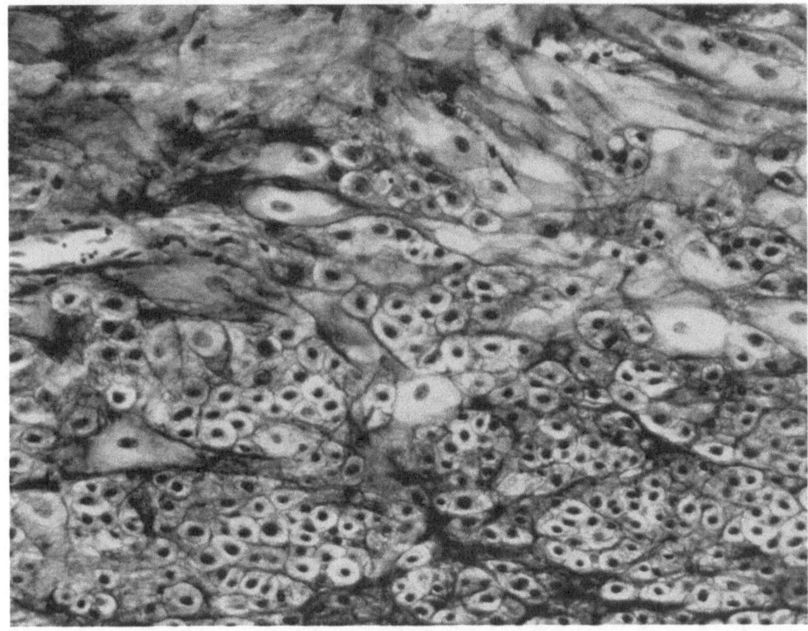

Abb. 59. Flachschnitt durch die chorio-deciduale Grenzregion der paraplacentaren Kontaktzone: Chorion oben, Decidua unten. Das Chorionepithel ist deutlich mit der Decidua parietalis verzahnt (Vergr.: 250fach) (aus PETRY 1963).

gewiesen wurde. Bei diesen Versuchen ließ sich demonstrieren, daß die fetale Wachstumsrate parallel der Natriumzufuhr verläuft; damit ist eine alte Auffassung bekräftigt. Weiter konnte in Bestätigung des morphologischen Befundes mit radioaktivem Na klar gezeigt werden, daß 1. die Durchlässigkeit mit fortschreitender Gravidität zunimmt, und 2. die Permeabilität des haemochorialen Typus entschieden größer ist als die bei der endotheliochorialen oder epitheliochorialen Form (FLEXNER and GELLHORN 1942). Die von WILKIN (1958) vorgebrachten Gegenargumente vermögen die Hypothese von FLEXNER ebenso wenig zu entkräften, wie die Angabe, der Übertritt schweren Wassers verhalte sich umgekehrt proportional zur Fläche der Placentarmembran (HELLMAN, FLEXNER,

WILDE, VOSBURGH and PROCTOR 1948). Es muß jedoch auch hier davor gewarnt werden, die Ergebnisse von Versuchen an einer Tierform kritiklos auf den Menschen oder eine Tierart mit anderem Placentartyp zu übertragen. Tatsächlich

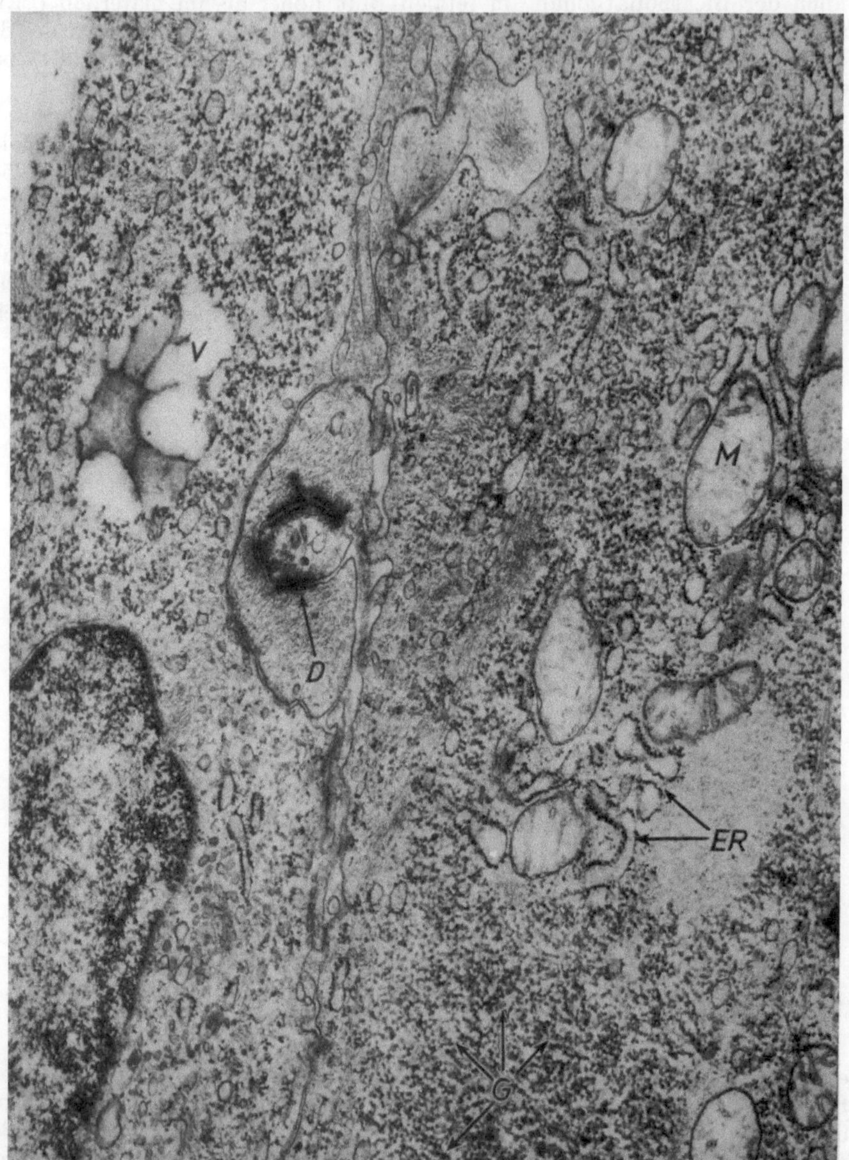

Abb. 60. Elektronenoptischer Ausschnitt der Kontaktzone zweier Epithelzellen eines menschlichen Chorion laeve. D = ringförmige Desmosomen, ER = endoplasmatisches Reticulum, G = Glykogengranula, M = Mitochondrien, V = Vacuole mit osmiophilem Inhalt (Vergr.: 20000fach) (aus PETRY 1963).

sinkt der Wasserbedarf während der Schwangerschaft, weil der Wassergehalt der Placenta um 8–10% zurückgeht. Gleichzeitig nehmen auch die Natrium- und Chlorionen ab, während der Asche- und Trockengehalt mit Konzentration von

Calcium, Eisen, Magnesium, Schwefel und Zink entsprechend ansteigt (STARK 1960). Der osmotische Druck zwischen kindlichem und mütterlichem Plasma ist gleich oder nahezu gleich, so daß wir für den Augenblick keine befriedigende Er-

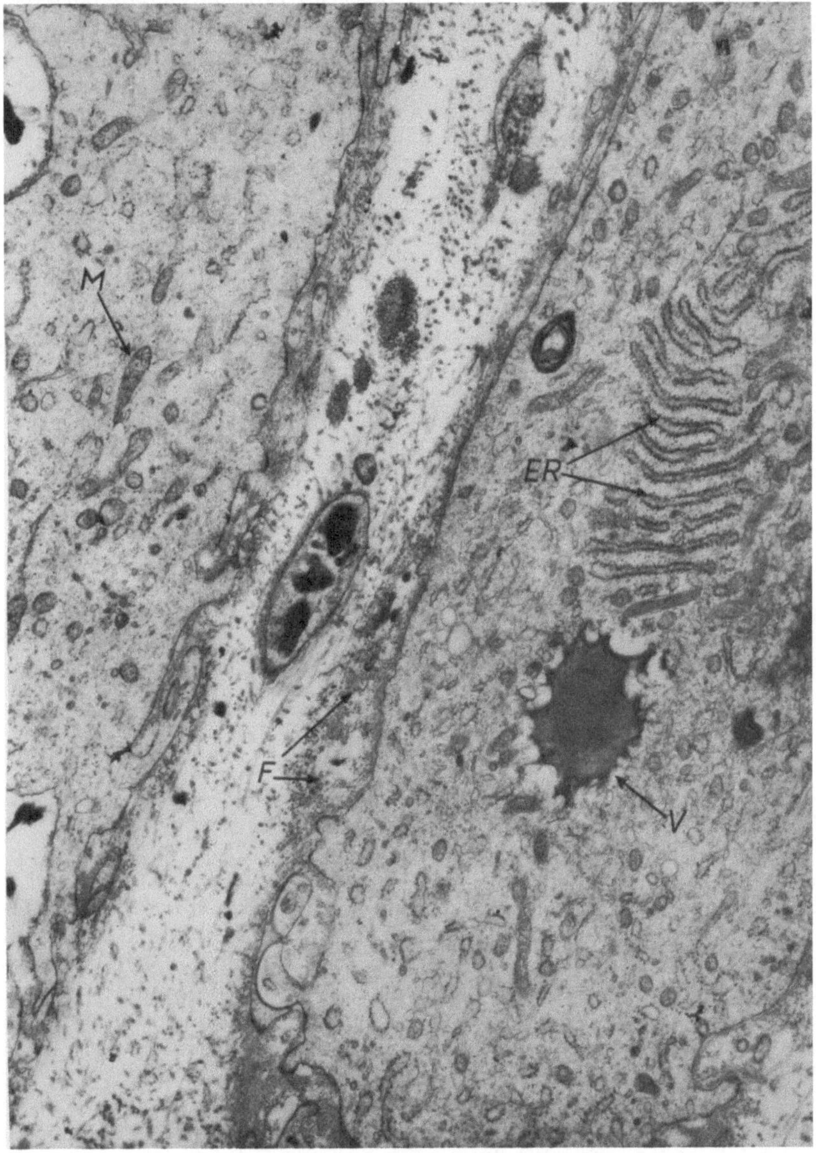

Abb. 61. Elektronenmikroskopische Aufnahme zweier benachbarter Deciduazellen mit faserhaltigem Intercellularraum. ER = lamellenartig angeordnetes endoplastisches Reticulum mit Ribosomen, F = Bindegewebsfilamente, M = Mitochondrien, V = Vakuole mit osmiophilem Inhalt (Vergr.: 15000fach) (aus PETRY 1963). — Die Vorlagen zu den Abb. 58—61 hat mir Herr Prof. G. PETRY (Marburg) überlassen, wofür ich ihm herzlich danke.

klärung geben können, in welcher Weise der Wasserübertritt bewerkstelligt wird.

Haemoglobin und Zelltrümmer können durch Phagocytose aufgenommen werden. Der menschliche Cytotrophoblast enthält Protein verschiedener Herkunft, vor allem aus der Decidua und dem mütterlichen Blut. Trotz dieser Beobachtungen ist die Art der Zellaufnahme unhydrolisierter Proteine und von Zellfragmenten noch ungelöst. Für kolloidale Proteine bestehen zwei Möglichkeiten: 1. Hydrolyse durch Proteasen und 2. Übergang unhydrolisierter Proteine; möglicherweise werden beide Wege in der menschlichen Placenta beschritten, da Proteasen nur in der ersten Schwangerschaftshälfte nachweisbar sind. Das würde wie beim Wiederaufbau des Fettes eine Proteinresynthese auf der kindlichen Seite notwendig machen, wobei die Ribonucleoproteine als Proteolyte beteiligt sein könnten.

Unhydrolisierte Proteine passieren höchstwahrscheinlich die Placenta nur in Spuren; sie sind durch immunologische Methoden nachweisbar (Brambell 1960, Hemmings and Brambell 1961). Bestimmte Agglutinine und Antikörper können in unterschiedlicher Weise die menschliche Placentarmembran passieren. Wir vermuten, daß die *Passage hier wie für Plasmaproteine durch Pinocytose erfolgt* (Hemmings 1961). Eine paraplacentare Übertragung mütterlicher Antigene kommt bei Homo nicht in Frage (Dancis, Lind and Vara 1960); deshalb müssen sie, da sie beim Neugeborenen zu finden sind, die Placentarschranke passieren. Nach

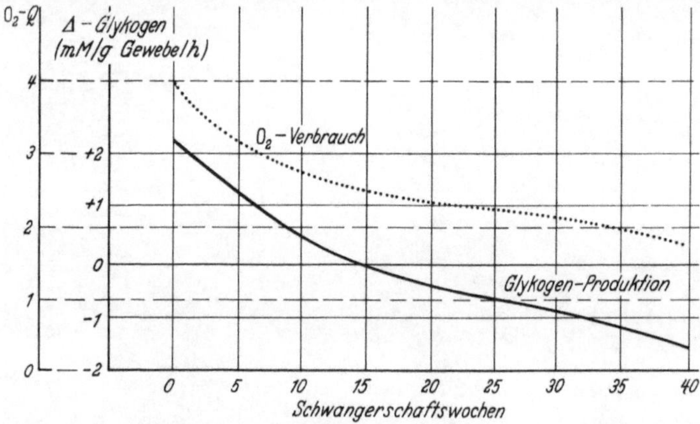

Abb. 62. Biochemisches Altern der menschlichen Placenta, dargestellt mittels des während der Schwangerschaft allmählich abfallenden Sauerstoffverbrauchs und der parallel dazu abnehmenden Glykogenproduktion (nach What's new, no. 188, 1955).

Versuchen am Kaninchen nehmen Brambell, Hemmings and Henderson (1951) allerdings an, daß die Immunkörper durch das Uteruslumen und den Dottersack bzw. das Amnion auf den Fetus übergehen. Die transplacentare Übertragung ist selektiv, indem γ-*Globuline* (mit einem Molekulargewicht von 12 600) passieren, während alle anderen oder jedenfalls ein großer Teil der β-Globuline (Molekulargewicht 160 000 bzw. 1 000 000) zurückgehalten werden. Dazu treten die γ-Globuline, die vorzugsweise die Gammaglobulin-Fraktion des Plasmas enthalten, auch 15–20mal leichter über als die Albumine. So finden sich gar manche Antikörper im fetalen Blut, wie z. B. Diphtherie- und Pertussis-Antitoxine, Influenza-, Encephalitis B-, Poliomyelitis-, Parotitis epidemica- u. a. Antikörper (de Muralt 1962). Ihr Spiegel ist anfänglich im fetalen Blut sehr niedrig, übertrifft aber am Ende der Gravidität leicht den mütterlichen. Beim Übertritt dieser Antigene darf auch eine individuelle Permeabilität der Placentarmembran angenommen werden. Berger and Novik (1964) haben das Problem des Antikörper-Übertrittes von der Mutter zum Kind einläßlich geprüft; sie gelangten zur Ansicht, daß er durch Pinocytose erfolge. Dabei ergab sich (aus den Untersuchungen von Freda and Carter 1961), daß die Beta-Isoantikörper der Blutgruppe A_2 leichter die Placentarschranke passieren als die von A_1. Somit kann die menschliche Placenta zwischen nahe verwandten Substanzen ganz offensichtlich unterscheiden; doch scheint diese placentare Fähigkeit von einer zur anderen Gravidität stark zu variieren (FREDA and CARTER 1962).

Die Antigene werden in der Basalmembran des Trophoblasten und der fetalen Kapillaren vermutet und sollen den nephrogenen Antikörpern identisch oder mindestens ähnlich sein (BOSS 1963). Daneben wird für das menschliche Placentargewebe noch ein spezifisches, bisher nicht näher identifiziertes Antigen angegeben, das weder im Serum noch in der Leber und Niere nachweisbar ist (WILKEN 1962).

In Zusammenhang mit der Passage von Eiweißkörpern erhebt sich auch die Frage nach dem *Übertritt von Viren*, die heute der Embryopathien wegen im Zentrum des Interesses stehen. Das Chorionepithel muß als Eintrittspforte der Viren angesehen werden, wo diese dann ihre ersten fetalen Schäden am Endothel der Zottenkapillaren hervorrufen (TÖNDURY 1962). Auf welchem Weg und in welcher Form die phocomelogenen Sedativa, die ebenfalls in der empfindlichsten Phase der Keimentwicklung (4.–8. Woche) zwischen dem 28. und 42. Tag (TAUSSIG 1962) ihr Unheil anrichten, die Placenta passieren, wissen wir noch nicht.

Auch der *Durchgang mütterlicher Erythrocyten* durch die Placentarschranke ist heute durch verschiedene Methoden einwandfrei gesichert (HEDENSTEDT and NAESLUND 1946, MENGERT, RIGHTS, BATES JR., REID, WOLF and NABORS 1955, NAESLUND 1951, NAESLUND and NYLIN 1946, OEHLERT, MICHEL und MOHRMANN 1963, ZAROU, LICHTMAN and HELLMAN 1964), wie das für großcorpusculäre Elemente für drei verschiedene Placentartypen (Placenta haemochorialis labyrinthica, Plac. haemoendothelialis und Plac. endotheliochorialis) auch nachgewiesen ist (VOLKHEIMER und JOHN 1962). Größenordnungsmäßig handelt es sich um ungefähr 0,3 cm³ Blut, das innerhalb von 13 Stunden übertritt. Es wird vermutet, daß bei dieser Passage der Erythrocytengröße wegen nicht die Pinocytose spielt, sondern einzelne Lecks von Kapillargröße in der verdünnten Placentarmembran bei dem Druckgefälle zwischen Mutter und Kind den Durchtritt gestatten (SMITH, DUHRING, GREENE, ROCHLIN and BLAKEMORE 1961). Die Druckdifferenz allein kann aber auch nicht ausschlaggebend sein, denn kindliche Erythrocyten sind wiederum im maternen Blut nachweisbar. Sie sind häufiger im Anschluß an die Geburt (19—30% fetale Erythrocyten in mütterlichen Ausstrichen) als ante partum (7%) zu finden (KEENAN and PEARSE 1963, NEIMANN, PIERSON, PETERS, DELLESTABLE et DUPREZ 1963). In allen Fällen des Nachweises fetaler Erythrocyten im mütterlichen Kreislauf bestand zwischen Mutter und Kind eine ABO-Verträglichkeit. Solche feto-maternen Haemorraghien treten häufiger bei Rh-negativen als bei Rh-positiven Frauen auf (DE MURALT 1962).

Die Resorption von *Eisen* läßt sich recht gut verfolgen. Transporteisen im Gegensatz zum Enzymeisen tritt in der menschlichen Placenta an zwei Stellen auf: im Cytoplasma des Plasmodiums und zwischen den *Langhans*-Zellen (vgl. S. 56). Die Eisenaufnahme durch die Placenta ist trotz dieser Fundstätten und trotz eines guten histochemischen Eisennachweises nicht ganz klar; man vermutet eine Placentarpermeabilität für an Proteine gebundenes Eisen. Beim Menschen wird Eisen an den Zotten aufgenommen (DEMPSEY and WISLOCKI 1944). Ebenso wird auch *Kupfer* durch das fetale Blut aus der Placenta resorbiert, um im kindlichen Körper verwertet zu werden (NEUWEILER 1942).

Recht eigenartig liegen die Verhältnisse bei der Aufnahme von *Kohlehydraten*. Der Gehalt des maternen Blutes ist stets höher als der des fetalen, der bis zur Geburt stetig ansteigt. Der mütterliche Blutzucker besteht fast ausschließlich (96%) aus Glukose, während im kindlichen Blut neben Glukose auch Fructose vorkommt; ihre Bedeutung für den kindlich-mütterlichen Stoffwechsel ventiliert HUGGETT (1961, 1963). Glukose, mit deren Übertritt (beim Schaf, Rhesusaffen und Mensch) sich in letzter Zeit BATTAGLIA, HELLEGERS, HELLER and BEHRMAN (1964), NIXON (1963) sowie SPELLACY, GOETZ, GREENBERG and ELLS (1964) beschäftigt haben, soll nicht direkt diffundieren können, wohl aber Fructose, von der ursprünglich angenommen wurde, sie könne nicht aus Glukose erhalten werden (RITTER 1960). Neuere Untersuchungen ergaben jedoch, daß die menschliche Placenta unter Mithilfe von Enzymen durch Phosphorylierung Glukose in Fructose verwandelt, die ins fetale Plasma abgegeben wird (VILLEE 1962). Damit erklärt sich auch die Tatsache, daß der Fructose-Gehalt im kindlichen Blut höher als im mütterlichen ist. Auffällig ist außerdem die Geschwindigkeit, mit der markierter Zucker die Placenta passiert. Der Kohlehydrattransport durch die Placenta ist jedenfalls noch sehr unklar. Das Placentarglykogen steht sicher in keiner unmittelbaren Beziehung zum Zuckertransport, sondern ist ein direktes und im Stoffwechselgeschehen besonders stabiles Produkt des Placentargewebes.

Die Auffassung, daß die *Lipoidstoffe* etwas mit der Bildung der Ketosteroide (Steroidhormone) zu tun haben, ist durchaus begründet, denn Fette und Lipoide sind oft und an vielen Stellen nachgewiesen worden (BERGER und HORNSTEIN 1961, HORNSTEIN 1962). Phosphatide mit Lecithin machen als hauptsächliche Baustoffe neben Colaminkephalin und Sphingomyelin $^2/_3$ der placentaren Gesamtfettstoffe aus; daneben kommen noch freies Cholesterin, Cholesterinester und Triglyceride vor (EBERHAGEN 1963). Der Übertritt der Fette kann ähnlich wie im Darm ablaufen, d. h. sie könnten zum mindesten in Fettsäuren und Glycerin gespalten und jenseits der Placentarschranke resynthetisiert werden. Phosphorlipoidmoleküle z. B. gehen nicht direkt auf das Kind über, sondern werden nach Abbau in der Placenta vom Fetus frisch aufgebaut (POPJAK 1954). Eingreifende chemische Veränderungen des Fettes beim Übertritt sind also möglich, aber nicht unbedingt notwendig (STARK 1960). Der Gehalt der Placenta an Fettsäuren und Cholesterol ist höher als der der mütterlichen Leber, aber niedriger als in den fetalen Geweben. Wie der Fetttransport durch die Placenta tatsächlich abläuft, ist danach noch nicht geklärt.

Bei der Passage der *Vitamine* besteht eine deutliche Differenz zwischen fett- und wasserlöslichen Vitaminen (DANCIS 1962). Jene werden im fetalen Blut, entsprechend der allgemein langsamen Überleitung von Lipiden, nur in niedriger Konzentration gefunden (GUGGISBERG 1942, HÄMMERLI 1954, NEUWEILER 1943). Die wasserlöslichen Vitamine (B_{12}, C, Riboflavin und Thiamin) sind dagegen in der Nabelschnur stets in höherer Konzentration als im mütterlichen Blut nachzuweisen (NEUWEILER 1935, 1938); deshalb vermutet man einen konzentrierenden Einfluß der Placenta.

Sehr kompliziert sind die Vorgänge bei der *Eiweißresorption*. Die Hauptmenge der für die fetale Ernährung auszunutzenden Proteine wird in Form *freier Aminosäuren* übertragen, wobei in der Placenta wahrscheinlich doch eingreifende Umbauvorgänge stattfinden. Der Eiweißgehalt des mütterlichen und kindlichen Blutes stimmt in keiner Graviditätsphase überein. Obwohl der Eiweißgehalt im fetalen Blut mit fortschreitender Gravidität ansteigt, erreicht er nie materne Werte, so daß auch hier die aktive Rolle der Placentarmembran evident ist. Daneben ist aber auch die Aufnahme ungespaltener Proteine in geringen Quantitäten möglich, wenn die Teilchengröße 6,5—7 mµ nicht übersteigt. Die Aufnahme unzerlegter Eiweiße spielt für die Ernährung keine Rolle, ist aber für immunbiologische Vorgänge von Bedeutung (s. S. 70). Für die Nucleinsäuren, deren Konzentration im kindlichen Blut höher als im mütterlichen ist (KELLY, HUTCHINSON, FRIEDMAN and PLENTL 1964) und deren Übertragung der genetischen Information wegen lebenswichtig ist, wird heute angenommen, daß nur ein kleiner Teil dieser Informatoren direkt aus mütterlichen Nucleinsäuren stammt, während der Großteil im Fetus aus einfachen Vorstufen aufgebaut wird (DANCIS 1962, FELDMAN and CHRISTENSEN 1962).

Die *endocrine Aufgabe der Placenta* besteht vornehmlich darin, die Schwangerschaft aufrechtzuerhalten. Dazu dienen in Fortsetzung der Gelbkörperfunktion die proteinogenen Gonadotropine, während die Steroide den für die Gravidität typischen Stoffwechsel regulieren. Es ist hier nicht der Ort, detailliert auf die menschlichen Placentarhormone einzugehen, da sie in extenso von BENIRSCHKE (1966) gewürdigt werden und erst kürzlich durch BERGER und HORNSTEIN (1961), RYAN (1962) sowie von WARREN and TIMBERLAKE (1963) ausführlich besprochen wurden, wo sich auch nützliche Hinweise auf die vergleichende Physiologie dieser Inkrete finden. Wieweit die placentaren Hormone auch als die durch Kaulquappen- und andere Versuche vermuteten Wuchsstoffe wirken (BANGERTER 1960, BRANDT 1936, DÖDERLEIN 1951, GRIMM 1950, 1952, HAUPT 1953, MOSKWA 1951 u. a.), muß durch sorgfältig geplante Versuchsserien überprüft werden.

Eine befriedigende Darstellung der mannigfachen Austausch- und Stoffwechselfunktionen der menschlichen Placenta ist heute noch nicht möglich. Bei allen Erwägungen ist zu beachten, daß der diaplacentare Stofftransport je nach Teilchengröße verschieden abläuft. Ich möchte glauben, daß die Placentarmembran in großem Umfang in den feto-maternen Stoffaustausch eingreift. Die Zellen der menschlichen Placenta bewältigen tatsächlich — ähnlich wie die Leberzellen — ein weites Spektrum katabolischer und synthetischer Prozesse. Deshalb sprach schon CLAUDE BERNARD (1859) vom Mutterkuchen als von der „Hilfsleber".

Literatur

ALDEN, R. H.: Implantation of the rat egg. II. Alteration in osmophilic epithelial lipids of the rat uterus under normal and experimental conditions. Anat. Rec. **97**, 1—19 (1947).
— Implantation of the rat egg. III. Origin and development of primary trophoblast giant cells. Am. J. Anat. **83**, 143—182 (1948).
— and J. S. DAVIS: Role of adrenals in uterine lipid metabolism. Anat. Rec. **142**, 53—56 (1962).
ALLEN, E., J. P. PRATT, Q. U. NEWELL and L. J. BLAND: Recovery of human ova from the uterine tubes. J. Am. Med. Assoc. **91**, 1018—1020 (1928).
— Human tubal ova — related early corpora lutea and uterine tubes. Carnegie Inst. Wash. Pub. No. 127, Contrib. to Embryol. **22**, 45—75 (1935).
ALLOITEAU, J. J.: L'oeuf non fécondé peut-il provoquer une réaction déciduale chez la Ratte ? Rev. Fr. Etude Clin. Biol. **3**, 974—976 (1958).
ALVAREZ, H.: Morphology and physiopathology of the human placenta. I. Studies of morphology and development of chorionic villi by phase-contrast microscopy. Obstet. Gynec. **23**, 813—825 (1964).
AMOROSO, E. C.: Placentation. In: A. S. PARKES (ed.), Marshall's Physiology of Reproduction, vol. 2, pp. 127—311. London, New York, Toronto: Longmans, Green and Co., 1952.
— Histology of the placenta. Brit. Med. Bull. **17**, 81—90 (1961).
AMSTUTZ, E.: Beobachtungen über die Reifung der Chorionzotten in der menschlichen Placenta mit besonderer Berücksichtigung der Epithelplatten. Acta Anat. **42**, 12—30 (1960).
ANDERSON, G. W.: Studies on the nucleated red cell count in chorionic capillaries and the cord blood of various ages of pregnancy. Am. J. Obst. Gynec. **42**, 1—14 (1941).

ANH, J. N. H., et M. PANIGEL: Observations sur l'ultrastructure des capillaires foetaux dans les villosités du placenta humain. C. R. Acad. Sci. Paris **258**, 1056—1058 (1964).

ANNA, A. D' e V. NICCOLI: Il fruttosio nel liquido amniotico umano. Arch. E. Maragliano Pat. Clin. **18**, 331—333 (1962).

ANONYM: The human placenta. What's new 188 (1955).

ARGAUD, H.: Terminaisons nerveuses dans les artères du cordon ombilical. C. R. Soc. Biol. **87**, 673—674 (1922).

ARNOLD, M., H.-F. GELLER und D. SASSE: Beitrag zur elektronenmikroskopischen Morphologie der menschlichen Placenta. Arch. Gynäk. **196**, 238—253 (1961).

ARTS, N. F. T.: Investigations on the vascular system of the placenta. I. General introduction and the fetal vascular system. Am. J. Obst. Gynec. **82**, 147—166 (1961).

ASCHHEIM, S.: Zur Histologie der Uterusschleimhaut. (Über das Vorkommen von Fettsubstanzen.) Z. Geburtsh. Gynäk. **77**, 485—496 (1915).

ATKINSON, W. B.: Symposium on histochemistry of cancer; histochemistry of normal and abnormal growth in human endometrium. Texas Rep. Biol. Med. **13**, 603—610 (1955).

AUGUSTIN, E.: Wann wird das menschliche Ei implantationsreif ? Z. Geburtsh. Gynäk. **141**, 256—266 (1954).

AUSTIN, C. R.: Capacitation and the release of hyaluronidase from spermatozoa. J. Reprod. Fertil. **1**, 310—311 (1960).

— The mammalian egg. Oxford: Blackwell Scientific Publications, 1961.

— Sex chromatin in embryonic and fetal tissue. Acta Cytol. **6**, 61—65 (1962).

— and E. C. AMOROSO: The mammalian egg. Endeavour **18**, 130—143 (1959).

BACSICH, P., and C. F. V. SMOUT: Some observations on foetal vessels of human placenta with account of corrosion technique. J. Anat. **72**, 358—364 (1938).

BAER, K. E. v.: De ovi mammalium et hominis genesi. Lipsiae: L. Voss, 1827.

BAKER, B. L., S. J. HOOK and A. E. SEVERINGHAUS: The cytological structure of the human chorionic villus and decidua parietalis. Am. J. Anat. **74**, 291—325 (1944).

BANGERTER, E.: Über die Wirkstoffe in der Placenta, der glatten und quergestreiften Muskulatur, untersucht an Larven von Rana temporaria L. Med. Diss. Bern 1960.

BANIK, U. K., and M. M. KETCHEL: Inability of histamine to induce deciduomata in pregnant and pseudopregnant rats. J. Reprod. Fertil. **7**, 259—261 (1964).

BARDAWIL, W. A., B. L. TOY and A. T. HERTIG: Localization of homologous plasma proteins in the human placenta by fluorescent antibody. Am. J. Obst. Gynec. **75**, 708—717 (1958).

BARGMANN, W., und A. KNOOP: Elektronenmikroskopische Untersuchungen an Plazentarzotten des Menschen (Bemerkungen zum Syncytiumproblem). Z. Zellforsch. **50**, 472—493 (1959).

BARTELMEZ, G. W.: Menstruation. J. Am. Med. Assoc. **116**, 702—704 (1941).

— The form and the functions of the uterine blood vessels in the rhesus monkey. Carnegie Inst. Wash. Publ. No. 249, Contrib. to Embryol. **36**, 153—181 (1957a).

— The phase of the menstrual cycle and their interpretation in terms of the pregnancy cycle. Am. J. Obst. Gynec. **74**, 931—955 (1957b).

—, G. W. CORNER and C. G. HARTMAN: Cyclic changes in the endometrium of the rhesus monkey (Macaca mulatta). Carnegie Inst. Wash. Pub. No. 227, Contrib. to Embryol. **34**, 99—144 (1951).

BARTELS, H.: Die Placenta als Lunge des Fetus. Arch. Gynäk. **198**, 29—39 (1963).

—, W. MOLL and J. METCALFE: Physiology of gas exchange in the human placenta. Am. J. Obst. Gynec. **84**, 1714—1730 (1962).

BASTIDE, P., G. DASTUGUE, J. BAUDON et S. MEUNIER: Activité créatine phosphokinasique du placenta humain et des sangs de la mère et du nouveau-né. C. R. Soc. Biol. **156**, 1296—1298 (1962).

BATTAGLIA, F. C., and A. E. HELLEGERS: Permeability to carbohydrates of human chorion laeve in vitro. Am. J. Obst. Gynec. **89**, 771—775 (1964).

—, A. E. HELLEGERS, Ch. H. HELLER and R. BEHRMAN: Glucose concentration gradients across the maternal surface, the placenta, and the amnion of the rhesus monkey (Macaca mulatta). Am. J. Obst. Gynec. **88**, 32—37 (1964).

— — G. MESCHIA and D. H. BARRON: In vitro investigations of the human chorion as a membrane system. Nature **196**, 1061—1063 (1962).

BAUTZMANN, H., und R. SCHRÖDER: Studien zur funktionellen Histologie und Histogenese des Amnions. Z. Anat. Entwickl.Gesch. **117**, 166—214 (1953).

— — Vergleichende Studien über Bau und Funktion des Amnions. Das Amnion der Säuger am Beispiel des Schafes (Ovis aries). Z. Zellforsch. **43**, 48—63 (1955a).

BAUTZMANN, Vergleichende Studien über Bau und Funktion des Amnions. Neue Befunde am menschlichen Amnion mit Einschluß seiner freien Bindegewebs- oder sog. Hofbauerzellen. Z. Anat. Entwickl.Gesch. **119**, 7—22 (1955b).

— — Über Vorkommen und Bedeutung von „Hofbauerzellen" außerhalb der Placenta. Arch. Gynäk. **187**, 65—76 (1955c).

— — Speicherungsversuche zum Problem der Histiocytennatur extraplacentarer „Hofbauerzellen" im Sauropsiden- und Säugeramnion. Z. Zellforsch. **43**, 543—553 (1956).

— — Über Vorkommen und Bedeutung von „Hofbauerzellen" in Myometrium und Decidua der graviden weißen Ratte. Z. Zellforsch. **47**, 1—6 (1957).

—, W. SCHMIDT und P. LEMBURG: Experimental electron- and light-microscopical studies on the function of the amnion-apparatus of the chick, the cat and man. Anat. Anz. **108**, 305—310 (1960).

BECKER, V.: Mechanismus der Reifung fetaler Organe. Verh. Dtsch. Ges. Path. **46**, 309—314 (1962).

— Funktionelle Morphologie der Placenta. Arch. Gynäk. **198**, 3—28 (1963).

BEHLKE, F. M., H. W. FISCHER and W. B. GODDARD: A report on gravitational placentography. J. Am. Med. Assoc. **178**, 455—461 (1961).

BENIRSCHKE, K.: Examination of the placenta. Obstet. Gynec. **18**, 309—333 (1961a).

— Accurate recording of twin placentation. A plea to the obstetrician. Obstet. Gynec. **18**, 334—347 (1961b).

— Pathologische Anatomie der Placenta. In: E. UEHLINGER (Herausg.), Handb. d. spez. pathol. Anat. u. Histol. Bd. VII/5, 97. Berlin-Göttingen-Heidelberg: Springer-Verlag, 1966.

— and G. L. BOURNE: Plasma cells in an immature human placenta. Obstet. Gynec. **12**, 495—503 (1958).

—, M. M. SULLIVAN and M. MARIN-PADILLA: Size and number of umbilical vessels. A study of multiple pregnancy in man and the armadillo. Obstet. Gynec. **24**, 819—834 (1964).

BENSLEY, C. M.: Cyclic fluctuations in the rate of epithelial mitosis in the endometrium of the rhesus monkey. Carnegie Inst. Wash. Pub. No. 592, Contrib. to Embryol. **34**, 87—98 (1951).

BERGE, B. S. TEN: Nervenelemente in der Plazenta und Nabelschnur. Geburtsh. Frauenheilk. **22**, 1128—1233 (1962).

— Nervenelemente in Plazenta und Nabelschnur. Gynaecologia **156**, 49—53 (1963).

BERGER, M., und B. VON HORNSTEIN: Die Inhaltsstoffe der Placenta. Fortschr. Geburtsh. Gynäk. **14**, 1—92 (1961).

— and O. NOVICK: Antibody transfer from mother to fetus. Fortschr. Geburtsh. Gynäk. **17**, 30—85 (1964).

BERNARD, Cl.: De la matière glycogène. J. de la Physiol. **2**, 31—41 (1859).

BERNOTH E., und H. MLYTZ: Untersuchungen über den Mineralgehalt menschlicher Eihautschichten. Geburtsh. Frauenheilk. **22**, 1223—1225 (1962).

— — Chemische Untersuchungen über den Mineralgehalt menschlicher Eihäute nach vor- und rechtzeitigem Blasensprung. Zbl. Gynäk. **85**, 299—304 (1963).

BERTOLINI, R.: Beispiele für die Entwicklung der Embryologie. Wiss. Z. Univ. Leipzig, Math.-Nat. Reihe **12**, 87—90 (1963).

BIENIARZ, J.: Les facteurs régulateurs et adaptifs du développement foetal intrautérin. Gynaecologia **145**, 189—199 (1958).

— The patho-mechanism of late pregnancy toxaemia and obstetrical hemorrhages. II. Placental site and venous drainage of the pregnant uterus. Am. J. Obst. Gynec. **78**, 385—398 (1959a).

— Venous drainage from the uterus. In: F. FREMONT-SMITH (ed.), Gestation, 5th Conf. New York: J. Macy, Jr. Foundation, pp. 109—130, (1959b).

— Fattori emodinamici nella patologia ostetrica. Minerva Ginec. **12**, 807—813 (1960).

BLANDAU, R. J.: Observations on implantation of the guinea pig ovum. Anat. Rec. **103**, 19—48 (1949a).

— Embryo-endometrial interrelationship in the rat and guinea pig. Anat. Rec. **104**, 331—360 (1949b).

BLEYL, U.: Histologische, histochemische und fluorescenzmikroskopische Untersuchungen an Hofbauer-Zellen. Arch. Gynäk. **197**, 364—386 (1962).

— Fluoreszenzmikroskopische Untersuchungen an überlebenden menschlichen Placenten mit Acridin-Orange. Z. Zellforsch. **56**, 404—424 (1962).

— Die Bedeutung der Plazenta für perinatale Todesfälle. Med. Welt 1963: 2065—2070.

— und B. MASCH: Histochemischer Nachweis der Carboanhydratase in Pankreas und Placenta. Klin. Wschr. **42**, 402—405 (1964).

BLOCH, S.: Experimentelle Untersuchungen über die hormonalen Grundlagen der Implantation des Säugerkeimes. Exper. **14**, 447—448 (1958).
— Weitere Untersuchungen über die hormonalen Grundlagen der Nidation. Gynaecologia **148**, 157—174 (1959).
— L'influence du synergisme progestéronique-oestrogénique sur l'ovoimplantation chez la souris et le rat. Bull. Soc. Roy. Belge Gynéc. Ost. **30**, 601—607 (1960).
BLUNTSCHLI, H.: Die Frühentwicklung eines Centetinen (Hemicentetes semispinosus Cuv.). Rev. Suisse Zool. **44**, 271—282 (1937).
BOE, F.: Studies on vascularization of the human placenta. Acta Obstet. Gynec. Scand. **32**, suppl. 5, 1—92 (1953).
— Vascular morphology of the human placenta. Cold Spring Harbor Quantitat. Biol. **29**, 29—35 (1954).
BÖSCH, K., A. IKLÉ und O. KÄSER: Fortlaufende Fruchtwasserdruckmessungen und simultane externe Tokodynamometrie sub partu. Schweiz. Med. Wschr. **84**, 850—855 (1954).
BÖVING, B. G.: Blastocyst-uterine relationships. Cold Spring Harbor Symposia Quantitat. Biol. **19**, 9—28 (1954).
— Rabbit blastocyst distribution. Am. J. Anat. **98**, 403—434 (1956).
— Implantation. Ann. N. Y. Acad. Sci. **75**, 700—725 (1959a).
— Endocrine influences on implantation. In: Ch. W. LLOYD (ed.), Recent Progress in the Endocrinology of Reproduction, pp. 205—226. New York and London: Academic Press, 1959b.
— L'interaction entre les mécanismes physiologiques intervenant dans l'implantation du blastocyste chez la lapine. In: J. FERIN et M. GAUDEFROY (ed.), Les fonctions de nidation utérine et leurs troubles pp. 103—124. Paris: Masson et Cie., 1960.
— The biology of the trophoblast. Ann. N. Y. Acad. Sci. **80**, 21—43 (1959c).
— Nidation of the ovum. J. Am. Med. Assoc. **175**, 633 (1961).
— Anatomical analysis of rabbit trophoblast invasion. Carnegie Inst. Wash. Pub. No. 621, Contrib. to Embryol. **37**, 33—55 (1962).
— Implantation mechanisms. In: C. G. HARTMAN (ed.), Mechanisms concerned with conception. New York: Pergamon Press, pp. 321—396; 1963.
— Das Eindringen des Trophoblasten in das Uterusepithel. Klin. Wschr. **42**, 467—475 (1964).
BORELL, U., I. FERNSTRÖM, L. OHLSON and N. WIQVIST: Effect of uterine contractions on the human uteroplacental blood circulation. Am. J. Obst. Gynec. **89**, 881—890 (1964).
—, — and A. WESTMAN: Eine arteriographische Studie des Plazentarkreislaufs. Geburtsh. Frauenheilk. **18**, 1—9 (1958).
BOSS, J. H.: The antigen distribution pattern of the human placenta. An immunofluorescent microscopic study using the kidney as an experimental model. Labor. Invest. **12**, 332—342 (1963).
— and J. M. CRAIG: Histochemical distribution patterns of oxidative enzymes in the human placenta. Obstet. Gynec. **20**, 572—581 (1962).
BOSSART, H. et B. DELALOYE: La placentographie isotopique. Gynaecologia **156**, 335—337 (1963).
BOURNE, G.: The human amnion and chorion. London: Lloyd-Luke Ltd., 1962.
BOUTSELIS, J. G., J. C. DE NEEF, J. C. ULLERY and O. T. GEORGE: Histochemical and cytological observations in the normal human endometrium. I. Histochemical observations in the normal endometrium. Obstet. Gynec. **21**, 423—434 (1963).
BOYD, J. D.: Glycogen in early human implantation sites. In: P. ECKSTEIN (ed.), Implantation of ova. Cambridge: University Press, 1959.
— and W. J. HAMILTON: Cleavage, early development and implantation of the egg. In: A. S. PARKES (ed.), Marshall's physiology of reproduction, vol. **2**, 1—126. London, New York and Toronto, 1952.
— and A. F. W. HUGHES: Observations on human chorionic villi using the electron microscope. J. Anat. **88**, 356—362 (1954).
BRAMBELL, F. W. R.: Transmission of immunity from mother to young. New Scientist 1960, 28. I. 1960.
—, W. A. HEMMINGS and M. HENDERSON: Antibodies and embryos. London: Athlone Press, 1951.
BRANDT, W.: Schilddrüsenstudien; experimentelle Untersuchungen über die Dämpfung der Thyroxinwirkung durch Placentarblut. Zschr. Ges. Exper. Med. **98**, 489—497 (1936).
BRETTNER, A.: Zum Verhalten der sekundären Wand der Uteroplacentargefäße bei der decidualen Reaktion. Acta Anat. **57**, 367—376 (1964).

BREWER, J. I.: A normal human ovum in a stage preceding the primitive streake. (The Edwards-Jones-Brewers ovum.) Am. J. Anat. **61**, 429—479 (1937).
— A human embryo in the bilaminar blastodisc stage (the Edwards-Jones-Brewer ovum). Carnegie Inst. Wash. Pub. No. 496, Contrib. to Embryol. **27**, 85—93 (1938).
BROWNE, J. C. Mc.: Das Insuffizienz-Syndrom der Plazenta. Geburtsh. Frauenheilk. **18**, 1085—1097 (1958).
— Placental insufficiency. Postgrad. Med. J. **38**, 225—228 (1962).
— and N. VEALL: A method of locating the placenta in the intact human uterus by means of radioactive sodium. J. Obst. Gynaec. Brit. Emp. **57**, 566—568 (1950).
— — Localization of the placenta by means of radioactive isotope. Postgrad. Med. J. **28**, 442—445 (1952).
— — The maternal placental blood flow in normotensive and hypertensive women. J. Obst. Gynaec. Brit. Emp. **60**, 141—147 (1953).
BRYCE, TH. B.: Implantation of the ovum in mammals in the light of recent research. Edinburgh. Med. J., N. S., **44**, 317—332 (1939).
BRYSON, D. L.: Development of mouse eggs in diffusion chambers. Science **144**, 1351—1353 (1964).
BUCHER, O.: Histologie und mikroskopische Anatomie des Menschen. Bern und Stuttgart: Medizinischer Verlag Hans Huber, 3. Aufl., 1962.
BÜHLER, F. R.: Randbildungen der menschlichen Placenta. Acta Anat. **59**, 47—76 (1964).
BUMM, E.: Zur Kenntnis der Uteroplacentargefäße. Arch. Gynäk. **37**, 1—15 (1890).
— Über die Entwicklung des mütterlichen Blutkreislaufes in der menschlichen Placenta. Arch. Gynäk. **43**, 181—195 (1893).
— (translated by R. M. WYNN): The development of the circulation of the maternal blood in the human placenta. Am. J. Obst. Gynec. **87**, 829—838 (1963).
BURNHILL, M. S., J. J. DANEZIS and J. COHEN: Uterine contractility during labor studied by intra-amniotic fluid pressure recordings. Am. J. Obst. Gynec. **83**, 561—571 (1962).
BUSANNY-CASPARI, W.: Zur Morphogenese des Fibrinoids in Placenta und Decidua. Virchows Arch. **322**, 452—460 (1952).
CAFFIER, P.: Die proteolytischen Fähigkeiten von Ei und Eibett. Zbl. Gynäk. **53**, 2410—2425 (1929).
CALDEYRO-BARCIA, R., and J. J. POSEIRO: Physiology of uterine contractions. Clin. Obst. Gynec. **3**, 386—408 (1960).
CAPODACQUA, A., N. DAMIANI e E. DEBIASI: Vascolarizzazione sanguigna e ciclo mestruale. Minerva Ginecol. **13**, 1081—1093 (1961).
CARR, M. C.: Human term placental villi in explant tissue culture, I. Behavior. Am. J. Obst. Gynec. **88**, 584—591 (1964).
CARTER, J. E.: Morphologic evidence of syncytial formation from the cytotrophoblastic cells. Obstet. Gynec. **23**, 647—656 (1964).
CARTIER, R., F. MORICARD et R. MORICARD: De l'activité sécretoire de l'épithélium cylindrique utérin et d'un oedème du chorion cytogène précédent la nidation de l'oeuf. In: J. FERIN et M. GAUDEFROY (ed.), Les fonctions de nidation utérine et leurs troubles, pp. 215—239. Paris: Masson et Cie., 1960.
CASSMER, O.: Hormone production of the isolated human placenta. Acta Endocrinol. **32**, suppl. 45, 1—82 (1959).
CAVANAGH, D., A. J. GILSON and CH. E. POWE: Isotopic placentography: an evaluation based upon a study of 50 patients. South. Med. J. **54**, 1340—1346 (1961).
CERRI, B., G. TURCHETTI und A. ZACUTTI: Die Lokalisation der Plazenta mittels radioaktiver Isotope. Z. Geburtsh. Gynäk. **160**, 60—72 (1963).
CHAMBON, Y.: Réalisation du retard de l'implantation par les faibles doses de progestérone chez la rate. C. R. Soc. Biol. **143**, 756—758 (1949).
— L'ovoimplantation chez la lapine. In: Y. CHAMBON, Titres et travaux scientifiques, 19—27. Tours: Arrault et Cie., 1952.
— Phénothiazine, ovoimplantation et décidualisation. Bull. Soc. Roy. Belge Gynéc. Obstét. **30**, n. s., 573—584 (1960a).
— Intermédiaires chimiques et décidualisation. Bull. Soc. Roy. Belge Gynéc. Obstét. **30**, n. s., 585—600 (1960b).
— Rôles de l'ovaire et de l'oeuf dans la placentation. Anat. Anz. **109** (Erg.-H.): 350 — 361 (1962).
CHANG, M. C.: The maturation of rabbit oocytes in culture and their maturation, activation, fertilization and subsequent development in the fallopian tubes. J. Exp. Zool. **128**, 379—406 (1955).

Chang, Capacitation of rabbit spermatozoa in the uterus with special reference to the reproductive phases of the female. Endocrinol. **63**, 619—628 (1958).
— Fertilizing capacity of spermatozoa. In: Ch. W. Lloyd (ed.), Recent progress in the endocrinology of reproduction, pp. 131—165; New York and London: Academic Press, 1959.
— and D. M. Hunt: Effects of proteolytic enzymes on the zona pellucida of fertilized and unfertilized mammalian eggs. Exp. Cell Res. **11**, 497—499 (1956).
— and R. Yanagimachi: Fertilization of ferret ova by deposition of epididymal sperm into the ovarian capsule with special reference to the fertizable life of ova and the capacitation of sperm. J. Exp. Zool. **154**, 175—187 (1963).
Chieffi, O., e M. Magiarotti: Valutazione della transaldolasi e transchetolasi e del processo di eptoformazione non ossidativa nella placenta umana a termine e di ratio a vari periodici di gravidanza. Riv. Ost. Gin. **17**, 645—652 (1962).
Christoffersen, A. K.: La superficie des villosités choriales du placenta à la fin de la grossesse (étude d'histologie quantitative). C. R. Soc. Biol. **117**, 641—644 (1934).
— Die Dimensionen der Zottenoberfläche der vollgetragenen menschlichen Plazenta. Acta Path. Microbiol. Scand. **17**, 348—374 (1940).
Churg, J., and A. Prado: A rapid mallory trichrome stain (chromotrope-aniline blue). Arch. Path. **62**, 505—506 (1956).
Clauberg, C.: Ovarium, Hypophyse, Plazenta und Schwangerschaft in ihrer innersekretorischen Beziehung zur Frauenheilkunde. In: W. Stöckel (Herausg.), Handb. Gynäk., Bd. 9. München: J. F. Bergmann, 1936.
Clavero-Nunez, J. A., and J. Botella-Llusia: Measurement of the villus surface in normal and pathologic placentas. Am. J. Obst. Gynec. **86**, 234—240 (1963a).
— — Ergebnisse von Messungen der Gesamtoberfläche normaler und krankhafter Placenten. Arch. Gynäk. **198**, 56—60 (1963b).
Clyman, M. J.: A new structure observed in the nucleolus of the human endometrial epithelial cell. Am. J. Obst. Gynec. **86**, 430—432 (1963).
Coale, G. B., L. E. Richey and W. J. McGanity: Localization of the placenta with intravenous aortography. Am. J. Obst. Gynec. **83**, 1150—1155 (1962).
Corner, Jr., G. W.: The fetal and maternal circulation of the placenta. In: K. E. Krantz (ed.), Placental physiology, pp. 17—25. Clin. Obst. Gynec. **6**, 15—119 (1963).
Courrier, R.: Le cycle sexuel chez la femelle des Mammifères. Etude de la phase folliculaire. Arch. de Biol., Liège **34**, 369—477 (1924).
Crawford, J. M.: The foetal placental circulation. II. The gross anatomy. J. Obst. Gynaec. Brit. Emp. **63**, 87—90 (1956a).
— The foetal placental circulation. III. The anatomy of the cotyledons. J. Obst. Gynaec. Brit. Emp. **63**, 542—547 (1956b).
— The foetal placental circulation. IV. The anatomy of the villus and its capillary structure. J. Obst. Gynaec. Brit. Emp. **63**, 548—552 (1956c).
— Vascular anatomy of the placenta. Am. J. Obst. Gynec. **84**, 1543—1567 (1962).
Cretius, K.: Der Kollagengehalt menschlicher Uterusmuskulatur. Arch. Gynäk. **193**, 339 (1959).
Csapo, A.: The mechanism of myometrial function and its disorders. London: Butterworth & Co. Ltd., 1955.
— The relation of treshold to the K gradient in the myometrium. J. Physiol. **133**, 145—158 (1956a).
— Progesterone block. Am. J. Anat. **98**, 273—291 (1956b).
— An introduction to the molecular physiology and regulation of the uterus. Clin. Obst. Gynec. **2**, 275—283 (1959a).
— Zur Molekular-Physiologie und Regulation des Uterus. Bibl. Gynaec. **20**, 27—38 (1959b).
— Function and regulation of the myometrium. Ann. N. Y. Acad. Sci. **75**, 790—808 (1959c).
Dallenbach-Hellweg, G.: Über die Rückbildung von Deziduazellen unter Auftreten von Kollageneinschlüssen. Virch. Arch. **336**, 528—543 (1961).
— Über die Schaumzellen im Stroma des Endometriums: Vorkommen und histochemische Befunde. Virch. Arch. **338**, 51—63 (1964).
— and G. Nette: Morphological and histochemical observations on trophoblast and decidua of the basal plate of the human placenta at term. Am. J. Anat. **115**, 309—326 (1964).
Dancis, J.: The placenta in fetal nutrition and excretion. Am. J. Obst. Gynec. **84**, 1749—1755 (1962).

DANCIS, J. LIND and P. VARA: Transfer of proteins across the human placenta. In: CL. A. VILLEE (ed.), Placenta and fetal membranes. Baltimore: Williams & Wilkins Comp., 1960.

DANESINO, V.: Dispositivi di blocco ed anastomosi artero-venose nei vasi fetali della placenta umana. Arch. Ostet. e Ginec. **55**, 251—272 (1950a).

— Anastomosi artero-venose e dispositivi di blocco nei vasi fetali della placenta umana. Boll. Soc. Ital. Biol. Sper. **26**, 538—539 (1950b).

DARON, G. H.: The arterial pattern of the tunica mucosa of the uterus in Macacus rhesus. Am. J. Anat. **58**, 349—419 (1936).

DAVIES, F.: A pre-villous human ovum, aged nine to ten days (the Davies-Harding ovum). Trans. Roy. Soc. Edinburgh **61**, 315—326 (1944).

DAWES, G. S.: Placental development and umbilical blood flow. J. Obst. Gynaec. Brit. Commonwealth **69**, 815—817 (1962a).

— The umbilical circulation. Am. J. Obst. Gynec. **84**, 1634—1648 (1962b).

DAWKINS, M. J. R., and J. S. WIGGLESWORTH: Serum isocitric dehydrogenase in normal and abnormal pregnancy. J. Obstet. Gynaec. Brit. Commonw. **68**, 264—269 (1961).

DEBIASI, E.: Il punto y. Scritti in onore del Prof. E. Maurizio, in occasione del Suo XXV anno di insegnamento 1962, 857—875.

DECLERCK, P.: Sécretion d'oestrogénes par le syncytiotrophoblast humain en culture. In: J. SNOECK (ed.), Le placenta humain. Aspects morphologiques et fonctionelles. Paris: Masson et Cie., pp. 515—529, 1958.

DEES-MATTINGLY, M.: Absorptive area and volume of chorionic villi in circumvallate placentas. Am. J. Anat. **59**, 485—507 (1936).

DEMPSEY, E. W.: Histophysiological considerations. In: CL. A. VILLEE (ed.), The placenta and fetal membranes. Baltimore: Williams & Wilkins Comp., pp. 29—35, 1960.

— and G. B. WISLOCKI: Observations on some histochemical reactions in the human placenta, with special reference to the significance of the lipoids, glycogen and iron. Endocrinol. **35**, 409—429 (1944).

— — Histochemical reactions associated with basophilia and acidophilia in the placenta and pituitary gland. Am. J. Anat. **76**, 277—301 (1945).

— — Further observations on the distribution of phosphatases in mammalian placentas. Am. J. Anat. **80**, 1—33 (1947).

— — Electron microscopic observation on the placenta of the cat. J. Biophys. Biochem. Cytol. **2**, 743—754 (1956)

DICKMANN, Z.: Fertilization and development of rabbit eggs following the removal of the cumulus oophorus. J. Anat. **98**, 397—402 (1964b).

— and R. W. NOYES: The zona pellucida at the time of implantation. Fertil. and Steril. **12**, 310—318 (1961).

DIXON, H. G., J. C. McCL. BROWNE and D. A. DAVEY: Choriodecidual and myometrial blood-flow. Lancet 1963, II, 369—373.

DÖDERLEIN, G.: Wirkstoffe der menschlichen Plazenta im Pflanzenversuch. Zbl. Gynäk. **73**, 1860—1863 (1951).

DURFEE, R. B., and J. L. HOWIESON: Localization of the placenta with radioactive iodinated serum albumin. Am. J. Obst. Gynec. **84**, 577—581 (1962).

DYKE, H. B. VAN, and G. CHEN: The distribution of lipoids in the genital tract of the monkey at different stages of the menstruel cycle. Am. J. Anat. **66**, 411—427 (1940).

EBERHAGEN, D.: Über die Lipoide der menschlichen Placenta. Hoppe-Seyler Z. **333**, 179—189 (1963).

EDWARDS, R. G.: Cleavage of one- and two-celled rabbit eggs in vitro after removal of the zona pellucida. J. Reprod. Fertil. **7**, 413—415 (1964).

EINBRODT, H. J., H. F. GELLER und J. BORN: Der „dystrophische" Kalkgehalt der normalen menschlichen Placenta. Arch. Gynäk. **197**, 149—156 (1962).

ENDERS, A. C.: Formation of syncytium from cytotrophoblast in the human placenta. Obstet. Gynec. **25**, 378—386 (1965).

ENHORNING, G.: The surface tension of amniotic fluid. Am. J. Obst. Gynec. **88**, 519–523 (1964).

ERICSSON, Y., and CL. MALMNÄS: Placental transfer of fluorine investigated with F^{18} in man and rabbit. Acta Obst. Gynec. Scand. **41**, 144—158 (1962).

FABER, V.: Beobachtungen an einem etwa 2 Wochen alten menschlichen Ei. Z. mikr.-anat. Forsch. **48**, 375—386 (1940).

FAINSTAT, TH.: The helical collagen fibers in the uterus. IV. Extracellular studies of uterus. Am. J. Obst. Gynec. **89**, 1026—1039 (1964).

FAINSTAT and G. B. CHAPMAN: Microvilli of endometrial epithelium in relation to ovoimplantation. Am. J. Obst. Gynec. **91**, 852—861 (1965).

FAWCETT, D. W., S. ITO and D. SLAUTTERBACK: The occurrence of intercellular bridges in groups of cells exhibiting synchronous differentiation. J. Biophys. Biochem. Cytol. **5**, 453—460 (1959).

FELDMAN, B. H., and H. N. CHRISTENSEN: Placental transport of model amino acids. Proc. Soc. Exp. Biol. Med. **109**, 700—702 (1962).

FELL, M. R.: Placental position and breech presentation. J. Obst. Gynaec. Brit. Emp. **63**, 760—765 (1956).

FERIN, M. J.: Les critères endométriaux de l'action progestinique. Bull. Soc. Roy. Belge Gynéc. Obstét. **25**, 384—392 (1955).

— Critères endométriaux de l'activité du corps jaune non gravidique. Ann. d'Endocrin. **25**, 235—243 (1964).

FEYRTER, F.: Über den zelligen Bestand des Stroma der menschlichen Corpusmucosa. Arch. Gynäk. **190**, 47—82 (1957).

— und J. FROEWIS: Zur Frage der „Hellen Zellen" in der Schleimhaut der menschlichen Gebärmutter. Gynaecologia **127**, 33—48 (1949).

FINN, C. A., and P. M. KENN: Failure of histamine to induce deciduomata in the rat. Nature **194**, 960 (1962).

FISHER, D. A., H. LEHMAN and C. LACKEY: Placental transport of thyroxine. J. Clin. Endocr. **24**, 393—400 (1964).

FLAMM, H., CH. KUNZ, W. ZIMMERMANN und G. H. M. GOTTSCHEWSKI: Experimentelle pränatale Infektion zur Zeit der Nidation. Zbl. Bakteriol. **189**, 335—344 (1963).

FLEXNER, L. B.: The functional role of the placenta. In: L. B. FLEXNER (ed.), Gestation, 1st Conf., pp. 11—52. New York: J. Macy, Jr. Foundation, 1955.

— and A. GELLHORN: Comparative physiology of placental transfer. Am. J. Obst. Gynec. **43**, 965—974 (1942).

FLORANGE, W., und P. W. HÖER: Die menschliche Placenta. Gefäßverlauf und Placentaschema. I. Der Gefäßverlauf in der menschlichen Placenta. Ann. Univ. Sarav. Medizin **6**, 1—6 (1958).

FLOWERS, CH. E.: Factors related to the placental transfer of thiopental in the hemochorial placenta. Am. J. Obst. Gynec. **85**, 646—658 (1963).

FORAKER, A. G., P. A. CELI and S. DENHAM: Dehydrogenase activity in normal and hyperplastic endometrium. Cancer **7**, 100—105 (1954).

FOSSATI, G.: Sulla esistenza di un reticolo nervoso nei villi della placenta. Ann. Ostet. e Ginec. **27**, 351—355 (1905).

FRANDSEN, V. A., and G. STAKEMANN: The site of production of oestrogenic hormones in human pregnancy. Acta Endocrinol. **38**, 383—391 (1961).

FRANKEN, H.: Beitrag zur Veranschaulichung von Struktur und Funktion der menschlichen Placenta. Zbl. Gynäk. **76**, 729—754 (1954).

— Die menschliche Placenta. Gefäßverlauf und Placentaschema. II. Das Placentaschema. Ann. Univ. Sarav. Medizin **6**, 7—11 (1958).

FRANKL, O., und B. ASCHNER: Zur quantitativen Bestimmung des tryptischen Fermentes in der Uterusmukosa. Gynäk. Rdsch. **5**, 647 (1911).

FREDA, V. J., and B.-A. CARTER: Placental permeability for the beta isoantibodies in relation to the maternal $A_1 — A_2$ subgroups. Obstet. Gynec. **17**, 597—600 (1961).

— — Placental permeability in the human for anti-A and anti-B isoantibodies. Am. J. Obst. Gynec. **84**, 1351—1367 (1962).

FRIEDHEIM, E. A. H.: Die Züchtung von menschlichem Chorionepithel in vitro. Ein Beitrag zur Lehre vom Chorionepitheliom. Virch. Arch. **272**, 217—244 (1929).

FRIEDMAN, E. A., and W. A. LITTLE: Toxemia and placenta previa. Am. J. Obst. Gynec. **76**, 919—920 (1958).

—, — and M. R. SACHTLEBEN: Placental oxygen consumption in vitro. II. Total uptake as an index of placental function. Am. J. Obst. Gynec. **84**, 561—569 (1962).

FROBOESE, C.: Die Verfettungen des Endometriums. Virch. Arch. **250**, 296—342 (1924).

FUCHS, F., T. SPACKMAN and N. S. ASSALI: Complexity and nonhomogeneity of the intervillous space. Am. J. Obst. Gynec. **86**, 226—233 (1963).

FUCHS, M.: Über die „hellen Zellen" im Epithel der menschlichen Uterusschleimhaut. Acta Anat. **39**, 244—259 (1959).

FUHRMANN, K.: Stoffwechsel. In: S. SCHMIDT-MATTHIESEN (ed.), Das normale menschliche Endometrium, pp. 268—293. Stuttgart: G. Thieme, 1963.

FUJIKURA, T.: Placental calcification and maternal age. Am. J. Obst. Gynec. **87**, 41—47 (1963a).

Fujikura, T.: Placental calcification and seasonal difference. Am. J. Obst. Gynec. **87**, 46—47 (1963 b).

Galton, M.: Immune tolerance in mother and foetus. Lancet 1960, I, 495—496.

— DNA content of placental nuclei. J. Cell Biol. **13**, 183—191 (1962).

Gansewinkel, A. van, et J. Ferin: Les granulocytes au moment de la nidation. Bull. Soc. Roy. Belge Gynéc. Obstét., n. s., **30**, 671—672 (1960).

Garnet, J. D.: Placental transfer of chlorothiazide. Obstet. Gynec. **21**, 123—125 (1963).

Gasso, G., A. Cisternino e F. Spina: Placentogramma mediante siero-albumina 131 I. Clin. Ginec. (Catania) **4**, 243—261 (1962).

Geller, H.-F.: Über die sogenannten Hofbauerzellen in der reifen menschlichen Placenta. Arch. Gynäk. **188**, 481—496 (1957).

— Elektronenmikroskopische Befunde am Syncytium der menschlichen Plazenta. Geburtsh. Frauenheilk. **22**, 1234—1237 (1962).

Ghilain, A.: La consommation d'oxygène par le placenta humain in vitro. II. La grossesse normale. Bull. Soc. Roy. Belge Gynéc. Obstét., n. s., **32**, 451—459 (1962).

Gillman, J.: The lipins in the human endometrium during the menstrual cycle and pregnancy and their relationship to the metabolism of oestrogen and progestogen. S. Afr. J. Med. Sci. **6**, 59—81 (1941).

Glenister, T. W.: Experimental nidation of blastocystes in organ culture. Bull. Soc. Roy. Belge Gynéc. Obstét., n. s., **30**, 635—640 (1960).

— Organ culture as a new method for studying the implantation of mammalian blastocysts. Proc. Roy. Soc. London, B, **154**, 428—441 (1961a).

— Observations on the behaviour in organ culture of rabbit trophoblast from implanting blastocysts and early placentae. J. Anat. **95**, 474—484 (1961b).

— Embryo-endometrial relationships during nidation in organ culture. J. Obstet. Gynaec. Brit. Commonw. **69**, 809—814 (1962).

— Observations on mammalian blastocysts implanting in organ culture. In: A. C. Enders (ed.), Delayed implantation, pp. 171—179. Chicago: University of Chicago Press, 1963.

Glowinski, M., and J. Konecki: Histological examinations of a mature human amnion epithelium. Ginek. Pol. **33**, 739—746 (1962).

Göltner, E. C.: Ferritin in der Placenta und in fetalen Organen. Arch. Gynäk. **188**, 201—209 (1957).

— und G. Stark: Die Lokalisation des Ferritins in der Placentazelle. Arch. Gynäk. **188**, 210—214 (1957).

Goetz, R. H.: Eine Neu-Untersuchung der Centetes-Placenta. Z. Anat. Entwickl. Gesch. **106**, 315—342 (1936).

Gohlisch, I.: Mensueller Zyklus und Lipoidgehalt der Uterusschleimhaut. Mschr. Geburtsh. Gynäk. **94**, 223—227 (1933).

Graumann, W.: Die Histotopik von Polysaccharidverbindungen während der Ei-Implantation. Anat. Anz. **99** (Erg.-H.), 227—233 (1952/53).

Greene, J. W., and J. C. Touchstone: Urinary estriol as an index of placental function. Am. J. Obst. Gynec. **85**, 1—9 (1963).

Greenwald, G. S.: The role of the mucin layer in development of the rabbit blastocyst. Anat. Rec. **142**, 407—415 (1962).

Grimm, H.: Über die Wirksamkeit von Plazentasubstanz und Retroplazentarserum („Homoseran") im Kaulquappentest. Zbl. Gynäk. **72**, 546—551 (1950).

— Neue Beiträge zur Kenntnis von Placentarsubstanzen auf Wachstum und Differenzierung bei Wirbeltieren. Z. Geburtsh. Gynäk. **136**, 10—23 (1952).

Gross, St. J.: Histochemistry of normal and abnormal endometrium. Am. J. Obst. Gynec. **88**, 647—666 (1964a).

— Ribonucleoprotein, glucuronidase, and phosphamidase in normal and abnormal endometrium. Am. J. Obst. Gynec. **90**, 166—182 (1964b).

Grosser, O.: Die Wege der fetalen Ernährung. Jena: G. Fischer, 1909a.

— Vergleichende Anatomie und Entwicklungsgeschichte der Eihäute und der Placenta mit besonderer Berücksichtigung des Menschen. Wien u. Leipzig: W. Braumüller, 1909b.

— Über Fibrin und Fibrinoid in der Placenta. Z. Anat. Entwickl.Gesch. **76**, 304—314 (1925).

— Frühentwicklung, Eihautbildung und Placentation des Menschen und der Säugetiere. München: J. F. Bergmann (Dtsch. Frauenheilk., Bd. 5), 1927.

— Zur Phylogenese der Placenta. Anat. Anz. **68**, 297—300 (1929).

— Human and comparative placentation. Lancet 1933, 999 u. 1053.

— Über vergleichende Anatomie und Phylogenese der Placenta. Anat. Anz. **81** (Erg.-H.), 15—33 (1936).

GROSSER, O.: Zur Frage der Abstammung der Säugetiere. Erg. Anat. **33**, 1—30(1941).
— Entwicklungsgeschichte des Menschen von der Keimzelle bis zur Ausbildung der äußeren Körperform. Vergleichende und menschliche Placentation. In: L. SEITZ und A. I. AMREICH (ed.), Biologie und Pathologie des Weibes, 2. Aufl., Bd. **7**, 1—107. Berlin und Wien: Urban & Schwarzenberg, 1942.
— Zur Kenntnis des Syncytiums in der menschlichen Placenta. Abh. Dtsch. Akad. Wissensch. Prag, math.-nat. Kl., H. 12, 1—8 (1943).
GRUENWALD, P., and H. N. MINH: Evaluation of body and organ weights in perinatal pathology, II. Weight of body and placenta of surviving and of autopsied infants. Am. J. Obst. Gynec. **82**, 312—319 (1961).
GUGGISBERG, H.: Die Vitamine und ihre Beziehungen zur Fortpflanzung. In: L. SEITZ und A. I. AMREICH (ed.), Biologie und Pathologie des Weibes, 2. Aufl., Bd. 2, 1—136. Berlin und Wien: Urban & Schwarzenberg, 1942.
— und W. NEUWEILER: Über Züchtungsversuche der menschlichen Placenta in vitro. Zbl. Gynäk. **50**, 1437—1438 (1926).
GUTHMANN, H., und K. H. HENRICH: Der Arsengehalt der Uterusschleimhaut und des Blutes. Arch. Gynäk. **172**, 380—391 (1941).
GWATKIN, R. B. L.: Effect of enzymes and acidity on the zona pellucida of the mouse egg before and after fertilization. J. Reprod. Fertil. **7**, 99—105 (1964).
HAFEZ, E. S. E.: Effect of progestational stage of the endometrium on implantation, fetal survival and fetal size in the rabbit, Oryctolagus cuniculus. J. Exp. Zool. **151**, 217—226 (1962).
— Physio-genetic interaction between mammalian blastocyst and endometrium. J. Exp. Zool. **154**, 163—168 (1963a).
— Physiological mechanisms of implantation. Cornell Vet. **53**, 348—368 (1963b).
— Uterine and placental enzymes. Acta Endocrinol. **46**, 217—229 (1964).
HAGERMAN, D.D.: Enzymatic capabilities of the placenta. Fed. Proc. **23**, 785–790(1964).
— and Cl. A. VILLEE: Transport functions of the placenta. Physiol. Rev. **40**, 313—330 (1960).
HAMILTON, W. J.: Early stages of human development. Ann. Roy. Coll. Surgeons of England **4**, 281—294 (1949).
— and J. D. BOYD: Observations on the human placenta. Proc. Roy. Soc. Med. **44**, 489—496 (1951).
— — Development of the human placenta in the first three months of gestation. J. Anat. **94**, 297—328 (1960).
— Physiologie of conception and the development of placenta and foetal membranes. In: A. BOURNE and A. CLAYE (ed.), British Obstetric Practice, 3rd ed., London: W. Heinemann, 1965
—, — and H. W. MOSSMAN: Human embryology. Cambridge: W. Heffer & Sons Ltd., 3rd ed., 1962.
HÄMMERLI, U.: Das Vitamin E. Der diaplacentare Übertritt von der Mutter auf das Kind, speziell bei hoher Dosierung. Med. Diss. Bern 1954.
HAMNER, C. E., and W. L. WILLIAMS: Effect of the female reproductive tract on sperm metabolism in the rabbit and fowl. J. Reprod. Fertil. **5**, 143—150 (1963).
HAMPERL, H.: Über Kollageneinschlüsse in Deziduazellen. Klin. Wschr. **36**, 939—940 (1958).
— et G. HELLWEG: Les granulocytes de l'endomètre. In: J. FERIN et M. GAUDEFROY (ed.), Les fonctions de nidation utérine et leurs troubles, pp. 313—330. Paris: Masson et Cie., 1960.
HASHIMOTO, M., M. KOSAKA, Y. MORI, A. KOMORI and K. AKASHI: Electron microscopic studies of the epithelium of the chorionic villi of the human placenta. I. J. Jap. Obstet. Gynec. Soc. **7**, 44—52 (1960).
—, —, T. SHIMOYANA, T. HIRASAWA, A. KOMORI, T. KAWASAKI and T. AKASHI: Electron microscopic studies on the epithelium of the chorionic villi of the human placenta. II. J. Jap. Obstet. Gynec. Soc. **7**, 122—129 (1960).
HATHAWAY, R. R., and E. F. HARTREE: Observations on the mammalian acrosome: experimental removal of acrosomes from ram and bull spermatozoa. J. Reprod. Fertil. **5**, 225—232 (1963).
HAUPT, E.: Plazentawirkstoffe im Hühnerversuch. Zbl. Gynäk. **75**, 21—24 (1953).
HAYASHI, T. T., and R. C. BALDRIGE: Nucleic acid metabolism of human placenta. Clin. Obst. Gynec. **6**, 57—61 (1963).
—, —, P. S. OLMSTED and D. L. KIMMEL: Purine nucleotide catabolism in placenta. Am. J. Obstet. Gynec. **88**, 470—478 (1964).
HELD, H. R.: Der Durchtritt des Fluors durch die Placenta und sein Übertritt in die Milch. Schweiz. Med. Wschr. **82**, 297—301 (1952).

HELLEGERS, A. E., Ch. J. HELLER, R. E. BEHRMAN and Fr. C. BATTAGLIA: Oxygen and carbon dioxide transfer across the rhesus monkey placenta (Macaca mulatta). Am. J. Obst. Gynec. **88**, 22—31 (1964).

HELLMAN, L. M., L. B. FLEXNER, W. S. WILDE, G. J. VOSBURGH and N. K. PROCTOR: Permeability of human placenta to water and supply of water to human fetus as determined with deuterium oxide. Am. J. Obst. Gynec. **56**, 861—868 (1948).

—, V. TRICOMI and O. GUPTA: Pressures in the human amniotic fluid and intervillous space. Am. J. Obst. Gynec. **74**, 1018—1021 (1957).

HELMY, F. M., and M. H. HACK: Histochemical and lipid studies on human and rat placentas. Am. J. Obst. Gynec. **88**, 578—583 (1964).

HEMMINGS, W. A.: Protein transfer and selection. In: M. FISHBEIN (ed.), First International Conference on Congenital Malformations, pp. 223—229. Philadelphia and Montreal: J. B. Lippincott Comp., 1961.

— and F. W. R. BRAMBELL: Protein transfer across the foetal membranes. Brit. Med. Bull. **17**, 96—101 (1961).

HENDRICKS, Ch. H.: Patterns of fetal and placental growth: the second half of normal pregnancy. Obstet. Gynec. **24**, 357—365 (1964).

—, E. J. QUILLIGAN, C. W. TYLER and G. J. TUCKER: Pressure relationships between the intervillous space and the amniotic fluid in human term pregnancy. Am. J. Obstet. Gynec. **77**, 1028—1037 (1959).

HERMANN, K.: Biochemischer Beitrag zum Fettstoffwechsel des Foetus. Med. Diss. Würzburg 1921.

HERTIG, A. T.: On the development of the amnion and exocoelic membrane in the pre-villous human ovum. Yale J. Biol. and Med. **18**, 107—115 (1945).

— La nidation des oeufs humains fécondés normaux et anormaux. In: J. FERIN et M. GAUDEFROY (ed.), Les fonctions de nidation utérine et leurs troubles, pp. 169—213. Paris: Masson et Cie., 1960.

— Implantation and early development. In: H. A. THIEDE (ed.), Transcript of the First Rochester Trophoblast Conference, p. 2. Rochester, N. Y., 1961.

— The placenta: some new knowledge about an old organ. Obstet. Gynec. **20**, 859—866 (1962).

— Gestational hyperplasia of endometrium. A morphologic correlation of ova, endometrium, and corpora lutea during early pregnancy. Lab. Invest. **13**, 1153—1191 (1964).

— and J. ROCK: On development of early human ova with special reference to trophoblast of previllous stage; description of seven normal and five pathologic human ova. Am. J. Obstet. Gynec. **47**, 149—184 (1944).

— — Two human ova of the pre-villous stage, having a developmental age of about seven and nine days respectively. Carnegie Inst. Wash. Pub. No. 557, Contrib. to Embryol. **31**, 65—84 (1945).

—, — and E. C. ADAMS: A description of 34 human ova within the first 17 days of development. Am. J. Anat. **98**, 435—494 (1956).

—, —, — and W. J. MULLIGAN: On the preimplantation stages of the human ovum: a description of four normal and four abnormal specimens ranging from the second to the fifth day of development. Carnegie Inst. Wash. Pub. No. 603, Contrib. to Embryol. **35**, 199—220 (1954).

HEUSER, C. H., and G. L. STREETER: Development of the Macaque embryo. Carnegie Inst. Wash. Pub. No. 525, Contrib. to Embryol. **29**, 15—55 (1941).

HIBBARD, B. M.: Placental localization using radio-iodinated albumin (R.I.S.A.). J. Obstet. Gynaec. Brit. Empire **68**, 481—489 (1961).

HINSELMANN, H.: Die Pathologie der menschlichen Plazenta. In: L. SEITZ und A. I. AMREICH, Biologie und Pathologie des Weibes. 2. Erg.-Bd., p. 1—127. Berlin-München-Innsbruck-Wien: Urban & Schwarzenberg, 1958.

HINTZSCHE, E.: Zyklische Änderungen der Kerngröße in Oberflächenepithel und Drüsen des menschlichen Uterus. Gynaecologia **128**, 270—285 (1949).

HISAW, F. L.: The physiology of menstruation in Macacus rhesus monkeys. I. Influence of the follicular and corpus luteum hormones. Am. J. Obst. Gynec. **29**, 638—659 (1935).

HÖRMANN, G.: Lebenskurven normaler und entwicklungsunfähiger Chorionzotten. (Ergebnisse systematischer Zottenmessungen.) Arch. Gynäk. **181**, 29—43 (1951).

— Ein Beitrag zur funktionellen Morphologie der menschlichen Placenta. Arch. Gynäk. **184**, 109—123 (1953).

HOFF, F., und R. BAYER: Hormonale und mechanische Bedingnisse für das Wachstum des menschlichen Uterusmuskels in der Schwangerschaft. Zbl. Gynäk. **74**, 1095—1101 (1952).

HOFFMEISTER, H., und H. SCHULZ: Lichtoptische und elektronenoptische Befunde am Endometrium der geschlechtsreifen Frau während der Proliferations- und Sekretionsphase unter besonderer Berücksichtigung der Faserstrukturen. Beitr. path. Anat. 124, 415—446 (1961).

HOLLSTEIN, K.: Permeabilitätsänderungen der Endometriumsgefäße während des Zyklus als Ursache der Menstruationsblutung. Zbl. Gynäk. 74, 532—535 (1952).

HOLZAPFEL, G.: Ein Beitrag zur Frage des Placentasitzes und seiner Besonderheiten. Zbl. Gynäk. 64, 645—658 (1940).

HORN, V., und F. HORALEK: Über die sogenannte fibrinoide Substanz in der Placenta. Zbl. Allg. Path. Anat. 102, 514—521 (1961).

HORNSTEIN, B. VON: Die Inhaltsstoffe der Placenta. Med. Diss. Bern 1962.

HOSEMANN, H.: Ernährung und foetale Entwicklung. Dtsch. Med. Wschr. 1947, 507—511.

— Schwangerschaftsdauer und Gewicht der Placenta. Arch. Gynäk. 176, 453—457(1949).

HUCKABEE, W. E.: Uterine blood flow. Am. J. Obst. Gynec. 84, 1623—1633 (1962).

HUGGETT, A. St. G.: The transport of lipins and carbohydrates across the placenta. Cold Spring Harbor Symp. Quantit. Biol. 29, 82—92 (1954).

— Aspects of placental function. Ann. N. Y. Acad. Sci. 75, 873—888 (1959).

— Carbohydrates metabolism in the placenta a. foetus. Brit. Med. Bull. 17, 122-126(1961).

— Untersuchungen über den Kohlehydrat-Stoffwechsel der Placenta. Arch. Gynäk. 198, 169—174 (1963).

— and J. HAMMOND: Physiology of the placenta. In: A. S. PARKES (ed.), Marshall's Physiology of Reproduction., vol. 2, 312—397. London, New York and Toronto: Longmans, Green and Co., 1952.

HUMKE, W.: Isolierung und Verhalten der alkalischen Phosphatase in normalen und übertragenen Plazenten. Geburtsh. Frauenheilk. 22, 958—959 (1962).

— Isolierung und Verhalten der alkalischen Phosphatase in normalen und pathologischen Placenten. Arch. Gynäk. 198, 184—186 (1963a).

— Untersuchungen über die alkalische Phosphatase in der menschlichen Plazenta. Gynaecologia 155, 400—406 (1963b).

IMCHANITZKY-RIES, M., und J. Ries: Die arsenspeichernde Funktion der Uterindrüsen als Ursache der Menstruation. Münch. Med. Wschr. 59, 1084—1086 (1912).

ISOMURA, H.: Elektronenoptische Beobachtung von ultradünnen Schnitten der Placenta und des Endometriums. (Japanisch.) Sanfujinka no Sekai 7, 781—797 (1955).

JAEGER, J.: Elektronenoptische Untersuchungen an der glatten Muskulatur des menschlichen graviden Uterus. Gynaecologia 154, 193—205 (1962).

JÄRVINEN, P. A., E. HUHMAR and C.-E. UNNERUS: The role of the placenta in uterine activity. Ann. Chir. Gynaec. Fenn. 52, 106—113 (1963).

JAKOBOVITS, A.: Experimentelle Beiträge zum Problem der sogenannten hellen Zellen der Gebärmutterschleimhaut. Z. Geburtsh. Gynäk. 142, 313—319 (1955).

JAROSCHKA, R.: Quantitative Gewebsanalysen menschlicher Placenta. Z. mikr. anat. Forsch. 65, 434—442 (1959).

JEACOCK, M. K., N. F. MORRIS and J. A. PLESTER: The activity of alkaline and acid phosphatase in the human placenta. J. Obstet. Gynaec. Brit. Commonw. 70, 267—273 (1963).

—, J. SCOTT and J. A. PLESTER: Calcium content of the human placenta. Am. J. Obst. Gynec. 87, 34—40 (1963).

JOACHIMOVITS, R.: Studien zur Menstruation, Ovulation, Aufbau und Pathologie des weiblichen Genitales bei Mensch und Affe (Pithecus fascicularis mordax). Biol. Gen. 4, 447—540 (1928).

JOHNSON, T. H.: Cyclical changes of electrolytes in endometrial tissue. Am. J. Obst. Gynec. 75, 240—248 (1958).

— and M. C. SHELESNYAK: Histamine-oestrogen-progesterone complex associated with the decidual cell reaction and with ovum implantation. J. Endocrin. 17, 21-22(1958).

JONEN, P.: Experimentelle Untersuchungen über die Kapazität des intervillösen Raumes der menschlichen Placenta. Arch. Gynäk. 129, 610—619 (1927).

KAISER, R.: Über die Rückbildungsvorgänge in der Decidua während der Schwangerschaft. Arch. Gynäk. 192, 209—220 (1960).

KAVANAU, J. L.: Structure and functions of biological membranes. Nature 198, 525—530 (1963).

KEENAN, H., and W. H. PEARSE: Transplacental transmission of fetal erythrocytes. Am. J. Obst. Gynec. 86, 1096—1098 (1963).

KELLY, W. T., D. L. HUTCHINSON, E. A. FRIEDMAN and A. A. PLENTL: Placental transmission of tritium and carbon-14 labeled histidine enantiomorphs in primates. Am. J. Obst. Gynec. 89, 776—786 (1964).

KERNBACH, M.: Das neuroektoblastische System der Plazenta des Menschen. Ánat. Anz. **113**, 259—269 (1963).

KIRBY, D. R. S.: The influence of the uterine environment on the development of mouse eggs. J. Embryol. Exp. Morph. **10**, 496—506 (1962).

KLADETZKY-HAUBRICH, A.-L.: Beobachtungen über den venösen Abfluß aus der Placenta an Hand von Befunden an einer in situ fixierten Placenta aus dem 5. Monat. Acta Anat. **14**, 168—178 (1952).

KLAR, E.: Über ein Hormon der Eizelle. Klin. Wschr. **18**, 600—601 (1939).

KLEINER, H., W. WILKIN und J. SNOECK: Lokalisierung der Steroid-Dehydrogenasen und der Leucin-amino-peptidase in der menschlichen Placenta. Geburtsh. Frauenheilk. **22**, 986—988 (1962).

KLINGER, H. P., und K. S. LUDWIG: Sind die Septen und großzelligen Inseln der Placenta aus mütterlichem oder kindlichem Gewebe aufgebaut? Z. Anat. Entwickl. Gesch. **120**, 95—100 (1957).

KLOOSTERMAN, G. J., and B. L. HUIDEKOPER: Significance of placenta in "obstetrical mortality": A study of 2000 births. Gynaecologia **138**, 529—550 (1954).

KNAUS, H.: Das Gewicht der Placenta und seine forensische Bedeutung. Zur Einheit von Fetus und Plazenta. Zbl. Gynäk. **85**, 177-—186 (1963).

KNOPP, J.: Das Wachstum der Chorionzotten vom II. bis X. Monat. Z. Anat. Entwickl.Gesch. **122**, 42—59 (1960).

— Kennzeichnung der Plazenta-Reife durch zeitliche Vermessung. Verh. Dtsch. Ges. Path. **46**, 306—309 (1962).

KÖLLIKER, A.: Grundriß der Entwicklungsgeschichte des Menschen und der höheren Tiere. Leipzig: W. Engelmann, 2., umgearb. Aufl., 1884.

KRAFKA, Jr., J.: The Torpin ovum, a presomite human embryo. Carnegie Inst. Wash. Pub. No. 525, Contrib. to Embryol. **29**, 167—193 (1941).

KRANTZ, K. E.: Essentials of human reproduction. New York: Oxford University Press, pp. 101—130; 1958.

— Placental physiology. Clin. Obst. Gynec. **6**, 15-—119 (1963).

—, Th. C. PANOS and J. EVANS: Physiology of maternal-fetal relationship through the extracorp. circulation of the human plac. Am. J. Obst. Gynec. **83**, 1214—1228 (1962).

— and J. C. PARKER: Contractile properties of the smooth muscle in the human placenta. Clin. Obst. Gynec. **6**, 26—38 (1963).

KREHBIEL, R. H.: Cytological studies of the decidual reaction in the rat during early pregnancy and in the production of deciduomata. Physiol. Zool. **10**, 212—234 (1937).

LANGHANS, Th.: Untersuchungen über die menschliche Placenta. Arch. Anat. Physiol., Anat. Abtl., 1877, 188—267.

— Über die Zellschicht des menschlichen Chorion. In: Beitr. Anat. Embryol. Festgabe J. Henle, pp. 69—79. Bonn: M. Cohen & Sohn, 1882.

LARSEN, J. F.: Electron microscopy of the implantation site in the rabbit. Am. J. Anat. **109**, 319—334 (1961).

LAWN, L., and R. A. McCANCE: Ventures with an artificial placenta. I. Principles and preliminary results. Proc. Roy. Soc. London, B, **155**, 500—509 (1962).

LAZITCH, E.: Les villosités choriales humaines. Thèse med. Genève 1913.

LEATHEM, J. H.: Some biochemical aspects of the uterus. Ann. N. Y. Acad. Sci. **75**, 463—471 (1959).

LEDERMAIR, O., und W. HASSELBACH: Der Einfluß der weiblichen Geschlechtshormone auf die mechanische Leistung der isolierten kontraktilen Proteine des Uterusmuskels. Arch. Gynäk. **193**, 337—338 (1959).

LEMTIS, H.: Über die Architektonik des Zottengefäßapparates der menschlichen Placenta. Anat. Anz. **102**, 106—133 (1955).

LISTER, U. M.: Ultrastructure of the human mature placenta. I. The maternal surface. J. Obstet. Gynaec. Brit. Commonw. **70**, 373—386 (1963a).

— Ultrastructure of the human mature placenta. II. The foetal surface. J. Obstet. Gynaec. Brit. Commonw. **70**, 766—776 (1963b).

— Ultrastructure of the early human placenta. J. Obstet. Gynaec. Brit. Commonw. **71**, 21—32 (1964).

LITTLE, W. A.: Significance of placental position in utero. Am. J. Obst. Gynec. **90**, 328—333 (1964).

— and L. L. PHILLIPS: The fibrinolytic enzyme system and placental fibrin deposition. Am. J. Obst. Gynec. **84**, 421—423 (1962).

LOBEL, B. L., H. W. DEANE and S. L. ROMNEY: Enzymic histochemistry of the villous portion of the human placenta from six weeks of gestation to term. Am. J. Obst. Gynec. **83**, 295—299 (1962).

LOEB, L.: Über die experimentelle Erzeugung von Knoten von Deciduagewebe in dem Uterus des Meerschweinchens nach stattgefundener Copulation. Zbl. Path. 18, 563—565 (1907).

LOESER, A. A.: The action of intravenously injected sex hormones and other substances on the blood flow in the human endometrium. J. Obstet. Gynaec. Brit. Empire 55, 17—22 (1948).

LONG, E. C.: The placenta in lore and legend. Bull. Med. Libr. Assoc. 51, 233—241 (1963).

LONG, M. E., and F. DOKO: Cytochemical studies on nonmalignant and malignant human endometria. Ann. N. Y. Acad. Sci. 75, 504—523 (1959).

—, — and H. C. TAYLOR, Jr.: Nucleoli and nuclear ribonucleic acid in nonmaligant and malignant human endometria. Am. J. Obst. Gynec. 75, 1002—1014 (1958).

LUDWIG, K. S.: Die Rolle des Fibrins bei der Bildung der menschlichen Placenta. Acta Anat. 38, 323—331 (1959).

LUNDGREN, N.: Studies on the vasculature of the corpus of the human uterus. Acta Obstet. Gynec. Scand. 36 (suppl. 4): 5—115 (1957).

LUTWAK-MANN, C.: Physiology and biochemistry of the mammalian blastocyst. In: D. RUDNICK (ed.), Cell, Organism and Milieu, pp. 295—320. New York, Ronald Press Comp., 1959.

— Aspects biochimiques de l'implantation de l'oeuf. In: J. FERIN et M. GAUDEFROY (ed.), Les fonctions de nidation utérine et leurs troubles, pp. 125—138. Paris: Masson et Cie., 1960.

— Uterine-blastocyst relationships at the time of implantation: biochemical aspects. In: A. C. ENDERS (ed.), Delayed implantation, pp. 293—302. Chicago: University of Chicago Press, 1963.

— and H. LASER: Bicarbonate content of the blastocyst fluid and carbonic anhydrase in the pregnant rabbit uterus. Nature 173, 268—270 (1954).

MABUCHI, K.: Morphologische Studien über das Verhalten der Nerven in den weiblichen Geschlechtsorganen des Menschen mit besonderer Berücksichtigung der Veränderungen ihres Verhaltens während der Gravidität und Menstruation und im zunehmenden Alter. Anhang: Die Nerven in der Nabelschnur und Placenta. Mitt. Med. Fak. Kaiserl. Univ. Tokyo 31, 385—495 (1924).

MACGREGOR, A. R.: Pathology of infancy and childhood. Edinburgh: Livingstone 1960.

MARAIS, W. D.: Human decidual spiral arterial studies. Part VI: Postmortem circulation studies on an in situ placenta. S. Afr. Med. J. 36, 678—681 (1962).

MARCUS, G. J., P. F. KRAICER and M. C. SHELESNYAK: Studies on the mechanism of decidualization. II. Histamin-releasing action of pyrathiazine. J. Reprod. Fertil. 5, 409—415 (1963).

MARGOLIS, A. J., and R. E. ORCUTT: Pressures in human umbilical vessels in utero. Am. J. Obst. Gynec. 80, 573—576 (1960).

MARKEE, J. E.: Menstruation in intraocular endometrial transplants in the rhesus monkey. Carnegie Inst. Wash. Pub. No. 518, Contrib. to Embryol. 28, 221—308 (1940).

— Morphological basis for menstrual bleeding: a relation of regression to initiation of bledding. N. Y. Acad. Sci. 24, 253—268 (1948).

— — The relation of blood flow to endometrial growth and the inception of menstruation. In: E. T. ENGLE (ed.), Menstruation and its disorders. Springfield, Ill.: C. C. Thomas, (1950).

MARTIN, Ch. B., H. S. McGAUGHEY, I. H. KAISER, M. W. DONNER and E. M. RAMSEY: Intermittent functioning of the uteroplacental arteries. Am. J. Obst. Gynec. 90, 819—823 (1964).

MASAKI, J., and E. F. HARTREE: Distribution of metabolic activity, phospholipid and hyaluronidase between heads and tails of bull spermatozoa. Biochem. J. 84, 347—353 (1962).

MASTROIANNI, Jr., L., and J. EHTESHAMZADEH: Corona cell dispersing properties of rabbit tubal fluid. J. Reprod. Fertil. 8, 145—147 (1964).

MAYER, G.: Delayed nidation in rats: a method of exploring the mechanisms of ovo-implantation. In: A. C. ENDERS (ed.), Delayed implantation, pp. 213—228. Chicago: University of Chicago Press, 1963.

MAYER, M., M. PANIGEL et H. LECLERC-POLYAK: Contribution à l'étude histochimique du métabolisme des nucléoproteins dans le placenta humain. Gynéc. Obstétr., Paris 58, 295—303 (1959).

McKAY, D. G., A. T. HERTIG, E. C. ADAMS and M. V. RICHARDSON: Histochemical observations on the human placenta. Obstet. Gynec. 12, 1—36 (1958).

—, —, W. A. BARDAWIL and J. T. VELARDO: Histochemical observations on endometrium. I. Normal endometrium. Obstet. Gynec. 8, 22—39 (1956).

McLENNAN, C. E., and P. KOETS: Chemical study of human endometrium throughout menstrual cycle. West. J. Surg. Obstet. Gynec. **61**, 169—175 (1953).

DE MELLO, R. P., M. R. Q. DE KASTNER and H. VIANA: Identification of trophoblastic cells by means of a fluorochrome method. Am. J. Obst. Gynec. **89**, 606—607 (1964).

METCALFE, J., W. MOLL and H. BARTELS: Gas exchange across the placenta. Fed. Proc. **23**, 774—780 (1964).

MEUNIER, J. M., et G. MAYER: Facteurs neuro-pituitaires de l'ovoimplantation. Bull. Soc. Roy. Belge Gynéc. Obstét., n. s., **30**, 529—538 (1960).

— et A. J. THEVENOT-DULUC: Action des corticostéroides et des stéroides sexuels sur l'ovoimplantation et la survie de l'oeuf en vie latente. Bull. Soc. Roy. Belge Gynéc. Obstét., n. s., **30**, 539—545 (1960).

MEY, R.: Über verlängerte Tragzeit durch verzögerte Implantation. Arch. Gynäk. **194**, 247—258 (1960).

MEYER, R.: Beiträge zur Lehre von der normalen und krankhaften Ovulation und der mit ihr in Beziehung gebrachten Vorgänge am Uterus. Arch. Gynäk. **113**, 259—315 (1920).

MIDGLEY, A. R., Jr., G. B. PIERCE, Jr., G. A. DENEAU and J. R. G. GOSLING: Morphogenesis of syncytiotrophoblast in vivo; an autoradiographic demonstration. Science **141**, 349—350 (1963).

MILLER, J. W.: Corpus luteum und Schwangerschaft. Das jüngste operativ erhaltene menschliche Ei. Berlin. Klin. Wschr. **50**, 865—869 (1913).

MINTZ, B.: Snythetic processes and early development in the mammalian egg. J. Exp. Zool. **157**, 85—100 (1964).

MISCHEL, W.: Die Mineralbestandteile der normalen und pathologischen menschlichen Placenta, einschließlich der Spurenelemente. Arch. Gynäk. **189**, 177—179 (1957a).

— Die anorganischen Bestandteile der Placenta. Arch. Gynäk. **190**, 8—30 (1957b).

— Die anorganischen Bestandteile der Placenta. IV. Mitt.: Der Calciumgehalt der reifen und unreifen, normalen und pathologischen menschlichen Placenta. Arch. Gynäk. **190**, 228—240 (1958).

MORICARD, R.: Critères morphologiques utérins et vaginaux de l'exploration cytohormonales dans la phase lutéale. In: M. F. JAYLE (ed.), La fonction lutéale. Biologie, exploration fonctionelle et pathologie, pp. 185—205. Paris: Masson & Cie., 1954.

MOSKWA, Z.: Elément de croissance du placenta. Schweiz. Med. Wschr. **81**, 108—109 (1951).

MOSSMAN, H. W.: The rabbit placenta and the problem of placental transmission. Am. J. Anat. **37**, 433—497 (1926).

— Comparative morphogenesis of the fetal membranes and accessory uterine structures. Carnegie Inst. Wash. Pub. No. 479, Contrib. to Embryol. **26**, 129—246 (1937).

— General discussion. In: Cl. A. VILLEE (ed.), Gestation, Transactions of the Fifth Conference, pp. 180—187. New York, N. Y.: J. Macy, Jr. Foundation, 1959.

MÜLLER, H. G.: Der Zelleiweißstoffwechsel während der Nidation, Plazentation und Keimentwicklung. München-Berlin: Urban & Schwarzenberg, 1964.

MÜLLER, S.: Ein jüngstes menschliches Ei. Z. mikr.-anat. Forsch. **20**, 175—184 (1930).

MURALT, G. DE: La maturation de l'immunité humorale chez l'homme. Helv. Med. Acta **29**, supp. 42, 1—160 (1962).

MURPHY, D. P., and E. F. TORRANO: Day of conception in relation to length of menstrual cycle. Fertil. Steril. **15**, 385—389 (1964).

NAGY, M.: Über einige Fragen des Alters der menschlichen Placenta. Acta Morph. Acad. Sci. Hung. **9**, 263—283 (1960).

NAKANO, M.: Electron microscopic study of the transport mechanism of human placental villi. Tohoku J. Exp. Med. **78**, 389—409 (1963).

DE NEEF, J. C., J. G. BOUTSELIS and J. C. ULLERY: Histochemical and cytologic observations in the normal human endometrium. I. Histochemical observations in the normal human endometrium. Obst. Gynec. **21**, 423—434 (1963).

— — — Histochemical and cytologic observations in the normal human endometrium. II. Cytologic observations. Obstet. Gynec. **21**, 554—566 (1963).

NEIMANN, N., M. PIERSON, A. PETERS, J. DELLESTABLE et A. DUPREZ: Le passage des hématies du foetus dans la circulation maternelle. Cah. Coll. Méd. Hôp. Paris **4**, 719—721 (1963).

NEUWEILER, W.: Über Explantationsversuche menschlicher Placenta. Mschr. Geburtsh. Gynäk. **77**, 437—441 (1927).

— Über den Gehalt der Plazenta an Vitamin C. Schweiz. Med. Wschr. **65**, 539—540 (1935).

— Über das Vorkommen von Vitamin C in der Plazenta. Zschr. Geburtsh. Gynäk. **118**, 27—38 (1933).

NEUWEILER, W.: Über die fetale Resorption von Kupfer aus der Placenta. Klin. Wschr. **21**, 521—522 (1942).
— Karotin- und Vitamin A-Resorption aus der Placenta. Z. Vitaminforsch. **13**, 275—280 (1943).
— und U. HERRMANN: Über die hormonale Tätigkeit der explantierten menschlichen Placenta. Gynaecologia **135**, 219—222 (1953).
NIEMINEN, U., and E. KLINGE: Placenta praevia and low implantation of the placenta. Acta Obst. Gynec. Scand. **42**, 339—357 (1963).
NILSSON, O.: Electron microscopy of the glandular epithelium in the human uterus. II. Early and late luteal phase. J. Ultrastructure Res. **6**, 422—431 (1962).
NITABUCH, R.: Beiträge zur Kenntnis der menschlichen Placenta. Med. Diss. Bern 1887.
NIXON, D. A.: The transplacental passage of fructose, urea and meso-inosital in the direction from foetus to mother as demonstrated by perfusion studies in the sheep. J. Physiol. **166**, 351—362 (1963).
NOER, R.: A study of the effect of flow direction on the placental transmission, using artificial placentas. Anat. Rec. **96**, 383—389 (1946).
NOVAK, E. R., and J. D. WOODRUFF: Gynecology and Obstetric Pathology. Philadelphia: W. B. Saunders Comp., 5th ed., 1962.
NOYES, R. W.: Trophoblast: problems of invasion and transport. Ann. N. Y. Acad. Sci. **80**, 54—61 (1959).
—, Z. DICKMANN, L. L. DOYLE and A. H. GATES: Ovum transfers, synchronous and asynchronous, in the study of implantation. In: A. C. ENDERS (ed.), Delayed implantation, pp. 197—209. Chicago: University of Chicago Press, 1963.
—, A. T. HERTIG and J. ROCK: Dating endometrial biopsy. Fertil. Steril. **1**, 3—25 (1950).
OBER, K. G.: Die zyklischen Veränderungen der Endometriumgefäße. Geburtsh. Frauenheilk. **9**, 736—757 (1949).
O'DELL, L. D., and W. H. FISHMAN: Studies on beta-glucuronidase: I. Activities in human endometrium. Am. J. Obst. Gynec. **59**, 200—203 (1950).
OEHLERT, G., C. F. MICHEL und J. E. MOHRMANN: Untersuchungen zur Filterfunktion der menschlichen Placenta für fetale Blutelemente. Arch. Gynäk. **198**, 202—204 (1963).
ONNIS, A.: Dimostrazione istochimica dell'aldolasi nella membrana amniotica umana. Monit. Ostet. Ginec., N. S., **33**, 611—616 (1962).
— e G. CAREDDU: L'aldolasi ed il glicogeno nella placenta, nella decidua e nel funicolo ombelicale. Attual. Ostet. Ginec. **8**, 575—589 (1962).
ORSINI, M. W.: Induction of deciduomata in hamster and rat by injected air. J. Endocrin. **28**, 119—121 (1963).
ORTMANN, R.: Über die Placenta einer in situ fixierten menschlichen Keimblase aus der 4. Woche. Z. Anat. Entwickl. Gesch. **108**, 427—458 (1938).
— Die Frage der Zottenanastomosen in der menschlichen Placenta unter besonderer Berücksichtigung der Fehlergrenze der Rekonstruktionsmethode nach dem Bornschen Wachsplattenverfahren. Z. Anat. Entwickl. Gesch. **111**, 173—185 (1941a).
— Untersuchungen an einer in situ fixierten Placenta vom 4. bis 5. Schwangerschaftsmonat. Arch. Gynäk. **172**, 161—172 (1941b).
— Über Kernsekretion, Kolloid- und Vakuolenbildung in Beziehung zum Nukleinsäuregehalt in Trophoblast-Riesenzellen der menschlichen Placenta. Z. Zellforsch. **34**, 562—583 (1949).
— Histochemische Untersuchungen an menschlicher Placenta mit besonderer Berücksichtigung der Kernkugeln (Kerneinschlüsse) und der Plasmalipoideinschlüsse. Z. Anat. Entwickl. Gesch. **119**, 28—54 (1955).
— Morphologie der menschlichen Placenta. Anat. Anz. **106/107** (Erg.-H.), 27—55 (1960).
OTEY, E., V. STENGER, D. EITZMAN, TH. ANDERSEN, I. GESSNER and H. PRYSTOWSKY: Movements of lactate and pyruvate in the pregnant uterus of the human. Am. J. Obst. Gynec. **90**, 747—752 (1964).
OWERS, N. O.: The endothelio-endothelial placenta of the Indian musk shrew, Suncus murinus—a new interpretation. Am. J. Anat. **106**, 1—26 (1960).
PAGE, E. W.: Transfer of materials across the human placenta. Am. J. Obst. Gynec. **74**, 705—715 (1957).
PAINE, G. C.: Observations on placental histology in normal and abnormal pregnancy. J. Obst. Gynaec. Brit. Empire **64**, 668—672 (1957).

Panigel, M.: Réactions vaso-motrices de l'arbre vasculaire foetal au cours de la perfusion de cotylédons placentaires isolés maintenues en survie. C. R. Acad. Sci. Paris **255**, 3238—3240 (1962a).
— Placental perfusion experiments. Am. J. Obst. Gynec. **84**, 1664—1683 (1962b).
— et J. N. H. Anh: Ultrastructure des villosités placentaires humaines. Path. Biol. **12**, 927—949 (1964).
Papanicolaou, G. N., H. F. Traut and A. A. Marchetti: The epithelia of woman's reproductive organs. New York: The Commonwealth Fund, 1948.
Paul, J. D., E. E. Gahres, S. N. Albert, W. D. Terrell, Jr. and S. M. Dodek: Placenta localization using CR^{51}-tagged erythrocytes. Obst. Gynec. **21**, 33—39 (1963).
Pearson, J.: The mammalian placenta. Pap. Proc. Roy. Soc. Tasmania 1946, 1—3 (1947).
Peckham, B. M., and R. R. Greene: Endocrine influences on implantation and deciduoma formation. Endocrin. **46**, 489—493 (1950).
Peter, K.: Placenta-Studien. 2. Verlauf, Verzweigung und Verankerung der Chorionzotten und ihrer Äste in geborenen Placenten. Z. mikr.-anat. Forsch. **56**, 129—172 (1950).
Petry, G.: Histotopographische und cytologische Studien an den Embryonalhüllen der Katze. Z. Zellforsch. **53**, 339—393 (1961).
— Die Bedeutung der Embryonalhüllen bei der Frage nach der Herkunft alkalischer Phosphatase im menschlichen Fruchtwasser. Z. Geburtsh. Gynäk. **158**, 171—180 (1962).
— Die Morphologie der außerhalb der Placenta bestehenden feto-maternen Kontakte. Arch. Gynäk. **198**, 74—81 (1963).
Phelps, D.: Endometrial vascular reactions and the mechanism of nidation. Am. J. Anat. **79**, 167—197 (1946).
Picoff, R. C., and W. H. Luginbuhl: Fibrin in the endometrial stroma: its relation to uterine bleeding. Am. J. Obst. Gynec. **88**, 642—646 (1964).
Pierce, Jr., G. B., and A. R. Midgley, Jr.: The origin and function of human syncytiotrophoblastic giant cells. Am. J. Path. **43**, 153—173 (1963).
—, A. Ress and Th. F. Beals: An ultrastructural study of differentiation and maturation of trophoblast of the monkey. Lab. Investig. **13**, 451—464 (1964).
Pincus, G.: The eggs of mammals. New York: The MacMillan Comp., 1936.
— Maternal endocrine secretions. In: Cl. A. Villee (ed.), Gestation, 3rd Conference, pp. 9—15. New York: J. Macy Jr. Foundation, 1957.
Pinero, D., and A. G. Foraker: DNA and RNA in normal human endometrium. Am. J. Obst. Gynec. **89**, 657—660 (1964).
Plentl, A. A.: The dynamics of the amniotic fluid. Ann. N. Y. Acad. Sci. **75**, 746—761 (1959).
Plumlee, M. P., S. L. Hansard, C. L. Comar and W. M. Beeson: Placental transfer and deposition of labeled calcium in the developing bovine fetus. Am. J. Physiol. **171**, 678—686 (1952).
Polano, O.: Über die sekretorischen Fähigkeiten des amniotischen Epithels. Zbl. Gynäk. **29**, 1203—1206 (1905).
— Beiträge zur Anatomie und Physiologie des menschlichen Amnions. Z. Anat. Entwickl. Gesch. **63**, 539—553 (1922).
Popjak, G.: The origin of fetal lipids. Cold Spring Harbor Symp. Quantit. Biol. **29**, 200—208 (1954).
Popp, R. A.: Comparative metabolism of blastocysts, extraembryonic membranes, and uterine endometrium of the mouse. J. Exp. Zool. **138**, 1—24 (1958).
Prahlad, K. V.: A study of the rat uterine β-glucuronidase prior to the implantation of the ovum. Acta Endocrinol. **39**, 407—410 (1962).
Primam, J.: A note on the anastomosis of the umbilical arteries. Anat. Rec. **134**, 1—5 (1959).
Prystowsky, H.: Fetal blood studies. VIII. Some observations on the transient fetal bradycardia accompanying uterine contractions in the human. Bull. Johns Hopkins Hosp. **102**, 1—7 (1958).
— Physiology of the placenta. Ann. Rev. Med. **12**, 281—288 (1961).
—, A. E. Hellegers and P. Bruns: Fetal blood studies. XV. The carbon dioxide concentration gradient between the fetal and maternal blood of humans. Am. J. Obst. Gynec. **81**, 372—376 (1961).
Psychoyos, A.: Nouvelle contribution à l'étude de la nidation de l'oeuf chez la Ratte. C. R. Acad. Sci. Paris **251**, 3073—3075 (1960).
— Le déterminisme de l'ovoimplantation. Recherches complémentaires. C. R. Acad. Sci. Paris **254**, 775—777 (1962a).

PSYCHOYOS, Nouvelles remarques sur le déterminisme de l'ovoimplantation. C. R. Acad. Sci. Paris **254**, 4360—4362 (1962b).
— Précisions sur l'état de «non-réceptivité» de l'utérus. C. R. Acad. Sci. Paris **257**, 1153—1156 (1963a).
— Nouvelles remarques sur l'état utérin de «non-réceptivité». C. R. Acad. Sci. Paris **257**, 1367—1369 (1963b).
— A study of the hormonal requirements for ovum implantation in the rat, by means of delayed nidation-inducing substances (chlorpromazine, trifluoperazine). J. Endocrin. **27**, 337—343 (1963c).
QUILLIGAN, E. J., and L. CIBLIS: Oxygen tension in the intervillous space. Am. J. Obst. Gynec. **88**, 572—577 (1964).
QUINLIVAN, W. L. G.: Desoxyribonucleic acid content of syncytial nuclei. Am. J. Obst. Gynec. **84**, 1065—1068 (1962).
RAMSEY, E. M.: Circulation in the maternal placenta of primates. Am. J. Obst. Gynec. **67**, 1—14 (1954).
— Vascular patterns in the endometrium and the placenta. Angiol. **6**, 321—338 (1955).
— Circulation in the placenta. In: CL. A. VILLEE (ed.), Gestation, Fifth Conference, pp. 77—107. New York: J. Macy, Jr. Foundation, 1959a.
— Vascular adaptions of the uterus to pregnancy. Ann. N. Y. Acad. Sci. **75**, 726—745 (1959b).
— The placental circulation. In: CL. A. VILLEE (ed.), The placenta and fetal membranes, pp. 36—62. Baltimore: Williams and Wilkins Comp., 1960.
— Circulation in the intervillous space of the primate placenta. Am. J. Obst. Gynec. **84**, 1649—1663 (1962).
—, G. W. CORNER, JR., and M. W. DONNER: Cineradioangiographic visualization of the venous drainage of the primate placenta in vivo. Science **141**, 909—910 (1963a).
— — — Serial and cineradioangiographic visualization of maternal circulation in the primate (hemochorial) placenta. Am. J. Obst. Gynec. **86**, 213—225 (1963b).
— — — and H. M. STRAN: Radioangiographic studies of circulation in the maternal placenta of the rhesus monkey: preliminary report. Proc. Nat. Acad. Sci., Wash. **46**, 1003—1008 (1960).
— — — — Visualization of maternal circulation in the monkey placenta by radiangiography. Scritti in onore del prof. Giuseppe Tesauro nel XXV anno del Suo insegnamento, pp. 1179—1184 (1962).
— — W. N. LONG and H. M. STRAN: Studies of amnitiv fluid and intervillous space pressures in the rhesus monkey. Am. J. Obst. Gynec. **77**, 1016—1027 (1959).
REALE, E., e G. PIPINO: L'attività succinodeidrogenasica in placenta a termine di vari mammiferi. Richerche istochimiche. Atti della Soc. Ital. Anat. XVII Convegno Soc. 1956, pp. 1—5 (1957).
REID, F.: Radiological localisation of placental site. I. Normal implantation. Brit. J. Radiol. **22**, 557—566 (1949).
— Radiological localisation of placenta. Brit. J. Radiol. **26**, 406—412 (1953).
REMOTTI, G.: Richerche istochimiche sul compartamento dell'acido ribonucleinico nelle varie della placentazione. Ann. Ostet. Ginec. **78**, 337—362 (1956).
REYNOLDS, S. R. M.: Physiology of the uterus. New York: P. B. Hoeber, 2nd ed., 1949.
— Gestation mechanisms. Ann. N. Y. Acad. Sci. **75**, 691—699 (1959).
RHODIN, J. A. G., and J. TERZAKIS: The ultrastructure of the human full-term placenta. J. Ultrastructure Res. **6**, 88—106 (1962).
RICCI, P.: Determinazione biochimica dei gruppi -SS, -SH, nella placenta, nel siero materno, nel siero fetale. Quad. Clin. Ost. Gin. **17**, 120—124 (1962a).
— Dosaggio quantitativo e istotopografia dei gruppi SS, SH nella placenta umana. Quad. Clin. Ost. Gin. **17**, 189—196 (1962b).
RICHART, R. M., G. B. DOYLE and G. C. RAMSAY: Visualization of the entire maternal placental circulation in the rhesus monkey. Am. J. Obst. Gynec. **90**, 334—339 (1964).
RINGLER, I.: The composition of rat uterine luminal fluid. Endocrinol. **68**, 281—291 (1961).
RITTER, P.: Die Fruktosebildung in der menschlichen Plazenta. Med. Diss. Zürich 1960.
ROBERT, W., und G. H. RATHGEN: Über den Diphosphopyridinnucleotid-Gehalt der normalen menschlichen Placenta. Arch. Gynäk. **198**, 190—192 (1963).
ROCK, J., and A. T. HERTIG: Information regarding the time of ovulation derived from a study of three unfertilized and 11 fertilized ova. Am. J. Obst. Gynec. **47**, 343—356 (1944).
— — The human conceptus during the first two weeks of gestation. Am. J. Obst. Gynec. **55**, 6—14 (1948).

ROHR, K.: Die Beziehungen der mütterlichen Gefäße zu den intervillösen Räumen der reifen Placenta speciell zur Thrombose derselben („weißer Infarct"). Virch. Arch. 115, 505—534 (1889).

ROMNEY, S. L.: Spiral arterial structures in the fetal placenta. Proc. Soc. Exp. Biol. Med. 71, 675—677 (1949).

—, J. METCALFE, D. E. REID and C. S. BURWELL: Blood flow of the gravid uterus. Ann. N. Y. Acad. Sci. 75, 762—769 (1959).

ROSA, B., et J. DE BLICOK: Mesure de la quantité de sang foetal et maternel dans le placenta expulsé. Bull. Soc. Roy. Belge Gynéc. Obstétr., n. s. 27, 386—392 (1957).

ROSSMAN, I.: Cyclic changes in the endometrial lipins of the rhesus monkey. Am. J. Anat. 69, 187—227 (1941).

RYAN, K. J.: Hormones of the placenta. Am. J. Obst. Gynec. 84, 1695—1713 (1962).

SADOVSKY, A., D. M. SERR and G. KOHN: Composition of the placental septs as shown by nuclear sexing. Science 126, 609—610 (1957).

SALHANICK, H. A., L. M. NEAL and J. P. MAHONEY: Blood content of human placenta. J. Clin. Endocrinol. 16, 1120—1122 (1956).

SAURAMO, H.: Histological and histochemical studies of the placenta and foetal membranes in prematurity. Ann. Chir. Gynaec. Fenn. 50, 195—209 (1961a).

— Cytotrophoblast of the placenta and foetal membranes in normal and pathological obstetrics. Ann. Med. Exp. Fenn. 39, 7—12 (1961b).

SAWASAKI, C., T. MORI, T. INOUE and K. SHINMI: Observations on human placental membran under electron microscope. Endocrinol. Japon. 4, 1—11 (1957).

SCHAUB, M. C.: Abbau von Kollagen durch einen Faktor im Uterus. Helv. Physiol. Acta 22, C 38—C 40 (1964a).

— Degradation of young and old collagen by extracts of various organs. Gerontol. 9, 52—60 (1964b).

SCHMID, K. O.: Plazentaverkalkung und Dihydrotyachsterin. Verh. Dtsch. Ges. Path. 46, 315—317 (1962).

SCHMIDT-MATTHIESEN, H.: Die Vaskularisierung des menschlichen Endometrium. Arch. Gynäk. 196, 575—597 (1962a).

— Histochemische Untersuchungen der Endometrium-Grundsubstanz. Acta Histochem. 13, 129—164 (1962b).

— Histochemie. In: H. SCHMIDT-MATTHIESEN (ed.), Das normale menschliche Endometrium, pp. 149—224. Stuttgart: G. Thieme, 1963a.

— Vaskularisierung. In: H. SCHMIDT-MATTHIESEN (ed.), Das normale menschliche Endometrium, pp. 225—244. Stuttgart: G. Thieme, 1963b.

— Das normale menschliche Endometrium. Stuttgart: G. Thieme Verlag, 1963c.

SCHMIDT, W.: Der Feinbau der reifen menschlichen Eihäute. Z. Anat. Entwickl.Gesch. 119, 203—222 (1956).

SCHREINER, W. E., und A. GUBLER: Die Glukose- und Milchsäurekonzentration im menschlichen Fruchtwasser während der normalen und pathologischen Schwangerschaft. Zbl. Gynäk. 85, 304—311 (1963).

SCHRÖDER, R.: Weibliche Genitalorgane. In: W. v. MÖLLENDORF (ed.), Handb. d. mikr. Anat. des Menschen, Bd. 7/1, pp. 329—556. Berlin: J. Springer, 1930.

SCHÜLLER, E.: Epithelien und Stromazellen des menschlichen Endometriums. Arch. Gynäk. 196, 49—66 (1961).

SEKI, M., and L. STRAUSS: Absence of one umbilical artery. Arch. Path. 78, 446—453 (1964).

SELYE, H., and T. MCKEOWN: Studies on the physiology of the maternal placenta in the rat. Proc. Roy. Soc. London, B, 119, 1—31 (1936).

SEMM, K.: Serum-Oxytocinase-Aktivität in der Placenta. Arch. Gynäk. 199, 265—270 (1963).

— und J. BERNHARD: Zur Diagnostik des placentaren Stoffwechsel durch die Serum-Oxytocinase Bestimmung im mütterlichen Blut. Arch. Gynäk. 199, 271—278 (1963).

SENGUPTA, B.: Placenta in der Gewebskultur. Arch. Exp. Zellforsch. 17, 281—286 (1935).

SHELESNYAK, M. C.: Studies on the mechanism of the implantation of the fertilized ovum: a fertility control target. Acta Endocrin. Suppl. 28, 106—113 (1956a).

— Progesterone reversal of ergotoxine induced suppression of early—pre-implantation—pregnancy. Acta Endocrin. 23, 151—157 (1956b).

— Some experimental studies on the mechanism of ova-implantation in the rat. Rec. Progr. Horm. Res. 13, 269—322 (1957a).

— Experimental studies on the role of histamin in implantation of the fertilized ovum. Bull. Soc. Roy. Belge Gynéc. Obstétr. 27, 521—537 (1957b).

— Fall in uterine histamine associated with ovum implantation in pregnant rat. Proc. Soc. Exp. Biol. Med. 100, 380—381 (1959a).

SHELESNYAK, M. C.: Mechanism of implantation and its control. Rep. Proc. of the 6th Inter. Conf. on Planned Parenthood, pp. 151—154, 1959b.
— Nidation of the fertilized ovum. Endeavour **19**, 81—86 (1960).
— et P. F. KRAICER: Décidualisation: une étude expérimentale. In: J. FERIN et M. GAUDEFROY (ed.), Les fonctions de nidation utérine et leurs troubles, pp. 87—101, Paris: Masson & Cie., 1960.
— — A physiological method for inducing experimental decidualization of the rat uterus: standardization and evaluation. J. Reprod. Fertil. **2**, 438—446 (1961).
— — The role of estrogen in nidation. In: A. C. ENDERS (ed.), Delayed implantation, pp. 265—274. Chicago: University of Chicago Press, 1963.
—, — and G. H. ZEILMAKER: Studies on the mechanism of decidualization: I. The oestrogen surge of pseudopregnancy and progravidity and its role in the process of decidualization. Acta Endocrin. **42**, 225—232 (1963).
— and L. TIC: Studies on the mechanism of decidualization: IV. Synthetic processes in the decidualizing uterus. Acta Endocrin. **42**, 465—472 (1963a).
— — Studies on the mechanism of decidualization. V. Supression of synthetic processes on the uterus (DNA, RNA and protein) following inhibition of decidualization by an antioestrogen, ethanoxytriphetol (MER 25). Acta Endocrin. **43**, 462—468 (1963b).
SHETTLES, L. B.: Ovum humanum. München u. Berlin: Urban & Schwarzenberg, 1960.
— Human fertilization. Obstet. Gynec. **20**, 750—754 (1962).
— The zona pellucida with special reference to early human development. Gynaecologia **155**, 145—154 (1963a).
— Die Befruchtung beim Menschen. Arch. Gynäk. **198**, 240—248 (1963b).
— und H. SCHMIDT-MATTHIESEN: Endometrium und Nidation. In: H. SCHMIDT-MATTHIESEN (ed.), Das normale menschliche Endometrium, pp. 294—315. Stuttgart: G. Thieme, 1963.
SHORT, R. V.: Adrenal steroid production by the placenta, foetus and new-born. Brit. Med. Bull. **18**, 106—109 (1962).
SINGER, M., and G. B. WISLOCKI: The affinity of syncytium, fibrin and fibrinoid of the human placenta for acid and basic dyes under controlled conditions of staining. Anat. Rec. **102**, 175—194 (1948).
SMART, P. J. G.: Some observations on the vascular morphology of the foetal side of the human placenta. J. Obst. Gynaec. Brit. Commonw. **69**, 929—933 (1962).
SMITH, K., J. L. DUHRING, J. W. GREENE, D. B. ROCHLIN and W. S. BLAKEMORE: Transfer of maternal erythrocytes across the human placenta. Obstet. Gynec. **18**, 673—676 (1961).
SNOECK, J.: Le placenta humain. Aspects morphologiques et fonctionnels. Paris: Masson et Cie., 1958.
— Die Physiologie der menschlichen Placenta. Triangel **5**, 178—188 (1961).
SÖREMARK, R.: Distribution and kinetics of bromide ions in the mammalian body. Some experimental investigations using Br 80 m and Br 82. Acta Radiol., suppl. **190**, 1—114 (1960).
— and S. ULLBERG: Distribution of bromide in mice. An autoradiographic study with Br 82. Int. J. Appl. Rad. Isot. **8**, 192—197 (1960).
SOHVAL, A. R., J. A. GAINES and L. STRAUSS: Chromosomal sex detection in the human newborn and fetus from examination of the umbilical cord, placental tissue, and fetal membranes. Ann. N. Y. Acad. Sci. **75**, 905—922 (1959).
SOMA, H., R. L. EHRMANN and A. T. HERTIG: Human trophoblast in tissue culture. Obst. Gynec. **18**, 704—718 (1961).
SPANNER, R.: Mütterlicher und kindlicher Kreislauf der menschlichen Placenta und seine Strombahnen. Z. Anat. Entwickl.Gesch. **105**, 163—242 (1935a).
— Beitrag zur Kenntnis des Baues der Plazentarsepten, gleichzeitig ein Versuch zur Deutung ihrer Entstehung. Morph. Jb. **75**, 374—392 (1935b).
SPELLACY, W. N., Fr. C. GEETZ, B. Z. GREENBERG and J. ELLS: The human placental gradient for plasma insulin and blood glucose. Am.J.Obst.Gynec. **90**,753—757(1964).
STARCK, D.: Embryologie. Stuttgart: G. Thieme, 1955.
— Primitiventwicklung und Placentation der Primaten. In: H. HOFER, A. H. SCHULTZ und D. STARCK (ed.), Primatologia, Bd. **1**, 723—886. Basel u. New York: S. Karger, 1956.
— Ontogenie und Entwicklungsphysiologie der Säugetiere. In: J.-G. HELMCKE, H. v. LENGERKEN und D. STARCK (ed.), Handb. d. Zoologie, Bd. **8**, 1—276. Berlin: W. de Gruyter & Co., 1959.
— Vergleichende Anatomie und Evolution der Placenta. Anat. Anz. **106/107** (Erg.-H.): 5—26 (1960).

STARK, G.: Zur Biochemie der Placenta. Anat. Anz. **106/107** (Erg.-H.): 76—82 (1960).
— und W. JUNG: Phosphatasen in der Plazenta und in ihren einzelnen Zellfraktionen. Arch. Gynäk. **187**, 398—405 (1956).
— und E. OWEIS: Transaminasen (GOT, GPT) und Dehydrogenasen (LDH, MDH) in normalen und pathologischen Placenten. Arch. Gynäk. **199**, 124—133 (1963).
STENGER, V., D. EITZMAN, Th. ANDERSEN, C. DE PADUA, I. GESSNER und H. PRYSTOWSKY: Observations on the placental exchange of the respiratory gases in pregnant women at cesarean section. Am. J. Obst. Gynec. **88**, 45—57 (1964).
STERNBERG, J.: L'emploi des isotopes radioactifs dans l'étude de la pérméabilité placentaire. Gynéc. Obstét. **59**, 187—217 (1960).
— Placental transfers: modern methods of study. Am. J. Obst. Gynec. **84**, 1731—1748 (1962).
STEVENSON, C. S.: Transverse or oblique presentation of fetus in last 10 weeks of pregnancy; its causes, general nature, and treatment. Am. J. Obst. Gynec. **58**, 432—446 (1949).
— Transverse or oblique presentation of the fetus. Clin. Obst. Gynec. **6**, 946—967 (1962).
STIEVE, H.: Die regelmäßigen Veränderungen der Muskulatur und des Bindegewebes in der menschlichen Gebärmutter in ihrer Abhängigkeit eines gelben Körpers, nebst Beschreibung eines menschlichen Eies im Zustand der ersten Reifeteilung. Z. mikr.-anat. Forsch. **6**, 351—397 (1926).
— Über die Neubildung von Muskelzellen in der Wand der schwangeren menschlichen Gebärmutter. Zbl. Gynäk. **56**, 1442—1451 (1932).
— Über den Bau der menschlichen Placenta. Anat. Anz. **81** (Erg.-H.), 33—80 (1935).
— Ein ganz junges, in der Gebärmutter erhaltenes menschliches Ei (Keimling Werner). Z. mikr.-anat. Forsch. **40**, 281—322 (1936).
— Die Entwicklung und der Bau der menschlichen Placenta. II. Zotten, Zottenraumgitter und Gefäße in der zweiten Hälfte der Schwangerschaft. Z. mikr.-anat. Forsch. **50**, 1—120 (1941 a).
— Das Zottenraumgitter der reifen menschlichen Placenta. Zschr. Geburtsh. Gynäk. **122**, 289—316 (1941 b).
— Anatomie der Placenta und des intervillösen Raumes. In: L. SEITZ und A. I. AMREICH (ed.), Biologie und Pathologie des Weibes, 2. Aufl., Bd. **7**, 109—146. Berlin und Wien: Urban & Schwarzenberg, 1942 a.
— Das Zottenraumgitter der menschlichen Placenta im 4.—5. Monat und am Ende der Schwangerschaft. Arch. Gynäk. **174**, 452—472 (1942 b).
STRAUSS, F.: Die Placentation von Ericulus setosus. Rev. Suisse Zool. **50**, 17—87 (1943).
— Die Implantation des Keimes, die Frühphase der Placentation und die Menstruation im Licht vergleichend-embryologischer Erfahrungen. Bern: P. Haupt, 1944 a.
— Die Abhängigkeit der Implantation von der Anordnung und dem Funktionszustand der Uterusgefäße. Mschr. Geburtsh. Gynäk. **118**, 249—273 (1944 b).
— Das Problem des Befruchtungsortes des Säugetiereies. Bull. Schweiz. Akad. Med. Wiss. **10**, 239—248 (1954).
— The time and place of fertilization of the golden hamster egg. J. Embryol. Exp. Morph. **4**, 42—56 (1956).
— Die Implantationsvorbereitungen im Hamster-Uterus. Anat. Anz. **130** (Erg.-H.), 92—98 (1957).
— Implantation und Implantationsvorbereitungen bei Säugetieren. Anat. Anz. **106/107** (Erg.-H.), 57—75 (1960).
— Bau und Funktion der menschlichen Placenta. Fortschr. Geburtsh. Gynäk. **17**, 3—29 (1964 a).
— Die weiblichen Geschlechtsorgane. In: W. KÜKENTHAL (ed.), Handb. d. Zoologie, Bd. **8/9** (3): 1—96. Berlin: W. De Gruyter & Co., 1964 b.
— Die Ovoimplantation beim Menschen. Gynäk. Rdsch. **1**, 3—32 (1964 c).
STRAUSS, G.: Zur Histochemie der Kohlenhydrate in den Endometriumdrüsen des Menschen. Arch. Gynäk. **197**, 524—547 (1963).
STRAUSS, G., und H. D. HIERSCHE: Untersuchungen zur Problematik der histochemischen Fermentlokalisation in der Placenta. Arch. Gynäk. **198**, 187—190 (1963).
— und G. STARK: Zur Histo- und Zytotopik der unspezifischen alkalischen Phosphatase. Histochemie **2**, 87—104 (1960).
STRAUSS, L., N. GOLDENBERG, K. HIROTA and Y. OKUDAIRA: Structure of the human placenta with observations on ultrastructure of the terminal chorionic villus. In: D. BERGSMA (ed.), Birth defects original article series **1**, 13—26 (1965). New York: The National Foundation — March of Dimes.

STREETER, G. L.: The "Miller" ovum-the youngest normal human embryo thus far known. Carnegie Inst. Wash. Pub. No. 363, Contrib. to Embryol. **18**, 31—48 (1926).
— Developmental horizons in human embryos. Carnegie Inst. Wash. Pub. No. 541, Contrib. to Embryol. **30**, 211—245 (1942).
STUERMER, V. M., and R. J. STEIN: Cytodynamik properties of the human endometrium: V. Metabolism and the enzymatic activity of the human endometrium during the menstrual cycle. Am. J. Obst. Gynec. **63**, 359—370 (1952).
SWARTZ, D. P., M. A. PLATT and F. C. HEAGY: Radioisotope (I—131) studies of placental location and circulation. Am. J. Obst. Gynec. **85**, 338—344 (1963).
TAUSSIG, H. B.: Dangerous tranquility. Science **136**, 683 (1962).
— A study of the German outbreak of phocomelia. The thalidomide syndrome. J. Am. Med. Ass. **180**, 1106—1114 (1962b).
— The thalidomide syndrom. Sci. Amer. **207**, 29—35 (1962c).
— Thalidomide—a lesson in remote effects of drugs. Am. J. Dis. Child. **104**, 111—113 (1962c).
— Thalidomide and phocomelia. Pediatrics **30**, 654—659 (1962d).
TENZER, W.: Graphische Rekonstruktion des bindegewebigen Stützskeletts der menschlichen Plazenta. Med. Diss. Kiel 1962.
TERZAKIS, J. A.: The ultrastructure of normal human first trimester placenta. J. Ultrastructure Res. **9**, 268—284 (1963).
THAIDIGSMAN, J. H., and H. SCHULMAN: Placenta localization using radioactive I^{131}-tagged human serum albumin. Obstet. Gynec. **23**, 757—763 (1964).
THIEDE, H. A.: Studies of the human trophoblast in tissue culture. I. Cultural methods and histochemical staining. Am. J. Obst. Gynec. **79**, 636—647 (1960).
— The trophoblast, its function and extracorporeal existence. In: K. E. KRANTZ (ed.), Placental physiology. Clin. Obst. Gynec. **6**, 111—119 (1963).
THOMAS, J.: Der gestielte Plazentarkotyledo — eine Bauanomalie der Nachgeburt. Zbl. Gynäk. **84**, 684—690 (1962).
— Die Entwicklung von Fetus und Placenta bei Nabelgefäßanomalien. Arch. Gynäk. **198**, 216—223 (1963).
THOMAS, L.: Studies in syncytial trophoblast of human placenta. In: M. FISHBEIN (ed.), First International Conference on Congenital Malformations, pp. 230—233. Philadelphia and Montreal: J. B. Lippincott Comp., 1961.
THOMSEN, K.: Über die Aktivität der alkalischen Phosphatase in der menschlichen Placenta. Arch. Gynäk. **187**, 1—19 (1955).
— Histochemische Untersuchungen über die saure Phosphatase in der menschlichen Placenta. Arch. Gynäk. **187**, 264—281 (1955).
— und H. BLANKENBURG: Über die Entwicklung und Rückbildung der Langhansschen Zellschicht in der menschlichen Placenta. Arch. Gynäk. **187**, 638—649 (1956).
— und L. NETZ: Über Fermentaktivität in Hofbauerzellen. Arch.Gynäk. **185**, 794 bis 806 (1955).
— und R. PANKA: Über die Aktivität der Nucleotidase in der menschlichen Placenta. Arch. Gynäk. **188**, 95—111 (1956).
TÖNDURY, G.: Zur Anatomie der Plazenta und ihres Kreislaufes. Jkurse ärztl. Fortbildg. **34**, 1—9 (1943).
— Embryopathien. Über die Wirkung von Viren auf den menschlichen Keimling. Heidelberg: Springer-Verlag, 1962.
TORPIN, R.: Correlation of placental anomalies with spontaneous abortion of premature separation. J. Obst. Gynaec. Brit. Empire **62**, 385—389 (1955).
— Variations in depth of implantation of the human ovum correlated with placental anomalies, spontaneous abortion and premature separation. Anat. Rec. **124**, 373 (1956).
UHER, J., und J. JIRASEK: Änderungen des Trophoblasten in Gewebekulturen. (Eine histochemische Studie.) Arch. Gynäk. **199**, 77—82 (1963).
VALENTIN, H., J. HORATZ, J. KANN und P. SCHNEPPENHEIM: Kann man bei der fortgeschrittenen Schwangerschaft von einer hämodynamisch und gasstoffwechselmäßig wesentlichen arterio-venösen Fistel für den mütterlichen Kreislauf sprechen? Arch. Gynäk. **197**, 510—523 (1962).
VILLEE, Cl. A.: The metabolism of the human placenta in vitro. J. Biol. Chem. **205**, 113—123 (1953).
— Estrogens and uterine enzymes. Ann. N. Y. Acad. Sci. **75**, 524—533 (1959).
— Biochemical aspects. In: Cl. A. VILLEE (ed.), The placenta and fetal membranes, pp. 100—108. Baltimore: Williams and Wilkins Comp., 1960.
— Metabolism of the placenta. Am. J. Obst. Gynec. **84**, 1684—1694 (1962).

Vokaer, R.: Structure microscopique. In: J. Snoeck (ed.), Le placenta humain pp. 71—168. Paris: Masson & Cie., 1958.

— et A. vanden Eynden: Etude histométrique du placenta humain à l'aide de la platine à intégration. C. R. Assoc. Anat. 44, 806—824; 1957 a (1958).

— — Introduction à l'étude histométrique du placenta humain. Bull. Fédér. Gynéc. Obstét. Franç. 9, suppl., 28—30 (1957 b).

— — Etude introductive à l'histométrie du placenta à l'aide de la platine à intégration. In: J. Snoeck (ed.), Le placenta humain, pp. 81—107. Paris: Masson & Cie., 1958.

Volkheimer, G., und H. John: Diaplazentarer Übertritt großkorpuskulärer Elemente. Zbl. Gynäk. 84, 1529—1536 (1962).

Wachstein, M., J. G. Meagher and J. Ortiz: Enzymatic histochemistry of the term human placenta. Am. J. Obst. Gynec. 87, 13—26 (1963).

Waidl, E.: Die Septen und Inseln der menschlichen Placenta. Arch. Gynäk. 198, 64—67 (1963a).

— Die Entstehung der Septen und Furchen der menschlichen Placenta. Geburtsh. Frauenheilk. 23, 757—766 (1963b).

Walker, J.: Discussionsvotum zu J. S. Nicholas: Mechanisms affecting embryonic growth. Cold Spring Harb. Symp. Quantit. Biol. 19, 39—40 (1954).

Warren, J. C., and C. E. Timberlake: Steroid synthesis in the placenta. Clin. Obst. Gynec. 6, 76—95 (1963).

Weber, J.: The site of production of gonadotrophin in the placenta at term. Acta Obst. Gynec. Scand. 40, 139—151 (1961).

Weinberg, A., J. Rizzi, R. McManus and J. Rivera: Localization of placental site by radioactive isotopes. Obstet. Gynec. 9, 692—695 (1957).

Weinman, D. E., and W. L. Williams: Mechanism of capacitation of rabbit spermatozoa. Nature 203, 423—424 (1964).

Wessel, W.: Die menschlichen Deziduazellen und ihre „Kollageneinschlüsse" im Elektronenmikroskop. Virch. Arch. 332, 224—235 (1959).

White, R. F., A. T. Hertig, J. Rock and E. Adams: Histological and histochemical observations on the corpus luteum of human pregnancy, with special reference to corpora lutea associated with early normal and abnormal ova. Carnegie Inst. Wash. Pub. No. 592, Contrib. to Embryol. 34, 55—74 (1951).

Whitehead, A. S.: The position of the foetus in relation to placental site. J. Obst. Gynaec. Brit. Empire 60, 854—858 (1953).

Widdas, W. F.: Transport mechanisms in the foetus. Brit. Med. Bull. 17, 107—111 (1961).

Wielenga, G.: Histochemie van Placentaweefsel. Nederl. T. Verlosk. Gynaec. 62, 450—471 (1962).

— and R. G. J. Willighagen: The histochemistry of the syncytiotrophoblast and the stroma in the normal full-term placenta. Am. J. Obst. Gynec. 84, 1059—1064 (1962).

Wigglesworth, J. S.: The gross and microscopic pathology of the prematurely delivered placenta. J. Obst. Gynaec. Brit. Commonw. 69, 934—943 (1962a).

— The Langhans layer in late pregnancy: a histological study of normal and abnormal cases. J. Obst. Gynaec. Brit. Commonw. 69, 355—365 (1962b).

Wilken, H.: Der Antigencharakter der Plazenta. Z. ärztl. Fortbildung 56, 1290—1293 (1962).

Wilkin, P.: Contribution à l'étude de la circulation placentaire d'origine foetale. Gynéc. Obstét. 53, 239—263 (1954).

— La pérméabilité placentaire. In: J. Snoeck (ed.), Le placenta humain, pp. 193—480. Paris: Masson & Cie., 1958.

— La vascularisation de l'endomètre humain au cours de la phase progestative du cycle menstruel et au cours de la nidation ovulaire. In: J. Ferin et M. Gaudefroy (ed.), Les fonctions de nidation utérine et leurs troubles, pp. 331—345. Paris: Masson & Cie., 1960.

— Changes in area of the placenta with gestational age. In: Cl. A. Villee (ed.), The placenta and fetal membranes, pp. 225—230. Baltimore: Williams and Wilkins Comp., 1960.

— et M. Bursztein: Etude quantitative de l'évolution au cours de la surface d'échange placentaire au cours de la grossesse. Bull. Féd. Gynéc. Obstét. Franç. 9, 37—41 (1957).

— — Etude quantitative de l'évolution, au cours de la grossesse, de la superficie de la membrane d'échange du placenta humain. In: J. Snoeck (ed.), Le placenta humain, pp. 22—248. Paris: Masson & Cie., 1958.

Wilkinson, P. N., and F. E. Hoecker: Selective placental transmission of radioactive alkaline earths and plutonium. Trans. Kans. Acad. Sci. **56,** 341—363 (1953).

Wilson, I. B.: Implantation of tissue transplants in the uteri of pseudopregnant mice. Nature **185,** 553—554 (1960).

Wimsatt, W. A.: Cytochemical observations on the fetal membranes and placenta of the bat, Myotis lucifigus lucifigus. Am. J. Anat. **84,** 63—142 (1949).

— Some aspects of the comparative anatomy of the mammalian placenta. Am. J. Obst. Gynec. **84,** 1568—1594 (1962).

Wislocki, G. B., and H. St. Bennett: The histology and cytology of the human and monkey placenta, with special reference to the trophoblast. Am. J. Anat. **73,** 335—449 (1943).

— and E. W. Dempsey: Histochemical reactions of the endometrium in pregnancy. Am. J. Anat. **77,** 365—403 (1945).

— — The chemical histology of the human placenta and decidua with reference to mucopolysaccharides, glykogen, lipids and acid phosphatase. Am. J. Anat. **83,** 1—41 (1948).

— — Electron microscopy of the human placenta. Anat. Rec. **123,** 113—167 (1955).

—, — and D. W. Fawcett: Some functional activities of placental trophoblast. Obstet. Gynecol. Surv. **3,** 604—614 (1948).

— and H. Padykula: Histochemistry and electron microscopy of the placenta. In: W. C. Young (ed.), Sex and internal secretions, vol. **2,** 883—957. Baltimore: Williams and Wilkins, 3rd ed., 1961.

De Witt, F.: An historical study on theories of the placenta to 1900. J. Hist. Med., N. Y. **14,** 360—374 (1959).

Wolfe, J. M., and A. W. Wright: Fibrous connective tissue of artificially induced maternal placenta in rat with particular reference to relationship between reticulum and collagen. Am. J. Path. **18,** 431—461 (1942).

Wood, C., P. T. Acharya, E. Cornwell and J. H. M. Pinkerton: The significance of glucose and lactic acid concentration in the amniotic fluid. J. Obst. Gynaec. Brit. Commonw. **70,** 274—278 (1963).

Wulf, H.: Der Gasaustausch in der reifen Plazenta des Menschen. I. Die uteroumbilikalen Sauerstoff- und Kohlensäure-Spannungsdifferenzen. Z. Geburtsh. Gynäk. **158,** 117—134 (1962).

— The oxygen and carbon dioxide tension gradients in the human placenta at term. Am. J. Obst. Gynec. **88,** 38—44 (1964).

Wynn, R. M.: Comparative morphogenesis and vascular relationships of the villous hemochorial placenta. Am. J. Obst. Gynec. **90,** 758—768 (1964).

— Electron microscopy of the developing decidua. Fertil. Steril. **16,** 16—26 (1965).

Yoshida, Y.: Glycogen formation in the cytotrophoblast of human placenta in early pregnancy, as revealed by electron microscopy. Exp. Cell Res. **34,** 293—304 (1964a).

— Ultrastructure and secretory function of the syncytial trophoblast of human placenta in early pregnancy. Exp. Cell. Res **34,** 305—317 (1964b).

Zacks, S. I., and A. S. Blazar: Chorionic villi in normal pregnancy, pre-eclamptic toxemia, erythroblastosis, and diabetes mellitus. Obstet. Gynec. **22,** 149—167 (1963).

Zarou, D. M., H. C. Lichtman and L. M. Hellman: The transmission of chromium-51 tagged maternal erythrocytes from mother to fetus. Am. J. Obst. Gynec. **88,** 565—571 (1964).

Zeilmaker, G. H.: Quantitative studies on the effect of the suckling stimulus on blastocyst implantation in the rat. Acta Endocrin. **46,** 483—492 (1964).

Zimmer, F.: Die mechanischen Eigenschaften des Myometriums und ihre Bedeutung. Arch. Gynäk. **193,** 336—337 (1959).

Zimmermann, W.: Untersuchungen am Hauskaninchen. III. Die Wasserstoffionenkonzentration im weiblichen Genitaltrakt und in der Keimblase vor, während und nach der Nidation. Verh. Dtsch. Zool. Ges.1960 in Zool. Anz., Suppl. **24,** 143—149 (1961).

Zschieche, W., und H. Gerlach: Biometrische Untersuchungen über die Placenta und die Beziehungen zwischen Placenta und Frucht. Arch. Gynäk. **199,** 199—208 (1963).

Die Literatur wurde bis Dezember 1964 berücksichtigt.

The Pathology
of the
Human Placenta

Introduction

This presentation of the diseases of the placenta differs in many ways from the first such treatment in these volumes by the eminent Robert Meyer. It is a deliberate attempt to bring together the practical information which has been gathered about the pathology of this complex organ and to make it available to the practicing pathologist as well as clinician. Despite the ready availability of the placenta for study, the pathologist is often ill-prepared to interpret lesions which he may find. Moreover, it has been difficult for him to find reference material, published commonly in journals and books with which he is not familiar. Furthermore, the interpretation of lesions affecting the placenta seemed less challenging since the organ had served its function, was to be discarded and presumably little of significance could be expected from such a retrospective study.

Recently, with new emphasis on maternal and fetal health and disease, it has become apparent that knowledge of pathologic changes in the placenta often provides a unique insight into antenatal events. Thus, there has been an abundance of publications in this field in recent years, several in book form. These and the most important older investigations on the morbid anatomy of the human placenta are here reviewed.

This book has been written with a special point of view, however, which reflects our own bias. It has become apparent that the meaningful study of the placenta must become a part of the routine examination not only of every perinatal fatality but also of all pregnancies which have been complicated by one disease or another and those whose results are sick or malformed infants. As practicing pathologists in an active obstetric hospital we have examined thousands of placentas by various means and correlated fetal outcome and maternal health with the findings in these specimens. We have thus formed some biases which are reflected in these pages. Some of these opinions or hypotheses have been supported by further studies, others need verification and this has been expressed whenever possible. It should emerge, however, that the examination of this complex organ can be undertaken by an interested physician and that the morphologic findings often add much to our understanding of prenatal influences, indeed they should be sought as a *sine qua non* in future studies.

Our initial studies and thinking have been profoundly influenced by Prof. A. T. Hertig who started the laboratory of the Boston Lying-in Hospital and for whose help in consultation and for some of whose pictures we are most grateful. The staffs of the Boston Lying-in Hospital in Boston and the Mary Hitchcock Hospital in Hanover have been most cooperative in complying with the many impossible requests we have made, and their indulgence and cooperation are warmly acknowledged. To Dr. Vergil H. Ferm we owe a particular gratitude for his ever readiness of critical argument, his suggestions and proofreading of the many drafts Miss B. Slack so faithfully prepared. To the librarians at Dartmouth

Medical School we owe our thanks for checking innumerable references without complaining. Further, we appreciate greatly the kindness of several colleagues who have made cases or photographs available to us. The editors of Obstetrics & Gynecology, American Journal of Obstetrics and Gynecology, Medical Clinics of North America, the National Foundation, and New York Academy of Sciences permitted us generously to reprint some figures previously published. It will also be apparent that many of the studies here presented, in abstract or in full, have been made possible only through the generous aid made available to us in various research grants by the U.S. Public Health Service, National Institutes of Health, which is gratefully acknowledged.

Last but not least we would like to express our sincere appreciation and gratitude to Dr. H. Götze of the Springer Verlag for the understanding he showed in the many requests we made.

<table>
<tr><td>Hanover, New Hampshire
Boston, Massachusetts, USA
January 1966</td><td>Kurt Benirschke
Shirley G. Driscoll</td></tr>
</table>

The Pathology of the Human Placenta

By

Benirschke / Driscoll

I. Examination of the Placenta

A methodical gross examination should be undertaken in all births and the results incorporated in the patient's record.

It is best to refrigerate the placenta soon after delivery but freezing obscures all details and is to be avoided unless it is undertaken for some specific chemical analytic purpose. The storage is easiest handled in round cardboard containers with tops which avoid drying. Ice cream containers serve a useful purpose as the delivery data can be written on it and they are disposable.

The placenta is then studied, preferably during the same day, and it must be borne in mind that blood and fluid has probably escaped from the organ. This may alter its weight appreciably and it must be recognized when fetus/placenta weight correlations are undertaken. After removal from the container onto a large corkboard, it is best to reconstruct the appearance of the fetal *membranous* bag. If it is undertaken in a tank of saline then it may be easily possible to ascertain the site of the uterine cornua and the former position of the placenta in the uterus, a procedure which allowed Torpin & Hart to make valuable deductions regarding the formal genesis of abnormally shaped placentas. Having done this, it is desirable to ascertain the narrowest width of membranes, the "point of rupture" of the membranes as we described this in a previous protocol (Benirschke, 1961). This measurement is of some interest if ever the question arises whether the pregnancy was complicated by placenta previa and interpretations apply obviously only to vaginally delivered placentas. Any figure above 0 cm rules out even a marginal placenta previa. Having made certain that no velamentous vessels course over the membranes, these are then trimmed by scissors near the margin of the placenta and, with the aid of a forceps, the membranes are now rolled, grasping the end at which rupture had occurred. One thus ends up with a sausage-shaped roll, of which a segment is cut by scissors (3 cm or so) and which is then placed into fixative if histologic sections are desired. The routine preparation of such a roll has the advantage that a large area of membranous surface (amnion, chorion laeve, decidua capsularis) can be studied and that one always knows the site of rupture to be innermost. In inflammatory processes this proves usually to be most severely involved.

Next the *cord* insertion is recorded, making certain that velamentous vessels have been carefully inspected for tears and thromboses. The length of the cord is measured and on a neat cross section, made somewhere in the middle, the number of vessels is counted. A short segment of cord is then fixed for later histology. If knots or unusual vascular arrangements are met with, a more detailed study of possible thrombi is made. Unlike the older classical investigators (*e. g.* HYRTL), we make no special effort to pay attention to the number of spirals in the cord or their direction. Also, in the routine study it is probably unnecessary to search for the anastomosis between the two umbilical arteries near the placental surface (HYRTL; BACSICH & SMOUT, PRIMAN, etc.). The cord is then cut near the placenta and the placenta is weighed. In our opinion, this net weight constitutes the most meaningful measure for comparison with fetal development (WALKER; GRUENWALD & MINH; GRUENWALD).

In the next step, the *surface* of the placenta is inspected. The course of vessels may be noted, their pattern of distribution, whether it is magistral or disperse (SHORDANIA; BACSICH & SMOUT; CRAWFORD, etc.) and, most importantly, whether thrombi can be found. These are usually obvious as yellow-white streaks on the surface of a vessel. The yolk sac is searched for, particularly in twins and it is noted whether vitelline vessels remain. In general, the study of twin placentas departs at about this point from that of singletons and it is further considered in chapter V. Normally, the amnionic surface is glistening, but under a variety of pathologic circumstances it is discolored, dull and opaque, thus obscuring the normally steel-blue vascular pattern beneath. Moreover, the delivery has often caused an artifactual disruption of the amnion and vernix may have dissected beneath it during labor. Squamous metaplasia is often noted, mainly over the areas near the insertion of the cord and it is to be distinguished from the pathologic finding of amnion nodosum. Underneath the chorion one sees in most term placentas bulging deposits of fibrin as white plaques which correspond to the fibrin layer of Langhans (see GELLER). Abnormal insertions of the membranes, the extrachorial placentas of circumvallation and margination are usually accompanied by much peripheral fibrin deposition as well. Occasionally, one finds sub-amnionic hemorrhages, usually produced artifactually during delivery. Subchorial hematomas are of greater significance, particularly when the pathology of abortions is concerned. Cysts are also noted with some frequency and these, as most of the still less common chorangiomas, are also subchorial in location.

The *maternal surface* should not be disrupted and only a thin layer of freshly clotted blood is expected to be found. If cotyledonary tissue is missing then the classical milk injection (see STAMM) or any other procedure may be employed to assure that such a finding is not an artifact of handling (see photograph by MERRILL). Significant retroplacental hematomas are firmer and more contracted than the coagulum which is incident to normal detachment. They usually leave a depression in the placenta when removed and infarcted placental tissue is found beneath them as a rule. The thin membrane of decidua and Nitabuch's fibrin layer which cover the maternal surface have generally a grey and translucent appearance. When much increased yellow fibrin deposit causes the maternal floor to be thickened and rigid, we have spoken of "maternal floor infarction", a poorly understood entity which may recur in subsequent pregnancies. Calcium deposits in fibrin, decidua and, at times, the villi, are very variable and usually more abundant in mature placentas but not necessarily excessive in postmature organs (JEACOCK). They may be excessive and cause a truly gritty sensation and there is an inverse relationship to maternal age (FUJIKURA). Apparently the calcification has no deleterious effect on fetal development, it may differ between fraternal twin placentas (JEACOCK) and may vary seasonally, depending on the calcium level of blood which is also seasonal (higher in summer months, FUJIKURA).

The degree of cotyledonary fissuring, CRAWFORD calls these "lobes", caused by incomplete decidual septa (BECKER) varies also considerably for ill-understood reasons. It is much less prominent when excessive amounts of fibrin are deposited in the floor of the placenta.

Subsequent to the study of the maternal side of the placenta, the organ is sliced with single strokes of a large knife. These *sections* are made at narrow intervals, to the chorionic membrane and as the knife is removed, the blood is wiped off with the blade and the cut surface is inspected. Most of the significant villous changes are observed at this time. First, the color relates principally to the content of fetal blood, the intervillous blood having been removed largely by the terminal uterine contractions. In the anemia of erythroblastosis, the anemia of one of twins with the transfusion syndrome and other conditions, a considerable pallor of the villous tissue is apparent. Intervillous thrombi, cysts and infarcts become visualized, as does the frequent marginal atrophy of the placenta. The discontinuous marginal sinus (lake) can be inspected for thrombi and focal villous edema may be noted.

It is unfortunate that many small lesions may be misinterpreted on such relatively cursory gross examination of this bloody and spongy tissue. Thus, small chorangiomas often have the appearance of infarcts (SIDDALL) and a minute choriocarcinoma was also once thought to be an infarct macroscopically (DRISCOLL). This raises the question of sampling. Ideally, all abnormal areas are cut out, fixed and studied histologically. This is impractical in most institutions and only long experience gives any indication which lesions are "profitable" for further study. BARTHOLOMEW *et al.* have given their reasons why they prefer to study the placenta only after complete fixation in formalin. They feel that many infarcts are otherwise overlooked and that a better correlation with toxemia of pregnancy, *etc.* can thus be made. On sectioning a fresh placenta, one finds frequent "holes" in the center of cotyledons, usually nearer the maternal surface and often filled with blood. These correspond to the areas of presumed entry of the maternal arterial jet. They are relatively devoid of villi and have been considered in greater detail by CRAWFORD who presents an excellent photograph of a coronally sectioned organ to demonstrate this feature. The older idea of their air content (FRITSCHEK) can now probably be discarded. For routine study, we remove one section of placenta from the margin, another from near the center, making sure that the latter contains a representative sample of chorionic vessels. In addition, portions of abnormal areas are placed in fixative, as is the roll of membranes and a piece of cord.

We prefer Bouin's solution for the fixation of the placenta (40% formaldehyde, 1.2% (saturated) picric acid solution, glacial acetic acid (= 5:15:1) and place the samples in an ample amount of this solution. After a few hours, the hardening blocks are trimmed neatly, refixed and processed as usual. This method rarely requires decalcification, gives vivid histologic staining results, causes a minimum of shrinkage and allows for most special stains. Routinely we employ hematoxylin and eosin stains but, frequently the Masson-trichrome method and PAS stains are also used. For histochemical purposes, a variety of different fixatives and methods have been employed and fresh fixation is imperative. Details may be found by McKAY *et al.;* THOMSEN & NETZ; WIELENGA & WILLIGHAGEN; WACHSTEIN *et al.*, others. Electronmicroscopy again requires prompt and special fixation and of course elaborate further study. Knowledgeable selection of areas to be studied is of primary importance in this technique and various newer techniques have been described (WISLOCKI & DEMPSEY; BARGMANN & KNOOP; TERZAKIS; others). In recent years, fluorescence microscopy has been employed in the study of Hofbauer cells, trophoblast and placentas of toxemia and erythroblastosis (BLEYL; BECKER & BLEYL). The elegant localization of gonadotropin and its corroboration with electronmicroscopic study may be found in the papers of MIDGLEY & PIERCE; PIERCE & MIDGLEY. Individual contributions and reviews of other special techniques are given in three recent books on the human placenta (SNOECK; VILLEE; DAVIES).

Among *special techniques*, brief mention may be made of the use of rapid frozen sections of the umbilical cord. We have advocated this procedure in the care of the newborn when respiratory distress makes rapid diagnosis desirable (BENIRSCHKE & CLIFFORD). The finding of perivascular inflammation in such cases usually rules against the presence of hyaline membrane disease as the cause of neonatal respiratory difficulties. BLANC has recommended the study of gastric aspirates and scrapings from the amnionic surface for the same purpose, examining for leukocytes and bacteria.

Flat mounts of amnion, stained with Feulgen technique, thionin and by other means have been employed by KLINGER; KLINGER & SCHWARZACHER to detect nuclear sex of the amnion and valuable information was gleaned by the investigators about the histogenesis of the layers of amnion in an XY/XXY mosaic specimen. Cells from the amnionic fluid have been employed similarly for antenatal sex determination (SERR et al.; see also SOHVAL et al., BOHLE & HIENZ).

The preparation of *tissue cultures* from aborted specimens, hydatidiform moles and term placentas has yielded significant information recently with respect to chromosomal anomalies (CARR; CLENDENIN & BENIRSCHKE; SZULMAN; NAUJOKS). It is the experience of all investigators, however that, no matter how carefully these cultures are treated, only 60% will show proliferation. The reason for the failure of the others is as yet unknown. We have followed a technique first described by BASRUR et al. with only minor modifications. It employs small (1 mm) fragments of chorion, amnion, villous stems, umbilical cord or embryo, whichever is available. Surprisingly, even macerating embryonic parts have, at times, yielded good preparations. The procedure is as follows: some 6—8 fragments of tissue are evenly distributed on a 9×40 mm ♯ 1 cover slip and an empty second cover slip is placed on top of the fragments. The sandwich is then placed into a Leighton tissue culture tube and about 2 ml of culture fluid are added; the cap is closed and incubation at 37° is begun. The culture medium consists of the following: 100 ml Eagle's basal medium to which are added: 20 ml of calf serum, 50 µg of streptomycin, 50 units of penicillin. The medium is changed every day for three days, thereafter twice weekly and growth is checked microscopically. From the fragment of tissue, cells spread peripherally, usually within the first week and when a large halo of cells has grown out, the culture is interrupted in the following way. Medium is changed on one morning and 24 hours later 0.25 ml of an 0.1% solution of colchicine is added. Incubation proceeds for another six hours at which time the fluid is discarded and after an initial rinse with warm dilute Earle's solution (1 : 4 parts water), the culture is exposed for 15 minutes to the hypotonic solution in the incubator to swell the cells. After decanting, fixative is added (glacial acetic acid: methyl alcohol, 1 : 3) and the sandwich removed not earlier than 30 minutes later. The two cover glasses are then separated carefully, the central solid tissue is removed gently and the slides are stained. We prefer aceto-orcein staining but other techniques may be used as well. Drying and mounting is done as with histologic slides. The mitoses may then be analyzed directly or after photography.

Various techniques have been employed to delineate the *fetal vasculature* of the placenta. The older methods of SCHATZ; HYRTL etc. did not fill the smaller vessels although they yielded beautiful preparations. In recent years, the contributions by GOERTTLER and particularly those by PANIGEL (lit.) have produced excellent reproduction of the fetal vascular tree. The technique of x-ray contrast medium injection has been considered critically by SCIPIADES & BURG, among others. India ink injection studies, meant to overcome the difficulties inherent in plastic-corrosion techniques have been presented by BØE, and CRAWFORD has excellent results with a trypsin digestion method.

References

BACSICH, P. & C. F. V. SMOUT: Some observations on the foetal vessels of the human placenta with an account of the corrosion technique. J. Anat. **72**, 358, 1938.
BARGMANN, W. & A. KNOOP: Elektronenmikroskopische Untersuchungen an Plazentarzotten des Menschen. Bemerkungen zum Syncytiaproblem. Z. Zellforsch. **50**, 472, 1959.

BARTHOLOMEW, R. A., E. D. COLVIN., W. H. GRIMES., J. S. FISH., W. M. LESTER & W. H. GALLOWAY: Criteria by which toxemia of pregnancy may be diagnosed from unlabeled formalin-fixed placentas. Amer. J. Obstet. Gynec. **82**, 277, 1961.

BASRUR, P. K., V. R. BASRUR & J. P. W. GILMAN: A simple method for short term cultures from small biopsies. Exp. Cell Res. **30**, 229, 1963.

BECKER, V.: Funktionelle Morphologie der Placenta. Arch. Gynäk. **198**, 3, 1962.

BECKER, V. & U. BLEYL: Placentarzotte bei Schwangerschaftstoxikose und fetaler Erythroblastose im fluorescenzmikroskopischen Bilde. Virch. Arch. path. Anat. **334**, 516, 1961.

BENIRSCHKE, K.: Examination of the placenta. Obstet. Gynec. **18**, 309, 1961. (Many color plates are misnumbered.)

BENIRSCHKE, K. & S. H. CLIFFORD: Intrauterine bacterial infection of the newborn infant. J. Pediat. **54**, 11, 1959.

BLANC, W. A.: Amniotic sac infection syndrome: Pathogenesis, morphology, and significance in circumnatal mortality. Clin. Obstet. Gynec. **2**, 705, 1959.

BLEYL, U.: Histologische, histochemische und fluorescenzmikroskopische Untersuchungen an Hofbauer-Zellen. Arch. Gynäk. **197**, 364, 1962.

— Fluorescenzmikroskopische Untersuchungen an überlebenden menschlichen Plazenten mit Acridin-Orange. Z. Zellf. **56**, 404, 1962.

BØE, F.: Studies on vascularization of the human placenta. Acta Obstet. Gynec. Scand. **32**, Suppl. 5, 1953.

BOHLE, A. & H. A. HIENZ: Zellkernmorphologische Geschlechtsbestimmung an der Placenta. Klin. Wschr. **34**, 981, 1956.

CARR, D. H.: Chromosome studies in abortuses and stillborn infants. Lancet **II**, 603, 1963.

CLENDENIN, T. M. & K. BENIRSCHKE: Chromosome studies on spontaneous abortions. Lab. Invest. **12**, 1281, 1963.

CRAWFORD, J. M.: Vascular anatomy of the human placenta. Amer. J. Obstet. Gynec. **84**, 1543, 1962.

DAVIES, J.: Survey of research in gestation and the developmental sciences. Williams & Wilkins, Baltimore 1960.

DRISCOLL, S. G.: Choriocarcinoma: An "incidental finding" within a term placenta. Obstet. Gynec. **21**, 96, 1963.

FRITSCHEK, F.: Über "leere" Placentarhohlräume. Anat. Anz. **64**, 65, 1927.

FUJIKURA, T.: Placental calcification and maternal age. Amer. J. Obstet. Gynec. **87**, 41, 1963.

— Placental calcification and seasonal difference. Personal communication, 1964.

GELLER, H. F.: Über die Bedeutung des subchorialen Fibrinstreifens in der menschlichen Placenta. Arch. Gynäk. **192**, 1, 1959.

GOERTTLER, K.: Beitrag zur Technik der Herstellung naturgetreuer Ausgüsse und Oberflächenabdrücke mit schnellhärtenden Kunststoffen. Zbl. allg. Path. u. path. Anat. **101**, 83, 1960.

GRUENWALD, P.: Examination of the placenta by the pathologist. Arch. Path. **77**, 41, 1964.

GRUENWALD, P. & H. N. MINH: Evaluation of body and organ weights in perinatal pathology: II. Weight of body and placenta of surviving and of autopsied infants. Amer. J. Obstet. Gynec. **82**, 312, 1961.

HYRTL, J.: Die Blutgefäße der menschlichen Nachgeburt unter normalen und abnormen Verhältnissen. Braumüller, Wien, 1870.

JEACOCK, M. K.: Calcium content of the human placenta. Amer. J. Obstet. Gynec. **87**, 34, 1963.

KLINGER, H. P.: The sex chromatin in fetal and maternal portions of the human placenta. Acta Anat. **30**, 371, 1957.

KLINGER, H. P. & H. G. Schwarzacher: XY/XXY and sex chromatin positive cell distribution in a 60 mm human fetus. Cytogenetics 1, 266, 1962.

LISTER, U. M.: Ultrastructure of the human mature placenta. J. Obstet. Gynaec. Brit. Comm. **70**, 373, 1963.

McKAY, D. G., A. T. HERTIG., E. C. ADAMS & B. A. RICHARDSON: Histochemical observations on the human placenta. Obstet. Gynec. **12**, 1, 1958.

MERRILL, J. A.: Common pathological changes of the placenta. Clin. Obstet. Gynec. **6**, 96, 1963.

MIDGLEY, A. R. & G. B. PIERCE: Immunohistochemical localization of human chorionic gonadotropin. J. Exp. Med. **115**, 289, 1962.

NAUJOKS, H.: Zur Frage des Chromosomennachweises in abortiertem Gewebsmaterial. Zbl. Gynäk. **84**, 1542, 1962.

NAUJOKS H.: Culture of tissues from spontaneous human abortions. (Preliminary work for chromosome analysis.) Acta Cytol. **7**, 300, 1963.

ORTMANN, R.: Histochemische Untersuchungen an menschlichen Plazenten mit besonderer Berücksichtigung der Kernkugeln (Kerneinschlüsse) und der Plasmalipoideinschlüsse. Z. Anat. Entwickl. Gesch. **119**, 28, 1955.

PANIGEL, M.: Placental perfusion experiments. Amer. J. Obstet. Gynec. **84**, 1664, 1962.

PIERCE, G. B. & A. R. MIDGLEY: The origin and function of human syncytiotrophoblastic giant cells. Amer. J. Path. **43**, 153, 1963.

PRIMAN, J.: A note on the anastomosis of the umbilical arteries. Anat. Rec. **134**, 1, 1959.

SCHATZ, F.: Die Gefäßverbindungen der Placentakreisläufe eineiiger Zwillinge, ihre Entwicklung und ihre Folgen. Arch. Gynäk. **60**, 81, 1900.

SCIPIADES, E. & E. BURG: Über die Morphologie der menschlichen Placenta mit besonderer Rücksicht auf unsere eigenen Studien. Arch. Gynäk. **141**, 577, 1930.

SERR, D. M., L. SACHS & M. DANON: The diagnosis of sex before birth using cells from the amniotic fluid. Bull. Res. Counc. Israel 5 B: 137, 1955.
See also these authors in Science **123**, 548, 1956 and Brit. Med. J. **II**, 795, 1956.

SHORDANIA, J.: Der architektonische Aufbau der Gefäße der menschlichen Nachgeburt und ihre Beziehungen zur Entwicklung der Frucht. Arch. Gynäk. **135**, 168 & 598, 1929.

SIDDALL, R. S.: Chorioangiofibroma (chorioangioma). Amer. J. Obstet. Gynec. **8**, 430 & 554, 1924.

SNOECK, J.: Le placenta humain. Masson Cie. Paris 1958.

SOHVAL, A. R., J. A. GAINES & L. STRAUSS: Chromosomal sex detection in the human newborn and fetus from examination of the umbilical cord, placental tissue, and fetal membranes. Ann. N. Y. Acad. Sci. **75**, 905, 1959.

STAMM, H.: Alte und neue Probleme bei Plazentarpolypen. Gynaecologia **151**, 253, 1961.

SZULMAN, A. E.: Chromosomal aberrations in early human abortions. Fed. Proceed. **23**, ♯ 2 part I; 499, 1964. Abstract ♯ 2385. New Engl. J. Med. 272: 811, 1965.

TERZAKIS, J. A.: The ultrastructure of the normal human first trimester placenta. J. Ultrastr. Res. **9**, 268, 1963.

THOMSEN, K. & L. NETZ: Über Fermentaktivität in Hofbauer-Zellen. Arch. Gynäk. **185**, 794, 1955.

TORPIN, R. & B. F. HART: Placenta bilobata. Amer. J. Obstet. Gynec. **42**, 38, 1941.

VILLEE, C. A., Ed.: The placenta and fetal membranes. Williams & Wilkins, Baltimore 1960.

WACHSTEIN, M., J. G. MEAGHER & J. ORTIZ: Enzymatic histochemistry of the term human placenta. Amer. J. Obstet. Gynec. **87**, 13, 1963.

WALKER, J.: Weight of the human fetus and of its placenta. In: Cold spring harbor symposia on quantitative biology **19**, 39, 1964.

WIELENGA, G. & R. G. J. WILLIGHAGEN: The histochemistry of the syncytiotrophoblast and the stroma in the normal fullterm placenta. Amer. J. Obstet. Gynec. **84**, 1059, 1962.

WISLOCKI, G. B. & E. W. DEMPSEY: Electron microscopy of the human placenta. Anat. Rec. **123**, 133, 1955.

II. Unusual Shapes of the Placenta. Placenta Accreta.

Introduction

The usual round or oval outline of the placenta may be replaced by a wide spectrum of shapes which SHANKLIN has called "errors in outline". On occasion, these abnormally shaped organs assume clinical significance but, on the whole it is difficult to be certain that they all represent truly pathologic events. Certainly, many are compatible with perfectly normal fetal development and in most instances of placentas with unusual shape, the progress of pregnancy or parturition is not endangered. These unusual shapes should perhaps better be considered as *variations of the normal*, and an infinite spectrum it is. HYRTL has depicted many of these specimens in his magnificent atlas and GROSSER has discussed views concerning the mechanism of formation of some of the abnormally shaped placentas. In recent years, less attention has been paid to this subject as it has become recognized that other placental disturbances are of greater significance to fetal development than is the shape of the placenta.

In this chapter we intend to discuss only briefly the principal forms of abnormally shaped placentas, give access to the pertinent literature and describe etiologic mechanisms when they are known. Moreover, when appropriate we will remark on the functional sequelae of these conditions so far as they are known.

Accessory lobes, placenta duplex, placenta membranacea

From the single discoid organ which we are accustomed to expect as the shape of the placenta, a variety of intermediate forms leads to the other end of the spectrum, the placenta membranacea where no free membranes are to be found. Adjacent to the main placental tissue one may find small accessory lobes, single or multiple, which usually bear the name succenturiate lobe (Fig. 1). Occasionally, these separate masses are located some distance from the margin of the placenta in the membranous portion of the afterbirth and, as seen in Figure 1, they are supplied by fetal blood vessels as is the remainder of the villous tissue. One arterial and venous branch usually courses over the membranes to the accessory lobe. Marked fibrosis and fibrin deposition takes place often in these succenturiate lobes (Fig. 1) which may render these structures paler and firmer. Succenturiate lobes may be considered as representing remnants of the formerly complete shell of active placental villous tissue which normally is rendered atrophic as the future chorion laeve of the blastocyst expands into the endometrial cavity. Whether more favorable decidual vascular conditions cause the maintenance of these foci of placental tissue or whether a very early actual fusion of decidua capsularis and decidua vera supplied more adequate vascular support of this villous tissue is not known. For clinical purposes, it must be borne in mind that these succenturiate lobes may be retained after birth and may become "placental polyps" with the sequelae of post-partum subinvolution of the uterus, in face of an apparently otherwise complete and intact placenta. Hence, the completeness of the membranes should constitute as important an aspect of inspection by the obstetrician as that of the placenta itself.

It is also conceivable that the membranous vessels which supply such succenturiate lobes may, at times, be of clinical significance although this is certainly more likely to be the case in a bipartite placenta (pl. duplex) with its larger vessels as shown in Figure 2. Superficially, this structure looks like a twin placenta and certainly it has the appearance of the organ in the rhesus monkey. Whether a more superficial implantation occasions the abembryonic trophoblast to grow

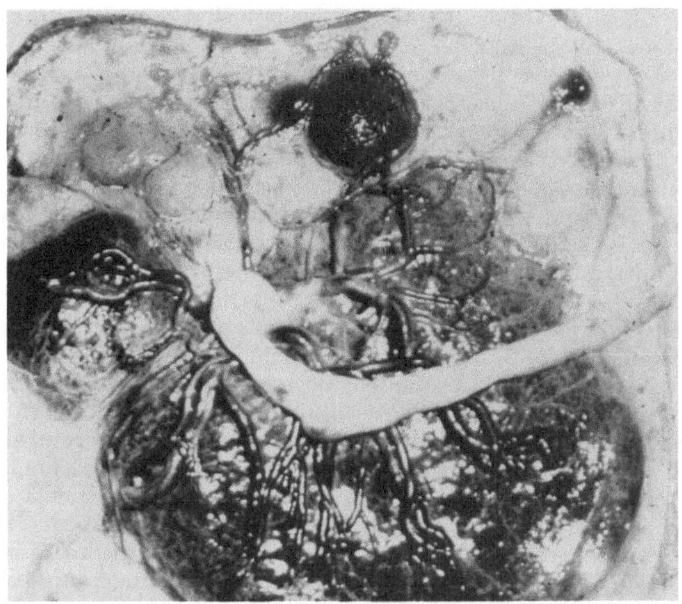

Fig. 1. Immature placenta with several succenturiate lobes. Each has its own fetal vascular supply and several (left top) are pale and atrophied. A distinct sulcus runs from the left lower portion past the umbilical cord, separating the succenturiate lobes from the main placental tissue. Presumably this sulcus corresponds to the lateral uterine fold (see text).

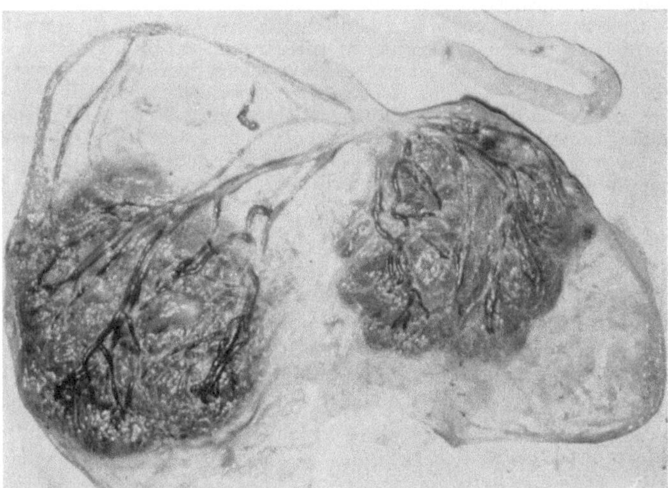

Fig. 2. Bilobed placenta (pl. duplex). One disk was attached anteriorly, the other posteriorly. Large velamentous vessels course between the two disks. This is the least common variety of accessory lobes.

into the decidua vera of the opposite uterine wall must await study of early specimens. Additional large lobes have been described (*e. g.* tripartite placentas)

in occasional specimens. EARN reviews the literature of the subject and finds
various incidence figures (1:600 Williams; 1:350 Bricker). His own results
indicate a frequency of 0.25%. TORPIN & HART present an extensive study of
the subject. Among 4,098 delivered placentas, they find 355 specimens (8%) with
succenturiate lobes of various sizes. By their method of examining the fetal bag
under water they are able to determine the site of implantation in the uterus and
they present a large series of diagrams of their specimens. These authors find that
in the majority of cases of accessory lobes, the implantation occurred at the lateral
or apical margin of the uterus. The accessory lobe developed on the side of the
uterus opposite from the implantation of the main placental mass, the most
extensive such development being a specimen such as that of Figure 3. Because
they find no correlation with prematurity or maternal age they discard, after
adequate discussion, the older theories on the etiology of accessory lobes and
consider only fortuitous lateral or apical implantation as a reasonable etiologic
factor. TORPIN & HART also note that this implantation occurred not infrequently
low in the uterus; it may be mistaken for a central placenta previa (HESS). Such
a specimen as our Figure 2, a "placenta duplex", in which membranes separate
the equal lobes, is apparently the most uncommon. TORPIN & HART have two
such cases and refer to one other of Podleschka. In 2% of their cases of succenturiate lobes, the cord had a velamentous insertion, in 50% it was central, in 18%
eccentric and in 30% it occurred between the two lobes. SHANKLIN wonders
whether the term "malformation" applies. In 6 of his 514 placentas, a triangular
shape was found, one was rectangular and 6 were heart-shaped. He defines
placentas with succenturiate lobes as those organs in which the accessory lobe is
separated at least by 2 cm of free membranes from the placental margin and found
22 such specimens (4%). It is perhaps of interest that 7 of these were prematurely
delivered. In five additional cases (0,9%) the placenta was bilobed.

Among various other bizarre forms, the ring- or collar-shaped placenta has attracted
the attention of various investigators. This is a most unusual form anomaly whose
shape should not be confused with that of some carnivores. SCIPIADES & BURG
discuss this point and present a case in which they believe to have demonstrated that
this unusual shape was produced because of primary implantation of the blastocyst
in the tubal cornu region. Subsequent uterine expansion then led to central atrophy
which is diagrammed by the authors. In another case, central atrophy is explained
by pressure from an expanding subchorial cyst. They quote STIEVE as presenting the
view that a collar-shaped placenta can form only when a primary placenta previa
leads to atrophy over the internal uterine os and placental expansion into the adjacent
tissues. The specimen described recently by KEEFER & COPE conforms to the latter
interpretation.

In all these considerations, a recurrent argument concerns itself with the
debate over whether primary reflexa attachment to the opposite portion of the
uterus is the important mechanism of the development of accessory lobes, etc. or,
whether later lateral development of the placenta ("Flächenwachstum") can
take place and explain their genesis. GOTTSCHALK who discussed this point
extensively considers the latter mechanism to be at work. In light of the recent
quantitative studies by CRAWFORD, however, one wonders if the question can
be regarded as settled. This author showed with a unique digestion technique
that the primordia for future cotyledonary growth are laid down very early in
placental development and if his findings can be extrapolated to the formation
of abnormally shaped placentas, then a primarily abnormal implantation appears
to be the most reasonable view. It is hoped that CRAWFORD's techniques will be
applied to the study of this problem. In light of our later consideration of the
possible relationship of placental growth to the development of velamentous
insertion of the cord, it is of interest to mention here that LITTLE found a positive

correlation between the absence of one umbilical artery and placenta duplex. The coincidence occurred in 6.25%, while in 0.34% of duplex placentas normal umbilical vessels were found. We interpret the development of velamentous insertion of the cord to result from placental wandering (trophotropism) and the same phenomenon may also account for the genesis of placenta duplex. These are the only anomalies which are positively correlated with the deficiency of one umbilical artery as well and common pathogenetic mechanisms seem likely.

An unusual anomaly, a polypoid cotyledon, has been described by J. Thomas. In a mature placenta with marginally inserted cord and atrophic succenturiate lobe, there was attached on a pedicle a pear-sized polyp, composed of placental tissue and projecting into the amnionic cavity. Thomas considers the possibility that this malformation may have been the result of hypertrophy of a primary villus.

More rarely the pathologist encounters a *placenta membranacea* or pl. *diffusa*, in which all of almost all of the fetal membrane is covered by functional placental villous tissue. Shanklin finds one such prematurely delivered specimen in his material. In his case, however, a 10 cm square portion of membrane was still present. A similar placenta was shown by us recently (Benirschke). Finn reviews the literature on this subject and finds this an "exceedingly rare type of placental anomaly". As in our recent experience (Fig. 3), Finn mentions authors who had difficulty with the separation of a placenta membranacea at birth. In our case, we could show the simultaneous presence of a partial placenta accreta

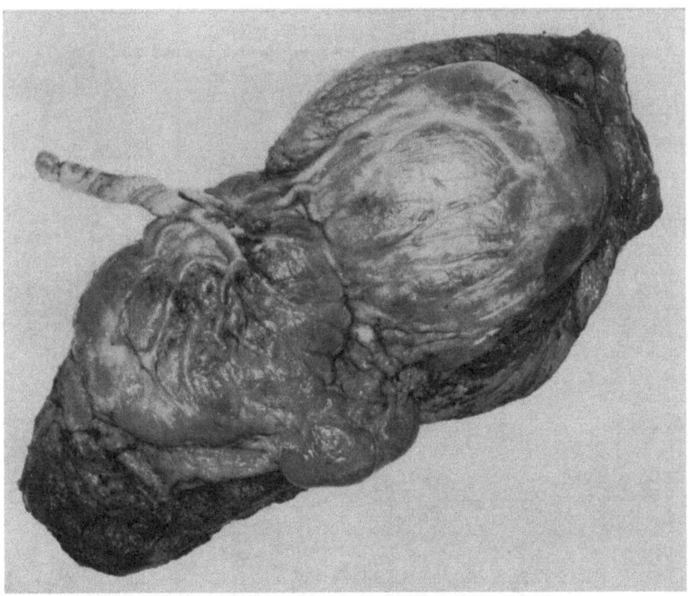

Fig. 3. Placenta membranacea totalis, accreta partialis, attached to uterus. After failure to separate, the right (posterior) half was manually separated. At the fundus, separation was impossible, led to hemorrhage which necessitated hysterectomy. At the fundus this was shown to be a partial placenta accreta. This placenta membranacea looks like a bilobed placenta but it has no free membranes.

to account for this difficulty. Hertig & Sheldon had two similar cases among 1,000 spontaneous abortions. The thickness of a placenta membranacea is said to be inversely related to the width of placental tissue (Finn) and therefore, a thin tissue seems to be the rule. Finn cites the literature which indicates that prenatal hemorrhage, placenta previa and premature delivery are more frequently associated with this placentation and he describes an excellent case with recurrent

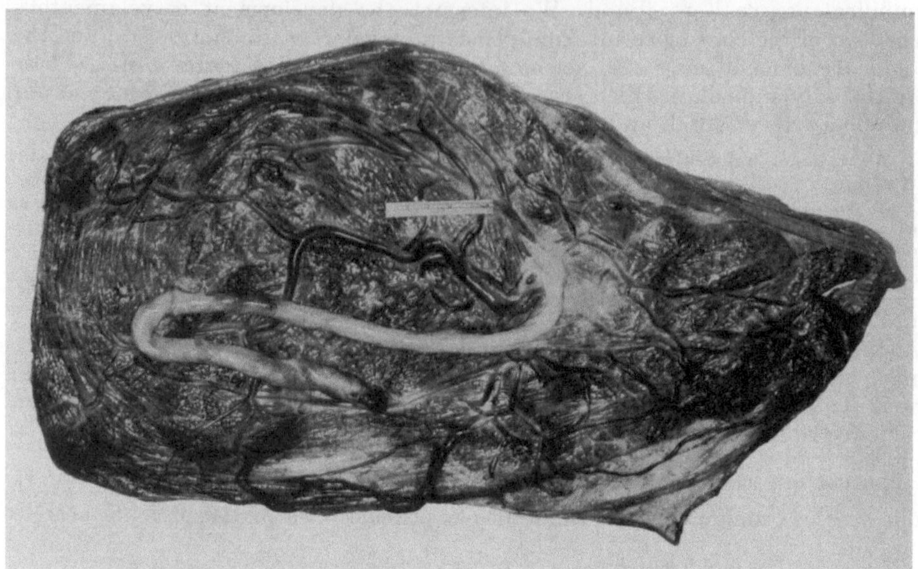

Fig. 4. Placenta membranacea with a few velamentous vessels over small remnants of membranes.

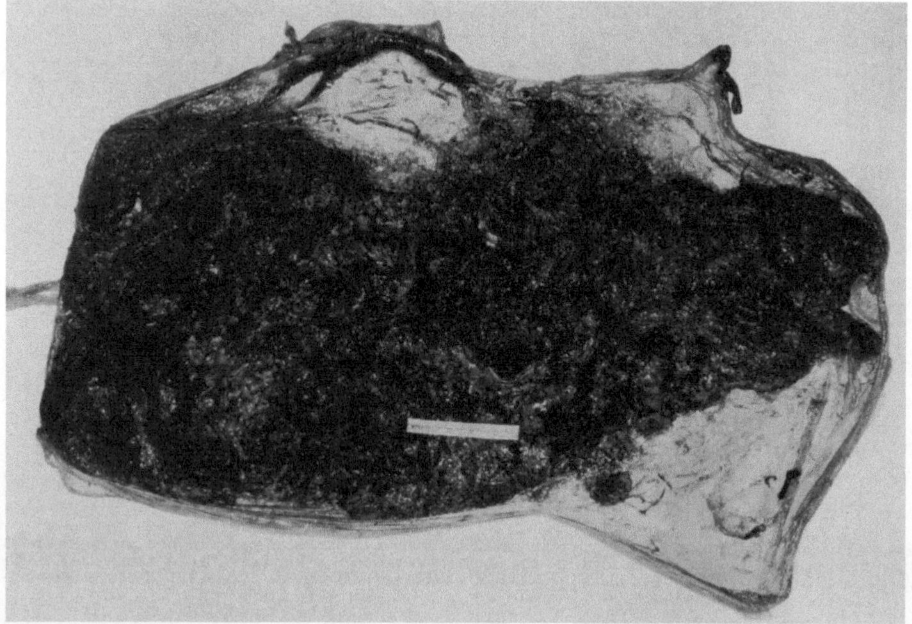

Fig. 5. Same as Figure 4, maternal aspect, illustrating thinness (1 cm) of placental tissue.

bleeding, premature surgical termination because of placenta previa and complete covering of the fetal bag with villous tissue in a 400 g placenta (good picture) which measured only 1—2 cm in average thickness. The second case he presents is essentially similar but was even more prematurely terminated. JANOVSKI & CRANOWITZ, who review all the pertinent literature, present a detailed morphologic description of a spontaneous abortion (180 g fetus) with this anomaly. They cite a study by Aguero which gives the frequency of placenta membranacea as 1:3,300 deliveries and consider this development a deterrent to normal fetal growth. Of the various carefully reviewed theories on etiology, they favor that of primary endometrial hypoplasia as the most likely, although the other views (endometritis, excessive vascularization of decidua capsularis, deeper than normal implantation, placental dysgenesis, etc.) are not ruled out. Prenatal hemorrhage and placenta previa are acknowledged as hazards of the placenta membranacea, complications which are less frequently attested to for the other types of malformed placentas mentioned. The relatively few case reports of complications arising from a succenturiate lobe, placed over the internal os of the uterus and presenting as placenta previa, have been summarized by ROTH and by HESS who describe additional cases. Two similar cases were also reported more recently by v. HUYSEN who feels that the condition is more common than generally believed. RADCLIFFE, SINDELAR & ZEIT present a case in which the fatal bleeding stemmed from vasa previa leading to an accessory lobe.

Other types of anomalies have been described. These have been discussed in great detail by HYRTL (e. g. pl. fenestrata, pl. tripartita, etc.). In general, their clinical importance is limited because of their rarity and it falls into the same categories as outlined. On occasion, such a placenta may lead to the detection of an abnormally shaped uterus, as was the case in the specimen described by BERGMAN. Because of the peculiar placental outline, a uterus bicornis was suspected and this could be verified post partum. Another interesting case was described by GREIG. In this pregnancy, hemorrhage occurred at 36 weeks and bulging membranes were seen at the cervical os. Despite Cesarean section, the infant died. The placenta (good picture) has the appearance of a pl. fenestrata, the defect through which the membranes were bulging being in the center of the placenta and located directly over the internal os of this central placenta previa.

Placenta accreta, increta, percreta, and placenta previa accreta

As mentioned, some unusual shapes of the placental outline are associated with placenta accreta. Such a specimen, a placenta membranacea, grossly appearing like a bilobed placenta is shown in Fig. 3, attached to the resected uterus. Here, the obstetrician was unable to separate the placenta completely and detailed histologic study of the intact specimen showed a partial placenta accreta in the fundal portion of the uterus. The term placenta accreta connotes an unusual adherence of the placenta to the uterus. It often leads to the failure of the placenta to separate after delivery and it is the cause of placental disruption with, at times, severe post partum hemorrhage and atony. While the existence of this entity is no longer in doubt, there still remains considerable disagreement concerning its frequency and the etiology. With the change in obstetric practice and the change in incidence of various uterine diseases, the adherent placenta undoubtedly has decreased in recent years. Thus, steam cautery for dysfunctional bleeding no longer destroys the endometrium and suppurative endometritis, both known antecedent events, are uncommon today. Its concurrence with placenta previa, however, and the possible association with hysterotomy scars make placenta accreta an important disease still and rigid criteria for the diagnosis are necessary if its frequency is to be assessed. Most authors feel that a careful microscopic study must establish the absence of decidua basalis before the diagnosis pl. accreta can be accepted. Such may be impossible in delivered placentas, even if subsequent currettings of remaining placental tissue are examined. In hysterectomy specimens and with multiple sections, the diagnosis is readily made. Villi anchor directly on myometrium (Figs. 6, 10). If the entire floor lacks decidua, one speaks of pl. accreta totalis, if it occurs only in certain regions, a focal placenta accreta is diagnosed. KLAFTEN finds 46 cases described and contributes 5 of his own. IRVING & HERTIG give the reported incidence as varying from 1:2,000 (their own) to none in 70,000 deliveries. MENDOZA *et al.* review the literature and present

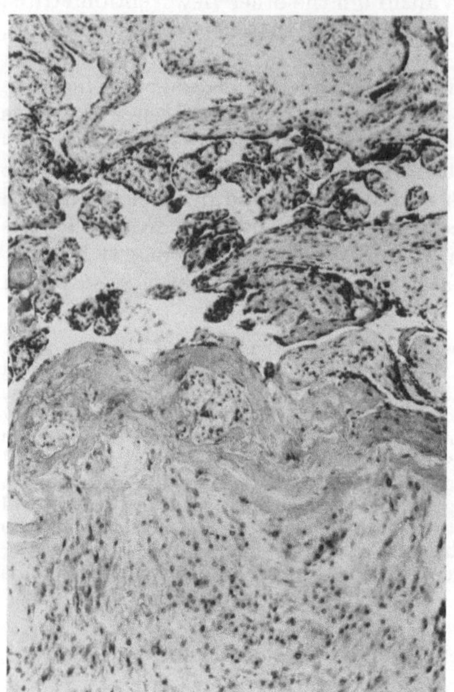

8 cases. Their incidence is 1:30,386 deliveries, the lowest quoted of nine studies. In a comprehensive study MILLAR has recently presented fourteen cases of placenta accreta, discussed all pertinent etiologic factors and he provides access to the important literature. He describes and depicts in great detail the normal placental site and that found in his fourteen cases of pl. accreta, eight of which were of the totalis variety. Summarizing his findings, it may be said that, in all cases, the decidua basalis was absent and, in some cases, the decidua vera was hypoplastic. Villi were normal, the basal trophoblast had disappeared (most of the pregnancies were past 34 weeks) and Nitabuch's layer was present but often fused with the layer of Rohr. When present, the placental septa were made up of myometrium, there was no relation to uterine scars from any previous hysterotomy and in the history of the patients, neither curettage nor inflammation was common. MILLAR considers decidual hypoplasia as the etiology and, because

Fig. 6. Histology of fundal portion of Figure 3, placenta accreta. No decidua, only trophoblast and myometrium with fused fibrin layers form the placental site. (H & E, × 125).

of the frequency with which placenta membranacea was found in his cases (three of his fourteen [*lit.*]) he believes the same factor to be the etiologic background for this anomaly as well. The hypoplasia is thought to be of endocrine nature; however, he does not explain why placenta percreta (one of his cases), or placenta increta should develop on the same basis. He draws attention to the fact that an abdominal implantation also represents a true placenta accreta and discusses the treatment. The incidence of pl. accreta in his series is 1:8,000 deliveries and he remarks on the frequency with which placenta previa and accreta co-exist (20% of accretas; see Fig. 7) which is generally explained by the apparent inability of the lower uterine endometrium to form proper decidua (GOTTSCHALK, others). Of interest is MILLAR's reference to cases which show the development of placenta accreta in early pregnancy, as early as the tenth week. This is taken as further evidence for a primary decidual deficiency. FRIESEN reviews the literature on *placenta previa accreta*, finds at least 52 cases and disagrees with MILLAR and others concerning the effect of scars from previous cesarean sections. He considers these to present a probable cause of placenta accreta and believes that the greater frequency of hysterotomy accounts for the greater number of such case reports in recent years. SEDLIS *et al.* also present evidence that placenta accreta may develop at the site of uterine scars and STROMME finds a placenta percreta at the site of former tubal reconstruction. A comprehensive review of the world literature on placenta previa accreta cites 58 cases (KOREN, ZUCKERMAN & BRZEZINSKI) and gives afibrinogenemia as etiologic mechanism for uterine hemorrhage in this condition. The development of fatal afibrinogenemia in placenta previa accreta had previously been described by ROSA, GHILAIN & DUMONT who find a considerably lower overall incidence of placenta accreta than usually cited. QUINLIVAN

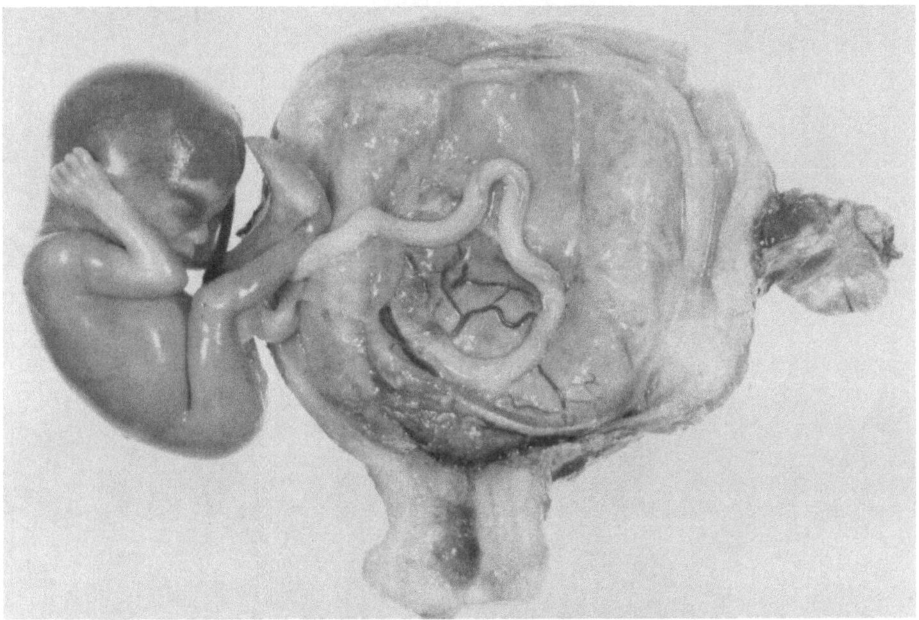

Fig. 7. Placenta previa accreta, hysterectomy (fetus 10 cm CR). At bottom is cervix. Note the dark, sickle-shaped placenta overlying the internal os.

gives an estimate of the frequency of placenta previa accreta in his case report. He assumes an incidence of 0.5% for placenta previa and gives that of placenta accreta as once in 15,000 deliveries, of which a placenta previa is found once in five cases. According to these deductions, the overall incidence of placenta previa accreta then would be 1:75,000 deliveries and this seems a reasonable approximation. KISTNER, HERTIG & REID who find less than 30 cases reported in 1952, add nine of their own and present an excellent review and photographic evidence. "Decidual deficiency" and the "absence of the spongy layer of decidua" in the lower uterine segment are held responsible also for the failure of adequate placental separation. Five cases were found among 27,932 deliveries by RUBENSTONE & LASH who bring the literature up to date. Further considerations and reviews of fetal mortality and the mechanism of bleeding from placenta previa may be found in the contributions by NIEMINEN & KLINGE and BARTHOLOMEW *et al.*

Placenta increta, the condition in which a portion of the myometrium seems to be invaded by placental tissue, is much less frequent than placenta accreta. MILLAR describes this condition which is often difficult to differentiate from pl. accreta. A pertinent case is that of Figures 8, 9. In this patient, the placenta would not separate following term delivery of an erythroblastotic infant; hemorrhage ensued and hysterectomy was performed. A large area of placenta increta had nearly perforated the posterior uterine wall and the entire placenta had a very low implantation but no other abnormalities could be found. It is often suspected that a previous defect or adenomyosis may account for pl. increta and percreta, however, as in this case, such abnormalities may be impossible to find and no etiologic factor can be elucidated. Similarly, in a case of placenta percreta seen by us, no defect was demonstrated. The

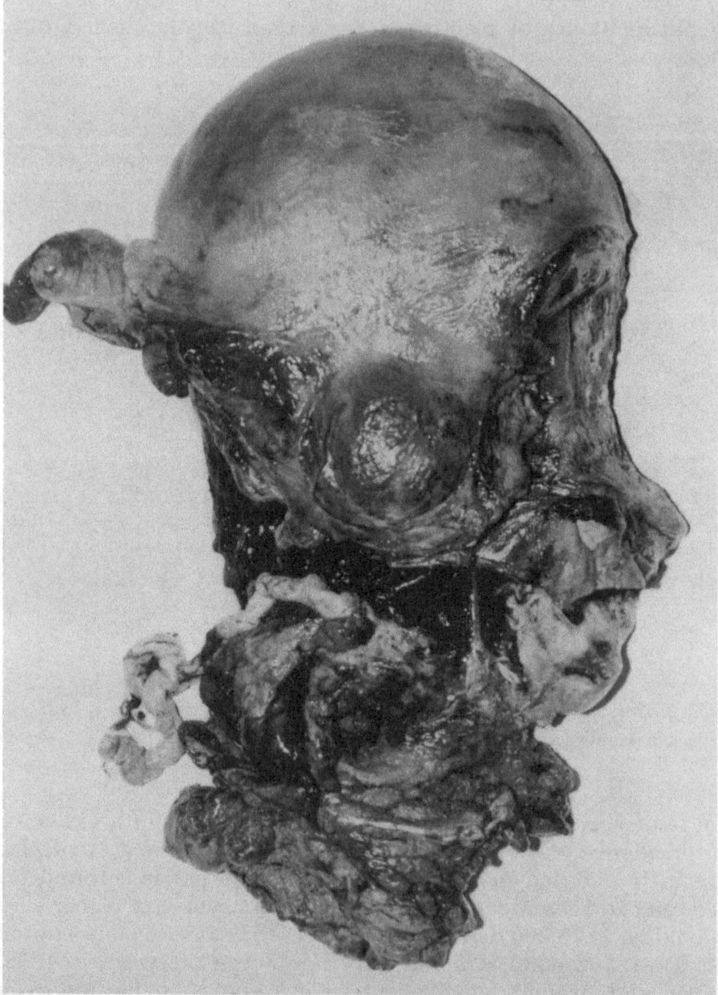

Fig. 8. Hysterectomy specimen of placenta previa increta, posterior view. Central dark bulge represents the nearly perforating placenta. Below this is disrupted (from delivery) placenta.

spontaneous rupture of the uterus occurred in this patient during the first trimester of the first pregnancy and nearly caused death from intra-abdominal hemorrhage. After local excision and suture, a second pregnancy was successful; however, the third pregnancy was again complicated by pl. percreta and led to hysterectomy (MULLIGAN). Despite careful study, the uterus showed no morphologic changes which could account for this abnormal behavior.

A leiomyoma may be the cause of pl. accreta as well and it is usually thought that, through pressure, the overlying endometrium is defective although this is difficult to prove. Figure 10 is from a case in which a 2 cm spherical submucous leiomyoma was delivered with the placenta in which it was embedded. Manual removal of the placenta had been necessary and post partum hemorrhage ensued. Histologic study showed a focal deficiency of decidua over portions of the muscular tumor. RANNEY reported that cornual implantation of the placenta was a frequent cause of retained placenta and constituted the reason for manual removal of the placenta in 72.6% of his cases.

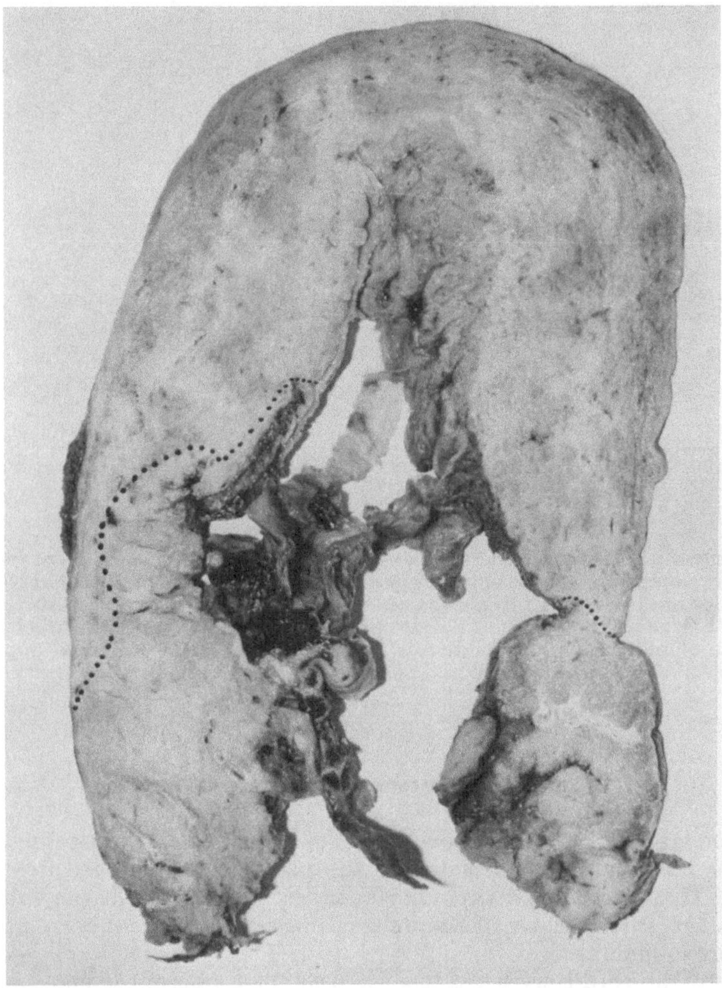

Fig. 9. As Figure 8, sagittal section after formalin fixation. Dark area at left margin is the section of placenta increta. Placental tissue is outlined by series of dots above which is uterus. No structural defect was demonstrated in the uterus. Light color of placenta is due to erythroblastosis fetalis.

The cause of this retention in cornual implantation was sought in the atonic musculature of this region rather than pl. accreta. These findings were not substantiated by the study of W. O. THOMAS, however.

Site of implantation may not only be a factor in failure of separation because of placenta accreta or local atony. Potentially it represents a significant determinant of fetal development. Most reports on placenta accreta, etc. fail to mention whether fetal development was normal and whether their postnatal course was normal. Presumably it was. Such considerations are of some interest because, in recent years theories regarding the etiology of toxemia have implicated that this disease develops only in high-implanted placentas, never in cases where the placenta is in the lower uterine segment. This aspect has been reviewed by LITTLE & FRIEDMAN who also analyze 10,101 cases of their own and find no such correlation. Moreover, contrary to previous

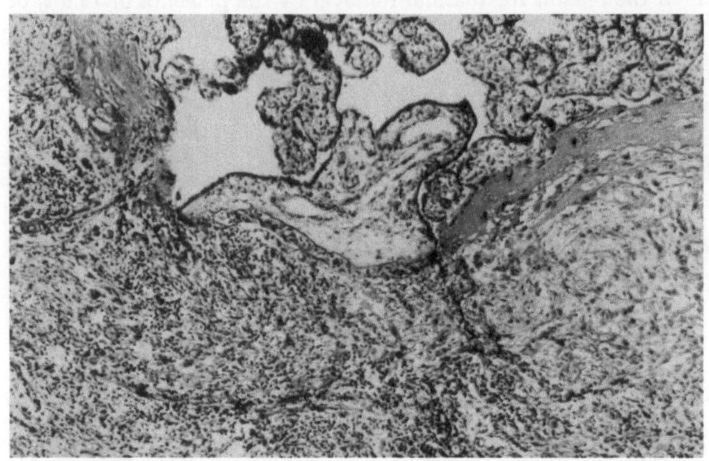

Fig. 10. Term placenta with leiomyoma (below) embedded in its substance. At right margin, a remnant of decidua basalis covers the leiomyoma. over most of its surface the placenta is attached without intervening decidua: focal placenta accreta. (Courtesy Dr. R. Richart) (H & E, × 100).

studies (PENROSE; KALMUS; others), placenta previa was not a condition of multiparae and fetal development was not apparently affected by the site of placental attachment. Other studies of the site of placental attachment are the reports of ORSINI (cited by SCIPIADES & BURG); BOOTH et al., KIAN. SCHAEFER reports a high frequency of the concurrence of placenta previa and fetal cleft palate in some Eskimos populations. The reason for this coincidence is not clear as yet and awaits further study.

Velamentous insertion of the umbilical cord

The membranous or velamentous origin of the umbilical cord represents one of the most striking gross anomalies of the placenta. It has been described in detail by HYRTL, amongst many other authors, and interest in the subject has been revived recently because of KRONE's findings of an apparent correlation with fetal maldevelopment.

Normally, the cord is expected to arise near the center of the chorion frondosum. Its origin may be markedly eccentric, however; it is often marginal and when it arises from the chorion laeve with free membranes separating the origin of the cord from the edge of the placenta, one speaks of velamentous insertion (Fig. 11). The marginal insertion is also referred to as battledore placenta. The frequency of these abnormal insertions of the cord varies considerably among investigators. Table I summarizes the findings of eleven larger studies and it is seen that an eccentric insertion of the cord is the commonest position in mature placentas. Marginal cords occur in perhaps 5—10% of cases, while fairly good agreement exists that a velamentous insertion is found in about 1%.

Table I. Position of origin of umbilical cord in delivered placentas.

Author	Central	Eccentric	Marginal	Velamentous
Valenta (quoted by GROSSER p. 396)	13.9%	78.9%	6.4%	
CHIARI (quoted by GROSSER p. 396)	3.3%	91.2%	5%	
EASTMAN & HELLMAN (2,000 placentas)	18%	73%	7%	1.25%
LEFÈVRE (15,891 placentas)				0.84%
SHANKLIN (514 placentas)			1.9%	0.77%
EARN	28%	56%	15%	1%
BILEK et al. (lit.)				0.6–1.1%
KRONE	25%	64%	10%	1%
LITTLE				1.27%
BRODY & FRENKEL			6%	
SCOTT (3,161 placentas)			2%	1.5%

SCIPIADES & BURG relate the insertion of the cord to the type of dispersion of fetal vessels on the chorionic surface. Their results confirm SHORDANIAS' view that in central cords a primarily disperse type of vascularization takes place while the magistral vascular type predominates in markedly eccentric cords. The velamentous and marginal insertions of the cord are very much more frequent in multiple pregnancies of all types (see twin chapter). EASTMAN & HELLMAN state that velamentous insertion occurs nine times more frequently in twins than in single pregnancies. In higher multiple births such an anomaly is virtually always found in one or more of the placentas.

The consequences of this anomalous placental development may be of great importance, particularly when the membranous vessels course over the internal os (vasa previa) and are injured during delivery. Fetal exsanguination has repeatedly been observed (Fig. 135) to occur within a very short time. WAIDL quotes Gilfrich as reviewing 32 such cases (11× venous hemorrhage, 7× arterial, 4× venous and arterial) and cites other cases. In his case, a vein ruptured and caused exsanguination in a specimen almost identical to our Figure 2, a placenta bilobata. In singletons, such complication is less common than in one of twins. Explicit pictures have been presented by STOECKEL; EASTMAN & HELLMAN; NESBITT and others. STOECKEL cites older literature and BEER & MICHAELS present recent cases, finding about 100 fatal cases reported. A critical review, particularly concerning hemorrhage before labor, has been presented by KESSLER and, more recently, BILEK, ROTH & PISKAZECK describe a hemorrhage from a marginal vein, occurring during dilatation of the internal os in a low implanted placenta. The possibility of deciding whether fetal *vs.* maternal hemorrhage is taking place in intranatal vaginal bleeding, by the use of differential erythrocyte staining, has been referred to by BEER; WAIDL and others. SCHEUNER has described in detail the histologic structure of vessels and membranes of nine cases of velamentous insertion. He describes a firm structural anchoring of vessels in the chorion laeve by perivascular collagen fibers and holds this anatomic arrangement responsible for the frequent vascular tears in cases of vasa previa.

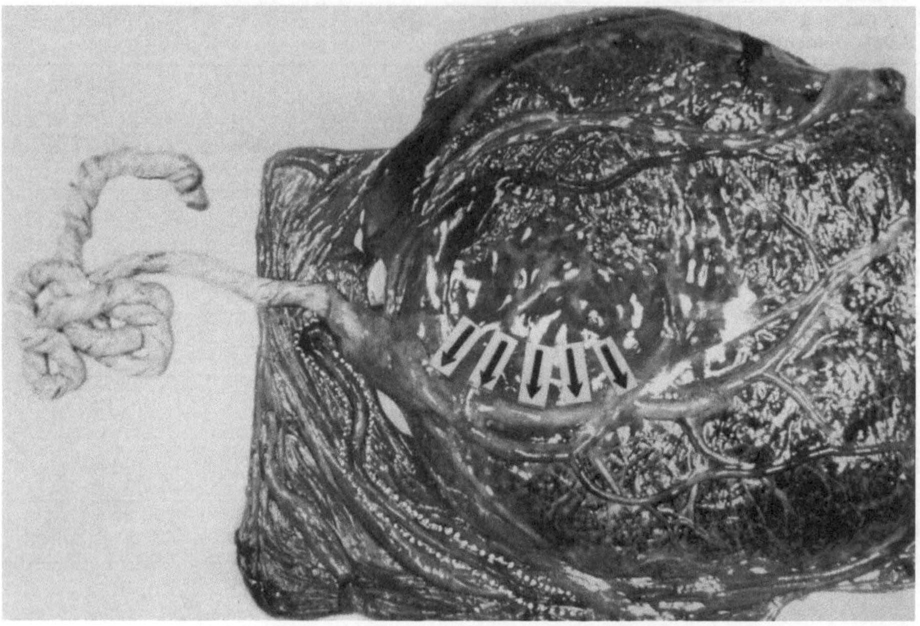

Fig. 11. Velamentous insertion of umbilical cord 2 cm from margin with complete thrombosis of the velamentous chorial vein (outlined in white) and mural thrombosis of another surface vein (arrows). See text.

In addition to the hazard of hemorrhage from velamentous vessels, these may also thrombose and thus interfere with the normal fetal circulation. Such a case is shown in Figure 11. In this patient, prenatal vaginal bleeding had occurred and the baby had extensive hemorrhagic phenomena at birth (RAUSEN & DIAMOND) which were apparently related to the very extensive thrombosis of two large tributaries of the umbilical vein. It is probably significant in this case that the portion of membranes carrying the velamentous insertion was near the internal os and extensive decidual necrosis with hemorrhage had taken place beneath it.

BRODY & FRENKEL find that 22 of their 32 cases (68%) with marginal insertion of the cord experienced premature labor. They postulate an interference with blood flow and cite evidence which indicates an increased frequency of prenatal bleeding. EARN finds post partum hemorrhage in 52% of his 54 cases which is not explained nor is it referred to in other studies of the subject. SHANKLIN presents a detailed analysis concerning the relationship between the insertion of the cord and the point of rupture of the fetal membranes. He finds a striking correlation in that, when the cord is eccentrically placed, the point of rupture occurs nearest the insertion of the cord (89.9%). The correlation also held for marginal and velamentous cords and it appears to us that this finding agrees with the notion, expressed by others, that placentas with abnormally placed cords are usually implanted low in the uterus.

The explanation for the *formal genesis of velamentous* insertion has been discussed extensively in the literature. WAIDL summarizes the two principal and opposing views: 1) The umbilical cord developed primarily on the opposite pole of the implanting blastocyst (v. FRANQUE); 2) subsequent to normal implantation, the placenta "wandered away" from the original site because of "trophotropism" (STRASSMANN) and thus leaves the already inserted cord in what is to become atrophic chorion laeve. Various specimens have been interpreted to favor the

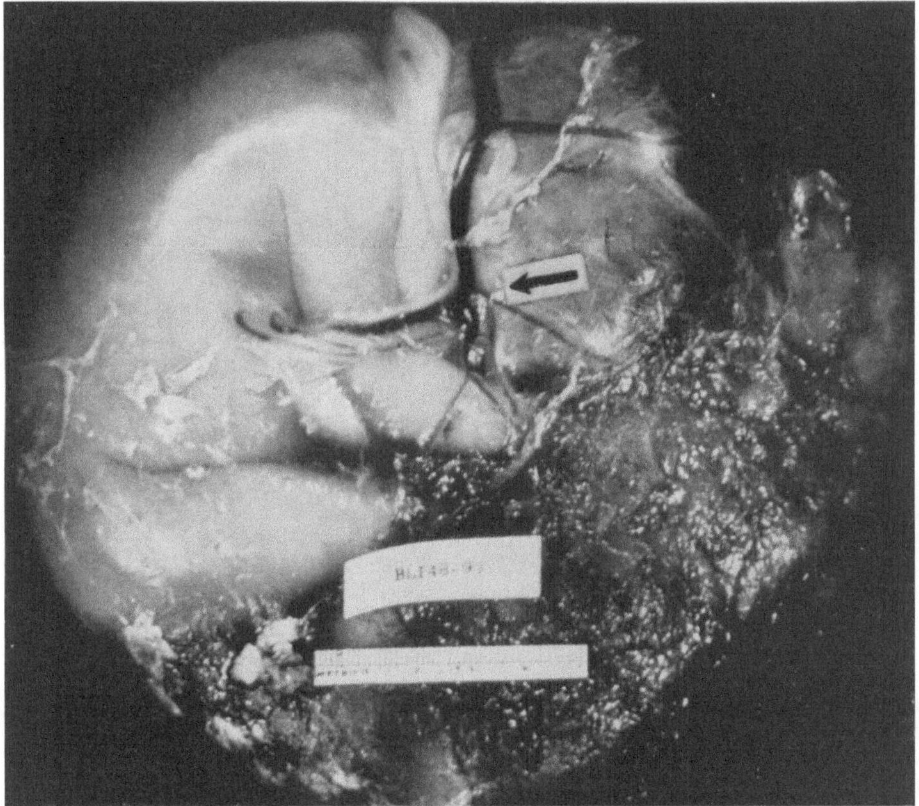

Fig. 12. Spontaneous abortion at 20 weeks with intact amnionic sac. Fetus (18 cm CR) has his head through loop of vasa previa. Velamentous insertion of cord at arrow.

former view; for instance, the case of MEYER (1923) in which the cord inserted on the opposite pole, on the membranes, significantly in one of twins. Presumably it is still the prevailing hypothesis (POTTER; EASTMAN & HELLMAN) and GROSSER apparently also supports this view. Other authors have presented evidence to support the notion that subsequent placental expansion, with possible atrophy of the area where the cord was inserted primarily, may be the cause of this anomaly. While the teleologic argument of trophotropism (see GROSSER, p. 207) may not be the most satisfactory, the evidence favors such an interpretation. Thus, in an old case reported by HAHN, the aborted specimen was in such a low lying position that little doubt exists that a marginal or velamentous cord would have developed. GROSSER cites Essen-Möller (p. 329) as finding that most immature placentas possess a more centrally placed cord than do mature specimens. On the other hand, in occasional aborted specimens (at 20 weeks, Fig. 12) a fully developed velamentous insertion is found. WAIDL finds that the velamentous cord, centrally placed between the two lobes of his pl. bilobata, can only be explained by STRASS-MANN'S theory. TORPIN & HART present many similar specimens and, combined with their reconstruction of the fetal bag under fluid, they leave little doubt that their placentas must have implanted in a lateral sulcus and expanded to both sides. We find considerable support for this view also in the frequency with which velamentous and marginal cords are found in twin pregnancies. In our opinion (BENIRSCHKE, 1965), competition for space by developing twin blastocysts, which happened to implant side by side, is the most reasonable explanation in multiple pregnancy with velamentous cords (7%, see also twin chapter). Moreover, when

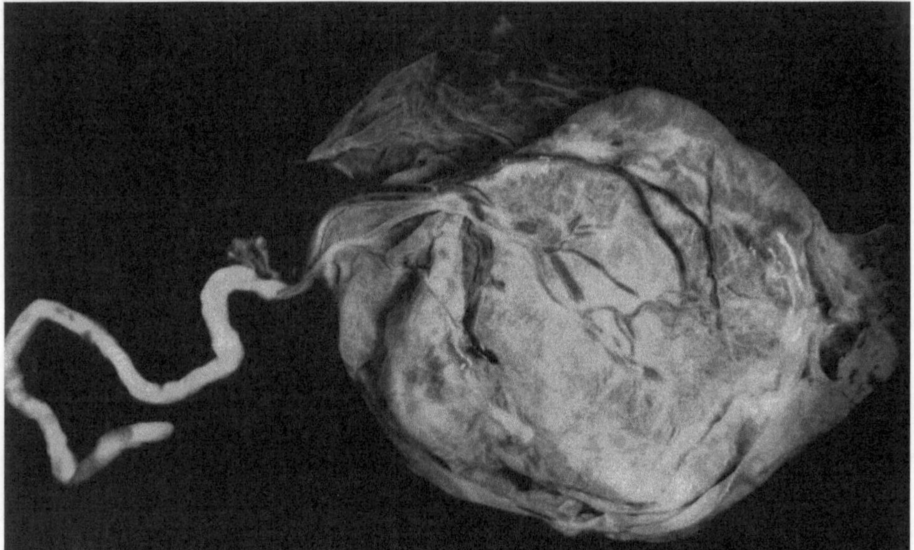

Fig. 13. Velamentous insertion of cord approximately 7 cm from left placental margin. Membranous vessels are distended but intact. Premature delivery.

the individual vessels of the cord are dissected in velamentous insertions, it is found that the collateral interarterial anastomosis (BACSICH & SMOUT) is present at the site of insertion of the cord on the membranes (Figs. 13, 14). Thence the vessels ramify over the membranes and onto the placenta as usual. We consider that this behavior of the vasculature testifies to the former presence of a relatively normal placenta, the bulk of which has developed laterally, leaving behind the atrophied portion beneath the cord, perhaps because of poor maternal circulatory conditions at this site or pressure from an expanding twin placenta. In our view then, implantation occurred normally and, during the placental expansion phase, this anomaly arose by lateral development and central atrophy. Future detailed study will have to show whether this view can be supported by the technique employed by CRAWFORD.

Further support for these considerations comes from the finding that velamentous insertion of the cord is correlated with the absence of one umbilical artery. Already BALLANTYNE had noticed that "placental anomalies", including abnormal insertion of the cord were frequent accompaniments of sympodia and BENIRSCHKE & BROWN noted an association of abnormal placental shapes, including velamentous insertion, with an absent umbilical artery which, in turn, was associated with malformed infants frequently. This was confirmed by LITTLE who found that 12.5% of placentas with velamentous insertion also lacked one umbilical artery. LITTLE considers the anomaly an aplasia while we have presented evidence that atrophy of one artery may be more frequently the basis for this cord malformation (BENIRSCHKE, SULLIVAN & MARIN-PADILLA). It is conceivable also then that such abnormal placental expansion plays a rôle in fetal maldevelopment. KRONE has studied this problem in considerable detail and summarizes all of the pertinent literature. He describes the development of a large number of newborn infants in whom the insertion of the cord is known. Among 5,154 normal

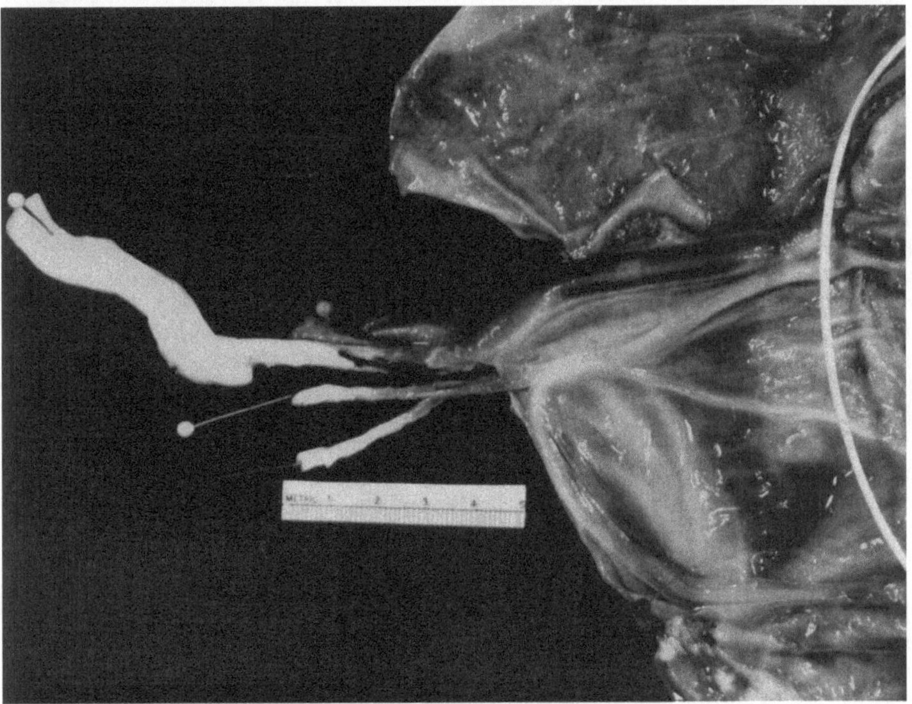

Fig. 14. Same as Figure 13 after formalin fixation. The umbilical vessels are dissected. Vein above, arteries below. The arterial anastomosis occurs above Figure 3 of ruler, about 2 cm from the velamentous insertion of the cord. At the site of insertion, the vessels branch normally and course to the placental margin (white ring) at right. See text.

newborns, the cord inserted: Near the center 82%; very eccentric 12%, marginal or velamentous 6%. In 60 malformed infants, on the other hand, the percentages were 44%, 23% and 33% respectively. He is careful in his conclusions, asking for statistical evaluation of very large material; nevertheless, the association of velamentous cords with fetal malformations is striking and demands a sound explanation in future studies. MONIE finds velamentous insertion of the cord more commonly in abortions (28 of 183 cases) and stresses the frequency of associated anomalies. This author also considers in lucid detail the genesis of this placental anomaly with excellent diagrams which depict the various divergent theories.

Interpositio velamentosa. Insertio funiculi furcata

Interpositio velamentosa is an anomaly of cord insertion in which the cord substance continues to surround the blood vessels to the chorion frondosum although it appears as though the cord has a velamentous insertion. This anomalous placentation has been described by OTTOW (1923 A) and it differs presumably from the velamentous insertion in its etiologic mechanism. OTTOW believed it to be formed because of a primarily deficient development of the exocoelomic cavity or perhaps because of failure of proper expansion of the amnionic sac. The condition must be extremely uncommon.

An entirely different type of anomalous insertion of the umbilical cord is the *insertio·funiculi furcata.* Here, the cord inserts over the chorion frondosum but prior to its insertion, the vessels have lost their protective surrounding of Wharton's jelly and they are seen to branch (furcate) before reaching the chorionic plate. As a consequence of this they are prone to injury. HYRTL has described this uncommon anomaly with three cases and emphasizes that it must be separated as an entity from velamentous insertion. HERBERZ finds two such cases in 6,000 births but our experience indicates that this type of placental development must be much less common. His other four cases concern velamentous vessels and we find that his attempts at revising the terminology are difficult to accept. Other cases have been cited by OTTOW (1923 B) and KESSLER brings the literature up to date. The latter author is particularly concerned about the apparent frequency with which antenatal hemorrhage takes place from these abnormal vessels. He presents an excellent photograph of his case in which a free arterial branch (? the interarterial anastomosis) had thrombosed and was torn. There were degenerative changes in the arterial wall and it is assumed that the anomaly has its origin in very early embryonic life. We cannot agree with his statement, however, that cord vessel thrombi are exceedingly rare. SVANBERG & WIQVIST report the third case of prenatal hemorrhage from a vein in a stillborn infant with furcate cord and present an extensive review of the literature. In their case, the cord had a marginal insertion and the vessels were devoid of Wharton's jelly cover over a distance of 4 cm.

So far as the etiology of this anomaly is concerned, it is as yet uncertain whether primarily abnormal development is the cause of furcate cords as KESSLER suggests or if, at least in some cases, secondary degenerative events may lead to the denudation of the vessels. We have had occasion to study only one such case in which the examination suggests the latter mechanism.

Case (courtesy Dr. E. V. Perrin): 21 yr. old primigravida, Coombs negative, normotensive, uncomplicated pregnancy and delivery at 40 weeks of a living child. Placenta is heavy (600 g) and measures 20 × 16 × 3 cm. Centrally inserted 50 cm cord forming a "cone-like" swelling near the chorionic surface. The "cone" is made up of extremely dilated, tortuous vessels which contain laminated thrombi (Fig. 15). Chorionic vessels also contain thrombi here and there, at times they are occlusive. There was striking edema of the yellowish discolored fetal surface. The enlarged and partially thrombosed vessels in the furcate portion of the cord were not covered by cord substance. More proximal, the edges of the torn surface of the cord showed no evidence of inflammation or other pathologic features. Because of the recent nature of the thrombi and the extreme dilatation of the vessels in the region of the defect, we assume that this case represents a degenerative disruption of Wharton's jelly and cord surface. Perhaps it occurred traumatically although there is no such history. In any event, it is difficult to believe that the condition had been in existence during all of fetal life. It is of interest, however, that in this case, as in many of those reported in the literature, thrombosis of the exposed vessels had occurred.

A final vascular anomaly of the placental surface is shown in Figure 16. The central area of atrophy is similar to the picture seen in placenta fenestrata (HYRTL).

The venous ring present in this placenta resembles that described by GROSSER (p. 397) and undoubtedly it dates to early stages of development.

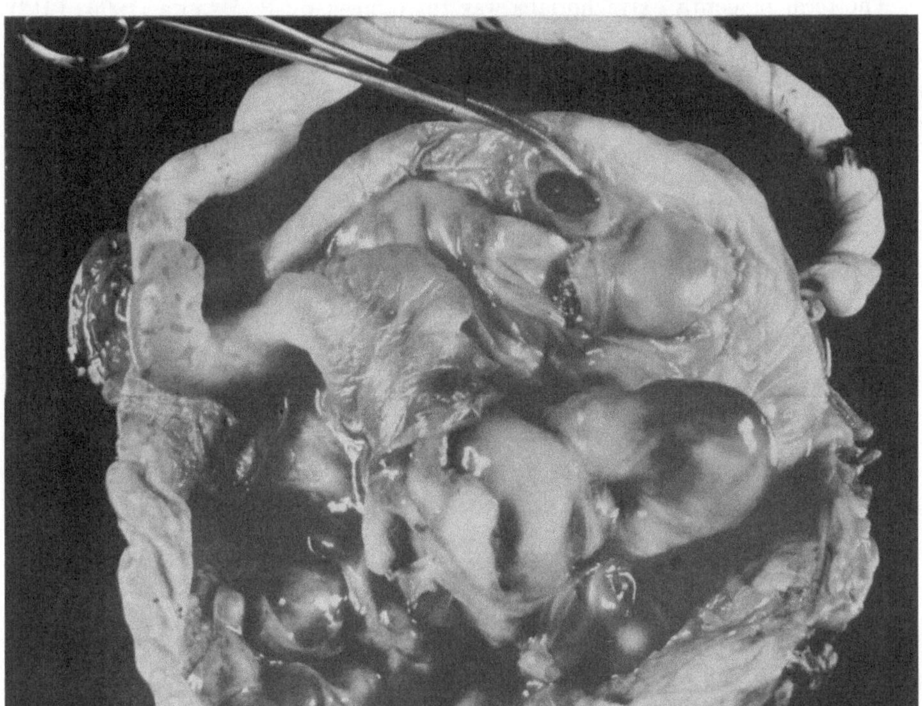

Fig. 15. Placenta with central insertio furcata funiculi. The wrinkled remains of a torn, stained cord substance lie near the center and below this, the congery of distended, thrombosed cord vessels is exposed. (Courtesy Dr. E. V. Perrin).

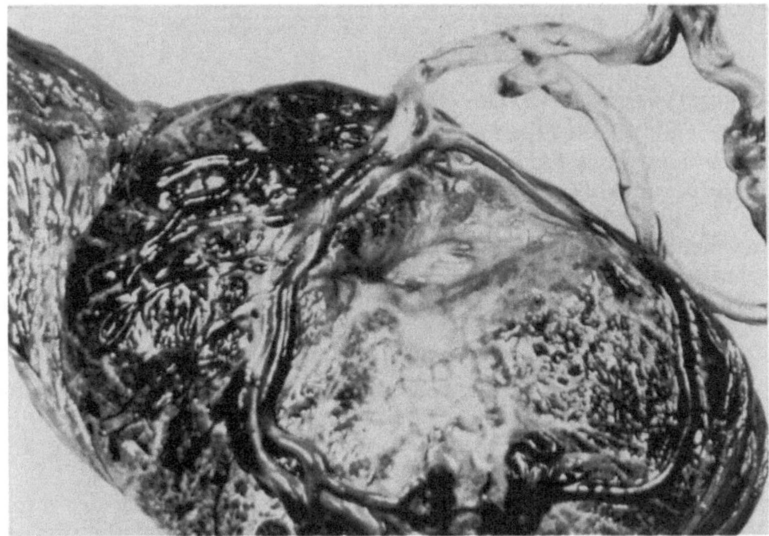

Fig. 16. Unusual distribution of major fetal vessels in "battledore" placenta. Central white area is made up of fibrous placental tissue and undoubtedly lay over marginal uterine sulcus. Note complete ring of vein.

Placenta extrachorialis (Placenta marginata and circumvallata)

The term placenta extrachorialis was introduced by R. MEYER (1909, 1912) and covers those conditions in which, on gross inspection, it is found that the margin of the chorionic surface of the placenta is exceeded by a projection of villous tissue. This lateral projection may extend around the entire periphery of the placenta or it may involve only portions of the circumference (pl. extrachorialis totalis and partialis). If at the edge of the chorionic plate a fold is found,

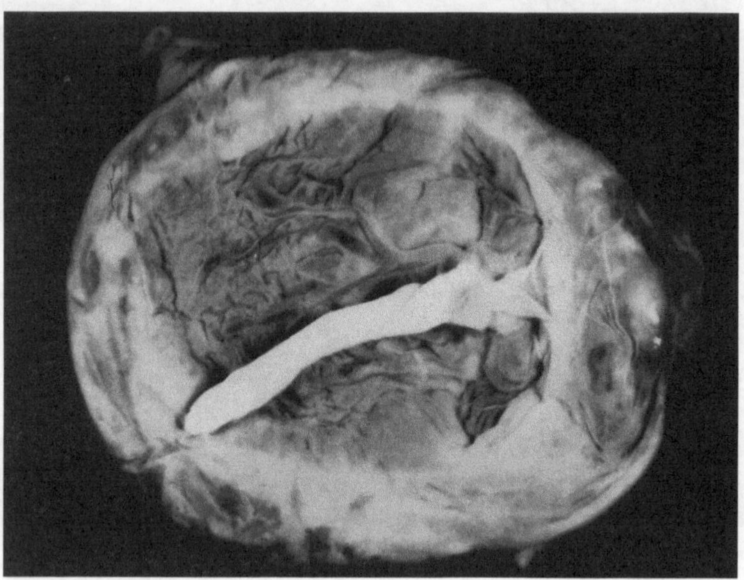

Fig. 17. Term placenta extrachorialis. At right margin the membranes have a circumvallate arrangement with a distinct fold formed, the remainder is "circummarginate".

which in typical cases may be elevated (Figs. 17, 18), then one speaks of a *placenta circumvallata* while, if the chorion laeve arises here without such a fold, the term *placenta marginata* (circummarginate placenta) is employed. Often the two terms are used interchangeably, particularly in the older literature and in many specimens (Fig. 17) the two conditions exist side by side. These factors influence figures concerning the incidence materially. They have been discussed extensively in the two major reviews of the subject by WILLIAMS and SCOTT. These authors also collect various other terminologies which have been employed to describe the extrachorial placentas and SCOTT quotes the apparently earliest description of the condition by Hunter. We have previously (1962) stressed that placenta extrachorialis is to be separated from the extrachorial or extramembranous development of the fetus, a rare complication of pregnancy which is occasioned by rupture of membranes during pregnancy and is not then followed by delivery. Cases of this nature have been considered by BAR and HOFBAUER.

Placenta extrachorialis is perhaps one of the most interesting developmental aberrations of the placenta, not so much because of the attending obstetric complications or the relative frequency with which it occurs, but because of the etiologic mechanisms which lead to its formation. If toxemia of pregnancy is generally considered to be the "disease of hypotheses" among obstetric conditions, placenta circumvallata ranks as the "placental anomaly of hypotheses". When the first major contribution in English appeared, WILLIAMS summarized ten different etiologic arguments which claimed to explain the morphogenesis of extrachorial placentas, some diametrically opposite one to another. To these, several new ones may be added which are summarized by SCOTT.

On gross examination, in placenta marginata the chorionic surface is smaller than the villous portion of the placenta. At its edge it rises steeply or, if adherent

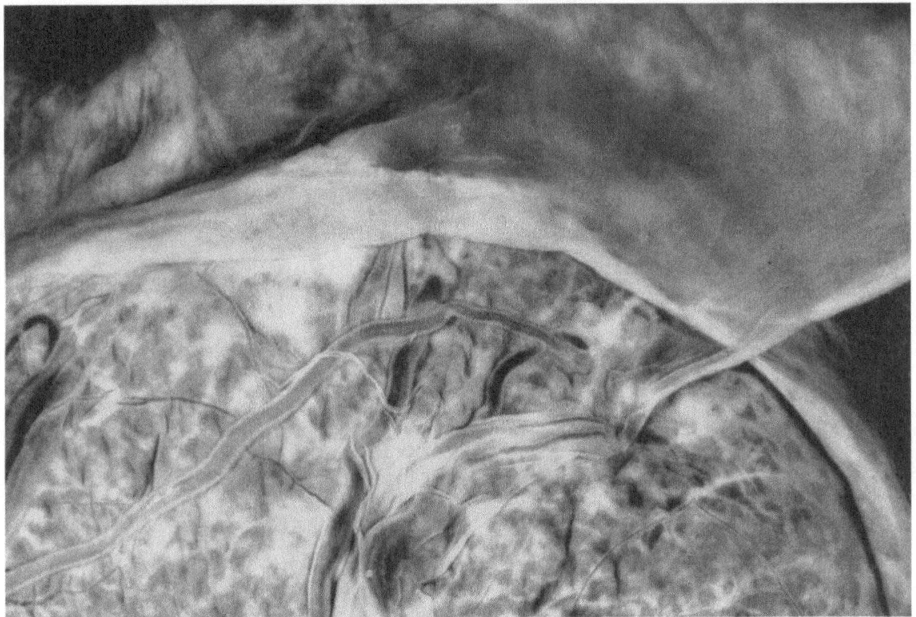

Fig. 18. Plica of another circumvallate placenta showing limit of chorion and a strand of amnion which does not participate in the folding. Note restriction of surface vessels to the edge of chorion.

to the crescentic projection of villous tissue, it may be peeled away without disrupting the superficial villous tissue. In other words, no villi arise from chorion lateral to the edge of the apparently too small "chorionic plate", this term being here used in SCOTT's sense. Consequently, it is a striking feature of all types of extrachorial placentas that the large fetal vessels terminate in the chorion at the edge of the ring (Figs. 17, 18). Lateral to this apparent disappearance of the margin, these vessels pursue an unaltered straight course, only to be placed deeper in the placenta, as the radiograph (Fig. 19) of an injected specimen of SCOTT indicates. PINKERTON makes the point that the lateral edge in marginate placenta is not elevated, in contrast to the finding in the circumvallate type. Here, the edge is distinctly raised, a small recess being formed by a plica (Fig. 18) and some lateral placental tissue may even be undermined by the fold. This plica of the placenta circumvallata may enclose in its center a variety of tissues. SCOTT stresses this point and he enumerates the various types of plicae found on histologic study and presents their morphology. Briefly, the plica may be composed of a folded amnion and chorion only; it may contain ghost villi (67%), fibrin and blood clot or, most uncommonly, it may contain active villi. In most specimens, there is a variable amount of fibrin and degenerating coagulated blood in this location. Grossly, it seems to encircle the peripheral edge of the chorion and microscopically, decidual cells are often intermixed in the debris (Fig. 20). In cross sections, or when a whole specimen is distended under water, the appearance of a collar button (TORPIN 1955) is suggested. The reduction of the size of the chorial surface is often

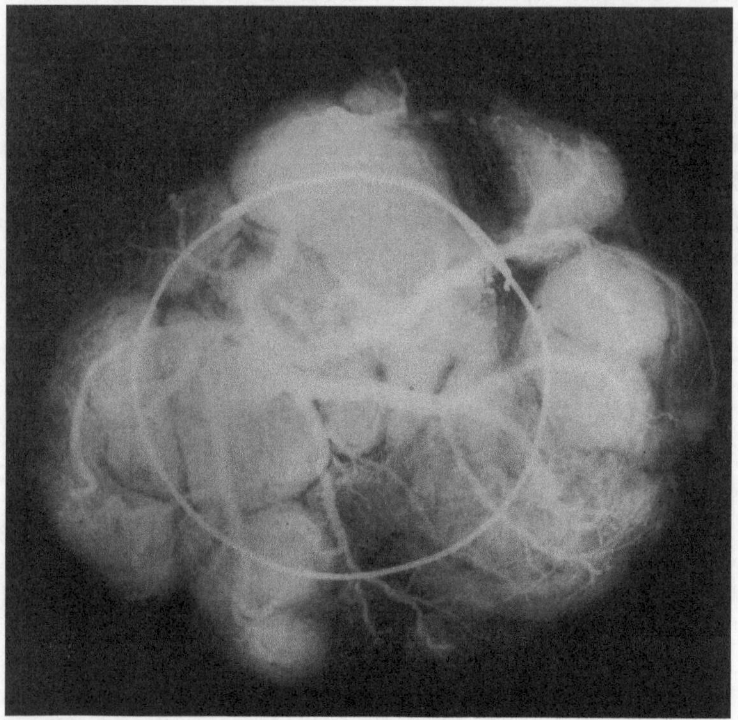

Fig. 19. Radiograph of placenta extrachorialis with fetal vessels injected with barium sulfate suspension. The circular wire marks the edge of the chorionic plate. Note that most large fetal vessels pursue a straight cours. past the edge of the chorion, as would be expected of a normal placenta. (Reproduced from J. Obst. Gynaec. Brit. Emp. 67: 904, 1960. Fig. 13, by courtesy of J. Scott & Publishers).

striking, however, such specimens as shown by SCOTT (his Fig. 5) and by NESBITT (his Fig. 38) are extremely uncommon. The remainder of the placental tissue, membranes, cord and decidua shows no recognizable anomalies. This aspect has been analyzed in detail by SCOTT (his Table III) who finds only some positive correlation with twin placentation. While the anomalous development of the circumvallate placenta is more characteristic for a mature placenta, it has been observed in midpregnancy or even before on occasion. The youngest convincing specimen we have seen depicted is that by TORPIN (1955) at $16\frac{1}{2}$ weeks gestation.

It has been mentioned that difficulties exist concerning an estimate of the frequency of extrachorial placentas. WILLIAMS finds typical circumvallation in 2% of his practice and renounces the term marginate placenta. PINKERTON finds 22.5% marginate placentas and 2.5% circumvallate placentas. Similar figures are given by other authors; they are summarized by SCOTT (his Table II), who finds 18% extrachorial placentas himself.

Much controversy has also arisen about the possible clinical importance of this anomaly. WILLIAMS finds the condition to be without any clinical significance and, because of his stature, he has influenced many subsequent writers. He cannot understand HERFF's experience that 39% of patients requiring manual removal of the placenta had an extrachorial placenta. In recent years, many series have been collected which indicate that hemorrhage is a frequent accompaniment or

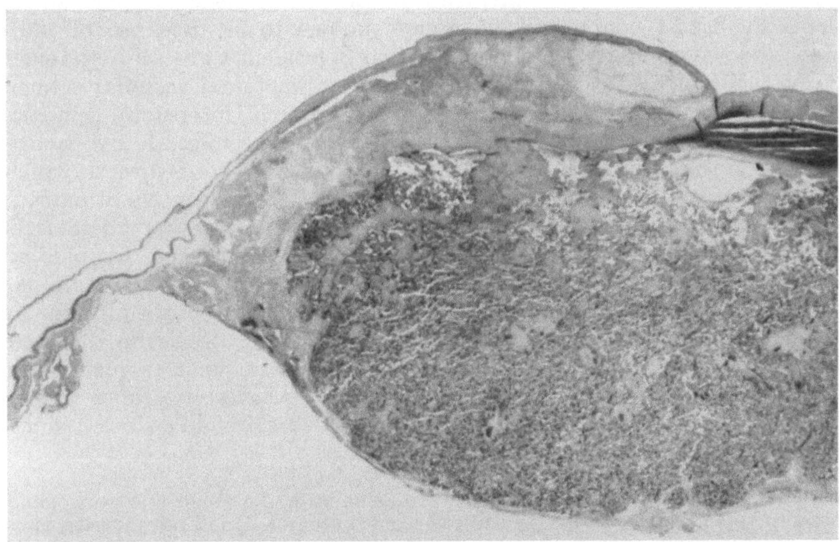

Fig. 20. Margin of circumvallate placenta. The grey homogeneous tissue under the plica contains a few atrophic villi enmeshed in fibrin and degenerating clot (H & E, × 4).

sequel of this type of placentation. EARN describes the coincidence of premature labor with circumvallation (7 of 10). MORGAN records a striking increase in prepartum and postpartum hemorrhage in her 204 cases of partial or complete circumvallate placentas and in 6.37%, manual removal was necessary. These placentas were also associated with doubled stillbirth and prematurity rates and she considers the probability of its recurrence in subsequent pregnancies (see also HUNT). SCOTT, on the other hand, finds no increased repeat occurrence rate. TORPIN (1955) also finds an increased frequency of vaginal hemorrhage and PINKERTON records a high incidence of postpartum hemorrhage (22%), a finding also described by SCOTT (7.4%) who is more impressed by antepartum bleeding (11.8%). This author (SCOTT) tabulates all other associated factors and has also seen hydrorrhea in two cases, thought by others to be an etiologic moment (PAALMAN & VANDER VEER). Most recent authors then agree that the condition is pathologic and has frequent serious clinical sequelae, contrary to the point of view represented by WILLIAMS. Indeed McKay & Hertig (quoted by SCOTT) find "that placenta circumvallata is the one common anatomical anomaly seen in placentae from second trimester abortions". SEXTON et al. showed that premature separation of the placenta may be initiated at the margin of a placenta circumvallata, finding approximately 30% of their prematurely separated placentas to be circumvallates. PAALMAN & VANDER VEER are of the opinion that the diagnosis can be suspected before birth because of contractions, hydrorrhea and intermittent vaginal bleeding. In the most recent review of this condition, ZIEL agrees with these authors and presents additional evidence.

In considering the morphogenesis of the extrachorial placenta and possible etiologic factors, it is most convenient to refer to three divergent summaries of various points of view, since it cannot be assumed that the last word has been said in this field. GROSSER (p. 216) reviews the European literature; WILLIAMS analyses for the first time the literature in English in the same year, and SCOTT presents the latest comprehensive review known to us. Because of the great number and the diversity of theories we find it prudent to recall a statement by v. BAER, made in his fascinating analysis of fetal-maternal vascular connections (1828), says he: "Es scheint mehr Noth zu thun, durch Untersuchungen die Vielseitigkeit der Meinungen zu beschränken, indem man ungenügende Beobachtungen widerlegt, die sich immer wieder geltend machen wollen," words directly applicable today in our attempts at defining the etiology and formal genesis of extrachorial placentas. In our opinion, SCOTT has made the most important recent contribution by demonstrating the course of the larger fetal vessels in radiographic studies (Fig. 19). This demonstration does much to invalidate some older notions. Any theory for extrachorial placentation must also be capable of explaining the following facts: marginate and circumvallate conditions often co-exist in the same placenta; partial extrachorial placentas are at least as frequent as placenta extrachorialis totalis; marginate placentas (not circumvallates) are more frequent in multiple pregnancy, SCOTT recorded it to occur in 22.4% of all twins or, since they were all dichorial, in 30.6% of dichorial twins.

Of the several older theories which were advanced to explain the pathogenesis of extrachorial placentas, we consider some (1–5) as unfounded: 1) Endometritis is usually absent, even in early specimens. 2) Cornual implantation is not often verified except in the three excellent specimens of *in situ* (tubal) circumvallates by LIEPMANN (review of endometritis, contractions etc.; this author also considers fluid loss with resulting "Stauchung"). Several other *in situ* specimens (TORPIN, SCOTT and others) show anterior or posterior implantation of circumvallates rather than cornual location and the amnionic cavity distension studies of TORPIN & HART invalidate cornual pregnancy as the usual cause of the abnormality. 3) An initially excessively small chorionic plate. This view was championed by WILLIAMS who rejected all others theories previously pronounced. We agree with SCOTT that this conjecture is untenable in view of his remarks on the normal incidence of extrachorial placentas in erythroblastosis and the continued expansion of the placenta throughout pregnancy (for review of expansion of chorionic surface and its variation with fetal sex see HAYE). 4) Too superficial an implantation has been considered as an etiologic moment by SCHATZ (quoted by GROSSER) and most recently again by HERTIG, we believe erroneously. In a superficial implantation *(Macaca rhesus)* a bilobed placenta as in Figure 2 is to be expected and, in our opinion, TORPIN (1953, 1955) is correct here in his analogies. TORPIN holds the opposite view: 5) Too deep (excessive) an implantation into the endometrium and suggests (1955) five stages of depth at which the human ovum may implant, the deepest leading to the pl. membranacea, next in depth the pl. circumvallata (3–5%), next pl. marginata (35%), then the normal placenta (60%) and, the most superficial implantation leading to bilobation. GROSSER had already renounced this assumption of excessively deep implantation (LAHM) as the cause of circumvallation on the basis that no evidence is found for the necessary sequel, the marginal splitting of decidua. SCOTT finds it unsatisfactory because little evidence for an excessively thick decidua is found, although he is cautious in not rejecting it categorically. As we see it, it is not clear how these authors would explain the *partial* nature of so many circumvallate specimens on this basis alone. 6) Decidua splitting at the margin is a normal process in placentation and has become an integral part of many theories on the etiology of circumvallation, particularly that of WILLIAMS. We agree with PINKERTON that this cannot explain wholly the anomaly, particularly the presence of a fold, although, being a normal process, decidua splitting at the placental margin must partake in its morphogenesis. 7) GROSSER (p. 216) states categorically: "Die echte Circumvallata kann kaum anders erklärt werden als durch zeitweiliges Fehlen des Turgors der Eiblase, wodurch deren Einfaltung am Placentarrand ermöglicht wird." While this assumption is no longer considered in the newer literature, the occurrence of hydrorrhea in many cases and its general plausibility should lead one to reconsider this as a possible etiologic mechanism. The recent report by BAIN *et al.* reaffirms this position. In 11 of 20 pregnancies with prolonged leakage of fluid, the placenta was available for pathologic study. It was circumvallate in nine instances. This reduction of pressure, combined with the doubtlessly important marginal hemorrhage as proposed by PINKERTON and supported by his data, are in our opinion the most likely answers to the question of morphogenesis of the placenta circumvallata. SCOTT (1960, 1964) dismisses the existence of a marginal sinus of the placenta but he acknowledges the frequency of hemorrhage in this area and its correlation with extrachorial placentation. Indeed, the "fibrous ring" (?fibrin) of these placentas is believed to contract to cause repeat hemorrhage at the same site. Whether a rupture of the decidua capsularis, as suggested by LAHM, has an important rôle in this connection remains to be verified.

These considerations then suggest to us that implantation had not occurred in an abnormal manner but rather, accidents during gestation such as lateral hemorrhage and hydrorrhea may be responsible for the variable picture seen in extrachorial placentas. This would also agree best with the frequent finding of a partial placenta extrachorialis and the combination of the two types in the same placenta. Perhaps, the frequency of marginate placentas in twins *vs.* the apparent scarcity of the circumvallate type (we found only 5 in 250 sets of twins) is due to lateral expansion of villi in the former variety, and the intrauterine pressure occasioned by two fetal sacs, prevents a plica from forming more often in twin gestations. Until more is known about the etiology we hesitate to accept GOODALL's statement that circumvallate placentas result from a compensatory phenomenon, rather, we think it connotes disturbed normal growth. Several mechanisms may conceivably result in morphologically similar entities and we cannot quite agree with SCOTT that all types of plicae described by him necessarily have the same etiologic background.

A recent and extensive study by BÜHLER concerns itself with the problems of the formation of the placental margin and brings together all pertinent literature. In this analysis, no correlation between the insertion of cord and pl. extrachorialis is found.

For the sake of completeness, the macroscopic form anomalies found in our series of 250 twin placentas are presented in Table II.

Table II. Macroscopic form anomalies in 250 consecutive twin placentas.

Placentation	Succenturiate lobe	Chorio-angioma	Circum-vallation	Circum-margination	"Irregular chorionic fusion"
Diamnionic Monochorionic (74)	–	–	1	–	–
Diamnionic Dichorionic Fused (85)	2	3	1	–	5
Diamnionic Dichorionic Separate (88)	3 (1 abs. art.) 1 pl. membranacea	2	(1 abs. art.) (1 velam. cord)	(2 both) 13 (3 abs. art.)	11 (2 velam.) cord

One aspect of the morphology of extrachorial placentas has been difficult to explain, particularly when the chorionic plate is considerably reduced. It is seen

(Fig. 18) that the large chorial vessels seem to terminate at the edge of the plica and SCOTT has shown (Fig. 19) that their course is unaltered peripherally, they merely come to lie deeper in the placental tissue. How can this finding be reconciled with the etiology of the condition, namely marginal hemorrhage? A recent specimen (Fig. 21) probably provides the answer to this question. In this patient, late pregnancy vaginal hemorrhage led to premature delivery of a stillborn fetus. The placenta showed massive recent and old subchorial hematomas which had virtually separated the entire chorionic surface from the underlying placental tissue. When photographed under water, the numerous major fetal vessels can be seen as they have dissociated from their chorionic fibrous surrounding and span through (removed) blood clot to the villous tissue. Many vessels are disrupted and this must have caused fetal exsanguination. The thick fibrinous wall is readily seen at the margin of the placenta. We believe it likely that a similar, albeit more gradual process, leads to the dissociation of fetal vessels from their chorionic support in pl. circumvallata. Subsequently, these become incorporated in the fibrin of the margin and are no longer visible on the surface.

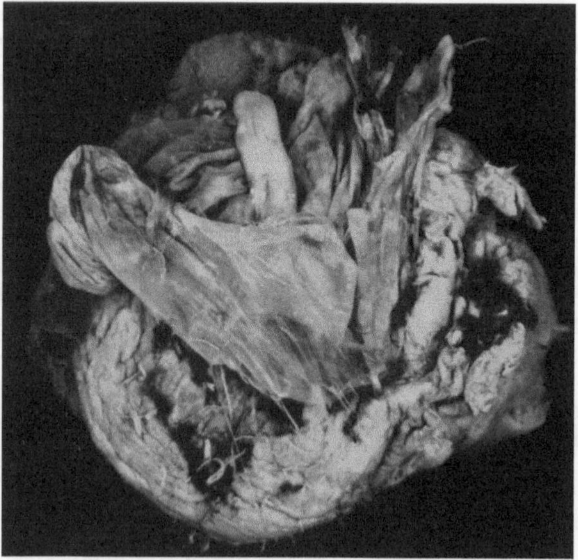

Fig. 21. Placenta of prematurely delivered exsanguinated stillborn. Massive recent and old subchorial hemorrhage. The fresh hematoma has been removed. From the undersurface of the chorion, fetal vessels course through clot to villi. Many vessels have been disrupted and are seen on the surface of the villous tissue and the fibrinous ring.

Extramembranous Pregnancy

This is a most unusual pathologic finding in placental studies and, as the contributors to the subject have stressed, it should be separated from placenta extrachorialis. On the other hand, since hydrorrhea has been a feature of this complication and because circumvallate placentas have been found associated with it, this separation may be unnecessary.

BAR has summarized the older literature and presents several pertinent cases with exemplary photographic evidence. In two instances, the fetuses developed in the chorionic sac, extra-amnionically because of early rupture of the amnion. There were no apparent complications and deficient development of the amnion is postulated. In another case, hydrorrhea during midgestation apparently occurred at a time when amnion and chorion ruptured and allowed the fetus to escape. This was followed by extrachorionic and apparently normal development of the fetus for several weeks thereafter. Finally, BAR presents evidence which proves that the "dividing membranes" of dichorial twins may, at times, rupture and allow for the knotting of the two umbilical cords (see twin chapter). The development of pl. extrachorialis in some of the specimens depicted by BAR is readily apparent and pointed out in the discussion following his paper. HOFBAUER describes another case, observed *in situ* and provides an excellent picture. The most recent contribution we find on this subject is by SIDDALL who reviews the literature (over 50 cases). He has a patient with intermittent hydrorrhea, from midpregnancy to delivery at 31 wks. The infant expired in two hours. Study of the placenta under water shows the membranous sac to be of the size expected at the onset of hydrorrhea. The photograph shows a wide margin of extrachorial placenta.

References

v. BAER, K. E.: Untersuchungen ueber die Gefaessverbindung zwischen Mutter und Frucht in den Saeugethieren. L. Voss, Leipzig 1828.

BAIN, A. D., I. I. SMITH & I. K. GAULD: Newborn after prolonged leakage of liquor amnii. Brit. Med. J. **II**, 598, 1964.

BALLANTYNE, J. W.: The occurrence of a nonallantoic or vitelline placenta in the human subject. Trans. Edinbgh. Obstet. Soc. **23**, 58, 1898.

BAR, P.: Sur quelques conséquances de la rupture des membranes pendant la grossesse. Bull. Soc. Obstet. Paris **1**, 99, 1898.

BARTHOLOMEW, R. A., E. D. COLVIN, W. H. GRIMES, S. H. FISH, & W. M. LESTER: Hemorrhage in placenta previa. A new concept of its mechanism. Obstet. Gynec. **1**, 41, 1953.

BEER, D. C.: Vasa previa. Review of current concepts of management and report of a case. Obstet. Gynec. **3**, 595, 1954.

BENIRSCHKE, K.: A review of the pathologic anatomy of the human placenta. Amer. J. Obstet. Gynec. **84**, 1595, 1962.

— Major pathologic features of the placenta, cord and membranes. Proceed. Symposion on the placenta. National Foundation N.Y. **1**, 52, 1965.

BENIRSCHKE, K. & W. H. BROWN: A vascular anomaly of the umbilical cord; absence of one umbilical artery in umbilical cords of normal and abnormal fetuses. Obstet. Gynec. **6**, 399, 1955.

BENIRSCHKE, K., M. M. SULLIVAN & M. MARIN-PADILLA: Size and number of umbilical vessels. A study of multiple pregnancy in man and armadillo. Obstet. Gynec. **24**, 819, 1964.

BERGMAN, P.: Accidental discovery of uterus bicornis on examination of placenta. Obstet. Gynec. **17**, 649, 1961.

BILEK, K., K. ROTHE & K. PISKAZECK: Insertio-Velamentosa-Blutung vor dem Blasensprung. Zbl. Gynäk. **84**, 1536, 1962.

BOOTH, R. T., C. WOOD, R. W. BEARD, J. R. M. GIBSON & J. H. M. PINKERTON: Significance of placental attachment in the uterus. Brit. Med. J. **I**, 1732, 1962.

BRODY, S. & D. A. FRENKEL: Marginal insertion of the cord and premature labor. Amer. J. Obstet. Gynec. **65**, 1305, 1953.

BÜHLER, F. R.: Randbildungen der menschlichen Placenta. Acta Anat. **59**, 47, 1964.

CRAWFORD, J. M.: Vascular anatomy of the human placenta. Amer. J. Obstet. Gynec. **84**, 1543, 1962.

EARN, A. A.: Placental anomalies. Canad. Med. Ass. J. **64**, 118, 1951.

EASTMAN, N. J. & L. M. HELLMAN: Eds. Williams Obstetrics. Appleton, New York, 1961.

FINN, J. L.: Placenta membranacea. Obstet. Gynec. **3**, 438, 1954.

FRIESEN, R. F.: Placenta previa accreta: Review of the literature and report of a case. Canad. Med. Ass. J. **84**, 1247, 1961.

GOODALL, J. R.: Circumcrescent and circumvallate placenta. Amer. J. Obstet. Gynec. **28**, 707, 1934.

GOTTSCHALK, S.: Weitere Studien über die Entwicklung der menschlichen Placenta. Arch. Gynäk. **40**, 169, 1891.

GREIG, C.: Central placenta praevia with bulging bag of membranes. J. Obstet. Gynaec. Brit. Emp. **57**, 251, 1950.

GROSSER, O.: Frühentwicklung, Eihautbildung und Placentation des Menschen und der Säugetiere. J. F. Bergmann, München 1927.

HAHN, A.: Ein Stadium der Placentarentwickelung. Z. Geburtsh. Gynäk. **34**, 519, 1896.

HAYE, M. La: Charactères macroscopiques, in Snoeck, J. ed. Le Placenta Humain. Paris. Masson Cie., 1958.

HERBERZ, O.: Über die Insertio furcata funiculi umbilicalis. Acta Obstet. Gynec. Scand. **18**, 336, 1938.

v. HERFF, O.: Beiträge zur Lehre von der Placenta und von den mütterlichen Eihüllen. I. Wachsthumsrichtung der Placenta, insbesondere die der Placenta circumvallata. Z. Geburtsh. Gynäk. **35**, 268, 1896.

HERTIG, A. T.: Pathological aspects. In: Villee, C. A. ed. The Placenta And Fetal Membranes. Baltimore, Williams & Wilkins, 1960.

HERTIG, A. T. & W. H. SHELDON: An analysis of one thousand spontaneous abortions. Ann. Surg. **117**, 596, 1943.

HESS, O. W.: Placenta previa of the succenturiate lobe. Amer. J. Obstet. Gynec. **64**, 213, 1952.

HOFBAUER, J.: Extrachoriale Fruchtentwicklung, in situ beobachtet. Arch. Gynäk. **135**, 332, 1929.

HUNT, A. B.: Discussion of paper by PAALMAN & VANDER VEER, Amer. J. Obstet. Gynec. **65**, 497, 1953.

v. HUYSEN, W. T.: Placenta previa of a succenturiate lobe. New Eng. J. Med. **265**, 284, 1961.

IRVING, F. C. & A. T. HERTIG: A study of placenta accreta. Surg. Gynec. Obstet. **64**, 178, 1937.

JANOVSKI, N. A. & E. T. GRANOWITZ: Placenta membranacea. Report of a case. Obstet. Gynec. **18**, 206, 1961.

KALMUS, H.: The incidence of placenta praevia and antepartum haemorrhage according to maternal age and parity. Ann. Eugen. **13**, 283, 1947.

KEEFER, F. J. & P. H. COPE: Placenta of unusual shape. Report of a case. Obstet. Gynec. **22**, 679, 1963.

KESSLER, A.: Blutungen aus Nabelschnurgefässen in der Schwangerschaft. Gynaecologia **150**, 353, 1960.

KIAN, L. S.: The role of the placental site in the aetiology of breech presentation. A clinical survey of 362 cases. J. Obstet. Gynaec. Brit. Comm. **70**, 795, 1963.

KISTNER, R. W., A. T. HERTIG & D. E. REID: Simultaneously occurring placenta previa and placenta accreta. Surg. Gynec. Obstet. **94**, 141, 1952.

KLAFTEN, E.: Beitrag zur Lehre von der Placenta accreta. Arch. Gynäk. **135**, 190, 1928.

KOREN, Z., H. ZUCKERMAN & A. BRZEZINSKI: Placenta previa accreta with afibrinogenemia. Report of 3 cases. Obstet. Gynec. **18**, 138, 1961.

KRONE, H. A.: Die Bedeutung der Eibettstörungen für die Entstehung menschlicher Mißbildungen. G. Fischer, Stuttgart, 1961.

LAHM, W.: Eine neue Erklärung der Placenta circumvallata. Arch. Gynäk. **121**, 306, 1924.

LEFÈVRE, G.: De l'insertion vélamenteuse du cordon dans ses rapports avec la grossesse et l'accouchement. Thèse, Paris 1896. G. Steinheil.

LIEPMANN, W.: Beitrag zur Aetiologie der Placenta circumvallata. Arch. Gynäk. **80**, 439, 1906.

LITTLE, W. A.: Aplasia of the umbilical artery. Bull. Sloane Hosp. Wom. **4**, 127, 1958.

LITTLE, W. A. & E. A. FRIEDMAN: Significance of the placental position. A report from the collaborative study of cerebral palsy. Obstet. Gynec. **23**, 804, 1964.

MENDOZA, H., O. AGUERO & B. GAVALLER: Placenta acreta. Rev. Obstet. Ginec. **21**, 673, 1961.

MEYER, R.: Zur Anatomie und Entstehung der Placenta marginata sive partim extrachorialis. Arch. Gynäk. **89**, 542, 1909.

— Die Placentargefässe als Kennzeichen für die Entstehung der Placenta marginata sive extrachorialis. Arch. Gynäk. **98**, 493, 1912.

— Über einen Fall von velamentöser Nabelschnuranheftung nahe dem oberen Teil der Eikapsel mit scheinbarer Verlagerung der chorialen Scheidewand und mit Überlagerung beider Placenten im Grenzgebiete bei zweieiigen Zwillingen. Arch. Gynäk. **116**, 599, 1923.

MICHAELS, J. P.: Intrauterine rupture of fetal vessels during labor. Amer. J. Obstet. Gynec. **70**, 1251, 1955.

MILLAR, W. G.: A clinical and pathological study of placenta accreta. J. Obstet. Gynaec. Brit. Emp. **66**, 353, 1959.

MONIE, I. W.: Velamentous insertion of the cord in early pregnancy. Amer. J. Obstet. Gynec. **93**, 276, 1965.

MORGAN, J.: Circumvallate placenta. J. Obstet. Gynaec. Brit. Emp. **62**, 899, 1955.

MULLIGAN, W. J.: Personal communication, 1962.

NESBITT, R. E. L.: Perinatal loss in modern obstetrics. F. A. Davis Co., Philadelphia 1957.

NIEMINEN, U. & E. KLINGE: Placenta praevia and low implantation of the placenta. Acta Obstet. Gynec. Scand. **42**, 339, 1964.

ORSINI, A.: La sede della placenta nella specie umana. Riv. Ital. Ginec. **8**, 19, 1928.

OTTOW, B.: Interpositio velamentosa funiculi umbilicalis, eine bisher übersehene Nabelstranganomalie, ihre Entstehung und klinische Bedeutung. Arch. Gynäk. **116**, 176, 1922 (A).

— Über die Insertio furcata der Nabelschnur. Arch. Gynäk. **118**, 378, 1923 (B).

PAALMAN, R. J. & C. G. VANDER VEER: Circumvallate Placenta. Amer. J. Obstet. Gynec. **65**, 491, 1953.

PENROSE, L. S.: Maternal age, order of birth and developmental abnormalities. J. Ment. Sci. **85**, 1141, 1939.

PINKERTON, J. H. M.: Placenta circumvallata; its aetiology and clinical significance. J. Obstet. Gynaec. Brit. Emp. **63**, 743, 1956.

POTTER, E. L.: Pathology of the fetus and infant. Year book medical publishers, Chicago 1961.

QUINLIVAN, W. L. G.: Placenta previa accreta. J.A.M.A. **176**, 1035, 1961.

RADCLIFFE, P. A., P. J. SINDELAR & P. R. ZEIT: Vasa previa with marginal placenta previa of an accessory lobe; report of a case. Obstet. Gynec. **16**, 472, 1960.

RANNEY, B.: Relative atony of myometrium underlying the placental site secondary to high cornual implantation – a major cause of retained placentas. Amer. J. Obstet. Gynec. **71**, 1049, 1956.

RAUSEN, A. R. & L. K. DIAMOND: "Enclosed" hemorrhage and neonatal jaundice. Amer. J. Dis. Child. **101**, 164, 1961.

ROSA, P., A. GHILAIN & A. DUMONT: Placenta praevia accreta et afibrinogénémie secondaire. Bull. Soc. Roy. Belge Gynec. Obstet. **26**, 588, 1956.

ROTH, L. G.: Central placenta previa due to a succenturiate lobe. Amer. J. Obstet. Gynec. **74**, 447, 1957.

RUBENSTONE, A. I. & S. R. LASH: Placenta previa accreta. Amer. J. Obstet. Gynec. **87**, 198, 1963.

SCHAEFER, O.: Familial occurrence of abnormal placentation and fetal malformations, observed in Baffin Island Eskimos. Canad. Med. Ass. J. **83**, 437, 1960.

SCHEUNER, G.: Über die mikroskopische Struktur der Insertio velamentosa. Zbl. Gynäk. **87**, 38, 1965.

SCIPIADES, E. & E. BURG: Über die Morphologie der menschlichen Placenta mit besonderer Rücksicht auf unsere eigenen Studien. Arch. Gynäk. **141**, 577, 1930.

SCOTT, J. S.: Placenta extrachorialis (Placenta marginata and placenta circumvallata). J. Obstet. Gynaec. Brit. Emp. **67**, 904, 1960.

SCOTT, J.: Obstetrics in general practice. Ante-partum haemorrhage-2. Brit. Med. J. **I**, 1231, 1964.

SEDLIS, A., J. W. FINN & C. H. LOUGHRAN: Placenta accreta in caesarean scar; report of a case. Obstet. Gynec. **9**, 575, 1957.

SEXTON, L. I., A. T. HERTIG, D. F. REID, F. S. KELLOGG & W. S. PATTERSON: Premature separation of the normally implanted placenta: A clinico-pathological study of 746 cases. Amer. J. Obstet. Gynec. **59**, 13, 1950.

SHANKLIN, D. R.: The human placenta. A clinicopathologic study. Obstet. Gynec. **11**, 129, 1958.

SHORDANIA, J.: Der architektonische Aufbau der Gefäße der menschlichen Nachgeburt und ihre Beziehungen zur Entwicklung der Frucht. Arch. Gynäk. **135**, 168 & 568, 1929.

SIDDALL, R. S.: Extramembranous pregnancy. Amer. J. Obstet. Gynec. **51**, 897, 1946.

STIEVE, H.: Die Entstehung der Placenta praevia annularis. Arch. Gynäk. **137**, 689, 1929. Quoted by Scipiades & Burg.

STOECKEL, W.: Lehrbuch der Geburtshilfe. Eleventh edition. Jena: Gustav Fischer, 1951.

STROMME, W. B.: Placenta increta. Report of a case with unusual etiology. Obstet. Gynec. **21**, 133, 1963.

SVANBERG, H. & N. WIQVIST: Rupture of the umbilical cord during pregnancy. Report of a case. Acta Obstet. Gynec. Scand. **30**, 323, 1951.

THOMAS, J.: Der gestielte Plazentarkotyledo – eine Bauanomalie der Nachgeburt. Zbl. Gynäk. **84**, 684, 1962.

THOMAS, W. O. JR.: Manual removal of the placenta. Amer. J. Obstet. Gynec. **86**, 600, 1963.

TORPIN, R.: Classification of human pregnancy based on depth of intrauterine implantation of the ovum. Amer. J. Obstet. Gynec. **66**, 791, 1953.

— Placenta circumvallata and placenta marginata. Obstet. Gynec. **6**, 277, 1955.

TORPIN, R. & B. F. HART: Placenta bilobata. Amer. J. Obstet. Gynec. **42**, 38, 1941.

WAIDL, E.: Zur Genese und Klinik der Insertio velamentosa. Zbl. Gynäk. **82**, 1902, 1960.

WILLIAMS, J. W.: Placenta circumvallata. Amer. J. Obstet. Gynec. **13**, 1, 1927.

ZIEL, H. A. JR.: Circumvallate placenta, a cause of antepartum bleeding, premature delivery and perinatal mortality. Obstet. Gynec. **22**, 798, 1963.

III. Amnion and Chorion

The *structure* of the fetal membranes has been elucidated by the numerous comparative studies of Bautzmann and his colleagues. A complete summary of the literature of normal and pathologic findings in amnion and chorion is found in the monograph of Bourne who, in several studies, has contributed greatly to the understanding of the pathology of the membranes. He distinguishes five distinct layers of the amnion and four of the heavier chorion, considers their embryologic derivation and possible function. Of particular interest in this context is the behavior of the epithelium. Among others, Lange had previously pointed out the presence of intercellular bridges between the epithelial cells of the amnion, observations borne out by electronmicroscopic studies of Bourne & Lacy who also demonstrated the presence of a microvillous surface toward the embryo (Bautzmann, Schmidt & Lemburg). Bautzmann & Hertenstein found no bridges in the amnion of the first trimester of pregnancy (10 cm fetus) but demonstrated their presence at term. At the base of the epithelial cells, these authors were able to demonstrate "feet"; these basal processes were again demonstrated electronmicroscopically by Bourne & Lacy and the complex nature of cell surfaces presumably aids in fluid exchange. In an excellent fine structure study of amnion, Thomas has provided evidence for a secretory function of this epithelium.

There is considerable variability in the appearance of the *epithelial cells*. At times they have a tall columnar shape, at others they are flat or cuboidal. While this aspect has been studied on many occasions, it is difficult to correlate these findings with pathologic states or abnormalities of pregnancy. Lange; Bautzmann & Hertenstein and others have drawn attention to the fact that the differences in the appearance of the epithelial cells of both, umbilical cord and amnion, may often be the result of shrinkage because of the release of tension after delivery or the manner in which the cord is cut. Different pictures were observed by Lange when cord sections were prepared longitudinally and transversely, before or after fixation of the cord. Bourne demonstrates a difference in the "valleys" of sections as compared to the apices of folds and also holds shrinkage responsible for a variety of artifacts. At the same time, this author demonstrates that exposure, particularly to meconium and some other injurious substances, is likely to cause degenerative events. Thus, the club-shaped tall columnar cells are more commonly seen after meconium discharge and Bourne considers these as first stages of degeneration. Similarly, the large balloon-cells of Bautzmann & Hertenstein are believed to be degenerative events. While these areas were considered possibly to be degenerative in nature by these authors, Bourne presents convincing photographs which indicate that they are extracellular spaces rather than ballooned cells, representing extremely dilated intercellular canals. He demonstrates the "streaming" of meconium through these canals when flattened membranes are exposed to meconium *in vitro*. In flat preparations of the amnion, a method of study employed most extensively by Bautzmann, these isolated defects are frequently seen and probably represent the spaces occupied formerly by single degenerated cells (Bourne). At times larger areas of epithelium are denuded and Bautzmann & Hertenstein discuss the oftmentioned possible cause of scratchmarks by the fetus. They consider this an impossible cause of the defects. Glycogen is present in epithelial cells of the early placental amnion in abundant quantities (McKay *et al.*). Later in pregnancy it decreases appreciably and is found in larger amounts only in cases of maternal diabetes. Bautzmann & Schröder find numerous cytoplasmic vacuoles but could not demonstrate fat or mucus within these spaces. They consider the vacuoles as secretory phenomena and, in another contribution (Bautzmann, Schmidt & Lemburg), they observe pinocytotic absorption of experimental material by the epithelial cells.

The degenerative changes of the amnionic epithelium which are most frequently met with in the routine histopathologic study of the placenta are depicted in Figures 22–28. The most common abnormal finding, inflammation, is discussed in a separate chapter.

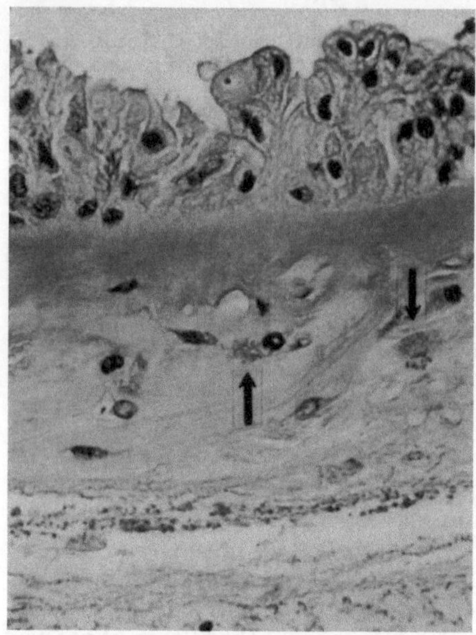

Fig. 22. Early degeneration of amnion epithelium after exposure (20 hrs.) to meconium. Note columnar, pseudostratified epithelium with pyknosis. At arrows several meconium-laden macrophages (H & E × 400).

Figure 22 is from a placenta which was intensely meconium-stained because of cephalo-pelvic disproportion during labor. It is assumed from the clinical history that meconium may have been discharged perhaps 20 hours before delivery. The epithelium is heaped, and pseudostratified, with nuclear pyknosis and presenting the clubshaped cellular outline discussed by BOURNE. Moreover, at arrows in the compact layer of the amnion, several macrophages contain the granular greenish-yellow pigment which is so characteristic of meconium. Phagocytosis of such pigment is accomplished principally by macrophages which, like BOURNE, we consider to be identical to the macrophages of the villi, the Hofbauer cells. On the other hand, both BOURNE and BAUTZMANN, SCHMIDT & LEMBURG present evidence that the fibroblasts are capable of ingesting pigments as well. The macrophages may

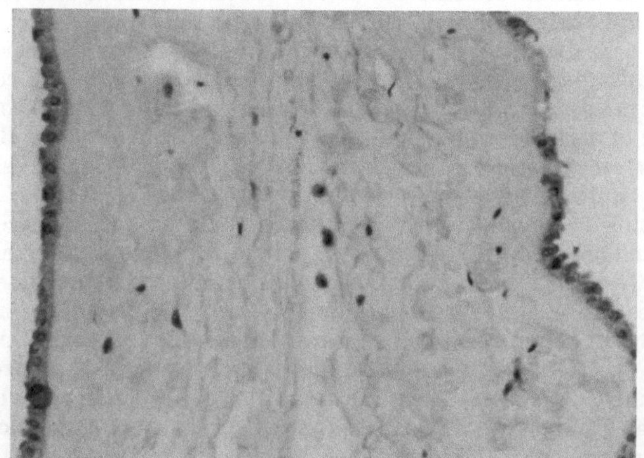

Fig. 23. "Dividing membranes" of monochorionic, diamnionic twins. Meconium discharge had occurred at right, leading to focal epithelial necrosis (top) and presence of meconium-filled macrophages (center, see Fig. 24).
(H & E × 250).

be found within the amnion of the avascular "dividing membranes" of diamnionic monochorionic twins (Figs. 23, 24), thus demonstrating their amnionic connective tissue derivation. They are not readily differentiated in the sections of normal placentas where they lie apparently dormant, occasionally having a vacuolated unpigmented cytoplasm. Striking pigmentation of these cells by refringent hemosiderin granules takes place after hemorrhages or, more frequently, in erythroblastosis fetalis.

When exposure to meconium is prolonged, the amnionic epithelium may degenerate completely and so will the subjacent tissues. This is particularly striking in the chorion laeve where extensive necrosis of the decidua takes place (Fig. 25) and meconium macrophages are seen interspersed in these areas of necrosis. In a pertinent case with longstanding exposure to the apparently toxic meconium (RUBOVITS *et al.*; BOURNE) we have seen necrosis, inflammation and meconium-laden macrophages in the superficial myometrium underlying the chorion laeve, when the uterus had to be removed surgically because of hemorrhage. Sterile inflammation (membranitis) and mural thrombosis of chorionic vessels are the ultimate outcome of longstanding exposure of the membranes to meconium.

A ballooning, cyst-like degeneration of amnionic epithelium is shown in Figures 26 and 27 from a placenta of a twenty week abortion, occurring after three weeks of intermittent uterine hemorrhage. Finally, complete necrosis of epithelium and subjacent fibrocytes may occur after fetal death. This is impressively demonstrated in the "dividing membranes" of monochorionic twins (Fig. 28). The metabolic needs of the amnion are presumably met with only by diffusion from the amnionic fluid or the subjacent vascular structures (chorionic tissue of the placenta, decidua of the membranes). When, at the meeting plane of two amnionic sacs of monochorial twins, no such underlying oxygen, *etc.* supply is available, the membranes must subsist on amnionic fluid content alone. Either the lack of oxygen or nutrients, which follows fetal death, or the toxins liberated after the death of one fetus then cause the necrosis seen in Figure 28.

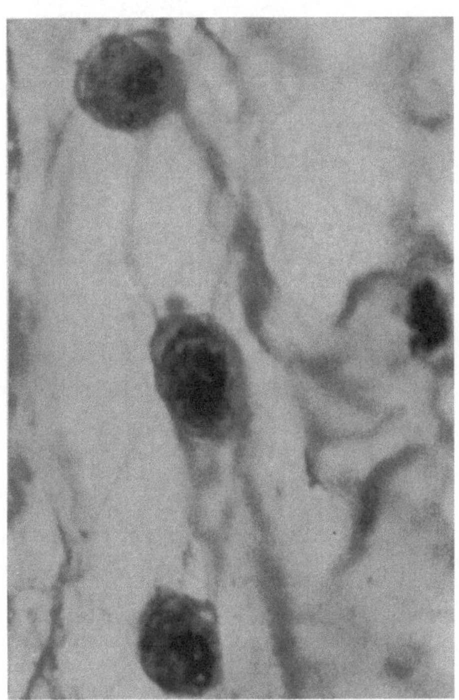

Fig. 24. Higher magnification of three vacuolated, granular meconium-filled Hofbauer cells from Figure 23. (H & E × 1200).

Most authors are agreed now that the amnion possesses no vasculature of its own, nor has it lymphatic vessels. The exceptional view by DONSKIKH is not supported by convincing photographs nor is it affirmed by other observations (BOURNE; BAUTZMANN). Similarly, smooth muscle elements, searched for extensively in the comparative studies of BAUTZMANN and his colleagues, are deemed absent from the human amnion. The epithelium is now generally regarded as dividing only by mitosis (BAUTZMANN; BOURNE) as the extensive use of this tissue for tissue culture cell lines has also amplified. On the other hand, careful quantitative studies by SCHWARZACHER & KLINGER have shown that in the mature amnion epithelium few mitoses occur and multinucleated cells may even derive through a process of amitosis. The evidence for the latter conclusion, however, is still not complete.

The amnion serves as a useful tissue to determine the chromatin sex of the conceptus (KLINGER) and in an abnormal, mosaic 60 mm embryo, KLINGER & SCHWAR-

ZACHER demonstrated convincingly that the connective tissue cells are genetically different from the overlying epithelial elements, presumably then demonstrating different ancestor cell lines. In flat preparations of the amnion of this XY/XXY mosaic conceptus, areas of chromatin positive (XXY) epithelium overlay chromatin negative (XY) connective tissue and *vice versa*.

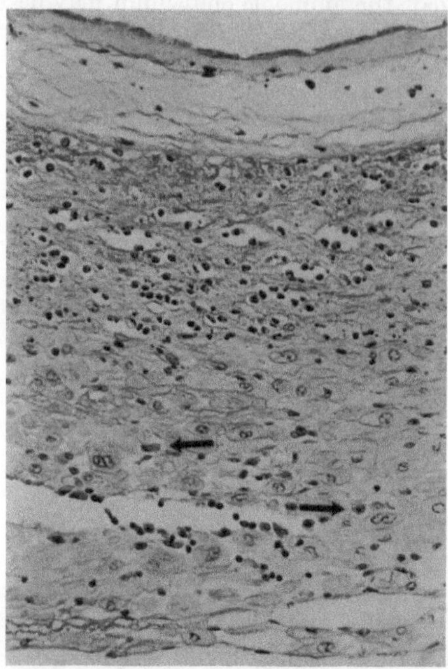

Fig. 25. Advanced degeneration of amnion after exposure to meconium, necrosis of decidua. Meconium laden macrophages at arrows (H & E × 200).

On the surface of the amnion, more frequently on the surface of the umbilical cord, one finds often concentric areas of epithelial hyperplasia which have come to be known as *squamous metaplasia* (Figs. 29–31). BOURNE has pointed out that the term is a misnomer in that the epithelium of the amnion is normally squamous in type. The epithelium of the cord is similar but it is made up of two to three layers of epithelial cells (LANGE). Moreover, none of the unusual conditions which precede the occurrence of squamous metaplasia on the mucous membranes, e.g. irritation, inflammation, *etc.*, is known to be associated with squamous metaplasia of the amnion. These nodules vary in size up to several millimeters, have a pearly-white sheen and they may be picked off the surface with difficulty. They are much the most numerous near the insertion of the cord and form a regular feature of the rough cord in ruminants. BOURNE reviews the incidence (4–60%), the figures being unreliable as these authors have not specifically searched for the lesions in consecutive placentas. When an intact specimen is studied with great care, areas of squamous metaplasia may be found in the

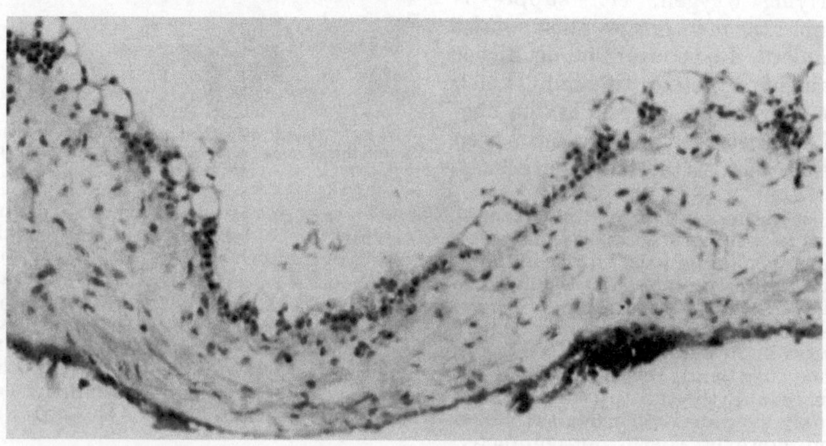

Fig. 26. Ballooning degeneration of amnionic epithelium in 20 wks. abortus, three weeks after the onset of hemorrhage (H & E × 160).

majority of mature placentas. Histologically, the lesion may show distinct keratinization (Fig. 30) with keratohyaline granules or it may simply be composed of hyperplastic epithelium which stains deeply eosinophilic (Fig. 31).

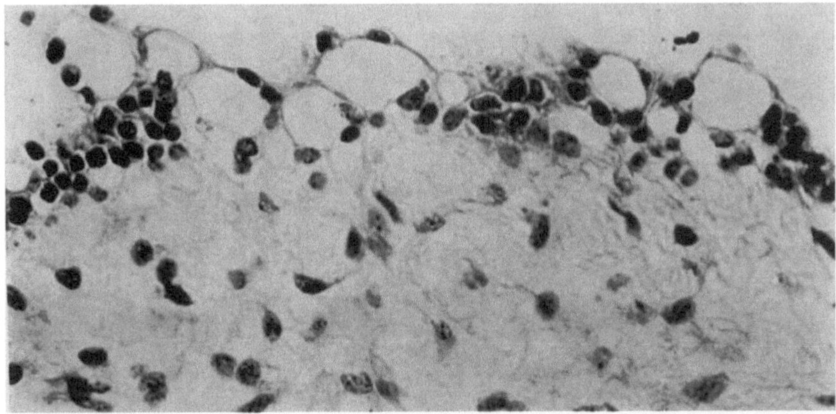

Fig. 27. Same as Figure 26. The cyst-like spaces are interpreted as dilated intercellular canals in the light of BOURNE's findings. (H & E × 400).

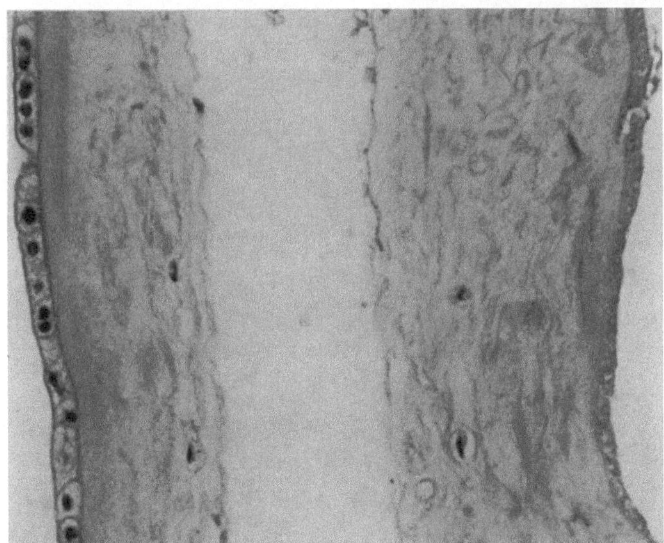

Fig. 28. Selective necrosis of right amnion epithelium and superficial connective tissue in intrauterine death of one of monochorionic diamnionic twins. (H & E × 250).

Despite various attempts, no associated pathologic events are known to occur with squamous metaplasia and we regard the condition as a physiologic variant of the normally single-layered amnionic epithelium. We have been interested to ascertain whether it is more commonly associated with congenital ichthyosis of the fetus but have not been able to study such specimens. BOURNE quotes Lyell as having surveyed the literature regarding this possible association. He finds no such correlation, only one case report (COSTON) having described a single such instance, while all other placentas of infants with congenital ichthyosis had normal membranes. In COSTON's case, the premature ichthyotic infant was accompanied by an unusually large placenta and "on the surface of the amnion and umbilical cord many ichthyotic patches were

easily found, and the amnion was three or four times as thick as in the normal state."
It is possible then that, at times, the genetic trait of the epidermis is shared by the
amnion in this condition. The occurrence of "reserve cells", presumably the source
of the hyperplastic cell proliferation in squamous metaplasia (Fig. 31), has been described by BOURNE who also depicts an "epithelial horn" in this condition.

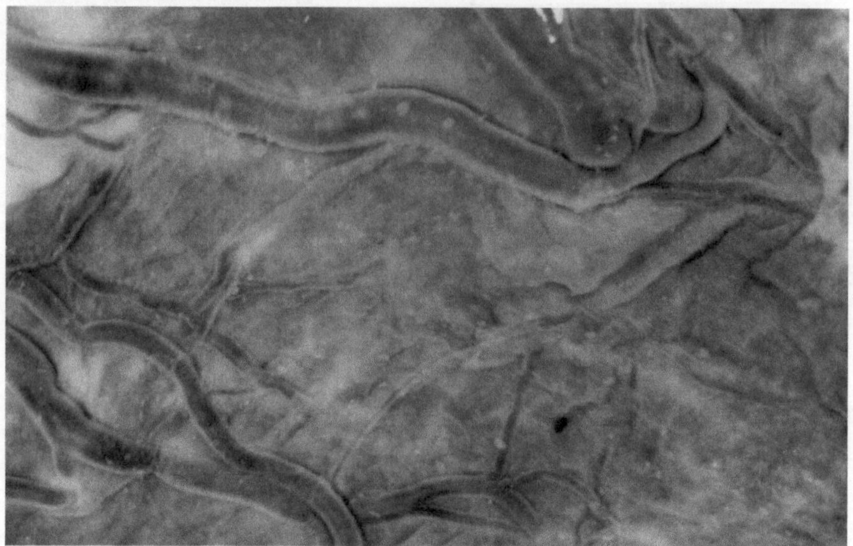

Fig. 29. "Squamous metaplasia" of amnion. Numerous small gray nodules are present over the entire surface of
the amnion in this case, most noticeably over the vessels. Normal term pregnancy.

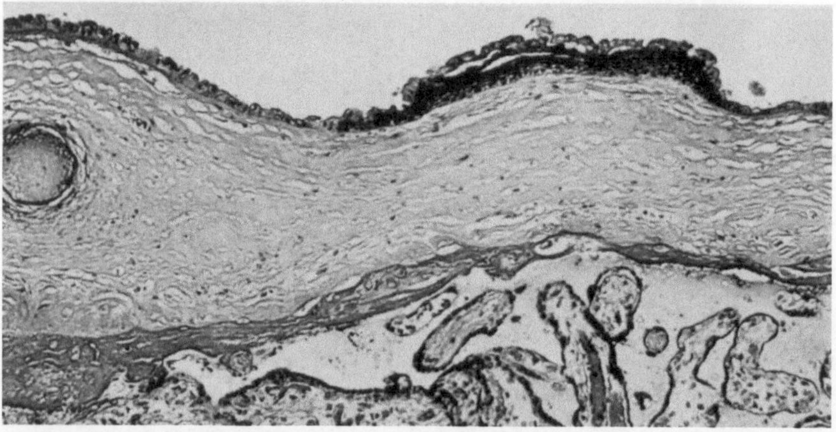

Fig. 30. Histologic appearance of lesions in Figure 29. A patch of hyperplastic epithelium with keratinization
amidst otherwise normal epithelium. (H & E × 100).

In contrast to squamous metaplasia, the nodules of *amnion nodosum*, "Amnion-
knötchen," have a specific pathogenetic mechanism and they are of considerable
interest to the obstetrician and pediatrician in the care of the newly born. Amnion
nodosum is much less frequently found on the placenta and it reflects a deficiency
of amnionic fluid (oligohydramnios) over a long period of time, the cause of which

is variable. The nodules are relatively uniform, often yellowish and more easily picked off the surface of the placenta. On occasion, they extend onto the amnion of the chorion laeve and the umbilical cord (BOURNE) but this is not very frequent (BLANC, personal communication). The nodules are composed of vernix with fat,

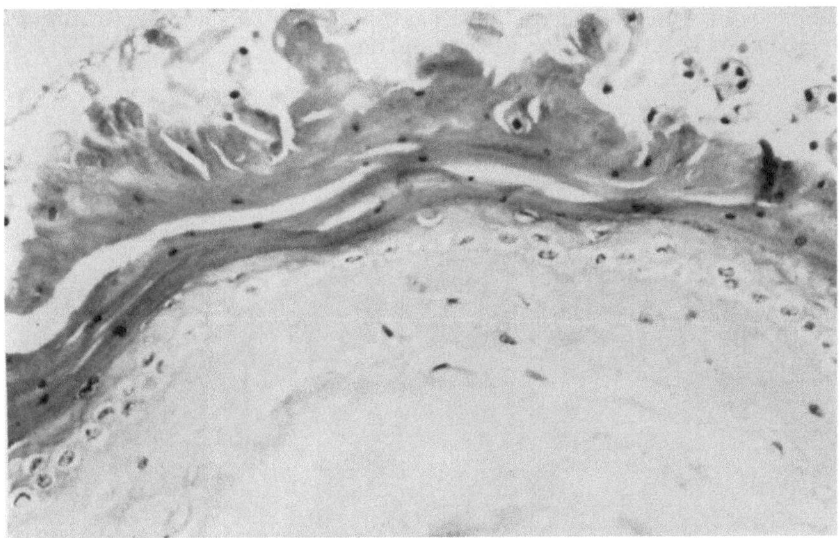

Fig. 31. In another case of "squamous metaplasia", the hyperplasia of the eosinophilic epithelium is apparent, however, only very rare keratohyaline granules are seen. The layer of light-staining "reserve cells" is apparent beneath. (H & E × 250).

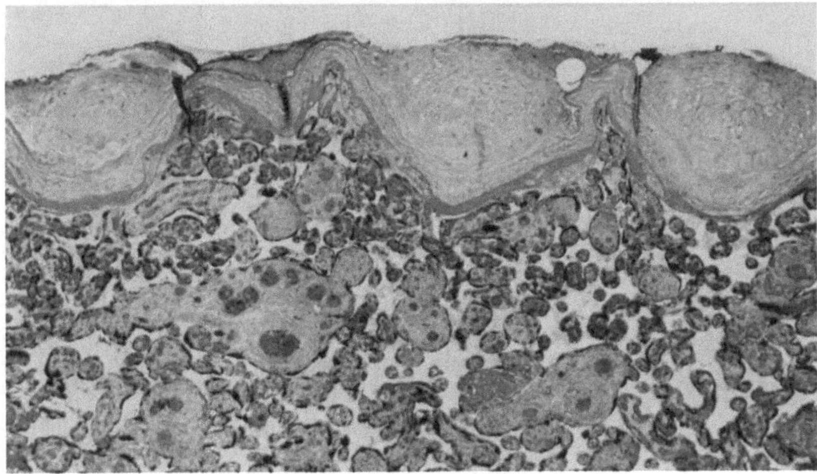

Fig. 32. Amnion nodosum in acardiac twin (see Fig. 111) almost the entire amnionic surface is studded with nodules of vernix. (H & E × 40).

desquamated epidermal cells and hairs and infrequently they are infiltrated by connective tissue cells from the underlying amnion, the epithelium having become necrotic (Figs. 32–34). The adjacent amnionic epithelium may regenerate over the lateral edges of the nodule and partially cover the foreign matter. It is assumed that the lack of amnionic fluid causes focal degeneration of the epithelium, perhaps because of pressure, perhaps because of lack of adequate oxygen supply. Then the clumped debris of vernix is pressed into the surface because of the close contact between fetal skin and placental surface. This is presumably also the reason why the lesions are less commonly observed on the umbilical surface. Later ingrowth of connective tissue as described by BLANC seldom occurs and there is no foreign body giant cell reaction to the foreign matter.

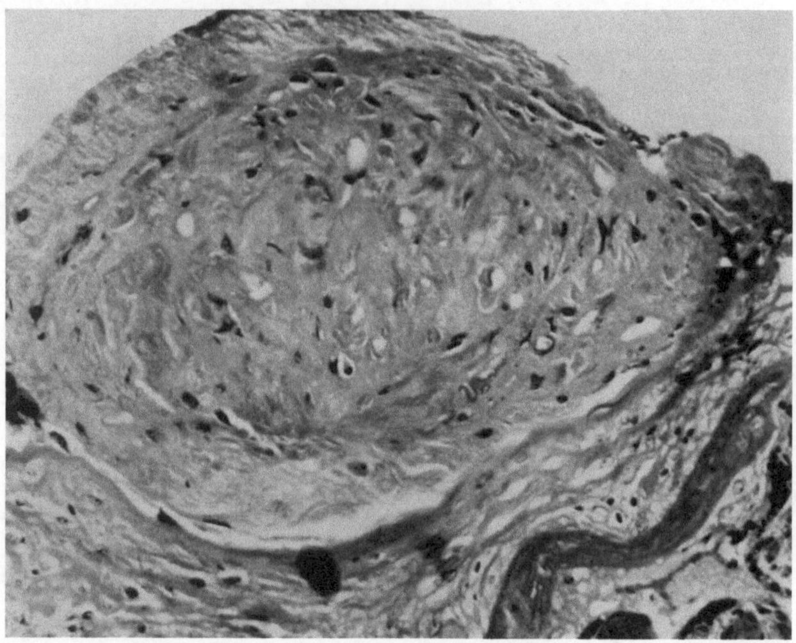

Fig. 33. Higher magnification of nodule of case in Figure 32. Note the degeneration of epithelium and lack of "organization" of the vernix deposit (H & E × 200).

Amnion nodosum has long been recognized as a specific pathologic entity (lit. review by THOMPSON; BLANC et al.) but the clear association with deficient amounts of amnionic fluid was established when LANDING (1950 A) described eight cases and also coined the term amnion nodosum. BLANC has suggested the more descriptive name vernix granulomatosis; however, the lesion is not truly a granuloma in the pathologist's sense and this term has not gained acceptance. In all, the perhaps 100 cases described to date do not reflect the incidence which BLANC et al. adjudge to be 1:1,000 deliveries from their data, and which is also our experience. Undoubtedly, most cases are not described or the placentas of pertinent instances are not studied.

The association of amnion nodosum with *oligohydramnios* is now clearly established (THOMPSON; BLANC et al.; BLANC; JEFFCOATE & SCOTT; BOURNE; others). The reason for oligohydramnios in amnion nodosum varies, however. It appears that, in most cases, a defective fetal urinary tract (renal agenesis, urethral obstruction, *etc.*) is the cause. In other instances, however, prolonged fluid loss, retention of dead fetuses and "reduction of amnionic surface" in extrachorial placentas have been incriminated (JEFFCOATE & SCOTT; BLANC; BLANC et al.). Diffuse amnion nodosum is often found in association with acardiac twins and in the oligohydramnios of the smaller of monochorial twins in the "transfusion syndrome" (see Figures 96, 97, twin chapter). While it is more common toward the end of gestation, it has been described in abortions (Bourne) and Wagner & Tygstrup present evidence of a deficient amount of amnionic fluid at 16 weeks because of renal malformations. They also review the literature on the origin of amnionic fluid. While this topic is beyond the scope of this review, it may be pertinent to cite the more recent evidence that fetal urine does in fact partake in the formation of amnionic fluid. The secretion of fetal urine into the amnionic sac had been suggested by Schatz as the mechanism by which hydramnios was formed in the

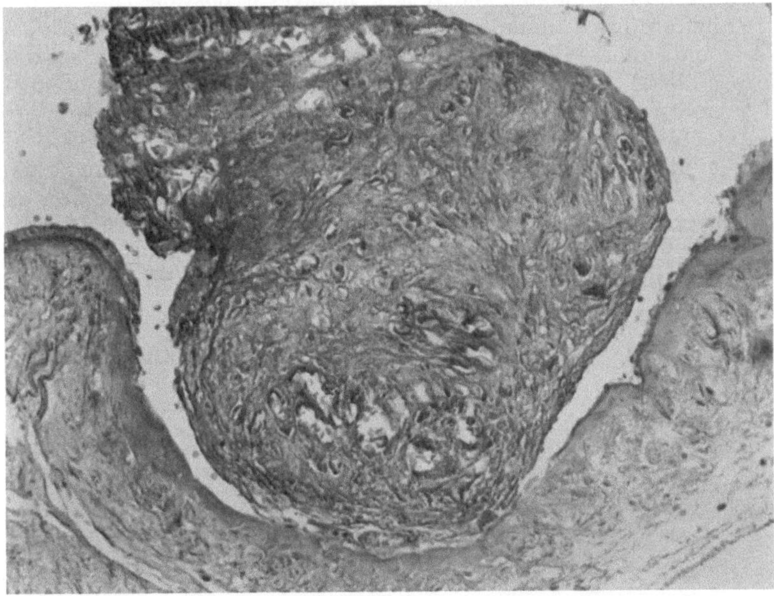

Fig. 34. Amnion nodosum in renal agenesis. Epithelium is preserved on either side of the vernix deposit which is not "organized". (Anilin blue × 140).

transfusion syndrome of twins. Tapfer reviewed the literature in 1935 and, in experiments with Na_4FeCN_6, demonstrated the intrauterine urination 11–12 hours after administration of the indicator. Thierstein et al. show an impressive picture of a 36 wks. fetus whose bladder contained 4,200 cc of urine because of urethral obstruction and whose birth was complicated by dystocia. A similar case was described by Kirchmair, and Weber & Israel, among others already cited, summarize the evidence that renal agenesis is associated with oligohydramnios. Selby & Parmelee describe such an instance in which the absence of fluid is particularly well demonstrated since the malformed infant was delivered in an intact sac. Most recently, Thomas et al. inject a radiopaque medium into the antecubital vein of the mother and find it to be excreted in the urinary system of living fetuses, once as early as 22 weeks gestation. Brown et al. consider it probable that the renin which they find in amnionic fluid is derived also from fetal urine. There is little doubt then that fetal urine makes up a portion of the amnionic fluid, even in early pregnancy. The unsolved problem remains, to explain adequately the apparently rapid exchange of this fluid with fetal and maternal fluid compartments which has been demonstrated in the elegant studies with one or two isotopes by Plentl; Hutchinson et al. Just how much of this fluid is exchanged by active transport or actual secretory activity of the amnionic epithelium, and what regulates the quantity of turnover and the direction of transfer are questions to be studied further. Pertinent literature is to be found in the studies by Elliott & Inman; Huber & Köhne; Jeffcoate & Scott; Vosburgh *et al.*; Plentl & Hutchinson; Fink; Scott & Wilson; Macafee; Moya *et al.*; Hutchinson *et al.* and the monograph by Schreiner. In a recent summary of the problem, Liley reviews the literature and draws attention to the rarely considered presence of colloid substances in the amnionic fluid. These may be contributed by fetal urine and the author believes it possible that such content as urinary albumin have an important regulatory function for the maintenance of optimal amounts of amnionic fluid. He also stresses the need to separate considerations of fluid (or constituent) exchange, as against their production or removal. Possibly these are completely separate functions and, while interrelated, they presumably are governed by different mechanisms. In the absence of adequate production, or urinary contribution to the production of the fluid, oligohydramnios ensues. If removal is deficient, polyhydramnios is the result. In either case, the defect is generally to be sought in the fetus, usually in malformations but occasionally, as in twins, in functional disturbances. There is practically no evidence that pathologic circumstances of the amnion itself play any rôle in this equation. The elegant studies by Tervilä bear this out as well.

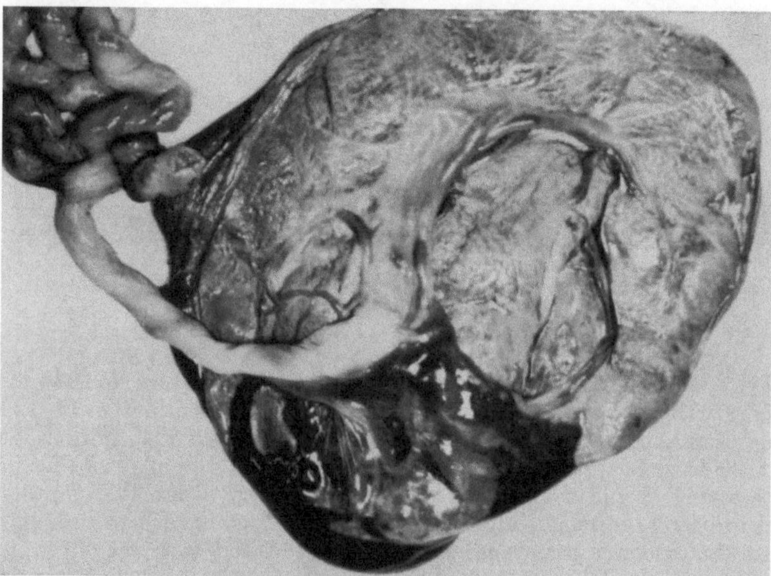

Fig. 35. Eccentric insertion of umbilical cord with recent (intranatal) subamnionic fetal hemorrhage, issuing from vessels at insertion of cord. Note unusual distribution of surface vessels and short distance of interposition of umbilical cord.

Edema of the membranes is a frequent finding on examination of placentas and Bourne suggests that the fluid is accumulated in the hydrophilic spongy layer which separates amnion from chorion and which is a potential space. Bourne also alludes to the fact that movement between amnion and chorion (see Petry) may take place in this region, thus allowing for a longer maintenance of an intact amnionic sac during labor. This shearing force between the two sacs, amnionic and chorionic, is further discussed by Opitz & Bernoth. These authors study the structure of various portions of membranes with polarizing optics and relate their findings to the nature and the site of membrane rupture. After application of pressure, the birefringence of fibers disappears in the amnions of those placentas delivered following timely occurrence of rupture of membranes. On the other hand, prematurely ruptured membranes formed new orientations after application of pressure, and were also more resistant to the pressure. Moreover, in contrast to the normal placenta, in those organs with premature rupture of the membranes, amnion and chorion were firmly applied to one another. Perhaps it is these structural changes which explain the paradoxical finding of greater tensile strengths of prematurely ruptured membranes, 0.299 kg/cm *vs.* 0.207 kg/cm (POLISHUK *et al.*). Parenthetically, these authors (POLISHUK, KOHANE & PERA-NIO) had previously found higher tensile strengths and thickened membranes in some instances of hydramnios and twins.

Similarly, MacLachlan, who devises a method to study the strength of fetal membranes, finds that the strength is greater at younger gestations than at term and that intrauterine pressure cannot explain rupture at term.

Not infrequently, focal or diffuse hemorrhage from chorionic vessels takes place in this potential space during labor (Fig. 35, see also Figures 32, 33 by Nesbitt).

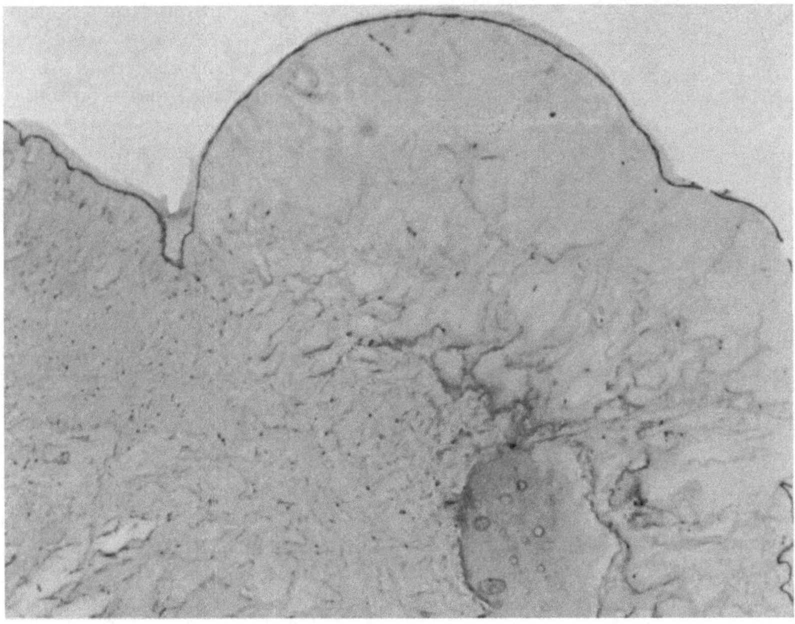

Fig. 36. Focus of subamnionic edema in umbilical cord. This was one of two tense 1 cm "cysts" in an otherwise normal placenta. (H & E × 40).

Usually, these hemorrhages and the accumulation of fluid are inconsequential and not associated with other placental pathology. The occurrence of hemorrhage in abnormally inserted cords is discussed in the chapter on cord and fetal vessels. LEARY & HERTIG suggested that amnionic fluid debris may find its way to the maternal circulation by this route, while LANDING (1950 B) discussed the possible uterine factors in the pathogenesis of amnionic fluid embolization. This syndrome, originally described by STEINER & LUSHBAUGH, is summarized in these papers and that by BELLER *et al.* who also provide excellent photographs and up-to-date references. For further reviews see

SHOTTON & TAYLOR and SCOTT. These accumulations of dissected amnionic fluid must
be differentiated from *cysts*, although some of the "true" amnionic cysts of BRET *et al.*
undoubtedly represent traumatic dissection of amnionic fluid, occurring during the
process of delivery. Most cysts seen on the placental surface are subchorionic in location and are considered in a separate chapter. Very rarely are such local accumulations
of fluid observed as that shown in Figure 36 which was present in the subepithelial
layer of the umbilical cord. They have no clinical significance. The finding of a squamous epithelium-lined cyst within the chorion has been described in the chapter on
cysts, as are the subchorionic cyst-like hemorrhages. We are unable to classify the
presence of *cartilage* within the chorionic connective tissue of an otherwise normal
mature placenta (Fig. 37). Two such nodules were present in this placenta and may
represent the remains of twins or an unusual type of metaplasia. The latter is the more
likely possibility, particularly in view of the experimental findings of ANDERSON *et al.*
who showed that the injection of an established tissue culture line of amnion cells
readily led to the development of nodules of cartilage and bone in cortisone-treated
mice. Perhaps a similar development may take place at times when a few amnionic cell
elements become displaced into the chorion and continue to grow.

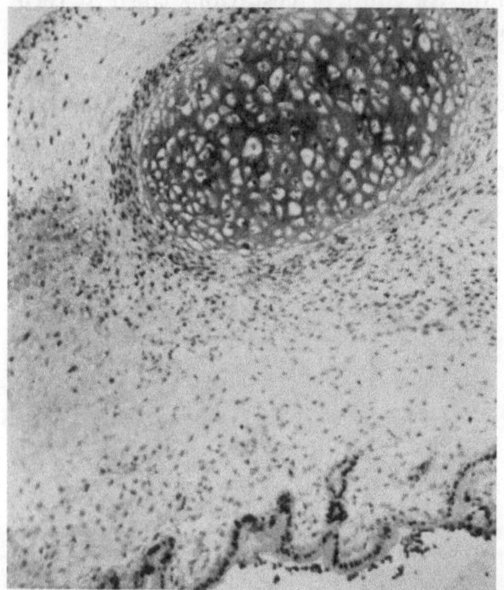

Fig. 37. One of two areas of mature cartilage in the chorion of an otherwise normal mature placenta. (& E × 100)

A rare finding is the presence of *amnionic bands* or the *adhesion* between parts of the fetus and the placental membranes. PATTERSON has
reviewed the subject critically and finds that the portions of the fetus
to which amnionic adhesions are bound are usually malformed and
ulcerated. The most frequently described anomaly in this context undoubtedly is anencephaly (Figs. 38, 39), or exencephaly (WOYTON).
However, POTTER (her Figs. 391—394) depicts other malformations of
the body stalk with eventration of viscera and partial extra-amnionic
development of the fetus in amnionic adhesions. She assumes a primarily
faulty development of the body stalk, the umbilical cord being unusually
short in these specimens. In other cases, the defect of the amnion presumably occurred at later stages of
development and it may then lead to the completely extra-amnionic development
of the fetus (BAR), premature fluid loss with apparently intact amnion (REIS-
FIELD) or, still more uncommonly, to the development of bands which wrap about
the cord and may cause fetal death. HONG & SIMON review the world literature
of those cases in which bands were knotted about the cord and find a total of
thirteen reports. In their specimen, the amnion was adjudged to have been
normal once. It then apparently ruptured over the placenta, rolled and knotted
about the cord. No remains of amnion were found covering the chorion frondosum
of their carefully studied specimen. The histology of such bands is not usually
different from the normal amnion and it has been depicted by CODY & UETZ-
MANN, among others. In contrast, the adhesions to ulcerated fetal parts are dense
collagenous membranes with degenerated epithelium (PATTERSON). The cause
of the rupture of the amnion and the formation of bands is unknown. While
inflammation has often been cited, usually there is no histologic evidence for it.
Hydramnios, maldevelopment, rubella and other causes cited are equally specula-

tive. Lennon considered that the bands have a different pathogenesis from the adhesions to malformed ulcerated parts of the fetus, a concept which is most plausible.

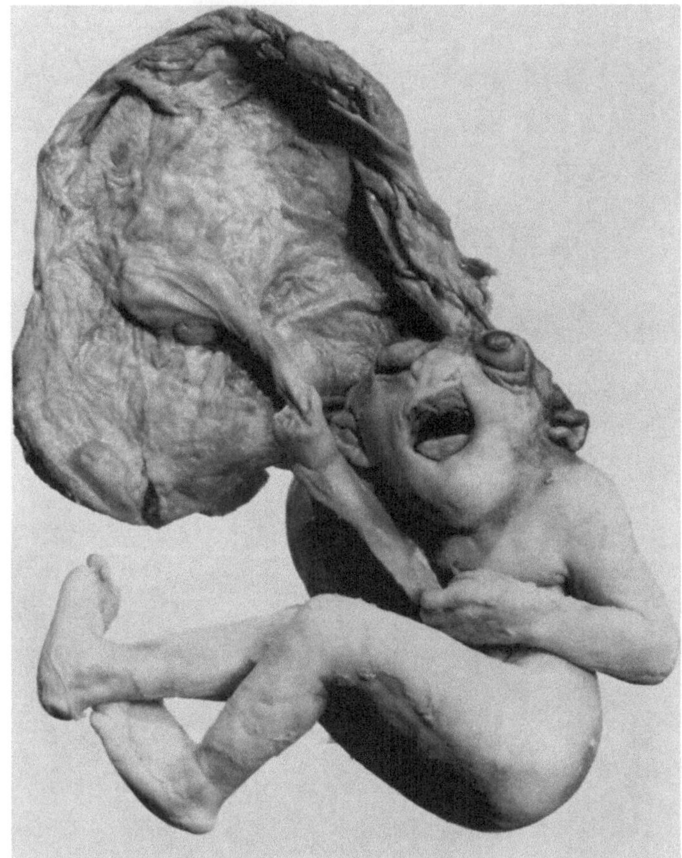

Fig. 38. Amnionic adhesion to the dura of an anencephalus. Relatively short umbilical cord.

Street & Cunningham have recently described a near amputation of a foot in a newborn where the band is described in great detail as resembling amnion closely. However, the placental surface and cord were entirely normal. They discuss various aspects of teratogenesis in great detail. Torpin, Goodman and Gramling describe a newborn from whose month a 94 cm string was extracted which was attached to the placental surface. The amnion had apparently ruptured prematurely and rolled up to form this string. In another case Torpin, Miller and Culpepper describe a newborn with digital amputations and club foot. They provide an excellent photograph of the placenta which indicates that the fetus must have developed extraamnionically, apparently again after premature rupture of the amnionic sac. These morphologic features were only recognized when the placenta was examined under water which allowed the much too small amnionic sac to distend and demonstrated the fibrous bands. More recently, Torpin (1965) presents three similar cases and reviews the literature. Of interest in connection with the considerations of the etiology of pl. circumvallata (Chapter II), one of these cases had such an organ. WERTHEMANN has considered amputations

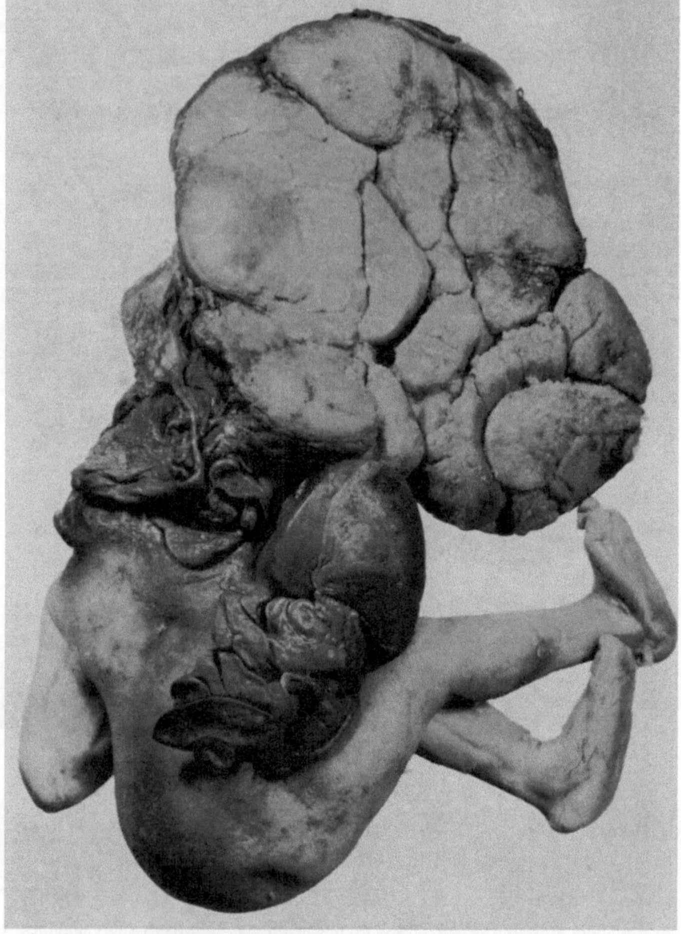

Fig. 39. Same as Figure 38 to show broad adhesions between membranes and ulcerated, ventrated contents of open skull and eventration of (intra-amnionic) viscera.

with and without proven bands, broad adherences of fetus to placental surface and cord encirclement in great detail and pointed out that no uniform theory as yet is capable of explaining the etiologic factors involved.

References

ANDERSON, H. C., P. C. MERKER & J. FOGH: Formation of tumors containing bone after intramuscular injection of transformed human amnion cells (FL) into cortisone-treated mice. Amer. J. Path. **44**, 507, 1964.
BAR, P.: Sur quelques conséquences de la rupture des membranes pendant la grossesse Bull. Soc. Obstet. Gynéc. **1**, 99, 1898.

BAUTZMANN, H.: Fruchthüllenmotorik und Embryokinese. Ihre Natur und ihre Bedeutung für eine physiologische Embryonalentwicklung bei Tier und Mensch. Arch. Gynäk. **187**, 519, 1956.

BAUTZMANN, H. & C. HERTENSTEIN: Zur Histogenese und Histologie des menschlichen fetalen und Neugeborenen-Amnion. Z. Zellf. **45**, 589, 1957.

— — Vergleichende Studien über Bau und Funktion des Amnions. Neuere Befunde bei Vögeln und Säugern *(Gallus,* Insectivora, Rodentia, Primates). Z. Zellf. **45**, 676, 1957.

BAUTZMANN, H., W. SCHMIDT & P. LEMBURG: Experimental electron- and light-microscopical studies on the function of the amnion-apparatus of the chick, the cat and man. Anat. Anz. **108**, 305, 1960.

BAUTZMANN, H. & R. SCHRÖDER: Studien zur funktionellen Histologie und Histogenese des Amnions beim Hühnchen und beim Menschen. Z. Anat. Entwicklungsgesch. **117**, 166, 1953.

BELLER, F. K., G. W. DOUGLAS, C. H. DEBROVNER, & R. ROBINSON: The fibrinolytic system in amniotic fluid embolism. Amer. J. Obstet. Gynec. **87**, 48, 1963.

BLANC, W. A.: Vernix granulomas of the amnion in oligohydramnios; morphogenesis and clinical implications. (Abstract). Amer. J. Path. **35**, 695, 1959.

— Vernix granulomatosis of amnion ("amnion nodosum") in oligohydramnios. Lesion associated with urinary anomalies, retention of dead fetuses, and prolonged leakage of amniotic fluid. New York J. Med. **61**, 1492, 1961.

BLANC, W. A., J. W. APPERSON & J. McNALLY: Pathology of the newborn and of the placenta in oligohydramnios. Bull. Sloane Hosp. Wom. **8**, 51, 1962.

BOURNE, G. L.: The microscopic anatomy of the human amnion and chorion. Amer. J. Obstet. Gynec. **79**, 1070, 1960.

— The human amnion and chorion. London, Lloyd-Luke, 1962.

— The foetal membranes. A review of the anatomy of normal amnion and chorion and some aspects of their function. Postgrad. Med. J. **38**, 193, 1962.

BOURNE, G. L. & D. LACY: Ultra-structure of human amnion and its possible relation to the circulation of amniotic fluid. Nature **186**, 952, 1960.

BRET, A. J., R. LEGROS & S. TOYODA: Les kystes placentaires. Presse Méd. **68**, 1552, 1960.

BROWN, J. J., D. L. DAVIES, P. B. DOAK, A. F. LEVER, J. I. S. ROBERTSON & M. TREE: The presence of renin in human amniotic fluid. Lancet ii, 64, 1964.

CODY, M. L. & I. F. UETZMANN: Amniotic bands as a cause of intrauterine fetal death. A case report. Amer. J. Obstet. Gynec. **74**, 1102, 1957.

COSTON, H. R.: Report of a case of ichthyosis fetalis; placenta and membranes involved. Amer. J. Obstet. Dis. Women & Childr. **58**, 650, 1908.

DONSKIKH, N. V.: New views on vascularity of the human amnion. Akus. i. Ginek. *(Russ.)* **33**, 93, 1957.

ELLIOTT, P. M. & W. H. W. INMAN: Volume of liquor amnii in normal and abnormal pregnancy. Lancet ii, 835, 1961.

FINK, A.: Ein tierexperimenteller Beitrag zur Entstehung des Hydramnios. Z. Geburtsh. **140**, 18, 1954.

HONG, C. Y. & M. A. SIMON: Amniotic bands knotted about umbilical cord. A rare cause of fetal death. Obstet. Gynec. **22**, 667, 1963.

HUBER, R. & D. KÖHNE: Zur Herkunft des Fruchtwassers. Gynaecologia **155**, 160, 1963.

HUTCHINSON, D. L., M. J. GRAY, A. A. PLENTL, H. ALVAREZ, R. CALDEYRO-BARCIA, B. KAPLAN & J. LIND: The role of the fetus in the water exchange of the amniotic fluid of normal and hydramniotic patients. J. Clin. Invest. **38**, 971, 1959.

JEFFCOATE, T. N. A. & J. S. SCOTT: Polyhydramnios and oligohydramnios. Canad. Med. Assoc. J. **80**, 77, 1959.

KIRCHMAIR, H.: Beitrag zur Frage der fötalen Nierenfunktion (Harnbereitung). Geburtsh. Frauenh. **13**, 1041, 1953.

KLINGER, H. P.: The sex chromatin in fetal and maternal portions of the human placenta. Acta Anat. **30**, 371, 1957.

KLINGER, H. P. & H. G. SCHWARZACHER: XY/XXY and sex chromatin positive cell distribution in a 60 mm human fetus. Cytogenetics **1**, 266, 1962.

LANDING, B. H.: Amnion nodosum: A lesion of the placenta apparently associated with deficient secretion of fetal urine. Amer. J. Obstet. Gynec. **60**, 1339, 1950 A.

LANDING, B. H.: The pathogenesis of amniotic-fluid embolism. II. Uterine factors. New Eng. J. Med. **243**, 590, 1950 B.

LANGE, M.: Beitrag zur Histologie des menschlichen Amnion und des Nabelstranges. Z. Geburtsh. Gynäk. **28**, 94, 1894.

LEARY, O. C. JR. & A. T. HERTIG: Pathogenesis of amniotic fluid embolism. I. Possible placental factors—aberrant squamous cells in placentas. New Eng. J. Med. **243**, 588, 1950.

LENNON, G. G.: Some aspects of foetal pathology- with special reference to the role of amniotic bands. J. Obstet. Gynaec. Brit. Emp. **54**, 830, 1947.

LILEY, A. W.: Amniotic fluid. Chapter 15 in modern trends in human reproductive physiology **1**, 227. H. M. Carey, ed. London, Butterworth, 1963.

MACAFEE, C. H. G.: Hydramnios. J. Obstet. Gynaec. Brit. Emp. **57**, 171, 1950.

MACLACHLAN, T. B.: A method for the investigation of the strength of the fetal membranes. Amer. J. Obstet. Gynec. **91**, 309, 1965.

McKAY, D. G., A. T. HERTIG, E. C. ADAMS & M. V. RICHARDSON: Histochemical observations on the human placenta. Obstet. Gynec. **12**, 1, 1958.

MOYA, F., V. APGAR, L. S. JAMES & C. BERRIEN: Hydramnios and congenital anomalies. Study of series of seventyfour patients. J. A. M. A.: **173**, 1552, 1960.

NESBITT, R. E. L. JR.: Perinatal loss in modern obstetrics. Philadelphia, Davis Co. 1957.

OPITZ, H. & E. BERNOTH: Strukturuntersuchungen der menschlichen Eihaut nach vor- und rechtzeitigem Blasensprung. Arch. Gynäk. **196**, 435, 1962.

PATTERSON, T. J. S.: Amniotic bands. Chapter XX in bourne, G. L.: The human amnion and chorion. London, Lloyd-Luke, 1962.

PETRY, G.: Studien über die morphologischen Grundlagen des Blasensprungs. Zbl. Gynäk. **76**, 655, 1954.

PLENTL, A. A.: The origin of amniotic fluid. p. 71—114. In gestation, transactions of the fourth conference. New York, Josiah Macy Jr. Foundation, 1958.

PLENTL, A. A. & D. L. HUTCHINSON: Determination of deuterium exchange rates between maternal circulation and amniotic fluid. Proc. Soc. Exp. Biol. Med. **82**, 681, 1953.

POLISHUK, W. Z., S. KOHANE & A. HADAR: Fetal weight and membrane tensile strength. Amer. J. Obstet. Gynec. **88**, 247, 1964.

POLISHUK, W. Z., S. KOHANE & A. PERANIO: The physical properties of fetal membranes. Obstet. Gynec. **20**, 204, 1962.

POTTER, E. L.: Pathology of the fetus and the infant. 2nd ed. Chicago, Year book medical publishers, 1961.

REISFIELD, D. R.: Congenital defect in the fetal membranes: A condition simulating spontaneous rupture. Bull. Sloane Hosp. Women **4**, 16, 1958.

RUBOVITS, W. H., E. TAFT & F. NEUWELT: The pathologic properties of meconium. Amer. J. Obstet. Gynec. **36**, 501, 1938.

SCHATZ, F.: Eine besondere Art von einseitiger Polyhydramnie mit anderseitiger Oligohydramnie bei eineiigen Zwillingen. Arch. Gynäk. **19**, 329, 1882.

SCHREINER, W. E.: Fruchtwasser und Fetus. Untersuchungen über die intrauterine Sauerstoffversorgung des Fetus bei der normalen und pathologischen Schwangerschaft. Bibliotheca Gynaecologica, Fasc. 31. Fortschr. Geburtsh. Gynäk. Vol. 20 Basel, S. Karger, 1964.

SCHWARZACHER, H. G. & H. P. KLINGER: Die Entstehung mehrkerniger Zellen durch Amitose in Amnionepithel des Menschen und die Aufteilung des chromosomalen Materials auf deren einzelne Zellkerne. Z. Zellf. **60**, 741, 1963.

SCOTT, M. M.: Cardiopulmonary considerations in nonfatal amniotic fluid embolism. Comments on: J.A.M.A. **183**, 989, 1963 & **185**, 732, 1963.

SCOTT, J. S. & J. H. WILSON: Hydramnios as an early sign of œsophageal atresia. Lancet *ii*, 569, 1957.

SELBY, G. W. & A. H. PARMELEE: Bilateral renal agenesis and oligohydramnios. J. Pediat. **48**, 70, 1956.

SHOTTON, D. M. & C. W. TAYLOR: Pulmonary embolism by amniotic fluid. (A report of a fatal case, together with a review of the literature.) J. Obstet. Gynaec. Brit. Emp. **56**, 46, 1949.

STEINER, P. E. & C. C. LUSHBAUGH: Maternal pulmonary embolism by amniotic fluid as cause of obstetric shock and unexpected deaths in obstetrics. J.A.M.A. **117**, 1245 & 1340, 1941.

STREET, D. M. & CUNNINGHAM, F., Congenital anomalies caused by intra-uterine bands. Clin. Orthoped. No. **37**, 82 1964, Lippincott Co.

TAPFER, S.: Untersuchungen über die Nierentätigkeit des Ungeborenen. Arch. Gynäk. **160**, 131, 1935.

TERVILÄ, L:. Transfer of water from maternal blood to amniotic fluid of live and dead fetuses in health and in some pathological conditions of the mother. A study with tritium-labelled water. Ann. Chir. Gynaec. Fenn. **53**, Suppl. 131, 1964.

THIERSTEIN, S. T., F. D. COLEMAN, & F. H. TANNER: Kidney function in the fetus. Amer. J. Obstet. Gynec. **56**, 1178, 1948.
THOMAS, C. R., E. K. LANG & F. P. LLOYD: Fetal pyelography- a method for detecting fetal life. A preliminary report. Obstet. Gynec. **22**, 335, 1963.
THOMAS, C. E.: The ultrastructure of human amnion epithelium. J. Ultrastr. Res. **13**, 65, 1965.
THOMPSON, V. M.: Amnion nodosum. J. Obstet. Gynaec. Brit. Emp. **67**, 611, 1960.
TORPIN, R.: Amniochorionic mesoblastic fibrous strings and amnionic bands. Associated, constricting fetal malformations or fetal death. Amer. J. Obstet. Gynec. **91**, 65, 1965.
TORPIN, R., GOODMAN, L. & Z. W. GRAMLING: Amnion string swallowed by the fetus. Amer. J. Obstet. Gyne. **90**, 829, 1964.
—, G. T. MILLER & B. W. CULPEPPER: Amniogenic fetal digital amputations associated with clubfoot. Obstet. Gynec. **24**, 379, 1964.
VOSBURGH, G. J., L. B. FLEXNER, D. B. COWIE, L. M. HELLMAN, N. K. PROCTOR, & W. S. WILDE: The rate of renewal in woman of the water and sodium of the amniotic fluid as determined by tracer techniques. Amer. J. Obstet. Gynec. **56**, 1156, 1948.
WAGNER, G. & I. TYGSTRUP: Oligohydramnios and urinary malformations in early human pregnancy. Acta Path. Microbiol. Scand. **59**, 273, 1963.
WEBER, L. L. & S. L. ISRAEL: Renal agenesis and oligohydramnios. Obstet. Gynec. **12**, 575, 1958.
WOYTON, J.: Encephalocele attached to the placenta. Amer. J. Obstet. Gynec. **81**, 1028, 1961.
WERTHEMANN, A.: Allgemeine Einführung und Mißbildungen aus placentarer Beeinträchtigung inbesonderheit sog. amniogene Schnürungen und Schädigungen durch die Nabelschnur. Bull. Schweiz. Akad. Med. Wiss. **20**, 313, 13, 1964.

IV. Pathology of the Umbilical Cord and Major Fetal Vessels.
Vestiges of Embryonic Structures.

Introduction

In grouping the pathologic changes of the major fetal vessels together with the pathology of the umbilical cord it is recognized that their development and structure is intimately related. Moreover, an abnormal condition in one, *e. g.* excessively long cord, is often associated with pathologic events in the other *e. g.* thrombosis of vessels, and these events are frequently causally related.

The embryology of the umbilical cord, of its vestigial structures and of the associated regions has been treated in great detail in the rarely quoted book by CULLEN. In this comprehensive treatise, CULLEN is aided by the exemplary drawings of Brödel. It was compiled at a time when only few actual human embryos had been described in detail. Nevertheless, the relationship of the many structures which form, after complex developmental deviations, the final structure of the umbilical cord is traced completely in a series of drawings and descriptions from the original anlage of the body stalk. The reader will find all of the older literature treated in great detail by CULLEN. The major portion of this work, however, is devoted to the diseases of the umbilicus and its associated structures, and is thus less pertinent to the present considerations.

Vestiges and Remarks Concerning Normal Structure.
Cysts. Edema.

From the earliest moment of the delineation of a caudal body stalk to the evolution of the lengthening cord, a series of structures becomes incorporated into the cord by what HERTIG chooses to describe as the "prolapsing" of the embryo into the amnionic cavity. Considering these evolutionary steps, it is readily envisaged how the surface of the cord is composed of amnion, lacks nutritive vessels and that its substance, the Wharton jelly, is ultimately derived from the loosely structured material in the extracoelomic cavity. This cavity is filled with a fluid to which McKAY *et al.* refer as thixotrophic gel because of its liquefaction upon pressure. It can be seen to contain a network of delicate cells (extraembryonic mesoblast) in the various publications depicting early embryos (*e. g.* HERTIG & ROCK). Possibly their incorporation, not only into the cord, but also between amnion and chorion, accounts for the peculiar, mucoid and compressible aspects of these regions. The importance of this faculty of the cord has been stressed by REYNOLDS who likens the result of a compressed Wharton's jelly (compressed by distended fetal vessels) to the rigid nature of erectile tissue. An incidental finding in REYNOLDS' study is the affirmation of the existence of the folds of Hoboken, demonstrable, however, only in man and not found by him in the cords of sheep and goat. He presents an excellent photograph of a cord vessel which was never allowed to collapse and contains the fold. The present study does not intend to cover the argument whether nervous tissue exists in the umbilical cord. Because of the pharmacological response of umbilical vessels, demonstrated by many authors recently and under physiological conditions (TEN BERGE; PANIGEL; others), this question has been reopened. The reader is referred to TEN BERGE who finds with methylene blue and also Champy-Coujard preparations what he considers to be nervous structures, associated with the fetal vessels

and capillaries. He also cites the older literature on this subject. DAVIGNON &
SHEPHERD, who find no norepinephrine in the umbilical artery, consider its
contractile response myogenic rather than nervous.

Wharton's jelly contains an abundance of mast cells which can be stained selectively
and which are most numerous around the vessels and at the periphery (MOORE). Their
number and distribution varies widely and no definite function has been ascribed to
their presence in the cord, although SUNDBERG, SCHAAR, POWELL & DENBOER discussed their anticoagulant properties. BOURNE finds that an anticoagulant activity in the
cord may be important because of the length and tortuosity of the human umbilical
cord vessels. He summarizes all pertinent literature and gives his own results. LEVINA
is of the opinion that mast cells begin to accumulate after the third month of development. This author also speaks of numerous capillaries in the umbilical cord of the first
three months, a finding for which we find no further support and which is not borne
out by personal observations. The concentric arrangement of the jelly is said to occur
mainly during the sixth to eighth months of development according to LEVINA, later
it decreases.

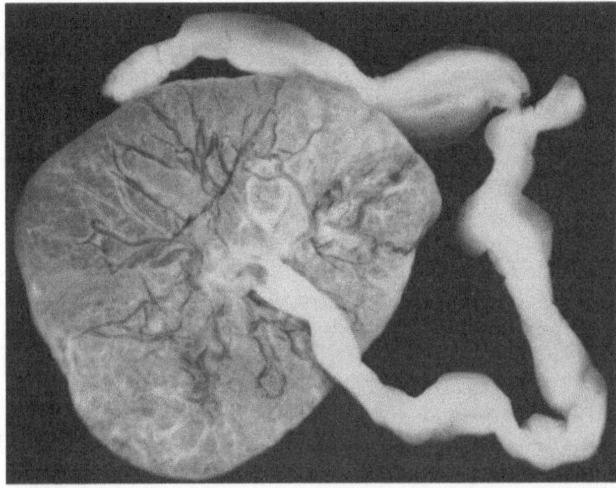

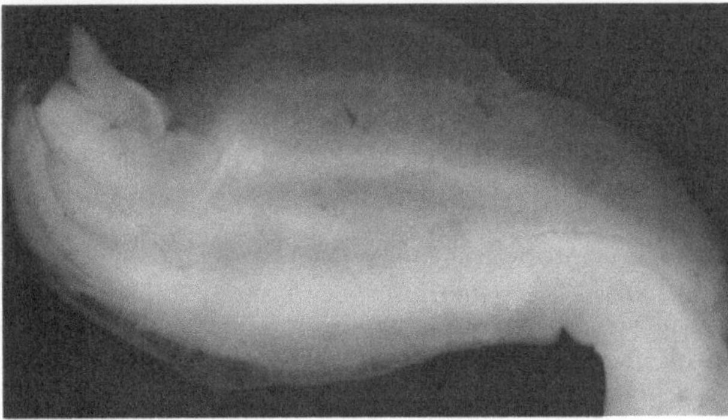

Fig. 40. Mature placenta with marked edema ("mucoid degeneration") of portions of the umbilical cord. Higher
magnification (below) illustrates the translucency of Wharton's jelly through which the vessels can be seen.
Normal infant.

Occasionally, the entire cord or only portions of its length show what appears
to be an excessive accumulation of Wharton's jelly. We have seen two such cases,
both of which were associated with a term pregnancy and had a perfectly benign
outcome. One of these is shown in Figure 40. When the cord was sectioned, a

large amount of viscid fluid escaped which jelled in Bouin's fluid. On microscopic sections, the only finding of note was the wide dispersal of the fibrocytes. CULLEN mentions the occurrence of small cysts in the substance of young umbilical cords which he believes become organized. BERGMAN, LUNDIN & MALMSTRÖM find that "mucoid degeneration", if such term is properly applicable, is not uncommon in the cord and may give rise to cysts. They describe such a case and depict the 3 cm large subepithelial cysts which contained mucoid fluid (see Fig. 36). There were no complications in this pregnancy. However, in another case the authors consider this change to be related to fetal death. In this case, a slightly post-mature child was delivered with meconiumstained amnionic fluid and the cord had a remarkable appearance. The two umbilical arteries wound around the vein, completely devoid of an outer protective envelope of cord substance. In what remained of Wharton's jelly, there were small mucoid cysts and it may be that a greatly distended mucoid cord had ruptured, leaving the vessels unprotected and prone to the inflammation and thrombosis the authors found. This reminds of the case reports on furcate cords (chapter II). Alternatively, it must be pointed out that meconium may cause surface degeneration and inflammation of the cord, as well as of the amnion and chorion. A very similar anomaly with thrombosis of vessels has been presented by NESBITT (his Fig. 36). JAVERT & BARTON consider that edema of the cord is usually found in vascular obstruction secondary to looping or torsion but they describe a case of what they consider to be primary edema and for which no cause was discovered. It was associated with a spontaneous abortion. In this connection it might be quoted that "the thin cord is a dangerous cord and the fat cord is a safe cord, all other factors being equal" (HALL), although we cannot support his assumption that the poor outcome of his two cases of alleged "thin cords" is related to the absence of Wharton's jelly. In fact, at this time we do not know what factors control the water content, mass or composition of Wharton's jelly but recognize BACSICH & RIDDELL's comparison of this avas-cular tissue with cartilage and cornea. WALZ reviews the literature on edema of the cord and finds it a very rare entity. He describes the incredible thickening to 7 cm of a cord in a normal, albeit small infant with otherwise normal placenta. The only other finding was the presence of calcified umbilical vessels. The cause is unknown but WALZ finds an exudate and believes that serous inflammation may have been responsible.

Cysts within the cord may be of different origin than "mucoid degeneration". More often they probably relate to the vestigial structures, the omphalomesenteric and allantoic ducts. BROWNE refers to the report of one such cyst causing death. In the majority of cases, these vestiges present only curiosities and are usually seen at microscopic examination. CULLEN has traced the development of these structures and considers most extensively the remains of the ducts in the umbili-cus. Traces of the *omphalomesenteric duct* are rarely recognized in the mature umbilical cord. The remains may be represented by a minute lumen, lined by cuboidal epithelium and it is usually discontinuous when serial sections are made. Occasionally it is duplicated (Fig. 42) even in the absence of twinning. The duct becomes very greatly lengthened when the umbilical cord develops and of the original yolk sac only a minute yellow structure remains in some placentas, in many it cannot be found. When it is seen, it is located near the periphery of the placenta with rare exceptions. Figure 41 shows the relatively large remains of the yolk sac at its typical location in a mature placenta. It is invariably located be-neath the amnion, lying in the remains of the magma reticulare. Usually, no blood vessels are seen leading to this structure, the exception having been shown in Fig. 43 in a twin placenta. Despite its histologic appearance (Fig. 43) of strongly basophilic debris, a gritty sensation of calcium is absent on gross examination. A. MEYER, however, describes the calcareous nature of its contents and discusses extensively its development. The rare occurrence of cysts in discontinuous portions of the omphalomesenteric duct and, more frequently the development of a fecal fistula through a Meckel's diverticulum, have been summarized by CULLEN. Similarly, WILLIS discusses the development of umbilical polyps due to persistence of omphalomesenteric structures. That similar tissue may occur within the cord substance proper has been demonstrated recently by HARRIS & WENZL. These authors excised a 4 mm red nodule from the umbilical cord of a newborn infant which was located approximately 4 mm from the abdominal surface. Histologically

it was composed of pancreas and small intestinal mucosa and its origin is undoubtedly related to the omphalomesenteric duct. A more remarkable case of persistent duct tissue is described by BLANC & ALLAN. The large duct shown by these authors contained gastric mucosa, formed a mass 1 cm from the abdomen and had apparently caused ulceration and venous rupture with fetal exsanguination. At the margin of the ulceration, numerous calcified masses were present. CULLEN (p. 189) draws attention to the fact that in cases of a persistent omphalomesenteric duct, the cord is often considerably thickened at its base, up to twice its usual diameter, but most

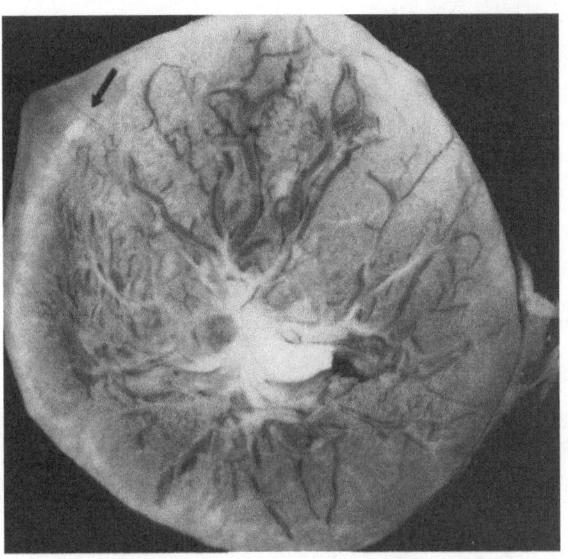

Fig. 41. Remains of yolk sac in term placenta (arrow), the small white nodule in left upper corner, the "umbilical vesicle", a small yellow subamnionic structure. Its marginal position at term is most frequent, a position attained in later pregnancy by contin. growth of the placenta.

often such information is not available in case reports. He also redescribes a case of Gibb's in which a fecal fistula formed through a structure not dissimilar to that of HARRIS & WENZL.

Remnants of the *allantoic duct* are more frequently recognized. Moreover, their origin is more readily positively identified because of the constant location of the duct between the two umbilical arteries. CULLEN finds that this position is retained in all instances. The duct may or may not contain a lumen (Fig. 44). Its lining consists mostly of flattened epithelium which, at times, reminds of transitional epithelium. Smooth muscle is usually not found but the connective tissue of Wharton's jelly often assumes a concentric arrangement around the duct. Cysts have been reported to occur (BROWNE) and CULLEN as well as WILLIS refer to urinary fistulas in newborns or retroperitoneal cysts arising from the patent urachus. WILLIS finds mucus-secreting epithelium in some such cases.

Cysts containing omphalomesenteric blood vessels are quoted by CULLEN as further remains of vestigial structures. He considers these to derive from the former extracoelomic cavity. We have been unable to find such remnants in placentas of viable pregnancies. Also, there are said to occur amnionic inclusions, forming cysts on occasion (CULLEN; BROWNE). However, great care must be taken that inadvertent tangential sectioning of the fixed and wrinkled cord does not mimic the presence of a cyst. Thus, in Figure 45 the space indicated by an arrow is an omphalomesenteric cyst while a space at the upper left, next to the only artery, is a deep fold of the cord surface which, in other sections easily might have been mistaken for an amnionic inclusion cyst. Serial sections have not always excluded this possibility.

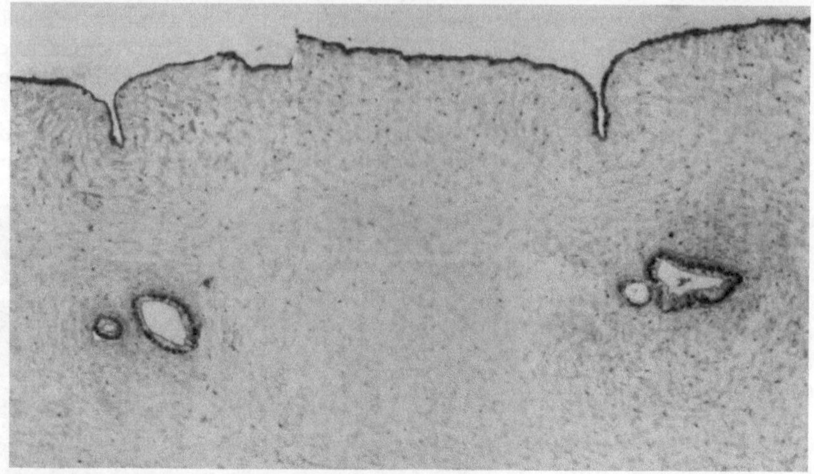

Fig. 42. Section of term umbilical cord with four remaining omphalomesenteric ducts. Lining is columnar epithelium with scant mucus secretion. Position at margin of cord is typical. The reason for this duplication is unknown. (H & E × 50).

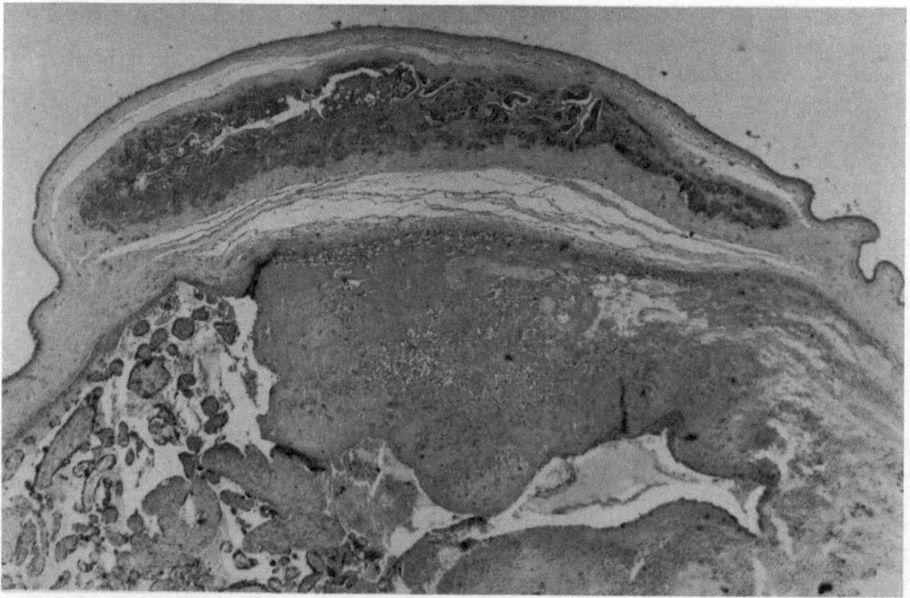

Fig. 43. Section through the remains of yolk sac over placental surface at term. Note the location of this amorphous, basophilic mass beneath amnion and attached to spongious layer of chorion. (H & E × 20).

On occasion, the mature placenta may contain remnants of omphalomesenteric vessels on its membranous surface (Fig. 46) and in the cord (Figs. 47, 48). These may even contain fetal red cells and they must hence be considered to be actively circulated, as also their rare participation in an inflammatory process testifies.

These small vessels usually lack all muscular investment and they are thus easily distinguished from the allantoic vessels, to be considered later. In sireniform

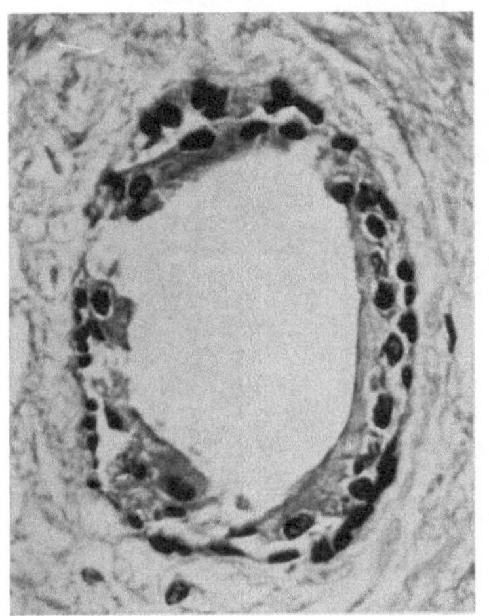
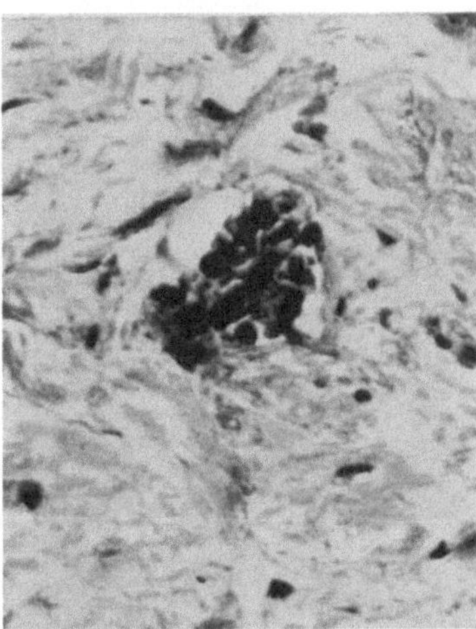

Fig. 44. Two remnants of allantoic duct, left patent, right obliterated. Note absence of muscular coat. (H & E × 525; courtesy G. L. Bourne).

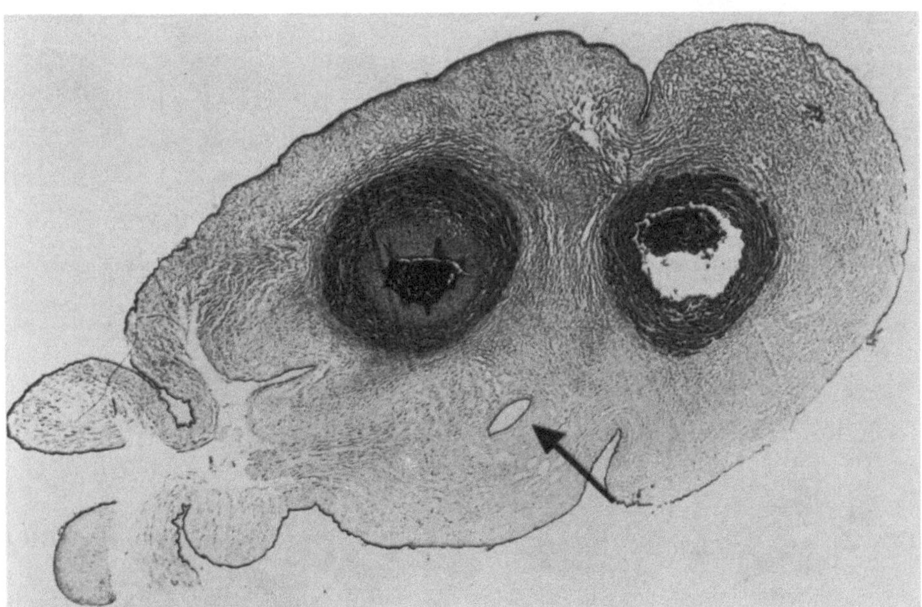

Fig. 45. Umbilical cord lacking one artery and with dilated omphalomesenteric duct at arrow. Crevices at left may easily simulate amnionic inclusion cysts. (H & E × 15; courtesy G. L. Bourne).

monsters, it is said that the vitelline vessels develop to form the proper umbilical circulation (R. MEYER, p. 639). This is not borne out by our study and is considered below. No other vessels or lymphatics are found in the cord and most authors are agreed that vasa vasorum do not occur (CLARKE).

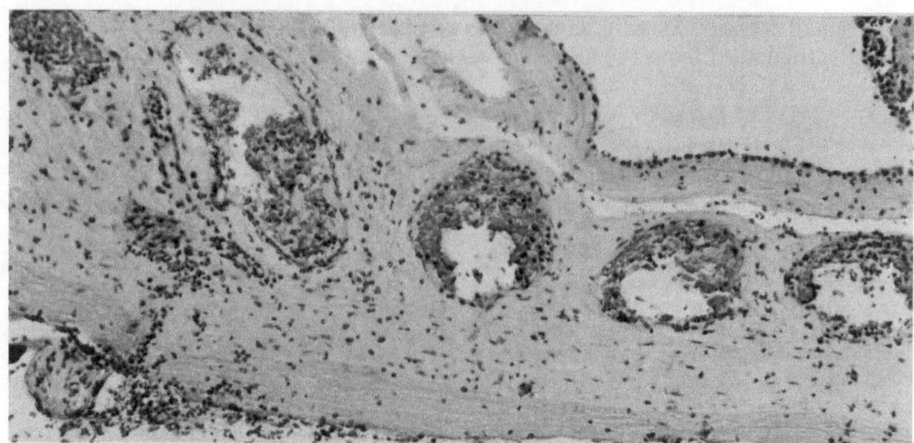

Fig. 46. Chorionic surface with dilated channels of vitelline vein in chorion. Note the absence of muscular coat. (H & E × 100).

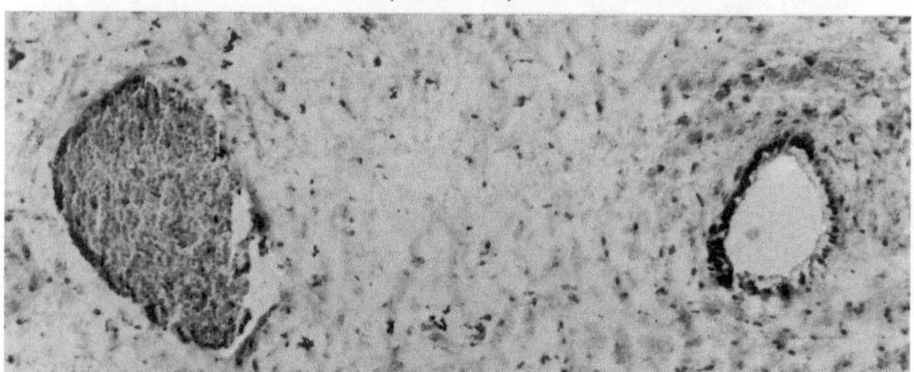

Fig. 47. Same case as Figure 46. Umbilical cord with dilated omphalomesenteric duct at right and omphalomesenteric vein left. (H & E × 100).

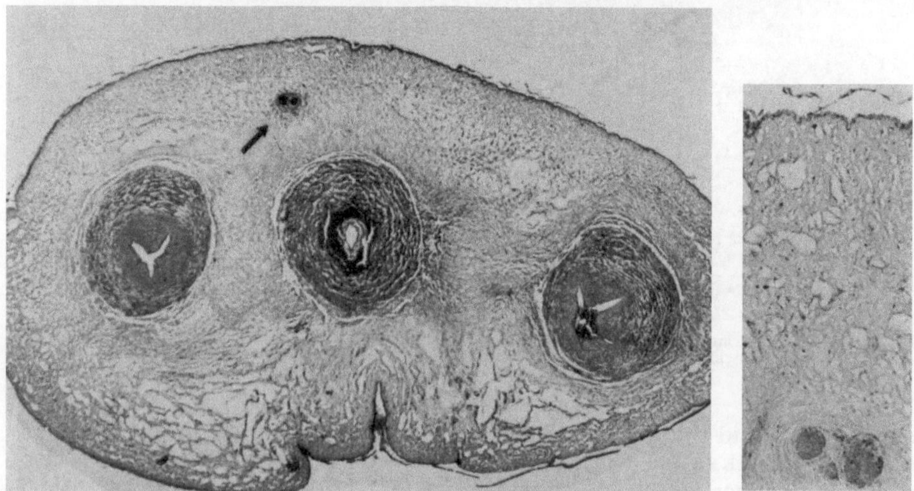

Fig. 48. Term umbilical cord with vitelline veins at top (arrow). At right, higher magnification to show the absence of muscular wall of vessels. (H & E × 16; × 100).

Length of Cord. Spiraling. Torsion. Knots. Hemorrhage.

The total length of the umbilical cord varies considerably and it would be necessary to examine a very large series of consecutive material in order to encompass the extreme variations that have been reported. GROSSER (p. 393) reviews the older literature of this topic. In a study of 177 cases, WALKER & PYE have determined the normal length by standard measurements which they obtained within one half hour of birth and which included the portion left on the baby. Their range was from 17.8 cm to 121.9 cm with a steep mean at 54.1 cm. In a careful analysis, these authors concluded that none of the following factors affected the length: Season, parity, age of mother, blood groups, height and weight of mother, presence of maternal toxemia, presentation or weight of baby, stillbirth, length of labor, length of baby. However, male babies had a slightly longer cord than females and, in their study, the full length seemed to have been attained at 28 weeks of gesta-tion. MALPAS found the peak at 61 cm and, when plotted on a logarithmic scale, he found a linear progression. Despite this sugges-tion of a probable correlation with other parameters of fetal growth, none was found with respect to fetal or placental weight. He also charts the different lengths of cords in monozygous twins and discusses hemodynamic aspects. In 17% of the cases collected by WALKER & PYE, the cord was wound around the neck of the infant. In their series, as well as that of EARN, the occurrence of cords longer than 54 cm was more common than a shorter cord. EARN finds looping more fre-quently (23%) and associates it with unusually long cords, 87% of which had loops about the neck. In one case it occurred eight times. The measurements cited are certainly not the extremes. In the section on twin placentation we have referred to the reports of "achordia", cases where the umbilical region seems to issue

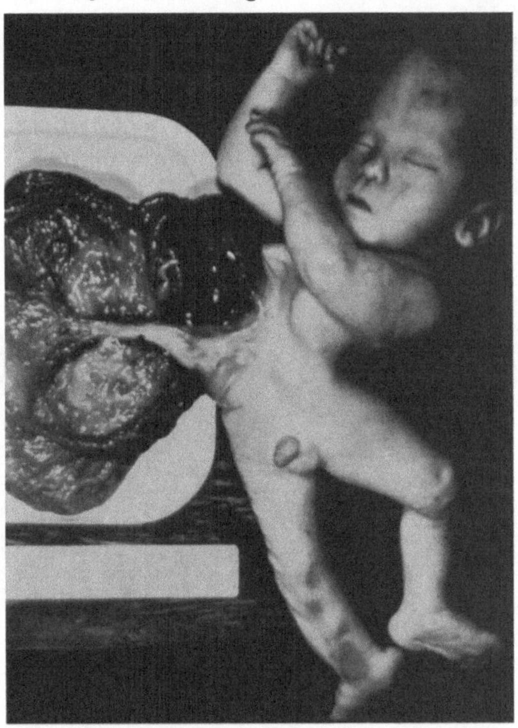

Fig. 49. Excessively short umbilical cord near term. As in most cases, this was associated with a large omphalocele and even-tration of abdominal viscera. Portion of the abdominal wall is covered by amnion.

from the surface of the placenta. These rare instances have been considered by JAVERT & BARTON; GRUENWALD & MAYBERGER and also POTTER. As in the case shown in Figure 49, such extremely short cords are often associated with a defective abdominal wall and eventration of viscera (see also TOWELL). On the other end of the scale, cords measuring up to 300 cm have been reported as curiosities. EASTMAN & HELLMAN report cords measuring to 198 cm in length and find that the minimal normal length should be 35 cm for an uncomplicated delivery. Since looping around the baby is frequently encountered, they consider the terms "absolute" and "relative" shortness as the more meaningful with respect to obstetric complications (see also SzÉcsi). In our opinion, excessive length is not only deleterious because of the greater frequency of looping but also because we have seen several instances of fetal death associated with, perhaps due to, partial or complete vascular occlusion by thrombi in long cords. Figures 50 & 51 show such an instance. Furthermore, true knots occur definitely more often in long cords and these may be fatal to the infant (Fig. 52). EARN found true knots in three instances of 5,676 deliveries, each in cords over 100 cm and once causing fetal death. BROWNE, in a classic paper, finds true knots in 0.4—0.5% of deliveries and conducts a series of beautiful experiments which should be extended by modern techniques of manometry and perfusion. When the pressure was measured which is needed to perfuse the umbilical vein, BROWNE found that 10 mm Hg sufficed in the normal condition, while one slack knot required 20 mm Hg, two knots 60 mm and if a 100 gm weight was employed to tighten one knot, a pressure of 100—110 mm was needed to perfuse the vein. He also records the occurrence of two knots in one exceptional cord measuring only 40 cm. (See also DIPPEL, 1964: two knots, 95 cm cord, stillbirth.) In his cord experiments, BROWNE describes the effect on the cord substance by a knot (flattening, dissipation of jelly) and mentions later that looping is only rarely a cause of antenatal death, mostly during the descent of the fetus during labor. KAN & EASTMAN also find looping extremely commonly (25%) but they are not impressed with its hazard

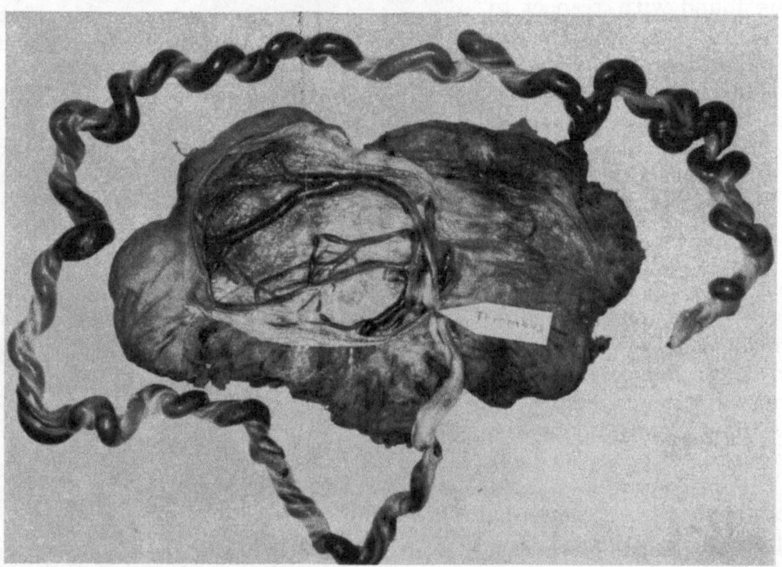

Fig. 50. Term placenta with long cord (105 cm) and occlusive thrombus in vein at arrow; marked venous congestion; stillborn; extensive circummargination of membranes.

since they had no fatality in 1,000 consecutive deliveries due to this cause. DIPPEL (1964) also studied 1,000 deliveries, finds similar frequencies and comes to similar conclusions. Finally, it seems likely that excessively long cords are more prone to prolapse during delivery and thus constitute a hazard by becoming compressed mechanically (see DIPPEL). The effect upon fetal circulation of partial or complete cord compression has been studied experimentally at Cesarean section recently and the authors discuss pertinent literature (LEE & HON). A similar clinical study comes from BARDEN & STANDER. For the pathologist, it is always a difficult problem to ascertain the cause of death with certainty in such instances. While little doubt exists that the knot caused fetal death in Figure 52, it is not always

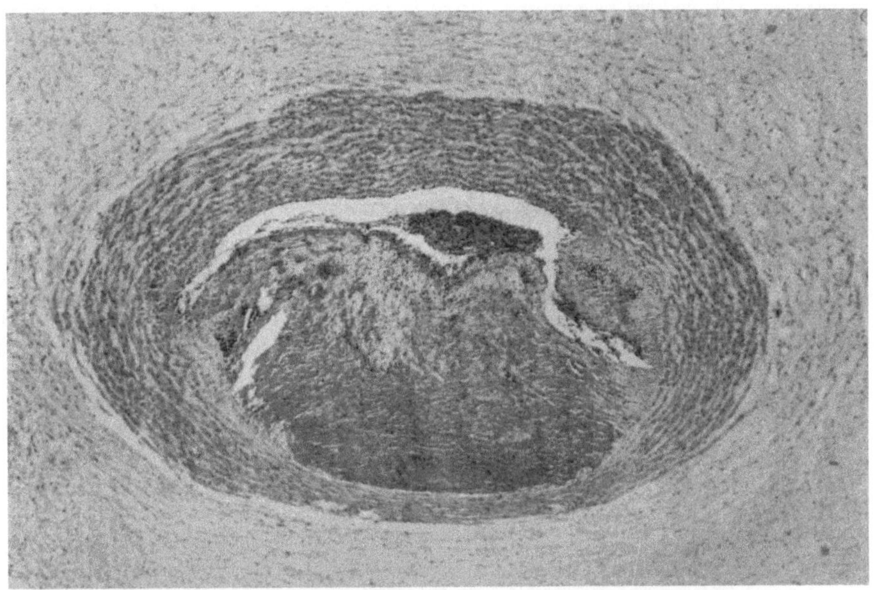

Fig. 51. Nearly occlusive thrombus in umbilical vein, long cord, fetal death. (H & E × 40).

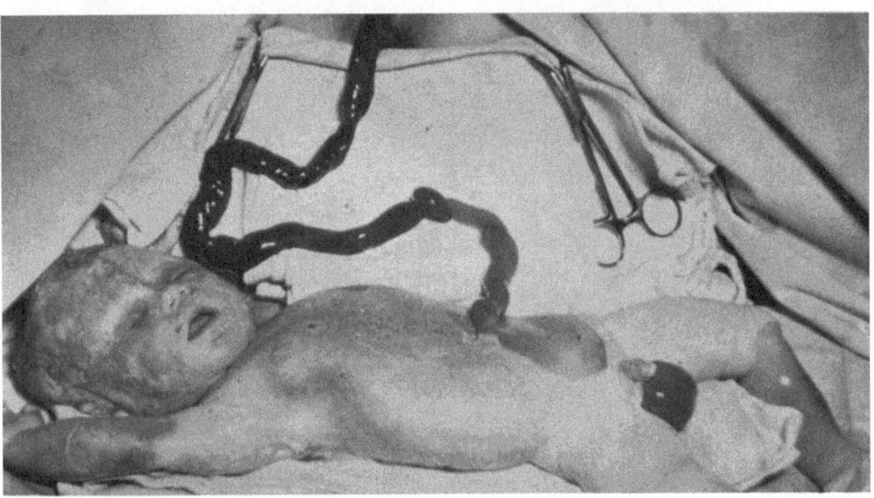

Fig. 52. Macerated stillborn fetus; fetal death due to occlusive knot in umbilical cord, 10 cm from abdominal surface. Note marked venous congestion distal to knot. Total cord length 65 cm.

possible to demonstrate as pronounced a venous stasis distal to the knot, nor occlusive thrombi, although they should be looked for even when a simple pro-lapse of the cord was held responsible for fetal death. In many photographs,

JAVERT & BARTON demonstrate what they consider causes of abortion and fetal death, namely excessive spiraling, tight looping, excessive length of cord with focal twisting etc. We have previously cautioned (BENIRSCHKE, 1962) that some of these events may occur after fetal death has already occurred for other reasons. This must be borne in mind lest cord complications are adjudged of excessive importance. We regard as minimal criteria the demonstration of either occlusive thrombi or secondary congestion and compression such as shown in Figure 53—55 (see also SEITZ). In some other cases these conditions have been fulfilled with exemplary photographic evidence. Thus, WEBER presents five cases of fetal death due to excessive torsion, once with cord disruption. There was longstanding thrombosis in the fetal vessels and most of the previous literature is discussed in detail. He presents one case, and finds only one other, in which the fatal torsion occurred near the placenta. The condition has never been reported to recur in subsequent pregnancies. Other cases have been reported by KING and by WAHL. Unfortunately, the pathologist is often confronted with a problem as shown in Figure 56. This was a term pregnancy which resulted in a stillborn infant. No causes for the recent fetal death could be identified and, perhaps rather too readily, the marked spiraling or twisting of the umbilical cord is held responsible

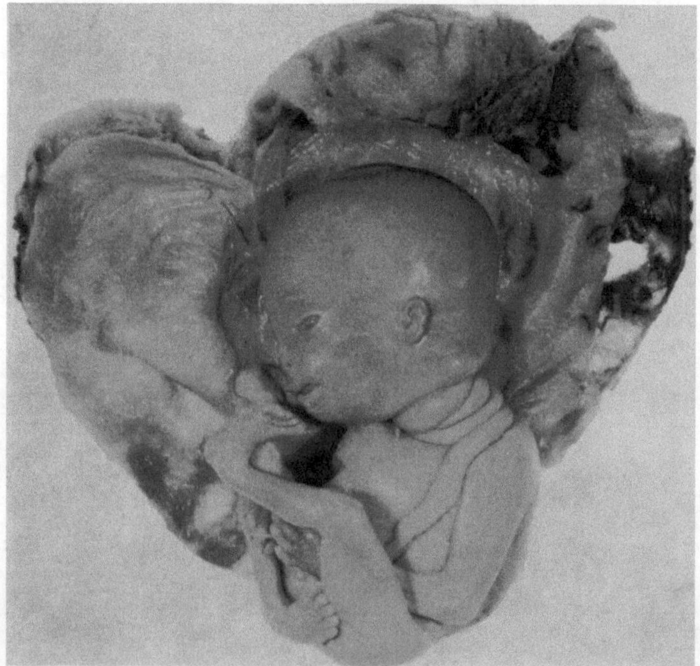

Fig. 53. Fetal death at 20 weeks due to obstruction of blood flow from looping (3 ×) of cord about neck. Note congestion of head.

for cessation of fetal circulation. Despite numerous sections, we could not find convincing thrombi. One might assume that the descensus of the baby during delivery stretched this twisted cord, causing the blood flow to be interrupted, but the proof for this assumption is usually difficult to obtain. WERTHEMANN includes strangulation from cord encirclement in his review and demonstrates said grooves in several of his photographs. CRAWFORD undertakes a statistical analysis of cord around the neck and hints at biochemical changes in the newborns of such complication. In primigravidae this author finds a marked increase to occur after 38 weeks of gestation.

Excessively *short* cords, while compatible with survival (BROWNE) may lead to abruptio placentae, inversion of the uterus or intrafunicular *hemorrhage* which may cause death by exsanguination of the fetus. The latter complication in particular has been reported on numerous occasions. SZÉCSI describes two severe (one fatal) hemorrhages from ruptured cords and two other significant complications of short cords among 6,000 deliveries and gives a valuable summary of pertinent literature. He discusses the "absolute and relative cord length",

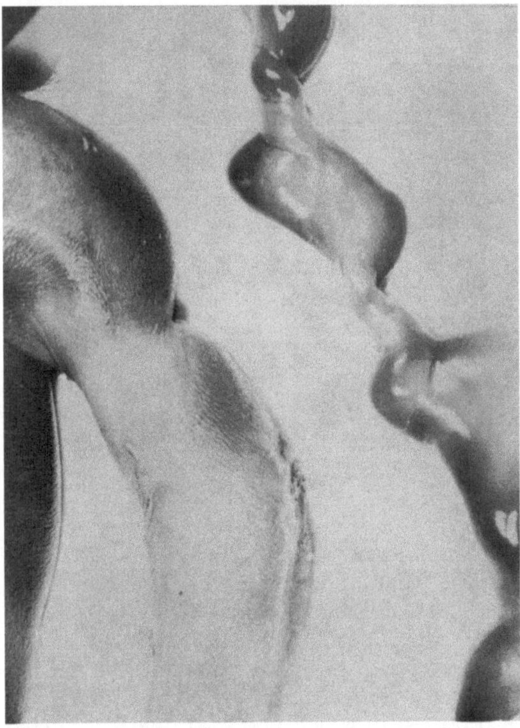

Fig. 54. Umbilical cord (right) and left arm of stillborn fetus. Marked constriction of cord wh ere it was wound tightly around arm (indentation and congestion). Amnionic cavity was unruptured and, when opened in the laboratory, the tight loop was observed.

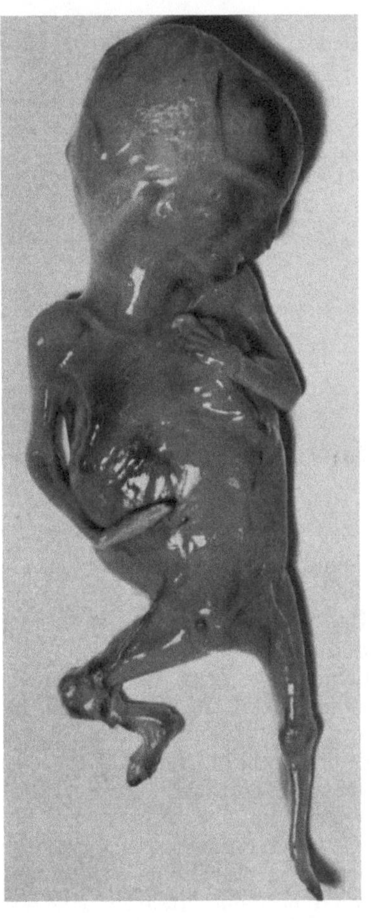

Fig. 55. Macerated abortus (12 weeks) with thin cord tightly wrapped about right knee causing visible indentation.

the stretchability and resistence to tears and summarizes the various complications that may ensue. As appears to be most common, his complications arose during the second stage of delivery, and were located on the fetal side. In the patient reported by FOLDES, the cord ruptured 4 cm from the fetus and was only relatively foreshortened because of tight looping about the head. There was inflammation (more friable!) and rupture occurred presumably during the fetal descent early in labor. BLANC & ALLAN quoted other cases from the literature and mention that intrafunicular hemorrhage may also lead to compression of the other vessels with cessation of placental circulation (Fig. 57). SCHREIER & BROWN find 36 cases of hematoma in the literature with a 47% fetal mortality and add another case. In this baby, who survived, a large fusiform hematoma (6 cm) was present in an otherwise normal cord. Histologically, the authors believe to have

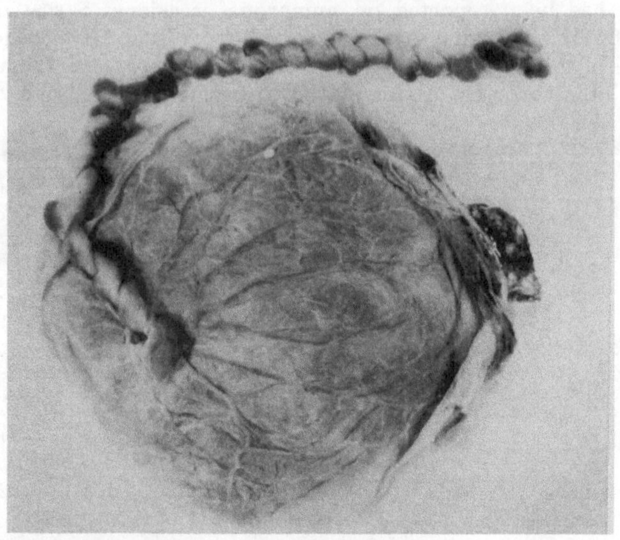

Fig. 56. Term placenta of stillborn. No cause of fetal death could be identified other than possibly the marked twisting of the umbilical cord. Small white fleck at top is yolk sac.

demonstrated a deficiency of elastic and muscular tissue of the vein which they hold responsible for this hemorrhage and that of two other cases they add. BROWNE had already pointed out that hemorrhage, perhaps from trauma, is most likely to occur from a varicosity and KESSLER, who presents a severe hemorrhage from an abnormally inserted cord *(v. i.)* also considers structural anomalies of the vein wall in his complete review of umbilical cord hemorrhage and tears. KESSLER finds 13 instances reported in which prenatal death occurred prior to labor. In nine of these cases, it was due to hemorrhage from velamentous vessels. The reason for such hemorrhage is difficult to ascertain unless there is evident trauma and this has been discussed fully by KESSLER. In a recent case (RHEN & KINNUNEN), exsanguination occurred through a ruptured vein in an otherwise normal cord and no structural anomalies or other causative factors could be demonstrated. BROWNE mentions a case described by Jenkins where hemorrhage occurred due to "fatty degeneration" of the vein. A rare cause of hemorrhage has been described by RUST. In a premature infant who survived, a diffuse cord hemorrhage was found, apparently secondary to diffuse calcification of the vascular adventitia. The vessels had mild intimal proliferation, the cord was 3—4 cm thick and, in places, the vascular lumina were as narrow as pins. Each vessel had to be tied separately because of their stiffness; the arteries were most severely involved and had broad necrotic zones with calcified lamellae. There were neither inflammation nor evidence of syphilis and the cause of this pathologic change remained undetermined. A similar experience is that of WALZ. In his case, the child lived, there was inflammation and the cord was extremely edematous. It is of interest that no vascular changes were observed in cord and placenta in two cases of generalized arterial calcification of the newborn described by IVEMARK, LAGERGREN & LJUNGQVIST. The reason for the calcified arteries in their cases is also unknown but may be related to abnormal metabolic events

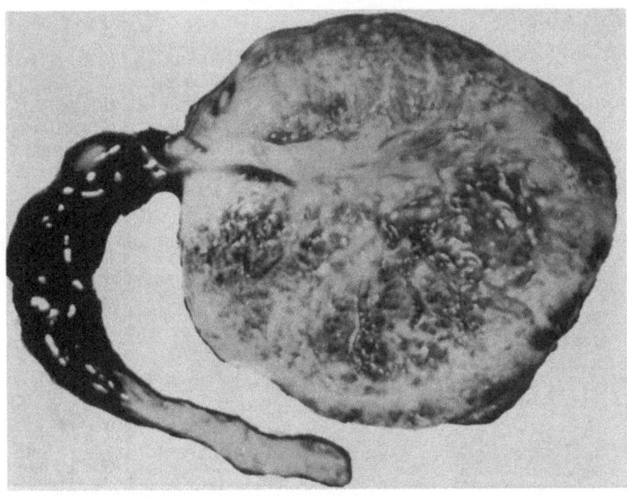

Fig. 57. Massive intrafunicular hemorrhage, presumably due to stretching of relatively short cord (42 cm). Stillborn term fetus.

because of the repetitive occurrence of hydramnios and stillbirth in at least one of their cases. Probably the most complete consideration of hematomas of the umbilical cord is given by DIPPEL (1940) who reviews all 36 cases published until 1940. He considers this a rare complication of pregnancy (1:5,505 deliveries), finds an average cord length of over 60 cm and only one case with a truly short cord (30 cm). The hematoma issues usually from the vein and is most common near the fetal end of the cord. It may measure up to 42 cm in length and he considers it also possible that its presence may obstruct blood flow in the other vessels. Of the possible causes for the hemorrhage he entertains congenital thinning, degenerative (mucoid, fatty) changes of vascular wall, varix with thrombus, trauma and local obstruction from looping. Foremost of these possibilities he considers mechanical damage from traction on a relatively short cord. Syphilis, he finds, cannot be implicated often. While at one time many abnormal conditions of the cord were related to syphilis, probably because of the overrated association of syphilis with cord inflammation, in the cases of DIPPEL and others, syphilis and inflammation were ruled out specifically. It is true that inflammatory processes of the umbilical vessels cause the cord to be more friable but no increased frequency of hemorrhage was observed in our material of inflamed placentas. The inflammatory processes are dealt with in a separate chapter. An aneurysm of the one umbilical artery with thrombi and a calcified wall, containing also areas of mucoid degeneration has been described by FISCHER. This author also refers to a report of arterial aneurysm of the cord by RISSMANN. IRANI has recently presented three additional cases of hematoma of the umbilical cord which originated from the umbilical vein and was associated with fetal death in two instances. The etiology was not apparent from his pathologic studies. GARDNER and TRUSSELL review the pertinent literature and report two unusual cases. In one, the hematoma developed during delivery from the prolapsed cord and it issued from artery rather than, as is usual, from the umbilical vein. In their other case two hematomas were present proximal to a true knot of the cord and the vein was partially occluded by thrombus.

Through the courtesy of Dr. E. V. Perrin (Cincinnati, Ohio) we have been able to examine the following two pertinent and unusual cases:

1. 1,600 g macerated stillborn, 29 cm CR. Primigravid mother, 10 year sterility problem; negative tests for syphilis; vaginal bleeding in first trimester; exposure to rubella in eleventh week. Spontaneous cessation of fetal movements in 31st week, delivery 2 weeks later. Figure 58 shows the acute narrowing of the cord, characteristically it is near the fetal end of the cord. The placenta weighed 545 g and the cord had a marginal insertion; it was 33 cm long. Broad lamellar calcifications extend in the walls of the umbilical vessels from the point of torsion to the placental surface (Fig. 59).

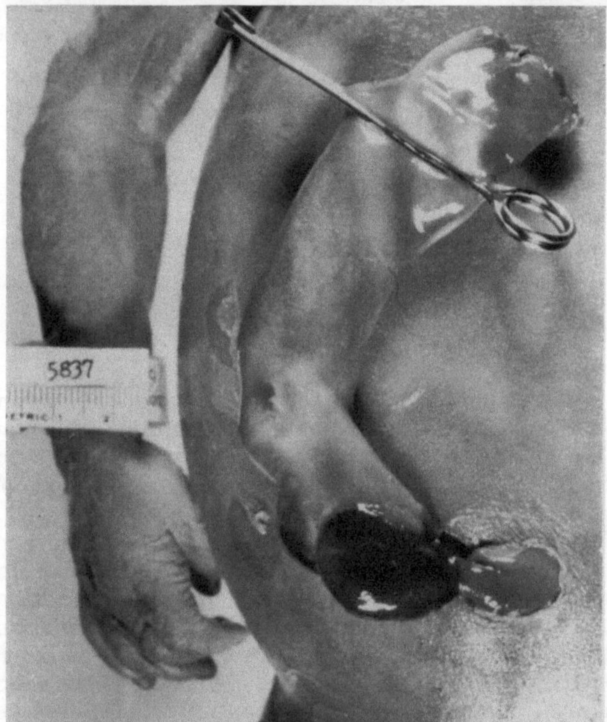

Fig. 58. Umbilicus of macerated stillborn. Acute torsion of cord near abdominal wall with distal dilatation of vessels

On histologic study, many areas of perivascular exudate were found in the cord and because of the extensive necrosis of some of this exudate, the distribution of the calcific lamellae (toward the surface of the cord) and their adventitial location in the vessel walls (Fig. 60), we consider the calcification secondary to necrosis of inflammatory exudate. We have no knowledge of the agent inciting the inflammatory process in this case. Of course, there were also many mural thrombi.

2. 1,420 g macerated stillborn fetus of completely uncomplicated pregnancy. Meconium-stained amnionic fluid. The placenta weighed 230 g, had a centrally placed 16 cm cord and was extensively infarcted. This case is remarkably similar to the two

cases described and beautifully illustrated by IVEMARK *et al.* except that all three umbilical vessels had extensive calcification and were difficult to section at birth (Figs. 61, 62). The kidneys showed nephrocalcinosis. The etiology of this (? metabolic) disease is unknown. There was no known hydramnios.

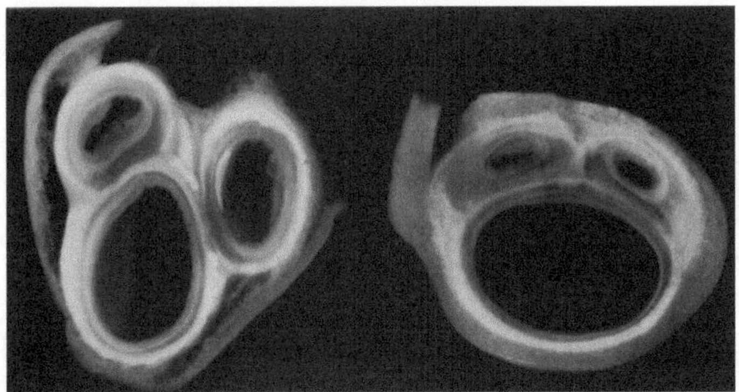

Fig. 59. Cross sections of cord of case in Figure 59 at various levels. The white lamellae around vessels are calcified debris. Note their orientation toward the surface of the cord, particularly in the left section.

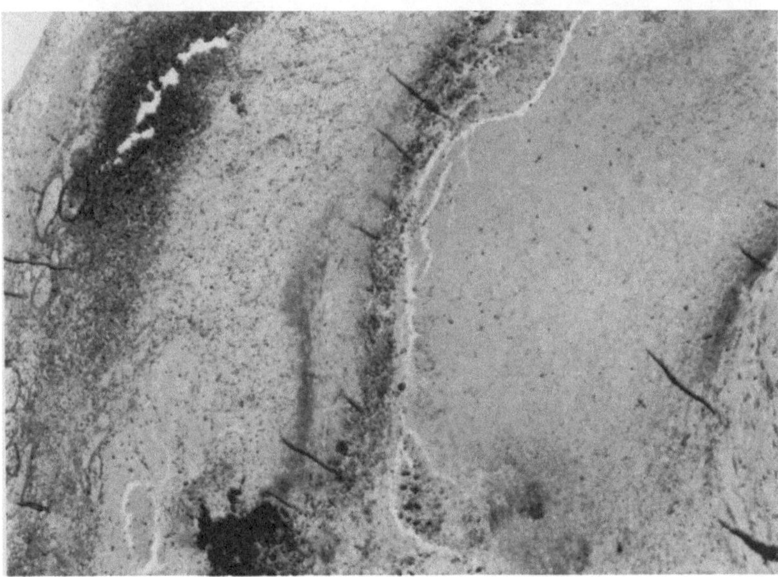

Fig. 60. Microscopic appearance of umbilical vein of Figure 59. At top left is surface of cord, bottom right the vascular media. Dark exudate beneath surface, then dark calcified ring, beneath which is amorphous necrotic debris (H & E × 40).

The *spiraling* of the umbilical cord which is seen already in very early specimens (CULLEN) and which, in 80% of cases takes a left spiral as seen from the child, has been attributed to an unequal growth of the umbilical arteries occurring in early embryonic development (GROSSER). It must be pointed out, however, that spiraling is present also in many cords that possess only one artery and that it may be absent in others possessing normal vascular structures. GROSSER compiles the older literature concerning the number of turns (0—40; up to 380!) and he reviews the thoughts concerning the etiology. In recent years, few investigators have paid much attention to this phenomenon; only JAVERT refers to excessive spiraling as leading occasionally to obstructive torsion in his abortion material.

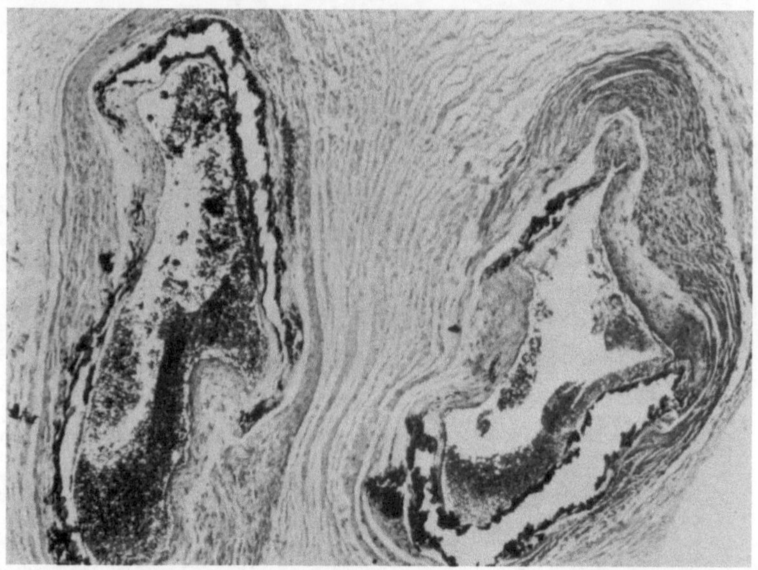

Fig. 61. Lamellar calcifications of subintimal area and media of umbilical arteries in stillborn (H & E × 40).

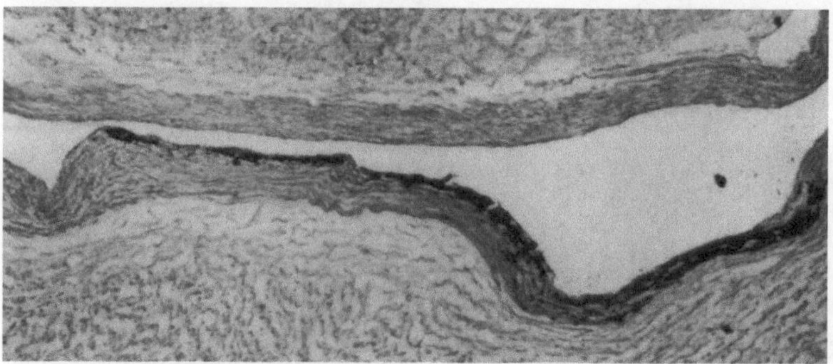

Fig. 62. Intimal calcification in umbilical vein of case in Figure 61 (H & E × 40).

It is pertinent also to draw attention to the fact that in most domestic animals with their extended fetuses in elongated uteri spiraling of the cord is not seen nor are the varicosities of the umbilical vein present. Aside from spiraling of the cord proper, the umbilical vessels themselves frequently pursue a spiral arrangement. Neither SMART (arteries spiral around veins) nor POTTER (vein around arteries) is completely correct, as both attitudes are observed, occasionally in the same cord (Fig. 63). Presumably, different growth rates of vessels account for the presence of varicosities (loops of vein POTTER; arteries, HYRTL; Fig. 63) the so-called false knots. GROSSER cites other, less plausible explanations (see also HARTMANN).

A rare cause of fetal death is the obstruction of umbilical blood flow through amnionic bands (chapter III). KOTZ and VIDONE, HONG and SIMON review the world literature and find a total of 13 acceptable cases. The latter authors present photographs and a microscopic description which leave little doubt that the bands represent the cause of fetal death. In 10 of 12 well studied cases, the amnionic surface of the

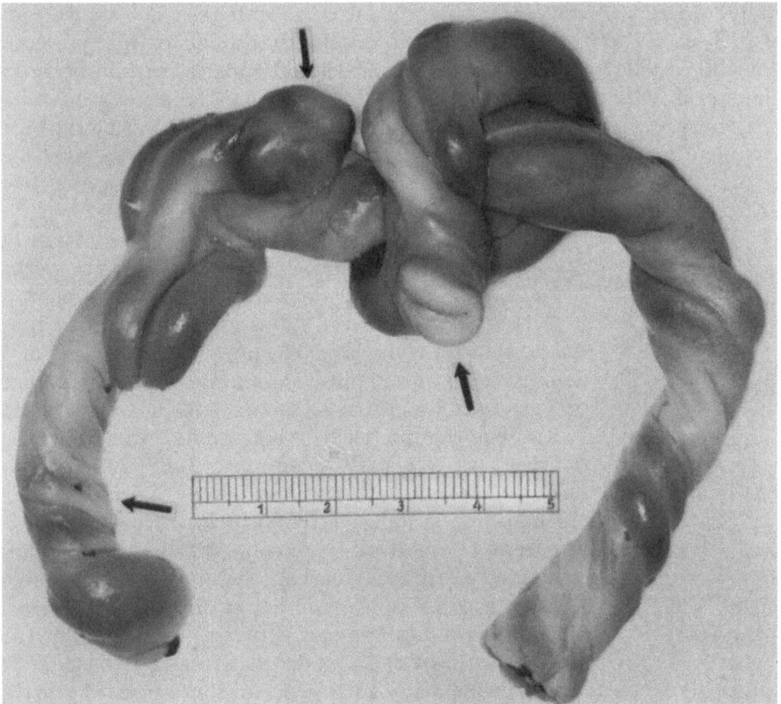

Fig. 63. Umbilical cord with "true" and "false" knots, live infant. At left arrow, arteries wind about vein; at knotted area, the vein spirals about arteries. Arrow at top points to a "false" knot, a varicosity of the umbilical vein or *nodus spurius vasculosus;* arrow in center below knot points at local pale accumulation of Wharton's jelly, a *nodus spurius gelatinosus.*

placenta was apparently disrupted before birth and its shreds formed the bands. The reason for this premature amnionic rupture is unknown. BROWNE reports that in the face of vascular anomalies or obstruction and inflammation, the cord substance may show marked "fibrosis" (see ZIMMERMANN).

Absence of One Umbilical Artery.

The normal umbilical cord of man possesses two umbilical arteries of allantoic origin, the omphalomesenteric arteries and veins having disappeared early, and one vein, the shorter right umbilical vein said to have disappeared in very early development (CULLEN). In ruminants, two allantoic arteries and veins each are found, while the mouse has a pair each of allantoic and vitelline origin and the structure is even more complex in other species (SCHULTZE; BENIRSCHKE, SULLIVAN & MARIN-PADILLA). Sporadically, reports dealing with placental structure and function have mentioned the rare absence of one umbilical artery in man

(Fig. 64), Thus, in HYRTL's classic atlas, twelve cases are presented and already 58 other reported instances are referred to. The subject has been treated as an anatomic curiosity until it became evident recently that this anomaly is much more prevalent. Perhaps it is the commonest congenital anomaly in newborns. In the references contained within the following table many of the reported single cases and larger series collecting these anomalies are cited. These will not be individually referred to unless some specific interest relates to one report or another. In most of these papers, the literature is reviewed and the primary interest has focused on the incidence of the anomaly and the prognostic implication of such a finding. There is little doubt that babies born with only one artery have a higher malformation rate. The type of malformation is not specific and ranges widely. The principle question at this time remains, is the umbilical vascular anomaly the cause of other fetal anomalies or are both incidental to a common embryologic disturbance?

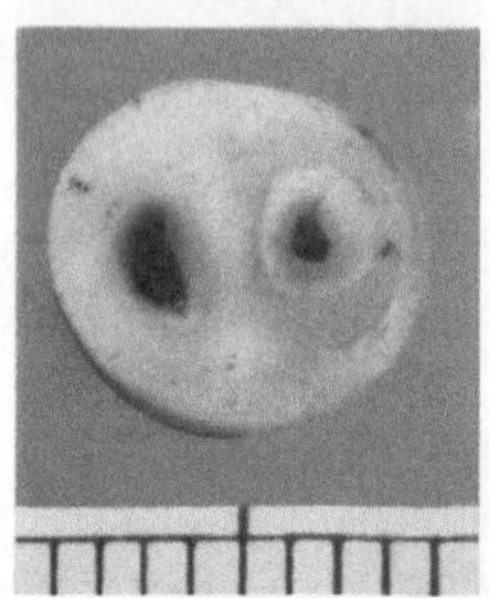

Fig. 64. Cross section of umbilical cord with only one umbilical artery (right). Stillborn fetus with syndactyly.

From these recent data it is apparent that absence of one umbilical artery occurs frequently, perhaps as often as once in 100 deliveries. In abortions it occurs in 2.4—2.7% (JAVERT; THOMAS, 1962). It is more frequent still in twins and it may occur in *one* of monozygous twins, as is most commonly the case in acardiacs, or in *both*. It may also be present in both of dizygous twins. The recurrence of this anomaly in successive deliveries has recently been described by ADLER *et al.* and the frequency with which it is associated with chromosomal anomalies is of future interest. Because of the apparent association with congenital anomalies and unexplained perinatal deaths, we have recommended that the observation of the number of umbilical vessels should become a permanent part of every birth record (see also GÖMÖRI & KOLLER: 1,000 placentas, 8 cases). In this connection, it is of interest to learn that such gross observation at the delivery may underestimate the frequency when it is later checked microscopically, an observer error which need not take place when care is exercised (BLANC; FUJIKURA). Of future concern will also be the correlation of this anomaly with the development of those infants who have survived the perinatal period. This is at present an unresolved problem. We have had occasion to observe instances of retarded or abnormal child development when all seemed well in the perinatal period. FEINGOLD *et al.* who find the absence in 0.5% of 6,080 consecutive births, performed intravenous pyelography in 23 of their 32 cases and discover 6 of 8 cases of renal malformations, otherwise unsuspected. Different results were obtained by SCHROYER. This author found an 0.89% incidence of absent artery in 4,831 cords (8.6% in twin births, 5.5% in stillbirths) and of 26 studied by pyelography, only three showed minor urinary system anomalies.

Several additional studies have been published since this chapter was written which warrant brief comment. CAIRNS & McKEE found 20 cases of absent artery in 2,000 deliveries in a prospective study but this knowledge was not helpful in the care of the newborn. Two infants were malformed. PAPADATOS & PASCHOS studied 7,886 consecutive deliveries in Greece with an incidence of absence of one artery of 0.4% and infant loss of 21.9%. Major anomalies were present in 31.2% but no cord anomalies were found in 108 twin and 1 triplet pregnancies. PECKHAM & YERUSHALMY studied 5,848 deliveries with 51 instances of this anomaly. Negro patients were much less frequently affected (0.43%) than white patients (1.11%) and low birth weight was a prominent feature. 66 twins were normal. The racidal difference in incidence of this anomaly will have to be borne in mind in future studies. MOLZ studied the associated anomalies in 293 autopsied fetuses and newborns. In 33 instances one artery was lacking and this was associated with other anomalies in 90.7%. In 260 autopsies with normal umbilical vessels associated anomalies were found in 61.5% and these were much less frequently of a multiple nature.

The term aplasia as used by LITTLE and by BLANC does not always seem to be appropriate, although we recognize that failure of an artery to form may be one mode of this abnormal development. In several autopsies, we have seen severe hypoplasia (? or atrophy) of one intra-abdominal umbilical artery (Figs. 65, 66) or we found only a thin fibrous strand remaining of a former vessel. Moreover, in sections of other cords, we have seen very small remnants of a vessel (4 of 113, BOURNE & BENIRSCHKE). At times, these are composed merely of a group of smooth muscle fibers which we believe are correctly interpreted as the remains of an atrophied former artery (Fig. 67). Sometimes, the presence of elastic tissue confirms this interpretation (Figs. 68, 69). HYRTL remarked (p. 34) that an unequal size of the arteries was frequent in his collection of placentas and there seems to be no reason why such vessels should not disappear completely if arterial occlusion occurred for one reason or another early in embryonic life. Occlusion and atrophy of vessels may occur also at later gestational age, for instance in cases of cord

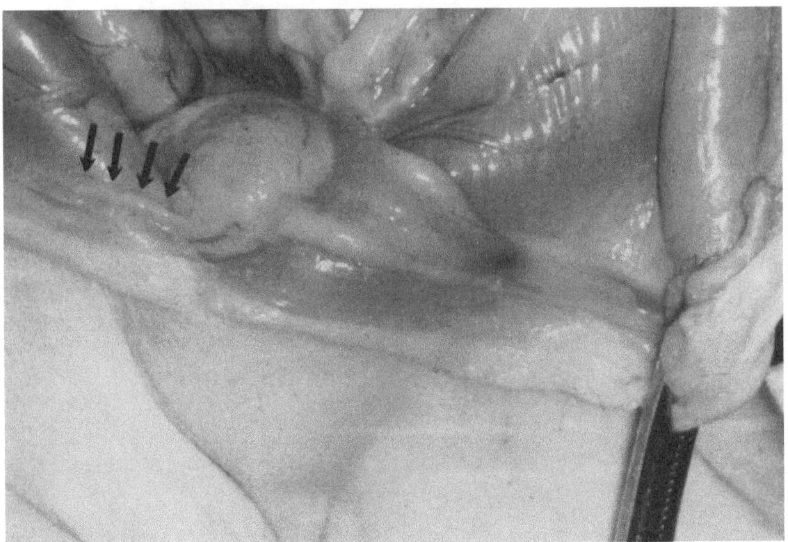

Fig. 65. Anterior abdominal wall of 38 day old infant with multiple anomalies. Globular mass is bladder, central cord is urachus, above which is the left umbilical artery. Right artery is extremely hypoplastic (arrows).

entanglement. Atrophy would also be the most logical explanation for the frequent absence of one artery found in acardiac twins. FAIERMAN reviews Schatz' experience with acardiacs lacking one artery. He "found 11 cases among 46 acardiac monovular twins and three acardiac monovular triplets". In our more limited experience with acardiacs, the absence of one artery is the rule. In acardiac monsters it could be held that the vitelline vessels were the ones to persist, as has been claimed to be the case of sympodia (R. MEYER). These vitelline vessels then might anastomose to the allantoic vessels of the other twin and cause an imbalance

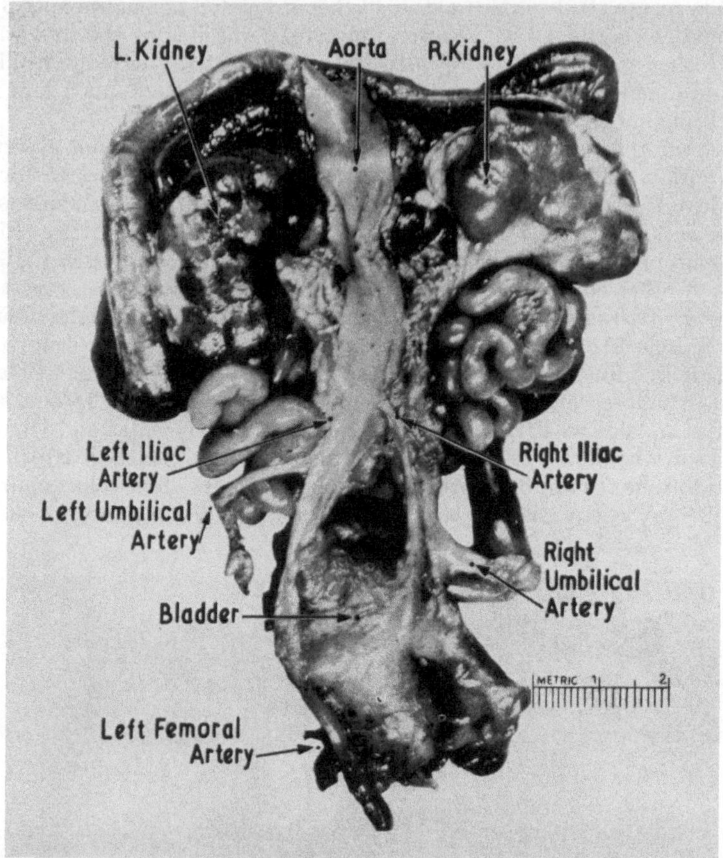

Fig. 66. Viscera of a stillborn infant from posterior. Right iliac artery is severely hypoplastic and the right umbilical artery is represented by fibrous strand without lumen. Left arteries are normal. (BOURNE & BENIRSCHKE, with permission of publishers.)

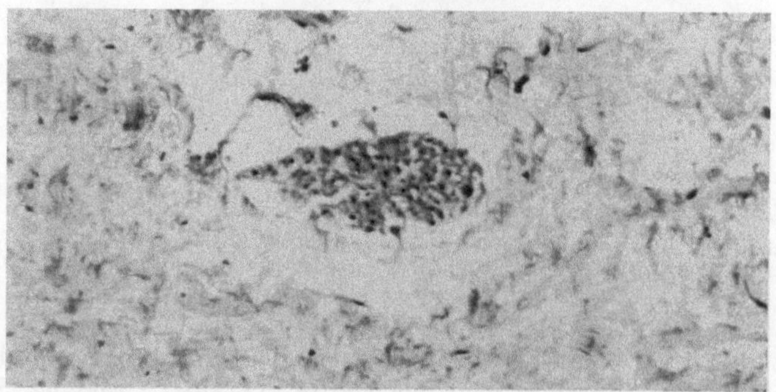

Fig. 67. Bundle of smooth muscle fibers in umbilical cord which lacks one artery (monochorial twin). Presumably, this mass of fibers was once an artery with a lumen (H & E, × 160).

of circulation. In most reported acardiacs, unfortunately, this has not been studied or it cannot be decided because of the degree of fetal malformation, as seen in the

Authors	Total Number of Cases	Incidence	Perinatal Mortality	Anomalies	Remarks
BENIRSCHKE & BROWN (1955)	55	—	42/55 (76%)	27/55 (49%)	Retrospective study. 5 twins. 39% other placental anomaly.
LITTLE (1958)	12	Placentas 12:1,200 (1%)	1/16 (6.2%)	3/12 (25%)	Consecutive series. Twins not mentioned. Comparison with incidence of other placental anomalies.
BENIRSCHKE & BOURNE (1960)	15	Placentas 15:1,500 (1%)	3/15 (20%)	7/15 (47%)	3 twins. In 100 consecutive twins 7 cases.
FAIERMAN (1960)	11	Autopsies 11:411 (2.7%)	All	9/11 (81%)	Consecutive autopsies. Anomalies in 23% of controls. 2 twins.
LYON (1960)	14	Placentas 8:717 (1.1%)	Not stated	2/8 (25%)	Consecutive series.
BOURNE & BENIRSCHKE (1960)	113	—	65/113 (58%)	± 58/113 (51%)	Not consecutive. Review article. 29% other placental anomaly.
LITTLE (1961)	21	Placentas 21:2,800 (0.75%)	6/21 (29%)	10/21 (48%)	Consecutive series, twins not mentioned.
LENOSKY & MEDOVY (1962)	24	Placentas 5:2,500	2/5 (40%)	1/5 (20%)	Consecutive series. No twins. In 5.2% of autopsies.
THOMAS (1962A)		Placentas 36:8,000 (0.45%)	10/36 (27.7%)	6/36 (16.6%)	Consecutive; 4 twins in 99 sets. 3 of 114 abortions.
FUJIKURA (1963)	38	Placentas 38:5,972 (0.69%)	7:38 (18.4%)	8:38 (21.1%)	Random sample series. 1 twin.
BLANC (1963)	172	Placentas 172:14,105 (1.2%)	12/172 (7.2%)	19/172 (11%)	Consecutive series. 1.8% in twins.
SOMA (1963)	9	Placentas 9:1,200 (0.75%)	2/9 (22%)	5/9 (55%)	Consecutive series. 1 twin.
ADLER et al. (1963)		Placentas 19:2,000 (0.95%)	3/19 (15.8%)	4/19 (21%)	Consecutive series, mostly multiparae; once recurrence in 2 consecutive deliveries.
BENIRSCHKE (1965)		Placentas 18:500 (3.6%)	7/18 (38.8%)	4/18 (22.2%)	250 consecutive twin placentas. Add one hypoplastic artery.

Absence of one umbilical artery in recent series with information on incidence, perinatal mortality and minimum frequency of associated fetal malformations.

holoacardius amorphus. However, the careful dissections of well formed acardiacs reported by SCHATZ rule against this possibility in at least most of his cases. Moreover, in most acardiacs, unlike the sireniform fetus, the lower portion of the body (? and hence the allantois) is well developed and thus there is no reason why the umbilical ("allantoic") vessels should not have formed originally if our concept of the genesis of this vascular anomaly is correct (see twin chapter). As to the sireniform fetuses, FAIERMAN finds that in the 95 well described cases of 182 sympodia, only one artery is found in the umbilical cord. Sporadic cases contained within the reports that are quoted in the foregoing table reaffirm this association. The vascular supply of the sireniform fetus presents a peculiar pro-

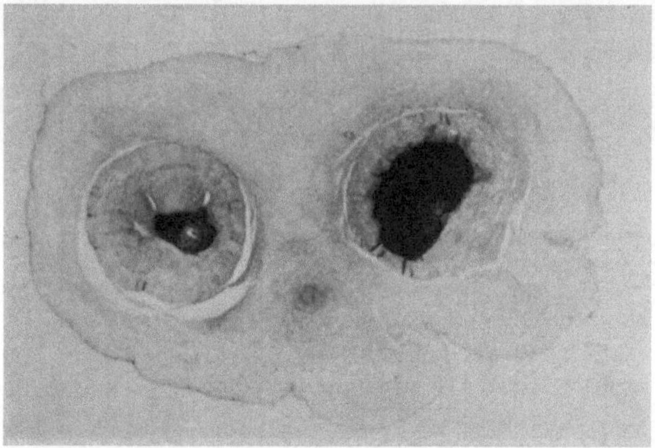

Fig. 68. Umbilical cord from placenta with marginal insertion of cord. One artery (center, bottom) is very much atrophied. No anastomosis was found in the cord (H & E × 10).

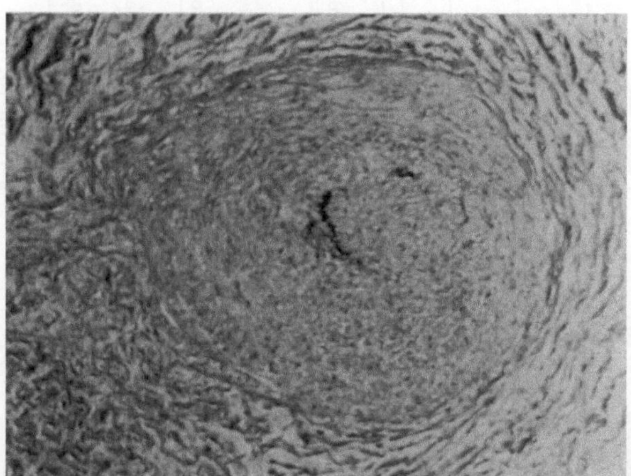

Fig. 69. Same as Figure 68. Atrophic artery lacks a lumen but some elastic membrane remains in the center (Verhoeff-v. Gieson, × 160).

blem which has been discussed at length by KAMPMEIER. It is agreed that usually only one artery is found. In many cases, as that of KAMPMEIER, the single artery arises high from the aorta, proximal to the bifurcation of the aorta. That this

single artery represents a vitelline vessel, had originally been postulated by
BALLANTYNE who described a sympus in detail and culled 110 cases from the
literature. In his detailed description, this author furnishes no proof of this contention which appears to have been taken over in the literature without too much
further questioning. KAMPMEIER, however, indicates some personal doubt, mentions the occasional presence of a vestige of additional vessels and it is of considerable interest that BALLANTYNE refers to a sireniform case reported by MAJER
in which the cord contained one artery and vein and in which, upon dissection of
the fetus, an additional omphalomesenteric artery and vein were found.

The point is of considerable theoretic importance. If such vitelline vascularization
of the placenta occurred, it would confirm the finding of extensive connections between
the allantoic and vitelline vessels of early embryos (ETERNOD, see also GISEL) and
support the concept that the development of a muscular wall in human vitelline vessels
is perhaps governed by the gradually rising fetal blood pressure, usually lacking in this
atrophying vascular bed. One of our colleagues, Dr. M. Marin-Padilla was able to
dissect a pertinent case, however, which sheds doubt on BALLANTYNE's contention.
This sympus (Figs. 70, 71) had one artery only which was continuous with the distal

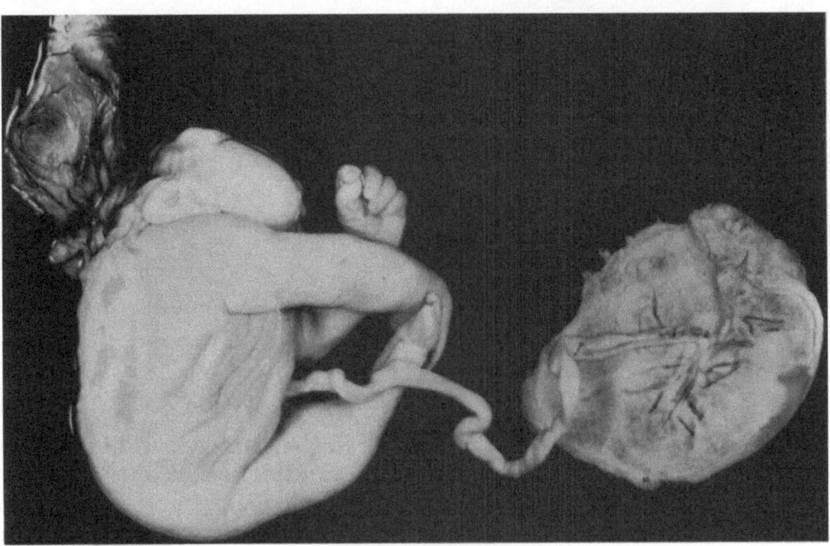

Fig. 70. Sireniform fetus with exencephaly and single umbilical artery.

aorta and coursed over the pelvic-abdominal wall, as would be expected of an allantoic
vessel. Moreover, upon meticulous dissection, a minute omphalomesenteric arterial
remnant could be traced to the mesenteric vessels. Future detailed studies are needed
to unravel the inconsistencies. At the moment, the best study proving the occasional
development of a vitelline artery to perform the sole placental arterial function is that
by GISEL. A normal newborn had only one artery which spiraled around the vein. The
baby died from a tentorial tear and had perfect development except for the complete
lack of allantoic arteries. The omphalomesenteric artery was larger than the abdominal
aorta. GISEL considers it possible that the allantois was too small originally or, that
the yolk sac developed in a closer proximity to the chorion than is normal. ROBERGE
has recently described monozygous sireniform twins with single arteries. Unfortunately,
the paper gives no details of the laterality of these vessels as there may have been
mirroring which might also disclose the nature of the single artery. The complex
normal development of the umbilical arteries has been traced in detail by BROMAN
and an upset at any stage during this process can easily be envisioned to give rise to the
reported variations.

It is interesting to speculate about the reason for the apparent higher frequency of the absence of one umbilical artery in both types of twins (see twin chapter). Too little is known at present of the normal vascular development of the major placental vessels to find the answer to the question whether fetal blood pressure or placental nutritive factors are of importance in the development of this anomaly.

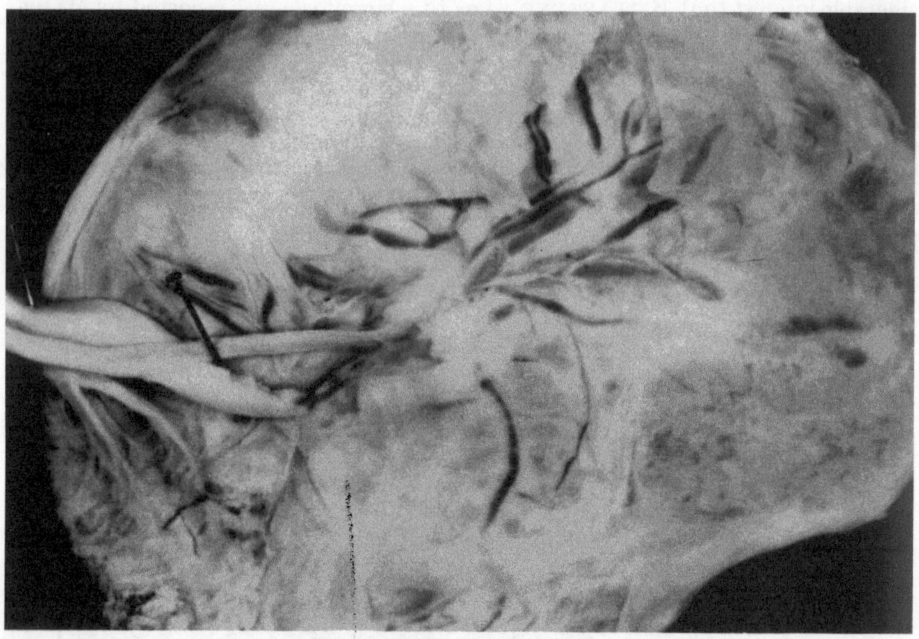

Fig. 71. Insertion of cord of Figure 70 dissected. Single umbilical artery above pin has a normal distribution over the veins in the chorion. The vessel was clearly "allantoic" upon dissection of the fetus. Additonal minute omphalomesenteric vessels were also present (Courtesy Dr. M. Marin Padilla).

It is of interest to note that, often, the twin lacking one artery is the smaller twin (THOMAS 1961; FISCHER). This is not always the case, however, (Fig. 122) and more data will have to be accumulated on this point. In several recent studies we have used this difference of incidence between single and multiple births to support our view that the absence of one artery is the result of atrophy during the development and expansion of the placenta (BENIRSCHKE, 1965; BENIRSCHKE, SULLIVAN & MARIN-PADILLA). Because of the positive correlation with velamentous insertion of the cord of both conditions, the twinning (BENIRSCHKE, 1965) and the absent artery (LITTLE, 1958), it is envisaged that areas of placenta atrophy in a process known as "trophotropism". This mechanism has recently been considered of significance in a variety of developmental anomalies of the fetus (KRONE), a concept which we support. If the area which is doomed to atrophy because of the "wandering" of the placenta is supplied largely by the ramifications of one artery, then the later atrophy of this vessel can readily be envisaged, particularly if the lack of an anastomosis between the two arteries fails to assure equal pressures in the two vessels. Indeed, cases in which such anastomoses were lacking have been demonstrated with an atrophic artery by THOMAS (1959) with contrast-medium-radiography and in our studies by dissection (BENIRSCHKE, SULLIVAN & MARIN-PADILLA). It may be that the existence or absence of these anastomoses has a profound influence on the development of umbilical vessels, an interpretation which could be supported by the studies in the armadillo. In this species, such communications are usually absent while in man, they are almost the rule (SCHULTZE; HYRTL, others). Here, the two umbilical arteries anastomose or, more rarely, they fuse near the surface of the placenta and from that point, end-arteries supply the cotyledonary system. Indeed, BACSICH & SMOUT feel that this pattern of vascular distribution is the explanation for white infarcts of the placenta, a notion which we cannot share since the integrity of the villous system depends primarily on the maternal circulation. In any event, one may inject all or almost all of the arterial circulation through one umbilical artery because of these anastomoses whose functional significance have been likened to the arrangement of the circle of Willis (BACSICH & SMOUT). In a paper concerned only with these anastomoses, PRIMAN reviews the literature and finds that these channels are found in 90% of normal placentas within 1.5 cm from the placental surface. Once, in his series, a double anastomosis was present and in two of 70 specimens, no shunt was demonstrable. These authors and SMART depict the various arrangements the anastomoses may take and LITTLE (1958) draws attention to the fact that, for obvious reasons, examination for the absence of one umbilical artery must be made proximal to the occurrence of these communicating channels. We have never found anastomoses or branching of umbilical arteries in other portions of the cord but the latter finding is referred to by HYRTL as having been described by SCANZONI. In all of ARTS' 65 specimens there was an anastomosis, except the one specimen possessing only 1 artery. FISCHER refers to HALBAN-SEITZ as having reported a specimen of umbilical cord with six umbilical arteries. BROWNE describes a case with single umbilical artery in which the vein was replaced by a capillary network.

Several other isolated observations may here be recorded which have relevance to the absence of one umbilical artery. ADLER et al. describe the first case in which the anomaly recurred in two successive pregnancies. Contrary to HYRTL's original suggestion and reaffirmed by KAMPMEIER for sympodia, most recent collections find no male sex preponderance and, when autopsies are performed, the right side is involved as often as the left. This abnormality has recently been described with a variety of chromosomal abnormalities of the fetus. Thus, a case with Turner's syndrome was found by RICHART & BENIRSCHKE. In some, but not all cases of trisomy D & E, this anomaly was noted by LEWIS; GERMAN et al., UCHIDA et al., MILLER et al., FEINGOLD et al.; we have seen one case of confirmed trisomy D with this association, while in two others there were 2 arteries. HECHT finds normal cords but small placentas in two cases of trisomy E. FINLEY et al. describe the absence of one artery in a group 4—5 chromosome anomaly (see also GUSTAVSON et al.). We have seen it in mongolism and this was also observed in GUSTAVSON's cases of Down's syndrome. This indiscriminate association of the absence of one umbilical artery with various and quite diverse chromosomal disorders indicates how limited the placenta is in expressing a variety of constitutional defects.

Against the notion that primary anomalous growth accounts for the eventual deficiency of an umbilical artery, we cite the recent experience with the teratogenic agent thalidomide. It is impossible, however, to rule out that the cases to be described are fortuitous associations. RUSSELL & MCKICHAN reported one case in which this drug was incriminated to have caused the absent artery as well as a variety of other anomalies. THOMAS (1962) has a similar case in which, interestingly, a velamentous cord insertion was found. This paper also describes the atrophy of arteries, their dissolution into capillary networks and duplicated veins. DUNN, FISHER & KOHLER describe the absence of an artery in thalidomide damage of a binovular twin pregnancy and KAJII et al. present data to show that in only one of four thalidomide embryopathies they studied, the umbilical vessels (and their origin) were normal. In two cases one artery was absent (one right, one left) and in another the right vessel was severely hypoplastic. It is regrettable that this phenomenon was not studied more extensively in the epidemic of this embryopathy and it can only be hoped that this lead will be taken up experimentally in a species susceptible to the drug and possessing 2 arteries (*i.e.* not the mouse, see KALTER & WARKANY who find anomalous vessels after vitamin A treatment in the mouse).

Several authors have suggested that the absence of one umbilical artery has a direct effect on fetal development. GÖMÖRI & KOLLER summarize these possible pathophysiologic sequelae thus:

a) Chronic hypoxia because of insufficient blood flow through the placenta.

b) Increased cardiac load because of the increased resistance of a single artery, leading perhaps to the cardiac anomalies. Proof for these contentions must come from future studies. These questions have also been discussed in the various contributions by THOMAS and in his original description of a case of twins (THOMAS & SCHWEIGERT). It is of parenthetic interest that the placenta of the affected twin of this report shows large marginal areas of a filling defect upon injection with radioopaque substances. Moreover, these authors review the question of "omphaloid" placentation in the sireniform fetuses and cite several reports which contradict this view.

Tumors of the Umbilical Cord.

True tumors of the umbilical cord are very uncommon. BROWNE accepts eight cases, telangiectatic myxosarcoma, teratoma and dermoids in anencephalics but he is dubious of the nature of the dermoids. KREYBERG reports a teratoma-like swelling in the midportion of the cord and refers to a few similar cases in the literature. He is not certain of the nature of his tumor and favors the interpretation of this being an acardiac twin, and such may also have been the case of at least two other reports cited from the literature. The older literature of the subject has been summarized by SCHMIDT. Aside from the angioma-like dispersion of vessels referred to previously (BROWNE, THOMAS), true hemangiomata have been reported. SIDDALL reviews the literature and BARRY, McCOY & CALLAHAN describe a large angioma ($10 \times 12 \times 8$ cm) five centimeters from the placental insertion of the cord which had an 8 cm long pedicle and which was lobulated. They exclude the possibility of the tumor deriving from a succenturiate lobe and find no trophoblastic elements, thus ruling out a chorangioma. Otherwise it behaved like a chorangioma in that it was associated with 4,000 cc of hydramnios. CORHILL describes obstruction of umbilical blood flow from a chorangioma near the insertion of the cord and considers other accidents to the umbilical cord such as torsion. POTTER (Fig. 47) depicts a "chorioangiomyxoma" involving both the cord and placenta. We have not seen a case of umbilical cord tumor in our material and, to our knowledge, these lesions have always pursued a benign course.

Amnion Nodosum; Squamous Metaplasia; Necrosis; Color;
Inflammation of the Cord.

When renal agenesis, ureteral obstruction or other rare events cause the amnionic fluid to be deficient or absent, one finds the surface of the amnionic sac studded with small grey-yellow nodules, the amnion nodosum. This results from the deposition of debris on focal defects in the amnion and is presumably caused by the close contact of the fetus to the placental surface. Usually, the umbilical cord is free from these lesions but on rare occasions amnion nodosum has been observed to extend onto the cord (BOURNE). This degenerative event must be differentiated from squamous metaplasia which is almost regulary found near the insertion of the umbilical cord on the placenta. In this condition, the normal surface epithelium of the amnion becomes hyperplastic and forms small circular or elliptical heaps of keratin from the metaplastic epithelium. This event takes place only toward the end of pregnancy, is often found for some distance on the surface of the cord and is not known to be associated with abnormal conditions of pregnancy. In ruminants it is most pronounced and renders the cord a sandpaper-like quality.

Necrosis of the surface layers of the cord is occasionally seen, particularly associated with long-standing meconium exposure or even more often, with infections such as candidiasis. In these circumstances, the cord is also often discolored, a yellow brown, and it becomes considerably friable. Further aspects of inflammation are discussed separately (Chapter IX).

Lesions of the Major Chorionic Vessels.

A peculiar feature of the structure of the placenta is the consistent finding that the larger arteries always cross over the veins, an arrangement for which we lack an embryologic explanation. Knowledge of this distribution of vessels is helpful, particularly in the study of anastomoses of twin placentas and because the histologic differentiation of veins from arteries is often very difficult in sections of the placenta. Reference is made to BØE, and HÖRMANN who have recently discussed in greater detail the development of the placental vascular bed. HÖRMANN describes in detail his views of the various abnormalities occurring during the process of placental vascularization. BECKER draws attention to the fact that larger fetal villous vessels often possess normally a thick covering of fibrous tissue which must not be mistaken for "periarteritis fibrosa". HYRTL's atlas stands out as the most comprehensive treatise, considering the course of the major fetal vessels. He finds rare exceptions only to the dictum that arteries cross over veins. This has also been reported by ARTS. We have never seen such a condition (see also SMART). Two major patterns of vascular ramification have been discussed by SHORDANIA; SCIPIADES & BURG; BACSICH & SMOUT and others. They are the magistral and disperse types with occasional intermediate forms. While SHORDANIA found better fetal development with the magistral type, other authors (SCIPIADES & BURG) find many exceptions to this. Also, in twin placentas one may be of the magistral, the other of the disperse type. BACSICH & CRAWFORD who find consistently that the vascular pattern remains the same in successive pregnancies also state that the type can be recognized by the 12th week of development and that it influences the cotyledonary shape. Vasa nutrientia of the chorion, small superficial chorial vessels have been considered by HYRTL as well. They should be differentiated from vitelline vessels (Fig. 46) and usually possess a distinct muscular coat.

Thrombotic events take place frequently in some of the major chorionic vessels, both arterial and venous although more commonly in the latter. These thrombi may be occlusive and due to degenerative events occurring in the membranous vessels of placentas with vasa previa (Fig. 11) or they may be only partially occlusive mural thrombi. Mural thrombi develop not infrequently toward the amnionic surface of the placenta and are readily observed upon inspection because of their yellow streak-like appearance. In such cases, portions of the thrombus may degenerate, calcify and form a gritty mass upon sectioning (Fig. 72). Despite such longstanding mural thrombosis as in this case, we have never seen proper organization or recanalization of the thrombus although intimal proliferation is

rapid (BECKER). The event is often due to prolonged exposure to damaging meconium and intense fetal vasculitis as part of the general amnionic sac inflammation
syndrome. To our knowledge, no embolization has been recognized as the result
of such thrombi. Complete occlusion leads eventually to atrophy of the vessel
(Fig. 73) and is encountered over old infarcts. We believe that these then are
secondary to the infarction. THOMSEN & BECKER maintain that infarction may
result from such occlusion; we believe, atrophy occurs in the corresponding district
while infarction is the sequal of decidual vascular interruption. HUBER, CARTER &
VELLIOS find fetal vascular thrombosis in 6 of 100 placentas, some containing

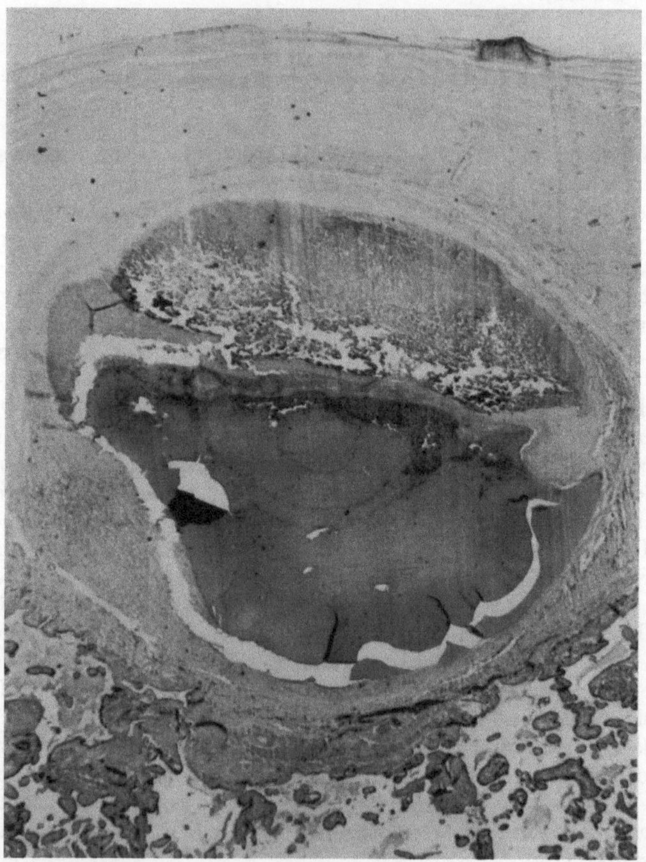

Fig. 72. Mural thrombosis and partial gritty calcification (top) of major fetal artery in chorion frondosum of
placenta with long cord (H & E, × 16).

viable villi despite thrombosis (however, see discussion by BARTHOLOMEW who
disagrees with the authors' concept). GRUENWALD depicts similar thrombotic
lesions, shows the "avascular villi" (viable) of the corresponding areas of placental
atrophy and relates the process to intrauterine growth retardation of the fetus.
No specific cause is usually apparent, however; prolonged pregnancy is specifically ruled out in the cases. BECKER & DOLLING have studied fetal vascular
occlusion most recently and relate it to fetal death. They find a much higher

frequency in the placentas of stillborns and can prove the existence of syphilis and toxoplasmosis in some of their cases. In others no etiologic mechanism for this "endarteriitis obliterans" was apparent and these authors give a competent review of the subject.

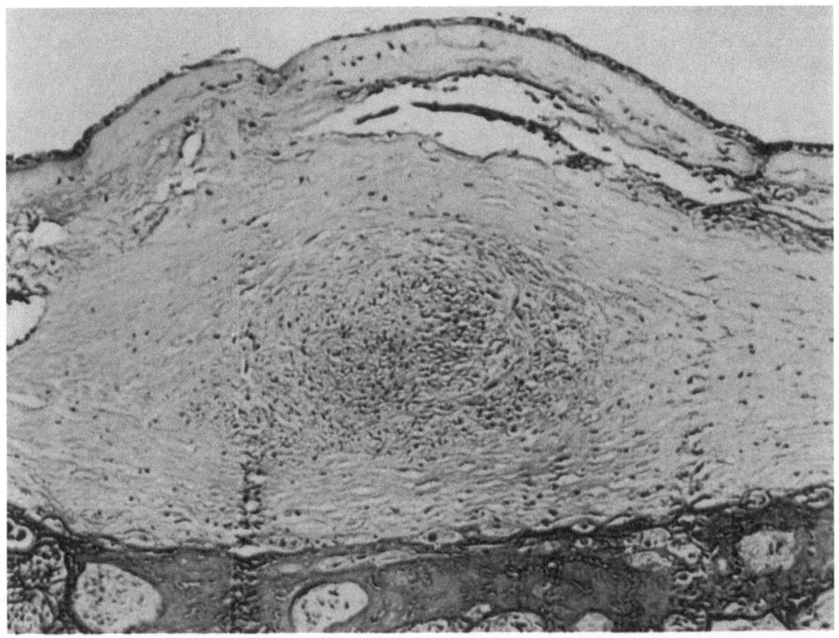

Fig. 73. Occlusion and early atrophy of major fetal chorionic artery over an area of old placental infarction. Stillborn anencephalic, 80 cm long cord whith recent thrombosis of umbilical vein and marked inflammation (H & E, × 100).

A peculiar variant of these lesions may be what v. FRANQUÉ (1894) has called endovasculitis (Fig. 253). In this condition, major fetal vessels are composed of a wall within which numerous small vessels are found. One may consider these as events of recanalization although intermediary stages are not observed and we have seen it in a small abortus with a complex chromosomal anomaly (CLENDENIN & BENIRSCHKE). MERTTENS has described these lesions in detail as well and discusses the previous literature of vascular occlusions. It is of interest that he finds such changes in placentas which were retained long after fetal death. MERTTENS believes it likely that the lesions are frequently of postmortem nature or, occurred after the event of placental infarction in other cases. In the light of the more recent controversy of what constitutes an infarction of placenta and, which of the two vascular systems, the fetal or maternal, is to be held responsible for this event, MERTTENS' meticulous study is of historic interest. He showed the survival of villous tissue long after cessation of the fetal circulation in detail and discusses the nutritive function of the maintained intervillous blood flow. In his later contribution, v. FRANQUÉ (1897) finds some support for MERTTENS, but he also describes "endovasculitis" with live-born infants and congenital syphilis. Thrombosis has also been described in the very uncommon aneurysms of chorionic arteries (FISCHER). SCIPIADES & BURG refer to two previous cases of arterial aneurysm and describe a case of their own. These authors explain the cause of the aneurysm as compensatory attempts of a poorly developed placenta. LEFF describes fatal hemorrhage before birth from a varicosity of a chorionic vein. The 2 mm lesion was located at the periphery of the placenta and had a small hole through which blood had escaped and dissected underneath the amnion. The cause of the varicosity was again unknown and reference is made to the report of a similar case by RAUNENBERG.

References

ADLER, J., H. LEVENTHAL & N. BEN-ADERETH: Absence of one umbilical artery and its relationship to congenital malformations. Harefuah **65**, 286, 1963.

ARTS, N. F. TH.: Investigations on the vascular system of the placenta. I. General introduction and the fetal vascular system. Amer. J. Obstet. Gynec. **82**, 147, 1961.

BACSICH, P. & J. M. CRAWFORD: On the probable genetic character of human placental types, with some remarks on the structure of placental cotyledons. J. Anat. **94**, 449, 1960.

BACSICH, P. & W. J. B. RIDDELL: Structure and nutrition of the cornea, cartilage and Wharton's jelly. Nature **155**, 271, 1945.

BACSICH, P. & C. F. V. SMOUT: Some observations on the foetal vessels of the human placenta with an account of the corrosion technique. J. Anat. **72**, 358, 1938.

BALLANTYNE, J. W.: The occurrence of a nonallantoic or vitelline placenta in the human subject. Trans. Edinburgh Obstet. Soc. **23**, 58, 1898.

BARDEN, T. P. & R. W. STANDER: Intrauterine pressure and fetal heart rate in labor. J.A.M.A. **186**, 923, 1963.

BARRY, F. E., C. P. McCOY & W. P. CALLAHAN: Hemangioma of the umbilical cord. Amer. J. Obstet. Gynec. **62**, 675, 1951.

BECKER, V.: Funktionelle Morphologie der Placenta. Arch. Gynäk. **198**, 3, 1963.

— & D. DOLLING: Gefäßverschlüsse in der Placenta von Totgeborenen. Virch. Arch. path. Anat. **338**, 305, 1965.

BENIRSCHKE, K.: A review of the pathologic anatomy of the human placenta. Amer. J. Obstet. Gynec. **84**, 1595, 1962.

— Major pathologic features of the placenta, cord and membranes. Proceed. Symposium on the placenta. National Foundation N.Y. **1**, 52, 1965.

BENIRSCHKE, K. & G. L. BOURNE: The incidence and prognostic implication of congenital absence of one umbilical artery. Amer. J. Obstet. Gynec. **79**, 251, 1960.

BENIRSCHKE, K. & W. H. BROWN: A vascular anomaly of the umbilical cord. The absence of one umbilical artery in the umbilical cords of normal and abnormal fetuses. Obstet. Gynec. **6**, 399, 1955.

BENIRSCHKE, K., M. M. SULLIVAN & M. MARIN-PADILLA: Size and number of umbilical vessels. A study of multiple pregnancy in man and armadillo. Obstet. Gynec **24**, 819, 1964.

TEN BERGE, B. S.: Nervenelemente in Plazenta und Nabelschnur. Gynaecologia **156**, 49, 1963.

BERGMAN, P., P. LUNDIN & T. MALMSTRÖM: Mucoid degeneration of Wharton's jelly. An umbilical cord anomaly threatening foetal life. Acta Obst. Gynec. Scand. **40**, 372, 1961.

BLANC, W. A.: Aplasia of one umbilical artery. Personal communication, 1963 (in (Froehlich, L. A. & Fujikura, T.: Significance of single umbilical artery. A report from the collaborative study of c erebral palsy. Amer. J. Obstet. Gynec. **94**, 274, 1966).

BLANC, W. A. & G. W. ALLAN: Intrafunicular ulceration of persistent omphalomesenteric duct with intra-amniotic hemorrhage and fetal death. Amer. J. Obstet. Gynec. **82**, 1392, 1961.

BØE, F.: Vascular morphology of the human placenta. In: Cold spring harbor symposia on quantitative biology. **19**, 29, 1954.

BOURNE, G. L.: The human amnion and chorion. Lloyd-Luke, London 1962.

BOURNE, G. L. & K. BENIRSCHKE: Absent umbilical artery. A review of 113 cases. Arch. Dis. Child. **35**, 534, 1960.

BROMAN, I.: Normale und Abnorme Entwicklung des Menschen. (Ein Hand- und Lehrbuch der Ontogenie und Teratologie.) J. F. Bergmann, Wiesbaden 1911.

BROWNE, F. J.: On the abnormalities of the umbilical cord which may cause antenatal death. J. Obstet. Gynaec. Brit. Emp. **32**, 17, 1925.

CAIRNS, J. D. & J. McKEE: Single umbilical artery: a prospective study of 2,000 consecutive deliveries. Canad. Med. Ass. J. **91**, 1071, 1964.

CLARKE, J. A.: An x-ray microscopic study of the vasa vasorum of the human umbilical arteries. Z. Zellf. **66**, 293, 1965.

CLENDENIN, T. M. & K. BENIRSCHKE: Chromosome studies on spontaneous abortions. Lab. Invest. **12**: 1281, 1963.

CORHILL, T. F.: Infant's vulnerable life line. Austral. New Zeal. J. Obstet. Gynec. **1**, 154, 1961.

CRAWFORD, J. S.: Cord around the neck: further analysis of incidence. Acta Paediat. **53**, 553, 1964.

CULLEN, T. S.: Embryology, anatomy, and disease of the umbilicus together with diseases of the urachus. W. B. Saunders, Philadelphia 1916.

DAVIGNON, J. & J. T. SHEPHERD: Response of the human umbilical artery "in vitro" to changes in transmural pressure. Federation Proc. **23**, I No. 2, 309, Abstract 1250. 1964.

DIPPEL, A. L.: Hematomas of the umbilical cord. Surg. Gynec. Obstet. **70**, 51, 1940.
— Maligned umbilical cord entanglements. Amer. J. Obstet. Gynec. **88**, 1012, 1964.

DUNN, P. M., A. M. FISHER & H. G. KOHLER: Phocomelia. Amer. J. Obstet. Gynec. **84**, 348, 1962.

EARN, A. A.: The effect of congenital abnormalities of the umbilical cord and placenta on the newborn and mother. A survey of 5676 consecutive deliveries. J. Obstet. Gynaec. Brit. Emp. **58**, 456, 1951.

EASTMAN, N. J. & L. M., HELLMAN Eds.: Williams Obstetrics (ed, 12) Appleton, New York, 1961.

ETERNOD, A. C. F.: L'Oeuf humain. Georg & Cie. Geneva, 1909.

FAIERMAN, E.: The significance of one umbilical artery. Arch. Dis. Child. **35**, 285, 1960.

FEINGOLD, M., R. N. FINE & D. INGALL: Intravenous pyelography in infants with single umbilical artery. A preliminary report. New Eng. J. Med. **270**, 1178, 1964.

FINLEY, W. H., S. C. FINLEY & E. T. CARTE: 17–18 trisomy syndrome. Review and report of a case. Amer. J. Dis. Child. **106**, 591, 1963.

FISCHER, A.: Fetale Atrophie bei fehlerhafter Anlage der Nabelarterien und Kleinheit der Placenta; ein Beitrag zur Frage nichterblicher Mißbildungen. Frankf. Z. Path. **68**, 497, 1957.

FOLDES, J. J.: Spontaneous intrauterine rupture of the umbilical cord. Obstet. Gynec. **9**, 608, 1957.

v. FRANQUÉ, O.: Anatomische und klinische Beobachtungen über Placentarerkrankungen. Z. Geburtsh. Gynäk. **28**, 147, 1894.
— Über histologische Veränderungen in der Placenta und ihre Beziehungen zum Tode der Frucht. Z. Geburtsh. Gynäk. **37**, 277, 1897.

FUJIKURA, T.: Single umbilical artery and congenital malformations. Amer. J. Obstet. Gynec. **88**, 829, 1964.

GARDNER, R. F. R. & R. R. TRUSSEL: Ruptured hematoma of the umbilical cord. Obstet. Gynec. **24**, 791, 1964.

GERMAN, J. L., 3d., J. K. RANKIN, P. A. HARRISON, D. J. DONOVAN, W. J. HOGAN & A. G. BEARN: Autosomal trisomy of a group 16–18 chromosome. J. Pediat. **60**, 503, 1962.

GISEL, A.: Persistenz der Arteria omphalomesaraica und Fehlen der Nabelarterien bei einem Neugeborenen. Ein Beitrag zur Lehre von der Kombination und Korrelation anatomischer Varietäten. Z. Anat. Entw. gesch. **108**, 686, 1938.

GÖMÖRI, Z. & Th. KOLLER: Über das Fehlen einer Arterie in der Nabelschnur. Gynaecologia **157**, 177, 1964.

GROSSER, O.: Frühentwicklung, Eihautbildung und Placentation des Menschen und der Säugetiere. J. F. Bergmann, München 1927.

GRUENWALD, P.: Abnormalities of placental vascularity in relation to intrauterine deprivation and retardation of fetal growth. Significance of avascular chorionic villi. New York J. Med. **61**, 1508, 1961.
— Chronic fetal distress and placental insufficiency. Biol. Neonat. **5**, 215, 1963.
—, & H. W. MAYBERGER: Differences in abnormal development of monozygotic twins. Arch. Path. **70**, 685, 1960.

GUSTAVSON, K.-H.: Down's syndrome. A clinical and cytogenetical investigation. (p. 88, 95). Almqvist & Wiksells, Uppsala 1964.

—, S. C. FINLEY, W. H. FINLEY & B. JALLING: A 4–5/21–22 chromosomal translocation associated with multiple congenital anomalies. Acta Paediat. **53**, 172, 1964.

HALL, S. P.: The thin-cord syndrome. A review with a report of two cases. Obstet. Gynec. **18**, 507, 1961.

HARRIS, L. E. & J. E. WENZL: Heterotopic pancreatic tissue and intestinal mucosa in the umbilical cord. Report of a case. New Engl. J. Med. **268**, 721, 1963.

HARTMANN, H.: Zur Kasuistik der Placentargefäßanomalien. Varicenbildung der Placentarvenen. Zbl. Gynäk. **53**, 1233, 1929 quoted by Scipiades & Burg.

HECHT, F.: The placenta in trisomy 18 syndrome. Report of 2 cases. Obstet. Gynec. **22**, 147, 1963.

HERTIG, A. T.: The placenta: Some new knowledge about an old organ. Obstet. Gynec. **20**, 859, 1962.

—, and J. ROCK: Two human ova of the pre-villous stage, having an ovulation age of about eleven and twelve days respectively. Carnegie Inst. Wash. Pub. 525, Contrib. to Embryol. No. 184 Vol. **29**, 127, 1941.

HÖRMANN, G.: Zur Systematik einer Pathologie der menschlichen Placenta. Arch. Gynäk. **191**, 297, 1958.

HONG, C. Y. & M. A. SIMON: Amniotic bands knotted about umbilical cord. A rare cause of fetal death. Obstet. Gynec. **22**, 667, 1963.

HUBER, C. P., J. E. CARTER & F. VELLIOS: Lesions of the circulatory system of the placenta. A study of 234 placentas with special reference to the development of infarcts. Amer. J. Obstet. Gynec. **81**, 560, 1961.

HYRTL, J.: Die Blutgefäße der menschlichen Nachgeburt in normalen und abnormen Verhältnissen. Braumüller, Wien 1870.

IRANI, P. K.: Haematoma of the umbilical cord. Brit. Med. J. **ii**, 1436, 1964.

IVEMARK, B. I., C. LAGERGREN & A. LJUNGQVIST: Generalized arterial calcification associated with hydramnios in two stillborn infants. Acta Paediat. **51**, (Suppl. 135): 103, 1962.

JAVERT, C. T.: Spontaneous and habitual abortion. New York, Blakiston Division, 1957.

—, & B. BARTON: Congenital and acquired lesions of the umbilical cord and spontaneous abortion. Amer. J. Obstet. Gynec. **63**, 1065, 1952.

KAJII, T., M. SHINOHARA, K. KIKUCHI, S. DOHMEN & M. AKICHIKA: Thalidomide and the umbilical artery. Lancet **11**, 889, 1963.

KALTER, H. & J. WARKANY: Experimental production of malformations in strains of inbred mice by maternal treatment with hypervitaminosis A. Amer. J. Path. **38**, 1, 1961.

KAMPMEIER, O. F.: On sireniform monsters, with a consideration of the causation and the predominance of the male sex among them. Anat. Rec. **34**, 365, 1927.

KAN, P. S. & N. J. EASTMAN: Coiling of the umbilical cord around the foetal neck. J. Obstet. Gynaec. Brit. Emp. **64**, 227, 1957.

KESSLER, A.: Blutungen aus Nabelschnurgefäßen in der Schwangerschaft. Gynaecologia **150**, 353, 1960.

KING, E. L.: Intrauterine death of the fetus due to abnormalities of the umbilical cord. Amer. J. Obstet. Gynec. **12**, 812, 1926.

KOTZ, H. L. & R. A. VIDONE: Intrauterine fetal death due to amniotic bands; a review of the literature and case report. Obstet. Gynec. **13**, 717, 1959.

KREYBERG, L.: A teratoma-like swelling in the umbilical cord possibly of acardius nature. J. Path. Bact. **75**, 109, 1958.

KRONE, H. A.: Die Bedeutung der Eibettstörungen für die Entstehung menschlicher Mißbildungen. G. Fischer, Stuttgart 1961.

LEE, S. T. & E. H. HON: Fetal hemodynamic response to umbilical cord compression. Obstet. Gynec. **22**, 553, 1963.

LEFF, M.: Hemorrhage from a ruptured varicosity in the placenta causing the death of the fetus. Amer. J. Obstet. Gynec. **22**, 117, 1931.

LENOSKI, E. F. & H. MEDOVY: Single umbilical artery: Incidence, clinical significance and relation to autosomal trisomy. Canad. Med. Ass. J. **87**, 1229, 1962.

LEVINA, M. J.: Altersveränderungen der Whartonschen Sulze der Nabelschnur des Menschen. (Russ.) Dokl. Akad. Nauk. SSSR N. S. **77**, 109, 1951.

LEWIS, A. J.: Autosomal trisomy. Lancet **i**, 866, 1962.

LITTLE, A.: Aplasia of the umbilical artery. Bull. Sloane Hosp. Wom. **4**, 127, 1958.

LITTLE, W. A.: Umbilical artery aplasia. Obstet. Gynec. **17**, 695, 1961.

LYON, F. A.: Fetal abnormalities associated with umbilical cords containing one umbilical artery and one umbilical vein. Obstet. Gynec. **16**, 719, 1960.

McKay, D. G., C. C. Roby, A. T. Hertig & M. V. Richardson: Studies of the function of early human trophoblast. II. Preliminary observations on certain chemical constituents of chorionic and early amniotic fluid. Amer. J. Obstet. Gynec. **69**, 735, 1955.

Majer, F. T.: De foetu humano monopodio. Diss. Inaug. Tubingae 1827, L. F. Fues; quoted by Ballantyne.

Malpas, P.: Length of the human umbilical cord at term. Brit. Med. J. **1**, 673, 1964.

Merttens, J.: Beiträge zur normalen und pathologischen Anatomie der menschlichen Placenta. Z. Geburtsh. Gynäk. **30**, 1, 1894.

Meyer, A. W.: On the structure of the human umbilical vesicle. Amer. J. Anat. **3**, 155, 1904.

Meyer, R.: Mola hydatiformis (Blasenmole) und Chorionepithelioma malignum uteri. Handb. Spez. Path. Anat. Hist. VII/I: Springer, Berlin 1930.

Miller, J. Q., E. H. Picard, M. K. Alkan, S. Warner & P. S. Gerald: A specific congenital brain defect (arhinencephaly) in 13–15 trisomy. New Engl. J. Med. **268**, 120, 1963.

Molz, G.: Aplasie einer Nabelarterie und angeborene Fehlbildungen. Helvet. Paediat. Acta **20**, 403, 1965.

Moore, R. D.: Mast cells of the human umbilical cord. Amer. J. Path. **32**, 1179, 1956.

Nesbitt, R. E. L.: Perinatal loss in modern obstetrics. Davis Co., Philadelphia 1957.

Panigel, M.: Réactions vaso-motrices de l'arbre vasculaire foetal au cours de cotylédons placentaires isolés maintenus en survie. Compt. Rend. Sc. Acad. Sci. **255**, 3238, 1962.

Papadatos, C. & A. Paschos: Single umbilical artery and congenital malformations. Obstet. Gynec. **26**, 367, 1965.

Peckham, C. H. & J. Yerushalmy: Aplasia of one umbilical artery: Incidence by race and certain obstetric factors. Obstet. Gynec. **26**, 359, 1965.

Potter, E. L.: Pathology of the fetus and infant. Year book medical publishers, Chicago 1961.

Priman, J.: A note on the anastomosis of the umbilical arteries. Anat. Rec. **134**, 1, 1959.

Raunenberg, E.: Zbl. Gynäk. **48**, 30, 1924, quoted by Leff.

Reynolds, S. R. M.: The proportion of Wharton's jelly in the umbilical cord in relation to distention of the umbilical arteries and vein, with observations on the folds of Hoboken. Anat. Rec. **113**, 365, 1952.

Rhen, K. & O. Kinnunen: Ante-partum rupture of the umbilical cord. Acta Obstet. Gynec. Scand. **41**, 86, 1962.

Richart, R. & K. Benirschke: Gonadal dysgenesis in a newborn infant. New Engl. J. Med. **258**, 974, 1958.

Rissmann: Aneurysma der Nabelschnurarterie. Zbl. Gynäk. No. 9, 1931, quoted by Fischer.

Roberge, J. L.: Sympodia in identical twins. J.A.M.A. **186**, 728, 1963.

Russell, C. S. & M. D. McKichan: Thalidomide and congenital abnormalities. Lancet **1**, 429, 1962.

Rust, W.: Seltsame Veränderungen an den Nabelschnurgefäßen. Arch. Gynäk. **165**, 58, 1937.

Schatz, F.: Die Gefäßverbindungen der Placentakreisläufe eineiiger Zwillinge, ihre Entwicklung und ihre Folgen. Arch. Gynäk. **60**, 81, 1900. (also **55**, 485, 1898).

Schmidt, H. R.: Pathologie der Decidua, der Eihäute und der Nabelschnur, in: Halban-Seitz, Biologie und Pathologie des Weibes. Vol. 6, 1925.

Schreier, R. & S. Brown: Hematoma of the umbilical cord. Report of a case. Obstet. Gynec. **20**, 798, 1962.

Schroyer, W. W.: Single umbilical artery: A search for associated renal agenesis. personal communication 1964, in press.

Schultze, O.: Grundriß der Entwicklungsgeschichte des Menschen und der Säugethiere. p. 110, 156. W. Engelmann, Leipzig 1897.

Scipiades, E. & E. Burg: Über die Morphologie der menschlichen Placenta mit besonderer Rücksicht auf unsere eigenen Studien. Arch. Gynäk. **141**, 577, 1930.

Seitz, L.: Pathologisches Verhalten der Plazenta, der Eihäute, der Nabelschnur und des Fetus. In W. Stoeckel: Lehrbuch der Geburtshilfe. G. Fischer, Jena 1945.

Shordania, I.: Der architektonische Aufbau der Gefäße der menschlichen Nachgeburt und ihre Beziehungen zur Entwicklung der Frucht. Arch. Gynäk. **135**, 168 & 568, 1929.

Siddall, R. S.: Chorioangiofibroma (chorioangioma). Amer. J. Obstet. Gynec. **8**, 430 & 554, 1924.

Smart, P. J. G.: Some observations on the vascular morphology of the foetal side of the human placenta. J. Obstet. Gynaec. Brit. Comm. **69**, 929, 1962.

Soma, H.: Correlation between umbilical vascular anomaly and fetal abnormalities. J. Jap. Obstet. Gynec. Soc. **15**, 1050, 1963.

Sundberg, R. D., F. E. Schaar, M. J. S. Powell & D. Denboer: Tissue mast cells in human umbilical cord, and the anticoagulant activity of dried extracts of cords and placentae. Anat. Rec. **118**, 35, 1954.

Szécsi, K.: Beiträge zur spontanen Zerreißung der zu kurzen Nabelschnur. Zbl. Gynäk. **77**, 1024, 1955.

Thomas, J.: Die gestörte Vaskularisation der menschlichen Plazenta und ihre Auswirkungen auf die Frucht. Geburtsh. Frauenheilk. **19**, 801, 1959.

— Untersuchungsergebnisse über die Aplasie einer Nabelarterie unter besonderer Berücksichtigung der Zwillingsschwangerschaft. Geburtsh. Frauenheilk. **21**, 984, 1961.

— Ursprungs- und Aussprossungs-Anomalien der Bauchstielgefäße und ihre Beziehungen zur Frucht und Placenta. p. 2007 in: Scritti in onore del Prof. Giuseppe Tesauro nel XXV anno del Suo insegnamento. Montiano, Napoli, Italy 1962 (A).

— Die Entwicklung von Fetus und Placenta bei Nabelgefäßanomalien. Arch. Gynäk. **198**, 216, 1963 (B).

—, & M. Schweigert: Zur Aplasie einer Nabelschnurarterie. Geburtsh. Frauenh. **16**, 1031, 1956.

Thomsen, K.: Zur Morphologie und Genese der sog. Placentarinfarkte. Arch. Gynäk. **185**, 221, 1954; (also **189**, 1956), quoted by Becker.

Towell, M. E.: Dizygotic anencephalic twins (Microcephaly, craniorhachischisis). J. Obstet. Gynaec. Brit. Comm. **68**, 304, 1961.

Uchida, I. A., J. M. Bowman & H. C. Wang: The 18-trisomy syndrome. New Engl. J. Med. **266**, 1198, 1962.

Wahl, F. A.: Hochgradige Torsion der Nabelschnur. Zbl. Gynäk. **53**, 783, 1929. Quoted by Scipiades & Burg.

Walker, C. W. & B. G. Pye: The length of the human umbilical cord; a statistical report. Brit. Med. J. i, 546, 1960.

Walz, W.: Über das Ödem der Nabelschnur. Zbl. Gynäk. **69**, 144, 1947.

Weber, J.: Constriction of the umbilical cord as a cause of foetal death. Acta Obstet. Gynec. Scand. **42**, 259, 1963.

Werthemann, A.: Allgemeine Einführung und Mißbildungen aus placentarer Beeinträchtigung inbesonderheit sog. amniogene Schnürungen und Schädigungen durch die Nabelschnur. Bull. Schweiz. Akad. Med. Wiss. **20**, 313, 1964.

Willis, R. A.: The Borderland of Embryology and Pathology. Butterworth, London 1958.

Zimmermann, K.: Intrauteriner Fruchttod infolge Nabelschnurkompression durch Amnionstrang. Zbl. Gynäk. **86**, 902, 1964.

V. The Placenta of Multiple Pregnancy

Introduction

There is evidence that the much increased perinatal mortality of twins is largely the direct result of accidents of placentation. There are many reasons which make us believe that at least monozygous twinning should be considered a pathologic event in man. Moreover, from the detailed study of twin placentas one may deduce a variety of intrauterine circumstances which help to explain morphologic changes in the singleton placenta.

1. Types of Twin Placentas.

Past medical writing has concerned itself more with a comparison of the types of placentation and the expected or actual zygosity of the twins than with a systematic description of this organ in multiple pregnancy. The reason for this is the obvious desire of parent and physician to assess the relationship of twins as soon as possible. While this desire can be stilled to an extent, it has also given rise to much misinformation and erroneous diagnosis which still plagues the subject of multiple births. In particular, it is still not recognized universally for instance, that two entirely separate placentas may be associated with monozygous (single-ovum-derived twins) and it is hoped that through the following description further clarification can be achieved.

The principal distinction in twin placentas should not be directed toward ascertaining whether one or two "placental masses" are delivered but rather, how many *chorionic sacs* are present. Of secondary importance then is the ascertainment of the number of amnionic sacs. Twin placentas, and this applies to those of triplets and higher numbers, may be dichorionic (dichorial), *i.e.* have two chorionic sacs, or monochorionic (monochorial), in which the fetuses are contained within one primary chorionic sac. While monochorial twin placentas always form one major "placental mass", that of dichorial relationship may be fused or separated. Probably chance alone determines in dichorial twins whether the blastocysts will come to lie side by side and thus give rise to a fused twin placenta, or at distant sites in the uterus, to give rise to separate masses.

Given a monochorial relationship, the placenta may possess two amnionic cavities, which is the more common variety, or only one. If the latter pertains, there may be two separate umbilical cords; they may be fused, forked or, in the case of double monsters, only one cord may be found. Presumably, these different types of gross structural differences are the result of divergent early embryonic development, arising particularly due to differences in timing of the "twinning impetus" although there is no direct proof for this assumption.

In addition, the study of twin placentas inquires into vascular connections between the fetal vascular beds, virtually no work having been done on the maternal circulation in twin placentas. An oversimplification would state that monochorial twins have a joint vascular bed, a circumstance which has yet to be demonstrated conclusively in the dichorial types. However, certain information leads to the rejection of so categorical a statement, considerations which will be discussed in the subsequent paragraphs. Diagrammatically then, the following types of twin placentas can be distinguished:

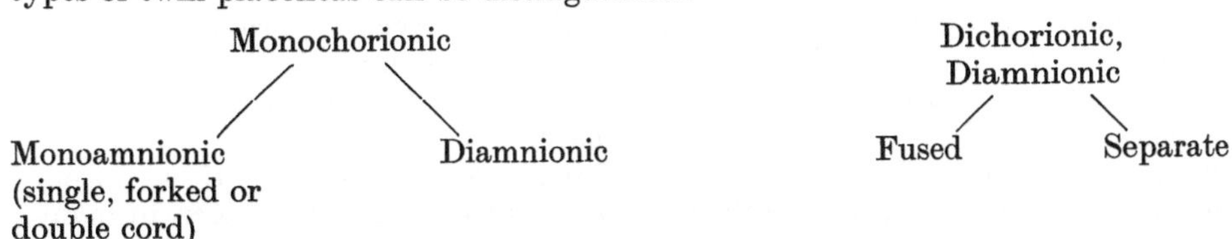

The anatomic variations bear importantly on perinatal mortality and morbidity, they influence intertwin fetal development and have postnatal consequences. It is important to recognize that the distribution of frequency of these placental types differs geographically, presumably due to racial factors and when material from abortions and term deliveries is compared. Finally, while many analogies of twinning processes can be drawn among various species, the knowledge of the placental relationship of twins in one species is not necessarily useful in deductions of that in another species. Thus, the degree of chorionic and vascular fusion found in the dizygous twins of cattle and marmosets cannot be compared to their development in deer, sheep or man.

2. Examination of Placentas of Multiple Pregnancies

The pathologic study of twin placentas should include all facets discussed in the chapter on general placental examination and extend in particular to an examination of the "dividing membranes" and the fetal vascular bed. At the outset it may be stated that it is *desirable that this information become a part of the permanent record of all twin pregnancies*.

In *examining twin placentas* it must be borne in mind that injection studies may be necessary. Therefore, the greatest care must be taken not to injure the villous tissue, lest leakage occur later during injection. After careful inversion of the sacs, so that they assume their natural relationship, the membranes are inspected. If two entirely separate placentas are delivered no further special problems exist. In the majority of cases, however, the placenta will be fused and two distinct cavities are observed. The portion of approximation (or fusion) of the two membranous sacs is of greatest interest. Inasmuch as this partitioning membrane may be composed of 1) two amnions only, or 2) two amnions plus two chorions, one finds that in the former case, this membrane is translucent, in the latter it is generally opaque. Before further dissection, a longitudinal strip is cut from these membranes, a roll is prepared and this is sectioned as described previously. The two possible findings are shown in Figures 74 & 75, also in what have been referred to as "T-sections." In monochorial twin placentas, only one decidual layer surrounds the conceptus. Dichorial placentas, however, should possess two such investments. The reason for the frequent absence of decidual tissue in the dividing membranes is thought to be pressure atrophy of a poorly vascularized tissue (MORISON). It is equally conceivable, however, that, in some instances, the very close proximity of implantation of two blastocysts results in primary fusion of chorions without the opportunity for interposition of maternal tissue.

It is thought commonly that the two placental disks of a fused twin placenta meet at the point of departure of the "dividing membranes" from the surface of the placenta. While this is frequently the case, often the dividing membranes bear no relationship to the distribution of the underlying placental tissue. This is particularly common in monochorial placentas where the amnions are easily movable and can by displacad by mechanical forces, since no vascular or other connections anchor this tissue to the underlying chorion. Figure 76 shows the amnionic dividing membranes of a diamnionic monochorionic twin placenta as a fold across the placental surface (central arrows) and the marginal arrows denote the "vascular equator", or meeting plane of the two vascular and villous districts of the two fetuses. As will be seen, these do not coincide. It is more surprising still, that this phenomenon can be seen in many dichorionic twin placentas. Figure 77 shows such a circumstance in which the chorion (and amnion) of the left placenta overlaps one third of that on the right. Another specimen is displayed later (Fig. 121) and the mode of implantation is then explained.

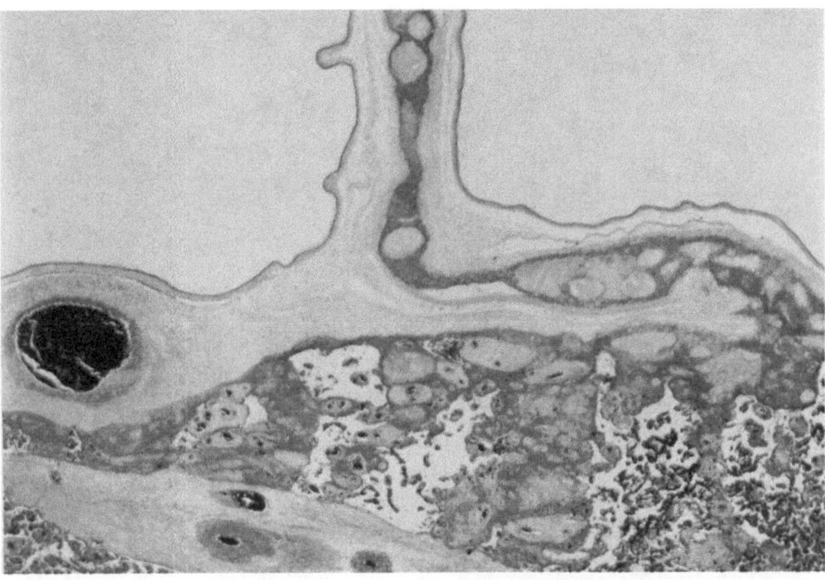

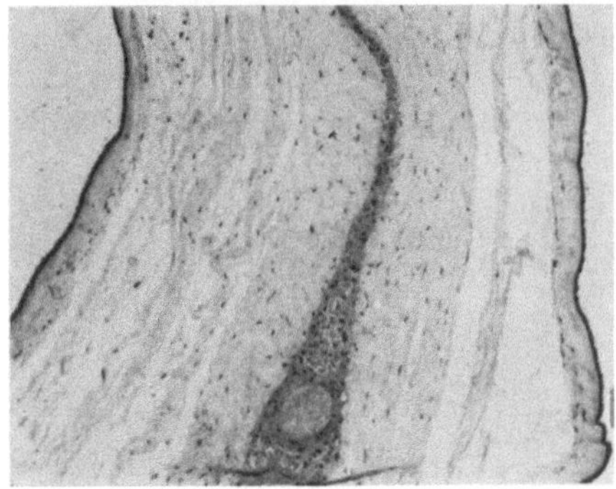

Fig. 74. Diamnionic dichorionic fused twin placenta. Left is "T-section" of area of fusion with dividing membranes extending above. Most of villous tissue shown belongs to left (female) twin who also shows chorioamnionitis with chorionic vasculitis. Dividing membranes (right) consist of 2 amnions (epithelium and connective tissue), 2 chorions and atrophic villi and trophoblast in center. No decidual tissue can be recognized. Amnion is often loosely attached and separated from chorion.

The dividing membranes are now peeled apart with the aid of forceps. In the case of a diamnionic monochorionic placenta, the two amnions are stripped readily over most of the placenta. When in addition two chorions are present (Figs. 78, 81), such separation is impossible and cannot be achieved without the disruption of villous placental tissue.

At the junction of a fused dichorionic placenta the villi intermingle so intimately that one is unable to separate one half from the other without the aid of *injected fluid*. Numerous materials have been used for the delineation of the fetal vascular beds. Some of these are radiopaque and subsequent roentgenographic studies are necessary, others yield a plastic cast of the vascular bed after eventual corrosion of the hardened specimen. If the primary purpose is, as we believe it should be, to determine: a) whether communications exist between the vascular beds, and b) the number and the nature of such anastomoses, then it is easier to proceed by injecting colored (green) saline. Unfortunately, almost all twin placentas studied after spontaneous delivery contain areas of villous disruption and

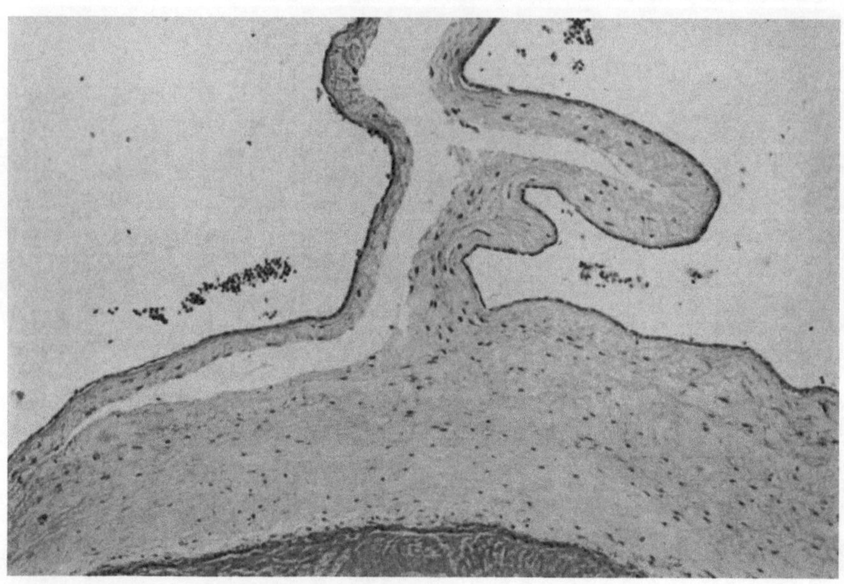

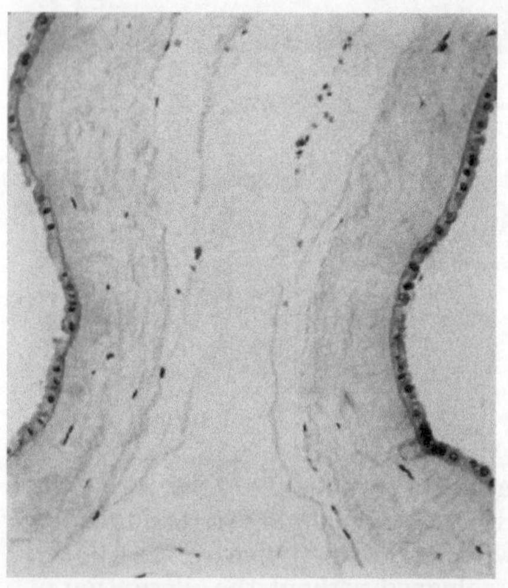

Fig. 75. Origin of "dividing membranes" in diamnionic monochorionic twin placenta. Single chorion is horizontal at bottom, beneath it blood in intervillous space. Apposed amnions often are separated by a space, indicating lack of fusion. Also notice lack of vessels in amnionic connective tissue. Higher magnification (left) of dividing membranes is taken from rolled section as described in text.

for this reason and the fact that it is extremely difficult to inject the entire placenta at once with enough fluid, we have practiced the judicious injection of selected areas. By this means, one finds almost all monochorial twin placentas to possess shunts, while we have been unable to demonstrate any in dichorial twins.

Ordinarily, a fetal villous district in the placenta is served by one umbilical arterial branch (always lying above *i.e.* toward amnion, the major veins), and it is

drained by a tributary to the umbilical vein. After the amnionic membranes have
been stripped, it is possible to determine the approximate 'vascular equator" of
the two placental halves and the study of all vessels leading toward this area
quickly identifies the areas in which vascular *shunts* may be expected to exist

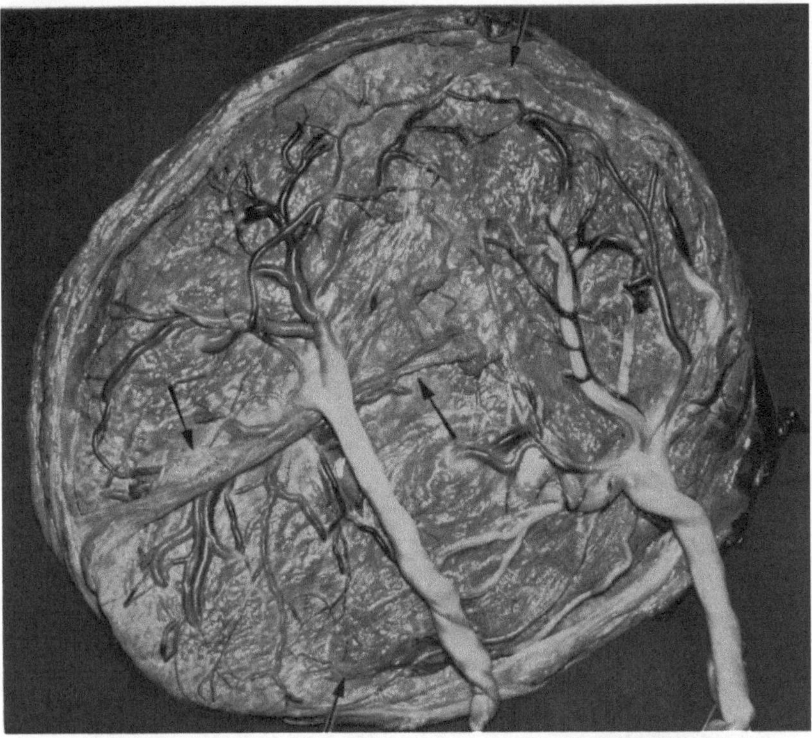

Fig. 76. A diamnionic monochorionic twin placenta of premature twins with the transfusion syndrome. The
dividing membranes (2 amnions) lie across the center of the placenta (arrows); the "vascular equator" (meeting
of the two masses of villous tissue) is indicated by marginal arrows. Note its divergence from the meeting of
membranes. Common villous vascular district is found at top arrow.

(Fig. 79). The simple equipment which we have found to be the most useful is
shown in Figure 80. Near the location then of such presumed common vascular
beds, a needle with ball tip is inserted, tied into an arterial branch and, through
a 3-way stopcock, green saline is injected until it becomes evident into which
direction flow of the injected fluid occurs. Usually, after the injection of 30–50 cc
of saline, it is apparent whether fluid returns to the same infant or its partner
through a variety of possible anastomoses. This procedure is repeated at various
sites and the pattern recorded. It is desirable to cut the umbilical cords near
their insertions to allow escape of blood and to prevent undesirable flow into
communicating villous districts by application of a restrictive forceps. Unfortunately, these studies are merely qualitative. They allow little conjecture
of *in vivo* conditions, as these are clearly governed by many other factors, such
as fetal blood pressure, heart rate, etc. In dichorionic twins, we have been unable
to demonstrate possible communications. Here, one cannot make a judicious
selection of possible sites of anastomoses since the vascular trees usually vanish
at some distance from the juncture (Fig. 82). Therefore, as much of such placentas

is injected as is possible and subsequent transverse sectioning determines the extent of villous intermingling (see description of quadruplet placenta by HAMILTON, BROWN & SPIERS).

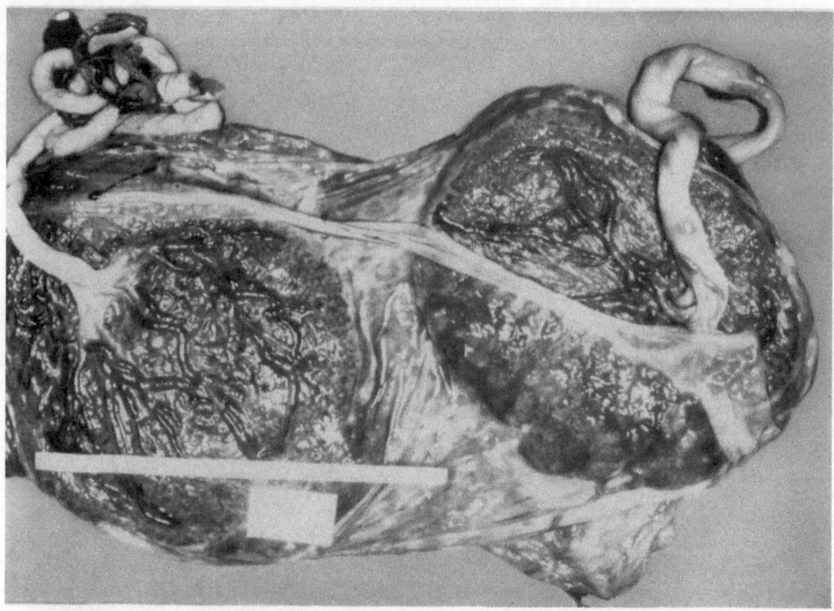

Fig. 77. Diamnionic dichorionic twin placenta with unusual fusion of chorionic membranes. The chorion laeve of the left placenta overlaps one third of placental mass on right. The placental tissue of this third is vascularized from long vessels of right placenta; it is not covered by its own chorion.

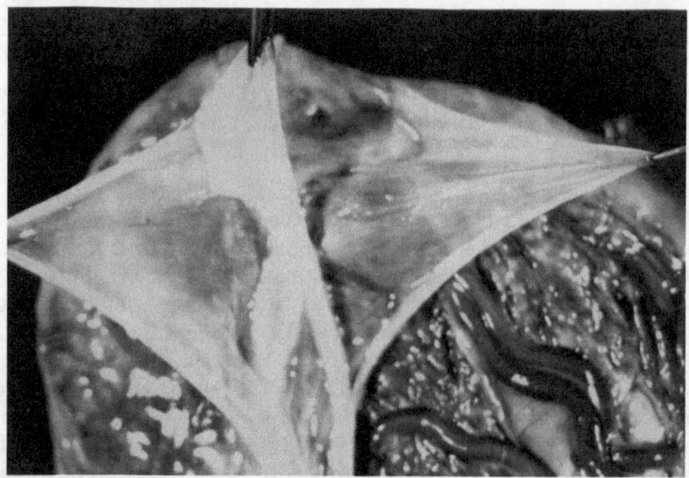

Fig. 78. Separating the two amnia in a diamnionic dichorionic twin placenta from the intermediate chorionic dividing membranes, held up in the center.

Previous authors have advocated the preparation of a "T-section" in which the long arm of the T is to represent the dividing membranes and the horizontal arm the placental surface (Figs. 74, 75). Since this interferes with the injection

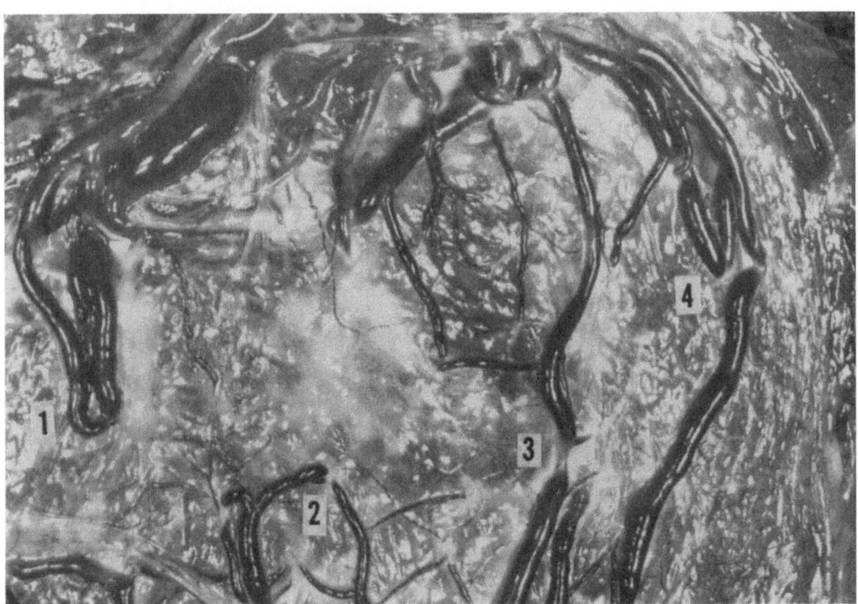

Fig. 79. Diamnionic monochorionic twin placenta whose amnions have been peeled away. This is a portion of the "vascular equator". Several types of communications can be seen. At 1 is the normal situation: An artery (left) is entering villous tissue whose blood is drained by an adjacent vein into the same fetus (top). A similar distribution is present at 2 for the bottom circulation. At 3, a direct vein to vein communication exists between the two vascular beds. At 4 an artery to vein shunt through villous tissue exists with flow from top to bottom. Several other complex communications can be detected by close inspection and confirmed by judicious, selective injection.

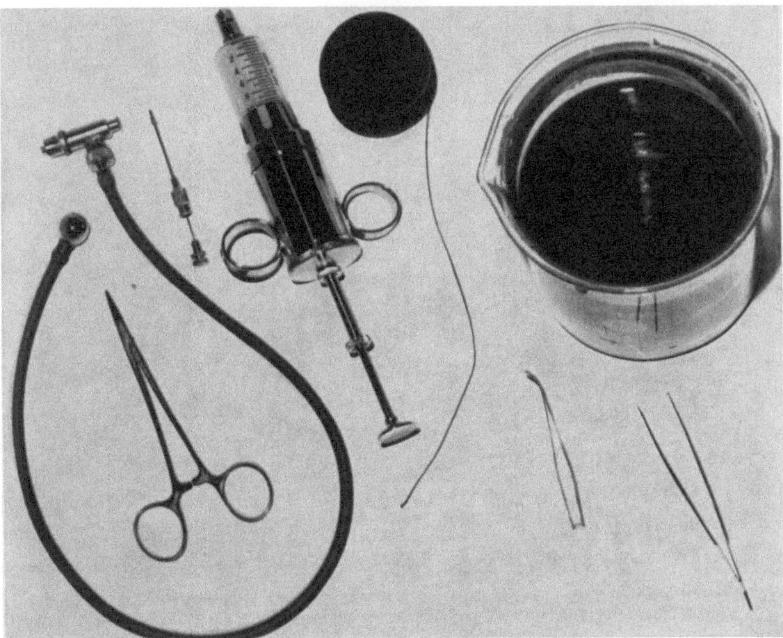

Fig. 80. Instruments used for the convenient detection of anastomoses in twin placentas. At left, tube with three-way automatic stopcock and metal ball which hangs in solution of green saline (right), 2 forceps, mosquito clamp, syringe, thread and needle with ball point.

study, we prefer to judge the histologic nature of the dividing membranes from the rolled tissue section, obtained at the outset. After the completion of these

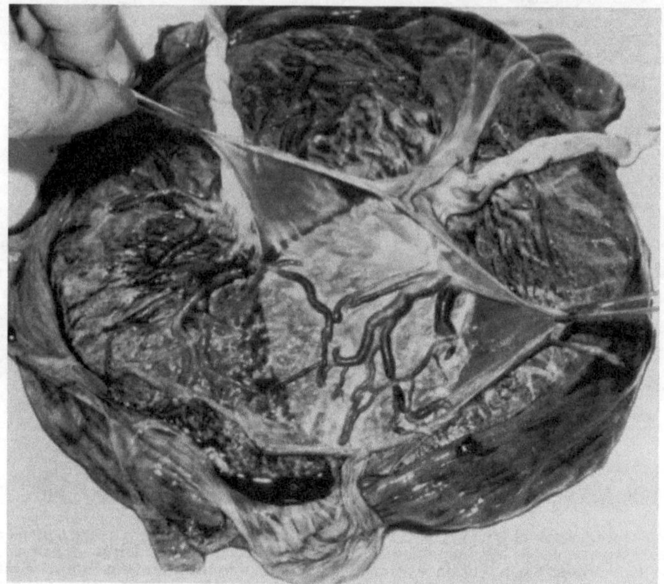

Fig. 81. Left: Diamnionic monochorionic twin placenta whose two amnions are being peeled, disclosing large anastomoses.

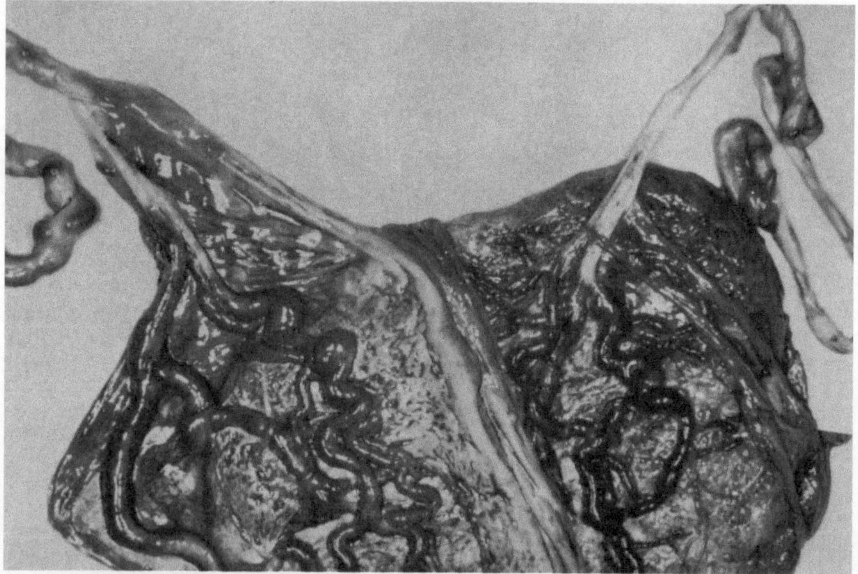

Fig. 82. Diamnionic dichorionic placenta with fusion. No terminal vessels approach the area of fusion. Left cord has velamentous insertion and major vessels course over chorion laeve on left.

steps, the placenta is treated as though it were a single organ, the weight having been obtained before injecting saline.

B. Pathologic Anatomy of Twin Placentas

1. The Monoamnionic Monochorionic Twin Placenta.

This membrane relationship represents the least common variety amongst twin placentas and, as with the other monochorial twins, it is found only with monozygous (single-ovum-derived) twins. Numerous case reports record the frequent complications arising as the result of the enclosure of two twins in a single cavity, the most common being the *intertwining of umbilical cords* with cessation of circulation in one or both twins and intrauterine death. RAPHAEL has reviewed the literature recently and finds a considerable variation in incidence of monoamnionic twinning reported in the literature. His own frequency is 1:16,000 deliveries, or 1:165 twin deliveries, a much higher frequency than had commonly been assumed. Our own figures, collected from 250 consecutive twin deliveries beyond 20 weeks gestation are: in a total of 19,920 pregnancies there were 3 cases, or 1:6,640 pregnancies, or 1:83 twin pregnancies (BENIRSCHKE 1961 A). This figure is close to another prospectively collected incidence of 1:65 twin deliveries reported by LIBRACH & TERRIN but it differs appreciably from WENNER (1956), who found 4 of 100 twins to be monoamnionic. Other authors have still wider deviations, pointing to the necessity of collection of large data with a prospective methodology.

Of all the types of monozygous twin pregnancies, presumably the monoamnionic twins arose by splitting of the inner cell mass very late in embryogenesis, after the seventh day of fertilization (COULTON, HERTIG & LONG) and the fused twins, (double monsters) belong into this group (Fig. 83). At least 200 cases with description of the placentas of monoamnionic twins are recorded in the literature. A primary interest has focused in the past on the increased risk to the fetus. Of all twins, who have an approximately tripled perinatal mortality when compared with singletons, monoamnionic twins have the highest prenatal mortality. In fact, in the reported cases, double survival reaches a maximum of only 46% (RAPHAEL). However, it appears that the reporting of cases is motivated by the observation of double survival and it is thus not surprising that in recent years the statistics have improved even more (TIMMONS & ALVAREZ; GOPLERUD). Entangling of cords, interlocking, inadvertent surgical transection of the wrong cord when wound around the body of the first delivered twin, are primary hazards. An additional, and unexpected finding is a high frequency of congenital anomalies which influences the perinatal mortality figures de-

Fig. 83. Thoraco-abdominopagi; abortion with monoamnionic placenta and only one umbilical cord.

leteriously. An unusual complication was reported by us in a pair of premature twins, one of whom was born macerated, the other died 62 hours after birth (BENIRSCHKE, 1961 B). At autopsy, widespread necroses were present in his organs and interpreted

to be secondary to thromboses. It was conjectured that thromboplastin-rich blood
from the macerating fetus had gained access to the other twin through extensive
anastomoses in the placenta of this pregnancy which is shown in Figure 85. Similar
events have been held responsible for the death of the second of conjoined twins when
one has expired.

The gross morphology of the monoamnionic monochorionic twin placenta is
relatively simple. By far the majority of cases possesses one large placental mass
and a single chorionic cavity, which is lined by a single amnionic membrane.
Remnants of a possibly pre-existing dividing membrane are not often found.
The umbilical cords, usually there are two, arise from the placental surface at
some distance one from the other and many authors give their insertions in centimeters (e.g. COULTON *et al.*). These authors also describe the presence of grossly
visible anastomoses between the fetal vascular beds, as do PICKHARDT & BREEN;
in other authors' photographs such communications can be seen. Frequently, the
cords are inserted next to one another and rather sizable anastomoses are present.
It has been conjectured that the distance of cord insertion might influence the
frequency of cord entangling and thus the fetal outcome. This is not borne out

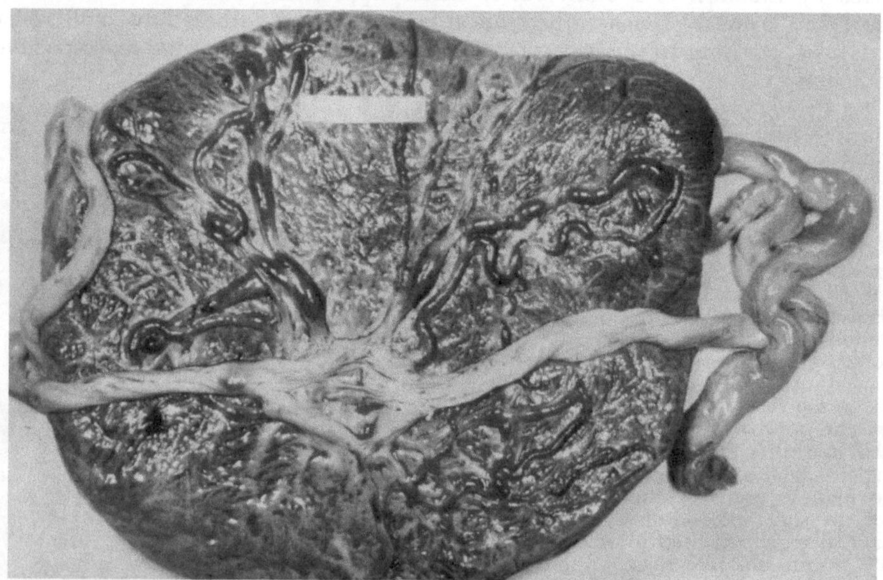

Fig. 84. Monoamnionic monochorionic twin placenta; cords insert close to each other; major vascular communications. No intertwining, both infants well.

by a study of the literature containing good descriptions. Thus, WALTERS &
WHITEHEAD depict a case with extensive entangling of closely inserted cords and
good outcome (their figures are misnumbered). In a similarly structured placenta
of ours (Fig. 84) no intertwining occurred, while SWAIN found macerated stillborns
due to knotted, entangled cords which inserted 5 cm apart. Another example of
this is shown by OTTOW in his Figure 175.

Occasionally, forked cords are described but these are most uncommon. CORNER
depicts such a situation in a small abortus in which two cords supply separate fetuses
and merge toward the placenta. AHLFELD as well as SCIPIADES & BURG also refer to
funiculopagous twins. A single cord supplying fused (incompletely separated) twins is

more frequent; a pertinent case in a thoracoabdominopagous abortus is shown in Figure 83, a few others are referred to by GEDDA; POTTER (1961) and others. KREUTNER, LEVINE & THIEDE have recently published a similar case which came to term. Chromosome studies in this case showed a normal complement. An even more complex

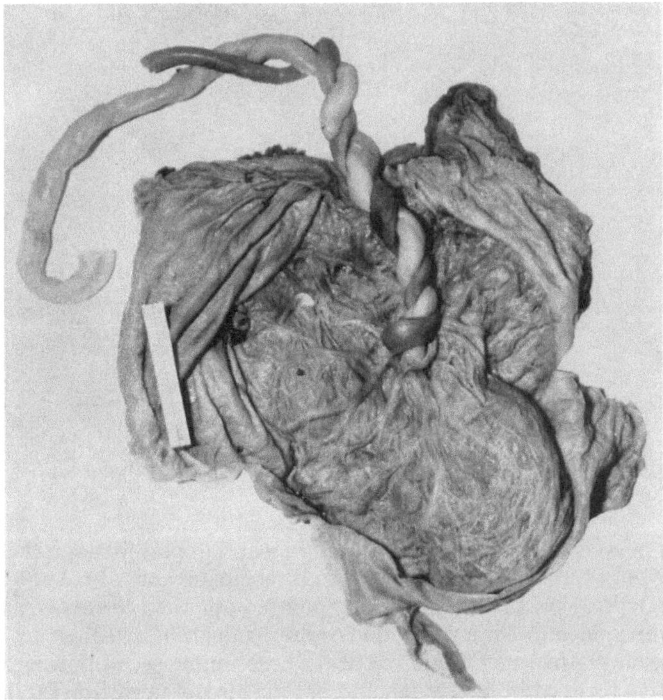

Fig. 85. Monoamnionic monochorionic twin placenta, cords wound around each other with fetal death of one (dark cord). Major connections of vessels at base of cords. Neonatal death of one from widespread thromboses; cardiomegaly.

anomaly has been described by GRUENWALD & MAYBERGER. These very malformed twins lacked a proper cord altogether, the vessels passing more or less unsupported directly to the placental surface. Another case of malformed twins without proper cord has been shown by PRATT, McLEAN & SUTTON. It is of interest to note that frequently, in the severe anomalies associated with monozygous twinning, there are major anomalies of the cord. Thus, absence of one umbilical artery which is discussed elsewhere, and extremely short cords are almost the rule in acardiac monsters (*v. i.*). In monoamnionic twins, such a short cord occurring in one, an anencephalic, is shown in Figure 86. The other twin developed normally; the anencephalus had extensive adhesions from his skull to the amnion and was stillborn. Similar cases without vascular communications or dividing membranes and without amnionic adhesions were described by LITT & STRAUSS, and by PEDLOW. The latter author has collected a few other cases from the literature and is the first to include blood grouping to prove the single-ovum derivation of these twins. POTTER (1961) who, as many other investigators, finds an increased frequency of anomalies in monozygous twins, has never seen *both* twins severely malformed. The most extensive anomalies she mentions in twins are associated with a forked cord and she describes such a case with diamnionic membranes, the cords arising from the partition. FREEDMANN, TAFEEN & HARRIS describe a large thoracoabdomniopagous conceptus whose placenta had two cords which inserted 1.5 cm apart and which joined 13 cm from their insertion to form a single structure, containing only 3 arteries and 2 veins and thus entering the fetuses. Contrary then to the case of a forked cord described by CORNER, in this case the placental end of the cord was duplicate and fused toward the fetuses. Also, the description indicates the presence of what appears to have been a partial diamnionic dividing membrane which was degenerating.

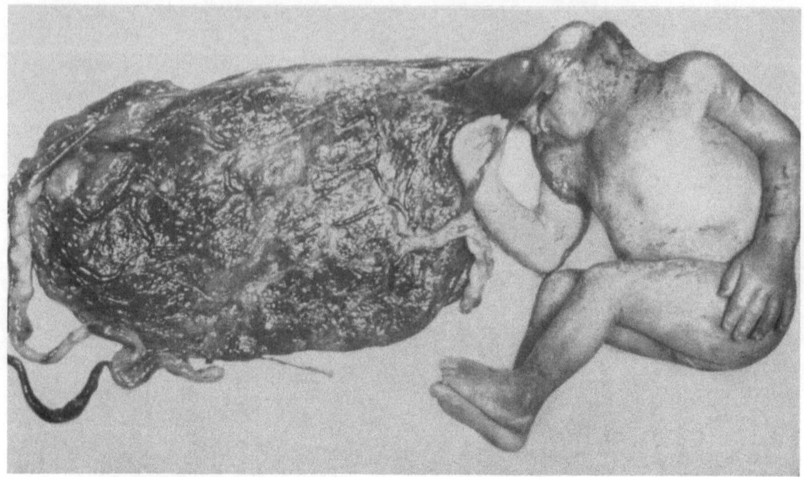

Fig. 86. Monoamnionic monochorionic twin placenta, no definite anastomoses, cords widely spaced. Left fetus survived, right fetus anencephalic with amnionic adhesions and short cord.

While it is a common finding that monochorial placentas have circulatory anastomoses between the fetal vascular beds (some authors state that all do, *e. g.* SCIPIADES & BURG), WENNER (1956) has pointed out that *Siamese twins* may not share common placental vascular beds when injection studies are performed. This is surprising since one would expect those embryos, splitting very late in development to form conjoined twins and having already a well-established blastocyst wall, to share more placental tissue than the intermediate forms, those resulting in diamnionic monochorionic placentas. By analogy then, the earliest formed twins with dichorial placentas can be shown to lack communications. It is equally challenging to learn that in these monoamnionic monozygous twins also the greatest degree of intertwin-dissimilarity is found (STEINER) and congenital anomalies are the most frequent. On the other hand, it must be pointed out that the single-ovum derivation, and thus "identical" nature of Siamese twins has been challenged recently by AIRD, who argues that conjuncture of two possibly even fraternal twins has not always been excluded. Such events are not entirely speculative as the frequent cases of chromosomal mosaicism in man and the experimental fusion of mouse eggs (MINTZ) have shown. Certainly, today genetic tools are at our disposition which allow the clarification of this point in future cases.

Is it possible that a monoamnionic sac has formed by the disruption of a former dividing septum? This question cannot be answered unequivocally at this time for want of sufficient human embryological specimens and inadequate study (or description) of twin placentas. Arguments from other species (marmoset, cattle and armadillo) have been introduced at this point (CORNER); however, as will be shown subsequently, they are misleading in the interpretation of human material.

In the literature on monoamnionic twins, two theories have recurred since the earliest descriptions of this anomalous placentation. The older papers discussing these hypotheses were summarized by ABRAMS in 1921 who presents a challenging case himself and, more recently, the literature is reviewed by QUIGLEY.

One, the *primitive duality theory*, states that originally two amnionic sacs were present but that the dividing amnia have disintegrated, possibly because of the pulsations of closely approximated umbilical cords. This concept was championed by AHLFELD but it has given way more recently to the other, or *primitive unity theory*, which holds that the embryos divided after formation of a single amnion, analogous to the well-studied case of the armadillo. The cases presented in support of the former theory have all had major weaknesses, while some embryologic proof with instances supporting the latter theory have been cited (CORNER). Most obviously, the cases of double monster fall into this category.

A disappearance of dividing membranes is claimed to account for a common cavity in heterosexual twins by PICKERING. Unfortunately, this case is neither well described nor are photographs provided. Since two separate placental masses were present and the twins were of different sex, the expected membrane relationship would be di-amnionic and dichorionic. Considering the vast number of contrasting specimens studied, it seems inconceivable that such layers should disappear in man as they do in other species, and to us, a more logical interpretation would be that the approximated sacs tore widely upon delivery, making accurate evaluation of membrane relationship impossible. ABRAMS described a case with a remaining plica but did not show its histology. TIMMONS & ALVAREZ describe a similar instance in their third case of mono-amnionic twins and state that this structure "appeared to be a fold of the amnion" upon microscopic examination. This fold did not extend to the insertion of the cords which were separated by 6 cm.

In our own material we have a case which was given to us by Dr. E. J. EICHWALD (Great Falls, Montana) and concerns like-sexed twins, one of whom died at age 2 days. This infant had the physical characteristics of the KLIP-PEL-FEIL syndrome and several other minor anomalies; the other is normal. Chromosome studies showed no abnormalities. Two cords of this seemingly monoamnionic placenta insert next to one another (Fig. 87) and step-sections (Fig. 88, left) show the six vessels to merge at the base to form three and then to branch over the chorion. A thin falciform plica extends from between the cords to the margin of the placenta but it does not continue over the chorion laeve. Several sections through this plica (Figs. 88, 89) show two amnia whose tips are fused.

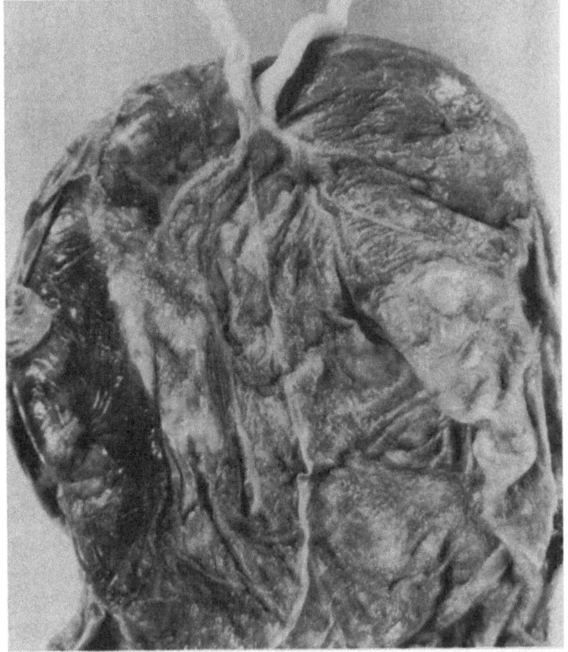

Fig. 87. Monoamnionic monochorionic twin placenta with plica extending from cords to edge of placenta.

The tip never shows any epithelium but appears scarred, as though injured. It is conceivable that this plica has resulted from spontaneous or traumatic disruption of previous diamnionic membranes. Alternatively, because of the direction of the plica and its extent, it may be that splitting had occurred at the very moment when the amnion was forming but when it was as yet incomplete. The rarity of such plicae then may be the result of the rare concurrence of such exact timing. A similar case has been reported by WOLF (quoted by v. VERSCHUER, 1927) and the well-illustrated case described by BAR will be discussed in the next section.

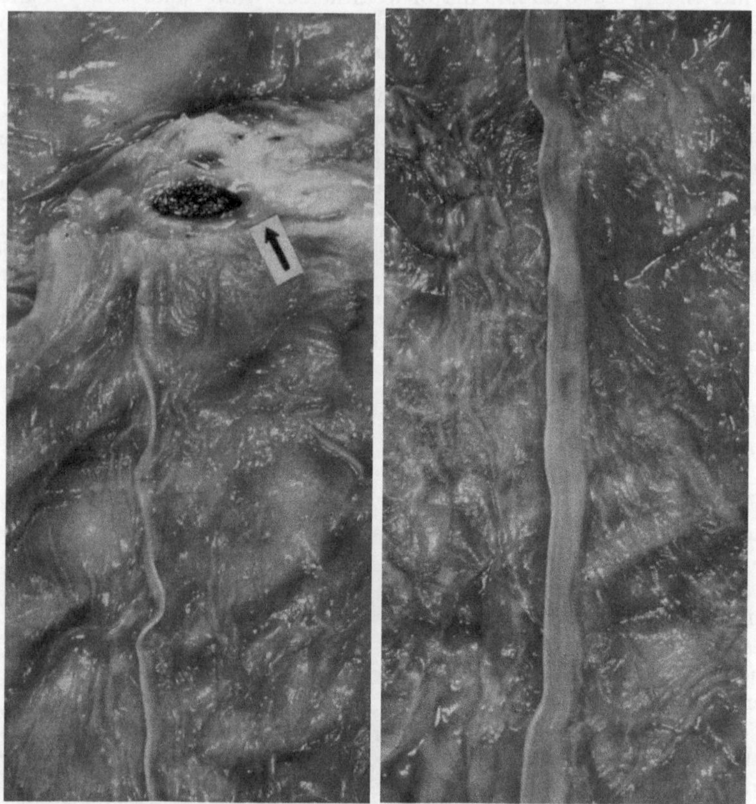

Fig. 88. As Fig. 87; left: merging of 6 cord vessels indicated by arrow at base of cords; right: thickening plica at lateral aspects of placenta.

Next in time sequence, or rather, just previous in embryonic terms, we envisage the specimen shown in Figure 90 to have been produced. Here, the diamnionic dividing membranes pass between the closely inserted cords and a single yolk sac remnant with two persistent vessels is seen in this partition at the arrow. This case is identical to that which would have resulted from the embryonic specimen shown in CORNER's Figure 11.

A remarkable case of unlike-sexed twins with monoamnionic placenta, presented by GULDBERG, has been the cause of some confusion in the literature because of its title. Actually, a normal girl was twin to a severely malformed fetus who died from pneumonia. Autopsy findings included atresia ani, atresia recti, hypoplasia of kidneys, bicornuate uterus, tubes, ovaries and a blind vagina. There was anoscrotal fusion with clitoral hypertrophy but the sex was definitely female, the title of the article notwithstanding. Two large venous anastomoses were found between the closely approximated cords.

Before passing to the even more complex placental relations of diamnionic monochorionic twins, it is pertinent to mention that the *"transfusion syndrome"*, so prominent in the subsequent placentation types, has not been described in monoamnionic twins. Presumably, embryologic reasons are at the base of this divergence but these are not as yet understood. The great disparity in development, excess hydramnios and differences in hemoglobin content of twins, so often seen in diamnionic twins, have not been mentioned in any of the monoamnionic twin case reports accessible to us. It is possible that the extensive anastomoses seen in twins with closely positioned cords and the complete absence of a "third circulation" in others, particularly Siamese twins, is the explanation. However, embryologically this is not very satisfactory and a more detailed study of even the macerated monoamnionic twins is needed, particularly with reference to heart size.

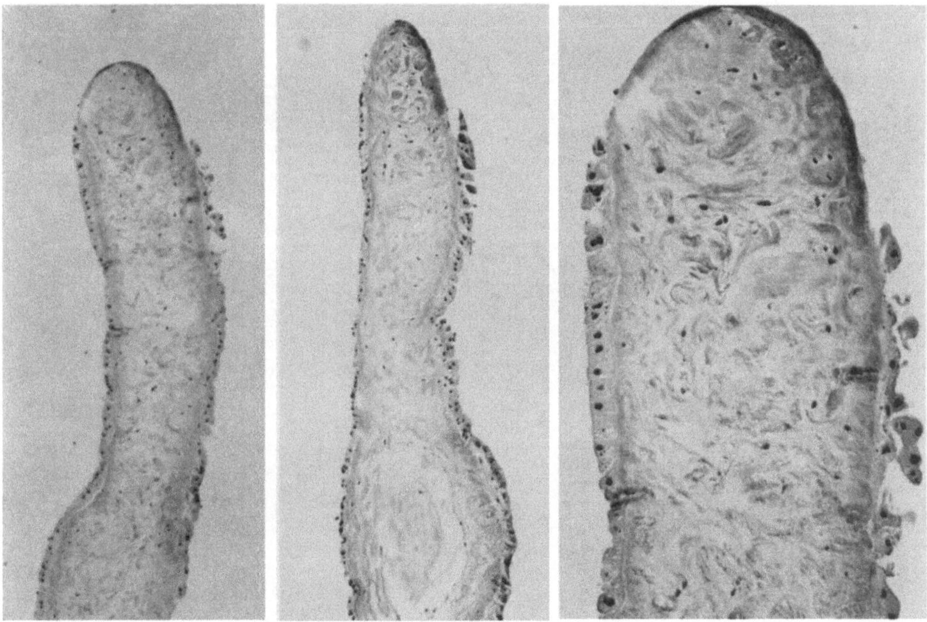

Fig. 89. Section of plica of Figures 87, 88: note absence of amnionic epithelium at tip of plica with condensation of connective tissue.

In this connection, the case of ABRAMS is noteworthy. This author described stillborn aborted macerating twins with entangled cords, one normal, the other a typical acardiacus acephalus and possessing an anomalous cord. ABRAMS finds an amnionic fold when pulling the cords apart but apparently no definite septum was seen. The state of maceration in a pregnancy complicated by hydramnios may have destroyed a previous septum. Alternatively, it may be that this case is a true monoamnionic twin pregnancy, in which, through the "third circulation" to be discussed later, an acardiac was formed. If so, this would further support the validity of the concept of a continuous spectrum in the twinning event and types of placentation. Similarly, marked myocardial hypertrophy has been described in one of the fetuses from the placenta shown in Figure 85. These were clearly monoamnionic twins and had extensive intermingling of the circulation (BENIRSCHKE, 1961 B).

2. The Diamnionic Monochorionic Twin Placenta

This is doubtless the most frequent type of placenta associated with monozygous twins. At the same time, its gross characteristics are the most variable and intricate. Here again, a spectrum may be observed when a large number is studied in detail. The most intimate relationship of the two fetal vascular beds is that shown in Figure 90, the cords arise almost from one point and only one yolk sac can be identified. At the other end of the spectrum, and presumably having an earlier embryologic splitting date, is the specimen shown in Figure 91. In the first, the placenta resembles very much that of Figure 82, however, it is monochorionic. Only a careful scrutiny of the dividing membranes will here discern the true nature of placentation. This example is the uncommon exception and must be considered to have formed at the earliest embryologic moment at which dichorial twinning has passed.

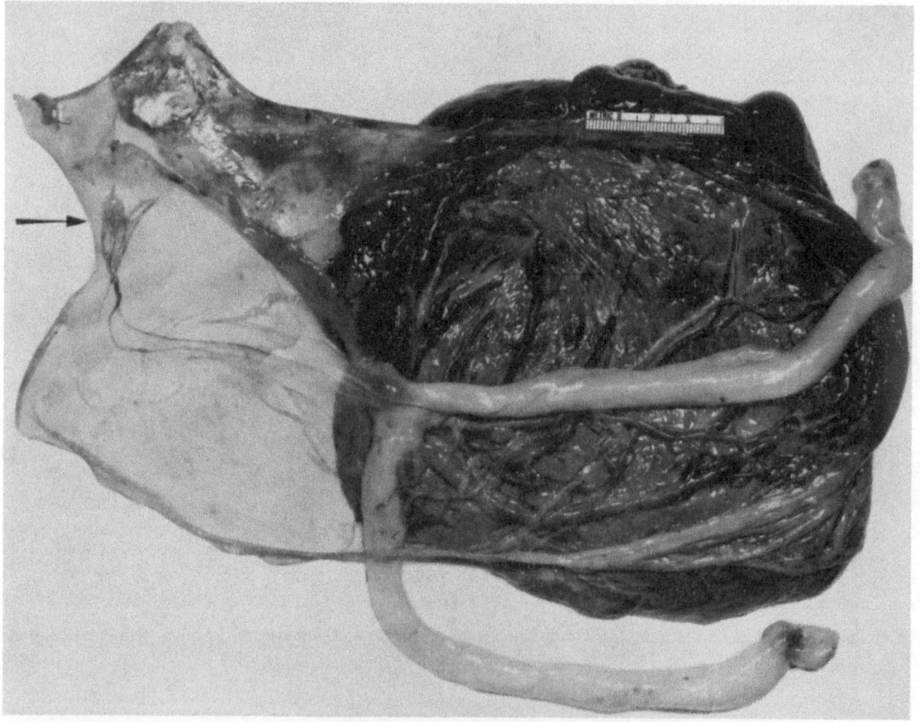

Fig. 90. Diamnionic monochorionic twin placenta. Translucency of diamnionic dividing membranes is well shown. They pass between closely inserted cords whose vessels anastomose at base. Remnant of single yolk sac with patent vessels is seen at arrow.

The prototype of the diamnionic monochorionic twin placenta is illustrated in Figure 92, and after injection of a similar specimen, in Figure 93. In a majority of these "Di Mo"-placentas, the villous tissue is imperceptibly merged and portions are often shared by both fetuses, a condition referred to by SCHWALBE as chorioangiopagous twinning. SCHATZ has studied the vascular relationship of such twins in great detail and left us with a monumental work and important concepts to which we will return. The chorionic membrane is single, the dividing membranes are the two amnia (Fig. 75) and we have not found evidence for, nor reference to, the possible remains of a plica consisting of choria, analogous to the condition described under monoamnionic twinning. On the other hand, we have observed a diamnionic monochorionic twin placenta with the delivery of a macerated stillborn due to entangling of the two cords. This perplexing case can only be explained by assuming that a portion of dividing amnia ruptured before birth, possibly because of trauma by the fetus. The membranes were of such size and extent that we have no doubt they were once intact. There is no proof for this assumption, however, and one must remain sceptical for the time being. v. VERSCHUER (1927) devotes considerable space to this problem. He quotes the case reported by BAR in which diamnionic, dichorionic twins had a large window in their dividing membranes and the knotted umbilical cords proved the repeated migration of the twins through this opening. "Secondary monochorial relation" is possible to have been created by rupture admits v. VERSCHUER, although BAR

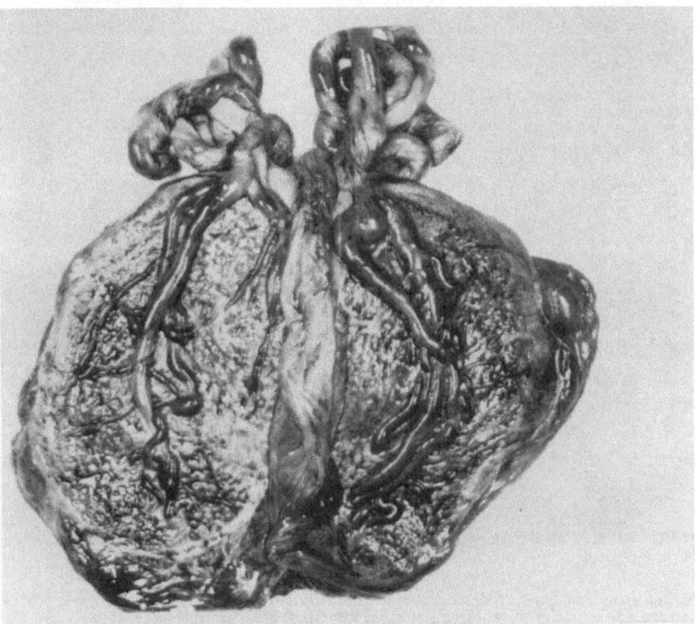

Fig. 91. Diamnionic monochorionic twin placenta resembling considerably the dichorionic type of Figure 82. No anastomoses are present. Neonatal death of one twin with normal heart.

seems to have thought that close implantation was the principle cause. Later (p. 48) v. VERSCHUER states that such events must be quite uncommon but that it may also be possible for 2 chorions, what "has definitely been proven for the amnion". He refers to a dissertation by WOLF in which monoamnionic relations were established through traumatic disruption of the dividing membranes, recognizable by the remains in a plica over the placenta.

Occasionally, it is assumed that the term diamnionic-monochorionic implies the existence of a single chorionic membrane to be present within the dividing membranes (*e.g.* LEHNDORFF). Embryologic considerations and actual findings preclude such membrane relationships.

As in other twin placentas, the umbilical cords are more frequently inserted on the membranes (velamentous insertion) than in singletons and rupture of a vessel with hemorrhage during delivery is a recognized hazard. The most challenging aspect of this placentation, however, is the presence of an array of anastomoses connecting the fetal vascular beds. As indicated previously, some authors state categorically that all monochorial placentas share vessels. WENNER (1956) was unable to demonstrate these in the monoamnionic and hence monochorionic placentas of some conjoined twins and we have also failed to demonstrate cross circulation in isolated cases of monochorial organs. It must be cautioned though

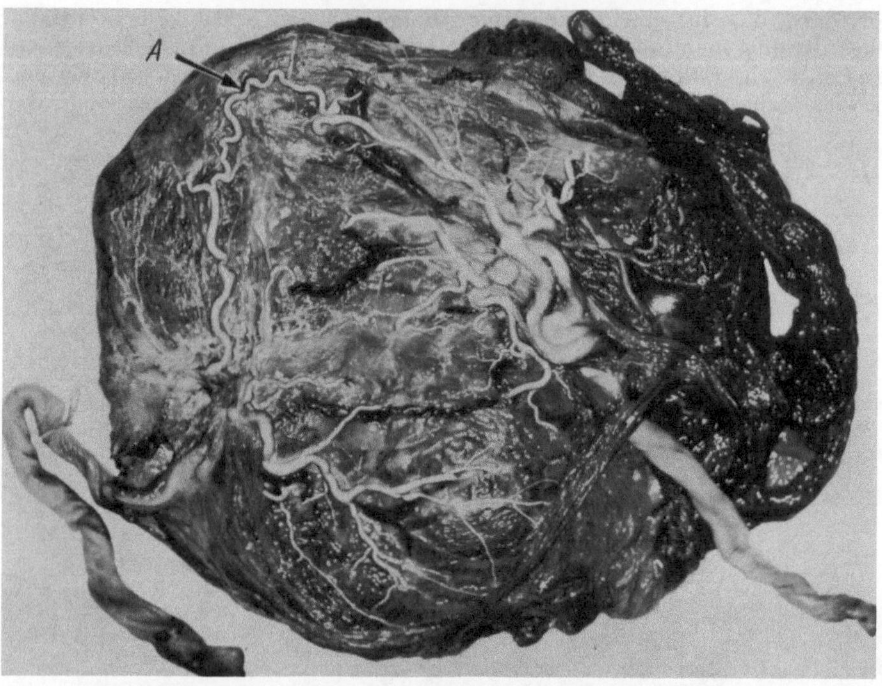

Fig. 92. Diamnionic monochorionic twin placenta, amnions largely peeled away. One umbilical artery has been injected with barium sulfate. The white injection mass has filled both arterial trees completely through the large direct artery to artery anastomosis (A). Other shunts (center) cannot be demonstrated by this injection mass.

that failure may, in some cases, be due to the type of injection mass or to the procedure employed. Thus, definite shunts ("common villous districts") can be seen in the barium injected specimen of Figure 93 which failed to fill by this method. Such failures led to our change in technique of injection which, while not so elaborate as that employed by SCHATZ, is similar. In other cases, the failure is the result of artifactual disruption of villous tissue during delivery. Thus, relatively few cases of demonstrably absent cross circulation in monochorial placentas remain. For these reasons it is equally impossible to give figures to indicate frequencies of types of anastomoses from published records. In personally studied specimens, the following shunts were observed in 60 consecutive diamnionic monochorionic twin placentas:

Types of Anastomoses	Total	Survival Number of Infants
Artery to Artery (A–A) (one or more)	17	12
A–A + A–V	17	14
A–A + V–V	2	2
V–V	3	2
A–V	7	3
A–V + V–A	2	1
V–V + A–A	3	1
No shunts	9	6

By far the most frequent type of anastomosis is the direct artery to artery communication, usually only one large vessel being involved (Fig. 92). This is easily demonstrated and since few sequelae attend this behavior, most placentas need be studied no further for meaningful anastomoses. The preceding table, however, shows that many twins possess additional A—V shunts. In the majority

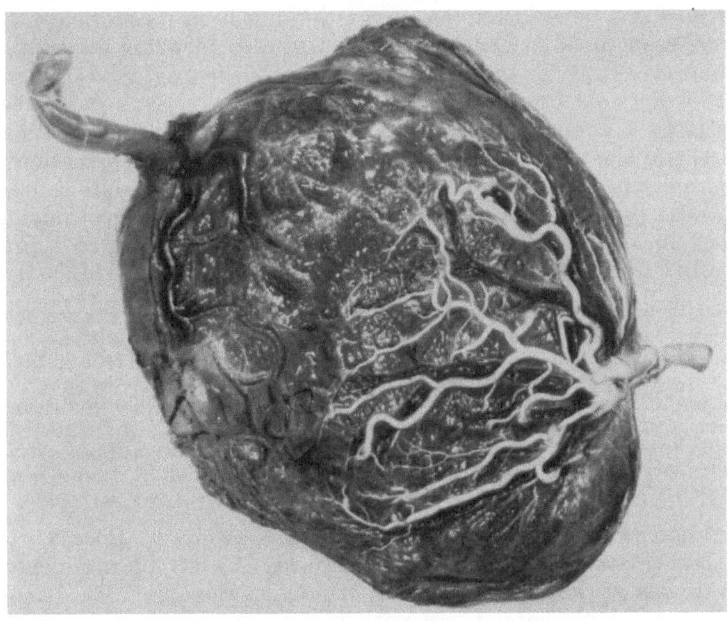

Fig. 93. Diamnionic monochorionic twin placenta. Arterial tree has been injected through right umbilical cord with barium sulfate. Anastomosis between umbilical arteries, regularly found at base of cord, accounts for diffuse injection. This method failed to disclose two A—V shunts present in bottom half of placenta (Courtesy Dr. S. Romney).

of cases, these take the following path: an umbilical arterial branch dips into the chorion, supplies a fetal cotyledonary district and this, in turn, is drained by a vein which leads to the opposite fetus. Thus, a cotyledon is shared by both twins and blood flow is unidirectional. In the same placenta, several such cotyledons are shared frequently and blood flow may differ in one from the others, or not. A good example of this is Figure 165 of OTTOW, a colored reproduction of one of the many fine plates produced by SCHATZ. Rarely, but definitely demonstrable, one finds *direct* anastomoses (without interposition of villous tissue) of very fine arteries and veins between two fetuses. Direct vein to vein anastomoses are less common, and least frequent in our experience is the co-existence of artery to artery and vein to vein communications. The finer structure and its many variations have been detailed by WENNER (1947) who also gives a historical review.

As will be seen *(v.i.)*, these frequencies differ from those found by SCHATZ and it must also be cautioned here that quite possibly the observations on the delivered placenta do not reflect the state of affairs during the entirety of fetal development. There is constant change in the placental tissue; marginal areas (particularly the chorion laeve) atrophy and others expand, *etc.* Equally possibly then, some anastomotic channels obliterate during development, thus altering substantially the conditions of the chorioangioparasites. Observations on early specimens would therefore be most desirable, a statement made much earlier by SCHATZ.

This most complex vascular relationship of monochorial twins has profound implications in the intrauterine development, as was so clearly shown in the beautiful studies of SCHATZ. The pattern found in the finally established placenta may be that which has most survival value, a fact which can be determined from actual figures. It could be that the worst disasters end in abortion of both, or in early death of one fetus. That this suggestion has been made before is acknowledged by PRICE (p. 331) who quotes STREETER as pleading to have placentas studied more carefully for the possible evidence of the existence of former twins. While such events can occasionally be demonstrated as a fetus papyraceous, they are a relatively uncommon experience. However, were intrauterine death of one twin to occur in the first two months, it is unlikely that even a meticulous study of the term placenta would often detect it, let alone determine its cause. This has been discussed by OTTOW who quotes v. VERSCHUER as suggesting that of 100 twin pregnancies some 32 are secondarily transformed to singleton pregnancies, an unexpected frequency, yet to be supported by anatomic evidence.

Historically speaking, placental anastomoses became of importance when it was claimed that fetal exsanguination of a second twin could occur if the first twin's cord had not been doubly ligated at his birth. The controversy over this subject and the question of the independence of fetal and maternal circulations is thoroughly reviewed in the comprehensive paper by PRICE on "Primary Biases in Twin Studies". PRICE undertakes the difficult task of presenting an accurate picture of the developments which led to the extensive studies of the German obstetrician F. SCHATZ. His numerous contributions are referred to by the two publications listed, it being impossible to review adequately the monumental contributions to this subject by this author.

SCHATZ had been stimulated by the explicit drawings in HYRTL's Atlas and his own observation, so fascinatingly described, of a set of monochorial twins with hydramnios accompanying one and oligamnios the other. PRICE summarizes SCHATZ's principal placental types with respect to anastomoses and estimates that, among 100 monochorial twins described, all had some type of connection if their condition allowed proper analysis. This, so far as SCHATZ was concerned, demanded the injection with four colored, thin fluids and regional limitation of flow as described above. In eight cases, no large anastomoses were found of any kind, 60 had only an arterial communication, 2 had single venous shunts and 30 showed both an arterial and (somewhat smaller) venous anastomosis. SCHATZ considered these "hypercapillary" shunts as "anastomoses" while the connections through villous districts were termed "third circulation". These figures differ appreciably from ours despite our intimate knowledge of this work before collecting the material. A possible explanation for this discrepancy is the fact that we worked with consecutive deliveries of all types, while SCHATZ gathered his cases over 35 years from many sources.

There is little reason now to differ with his views concerning the impact upon development occasioned by the types of connections in the placenta. The most frequent Artery to Artery (A–A) anastomosis appears to be the least consequential. If it exists in association with shunts of the "third circulation" type, it seems to compensate for the inequalities arising from the latter. If only shunts of the "third circulation" (A–V) exist, then the now classical syndrome develops which stimulated Schatz to his pursuits and which will subsequently be referred to as the "transfusion syndrome". The deleterious influence of V–V anastomoses is not easily explained nor is it borne out in our studies. Schatz found more cases with both A–A and V–V anastomoses than we did and was impressed with their favorable prognosis. At the same time, this anatomical situation pertains regularly when one fetus becomes an acardiac "monster" and it is as yet uncertain whether secondary phenomena (*e.g.* torsion of cord, umbilical hernia) are really necessary for their development or whether the chance anastomoses alone can occasion such disturbed development. As other authors have done since, Schatz drew attention not only to the type of communications but he emphasized their asymmetric nature and extent, as the causes of discordant development of some monozygous twins.

3. The Transfusion Syndrome.

The clear delineation of this syndrome and its logical explanation are among the great contributions Schatz made. In his first paper in 1875, he conceived the substance of what he was to prove in the ensuing years by meticulous study of collected cases. Barring minor additions and modifications, his conclusions have become part of the great heritage of European Obstetrics and Pediatrics. Pathologists have not concerned themselves much with this model system by which to study hypertrophy and hyperplasia and it is surprising that the concepts, so well described earlier, had to be rediscovered by the Angloamerican literature in recent years. Still today the phenomenon is not universally accepted (e. g. Winner) and many aspects need intense study with techniques only now available.

The unequal development of monozygous twins, occasioned by the transfusion of blood before birth, results from an asymmetry of the third circulation to which Schatz drew attention. The first case described by him can serve as a prototype of this condition: Prematurely delivered twins with hydramnios (3,000 cc) of one and oligamnios of the other; diamnionic monochorionic twin placenta with shared cotyledons through which A—V anastomoses connected the fetal circulations. The first (larger) twin lived only 6 hours, urinating plentifully; the second (smaller) twin appeared dehydrated, had decubiti lived 12 hours and did not urinate nor was urine in the bladder at death.

A similar case has been discussed by us recently (Benirschke, 1959 (Figs. 94—97) and its variations were pointed out in 1960 (B). The picture is so characteristic that one needs to have seen it only once to be familiar with the possible spectrum of this syndrome. It is illustrated by this case: The twins in Figure 94 were delivered in the twenty-seventh week of pregnancy of a twenty-six-year-old gravida 2 in whose families there were no twins. Severe hydramnios had necessitated abdominal amniocentesis (more than 4,000 ml) during the twenty-third week of pregnancy and again shortly before delivery (3,000 ml) several weeks later. Labor ensued shortly after the second tap. Twin 1 weighed 540 g and died shortly; twin 2 weighed 410 g and died within a few hours from hyaline membrane syndrome. The organs of these twins are represented on Figure 95. There is marked cardiac hypertrophy of twin 1 (12.5 g; expected 4.6 g), with the liver, kidneys, and spleen less strikingly enlarged. Twin 2 had a heart weight of 2.7 g (expected 4.6 g). This is the severe form of the transfusion syndrome, causing hydramnios and consequent premature delivery by virtue of the anastomoses demonstrated in Figure 96 and 97. Microscopic examination of the organs in these twins shows not only the expected cardiac hypertrophy but also irregular calcifications in the liver and degenerative changes in the renal tubules of the smaller twin. The cause of the latter changes is not clear at this time. Another detailed case report with impressive color photograph has recently been detailed by Becker & Glass.

Numerous similar cases have come to our personal attention which have been incorporated in the detailed and continuing studies by NAEYE. It is therefore surprising that so relatively few reports have been concerned with this syndrome. A review article by LEHNDORFF collects some of these reports to which others should be added. Thus, WILSON summarized 22 instances in 1899, basing his study

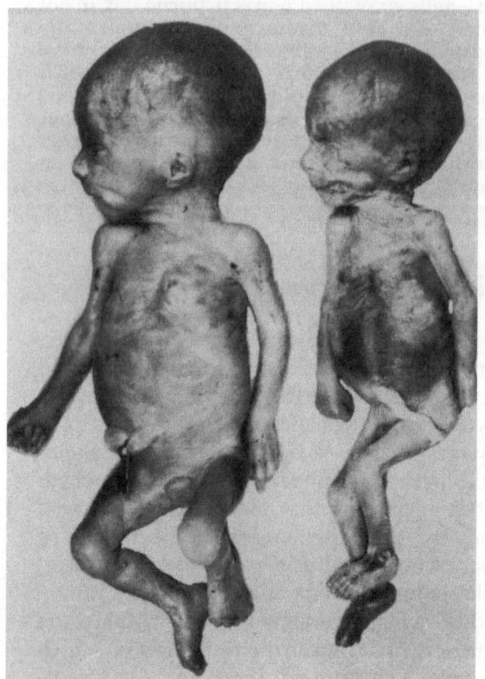

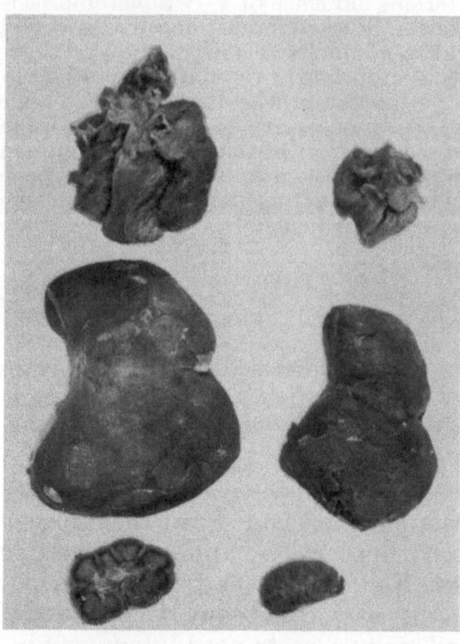

Fig. 95. Heart, liver and kidney of twins in Fig 94. Myocardial hypertrophy in left twin exceeds the discrepancy between other organs of the two twins.

Fig. 94. Discordance of monozygous twins, secondary to "transfusion syndrome". Left twin 540 g, edematous; right twin (donor) 410 g, dehydrated. Premature delivery because of hydramnios.

on SCHATZ'S. He finds the explanation of hydramnios in the anomalous cardiac and renal function of the plethoric twin. SZENDI discusses the increased frequency of hydramnios in monochorial twins (16%) *vs.* that of dichorial twins (4%) but finds no definite correlation with the existence of placental anastomoses. HINSELMANN finds a similar excess of hydramnios in monochorials which he relates to transudation from fetal vessels under higher pressure. WURZBACH & BUNKIN who describe two cases, consider the excess fluid to be of renal origin. POTTER states, and we agree fully, that the transfusion syndrome is a frequent occurrence in monovular twins.

On occasion, an unexplained picture develops, the larger twin being the anemic; thus in the case of FALKNER, BANIK & WESTLAND, who describe a case of polycythemia and anemia in monochorial twins, present our method of study independently, and review the literature. HODAPP, with his descriptive title, shows a color photo of a polycythemic twin (26.0 g Hgb.) and an "anemic" partner (14.4 g Hgb.). Of interest in his case as well as that of FALKNER *et al.* is that the polycythemic twin had a lower birth weight (2,270 g *vs.* 2,500 g and 1,500 g *vs.* 1,770 g.) The anemic twin did well. In accordance with the considerable experience detailed by SACKS and in order to prevent kernicterus, thrombosis and cardiac failure, 101 cc of blood were removed gradually from the plethoric infant in HODAPP's case. He did well thereafter, having also been given digitalis. FALKNER *et al.* lost their twin 1 at age 14 days. – Not only are these cases unusual because of the unexpected weight differences (usually the plethoric twin is larger) but also, the pregnancy continued to term in one and was not complicated by hydramnios in either. Cardiac hypertrophy was not detected in HODAPP's plethoric twin by X-ray studies. In this case the placenta was diamnionic and monochorionic and, while no anastomoses were seen, injection studies were unfortunately not performed. This report refers also to several additional case reports in the recent literature. Another case with severe polycythemia (25.6 g Hgb.) and anemia (7.8 g Hgb.), where the anemic twin was the larger (2,835 g *vs.* 2,551 g) has been detailed by LITTLEWOOD. Toxemia complicated the pregnancy, again hydramnios was

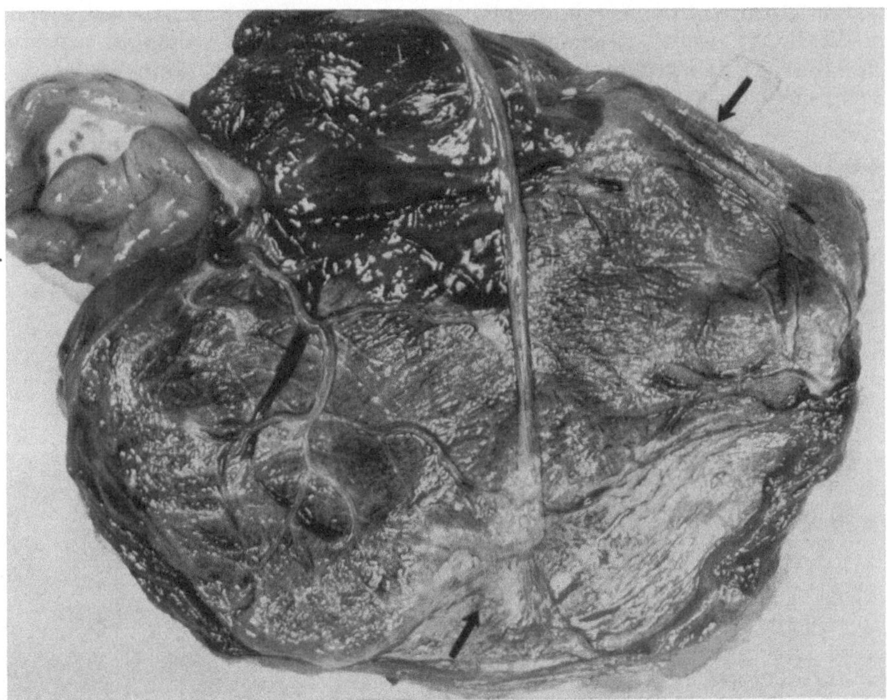

Fig. 96. Placenta of twins in Figures 94, 95. Monochorionic; dividing amnions lying across center, congested edematous cord of larger twin at left, cord of smaller twin (rt.) torn off at delivery. Vascular equator to right of membranes (arrows). One A—V "common villous district" was identified at top right (Fig. 97) by injection. Another possible anastomosis at right bottom could not be verified because of disruption of villous tissue.

absent and the pregnancy went to term. Since twin 1 was the polycythemic, terminal "transfusion" from the placenta through uterine contraction, as had been suggested by some authors previously, can be ruled out. – As with other similar cases, once the neonatal problems had been overcome the infants made a rapid adjustment and equalized in a few months. For our context it would be important to learn the etiologic mechanism of this variant of the usual transfusion syndrome. As in HODAPP's case and others, no detailed study of possible placental anastomoses was made although fetal to maternal hemorrhage was explicitly excluded as the cause of the anemia. One placental half was extremely congested and in the other the vessels were empty. No anastomoses were seen but the author assumes from his knowledge of the subject that unidirectional flow from the anemic to the polycythemic must have accounted for the disparity in hemoconcentration. He rules out the existence of previously assumed phlebostatic events, which are difficult to conceive at best, and he believes that transfusion occurred late in these twins. The lack of hydramnios and unexpected direction of weights are further indication of a recent and acute imbalance, as is the precarious state of the polycythemic twins just cited. KERR described another case, the first of his four sets with the transfusion syndrome. In this instance, hydramnios was a complication of pregnancy.

How can one explain the development of these exceptional cases? We believe that only very careful exploration of the vascular status can further contribute at this point and conjecture that the release of possibly restraining intraamnionic pressure, after rupture of the membranes during delivery, could result in otherwise unexplicable fetal transfusions. Assume that a delicate balance is kept in the transfusions from the polycythemic to the anemic twin by several reversed anastomoses. A sudden reduction of blood pressure in one twin might change or even reverse flow. It is conceivable that this occurs when intra-amnionic pressure falls after rupture of the membranes. Distension of one fetal vascular bed, mainly placental, might result, analogous possibly to the mesenteric circulation after the sudden release of ascites fluid. (Recent evidence [ZITNIK *et al.*] however, suggests that this mechanism is not a regular event in paracentesis). If this were the case

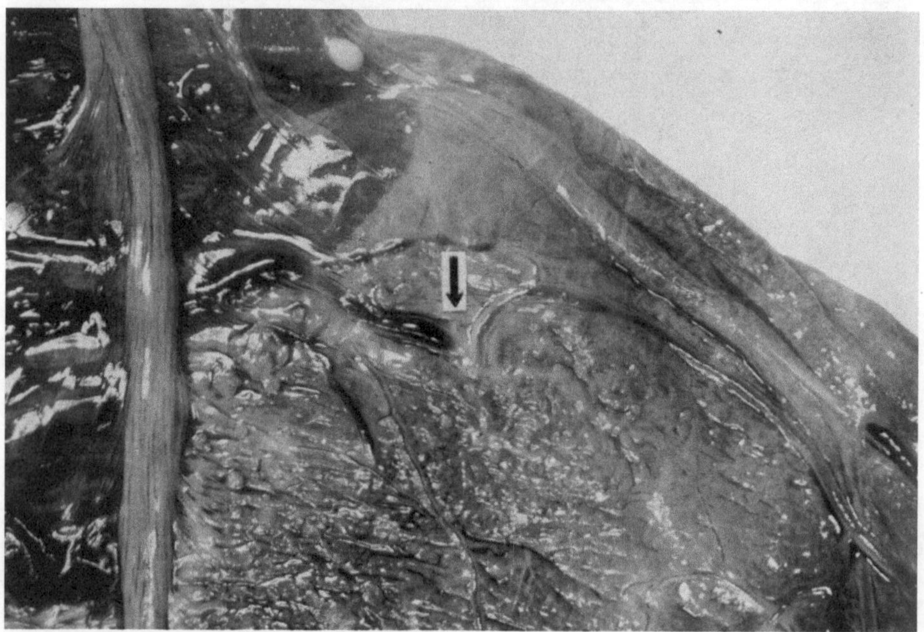

Fig. 97. Right upper segment of Figure 96. An artery (empty) from right (small) twin leads to a villous district (arrow) and is drained by a congested vein into larger twin (left). Oval white body at top is remains of single yolk sac. Granules of amnion nodosum are present only to right of dividing membranes and are due to oligamnios with the smaller twin.

then a formerly transfusing fetus, who may even have been anemic, could suddenly become plethoric through the agency of such anastomoses. The difficulty with this concept is that it implies plethora of the first delivered twin and this is not regularly the case. It may then be easier to return to the original hypothesis of vascular occlusion. If, for unknown reasons, one A—V district of two such reversed common villous districts became suddenly occluded, it is conceivable that sudden polycythemia and anemia could develop with an unexpected lower birth weight of the plethoric twin. Only meticulous study of the placentas with these possibilities in mind will eventually disclose the facts. Such was attempted by FALKNER *et al.* but it could not be completed. In their case of smaller and plethoric twin 1, the monochorionic twin placenta had an A—V fistula from twin 2 to twin 1 which is well shown in their photograph. In addition, a *small* A—A anastomosis was present which is obscured by membranes. Through both these vessels blood could have filled twin 1 after rupture of the membranes if our first concept held. The apparent ease with which injection of these vessels could be accomplished negates the existence of at least major occlusive thrombi. The occurrence of major vascular thromboses can be seen relatively frequently in single placentas and of course after death. We have once seen such beginning thrombus formation (Fig. 98) in one of the twins who was the anemic and smaller partner in the transfusion syndrome. The literature of these deviant cases is reviewed by VERGER *et al.* who also urge more detailed studies of possible thrombotic events and present three similar cases of their own material.

Equally puzzling at this time is the development of the typical transfusion syndrome reported by HEINRICHS in a pregnancy where only one large A—A anastomosis could be demonstrated in the monochorial placenta.

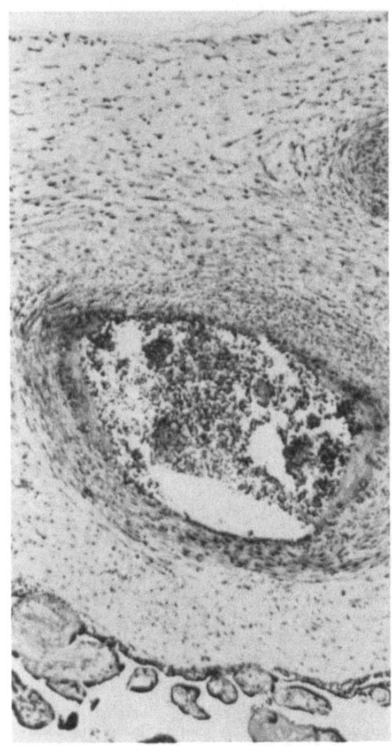

Fig. 98. Chorial vein of monochorionic twin showing mural thrombosis at its right and left edges. Artery is above right. This is in the smaller of two twins with the transfusion syndrome (H & E, × 60).

Quantitative studies such as those of NAEYE (1963) are likely to shed much light on the pathophysiology of this syndrome in the future. In eleven pairs of twins, delivered prematurely because of this syndrome and coming to autopsy, NAEYE (1963) compares the gross and microscopic development of the twins, relates it to expected weights and the clinical history and, in nine instances, to placental findings. In the three parameters most readily assessed pathologically, heart weights, muscle mass of small pulmonary vessels and size of renal glomeruli, a uniform deviation from the normal is shown. The hearts of the recipient twins are larger, those of the donors are smaller and the same relationships hold for the pulmonary and systemic vascular muscle mass and glomerular size. From these measurements and the other findings of placenta, hemoglobin etc. previously cited, NAEYE (1963) postulates the existence of not only hypervolemia but also hypertension in the recipient and hypovolemia with hypotension in the donor twin. Several other interesting facets emerge from this study. The myocardial enlargement occurs possibly on the basis of hyperplasia rather than hypertrophy, (see also THOMAS who describes 3 cases with remarkable weight differences), hematopoiesis is not noted to be dissimilar (? equal distribution of erythropoietin), other organ weights are near normal and in the discussion, a tempting comparison with the parabiotic intoxication syndrome of mice is drawn. NAEYE also draws attention to the complications of the syndrome (kernicterus, thrombosis heart failure) and infers from the finding of hyaline membrane disease in both, hypervolemic as well as hypovolemic twins, that the cardiovascular etiology of this disease is unlikely. His cases, incidentally, also include a smaller polycythemic twin for which he has no ready explanation. Finally, this study further supports the original notion (SCHATZ, WILSON) that excess urination contributes in large measure to the hydramnios which so often seems to be the cause of the premature termination of such pregnancies. In subsequent reports, NAEYE (1964) and NAEYE & LETTS, these studies have been extended to include dichorionic twins in which similar discrepancies are not observed.

In *summary* then it can be said that a considerable number of monochorial twins is adversely affected *in utero* by the chance existence of a "third circulation", arteriovenous shunts through common villous districts (mixed cotyledons of WENNER). It is envisaged that, over a long period of time, a donor loses with each heart beat a small quantity of blood into the recipient for which he may or may not be compensated by reverse anastomoses. If not, the recipient will become hypervolemic, hypertensive and hydramneic through either excess urination alone or transudation from congested placental and fetal surface vessels. A state of balance may be achieved by the hypovolemia and hypotension of the donor as well (NAEYE 1963). After birth, the syndrome will be overcome rapidly,

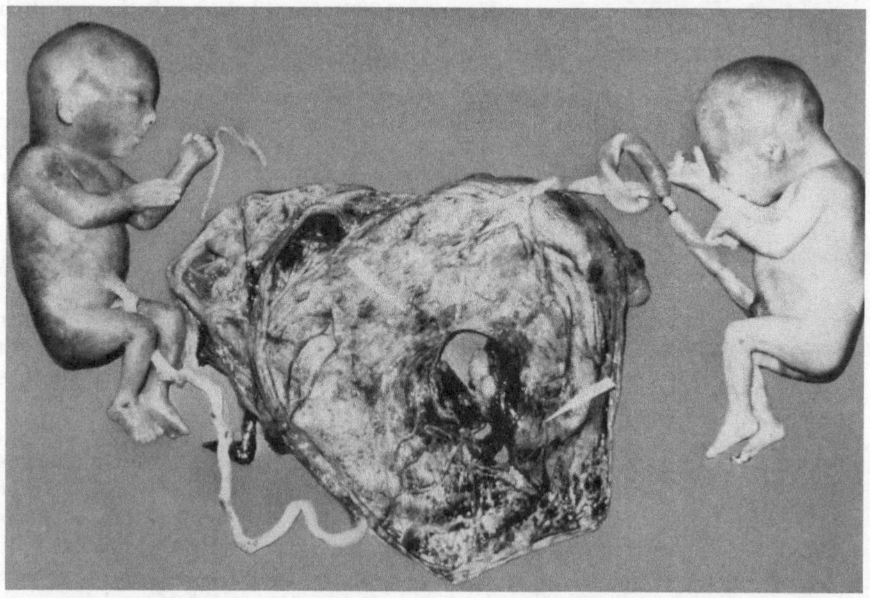

Fig. 99. Because of severe hydramnios at 20 weeks gestation with monochorial twins, a transuterine ligation of one cord (right) was performed. Inadvertently, the main mass of placental tissue was transgressed surgically (central hole) and the exsanguinated fetuses were aborted. It was expected that the cord of larger (hydramneic) fetus would be tied, however, the twins were of similar size (A: 249 g & B: 246 g). This was probably achieved because twin B had died earlier and is therefore smaller. At arrows two A—V shunts were present in opposite direction but additional communications are likely to have been present in the central incision. Twin A had a recent splenic infarct.

particularly if the therapeutic measures indicated by several authors are applied (SACKS). Considerable variations of the syndrome exist because of the complexity of vascular anastomoses and possibly other as yet unexplained factors. In general, the severest forms of the syndrome lead to premature birth between the 20th and 30th weeks of gestation but they may be observed at term and it is possible that its worst manifestation is the formation of acardiac monsters, or the development of some cases of fetus papyraceous *(v. i.).* Mural thrombi in large placental veins are seen in this syndrome leading perhaps to occlusion and cure of some cases. It may be justified to consider the ligation of one of the umbilical cords when the early recognition of the syndrome indicates poor outcome. An attempt of this procedure, unfortunately unsuccessful, is shown in Figures 99, 100. This therapy would necessitate the accurate clinical diagnosis of the circumstances leading to severe hydramnios in the mid-trimester of twin pregnancies.

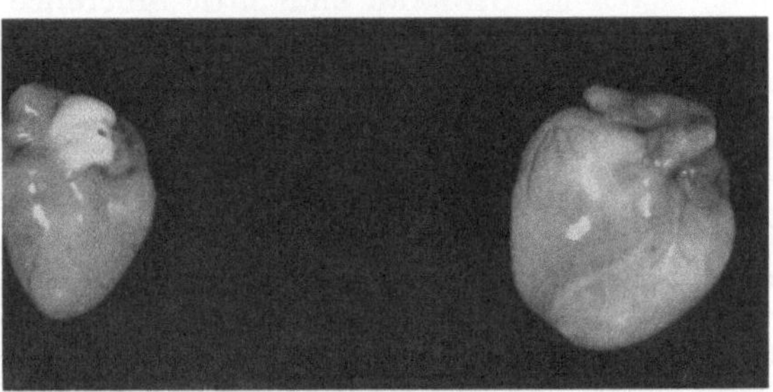

Fig. 100. Hearts of Figure 99, showing that their discordance in size is already well established (A: 1.2 g; B: 2.6 g).

4. The Hydramnios with Twin Pregnancies.

It has been referred to previously that hydramnios, a recognized complication of twin pregnancies, is much more frequent in monochorial twins. Pertinent contributions to the literature are the papers by SCHATZ; WILSON; FORSELL; JEFFCOATE & SCOTT among many others. The syndrome leading to this excess fluid, however, is not always recognized nor adequately studied, as evidenced by the report of 15 cm monochorial twins associated with 5,000 cc (!) of fluid by MUELLER & DECKER. In a study of 573 twin pregnancies by GUTTMACHER, dizygous twins are said to be more frequently associated with hydramnios, the maximum degree (7,000 and 5,900 cc) occurring in two abortions. STEVENSON, who finds twins to be the cause of 6.5% of 368 cases of hydramnios, on the other hand quotes Browne & Browne as doubting that dizygous twinning was the cause of hydramnios. The cause and the mechanism of formation of hydramnios was thought to be largely the result of excess fetal urination (SCHATZ, WILSON) but it has been interpreted differently by MARX. This author describes an edematous male triplet (21 cm crown to rump [CR], 7.5 g heart, 8 g kidneys), monochorial to a male (19 cm CR, 2 g heart, 2 g kidney) and a normal dichorial female triplet (22 cm CR, 3 g heart, 5 g kidney) stillborn, three weeks after the occurrence of acute hydramnios in the fifth month of gestation. MARX takes the point of view that urine production is not a major contribution to amniotic fluid. His specimen demonstrates clearly fetal heart failure (hydrops) and on the basis of this, combined with anoxia of vessels in cord and placenta, he envisages an enhanced transudation of fluid into the amnionic space. At the same time, the amnionic epithelium is thought to excrete more fluid because of the increased circulation. Despite these conflicting statements and, we believe unproven concepts, the paper is important because it demonstrates the glomerular size difference and pulmonary vascular muscle mass discussed previously (NAEYE) and it shows the remarkable difference in the size of placental villi in the two portions of a monochorial placenta. The villi of the hydropic twin are typical, on first inspection, of those in erythroblastosis (the mother was Rh positive) while those of the monochorial partner are normal, possibly one third the size of the edematous former villi. Unfortunately, only a drawing of the uninjected placenta is shown which was thought to have one A—A anastomosis. HIBBARD describes monochorial twins with severe hydramnios of one cavity associated with a typical hydrops fetalis (2,355 g) and a second twin weighing only 795 g. Anastomoses and common villous districts are mentioned but not described in greater detail. Of interest is the photographic demonstration of severe hydropic villous change with the edematous fetus while the smaller had only minimal villous swelling. HIBBARD finds little difference in this histology from that of erythroblastosis fetalis (which is excluded) except that in his case no proliferation of the Langhans layer had occurred. He refers to Ballantyne's interest in this subject who found acardiac monsters to be uniformly edematous. HIBBARD states that there was no cardiac enlargement of his edematous twin and he reopens the question, posed by CAPON earlier, whether primary ("genetic") lesions or other factors adversely affecting placental water transfer are responsible for the excess in fluid. WINNER holds a similar opinion, a difficult concept in our opinion and for which there is no direct evidence. The contribution by SZENDI (1938a) also sheds doubt on the urinary contribution to the hydramnios. As many other authors (STEVENSON had 12 cases of unilateral anencephaly), SZENDI observed two sets of monochorial twins with hydramnios in whom one twin was a malformed fetus with rhachischisis. In one of these cases he measured 8,000 cc, in the other 9,000 cc of amniotic fluid. In the latter case, the malformed twin had

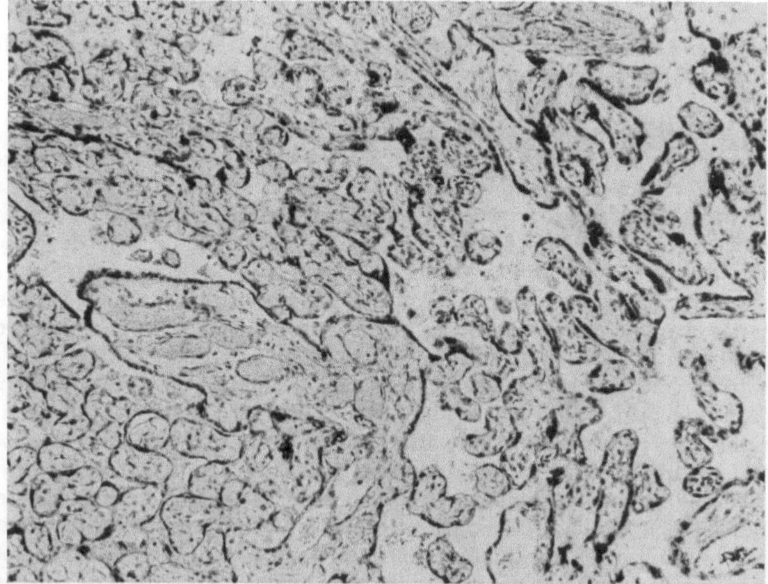

Fig. 101. Junction of two placental districts of monochorial twins with marked transfusion syndrome at 32 weeks gestation. The left half is the villous tissue of the plethoric twin with enlarged villi and distended blood vessels. At right is the anemic, dehydrated twin with more apparent clumping of syncytium. (H & E, × 100).

the larger heart, was hyperemic and larger, but also lacked kidneys. Both twins had only one umbilical artery and anastomoses were present in the placenta. Transvascular fluid loss seems to be the only way which can reasonably explain the hydramnios in this case.—That defective swallowing can also account for fluid accumulation, particularly with anomalous twins, has recently been demonstrated with radiopaque substances, injected into the amnionic space and by subsequent serial radiography (McLAIN): In a patient with a twin pregnancy, severe hydramnios developed at 26 weeks; 600 cc were withdrawn and replaced by 45 cc of contrast medium. This procedure was repeated at 35 weeks. At both times a delayed appearance of the medium in the intestinal tract was noted which is correlated with the occurrence of hydramnios. This paper contains many other interesting aspects. It also points out that one might have expected by history alone that a transfusion syndrome of monochorial twins was the reason for hydramnios. However, a malformed twin was found and the placenta was a dichorionic, separated twin organ and the twins were of different sex, ruling out the existence of the transfusion syndrome (personal communication). Studies of this sort will be most interesting in the future exploration of monochorial twins. Whether the remarkable increase in the size of the glomeruli in the recipient twin (MARX, NAEYE) reflects merely the increase in nutrition or hypertension, hypervolemia or anoxia is also uncertain. In the adult, the existence of polycythemia vera does not lead to enlarged glomeruli (CORRIN) while it *is* seen in tetralogy of Fallot (BAUER & ROSENBERG) and chronic cor pulmonale (ELLIS), presumably secondary to arterial hypoxemia. These adaptive mechanisms may differ in fetal development and warrant further study. The obstetric management of such patients and postnatal care of the infants is fully discussed by CONWAY who also refers to the development of fetus papyraceous.

In our experience, the histologic difference between the adjacent villous tissues has never been so great as to cause possible confusion with erythroblastosis.

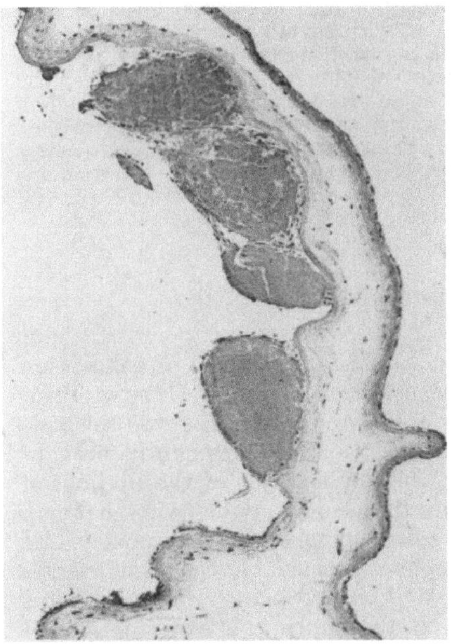

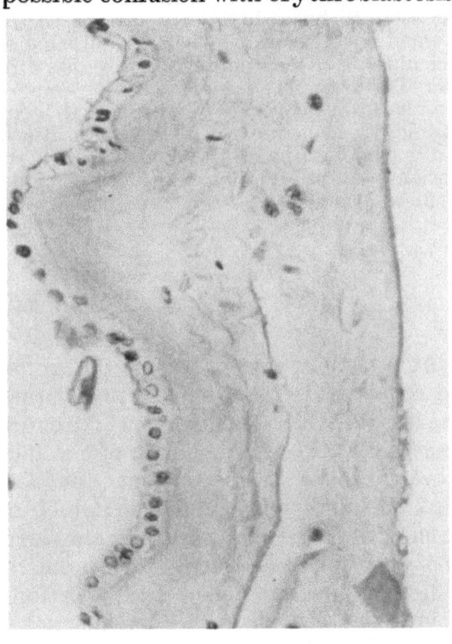

Fig. 102. Dividing membranes (diamnionic) of twins with early debris of amnion nodosum on left, normal amnion at right (H & E, × 60).

Fig. 103. Dividing membranes of monochorionic, diamnionic twin placenta. Recent fetal death of one fetus with complete degeneration of amnionic epithelium (right) and preservation of other (left). The connective tissue is still relatively normal (H & E, × 250).

On gross inspection, one placental half may be considerably more pale but histologically the most extensive change we have encountered is that shown in Figure 101. The villi of the congested fetus are somewhat larger, at times edematous and they are intimately mingled with those of the donor twin. In some specimens, the villous blood vessels are dilated and reflect the congestion which is apparent macroscopically. Since we know little about the determinants for the growth of the placenta, one might hope that a knowledgeable comparison of the two halves of such identical twin's placenta will provide an insight in the future. Thus, if fetal blood pressure, blood volume, nutrients, etc. were favorable to placental growth and expansion, one might detect this by quantitative studies of the placenta in living twins with well-established transfusion syndrome. No such studies have yet been attempted to our knowledge.

We have been unable to find a consistent change in the appearance of the amnionic epithelium in the hydramneic sac, while classical amnion nodosum is often found in the oligamneic cavity (Fig. 97). It is challenging to note that the very thin dividing membranes, consisting of two amnions only, fail to transmit to the adjacent dry cavity any of the excess water which must be under considerable pressure. Similarly, when one fetus succumbs before birth, one may find complete necrosis of the respective amnionic epithelium and most or all of its connective tissue, while the adjacent amnion is intact (Fig. 28). Since the amnion possesses no vessels and because it is not juxta-posed to an adjacent chorion in these dividing membranes, it must derive all of its nutrients and oxygen from the amnionic fluid. It is surprising then that the oxygen and nutrient gradient seems to be so steep as to forbid maintenance from the adjacent cavity in a case such as shown. SZENDI comments also on this "unity of fetus and amnion" as opposed to the chorion in a similar case. Alternatively, one could assume that toxic substances from the dead fetus are liberated quickly but these then also seem to be of little consequence to the sac containing the normal fetus. It may be mentioned here also that intrauterine infection, with severe chorioamnionitis and funiculitis, is often confined only to one amnionic cavity, usually that of the first-born twin. This is even the case in the presence of large vascular anastomoses between the two placental halves. We have used this finding as an argument in favor of ascending infection in the etiology of membranitis and against the concept that this process results from anoxia (BENIRSCHKE, 1960). It would be of interest in such cases to assess chorionic vascular inflammation in various areas of placentas in which the amnions are fused at points not coinciding with the vascular equator, such as shown in Figure 76.

5. Fetus Papyraceous.

At present we do not know the frequency of twins at the time of conception and reference is made to v. VERSCHUER's suggestion (quoted by OTTOW, 1945) that it is possible that many twin pregnancies are secondarily converted to single pregnancies through the death of one fetus. A variety of evidence can be brought to bear in favor of this concept. For instance, the implications of the findings of AREY on tubal twin pregnancies which indicate that monozygous twins make up the majority of tubal twin pregnancies; the recent suggestion that postzygotic nondisjunction is frequent, with lethal monosomics formed (EDWARDS); CARR's studies on the cytogenetics of abortions, as well as the occurrence of a fetus papyraceous associated with a normal twin. If the concept advanced by ED-WARDS of frequent postzygotic nondisjunction were found to be correct and if it could account both for twinning processes and for mosaicism and trisomies, then it might be impossible to find proof of the former existence of a twin. He would have been monosomic, probably unviable and vanished at the one- or few-cell stage. If, on the other hand, fetal death of one twin occurred at later developmental stages, and for other reasons, then it will be more likely to find remnants of such a fetus. With the continued growth of the normal twin, this dead tissue shrinks and flattens, to become incorporated, by pressure, into the chorion laeve of the placenta. Eventually it resembles yellow, necrotic decidua. Its size depends on

the time of death and so does the shape of the fetus papyraceous or fetus compressus. Usually, it is found in a separate, albeit dried and atrophied sac, but
doubtless it is often overlooked.

Such was nearly the case with the specimen shown in Figure 104, had it not been
for the routine examination of all placentas in our laboratory. This specimen is monochorionic and diamnionic, a thin cord of this 6 cm fetus could be demonstrated and
the remains of atrophied vascular communications can be seen at the margin of the
placenta. A skeleton was visualized by roentgenography. The portion of placental
tissue of this fetus compressus which remains, is extremely small but still vascularized
by the twin's circulation. Two A–V fistulas (compressus to normal) and one A–A
anastomosis were demonstrable. An old infarct obliterated what seemed to be another
communication. In the history of this pregnancy it is of interest that transitory vaginal
bleeding had occurred in the third month of pregnancy. POTTER (1961, Fig. 212) shows
a minute fetus papyraceous lying in a small amnionic sac in the center of a placenta,
near the insertion of the normal twin's umbilical cord. The appearance suggested a
chorionic cyst and she states that all apparent cysts should be studied for their possible
content of a degenerated fetus. In another specimen (Fig. 213) she depicts a fetus with

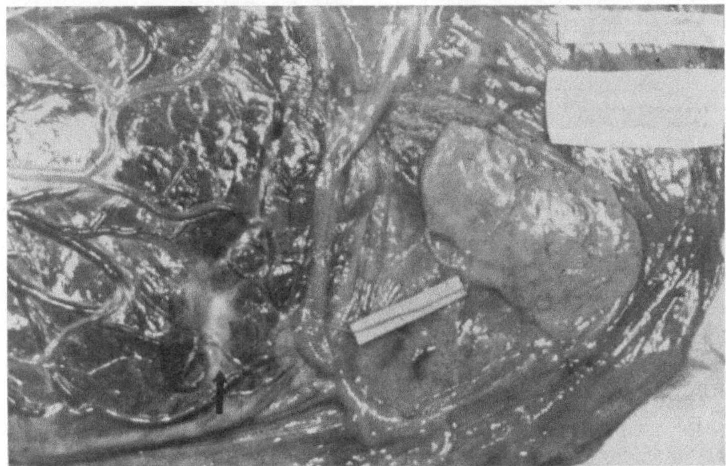

Fig. 104. 6 cm fetus papyraceous (right) in monochorionic, diamnionic twin placenta; other fetus normal. The
compressed fetus' placental tissue is still vascularized through two A—V and one A—A shunt. There is a small
infarct (arrow) which obliterates other anastomoses. The umbilical cord of the fetus papyraceous is lying on a
rectangular piece of paper.

a similar discrepancy in size (1 cm and 15 cm) in a twin abortus and thinks that
superfetation is a possible mechanism to account for the marked difference in development. Unfortunately, no mention is made of the membrane relationship in this case
and the specimen is too fragmented to assess from the photograph whether two
chorions were present. In yet another remarkable case (Fig. 206) POTTER (1961) shows
a term monochorionic triplet pregnancy with one fetus (separate amnion) who came
to term, while the two other triplets, being monoamnionic, entangled their cords and
became fetus papyracei. Their placental portion is completely infarcted and is represented by a small (1/5) segment of the common large placenta. We followed the
development of a fetus papyraceous clinically and predicted it accurately in another
case: Severe hydramnios with dyspnea had developed at 19 weeks of gestation in this
patient, when an abdominal film showed twins, one with a smaller head. Hydramnios
subsided spontaneously within a week and on subsequent examination a normal fetus'
head was engaging, the other head having not grown at all. The pregnancy ended at
term with the delivery of a normal infant and a like-sexed fetus papyraceous (Fig. 105).
The monochorionic placenta had two amnions, one which enveloped the fetus compressus and which was dry. The small portion of the placenta belonging to this fetus
was also completely infarcted, making the demonstration of anastomoses impossible.
Apparently, these twins had developed the unbalanced state of the transfusion syn

drome at midgestation and one had died, thus creating hemodynamic balance and allowing one twin to develop normally. It would be interesting to know which twin had died, the donor or the recipient. From the X-ray studies it is probable that it was the smaller donor.

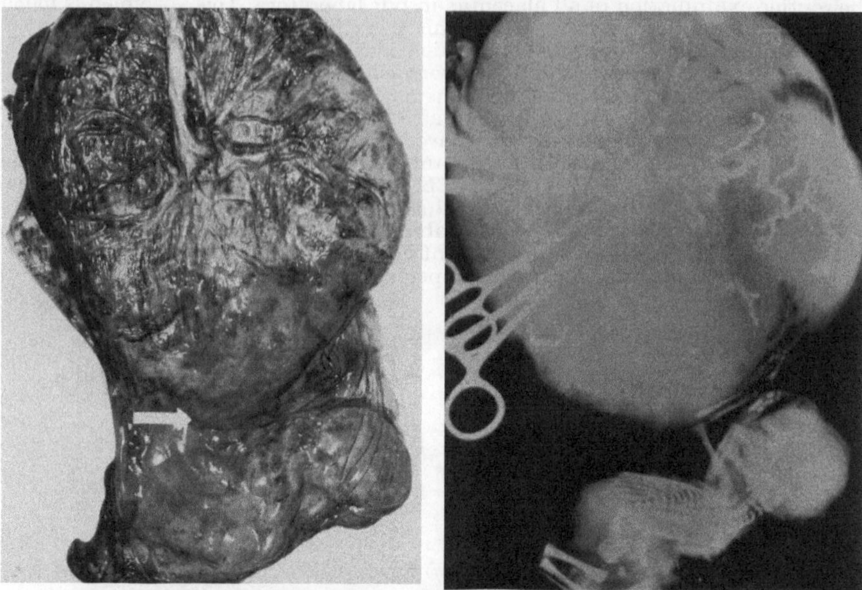

Fig. 105. Pregnancy complicated by severe hydramnios at 20 weeks with spontaneous subsidence. Diamnionic monochorionic twin placenta with the placental portion of fetus papyraceus completely infarcted.

SCHATZ (1875) suggests in his first paper on the "third circulation" that here may be sought the explanation for the development of the fetus compressus and many subsequent papers have indicated that fetus papyracei indeed occur commonly, perhaps most often with monochorial twin placentas. KINDRED cites four of the 150 cases he reviewed as having had hydramnios. SZENDI (1938) describes a case with absent umbilical artery in both twins and persistence of circulation of the papyraceus' placenta from the healthy term twin, as in our Figure 104. NOLTE describes the syndrome in one of triplets and ROOS, ROTER & MOLINA have a triamnionic dichorionic male triplet pregnancy with one fetus having absent external ears, one microcephaly and one was a fetus compressus, the latter two sharing one chorion. These authors also review the literature and find a case in quadruplets. Since KINDRED's comprehensive review of 150 cases published until 1944, many other cases have been described (POSNER & KLEIN [lit,]; BRODY; MULLIKEN; a questionable, well preserved dichorial case by FORMAN, and others.) BENELLI observed a fetus compressus in what he considers to be a trizygotic triplet pregnancy with infarction of the placenta and concludes that the cause of fetal death in such cases is most likely to be found in uteroplacental vascular (decidual) accidents. A remarkable case has been presented with a color photograph by BERGMAN, LUNDIN and MALMSTROM. In the membranes of this term pregnancy, a 2×1 cm structure was found, resembling an embryo in the picture because of what looks like an eye but which most certainly is not. A portion of cartilage, identified histologically, is the most persuasive argument to accept the case as a fetus papyraceous. However, its diminutive size and structure are unique and not unequivocal.

The distribution of dichorial *vs.* monochorial placentation in these compressed fetuses is difficult to assess since many authors do not give complete data or histologic study was impossible. There is no doubt, however, that dichorial placentation has been observed. KINDRED finds that 93 (66%) of 141 cases with adequate information are dichorial. Figure 106 shows a case from our files in which the dichorial nature of the dividing membranes could be shown histologically and in which two entirely separate masses of placental tissue existed. There is no reason to believe that such should not occur, particularly since bleeding is a frequent historical event in the case histories. JAVERT shows two such cases in his treatise on abortions, SCHWALBE (p. 131) quotes Schuster as finding 7 dichorial

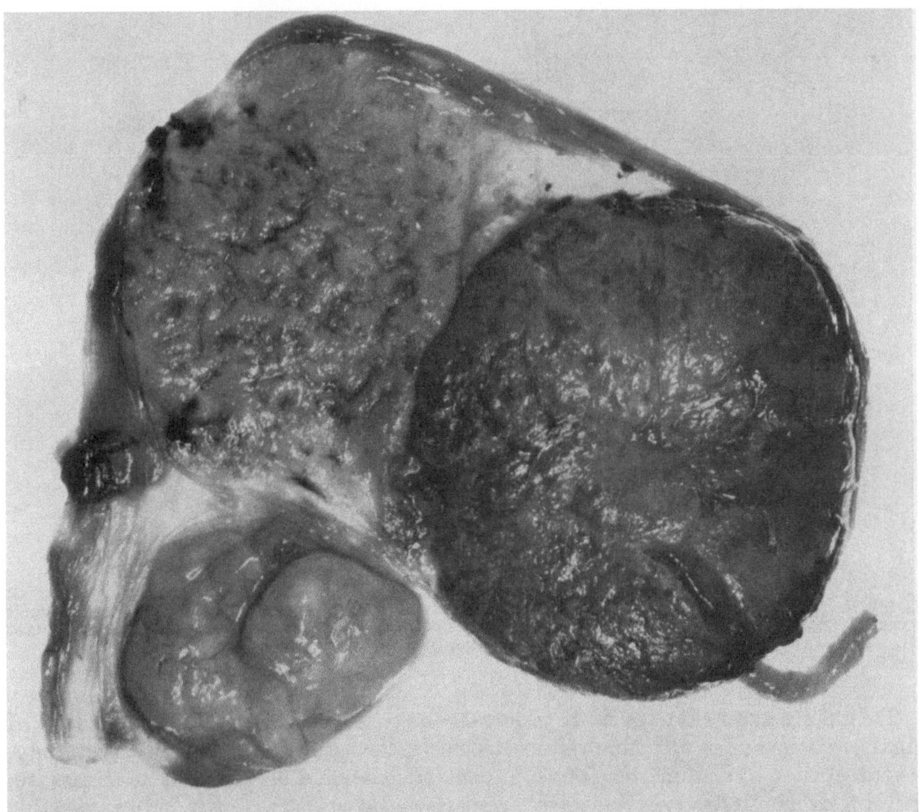

Fig. 106. A 10 cm CR fetus papyraceous with dichorionic twin placenta; completely infarcted placenta left top.

cases among his 12 papyracei and goes on to state that fetal death in all falls into the period of between the third and sixth month of gestation, a notion reiterated by POSNER & KLEIN. The earlier deaths are apparently resorbed and later ones fail to become mummified in time. The specimen in Figure 107 is at the borderline, being only partially dehydrated and compressed. This aspect and criteria for the diagnosis have been discussed extensively in KINDRED's review who, incidentally, refers to 3 monoamnionic cases. MILLS who is critical of some of the concepts suggested by KINDRED, finds in one year's practice eight cases of twins with one dead and makes a point of separating fetal mummification from compression, which he discusses in great detail. Three of his cases were monochorial. A beneficial influence on the existing hydramnios, and once on toxemia coincided with the fetal death of one twin. The presence of a fetus compressus had no influence on the time of onset of labor. In 3 of the 5 cases described by SOMA, the cord had a velamentous insertion; only one was dichorial with completely infarcted placenta. BRODY described four cases in which the monochorial dead fetus had a velamentous or marginal cord. ESPOSITO had monochorial triplets with two fetus papyracei and extensive villous changes in the placental portions of the dead members.

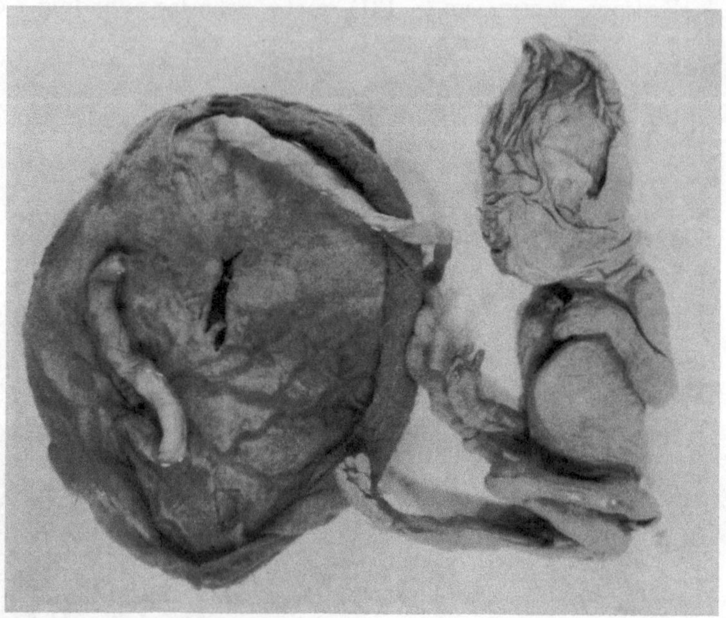

Fig. 107. A fetus compressus, 18 cm CR length, with relatively late fetal death in diamnionic monochorionic pregnancy. Chorionic vessels of survivor are normal, those of fetus compressus are thrombosed and placenta is undergoing atrophy.

It is likely then that the fetus papyraceous occurs as the result of a variety of lethal circumstances affecting one of twins in the middle portion of pregnancy, the transfusion syndrome being one; hemolytic disease, decidual vascular disease, cord problems, largely speculative anomalies, being among the other possible causes. While it is of course regrettable that such fetuses do not enter our statistics on the incidence of twins, their inclusion would modify the figures only slightly and certainly not correct them to the actual incidence of twinning at the time of implantation or shortly thereafter.

6. The Acardiac Twin Pregnancy

Axiomatic in the development of the acardiac monster is the fact that it is a twin pregnancy, development of the abnormal twin to be allowed only through the vascular support of the normal partner. Several theories have been advanced to explain the genesis of this anomaly. These are ably reviewed and compentently discussed by SCHWALBE who considers this malformation as "chorioangiopagus parasiticus". The two principal opposing views (primary malformation *vs.* secondary transformation of a normal twin) have still not been reconciled. With the exacting techniques employed by SCHATZ, this author has made the last major contributon to the subject. SCHATZ subdivided this group into those without any heart, those with remnants of hearts, acephali, acormi and the group resembling inverted cystic teratomas, the amorphi (Fig. 113). The spectrum of anomalies is infinite and reminds one of a continuum rather than of distinct separate classes. However, the detailed discussion of these morphologic aspects is considered beyond the scope of this contribution (see BORONOW & WEST). The reader is referred also to the considerations of SCHATZ, the thorough review by SCHWALBE and the simultaneous review in English by DAS. Since then, no major review has collected the numerous cases described subsequently until NAPOLITANI & SCHREIBER added two cases. They find a total of 151 reported cases but have overlooked some references that have come to our attention. (PANSE & GIERLICH; OTTOW; SCIPIADES & BURG; SARMA; BENIRSCHKE 1959 lit.; others can undoubtedly be found, some are quoted subsequently.)

In this chapter, we will comment primarily on the recent concepts regarding the etiology as they pertain to placental pathophysiology. The fact that acardiac fetuses have been described almost exclusively in man probably not only reflects the fact that more detailed knowledge exists about abnormal human development than that occurring spontaneously in other species, but also his peculiarity of intertwin placental vascular relationships. SCHATZ was well aware of this and used it to support his concept when he collected data on 52 acardiac fetuses in mammals. Only two came from carnivores, all others from ruminants. This has been attested to more recently in SCHMINCKE's report on acardiacs (cattle 11; goat 2; pig 1; sheep 1). While this author identifies the sex in six of his fifteen cases, it is unfortunate that no data are given of the sex of the co-twins or the anatomy of the placentas.

Amongst animals, the ruminants have the best studied placental vascular anastomoses, not only between monozygous but also dizygous twins *(v.i.)*. In only few other species is monovular twinning a frequent event (in cattle it is approximately 5% of all twins; HANCOCK); generally its frequency is unknown and placental vascular relationship is even more obscure. Anastomoses are very rare between the dizygous twins of most other species; the marmoset monkey is the exception. In this family, however, too few pregnancies have been studied to know whether acardii occur. Contrary to SCHWALBE's statement, this anomaly apparently does occur in mares (ROBERTS) and is then represented by a mass of cartilage, covered by mucous membrane.

In the human cases reported, the anomaly has always occurred in one of, what are adjudged to be, single-ovum twins with monochorial placenta. Occasionally it has been seen in one of triplets (Fig. 109) or even quintuplets (Fig. 132, HAMBLEN *et al.*), at least one then being monochorial with the acardius. Commonly, the acardius occupies a separate amnion but the amorphus is often monoamnionic with the normal twin. A possible acardius presented as a large teratoma-like mass in the mid-portion of the umbilical cord in KREYBERG's case. An umbilical cord is typically present in acardiacs and in most, but not all cases, it contains but one artery and one vein. Occasionally, it cannot be identified, as in the case of BORONOW & WEST either because it is so short as to tear during delivery or because of maceration. SCHWALBE mentions the occasional persistence of an omphalomesenteric artery. The presence of an umbilical cord has been used as an argument favoring the late development of this monster from a normal twin (see SCHWALBE). This cord is usually very short and its vessels communicate directly with those of the normal twin. There are always at least 2 major communications, one A—A and one V—V anastomosis; additional and variable common villous districts may be found. It is certain that in these large anastomoses the blood flows through the acardiac fetus in reversed order but it is still unknown whether this is also the cause of the anomaly and if so, why in other placentas with such vascular constellation, an acardius fails to develop. SCHATZ postulates that a variety of circumstances is instrumental to effect reversal of flow, a major one being venous obstruction, either in the placenta or by an omphalocele. Clearly, such events would have to take place early in embryonic development and may not be reflected in such omphaloceles as shown in Figure 108. These could easily be secondary, as are many other structural anomalies, some of which SCHATZ explains by equally speculative intrafetal vascular events. Results of this reversal of flow most certainly are the frequent edema of these malformed twins as well as the cardiac hypertrophy found in a few reported autopsied "donor" twins (KETCHUM & MOTYLOFF).

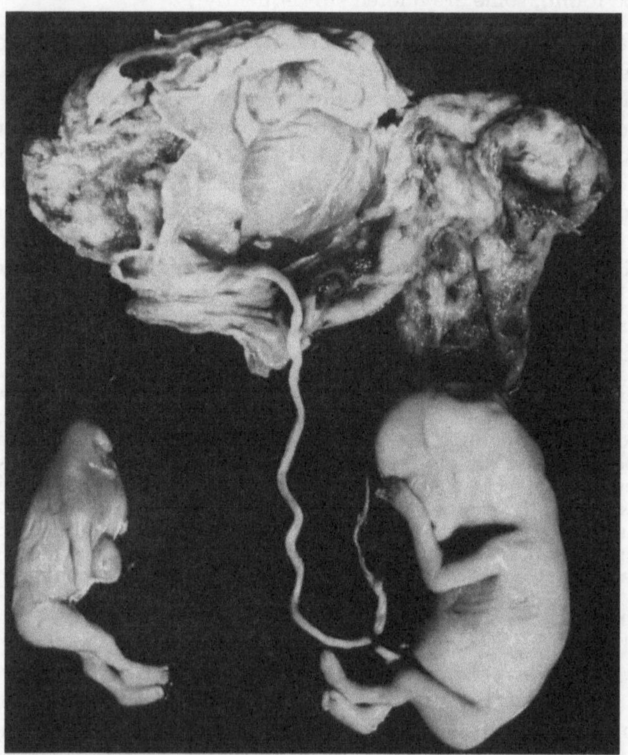

Fig. 108. Abortus at 14 weeks. Typical acephalic acardiac fetus left with large omphalocele. Acardius: 4 cm CR female; normal: 7 cm CR female. Diamnionic monochorionic twin placenta with single yolk sac and several large anastomoses.

One such case is shown in one of triplets in Figure 109 in which fetus II may have been the donor.
Case: Triplet abortion formalin fixed in 1931, dissected 1963.
Fetus I: normal male, 200 g, 14 cm CR, 1.6 cm foot, 2 umbilical arteries. Heart 1.63 g, kidneys 1.81 g, adrenals 0.66 g.
Fetus II: normal male, 185 g, 14 cm CR, 1.3 cm foot, 2 umbilical arteries. Heart 1.76 g, kidneys 1.2 g, adrenals 0.52.
Fetus III: Acardiacus without arms, malformed feet, 115 g, 9 cm CR. Cleft palate, skull with degenerating brain, no heart, spleen or liver. Thin diaphragm; lung; gut with right colon and atresia ani; big intra-abdominal testes. Kidneys 0.99 g, adrenals 0.37 g, absent right umbilical artery.

This is one of the best formed acardiac monsters, the partial situs inversus reaffirming the notion of single ovum derivation. Because of the monochorial relationship of such twins, the monozygous nature has never been seriously challenged, despite this most remarkable departure from the concept of "identical" twins. To test this thesis further, three recent studies can be cited which support the isosexual nature even of those acardiac monsters which lack gonadal or external genital characters. In five cases of amorphous acardiacs, the sex chromatin (Barr body) was found to be identical with that of the associated normal twin (BENIRSCHKE, 1959). In another acardiac fetus who weighed much in excess of the normal partner, skin tissue cultures were used for chromosome preparations. The normal twin was male and the karyotypes from the monster were normal male (RICHART & BENIRSCHKE). A similar case is reported by T. FUJIKURA & WELLINGS: This small appendage to a placenta was attached by a minature cord and had the appearance of a "dermoid", to which such structures have been likened (SCIPIADES & BURG disagree with this interpretation). It lacked one umbilical artery, as does the other twin and 46 (XY) chromosomes were identified (Fig. 110). The other twin had right amelia (arm), phocomelia (leg), a malformed kidney and hydrocephaly.

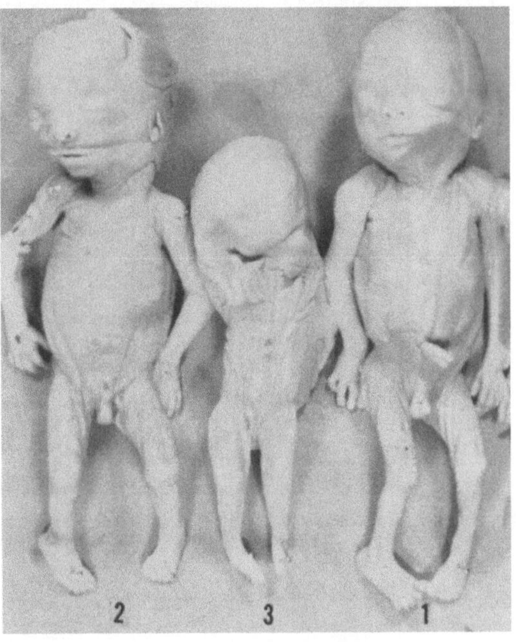

Fig. 109. Monozygous triplet abortion with acardiac fetus as described in text.

These cases, as those in which gonads have been found, support the *single-ovum derivation of acardii* by their universally identical sex. They support also the notion that vascular events are the cause of the anomaly. It would be most challenging now to study the cases in cattle in greater detail. In this species, chorionic fusion with vascular anastomosis occurs presumably later in embryonic life than can be expected to occur in man. Does the acardius also arise only from a monozygous twin pregnancy or could it form from a fused dizygous placentation? This point is of considerable theoretic importance since its solution would help answer the question of morphogenesis of the acardiac. If dizygous twinning of such a cattle pregnancy could be proven, and the case of FINCHER & WILLIAMS with a bovine acardiac in the presence of two corpora luetea suggests this, then the writer finds little escape from accepting CLAUDIUS' view (see SCHWALBE) of primary normality of the twins.

The study of the endocrine status of these monsters reflects the common placental circulation and it supports the view that the adrenal fetal zones are maintained by a circulating trophic stimulus which is as yet unidentified. It will be recalled that, in anencephalics, this zone has atrophied in later pregnancy, thus causing the adrenals of anencephalics to be minute organs at term (BENIRSCHKE, 1956). The existence of anastomoses through the placenta apparently suffices to maintain the integrity of these glands as well as of the interstitial cells of testes when present, not only in acardiac monsters (*e.g.* SIMONDS & GOWEN; RICHART & BENIRSCHKE) (see also case of triplets presented above), but also in anencephalics (GREBE). The latter author was able to demonstrate the existence of large placental anastomoses in monochorial twins even after formalin fixation. One was an anencephalic fetus who possessed large, normal adrenal glands.

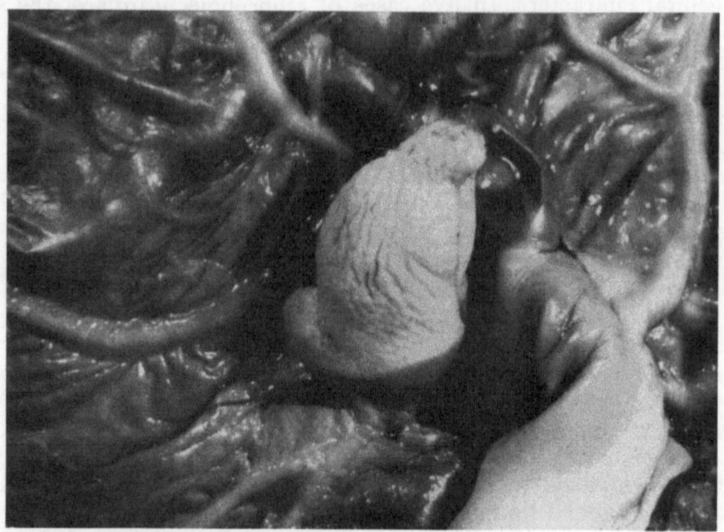

Fig. 110. Minute acardiac (holoacardius amorphus) next to umbilical cord of more normal twin. Wrinkled epidermis and few hairs on surface of acardius (Courtesy Dr. T. Fujikura).

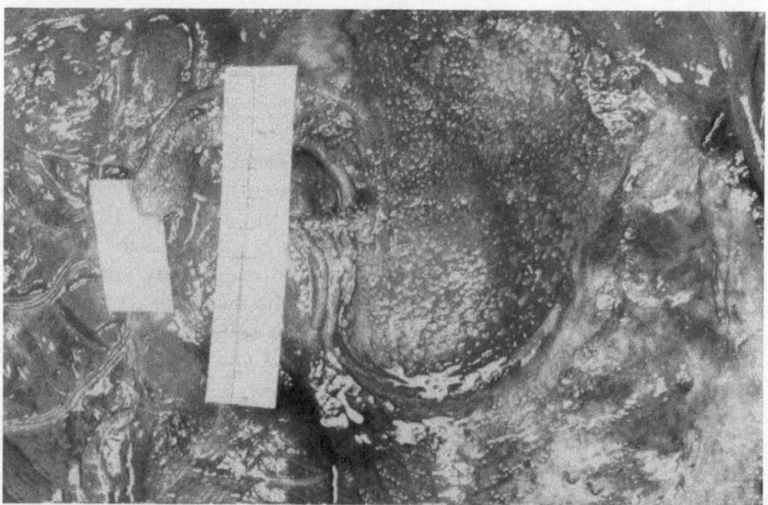

Fig. 111. Placenta of acardius in Figure 112 with marked amnion nodosum. Entire acardiac's sac of this diamnionic monochorionic placenta is studded with small gray nodules which extend onto the short cord (lying over paper square to left of ruler). The shiny amnion of normal twin is at extreme left. Large anastomoses exist but are not shown in this photograph.

When, as is most often the case, an acardius develops in a separate amnionic sac, the amnion shows marked amnion nodosum from the deficiency of fluid, which is usually associated with renal agenesis when it occurs in single pregnancies (Figs. 111,

32). On very rare occasions, it has been reported that a functional kidney is present in acardiacs, in others the lower urinary tract is undeveloped. If kidneys are present and the urinary tract patent, then a large amount of fluid may even accompany the acardiac monster (KAUFMAN & WALTERS). The lack of fluid in the usually congested edematous monster's cavity (*viz.* amnion nodosum), except in the presence of a functional urinary tract, is much in favor of urine contribution to hydramnios in the transfusion syndrome. – The cardiovascular system may show some unique features, *e.g.* atheromas and calcification (LITTEN), anastomoses in the placenta with two normal fetuses in triplets (ROSS) and SCHATZ (1898) even describes an acardiac with a separated placenta joined by large anastomotic vessels. HYRTL depicts a similar specimen.

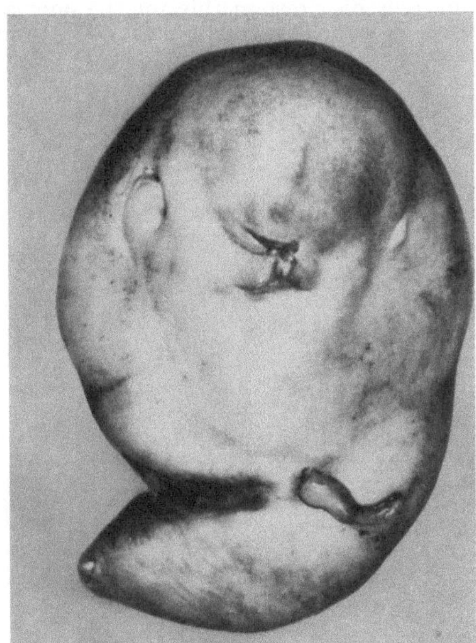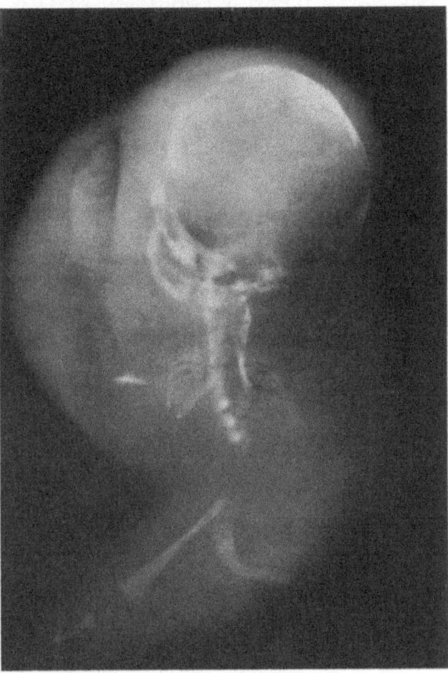

Fig. 112. Acardius of Figure 111. Weight 920 g, 20 cm, sympus, 10 cm cord, one artery, malrotated bowel with Meckel's diverticulum, brain, skull, ribs, vertebrae, testes, normal adrenals, lung, trachea, larynx, tongue, oral cavity, internal and external ears; normal 1,000 g cotwin (Courtesy Dr. A. Weller).

The *frequency* of acardii is difficult to assess and has been estimated at 1 in 34,600 deliveries (1% of monozygous twins) by GILLIM & HENDRICKS. TSUCHIYAMA & KUSHIZAKI find 2 cases among 3,500 consecutive autopsies of fetuses and newborns. The acardius acephalus being the most common (some have suggested because of the proximity of the lower portion of the body to the entering blood), the amorphi the rarest and the true acormi being quite doubtful.

Claudius (see SCHWALBE) has been credited by all authors to have established the concept of circulatory reversal. He assumed equal twins with early arrest of cardiac development in one. SCHATZ considers primary defects a possibility but favors circulatory damage (venous obstruction) as the primary cause of cardiac maldevelopment. MARCHAND's and DARESTE's views of a primary defect are defended by SCHWALBE who weighs the evidence with great authority. In the more recent literature, one gains the impression that CLAUDIUS' original view, with SCHATZ's modification, has become the more favored hypothesis (see PRICE). LOESCHKE described 12 cases, presents an extensive review of the etiologic considerations of the past and advances the notion that acardiacs develop on the decidua reflexa and are damaged because of hypoxia. We believe that SCHATZ's own defense of secondary damage, by pointing to the embryologic significance of the existence of an umbilical cord, weighs heavily in his favor. Similarly, the finding of well-developed peripheral nerves in the absence of a normal central nervous system support degenerative events rather than primary defects.

The exact timing of the twinning event in such cases needs to be studied in greater detail. Perhaps the frequent finding of only one yolk sac in acardiac specimens is of significance and may be correlated with AREY's specimen of very early human mono-chorial twins having only one yolk sac. SCHWALBE expressed his views on the analogies to omphalopagi in fish, one of which is often much smaller and malformed. Similarly, POTTER holds irregular splitting of the embryonic disk responsible for the anomaly. From comparative studies with modern tools it is to be expected that the formal morphogenesis of this striking anomaly will soon be understood.

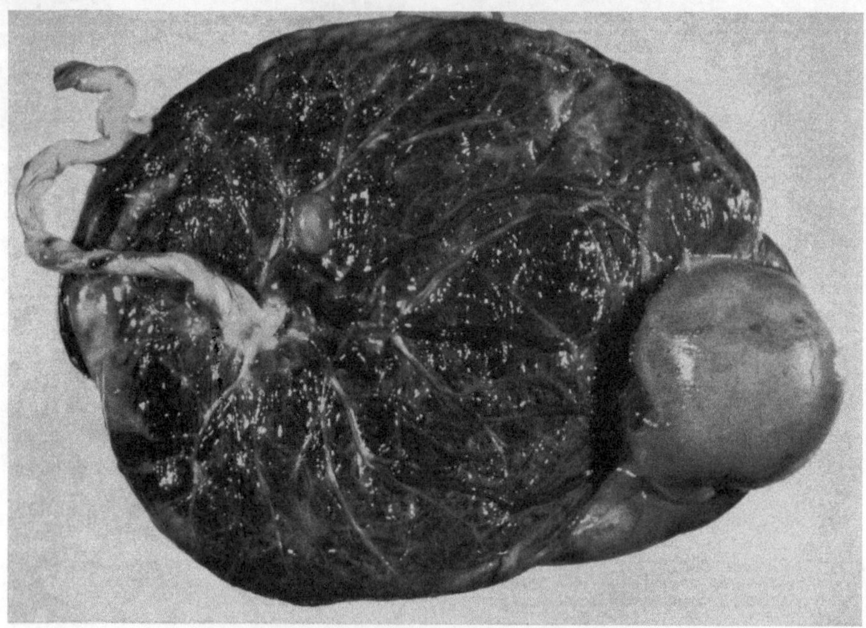

Fig. 113. Typical holoacardius amorphus (40 g) attached at right of monoamnionic monochorionic twin placenta by a very short cord with several large anastomoses to normal twin (2,910 g). Chorionic cyst above insertion of normal cord (Courtesy Dr. N. J. Eastman).

Finally, it should be quoted that no repeat pregnancies with acardiac monsters have been reported (NAPOLITANI & SCHREIBER). The spurious relationship of familial twinning to the occurrence of an acardius (DAHM; KÖHN) has been discussed previously (BENIRSCHKE, 1959). This correlation is not common and, in our opinion, one of chance. SIMONDS, in his review of 45 cases, to which he adds 16 cases in animals, also finds usually no family history of twinning.

7. The Diamnionic Dichorionic Twin Placenta.

In a way, this is the simplest type of twin placentation. One may subdivide it conveniently into 1) those placentas in which the actual placental tissue is fused and which, therefore, require careful examination of the dividing membranes and, 2) those which have two separate placental masses and in which the membranes adhere more or less firmly one to another, but which may be separated with ease.

In our series of 250 consecutive twin placentations (BENIRSCHKE 1961 A), there were 173 dichorial sets, of which 85 were fused placentas (34% of total twins) and 88 were separate (35.2% of total twins). In an analysis of a larger series of twins in whom the placentation is recorded, POTTER (1963) finds the following figures: of 548 twin sets 117 (20.8%) were monochorial, 192 (35.2%) had a fused dichorial placenta, while 239 (43.6%) had a separated dichorionic twin placenta. The greater number of dichorial placentas in her figures is almost certainly due to the greater frequency of fraternal twinning in the population studied.

It is apparent then that about half of the dichorial twins have separate placentas and, with the exception of the problem of intrauterine crowding and other hazards attending to and benefits shared by twins *in utero*, their placentation is such that the twins do not influence one another through problems of common placentation. It has been pointed out already and will be discussed further later that some dichorial twins are derived from a single ovum, the "true twins". The figures provided by POTTER indicate that half of these dichorial monozygous twins have fused placentas, and half possess separate placentas. Apparently, upon implantation, these two blastocysts which have previously formed by the splitting of one zygote no longer adhere one to another and only chance determines whether they implant next to one another or at distant sites. In this respect then they do not differ appreciably from the blastocysts of fraternal twins.

It is important to appreciate that despite the apparent presence of two separate

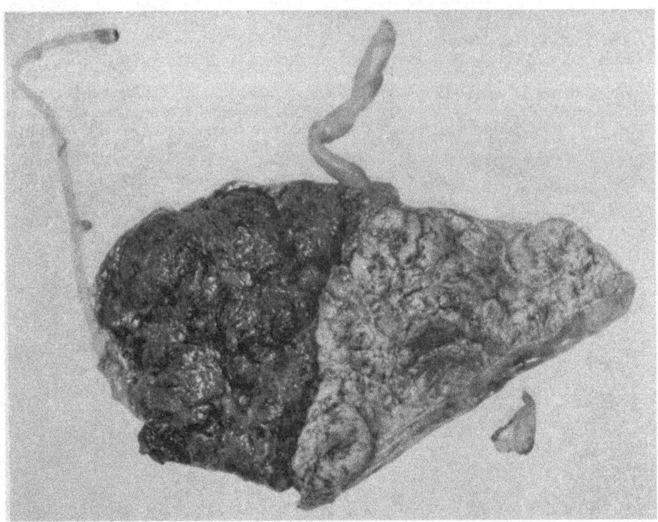

Fig. 114. Dichorionic fused placenta, fetus left living, Rh-negative; fetus on right Rh-positive, macerated stillborn; placenta infarcted, edematous cord. At right lower corner is one ovary with 2 corpora lutea. All criteria for a dizygous twin pregnancy are fulfilled. Note sharp line of division between 2 placentas.

placental masses, a careful analysis of the dividing membranes must still be undertaken. Otherwise, monochorial placentas with narrow bridges of fusion (Fig. 91), or those rare and apparently completely separate but vascularly joined specimens as discussed by SCHATZ in the placentation of acardiac twins, may be mistaken to be dichorionic only because of the apparent isolation of their placental disks.

The pathological features of a dichorionic twin placenta are largely those affecting the placenta of single pregnancies. Thus, hemolytic disease in fraternal dichorial twins may affect only one fetus with the respective placental changes present in only one placenta. The same applies to events leading to intrauterine death, in which case one may find one placenta completely infarcted as seen in Figure 106 or, in the event of fused placentas, a clear separation of pale infarcted

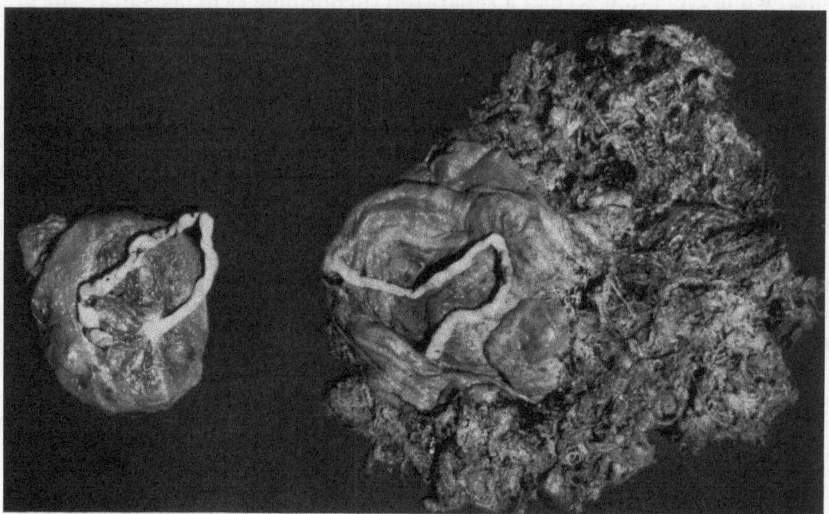

Fig. 115. Fraternal twin placenta at term. Gravida 5, age 34, "hydramnios" at 36 weeks. Infants: ♯ 1) Female, living and well, 2,585 g. Placenta (right) with massive molar transformation, 1,400 g plus 2,200 g "grapes" delivered after main mass. ♯ 2) Male, living and well, 1,642 g. Placenta (left) normal, 420 g, circummargination.

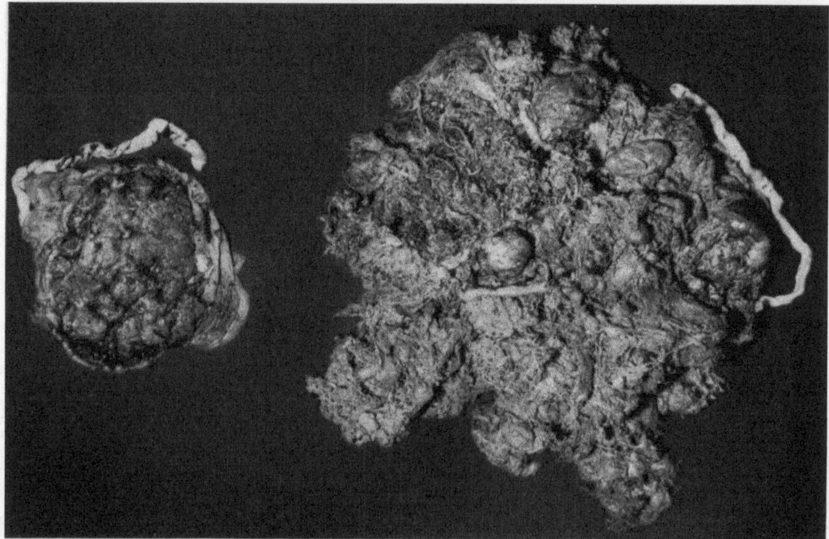

Fig. 116. Same as previous, maternal surface

tissue may dissociate this half from the normal twin's placenta (Fig. 114). In other cases, one placenta may be transformed into a hydatidiform mole or, if the pathologic event occurs at later stages of gestation, the affected placenta may take the appearance of a transitional mole or partial mole as discussed by HERTIG & MAN-SELL (p. 8). In Figure 115 the placentas of two term twins are shown, one consisting largely of molar vesicles. A very similar case has been shown by REWELL in his Fig. 128. In his case, however, the small twin was associated with the mole and did not survive. The occurrence of a hydatidiform mole in twin placentation has been considered in the exhaustive monograph on the subject of moles and choriocarcinoma by R. MEYER (p. 674). This author cautions against the possible confusion that may arise when a mole is found together with a fetus and he discusses the state of partial transformation of a placenta into a hydatidiform mass. Since the tissue in such cases is often very fragmented, the differential diagnosis of twin pregnancy as against partial molar degeneration with fetus in a singleton pregnancy, may present difficulties. However, well documented instances of twins have been recorded by MEYER, and LOGAN adds another instance recently. This author also collects the literature to 1957 but underestimates their frequency by assuming that less than 12 cases have been documented. MEYER cites HERRGOTT (1909) who at that time already collected 30 cases. Such pathologic events have been described in the presence of triplets and also with living twins (Fig. 115). In most instances it leads to abortion because of overdistension of the uterus or, as in LOGAN's case, because of hydramnios. It is probable that most such pregnancies are dizygous, although no proof for this assumption has been provided nor has it been tested to our knowledge in moles without fetus. In some rare cases in which fetuses are associated, as in our case, blood group studies, sex chromatin and chromosome determination should be undertaken in the future to assess whether one of monozygous twins can be affected by this abnormal development of the placenta. Such a study was carried out by CHAMBERLAIN. A 12.5 cm CR male fetus was accompanied by a sex chromatin negative placenta and a sex chromatin positive hydatidiform mole. From this finding the author deduces dizygous twinning and points out that most typical hydatidiform moles have been chromatin positive, for an as yet unknown reason. In our case, the sexes identify the fraternal nature of the twins.

As in other cases of dichorial twin pregnancies, the delivery of the normal fetus and the mole may occur after a delay of many days. Excessive delays in delivery of twins, and of twin and mole, are probably more frequent in women having abnormal uteri (GREEN, SCHANCK & SMITH, *lit.*) or if intrauterine and ectopic pregnancy co-exist (GOODNO & GENTRY; and others). Our files contain the records of a case where normal full term delivery was followed 6 days later by the surgical removal of a typical, hydatidiform mole, measuring 11×11 cm in diameters. POTTER (1961, Fig. 214) shows a twin pregnancy, one normal (650 g placenta), the other a mole. There were two amnions but two chorionic sacs could never be identified. The specimen looks intimately fused, both grossly and microscopically, and may well have been monochorial. SCHEBAT, GALLEY & SCHEBAT report a prematurely terminated pregnancy with one normal conceptus and one macerated fetus associated with a molar degeneration of the placenta. The placenta is a dichorial separated organ and, probably for that reason, they consider the pregnancy dizygous. They refer to a few additional cases in the French literature.

Some pathologic events are peculiar to twin placentation and may affect dichorial twins in like manner as those with monochorionic placentas. For instance, in twins there is an increased frequency of the absence of one umbilical artery and of marginal and velamentous insertion of the cord, and these are as common in monochorial as in dichorial placentas. While these features will be discussed in greater detail later, it is pertinent here to mention that membranous vessels may not only be found coursing over the lateral chorion laeve but that they may distribute over the dividing membranes as well and represent a hazard to the second fetus if they are ruptured during delivery (Fig. 117).

Previously we have described that the chorions of dichorionic twin placentas may have an unusual relationship one to another (Fig. 77). Another example of a separated dichorionic twin placenta with unusual fusion is shown in Figures 118 and 119. Unfortunately, the membranes are often torn during delivery and thus accurate analysis is not always possible in such cases. However, it appears that "irregular chorionic fusion" is quite common and its morphogenesis has to be explained. The placenta shown in Figure 118 shows partial circummargination of its lower segment. It is covered here by decidua from its own margin, by decidua from the twin's chorion laeve as well as that twin's chorionic membrane (Fig.119).

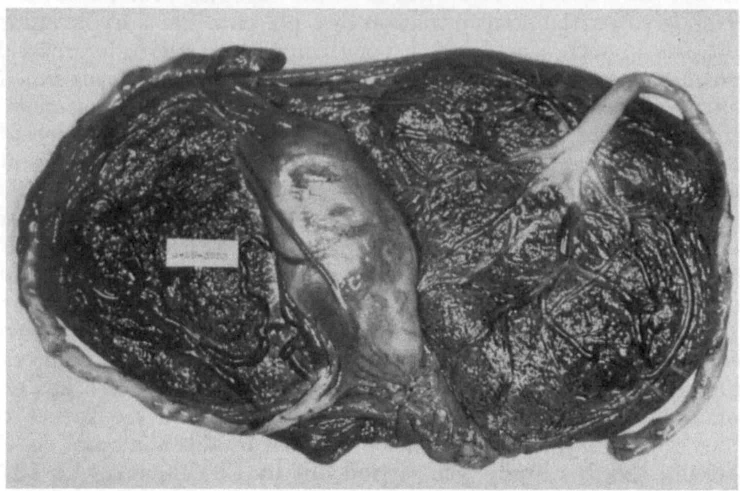

Fig. 117. Diamnionic dichorionic fused twin placenta with marginal insertion of left umbilical cord and velamentous veins seen coursing over dividing membranes.

The villi which lie under this marginal area arise all from the chorion which is seen above the insertion of the dividing membranes. None come from the fetal sac which overlaps at the bottom. Thus, despite the close approximation of two chorions, there is no intermingling of villi or of the fetal circulations. The lack of correspondence of the vascular equator with the origin of the dividing membranes (2 amnions) in the monochorionic placenta is easily explained. In this case, the membranes (amnion) are easily movable over the chorion and they are not vascularized. In the "irregular chorionic fusion", however, which is discussed here, the mechanism of development must be more complex. It involves vascularized dichorial placentas and we envision it to proceed along the lines which have to be postulated for the development of the extrachorial placentas in single pregnancies (Chapter II). Indeed, the frequency of irregular chorionic fusion has been used as an argument that secondary phenomena (*e.g.* pressure) produce extrachorial placentas in general (BENIRSCHKE, 1965). SCOTT who studied 3,161 placentas, had 67 cases of twins; 49 of these were dichorial ("binovular"). Of these twins, 15 (all "binovular") had an extrachorial placentation, which is a much higher incidence than found in singletons.

We envisage that one fetal sac expands, possibly by greater pressure or because of the positioning of the fetus, over the surface of the other twin's placenta. It thus pushes the chorionic sac, dissociating the chorion from its villi. The fetal vessels, however, remain *in situ*, as SCOTT was able to show for the circumvallate placenta. The process is represented for twins in diagrammatic form in Figure 120 and further discussed in the chapter on pl. extrachorialis. It can also be visualized in Figure 115, the twin pregnancy with hydatidiform mole of one placenta.

These intimate relationships of dichorial placentas with "irregular chorionic fusion" are of potential interest as they may be one way through which dichorial

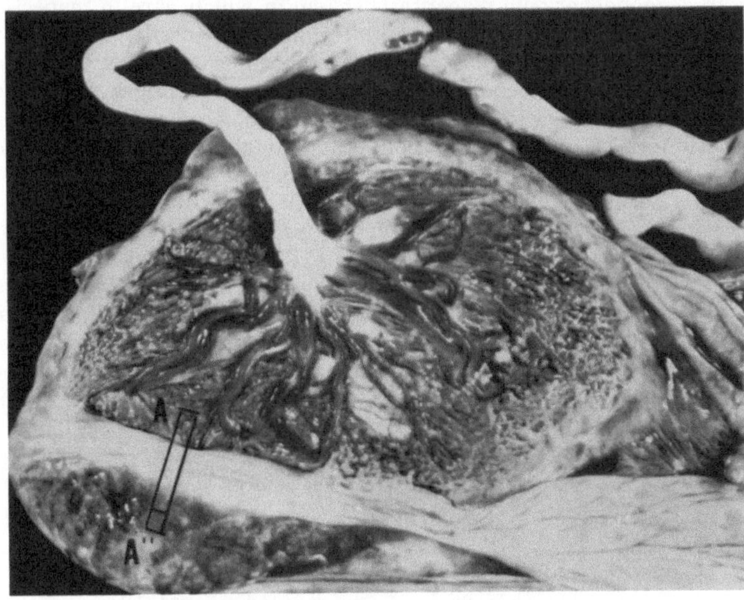

Fig. 118. Diamnionic dichorionic separated twin placenta with "irregular fusion" of dividing membranes at lower portion. Dividing membranes lie across area of fusion. Villi of lower portion all come from chorion above line of fusion. Lines indicate section shown in Figure 119.

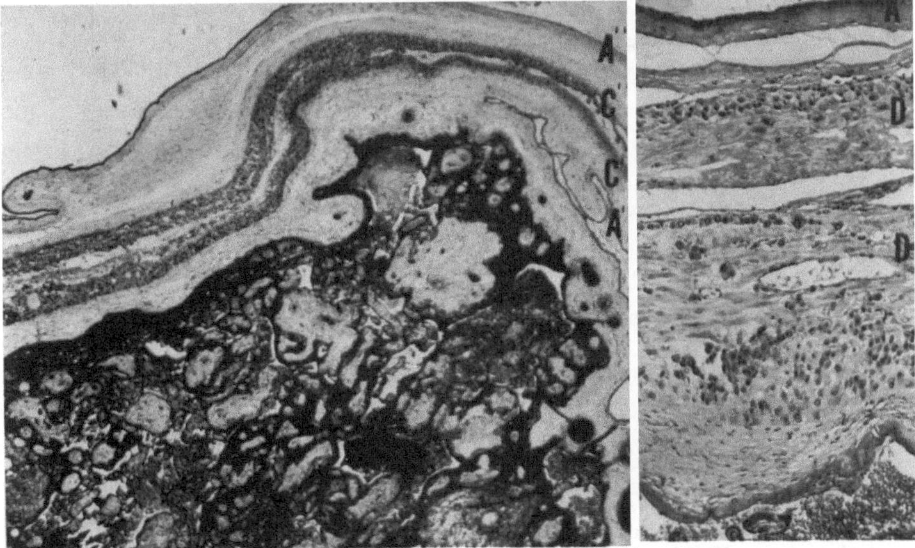

Fig. 119. Microscopic appearance of lower margin of placenta in Figure 118. Amnion A', A"; chorion C', C", decidua D', D". Placental villous tissue below is that of A'. Note that chorion of this placenta extends only for short distance under irregular fusion. Higher magnification of membranes (right) is from area just left of margin of low power photograph (H & E × 15, × 60).

twins possibly acquire vascular connections. It will be recalled that almost all monochorionic twin placentas can be shown to have vascular communications between the two twins although it must be re-emphasized that, contrary to frequent statements in the literature, not all possess such communicating channels. In Figure 91 a monochorionic placenta is shown in which careful inspection and injection ruled out the presence of communications. It is possible that such vessels once existed but that subsequent atrophy of marginal areas led to their occlusion and to the narrowing of the joining bridge of placental tissue. Do dichorionic twin placentas ever have a common fetal circulation, accomplished through one type of anastomosis or another ? It is here that analogies with studies of placentas in other species do not hold. In cattle and marmosets, vascular fusion between fraternal twins occurs regularly in the placenta. On the other hand, despite the monozygous nature of the quadruplets in the nine-banded armadillo, no cross-circulation is found in their placenta (NEWMAN 1917 p. 67; ANDERSON & BENIRSCH-KE, 1963). The practical and theoretical importance of this aspect of twin placentation warrant a critical review of the literature. There are two distinct but related questions: 1) Do fraternal twins in man ever have a monochorial placental relationship, and 2) can anastomoses be identified in dichorial human twin placentas ? The first question will be discussed in the chapter on zygosity *(v.i.)* and the literature concerning the second question will now be reviewed.

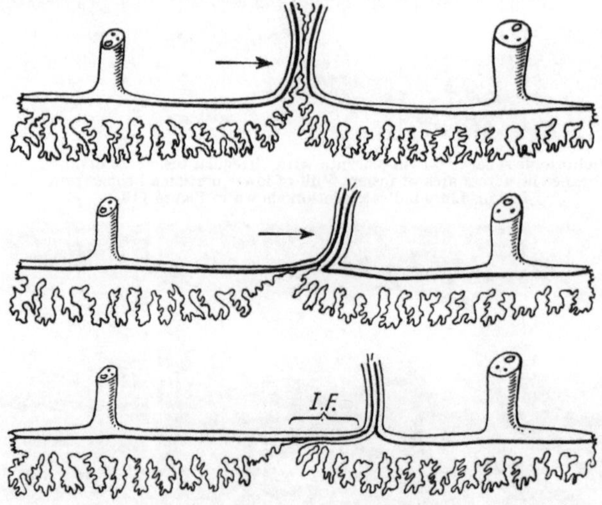

Fig. 120. Diagram of presumed mechanism of process of "irregular chorionic fusion" (I. F.) in dichorionic twin placenta (See text).

PRICE finds six investigators who claim to have found occasional dichorionic placentas with anastomoses (KADJAR; SCIPIADES & BURG; LASSEN; TÜSCHER; SZENDI (1936, 1938 B) and PÉREZ, FIRPO & BALDI) but points out that these authors represent the minority of observers who examined the question and that hence the frequency must be low. KADJAR, who finds the stereoscopic radiologic study of Pb_3O_4 injected twin placentas indispensible, describes 3 cases of anastomoses in 27 "bivitelline" cases. In these cases (# 5, 10, 22) he describes dichorial dividing membranes and anastomoses as follows: # 5: "One vascular anastomosis between the two placental masses; # 10: One A–A and one V–V anastomosis; # 22: One superficial V–V, three deep A–V anastomoses. Unfortunately, no pictures of these cases accompany his report. He also cites a thesis by Béquin (1912) with similar findings. SCIPIADES & BURG studied 2 cases: one was a heterosexual, dichorial pair in which, upon injection from the cord, a portion of the opposite placenta was injected; when then the other placenta was injected, fluid escaped from the former cord. This could have been an instance of irregular fusion with pressure driving fluid back into the first upon injecting the second placenta. The authors could not preserve this specimen. The second pair of heterosexual twins had typical "irregular fusion" of the dividing membranes, the female's chorion overlying that of the male's placenta. In three areas, an arterial branch passed from the former to the latter. The venous system was not filled; the corroded placental cast is shown in their Fig. 23 (p. 606) and by X-ray and corrosion of the injected specimens, the authors believe to have proven anastomoses. In our opinion, the photograph does not allow critical evaluation. SZENDI (1938 B) describes four of twenty injected dichorial twin placentas to possess shared cotyledons, an equally astonishing frequency in light of more recent studies. Of these, two pairs are heterosexual, one is a trichorial triplet, the other isosexual. His results are based on injection which is followed by stereoscopic X-ray study. His earlier paper (1936), quoted by PRICE, was unavailable to us. SZENDI admits that the analysis of stereoscopic radiographs is difficult but he believes that his four cases have unquestionably fine villous anastomoses. His three pictures are not convincing. LASSEN follows up cases reported by CURTIUS and injected by KIFFNER's method. Of 56 pairs, 9 are monochorial and monozygous, 27 are dichorial fused and 20 are dichorial separate. In this group there were 5 dichorial monozygous pairs, identified by likeness studies after the age of 4 months. She believes that in one monozygous dichorial pair there were anastomoses but she is not certain even by stereo-x-ray study. The two pictures of a possible common cotyledon are also not convincing. TÜSCHER describes two girl twins with dichorial fused placenta, velamentous and marginal cords and in which air injection of one umbilical vein filled also the veins of the other placental half, to escape from the other cord eventually. Anthropological study at age 8 months suggested monozygosity. Although no photographs accompany this report, the detailed description indicates the presence of at least one V–V anastomosis in these dichorionic twins. PEREZ, FIRPO & BALDI show seven pictures of injected dichorial twin placentas and allude to many others in which their technique has disclosed common villous districts. We believe that this technique is unable to differentiate between juxtaposition of circulations (or superpositioning) in interdigitating villi and true anastomoses, particularly, since these authors inject simultaneously the veins of both twins and then interpret the radiographic pictures. As SCIPIADES & BURG have pointed out, at least stereoscopic photos (KADJAR, KIFFNER) are necessary, ideally corrosion preparations and the visual verification of colored injection fluid to escape from the opposite cord. WENNER (1947, 1956) made the next contribution known to us and states that x-ray study is altogether too confusing. He prefers water washing of one placental vascular bed, taking up very old methods, employing colored water, milk, wine, etc. If one placental half becomes pale and the other remains dark, no anastomoses are present. He then follows with an injection of celloidin or plastic and a corrosion technique and notes that toward the end of gestation there is less complete filling. No anastomoses were found by WENNER in dichorial placentas in a study spanning over many years. For future studies along these lines, the beautiful injection results obtained by PANIGEL on single placentas will be models in technique. In our own studies of more than 100 fused dichorial twin placentas we have not been able to identify any type of anastomosis by the described technique. The dichorionic twin placenta in Figure 121 was intimately fused and associated with unlike-sexed twins. That on the left lacked one artery and a watery solution of India ink was perfused via an umbilical artery from the right until the entire right placenta was deep black. The placenta was then fixed in formalin and numerous sections cut through the area of intimate fusion. Despite diffuse intermingling of stained and unstained villi (Fig. 122), no India ink was recovered from the left placental vessels and there was no serologic chimerism.

On the positive side, there are now reports of six cases of dizygous twins in man in whom the presence of placental anastomoses must be inferred. This inference seems justified because of the persistence of a population of the twin's blood cells in the circulation of the partner. This is analogous to the well-known cattle chimeras and can be explained by the acceptance, through the aegis of acquired tolerance (v.i.), of circulating marrow cells. The proportion of cell admixture in these blood chimeras, as determined by red cell agglutination, is variable and not understood, for in no case has the placenta been examined. The following table gives the percentage of admixture and other pertinent features (Table III).

Two of these authors have examined a larger group of dizygous twins (140 and 77 sets, but these figures may partially duplicate one another) and find no additional chimeras and POTTER (1963) who blood-grouped over 500 sets of twins, finds apparently no chimeras although she does not state this explicitly. We can assume then that this phenomenon of vascular fusion is rare in man, despite the apparently close proximity and seeming intermingling of many dichorial twin placentas. In view of these immunologic studies which detect small admixtures

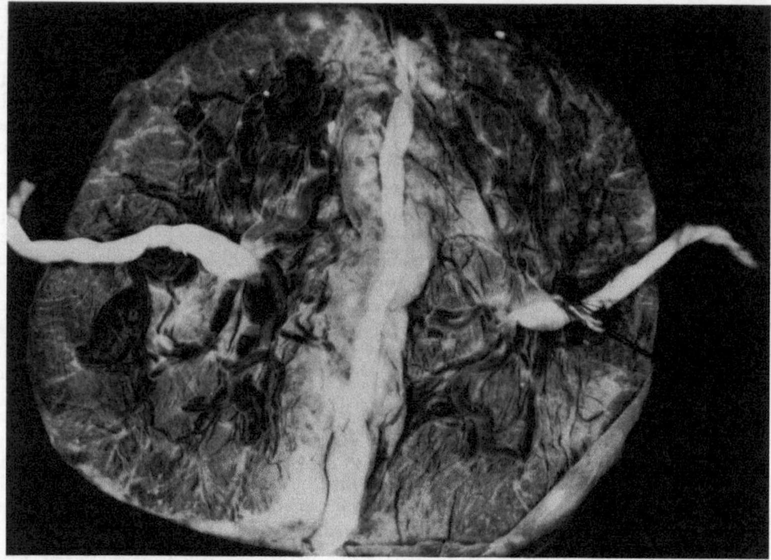

Fig. 121. Diamnionic, dichorionic, intimately fused twin placenta of heterosexual twins. Absence of one artery on left. India ink perfusion from right umbilical artery in progress.

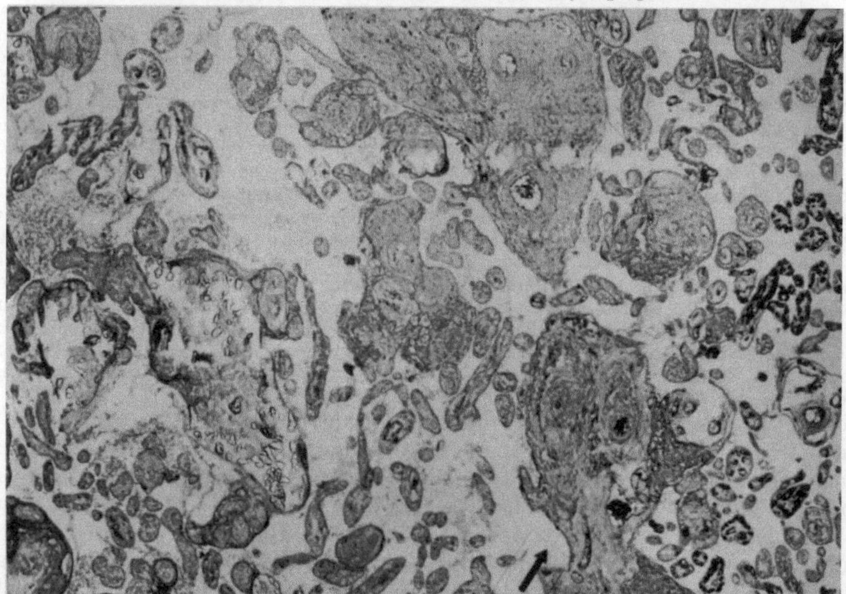

Fig. 122. Section of formalin fixed India ink perfused placenta from Figure 121. At right, villous vessels filled with India ink, none in left placenta. Note intermingling of villi, absence of a septum between heterosexual villous districts. Approximate area of fusion indicated by arrows (Fast green, × 40).

(1% in one case) we remain sceptical of the reports cited above of relatively frequent anastomoses in dichorial twins which are based on relatively crude injection studies. Particularly questionable is the frequency of detection of such shunts in a small number of cases injected while serologic studies have detected only very rare instances.

Dr. A. H. CAMERON of Birmingham, England has provided the first specimen which we consider conclusive anatomic evidence for the basis of human blood chimerism in dichorionic twins. The specimen is shown in Figure 123. Upon injection of this fused dichorial organ (supported by histology) a thin artery-to-artery as well as vein-to-vein anastomosis was found between the two fetal circulations. While these twins were both male and had common blood groups and may thus be monozygous, this is a definitive case of blood exchange among dichorial twins and extremely uncommon in man.

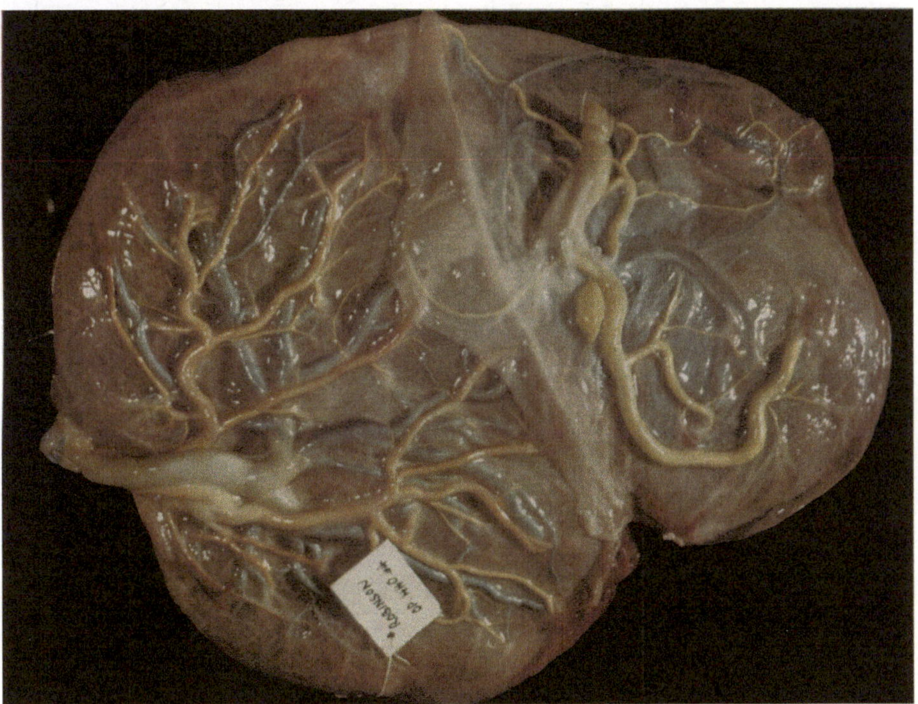

Fig. 123. Dichorial fused twin placenta with delicate artery-to-artery and even smaller vein-to-vein anastomosis. The colored barium was injected from the right placenta only (artery-yellow, vein-blue). It filled the left placental bed. This is a most exceptional circumstance. (Courtesy Dr. A. H. Cameron).

A puzzling aspect of the reported human blood chimeras is the variable admixture of cells. In the fourth case of the table, only a one-way A-V anastomosis is capable of explaining the lack of chimerism in the boy, although the birth weights of the twins (G 3,400 g; B 3,200 g) hardly portray the tranfusion syndrome and hydramnios was absent; in the last case, no obvious mechanism seems logical. It must also be borne in mind that general tissue mosaicism, arising on a much more complex basis than by fusion of vessels has to be entertained in some of these cases. For a full discussion see BEATTIE *et al.* Finally, it is entirely possible that anastomoses, responsible for the creation of chimerism in early embryonic life, could obliterate during the course of placental development, the full-term placenta then lacking communications (WENNER, 1947). For all these reasons, immediate typing and knowledgeable examination of the placenta and vessels is most desirable.

Table III. *Human Dizygous Blood Chimeras.*

Authors	Twin I		Twin II	Age at study	Remarks
DUNSFORD *et al.* (1952)	♀ 60% O 40% A		♂ died	25	Female was O, has had 3 pregnancies. Chimeric for transferrin type (DATTA & STONE). No chimerism in 58 other "dissimilar", nor 82 "similar" pairs of twins studied.
NICHOLAS *et al.* (1957)	♀ 49% O 51% A		♂ 61% A 39% O	29	Male was A. Female has had 3 pregnancies, hence not a "freemartin".
BOOTH *et al.* (1957)	♀ 99% O 1% A		♂ 86% A 14% O	21	Because of secretor status the male was A. Tested 77 other dizygous twins without finding another chimera.
UENO *et al.* (1959)	♀ 1956 31.6% 68.4%	1957 30.4% A 69.6% O	♂ 100% A	12	This case is unusual in that the male had no admixture and the female has mixed secretor state. Normal female development
VELEZ-OROZCO (1961)	♀ 95% B 5% A		♂ Stillborn	Adult	Had 6 pregnancies, several erythroblastotic offspring.

CHOWN *et al.* (1963)	♀ 85% O
	15% A
	
	78% XX
	22% XY
			♂ 15% A
			85% O
			
			30% XY
			70% XX
				Birth	Routine newborn twin typing. Single placenta, probably dichorionic but no sections taken nor injection performed. Surface anastomoses not observed. ♀ 2148 g, ♂ 2000 g
					      Hgb. 24.8 g Hgb. 22 g
					      Saliva O Saliva A

Placentation of Triplets and Higher Multiple Births.

The occurrence of triplets and higher orders of pregnancy is not very common, rarity increasing with the number of fetuses. A modern statistical consideration of frequencies and expectation can be found by ALLEN. Many such pregnancies are aborted, the transformation of one to a mole, fetus papyraceous or acardius has already been referred to. As to the sex distribution in such pregnancies, NEWMAN (1940, p. 48) records of quintuplets that "as in quadruplets, there are far more same-sexed sets than one would expect, 16 out of 40, or 40% of all cases . . .", and concludes ". . . the only explanation of this odd sex distribution . . . that seems at all reasonable is that nearly all of the same-sexed sets are one-egg sets." The placental membrane relationship of such multiple births is extremely variable and almost all possible combinations have been placed on record. Of the recent literature the best studied cases of triplets, quadruplets and quintuplets are here cited. These reports each provide a complete survey.

During our study of 250 consecutive twins, one triplet delivery occurred. It was trizygous, trichorionic and not fused. The triplets were: 1) female, blood group O, Rh+; 2) male, A+; 3) male, O+; weights 1,830; 1,720; 1,890 g; delivery at 32 wks., all survived. More recently we saw trichorial triplets, all males with undetermined zygosity, who had an intimately fused placenta, no vascular anastomoses and a velamentous insertion of one cord (Fig. 124). A still more intimate relationship of monozygous triplets is shown in Figure 125. The monochorionic placenta has three nearly equal amnionic sacs, two marginal cords and many chorionic vascular anastomoses.

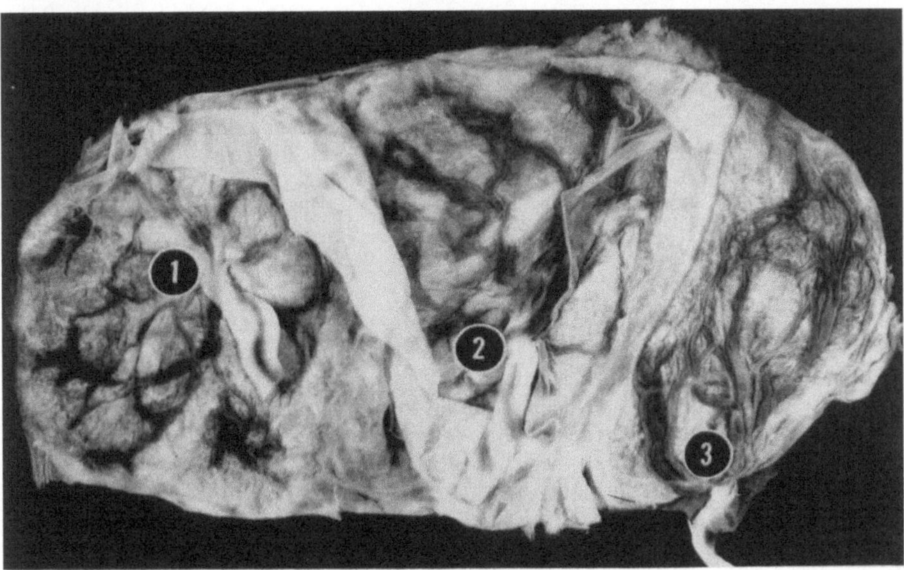

Fig. 124. Triamnionic, trichorionic triplet placenta, intimately fused. No anastomoses, velamentous cord at right. All males, unknown zygosity.

WILLIAMS finds in 280 cases of twins studied, that 24% were monochorial, and he discusses the placentas of four triplets and of one quadruplet set. His triplets were (G = Girl; B = Boy; DiDi = diamnionic, dichorionic; DiMo = diamnionic, monochorionic).

1. G (separate Di Di) BB (fused Di Di)
2. GG (DiMo) G (separate Di Di)
3. BB (DiMo) G (separate Di Di)
4. GG (DiMo) G (fused Di Di)

His GBGG quadruplets have quadrichorial membrane relationships, three (GBG) are fused and, because of the separate chorionic sacs, he assumes quadrizygosity. RYAN & WISLOCKI present an accurate study of a set of quadruplets with the following relationship: BB (DiMo) BG (Di Di). The authors state that the whole specimen formed one large fused mass, however, a separation can be seen between placentas of the former and latter two quadruplets in their illustration. Unusually good illustrations accompany this report as well as that by WILLIAMS, and these authors also review the pertinent literature, pointing at mistakes in NEWMAN's deductions cited above. SINYKIN shows the first case of a near term (35½ weeks) monoamnionic trichorionic triplet pregnancy with triple survival of the identical female infants. We had occasion to study this specimen after formalin fixation (Fig. 127) and found numerous large anastomoses among all circulations. There were tears in the amnionic surface as illustrated in SINYKIN's photograph, however, in numerous sections no evidence was found which would indicate the presence of amnionic dividing membranes. Moreover, only one membrane rupture was observed clinically and the specimen is thus judged truly monoamnionic. HAMILTON, BROWN & SPIERS present a case of quadruplets which is beautifully depicted after colored fluid had been injected into each cord. It is reproduced here in Figure 126 and shows tetrachorial membranes, three placentas being fused. These authors conclude that the infants all were of different zygosity. However, in blood grouping, B & D, both girls are identical and differ from A & C, who differ among themselves. We prefer to think that B & D are single-ovum-derived and find the admixture of these placentas to support further our concept that it is principally a matter of chance what determines the proximity (*i.e.* fusion) of separate blastocysts, whether identical or fraternal. It is of further importance to note here that these authors did careful injection studies and describe explicitly that, even after sectioning, there was no evidence of any admixture of circulations. If crowding of placentas in implantation or blastocyst expansion were a factor in establishing anastomoses in dichorial twins, surely in quadruplets one would expect it. In table form these authors also present the sex and membrane relationship of the 16 cases of surviving quadruplets studied in the past 30 years. They note that

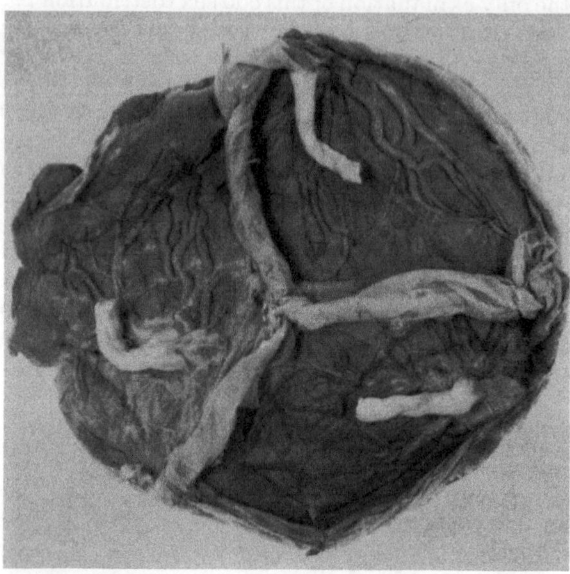

Fig. 125. Triamnionic monochorionic triplet placenta with many anastomoses, two marginal cords. Monozygous triplets at term.

"every possible combination of ovulation had occurred except for double monozygous quadruplets, often stated never to occur." However, they refer to a case
in which such has been recorded with stillborns. A case of quadruplets from our
files with a single, intimately fused placenta, but tetra-amnionic and trichorionic

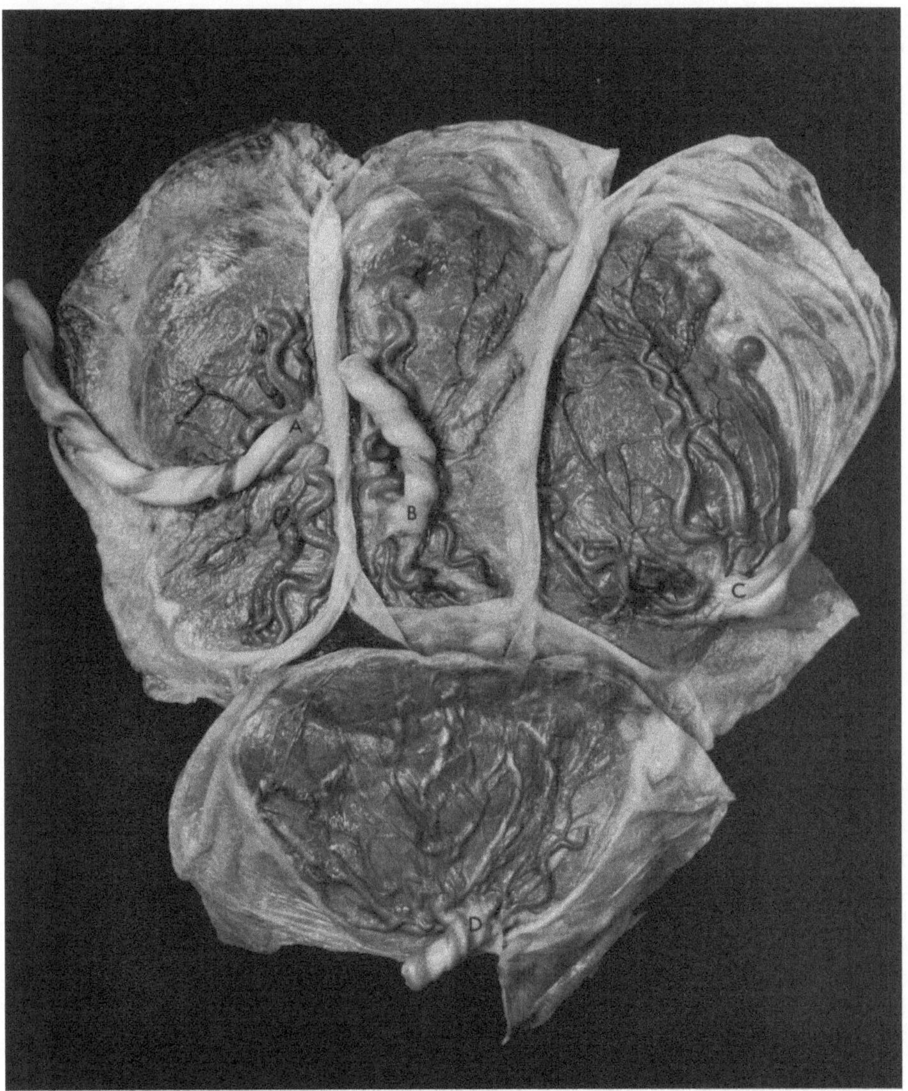

Fig. 126. Quadruplet placenta with four chorionic sacs, three fused, one separate. Fetus B & D may be monozygous.
No anastomoses, three marginally inserted cords. (From a colored injected specimen photograph by HAMILTON
BROWN & SPIERS. Courtesy Dr. W. J. Hamilton).

membranes, is shown in Figure 128. It also lacked vascular communications between the twins with separate chorions. AUBERT reports an interesting case of
quintuplet pregnancy coming to near term with what is described as a monochorial placenta having five amnia. However, three boys and two girls were de-

livered. The oligomenorrheic mother had been treated with gonadotrophins prior to pregnancy. This led to serious complications from ovarian cyst formation. Pituitary gonadotrophins are now known to enhance multiple ovulation in man (of 8 successfully treated women: 2 quadruplets, 4 twins, 2 singletons: GEMZELL), as has long been known for domestic animals (GORDON, WILLIAMS & EDWARDS, *lit.*) where they are used to produce increased litter size commercially. Therefore, pluriovular pregnancy certainly was the case in AUBERT's quintuplets and the

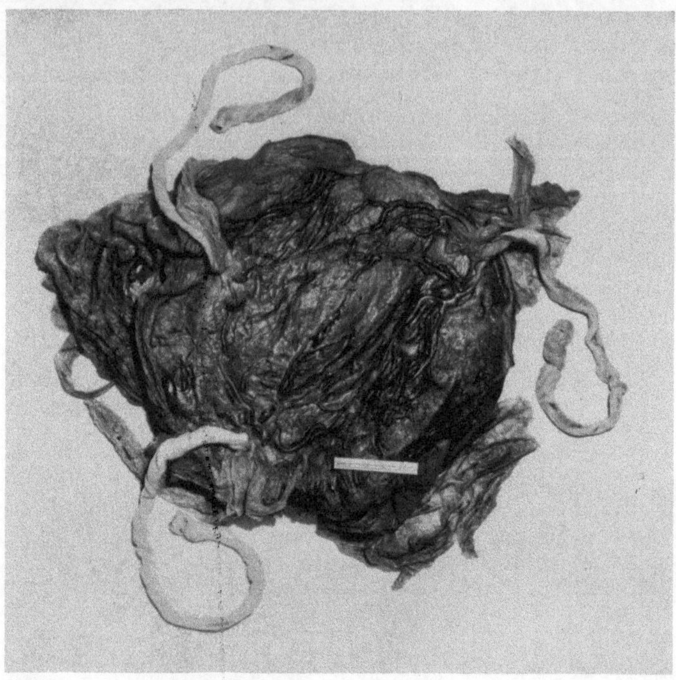

Fig. 127. Monoamnionic monochorionic triplet term placenta. Anastomoses among all triplets, no entangling of cords, triple survival (Courtesy Dr. M. B. Sinykin).

monochorial state cannot be accepted in the absence of supporting evidence. GIBBS *et al.* show an excellent photograph of a monochorionic quintuplet placenta which had numerous vascular anastomoses between all circulations (Fig. 129). There were five amnionic sacs, the female quintuplets were delivered prematurely and died from hyaline membrane disease. There was no situs inversus or mirror imagery. The yolk sacs are not described. Of interest in connection with NEWMAN's statement quoted above is the introduction by these authors which presents a: "Summary of quintuplet pregnancies":

"Nichols in 1954 in a 'Letter To The Editor' states that 17 quintuplet births have been reported in the United States. The largest reported number was from Kentucky in 1896; the infants averaged about 2,000 gm. each, and died within 2 weeks. Of the entire 71 sets reported in world literature, 2 sets are known to have survived to adolescence: the Dionnes in Canada and the Diligentis in Argentina. Three sets are believed to have been identical, although 20 of the 71 sets were all of the same sex, 11 female and 9 male. One Texas family listed 37 children including 3 sets of triplets and one each of quadruplets and quintuplets."

The monochorial quintuplets of GIBBS are certainly monozygous. It should not be assumed that necessarily an even number of monozygous multiple births must be the result of the "twinning impetus". If we accept NEWMAN's concept which seeks to explain the Dionne quintuplets (Fig. 130), then this impetus must have extended over at least three cellular divisions, assuming a single embryoblastic cell to be so affected. In GIBBS' case, the splitting must have taken place *after* the chorion had already formed but *before* the amnion was laid down. It could have affected a single embryoblastic cell and the daughter cells subsequently as

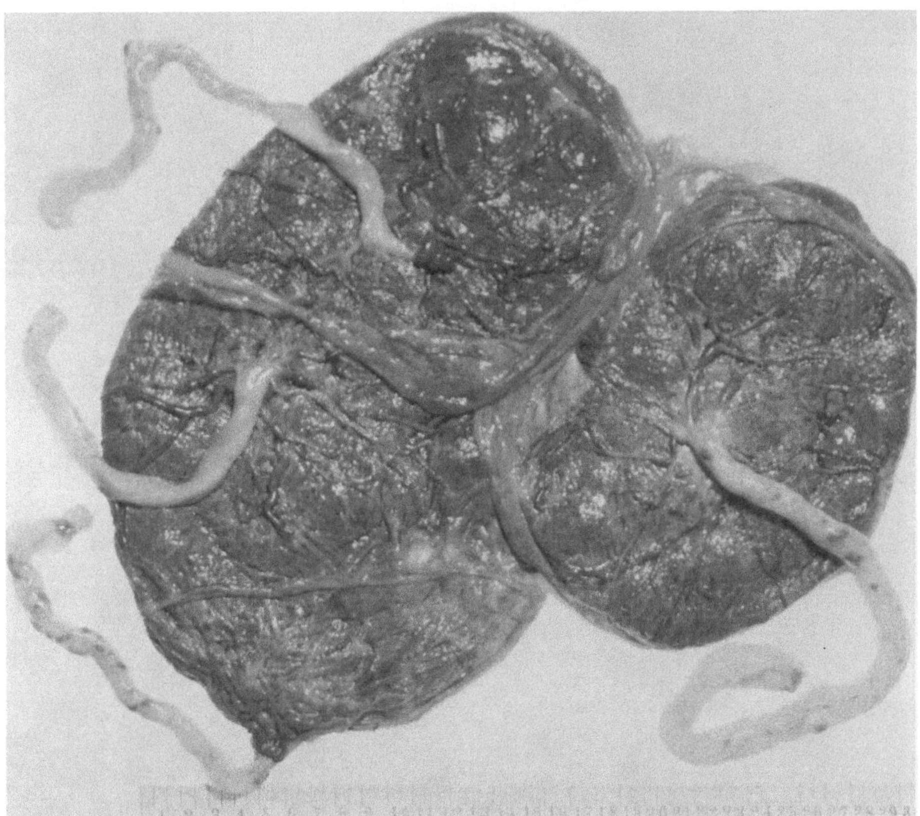

Fig. 128. Quadruplet placenta, diamnionic monochorionic at left bottom, diamnionic dichorionic fused remainder. 35 wks. gestation, 920 g.

suggested by NEWMAN. It is clear, however, that the twinning must have proceeded with great speed in order to produce quintuplets with this uniform type of placentation. This is not unlike the phenomenon observed in the nine-banded armadillo, which produces monozygous quadruplets regularly and with great precision. In this species, however, splitting certainly does not take place at the one-cell-stage rather, it is a complicated budding process from an embryonic shield, resulting originally in a single amnionic sac. Only subsequently is this amnionic sac subdivided, very slender bands testifying to the original connections. Similar observations have not been made in man but such an event cannot be ruled out categorically and careful study of such rare specimens is therefore most desirable. Of further great interest is the fact that one of the quintuplets in this pregnancy (# 5, Fig. 129) had only one umbilical artery (NEUBECKER *et al.*), occurring in the cord with velamentous insertion. This case then is very similar to the prematurely terminated quintuplet pregnancy reported by HAMBLEN, BAKER

& DERIEUX. In this monochorial placenta with five amnions, one fetus was an
acardiac with a short thin cord, presumably lacking one artery. All were female
(Fig. 131). Three yolk sacs were described in this case and hydramnios was found
at 20 weeks. Many vascular connections were noted among the fetal circulations.
NICHOLS makes available the literature on sixtuplets but we are not aware of a
case with good placental study.

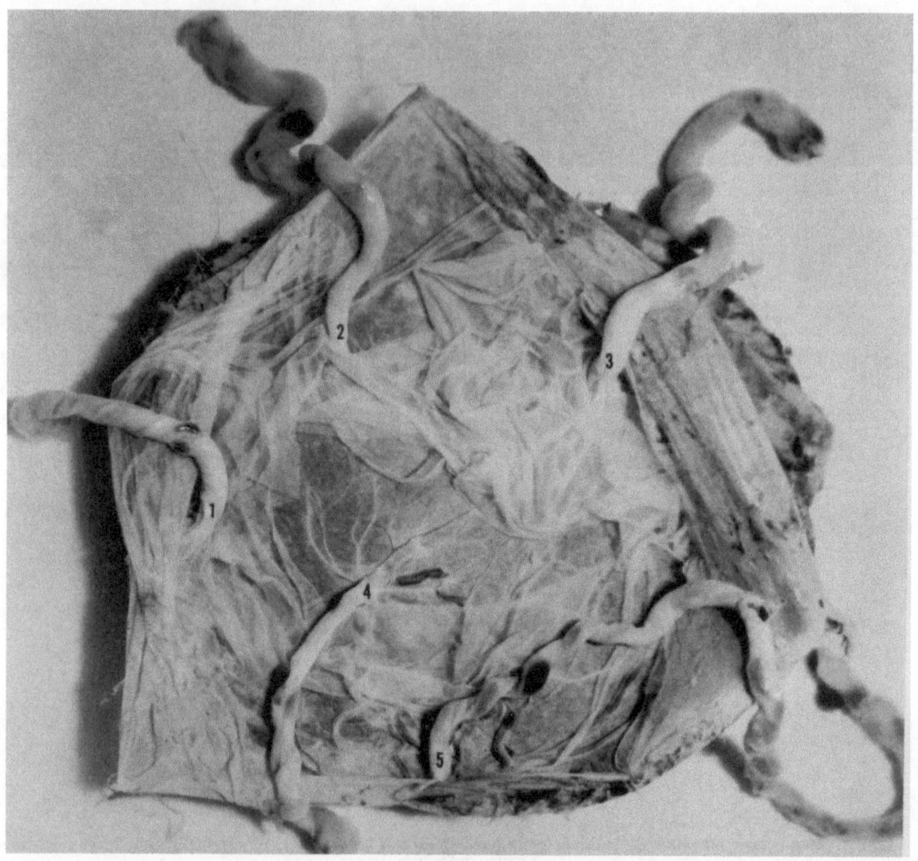

Fig. 129. Monochorionic placenta of quintuplets with five amnionic sacs. Fetus # 5 had only one umbilical artery
and velamentous insertion of the cord. Many surface anastomoses; all infants died from hyaline membrane disease.
Weights: 1:700 g, heart 8 g; 2:550 g, heart 4 g; 3:675 g, heart 6 g; 4:780 g, heart 6 g; 5:800 g, heart 6 g.
Placenta 810 g, 25 cm diameter (Courtesy GIBBS & NEUBECKER).

The most recent and extensive summary of quintuplet pregnancies is that by
BERBOS *et al*. These authors describe the surviving quintuplets recently born in
Aberdeen, N.D. USA, four girls and one boy. The placenta had four chorions and
five amnions, two girls sharing one chorionic sac. Not only were these infants
typically delivered very prematurely (31 weeks) but their placenta exhibited the
velamentous and marginal insertions of cords so commonly seen in multiple
pregnancy.

GEDDA & COMERCI present photographs, x-ray injection studies and clinical data
on the placentas of two triplet and three dichorial dizygous twins and cite much
literature unavailable to us. Their triplets are both of the same type, BB DiMo + G
DiDi separated. In addition, their first color photograph illustrates a dichorial possibly

dizygous twin placenta in which one has clearly the magistral, the other the disperse type of chorionic vascularization, thus supporting Scipiades & Burg. These authors had already shown that, contrary to Shordania's view, these two types of vascularization may co-exist in twins. These published cases and occasional cases of our own material (Fig. 117) make it unlikely that the placental vascular development depends on maternal factors (Shordania). That a genetic basis underlies the development of the fetal vascular beds has been suggested recently by Bacsich & Crawford, who state that they never find the two types admixed in twins, even dizygous twins. They support Shordania and believe that the manner of vascular supply to the placenta is developed in early fetal life. This argument should be considered settled in favor of Scipiades & Burg.

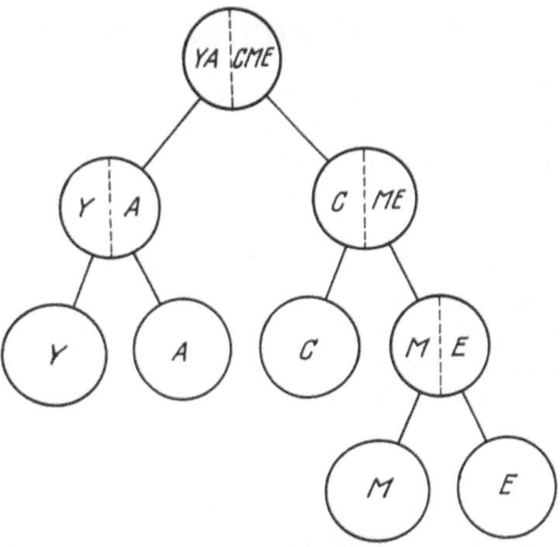

Fig. 130. Possible embryonic cell division to explain Dionne quintuplets. Letters indicate the initials of quintuplets. From Newman, H. H.: Multiple Human Births, p. 106. (By permission of Doubleday, Doran & CO.).

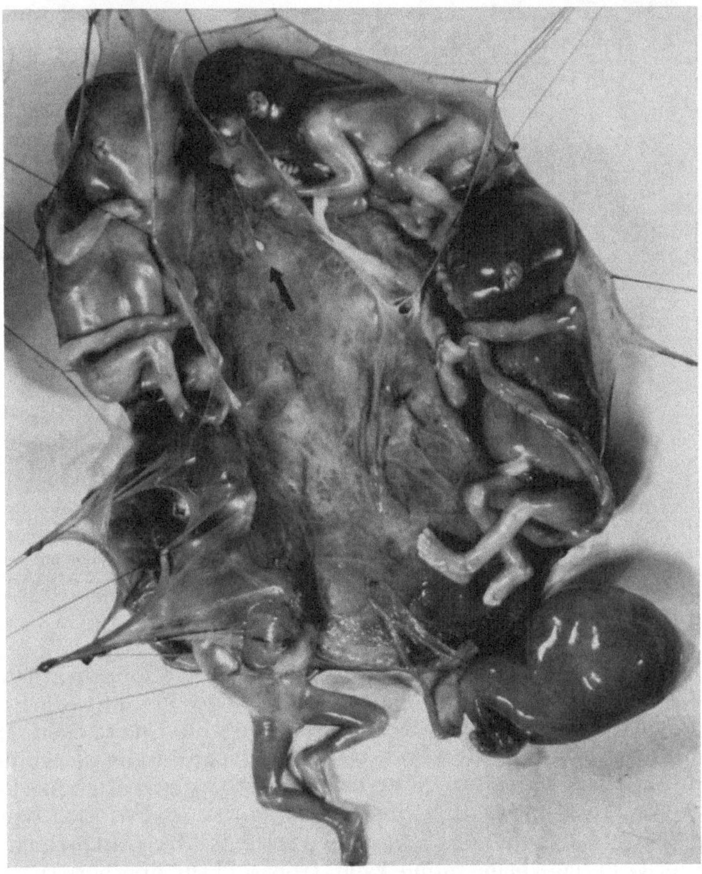

Fig. 131. Monochorionic quintuplet abortion. Five amnions; at arrow one of three identified yolk sacs. At bottom right is acardiac monster. (Courtesy, the late Dr. Hamblen and publishers).

C. Consequences of Inter-Twin Anastomoses

The principal hazard to monochorial twins is the *transfusion syndrome* discussed previously. Its effects are largely restricted to the intrauterine period. After birth there is rapid equalization of the size in these twins who are often born, differing markedly in development and, to the best of our knowledge, no lasting effect can be ascribed to the macrocardia or microcardia, etc. discussed previously. One wonders, however, if this is not an oversimplification. In those babies who die due to this syndrome in the neonatal period, generally from hyaline membrane disease or from other effects of their severe prematurity, intracranial hemorrhage, etc., one finds occasionally irreversible degenerative changes. Thus, in some cases we have observed liver necrosis and calcification, adrenal necrosis and renal interstitial hemosiderin deposits. It is not known whether similar changes affect those that survive. The survivors are prone to thromboses, kernicterus and other neonatal problems, discussed by many authors, reviewed by NAEYE and for which treatment has been outlined by SACKS. In monoamnionic twins, damage may follow not only when large anastomoses connect the two circulations and one fetus dies (see case Fig. 85), but also from sublethal entangling of cords (Fig. 132).

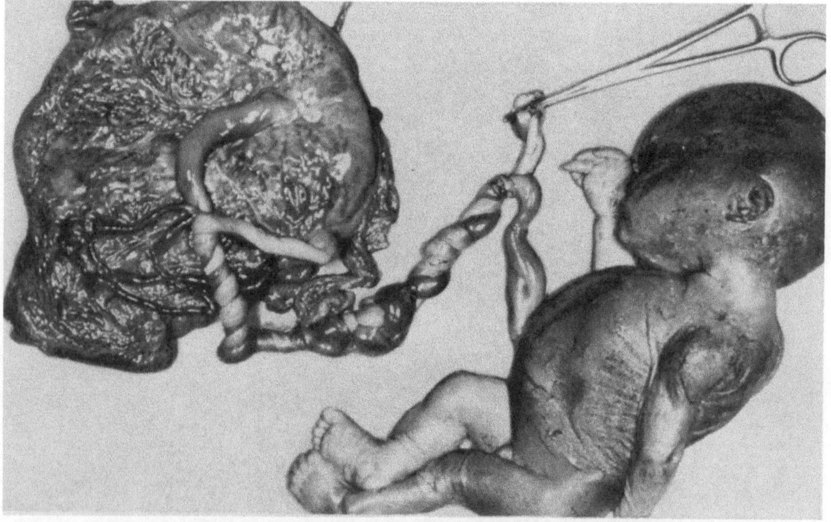

Fig. 132. Monoamnionic twin pregnancy with intrauterine death of one due to extensive knotting of cord. The other twin lived for 3 months, died with cerebral and other degenerative changes. Presumably, these date from an anoxic period due to the intertwining of cords. Delivery at 31 weeks, no hydramnios, large A—A anastomosis.

It is difficult to believe that one of these twins survived for 3 months, then dying with extensive brain damage as well as degenerative changes in many other organs. If this infant had lived, undoubtedly the brain damage would have been reflected by some type of cerebral palsy. However, because monoamnionic placentation is uncommon, one must seek the causes of cerebral palsy in twins in other mechanism. Cerebral palsy is more frequent in twins (ILLINGWORTH & WOODS; EASTMAN, KOHL, MAISEL & KAVALER) and, of all cerebral palsied children, an estimated 9% are twins, a majority of these being monozygous twins and the first born (RUSSELL). We have seen at least two instances in which the smaller of twins with the transfusion syndrome became mentally retarded later and careful follow-up of such twins with knowledge of the exact placental status will be of interest. Many factors may participate in causing this damage. Kernicterus has been mentioned; in others it may be the prematurity with ensuing brain hemorrhage; pulmonary syndromes and the obstetric hazards attending the delivery of twins, which have occupied the major attention of obstetricians writing on twins (GUTTMACHER & KOHL; LITTLE & FRIEDMAN; TOW). WALKER & TURNBULL have focused attention on important differences in blood oxygen content of various twins at birth.

Of greater interest in recent years has been the immunologic consequence of anastomoses. A series of discoveries in this field led to the present concept of immunologic tolerance, exhibited by the chimeras to which we have referred previously. In simultaneous publications, LILLIE (1916, 1917) and KELLER & TANDLER discovered the cause of the freemartin condition in cattle. In this species, twinning is about as frequent as in man, however, the majority of twins is of fraternal nature (HANCOCK). For as yet unknown reasons, the placentation of cattle is such that the placental membranes of twin cattle fuse in very early embryonic life, allowing the establishment of large inter-twin anastomoses through which blood is exchanged. The authors just cited proved that, in every instance when such anastomoses had occurred between heterosexual twins, the female had become a sterilized, barren calf, known from ancient times as freemartin (FORBES) or Zwicke. They conjectured that fetal testicular hormones were responsible for this sterilization of the female twin and her partial masculinization. BUYSE found much increased masculinization if two males were connected to one female in triplets, thus supporting the concept of an androgen effect. The recent work by JOST et al., however, indicates that our knowledge of the nature of the testicular secretion is very limited. In their experiments, masculinization of a female calf could be effected through injection of androgens into the pregnant cow at appropriate times, however, the fetal ovary was not changed and did not resemble that of freemartins. The next major contribution was made when OWEN (1945) discovered that such twin cattle remain erythrocyte mosaics (we prefer to call this state chimerism) for the life span of these animals. He assumed that circulating marrow precursors had permanently settled in the twin host, a concept now generally accepted. In other multiple births of cattle, very complex chimerism is produced through these anastomoses which constitute a rich source for genetic (viz. transformation) and immunologic investigation (OWEN 1946; OWEN, DAVIS & MORGAN; RENDEL, GAHNE & MAIJALA). Spontaneous anastomoses with freemartinism have been described in chickens (LUTZ & LUTZ-OSTERTAG), rarely in sheep (STORMONT, WEIR & LANE; YURCHENKO; SLEE; ALEXANDER & WILLIAMS) and possibly often in pigs (LOW), although the latter is a most contradictory account. In the white-tailed deer, in which fraternal twinning is common, fusion of vessels does not occur despite close approximation of placentas and MCLAREN & MICHIE have shown that the experimental fusion of placentas in mice does not lead to chimerism. The reason for these differences in species is not understood, save to say that mere proximity of implanting blastocysts is insufficient to cause vascular fusion (see SLEE but also WILLIAMS, GORDON & EDWARDS). This principle applies to human placentas in which, as has been pointed out, the intimate fusion of quadruplet placentas did not lead to chimerism.

That cattle freemartins indeed are genetically females was shown by sex chromatin studies (MOORE, GRAHAM & BARR) and chromosome analysis (OHNO et al.). Based on earlier findings, extensive work with transplantation of skin clarified the immunologic relationship between cattle twins (ANDERSON, BILLINGHAM, LAMPKIN & MEDAWAR; BILLINGHAM & LAMPKIN). It emerged that some time in development (*in utero* for cattle and man) immunologic competence (*i. e.* recognition of "self" from "nonself") is achieved. If, as in cattle and the six human chimeras, foreign (twin) cells were present, they were regarded as self from then on, and if these cells were capable of reproduction as the nucleated cells of fetal blood would be, then permanent chimerism was produced. This chimerism also allows for the indiscriminate exchange of tissue grafts subsequently among these genetically otherwise distinct individuals. They are "tolerant" one to another. Long-term studies have not been performed as yet to identify whether such chimeras remain intermixed with the same proportion of erythrocytes or whether the original strain will ultimately dominate; however, as the first human chimera described exhibits, extensive chimerism may persist to adulthood and some 90% of dizygous twins in cattle are chimeras (DATTA & STONE; WILLIAMS, GORDON & EDWARDS) and apparently remain so. An apparent change in the percentage of admixed cells over the years and following two pregnancies in favor of her own cells has been reported for the first observed human blood chimera by DUNSFORD & STACEY.

Here then are genetically diverse individuals who, because of the chimerism initiated through placental anastomoses, have become tolerant one to another. We assume an identical genetic background in monochorionic human twins and test grafts (BROWN; PATTERSON and others, review by ANDERSON & BENIRSCHKE, 1962) have shown that reciprocal exchange of grafts is tolerated in identical twins in man. Such tolerance in monozygous twins might be expected since presumably these twins share antigenic structure as inbred strains of mice would. It must be borne in mind, however, that approximately 70% of human identical twins share blood vessels in the placenta. These twins would be expected to be tolerant on this basis alone, even if they were slightly divergent in antigenic structure. To test the assumption of genetic identity of monozygous twins it is desirable that dichorial identical twins be exchange-grafted. Such may have been done once inadvertently; however, these twins were interpreted to be fraternal because they lacked complete graft tolerance, although their complete concordance of 25 blood groups favors monozygosity (MERRILL *et al.*). A similar case has been described by ZVAIFLER. Hoping to learn more about this discrepancy, ANDERSON & BENIRSCHKE (1962) have exchanged grafts among armadillo quadruplets. In these animals, vessels do not communicate in the placenta (NEWMAN, 1917; ANDERSON & BENIRSCHKE, 1963) and thus tolerance on this basis can be ruled out. Surprisingly, delayed rejection of skin was found in the surely monozygous litters. The reason for this phenomenon is not understood as yet but it would seem to be of future importance in human tissue transplantation. For a recent review of the results of tissue transplantation in human twins and triplets see ROGERS who also presents his data.

Other cells probably migrate through the anastomoses as well. Thus, DATTA & STONE suggest that transferrin protein chimerism exists in a small proportion of chimeric cattle twins, indicating perhaps that some liver elements (?RES) circulate in embryos. FORD finds lymph node, spleen and thymus chimerism in marmoset monkey twins. OHNO *et al.* suggested that primordial germ cells may also be exchanged by this vascular route. These investigators studied newborn heterosexual twins in cattle and find no evidence of chimerism in the barren ovaries of the freemartin, probably because of their atrophic state. However, in the testes of their co-twins, typical XX-mitoses were identified. We have extended this study to marmoset monkeys who always have fraternal twins and find that some males, who were marrow chimeras, have some meioses without an XY bivalent (BENIRSCHKE & BROWNHILL, 1964). These are interpreted to be female germ cells from the co-twin. The consequences of this exchange have been discussed by these authors. They include deviation of sex ratios, identification of possible parent cell of extragenital teratomas, etc., considerations which are beyond the scope of this review.

It has been noted by several observers that a striking discrepancy exists between the development of heterosexual chimeras in ruminants *vs.* those in man. In the chimeric human female there is no evidence of an adverse effect by the male androgens to which she was presumably exposed *in utero*. Indeed, several of these women have had repeated pregnancies, in contrast to the sterility of freemartin cattle. Before the discovery of human chimeras, WISLOCKI had already pointed out that a similar discrepancy exists in marmoset monkeys. These animals have fraternal twins regularly and, in very early embryonic life, vascular anastomoses are created through intimate chorionic fusion (WISLOCKI), resulting in blood chimerism (BENIRSCHKE & BROWNHILL, 1962). Nevertheless, the females are normally developed, even if they are co-twins of males. RYAN, BENIRSCHKE & SMITH suggest that handling of androgens may differ in these species. The placenta of man and marmoset possesses considerable enzymatic activity whose function it is to aromatize androgens to estrogens, a faculty not possessed by the cattle placenta. It is now evident that much of the placental estrogens in man derives from fetal androgen precursors. This pathway is presumably not operative in cattle. Consequently, fetal blood androgen levels may be higher and effect the masculinization. Whether or not this explanation or that offered by JOST, CHODKIEWICZ & MAULÉON will eventually be the correct one, awaits much further work.

D. Absence of one umbilical artery in twins.

It has been mentioned previously that in the umbilical cords of acardiac fetuses one of the two umbilical arteries is frequently missing. The other, more normal twin may be similarly affected (FUJIKURA & WELLINGS), although in this case (Fig. 110) severe anomalies were found in the second twin as well. The drawings of SCHATZ portray many instances of this condition in acardiacs and it has also been depicted in HYRTL's atlas. It was described in both cords of a monochorial placenta with a fetus papyraceus by SZENDI (1938 B). Both fetuses were apparently well-formed.

In single pregnancies, one umbilical artery is found to be absent in approximately 1% (see chapter on umbilical cord) and the incidence of associated and varied malformations of the corresponding fetus is appreciably above that for infants with 2 arteries. Disregarding twin pregnancies with acardiac fetuses, we have reported a frequency of 7% of the absence of one umbilical artery in a prospectively collected series of 100 consecutive twin pregnancies (BENIRSCHKE & BOURNE). In this small series, 3.5% of all babies then had only one umbilical artery and it appeared that the generally unfavorable prognostic implication which attends the finding of this anomaly in singletons, was not shared by these twins. However, in a survey of all 113 cases of absence of one umbilical artery which we had encountered over several years, we found later that 14% of these (16 infants) were twins and, of these only five were alive and well (BOURNE & BENIRSCHKE). Since these publications, we have collected 250 consecutive twin pregnancies past twenty weeks gestation whose outcome is known and whose placentas were examined personally. Of these 500 fetuses, there were 18 who lacked one umbilical artery (3.6%) and in one it was extremely hypoplastic. This occurred in the following placentations (Table IV):

TABLE IV

ABSENCE OF ONE UMBILICAL ARTERY IN 250 TWINS

Type of Placentation	Sexes	Number One Umbilical Artery	Placenta Findings	Outcome
Diamnionic,	M M	1	—	Normal
	F F	Hypoplasia in 1	Thrombosis in cord	Both died, hyaline membrane disease.
Monochorionic	F F	1	—	One died, hydroureter.
	M M	1	Velamentous cord in affected	Affected died, left artery abs., otherwise normal.
	M M	1	Short cord	Affected died with many anomalies; other died, no anomalies.
	M M	1	—	Normal
	M M	2	Both velamentous short cords	Normal; one a macerated stillborn without other anomalies.
Diamnionic,	M F	1 F	—	Macerated F
Dichorionic,	F F	1	Velamentous cord	Both died, many anomalies.
fused	M F	1	—	Both, died, no anomalies.
	M F	1	—	Normal
	M F	1 M	Chorangioma	Normal
	M F	1 F	Succenturiate lobe	Normal
Diamnionic	M M	1 M	—	Abnormality of face.
Dichorionic	M F	1	—	Normal
Separate	F F	1	Small cord	Normal
	F F	1	Circummarginate placenta	Normal
	M F	1 F	—	Affected anencephalic, rt. absent; other twin is normal.

The cause of this anomaly is unknown and the controversy as to whether it reflects aplasia or atrophy is fully discussed in the chapter on the pathology of the umbilical cord. The marked increase in frequency of this anomaly in twins warrants explanation. One could argue that its frequency may be the result of abnormalities occurring during the process of monozygous twinning. However, the distribution of sexes and types of placentation in the preceding table do not agree with such an assumption. It is our interpretation that the phenomenon is intimately linked with the etiology of velamentous insertion of the cord. LITTLE had previously indicated a statistical relationship between these two pathologic events; it is borne out in the preceding table and also in the numerous case reports issued on the subject in recent years. We have discussed this relationship in detail recently (BENIRSCHKE, SULLIVAN & MARIN-PADILLA, 1965) and find as the most likely explanation the atrophy of a previously existing artery during the period of placental expansion. The trophotropism, leading to abnormal insertion of cords and atrophy of large areas of chorion frondosum (see chapter II) must also be held responsible for atrophy of one artery in some, if not all instances. Whether this atrophy can only occur in such placentas in which the usually existing anastomosis between the two arteries (at the site of insertion of the cord, see BACSICH & SMOUT) is lacking, awaits further study.

THOMAS (1961), who also finds histologic evidence for atrophied vessels, found 3 cases in 75 twins. One was a diamnionic monochorionic placenta in which the velamentous cord lacked one vessel. The others were dichorionic, one a set of heterosexual twins in whom the heavier girl lacked the vessel; the others were male with the fetus papyraceous having the deficiency. FASOLIS & OKELY describe normal female twins, both of whom lack the right umbilical artery.

E. Velamentous insertion of umbilical cord in twins.

It is considered normal that the umbilical cord insert somewhere over the chorion frondosum, more or less close to its center. In approximately 1% of all deliveries, however, a velamentous insertion of the cord is found, *i. e.* the cord takes its formal origin from the chorion laeve, some distance from the edge of the placenta. The umbilical vessels course from this point toward the main placental tissue within the chorion, unprotected by the connective tissue and the gelatinous material of the cord. Hence, the vessels are readily injured. If in such cases the free vessels happen to traverse over the internal os of the uterus, we speak of vasa previa. This anomalous position endangers the fetal life if, during spontaneous or artificial rupture of the membranes during delivery, one or more of these vessels is torn. The fetus may exsanguinate within minutes from these large blood vessels.

In examining twin placentas and reviewing pictures of published series of twin placentas (e. g. SCHATZ, HYRTL) one is struck by the extraordinary frequency with which marginal or velamentous insertion of one or both umbilical cords occurs. This is even more pronounced in triplets or higher orders of multiple pregnancy. In fact, KOBAK & COHEN quote De Lee as stating that velamentous cords are "routinely seen in triplets". While this is not the case, as numerous cases attest (e. *g.* Figs. 125, 127), in multiple births of any type the occurrence of velamentous insertion of the cord is much increased. EASTMAN & HELLMAN quote a nine times greater frequency in twins (5% *vs.* 0.57%) while in our series of 250 consecutive twin births (500 infants) the condition was found in 35 cases (7%), most commonly in monochorial twin placentas, as the table indicates (Fig. 133).

Velamentous insertion of the cord with vasa previa was not restricted to these cases alone either; one case with the (2) vasa previa coursing over the dividing membranes in a fused dichorial placenta is shown in Figure 117 and minor degress of a similar vascular pattern were seen in others.

WHITEHOUSE & KOHLER have recently collected the published cases of fetal death due to rupture of velamentous vessels in twins and add 2 cases. All six instances occurred in monochorial twins and these authors draw attention to the possibility of determining prenatally the nature and origin of bleeding by the discrimination of fetal from maternal hemoglobin. They also mention the possibility of exsanguination of both infants through placental anastomoses. The older literature on the latter problem has been collected by WENNER (1947). In the case whose placenta is shown in Figure, 134 the second-born fetus died during delivery due to exsanguination from ruptured velamentous vessels. This was a dichorionic fused twin placenta with like-sexed twins in whom the zygosity could not be established. The case is unusual in that the first infant was the survivor. The villous tissue of only that half of the placenta, belonging to the dead twin, was extremely pale, again confirming a lack of anastomoses, despite intimate fusion. The photograph also shows that several vessels had ruptured at the same time.

The increased frequency with which velamentous insertion of the cord occurs in twin placentas demands an explanation which agrees both with the notions concerning the etiology of this anomaly as well as the processes associated with twin placentation. The controversial views of the genesis of velamentous insertion

Type of Twin Placenta	Number of Twin Sets	Number of Infants	Insertion of Cord					Total Twin Placentation	% of Infants with Velamentous Cord	% of Infants with Marginal Cord	% of Infants with V or M Cord
			V_1	V_2	M_1	M_2	Other				
Mo Mo	1	2	—	—	1	—	1	3 (1,2%)	—	16,6	16,6
Di Mo	15	30	15	2	2	—	11	74	11,4	19,5	31,0
	25	50	—	—	25	2	23	(29,6%)			
Di Di fused	10	20	10	2	2	—	6	85	7,0	10,0	17,0
	15	30	—	—	15	0	15	(34%)			
Di Di separate	6	12	6	—	—	—	6	88	3,4	6,2	9,6
	10	20	—	—	10	1	9	(35,2%)			

Fig. 133. The number of twin sets with one or both twins having a velamentous or marginal insertion of cords is indicated at left according to type of placenta. V_1, V_2, M_1, M_2 and other refer to total number of cord insertions of all twins (twice as many as twin sets). Percentages at right indicate that closer approximation of placentas favors abnormal cord insertion. Despite the small sample of monoamnionic twins, the analogy does not appear to hold for this category.

of the cord are discussed in detail by GROSSER (pp. 207, 396). POTTER (1960) concludes that it is the primary lack of proximity of the embryonic cell mass to the future chorion frondosum in the early implanted ovum which is responsible for the insertion of the vessels on the chorion laeve. Indeed, the case of MEYER (1923) in dichorial twins in which one cord arose nearly opposite the placenta on the convexity of the chorion laeve, is difficult to explain differently and he interprets it to support this concept. GROSSER also feels that this case proves the fact that, in velamentous insertion, the body stalk must have had a "capsular insertion". This is difficult to reconcile with the increased frequency of this condition in twins, particularly that found in monochorial twins. It is possible of course to envision that in the latter the newly developed two embryonic disks move further and further apart, as is true for armadillo development. However, in the armadillo, velamentous cords are not found and this explanation could not support the more frequent association found also in dichorial multiple births (see Fig. 133). We see here some support for Strassmann's (quoted by GROSSER) concept of "trophotropism". This assumes a lateral growth of the villous tissue, for reasons of better nourishment perhaps, with the cord remaining stationary. This would also explain better the so called interposition of the cord (OTTOW, 1922) in which the vessels remain supported by cord substance although they are placed already within the chorion laeve. Further, we believe the extremely common finding of partial circummargination of twin placentas favors such secondary villous expansion beyond the original margin of the placenta. The case shown in Figs. 118, 119 is representative of this condition. This probable competition for space in multiple births is readily appreciated if one envisions several blastocysts implanting side by side. One would thus expect the greatest frequency of velamentous vessels to occur in the most closely approximated placentas (monochorial), next most commonly in the fused dichorial and least often in separate dichorial twins if this mechanism held. The distribution of frequency in the table support this idea well but clearly, observations on early stages are necessary to settle this point conclusively. So far, no early embryos have been

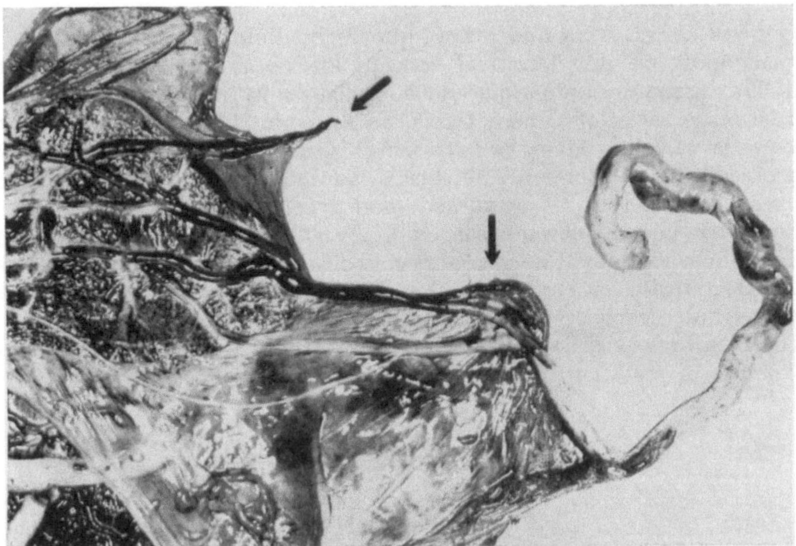

Fig. 134. Velamentous insertion of umbilical cord of second twin who was stillborn from acute exsanguination. Large torn vein can be seen et edge of membranes (arrows), several others are found at left upper edge of photograph. Fused diamnionic dichorionic placenta.

described of which one could expect a velamentous cord to develop and most prematurely delivered placentas have a nearly central insertion of the cord. These considerations apply equally to placentas with a marginal insertion of the cord, the battledore placenta. In many of the placentas of multiple births here shown, these anomalies are evident. For full discussion see BENIRSCHKE, 1965.

F. Placentation in Relation to Zygosity of Twins

Certain deductions can be made regarding the genetic relationship of twins from the study of the placenta. Unfortunately, much misinformation is found in textbooks, yet accurate knowledge is of considerable future importance in this area. It can now be stated unequivocally that *not* all monozygous (single-ovum-derived) twins must also have a monochorial placenta. It is not even necessary for the placenta of monozygous twins to be fused and it is in this respect, and that of vascular fusion, that man differs most appreciably in his placentation of twins from that of other species. This is also the area of greatest confusion and the notions of older investigators (*e. g.* SCHATZ) that dichorial or separated placentas are indicative of a fraternal relationship between the twins is still taken over in many texts of obstetrics.

The historical events leading to a clarification of the facts have been summarized by PRICE and also by CORNER, who discusses the subject primarily from an embryologist's point of view. The first sound paper on the topic is that of CURTIUS who studied phenotypic similarity of a series of twins whose placentas had been analyzed by KIFFNER. He finds to his surprise that, of six certainly monozygous twins, only three had a monochorial placenta, the others being dichorial, even separated dichorial in two instances. His study is carefully documented and, while none of the modern tools of genetics were available to him, the likeness of these twins is so great as to be convincing.

Larger studies (LASSEN and others quoted by PRICE and CORNER) are often based principally on the statistical concept known as WEINBERG's differential method. This assumes random distribution of sexes in fraternal twins and, when applied to large series of human twins, an excess of like-sexed twins is found. This excess is variously given as between 20% and 40% and it differs with the method of collection (abortions, newborns, adults) and with racial background. This excess is the group of presumed monozygous twins. If these figures are correlated with known placentation, it is found that fewer monochorial twins exist than those expected to be monozygous from this calculation. Based on this then, the assumption is made that this discrepancy can be explained only by monozygous but dichorial twins; in our material, this number is approximately 30%. The membrane relationship of 250 consecutive twin pregnancies, delivered after 20 weeks of gestation is given in the table shown in Fig. 135.

PLACENTATION OF 250 TWINS

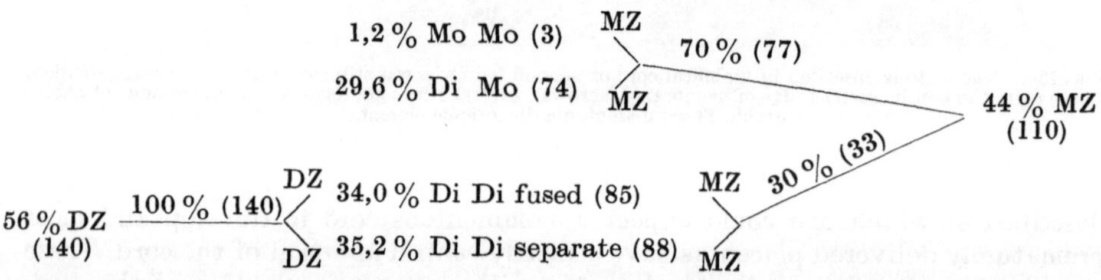

Fig. 135. In 250 consecutive sets of twins delivered past 20 weeks of gestation, the placentas had a structure as shown in the center column. From this knowledge and sex distribution of the set, the expected dizygous twin frequency (DZ) is 56% (left), 140 pairs. The expected monozygous twin frequency (MZ) is 44% (right), 110 pairs. The lines indicate the distribution of placental types according to zygosity.

To test the assumptions of this table further, we have recalled recently some dichorial like-sexed twins for intensive likeness studies. One representative such case is the following:

Pair 79: Born 1959; Diamnionic dichorionic separated placenta. Mother thinks twins are identical. 1963 twin boys look alike in all phenotypic expressions (hair, eye, ears, finger prints, foot prints) but have differing temperaments. Blood grouping was performed by Dr. B. CHOWN, Winnipeg, Canada and the results are shown in Fig. 136.

From these blood group studies alone, the probability is that the twins are: monozygous (.9948), dizygous (.0052). If one adds to this the fact they are like-sexed, both blond and blue-eyed as well as having striking similarity in development, finger and foot prints, then there is little doubt but that these twins with separate dichorial placentas indeed derived from a single zygote. We have now collected data of this nature on a number of similar circumstances which prove beyond doubt that like-sexed twins with dichorial placental membrane relationship are frequently of monozygous background (see also NEEL & SCHULL).

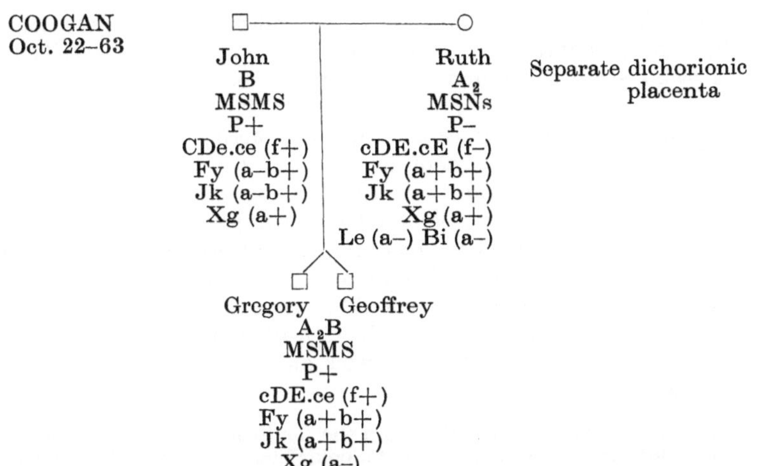

Fig. 136. Blood grouping of family with presumed monozygous twins having a separate dichorial placenta. Complete concordance of blood groups in twins and dissimilarities from parental group allows statistical approximation of probability. (P = 0.0052) (Courtesy Dr. B. CHOWN).

POTTER (1963) has published the largest and in this respect the most convincing series. In 548 twin pregnancies from her hospital, the placental membrane relationship and sex were recorded in 293 pairs and the zygosity was determined by WEINBERG's method and compared with the placenta, sex and the following blood groups: AB, CDEce, MN. From this study comes confirmation that monochorial twins are always like-sexed and monozygous when blood grouped. Of the 293 pairs, 22.8% (67) were monochorial, like-sexed and had an identical blood type. 101 pairs had fused dichorionic placentas, 35 being of different sex; of the 66 like-sexed twins, 28 had identical blood groups. 125 pairs had a separated dichorionic placenta, 54 of which were of different sex, and 30 pairs of the like-sexed had identical blood groups. From these figures the author concludes that WEINBERG's rule is supported, and that one is able to assign by these means the zygosity at birth in 80% of all twins: Because of different sex in 30.2%; because of monochorionic placenta in 22.8% and because of like sex but different minimal blood grouping in 27%. The remaining 20% then were like-sexed, dichorionic and had identical blood groups. This is also approximately the same number expected to be monozygous and dichorial as calculated with WEINBERG's differential method. It is felt, however, that additional blood grouping and likeness studies of other types would be necessary to establish the zygosity of these infants with certainty. It must be borne in mind that these percentages are not universally applicable because of differences of the rates of twinning (with variable dizygous frequencies, see STRANDSKOV & EDELEN; BULMER; NEEL & SCHULL) in different races. The validity of this concept, however, is undoubtedly correct.

It is now important to consider the possible exceptions to this rule because they continue to be cited in support of contentions that above findings are fallacious. v. VERSCHUER (1925) has published a case of apparently dizygous twins (dissimilar phenotypes) with monochorial placenta. This case should be dismissed from further consideration because no evidence for the monochorionic placental form is provided, it rests on hear-say only. GULDBERG's alleged heterosexual monochorial twins have already been referred to and ruled out. The twins both had ovaries but one was externally malformed. WENNER (1956) described 14 of 100 like-sexed twins studied, judged to be dizygous but having a monochorial placenta. In the absence of further supportive evidence (no tabulation of reasons for diagnosis of dizygosity and apparently not personally examined placentas), this large number of exceptions cannot be accepted since it is contrary to all other studies previously cited and the extensive experience of WALKER who studied placentas, blood groups, etc. of over 1,300 twin pregnancies. To date then no case of dizygous monochorial twins has been supported by a complete record (see also color plate II by GEDDA) although, as N. F. WALKER has said "we are constantly watching for any exception, should it appear". We can therefore not follow GEDDA & BRENCI who claim to find 16.71% of their twin placentas (3,023 total) to be monochorial and of dizygous twins on the basis of likeness studies and anamnestic data alone.

Dizygous twinning presumably results from the fertilization of two separate ova, although other mechanisms, *e.g.* fertilization of a polar body, etc. have been postulated and a certain body of evidence for this thesis collected. This is reviewed in detail by GEDDA (p. 125) who also cites Lenz as postulating that multiple ovulation occurs more frequently than is assumed from the frequency of dizygous twinning. In general, it is believed that the presence of two corpora lutea is evidence for the dizygous nature of twins. Unfortunately, it is rarely possible, to observe the ovaries in man and careful search has on occasion not yielded a trace of any corpus luteum in twin pregnancy. Thus REID found no trace of a corpus luteum in one remaining ovary in a cesarean section of monozygous triplets, the other ovary having been removed previously. In Figure 141 a set of twins is shown in whom an erroneous zygosity could have been assigned on the basis of ovarian morphology. The male twins were 3.2 cm long, had a diamnionic monochorionic placenta with two yolk sacs and are assumed to be monozygous because of their monochorial placentation. This total hysterectomy was accompanied by an ovary in which two distinct corpora lutea were present and only one of which could be seen on the ovarian surface. It is assumed that one ovum never became fertilized or implantation did not take place. Thus, deductions from the ovarian structure may not be of much help in assigning zygosity of human twins.

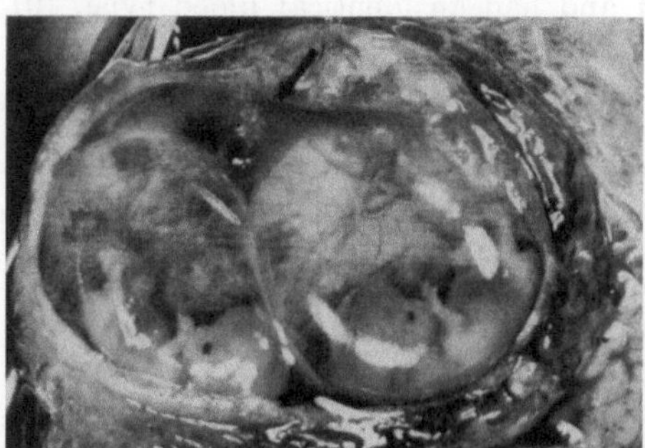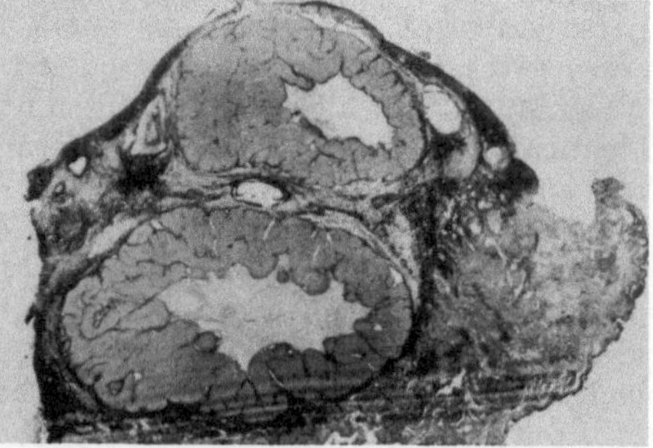

Fig. 137. Hysterectomy specimen with 3.5 cm male embryos in diamnionic monochorionic twin placenta. Beneath juncture of the two amnions, the two yolk sacs can be seen at arrow. At right is the ovary of the same case with two corpora lutea, only one of which could be seen on external inspection.

These examples serve to emphasize the need for careful documentation of all aspects of twin biology lest the much advocated genetic tool, the twin method, fall in disrepute. Such has been claimed of NEEL & SCHULL's discussion of this tool, while these authors have merely attempted to emphasize the need for judicious interpretation of carefully collected twin data (see WAARDENBURG and discussion of his paper). Here, as in so many other studies, the "identity" of monozygous twins is emphasized, reflecting the common genetic background.

1. Discordant Monozygous Twins in Relation to Placental Development.

Excellent evidence has been collected repeatedly which demonstrates an overall greater natal dissimilarity among monozygous twins when they are compared with fraternal twins (v. VERSCHUER, 1927 p. 54; STEINER; PRICE; NAEYE). Moreover, there is found an unexpectedly high "unilateral" anomaly rate in monozygous twins. The many cases of discordant development in monozygous twins have been reviewed by DOUGLAS; METRAKOS, METRAKOS & BAXTER, and in his doctoral thesis, METRAKOS carefully reviews the literature for evidence of concordance of physical characters in monozygous twins. His observations do not agree with WAARDENBURG's later conclusion "discordance for one hereditary trait is already conclusive for the diagnosis of dizygotism". The previous authors are unable to explain these frequent exceptions from the expected concordance of monozygous twins and they advance a variety of hypotheses concerning environmental and genetic factors to explain the findings. KALLMAN said that "discordance between them is not, as is commonly assumed, a measure merely of postnatal or even prenatal development; it may also have a genetic component" and STRUPLER had earlier assumed that the frequency of anomalies in monozygous twins is intimately related to the already pathologic event of the twinning event itself (see also the case of WARKANY, GUEST & COCHRANE). The recent developments in human genetics lend strong support to the idea that wide genetic differences may exist among monozygous twins and undoubtedly many further examples will come to light in the future when the question will be studied with better tools for genetic analysis. The evidence to be cited comes mainly from the chromosomal study of twins and abortuses and pertains to the relationship of membranes in MZ twins. We consider these findings not only most provocative but believe that they are very pertinent to our understanding placental and fetal development.

In the past, the fact that *mongolism* in twins has always been concordant in monozygous twins has been used as an argument against the "environmental etiology" (insult in the late first trimester of pregnancy) of this anomaly. The reported cases have been reviewed critically by MAC GILLIVRAY and two sets of monozygous twins with a karyotypic anomaly have been studied recently with chromosome-, in addition to the other conventional methods. The first set was concordant in being trisomic for chromosome 21 and XXY (48 chromosomes) (HUSTINX *et al.*), the other pair had regular trisomy 21 (MIKKELSEN & MELCHIOR). These authors review other pertinent literature to which, for completeness, a case of mongolism in fraternal twins of opposite sex should be added (NICHOLSON & KEAY). SMITH (1955) was the first author to conclude from the application of WEINBERG's rule to the reported twins with mongolism that some of the discordant twins reported actually were not dizygous, as had been assumed, but that they must be considered monozygous. The test of zygosity is difficult to interpret in some instances and it has not often been carried out vigorously enough in such discordant sets, as is also true of many other twin studies. In a later note then, SMITH (1960) retracted his former conclusion on the basis of additional case reports, the events leading to the recognition of the trisomic state of this condition and because of relevant criticism detailed in his paper. In his newer calculations, the view was advanced that the frequency of concordant trisomic twins agrees with the frequency of monozygous twins.

Since then, several twins have come to light in whom monozygosity must be accepted for various reasons, but in whom discordance of chromosomal number and disease state has been proven. These observations are pertinent to our further discussion on the time of twinning and placental type. The first case concerns a pair of twins, one a normal male (XY), the other phenotypically female and afflicted with Turner's syndrome (XO), in whom extensive studies were performed (TURPIN *et al.*). On first glance, these twins would surely have been interpreted as dizygous because of apparently different sex. When studied in detail, however, these twins were six years old, had tissue chromosomes as indicated and they were concordant in all blood groups tested. From the blood grouping of also their parents and two sisters, a probability of dizygosity of P = 0.0075 was assigned. Subsequently, through additional blood grouping, this could be increased to P = 0.00074 (TURPIN, personal communication, May 1963). Reciprocal skin grafts were accepted by the twins and they retained their karyotypes for at least 77 days (LEJEUNE & TURPIN). Unfortunately, blood chromosome chimerism was not studied and the placental status is unknown. In a similar case, studied by MIKKELSEN, FRØLAND & ELLEBJERG, more details are available. These twin sisters were compared phenotypically at age $3^5/_{12}$ and subsequently one died and was autopsied. The placenta was diamnionic and monochorionic and in both twins, chromosome studies of skin and blood showed an XO/XX mosaicism. Blood groups were identical with a probability of monozygosity P = 0.98. Despite this finding, the phenotype in one twin was much more typical of Turner's syndrome. Such phenotypic variability is not only remarkably frequent in Turner's syndrome in general, but particularly in patients exhibiting any mosaicism (see also LEMLI & SMITH). BIESELE *et al.* report trisomic schizoid twins who were later (SCHMID *et al.*) shown to be monozygous. Their complex chromosome mosaicism presumably accounts for the somewhat different phenotype as well.

In a further set of twins, LEJEUNE *et al.* (1962), the probability of dizygosity on extensive blood grouping was P = 0.00025, yet one twin was a normal male (skin culture 46 XY) and the other a typical mongolian idiot (skin culture 47 X Y, trisomy 21). No doubt of monozygosity exists in these discordant twins and a diamnionic monochorionic twin placenta was found. It is particularly regrettable that blood chimerism was not searched for, as the findings would enhance our knowledge of the timing of the adverse splitting event and its influence on the type of placentation. As it stands now, one must assume as the most likely event that the twinning impetus became effective in this case at a time when the blastocyst wall had delineated as future chorion (46 XY) and misdivision occurred at the 2 or 4 cell inner-cell-mass-stage. This presumably then led to one normal embryo (46 XY) and one 47 XY with trisomy 21 whose other mitotic product (45 XY with monosomy 21) died. *Pari passu*, this means a placenta/fetus chromosome mosaicism for this twin. We have no knowledge of the possibly altered functional capacity of a placenta, trisomic for chromosome 21. However, it is possible that such mosaicism as suggested might present different intrauterine conditions than those of the usual pregnancy leading to mongolism. It would be interesting to know whether blood chimerism existed in these twins. This would not only further corroborate these deductions but also, it may influence the intrauterine development of both the normal and abnormal twin.—FANCONI, discussing another detailed presentation of the same pair of twins (de WOLFF, SCHARER & LEJEUNE) finds another pair of presumably monozygous twins (by blood grouping and likeness studies) but discordant for mongolism in whom the placental status is unknown. He cites v. BEUKERING & VERVOORN as having found a case of discordance for mongolism in diamnionic monochorionic twins. The case is of historic interest as it probably is the first documented example of monozygous twins (because monochorial membrane relationship was found) with discordance of chromosome number. Professor Plate was kind enough to let us study a section of the dividing membranes, proving the monochorionic status. The photograph of the placenta in the original article does not show any further remarkable

details, in particular no anastomoses are recognized. We have seen a set of diamnionic monochorionic twins with anastomoses of whom one died neonatally
with multiple anomalies and the histologic ovarian findings of Turner's syndrome.
Presumably because of the placental anastomoses, XX/XO blood chimerism
(95/5) could still be detected in the normal twin 5 years later (BENIRSCHKE
& SULLIVAN). DENT & EDWARDS describe apparently monozygous twins, one
a boy, the other a girl with the Turner syndrome. Both had a preponderance
of XO cells in skin and leukocyte cultures. The case reported by DAWSON indicates how critical the complete documentation of such aberrant twins is. This
author describes a set of twins, one normal, the other mongol and states: "the
pregnancy was uniovular, with separate amniotic sacs and sex was female in
each". Shortly thereafter, LAWLER could demonstrate a difference in blood groups
of these twins, proving "conclusively that the twins are not identical" and we are
thus once more left with the uncertainty of accurate assessment of placental
membranes.

In other chromosomally abnormal twins, modern studies have shown complete
concordance: *e.g.* in twins with Turner's syndrome (TURNER & ZANARTU; LEMLI &
SMITH); PRIEST *et al.* review the mongol studies and present a case of diamnionic
monochorionic, normal (46 XY) stillborn, definitely monozygous twins born to a mongol mother (47 XX, trisomy 21).

From this brief account it is apparent that the accurate diagnosis of the
zygosity of twins is occasionally very difficult. Not only are intrauterine environmental circumstances such as the transfusion syndrome and the evolution of the
placental vascular pattern cause of significant natal differences in monozygous
twins but also, twins may be genetically widely different through mishaps of
cellular division in early embryonic life. It is apparently easier to furnish proof
for dizygosity than to establish a set of twins as truly monozygous. For these
reasons, we have urged repeatedly that the accurate determination and recording
of the placental development and the membrane relationship of multiple birth
be practiced routinely (DRISCOLL). By this means, some 70% of monozygous
twins may be ascertained through their monochorial placentation. As discussed
previously, no well substantiated case of dizygous twins with such a placenta
has been described in man. The possible exception to this is found in one of the
cases depicted by BAR. The dichorial dividing membranes had disrupted before
birth. Nevertheless, the diagnosis was readily made from the remaining parts of
the former dividing membranes and the case is thus not analogous to marmoset
monkeys and cattle in which true chorionic fusion occurs early in the embryonic
development of fraternal twins.

2. The Frequency of Twin Types.

Considerations of Studies of Abortions.

The determination of zygosity in abortuses of course is greatly handicapped
in that, usually, serologic tests such as blood grouping, haptoglobin studies, etc.
cannot be carried out. Moreover, the phenotypic comparison of twins is usually
limited to the determination of sex and thus placental membrane examination
plays a primary role in assigning zygosity.

When the mortality of twins is related to zygosity it becomes evident that
there is a considerable excess of monozygous twins who suffer perinatal death.
This is even more striking when survival is related to type of placentation.

Unfortunately, such data are not available for aborted specimens since in most pregnancies terminating before 20 weeks the fetus is not recognized and the placentas are often fragmented surgically. AREY (1922) argued that chorionic fusion, resulting in a monochorial twin placenta, must occur in dizygous twins because of the excessive frequency of monochorial twins in tubal pregnancies. He finds monochorial twins 15 times more commonly in such specimens than could be expected. He culled 40 tubal twin pregnancies, 31 of which were monochorial, but he added cautiously that ultimate proof of chorionic fusion must come from heterosexual monochorial twins, as yet unobserved; and in his subsequent two contributions (1923), in which all documented cases are abstracted, he takes the position that monochorial twins are monozygous until proven otherwise. He finds that tubal twin pregnancies, as well as singleton ectopics, occur chiefly in older multiparae (31 yrs. *vs.* 26.5 yrs.). Most common were tubo-uterine abortions, less frequent unilateral tubal twins and least common of all were bilateral tubal twin pregnancies. AREY assumes adverse events (tubal inflammation) to be responsible for ectopic pregnancy and possibly for the twinning process, in line with ideas expressed by STOCKARD. 80% of monochorial twin tubal pregnancies had ruptured, against only 58% of single tubal pregnancies, and rupture occurred least often when an embryo was absent from the specimen. Quintuplets were observed once, as was a thoracopagus and triplets three times. AREY (1923 A) added a monoamnionic case with 12 mm embryos and single yolk sac and a diamnionic monochorionic set (12 mm) with also only a single yolk sac. Because of the absence of one yolk sac in the latter case, AREY assumes early and unequal separation of embryos, one twin receiving no yolk sac, stalk or vessels, which he regards as unnecessary vestiges. The common yolk sac was held to be the most important criterion for monozygosity by HAMLETT & WISLOCKI who wanted to do away with designations such as monochorial because of the frequent fusion (in animals). However, two yolk sacs are seen in a number of monozygous twins if careful search is made (*viz.* Fig. 137) and the suggestions made in their contribution can no longer be accepted. FILL & ROSS bring the literature of tubal twin pregnancies up to 1957 and find a consistent prevalence of monochorial twins and GREEN & WEST collect the occasional ovarian twin ectopic pregnancy, adding a monochorial case.

The frequency of twinning in material from spontaneous abortions is not well substantiated because of the frequent mechanical disruption of the conceptus. JAVERT quotes authors with frequencies ranging from 6 to 20%, while in his own study of 2,000 abortuses only 24 cases (1.2%) were found. In our own material, this incidence was even lower. Among 1,870 abortions, studied during the same interval as 250 viable twin pregnancies were collected, we observed only seven twin abortions (terminating before 20 weeks), a frequency of 0.3%. It is striking, however, that only one was dichorial and heterosexual, an abortion occurring because of premature cervical dilatation and intrauterine infection with the twins born a week apart. (See ALLAHBADIA for a consideration of this combination of circumstances.) There were four diamnionic monochorionic (Fig. 139) and two monoamnionic twins. One of the latter showed the classical entangling of cords (Fig. 138) which QUIGLEY held responsible for the abortion of 24 of 109 monoamnionic twins. The cause of our other monoamnionic abortus clearly could not be attributed to these factors. This specimen is of interest, however, because of its partially duplicated yolk sac (Fig. 140). Since then we have seen one ruptured tubal triplet pregnancy (monochorial) with 10 cm fetuses. GUTTMACHER (1937) finds 1 twin abortion among 37.1 abortions, as compared to 1 in 86.5 viable births but unfortunately no breakdown of the membrane relationship is presented.

There is then some evidence for an even greater loss of monozygous (*vs.* dizygous) twins in the early embryonic period than that cited for viable twins. From the frequent occurrence of triploid-XXY abortuses uncovered in the recent chromosome studies (CARR 2 cases, one twin with triploidy XXY, the other with trisomy D *lit.*, SZULMAN 4 cases) and the frequency of mosaicism in chromosomally determined disorders, particularly sex chromosomal anomalies, further complicated and "exceptional" twin abortuses can be expected.

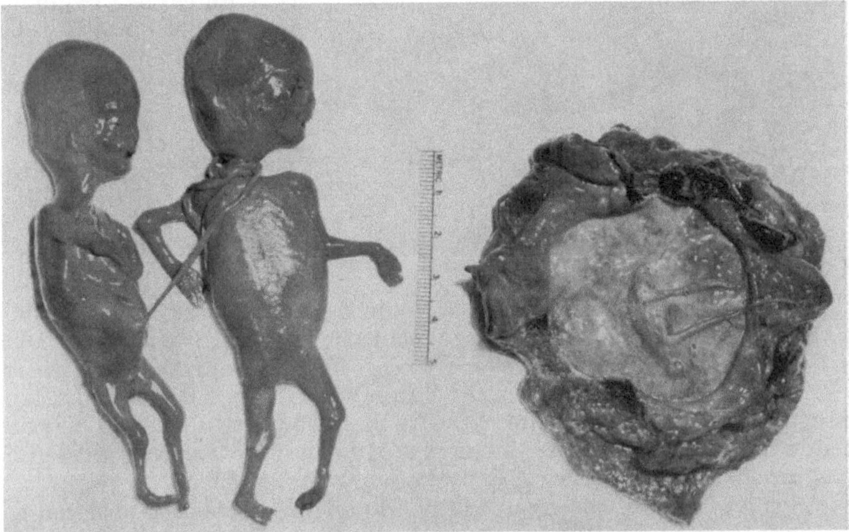

Fig. 138. Monoamnionic twin abortion with macerated fetuses. Death was presumably due to entangling of cords.

As we see it, present evidence suggests the following correlations. Fraternal twinning is more frequent at higher maternal ages (DAHLBERG) as are chromosomal anomalies in the offspring. The relatively frequent concurrence of the two events may thus be expected, although much more data will have to accumulate. Thus, a relationship has been suggested to exist between the Klinefelter syndrome and twinning (HOEFNAGEL & BENIRSCHKE), for multiple chromosome anomalies in mongolism and fraternal twinning (KIOSSOGLOU *et al.*) and possibly for the Turner syndrome (LINDSTEN). It is also possible that a familial tendency to dizygous twinning and

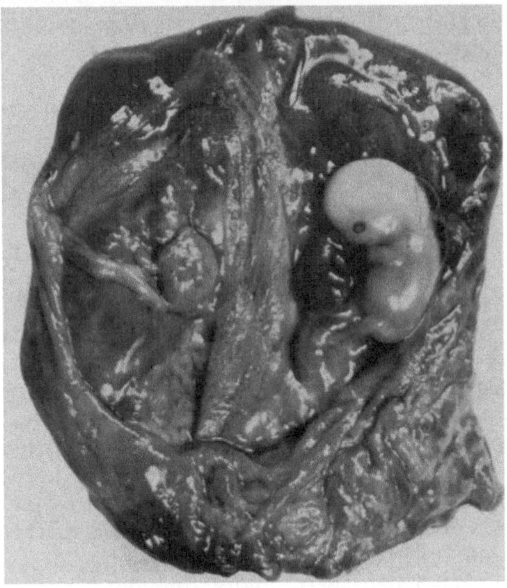

Fig. 139. Diamnionic monochorionic twin abortus with much earlier death of embryo at left center (? macerated acardius) and degenerating dividing membranes. Subchorionic tuberous hematomas.

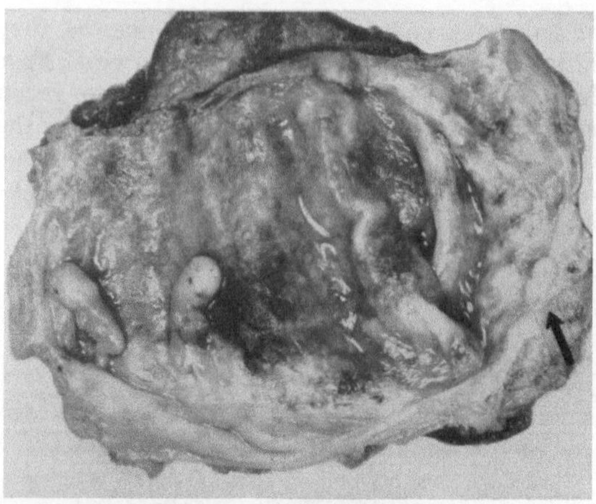

Fig. 140. Monoamnionic twin abortus with normal embryos; partially duplicated (bean-shaped) yolk sac at arrow.

chromosomal anomalies exists concurrently, particularly in the families with the Turner syndrome. — So far as monozygous twinning is concerned, it has been postulated that a noxious environmental insult constitutes the "twinning impetus". Such may also be the case for chromosomal anomalies, and in recent years, investigators (EDWARDS; LEJEUNE) have favored the view that postzygotic nondisjunction, rather than meiotic disturbances account for these anomalies. The frequency of mosaicism, triploidy and experimental data on overripe frog eggs (WITSCHI & LAGUENS) are cited in support of this view. Such insults may eventually explain the exc essive frequency of monozygous (MZ) over dizygous (DZ) twin abortions. It now develops that many abortuses have bizarre chromosome abnormalities (CARR; CLENDENIN & BENIRSCHKE, see also PARSON's important paper). Alternatively, in a critical discussion of KINDRED's paper on the fetus papyraceus, McLAREN & MICHIE suggest on statistical grounds that synchorial (MZ) twinning may lead much more frequently to abortion than DZ twinning because of the greater risk of double representation of lethal genes, if such were present. It seems to us, however, that such an analysis is an oversimplification of the multiple factors which enter into the development of human twins which include vagaries of vascular communications, intrauterine location and expansion of the placentas and many more factors which cannot be assessed from the presently available data.

It is thus uncertain what factors account for the unquestionable higher abortion rate of monochorial as against dichorial twins. Careful morphologic and chromosome studies in this area will be of great interest.

3. Perinatal Mortality of Twins in Relation to Type of Placentation.

Numerous studies have shown that the perinatal mortality of twins is much increased when compared with single pregnancies. It is uniformly agreed that the principal hazard is the much more frequent premature termination of the twin pregnancy. Indeed, for a given weight group, there is little difference in the survival of single births as against a twin infant except when the weight of the infant increases above 3,000 g. At higher weights the twin is at a decided disadvantage (National Office Vital Statistics). Investigators have sought the reasons for the frequent prematurity in many different physiologic mechanisms. It has been suggested by J. K. RUSSELL that lowered socio-economic status of the mother adversely influences birth weight, while ANDERSON finds tall well nourished mothers to have larger babies than small women. MORRIS, OSBORN & WRIGHT measure the effective circulation in the uterine wall of late pregnancy with labeled sodium chloride and find a considerably decreased clearance half-time in twin pregnancy (6.6 minutes) as against normal singleton pregnancies (4.1 minutes), a finding which merits future study with respect to outcome.

It is generally agreed that more monozygous twins are lost due to premature onset of labor than is true of fraternal twins, at least like-sexed twins are adversely affected (see SPURWAY, among others). When the type of placentation is taken into account in an appraisal of the reasons for the differential rate of premature delivery and perinatal death rate, interesting figures are obtained (Fig. 141). In

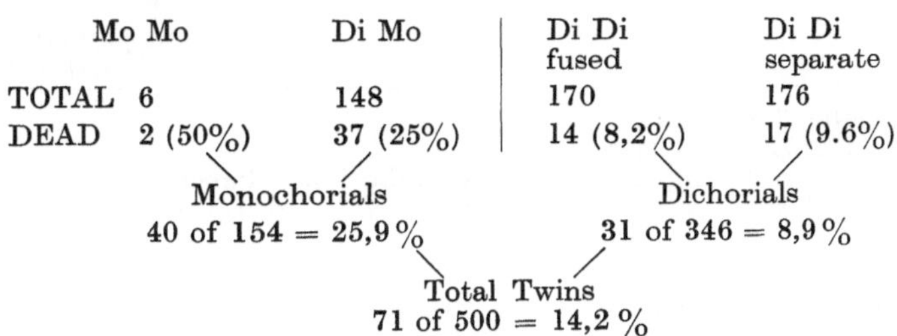

Fig. 141. Analysis of perinatal mortality of 500 consecutive twins (250 sets) past 20 weeks gestation in relation to type of placentation.

our 250 consecutive twin births, we had an overall mortality of 14.2% which compares with that of SPURWAY (12.2%) SPARLING (14%), ROBERTSON (14%), etc. but it is considerably higher than for instance the 10.8% given by KLEIN, all recent reviews from different geographic areas. Monochorial twins suffered a loss of 25.9%, while 8.9% of dichorials died in our study. A detailed examination of these deaths shows that, aside from cord entangling in monoamnionic twins, the transfusion syndrome must be held responsible for the major portion of premature terminations in the monochorial group. Similar findings have been suggested by VERMELIN & RIBON. It is difficult to understand exactly why the monochorial twins with the transfusion syndrome are born so much more frequently prematurely. The most likely cause is the development of hydramnios which, unfortunately is often difficult to assess clinically. In a retrospective analysis of our twin data, taking into account only the verified hydramnios, this assumption is borne out, as the following Table V indicates.

Similar conclusions were drawn by STEVENSON, and these prenatal, placental causes of different development of MZ twins have long been correlated with the greater dissimilarities of MZ vs. DZ twins (DAHLBERG; v. VERSCHUER 1927 lit.). BABSON et al. follow up such twins to older ages and find a lasting difference in later development. This is also in agreement with the findings of BERG & KIRMAN who state in their retrospective study "defective twins of the same sex as the other member of the pair had a lower mean birth weight and higher incidence of prematurity (2,484 g or less at birth) than defective twins of opposite sex to the other member." Correct identification and recording of placental findings thus becomes of considerable importance in future long-range studies (BABSON et al.).

TABLE V

Verified Hydramnios complicating pregnancy in 250 Twin Pregnancies

	Total pairs hydramnios	No. of infants	Both A & W No. of infants	One infant dead	Both infants dead
Diamnionic dichorionic separate	7	14	10	1[a]	2
Diamnionic dichorionic fused	8	16	10	2[b]	2[c]
Diamnionic monochorionic	13	26	8	4[d]	10[d]
Monoamnionic monochorionic	1	2		1	
Total infants		58	28	8	14
					22 perinatal deaths with hydramnios

a Anencephalic. 3 diabetics.
b Malformed 1; Erythroblastosis 1.
c Exsanguination during amniocentesis (diabetic). 3 diabetics.
d 1 congenital heart disease, all transfusion syndromes. 1 diabetic.

Many studies show preferential mortality of the second-born twin (WADDELL & HUNTER; AARON et al., GRAVES et al., KLEIN; SPARLING) and various obstetric explanations have been considered by authors who find a higher mortality of the second infant (MACDONALD, KURTZ et al., LITTLE & FRIEDMAN; SPURWAY; BACH & KIFFE; ROBERTSON, and others). All agree that prematurity is the single most important antecedent event in the mortality of twins. In our own study, there is no appreciable difference between first- and second-born, provided that those sets are removed from the analysis in which one twin is a macerated stillborn, which is usually delivered last. This provision does not often seem to have been made by the obstetric authors who consider this problem. The mortality of twins during their first year of life has been studied by FIUMARA who also reviews prenatal and natal mortality.

4. Evolution of Various Types of Monozygous Twin Placentas.

From the foregoing it is apparent that monozygous twins may be endowed with a wide variety of placental types. From the monoamnionic monochorionic placenta we find a continuous spectrum to the diamnionic dichorionic organ. The principal types are shown diagrammatically in Figure 142 but it must be appreciated that intermediate types exist such as the monoamnionic organ with plica (Fig. 87), the conjoined monsters with separate masses (SCHWALBE) and various yolk sac structures which are not included in this diagram. Moreover, wide differences exist in the monochorial organs with respect to vascular anastomoses.

In reviewing our own material and various reports of the literature (e.g. SZENDI 1938; STEINER; POTTER 1964) it is striking that the proportion of monoamnionic to diamnionic, and that of all monochorials to all dichorials is relatively constant when only monozygous twins are considered. This constant relationship warrants an explanation which is consistent with embryological data as well as our notions on the mechanism of monozygous twinning. In search of such an explanation we have formulated the following hypothesis which is based on known facts and previous considerations in the literature (BENIRSCHKE 1965).

Guttmacher (1937) has expressed that monozygous twinning is a phenomenon of chance. It is relatively uniformly distributed throughout the world, being independent of race and other factors which can be analyzed at present (see Erikson; Guttmacher, 1953; Bulmer; Gittelsohn). The reason for this uniform frequency of monozygous pregnancies is not known. Only one animal, the armadillo, has an apparently genetic tendency for uniovular littering but it is unknown whether this late splitting (see Newman 1917; Enders) comes about because of

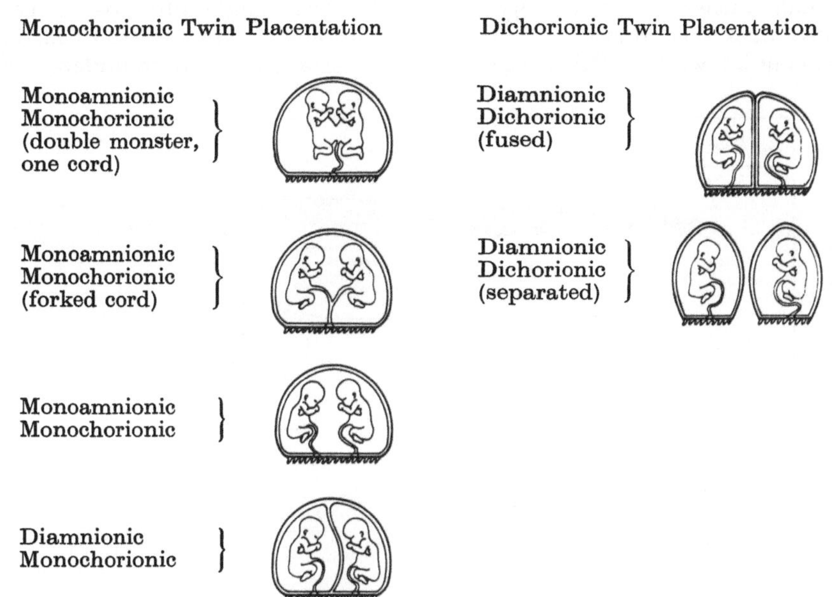

Fig. 142. Diagrammatic representation of the major types of twin placentas found with monozygous twins. Intermediate stages, *e. g.* amnionic plica, various types of vascular shunts and yolk sacs should be considered in addition.

innate properties of the blastocyst or because of a peculiar uterine environment. Stockard (1921 B) considered the latter to be the case because of his ability to produce double individuals in fish by arresting early development temporarily. Similar results were obtained by Witschi in overripe frog eggs. If we then consider that monozygous twinning may result from an environmental insult of some sort, it may also be justified to infer from the uniform distribution of monozygous twins in the world that the insult occurs at random. At various times of early embryonic development such a "twinning impetus" would result in different types of twins and placentas but because it is random these types will be relatively constant. In Figure 143 we have charted the events of early embryonic development as they have been found to take place in the classic studies of Hertig & Rock as summarized by Hertig, Rock & Adams. A random effective twinning impetus would result in types of placentas as indicated at the bottom of this diagram. It emerges that the actual ratio of diamnionic monochorionic (70) to diamnionic dichorionic monozygous twin placentas (30) is very similar to that expected from this table (see also Voûte). Moreover, an amnionic plica might be expected when the impetus occurred at the very movement of amniogenesis and, similarly, a bipartite yolk sac (Fig. 140) would be expected in some monoamnionic twins. There is one major discrepancy, namely far more monoamnionic and conjoined twins would be expected if these assumptions were completely valid. The reason for their absence may be twofold: 1) there is an even greater and unrecognized loss of this group in abortuses or, more likely 2) the twinning impetus needs to be much stronger in later stages of development than earlier, in order to be effective. v. VERSCHUER (1927) cites in this connection: "SCHWALBE ist schon 1907 so weit gegangen, eine vollständige Reihe aufzustellen von den eineiigen Zwillingen, ja sogar von den zweieiigen Zwillingen an bis zur Mißgeburt", a contention which we can readily follow. CORNER also emphasizes the need to consider the process a continuum rather than to classify twin placentation rigidly into separate groups. He also urges that many more embryologic specimens are needed to fill in the gaps in our knowledge. This is particularly important if we are to understand the

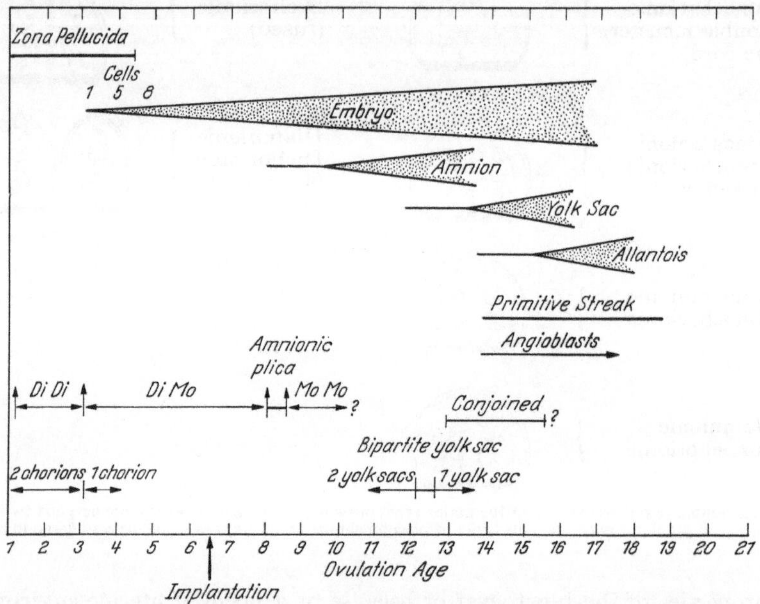

Fig. 143. Diagrammatic representation of embryonic events plotted with ovulation age. A random twin impetus theoretically would give rise to the types of placentation shown at the bottom of the chart. DiDi = diamnionic, dichorionic; DiMo = diamnionic, monochorionic; MoMo = monoamnionic, monochorionic twin placenta.

mechanism by which the various types of placental vascular anastomoses are formed in monochorionic twins and why they seem to be less common in those twins, formed the latest, the conjoined twins (WENNER). Perhaps the latter is analogous to the late splitting and placentation of the armadillo. These thoughts are further confirmed by the gradually increasing frequency of lateral asymmetry as the time scale of twinning is advanced (see v. VERSCHUER 1927; KEELER; NEWMAN 1931; PRICE; but also WAARDENBURG).

These considerations may or may not be valid. In any case, they apply only to what may be termed the normal events, although STRUPLER, among others, has pointed out that twinning may be an abnormality *per se*. The possibility of unequal division as expressed by LUDWIG, abnormal mechanism of fertilization (see MIJSBERG; ZUELZER *et al.*, among others) and fusion of blastocysts (see KLEIN-WÄCHTER for old literature; AIRD; MINTZ for recent work) must be borne in mind when future studies of this complex problem are undertaken.

Outlook of Study on Twin Placentation

From the nature of the relationship between the two halves of a twin placenta then it may be possible to deduce many prenatal events. It gives a clue as to the time of origin of monozygous twinning and allows deductions about the adverse effects of mutual circulation. From the gross morphologic features it may be possible to extrapolate about the expansion phase of the placenta and whether competition for space adversely affected one twin or the other. Further inquiry into inflammatory processes of fetal sacs may aid in the understanding of prenatal infection, and chromosome studies of selected cases will ultimately allow us to make some definite deductions about the origin and interrelationship of individual structures of the placenta in mosaic monozygous individuals. Thus, the meticulous and knowledgeable study of placentas from multiple births and abortuses of this kind becomes very important. At the same time, it cannot be stressed enough that adequate recording of these data and explanation of findings to parents and ultimately the twins themselves constitutes a *sine qua non* for the attending physician.

References

AARON, J. B., S. H. SILVERMAN & J. HALPERIN: Fetal survival in twin delivery. Amer. J. Obstet. Gynec., **81**, 331, 1961.

ABRAMS, S. F.: Entwining of umbilical cords in single amnion twin pregnancy. Amer. J. Obstet. Gynec. **1**, 955, 1921.

AHLFELD, F.: Beiträge zur Lehre von den Zwillingen. Arch. Gynäk. **7**, 210, 1875.

AIRD, I.: Conjoined twins—further observations. Brit. Med. J. i, 1313, 1959.

ALEXANDER, G. & D. WILLIAMS: Ovine freemartins. Nature **201**, 1296, 1964.

ALLAHBADIA, N. K.: Twin pregnancy associated with incompetence of the internal os. Brit. Med. J. i, 1120, 1962.

ALLEN, G.: A differential method for estimation of type frequencies in triplets and quadruplets. Amer. J. Hum. Genet. **12**, 210, 1960.

ANDERSON, W. J. R.: Stillbirth and neonatal mortality in twin pregnancy. J. Obstet. Gynaec. Brit. Emp. **63**, 205, 1956.

ANDERSON, D., R. E. BILLINGHAM, G. H. LAMPKIN & P. B. MEDAWAR: The use of skin grafting to distinguish between monozygotic & dizygotic twins in cattle. Heredity **5**, 379, 1951.

ANDERSON, J. M. & K. BENIRSCHKE: Tissue transplantation in the nine-banded armadillo; *Dasypus novemcinctus*. Ann. N. Y. Acad. Sci. **99**, 399—414, 1962.

ANDERSON, J. M. & K. BENIRSCHKE: Fetal circulations in the placenta of *Dasypus novemcinctus*, Linn. and their significance in tissue transplantation. Transplantation **1**, 306, 1963.

AREY, L. B.: Chorionic fusion and augmented twinning in the human tube. Anat. Rec. **23**, 253, 1922.

— Tubal twins and tubal pregnancy. Surg. Gynec. Obstet. **36**, 803, 1923.

— Two embryologically important specimens of tubal twins. Including critical summaries of all known cases. Surg. Gynec. Obstet. **36**, 407, 1923.

AUBERT, L.: Développement aigu d'un kyste de l'ovaire et grossesse quintuple chez une femme ayant reçu successivement des gonadotrophines sérique et chorioniques. Ann. Endocr. (Paris) **21**, 176, 1960.

BABSON, S. G., J. KANGAS, N. YOUNG & J. L. BRAMHALL: Growth and development of twins of dissimilar size at birth. Pediatrics **33**, 327, 1964.

BACH, H. G. & M. KIFFE: Die Zwillingsgeburten an der Universitäts-Frauenklinik Heidelberg 1950—1959. Arch. Gynäk. **196**, 609, 1962.

BACSICH, P. & J. M. CRAWFORD: On the probable genetic character of human placental types, with some remarks on the structure of placental cotyledons. J. Anat. **94**, 449, 1960.

BACSICH, P. & C. F. V. SMOUT: Some observations on the foetal vessels of the human placenta with an account of the corrosion technique. J. Anat. **72**, 358, 1938.

BAR, P.: Sur quelques conséquences de la rupture des membranes pendant la grossesse. Bull. Soc. Obstet. Gynéc. **1**, 99, 1898 & Rev. Obstet. Internat. Toulouse **4**, 177, 1898.

BAUER, W. C. & B. F. ROSENBERG: Quantitative study of glomerular enlargement in children with tetralogy of Fallot: Condition of glomerular enlargement without increase in renal mass. Amer. J. Path. **37**, 695, 1960.

BEATTIE, K. M., W. W. ZUELZER, D. A. McGUIRE & F. COHEN: Blood group chimerism as a clue to generalized tissue mosaicism. Transfusion **4**, 77, 1964.

BECKER, A. H. & H. GLASS: Twin-to-twin transfusion syndrome. Amer. J. Dis. Child. **106**, 624, 1963.

BENELLI, A.: Gravidanza trigemina con transformazione papiracea di un feto. Clin. Ostet. Ginec. **64**, 663, 1962.

BENIRSCHKE, K.: Adrenals in anencephaly and hydrocephaly. Obstet. Gynec. **8**, 412, 1956.

— Gestation; Transactions of the Fifth Conference. Josiah Macy, Jr. Foundation, p. 204 etc. 1959.

— Nuclear sex of holoacardii amorphi. Obstet. Gynec. **14**, 72, 1959.

— Routes and types of infection in the fetus and the newborn. A.M.A. J. Dis. Child. **99**, 714, 1960.

— Accurate recording of twin placentation. A plea to the obstetrician. Obstet. Gynec. **18**, 334, 1961 (A).

— Twin placenta in perinatal mortality. New York J. Med. **61**, 1499, 1961 (B).

— Major pathologic features of the placenta, cord and membranes. Proceed. Symposium on the placenta. National Foundation N.Y. **1**, 52, 1965.

— & G. L. BOURNE: The incidence and prognostic implication of congenital absence of one umbilical artery. Amer. J. Obstet. Gynec. **79**, 251, 1960.

— & L. E. BROWNHILL: Further observations on marrow chimerism in marmoset monkeys. Cytogenetics **1**, 245–257, 1962.

— — Heterosexual cells in testes of chimeric marmoset monkeys. Cytogenetics **2**, 331, 1963.

— & M. M. SULLIVAN: Unpublished findings.

— — & M. MARIN-PADILLA: Size and number of the umbilical vessels. A study of multiple pregnancy in man and armadillo. Obstet. Gynec. **24**, 819, 1964.

BERBOS, J. N., B. F. KING & A. JANUSZ: Quintuple pregnancy. Report of a case. J. A. M. A. **188**, 813, 1964.

BERG, J. M. & B. H. KIRMAN: The mentally defective twin. Brit. Med. J. **i**, 1911, 1960.

BERGMAN, P., P. LUNDIN & T. MALMSTROM: Twin pregnancy with early blighted fetus. Obstet. Gynec. **18**, 348, 1961.

BEUKERING, J. A. van & J. D. VERDOORN: A case of uniovular twins of which one child was normal and the other had the syndrome of mongolism. Riv. Int. Genet. Med. Gemellol. **5**, 113, 1956.

BIESELE, J. J., W. SCHMID & M. G. LAWLIS: Mentally retarded schizoid twin girls with 47 chromosomes. Lancet **i**, 403, 1962.

BILLINGHAM, R. E. & G. H. LAMPKIN: Further studies in tissue homotransplantation in cattle. J. Embryol. Exp. Morph. **5**, 351, 1951.

BLEISCH, V. R.: Placental circulation of human twins. Amer. J. Obstet. Gynec. **91**, 862, 1965.
Hypaque injection study of vessels above 40 micra. All 18 monochorials had anastomoses. No isolated A–V shunts; no thromboses. Distance of cord insertion was inversely related to size of anastomoses.

BOOTH, P. B., G. PLAUT, J. D. JAMES, E. W. IKIN, P. MOORES, R. SANGER & R. R. RACE: Blood chimerism in a pair of twins. Brit. Med. J. **i**, 1456, 1957.

BORONOW, R. C. & R. H. WEST: Monster acardius parasiticus. Amer. J. Obstet. Gynec. **88**, 233, 1964.

BOURNE, G. L. & K. BENIRSCHKE: Absent umbilical artery. A review of 113 cases. Arch. Dis. Child. **35**, 534, 1960.

BRODY, S.: Variation in size and weight of twins of monochorial pregnancies. Amer. J. Obstet. Gynec. **64**, 340, 1952.

BROWN, J. B.: Homografting of skin: with report of success in identical twins. Surgery **1**, 558, 1937.

BULMER, M. G.: The twinning rate in Europe and Africa. Ann. Hum. Genet. **24**, 121, 1960.

BUYSE, A.: A case of extreme sex modification in an adult bovine free-martin. Anat. Rec. **66**, 43, 1936.

CAPON, N. B.: General oedema of the foetus. J. Obstet. Gynaec. Brit. Emp. **29**, 239, 1922.

CARR, D. H.: Chromosome studies in abortuses and stillborn infants. Lancet **ii**, 603, 1963.

CHAMBERLAIN, G.: Hydatidiform mole in twin pregnancy. Amer. J. Obstet. Gynec. **87**, 140, 1963.

CHOWN, B., M. LEWIS & J. M. BOWMAN: A pair of newborn human blood chimeric twins. Transfusion **3**, 494, 1963.

CLENDENIN, T. M. & K. BENIRSCHKE: Chromosome studies on spontaneous abortions. Lab. Invest. **12**, 1281, 1963.

CONWAY, C. F.: Transfusion syndrome in multiple pregnancy. Obstet. Gynec. **23**, 745, 1964.

CORNER, G. W.: The observed embryology of human single-ovum twins and other multiple births. Amer. J. Obstet. Gynec. **70**, 933, 1955.

CORNEY, G. & W. AHERNE: The placental transfusion syndrome in monozygous twins. Arch. Dis. Childh. **40**, 264, 1965.
  Case with color photo and various studies of blood picture and placenta. Heavy, plethoric twin II did well. Anemic twin I had signs of retardation at age 1 yr. Reciprocal skin grafts were accepted but differed in appearance from autografts. Excellent discussion.

CORRIN, B.: Glomerular size in polycythemia. J. Path. Bact. **82**, 534, 1961.

COULTON, D., A. T. HERTIG & W. N. LONG: Monoamniotic twins. Amer. J. Obstet. Gynec. **54**, 119, 1947.

CURTIUS, F.: Nachgeburtsbefunde bei Zwillingen und Ähnlichkeitsdiagnose. Arch. Gynäk. **140**, 361, 1930.

DAHLBERG, G.: Twin births and twins from a hereditary point of view. A. B. Tilden Tryckeri, Stockholm 1926.

DAHM, K.: Über zwei Beobachtungen von Akardie und zur Frage ihrer Genese. Zbl. Allg. Path. **93**, 41, 1955.

DAS, K.: Acardiacus anceps. J. Obstet. Gynaec. Brit. Emp. **2**, 341, 1902.

DATTA, S. P. & W. H. STONE: Transferrins of cattle twins. Proc. Soc. Exp. Biol. Med. **113**, 756, 1963.

DAWSON, R.: Mongolism in one of twins. Brit. Med. J. **ii**, 461, 1950.

DENT, T. & J. H. EDWARDS: Monozygotic twins of different sex. In Genetics Today. Pergamon, Oxford, Proc. XI. Intern. Congr. Genet. I, 304; abstract, 1963.

DEKABAN, A.: Twins, probably monozygotic: One mongoloid with 48 chromosomes, the other normal. Cytogenetics **4**, 227, 1965.
  This is a new case of chromosomal discordance in monozygous twins. One a normal girl, one a typical mongolian idiot with trisomy 21 and additional fragment. No placental study. $P = 0.00331$.

DOUGLAS, B.: The role of environmental factors in the etiology of "so-called" congenital malformations. I & II. Plast. Reconstr. Surg. **22**, 94 & 214, 1958.

DRISCOLL, S. G.: Why are twins dissimilar? Pediatrics **33**, 325, 1964.

DUNSFORD, I., C. C. BOWLEY, A. M. HUTCHISON, J. S. THOMPSON, R. SANGER & R. R. RACE: A human blood-group chimera. Brit. Med. J. **ii**, 81, 1953.

— & S. M. STACEY: Partial breakdown of acquired tolerance to the A-antigen. Vox Sang. **2**, 414, 1957.

EASTMAN, N. J. & L. M. HELLMAN Eds: Williams Obstetrics (ed. 12). New York, Appleton, 1961.

—, S. G. KOHL, J. E. MAISEL & F. KAVALER: The obstetrical background of 753 cases of cerebral palsy. Obstet. Gynec. Survey **17**, 459, 1962.

EDWARDS, J. H.: Terminology of trisomic syndromes. Lancet **ii**, 197, 1963.

ELLIS, P. A.: Renal enlargement in chronic cor pulmonale. J. Clin. Path. **14**, 552, 1961.

ENDERS, A. C.: The structure of the armadillo blastocysts. J. Anat. **96**, 39, 1962.

ERIKSSON, A.: Variation in the human twinning rate. Acta genet. (Basel) **12**, 242, 1962.

ESPOSITO, A.: Singolare caso di gravidanza trigemina con due feti mummificati. Clin. Ostet. Ginec. (Roma) **65**, 537, 1963.

FALKNER, F., N. D. D. BANIK & R. WESTLAND: Intrauterine blood transfer between uniovular twins. Biol. Neonat. **4**, 52, 1962.

FANCONI, G.: Weitere Fälle von wahrscheinlich eineiigen Zwillingen, von denen der eine gesund ist, der andere einen Mongolismus zeigt. Helv. Paediat. Acta **17**, 490, 1962.

FASOLIS, S. e C. OKELY: Agenesia dell'arteria ombelicale destra in entrambi gli individui di coppia gemellare. Folia Hered. Path. **10**, 115, 1961.

FILL, L. & C. V. ROSS: Unilateral tubal twin pregnancy. Report of a case. Obstet. Gynec. **9**, 358, 1957.

FINCHER, M. G. & W. L. WILLIAMS: Teratology of bovine reproductive system. Cornell Vet. **27**, 246, 1937.

FIUMARA, A.: Indagine sulla mortalita dei gemelli nel primo anno di vita. Ricerca anagrafica su 848 gemelli nati a Catania. Acta Genet. Med. (Roma) **12**, 298, 1963.

FOGEL, B. J., H. M. NITOWSKY & P. GRUENWALD: Discordant abnormalities in monozygotic twins. J. Pediat. **66**, 64, 1965.
Of 24 consecutive sets of monochorionic twins 5 sets showed discordant anomalies. Of 79 pairs of dichorial twins only 1 had discordant malformations. These significant findings are thoroughly discussed with ample literature and reference to placental pathophysiology.

FORBES, T. R.: The origin of "freemartin". Bull. Hist. Med. **20**, 461, 1946.

FORD, C. E.: Personal Communication, 1963.

FORMAN, R. C.: Twin pregnancy with one twin blighted. Amer. J. Obstet. Gynec. **72**, 1180, 1956.

FORSELL, O. H.: Zur Kenntnis des Amnionepithels im normalen und pathologischen Zustande. Arch. Gynäk. **96**, 436, 1912.

FOX, H. & R. BUTLER-MANUEL: A teratoma of the placenta. J. Path. Bact. **88**, 137, 1964.
This case report is more compatible with an acardiac twin than a teratoma, in our opinion. The mass had an external skin surface (rather than the appearance of a dermoid cyst or solid teratoma) and the vascular supply (large artery, two large veins) is consistent with a holoacardius amorphus, the apparent lack of a true cord notwithstanding.

FREEDMAN, H. L., C. H. TAFEEN & H. HARRIS: Conjoined thoracopagous twins. Case report. Amer. J. Obstet. Gynec. **84**, 1904, 1962.

FUJIKURA, T. & S. R. WELLINGS: A teratoma-like mass on the placenta of a malformed infant. Amer. J. Obstet. Gynec. **89**, 824, 1964.

GEDDA, L.: Twins in History and Science. Springfield, Charles C. Thomas, 1962.

— & G. BRENCI: Il problema degli annessi nelle gravidanze gemellari. Acta Genet. Med. (Roma) **12**, 1, 1963.

— & R. COMERCI: Studio della placentazione in casi di trigemellanze e di gemellanze semplici. Vol. in honor of E. Maurizio, p. 1042. Genova, Stabilimento Arti Grafiche ed Affini. 1962.

GEMZELL, C. A.: Induction of ovulation in the human by gonadotrophins. In: Progress in Gynecology, Vol. 4, Meigs & Sturgis; Eds. Grune & Stratton, N. Y. 1963.

GIBBS, C. E., J. W. BOLDT, J. W. DALY & H. C. MORGAN: A quintuplet gestation. Obstet. Gynec. **16**, 464, 1960.

GILLIM, D. L. & C. H. HENDRICKS: Holoacardius; review of the literature and case report. Obstet. Gynec. **2**, 647, 1953.

GITTELSOHN, A. & S. MILHAM: Statistical study of twins-Methods. Amer. J. Public Health **54**, 286, 1964.

GOODNO, J. A. & W. GENTRY: Co-existent interstitial and intrauterine pregnancy. A case report. J. A. M. A. **179**, 295, 1962.

GOPLERUD, C. P.: Monoamniotic twins with double survival. Report of a case. Obstet. Gynec. **23**, 289, 1964.

GORDON, I., G. WILLIAMS & J. EDWARDS: The use of serum gonadotrophin (P.M.S). in the induction of twin-pregnancy in the cow. J. Agric. Sci. **59**, 143, 1962.

GORETZLEHNER, G. & H. MILKEREIT: Acardius acephalus. Z. Geburtsh. Gynäk. **163**, 307, 1965.
Acephalus stillborn associated with twin having cardiac anomalies. Review of theories. Suggest a disposition to cleft formation and deficient placentation.

GRAVES, L. R., J. Q. ADAMS & P. C. SCHREIER: The fate of the second twin. Obstet. Gynec. **19**, 246, 1962.

GREBE, H.: Anencephalie in einem Paarling von eineiigen Zwillingen. Virchow Arch. Path. Anat. **316**, 116, 1948.

GREEN, G. H. & S. R. WEST: Ovarian twin pregnancy. Report of a case. Obstet. Gynec. **21**, 126, 1963.

GREEN, Q. L., G. P. SCHANCK & J. R. SMITH: Normal living twins in uterus didelphys with 38 day interval between deliveries. Amer. J. Obstet. Gynec. **82**, 340, 1961.

GROSSER, O.: Frühentwicklung, Eihautbildung und Placentation des Menschen und der Säugetiere. München, J. F. Bergmann, 1927.

GRUENWALD, P. & H. W. MAYBERGER: Differences in abnormal development of monozygotic twins. Arch. Path. **70**, 685, 1960.

GULDBERG, E.: Verschiedengeschlechtige eineiige Zwillinge. Acta Path. Microbiol. Scand. Suppl. **37**, 197, 1938.

GUTTMACHER, A. F.: An analysis of 521 cases of twin pregnancy. I. Differences in single ovum and double ovum twinning. Amer. J. Obstet. Gynec. **34**, 76, 1937.

— An analysis of 573 cases of twin pregnancy. II. The hazards of pregnancy itself. Amer. J. Obstet. Gynec. **38**, 277, 1939.

— The incidence of multiple births in man and some of the other unipara: Obstet. Gynec. **2**, 22, 1953.

— & S. G. KOHL: The fetus of multiple gestations. Obstet. Gynec. **12**, 528, 1958.

HAMBLEN, E. C., R. D. BAKER & G. D. DERIEUX: Roentgenographic diagnosis and anatomic studies of quintuple pregnancy. J. A. M. A. **109**, 10, 1937.

HAMILTON, W. J., D. BROWN & B. G. SPIERS: Another case of quadruplets. J. Obstet. Gynaec. Brit. Emp. **66**, 409, 1959.

HAMLETT, G. W. D. & G. B. WISLOCKI: A proposed classification for types of twins in mammals. Anat. Rec. **61**, 81, 1934.

HANCOCK, J.: Monozygotic twins in cattle. Advances Genet. **6**, 141, 1954.

HEINRICHS, E. H.: The intra-uterine feto-fetal transfusion. Pathophysiology of a syndrome. J.A.M.A. **187**, 862, 1964.

HERTIG, A. T. & H. MANSELL: Tumors of the female sex organs. Pt. I. Hydatidiform mole and choriocarcinoma. Washington, A.F.I.P. Atlas of Tumor Pathology, Armed Forces Institute of Pathology, 1956.

—, ROCK, J. & E. C. ADAMS: A description of 34 human ova within the first 17 days of development. Amer. J. Anat. **98**, 435, 1956.

HIBBARD, B. M.: Hydrops foetalis in one of uniovular twins. J. Obstet. Gynaec. Brit. Emp. **66**, 649, 1959.

HINSELMANN, H.: Die Pathologie der menschlichen Placenta. Urban & Schwarzenberg; in: Seitz-Amreich, Biologie und Pathologie des Weibes. 1958.

HODAPP, R. V.: The case of the red and white Minnesota twins. Intrauterine blood transfer between twins. J. Lancet **82**, 413, 1962.

HOEFNAGEL, D. & K. BENIRSCHKE: Twinning in Klinefelter's syndrome. Lancet ii, 1282, 1962.

HUSTINX, T. W., P. EBERLE, S. J. GEERTS, J. TEN BRINK & L. M. WOLTRING: Mongoloid twins with 48 chromosomes. AA plus A 21XXY. Ann. Hum. Genet. **25**, 111, 1961.

HYRTL, J.: Die Blutgefäße der menschlichen Nachgeburt in normalen und abnormen Verhältnissen. Braumüller, Wien 1870.

ILLINGWORTH, R. S. & G. E. WOODS: The incidence of twins in cerebral palsy and mental retardation. Arch. Dis. Child. **35**, 333, 1960.

JAVERT, C. T.: Spontaneous and habitual abortion. New York, Blakiston Division, 1957.

JEFFCOATE, T. N. & J. S. SCOTT: Polyhydramnios and oligohydramnios. Canad. Med. Ass. J. **80**, 77, 1959.

JOST, A., M. CHODKIEWICZ & P. MAULÉON: Intersexualité du foetus de veau produite par des androgènes. Comparaison entre l'hormone foetale responsable du free-martinisme et l'hormone testiculaire adulte. C. R. Acad. Sci. (Paris) **256**, 274, 1963.

KADJAR, M. K.: Contribution à l'étude de la circulation placentaire dans la grossesse multiple par la méthode stéréoradiographique. (Paris), La Gynecologie **26**, 449, 1927.

KALLMAN, F. J.: Twin data in the analysis of mechanisms of inheritance. Amer. J. Hum. Genet. **6**, 157, 1954.

KAUFMAN, M. S. & D. WALTERS: Acardius; report of a case. Obstet. Gynec. **9**, 221, 1957.

KEELER, C. E.: On the amount of external mirror imagery in double monsters and identical twins. Proc. Nat. Acad. Sci. (USA) **15**, 839, 1929.

KELLER, K. & J. TANDLER: Über das Verhalten der Eihäute bei der Zwillingsträchtigkeit des Rindes. Wien. Tierärztl. Monatsschr. **3**, 513, 1916.

KERR, M. M.: Anaemia and polycythaemia in uniovular twins. Brit. Med. J. i, 902, 1959.

KETCHUM, J. & L. MOTYLOFF: Chorioangiopagus parasiticus (Schwalbe): Report of a case of acardius acephalus and a case of fetus amorphus. Amer. J. Obstet. Gynec. **73**, 1349, 1957.

KIFFNER, F.: Stereoröntgenbefunde an Zwillingsplacenten. Arch. Gynäk. **136**, 111, 1929.

KINDRED, J. E.: Twin pregnancies with one twin blighted. Report of two cases with comparative study of cases in the literature. Amer. J. Obstet. Gynec. **48**, 642, 1944.

KIOSSOGLOU, K. A., E. ROSENBAUM, U. J. MITUS & W. DAMESHEK: Multiple chromosome aberrations in Down's syndrome associated with twinning and acute granulocytic leukaemia. Lancet ii, 944, 1963. Blood **24**, 134, 1964.

KLEIN, J.: Perinatal mortality in twin pregnancy. Obstet. Gynec. **23**, 738, 1964.

KLEINWÄCHTER, L.: Die Lehre von den Zwillingen. Prag, Haerpfer, 1871.

KLOOSTERMAN, G. J.: The "third circulation" in identical twins. Ned. T. Verlosk **63**, 395, 1963.
Review of transfusion syndrome. Presentation of six cases with good data. Discusses the importance of twins' relationship to mother, in particular the loss of serum proteins in the donor twin. The recipient gains protein which may lead to more water transfer from the maternal circulation. In two cases the smaller was the plethoric. Comparison of data with DZ twins.

KOBAK, A. J. & M. R. COHEN: Velamentous insertion of cord with spontaneous rupture of vasa previa in twin pregnancy. Amer. J. Obstet. Gynec. **38**, 1063, 1939.

KOLK, W. F. J. v. d.: De asymmetrische derde circulatie en haar gevolgen voor monozygote gemelli. Maandschr. Kindergeneesk. **32**, 186, 1964.
Detailed case report of transfusion syndrome and discussion of Kloosterman's modification of Schatz' view.

KÖHN, K.: Beobachtungen und Gedanken zur Ätiologie der Acardier. Zbl. Allg. Path. **90**, 209, 1953.

KRAUER, F.: Das akute Hydramnion bei eineiigen Zwillingsschwangerschaften. Gynaecologia **158**, 395, 1964.
53,809 births, 582 twins, 111 were MZ; 186 hydramnios. Hydramnios usually associated with larger twin. Injection of placentas: of 8 twin hydramnios: no anastomoses in 1; only capillary a. in 5; arterial and capillary a. in 1; venous, arterial and capillary a. in 1. Despite these findings author discounts capillary shunts as explanation for hydramnios. Some anastomoses found in 80% of monochorial placentas.

KREUTNER, A. K., J. LEVINE & H. THIEDE: A double truncus arteriosus in thoracopagous twins. New Eng. J. Med. **268**, 1388, 1963.

KREYBERG, L.: A teratoma-like swelling in the umbilical cord possibly of acardius nature. J. Path. Bact. **75**, 109, 1958.

KURTZ, G. R., WM. J. KEATING & J. B. LOFTUS: Twin pregnancies at the Margaret Hague Maternity Hospital. Bull. Marg. Hague Maternity Hosp., **8**, 21, 1955.

LASSEN, M. T.: Nachgeburtsbefunde bei Zwillingen und Ähnlichkeitsdiagnose, II. Arch. Gynäk. **147**, 48, 1931.

LAWLER, S. D.: Mongolism in one of twins. Brit. Med. J. ii, 1172, 1950.

LEHNDORFF, H.: Intrauterines Bluten von einem Zwilling in den anderen. Neue Öst. Kinderheilk. **6**, 163, 1961.

LEJEUNE, J.: The 21 Trisomy-current stage of chromosomal research. Chapter 5 in progress in medical genetics. Vol. III, New York, A. G. Steinberg & A. G. Bearn, Eds. Grune & Stratton. 1964.

—, LAFOURCADE, J., K. SCHARER, E. de WOLFF, C. SALMON, M. HAINES & R. TURPIN: Monozygotisme hétérocaryote, jumeau normal et jumeau trisomique 21. C. R. Acad. Sci. (Paris). **254**, 4404, 1962.

— & R. TURPIN: Détection chromosomique d'une mosaique artificielle humaine. C. R. Acad. Sci. (Paris) **252**, 3148, 1961.

LEMLI, L. & D. W. SMITH: The XO syndrome. A study of the differentiated phenotype in 25 patients. J. Pediat. **63**, 577, 1963.

LIBRACH, S. & A. J. TERRIN: Monoamniotic twin pregnancy with report of three cases of double survival, one of them with knotted cords. Amer. J. Obstet. Gynec. **74**, 440, 1957.

LILLIE, F. R.: The theory of the free-martin. Science **43**, 611, 1916.

— The free-martin; a study of the action of sex hormones in the foetal life of cattle. J. Exp. Zool. **23**, 371, 1917.

LINDSTEN, J.: The nature and origin of X-chromosome aberrations in Turner's syndrome. A cytogenetical and clinical study of 57 patients. Almqvist & Wiksell, Stockholm 1963.

LITT, S. & H. A. STRAUSS: Monoamniotic twins, one normal, the other anencephalic; multiple true knots in the cords. Amer. J. Obstet. Gynec. **30**, 728, 1935.

LITTEN: Komplizierte Geburt eines Akardius. Geburtsh. Gynäk. **95**, 541, 1929.

LITTLE, W. A.: Aplasia of the umbilical artery. Bull. Sloane Hosp. Wom. **4**, 127, 1958.

— & FRIEDMAN, E. A.: The twin delivery-factors influencing second twin mortality. Obstet. Gynec. Survey, **13**, 611, 1958.

LITTLEWOOD, J. M.: Polycythaemia and anaemia in newborn monozygotic twin girls. Brit. Med. J. i, 857, 1963.

LOESCHKE, H.: Die Acardie, eine durch Anoxybiose und Nährstoffmangel verursachte Hemmungsbildung. Virchow Arch. Path. Anat. 315, 499, 1948.

LOGAN, B. J.: Occurrence of a hydatidiform mole in twin pregnancy; case report. Amer. J. Obstet. Gynec. 73, 911, 1957.

LOW, A.: Freemartins. J. Anat. 81, 386, 1941.

LUDWIG, E.: Über die Verteilung der Erbmasse unter eineiige Zwillinge. Schweiz. Med. Wschr. 57, 1041, 1927.

LUTZ, H. & Y. LUTZ-OSTERTAG: Free-martinisme spontané chez les oiseaux. Develop. Biol. 1, 364, 1959.

MACDONALD, R. R.: Management of the second twin. Brit. Med. J. i, 518, 1962.

MACGILLIVRAY, R. C.: Mongolism in both of monozygotic twins. Amer. J. Ment. Defic. 64, 450, 1959.

McLAIN, C. R., Jr.: Amniography studies of the gastro-intestinal motility of the human fetus. Amer. J. Obstet. Gynec. 86, 1079, 1963.

McLAREN, A. & D. MICHIE: Experimental studies on placental fusion in mice. J. Exp. Zool. 141, 47, 1959.

MARCO, P. G. d.: Feto—fetal transfusions in monozygotic twins: Review of the literature and report of two cases. Clin. Ped. 3, 709, 1964. In one case the smaller twin was plethoric; reviews others.

MARX, W.: Akutes Hydramnion bei Drillings-Schwangerschaft mit hochgradigem Hydrops einer Frucht. Gynäk. 78, 101, 1956.

MERRILL, J. P., J. E. MURRAY, J. H. HARRISON, E. A. FRIEDMAN, J. B. DEALY JR. & G. J. DAMMIN: Successful homotransplantation of the kidney between nonidentical twins. New Engl. J. Med. 262, 1251, 1960.

METRAKOS, J. D.: The twin method and its application to the study of genetic and environmental factors of some human diseases. Thesis, McGill University, Montreal, Canada 1951.

—, METRAKOS, K. & H. BAXTER: Clefts of the lip and palate in twins, including a discordant pair whose monozygosity was confirmed by skin transplants. Plastic Reconstr. Surg. 22, 109, 1958.

MEYER, R.: Über einen Fall von velamentöser Nabelschnuranheftung nahe dem oberen Teil der Eikapsel mit scheinbarer Verlagerung der chorialen Scheidewand und mit Überlagerung beider Placenten im Grenzgebiete bei zweieiigen Zwillingen. Arch. Gynäk. 116, 599, 1923.

— Mola hydatiformis (Blasenmole) und Chorionepithelioma malignum uteri. Handb. Spez. Path. Anat. Hist. VII/1; Springer, Berlin, 1930.

MIJSBERG, W. A.: Genetic-statistical data on the presence of secondary oocytary twins among non-identical twins. Acta Genet. (Basel) 7, 39, 1957.

MIKKELSEN, M., A. FRØLAND & J. ELLEBJERG: XO/XX mosaicism in a pair of presumably monozygotic twins with different phenotypes. Cytogenetics 2, 86, 1963.

— & MELCHIOR, J. C.: Mongoloid twins with trisomy of chromosome No. 21. Acta Genet. (Basel) 12, 164, 1962.

MILLS, W. G.: Pathological changes in blighted twins. J. Obstet. Gynaec. Brit. Emp. 56, 619, 1949.

MINTZ, B.: Experimental study of the developing mammalian egg: Removal of the zona pellucida. Science 138, 594, 1962.

MOORE, K. L., M. A. GRAHAM & M. L. BARR: The sex chromatin of the bovine freemartin. J. Exp. Zool. 135, 101, 1957.

MORISON, J. E.: Foetal and neonatal pathology. Buttersworth & Co., London 1952.

MORTON, R. F. & K. C. MORTON: Twin transfusion syndrome. Report of a case. Obstet. Gynec. 26, 180, 1965. Typical case with color photo.

MUELLER, J. M. & D. G. DECKER: Acute hydramnios in early pregnancy. Report of a case. Amer. J. Obstet. Gynec. 85, 493, 1963.

MULLIKEN, D. K.: Fetus compressus; case report. Amer. J. Obstet. Gynec. 71, 223, 1956.

NAEYE, R. L.: Human intrauterine parabiotic syndrome and its complications. New Eng. J. Med. 268, 804, 1963.

— The fetal and neonatal development of twins. Pediatrics 33, 546, 1964, & H. W. LETTS: Body measurements of fetal and neonatal twins. Arch. Path. 77, 393, 1964.

— Organ abnormalities in a human parabiotic syndrome. Amer. J. Path. 46, 829, 1965. This is an extension of the author's previous quantitative studies which shows significant cellular changes, particularly in the donor twins. These are likened to changes in malnourished single infants. Implications (especially cerebral) of the hypoglycemia and its cause are discussed.

NAPOLITANI, F. D. & I. SCHREIBER: The acardiac monster. A review of the world literature and presentation of 2 cases. Amer. J. Obstet. Gynec. **80**, 582, 1960.

NATIONAL OFFICE OF VITAL STATISTICS, USA. Special Report Vol. **39**, 1, July 23, 1954, Mortality rates.

NEEL, J. V. & W. J. SCHULL: Human Heredity. University of Chicago Press, Chicago, 1954.

NEUBECKER, R. D., J. M. BLUMBERG & F. M. TOWNSEND: A human monozygotic quintuplet placenta: Report of a specimen. J. Obstet. Gynaec. Brit. Comm. **69**, 137, 1962.

NEWMAN, H. H.: The biology of twins. (Mammals.) Chicago, University of Chicago Press. 1917.

— Differences between conjoined twins in relation to a general theory of twinning. J. Hered. **22**, 201, 1931.

— Multiple Human Births. Twins, triplets, quadruplets and quintuplets. New York, Doubleday, Doran & Co., 1940.

NICHOLAS, J. W., W. J. JENKINS & W. L. MARSH: Human blood chimeras. A study of surviving twins. Brit. Med. J. **i**, 1458, 1957.

NICHOLS, J. B.: Quintuplet and sextuplet births in the United States. Letter to the Editor. Obstet. Gynec. **3**, 124, 1954.

NICHOLSON, D. N. & A. J. KEAY: Mongolism in both of twins of opposite sex. Arch. Dis. Child. **32**, 325, 1957.

NOLTE, R.: Über Foetus compressus sive papyraceus. Inaug. Diss. Kiel, Schmidt & Klaunig, 1913.

OHNO, S., J. M. TRUJILLO, C. STENIUS, L. C. CHRISTIAN & R. L. TEPLITZ: Possible germ cell chimeras among newborn dizygotic twin calves (Bos taurus). Cytogenetics **1**, 258, 1962.

OTTOW, B.: Interpositio velamentosa funiculi umbilicalis, eine bisher übersehene Nabelstranganomalie, ihre Entstehung und klinische Bedeutung. Arch. Gynäk. **116**, 176, 1922.

— Die Mehrlingsschwangerschaft und die Mehrlingsgeburt. In W. STOECKEL: Lehrbuch der Geburtshilfe. Gustav Fischer, Jena 1945.

OWEN, R. D.: Immunogenetic consequences of vascular anastomoses between bovine twins. Science **102**, 400, 1945.

— Erythrocyte mosaics among bovine twins and quadruplets. (Abstract.) Genetics **31**, 227, 1946.

— DAVIS, H. P. & R. F. MORGAN: Quintuplet calves and erythrocytes mosaicism. J. Hered. **37**, 291, 1946.

PANIGEL, M.: Placental perfusion experiments. Amer. J. Obstet. Gynec. **84**, 1664, 1962.

PARSONS, P. A.: Congenital abnormalities and competition in man and other mammals at different maternal ages. Nature **198**, 316, 1963.

PATTERSON, J. B.: One in a million. Homografting between identical twins. Plast. Reconstr. Surg. **25**, 510, 1960.

PANSE, F. & J. GIERLICH: Zur Pathogenese der Anencephalie. Virchow Arch. Path. Anat. **316**, 135, 1948.

PEDLOW, P. R.: Anencephaly in a monoamniotic twin. Brit. Med. J. **ii**, 997, 1961.

PÉREZ, M. L., J. R. FIRPO & E. M. BALDI: Sobre las anastomosis circulatorias de las placentas dizigóticas. Obstet. Ginec. Lat. Amer. **5**, 5, 1947.

PICKERING, G. H.: Monovular twins. Brit. Med. J. **ii**, 988, 1946.

PICKHARDT, W. L. & J. L. BREEN: Monoamniotic twin pregnancy. Report of a case. Obstet. Gynec. **12**, 471, 1958.

POSNER, A. C. & M. A. KLEIN: Fetus papyraceus. Recognition and significance. Obstet. Gynec. **3**, 106, 1954.

POTTER, E. L.: Pathology of the fetus and the newborn. Chicago, Year Book Publishers, 1952 and 1961.

— Twin zygosity and placental form in relation to the outcome of pregnancy. Amer. J. Obstet. Gynec. **87**, 566, 1963.

PRATT, R. M., J. H. McLEAN & P. D. SUTTON: Foetal abnormality in twins with an unusual presentation causing dystocia. A comment on the obstetrical management and possible causation. J. Obstet. Gynaec. Brit. Emp. **66**, 452, 1959.

PRICE, B.: Primary biases in twin studies. A review of prenatal and natal difference-producing factors in monozygotic pairs. Amer. J. Hum. Genet. **2**, 293, 1950.

PRIEST, J. H., H. C. THULINE, D. E. NORBY & G. D. LAVECK: Reproduction in human autosomal trisomics. Chromosome studies of a mongol mother, her non-mongol twins, and her family. Amer. J. Dis. Child. **105**, 31, 1963.

QUIGLEY, J. K.: Monoamniotic twin pregnancy: A case record with review of the literature. Amer. J. Obstet. Gynec. **29**, 355, 1935.

RAPHAEL, S. I.: Monoamniotic twin pregnancy. A review of the literature and a report of 5 new cases. Amer. J. Obstet. Gynec. **81**, 323, 1961.

RAUSEN, A. R., M. SEKI & L. STRAUSS: Twin transfusion syndrome. A review of 19 cases studied at one institution. J. Pediat. **66**, 613, 1965.
Of 130 monochorial twin pregnancies this syndrome was diagnosed 19 times, probably there were more. 66% of these twins died. Two donor twins were the larger. Excellent data and discussion.

REID, D. E.: A Textbook of Obstetrics. Philadelphia, W. B. Saunders, Co., 1962.

REISNER, S. H., A. E. FORBES & M. CORNBLATH: The smaller of twins and hypoglycaemia. Lancet **i**, 524, 1965.
Presentation of 11 cases of twins with symptomatic hypoglycemia in the smaller; two sets were of opposite sex. No relationship to the "parabiotic syndrome" (see NAEYE, 1965, above) was found. Possible relation to intrauterine malnutrition. In reply FALKNER (ibid. **i**, 869, 1965) finds the conclusion unwarranted that hypoglycemia of the smaller twin may be the cause of mental retardation. This author also points to the importance of determination of glucose levels in the larger "controls" and zygosity studies.

RENDEL, J., B. GAHNE & K. MAIJALA: A set of five-egg cattle quintuplets with complicated chimerism. Hereditas **48**, 201, 1962.

REWELL, R. E.: Obstetrical and gynaecological pathology for postgraduate students. Edinburgh, Livingstone, 1960.

RICHART, R. & K. BENIRSCHKE: Holoacardius amorphus. Report of a case with chromosome analysis. Amer. J. Obstet. Gynec. **86**, 329, 1963.

ROBERTS, S. J.: Veterinary obstetrics and genital diseases. 1st Ed. Ithaca, New York; Ann Arbor, Michigan, distributed by Edwards Bros., 1956.

ROBERTSON, J. G.: Twin-pregnancy: Morbidity and fetal mortality. Obstet. Gynec. **23**, 330, 1964.

ROGERS, B. O.: Genetics of transplantation in humans. Dis. Nerv. Syst. **24** (4) Pt. 2: 7, 1963 (Suppl.).

ROOS, F. J., A. M. ROTER & F. A. MOLINA: A case of triplets including anomalous twins and a fetus compressus. Amer. J. Obstet. Gynec. **73**, 1342, 1957.

ROSS, J. R. W.: An acardius amorphus in a triplet pregnancy. J. Obstet. Gynaec. Brit. Emp. **58**, 835, 1951.

RUSSELL, E. M.: Cerebral palsied twins. Arch. Dis. Childh. **36**, 328, 1961.

RUSSELL, J. K.: Maternal and foetal hazards associated with twin pregnancy. J. Obstet. Gynaec. Brit. Emp. **59**, 208, 1952.

RYAN, K. J., K. BENIRSCHKE & O. W. SMITH: Conversion of androstenedion-4-C^{14} to estrone by the marmoset placenta. Endocrinology **69**, 613, 1961.

RYAN, R. R. & G. B. WISLOCKI: The birth of quadruplets, with an account of the placentas and fetal membranes. New Engl. J. Med. **250**, 755, 1954.

DE SA, D. J., S. J. STRONG & G. CORNEY: Anencephaly in one of monozygous twins. Biol. Neonat. **7**, 328, 1964.
Single case report with good placental study (DiMo) and discussion of significance of vascular anastomoses.

SACKS, M. O.: Occurrence of anemia and polycythemia in phenotypically dissimilar single-ovum human twins. Pediatrics **24**, 604, 1959.

SARMA, V.: Holoacardius monster in obstetrics. Brit. J. Clin. Pract. **14**, 795, 1960.

SCHATZ, F.: Zur Frage über die Quelle des Fruchtwassers und über Embryones papyracei. Arch. Gynäk. **7**, 336, 1875.
— Eine besondere Art von einseitiger Polyhydramnie mit anderseitiger Oligohydramnie bei eineiigen Zwillingen. Arch. Gynäk. **19**, 329, 1882.
— Die Acardii und ihre Verwandten. Berlin, Hirschwald, 1898.
— Klinische Beiträge zur Physiologie des Foetus. Berlin, A. Hirschwald, 1900.
— Systematisches und alphabetisches Inhaltsverzeichnis. Arch. Gynäk. **60**, 559, 1900.

SCHEBAT, L., J. J. GALLEY & C. SCHEBAT: Un cas de grossesse gémellaire avec môle embryonnée de l'un des oeufs. Bull. Féd. Gynec. Obstet. Franç. **14**, 530, 1962.

SCHMID, W., J. J. BIESELE & M. G. LAWLIS: Mentally retarded schizoid twin with 47 chromosomes. Lancet **ii**, 409, 1962.

SCHMINCKE, A.: Vergleichende Untersuchungen über die Anlage des Skelettsystems in tierischen Mißbildungen mit einem Beitrag zur makro- und mikroskopischen Anatomie derselben. (Hemiacardius acephalus von Schwein, Holoacardius amorphus vom Rind.) Virchow Arch. Path. Anat. **230**, 564, 1921.

SCHWALBE, E.: Die Morphologie der Mißbildungen des Menschen und der Tiere. Vol. 2. Die Doppelmißbildungen. (Acardii und Verwandte, p. 113). Gustav Fischer, Jena 1907.

SCIPIADES, E. & E. BURG: Über die Morphologie der menschlichen Placenta mit besonderer Rücksicht auf unsere eigenen Studien. Arch. Gynäk. **141**, 577, 1930.

SCOTT, J. S.: Placenta extrachorialis (placenta marginata and placenta circumvallata). J. Obstet. Gynaec. Brit. Emp. **67**, 904, 1960.

SHORDANIA, J.: Der architektonische Aufbau der Gefäße der menschlichen Nachgeburt und ihre Beziehungen zur Entwicklung der Frucht. Arch. Gynäk. **135**, 568, 1929.

SIMONDS, J. P. & G. A. GOWEN: Fetus amorphus. Surg. Gynec. Obstet. **41**, 171, 1925.

SINYKIN, M. B.: Monoamniotic triplet pregnancy with triple survival. Obstet. Gynec. **12**, 78, 1958.

SLEE, J.: Immunological tolerance between littermates in sheep. Nature **200**, 654, 1963.

SMITH, A.: A note on mongolism in twins. Brit. J. Prev. Soc. Med. **9**, 212, 1955.

— A further note on mongolism in twins. Brit. J. Prev. Soc. Med. **14**, 47, 1960.

SOMA, H.: Fetus papyraceus in the light of placenta. Clin. Gynec. Obstet. (Japan) **17**, 709, 1963.

SPARLING, D. W.: Twin pregnancy. A 12 year review from a private hospital service. Amer. J. Obstet. Gynec. **88**, 349, 1964.

SPURWAY, J. H.: The fate and management of the second twin. Amer. J. Obstet. Gynec. **83**, 1377, 1962.

STEINER, F.: Nachgeburtsbefunde bei Mehrlingen und Ähnlichkeitsdiagnose. Arch. Gynäk. **159**, 509, 1935.

STEVENSON, A. C.: The association of hydramnios with congenital malformations. In Ciba Foundation Symposium on Congenital Malformations. p. 241–262. Boston, Little, Brown & Co., 1960.

STOCKARD, C. R.: Developmental rate and structural expression: An experimental study of twins, double monsters and single deformities, and interaction among embryonic organs during their origin and development. Amer. J. Anat. **28**, 115, 1921 A.

— A probable explanation of polyembryony in the armadillo. Amer. Naturalist **55**, 62, 1921 (B).

STORMONT, C., WEIR, W. C. & L. L. LANE: Erythrocyte mosaicism in a pair of sheep twins. Science **118**, 695, 1953.

STRANDSKOV, H. H. & E. W. EDELEN: Monozygotic and dizygotic twin birth frequencies in the total, the "white" and the "colored" U. S. Populations. Genetics **31**, 438, 1946.

STRUPLER, W.: Diskordande Mißbildungen bei eineiigen Zwillingen. Arch. Klaus-Stift. Vererbungsforsch. **22**, 169, 1947.

SWAIN, F. M.: A case of knotted cords in a monoamniotic twin pregnancy. Amer. J. Obstet. Gynec. **68**, 720, 1954.

SZENDI, B.: Beiträge zur intrauterinen Zwillingspathologie. Arch. Gynäk. **165**, 624, 1938 (A).

— Über die Bedeutung der Struktur der Eihäute und des Gefäßnetzes der Placenta auf Grund von 112 Zwillingsgeburten. Arch. Gynäk. **167**, 108, 1938 (B).

SZULMAN, A. E.: Chromosomal aberrations in early human abortions. Fed. Proceed. **23**, No. 2 part I, 499, 1964. Abstract 2385.

THOMAS, J.: Untersuchungsergebnisse über die Aplasie einer Nabelarterie unter besonderer Berücksichtigung der Zwillingsschwangerschaft. Geburtsh. Frauenheilk. **21**, 984, 1961.

— Morphologische Untersuchungen über das "große Herz" des Feten. Geburtsh. Frauenheilk. **22**, 1316, 1962.

TIMMONS, J. D. & R. R. DE ALVAREZ: Monoamniotic twin pregnancy. Amer. J. Obstet. Gynec. **86**, 875, 1963.

TOW, S. H.: Foetal wastage in twin pregnancy. J. Obstet. Gynaec. Brit. Emp. **66**, 444, 1959.

TURNER, H. H. & J. ZANARTU: Ovarian dysgenesis in identical twins: discrepancy between nuclear chromatin pattern in somatic cells and in blood cells. J. Clin. Endocr. **22**, 660, 1962.

TURPIN, R., J. LEJEUNE, J. LAFOURCADE, P. L. CHIGOT & C. SALMON: Présomption de monozygotisme en dépit d'un dimorphisme sexuel: sujet masculin XY et sujet neutre haplo X. C. R. Acad. Sci. (Paris) **252**, 2945, 1961.

TÜSCHER, H.: Zur Frage der Entscheidung über die Ein- oder Zweieiigkeit bei bichorischen biamniotischen Zwillingen mit Gefäßanastomosen in der Plazenta. Erbarzt ♯ 10, 148, 1936 (Suppl. to Deutsch. Ärzteblatt, Vol. **66**).

TSUCHIYAMA, H. & T. KUSHIZAKI: Two autopsy cases of acardius. Proceedings Congenital Anomalies Research Association of Japan. Vol. 1 & 2, p. 45, 1962. Publ. Cong. Anom. Res. Ass. Japan, Kyoto.

UENO, S., K. SUZUKI & K. YAMAZAWA: Human chimerism in one of a pair of twins. Acta Genet. (Basel) **9**, 47, 1959.

VELEZ-OROZCO, A. C.: Estudio de una quimera. Bol. Inst. Estud. Méd. Biol. (Méx.) **19**, 41, 1961.

VERGER, P., CL. MARTIN & M.-CL. CARDINAUD: Anémie-polyglobulie des jumeaux univitellins et transfusion foeto-foetale. Pediatrie **18**, 533, 1963.

VERMELIN, H. & M. RIBON: Rev. Franç. Gynec. Obstet. **43**, 365, 1948. Quoted by SPURWAY.

VERSCHUER, O. v.: Ein Fall von Monochorie bei zweieiigen Zwillingen. Münchn. Med. Wschr. **72**, 184, 1925.

— Die vererbungsbiologische Zwillingsforschung. Ergebn. Inn. Med. Kinderheilk. **31**, 35, 1927.

VOUTE, P. A.: Tweeling-onderzoek (Diagnostiek en methodiek). Maandschr. Kindergeneesk. **5**, 202, 1936. Quoted by Waardenburg.

WAARDENBURG, P. J.: The twin-study method in wider perspective. Acta Genet. (Basel) **7**, 10, 1957.

WADDELL, K. E. & J. S. HUNTER: Twin pregnancies. Review of 203 cases. Amer. J. Obstet. Gynec. **80**, 756, 1960.

WALKER, J. & E. P. N. TURNBULL: The environment of the foetus in human multiple pregnancy. Etudes Néo-Natales **4**, 123, 1955.

WALKER, N. F.: Determination of the zygosity of twins. Acta Genet. (Basel). **7**, 33, 1957.

WALTERS, D. & D. WHITEHEAD: Monoamniotic twin pregnancy. Amer. J. Obstet. Gynec. **73**, 1129, 1957.

WARKANY, J., G. M. GUEST & W. A. COCHRANE: Discordant monozygotic twins; diabetes mellitus and obesity. Amer. J. Dis. Child. **89**, 689, 1955.

WEINBERG, W.: Beiträge zur Physiologie und Pathologie der Mehrlingsgeburten beim Menschen. Pflüger Arch. Ges. Physiol. **88**, 346, 1902.

WENNER, R.: Über den plazentaren Blutkreislauf bei eineiigen Zwillingen. Schweiz. Med. Wschr. **77**, 140, 1947.

— Les examens vasculaires des placentas gemellaires et le diagnostic des jumeaux homozygotes. Bull. Soc. Roy. Belg. Gynec. Obstet. **26**, 773, 1956.

WHITEHOUSE, D. B. B. & H. G. KOHLER: Vasa praevia in twin pregnancy; report of two cases. J. Obstet. Gynaec. Brit. Emp. **67**, 281, 1960.

WILLIAMS, G., I. GORDEN & J. EDWARDS: Observations on the frequency of fused foetal circulations in twin-bearing cattle. Brit. Vet. J. **119**, 467, 1963.

WILLIAMS, J. W.: Note on placentation in quadruplet and triplet pregnancy. Bull. Hopkins Hosp. **39**, 271, 1926.

WILSON, T.: Hydramnion in cases of uniovial or homologous twins. Trans. Obstet. Soc. London **41**, 235, 1899.

WINNER, W.: Parabiotic Syndrome. Letter to the Editor. New Engl. J. Med. **269**, 1043, 1963.

WISLOCKI, G. B.: Observations on twinning in marmosets. Amer. J. Anat. **64**, 445, 1939.

WITSCHI, E.: Appearance of accessory "Organizers" in overripe eggs of the frog. Proc. Soc. Exp. Biol. Med. **31**, 419, 1934.

— & R. LAGUENS: Chromosomal aberrations in embryos from overripe eggs. Developm. Biol. **7**, 605, 1963.

WOLF, W.: Zwei neue Fälle monoamniotischer Zwillinge. Inaug. Diss. Leipzig 1920.

WOLFF, E. DE, K. SCHÄRER & J. LEJEUNE: Contribution à l'étude des jumeaux mongoliens. Un cas de monozygotisme hétérocaryote. Helv. Paediat. Acta **17**, 301, 1962.

WURZBACH, F. A. & I. A. BUNKIN: Unilateral acute hydramnios in uniovular twin pregnancy. J. Obstet. Gynaec. Brit. Emp. **56**, 242, 1949.

YURCHENKO, V. T.: Case of freemartinism in Karakul sheep, the result of vascular parabiosis in twins of different sexes. Dokl. Akad. Nauk SSSR, **146**, 254, 1962.

ZITNIK, R. S., V. V. SOLOVYEV, H. W. MARSHALL & T. W. PARKIN: The immediate hemodynamic effects of abdominal paracentesis in two patients with chronic constrictive pericarditis. Mayo Clin. Proc. **39**, 101, 1964.

ZUELZER, W. W., K. M. BEATTIE & L. E. REISMAN: Generalized unbalanced mosaicism attributable to dispermy and probable fertilization of a polar body. Amer. J. Hum. Genet. **16**, 38, 1964.

ZVAIFLER, N. J.: Discussion in: Immunologic aspects of rheumatoid arthritis and systemic lupus erythematosus. Arthritis & Rheum. **6**, (Suppl.): 498, 1963. (Trans. of Conf. Sept. 23–24, 1962.)

VI. Cellular Exchange Between Mother and Fetus

Intervillous Thrombosis. Tumor metastasis

It is now difficult to understand that, as recently as a century ago, a most active controversy raged in the pertinent scientific literature as to whether or not the maternal and fetal placental circulations are separate. The searching essay of v. BAER discusses this problem in great detail, for man and some other species. v. BAER comes to the tentative conclusion that indeed there is no confluence of circulations, a concept which from then on became the predominant view (see historical review by DE WITT). While this has now been proved in many different ways, more recent studies have shown that this barrier, separating maternal from fetal circulations for cellular elements, may be *discontinuous* at *times*, circumstances which may have grave sequelae for both mother and child.

Fetal to maternal red cell transfer

This renewal of interest begins with the studies of LEVINE, KATZIN & BURNHAM who suggested that maternal immunization to fetal Rh-antigens can only be explained by assuming "that fetal blood, in one form or other, penetrates the villus in sufficient quantity to induce immunization of the mother". This concept has since been proven beyond doubt, argument remaining how physiological such transfer is, how frequently and when during pregnancy it occurs, and what the nature and cause of the villous discontinuities are which allow such transfer. Arbitrarily, one may distinguish two types of transplacental (fetal to maternal) transfer of blood; that which can only be detected by specific techniques designed to uncover small numbers of foreign red cells, and that which is so massive as to cause a posthemorrhagic fetal anemia of clinical consequence. The latter is much less frequent but also more readily identified and indeed, it served as the first indication in support of the hypothesis of maternal immunization. WIENER ruled out the usual causes of fetal hemorrhage (vasa praevia, placenta praevia) in the second case he described and suggested that the neonatal anemia (6.5 g Hgb) of an otherwise normal term baby must have been due to occult prenatal hemorrhage. Many cases have been reported since then in which the fetal anemia could be explained conclusively by finding large quantities of fetal red blood cells in the maternal circulation. At times, the bleeding was instrumental in causing maternal isoimmunization (CHOWN 1954, GUNSON), at others it caused what appeared clinically to be a transfusion reaction in the mother (CHOWN, 1954, 1955; GOODALL *et al.*). The subject has been reviewed in detail by FINN, HARPER, STALLINGS & KREVANS.

Additional reports of massive fetal transplacental bleeding that have not been cited in this review are those by MITCHELL *et al.* (3 of 9 cases from vasa praevia, 3 from velamentous vessels other than vasa praevia, 1 injury from Drew-Smythe catheter, 2 occult); BORUM *et al.* (2 cases with normal placenta); GRIMES & WRIGHT (review of 15 previous cases; 1 case with normal placenta); FYNAUT (review; *lit.*); MANNHERZ (1 case, brown surface of "meaty" placenta; addt'l. *lit.*); SAMET & BOWMAN (case with severe maternal transfusion reaction); RUDOLPH *et al.* (stillborn, increased hematopoiesis, liver necrosis; placental intervillous hematoma); PAROS (1 case with extensive hematopoiesis, calculated loss of 400 ml fetal blood, apparently normal placenta); DESBUQUOIS *et al.* (1 case, normal placenta, additional literature); NAEYE *et al.* (stillborn with widespread ischemic necroses, apparently normal placenta); WEISERT & MARSTRANDER (anemia, generalized edema).

In a majority of the cases reported, no placental lesion was found, thus supporting WIENER's statement: "The main objection to this concept (the leakage from a defect) is the difficulty of demonstrating such postulated placental defects in pathologic specimens". There are a few notable exceptions, however, and the lesions described in these should serve as a stimulus for future careful study of placentas in such cases. In the first well substantiated cases of massive transplacental hemorrhage, CHOWN (1954, 1955) found lesions in the two placentas that were studied of his three cases and they are well depicted in his second report. In one there was a large (2.7 cm) spherical cystic cavity in which many nucleated red blood cells were seen and the author suggests that all the lost fetal blood had been contained within this large intraplacental (? intervillous) hematoma. Degenerative changes were lacking in the adjacent villi. In his other case, the umbilical cord contained only one artery and the careful examination is presented in excellent description and photography of this specimen. In the center of the placenta, on the maternal surface and central in a cotyledon, a 0.7×0.3 cm excavated defect was found with evidence of adjacent old hemorrhage, including nucleated red blood cells. This was an erythroblastotic infant, the mother experienced a "transfusion reaction" during the presumed episode of fetal hemorrhage. In his first case, the patient described abdominal pain without bleeding at $8\frac{1}{2}$ months, representing the symptoms of fetal to maternal hemorrhage. There is little doubt that these defects were in fact the sites of hemorrhage but it is unknown what was their ultimate cause. In the cases reported by APLEY et al. and MITCHELL et al., injury from a Drew-Smythe catheter, used to induce labor, could be considered as being responsible. PEARSON & DIAMOND observed an apparently spontaneous placental hemorrhage in which the placenta showed an area of retroplacental depression from blood clot and BENSON et al. seem to assume that in their case the subsequent (4 months) development of a postpartum choriocarcinoma was causally related to the massive fetal hemorrhage. However, there is no description of the placenta to show the presence of a choriocarcinoma at that time and to say that this tumor has invasive properties seems insufficient evidence to link these two events. Nucleated red blood cells in the intervillous space were shown by SHILLER in his case of neonatal shock from transplacental hemorrhage and a large retroplacental clot was seen on gross examination. In most cases though, a distinct placental lesion to account for the often massive occult fetal hemorrhage, such as may be demonstrated for instance in torn vasa previa, etc. (WICKSTER; others) has not been found. The observation of apparently frequent transplacental blood loss of smaller degrees during pregnancy and its important possible consequence, maternal isoimmunization, place considerable urgency on the recognition of the site of such exchange and its possible prevention. It is necessary to learn whether this bleeding constitutes a "physiologic" event or whether specific diseases, medications or trauma bear a relationship to its occurrence. In this respect, a searching inquiry into the present state of knowledge regarding the pathologic findings in the placenta is warranted. WENTWORTH has recently undertaken a careful study which seeks to explain the mechanism of fetal-maternal bleeding. In 50 cases this author employs a new large sections technique similar to that used in pulmonary pathologic studies and correlates the findings with the presence of fetal red cells in the maternal blood. The only lesion identified to have a striking association with such hemorrhages into the maternal circulation was the presence of numerous fresh lakes of blood within the centers of cotyledons. Cases with more numerous such hematomas had a high frequency of fetal red cells in maternal blood and there were virtually no exceptions to this. The author reviews previous reports and refers to KLINE's original observations in this respect. For future studies of this phenomenon it appears that his method of studying the placenta has considerable merits.

The presence of fetal red blood cells in the maternal circulation during or shortly after pregnancy can be demonstrated in a certain percentage of women by a variety of means. The older method of finding fetal hemoglobin has been largely discarded as being too crude and often too nonspecific. Indeed, the content of fetal hemoglobin has been found increased on occasion in the blood of pregnant women with a hydatidiform mole in which there is little or no fetal blood present in the conceptus (BROMBERG *et al.*). Instead, the method suggested by KLEI-HAUER, BRAUN & BETKE and modified subsequently by numerous authors, is used. It rests on the differential elution from the red cells of maternal hemoglobin with special buffer solutions, the fetal red blood cells remaining deeply colored because of their different hemoglobin. SCHNEIDER & LUDWIG have recently presented a method allowing the detection of minimal quantities (0.001—1%) of fetal blood in the maternal blood and FINN *et al.* (1963) discuss all other possible methods useful in this context. In a recent publication, KLEIHAUER & BRANDT estimate the length of survival (70—80 days) of fetal red cells in the postpartum maternal blood in 18 cases of fetal-to-maternal hemorrhage of an average amount of 250 ml fetal blood. They draw attention to the fact that neonatal anemias can be explained as late as 4—6 wks. postpartum by suitable studies. COHEN & ZUELZER find excellent agreement between the "Kleihauer technique" and the immunofluorescent system they employ.

The variability of the incidence figures of fetal red cells in maternal blood reported in numerous studies in the literature must be related to the technique employed, the blood group compatibility as well as the gestational age and the maternal and obstetric complications attending the pregnancies. For the purposes of this presentation, the actual frequencies are immaterial, they are reviewed by FINN *et al.*, ZIPURSKY *et al.* 1963a, and FREESE & TITEL who also present their own findings and compare them critically with other reports in the literature. The latter authors find an admixture of fetal cells in maternal blood in approximately 44% of patients studied antepartum and 57% studied postpartum. They indicate that fetal cells in the maternal circulation may be detected as early as in the second month of pregnancy. All authors are agreed that manual removal of the placental and other surgical procedures (disturbances at the "choriodecidual junction") increase the exchange substantially. DOOLITTLE, seeking the nature of placental lesions, has studied the integrity of the fetal vascular bed by injecting air into the umbilical vein of placentas submerged in water immediately post-partum and employing controlled injection pressures. Bubbling was observed commonly under the chorionic plate in 23% when physiologic pressures were employed and more frequently when cord traction had been used to deliver the placenta. He suggests that the placental blood be allowed to escape from the cord after delivery of the baby rather than tying the placental end in order to prevent transfer. BROWN finds about 50% postpartum maternal contamination with fetal cells but in only 9 of her 83 positive cases (of 165 total) the amounts were in excess of 0.002% of total red cells. She found some (expected) correlation with larger placentas but none with calcification or infarction. The exact quantitation of such hemorrhages and its correlation with maternal isoantibody levels are important in attempts at correlating the "bleeds" with the time of maternal isoimmunization (Rh) and its possible prevention by immunological means (see FINN *et al.* 1961, 1963 and CLARKE *et al.*). Moreover, the prevention of accidental and traumatic contamination by catheters, as described previously, or during amniocentesis (ZIPURSKY *et al.* 1963b; see also Editorial, same issue p. 501;

QUEENAN & ADAMS) should be achieved by gaining knowledge of the location of the placenta by placentography (see HIBBARD; FINN & DURKIN). On the other hand, it has now been shown that massive and traumatic hemorrhages are not the usual cause of Rh sensitization. Rather, repetitive small fetal red cell transfers are apparently common in early pregnancy and may account for a majority of women sensitized during first or second pregnancy (see COHEN & ZUELZER; ZIPURSKY et al., others). The apparently protective effect of ABO incompatibility on the development of Rh isoimmunization is borne out in these studies concerned with fetal to maternal hemorrhage. Most authors fail to find fetal cells in maternal blood in the face of ABO incompatibility or only very small numbers which then disappear rapidly (FRASER & RAPER; ZIPURSKY et al. 1963a). Only COHEN & ZUELZER find (transitory) Rh-isoantibodies in 2 of 8 ABO heterospecific pregnancies. ZILLIACUS demonstrates agglutinated incompatible fetal red cells in the maternal circulation and reviews the literature pertinent to this finding. JAVERT & REISS present conclusive evidence that, at least at times, such extravasated fetal erythrocytes may be the principal source of intervillous thrombi or, as they prefer to call these lesions, intervillous coagulation hematomas.

Intervillous thrombosis

At this point, a discussion of the nature of intervillous thrombi and fibrin deposits is most suitable because, if these lesions have any real significance in fetal development, it is because of their possible association with maternal isoimmunization and fetal erythroblastosis.

The subject of fibrin deposition and intervillous thrombosis has been reviewed critically by FOX recently, who rejects the term *"white infarct"*, so frequently used in the literature since ROHR. In the true sense of the word, these lesions do not represent infarcts but rather, they are thromboses or, in some instances when hemorrhage occurred into septa or preexisting infarcts, they are to be considered hematomas (ZEEK & ASSALI). We are in agreement with FOX who considers several reasonably distinct morphologic entities: The subchorionic plaque-like fibrin deposits; the central intervillous thromboses; the basal intervillous thromboses and the fibrin encasement of villi. Additional lesions which may be mentioned in this context but with presumably different etiologic mechanism still, are the decidual hematomas and true placental (red to yellow) infarcts. CARTER et al. suggest the term "divergent villous lesions" for intervillous thromboses and summarize all of the previously used terminology.

Subchorionic fibrin plaques are found in 15% of normal pregnancies (FOX) and they are considered innocuous lesions, presumably arising because of the eddying of maternal blood in the subchorial lake. The fibrin which normally surrounds the villi in this region is here deposited in laminated, grossly visible amounts, at times in impressive quantities (Fig. 144). The trophoblast which covers the villi in this region, then degenerates but the villi proper do not become necrotic. Perhaps they become more fibrotic.

Of greater interest are the intervillous thromboses, particularly because of the continuing argument whether the blood which makes up these lesions derives from the fetal or from the maternal circulation. Moreover, the genesis of the intervillous thrombi is still in dispute. On gross examination, a majority of thrombi is located in the central portion of the placenta and fewer typical lesions of this nature are seen on the maternal surface. They may occur singly or as multiple lesions. HUBER et al. have described as many as 20 separate intervillous thrombi in a single placenta. They vary in size from a few millimeters to several centimeters in diameter, however, their usual width is 1—2 cm. A fresh intervillous thrombosis is dark red, and parallel layers of laminated fibrin are usually

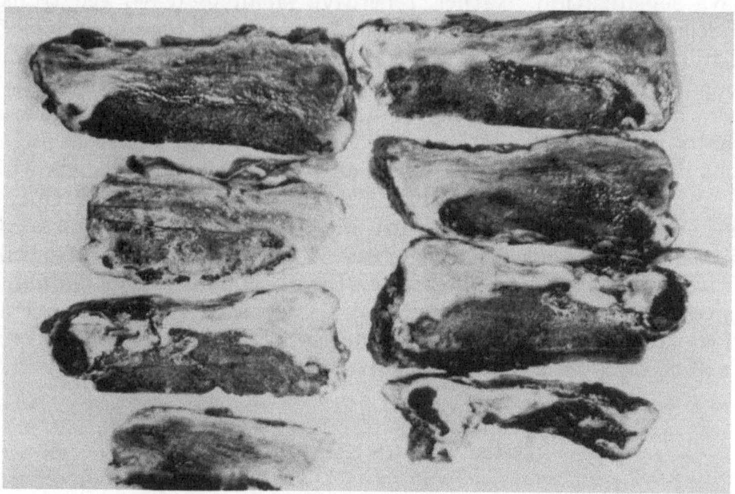

Fig. 144. Cross sections of placenta with extensive laminated intervillous thrombosis in the subchorial lake (white). While this is usually an innocuous process, here it was associated with maternal floor infarction and stillbirth of premature fetus.

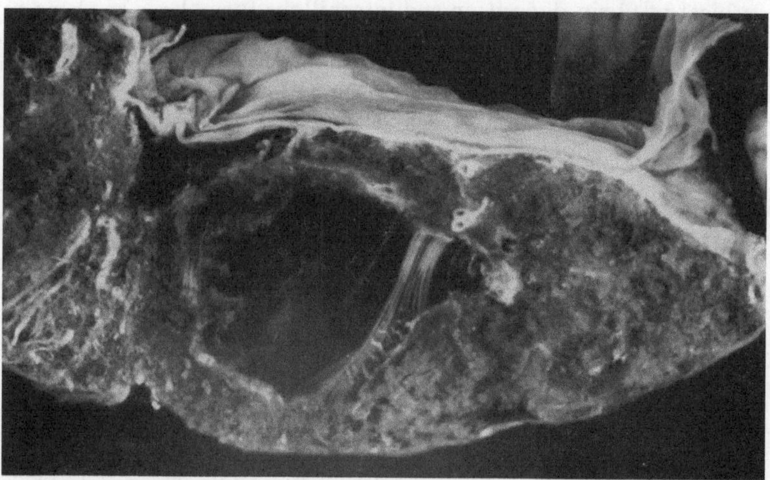

Fig. 145. Fresh intervillous thrombosis in its usual location. Through the dark red coagulum span layers of fibrin. on the right. Floor of placenta is normal.

visible on gross and microscopic examination within their center (Figs. 145, 146, 149). Because of their tendency to push aside the normal villous tissue, CARTER *et al.* have described intervillous thromboses as "divergent villous lesions" and as such they are readily distinguished from infarcts, angiomas, etc. Within days of their formation, the red blood cells lyse, the center becomes brown and thereafter, only white, layered fibrin remains of the original thrombus. It is in the later stages of their development that the adjacent villi atrophy, their trophoblast cover dies and they become enmeshed in fibrin (Figs. 146, 147). Curiously, no "organization" in the pathologist's sense ever takes place (Fox) which may relate

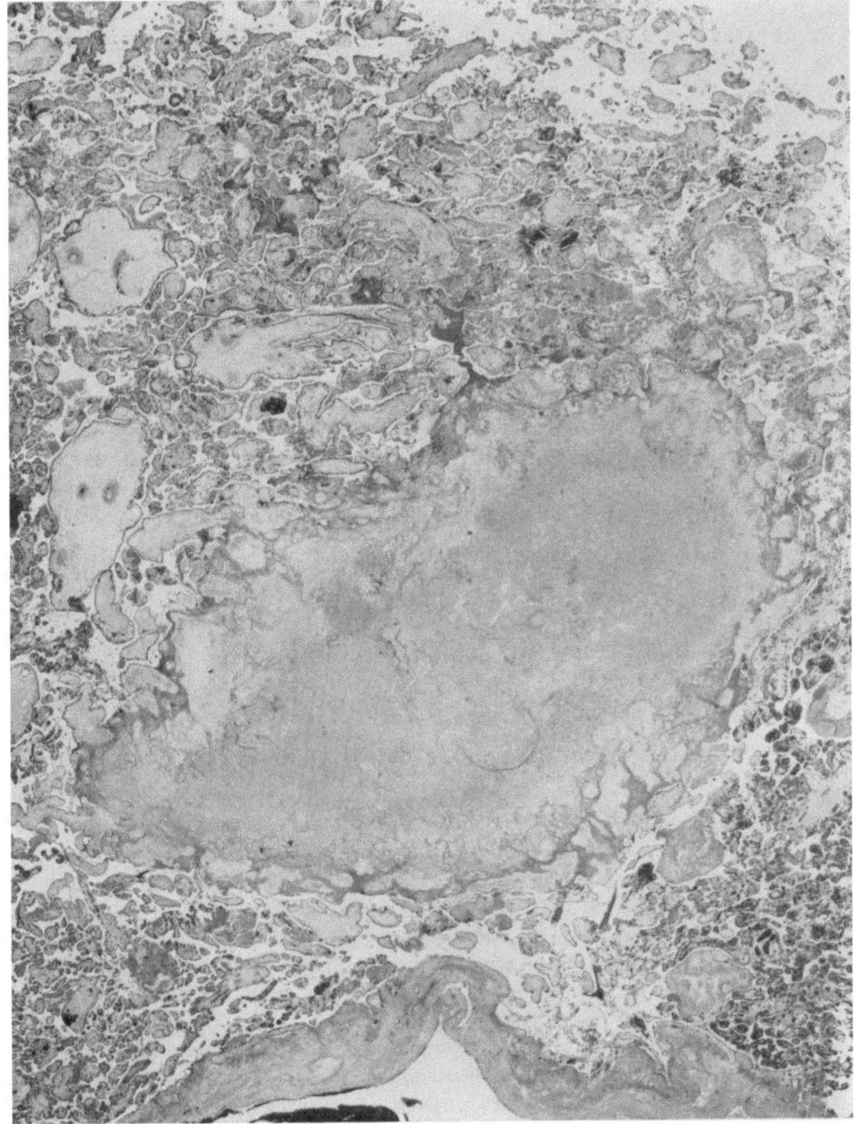

Fig. 146. Older intervillous thrombosis, composed of granular protein (lysed red cells and fibrin) with marginal zone of dead (infarcted) villi which are encased in more recent fibrin deposits. No "organization" takes place. Immature placenta, floor below (H & E × 10).

to the fact that the placenta apparently lacks the ability to produce granulation tissue (DUNN). KLINE (1948) has disagreed with this view and assumes that true villous adhesions may form through the agency of granulation tissue. Newer studies, however, prove to our satisfaction that there are neither intervillous capillary anastomoses (CRAWFORD; ARTS) nor actual growing together as KLINE envisions it. During the process of lysis of red cells in intervillous thromboses, one finds frequently hematoidin, hemosiderin, and macrophages which have

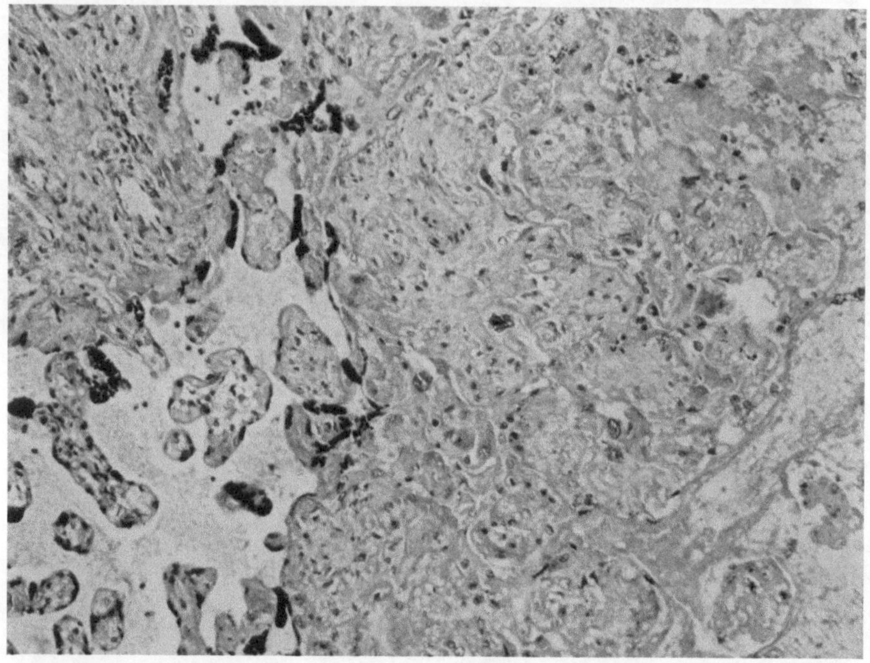

Fig. 147. Margin of old intervillous thrombus (right) showing fibrin encasement of adjacent villi with atrophy and death of trophoblast toward the thrombus. No granulation tissue (H & E × 160).

engulfed red blood cells (Fig. 148). An apparently unrelated phenomenon was the presence of numerous plasma cells within dying villi surrounding an intervillous thrombus. These were thought to be due to the exposure of fetal tissues to maternal antigens (BENIRSCHKE & BOURNE). However, in view of the presence of villous plasma cells in cases of transplacental infections with viruses, etc., this conjecture cannot be supported any longer although such agents could not be detected in this case and the plasma cells were confined to this focus of intervillous thrombosis.

As has been stated, intervillous thromboses are more commonly found in the central portions of the placenta and FOX considers it necessary to separate those which are located on the maternal surface as representing a separate entity. Possibly the latter have a different etiology, namely decidual vascular disturbances. In the thromboses which occur near the maternal floor of the placenta, the lesion may be so intimately associated with lesions of maternal vessels that it is difficult to deny their maternal origin. HUBER, CARTER & VELLIOS, who consider the primary maternal blood coagulation unquestionable in the mechanism of intervillous thrombosis, show a photomicrograph in which the thrombus appears to sprout from a decidual vessel and they state that, in some such cases, maternal decidual vein thrombi can be seen (Fig. 149).

The *frequency of intervillous thromboses* has been given by many authors. Fox points out that he studied only entirely normal pregnancies and finds 12% of placentas to contain central intervillous thrombi and another 6% had basal thrombi. JAVERT & REISS report intervillous thromboses in 1–10% of abortions, in 24% of delivered and otherwise normal placentas, in 41% of placentas in toxemic pregnancies and in 79% when erythroblastosis fetalis complicates pregnancy. CARTER et al. find central thromboses in over half of their placentas (238 of 400) and a similar number in the subchorial space (225 of 400). About one half of these placentas had more than one thrombosis and, in their view, eddying of maternal blood currents is the etiologic mechanism. The great divergence of incidence figures reflects the type of pregnancies studied. Fox examined only normal material, while other authors reviewed consecutive deliveries or random samples. It appears that the only positive correlation of intervillous thrombosis exists with erythroblastosis fetalis; perhaps there is a relationship to toxemia of pregnancy.

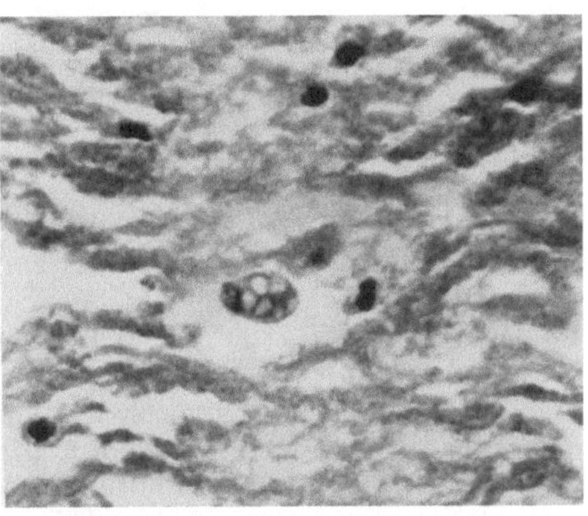

Fig. 148. Macrophage with erythrocytophagocytosis at edge of established intervillous thrombosis (H & E × 400).

The *pathogenesis of intervillous thrombi* is in dispute and as many reports favoring the fetal origin of the clot can be cited as those which incriminate the maternal circulation. For a recent review see Fox. JAVERT & REISS concluded that in 48.7% of their cases of intervillous thrombosis in erythroblastotic placentas, nucleated red blood cells were present in the coagula and in 8% of those without erythroblastosis. Because of this histologic finding and their statistical associations derived from a large material, they feel that fetal bleeding causes the coagula. POTTER had previously rejected Javert's earlier reports on the same phenomenon and suggests that some of the nucleated cells have mistakenly been interpreted as red blood cells, while they actually represented lymphocytes, partaking in the frequent marginal leukocytic response of such lesions. KLEBS had previously observed similar cells and he also interpreted them to be lymphocytes. POTTER

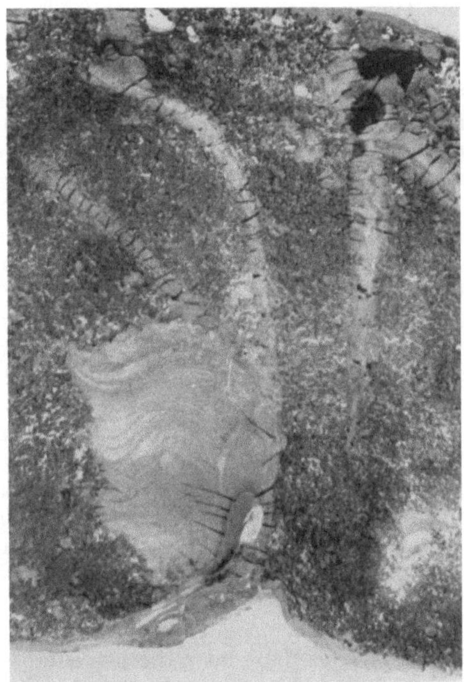

Fig. 149. Layered fibrin in basal type of intervillous thrombus, associated with decidual necrosis and thrombosis of decidual vein; absence of true infarction.

presents a study of 56 intervillous thrombi (found in 1,660 placentas; incidence 3.6%; 4 excluded because of degenerative changes) in which ABO blood types

were determined of mother, infant and thrombus. These data are summarized
in the following table:

Table VI., from POTTER (1948): Blood groups in 56 intervillous thrombi.

Number	Thrombus	Infant	Mother
22	0	0	0
20	A	A	A
2	B	B	B
5	A	0	A
2	B	A	B
2	0	B	0
2	A	B	A
1	0	A	0

From these data, POTTER concludes that in 44 cases the blood groups of fetus
and mother are the same and no decision can be reached regarding the origin
of the thrombi. In the twelve others, however, none of the thrombi was of the
same blood group as the baby. This proves to her satisfaction the maternal
derivation of the blood in the coagulum. JAVERT & REISS and KLINE reject this
finding on grounds that the blood of the thrombus was unsuitable for typing
because of degenerative changes and POTTER gives no data in her paper as to how
the typing of the thrombi was performed. There is no question that maternal
blood would be interspersed in such thrombi, even if they were initially of fetal
origin, since the event takes place in the intervillous space, *i. e.* the maternal
circulation. It is quite possible then that existing maternal isoagglutinins would
react in all of the four categories (Table VI.) with the fetal blood and render them
agglutinated. Whether such agglutinates could be detected by POTTER's procedure
is speculative. There remain 5 cases though in which possibly the group A mothers
had no agglutinins against their group O babies, a small proportion of the group
from which to draw categorical conclusions. Clearly, similar studies with more
discriminating modern techniques are in order to sort out the discrepancies.
Particularly needed now are studies which would be capable of detecting possibly
lysed fetal cells, of which there must be some, as the villous surfaces adjacent to
such coagula are very frequently eroded. Fox reaches similar conclusions and
presents evidence that nucleated red cells occur in intervillous thrombi. He believes that a small number of fetal red blood cells may initiate the coagulum which
is subsequently composed primarily of maternal blood. Fig. 150 shows the margin
of an intervillous thrombus in the placenta of an erythroblastotic fetus in support
of this notion. Nucleated red blood cells are seen both in the thrombus and in the
fetal vessels. In the absence of such marker cells it would probably be difficult
to reach a conclusion regarding the origin of the thrombus and the problem
becomes even more complex when lysis has taken place in the substance of the
coagulum.

If *fetal hemorrhages* then may be the cause of some intervillous thrombi—and
Fox separates those near the placental floor as related to decidual fibrin deposits
and vascular lesions (see the original description of ROHR and the contributions
by HUBER *et al.* & MARAIS)—why should such hemorrhages occur so frequently?
The same question has been asked as to the causes of the clinically recognized
fetal to maternal hemorrhages, massive or occult, with resulting fetal anemia
or maternal isoimmunization. In established lesions, it is difficult to be certain
that the villous erosions found so frequently adjacent to hematomas (Fig. 146)

are the cause of fetal hemorrhage; they may be the result of local anoxia and we favor this view because of their concentric arrangement around the thrombi. KLINE (1948) expressed his opinion to the effect that breaks in the villous surface are the primary lesions. These occur frequently and they are "healed" by fibrin deposits, "blobs" as Fox calls them (Fig. 151). Fox finds these defects invariably over the thinned-out bulges of the fetal capillaries, the "emphysema of the vascular syncytial membrane", as GETZOWA & SADOWSKY describe this area. These views are not well substantiated as yet but no real alternatives are available. It is also uncertain whether the normal fibrin deposits of maturing placentas should be considered of the same origin or related to aging. As stated, KLINE (1948) describes numerous "breaks" in the surface of villi and degenerating trophoblast, covered with fibrin and agglutinated red bloodcells, particularly in erythroblastosis fetalis. In his view, all fibrin deposits (Fig. 151) ultimately stem from fetal hemorr-

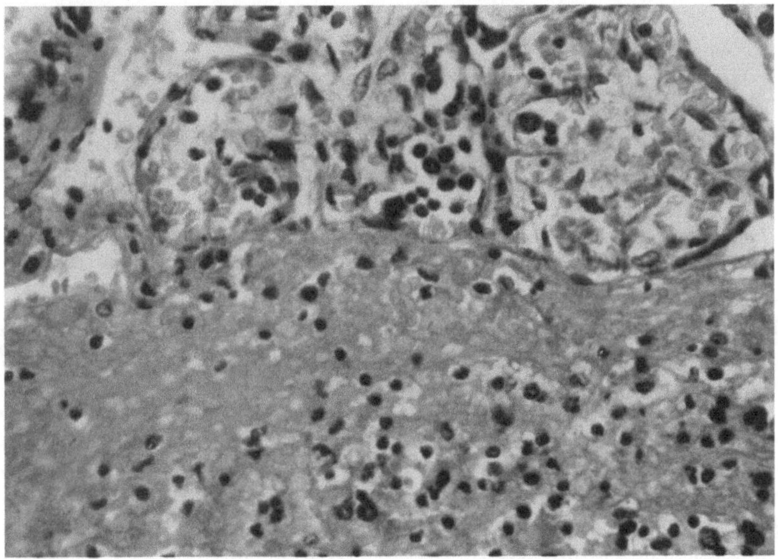

Fig. 150. Edge of recent intervillous thrombus in case of erythroblastosis fetalis. Erythroblasts are present both, in the villous vessels and in the thrombus (H & E × 400).

hages and (!) can be related to fetal vascular occlusions with subsequent villous surface necrosis. While we cannot agree with this concept, in his later paper, KLINE (1951) gives a brief review of previous literature on placental fibrin deposits and reiterates the undoubtedly correct earlier description of nucleated red blood cells in the hematomas of two cases of erythroblastosis. SHANKLIN, who favors the concept of wholly maternal contribution to the thrombi, bases his view partly on the probably incorrect notion of aneurysmal intervillous spaces ("lake"). We prefer to look at the normal intervillous space in the light of HÖRMANN's description as a capillary space, so well demonstrated in rapidly frozen and sectioned placentas by BECKER. At the same time, HÖRMANN defends the maternal nature of intervillous hematomas, quoting Montgomery in support and refuting statements of Hinselmann and Steigrad who feel that they are derived from fetal hemorrhage and want them to be strictly separated from retroplacental hemorrhage. Other authors (Vermelin & Braye; Thomsen; Bartholomew) are also quoted as supporting the latter position and, in view of HÖRMANN's demonstration of a fetal "Kollapsanämie" with "bleeding" into enormously dilated villous vessels (his Figs. 16, 17), it is surprising that he cannot assume that rupture of such vessels may take place with formation of intervillous thrombi. Later (p. 334), he rejects findings of what we consider proven, namely the occurrence of sensitizing fetal red cells in the maternal circulation and the demonstration of microscopic

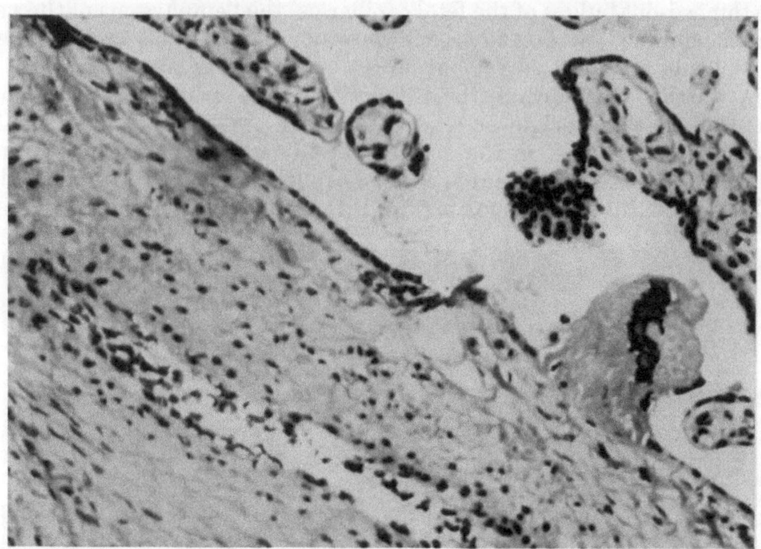

Fig. 151. Small fibrin deposit on main stem villus in area of trophoblast defect. The fibrin contains a central deposit of calcium but shows no evidence of organization and underlying villous tissue is entirely normal with patent fetal vessels (H & E × 200).

villous defects, shown by NAESLUND & AREN in serial sections. Also, the fetal vascular "herniations" of villi described by THOMSEN; GETZOWA & SADOWSKY and others are not considered to be valid concepts. These questions are also discussed in detail by MANNHERZ who quotes Bickenbach & Kivel and other investigators as having demonstrated fetal cells in the intervillous space. OEHLERT *et al.* find fetal hemoglobin (above 5%) in retroplacental clots in 29 of 93 cases and review the literature.

In summary then, it appears that some intervillous thromboses contain fetal red blood cells; indeed, these may be the initial cause of coagulation. The major component of the central intervillous thromboses, however, is maternal blood. Perhaps, the basal intervillous thrombi are composed only of maternal blood. In pathologic circumstances in which there is no functional fetal circulation (BREUS' mole; hydatidiform mole), the thrombi must be wholly composed of maternal blood Two events stand out as being most likely the original changes leading to fetal-to-maternal bleeding episodes and central intervillous thromboses: local villous capillary dilatation with rupture at one point or another on this enormous surface, and focal ischemia due to eddying or other intervillous vascular disturbances. The additional factor of trauma during operative intervention must also be considered. It is not surprising that even a careful pathologic study may not detect the site of the fetal hemorrhage or its ultimate cause, and if the occasional deportation of whole villi to the lung of the mother can be regarded as securely established (BARDAWIL & TOY), then it should not be surprising that much smaller placental defects, such as needed for the escape of less than a ml of fetal blood, takes place frequently in this vascular organ.

Related to the topic of intervillous thrombosis is the pathogenesis of BREUS' *mole* or, as BREUS called it, the tuberous subchorial hematoma. As described by BREUS and reaffirmed by subsequent authors (reviewed by LINTHWAITE), this condition is seen almost exclusively in "missed abortions", *i. e.* pregnancies near or beyond the expected term but producing only a diminutive placenta, often with a minute macerated embryo. The entire surface of the placenta, even the chorion laeve, may show numerous round, protruding masses (Fig. 152) which, at times, occlude the fetal cavity. In earlier abortions, the subchorionic hematoma may be seen singly (Fig. 153). LINTHWAITE presents evidence of persisting gonadotropin production by such placentas, the

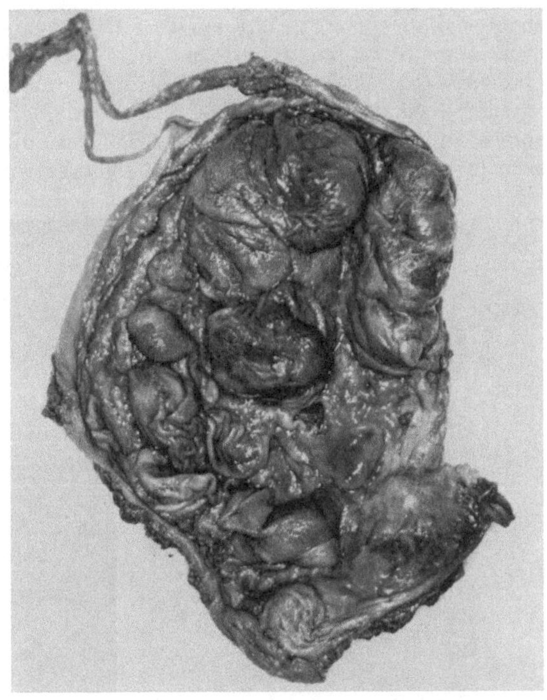

Fig. 152. Missed abortion, typical BREUS' mole or placenta with subchorionic tuberous hematomas. Numerous bloodfilled, irregular, dark masses project into fetal cavity. No embryo was found.

fetus having died long before study. BREUS considered fetal death to be the primary event, continued chorio-amnionic growth with reduced amnionic pressures leading to diverticula (impressively shown in his illustrations) which may then subsequently be filled with intervillous blood. The lack of blood in some such diverticula and their frequent narrow pedicles lead him to this assumption. LINTHWAITE, on the other hand, feels that the formation of the hematomas leads to compression fetal vessels which then in turn is the cause of fetal death. In the absence of a fetal circulation, the hematomas are undoubtedly of maternal origin and some authors have chosen

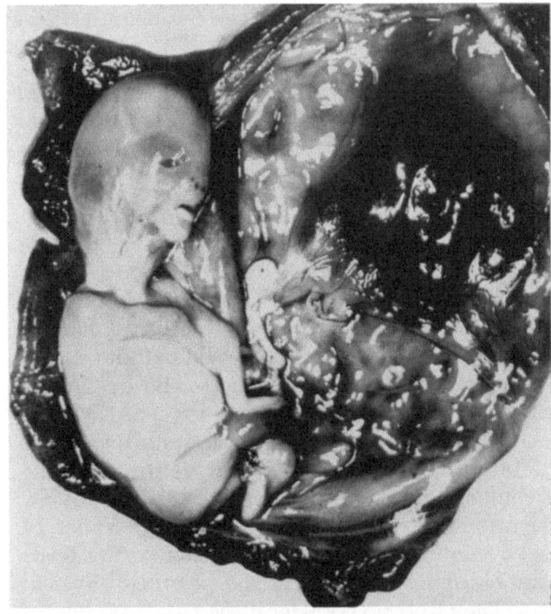

Fig. 153. "Missed abortion" at 6 months. One large subchorionic tuberous hematoma to the right of insertion of cord.

the designation mola aneurysmatica (*lit.* HÖRMANN, p. 338). In our opinion, these lesions are to be likened to the single subchorionic hematomas of more mature placentas (Fig. 154) which are occasionally mistaken for twin sacs. The mechanism of their formation may relate to abnormal circulatory phenomena in the subchorial area which also partake in the accumulation of a certain amount of fibrin here in normal placentas during later stages of pregnancy (HUBER *et al.*; FOX).

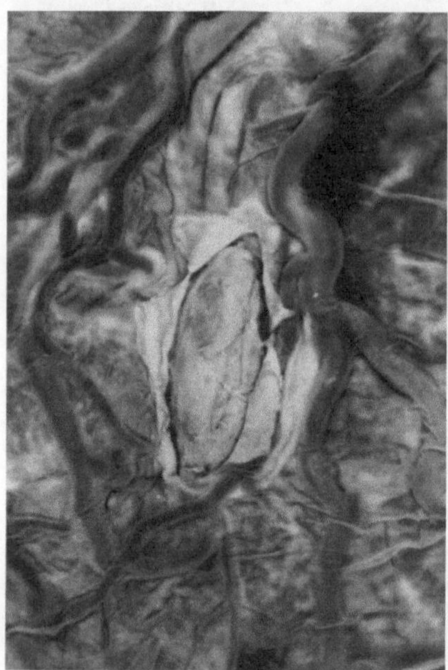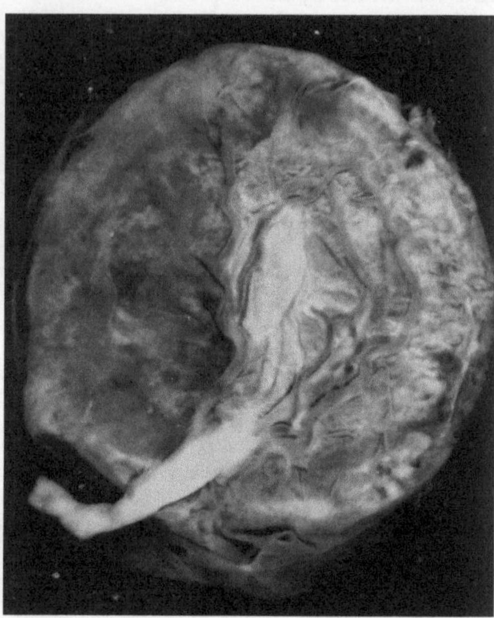

Fig. 154. Term placenta with sac-like subchorionic hematoma. On opening (right), the sac contained only layered fibrin and degenerating blood. It was continuous with the intervillous space.

It is possible that the protuberances are formed by the force of the maternal arterial jets which terminate in the region. There is little evidence of continued growth of the chorionic plate after fetal death as BREUS had envisaged it. This was pointed out as early as 1897 by NEUMANN and reaffirmed later by V. FRANQUÉ and others.

Transfer of Maternal Cells to the Fetus. Metastases

There is various evidence that maternal cells traverse the placental barrier occasionally and gain access to the fetal circulation. This may occur under apparently physiologic circumstances as demonstrated for red blood cells or, in the case of disseminated maternal tumors, when metastases have involved villous tissue. Studies attempting to recover radioactively tagged cells, stained cells, elliptocytes and sickle cells in the fetal circulation after their injection into the maternal blood stream have given conflicting results. A recent complete review by SMITH *et al.* presents also their own observations that within 13 hours of injection of their sample, some 0.3 ml of maternal blood may transfer to the fetus in normal pregnancies. These authors consider extensively the possible physical phenomena underlying such exchange. They find no transfer if the patients remain supine after treatment, presumably because of the "constantly lower intervillous space pressure". While transfer was so frequently observed in their studies, other authors found it to be absent ånd the discrepancies remain puzzling. Transfer of sickle cells was reported experimentally in three of twentyfive women with normal placentas (MACRIS *et al.*), while babies born of mothers with this disease (and therefore much higher concentrations of sickle cells) have been found endowed with entirely normal cells (MACRIS *et al.*; WINSTON & MASTROIANNI). No specific lesions have been implicated in this transfer and the discussion of the site of transfer by SMITH *et al.* remains entirely speculative. In the most recent study of the subject, ZAROU *et al.* study the transfer of chromium 51 tagged maternal red blood cells and indicate that this method is the most sensitive of all employed so far. 26% of their entirely normal pregnancies, terminated by vaginal or operative delivery, showed maternal to fetal cell transfer. At times it was an impressive amount (13 ml) and it caused no sensitization of the fetus. These authors give a detailed consideration of the possible mode of transfer and find no lesions (infarcts, hemorrhages as described by Hedenstedt & Naeslund) to account for this exchange. Because pressure gradients in the placenta are directed from fetal circulation toward the intervillous space, these authors consider the possibility of an active transfer by pinocytosis. VOLKHEIMER, and VOLKHEIMER & JOHN have studied the transfer of large particulate matter in experimental animals (guinea pig, dog) and conclude that purely mechanical phenomena are the basis for this exchange. Their results indicate that a pathologic lesion of the placenta need not necessarily be present to explain this permeability. COHEN & ZUELZER used immunofluorescence as the technique to demonstrate a few maternal cells in 3.6% of 82 newborns. Again, no sensitization to maternal ABO blood groups was demonstrable.

On very rare occasions, such "maternal-to-fetal transfusion" may apparently be the cause of neonatal plethora. MICHAEL & MAUER present three cases in which fetal plethora at birth was probably the result of transfusion from the mother before birth. Maternal cells or globulins, and less fetal hemoglobin than expected, could be demonstrated in the infants' bloods. The placentas did not appear abnormal although they were not specifically studied. It may be significant that in two cases, episodes of vaginal bleeding occurred before birth. In four such cases described by MURALT *et al.* difficult labors were present in three and one had a premature separation of the placenta. Fetal hematocrit was high and the authors believe that the phenomenon may be more frequent than is currently thought.

DESAI & CREGER find atabrine-labeled maternal leukocytes and platelets in six of nine babies' cord blood samples after injecting these cells into the maternal circulation. These studies were all performed at term and we believe the speculation is unwarranted that such cells may be responsible for the development of chimeras and graft *vs.* host reaction in the fetus, unless it could be shown that such transfer of white blood cells takes also place in the first trimester of pregnancy. There is now evidence of immunologic competence of the human fetus in the second half of pregnancy (SILVERSTEIN & LUKES and others) and furthermore, the study of large numbers of human male bloods and marrows in a variety of conditions, in newborns and adults, has not shown chromosomally female cells, except in structurally deranged intersex states which must be explained differently. It is our opinion, therefore, that if maternal white blood cells were transferred regularly in the latter part of pregnancy, they would neither be "accepted" by the fetus nor proliferate in the newborn (see also review by SOLOMON & YOKOYAMA). A most important exception in this respect has recently been published by KADOWAKI *et al.* A 16 months old infant died with all the characteristics of the runting syndrome and apparently due to maternal to fetal lymphocyte chimerism.

This was proven by chromosome studies (XX/XY) which did not extend to other tissues. Other pathologic findings were compatible with alymphocytosis and it is assumed that the fetal immunologic unresponsiveness was the reason for the successful transplacental lymphocyte "graft" from the mother.

DESAI & CREGER also find the occasional multinucleated circulating giant cell and contemplate whether these could have absorbed the label and represent syncytial cells, in analogy to the report by SALVAGGIO, NIGOGOSYAN & MACK. These authors found giant cells in 32 of 53 cord blood samples obtained at delivery, which, in their opinion, represent syncytium; decidua—like cells were seen in 14 instances. In 25 newborn autopsies, trophoblast was seen in heart and liver. These observations have not yet been confirmed and only one picture (their Fig. 3) bears any similarity to syncytium. The claimed frequency of such transfer and the regular absence of such cells in our observations of placental sections and newborn autopsy material make us regard this finding as doubtful at present and certainly unrelated to the cases of metastic choriocarcinoma in the fetus. In this complication of pregnancy, invasive growth destroys villi, a property never seen in the normal placenta, as the discussor of the paper (Hellman) points out properly. IKLÉ has subsequently attempted to confirm the report of SALVAGGIO et al. While his method demonstrated syncytial cells readily in the maternal circulation, none were found in twelve specimens of umbilical venous blood. He interprets the questionable cells as megakaryocytes. BOYD & HAMILTON have considered this aspect further. In serial sections of placentas, they demonstrate with convincing photographs the ingrowth of trophoblast into the villous stroma, "stromal trophoblastic buds" as they call these frequent masses of cells. Their outer layer is composed of cytotrophoblast and in the center is a, frequently degenerating, syncytial cell. Free syncytium is also found occasionally in veins of the placenta. For various pertinent reasons they suggest, however, that these buds could not represent the mechanism by which syncytium gains access to the fetal circulation, if the findings of SALVAGGIO et al. were confirmed.

These reports relate directly to the possible transmission of hemopoietic cells from mother to fetus in cases of *maternal leukemia*. This subject has been reviewed recently by DIAMONDOPOULOS & HERTIG who find that of "approximately 400 cases of pregnancy in association with leukemia or an allied disease, maternofetal transmission may have occurred in only 2 (Cramblett *et al.*; Priesel & Winkelbauer) and possibly in 4 more" (Berghinz; Chiari; Davis; Luetkens; all quoted by DIAMANDOPOULOS & HERTIG). None of their own cases (12 autopsies, 2 not studied, 34 survivors) had any evidence of disease and the placentas of 24 of 48 pregnancies showed no conclusive evidence of fetal involvement. Their excellent pictures show masses of malignant cells in the intervillous space but only rarely are very doubtful cells found in villi which they regard as fetal. BIERMAN *et al.* studied the maternal and fetal bloods at birth in a patient with florid leukemia. The former contained 154,000 white blood cells/cmm, the latter only 3,300 and without any evidence of leukemic elements. The implications of these findings regarding hematopoietins and viruses are discussed by these authors as well. Recent reviews by MOLONEY; BORONOW; McGOWAN; HENNESSY & ROTTING also indicate that maternal leukemia and disseminated Hodgkin's disease are not transmitted to the fetus. On the other hand, RIGBY *et. al.* employ the atabrine-label technique of DESAI & CREGER in a case of acute myelogenous leukemia and find occasional fluorescing cells in the fetal blood. Their identity with the maternal leukemic cells, however, may be questioned. Placental lesions were absent.

Very few instances of *disseminated fetal malignancy* have been seen or were studied adequately. From the few case reports it appears that transplacental metastases to the mother either do not occur or they are not detectable. The best studied examples are the rare neuroblastomas with demonstrated onset in fetal life. BIRNER reviews the literature and presents a case of a macerated baby with a large neuroblastoma in liver and kidney. Interestingly, this baby was at first thought to have died from erythroblastosis and the edematous placenta weighed 1,240 g (fetus 3,925 g), was thick and contained several hematomas but no metastases. In Figure 155, a section of a placenta of one of the two similar cases reported by

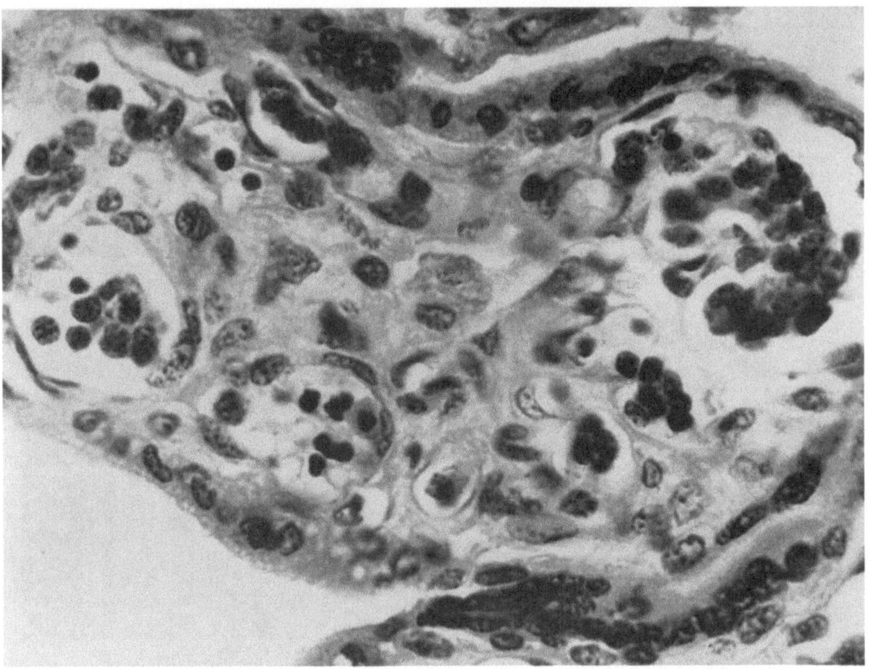

Fig. 155. Villus in stillborn with disseminated neuroblastoma. Many villous vessels contain clusters of tumor cells, occasionally assuming rosette-like configuration. No invasion of villous stroma (H & E × 400).

STRAUSS & DRISCOLL is shown. This stillborn also was thought to have had erythroblastosis at first, which was then ruled out by immunologic means. A large and widely metastatic adrenal neuroblastoma was found at autopsy. The edematous and large placenta contained numerous small tumor emboli but neither invasion into, nor rupture through villi was observed. In another case of an apparently erythroblastotic placenta, the macerated fetus must have had leukemia. The placenta (courtesy Dr. E. V. Perrin) weighed 1,000 g was very pale and edematous and it was composed of uniformly enlarged villi. Microscopically, the fetal blood vessels and the villous stroma were packed with uniform white blood cells, presumably lymphocyte precursors (Fig. 156). These cells were definitely not erythroblasts and none were found in the maternal circulation. The mother had a normal white blood cell count and there was no known blood group incompatibility; the severely macerated fetus was not autopsied. There were no villous discontinuities, no cells were present in the intervillous space and hemosiderin, usually found in the chorion of fetuses with erythroblastosis, was absent. It appears to us that this must represent an unusual case of fetal (and placental) leukemia which did not traverse the placenta.

Of the metastatic placental tumors, arising in the mother, the *melanoma* has attracted most attention, perhaps because it is the most frequent to metastasize to the placenta and, occasionally, to the fetus. The literature has been compiled by FREEDMAN & McMAHON who present a case with placental metastases but in which there was no involvement of the infant. Despite the placental lesions, the baby had no melanuria at birth, nor was the amniotic fluid so changed. The tumor had formed distinct dark masses in the dark gray placenta but it did not invade

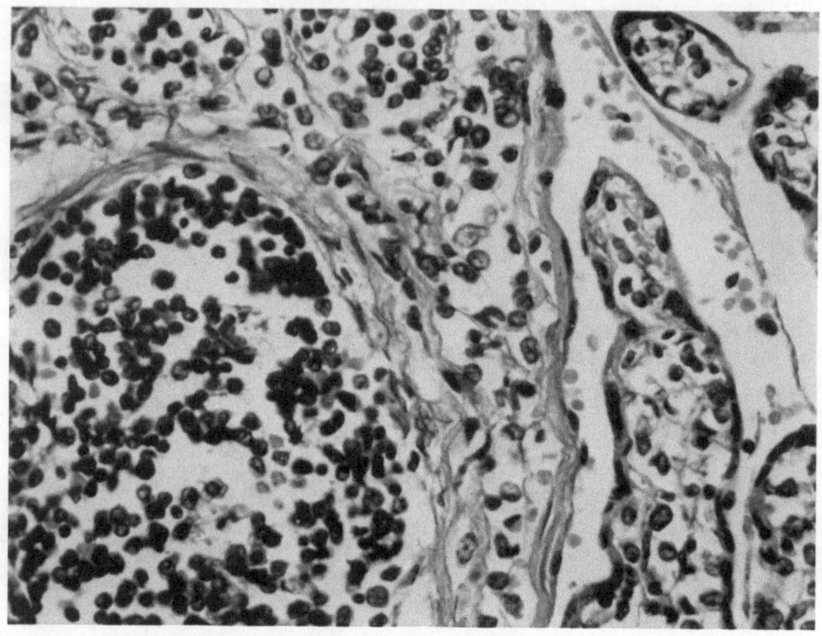

Fig. 156. Placenta of stillborn with fetal leukemia. All fetal blood vessels and the villous stroma are packed with leukemic cells. There is no break in the villous surfaces and the intervillous space is devoid of the tumor cells. See text (Courtesy Dr. E. V. Perrin, H & E × 160).

the villous tissue in many original sections. We believe, however, that other material from the same placenta shows definite villous invasion (Fig. 157) and large numbers of heavily melanin-pigmented Hofbauer cells are seen in the immediate vicinity of those nodules. (This melanin deposition bears no relationship to that described by ISHIZAKI & BELTER, a finding which has still to be confirmed. These authors employed various special stains and found in a large proportion of routinely studied placentas a pigment which they consider to represent melanin. This material was prominent in Hofbauer cells, in fibrin and in areas of calcification and was apparently related to chronic skin lesions of the mother.) Of 16 tumors reviewed by FREEDMAN & McMAHON as having metastasized to the placenta, the largest number (7) were melanomas. In three of these, fetal metastases were demonstrated (GOTTON & GERTLER: fetus had a tumor mass, no autopsy; HOLLAND who presents excellent photographs; DARGEON *et al.*). A more recent case lacks placental study but the mother and infant both seem to have had melanomatous metastases (CAVELL). Another instance of placental and fetal metastases from a melanoma has been documented by BRODSKY and his collaborators. Despite attempts of an immunological treatment of the newborn, the tumor spread rapidly.

Other maternal tumors with placental metastases reported are the following: sarcoma of the thigh (WALZ), adrenal carcinoma (GRAY *et al.*) carcinomas of ethmoid and stomach (BENDER), carcinoma of breast (CROSS *et al.*, ROSEMOND), carcinoma of the bronchus (BARR), ovarian carcinoma (HORNER). Despite the repeated invasion of villous tissue (reviewed by HORNER and also BORONOW), none of these children had metastases. The only exception is FRIEDREICH's case (cancer of liver) in which the placenta was not studied.

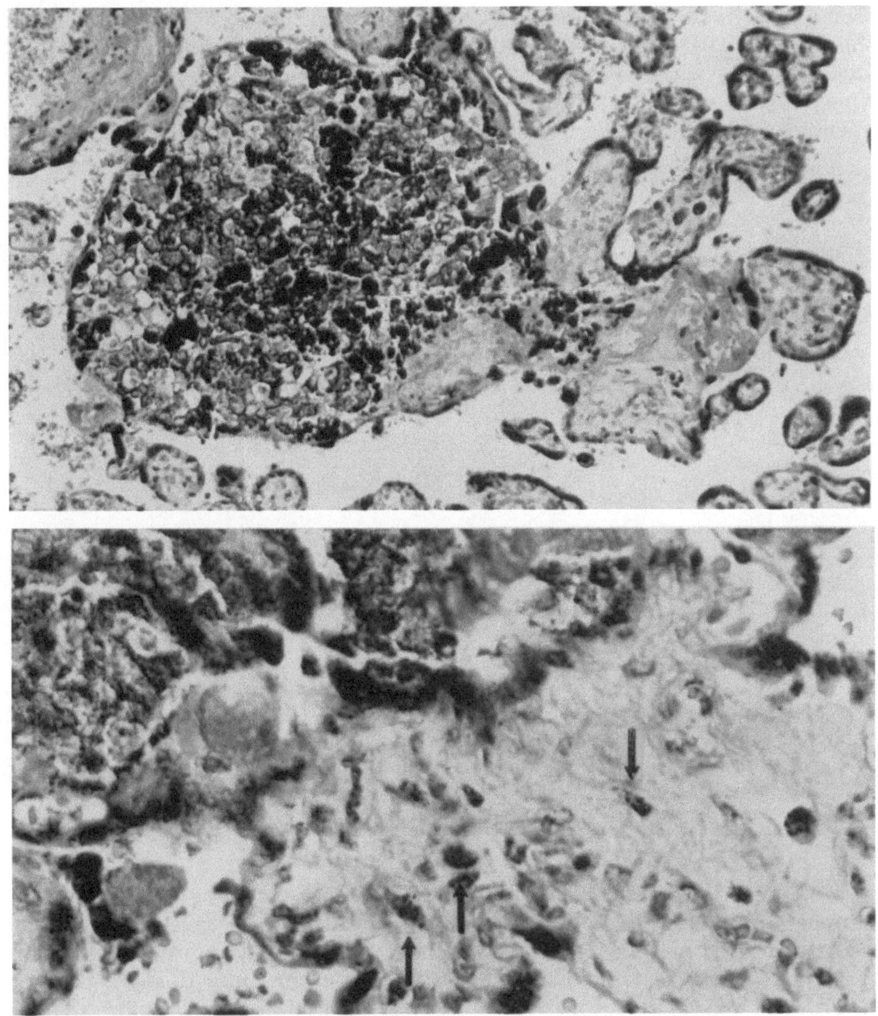

Fig. 157. Term placenta of patient with metastatic malignant melanoma. Darkly pigmented tumor nodule invades villus (top; H & E × 160). At the edge of villous invasion (left bottom) melanin is spilled and phagocytized by Hofbauer cells at some distance (arrows) (H & E × 400). (Courtesy Drs. FREEDMAN & MCMAHON).

We have seen a placenta with intervillous metastases of a carcinoma of the breast without villous invasion and with a normal child (Fig. 158). The case supports BORONOW's point that intervillous tumor growth is more frequent and presumably less important than if villi have been infiltrated by the tumor. CROSS *et al.* reject the term placental metastasis in their excellent review and wish to supplant it by placental "transplant". In so doing, they draw attention to the fact that if villi are invaded, the immunologic consequences may differ appreciably from ordinary tumor metastases. Possibly, this difference accounts for the few "takes" in the fetuses despite the frequently observed villous invasion. The variables which may govern tumor dissemination in the fetus have been discussed by BORONOW. They include dissociability of cells, rapidity of growth, age of gestation and, among others, the currently popular immunologic aspects. Some of these factors have been studied experimentally, as BORONOW points out, and the complexity is far from being understood. Even in the most "favorable" tumor in this respect, the melanoma, fetal complications are rare as PACK & SCHARNAGEL in their review of 17 patients with malignant melanoma during pregnancy and normal children have shown. As yet too little evidence of fetal immunologic competence in man has accumulated which might allow one to accept fully

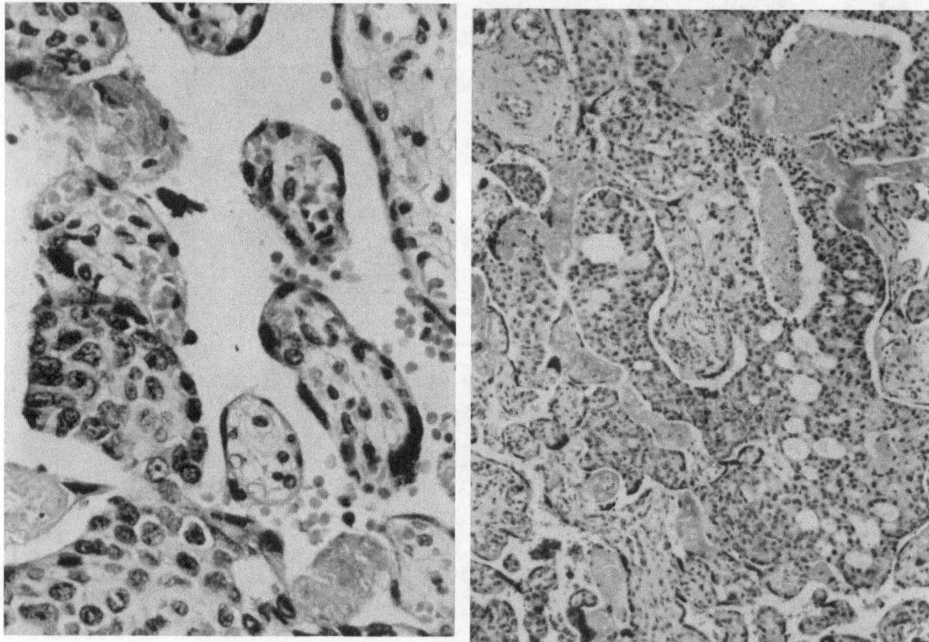

Fig. 158. Metastatic carcinoma from the breast growing within intervillous space. There is no unequivocal invasion of villi. (H & E × 40, × 160).

CAVELL's conjecture that the "takes" were so accepted because of the fetus' development of immunologic tolerance of maternal tumor antigen. The most suggestive case in this respect is that of ARONSON: A 27 yr. old mother died 4 days postpartum with metastatic melanoma. The full-term baby developed bluish nodules in the temporal regions, thigh and legs as well as radiographic opacities in the lung. There was no melanuria, however, needle biopsy of one lesion showed melanin pigmented material and necrotic debris. No viable tumor tissue was seen and the lesions disappeared without treatment. At 16 months of age the child appeared normal, the probably previously existing melanoma "transplants" having disappeared. Unfortunately, the study of this placenta is not reported. Here then, immunologic rejection seems a possibility but present evidence, as indicated previously, suggests that fetal immunologic competence develops before midgestation, earlier than most congenital fetal metastases are likely to have occurred. It is apparent that careful documentation of all future similar cases is highly desirable if further knowledge in this field is to be gained.

References

APLEY, J., P. A. N. COLLEY & I. D. FRASER: Foetal haemorrhage into the maternal circulation. Lancet i, 1375, 1961.

ARONSON, S.: A case of transplacental tumor metastasis. Acta Paediat. **52**, 123, 1963.

ARTS, N. F. T.: Investigations on the vascular system of the placenta. Part I: General introduction and the fetal vascular system. Amer. J. Obstet. Gynec. **82**, 147, 1961.

BAER, K. E. v.: Untersuchungen ueber die Gefäßverbindung zwischen Mutter und Frucht in den Saeugethieren. L. Voss, Leipzig, 1828.

BARDAWIL, W. A. & B. L. TOY: The natural history of choriocarcinoma: Problems of immunity and spontaneous regression. Ann. N. Y. Acad. Sci. **80**, 197, 1959.

BARR, J. S.: Placental metastases from bronchial carcinoma. J. Obstet. Gynaec. Brit. Emp. **60**, 895, 1953.

BECKER, V.: Funktionelle Morphologie der Placenta. Arch. Gynäk. **198**, 3, 1963.

BENDER, S.: Placental metastases in malignant disease complicated by pregnancy with report of 2 cases. Brit. M. J. i, 980, 1950.

BENIRSCHKE, K. & G. L. BOURNE: Plasma cells in an immature human placenta. Obstet. Gynec. **12**, 495, 1958.

BENSON, P. F., K. L. G. GOLDSMITH & G. L. RANKIN: Massive foetal haemorrhage into maternal circulation as a complication of choriocarcinoma. Brit. Med. J. i, 841, 1962.

BIERMANN, H. R., P. M. AGGELER, H. THELANDER, K. H. KELLY & F. L. CORDES: Leukemia and pregnancy. A problem in transmission in man. J. A. M. A. **161**, 220, 1956.

BIRNER, W. F.: Neuroblastoma as a cause of antenatal death. Amer. J. Obstet. Gynec. **82**, 1388, 1961.

BORONOW, R. C.: Extrapelvic malignancy and pregnancy. Obstet. Gynec. Survey **19**, 1, 1964.

BORUM, A., H. O. LOYD & T. R. TALBOT: Possible fetal hemorrhage into maternal circulation; report of two cases. J. A. M. A. **164**, 1087, 1957.

BOYD, J. D. & W. J. HAMILTON: Stromal trophoblastic buds. J. Obstet. Gynaec. Brit. Comm. **71**, 1, 1964.

BREUS, C.: Das tuberöse subchoriale Hämatom der Decidua, eine typische Form der Molenschwangerschaft. Leipzig & Wien 1892, F. Deuticke.

BRODSKY, I., M. BAREN, S. B. KAHN, G. LEWIS & M. TELLEM: Metastatic malignant melanoma from mother to fetus. Cancer **18**, 1048, 1965.

BROMBERG, Y. M., M. SALZBERGER & A. ABRAHAMOV: Alkali resistant type of hemoglobin in women with molar pregnancy. Blood **12**, 1122, 1957.

BROWN, E. S.: Foetal erythrocytes in the maternal circulation. Brit. Med. J. i, 1000, 1963.

CARTER, J. E., F. VELLIOS & C. P. HUBER: Histologic classification and incidence of circulatory lesions of the human placenta, with a review of the literature. Amer. J. Clin. Path. **40**, 374, 1963.

CAVELL, B.: Transplacental metastasis of malignant melanoma. Report of a case. Acta Paediat. Suppl. **146**, 37, 1963.

CHOWN, B.: Anemia from bleeding of the fetus into the mother's circulation. Lancet i, 1213, 1954.

— Fetus can bleed. 3 clinicopathological pictures. Amer. J. Obstet. Gynec. **70**, 1298, 1955.

CLARKE, C. A., W. T. A. DONOHOE, R. B. McCONNELL, J. C. WOODROW, R. FINN, J. R. KREVANS, W. KULKE, D. LEHANE & P. M. SHEPPARD: Further experimental studies on the prevention of Rh haemolytic disease. Brit. Med. J. i, 979, 1963.

COHEN, F. & W. W. ZUELZER: Identification of blood group antigens by immunofluorescence and its application to the detection of the transplacental passage of erythrocytes in mother and child. Vox Sang. **9**, 75, 1964.

CRAWFORD, J. M.: Vascular anatomy of the human placenta. Amer. J. Obstet. Gynec. **84**, 1543, 1962.

CROSS, R. G., M. H. O'CONNOR & P. D. J. HOLLAND: Placental metastasis of breast carcinoma. J. Obstet. Gynaec. Brit. Emp. **58**, 810, 1951.

DARGEON, H. W., J. W. EVERSOLE & V. DEL DUCA: Malignant melanoma in an infant. Cancer **3**, 299, 1950.

DESAI, R. G. & W. P. CREGER: Maternofetal passage of leukocytes and platelets in man. Blood **21**, 665, 1963.

DESBUQUOIS, G., P. BOULARD & B. GRENIER: Hémorragie foetale dans la circulation maternelle. Arch. Franç. Pédiat. **19**, 1341, 1962.

DIAMANDOPOULOS, G. Th. & A. T. HERTIG: Transmission of leukemia and allied diseases from mother to fetus. Obstet. Gynec. **21**, 150, 1963.

DOOLITTLE, J. E.: Placental vascular integrity related to third-stage management. Obstet. Gynec. **22**, 468, 1963.

DUNN, R. I. S.: Haemangioma of placenta (chorio-angioma); report of 9 cases. J. Obstet. Gynaec. Brit. Emp. **66**, 51, 1959.

FINN, R., C. A. CLARKE, W. T. A. DONOHOE, R. B. McCONNELL, P. M. SHEPPARD, D. LEHANE & W. KULKE: Experimental studies on the prevention of Rh haemolytic disease. Brit. Med. J. i, 1486, 1961.

— & C. M. DURKIN: Transplacental foetal blood-loss. Lancet ii, 685, 1963.

—, D. T. HARPER, S. A. STALLINGS & J. R. KREVANS: Transplacental hemorrhage. Transfusion **3**, 114, 1963.

FOX, H.: White infarcts of the placenta. J. Obstet. Gynaec. Brit. Comm. **70**, 980, 1963.

FRANQUÉ, O. v.: Ueber die histologischen Veränderungen in der Placenta und ihre Beziehungen zum Tode der Frucht. Z. Geburtsh. Gynäk. **37**, 277, 1897.

FRASER, I. D. & A. B. RAPER: Observation of compatible and incompatible foetal red cells in the maternal circulation. Brit. Med. J. ii, 303, 1962.

FREEDMAN, W. L. & F. J. McMAHON: Placental metastasis. Review of literature and report of a case of metastatic melanoma. Obstet. Gynec. **16**, 550, 1960.

FREESE, U. E., & J. H. TITEL: Demonstration of fetal erythrocytes in maternal circulation. Obstet. Gynec. **22**, 527, 1963.

FRIEDREICH, N.: Krebsmetastase auf den Foetus; Combination von Krebs und Tuberculose. Arch. Path. Anat. **36**, 465, 1866.

FYNAUT, J.: Anémie foetale par hémorragie transplacentaire. Bull. Soc. Roy. Belge Gynéc. Obstet. **30**, 198, 1960.

GETZOWA, S. & A. SADOWSKY: On structure of the human placenta with full-time and immature foetus, living or dead. J. Obstet. Gynaec. Brit. Emp. **57**, 388, 1950.

GOODALL, H. B., F. S. GRAHAM, M. C. MILLER and C. CAMERON: Transplacental bleeding from the fetus. J. Clin. Path. Lond. **11**, 251, 1958.

GOTTRON, H. & W. GERTLER: Zur Frage des Übertritts von Melanogen von der Mutter auf den Säugling über die Muttermilch. Arch. Dermat. Syph. **181**, 91, 1940.

GRAY, J., M. KENNY & E. P. SHARPEY-SCHAFER: Metastasis of maternal tumor to products of gestation. J. Obstet. Gynaec. Brit. Emp. **46**, 8, 1939.

GRIMES, H. G. & F. S. WRIGHT: Fetomaternal transfusion. A case report. Amer. J. Obstet. Gynec. **82**, 1371, 1961.

GUNSON, H. H.: Neonatal anemia due to fetal hemorrhage into the maternal circulation. Pediatrics **20**, 3, 1957.

HENNESSEY, J. P. & A. ROTTINO: Hodgkin's disease in pregnancy. Amer. J. Obstet. Gynec. **87**, 851, 1963.

HIBBARD, B. M.: Transplacental foetal blood loss. Lancet ii, 642, 1963.

HOLLAND, E.: Case of transplacental metastasis of malignant melanoma from mother to foetus. J. Obstet. Gynaec. Brit. Emp. **56**, 529, 1949.

HÖRMANN, G.: Zur Systematik einer Pathologie der menschlichen Placenta. Arch. Gynäk. **191**, 297, 1958.

HORNER, E. N.: Placental metastases. Case report: Maternal death from ovarian cancer. Obstet. Gynec. **15**, 566, 1960.

HUBER, C. P., J. E. CARTER & F. VELLIOS: Lesions of the circulatory system of the placenta. A study of 234 placentas with special reference to the development of infarcts. Amer. J. Obstet. Gynec. **81**, 560, 1961.

IKLÉ, F. A.: Dissemination von Syncytiotrophoblastzellen im mütterlichen Blut während der Gravidität. Bull. Schweiz. Akad. Med. Wiss. **20**, 62, 1964.

ISHIZAKI, Y. & L. F. BELTER: Melanin deposition in the placenta as a result of skin lesions (dermatopathic melanosis of placenta). Amer. J. Obstet. Gynec. **79**, 1074, 1960.

JAVERT, C. T. & C. REISS: Origin and significance of macroscopic intervillous coagulation hematomas (red infarcts) of human placenta. Surg. Gynec. Obstet. **94**, 257, 1952.

KADOWAKI, J. I., W. W. ZUELZER, A. J. BROUGH, R. I. THOMPSON, P. V. WOOLLEY & D. GRUBER: XX/XY lymphoid chimaerism in congenital immunological deficiency syndrome with thymic alymphoplasia. Lancet ii, 1152, 1965.

KLEBS, E.: Hämatom der Placenta. Mschr. Geburtsh. Frauenheilk. **26**, 272, 1865.

KLEIHAUER, E. & G. BRANDT: Zur Lebensdauer fetaler Erythrocyten im mütterlichen Kreislauf nach fetomaternaler Transfusion. Klin. Wschr. **42**, 458, 1964.

—, BRAUN, H. & K. BETKE: Demonstration von fetalem Hämoglobin in den Erythrocyten eines Blutausstriches. Klin. Wschr. **35**, 637, 1957.

KLINE, B. S.: Microscopic observations of placental barrier in transplacental erythrocytotoxic anemia (erythroblastosis fetalis) and in normal pregnancy. Amer. J. Obstet. Gynec. **56**, 226, 1948.

— Microscopic observations of development of human placenta. Amer. J. Obstet. Gynec. **61**, 1065, 1951.

LEVINE, P., E. M. KATZIN & L. BURNHAM: Isoimmunization in pregnancy; its possible bearing on etiology of erythroblastosis foetalis. J.A.M.A. **116**, 825, 1941.

LINTHWAITE, R. F.: Subchorial hematoma mole. (Breus' mole). J.A.M.A. **186**, 867, 1963.

MCGOWAN, L.: Cancer and pregnancy. Obstet. Gynec. Surv. **19**, 285, 1964.

MACRIS, N. T., L. M. HELLMAN & R. J. WATSON: The transmission of transfused sickle—trait cells from mother to fetus. Amer. J. Obstet. Gynec. **76**, 1214, 1958.

MANNHERZ, K. H.: Feto-maternale Blutung als Ursache von Neugeborenenanämie. Zbl. Gynäk. **82**, 1252, 1960.

MARAIS, W. D.: Human decidual spiral arterial studies. V. Pathogenetic patterns of intraplacental lesions. J. Obstet. Gynaec. Brit. Comm. **69**, 944, 1962.

— Human decidual spiral arterial studies. VI. Postmortem circulation studies on an *in situ* placenta. South Afr. Med. J. **36**, 678, 1962.

MICHAEL, A. F. JR. & A. M. MAUER: Maternal-fetal transfusion as a cause of plethora in the neonatal period. Pediatrics **28**, 458, 1961.

MITCHELL, A. P., G. S. ANDERSON & J. K. RUSSELL: Perinatal death from fetal exsanguination. Brit. Med. J. **i**, 611, 1957.

MOLONEY, W. C.: Management of leukemia in pregnancy. Ann. N. Y. Acad. Sci. **114**, 857, No. 2, 1964.

MURALT, G. v., H. MOSER & R. BÜTLER: Materno-fötale Blutung. Gynaecologia **159**, 258, 1965.

NAESLUND, J. & P. AREN: Studies in changes in placenta, with particular reference to possible injuries to villi and foetal vessels. Acta obstet gynec. Scand. **27**, 115, 1947.

NAEYE, R. L., K. C. LAMBERT & H. A. DURFEE, JR.: Widespread infarcts following fetomaternal hemorrhage: report of case. Obstet. Gynec. **23**, 115, 1964.

NEUMANN, S.: Das sogenannte tuberöse subchoriale Hämatom der Decidua. Monatsschr. Geburtsh. Gynäk. **5**, 108, 1897.

OEHLERT, G., J. E. MOHRMANN & C. F. MICHEL: Untersuchungen zur Plazentapassage fetaler Blutelemente. Zbl. Gynäk. **82**, 1544, 1960.

PACK, G. T. & I. M. SCHARNAGEL: Prognosis for malignant melanoma in pregnant woman. Cancer **4**, 324, 1951.

PAROS, N. L.: Case of foetal anaemia due to transplacental bleeding seen in general practice. Brit. Med. J. **i**, 839, 1962.

PEARSON, H. A. & L. K. DIAMOND: Fetomaternal transfusion. A.M.A.J. Dis. Child. **97**, 267, 1959.

POTTER, E. L.: Intervillous thrombi in the placenta and their possible relation to erythroblastosis fetalis. Amer. J. Obstet. Gynec. **56**, 959, 1948.

QUEENAN, J. T. & D. W. ADAMS: Amniocentesis. Lancet **i**, 380, 1964.

RIGBY, P. G., T. A. HANSON & R. S. SMITH: Passage of leukemic cells across the placenta. New Eng. J. Med. **271**, 124, 1964.

ROHR, K.: Die Beziehungen der mütterlichen Gefäße zu den intervillösen Räumen der reifen Placenta, speziell zur Thrombose derselben („weißer Infarct"). Inaug. Diss., Bern 1889 and Arch. Path. Anat. **115**, 505, 1889.

ROSEMOND, G. P.: Management of patients with carcinoma of the breast in pregnancy. Ann. N. Y. Acad. Sci. **114**, 851, No. 2, 1964.

RUDOLPH, A. J.; A. A. ABRAHAMOV and J. F. DEVENECIA: Another case of fetomaternal transfusion. J. Philipp. Med. Ass. **38**, 134, 1962.

SALVAGGIO, A. T., G. NIGOGOSYAN & H. C. MACK: Detection of trophoblast in cord blood and fetal circulation. Amer. J. Obstet. Gynec. **80**, 1013, 1960.

SAMET, S. & H. S. BOWMAN: Fetomaternal ABO incompatibility: intravascular hemolysis, fetal hemoglobinemia and fibrinogenopenia in maternal circulation. Amer. J. Obstet. Gynec. **81**, 49, 1961.

SCHNEIDER, J. & G. A. LUDWIG: Eine neue Zählmethode zur quantitativen Erfassung kleinster Mengen fetaler, in den mütterlichen Kreislauf eingeschwemmter Erythrocyten. Klin. Wschr. **41**, 563, 1963.

SHANKLIN, D. R.: The human placenta with especial reference to infarction and toxemia. Obstet. Gynec. **13**, 325, 1959.

SHILLER, J. G.: Shock in the newborn caused by transplacental hemorrhage from fetus to mother. Pediatrics **20**, 7, 1957.

SILVERSTEIN, A. M. & R. J. LUKES: Fetal response to antigenic stimulus. I. Plasmacellular and lymphoid reactions in the human fetus to intrauterine infection. Lab. Invest. **11**, 918, 1962.

SMITH, K., J. L. DUHRING, J. W. GREENE JR., D. B. ROCHLIN & W. S. BLAKEMORE: Transfer of maternal erythrocytes across the human placenta. Obstet. Gynec. **18**, 673, 1961.

SOLOMON, J. M. & M. YOKOYAMA: Actively acquired tolerance in fetal-maternal combinations: A review. Transfusion **1**, 383, 1961.

STRAUSS, L. & S. G. DRISCOLL: Congenital neuroblastoma involving the placenta: Report of two cases. Pediatrics **34**, 23, 1964.

THOMSEN, K.: Zur Morphologie und Genese der sog. Placentarinfarkte. Arch. Gynäk. **185**, 221, 1951.

VOLKHEIMER, G.: Durchlässigkeit des Darmes und der Plazenta für großkorpuskuläre Elemente. Allerg. Asthma **9**, 133, 1963.

— & H. JOHN: Diaplazentarer Übertritt großkorpuskulärer Elemente. Zbl. Gynäk. **84**, 1529, 1962.

WALZ, K.: Über Placentartumoren. Verhandl. deutsch. path. Ges. **10**, 279, 1906.

WEISERT, O. & J. MARSTRANDER: Severe anemia in a newborn caused by protracted feto-maternal "transfusion". Acta Paediat. **49**, 426, 1960.

WENTWORTH, P.: A placental lesion to account for foetal haemorrhage into the maternal circulation. J. Obstet. Gynaec. Brit. Cwlth. **71**, 379, 1964.

WICKSTER, G. Z.: Posthemorrhagic shock in newborn. Amer. J. Obstet. Gynec. **63**, 524, 1952.

WIENER, A. S.: Diagnosis and treatment of anemia of the newborn caused by occult placental hemorrhage. Amer. J. Obstet. Gynec. **56**, 717, 1948.

WINSTON, H. G. & L. MASTROIANNI, JR.: Sickle cell disease in pregnancy. Obstet. Gynec. **2**, 73, 1953.

DE WITT, F.: An historical study on theories of the placenta to 1900. J. Hist. Med. **14**, 360, 1959.

ZAROU, D. M., H. C. LICHTMAN & L. M. HELLMAN: The transmission of chromium-51 tagged maternal erythrocytes from mother to fetus. Amer. J. Obstet. Gynec. **88**, 565, 1964.

ZEEK, P. M. & N. S. ASSALI: Formation, regression, and differential diagnosis of true infarcts of the placenta. Amer. J. Obstet. Gynec. **64**, 1191, 1952.

ZILLIACUS, H.: Agglutinated incompatible fetal erythrocytes in the maternal circulation. Amer. J. Obstet. Gynec. **86**, 1093, 1963.

ZIPURSKY, A., J. POLLOCK, P. NEELANDS, B. CHOWN & L. G. ISRAELS: The transplacental passage of foetal red bloodcells and the pathogenesis of Rh immunisation during pregnancy. Lancet **ii**, 489, 1963a.

—, —, B. CHOWN & L. G. ISRAELS: Transplacental foetal haemorrhage after placental injury during delivery or amniocentesis. Lancet **ii**, 493, 1963b.

VII. Cysts and Placental Septa

A variety of cysts is found in the placenta, some of which have a readily traceable histogenesis, others are of obscure origin. In general, cysts are more common in mature placentas and, with respect to the septal cysts and those on the chorionic surface, there appears to be a relationship to excess fibrin deposition.

On *macroscopic examination*, the commonest *cysts* are those shown in Figure 159. Usually, they are singular and more central in the placenta and lie under the chorionic plate. Their relationship to vessels is variable; frequently, fetal chorionic vessels are elevated by these distended cysts and they are often located near vascular bifurcations (BRET *et al.*), but no interference with fetal circulation is found. They are subchorial and filled with a thin fluid which is often slightly mucinous and occasionally blood-tinged (Fig. 160). Cysts must be separated from the less common cystic degenerations of subchorionic hematomas discussed elsewhere (Fig. 154) and the rare sacs containing aborted twins. Also, the empty spaces seen in freshly cut placentas, whose etiology has been considered by FRITSCHEK; CRAWFORD and others, are not to be included in this discussion (see

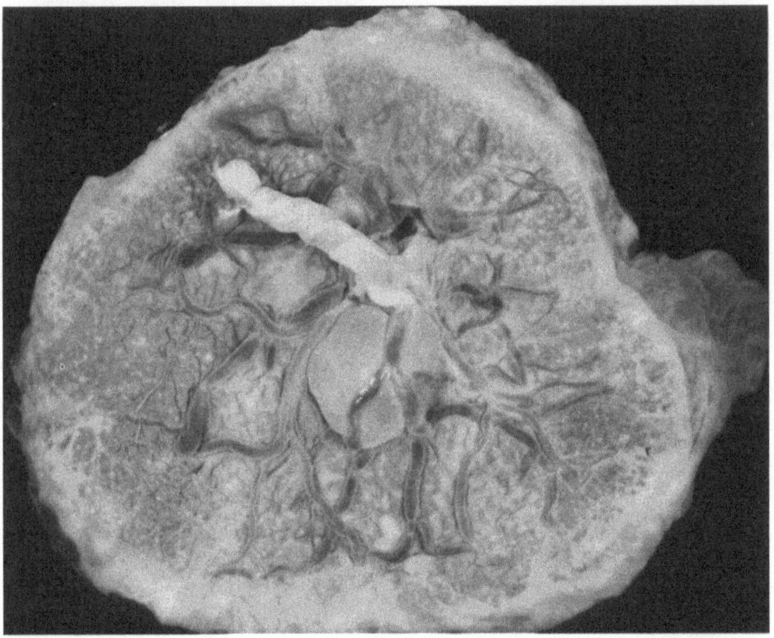

Fig. 159. Solitary subchorionic cyst in typical location near insertion of cord and beneath large fetal vessels.

chapter on examination). Subchorial cysts are rarely seen at the placental margin (Fig. 161) and they have not been described on the chorion laeve. Usually, they measure less than 2 cm in diameter but occasional very large cysts have been recorded (SCIPIADES & BURG; BRET *et al.*).

On sectioning the mature placenta, the subchorionic cysts are usually found to be contiguous with a placental septum which can then be traced all the way from the decidual floor of the placenta to the chorionic surface. In such septa, similar cystic spaces are frequently found within the mature placenta, *i.e.* not visible from the fetal surface. These cysts are generally not associated with fetal or maternal disease. We believe with SZATHMARY that the typical subchorionic and septal cysts have the same histogenesis, the latter also containing a similar

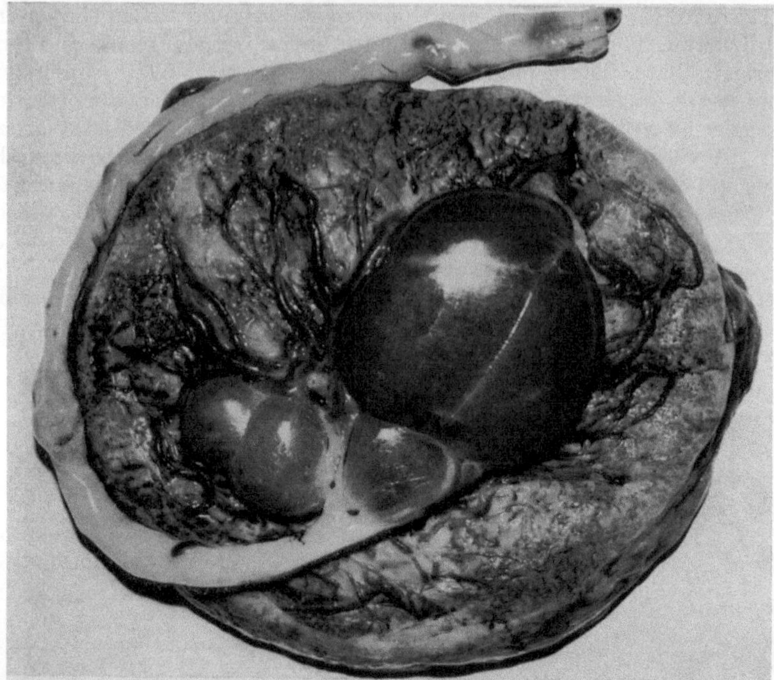

Fig. 160. Several large subchorionic cysts, discolored because of recent hemorrhage. Note dissection of cyst into cord substance alongside major fetal vessels and increased amount of subchorionic fibrin. It is not inconceivable that expansion with rupture of the central cyst could lead to the picture found in insertio furcata funiculi.

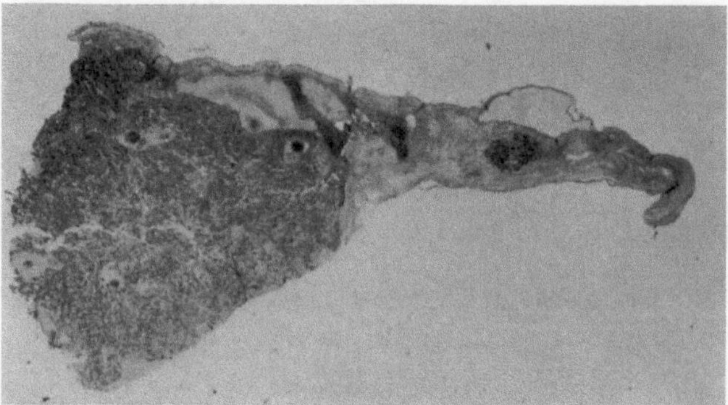

Fig. 161. Subchorionic cyst at margin of placenta, in areas of atrophy and fibrin deposit but over small dark remnant of viable placental tissue (H & E, × 8).

mucinous material. The continuity of the solitary cyst in Figure 159 with a subjacent septum is shown in Figure 162, and Figure 163 shows serial adjacent sections of a fixed placenta with a cyst in the tip of a broad septum which has been cleaved mechanically.

At times, an excessive number of cysts is found, as in Figure 164; this condition is associated with, if not due to an abnormal amount of fibrin deposited in the floor and septa, particularly around the cells which compose the wall of the cysts. The cysts depicted here were of different color, white, yellow, red and green, due to old and recent hemorrhage and fibrin deposits; the placenta had a thick layer of fibrin in the floor ("maternal floor infarct"). This specimen was the fifth of similar pregnancies of this patient; each demonstrated the same pathologic changes and terminated in premature delivery of stillborns. The cause of the excessive fibrin deposition is unknown.

Microscopically the wall of a cyst has an irregular inner lining, there being no smooth epithelial surface (Figs. 162, 166). The cells which surround the cyst have

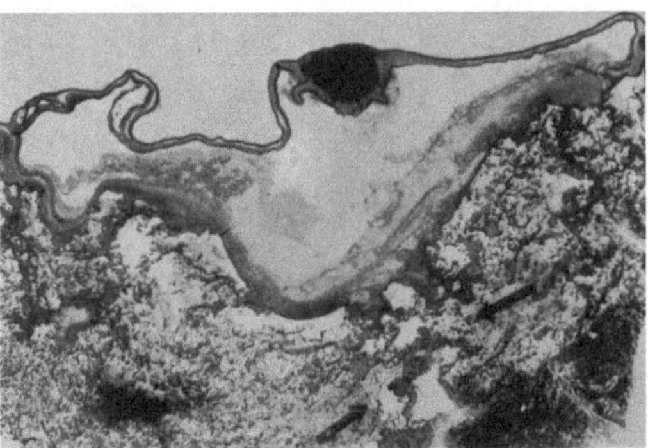

Fig. 162. Cyst of Figure 159 in section with fetal vessels in apex. Continuity of cyst with cystic intercotyledonary septum is indicated by arrows (H & E, × 25).

been the object of considerable controversy. Some authors regard them as derived from fetal (trophoblastic), others as from maternal tissues (decidual) and, despite considerable research, no definitive statement can yet be made about their nature and origin. These cells, summarily called the *"X-cells"* by SCIPIADES & BURG; MORISON and others, are polygonal, almost always single-nucleated elements with

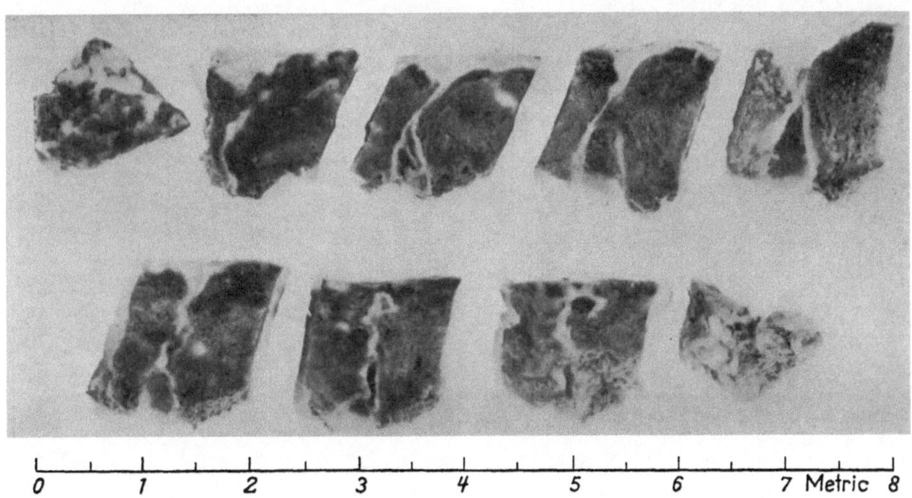

Fig. 163. Serial sections of septum after fixation. Lateral to large subchorionic cyst, the broad septum is seen to contain several smaller intraplacental cysts and clefts.

usual cytoplasmic basophilia, as seen in Figures 167, 168. They make up a substantial portion of the placental septa, occur in clusters in the decidual floor of the placenta where they are intermixed with typical decidual cells, and mitotic activity is usually not seen (Fig. 173). Characteristically, they are enmeshed in maternal fibrin deposits and often the septa contain isolated, apparently atrophy-

ing placental villi (Fig. 168). On the outer surface of these cellular deposits, a
covering of syncytium is often apparent but no transitional stages between the

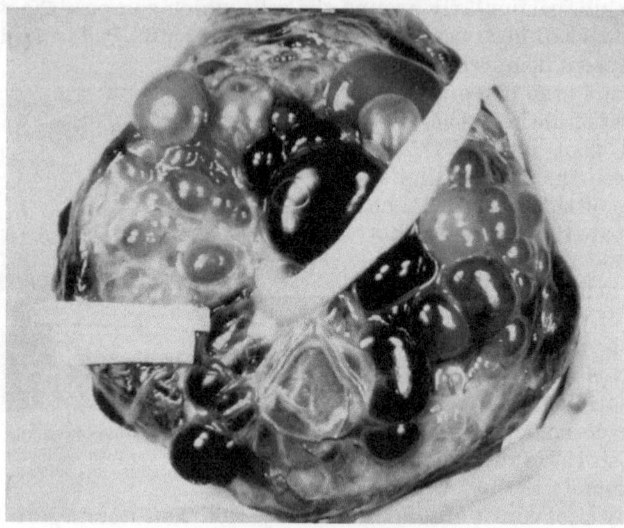

Fig. 164. Multiple subchorionic cysts, discolored because of hemorrhage in patient with repetitive massive fibrin
deposition ("maternal floor infarct.").

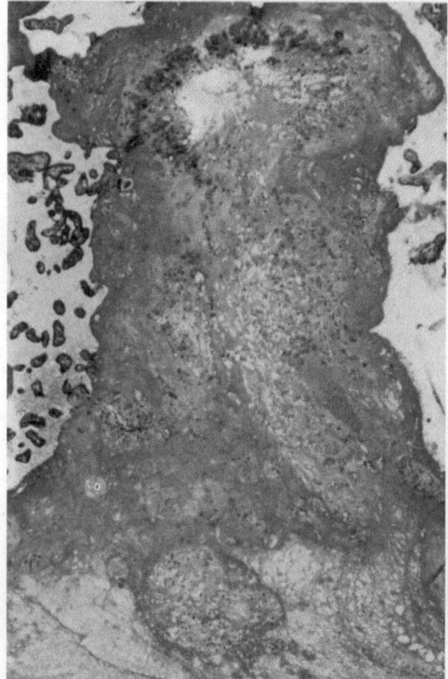

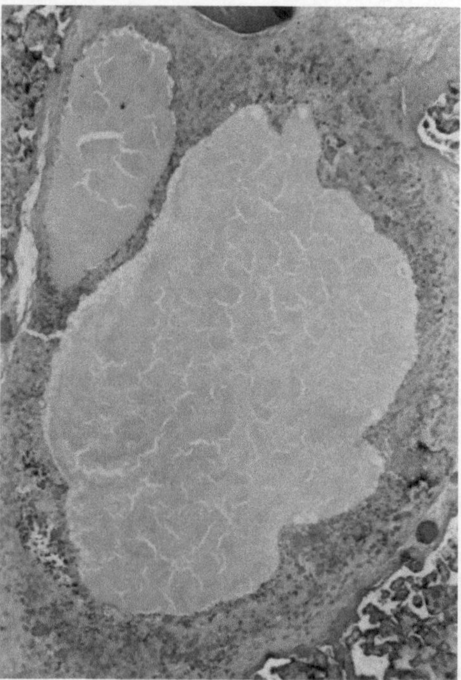

Fig. 165. Placental septum at base of placenta with
cyst in apex, within the "X-cells". Fibrin deposit in
the septum and decidua basalis (bottom) is believed to
be precursor to cyst formation (H & E, × 40).

Fig. 166. Placental septum of mature placenta with two
typical septal cysts. The mucinous content is homogeneous. There is no epithelial lining, the cyst having formed
in X-cells which are enmeshed in fibrin. Foci of calcification are present in the wall at lower left and right (H &
E × 40).

X-cells and syncytium can be seen. Moreover, by light microscopy, their appearance differs from the Langhans cells and the cells of the solid trophoblast of the anchoring villi. It is not clear whether WISLOCKI & DEMPSEY, in their electron-microscopic study of the human placenta, describe these cells as the glycogenrich solid cytotrophoblast. No other fine structural study has been made of these cells to our knowledge.

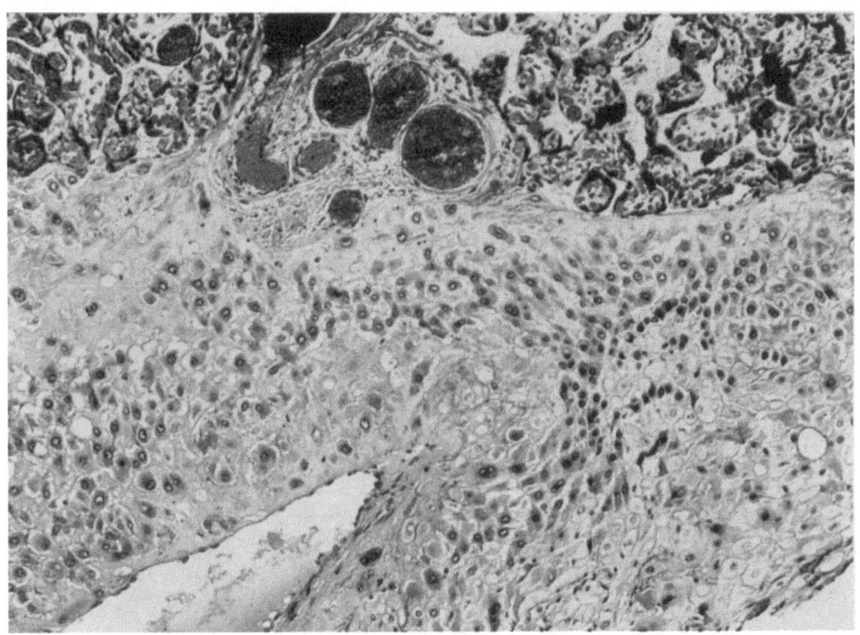

Fig. 167. Floor of placenta with decidual vein, surrounded by basophilic, polygonal "X-cells". (H & E, × 80).

In view of the large deposits of these cells in the human placenta, it is surprising that their functional significance has not yet been elucidated. Similarly, it is uncertain whether during cyst formation these cells actively secrete the cyst fluid or whether a colliquation type of degeneration takes place (see GROSSER). The latter is suggested by the presumably causal peripheral fibrin masses in association with cysts (Fig. 165). Also, the appearance of spaces in the centers of septa in young placentas favors this view (Fig. 168). The eosinophilic content is usually homogeneous and has been likened to colloid by PADDOCK & GREER.

The development of *maternal septa* and their relationship to fibrin deposits and cysts have been discussed by many authors. Thus, GOTTSCHALK who reviews much of the older literature, describes the fibrin-encased villi and, like KÜHLER and others previously, he finds that septa often reach the chorionic surface, particularly at the placental margin and when serial sections are made. Of course such an anatomic relationship would be a prerequisite if one considers the possibility at all that the common subchorial cysts derive from decidual septa. GROSSER; SCIPIADES & BURG among others conclude from their studies that the septa do not reach the chorionic plate. More recently, BECKER has dissected these septa and finds that they do not completely encircle a cotyledon and should be regarded as columns and sails which, in conjunction with their fibrin masses, may aid in the stability of the placenta. He finds that the intervillous space is not subdivided by these septa into separate functional units as is often held to be the

case. Septa are well shown in BUMM's diagram of the placental structure and
HART & GULLAND (1892) make special reference to the X-cells which they call
"young decidual cells". In a later report, however, (HART & GULLAND, 1893) these
authors study the anatomy of the rhesus monkey placenta and also describe the
"decidual hillocks" (septa). However, here they consider the X-cells (their Fig. 2)
as "trophoblastic expansion of fetal ectoderm".

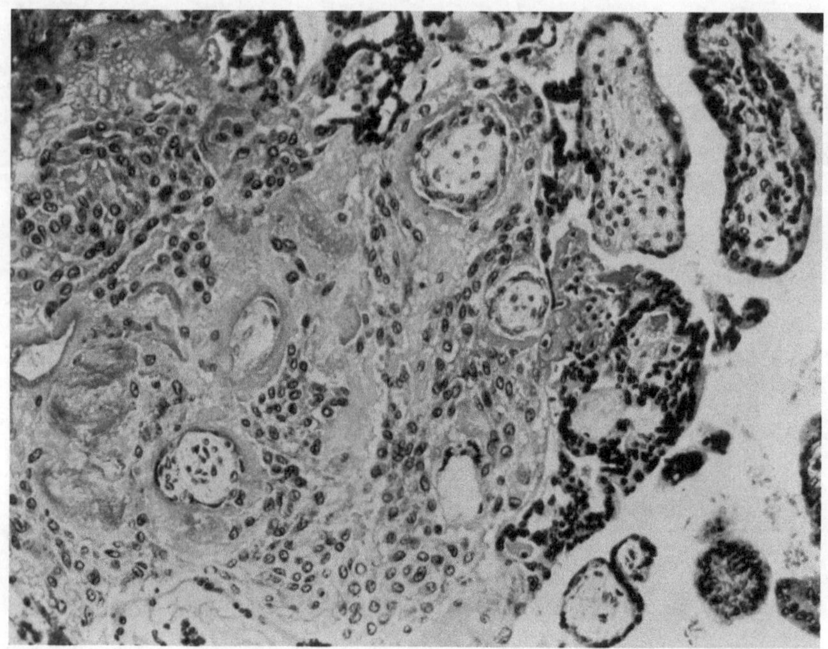

Fig. 168. Septum of immature placenta (7 cm CR twin fetuses) with fibrin deposit, engulfed atrophying villi and
early cystic cavitation. Note syncytial covering (H & E, × 160).

An excellent early description of the cysts is given by EDEN in his expansive study
of the human placenta. This author is much concerned with the older views of placental
fibrin deposits and gives evidence for their maternal origin. EDEN speaks of the cysts
as arising in the septa, and he finds also that these extend up to the chorion, at least
at the placental margin. He says "In the centre a different appearance is often seen.
Liquefaction of the cells occurs, resulting in the formation of a central cavity containing
a homogeneous material coagulable by the normal hardening fluids. The cells which
limit the cavity are smaller than the rest, and tend to be distinctly polygonal in shape;
this results probably from the pressure exerted by the accumulated fluid." A photograph of a typical cyst accompanies this unsurpassed description. BRIQUEL (p. 78)
refers to several authors' descriptions of cysts, particularly a larger work by Pitha
which was not available to us. GROSSER refers to Kermauner's well-known study
(colliquation necrosis, equalling the process of fibrinoid formation), that of Hinselmann (secretory activity of trophoblast) and he disputes the idea of some (Fenomenow;
DE JONG) that conglutination of villi is the mechanism of origin. Recent information
of ideas concerning the deposition of placental fibrin have been summarized by FOX.

The controversy over the origin of the X-cells has been renewed in recent
years when it became possible to assign a genetic sex to cells in interphase. Following the discovery by BARR & BERTRAM of nuclear sexual dimorphism in cats,
much work has indicated that, in man, the presence of a "sex chromatin" mass
(Barr body) on the nuclear membrane of interphase nuclei indicates the presence

of two X chromosomes; its absence is representative of only one X chromosome. So far as normal cells are concerned, male and female cells can thus be differentiated and several authors have studied said placental septal cells with this in mind, particularly in male conceptuses (KLINGER & LUDWIG; SADOWSKY *et al.*, SERR *et al.*; SOHVAL *et al.*; GRILLO & DILEO). Although these authors were all aware of the controversial origin of these cells, all agree that the X-cells are uniformly of female sex, even in normal male conceptuses and that, therefore, they must be construed as of decidual, or at least maternal, origin. These authors present good photographic evidence to support their contention, but they also point to the technical difficulties inherent in the cytologic study of these cells (see Fig. 169). Although the common cysts are undoubtedly related to these X-cells ("trophoblast-like cells", SOHVAL *et al.*), no study of sex chromatin structure specifically of the cyst walls has been made and these cells have neither been cultured *in vitro* nor has their chromosome complement been determined directly. Our attempts in this direction have invariably failed to produce a tissue culture outgrowth from which chromosome preparations could be made.

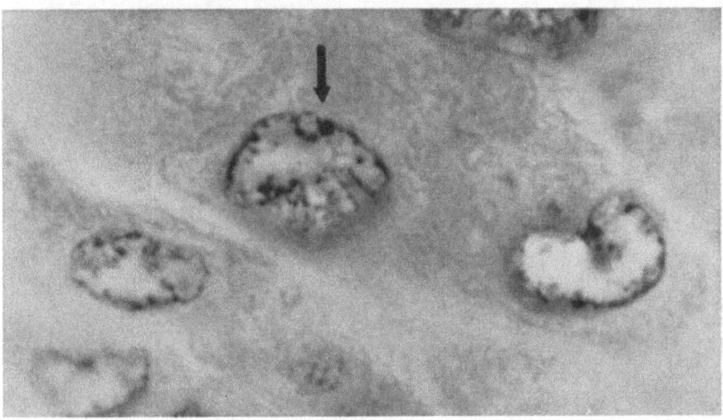

Fig. 169. Sex chromatin (arrow) in "X-cell" of septum of placenta with male conceptus. Despite immediate fixation of this specimen, the difficulty of "sexing" these cells is apparent (H & E, × 1600).

The maternal decidual origin of the placental septal cells, widely held in the last century and which had given way to the concept of trophoblastic origin following SPANNER; ORTMANN and others, has also been supported by recent *histochemical studies* of WAIDL. Contrary to the former studies with reticulin stains, this author was able to find argentophil reticulum fibers around the disputed cells and his studies with aldehyde-fuchsin staining show an impressive similarity between elements of the septa and the decidua, the cyst walls and indeed isolated deposits of subchorionic cells. These are demonstrated in preparations made according to the technique used by WAIDL (Figs. 170–172). Despite apparent dissimilarities to other types of decidual cells demonstrated by a variety of histochemical reactions (WISLOCKI; LATTA & BEBER; McKAY *et al.*), we feel that the recent evidence is overwhelmingly in favor of the maternal origin of the X-cells. Moreover, in choriocarcinomas, as pointed out elsewhere, such cells are not observed. Speculations as to the continued production of chorionic gonadotropin by these cells on the basis of histochemical reactions (LATTA & BEBER) are no longer tenable in the absence of attempted direct proof by the Coons method (MIDGLEY & PIERCE). THIEDE & CHOATE, on the other hand, report equivocal results for basal decidual cells employing similar techniques. On the basis of histochemical and immunohistochemical studies, DALLENBACH-HELLWEG & NETTE and DALLENBACH

& DALLENBACH-HELLWEG consider the inclusions in these cells to represent relaxin and gonadotropin. They review much of the histochemical literature of these cells which they hold to be of fetal/trophoblastic origin. Finally, KERNBACH, on the basis of Cajal stains and other special techniques, considers the cells as "trophoblastic sympathicoblasts" with nerve fibers and powdery Nissl substance. It is also remotely possible that the cells derive from proliferated granulosa cells, carried with the implanting ovum. However, this has not been considered in the literature and no studies in support of this possibility have been made.

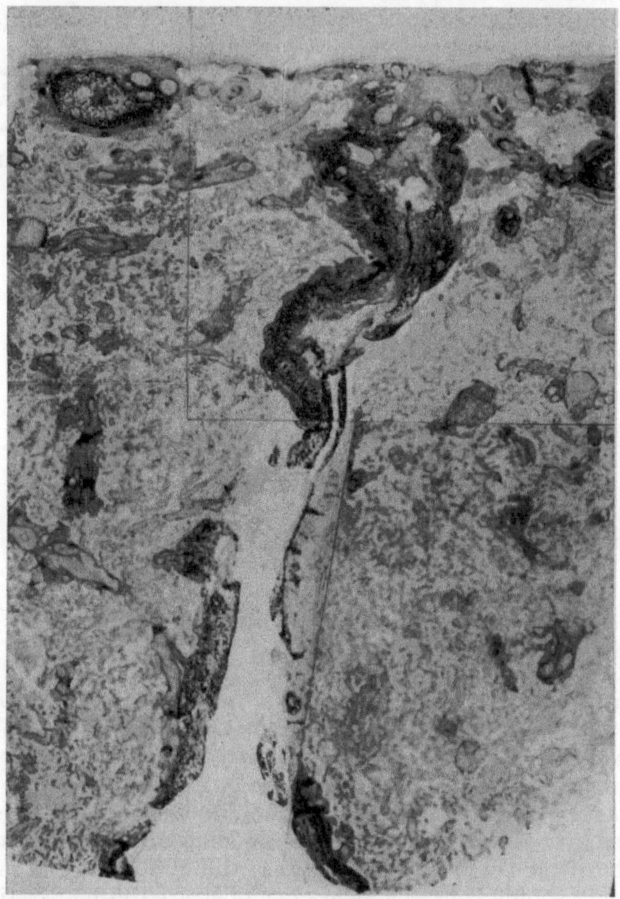

Fig. 170. Cross-section of placenta with intercotyledonary septum spanning from decidua basalis (bottom) to chorion (top). Decidua gives intense purple reaction with aldehyde-fuchsin stain (WAIDL). Isolated subchorial islands of similarly staining tissue are dissociated from septum at top left and right. Small cyst within top portion of septum (Aldehyde-fuchsin; montage, × 8).

However these cells may be derived, and we believe the evidence is in favor of decidual stromal cells, their function, other than by serving as structural units to increase placental stability in BECKER's sense, is not understood. While an endocrine function can neither be supported nor denied at present, there is little evidence that an active elaboration of material by these cells produces the cysts in septa or in the subchorionic plate. These are certainly not the result of distention of endometrial glands. Such dilated glands may be found relatively frequently in the basal plate (Fig. 172) and rarely in septa (Fig. 173), however, they remain small and are lined by a thin layer of often very attenuated epithelial cells.

The *frequency of the septal cysts* has been studied by numerous authors. Scipiades & Burg refer to seven studies which give figures from 0.15–56%. Paddock & Greer feel that a majority of placentas has such structures on careful microscopic study. By gross examination, on the other hand, these authors were able to identify cysts in only 14.1% of 1965 placentas studied, usually in mature organs. They were also not completely absent in younger specimens. These authors find no correlation with toxemia of pregnancy but consider the lesion under "white infarcts", a term fully discussed recently by Fox. Scipiades & Burg refer to Hinselmann and Szathmary as finding a correlation between cysts and extrachorial placentas. We believe that true septal cysts are never seen to result from liquefaction necrosis of infarcts or intervillous thrombi. These lesions are readily distinguished on gross inspection as hemorrhagic and involving villous tissue. Paddock & Greer consider the cysts to be the result of trophoblastic action on decidual septa and describe also the complete absence of mitoses. The latter observation is supported by other studies. At the same time, they regard the X-cells to possess considerable invasive properties. Bret *et al.* find 27 cysts in 15 placentas of 589 placentas studied, but apparently limit their observations to the surface cysts which they believe to be caused mechanically during delivery. They quote sizes up to the diameter of an infant's head and consider the subamnionic cysts to represent pseudocysts. Carter *et al.* studied 400 placentas and find 26 chorionic and 66 septal cysts in a statistical analysis of the placental lesions without further correlation of this material. In our own experience, we found cysts on the chorionic surface by gross examination in approximately 5% of routinely studied placentas. In 7% they were found within the septa on sectioning. Depending on how many microscopic sections are prepared and studied for the presence of cysts, the incidence rises correspondingly. Scipiades & Burg have come to similar conclusions.

Compared to these relatively common cysts, *other types* are found only rarely. The focal marked hydropic dilatation of a villus (Fig. 174) is easily differentiated

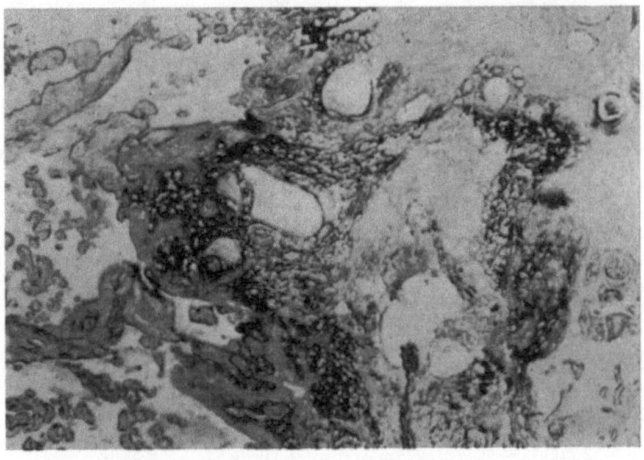

Fig. 171. Top portion of septum in Figure 170 with small septal cyst. X-cells are enmeshed in purple staining material (Aldehyde-fuchsin, × 25).

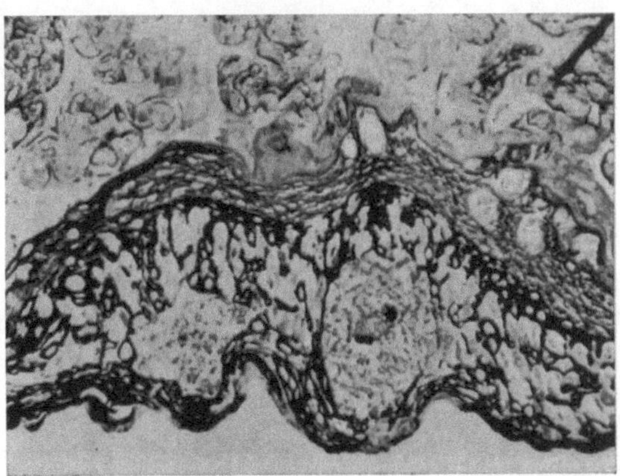

Fig. 172. Decidua basalis of mature placenta showing purple staining intercellular substance around decidual cells and two dilated endometrial glands (Aldehyde-fuchsin, × 50).

and, as in this case, it is usually associated with molar changes in other portions of the placenta. In this placenta, no vascular lesions were found to account for the localized swelling but, as in other similar instances(ZIEL, and others), the fetus was still-born. We consider this as a variation of the "transitional hydatidiform mole" and occurring at later stages of pregnancy than that leading to the true hydatidiform mole.

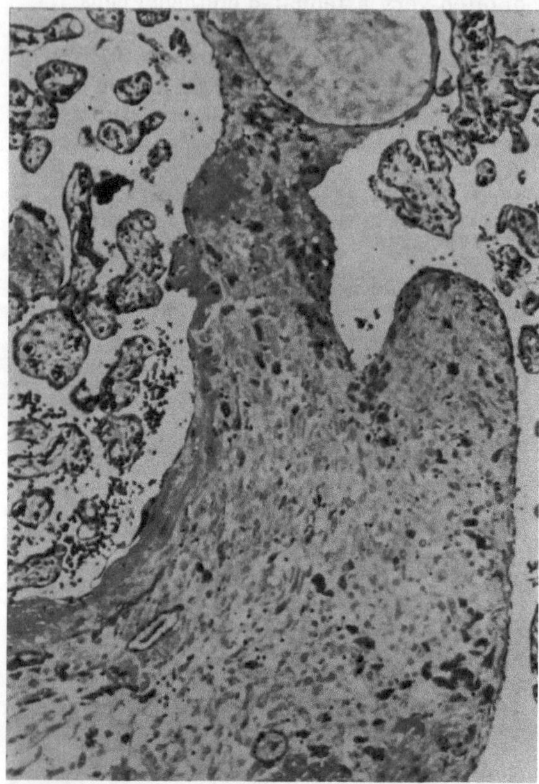

Fig. 173. Small septum of base of mature placenta with basophilic "X-cells". At tip of septum a dilated (cystic) endometrial gland with flattened epithelium (H & E, × 80).

Cystic structures may be found on the fetal surface other than those described above, the commonest of which is an artifact of delivery and really a pseudocyst as employed by BRET *et al.* As a result of disruption of the membranes, amniotic fluid may separate the amnion from the chorion, dissect between these two membranous leaves and give the appearance of cyst formation on casual examination. Histologic studies disclose the presence of vernix in the space. Frequently, such membranes appear more edematous rather than cystic. This process of dissection of vernix has been related to the mechanism by which amniotic fluid gains access to the maternal circulation in cases of hypofibrinogenemia resulting from the syndrome of amniotic fluid embolization (LEARY & HERTIG). Localized collections of fluid within the amnionic connective tissue occur on rare occasions for unknown reasons and have been separated from the edema and the dissection of amniotic fluid just described (BOURNE). A most exceptional cystic structure was found upon the routine examination of an otherwise normal mature placenta (Fig. 175). It was located with in the basal portions of the chorionic plate, beneath a fetal vessel and contained keratinized debris. Its wall was composed only of normal squamo us epithelium and whether its origin is similar to the postulated (twin) origin of a simi-

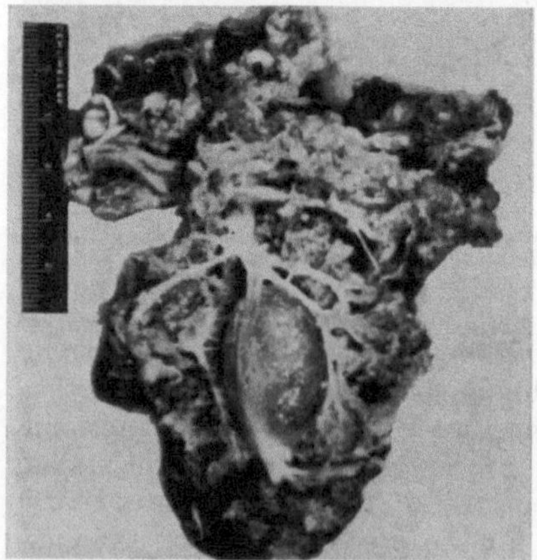

Fig. 174. Focal marked hydatid swelling of placental villus giving superficial impression of cyst.In this 900 gm placenta of a stillborn, many villi showed molar degeneration. (Courtesy Dr. R. Street).

larly located portion of cartilage (BOURNE) remains unknown. It must be
borne in mind, however, that squamous metaplasia occurs commonly on the

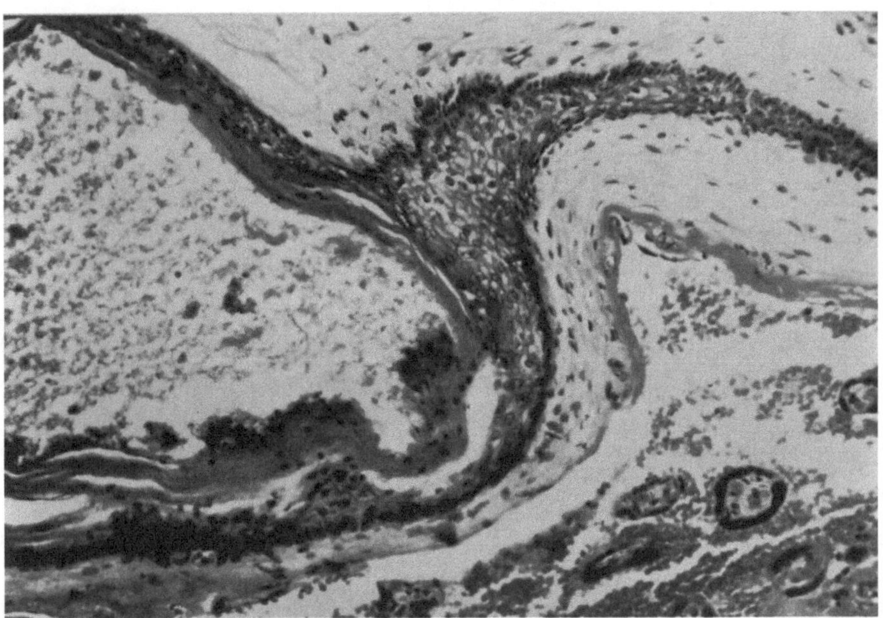

Fig. 175. Squamous epithelium lined cyst with keratinization within the chorion of a mature placenta. Incidental finding. (H & E, × 160).

amnionic surface and such metaplasia occurring in what can
only be construed as an amnionic
epithelial inclusion cyst (Fig. 176)
would easily explain the structure
seen in Figure 175, except for its
apparent intrachorionic location.
Similar amnionic epithelial and
connective tissue cysts, as well
as those arising from the yolk
stalk and in the chorion have been
described by DeJong. Occasionally, in otherwise normal umbilical cords, subamnionic surface
cysts of similar structure may
also be observed. Apparently,
these are of no clinical importance.

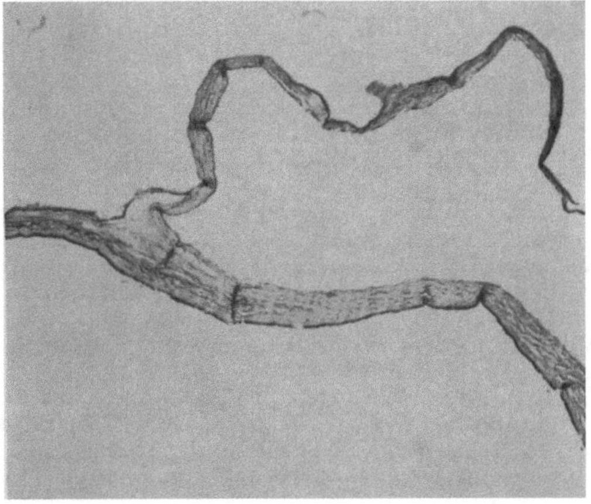

Fig. 176. Intra-amnionic inclusion cyst of mature placenta,
lined by amnionic epithelium. (H & E, × 40).

References

BARR, M. L. & E. G. BERTRAM: A morphological distinction between neurons of the male and female and the behaviour of the nucleolar satellite during accelerated nucleoprotein synthesis. Nature **163**, 676, 1949.

BECKER, V.: Funktionelle Morphologie der Placenta. Arch. Gynäk. **198**, 1, 1962.

BOURNE, G. L.: The Human Amnion and Chorion. Lloyd-Luke, London, 1962.

BRET, A. J., R. LEGROS & S. TOYODA: Les kystes placentaires. Presse Méd. **68**, 1552, 1960.

BRIQUEL, P.: Tumeurs du placenta et tumeurs placentaires (Placentomes Malins). C. Naud. Paris, 1903.

BUMM, E.: Ueber die Entwicklung des mütterlichen Blutkreislaufes in der menschlichen Placenta. Arch. Gynäk. **43**, 181, 1893.

CARTER, J. E., F. VELLIOS & C. P. HUBER: Histologic classification and incidence of circulatory lesions of the human placenta, with a review of the literature. Amer. J. Clin. Path. **40**, 374, 1963.

CRAWFORD, J. M.: Vascular anatomy of the human placenta. Amer. J. Obstet. Gynec. **84**, 1543, 1962 (lit).

DALLENBACH, F. D. & G. DALLENBACH-HELLWEG: Immunohistologische Untersuchungen zur Lokalisation des Relaxins in menschlicher Placenta und Decidua. Virch. Arch. path. Anat. **337**, 301, 1964.

DALLENBACH-HELLWEG, G. & G. NETTE: Über Glykoproteideinschlüsse in den Trophoblastzellen der menschlichen Plazenta und die Frage ihres Zusammenhanges mit der Bildung von Gonadotropin. Z. Zellf. **61**, 145, 1963.

— — Über Proteineinschlüsse in basalen Trophoblastzellen der reifen menschlichen Plazenta. Virch. Arch. path. Anat. **336**, 528, 1963.

EDEN, T. W.: A study of the human placenta, physiological and pathological. II. The ripe placenta. J. Path. Bact. **8**, 265, 1896.

FOX, H.: White infarcts of the placenta. J. Obstet. Gynaec. Brit. Comm. **70**, 980, 1963.

FRITSCHEK, F.: Über „leere" Plazentarhohlräume. Anat. Anz. **64**, 65, 1927.

GOTTSCHALK, S.: Weitere Studien über die Entwicklung der menschlichen Placenta. Arch. Gynäk. **40**, 169, 1891.

GRILLO, R. & S. DILEO: La cromatina iuxta nucleare nelle cellule stromali dei setti placentari. Minerva Ginec. **14**, 381, 1962.

GROSSER, O.: Frühentwicklung, Eihautbildung und Placentation des Menschen und der Säugetiere. J. F. Bergmann, München 1927.

HART, D. B. & G. L. GULLAND: On the structure of the human placenta, with special reference to the origin of the decidua reflexa. Lab. Report; Roy. Coll. Phys. Edinb., 17, 1892. **4**, 17–35, 3 pl.

— — The anatomy of advanced pregnancy in *Macacus rhesus* studied by frozen section, by casts and microscopically. J. Anat. Physiol. **27**, 361, 1893.

JONG, DE, K. E.: Über das Entstehen von Cysten in der Placenta. Monatsschr. Geburtsh. Gynäk. 1910, quoted by Grosser.

KERNBACH, M.: Das neuroektoblastische System der Plazenta des Menschen. Anat. Anz. **113**, 259, 1963.

KLINGER, H. P. & K. S. LUDWIG: Sind die Septen und die großzelligen Inseln der Placenta aus mütterlichem oder kindlichem Gewebe aufgebaut? Z. Anat. Entw. **120**, 95, 1957.

KÜHLER, W.: Die Deciduaverteilung in der menschlichen Placenta. Inaug. Diss. Wesel (C. Kühler), 1890.

LATTA, J. S. & C. R. BEBER: The differentiation of a special form of trophoblast in the human placenta. Amer. J. Obstet. Gynec. **74**, 105, 1957.

LEARY, O. C. JR. & A. T. HERTIG: Pathogenesis of amniotic fluid embolism; possible placental factors—aberrant squamous cells in placentas. New England J. Med. **243**, 588, 1950.

McKAY, D. G., A. T. HERTIG, E. C. ADAMS & M. V. RICHARDSON: Histochemical observations on the human placenta. Obstet. Gynec. **12**, 1, 1958.

MIDGLEY, A. R. & G. B. PIERCE JR.: Immunohistochemical localization of human chorionic gonadotropin. J. Exp. Med. **115**, 289, 1962.

MORISON, J. E.: Foetal and neonatal pathology. Butterworths, Washington, 1963.

ORTMANN, R.: Über die Placenta einer in situ fixierten menschlichen Keimblase aus der 4. Woche. Z. Anat. Entwicklungsgesch. **108**, 427, 1938.

PADDOCK, R. & E. D. GREER: Origin of common cystic structures of human placenta. Amer. J. Obstet. Gynec. **13**, 164, 1927.

SADOWSKY, A., D. SERR & G. KOHN: Composition of the placental septa as shown by nuclear sexing. Science **126**, 609, 1957.

SCIPIADES, E. & E. BURG: Über die Morphologie der menschlichen Placenta mit besonderer Rücksicht auf unsere eigenen Studien. Arch. Gynäk. **141**, 577, 1930.

SERR, D. M., A. SADOWSKY & G. KOHN: The placental septa; a study based upon nuclear morphological sex difference. J. Obstet. Gynaec. Brit. Emp. **65**, 774, 1958.

SOHVAL, A. R., J. A. GAINES & L. STRAUSS: Chromosomal sex detection in the human newborn and fetus from examination of the umbilical cord, placental tissue, and fetal membranes. Ann. N. Y. Acad. Sci. **75**, 905, 1959.

SPANNER, R.: Beitrag zur Kenntnis des Baues der Plazentarsepten, gleichzeitig ein Versuch zur Deutung ihrer Entstehung. Morphol. Jahrb. **75**, 374, 1935.

SZATHMARY, Z.: Über die Cysten der Placenta. Magy. orv. Arch. **28**, H. 3 quoted from SCIPIADES & BURG.

THIEDE, H. A. & J. W. CHOATE: Chorionic gonadotropin localization in the human placenta by immunofluorescent staining. II. Demonstration of HCG in the trophoblast and amnion epithelium of immature and mature placentas. Obstet. Gynec. **22**, 433, 1963.

WAIDL, E.: Die Septen und Inseln der menschlichen Plazenta. Arch. Gynäk. **198**, 64, 1963.

— Die Entstehung der Septen und Furchen der menschlichen Plazenta. Geburtsh. Frauenh. **23**, 757, 1963.

WISLOCKI, G. B.: The histology and cytochemistry of the basal plate of the normal human placenta delivered at full term. Anat. Rec. **109**, 359, 1951.

— & DEMPSY, E. W.: Electron microscopy of human placenta. Anat. Rec. **123**, 133, 1955.

ZIEL, H. E.: Coexistence of fetus and hydropic swelling of placental villi. Report of a case. Obstet. Gynec. **21**, 502, 1963.

VIII. Circulatory Disturbances

Infarcts and Atrophy

Infarction constitutes the commonest process which destroys placental tissue, whether or not the gravida is well. Much that has been written about placental infarction and infarcts is confusing and contradictory, largely because of inconsistent terminology. Without uniform definitions, different investigators have not even begun to approach agreement on incidence, pathogenesis and significance of these lesions (BARTHOLOMEW *et al.*, BENIRSCHKE, HUBER *et al.*, NESBITT, SIDDALL, VOKAER, WILLIAMS and others). Even methods of placental examination seem to influence the frequency and ease with which infarcts are recognized (BARTHOLOMEW *et al.*, BENIRSCHKE). However, since YOUNG's report in 1914 it has been apparent that the hypertensive disorders of pregnancy are often accompanied by more or less infarction of the placenta. On the other hand, similar lesions are also common in mature placentas, delivered to normal women. The consequences for the fetus seem to depend on the extent of tissue destruction, and, perhaps, on the health of the gravida and placenta prior to supervention of the infarcts.

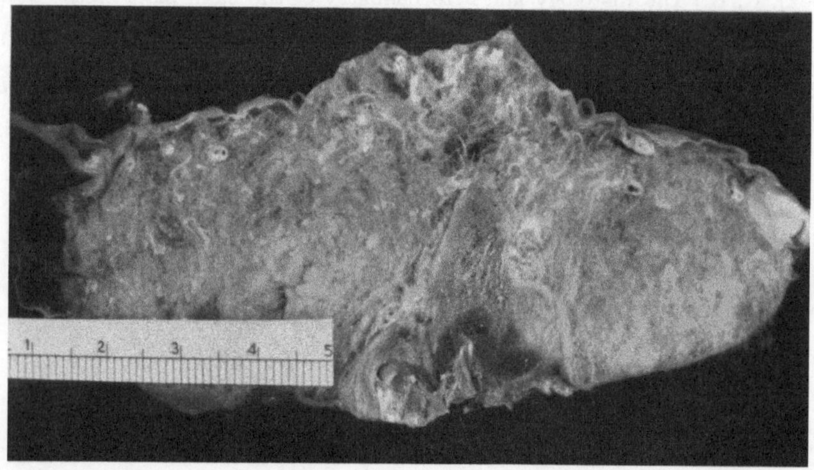

Fig. 177. Recent placental infarct. A sharply demarcated wedge of firm tissue, dark red-brown in the fresh state, is flat on sectioning. The lesion is contiguous to decidua, from which it is separated focally by a retroplacental hematoma.

Infarcts of the placenta are usually identified grossly, consisting of wedge-shaped areas of firm placental tissue, in which a granular texture reflects the villous structure of the injured tissue. Their sizes and numbers vary, probably limited only by the capacity of the remaining placental tissue to support fetal life.

Placental infarcts are contiguous with decidua, whether in septa, at margins, or on the maternal surface of the placenta. They vary from dark purplish red, brown, tan, yellow tan, yellow, white, to white or gray white (Figs. 177—180). Often there is evidence of gradual or step-wise enlargement with older, pale areas abutting on darker, fresher zones (Figure 180). The yellow and paler infarcts sometimes present a narrow, glistening translucent pale gray margin. All infarcts are dry on fresh sectioning, and granular. Rarely, the centers become liquefied, cystic, thrombotic, or hemorrhagic. In the oldest lesions, a gritty consistency and a chalky speckled cut surface indicate calcification. Ossification is very rare.

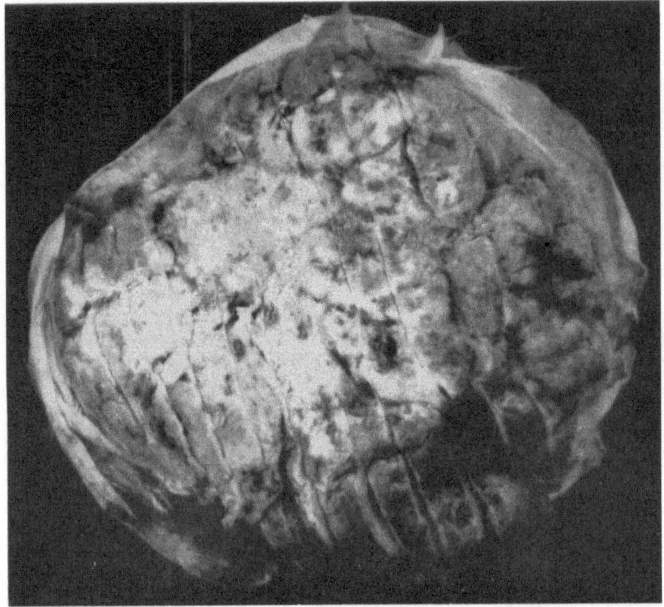

Fig. 178. Old placental infarction with massive involvement of the placenta, indicated by the white tissue presenting at the maternal surface.

The commonest *site of placental infarction* is the placental margin, where firm, even hard triangular wedges, a few millimeters to centimeters in radiant length, are found in increasing frequency as term is approached. These are usually yellow to white, indicating chronicity, and are poorly, if at all, correlated with abnormal

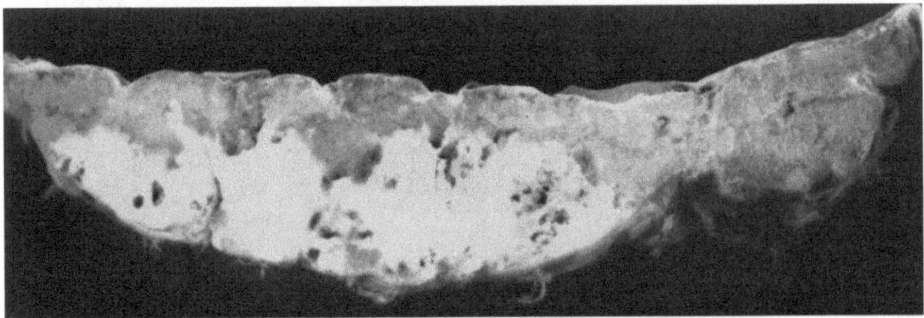

Fig. 179. Same as previous figure, cut surface. The lesions are well-defined and their contiguity to the decidua is evident.

maternal or fetal states. They are similarly frequent at margins of lobes of multilobate placentas. It is probable that such lesions indicate no significant impairment of placental function. Occasionally, infarcts appear to be scattered at random within the placental substance, but careful scrutiny reveals their contiguity with maternal tissues. Less often, the infarct subtends a retroplacental hematoma, or forms an encircling zone about an intervillous thrombus.

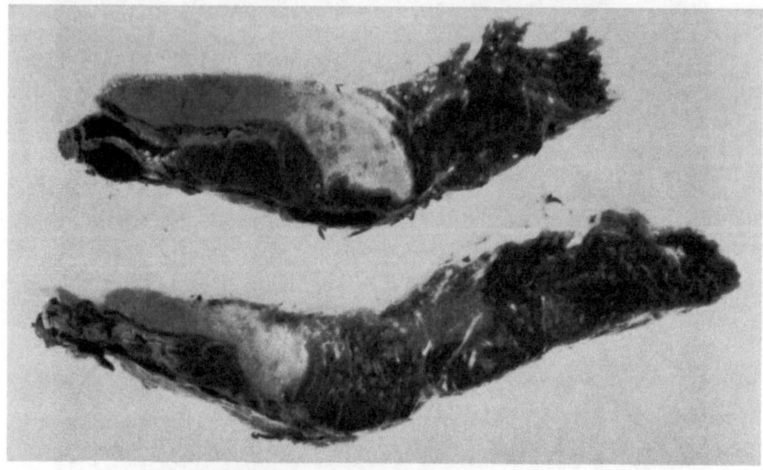

Fig. 180. Large placental infarct, portions of which are of different ages. The lighter area is one of old infarction; the darker zone has been damaged more recently.

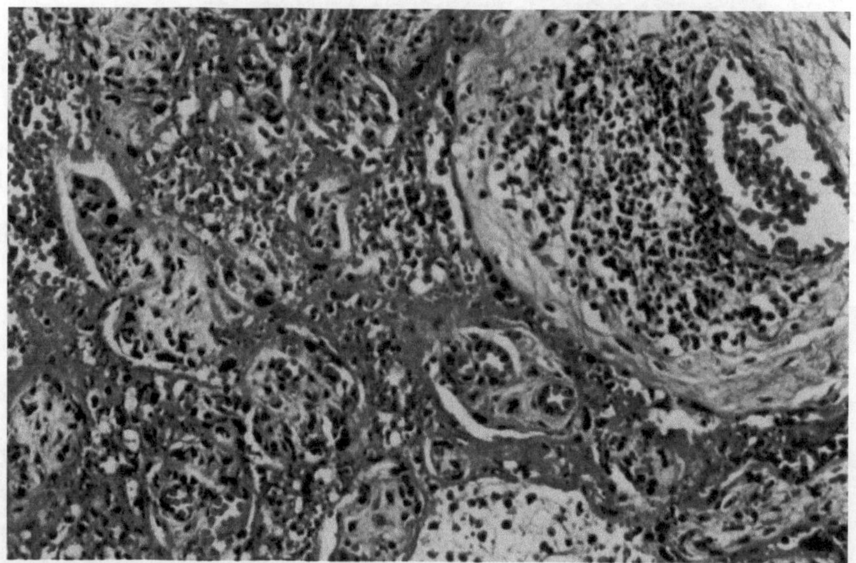

Fig. 181. Recent placental infarct. Intervillous blood is lysing; karyorrhexis is evident; leukocytes have infiltrated the villous connective tissues. (H & E × 250).

Histologically, placental infarcts are composed of relatively closely packed villi and contiguous structures, with surrounding maternal blood. Early, the chorionic tissues show necrobiosis and necrosis, the intervening maternal blood is lysed, and some infiltration of leukocytes occurs beyond the surface trophoblast, into the chorionic connective tissues (Figure 181). The contained fetal vessels share the necrosis and the overlying chorionic plate, if this be contiguous, undergoes necrosis. The amnion is usually relatively well preserved, less often necrotic. The vessels of the chorionic plate, if adjacent to infarcted tissue, often contain bland thrombi (Figure 182).

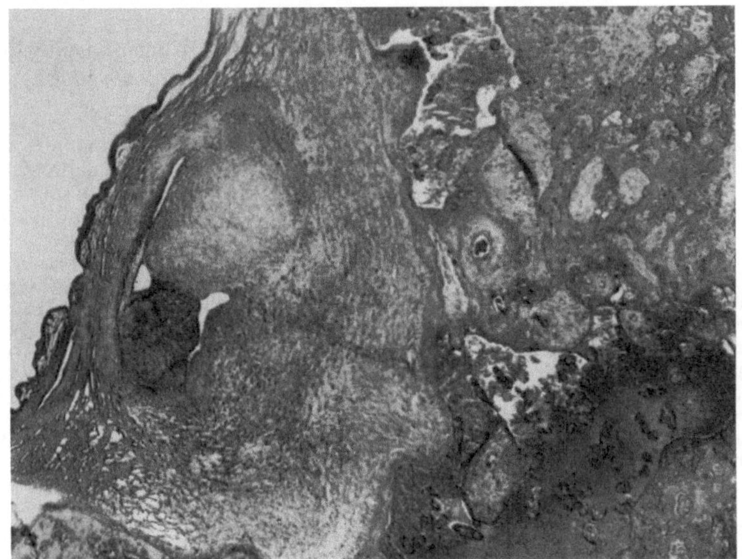

Fig. 182. Bland thrombus nearly occluding a chorionic artery overlying an infarct. (H & E × 40).

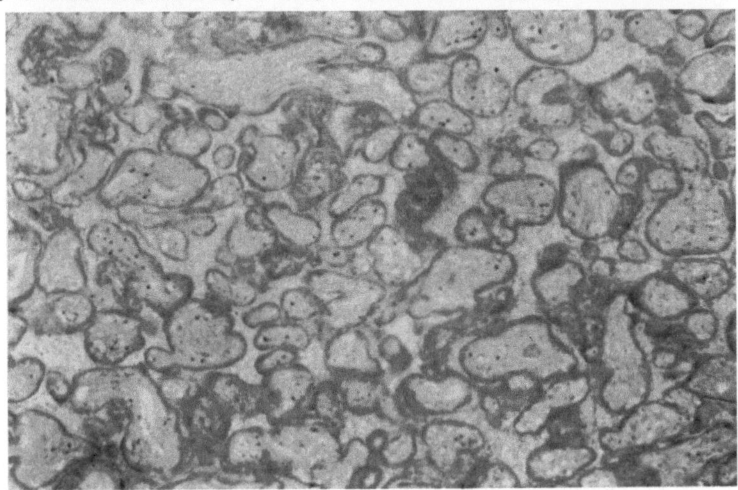

Fig. 183. Old placental infarct, composed of "ghost villi", *i.e.* villi whose outlines are still visible, but whose internal structure has disappeared with the passage of time. (H & E × 100).

With the passage of time, all nuclear debris disappears, the intervillous blood is replaced by clot, villi become approximated, and the result is an eosinophilic zone of tissue in which ghost hyalinized villi persist (Figure 183). Calcification of villi and intervening material is then frequent. Fibrous tissue does not invade.

Ghost villi persist, perhaps indicating insufficient lytic activity and local vascularity to reduce the lesion to a "scar". Most infarcts are composed of relatively small,
mature, or nearly mature-appearing villi, suggesting, as does the infrequency of
infarction during the first 8 or 9 lunar months, that these are lesions of the aging
and aged placenta. Rarely, the ghost villi are large, with abundant intervascular
stroma, and internal architecture compatible with the structure of a less mature
placenta.

Various investigators have attributed these lesions to insufficiency of either
maternal or fetal blood flow to the placenta (BARTHOLOMEW *et al.*, YOUNG,
SIDDALL, HERTIG, MARAIS, LITTLE).

It has long been known that the maternal and fetal blood streams do not mingle
within the placenta. However, the details of the unique "double circulation", by
means of which the placenta is perfused simultaneously by the gravida and the fetus,
have been clarified only recently, with the advent of cineradioangiography (RAMSEY
and coworkers, BORELL, GARCIA & NELSON, RICHART) and improved injection methods
(ROMNEY, CRAWFORD, ARTS, WILKIN, NOLD, BØE). A *brief summary of* current
concepts of the placental circulation is relevant to a discussion of the pathogenesis of
placental infarction and other circulatory disturbances which affect the placenta.

Maternal arterial blood is delivered to the decidua by myometrial arteries, branches
of the uterine arteries. From these are derived the decidual vessels, the spiral arterioles
which traverse the decidua, to open at the floor of the intervillous space (IVS). Jet-
like spurts of maternal blood are discharged intermittently, not all arterioles "firing"
at once, and enter the intervillous "lake" (RAMSEY, BORELL, RICHART). Propelled
by the maternal arterial blood pressure, the arterial blood ascends toward the chorionic
plate, while producing turbulence and consequent mixing. Probably few, if any,
decidual arterioles open into the IVS from decidual septa. Relative stasis seems to
occur in various portions of the IVS, especially at its margins. The subchorionic
region appears to be the locus of the most vigorous, active circulation (RAMSEY).
Drainage occurs via decidual veins, whose ostia are scattered at the floor of the IVS,
as well as at the margin of the placenta.

The fetal circulation has been studied in a static condition, rather than by the
dynamic means of cineradiography (CRAWFORD, ARTS, WILKIN, PANIGEL, NOLD,
BØE). The fetal heart provides the *vis a tergo* to the umbilical and chorionic circulations,
augmented to some degree by humorally stimulated contractions of the umbilical
artery and muscle-containing chorionic vessels. The branches and tributaries of the
umbilical blood vessels spread within the chorionic plate, divide with varying degrees
of complexity at this site, then dip subchorionically, the artery and vein tending to
take a similar course and divisions. Sequential branching of these paired vessels terminates in complex loops of anastomosing capillaries, within the villus. The aggregate
of vessels which is derived, by repeated branching, from a primary vascular trunk,
originating at or near the chorionic plate, defines the fetal cotyledon. It is unlikely
that anastomoses link any trunks larger than the capillary loops, except the paired
umbilical arteries, which are so joined near their junction with the placenta itself.
Intercotyledonary and intervillous vascular anastomoses probably do not occur
(ARTS, PETER, CRAWFORD).

The existence of this double circulation and the difficulties inherent in studies of
either or both components led to problems in interpretation of vascular diseases
of the placenta, especially "infarcts", however this term be defined. These difficulties are enhanced, on the one hand, by the frequency of lesions among placentas
of both healthy gravidas and those afflicted with disease, and, on the other, by
differences in definitions, diagnostic methods and criteria used by various investigators.

The exact pathogenesis of placental infarction has been debated, but most
modern workers agree that they are, indeed, attributable to insufficient blood
flow to portions of the placenta (HELLMAN). They are more frequent and more
numerous in pregnancies associated with maternal hypertension (MAQUEO *et al.*).
According to HARER, 416 of 1000 unselected placentas contained infarcts measur-

ing at least 5 millimeters in diameter. While few in his series were placentas of pre-eclamptics, eclamptics, or associated with chronic renal disease or hypertension in the gravidas, placental infarction was more frequent among these. Others find infarcts in 2 to 100% of "normal" placentas (WILLIAMS, SIDDALL & HARTMAN, TRAUT & KUDER, ZEEK AND ASSALI, NESBITT, LITTLE, FOX *inter alia*). Although placental infarction occurs during clinically uncomplicated pregnancies and not all cases of toxemia are associated with this complication, most extensively infarcted placentas are indicative of intragestational hypertension and/or vascular disease of the gravida.

BARTHOLOMEW has been the outstanding champion of the view that placental infarction depends on disturbed *fetal*, i. e. chorionic, circulation. He holds this opinion despite the association of lesions with maternal vascular disease, the absence of demonstrable antecedent fetal vascular lesions, the distinct morphologic differences between infarction and the placental changes which follow fetal vascular occlusion *(q. v.)*, and the configuration and distribution of placental infarcts which do not conform to the distribution of the fetal vasculature.

Evidence supporting the thesis that placental infarction is caused by compromised *maternal* bloodflow to the placenta is more convincing, to wit:

(1) Placental infarction, especially extensive infarction, is a frequent complication of maternal disease, whether the latter is a chronic vascular disease or toxemia of pregnancy.

(2) Correlations with maternal vascular lesions often exist, yet fetal disturbances are uncommon. Fetal vasculature is usually not involved except within the lesion.

(3) The region of damage corresponds to that supplied by the maternal vessels, and is contiguous to maternal tissues, always abutting on either the decidua basalis or decidual septa. (FOX, MARAIS, ZEEK & ASSALI).

(4) Localized disturbances in the intervillous space, such as compression by subplacental hematomas, around intervillous coagula, at placental and lobar margins, and at the edge of a placenta previa, are all associated with the tendency to adjacent placental infarction.

(5) Infarction, as defined and described above, does *not* ensue when fetal vessels are occluded. Such vascular lesions are associated with placental lesions of another kind *(q. v.)*.

(6) Infarction is *not* a consequence of fetal death.

(7) Finally, when fetal death has occurred, villi remain in an apparently viable state, vessels may persist structurally intact for many days, and trophoblast may continue to grow for much longer. Hydatidiform moles supply evidence of the latter phenomenon. Also, deported trophoblast and villi may grow without intrinsic circulation.

The *genesis of placental infarcts* involves spasm, stenosis, or occlusion of decidual blood vessels. Such changes may occur as part of generalized hyperactive vasomotion, or during the course of structural arterial disease of the gravida. Therefore, infarcts are frequent in placentas from pregnancies complicated by essential hypertension, toxemia of pregnancy, chronic nephritis, lupus erythematosus disseminata, and diabetic microangiopathy (FALKINER, SHANKLIN). Virtually any morbid state which afflicts the arterial and/or arteriolar portions of the vascular bed may include the uterus in its distribution and, occurring during pregnancy, may exert deleterious effects on the placenta. The associated maternal vascular lesions also comprise a wide variety, the most important of which, being the most common, are those of pre-eclampsia (CARTER *et al.*).

Casual sampling of the decidua, cast off with the placenta, frequently fails to uncover structural abnormalities of maternal vessels in the presence of even extensive placental infarction. Similarly, attempts to demonstrate vascular lesions in these tissues are often unsuccessful when the gestation is known to have been complicated by pre-eclampsia, chronic hypertension, or severe chronic nephropathy. As early as 1915, WILLIAMS described an acute degenerative arteriolitis which involved the decidual vessels in cases of "toxic" abruptio placentae. HERTIG recognized a sequence of changes in the decidual vessels associated with the latter condition, beginning with accumulation of foamy, lipid-laden phagocytes in the intima, followed by fibrinoid degeneration of the media, and, finally, fibroblastic proliferation of the intima, which narrowed or even obliterated the lumen (Figures 184—186). Associated with this process, the

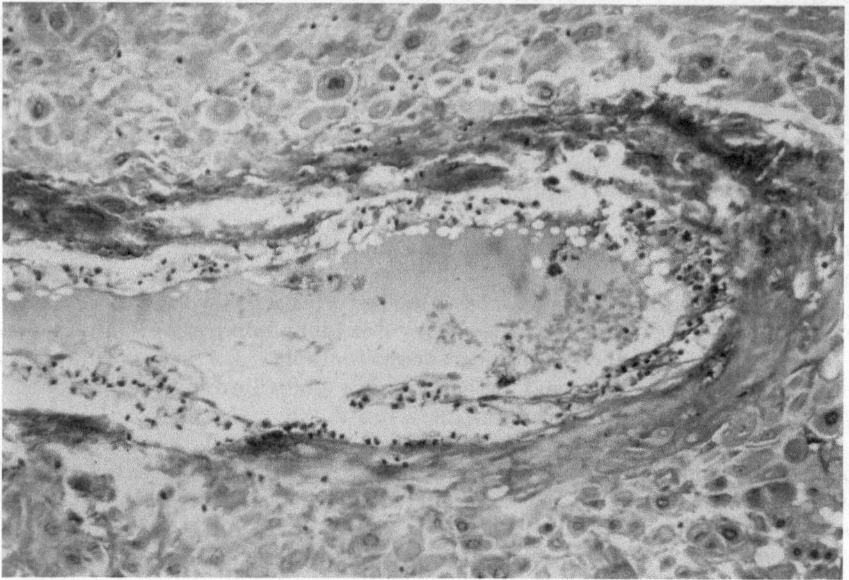

Fig. 184. Early decidual atheroma. Foamy cells and acute inflammatory cells have accumulated in the intima. Smudging and fibrinoid change are evident in the media. (H & × 160).

decidua beneath the placenta became necrotic. In a later publication which also dealt with premature separation of the normally implanted placenta (SEXTON et al.), HERTIG expressed the view that this acute arteriolitis was not a specific lesion of toxemia of pregnancy, being more frequent in the deciduas of gravidas known to have had hypertension, and/or chronic renal disease prior to gestation.

ZEEK and ASSALI used an ingenious method of sampling the decidua to evaluate vascular lesions in relation to placental damage and maternal status. By transilluminating the extraplacental sac, they were able to identify adherent tags of thick vascular decidua. They, too, were impressed with the lesions described by HERTIG, which they termed "acute atherosis", visualizing the lipid deposition as the initial stage of degeneration. Thirty percent of 70 samples of decidua associated with placental infarction disclosed these acute vascular changes. Furthermore, acute atherosis was found in the deciduas of 34 of 71 toxemics, being most severe in toxemia of unusually early onset. A very mild degree of similar change was found in 3 of 143 normotensive gravidas without pregnancy toxemia, and in none of 18 hypertensives without toxemia. In the latter group, decidual arteries often showed moderately severe hyperplastic arteriosclerosis, which the authors regarded as typical of hypertensive persons.

Still more success in correlating decidual vascular disease and clinical status of the gravida has been described by DIXON and ROBERTSON. They studied decidual biopsies, taken from the placental bed immediately following removal of the placenta. By this method they found decidual microangiopathy in association with *essential hypertension, pre-eclampsia, eclampsia,* and *chronic renal insufficiency.* Except for the particular degenerative vascular changes associated with chronic renal failure, the vascular lesions seen formed a continuum, the severity of involvement depending principally on the degree of hypertension present clinically. With mild essential hypertension, both myometrial and decidual vessels were abnormal, hyperplastic and narrowed. Swollen, vacuolated endothelial cells

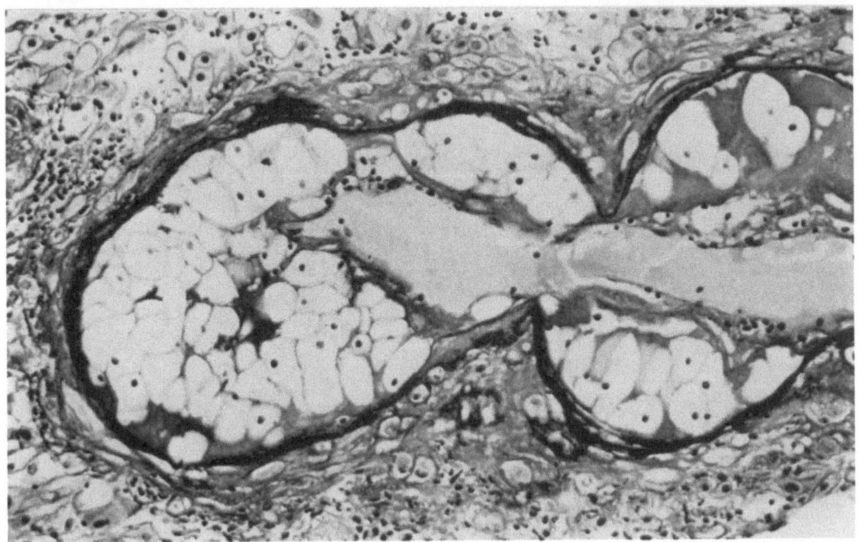

Fig. 185. Severe decidual atherosis. Masses of lipid-laden cells project from the intima, narrowing the vascular lumens. The media is thin, frayed, and deeply stained. From a patient with severe chronic hypertension and pre-eclampsia. (PAS × 160).

suggested spasm. Pronounced hyperplasia, sometimes also smudging and hyalinization of their walls, made the spiral arterioles more prominent. The angiopathy which accompanied mild preeclampsia was like that of essential hypertension. Worsening of the clinical state of the gravida was reflected by increasing medial and intimal hyperplasia of myometrial arteries, often resulting in stenosis or luminal obliteration. Thrombosis occurred in the most advanced cases. Parallel changes were observed in the decidual arterioles, where fibrinoid, acute arteritis, and thrombosis varied in intensity with that of the clinical disease. Lipid-containing cells were deposited, both within and beneath the intima. This reaction was regarded as secondary to the necrosis. Necrosis of decidua accompanied the angiopathy. The decidual blood vessels of gravidas with chronic renal insufficiency showed a distinctive basophilic, possibly mucoid, medial degeneration, associated with proliferative fibrosis and hydropic vacuolation of endothelial cells. Fibrin was deposited in the adjacent stroma, suggesting leakage of plasma. In summary, the major findings indicated the development of decidual and myometrial microangiopathy associated with hypertension, whether acute or chronic. Renal failure brought its own particular decidual vascular changes. Coexistence of the two clinical states, hypertension and chronic nephropathy, was reflected in a combination of the vascular reactions of both conditions.

Decidual curettage-biopsies have been utilized in continuing studies of the pathology of pregnancies complicated by *diabetes mellitus* (DRISCOLL). The uterine cavity is curetted immediately following delivery of the placenta. The commonest

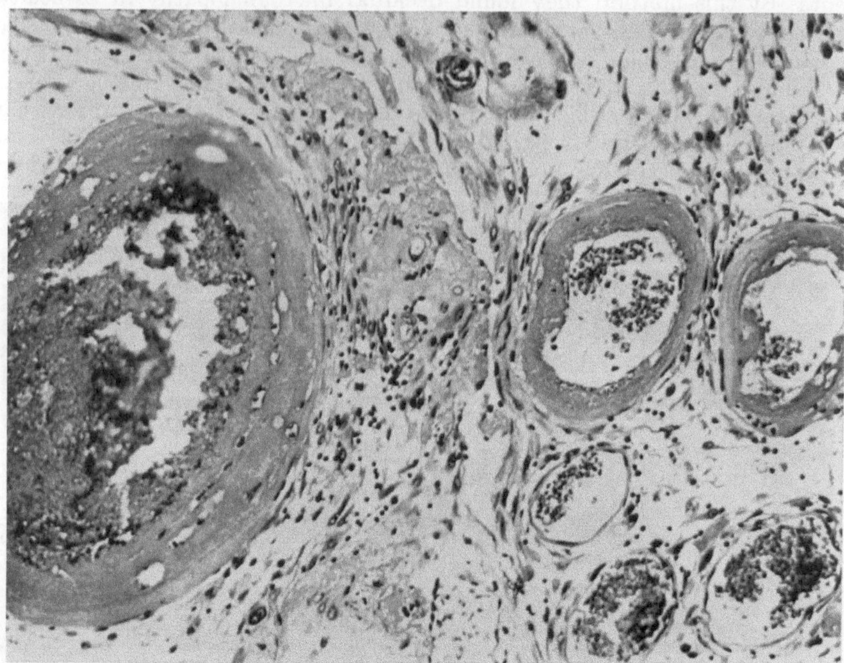

Fig. 186. Marked fibrinoid degeneration of decidual vessels. Thick, eosinophilic rings now form the vascular walls. A few lipid-laden cells are seen in the intima. Clefts in the media suggest edema. From a patient with eclampsia (H & E × 160).

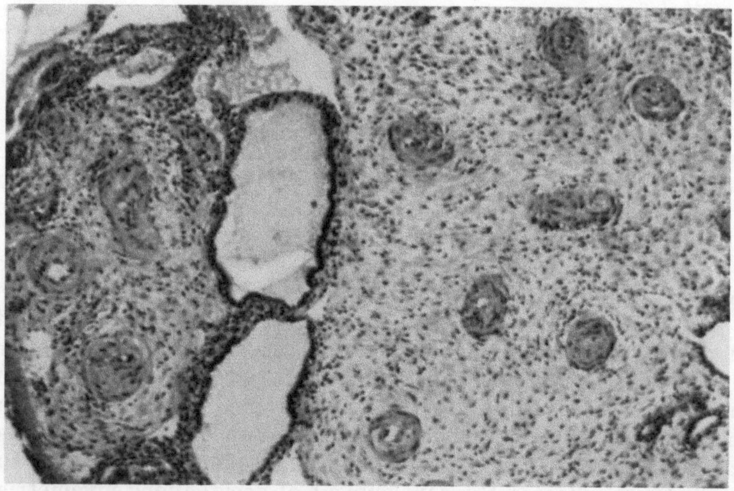

Fig. 187. Diabetic arteriolar disease affecting the decidua. The media is thick, hyperplastic, and hyalinized; the lumens are narrow. (H & E × 100).

decidual vascular lesion comprises arteriolar medial hypertrophy and/or hyalinization, with narrowing of the lumen (Figure 187). Less often, the large decidual

vessels are diseased, presenting as fibrinoid rings, lined by lipid-laden cells, i. e.
acute degenerative arteriolitis (HERTIG) or acute atherosis (ZEEK and ASSALI)
(Figure 188). The former type of angiopathy is not associated with hypertension,
but affects vessels in mild diabetes of recent onset, as well as severe, juvenile
diabetes with retinopathy and nephropathy. The tendency to placental infarction
is increased in the latter circumstances, even in the absence of hypertension and
preeclampsia (See Chapter XV, for additional related findings). Decidual curettage-
biopsies have also demonstrated such vascular lesions as acute arteriolitis in
disseminated lupus erythematosus (Figure 189), perhaps accounting for some
of the pregnancy wastage associated with this disease, through interference with
deciduo-placental perfusion. Similar studies would be of interest in relation to
other women who are inexplicably prone to pregnancy wastage.

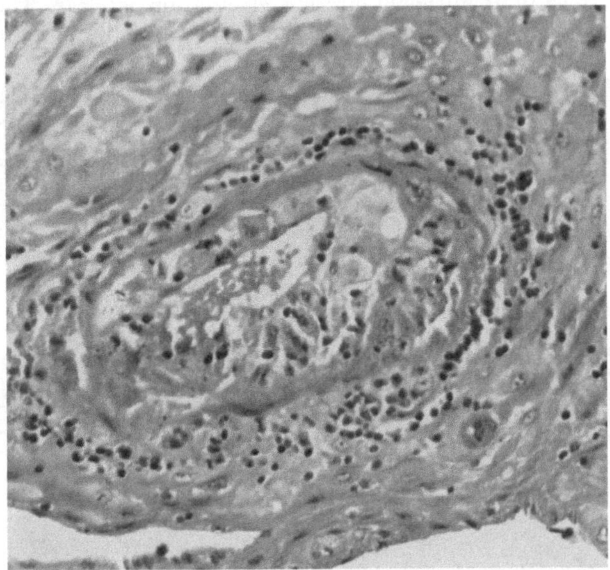

Fig. 188. "Acute atherosis" of decidual arteries in a diabetic gravida. Lipid-laden cells occupy the intima, bulge
into, and thus narrow, the lumens. A dense fibrinoid ring encircles these. A cuff of acute inflammatory cells surrounds the vessel. (H & E × 250).

MARAIS has made detailed studies of decidual vasculature with reference to the
genesis of angiopathy, associated placental lesions, and clinical correlates. He
demonstrated that spiral arteriolar and placental lesions (fibrin deposits, thrombi,
infarcts, and abruptio placentae) are strong indicators of rising blood pressure,
especially when the latter is accompanied by proteinuria.

Much attention has focused on the interrelationships of placental necrosis
(infarction) and *toxemia of pregnancy*. Not all toxemics develop placental infarcts,
yet these lesions are seen in placentas of gravidas afflicted by such vascular
diseases as lupus erythematosus disseminatus and diabetic angiopathy, and also
in "normal" circumstances. The most likely common mechanism is one of focal
insufficiency of deciduoplacental perfusion at the site infarcted. An important
cause of impairment of maternal blood flow to the intervillous space is toxemia
of pregnancy, with its associated arteriolar spasm and even structural narrowing
of decidual vessels. Therefore, placental infarction appears to be one result, rather
than the basic cause of preeclampsia and eclampsia (See discussion of mechanisms
by JEFFCOATE & SCOTT). Perhaps FERABOLI's observations of extensive placental

infarction in 6 cases of intragestational cardiac decompensation constitute evidence that impairment of deciduo-placental perfusion may occur on the basis of systemic as well as focal circulatory inadequacy.

Physiologic data gathered by BROWNE and VEALL, MORRIS *et al.*, and JOHNSON and CLAYTON indicate choriodecidual and myometrial blood flow to be decreased in preeclampsia and essential hypertension. Again, the abnormality occurs in the hypertensive gravida, whether the elevated blood pressure existed prior to, or began during gestation.

A unified concept of the pathogenesis of placental infarction and atrophy invokes impairment of deciduo-placental perfusion as the major factor. If one requisite for the diagnosis of placental infarction is the presence of necrotic villi, most fibrin masses and intervillous coagula are excluded. Then the association of infarction with focally insufficient uterine circulation is clear. The commonest sites of infarction and of atrophy are at the margins of the placenta, and of its

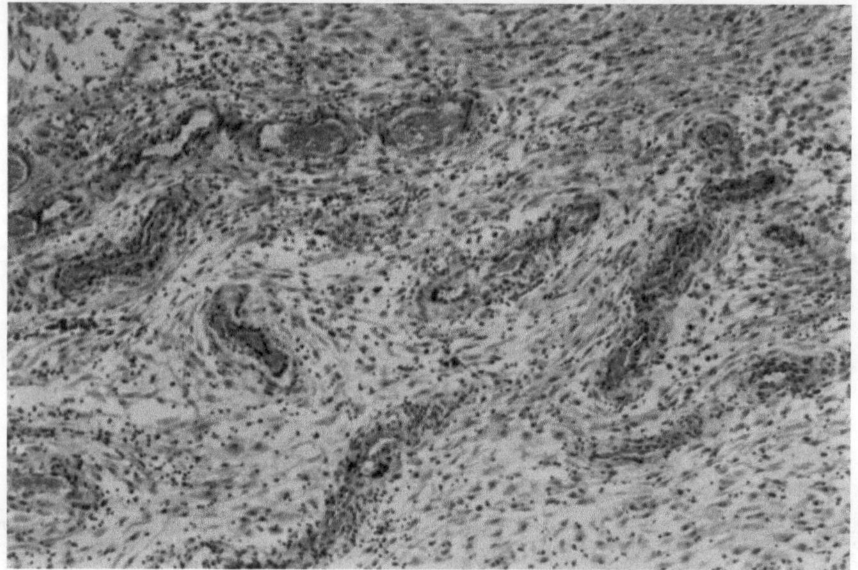

Fig. 189. Acute arteriolitis affecting the decidua in a patient with disseminated lupus erythematosis. Massive placental infarction and fetal death resulted. (H & E × 100).

lobes, when multilobation exists. Succenturiate lobes are also often infarcted. Microscopically, all these sites are also likely to show relative maturity, *i. e.*, the features of normal maturation *(q. v.)* appear earlier. This tendency to aging, atrophy, and infarction is explicable on the basis of relative impairment of blood flow, even within a normal uterus. Necrosis of the basal plate of decidua is also most frequent at and near its juncture with the decidua capsularis. In light of the enhanced vulnerability of these areas to chronic changes due to decreased blood supply, it is not surprising that the infarction, the decidual necrosis and hemorrhage which are relatively common in preeclamptic toxemia and other hypertensivevascular disorders are also more frequent at these sites. Similarly, compression ischemia explains the rim of infarct which surrounds many intervillous thrombi and subtends retroplacental hematomas. Less severe and slower encroachment on the nutrient vessels, *i. e.* the uterine arteries and arterioles, results in smaller lesions, or even atrophy, without frank necrosis.

The extent of infarction varies a great deal in the presence of those maternal diseases with enhanced tendencies to placental infarction. For example, many eclamptic patients expel placentas which are free of infarction, yet others contain few or many old and recent lesions. Conversely, even chronic vascular disease of only moderate severity is often accompanied by multiple placental infarcts. It is not clear why these disparities occur in degree of placental destruction and severity of maternal disease. The most probable explanation depends on the acuity or chronicity of the vascular disease, as well as its gravity. Recently Fox studied the relationship of syncytial knot formation to gestational maturity, and to such states as toxemia of pregnancy and disturbances of chorionic villous circulation. In normal cases, the syncytial knot count was valuable as an index of placental maturity; counts were slightly increased in association with toxemia; increased knots also occurred in areas of reduced fetal, i. e. chorionic villous, blood flow. The knots seemed to result from proliferation of syncytial nuclei.

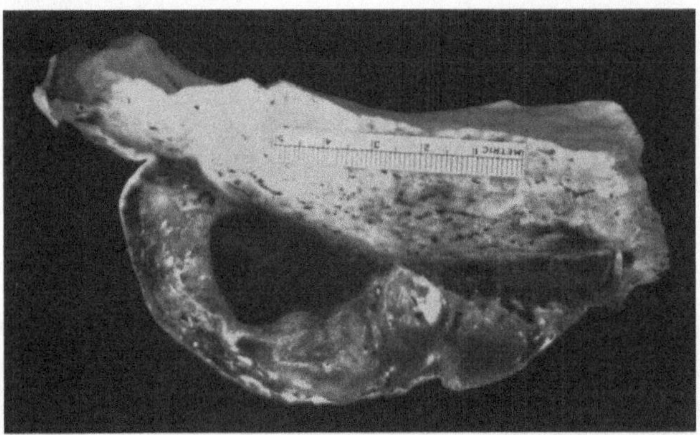

Fig. 190. Retroplacental hematoma. The placenta is still attached to the uterus. At the site of decidual hemorrhage, the blood has lifted the placenta from the subjacent maternal tissues. From a patient with severe eclampsia.

Relationship to Abruptio Placentae: Bland decidual necrosis is such a frequent concomitant of the decidual angiopathies that the supervention of abruptio placentae is not surprising. MARAIS, for example, found significant correlations between clinical hypertension, especially with proteinuria, and decidual arteriolar diseases, placental infarction, and premature separation of the placenta. Doubtless the diseased vessels are responsible for necrosis of contiguous decidua and adjacent vessels, with thrombosis and hemorrhage. Consequent to this, the tissue within which the ovum originally implanted, and which now surrounds it, undergoes progressive necrosis with hemorrhage. Then the placenta may be lifted away from its disintegrating decidual bed by a growing hematoma, derived from the abundant, now necrotic vessels which supply it (Figure 190).

Unlike most other observers, HIBBARD and HIBBARD found the risk of abruptio placentae to be only slightly increased when pregnancy was complicated by toxemia or essential hypertension. In their view, folic acid deficiency, which can be detected by elevated levels of formiminoglutamic acid (Figlu) in the urine, is a far more significant phenomenon than maternal vascular disease in placental abruption. What links the folic acid deficiency to hemorrhage at the placental site is not clear. Perhaps the Figlu excretion is merely one index of multiple nutritional deficencies, among which are factors bearing directly on the vascular integrity at the placental site.

Premature Aging (Senescence) and Atrophy of the Placenta: As normal gestation proceeds, gradual changes occur in the placenta, which indicate its maturation and aging. Grossly, these comprise progressive accumulation of fibrin, especially subchorionically, deposition of calcium, especially at the maternal surface, increased firmness, *i. e.* decreased friability, and slight darkening of the red color of the placental substance (Figure 191). Histologically, these observations are corroborated, and changes occur throughout the ramifying villous "tree", especially its terminal smallest "twigs", the terminal villi. The large, loosely textured, cellular villus of early pregnancy is composed of a broad core of stroma, ensheathed in double layered trophoblast. The stroma is composed of fibroblasts and Hofbauer cells. The villous capillaries are peripherally placed and contain blood rich in nucleated erythrocyte precursors. The enveloping sheath of trophoblast is composed of both cytotrophoblast (Langhans' epithelium) and syncytiotrophoblast.

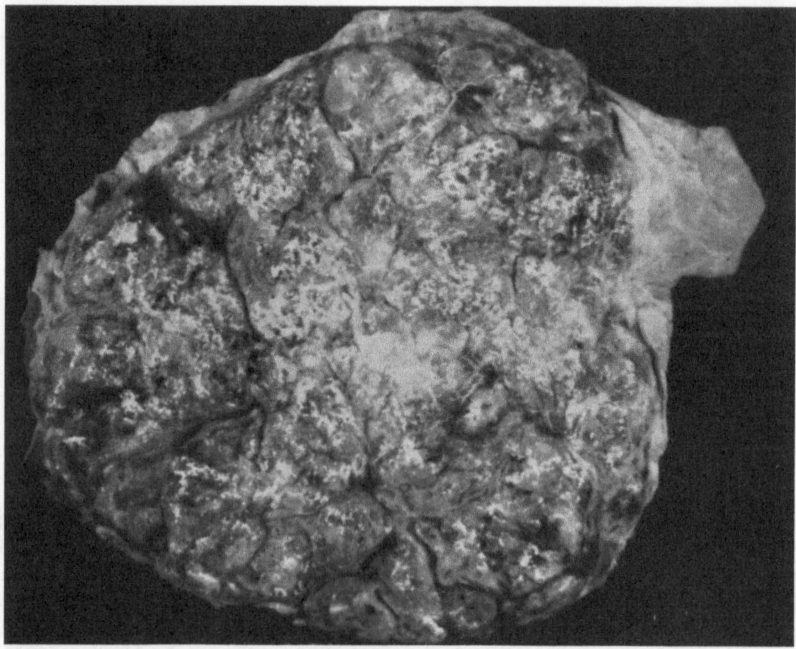

Fig. 191. Placental calcification. Chalky white deposits on the maternal surface indicate placental maturation. The variation in severity is great in normal individuals. Although this is severely calcified, neither maternal nor perinatal abnormality was recorded.

Mitotic activity is evident in the former tissue. Gradually, these villi are converted into smaller, histologically simpler units, which, at term comprise clusters of capillaries, almost no intervening stroma, and, to the usual light microscope, a single layered envelope of attentuated syncytiotrophoblast. Syncytial nuclei have become clumped together and syncytial "knots", microscopically polypoid fragments or nodes of syncytium, are scattered throughout the section. The syncytial cytoplasm has become relatively eosinophilic and exhibits increased acid and alkaline phosphatase activity (WISLOCKI). Eosinophilic amorphous material, fibrinoid, interrupts the syncytium at random sites, some villi are filled or encased by this material, and basophilic deposits of calcium salts occur within it. The gradual reduction in distance between the maternal intervillous blood and the fetal capillary lumen which results from these changes has been thought to explain the progressive increase in permeability of this "barrier" to Na^{24} with advancing gestation (FLEXNER *et al.*). The diminished transfer of sodium from gravida to fetus which supervenes after 36 weeks' gestation has been attributed to the deposition of fibrin on and around the absorptive surfaces of the terminal villi (FLEXNER *et al.*). The quantity of fibrin is gradually increased throughout the villous placenta. Trophoblastic columns become surrounded and partially replaced by this material. Deposits of fibrin may appear to trap clusters of adjacent villi, especially at the placental margin, resulting in villous atrophy.

The ramifying trabeculae which carry the chorionic vessels to their peripheral, villous termini undergo less impressive changes, notably a relative condensation of their fibrous stroma and attenuation of the trophoblastic sheath. Except for slight decrease in transparency, and prominence and frequent green-brown pig-

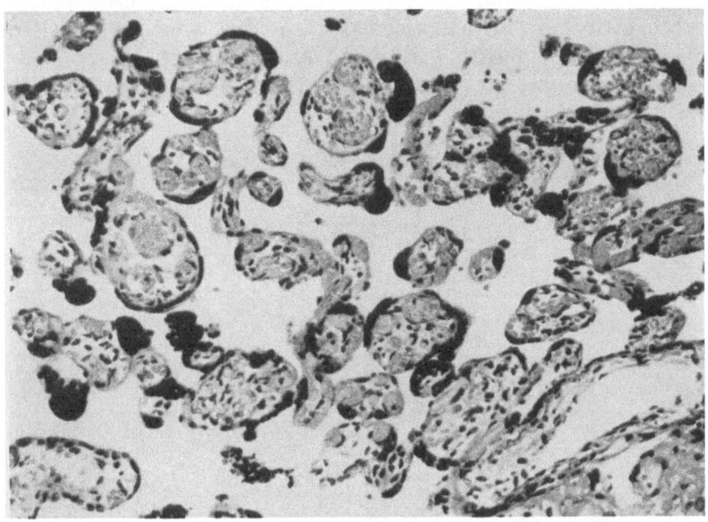

Fig. 192. Increased syncytial nuclear clumping and knotting. Many dark aggregates of nuclei are seen, constituting "Tenney change". (H & E × 160).

mentation of phagocytes, the fetal membranes of the term placenta show no particular indication of aging.

Occasionally, these morphological indicators of "physiologic" aging of the placenta appear prematurely, or are exaggerated at term. On the basis of quantitative histological studies, TENNEY and PARKER described accelerated appearance of syncytial cytoplasmic eosinophilia and clumping of syncytial nuclei in placentas associated with toxemia of pregnancy (Figure 192). BURSTEIN and coworkers, who corroborated these findings, also described increased fibrinoid, especially subchorionically, increased calcification, and occasional PAS-positive cytoplasmic inclusions in the syncytial cytoplasm, in preeclampsia. PAINE demonstrated increased lipoid in the atrophic syncytium of such placentas. Such accelerated aging of the terminal villi is thought to explain the premature decrease in sodium transfer which is seen in pregnancy toxemia (FLEXNER, *et al.*).

Observations, such as those of BLEYL, THOMSEN, BURSTEIN, KUBLI, BUDLIGER & PAINE, indicating increased syncytial degeneration, increased fibrin deposition, fibrosis of villous stems and terminal villi, and endovascular sclerosis

of chorionic vessels in eclampsia, preeclampsia, chronic nephropathy, and essential
hypertension, explain the failure of the fetus to thrive or even to survive in many
complicated pregnancies. The surface area of the villous portion of the normal
human placenta at term has been estimated as some 6.5 square meters (DODDS).
CLAVERO reported reduction in area of the villous surface of placentas from
toxemics, as well as those associated with a variety of other complications of
pregnancy.

In a study utilizing the techniques of conventional histologic staining, phase
microscopy, and electron microscopy of placentas from normal and abnormal
pregnancies, ZACKS and BLAZAR examined one placenta from a preeclamptic
patient. The "alleged" placental abnormalities which occur in toxemia were not
corroborated in this specimen.

We need not insist that all functional changes be associated with convincing
morphologic changes. Perhaps current methods have not been sensitive enough
to allow recognition of critical decreases in this area. Diminished chorionic
vascular bed, either primarily malformed and deficient, or reduced by diffuse
disease, *e. g.* in eclampsia and nephropathy (BURG), may also limit the capacity
of the placenta to sustain fetal health.

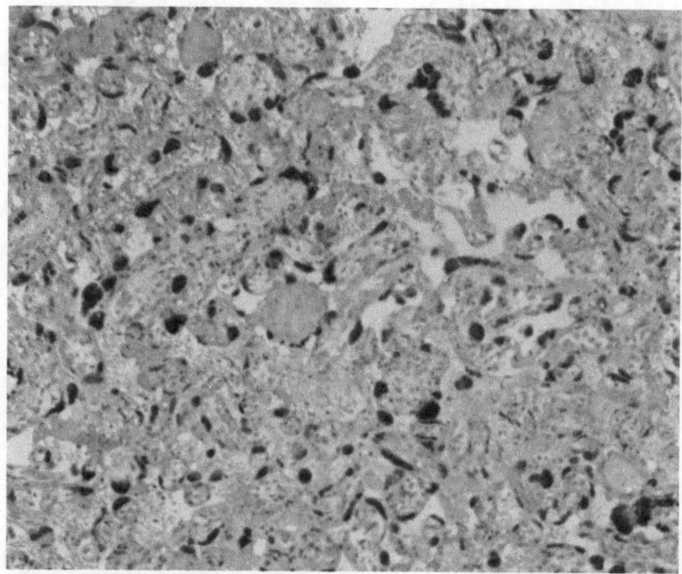

Fig. 193. The placenta following fetal death, with retention of the conceptus for weeks. The villi are unusually
small, atrophic, and hypovascular to avascular; many syncytial knots are seen (H & E × 130).

MANDEL and his colleagues reported that the ratio of nuclear material (measured as purine nitrogen) to cytoplasmic material (as non-purine nitrogen) decreased
steadily from early to late pregnancy, a result which is similar to other aging
tissues. Placentas from toxemic patients did not differ from other placentas of
similar gestational age.

WANG and HELLMAN and PAGE's group demonstrated decreased respiratory
quotient and decreased anaerobic glycolysis in samples of placentas of advancing
gestational age. These trends were exaggerated in pregnancy toxemia. Furthermore,
PAGE observed more marked "Tenney changes" in those same placentas of toxemic

patients which were found to have decreased respiration *in vitro*. He suggested that the decreased oxygen consumption and decreased anaerobic glycolysis were due to diffuse trophoblastic injury in pregnancy toxemia.

Monoamine oxidase activity is also decreased in the placentas from toxemic patients, suggesting that such amines as 5-hydroxytryptamine may accumulate locally, perhaps as a result of deciduo-placental ischemia. As a result of increased concentration of this active substance, vasospasm and local placental anoxia would be aggravated and the process perpetuated. This hypothesis is supported by a recent report of increased 5-hydroxytryptamine in placentas from toxemic patients (SENIOR *et al.*). Such an increase might also be explained by a local excess of L-aromatic amino acid decarboxylase, an enzyme which synthesizes most of the important biologically active amines, including 5-hydroxytryptamine.

The morphologic indices of placental senescence are not applicable to the placenta which is retained for longer than a few days following fetal death. The placental atrophy which occurs under these circumstances, regardless of gestational age and cause of death, bears certain morphologic similarities to the aging phenomena. The villous blood vessels disappear; the stroma becomes condensed, acellular, and focally calcified; the surface trophoblast is attenuated and syncytial knots are very numerous (Figure 193). When these changes have developed, any histologic signs of pre-existent villous abnormality, such as hydrops or sclerosing vascular lesions, may be completely obliterated. Valid interpretation of pre-existent diffuse placental abnormality, such as has been described in association with hypertension, becomes impossible.

Importance of Placental Infarction to the Fetus

Despite the interest in placental infarcts in relation to maternal pre-eclampsia and eclampsia, hypertension, and renal disease *(v. s.)*, the tissue destroyed is vital to the fetus, but not to the mother. Fetal survival and health depend on the maintenance of sufficient placental tissue to allow the transfer of various substances and the synthesis of others which are required for his homeostasis, growth, and development. The vital placental tissue is maintained by the maternal organism.

The *functional reserve of the normal placenta* is great, which explains its capacity to support the fetus even when substantial portions of placental tissue have been destroyed by infarction. KLOOSTERMAN & HUIDEKOOPER report that severe placental infarction is associated with a 40-fold increase in risk of "unexplained" perinatal deaths in comparison with non-infarcted placentas. These findings are essentially in accord with the views expressed by LITTLE. However, many placentas affected by infarction are not normal prior to its inception. Atrophy and/or fibrin deposition may have encroached on the functional reserve, rendering subsequent infarcts more hazardous to the fetus. Furthermore, there is physiologic and morphologic evidence that the uterodecidual circulation is often impaired in conditions of the gravida which antedate and predispose to placental infarction (BROWNE, MORRIS *et al.*). A reduction in flow of maternal blood to the placenta not only decreases the available supplies for transport to the fetus, but also may interfere with the nourishment of the placental tissue, *per se*. Supervention of destructive disease finds the placenta and the dependent fetus already handicapped as a result of such deprivation. Then infarction assumes greater importance and acute placental insufficiency may ensue.

Finally, placental infarction should be discussed from the viewpoint of chronic placental insufficiency. BELTRAN-PAZ & DRISCOLL found no clear evidence of an important rôle of placental infarcts in causation of "dysmaturity". Admittedly, the conventional morphologic study of an organ of the size, complexity, and versatility of the placenta can be expected to identify only some of the lesions which have functional significance. However, these workers found infarcts in a total of 51%, old infarcts in 45%, recent ones in 4%, and large infarcts, *i.e.*, those measuring at least 3 cm. in one dimension, in 4% of 92 placentas associated with clinical dysmaturity. Multiple, usually small, infarcts were relatively common, 13% of "dysmatures" showing 2, 10% 3, 2% 4, and 2% more than 4 infarcts. On the other hand, among the placentas associated with 47 "ideal" normal babies, infarcts were found in 53%, old infarcts in

49%, recent ones in 9%, and large infarcts in 4.5%. Multiple infarcts were slightly less frequent than in dysmaturity, 10% showing 2, 6% 3, and 2% (one specimen which contained 8 infarcts—6 old, 2 recent) more than 3 infarcts. Obviously, the dysmatures and the controls did not differ with respect to placental infarction. Others have attributed some cases of dysmaturity to placental infarcts (CLIFFORD, GRUEN-WALD, KLOOSTERMAN, *inter alia*). It seems reasonable to expect that extensive, sublethal infarction which occurs early enough in gestation may compromise the placenta's capacity as an organ of transfer and synthesis and hence impair fetal nutrition and growth.

Maternal floor infarction

A curious placental lesion, which we have designated "maternal floor infarct", is illustrated in Figures 194 and 195. This uncommon condition is characterized by diffuse thickening of the maternal "floor" of the placenta, which is rendered

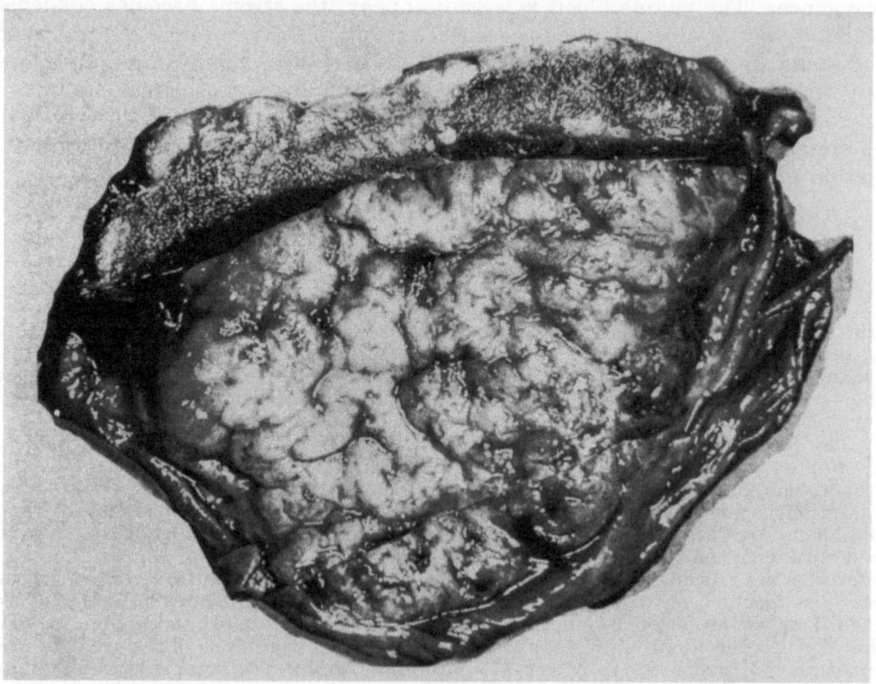

Fig. 194. Gross appearance of maternal floor infarct. The entire maternal surface of the placenta is composed of slightly glassy, pale, smooth tissue, which tends to "iron-out" the usual fissures and sulci.

pale, either white, gray or yellow, and smoother than normal. Usually, the placental substance contains increased quantities of fibrin, Langhans' subchorionic fibrin stria is thick, and numerous cysts may be visible through the placental amnion (Figure 164). Histologically, the thick "floor" is found to result from increased fibrin deposition within and adjacent to the decidua basalis, encasing the contiguous villi, which are necrotic or atrophic (Figure 196.)

The pathogenesis of this lesion is not clear. However, there is a tendency to recurrence in consecutive pregnancies. The peculiar limitation of the villous necrosis to the placenta floor suggests a local cause at this site. Hematogenous

mechanisms or chorionic vasculitis on any basis would be expected to produce
scattered lesions, rather than damaging all the structures at the maternal floor

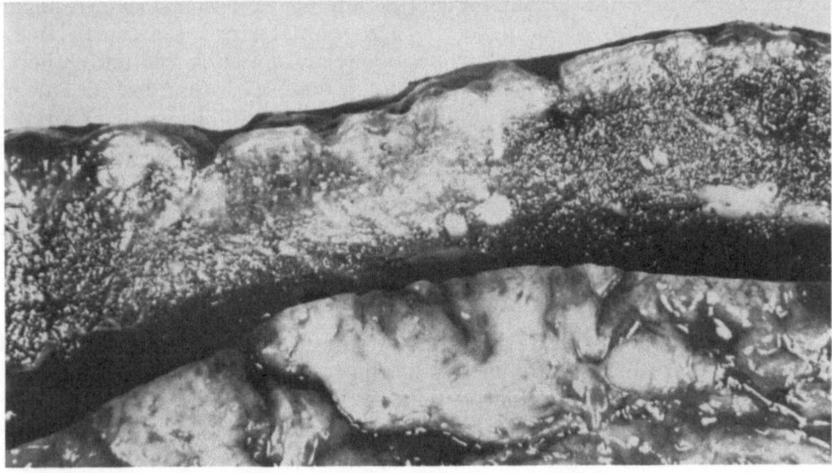

Fig. 195. A closer view of the same placenta as is illustrated in the previous figure. The glassy material, which
constitutes the maternal surface of this placenta, also extends 2 to 3 millimeters beneath this surface and is sharply
demarcated from the remainder of the placenta, the latter appearing normal.

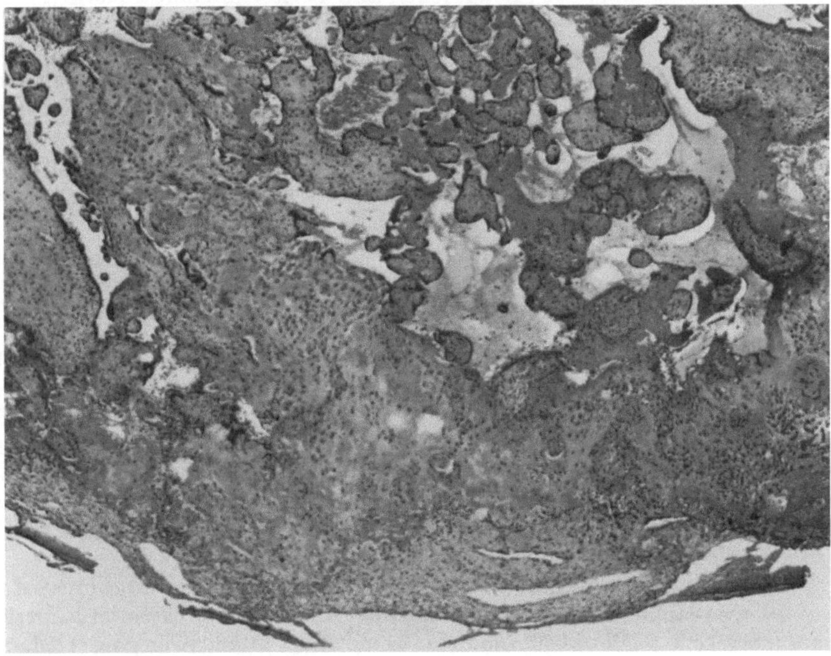

Fig. 196. "Maternal floor infarct", as previous two figures. The placental floor (decidua basalis) is thickened by a
marked increase in fibrin deposit which entraps villi. Some villi are necrotic or have become atrophic. Moderate
infiltration by mononuclear cells (H & E × 40).

while sparing the other placental components. The intimate apposition of fetal
and maternal tissues is most generalized at this site. This fact and the tendency

to recurrence in successive gestations suggest that "maternal floor infarction" is a consequence of host-parasite incompatibility of gravida and conceptus. However, the meagre inflammatory component of the lesion does not suggest a frank immune rejection phenomenon. Other characteristics are compatible with diffuse degeneration of the surface trophoblast, and an enhanced and generalized deposition of fibrin secondary thereto. A third possibility is that decidual arterioles become slowly narrowed by abnormal deposition or imbibition of material from the maternal blood or contiguous tissues. Such gradual sealing off of the arteriolar inflow would produce increasing stasis, fibrin precipitation, and atrophy of the floor of the placenta. Sudden acceleration of these phenomena would result in frank villous necrosis. However, several isolated observations suggest other mechanisms which may be operative in the pathogenesis of this unusual, but important, placental condition. Systematic consideration of cases in light of the following observations may be rewarding.

(1) The lesion has been seen in rare cases of retention of the conceptus following early fetal death in erythroblastosis fetalis.

(2) One gravida whose 9 reproductive failures have been associated with maternal floor infarction was found to have subclinical bacteriuria *(Escherichia coli)* on the occasion of her last, a relatively early, but morphologically typical, abortion. (Urines were not tested for bacteriuria during previous pregnancies.)

(3) Some of the excessive material deposited on the maternal surface of the placenta reacted positively when stained with Congo Red.

The descriptive morphologic approach and review of clinical histories associated with maternal floor infarction have been generally unproductive. Useful information may be gained from curettage biopsies of the decidua basalis and decidua vera at the time of delivery. It might also be helpful to evaluate the possibility of disseminated vascular disease or chronic uterine and endometrial angiopathy in women who have borne such placentas. Whatever its cause(s), this placental disorder is often disastrous for the fetus. Fetal death or premature birth is a common occurrence. However, occasional morphologically similar placentas are associated with the development and birth of normal infants.

Disturbances of the Chorionic Circulation

The fetus and placenta appear to be surprisingly vulnerable to thrombotic diseases. The maternal vascular lesions and their consequences have been discussed. Thrombosis is one of the catastrophic lesions of the umbilical vessels, the lifeline of the fetus, and is usually produced by compression of the cord (see Chapter IV, Umbilical Cord). The vessels of the chorionic plate are also highly susceptible to thromboses, often without immediate pathogenetic explanation. However, certain processes are particularly likely to damage these vessels and thrombosis may then follow.

Thrombosis of the vessels on the chorionic surface occurs in the course of some of the severe inflammatory diseases of this region, especially bacterial infection of longstanding *(q. v.)*. Bland thrombi are sometimes found overlying a placental infarct, especially when the latter is large and involves the parenchyma contiguous to the chorionic plate (Figure 182). Such thrombi do not seem to propagate into branches or tributary vessels, and appear to have no tendency to involvement of contiguous, non-infarcted placental tissue. Expulsion of meconium followed by retention of the fetus in a suspension of meconium and amniotic fluid is occasionally accompanied by degenerative and even necrotizing responses in the enclosing amnion (Figure 216). In a minority of cases, the adjacent chorionic vascular walls are damaged, and both inflammatory and thrombotic responses may ensue (Figure 212). There is a tendency to polarization toward the amniotic sac, probably indicating the depth of penetration of the injurious agent into the tissue, no longer protected by an intact amnionic cover.

The vessels which fan out upon the extraplacental membrane in instances of anomalous cord insertion, or even anomalous distribution of vessels from a normally inserted cord, are also vulnerable to thrombosis. Such vessels are especially likely to become injured when the membranes containing them lie between the presenting part and the lower uterine segment-internal cervical os (vasa previa), and/or when the decidua capsularis which overlies them is itself necrotic. Under these circumstances, the vessels may become damaged and thrombosis of varying completeness ensues.

Less often the chorionic surface vessels show degeneration and contiguous thrombosis without an apparent underlying or causative local disturbance. Some of these have occurred in instances of abnormal or complicated pregnancy, them-

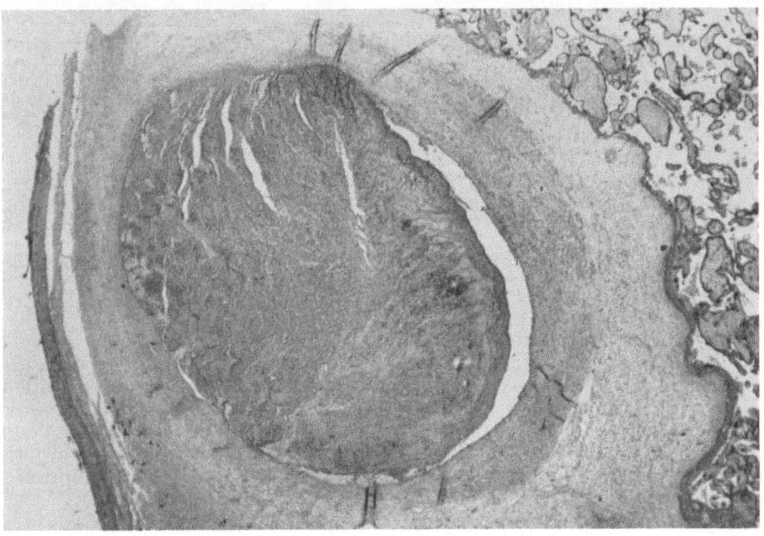

Fig. 197. Major chorionic vascular occlusion by a bland thrombus. Fetal death associated with maternal diabetes mellitus and hydramnios. (Same case as illustrated in next figure) (H & E × 15).

selves contributing to the complexities of the associated fetal pathology. The most frequent of such occurrences has been in association with maternal diabetes mellitus. AVERY *et al.* and TAKEUCHI & BENIRSCHKE have pointed out that renal vein thrombosis is a lesion of special predilection in the newborn offspring of diabetic mothers and have speculated on the pathogenesis. We have observed morphologically similar bland thromboses in chorionic vessels in the placenta in the presence of diabetes of the gravida more often than can be attributed to a chance association. In several cases these lesions appeared to explain the neonatal problems or the fetal death (Figure 197). Another observation in support of a common mechanism, presently obscure, for bland thrombosis of renal veins and chorionic vessels is their occasional occurrence in the same conceptus. Recently two such cases have been studied, one in the fetus of a diabetic and the other that of a non-diabetic mother (Figure 198). The increased occurrence of thrombotic disease in the conceptus suggests generalized enhancement of coagulability of the blood, since there is no evidence for previous vascular disease at the sites of the thrombi.

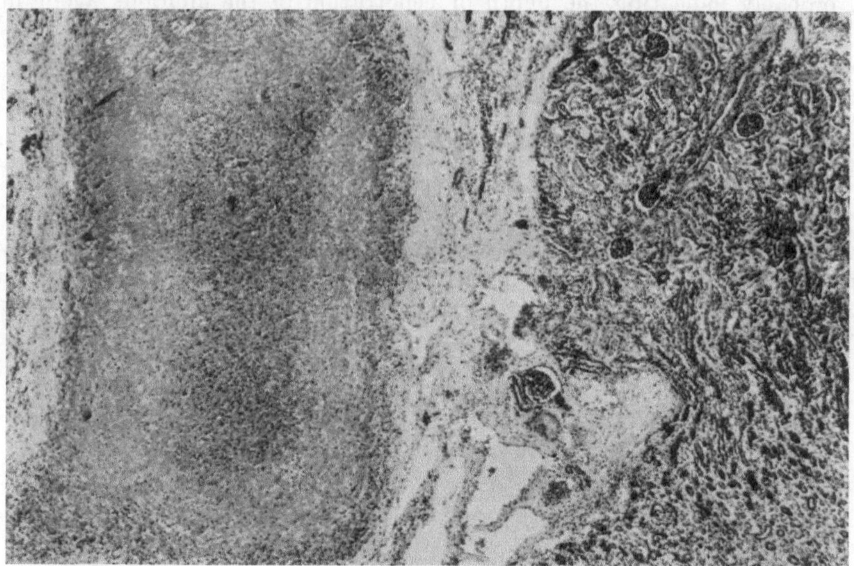

Fig. 198. Bland occlusive thrombosis of the renal vein, in a fetus of a diabetic mother. (Same case as illustrated in previous figure) (H & E × 30).

Among 1718 unselected deliveries, the total frequency of gross thrombosis of vessels of the chorionic plate was 11, or 0.64%. The mean length of the umbilical cords in these eleven cases was 66 cm. Three of the cords had been around the neck of the child at delivery and a fourth was knotted. Only 2 of the 11 amnia and cords were normal in color. One fetus was stillborn. The ten neonates exhibited a variety of abnormalities, including dysmaturity (2), jejunal atresia, hyperproteinemia of unknown etiology, erythroblastosis fetalis, and neurological deficits.

Thrombi are uncommon in the villous stem vessels and their branches and tributaries, even to the terminal villi. Most frequently, such thrombosis follows stasis peripheral to a site of occlusion of a chorionic surface vessel or an umbilical vessel (Figure 199). Grossly, the affected tissues are dry, pale, sometimes slightly yellow. The villous structures may appear exaggerated or coarsened. Infarction does not follow occlusion of chorionic vessels, whether major or minor.

Bland thrombosis of chorionic vessels, usually stem vessels and those lying more peripherally, appears to be characteristic of some placentas associated with antiplatelet antibody in the gravida's serum (DRISCOLL). Four of seven placentas delivered to women with such antibodies contained such lesions (Figure 200). Moreover, diffuse villous vascular thrombosis, with low grade inflammation of some areas and sclerosis of villi in others, characterized two placentas associated with perinatal death, in the presence of maternal antiplatelet antibody. Occasionally, among unselected placentas, similar lesions are seen, and tend to recur in consecutive pregnancies. Whether these, too, are primarily on the basis of undiagnosed antiplatelet antibody reactions, with a diffuse thrombosis, is not known. In view of the fact that these lesions recur, and in the knowledge that the antiplatelet antibody is sometimes indistinguishable from homograft rejection antibody (KLIMAN), speculations on the genesis of this thrombosclerosing placentitis should include maternal-fetal incompatibility.

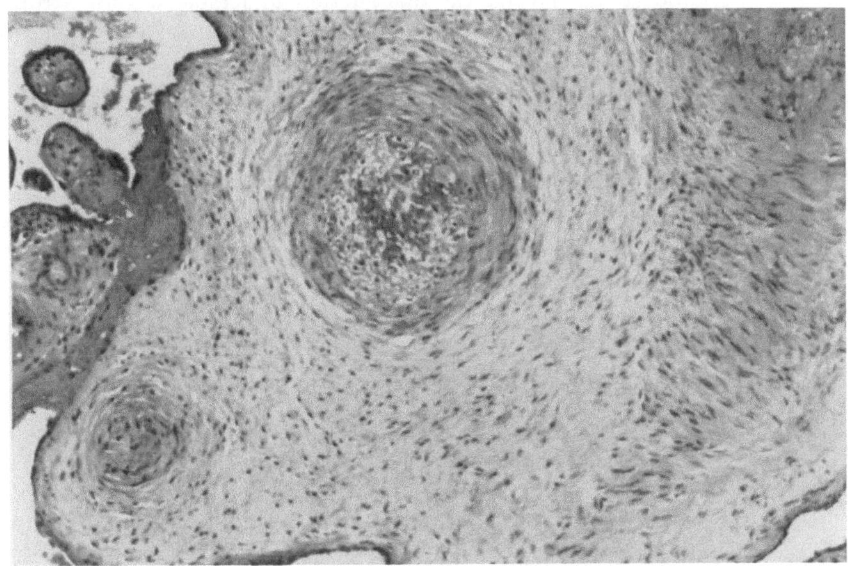

Fig. 199. Bland thrombosis of vessels in stem villi, in continuity with extensive occlusive thrombosis of major veins in chorionic plate. Clinically explained fetal death; diabetic mother; hydramnios; renal vein thrombosis at fetal autopsy. (H & E × 250).

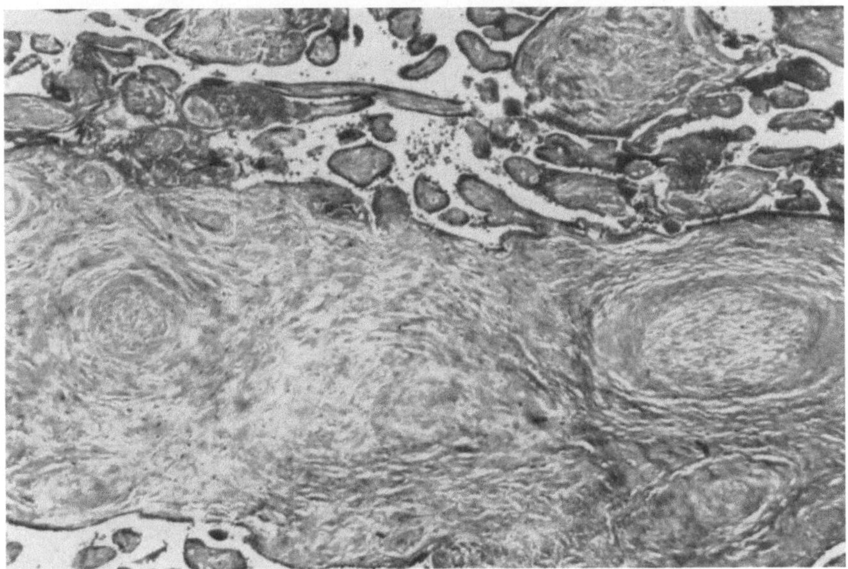

Fig. 200. Extensive occlusive thrombosis of villous and villous stem vessels, associated with antiplatelet antibody in the mother. Livebirth; fatal neonatal thrombocytopenic purpura. (Masson's trichrome stain, × 100).

Impairment of fetal vascular supply to portions of the placenta provokes characteristic changes in the chorionic tissue distal to the lesions. Such lesions as

chorionic vascular thrombosis, compression of velamentous vessels, and occlusion
or severe narrowing of umbilical vessels by knots and deformation about a fetal
member have been associated with arterial, or more frequently, venous occlusions.
The tree of chorionic tissue beyond the obstruction undergoes a slow atrophy,
which is similar to the changes which follow fetal death, when delivery is delayed

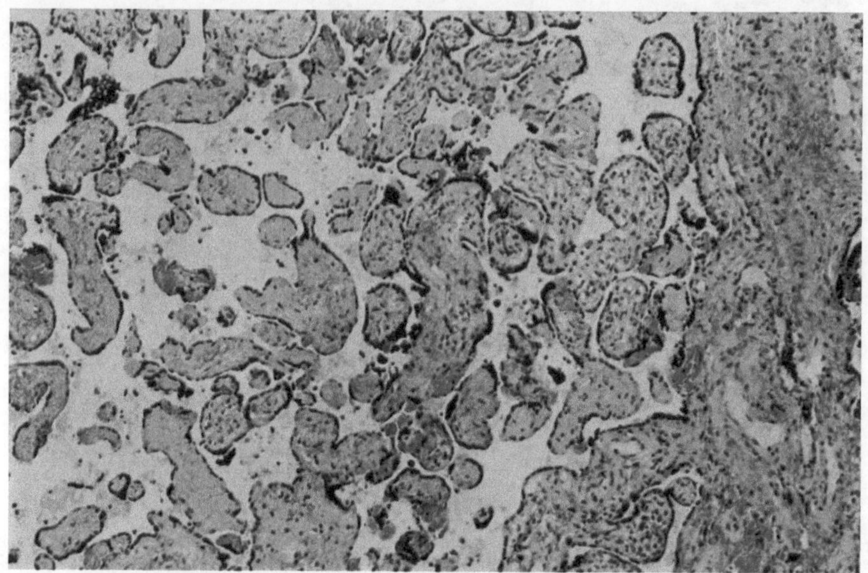

Fig. 201. Atrophic, avascular villi distal to an old occlusive thrombosis of a large chorionic vessels. These villi
resemble those seen after retention of fetus and placenta for weeks following fetal death. (H & E × 75).

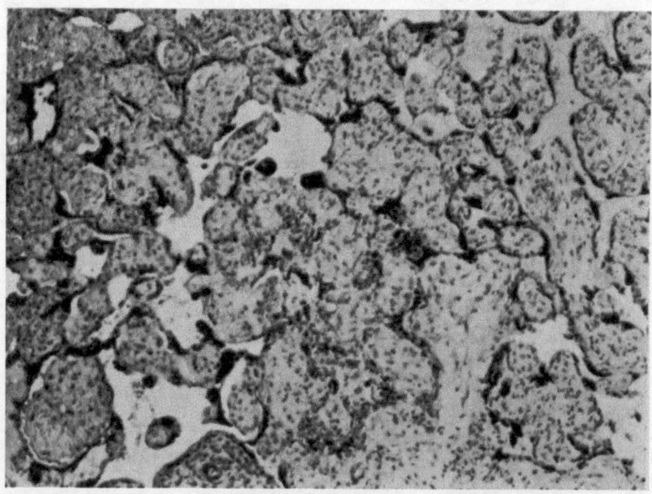

Fig. 202. Placental changes following recent thrombotic occlusion of major vein on chorionic plate. Diabetic
mother (Same case as illustrated in Figure 211). (H & E × 100).

(Figure 193). The vessels degenerate, and disappear, the villous stroma becomes
condensed and hypocellular, and the villi shrink (Figure 201). Sometimes the
affected villi show frank necrosis, with nuclear fragmentation and minimal in-

flammatory reaction early in the process (Figure 202). Hemosiderin may be deposited in the villi, perhaps as a result of severe congestion and interstitial hemorrhages when veins have been occluded. Similarly, the damaged villi may be edematous early in the genesis of the lesion (Figure 203). Finally, the placental parenchyma is rendered avascular, dry, firm, and pale, sometimes with a faintly yellow tint on gross examination. The individual structures are small, dense, but

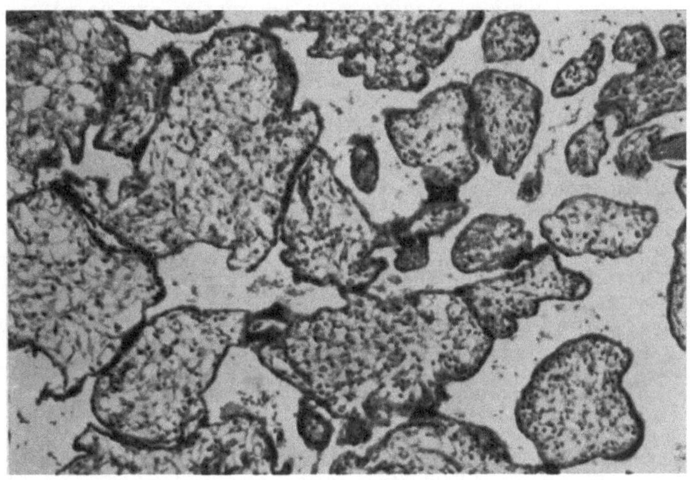

Fig. 203. Villous changes distal to thrombotic occlusion of large vein of chorionic plate. The villous edema was associated with small hemosiderin deposits in activated Hofbauer cells. Grossly, this area was pale, faintly yellow, with an exaggerated villous texture. (H & E × 100).

discrete, and without internal structure, the end stage of an atrophying process which erases the stigmata of its cause as time passes. Such are the reactions of portions of the placenta to impairment of the fetal circulation whether total or localized. These lesions have been interpreted by GRUENWALD as potentially productive of "chronic fetal deprivation" *(q. v.)*.

References

ARTS, N. F. T.: Investigations on the vascular system of the placenta. Part. I. General introduction and the fetal vascular system. Part II. The maternal vascular system. Amer. J. Obstet. Gynec. **82**, 147 & 159, 1961.

AVERY, M. E., E. H. OPPENHEIMER & H. H. GORDON: Renal-vein thrombosis in newborn infants of diabetic mothers. Report of two cases. New England J. Med. **256**, 1134, 1957.

BARTHOLOMEW, R. A.: Abruptio placentae following acute placental infarct. J. Amer. Med. Assoc. **102**, 676, 1934.

— Pathology of placenta, with special reference to infarcts and their relation to toxemia of pregnancy. J. Amer. Med. Ass. **111**, 2276, 1938.

—, Hemorrhages of late pregnancy with emphasis on placental circulation and the mechanism of bleeding. Postgrad. Med. **30**, 397, 1961.

— & E. D. Colvin: Diagnosis of the occurrence of toxemia of pregnancy by examination of the unknown placenta. Amer. J. Obstet. Gynec. **36**, 909, 1938.

BARTHOLOMEW, R. A. & E. D. COLVIN, W. H. GRIMES & J. S. FISH: Facts pertinent
  to rational concept of abruptio placentae. Amer. J. Obstet. Gynec. 57, 69, 1949.
— — — — & W. M. LESTER: Initiation of toxemia during labor. Amer. J. Obstet.
  Gynec. 62, 246, 1951.
— — — — — & W. H. GALLOWAY: Facts pertinent to the etiology of eclamptogenic
  toxemia. Amer. J. Obstet. Gynec. 74, 64, 1957.
— — — — — — Criteria by which toxemia of pregnancy may be diagnosed from
  unlabeled formalin-fixed placentas. Amer. J. Obstet. Gynec. 82, 277, 1961.
— & R. R. KRACKE: Relation of infarcts to eclamptic toxemia. Amer. J. Obstet.
  Gynec. 24, 797, 1932.
— — Probable role of hypercholesteremia of pregnancy in producing vascular changes
  in placenta predisposing to placental infarction and eclampsia. Amer. J. Obstet.
  Gynec. 31, 549, 1936.
— & R. L. PARKER: A possible derivation of guanidine and histamine in the auto-
  lysis of acute placental infarcts and their probable relation to eclamptic toxemia.
  Amer. J. Obstet. Gynec. 27, 67, 1934.
BECKER, V., & U. BLEYL: Placentarzotte bei Schwangerschaftstoxikose und fetaler
  Erythroblastose. Virchows Arch. Path. Anat. 334, 516, 1961.
BELTRAN-PAZ, C., & S. G. DRISCOLL: The placenta in "dysmaturity". In preparation
  (1965).
BENIRSCHKE, K.: A review of the pathologic anatomy of the human placenta.
  Amer. J. Obstet. & Gynec. 84, 1595, 1962.
BØE, F.: Studies on the vascularization of the human placenta. Acta Obstet. Gynec.
  Scand. (Suppl. 5), 32, 1, 1953.
BORELL, U., I. FERNSTRÖM & A. WESTMAN: Arteriographic study of the placental
  Circulation. Geburtsh. Frauenh. 18, 1, 1958.
BROWNE, J. C. M. & N. VEALL: Maternal placental blood flow in normotensive and
  hypertensive women. J. Obstet. Gynaec. Br. Emp. 60, 141, 1953.
BUDLIGER, H.: Plazentarveränderungen und ihre Beziehung zur Spättoxikose und
  perinatalen kindlichen Sterblichkeit. Fortschr. Geburtsh. Gynäk. 17, 86, 1964.
BURG, E.: Röntgenologische Untersuchungen der regressiven Veränderungen des
  plazentaren Gefäßsystems. Ztschr. Geburtsh. Gynäk. 95, 43, 1929.
BURSTEIN, R., F. P. HANDLER, S. D. SOULE & H. T. BLUMENTHAL: Histogenesis of
  degenerative processes in the normal placenta. Amer. J. Obstet. Gynec. 72, 332, 1956.
CARTER, J. E., F. VELLIOS & C. P. HUBER: Circulatory factors governing the viability
  of the human placenta, based on a morphologic study. Amer. J. Clin. Path. 40,
  363, 1963.
CLAVERO, J. A., & J. BOTELLA LLUSIA: Measurement of the villus surface in normal
  and pathologic placentas. Amer. J. Obstet. Gynec. 86, 234, 1963.
CLIFFORD, S. H.: Postmaturity-with placental dysfunction. J. Pediat. 44, 1, 1954.
CRAWFORD, J. M.: A study of the human placental capillary. J. Obstet. Gynaec.
  Brit. Emp. 68, 378, 1961.
— Vascular anatomy of the human placenta. Amer. J. Obstet. Gynec. 84, 1543, 1962.
DIXON, H. G., & W. B. ROBERTSON: A study of the vessels of the placental bed in
  normotensive and hypertensive women. J. Obstet. Gynaec. Brit. Emp. 65, 803, 1958.
— — Vascular changes in the placental bed. Path. Microbiol. 24, 622, 1961.
DODDS, G. S.: The area of the chorionic villi in the full-term placenta. Anat. Rec. 24,
  287, 1922–23.
DONNER, M. W., E. M. RAMSEY & G. W. CORNER JR.: Maternal circulation in the
  placenta of the Rhesus monkey; a radioangiographic study. Amer. J. Roentgen.,
  Rad. Ther. Nucl. Med. 90, 638, 1963.
DRISCOLL, S. G.: Pathology of pregnancy complicated by diabetes mellitus. Med. Clin.
  N. Amer. 49, 1053, 1965.
— Unpublished observations.
FALKINER, N. M.: Placental infarcts. Irish J. Med. Sci. 195, 81, 1942.
— The Human Placenta in Toxemia of Pregnancy. Ciba Foundation Symposium on
  Toxemias of Pregnancy. Philadelphia, Penna. The Blakiston Company, 1950. pp.
  126–134.
— & J. O. APTHORP: The placenta in eclampsia and nephritic toxemia. J. Obstet.
  Gynaec. Brit. Emp. 51, 30, 1944.
FERABOLI, M.: La placenta nelle cardiopatie. Q. clin. obstet. gin. 6, 219, 1951.
FLEXNER, L. N., D. B. COWIE, L. M. HELLMAN, W. S. WILDE & G. J. VOSBURGH:
  The permeability of the human placenta to sodium in normal and abnormal preg-
  nancies and supply of sodium to the human fetus as determined with radioactive
  sodium. Amer. J. Obstet. Gynec. 55, 469, 1948.

Fox, H.: White infarcts of the placenta. J. Obstet. Gynaec. Brit. Cwlth. **70**, 980, 1963.
— The significance of villous syncytial knots in the human placenta. J. Obstet. Gynaec. Brit. Cwlth. **72**, 347 (1965).
Garcia, N. A., III, J. H. Nelson Jr., R. L. Bernstine, J. W. Huston & C. Gartenlaub: Findings on retrograde femoral arteriography in choriocarcinoma. Amer. J. Obstet. Gynec. **81,**706, 1961.
Gruenwald, P.: Chronic fetal distress and placental insufficiency. Biol. Neonat. **5**, 215, 1963.
Harer, N. B.: A study of one thousand placentas. Amer. J. Obstet. Gynec. **32**, 794, 1936.
Hellman, L. M.: Diseases of the Placenta; in Gynecological and Obstetrical Pathology. Ed. 2. Novak, E., Philadelphia: W. B. Saunders Co., 1947, pp. 515–545.
Hertig, A. T.: Vascular pathology in hypertensive albuminuric toxemias of pregnancy. Clinics, **4**, 602, 1945.
— "The pathology of late pregnancy hemorrhage". In: Prematurity, Congenital Malformation and Birth, Injury, New York, Association for the Aid of Crippled Children, 1953, pp. 202–215.
Hibbard, B. M., & E. D. Hibbard: Aetiological factors in abruptio placentae. Brit. Med. J. ii, 1430, 1963.
Huber, C. P., J. E. Carter & F. Vellios: Lesions of the circulatory system of the placenta. Amer. J. Obstet. Gynec. **81**, 560, 1961.
Jeffcoate, T. N.: Some observations on the placental factor in pregnancy toxemia. Amer. J. Obstet. Gynec. **77**, 475, 1959.
Johnson, T., & C. G. Clayton: Diffusion of radioactive sodium in normotensive and pre-eclamptic pregnancies. Brit. Med. J. i, 312, 1957.
Kliman, A.: Personal communication.
Kloosterman, G. J., & B. L. Huidekoper: Significance of placenta in "obstetrical mortality"; study of 2,000 births. Gynaecologia (Basel), **138**, 529, 1954.
Kubli, F., & H. Budliger: Beitrag zur Pathologie der insuffizienten Plazenta. Geburtsh. Frauenheilk. **23**, 37, 1963.
Little, W. A.: Placental infarction. Obstet. Gynec. **15**, 109, 1960.
Mandel, H. S., S. Graff & A. M. Graff: Placental senescence and the onset of labor. Amer. J. Obstet. Gynec. **50**, 471, 1945.
Maqueo, M., J. Chavez Azuela & M. Dosal de la Vega: Placental pathology in eclampsia and pre-eclampsia. Obstet. Gynec. **24**, 350, 1964.
Marais, W. D.: Human decidual spiral arterial studies. Part I. Anatomy, circulation, and pathology of the placenta. Observations with a colposcope. J. Obstet. Gynaec. Brit. Comwlth. **69**, 1, 1962.
— Human decidual spiral arterial studies. Part II. – A universal thesis on the pathogenesis of intraplacental fibrin deposits, layered thrombosis, red and white infarcts and toxic and non-toxic abruptio placentae. A microscopic study. J. Obstet. Gynaec. Brit. Comwlth.. **69**, 213, 1962.
— Human decidual spiral arterial studies. Part III. – Histological patterns and some clinical implications of decidual spiral arteriosclerosis. J. Obstet. Gynaec. Brit. Comwlth. **69**, 225, 1962.
— Human decidual spiral arterial studies. Part IV. – Human atherosis of a few weeks, duration. Histopathogenesis. J. Obstet. Gynaec. Brit. Comwlth. **69**, 234, 1962.
— Human decidual spiral arterial studies. Part V. – Pathogenetic patterns of intraplacental lesions. J. Obstet. Gynaec. Brit. Emp. **69**, 944, 1962.
— Human decidual spiral arterial studies. Part VI. — Postmortem circulation studies on an *in situ* placenta. S. Afr. Med. J. **36**, 678, 1962.
— Human decidual spiral arterial studies, Part VII. — The clinical evaluation of normal and abnormal spiral arterioles and of placental lesions. A statistical study. J. Obstet. Gynaec. Brit. Comwlth. **70**, 777, 1963.
— Human decidual spiral arterial studies. VIII. — The aetiological relationship between toxemia-hypertension of pregnancy and spiral arterial placental pathology. S. Afr. Med. J. **37**, 117, 1963.
Morris, N., S. B. Osborn & H. P. Wright: Effective circulation of uterine wall in late pregnancy measured with ^{24}NaCl. Lancet i, 323, 1955.
Nesbitt, R. E. L.: Pathology of the placenta in toxemia. Clin. Obstet. Gynec.**1**, 349,1958.
New look at toxaemia of pregnancy. Brit. Med. J. ii, 459, 1964.
Nold, B.: Fetal placental vascular system in late pre-toxemia. Ztschr. Geburtsh. **151**, 329, 1958.
Page, E. W.: Placental dysfunction and eclamptogenic toxemias. Obstet. Gynec. Surv. **3**, 615, 1948.

PAINE, C. G.: Observations on placental histology in normal and abnormal pregnancy. J. Obstet. Gynaec. Brit. Emp. **64**, 668, 1957.

PANIGEL, M.: Placental perfusion experiments. Amer. J. Obstet. Gynec. **84**, 1664, 1962.

PETER, K.: Placenta-Studien. 2. Verlauf, Verzweigung und Verankerung der Chorionzottenstämme und ihrer Äste in geborenen Placenten. Z. Mikr. Anat. Forsch. **56**, 129, 1951.

RAMSEY, E. M.: Circulation in the maternal placenta of primates. Amer. J. Obstet. Gynec. **67**, 1, 1954.

— Vascular patterns in the endometrium and the placenta. Angiology, **6**, 321, 1955.

— Circulation in maternal placenta of rhesus monkey and man, with observations on marginal lakes. Amer. J. Anat., **98**, 159, 1956.

— Circulation in the intervillous space of the primate placenta. Amer. J. Obstet. Gynec. **84**, 1649, 1962.

— G. W. CORNER JR., M. W. DONNER & H. M. STRAN: Radioangiographic studies of the circulation in the maternal placenta of the Rhesus monkey: preliminary report. Proc. Nat. Acad. Sci. **46**, 1003, 1960.

RICHART, R. M.: Cineradiography of maternal placental circulation in the Rhesus monkey. Transcript of the Second Rochester Trophoblast Conference, held November 4 and 5, 1963, at Rochester New York. Editors: Lund, C. J., and Thiede, H. A.

ROMNEY, S. L.: Spiral arterial structures in the fetal placenta. Proc. Soc. Exper. Biol. and Med. **71**, 675, 1949.

— & D. E. REID: Observations on the fetal aspects of placental circulation. Amer. J. Obstet. Gynec. **61**, 83, 1951.

SENIOR, J. B., I. FAHIM, F. M. SULLIVAN & J. M. ROBSON: Possible role of 5-hydroxytryptamine in toxemia of pregnancy. Lancet ii, 553, 1963.

SEXTON, L. I., A. T. HERTIG, D. E. REID, F. S. KELLOGG & W. S. PATTERSON: Premature separation of the normally implanted placenta. Amer. J. Obstet. Gynec. **59**, 13, 1950.

SHANKLIN, D. R.: The human placenta with especial reference to infarction and toxemia. Obstet. Gynec. **13**, 325, 1959.

SIDDALL, R. S. & F. W. HARTMAN: Infarcts of the placenta; study of seven hundred consecutive placentas. Amer. J. Obstet. Gynec. **12**, 683, 1926.

TAKEUCHI, A. & K. BENIRSCHKE: Renal vein thrombosis of the newborn and its relation to maternal diabetes. Biol. Neonat. **3**, 237, 1961.

TENNEY, B., JR.: Syncytial degeneration in normal and pathologic placentas. Amer. J. Obstet. Gynec. **31**, 1024, 1936.

— & F. PARKER Jr.: The placenta in toxemia of pregnancy. Amer. J. Obstet. Gynec. **39**, 1000, 1960.

THOMSEN, K.: Zur Morphologie und Genese der sogenannten Plazentarinfarkte. Arch. Gynäk. **185**, 211, 1954.

— Plazentarbefunde bei Spätgestosen und ihre ätiologische Zuordnung. Arch. Gynäk. **185**, 476, 1955.

TRAUT, H. F. & A. KUDER: The lesions of 1500 placentas considered from a clinical point of view. Amer. J. Obstet. **27**, 552, 1934.

VOKAER, R.: In SNOEK, J.: Le Placenta Humain, Paris 1958, Masson et Cie., pp. 107—149.

WANG, H. W. & L. M. HELLMAN: Studies in metabolism of the human placenta. Oxygen consumption in relation to ageing. Bull. Johns Hopkins Hosp. **73**, 31, 1941.

WILKIN, P.: Placental Insufficiency. Irish J. Med. Sci., 6th ser., 200, 1961.

WILLIAMS, J. W.: The frequency and significance of infarcts of the placenta, based upon the microscopic examination of five hundred consecutive placentae. Amer. J. Obstet. Dis. Wom. **41**, 775, 1900.

— Premature separation of the normally implanted placenta. Surg. Gynec. Obstet. **21**, 541, 1915.

YOUNG, J.: The aetiology of eclampsia and albuminuria and their relation to accidental haemorrhage. J. Obstet. Gynaec. Brit. Emp. **26**, 1, 1914.

— Recurrent pregnancy toxaemia. J. Obstet. Gynaec. Brit. Emp. **34**, 279, 1927.

— Recurrent pregnancy toxaemia and its relation to placental damage. Tr. Edinburgh Obst. Soc., Edinburgh M. J. 1927. p. 61—76.

ZACKS, S. I. & A. S. BLAZAR: Chorionic villi in normal pregnancy, pre-eclamptic toxemia, erythroblastosis, and diabetes mellitus. Obstet. Gynec. **22**, 149, 1963.

ZEEK, P. M. & N. S. ASSALI: The formation, regression and differential diagnosis of true infarcts of the placenta. Amer. J. Obstet. Gynec. **64**, 1191, 1952.

IX. Infections

Introduction

Placental infections are significant at all stages of pregnancy. *Septic abortions* follow introduction of bacteria into the uterus, by manipulation or by dissemination from other regions *(vide infra)*. Bacterial infection of the placenta incurred during the second trimester is often followed by spontaneous delivery of an extremely immature fetus, whose death during or soon after birth cannot be averted. While some of these infections are induced by uterine instrumentation, many occur spontaneously, and often the precise pathogenetic mechanisms are not recognized. The rare *fungous* infections of the uterine contents during pregnan-

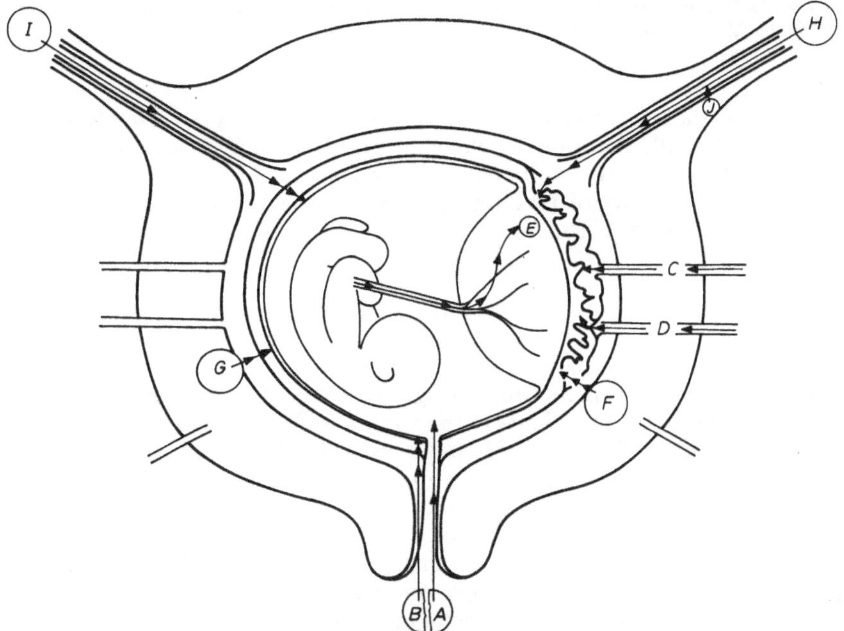

Fig. 204. Possible routes of access of micro-organisms to placenta:

A. After membranes rupture, organisms may ascend from lower genital tract.
B. With membranes intact, organisms may also ascend from lower genital tract to traverse decidua, chorion laeve, and amnion.
C. Maternal bacteremia may deposit organisms directly in intervillous space (IVS).
D. Maternal bacteremia may deposit organisms in decidua basalis, from which site they may then invade contiguous placental villi.
E. During fetal bacteremia, organisms may be deposited in villous tissues.
F and G. Organisms lodged in a myometrial lesion, such as abscess, invade contiguous decidua basalis (in F), or decidua capsularis (in G), thence to invade IVS, villi themselves or membranes.
H and I. From peritoneal cavity, organisms traverse oviduct and lodge in intervillous space (in H), or decidua basalis, thence through membranes to amniotic fluid (in I).
J. Organisms originally lodged within a tubal lesion traverse the tube to invade the intervillous space, as in H, or the decidua as in F, G, or I.

cy appear to parallel those due to bacteria, in both pathogenesis and consequences. Authentic *viral* infection of the young conceptus, an uncommon complication of maternal viremic disease, may be teratogenic or even abortigenic. These agents also induce intrauterine infections during later pregnancy, involving placenta and fetus, and often with clinical manifestations which are unique to this period of life. Among parasitic diseases, toxoplasmosis is the most widely known cause of placental infections occuring in early and late pregnancy. While the possible pathogens to the placenta are legion and their effects varied, bacterial infections overshadow all the others in frequency and clinical significance.

Infections are often responsible for *antenatal death, neonatal disease*, and *death*. Perhaps infections may initiate *premature labor*. Their contribution to cerebral palsy and related neurologic, sensory, and behavioral disorders is incalculable. Intrauterine, placental infections are sometimes associated with *maternal morbidity* and *mortality*. However, the damage to the contents of her uterus usually outweighs the effects of these infections on the gravida herself.

Infections reach the placenta by ascent from the lower genital tract, by contiguity with endomyometrial lesions, transtubally, and via the maternal circulation (Fig. 204). When transorificial fetal infection induces fetal bacteremia, seeding of the placental parenchyma with organisms may lead to secondary inflammatory lesions, with their own clinical manifestations. The converse also occurs. Clinical observations and experimental studies, with morphologic correlations, suggest that most, if not all, infections reaching the embryo and fetus damage the enclosing structures, the placenta and its adnexa, the fetal membranes and umbilical cord. Comprehensive reviews of fetal and placental infections have been published by FLAMM, BENIRSCHKE & BLANC.

Bacterial Infection

The usual portal of access for bacteria to the placenta is the lower genital tract, and the spread is transmembranous (Fig. 204 A, B). Most frequently the causative agents are the common residents of the vagina and cervix of the pregnant woman (WEINSTEIN, SMITH, GOSSELIN, MORISON, BLANC). Reference to Table I indicates that these are often organisms which are ordinarily regarded as of low virulence, for example: such bacteria as enterococci, *Aerobacter aerogenes*, and *Proteus* species are only occasionally cultured from cervix or vagina and from uterine contents. Rare, but more aggressive, invaders of the uterus from the lower birth canal are the pneumococcus, *Staphylococcus aureus*, and *Clostridia* species.

Identification of the same bacterium in both the placenta and the lower genital tract is strong evidence that most placental infection develops by contiguous ascent of vaginal and cervical flora. The conditions necessary for this invasion of the usually sterile uterine contents are only partly known. The factors which ordinarily exclude such migration of bacteria from the neighboring structures into the uterus are even less understood.

There is general agreement as to the importance of prolonged and premature rupture of fetal membranes, prolonged labors, cervical and vaginal instrumentation, and placenta previa in the pathogenesis of intrauterine infections.

Studies of the placentas of *twin births* provide additional evidence on the pathogenesis of *chorioamnionitis*. In examinations of consecutive twin placentas at the Boston Lying-In Hospital, BENIRSCHKE demonstrated selective involvement of the membranes of the firstborn twin by inflammation. His data on 250 sets of twins are shown in Table II. The frequency of membranitis was 39 in 250 twin pregnancies, or 48 in the 500 twins born. In all cases in which any inflammation was found, and in which the position of the placenta(s) *in utero* could be determined by birth order of the twins, the membranes of the leading twin were found to be inflamed. Those of the second twin were inflamed only in the company of membranitis of the first sac. Both sacs showed inflammation 9 times in the 250 cases studied. DRISCOLL's correlative review of placental morphology, bacteriology, and clinical course included 34 fully studied twin gestations. Among these, 7 showed inflammation of the membranes of

Table I. *Bacteriological Data Relevant to Ascending Fetal Bacterial Infections.*

Source	Gram negative Bacilli	Staphylococci	Streptococci	Diphtheroids	Other
374 cord blood cultures (KOBAK)	13:E. coli-8 Alkal. fecalis	8:St. aur-1 Hemol. St. alb.-1	6:Nonhemol.-3 Strep. fecalis-3	9	Gram positive diplococci-5 Pneumococcus-1 Micro. cat.-1
375 vaginal swab cultures (WEINSTEIN)	41:E. coli-27 (pregnant-5) A. aerog.-14 (pregnant-7)	254:Hemol. St. aur.-12 (pregnant-11) Hemol. St. alb.-34 (pregnant-10) Nonhemol. St. alb.-208	179:Nonhemol.-147 Hemol.-29 (Beta hemolytic oftenest in pregnancy) Strep. vir.-3 (pregnant-1)	34% of pregnant subjects 31% nonpregnant subjects	Anaerobes:214 (Found in 93% of pregnant, 90% of nonpregnant subjects)
20 vaginal swab cultures (TORREY & REESE)	8:E. coli-8	20:St. alb.-20	10:Beta hemol.-0	11	Lactobacilli:7 Yeasts:3
Unspecified number of amniotic fluid cultures (BLANC)	E. coli "common"	Hemolytic and nonhemolytic St. albus "common"	Strep. fecalis "common"		
2000 amniotic surface cultures (DRISCOLL)	169	402	37	and/or candida sp. 312	213
2000 neonatal throats cultured in delivery room (DRISCOLL)	198	621	31	and/or candida sp. 360	260

at least one sac, 3 chorionitis alone and 4 both chorionitis and amnionitis. In 3 instances, both sacs were inflamed, that of the firstborn twin more severely affected than that of the second in 2 of the 3. In 4 cases, the leading placenta showed membranitis while the other was spared. In 7 of the twin pairs at least one umbilical cord was inflamed; both members of 5 twin births showed similar degrees of umbilical angiitis; discordant vasculitis affected the first twin once and the second twin once, sparing co-twins in each instance. Bacteriological data were inconclusive as to selectivity in these cases.

Table II

250 Consecutive Twin Placentas

39 showed inflammation:

> In 30, only Twin 1 was affected
> In 9, both Twins were affected
> In 0, only Twin 2 was affected

13 Inflamed Placentas were monochorial:

> All had fetal vascular anastomoses -
> but only 5 showed inflammation in both sacs.
> (One of the latter was monoamnionic)

The correlation of placental inflammation and position of twin gestational sacs corroborates other evidence that chorioamnionitis develops in response to factors operative at the lower pole of the uterine cavity. Also, there is frequent sparing of the second twin even when chorionic and/or transvillous anastomoses link the two fetal circulations, *i. e.* in many monochorionic placentas (Table II). This observation indicates that the inflammatory reaction in chorioamnionitis is initiated locally, and is not disseminated via the fetal vessels.

Many investigators report a direct correlation between risk of intrauterine infection and time elapsed from rupture of membranes to delivery (SLEMONS, SIDDALL, MORISON, McILWAINE, KJESSLER, BENIRSCHKE, BLANC). Differences among series are mainly attributable to differences in definitions of infection and in diagnostic criteria used *(vide infra)*. SIDDALL, who equated inflammation of the membranes with infection, found an incidence of "membranitis" of 2.6%, when rupture occurred 6 hours or less prior to delivery, 6.3% after 6 to 24 hours of ruptured membranes, and 22.1% when the interval exceeded 24 hours. According to McILWAINE, the frequency of membranitis was 3.3%, after 0 to 6 hours of ruptured membranes, 16.3% after 6 to 24 hours, and 51.7% after more than 24 hours of ruptured membranes before delivery. BENIRSCHKE reported a steadily rising frequency of chorioamnionitis after 9 hours of ruptured membranes. In 2,000 unselected, nearly consecutive births studied personally at the Boston Lying-in Hospital, the frequency of inflammation of fetal membranes increased from 16% after intervals of less than 24 hours, to 26% at 24 to 48 hours, and after 48 hours chorioamnionitis was present in 53% of placentas (Figure 205). Inflammation of the umbilical cord vessels follows the same trends. (For example, see Figure 206, from the same series of 2,000 deliveries cited above.)

Bacteriologic studies also relate contamination of the amniotic fluid and duration of ruptured membranes, either prior to delivery or prior to labor (GOSSELIN, BLANC). In our series of 2,000 obstetric cases studied clinically, pathologically, and bacteriologically, results of cultures, *per se*, were inconclusive. Doubtless this was because most of the placentas had traversed the lower genital tract prior to examination, and because the cultures were then taken from the exposed amniotic surface. However, in conjunction with other data, bacteriological cultures become very useful.

While the risks of infection have been shown to increase significantly following rupture of the membranes, infection cannot be ruled out solely because the membranes are known to be intact *(vide infra)* (SORBA, BENIRSCHKE, MORISON). MORISON has suggested that the membranes at the lower pole of the ovisac, stretched over the internal cervical os and the presenting, descending part of the fetus,

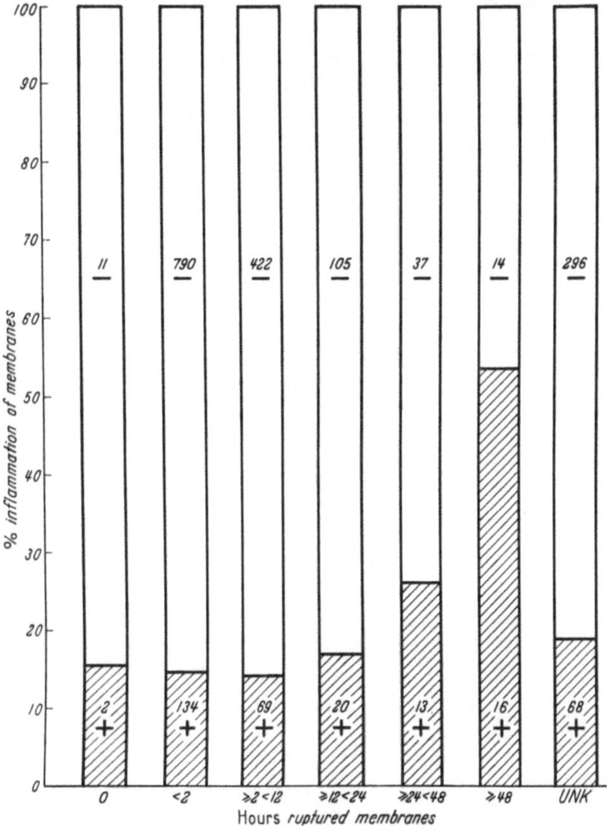

Fig. 205. Incidence of chorioamnionitis rises with prolonged rupture of membranes. Shaded areas indicate relative frequency of inflammation of membranes at stated intervals between rupture of membranes and delivery, as a percentage of the total number of cases delivered at each interval. The number in each group is inscribed within the corresponding bar of the histogram.

might thus become devitalized, and more easily infected. BOURNE biopsied the "dependent" or "cervical" membranes, *i. e.* those overlying the internal cervical os. According to these studies, degeneration or even frank necrosis is frequent at this site, in relation to premature rupture of the membranes, and, especially near term, when membranes are still intact. Such weakened structures can be expected to provide less effective barriers to infection.

Prolongation of labor has also been found to increase the hazards of infection of placenta and fetus, an effect only partially accounted for by the oft associated prolonged rupture of the membranes (SIDDALL, DOUGLAS, SCHAFFER, ANDERSON *et al.*, HARNAES and TORP, MØLLER). Differences may be attributed to variations in diagnostic criteria. However, to evaluate the importance of prolonged labor, *per se*, on the occurrence of infection, it becomes necessary to isolate this effect from the effects of other factors commonly associated with increased risk of infection, especially premature labor and increased frequency of pelvic examinations.

When the placenta overlies the internal cervical os, the risk of bleeding is great, but there is also an increased hazard of ascending infection. The decidual necrosis and hemorrhage associated with focal detachment of placentas previa are in contiguity with the endocervix, from which direct bacterial invasion of the placenta then occurs (IRVING).

Instrumentation or *manipulation of the cervix* and *vagina* are obvious mechanisms by which bacteria may be introduced into the uterus, either extraovularly or directly into the ovisac (FLAMM). While this mode of contamination is most important in induced abortions *(q. v.)*, douching, coitus, and even pelvic examinations may also precipitate the same sequence of events (SIDDALL, COATZ).

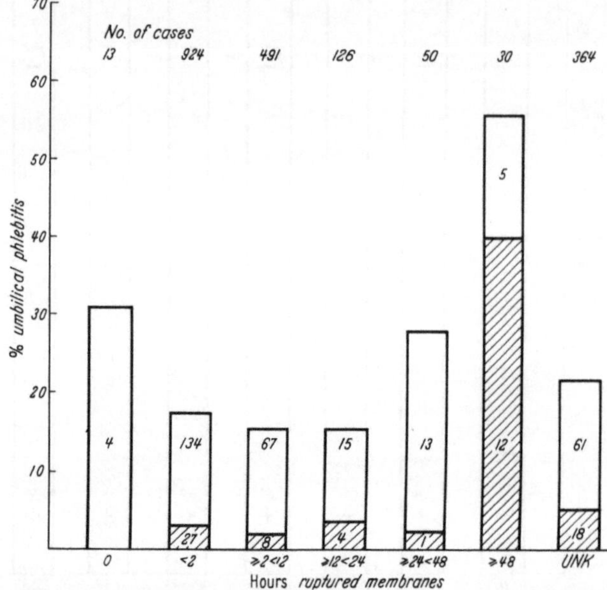

Fig. 206. Incidence of umbilical phlebitis rises with prolonged rupture of membranes. Bars indicate the relative frequency of inflammation of umbilical vein at delivery after cited intervals. The shaded portions indicate those exhibiting severe inflammation. The number of cases is also inscribed on the corresponding portion of the histogram.

Many times none of these factors is present, yet placental and even fetal infections are demonstrable. In such instances, clinical vaginitis or a severely inflamed cervix may be encountered. Placental infection is not infrequently associated with premature dilatation or incompetence of the internal cervical os, even when the membranes are intact.

The pathogenetic mechanisms in placental infections which occur in relation to the clinical phenomena just cited are obvious. Either the normal barriers to infection are disturbed or organisms unusual in number or virulence are introduced. There remains an appreciable incidence of placental infection not related to such events, and in which the pathogenesis is obscure. Infections vary in degree of clinical manifestation and placentitis may be clinical silent. Studies of unselected births are, therefore, necessary to determine the total incidence of placental infections and the relative importance of those which occur without the overt antecedents detailed above.

Among placentas delivered spontaneously, the incidence of inflammation of cord and membranes varies inversely as the gestational age and, similarly, as the birth weight. Reference to Table III indicates the frequency of umbilical vasculitis in relationship to gestational age. Correlative review of 2,000 cases *(vide supra)* disclosed some degree of umbilical angiitis in 18%. However, cases delivered between 20 and 28 weeks' gestation showed this condition 42% of times. In the same series, chorioamnionitis was also correlated with prematurity. Table IV indicates this relationship, expressed as birth weight. Births under 1,000 grams, and not including abortions, were associated with membranitis 50% of times, yet the total group showed an incidence of 10.7% (see Chapter XI, Abortion, for further discussion).

Table III. *Gestational age and umbilical vasculitis*

(2000 Unselected Placentas)

Weeks Gestation	% Umbilical Vasculitis
20—28	42
>28—32	26
>32—36	15
>36—40	17
>40	19
All Livebirths	18

Table IV. *Birth weight and chorioamnionitis*

(2000 Unselected Placentas)

Weight (Gm.)	% Chorioamnionitis
>2500	9.9
<2500	20.0
>1000, <2500	18.0
<1800	36.00
<1000	50.0

It is interesting to note that, although chorioamnionitis and umbilical vascular inflammation tend to occur together, the former is more strongly associated with premature births and the latter, relatively more frequent at term. Two factors which may be involved in this non-parallelism are: (1) the reduced capability of the fetus to martial an inflammatory infiltrate early, and (2) the appearance of non-bacterial potential etiologies of umbilical vasculitis as term approaches. In general, although the interval between rupture of membranes and delivery, as well as the duration of labor, also influence the incidence of chorioamnionitis, their effects are not as great as that of gestational age at the onset of labor.

Ascending bacterial infections of the placenta tend to recur in successive pregnancies. For this reason, and because such infections are often associated with fetal wastage, membranous placentitis is one key to the "high risk pregnancy" (CLIFFORD). These illustrative case histories will indicate some of the clinical features of the pregnancies at risk, and their tendency to recurrence.

Case 1: G. H., a 28 year old, married negress, gravida 9, para 5, is in general good health. Blood Group is O,Rh positive; Hinton test is negative. Obstetrical history: three *term* deliveries, **1950, 1951,** and **1952,** two males and one female child, weighing 8 lb. 8 oz.; 7 lb., and 7 lb. 7 oz.; **1959:** spontaneous abortion at 16 weeks' gestation, followed by curettage (no histological data); **1960:** "missed abortion" at 6 weeks' (no histological data); **1962:** ovarian cystectomy during pregnancy, spontaneous abortion at 12 weeks', curettage (no histological data), and pelvic cellulitis; **1963:** spontaneous premature rupture of membranes at 32 weeks' gestation; spontaneous premature labor 4 days later; 4 lb. 4 oz., male infant born after 4 days ruptured membranes, and 3 ¼ hours of labor. Placenta showed massive, necrotizing chorioamnionitis, deciduitis, and umbilical vasculitis; gram negative bacilli were seen in sections of these tissues. The child survived after a stormy neonatal period, complicated by pneumonia and septicemia due to *Escherchia coli*. **1964:** spontaneous premature labor at 33 weeks' gestation; 3 lb. 13 oz. female infant born after 4 hours of labor, and 5 days of ruptured membranes. Again, massive chorioamnionitis, deciduitis, and umbilical vasculitis, due to gram negative bacilli. The infant died after 6 hours; autopsy demonstrated extensive aspiration pneumonia, from which *E. coli* was cultured. Six weeks later, vaginal bleeding led to curettage; diagnosis was chronic endometritis, nonspecific. **1964:** spontaneous abortion at 18 weeks' gestation; developmentally normal male fetus and placenta recovered; massive chorioamnionitis, deciduitis, and umbilical vasculitis, with histological demonstration of gram negative bacilli in these tissues. Aspirated pus was seen in bronchi and swallowed exudate in stomach. Coliform organisms were cultured from the chorion. None of the last 3 successive pregnancies, labors, or puerperia was attended by fever or other clinical expression of infection in the gravida.

Case 2: M. D., a 28 year old, white, married woman, gravida 3, para 2, is in general good health, except for an intermittently infected pilonidal sinus, but is an "irregular ovulator". Blood group is O, Rh positive, and Hinton test is negative. Obstetrical history is as follows: **1958:** "missed abortion" at 20 weeks (no histological data available); **1960:** treated with Stilbestrol, Delalutin, thyroid, and Kynex during pregnancy; bled during first trimester; spontaneous premature labor at 30 weeks' gestation; 3 lb. 5 oz., male infant born after 4 ¼ hours of labor and 2 ¼ hours of ruptured membranes. Placenta showed massive necrotizing chorioamnionitis, deciduitis, and umbilical vasculitis. *Escherichia coli* was cultured from membranes. Infant died of congenital aspiration pneumonia at 5 hours of age; *E. coli* was cultured from the lungs at autopsy. **1960:** puerperal urinary tract infection; *E. coli* was cultured from the urine. **1961:** pilonidal sinus became infected and discharged pus during second trimester of pregnancy; spontaneous premature labor at 30 weeks' gestation; 2 lb. male infant born after 2 ½ hours of labor and 15 ¾ hours' ruptured membranes; placenta again showed massive inflammation of membranes, decidua, and cord vessels. Infant died of congenital aspiration pneumonia at 45 ½ hours of age; *E. coli* was cultured from placental membranes and neonatal lung. There was no maternal complication postpartum. Diagnostic endometrial curettage 4 months after delivery showed normal endometrium, without endometritis.

Case 3: B. M., a 33 year old, white married nurse, gravida 8, para 6, complains of chronic bronchitis. Blood Group is A, Rh positive, Obstetrical history is as follows: **1953:** uneventful, term delivery of a normal male infant, weighing 9 lb. 6 oz.; **1954:** uneventful delivery of a normal female infant weighing 7 lb. 4 oz. at 37 weeks' gestation; **1955:** uneventful delivery of a male infant weighing 6 lb. 3 oz., at 34 weeks' gestation; **1956:** uneventful delivery of a female infant weighing 5 lb. 9 oz. at 36 weeks' gestation; **1956:** spontaneous abortion at 12 weeks, followed by curettage (no histological data available); **1957:** stillbirth of a male fetus at 28 weeks, no further data; **1958:** cesarean section because of a prolapsed cord and suspected placenta previa, at 28 weeks' with delivery of a male infant who survived. **1959:** spontaneous premature rupture of membranes at 35 ½ weeks' gestation, followed by spontaneous onset of premature labor. During labor, gravida's temperature rose to 103° and fetal heart rate to 200 per minute. Antibiotics were administered intravenously, and cesarean delivery followed. Total interval of ruptured membranes was 2 days; duration of labor was 6 ½ hours. *Escherichia coli* was cultured from the uterine cavity at the time of delivery. The female infant weighed 2,660 gm., was moribund at birth, and expired after 2 hours and 17 minutes. Autopsy showed swallowed pus in stomach, tracheitis, multiple visceral thrombi, and evidence of septicemia, but no pneumonia; cultures of blood and lung grew *Aerobacter acrogenes* and *Escherichia coli;* placenta showed severe necrotizing chorioamnionitis and umbilical vasculitis; a massive growth of *Aerobacter aerogenes* was obtained on culture of the fetal membranes. The postpartum course was afebrile and otherwise uneventful.

The three clinical histories comprise 20 pregnancies, only 4 of which ended normally, at term, with birth of healthy infants who survived, and these were the early pregnancies of the two initially successful gravidas. Laboratory documentation of the immediate cause of fetal wastage as intrauterine placental infection is clear in 6 of the deaths, and in the neonatal morbidity of one other child. Data are not available on the products of the 3 first trimester abortions. However, current evidence does not indicate that ascending infections are responsible for spontaneous early abortion (See Chapter XI, Abortion). Five pregnancies terminated spontaneously in the second trimester, and only one of the progeny survived. The status of the placentas of 4 of these 5 is unknown, as is that of the offspring who died. One 16 week abortus showed massive intrauterine infection affecting placenta and fetus. Data on placentas of the 3 somewhat later premature infants, who also survived, are not available. However, there is strong suspicion of recurrent placentitis in all of the abnormal pregnancy performance of these 3 patients. All of the documented infections were caused by gram negative bacilli, and often the same species recurred as pregnancy failure recurred. One gravida had a history of pelvic inflammatory disease; one had an intergestational urinary tract infection and a draining pilonidal sinus; the third had "chronic bronchitis". One woman had experienced 9 pregnancies in 14 years, the last 5 in as many years. Another had been pregnant 8 times in 6 years. Except for these tenuous clues, no factor(s) predisposing to repeated infections have been recognized. There was no clinical evidence of an unusual type or severity of vaginal or cervical infection or of cervical "incompetence" in these patients. Longitudinal study of such cases should include serological characterization of the organism(s) implicated, intragestational cultures of cervix, vagina and urine, intergestational biopsies of endometrium and endocervix, cervical function studies, appropriate cultures of the genital tract of the husband, and careful review of habits of hygiene and sexual activity. By such means the pathogenesis of the individual case may be unravelled. Until then, the bad past obstetrical history itself must constitute a clinical source of high suspicion of placental infection in subsequent births.

The high incidence of *membranous placentitis* in all reported series casts some doubt on the validity of attributing this reaction to *infection* (BOURNE). However, frank clinical infection of the gravid uterus is virtually always associated with placental inflammation, morphologically indistinguishable from that seen so often without overt morbidity. Moreover, the same factors which have been shown to be associated with increased risks of frank clinical infection of the gravid uterus and its contents are similarly associated with chorioamnionitis. Data derived from postmortem study of perinatal deaths indicate that congenital bacterial infections such as aspiration pneumonia, otitis media, and gastroenteritis are always associated with inflammatory reactions in the fetal membranes (KOBAK, SORBA, BLANC, BENIRSCHKE, KJESSLER). There are few available data on combined histopathological, bacteriological, and clinical studies of placental inflammation and "infection" *(vide infra)*.

Our own studies on these relationships employed bacteriological cultures of the amniotic surface of the newly delivered placentas and the throats of the newborn offspring. Perhaps because of traverse of the birth canal, bacteria were frequently found, and, on the whole, little correlation with pertinent clinical factors or/and placental morphology was demonstrated. However, in specific instances, the bacteriological data were highly significant to an interpretation of the pathogenesis of infections, which began *in utero*. When cultures of the amniotic surface yielded evidence of the presence of hemolytic streptococci, *Staphylococcus aureus*, or *Proteus* species, chorioamnionitis was the rule, and morbidity of gravida and offspring was frequent. Such correlations were less frequent when the cultures grew *Escherichia coli*, or *Staphylococcus albus*. However, as has been illustrated by the histories of recurrent fetal wastage cited above, even such common organisms are responsible for significant intrauterine infection, and are not to be dismissed from consideration in relationship to clinical and histopathological abnormality.

Because of the usual paucity, even absence of signs in the gravida, the diagnosis of placentitis is often not suspected until the placenta is delivered. The pathologic manifestations of ascending bacterial infections are similar, regardless of the causative organism, depending on two factors: the gestational age of the conceptus and the duration of the infection.

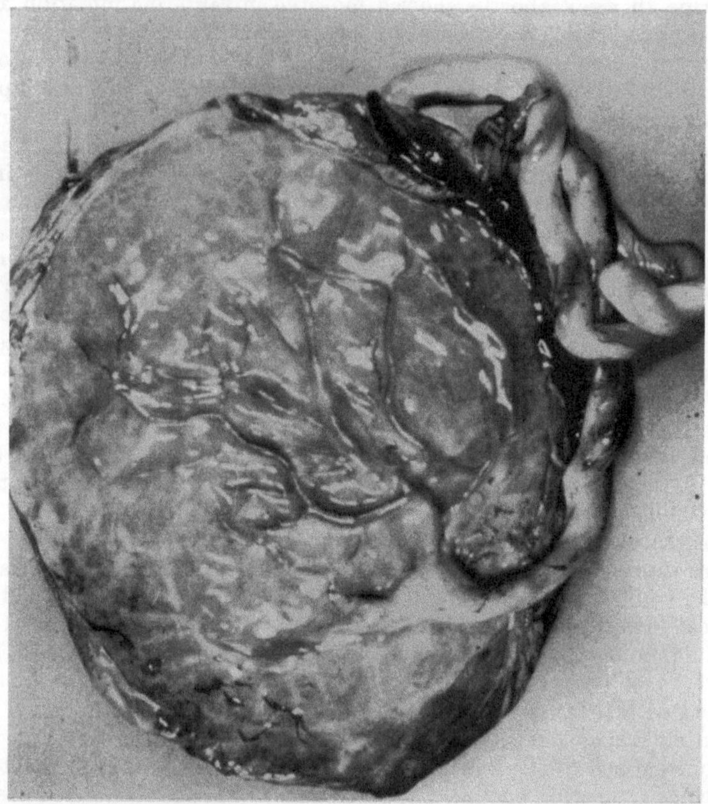

Fig. 207. Gross appearance of severe chorioamnionitis. The fetal membranes are "milky" and opaque, obscuring the color of the blood within the large vessels of the chorionic plate.

Grossly, such an *infected placenta* may appear to be normal. Sometimes the presence of infection is suggested by cloudiness, even opacification, of the usually transparent membranes (Figure 207). This is most readily appreciated when the infiltrate obscures the color of fetal blood within the thin-walled vessels of the chorionic plate. The normally smooth, glistening amniotic surface may be dull and diffusely, finely granular. The color of the fetal membranes may be grayish, yellow, tan, green, or even white. Chorionic vascular thrombosis sometimes accompanies the inflammatory infiltration *(q.v.)*. The umbilical cord may appear normal, but often a yellowish stain is apparent. Increased friability of the cord and edema of Wharton's jelly also suggest infection. Transection of the placental substance does not usually reveal gross deviations from the normal color and texture. Occasionally, the infected placenta is diffusely pale and edematous. A malodorous placenta raises a strong suspicion of bacterial infection *in utero*.

Unusually extensive decidual necrosis, on the sac, at the margin, and on the maternal surface of the placenta, always suggests the presence of bacterial in-

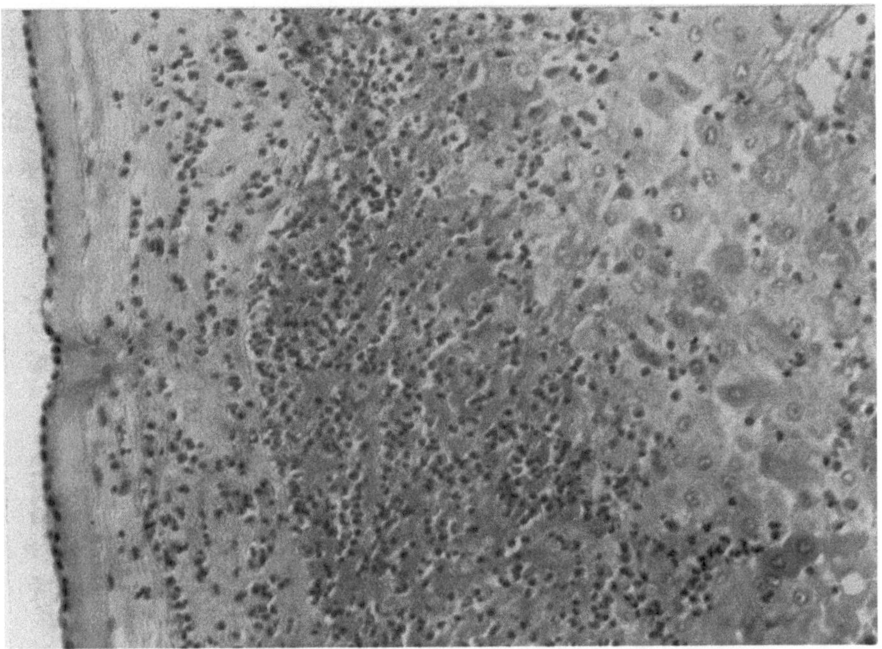

Fig. 208. Maternal polymorphonuclear leukocytes infiltrate the decidua capsularis, chorion laeve, and amnion (H & E × 140).

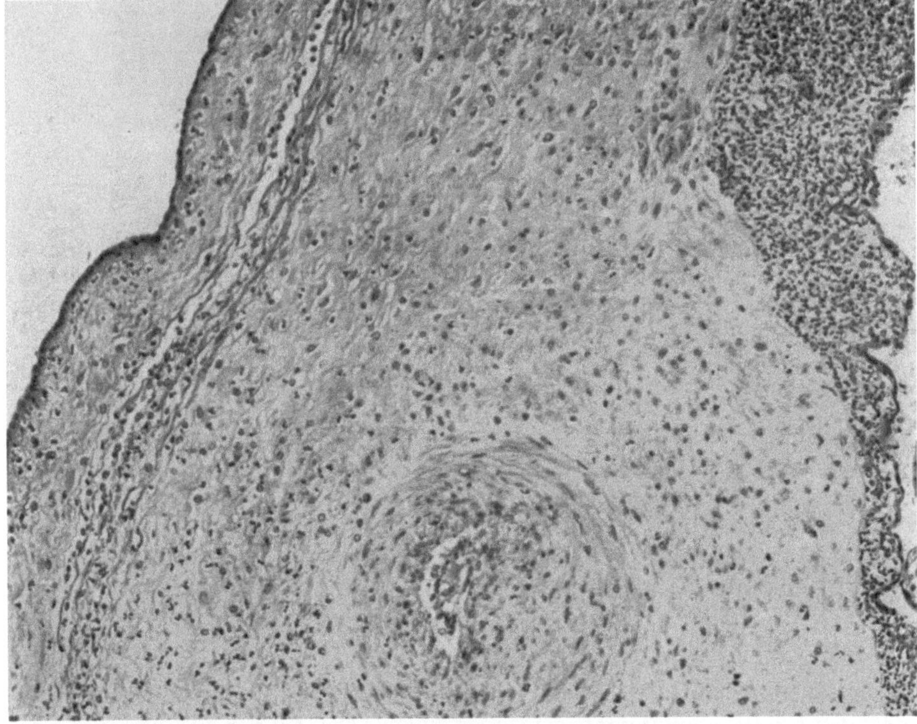

Fig. 209. Leukocytic infiltration of Langhans' subchorionic fibrin, chorionic plate and amnion(H & E × 1110).

fection. These changes may be associated with small, often multifocal, hemorrhages, whose brownish color indicates a duration of days or weeks prior to delivery. The increased friability of the necrotic decidua capsularis and extraplacental sac often renders complete removal difficult, thus increasing the hazards of maternal bleeding and postpartum infection.

The histological features depend particularly on the duration of the infection. Initially, maternal leukocytes infiltrate the decidua capsularis, gradually permeate and traverse successively this tissue, the chorion laeve, and overlying amnion

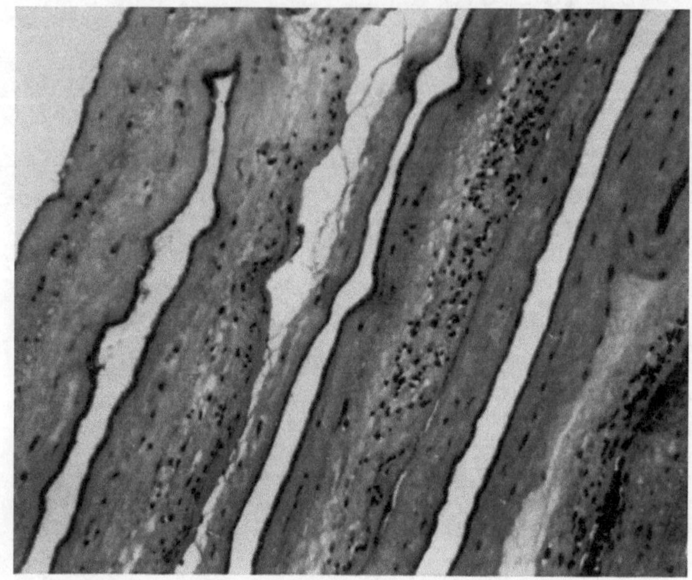

Fig. 210. Chorionitis, with maternal leukocytes invading the fetal membrane after retention of placenta, 40 hours following fetal death (H & E × 130).

(Figure 208). Simultaneously with evolving membranitis, the placenta, *per se*, becomes involved. Maternal leukocytes first migrate at the subchorionic Langhans' layer of fibrin, gradually penetrate this zone, then successively the contiguous chorionic plate and amnion (Figure 209). Such reactions occur even in the absence of a living fetus. Indeed, following fetal death, some degree of chorionitis is seen universally when the uterine contents are retained for more than 12 hours (Figure 210).

In most cases, fetal vascular participation in the inflammatory reaction soon becomes manifest, with migration of leukocytes from the fetal circulation into the walls of vessels of the chorionic plate and umbilical cord, first the vein, then the arteries, and beyond them, into the cord substance (Figure 211). Typically, this infiltration of fetal vessels is "polarized" toward the amniotic sac, rather than occurring concentrically. Occasionally such vessels are sites of mural thrombosis, similarly oriented upon the intima nearest to the amnion, sometimes progressing to vascular occlusion (Figure 212).

Fulminant chorioamnionitis may be characterized by necrosis of amnion, even of contiguous chorion and chorionic vessels (Figure 213). Two histological peculiarities of distribution of the inflammatory reaction suggest that the noxious influence acts from within the amniotic sac: the orientation of early fetal vascular infiltrations toward the amnion, and the severer degree of necrosis which affects the amnion as compared to the chorion. After a few days the cellular infiltrate in the amnion and chorion appears to be less well preserved, and suggests a degree of chronicity and beginning repair (Figure 214). Rarely, eosinophilic granulocytes are prominent. Even less often, the inflammatory cells degenerate and resolution begins. Perhaps this is the sequence in cases of unusually early rupture of the membranes, followed many weeks later by delivery of well infants, with neither clinical nor placental evidence of infection.

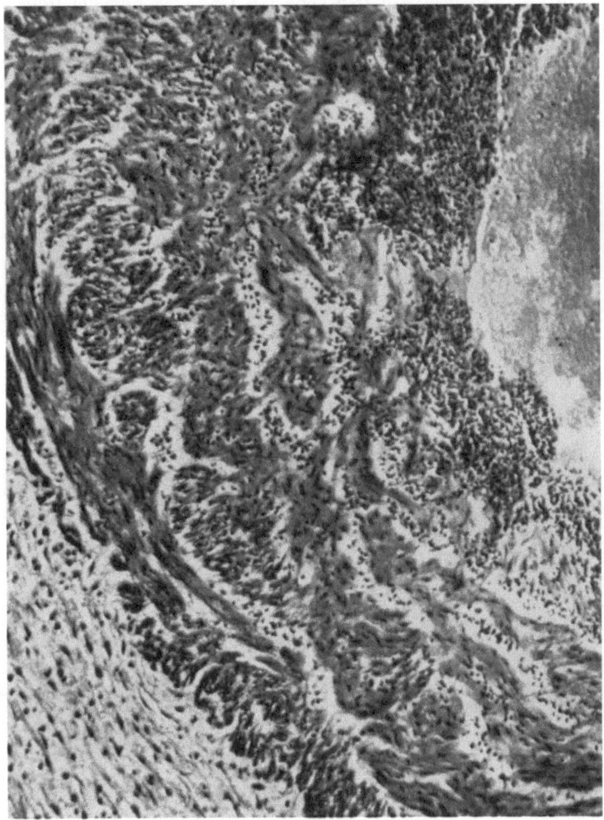

Fig. 211. Funisitis, with infiltration of fetal leukocytes into umbilical vein and surrounding Wharton's jelly (H & E × 100).

The maternal component of these infections is usually limited to the transit of leukocytes across the decidua and the subchorionic fibrin, into the fetal membranes. Occasionally, however, acute intervillous inflammation occurs, usually involving the subchorionic region, and in such cases maternal symptoms indicate the presence of infection (Figure 215). Also, amniotic fluid may dissect between lamina of membranes, gaining access to decidual vessels. Infusion of this material into the maternal circulation may induce fever and other signs of bacteremia in the mother, if the amniotic fluid has been contaminated.

The degree of leukocytic invasion sometimes varies from one area of the membranes to another and from one level of the umbilical cord to the other. Also, the intensity of infiltration of these fetal adnexa may be relatively unimpressive, when the offending organism is highly virulent to the fetus. For example, chorioamnionitis produced by streptococci is likely to be reflected by only a mild neutrophilic reaction in the membranes, while producing severe fetal disease. In terms of gestational maturity, the greatest variation of the inflammatory reaction is seen in the umbilical cord. WOHLWILL and BOCK, and STAEMMLER pointed out that *fetal* angiitis is not manifested before about 16 weeks' gestation, regardless of the status of the membranes. BLANC reiterates these findings. We have reviewed this question in 32 specimens from spontaneous abortions, occurring at 9 to 20 weeks. Leukocytic infiltration of fetal vessels was not seen until 13.5 cm. CR length or 15½ weeks ovulation age although chorioamnionitis was frequent. After this, umbilical vasculitis was a common accompaniment of chorioamnionitis, reflecting in degree the severity of the reaction in the membranes, as is seen at and near term.

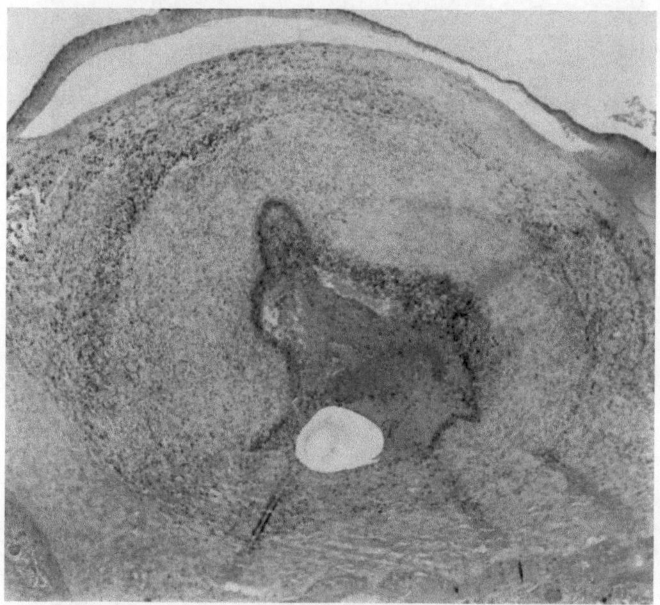

Fig. 212. Angiitis with mural thrombosis of vessel of chorionic plate, the more severe damage occurring nearest the liquor amnii (H & E × 40).

Two other morphological peculiarities of these inflammatory reactions of the fetal adnexa require comment: (1) the chorionic vasculitis is usually limited to the vessels of the chorionic plate itself, not even extending to their immediate large branches and tributaries, and (2) the umbilical angiitis is almost always confined to the vessels of the cord itself, "stopping" at the belly wall. Both of these phenomena demand explanation. With the "amniotropism" shown by the emigration of fetal leukocytes from umbilical and chorionic vessels toward the amniotic cavity, these features of the inflammatory response suggest a strong chemotactic influence exerted by the nearby abnormal amniotic fluid.

Because ascending bacterial infections produce the histological changes just described, the placental examination is often used in the diagnosis of intrauterine infections. The clinical utility of such an examination is obvious, becoming especially important in the diagnosis or exclusion of congenital infection as the basis for neonatal morbidity. However, prospective studies on unselected births indicate that the incidence of histological placentitis, as described above, exceeds that of overt perinatal disease as a whole, and is certainly much greater than that of clinically frank infection *(vide infra)*.

Fig. 213. Necrotizing inflammation of membranes and chorionic vessels (H & E × 50).

The urgency which sometimes attends the diagnostic study of neonatal illness, especially in the premature, requires rapid methods of establishing the presence of infection. BLANC suggested the use of imprints of the chorion, which could be stained with gram stain and other stains, such as Giemsa, for the identification of exudate and classification of bacteria. He later recommended preparation of SMEARS of gastric contents and spreads of stripped amnion for the same purpose. BENIRSCHKE and CLIFFORD preferred the preparation of frozen sections of umbilical cord for histological demonstration of leukocytic infiltration and, less often, bacteria. Others have prepared smears of the pharyngeal secretions, stained for bacteria and for leukocytic exudates (ANDERSON *et al.*, KJESSLER). Each of these methods yields a "positive" result when the fetal adnexa are severely inflamed. Congenital bacterial infections are exceptionally rare without such inflammation. However, microorganisms and leukocytes may have entered the neonatal stomach and hypopharynx from sources other than amniotic exudate, in transit through the lower birth canal.

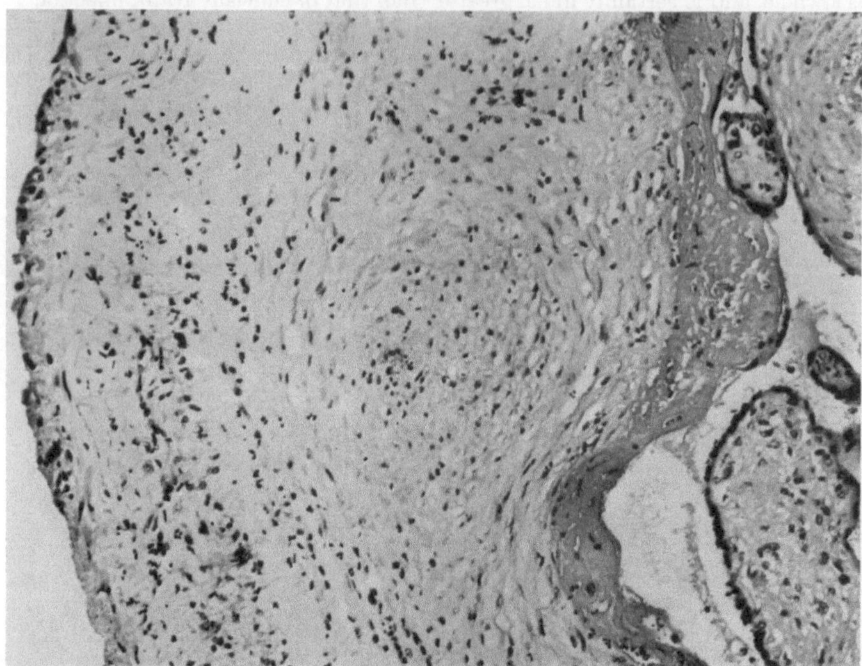

Fig. 214. Longstanding chorioamnionitis, with suggestion of repair. (H & E × 160).

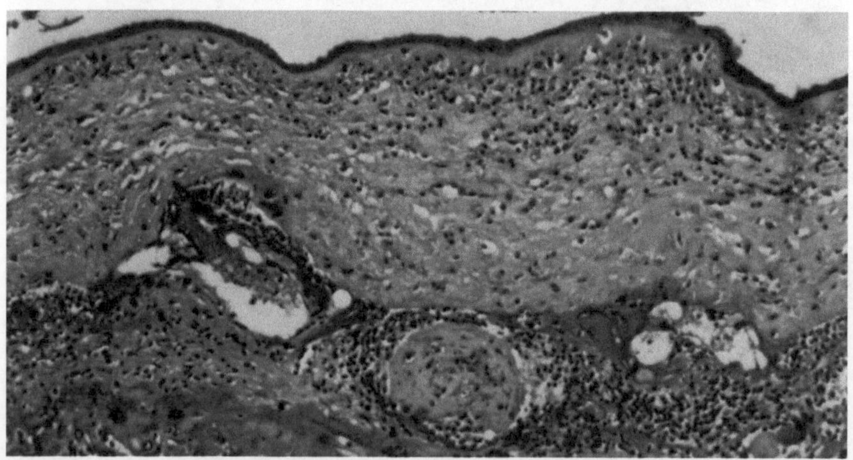

Fig. 215. Subchorionic intervillous inflammation. Collections of leukocytes occupy the intervillous space in this region; villous invasion is evident (H & E × 130).

The value of a *positive* report by these rapid surveys is that it may link other clinical data together, in the evaluation of the sick baby; a *negative* report excludes most congenital bacterial infections. However, neonatal morbitidy due to infection acquired *in utero* is uncommon compared to the frequency of inflamed membranes and umbilical vessels, in unselected case material (BENIRSCHKE, BLANC, DRISCOLL).

Inflammation of the fetal membranes is a surprisingly frequent finding on review of unselected clinical cases. In a series of 2,000 such unselected, nearly consecutive cases, random sections of membranes indicated some degree of polymorphonuclear leukocytic infiltration 16% of times—11% chorioamnionitis, 5% chorionitis without amnionitis, and no cases of amnionitis alone. Most infected placentas show not only chorioamnionitis, but also umbilical vasculitis. Again, review of unselected births demonstrated that neutrophilic infiltration of the umbilical vessels, especially the umbilical vein, occurs frequently and is usually silent clinically. In the series of 2,000 cases cited above, umbilical vasculitis was recorded in 19%, and in 3% was described as "severe". Most of the umbilical angiitis occurred in association with membranitis. However, in a minority of cases, the membranes showed no acute inflammatory infiltrate. In such instances, there was usually a demonstrable anomaly of cord insertion, local compression of the cord, or evidence of prolonged exposure to meconium, all of which are other recognized potential causes of umbilical vascular inflammation.

In the series of 2,000 cases studied bacteriologically as well as pathologically and clinically, cultures were prepared from the fetal surfaces of the placentas just following delivery. Some 40% of these yielded bacterial growth (see Table V for array of organisms isolated). *In general*, the results of cultures could not be

Table V. *Bacteria isolated from amniotic surface*

(2000 Unselected Placentas)

Organism	*% of Positive Cultures**
Staph. albus, coag. neg.	49
E. coli	19
Diphtheroids	18
Candida sp.	14
Strep vir.	3
Klebs.-Aero.	1
Paracolon sp.	1
Staph. aur., coag. pos.	1
Others	1

* Multiple organisms in some cases

correlated with clinical course of mother and child and histopathological abnormalities of the placentas. This was especially true of cultures from which ubiquitous bacteria, such as *Staphylococcus albus* and *Escherichia coli*, were reported. The difficulties of interpretation of these cultural findings accrue from several sources: (1) most of the infants and placentas had traversed the birth canal, wherein surface contamination might have occurred; (2) most placental infections are caused by vaginal and cervical flora, which makes identification of such organisms less useful indicators relevant to frank infection; (3) the bacteria which are responsible for most placental infections are of low virulence under other circumstances; and (4) *bona fide* placentitis may occur without clinical morbidity of either child or mother. Some of these difficulties can be circumvented by correlative review of the associated placental findings and the clinical circumstances. *In specific instances*, notably on isolation of relatively uncommon organisms, such as hemolytic streptococci and *Staphylococcus aureus*, placental and fetal and/or maternal diseases are usually demonstrable.

The entire clinical series from which the sample of 2,000 cases described above was taken comprised 3,623 pregnancies. The total perinatal mortality of the 3,623 cases was 74, or 2.05%, 38 deaths occurring *in utero* and 36 neonatally. Another infant who was ill at birth died at 35 days of age. Close study of these deaths led us to attribute the lethal outcome to bacterial infections in 16 cases, 3 fetal and 13 in infants, 7 of the latter occurring within the first 48 postnatal hours. Eight of the 10 deaths which took place *in utero* or within the first 2 days after birth were associated with placental inflammation, expressed histologically as membranitis. The other 6 babies died at postnatal ages which ranged from 80 hours to 35 days. The placentas of 2 of these infants, both of whom had been ill at birth, were also inflamed.

Infections were diagnosed in another 26 infants who survived. These included such diagnoses as pneumonia, laryngitis, omphalitis septicemia, conjunctivitis, dacryocystitis, and pustular dermatits. In general, the probability of associated chorioamnionitis was greater, the earlier the clinical onset of illness. Of 6 newborns found to have septicemia, 3 were associated with inflammation of the fetal membranes and one of those not so associated was not ill until 11 days after birth.

Bacteriological cultures of the placentas were positive in 26 of the 42 infected cases. Fourteen percent of the clinically infected babies were born prior to 36 weeks' gestation and 28% weighed less than 2,500 grams at birth. The poorest correlations between laboratory findings, *i. e.* results of histological and bacteriological examinations of placentas, and clinical diagnoses of infection, were observed when the diagnosis of "aspiration pneumonia" was made in term infants who survived.

Students of congenital infection have been disturbed by discrepancies among data which purport to relate chorioamnionitis and/or, umbilical vascular inflammation to bacterial infection. The frequency of the histological lesions exceeds that of *all* overt perinatal disease, and is far greater than that of perinatal infections. Often attempts to demonstrate bacterial pathogens are unsuccessful, and cultures may even be sterile. Similar histopathological reactions are elicited by factors other than bacterial infection, such as the chemical action of meconium, the mechanical effect of pressure, or the contiguous presence of autolyzing retained tissue after fetal death. These complexities do not warrant the rejection of membranous placentitis and umbilical inflammation as responses to intrauterine bacterial infection, which has been advocated by several investigators (DOMINGUEZ, BARTER). When bacteria invade the fetus, placental disease is demonstrable, usually comprising chorioamnionitis and funisitis. However, since other factors, not related to infection, may also incite the latter reactions, the diagnosis of congenital infection should not be based solely on histological examination of the afterbirth. The clinical expressions of congenital infections among liveborns may also depend on the effectiveness of defense mechanisms which may have already controlled the invading bacteria before birth.

To the fetus, chorioamnionitis and umbilical angiitis are significant as indicators of possible *exposure* to bacterial infection *in utero*. Access to the fetus is gained principally by flow of amniotic fluid into the respiratory and gastrointestinal tracts and the middle ear, often resulting in congenital disease. The statistical association of chorioamnionitis and premature births strongly suggests a cause and effect relationship. Membranous placental inflammation is *not* seen in products of elective cesarean delivery, or therapeutic or accidental operative interruption of pregnancy. Its frequent occurrence in placentas of premature labors and of premature rupture of the membranes may indicate that membranous placentitis is a factor in pathogenesis of both these conditions. If such be proven, the greatest importance of chorioamnionitis will be established in relation to premature births and their many consequences, even without actual fetal infections.

Chorioamnionitis and angiitis of chorionic or umbilical vessels are sometimes clearly attributable to *other influences than microbial infection*. Many placentas which have been exposed to *meconium* for hours or days show neutrophilic infiltration of the stained membranes, and umbilical vasculitis is common under such circumstances (Figure 216). No organisms can be identified in sections or cultures from these specimens. This inflammatory response to meconium or its products is not surprising in view of the occurrence of meconium peritonitis in some cases of "mucoviscidosis" or other intestinal afflictions which develop *in utero*. Meconium also seems to be an irritant to the lungs when massive aspiration occurs around the time of birth. Instillation of meconium suspensions intratracheally and injections of similar material into soft tissues are followed by intense inflammation. Doubtless the proteolytic intestinal enzymes produce these effects. In support of a *chemical explanation* for chorioamnionitis, BLANC cites observations from therapeutic interruptions of pregnancy, induced by intra-

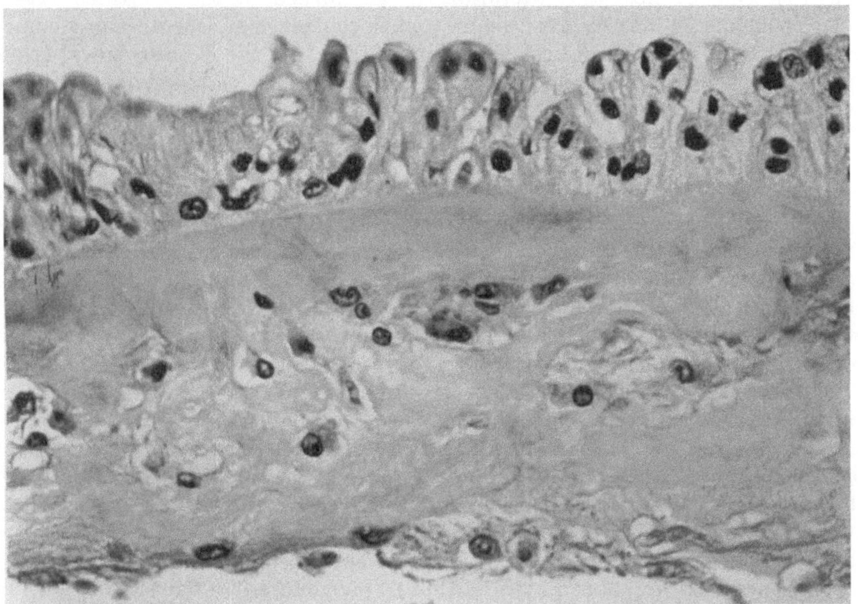

Fig. 216. Prolonged exposure to meconium produces a mild acute inflammatory reaction in the chorionic membranes (H & E × 400).

amniotic injections. We have studied placentas from 20 pregnancies in which delivery had been induced by instillation of 20% sodium chloride solution into the amniotic sac. Some of these were interrupted in the second and others in the third trimester. In most instances the procedure was carried out as a therapeutic abortion. In others, this means was used to accomplish delivery when known fetal death had not been followed by delivery. Except in those instances in which a dead fetus had been retained for more than a day or two prior to the intra-amniotic injection, inflammation of the fetal membranes was not seen in these specimens. We have not studied placentas which have been exposed to intra-ovular infusions of hypertonic glucose solution, an alternate method of inducing delivery. (See Chapter. XI, Abortion, for details.)

GRÄFF suggested that the leukocytic infiltration of the fetal membranes might be caused by increased acidity of the amniotic fluid, as a result of uterine activity. IKEDA induced such reactions by increasing the hydrogen ion concentration of amniotic fluid in experimental animals. However, BLANC was unable to correlate the pH of amniotic fluid with the presence of placentitis, or demonstrable leukocytes or bacteria in centrifuged sediments of the fluid.

In the rat, direct intra-amniotic injection of bacterial endotoxin incites a severe acute necrotizing inflammation of the lining membranes, a reaction which does not occur when the diluent physiologic saline is used alone (DRISCOLL).

The consistent occurrence of chorionitis when the uterus fails to empty following fetal death is easily explained. Bacterial infection is not a factor, as demonstrated by sterile cultures. The products of autolysis, diffusing from the ovisac into the encasing maternal tissues, can be expected to stimulate neutrophilic migration from the decidual vessels, into the decidua, then to infiltrate the contiguous fetal membranes.

The prolapsed or otherwise compressed umbilical cord often shows localized angiitis at the sites of distortion of umbilical vessels. This is probably mediated through slowing of flow and alteration of the intima of the deformed vessels. Similar mechanisms may explain the frequent occurrence of vasculitis in velamentous vessels, i. e. fetal blood vessels which course along the chorion laeve. It also seems probable that chemotactic factors diffuse into such vessels from contiguous necrotic decidua in some cases of vasa previa.

BECKMAN and ZIMMER, and, more recently, DOMINGUEZ *et al.* and BARTER have expressed the view that *umbilical vasculitis* is not inflammatory in origin, but a consequence of fetal *hypoxia*. This opinion is based on histological studies of the umbilical cord and review of clinical obstetric data. While margination of leukocytes is a frequent finding in regions of circulatory stasis, the diffuse leukocytic infiltrations of decidua, chorion and amnion cannot be so explained. The necrosis of these structures which occurs in the more severe cases is also incompatible with a simple hypoxic mechanism. Specific circumstances in which fetal hypoxia is recognized, such as major placental abruptions, massive placental infarction, and some cases of intertwined cords in monoamniotic twin gestations, are not usually associated with umbilical vasculitis or placental membranitis. The correlations emphasized by DOMINGUEZ and others indicate associations only, not cause and effect relationships between fetal hypoxia and leukocytic infiltration of the umbilical vessels. WIDHOLM and his associates have reported an increased incidence of umbilical vasculitis among placentas delivered following fetal asphyxia, without evidence of infection, *per se*. In this selected group of cases, the umbilical reaction appears to have been attributable to meconium irritation, since passage of meconium was thought to have occurred *in utero*.

Hematogenous bacterial infections

Hematogenous bacterial infections of the placenta occur more often in association with accidents of early pregnancy, than during the last trimester (Chapter XI, Abortion). However, at any stage of gestation, systemic bacteremic infections of the gravida may involve the placenta. In contrast to the ascending infections just discussed, hematogenous dissemination of bacteria to the placenta is usually accompanied by maternal illness. When fetal bacteremia complicates initially orificial fetal infections *(vide supra)*, the resulting lesions may be similar morphologically to those which follow maternal bacteremias. Because they are usually associated with systemic infections of the mother, a wide variety of organisms may be responsible for these placental infections, and relatively virulent bacteria are frequent.

Placentitis evolving from blood-borne infection is expressed mainly in the placental parenchyma, *i. e.* the villous tissue, rather than in the fetal membranes. When gross lesions are found, they comprise thrombi in the intervillous space and infarcts, indicative of a vascular pathogenesis, and often indistinguishable from bland thrombi and infarcts. *Histologically*, such lesions contain relatively more leukocytes than accompany the usual bland vascular accidents of the placenta, and bacteria are demonstrable (Figures 217 and 218). Even in the absence of gross abnormalities, villous disease is manifest. There may be rare foci of necrosis and inflammation of villi, or many lesions may be found, ranging in size from

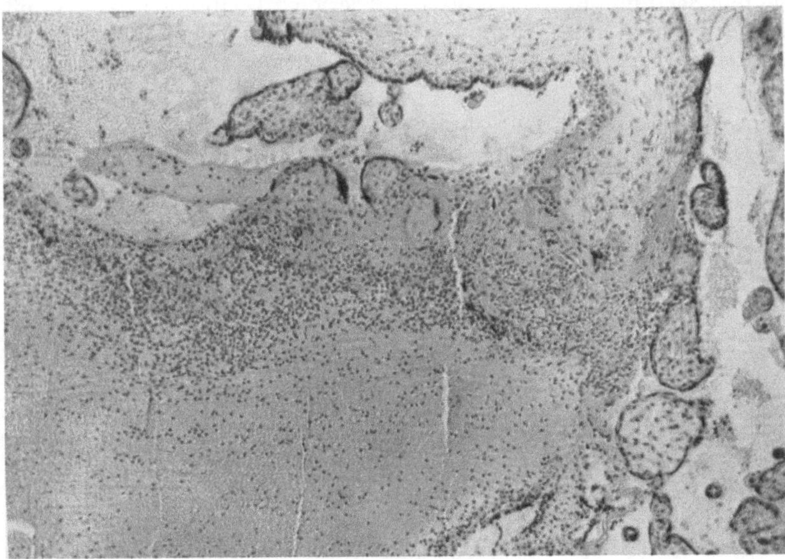

Fig. 217. Septic intervillous thrombus, with entrapment of a few villi. Leukocytes are relatively numerous (H & E × 40).

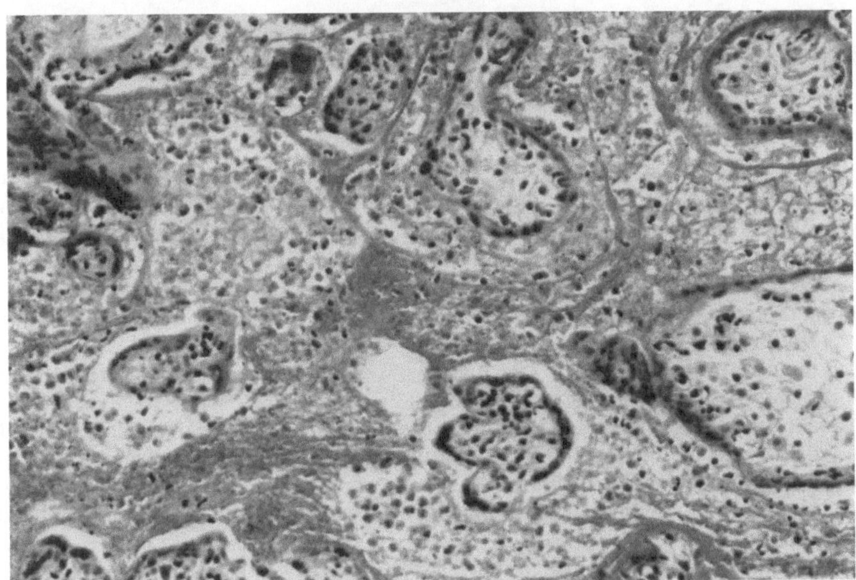

Fig. 218. Septic intervillous thrombosis, inflammation, and necrosis of villi complicating a maternal staphylococcemia (H & E × 250).

individual villi to massive areas of septic necrosis, even abscesses (Figures 219). Villous inflammation comprises necrosis of trophoblast, infiltration of stroma with acute and/or chronic inflammatory cells, and often activation of Hofbauer cells and endothelium of fetal vessels. Fibrin deposition upon the villous surface or intervillous thromboangiitis accompanies these reactions, which vary in severity. The gravity of the resulting fetal disease is not always predictable from the number and size of the placental lesions. Doubtless this is an effect of virulence of the pathogens involved. The offending micro-organisms may be demonstrated in sections, in smears, and in cultures from lesions or placental homogenates.

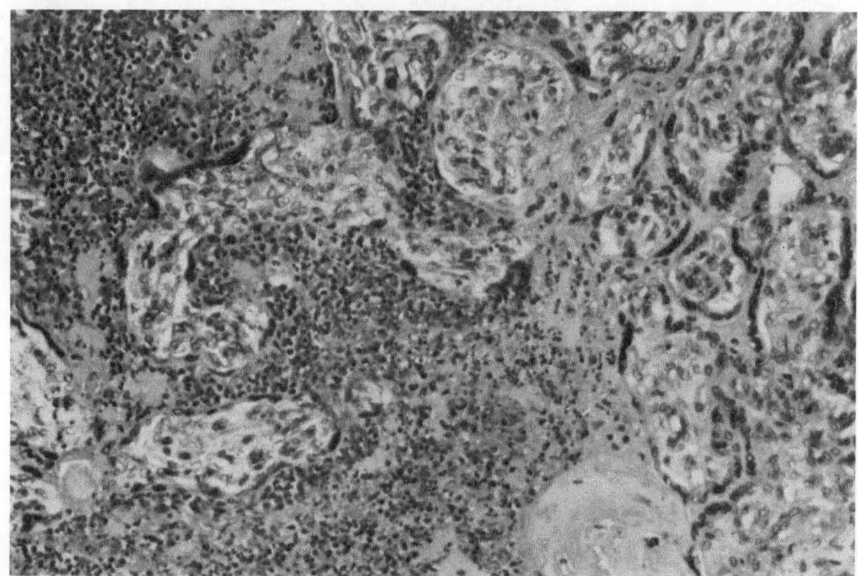

Fig. 219. Intervillous abscess complicating maternal septicemia (H & E × 250).

Overt fetal illness and fetal death are usual consequences of hematogenous placental infections. There also appears to be an increased hazard of premature expulsion of the conceptus, whether alive or dead. The mechanism of premature labor occurring under these circumstances is not clear.

Just as chorioamnionitis may lead to fetal bacteremia and villous placentitis, placental infections which begin by hematogenous spread from maternal sites may be followed by contamination of the amniotic sac. Morphologically, the ensuing membranous placentitis and umbilical angiitis resemble the lesions which develop primarily from ascent of infection.

Transdecidual infections originating at sites other than the presenting pole of the ovisac seem to be uncommon. However, systematic studies directed toward the detection of antecedent endometritis have not been carried out in series of cases of bacterial placentitis. In the presence of endometritis, direct extension of infection may take place, involving contiguous structures, such as the extra-placental membranes, inlying or invading villi, or the adjacent intervillous blood lake and its fetal contents. The resulting lesions in placenta and fetus may resemble those produced by ascending infections, those spread by blood stream, or both. The importance of such disease in "spontaneous" abortions and in the recurrence of fetal wastage has not been determined.

Bacterial infections incurred *transtubally*, like those disseminated to the placenta from the *myometrium*, simulate those which begin in the decidua.

Comment

Bacterial placentitis is a common disease, especially occurring in association with premature delivery. While frank neonatal morbidity from congenital infections is less frequent, meaningful correlations have been demonstrated between placental inflammation and clinical phenomena. Perhaps the most significant association is that which relates premature labor and chorioamnionitis, a possible clue to the cause of many cases of early delivery, and, indirectly, of subsequent difficulties in the child, should he survive.

While it is appropriate that the discussion focus on infections of the placenta itself, evidence suggests that bacterial infections at other sites than in the genital tract may exert some influence on the placenta. The mechanisms by which urinary tract infections, so-called inapparent bacteriurias, are associated with increased risks of spontaneous premature labor are unknown. There is no evidence that frank inflammation of the fetal adnexa is important in this relationship. KASS and his associates postulate that these effects are mediated by the action of bacterial endotoxin on the myometrium, rendering it responsive to endogenous oxytocin. McKELL and coworkers have demonstrated that bacterial endotoxin increases the permeability of the placental barrier in the rabbit. Normally, trypan blue and colloidal iron, injected intra-arterially in the gravid rabbit, are excluded from the ovum. Following preparation of the experimental animal by injection of endotoxin, these substances pass into the placenta and fetus. If such phenomena were to occur during human bacterial infections, the implications for the fetus could be devastating, as complex materials would be permitted to pass in and out. It is also interesting to speculate on the possible role of increased permeability of fetal membranes, induced directly by infection, on fetal welfare.

Another, although an infrequent complication of placentitis is bacteremic shock in the gravida. While the latter is more commonly associated with the placental bacteremia of septic abortion (STUDDIFORD and DOUGLAS), chorioamnionitis is also a potential precursor. The etiologic agent is almost always a gram-negative bacillus, most frequently *Escherichia coli*. MANNAUSA *et al.* have reported *E. coli* septicemia and shock following an unsuccessful Shirodkar operation. In this case, spontaneous rupture of fetal membranes followed placement of the cervical suture.

Unusual Bacterial Infections of the Placenta

The discussion just concluded has dealt with common organisms, the banal infections which ascend the birth canal and those in which placental involvement occurs incidentally, in the course of maternal illness. Several bacterial infections of the placenta present unusual features which merit special comment. These comprise *listeriosis*, *tuberculosis*, and *syphilis*.

Listeriosis

Listeria monocytogenes is an ubiquitous bacterium, noteworthy for its PATHOGENICITY for a wide variety of animal species, its predilection to afflict their products of conception while still *in utero*, and the usual paucity of clinical symptoms when this occurs in humans. The fetal wastage laid to this organism in cattle is of sufficient magnitude to be economically significant (GRAY).

The relative susceptibility of the pregnant woman and her conceptus to this infection is indicated by collected series of bacteriologically proven listeriosis. According to POTEL, who gathered data on 247 proven listerial infections in man, 185 involved pregnant women and newborns. SEELIGER cites 221 bacteriologically diagnosed human cases, 121 of which were neonatal infections, so-called granulomatosis infantiseptica *(q. v.)*. Although the reasons for this selective attack on the gravida are not known, the intrauterine passage of the bacterium from mother to child is the only natural mode of transmission which is understood. Otherwise, except for the rare circumstances in which persons have become infected from direct contact with infected cattle or as a result of laboratory exposures, the epidemiology of human listeriosis is unknown. Another unusual feature, if a valid one, is the relative infrequency of gestational listeriosis in the United States in contrast to reports from European countries. Perhaps this difference is spurious, resulting from different methods of case finding.

Listerial placentitis is the rule when the bacterium invades the fetus. The histopathologic features are similar to those produced by bacteremic maternal infections in general, sometimes including gross lesions. Decidual disease is seen, chorionic villi are inflamed, necrotic, and sometimes enmeshed in intervillous inflammatory material (Figure 220). Inflammatory infiltration of the fetal membranes may also be seen (Figure 221). In the offspring, hematogenous dissemination of infection is obvious, the resulting picture being that designated "pseudo-

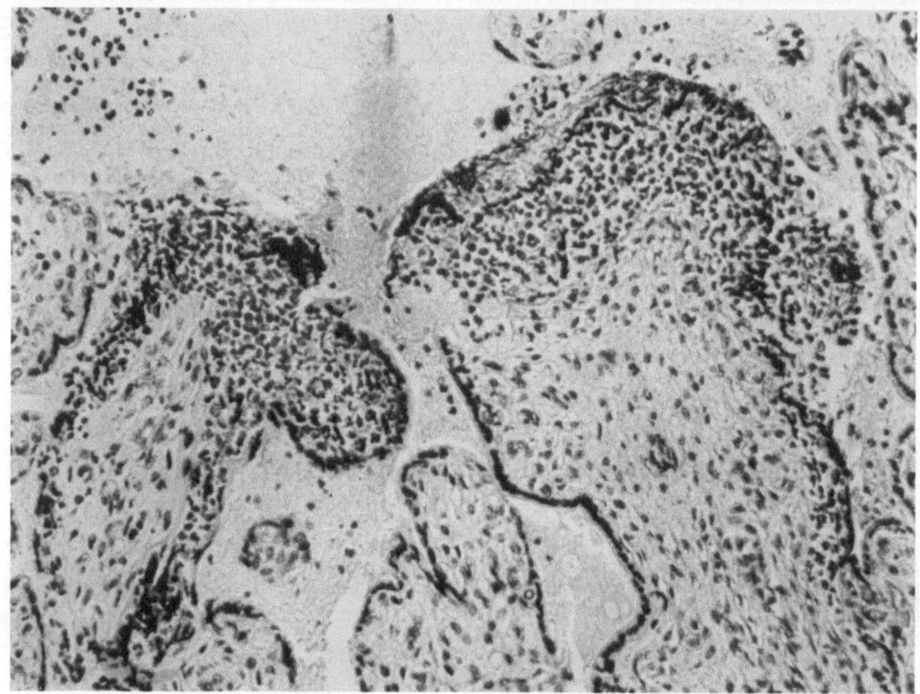

Fig. 220. Focal acute villous inflammation due to intrauterine listeriosis (H & E × 200).

tuberculosis" or granulomatosis infantiseptica. In both placenta and fetal organs, small abscesses are seen, which are grossly suggestive of the granulomata of miliary tuberculosis (Figures 222 and 223). Within these minute foci of necrosis are polymorphonuclear leukocytes and small gram-positive bacilli, producing abcesses, rather than true granulomata. Such lesions are consistent expressions of placental and congenital listerial infections, lending strong support to the belief that the disease is blood-borne to and within the ovum. The membranous placentitis which is sometimes also seen and the transorificial fetal infections which may then ensue are inconstant features, probably arising secondarily to transvillous invasion of the conceptus. Perhaps *Listeria monocytogenes* is also capable of colonizing the vagina and cervix primarily, after which an ascending infection of the ovisac might occur, as described above for such agents as *Escherichia coli*. (See also Chapter XI, Abortion).

Although *Listeria monocytogenes* has been isolated from cervical and vaginal swabs following delivery of infected progeny, there appears to be no overt endo-

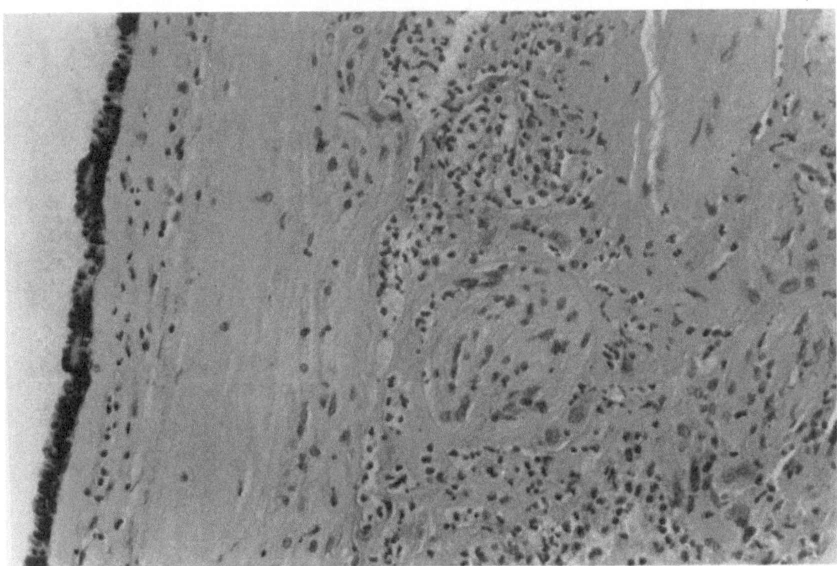

Fig. 221. Acute chorioamnionitis caused by *Listeria monocytogenes* resembles that produced by banal bacterial infections which ascend from the lower genital tract (H & E × 1000).

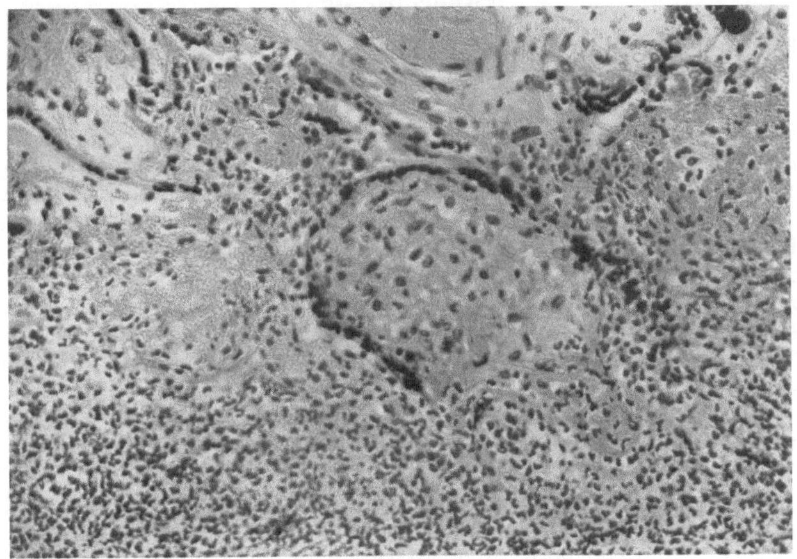

Fig. 222. Miliary abscess of chorionic villi caused by *L. monocytogenes* (H & E × 200).

metritis or clinical postpartum morbidity associated with these events. The question of recurrence in successive pregnancies, with repeated pregnancy wastage and/or congenital disease is controversial (DUNGAL, POTEL 1963, RABAU and DAVID, RAPPAPORT *et al.*, ROST *et al.*, RUFFULO *et al.*, SEELIGER 1963 and GRAY *et al.*).

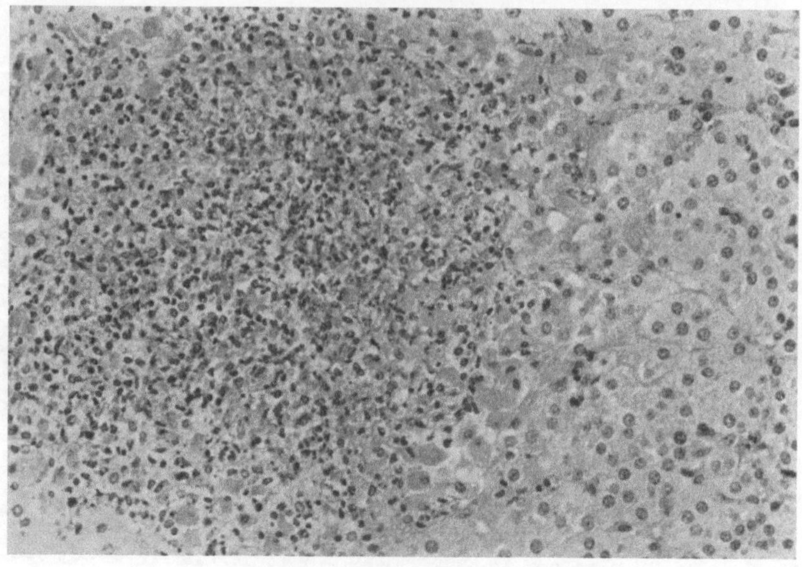

Fig. 223. Miliary adrenal abscess infant with congenital listeriosis. These lesions led to the descriptive term "granulomatosis infantiseptica" (H & E × 300).

Tuberculosis

Tuberculosis rarely infects the conceptus *in utero*. SCHMORL and GEIPEL and later WARTHIN discussed the varieties of placental lesions which could be found on meticulous examination of placentas in cases of known maternal tuberculosis. These comprised decidual, intervillous, intravillous, intravascular chorionic, and chorioamniotic foci of inflammation. According to WARTHIN, who studied a single case by means of thousands of sections (!), tuberculous deciduitis is characterized by non-specific necrosis, inflammation and thrombi, without tubercle formation, despite the demonstration of many bacilli by acid-fast stains. Typical granulomata were seen at the junctions of this caseous deciduitis with the uterine wall and with the intervillous blood spaces in WARTHIN's carefully studied specimen. The lesions of placental parenchyma and membranes themselves are generally similar to tuberculous lesions in other tissues, varying from extensive caseous deposits to miliary tubercles.

The pathogenesis of placental tuberculosis usually comprises disseminated maternal infection, with blood-borne seeding of bacilli in the intervillous space and thence, the villi. Less often, the infection spreads to the placenta from contiguous structures, such as the oviduct, endometrium, and lower genital tract. The distribution of lesions in the placenta and adnexa indicates the mode of infection of these tissues, as well as the routes taken by the consequent fetal involvement, *i. e.* transorificial or hematogenous. Pulmonary tuberculosis, from aspiration of infected amniotic fluid, and hepatic lesions, from transport of bacilli via fetal blood in umbilical vein, are the 2 most frequent patterns of fetal infection which result. However, the reduced fertility of women with pelvic tuberculosis and the infrequency of reported cases of miliary tuberculosis complicating pregnancy render these occurrences rare in current experience. It also seems likely that some cases of disseminated listeriosis, *i. e.* "granulomatosis infantiseptica" were formerly erroneously attributed to the tubercle bacillus.

For obvious reasons, the localized extragenital infection and the arrested tuberculous lesion are unlikely to eventuate in placental-fetal spread of the disease. BOESAART reports the recognition of intervillous tubercles in a placenta delivered to a patient who had herself been cured of tuberculosis prior to pregnancy and suffered no intragestational or postpartum morbidity, nor was disease of the child detected. Without isolation and identification of the *Mycobacterium tuberculosis* from such lesions, other interpretations of the histologic findings seem at least as tenable as that they represented silent tuberculous disease, arising from silent bacteremia, in an adequately treated gravid woman.

KING and MARKS have reported on the occurrence and outcome of 52 pregnancies in 26 patients with *leprosy*. In 6 of these cases, placental examinations were done, none of which showed either acidfast organisms or histological evidence of placental involvement.

Syphilis

Long a disease associated with the reproductive casualties of stillbirth, prematurity, and congenitally damaged children, syphilis is now a rare complication of pregnancy in technologically advanced societies. This shift in importance has resulted from the wide application of antibiotic therapy and the prevalence of obligatory premarital and prenatal serological testing. It now appears that many obstetrical catastrophes which were formerly attributed to luetic infections of the gravida were actually not caused by this infection. Nonspecific alterations in the placenta and fetus which occur when they are retained after fetal death were rather uncritically ascribed to syphilis, when this disease was commonplace. Furthermore, umbilical angiitis, hydrops placentalis, and other placental parenchymatous lesions appear to have been assumed to be luetic in origin, despite failure to identify the causative agent.

Untreated syphilis in the gravida constitutes a threat to the conceptus when spirochetemia occurs after sixteen to twenty weeks' gestation (DIPPEL, REID). Moreover, therapy which is adequate to control the maternal disease protects the fetus even if such therapy is not given until a few weeks prior to delivery.

The apparent protection of the embryo and younger fetus from spirochetal invasion has been attributed to the cytotrophoblast of the young chorionic villi, forming a "barrier" to traverse of the organisms from maternal to fetal structures. This protective effect was thought to disappear with the "disappearance" of the Langhans' epithelium at about 20 weeks' gestation. However, in view of the evidence that many other micro-organisms penetrate the villous trophoblast to attack the conceptus during the first half of gestation, the *Treponema pallidum* must be excluded by other mechanisms. Moreover, recent morphologic evidence indicates that the Langhans' epithelium persists throughout gestation, although its attenuation renders its presence less apparent in conventional histologic preparations.

Intrauterine syphilis, with congenital infection of the offspring, varies in severity, hence its placental manifestations also vary. Mild disease is said to occur without placental changes (DORMAN & SAHYUN). However, most reports indicate that overt placentitis is found when antenatal lues is diagnosed. The most extreme manifestations include a *great increase in placental weight*, and corresponding increases in placental-fetal weight ratios in the range of 1:3 or even 1:2. Such placentas are described as pale, yellowish, bulky and greasy in gross appearance. Histologically, the villi are often "club-shaped", cellular and sometimes agglutinated. These, and other less massively diseased placentas, show chronic villous inflammation, with proliferative vasculitis, which varies in degree and extent

(Figure 224). Perivasculitis and endovasculitis involve scattered stem villi and terminal villi, singly and in groups, and are associated with plasma-cellular and lymphocytic infiltration. These lesions have been described as miliary gummata (DORMAN). Spirochetes are demonstrable on application of suitable stains. Some authors have attributed fetal death to a widespread and progressive obliterative luetic endarteritis of the placenta with consequent ischemic death of placental tissue and fetal asphyxia. However, it appears more likely that the severity of placental involvement is paralleled by severity of fetal infection, and that intrauterine death results from the intensity of the infectious process *per se*.

A large experience with the placental morphology associated with unselected deliveries and with placental alterations in association with many maternal and fetal diseases casts considerable doubt on the morphologic specificity of luetic placentitis. Focal chronic and subacute villous placentitis occurs in some 5% of unselected cases and in several times this frequency in association with a wide variety of maternal and fetal diseases, without other evidences of syphilis. More-

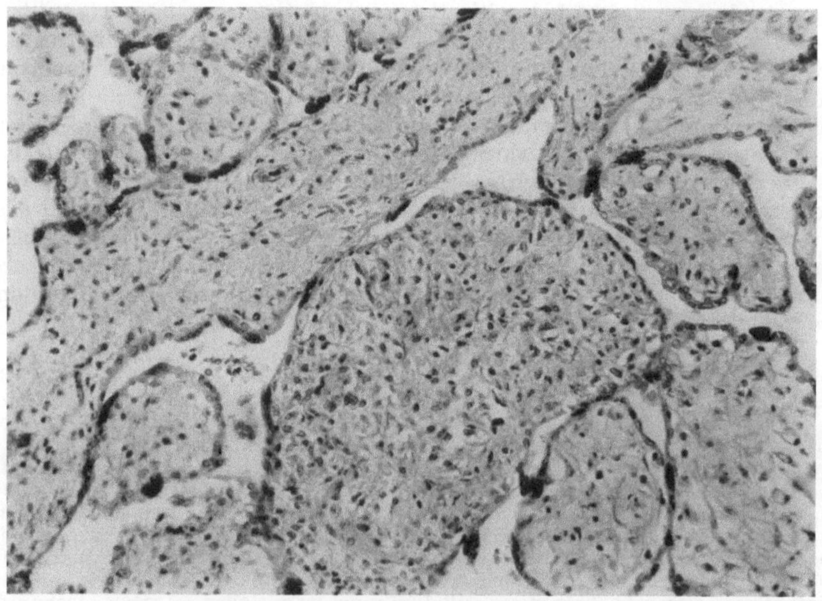

Fig. 224. Syphilitic placentitis, characterized by chronic villous inflammation, proliferative villous vasculitis and scarring. Villi are often large, cellular, and club-shaped (H & E × 160).

over, obliterative placental endovasculitis is also seen in occasional placentas, often inexplicably, and usually in the absence of lues. The nonspecific nature of the alterations which constitute the placenta's reactions to intrauterine syphilis can only be appreciated when such unselected and varied material is examined. Nonetheless, subacute and chronic placentitis should be regarded as suggestive of spirochetal infection, and dealt with appropriately, to confirm or exclude this diagnosis.

Early investigators also ascribed umbilical vasculitis to intrauterine syphilis. Systematic studies of the placentas of particular diseases and review of unselected clinical cases clearly indicate that this interpretation was erroneous (SIDDALL).

Fungous Infections

The commonest, hence the most important, of these is candidiasis of the placental membranes and umbilical cord. Hematogenous dissemination of *Coccidioides immitis* to the placenta has been seen only very rarely as a "complication" of intragestational coccidioidomycosis, without over transmission to the fetus, membranes or umbilical cord. Other fungous infections have not been reported to produce placental or fetal disease. Perhaps this is less an indication that these structures are resistant than that genital or systemic mycoses are rare, still rarer in pregnant women. When they do occur, the products of such pregnancies, especially the abortus, stillborn fetus, and placenta, might not be scrutinized knowledgeably for evidence of intrauterine mycotic disease. Cases of congenital infection of living children with these agents have not been reported. Rare case reports which describe systemic actinomycosis complicated by pregnancy provide few data on which to assess placental disease. Four such pregnancies (CAMPBELL and BRADFORD, KAHLE and MELLINGER, and BROWNING) comprised 2 spontaneous abortions, one therapeutic abortion, and one normal birth, but include no detailed morphologic or mycologic data on the placentas.

Candidiasis

Despite the very common occurrence of *Candida albicans* in the vaginas of pregnant women, placental infections caused by this organism are rare. BENIRSCHKE and RAPHAEL, and GALTON and BENIRSCHKE have discussed this apparent

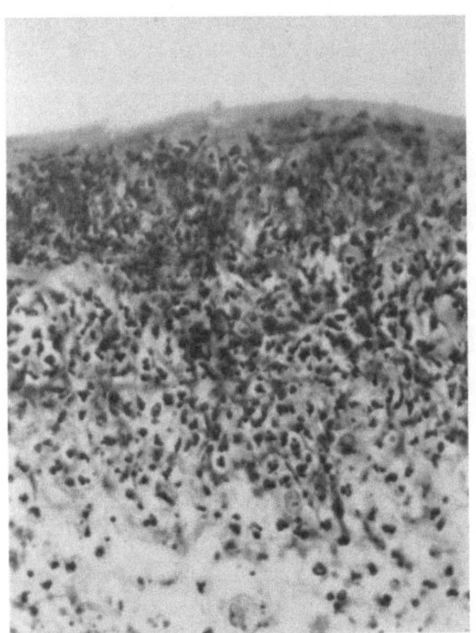

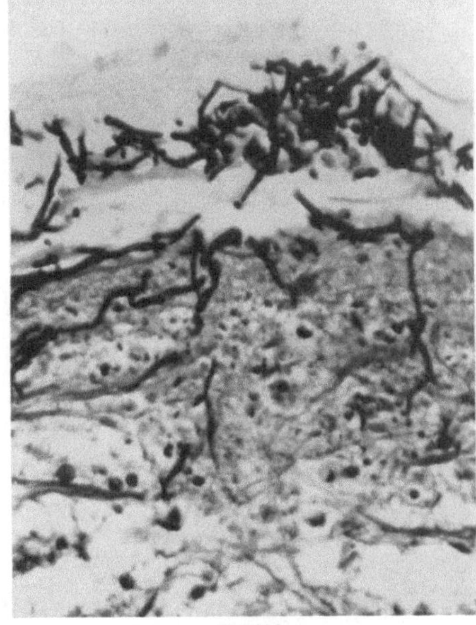

Fig. 225

Fig. 226

Fig. 225. *Candida albicans* infection of the fetal membranes. Dense infiltrate by polymorphonuclear leukocytes and focal necrosis of surface. Filamentous structures indicate the presence of fungi (H & E × 300).

Fig. 226. Same case as previous figure to show the mycelia of *Candida albicans* (PAS × 350).

paradox, and the latter authors suggesting that the alkalinity of the amniotic fluid might discourage this acid-loving fungus. However, the demonstrations that *Candida albicans* can be cultured at a pH in the range of 10 and, more specifically, that amniotic fluid will support its growth *in vitro* stet preclude this explanation. The ubiquity of the fungus is reiterated in studies of placental surface cultures *(vide supra)* yet no necessary relationship to either clinical morbidity or placental morphology has been found. However, congenital bronchopulmonary moniliasis, cutaneous monilial infections recognized at birth, and infections of the umbilical cord and fetal membranes indicate that this organism is not always silent (LAR-ROCHE, EMANUEL *et al.*, SONNENSCHEIN *et al.*).

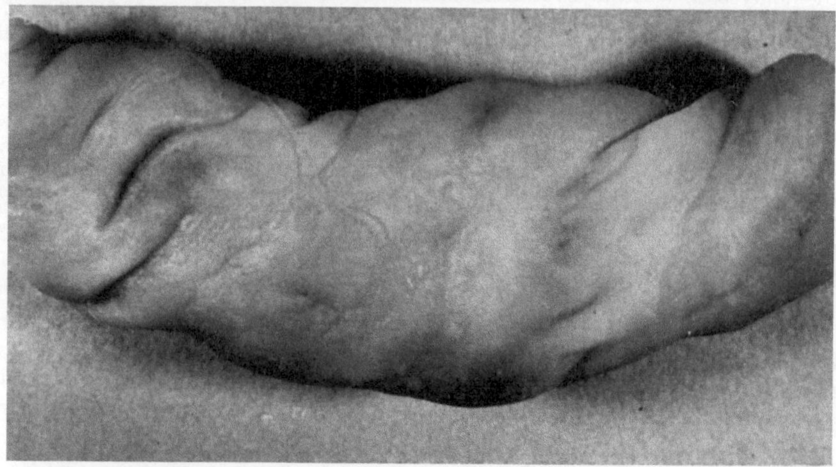

Fig. 227. *Candida albicans* infection of the umbilical cord. Minute chalky foci dot the surface of the cord.

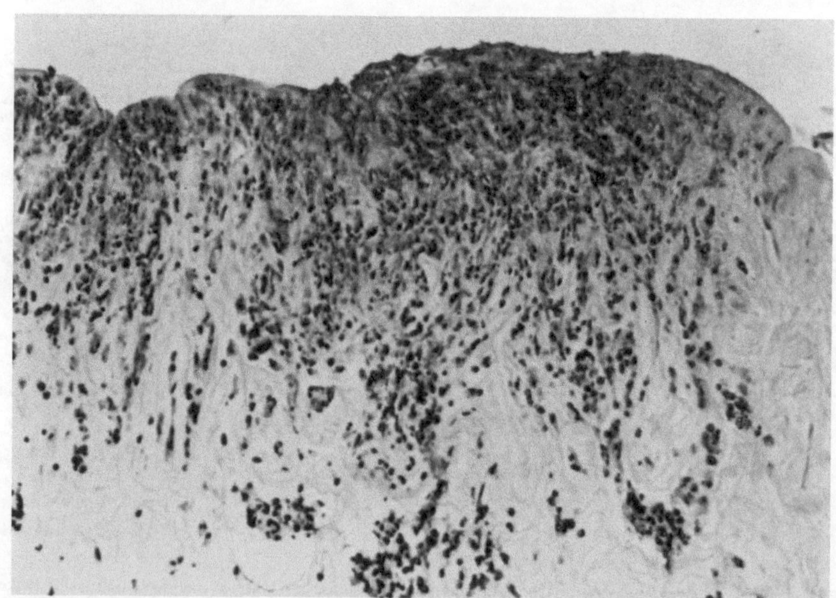

Fig. 228. The macroscopic lesions of the previous figure are composed of collections of mycelia admixed with degenerating polymorphonuclear leukocytes, forming a crescenteric deposit at the external surface of the cord (H & E × 240).

The usual case of placental candidiasis shares many histologic features with the common ascending bacterial infections (Figures 225 and 226). Necrotizing chorio-amnionitis and umbilical vasculitis are seen, and mycelial filaments can be demonstrated on the surfaces of the amnion and cord, superficially invading the tissues beneath. The pathogenesis of bronchopulmonary disease which may ensue in the fetus is obvious from these reactions. A lesion which appears to be distinctive in moniliasis is shown in Figures 227 and 228. At the cord surface are minute foci of necrosis, containing acute inflammatory infiltrate admixed with fungi. Rarely, these foci are visible grossly, dotting the cord surface (Figure 227). BELTER has described these changes at the surface of an umbilical cord, without associated umbilical angiitis, and clinically silent. Cutaneous monilial infection was observed at birth of a child whose cord showed these lesions, associated with severe vasculitis and membranous placentitis, with morphologic and cultural identification of *Candida albicans* in these tissues. Spontaneous recovery was complete, without systemic manifestations. TASCHDJIAN and coworkers have seen similar skin involvement in 2 successive progeny of one mother, again without systemic disease. Probably the inoculation and subsequent local disease of the umbilical cord surface occurs by direct contact and thrives in the moist environment, just as the cutaneous disease occurs *in utero*, and at moist intertriginous sites in older persons. Unfortunately, neither the cases of congenital bronchopulmonary monilial infection nor TASCHDJIAN's interesting pair of siblings with cutaneous infection have been documented by placental examination. It is interesting to note that placental moniliasis, like some placental bacterial infections, may occur without rupture of the fetal membranes. The lethal invasion of the chick embryo through intact chorioallantoic membranes may be a related phenomenon.

Coccidioidomycosis

Intragestational coccidioidomycosis has occasionally been described, usually without data on intrauterine complications (VAUGHN and RAMIREZ, MENDENHALL, BLACK and POTTZ, BAKER). A placenta associated with the birth of a premature infant has been seen in which showers of fungi were trapped in intervillous coagula, during a severe coccidioides infection of the gravida (Figure 229). Despite the large number

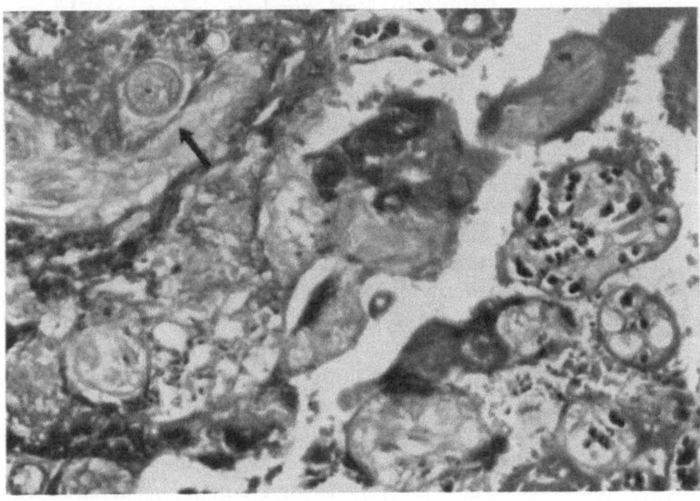

Fig. 229. *Coccidioides immitis* entrapped by intervillous fibrin at arrow (Eosin-methylene blue, × 64).

of organisms seen in the placenta, no fetal structures appeared to be invaded, and the child did well clinically.

Parasitic Diseases

The parasitic infections which have been observed to involve the human placenta are three: *toxoplasmosis, trypanosomiasis*, and *malaria*.

Extremely rare instances of other parasitic infestations in early infants have been reviewed by CORT, who accepted reports of prenatal schistosomiasis and hookworm infestation. This author also expressed the expectation that prenatal infestation would occur with any parasitic worm whose life cycle in man included a "wandering" phase, either in tissues or by blood stream. Placental studies have not been reported in this connection.

Toxoplasmosis

Intrauterine transmission of *Toxoplasma gondii* from gravida to fetus has been inferred since the classic syndrome of congenital toxoplasmosis was first described by COWEN and co-workers in 1939. Serological surveys, such as those reported by THALHAMMER, strongly suggest that this disease is more common than had been suspected. Systematic examinations of placentas from unselected births, and especially the placentas associated with perinatal illnesses and mortality, have uncovered surprising numbers of cases of antenatal infection with this protozoon. The clinical manifestations of intrauterine toxoplasmosis vary from devastating early fetal disease, followed by fetal death and abortion, to asymptomatic infection, detectable only by specific laboratory procedures. (See Chapter XI, Abortion).

NEGHME first reported the recognition of *Toxoplasma gondii* in the placenta from a stillborn fetus, and described isolation of the organism by mouse inoculations. Since this report others have appeared sporadically, indicating that the parasite could be recognized in the placenta and adnexa in association with severe congenital disease (MELLGREN *et al.*, BECKETT & FLYNN).

Toxoplasma infections of the fetus and newborn infant may be expressed in the placenta in varying degrees of severity. Few or many pathognomonic organisms have been seen in the decidua, connective tissues of the fetal membranes, cord substance, and in lesions grossly characterized as "infarcts". Their number and distribution do not appear to be correlated with the severity and distribution of inflammation. In five cases studied personally, the most consistent findings were chronic inflammatory reactions in the decidua capsularis and, focally, in the villi. As shown in Table VI, these changes were most impressive in the cases with early fatality. Perhaps this indicates that, as maternal antibody increases, in maternal and, transplacentally (? transdecidually?) in the fetal circulation (? within the uterus), encystment and quiescence follow, thus arresting the infection and its destruction of fetal tissues.

As in many other diseases which reach the fetus from the mother's circulation, villous lesions develop at random throughout the placenta. These comprise single or multiple neighboring villi, with low grade chronic inflammation, activation of Hofbauer cells, necrobiosis of component cells, and proliferative fibrosis (Figure 230). Such lesions are typical, but are also seen in other infections and occasionally occur without recognizable cause. Despite their frequent occurrence in placental toxoplasmosis, these foci do not contain demonstrable parasites. They occur in free villi and in villi which are attached to the decidua. The intravillous and perivillous infiltrates usually constitute lymphocytes and other mononuclear cells, rarely plasma cells. The decidual infiltrate may be slight to severe, and consists predominantly of lymphocytes (Figure 231). Usually the fetal membranes present a mild increase in cellularity, mainly because of increased mononuclear cells, notable "macrophages". Inflammation of the umbilical cord is uncommon.

Table VI. *Placental toxoplasmosis and fetal outcome*

(Five Cases)

Placental histology

| | | Parasites | | | | | Inflammation | | |
		De-cidua	Membranes	Cord	Villi	De-cidua	Mem-branes	Cord	Villi
Case	Clinical Status								
I	Macerated fetus (34 weeks)	0	+	+	0	+ +	+	0	+ + + +
II	Moribund at birth, died (34 weeks)	0	+ + + +	0	0	+ + +	+ +	0	+
III	„Erythroblastosis Fetalis", died (34 weeks)	0	+ +	+	0	?	+	+	+ +
IV	Chorioretinitis, survived, mentally normal (Term)	0	+	0	0	+ +	0	0	+
V	„Normal" Survived (38 weeks)	+ +	+ + +	0	0	±	0	0	0

Toxoplasma gondii is seen mainly within cysts, which may be found in the connective tissues of the amnionic and chorionic membranes, Wharton's jelly, and, less often, in decidua. We have seen one specimen, from which the parasite

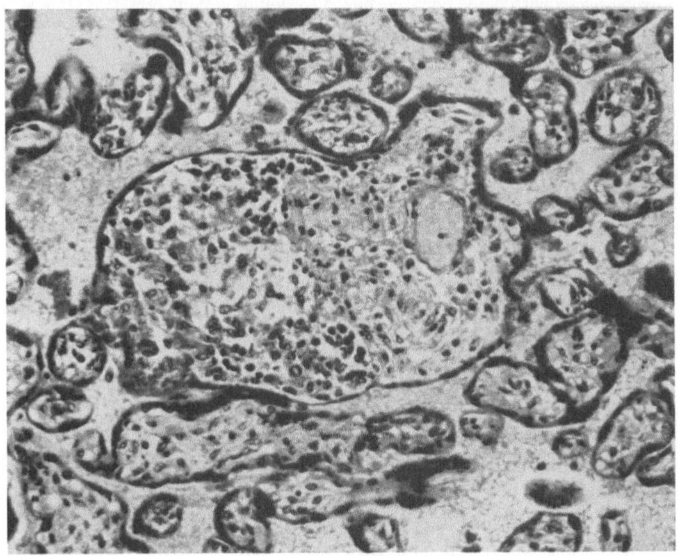

Fig. 230. Focal chronic villous inflammation of placental villi associated with fetal toxoplasmosis (H & E × 160).

was isolated in mice, in which contiguous decidua capsularis, chorion and amnion contained organisms, including proliferative forms (Figures 232 and 233).

Less specific findings may be associated with these changes of inflammation and deposits of parasites. When the infection is severe and fetal hydrops has resulted, the placenta is also hydropic. In fact, this disease often mimics ery-

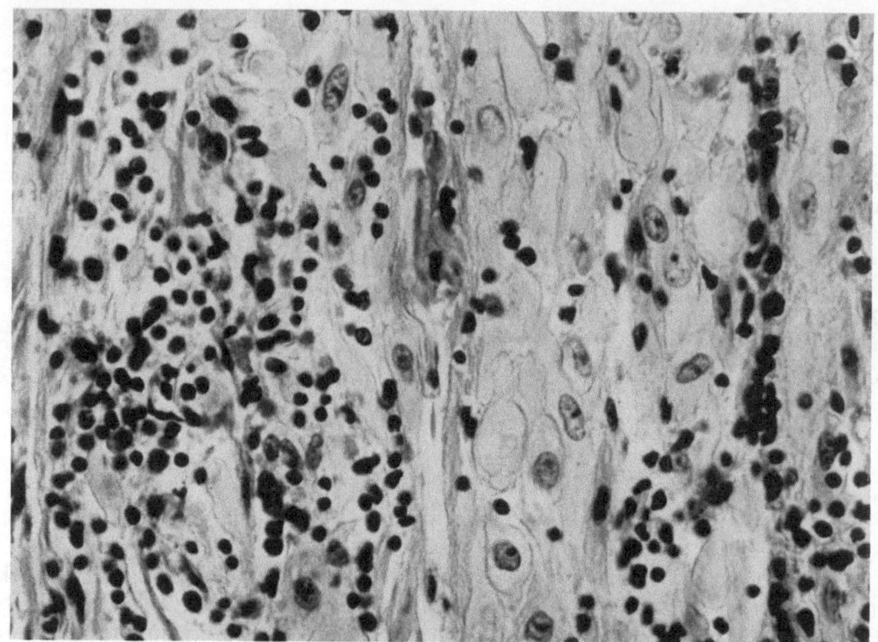

Fig. 231. Toxoplasmosis with dense lymphocytic infiltration of decidua capsularis (H & E × 400).

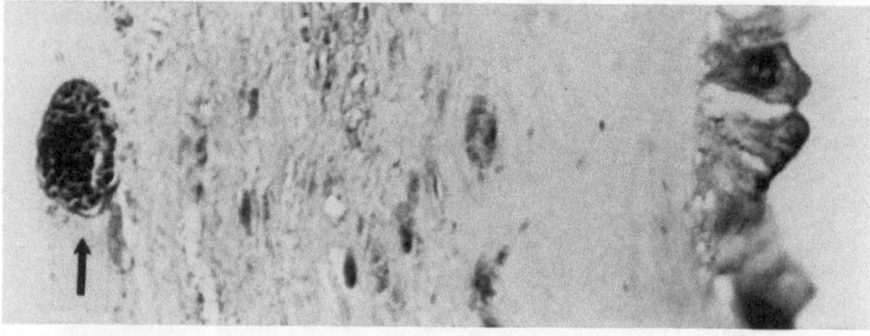

Fig. 232. Placental toxoplasmosis associated with congenital infection in the child. Encysted organisms in the connective tissue of membranes (H & E × 200).

throblastosis fetalis (CALLAHAN *et al.*, HALL *et al.*, BAIN *et al.*, SCHUBERT). The histologic features of the placenta continue these analogies, as shown in Figure 234. The villi are typically bulky, edematous, cellular, with thick, often duplicated, surface trophoblast. Associated with the diffuse changes, and also suggesting the placenta of hemolytic disease of the newborn, the villous vessels contain many nucleated erythrocyte precursors (Figure 235). These reactions are probable expressions of anemia and anoxia of the fetus. The placenta of intrauterine hemolytic disease is distinguishable microscopically from that of toxoplasmosis by the absence of inflammation and, of course, of organisms in the former disease, as well as its more uniform appearance of edema and "immaturity".

The pathogenesis of human toxoplasmosis is not clear. The parasite is ubiquitous, infecting many other species besides man, and transmitted *in utero* to the young of some of these. The mode of transmission to the human subject is not known, except in the rare documented exposure to infected animals and laboratory accidents, and,

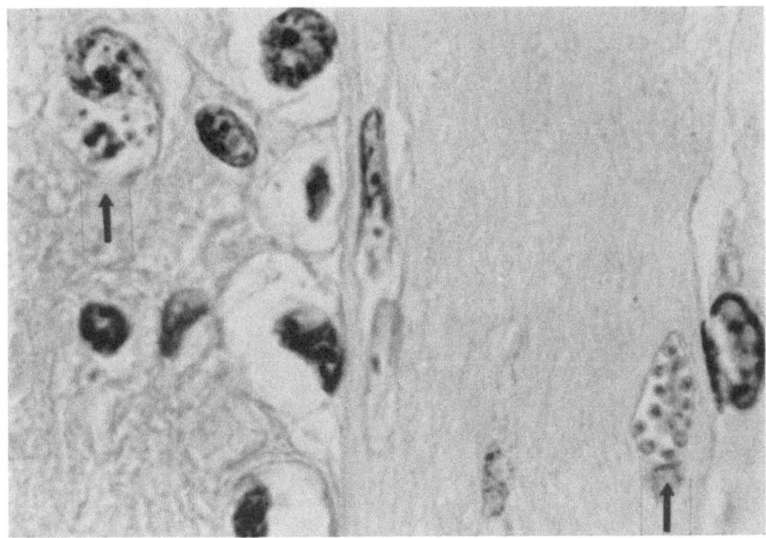

Fig. 233. Same specimen as previous figure, to show proliferative forms within decidua and contiguous chorionic epithelium of chorion laeve (Arrows). The inflammatory reaction at these sites is extremely slight (H & E × 1200).

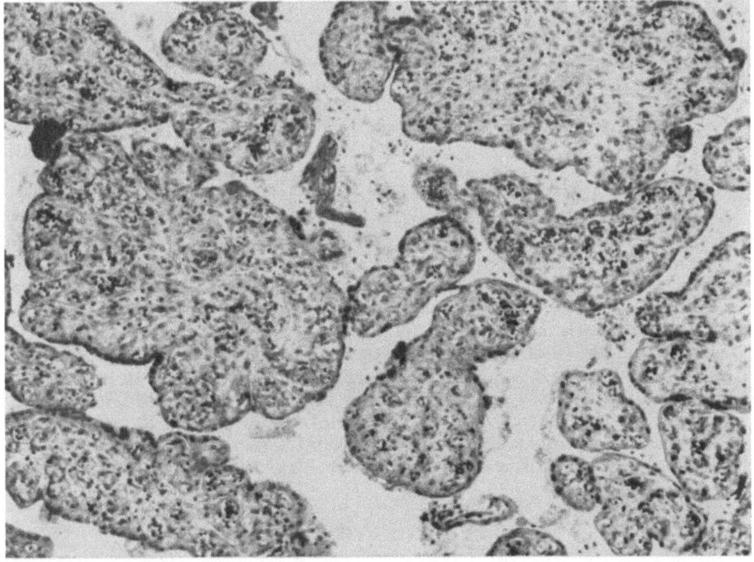

Fig. 234. Fetoplacental toxoplasmosis, simulating isoimmune fetal hemolytic anemia. The villi are large, cellular and covered by thick trophoblast. Many nucleated erythrocyte precursors are visible in villous vessels (H & E × 1000).

of course, the infections of the fetus. Transplacental infection in man has been linked, with certainty, only to acute infections (FRENKEL). Some 30% of young adults give serological evidence of having harbored the parasite at some time during their lives, although the infection has not been recognized clinically (WEINMAN, REMINGTON,

Couvreur & Desmont). Similarly, intragestational toxoplasmosis may produce few symptoms, perhaps mild malaise and grippe-like complaints, or none at all. Therefore, the infection of the conceptus can be anticipated only rarely, and diagnosed only when its manifestations are observed following birth, or on examination of the placenta.

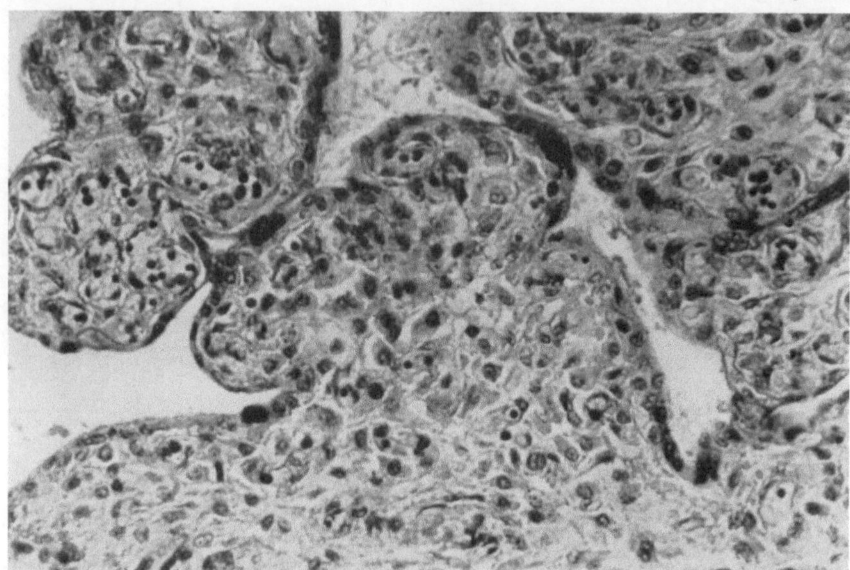

Fig. 235. Intravascular aggregates of erythroblasts and normoblasts in the placenta in association with fetal toxoplasmosis (H & E × 120).

Fortunately, congenital toxoplasmosis has not been observed to recur in subsequent pregnancies (Sabin, Feldman & Eichenwald). However, serological data suggest that, in rare instances, repeated pregnancy wastage or recurrent abnormal births may be attributable to chronic toxoplasma infection of the mother (Thalhammer). Few investigators have successfully demonstrated the presence of the parasite in the tissues from products of such repeatedly abnormal pregnancies. (Langer, Werner— See also Chapter XI, Abortion). However, in experimental chronic toxoplasmosis in rats and mice, members of successive litters are infected (Remington). Also, the demonstration of viable toxoplasma encysted in various tissues in quiescent infections suggests a mechanism for random deposition in the uterus. Remington, Beverly and Mellgren *et al.* have isolated the parasite from myometria of women whose clinical, histological and serological reactions indicated chronic infestation. It seems a reasonable possibility that the usual occurrence of toxoplasmosis during pregnancy is a fresh initial infection of the gravida, with transmission to the placenta at the time of parasitemia. Development of antibodies and encystment then depress the parasite as chronicity develops. Only rarely might the randomly deposited encysted mass of organisms come to lie at a site to which a placenta later attaches, with erosion of the cyst and release to the placenta of the infectious parasites. A large body of clinical experience indicates that such a sequence must be extremely rare if, indeed, it ever occurs.

Trypanosomiasis

Congenital infection with *Trypanosoma cruzi* has been seen in areas of Central and South America. Acute trypanosomiasis in the newborn infant implies trans-placental infection, probably mediated by mechanisms similar to those which operate in toxoplasmosis. The distribution of lesions in the newborn indicates that fetal parasitemia has occurred, with dissemination of organisms to brain, heart and viscera. Data on this infection are too few to determine the possibility of intramyometrial chronic disease, or recurrent congenital infection in siblings.

According to POTTER, placental trypanosomiasis is a chronic granulomatous lesion affecting villous tissue. Polymorphonuclear leukocytes, histiocytes, and giant cells compose the infiltrate and the leishmanial forms of the parasite are seen both within histiocytes and in fetal vessels of the villi. Apparently the villous lesions vary in age, from actively inflamed foci to scarred, fibrotic ones. This general pattern is characteristic both of the effects of a blood-borne agent and of a continuously damaging chronic infection. Of course, the latter features are non-specific, and positive identification of the responsible agent is necessary in order to establish the diagnosis.

Malaria

Transmission of malaria to the human fetus has been proven by the demonstration of malarial parasites in the tissues of stillborn fetuses, in umbilical cord blood, and in blood samples from liveborn infants, ill at birth (WICHRAMASURIYA, ECKSTEIN, FLAMM). Smears of intervillous, *i. e.* maternal, blood, and sections of placenta delivered during a malarial attack contain many parasitized erythrocytes even though transmission to the fetus is uncommon (Figure 236). By analogy to

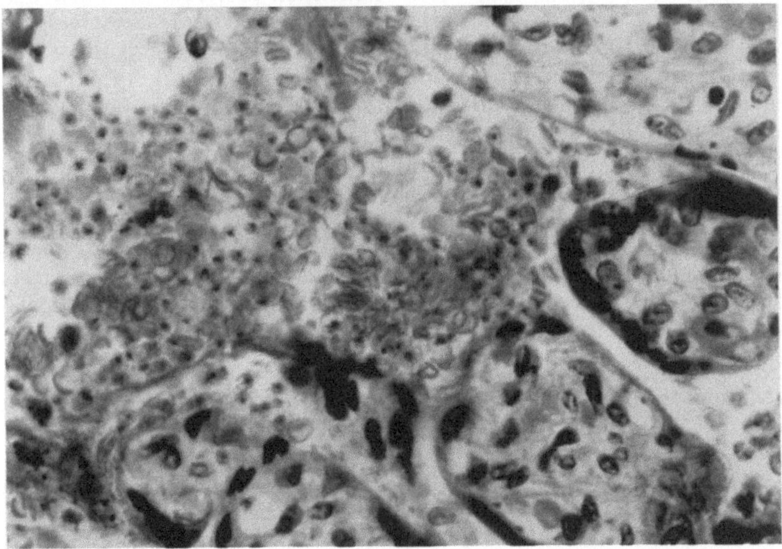

Fig. 236. A placenta which was delivered within a few hours after an acute malarial paroxysm had affected the gravida. Numerous *Plasmodia vivax* are seen within the intervillous space (Giemsa × 640).

other fetal infections in which systematic placental examinations have demonstrated anatomic defects, usually foci of frank infection in the placenta, the study of the placentas of congenital malaria would be expected to disclose lesions at the portal of entry to the fetus. Such data as are available indicate that mild chronic villous placentitis may be seen in such placentas (WICHRAMASURIYA, POTTER, FLAMM). However, current evidence indicates that intact maternal blood cells, labeled naturally, *e. g.* ovalocytes, or artificially, *e. g.* chromated erythrocytes or atabrine-treated leukocytes, sometimes traverse the barriers from mother to fetus, even without an overt breach in these barriers (See Chapter VI, Cellular Exchange). In the light of these findings, it is easy to visualize the transmission of parasitized cells from mother to fetus, and ensuing fetal disease.

Viral Infections

Present data indicate that viral infections of the gravida reach the fetus by hematogenous dissemination, traversing placental villi. Many viruses attack the fetus, the results depending, in part, on the stage of development at which maternal viremia occurs. The outstanding instance of gestational rubella showed the potential teratogenicity of viral infections. Although a few reports have suggested similar effects of other human viruses and veterinary experience provides examples of virus induced teratogenesis in other species, this is the only authenticated teratogenic virus in man. Perhaps future studies will demonstrate the importance of maternal viral flora in modifying embryonic development.

The assumption that viruses gain entry into the fetus without ostensible placental injury should be reevaluated in light of increasing evidence to the contrary. As more and more attempts are made, more and more human viruses are found to be expressed by morphologic changes in the placenta. Influenza, poliomyelitis, Coxsackie viruses, herpes simplex, vaccinia, measles, varicella, variola (and alastrim), cytomegalovirus, mumps, equine encephalitis, and rubella certainly traverse the placenta, as evidenced by well documented cases of congenital infections. Often such reports fail to mention placental findings. Usually this indicates failure to examine the placenta rather than negative results. However, in a few of these diseases placentas have been normal histologically, despite the passage of virus from gravida to fetus. The most likely explanations of this are two: 1) the lesions of the placentas were small and few, easily missed at conventional sampling and histologic sectioning, or 2) the virus gained access through the "barrier" by mechanisms similar to those responsible for the passage of whole blood cells through "intact" tissues, in normal placentas (See Chapter VI, Cellular Exchange).

Placental disease has been found in association with congenital cytomegalovirus infection, variola, vaccinia, variola and alastrim, and rubella. Placental lesions, compatible with the specific viral disease, have been observed in association with a case of herpes simplex, which was probably congenital.

Cytomegalovirus Disease (Cytomegalic Inclusion Body Disease, Salivary Gland Virus Infection)

Cytomegalovirus infection may be acquired *in utero*. Reports on associated placentas indicate that minute foci of villous necrobiosis and low grade inflammation are found, sometimes showing plasmacellular infiltration of villi (LEPAGE & SCHRAMM; MANCIAUX *et al.*). Rarely, typical cytomegalic inclusion bodies are demonstrated in these areas, within trophoblastic or chorionic mesenchymal cells (LELONG; BLANC; QUAN and STRAUSS). These lesions occur at random, much as other lesions which are disseminated by the maternal blood stream to the villous tissue. Except in the case described by QUAN and STRAUSS, the congenital infections with this virus have not been associated with inflamed membranes and umbilical cord. It seems likely that such inflammation is an indication of simultaneous bacterial infection in this and any other such case.

The route of access of this virus to the fetus has been thought to be via the maternal blood, and the placental lesions are most compatible with this interpretation. SEVER and his co-workers have reported that some 6% of gravid patients studied serologically at the National Institutes of Health demonstrate intragestational changes in antibody titer which are suggestive of active cytomegalovirus disease. Perhaps some of the focal subacute villous inflammation seen in many unselected placentas is an expression of this disease in a subclinical form. Recent observations suggest the possibility of contiguous spread. CRAIG and WELLER have isolated the cytomegalovirus from a cervical biopsy of a gravid patient, after initial biopsy had demonstrated morphologically typical nuclear inclusions in the inflamed cervical tissues. Unfortunately, the opportunity to observe the infant and placenta delivered to this patient was lost. Persistence of demonstrable virus in the infected child has been an unusual feature in some surviving victims of this disease. Perhaps persistent viable virus in the genital tissues of a gravid patient constitutes another source of placento-fetal infection. However, this has not be recognized to occur.

Rubella

Rubella, the prototype viral teratogen in man, is also responsible for occasional "spontaneous" abortions and for generalized congenital disease of some infants (See Chapter XI, Abortion). Rarely, the first trimester Rubella of the gravida is followed by birth at, or near term, of a child in whom virus persistence can be demonstrated, associated with protean clinical abnormalities (ALFORD *et al.*; DRISCOLL).

The placentas of 2 such infants have been studied both virologically and pathologically. A portion of placenta has also been studied from another infant with a post-rubella syndrome, without disseminated congenital disease. Rubella virus could not be isolated from any of these 3 placentas. The 2 placentas associated with viral persistence in the baby from first trimester to birth were diffusely and similarly abnormal.

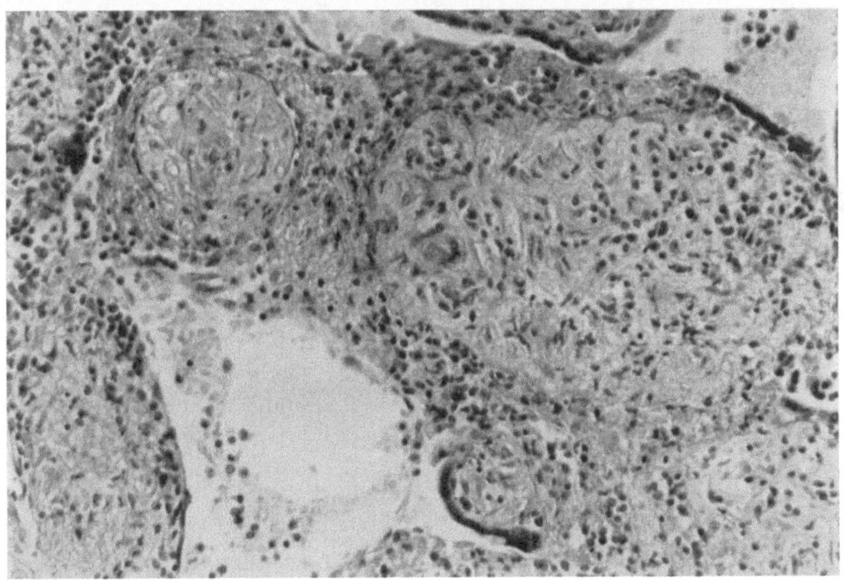

Fig. 237. Rubella placentitis, associated with persistent infection in the fetus. Active inflammation and necrosis of the villi indicate continued destructive disease (H & E × 250, case published through the courtesy of Dr. Seda Sparling).

Grossly, one placenta was small for the gestational age of 39 weeks at which delivery had occurred, weighing 175 gm., while the child weighed 1279 gm. The other weighed 395 gm., compared with the infant's birth weight of 2,600 gm., at term. The smaller placenta was firm and dry; the umbilical cord was dry and thin, containing 3 vessels; the fetal membranes were diffusely orange-yellow in color; no gross parenchymal lesions were seen. The larger of the 2 placentas appeared normal at gross examination. Microscopically, villous disease was rampant. The lesions ranged in severity from active, acute inflammation through less overt villitis, to complete atrophy, with evidence of a continuum of damage and a continuing, active process. The most recent lesions constituted necrosis of villous trophoblast, necrobiosis of intrinsic villous cells, including vascular endothelium and stromal cells, and infiltration of polymorphonuclear leukocytes (Figure 237). Such damaged villi might be seen in groups, adjacent to more chronically diseased villi, or isolated from other abnormal structures, apparently at random. Older lesions were characterized by mononuclear infiltrates, principally lymphocytes and histiocytes, but also including some plasma cells. Still later, the villi became completely avascular, shrunken and atrophic, with disappearance of the inflammatory cells (Figure 238). Eosinophilic intracytoplasmic inclusion bodies were identified in the earlier, active lesions, occurring in endothelium, Hofbauer cells, and, rarely, in trophoblast. Although the villous lesions were scattered throughout the placental substance, each placenta showed chronic inflammation of chorionic and decidual structures at the maternal floor, *i. e.* the junction of placenta and basal decidua. Low grade chronic deciduitis involved the decidua capsularis-vera as well as that at the site of placental attachment.

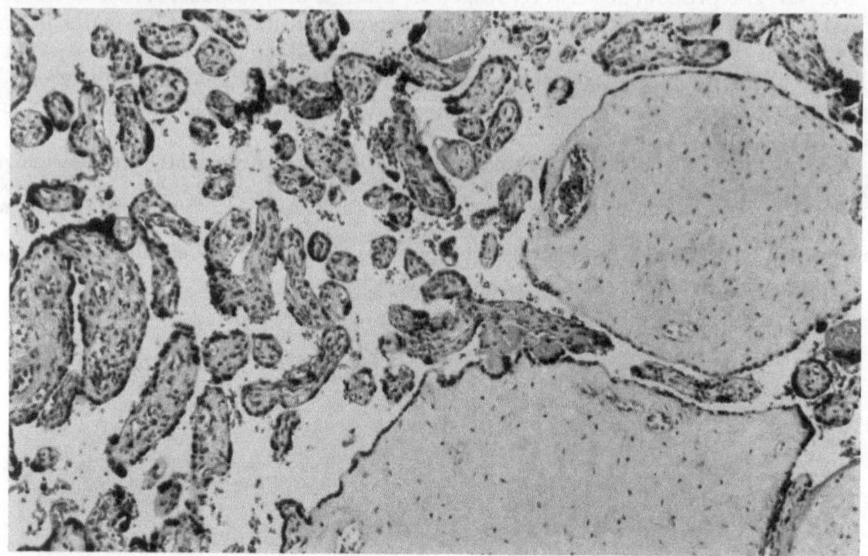

Fig. 238. Rubella placentitis, associated with persistent infection in the fetus, and with "dysmaturity". A wide range of villous changes is seen, including fibrosis and atrophy, as well as focal edema, and areas of active inflammation (H & E × 100).

In addition to these signs of progressive placental injury by ongoing necrosis and inflammation, the 2 placentas showed diffuse, non-specific abnormalities. Despite delivery at term, both appeared "immature". Many of the villi which had so far escaped attack by the infection were moderately edematous. No umbilical inflammation or membranous placentitis was seen. Many meconium-laden macrophages lay in the connective tissues of the membranes of the small, stained placenta, which also contained a small, nonocclusive chorionic thrombus. The less massively diseased placenta also contained 2 intervillous thrombi, which had no unusual characteristics.

The placental changes just described were similar to the responses of younger chorionic tissues to Rubella infections, except that chronicity of inflammation was not a feature of the early abortus associated with this viral infection (DRISCOLL). (See also Chapter XI, Abortion.)

Variola, Vaccinia, and Varicella

Devastating placental disease results from hematogenous dissemination of the viruses of *variola*, *vaccinia*, and *varicella* in the gravida. The associated fetal infections are severe, also blood-borne, and often lethal. However, these agents have not been shown to be teratogenic to the human embryo (MEDEARIS).

The severity of infections with *variola* is such that there is great risk of death of the fetus, or premature labor, as well as death of the gravida, herself. While premature labor may ensue because of the toxic state and systemic reaction of the mother, occasional cases of overt placentofetal disease have been reported (GREENWAY; LYNCH; SCHICK). GARCIA described 2 instances of necrotizing viral placentitis which complicated intragestational alastrim, an attenuated form of variola. Clinically, the 2 gravidas experienced the viral infection at 4 and 5 months' gestation, and delivered macerated fetuses 20 days and 2 months later. The associated placentas were relatively heavy, weighing 90 and 120 gm, while the respective fetal weights were 180 and 520 gm. Minute yellow foci, described as "creamy" in one case, dotted the fetal, maternal, and cut surfaces of the placentas. Both exhibited widespread parenchymal, *i.e.* villous, placentitis. Aggregates of villi appeared to be agglutinated, bound together by fibrin, exudate and debris. Necrosis of trophoblast was extensive. Villous stroma was irregularly necrotic and many small vessels had disappeared. In the case of recent inception, polymorphonuclear leukocytes were more numerous, in and around the damaged villi, than in the more chronic infection. Epithelioid cells were prominent in the latter case. Lesions in both placentas contained occasional inflammatory giant cells. The composite picture was one of extensive granulomatous and necrotizing

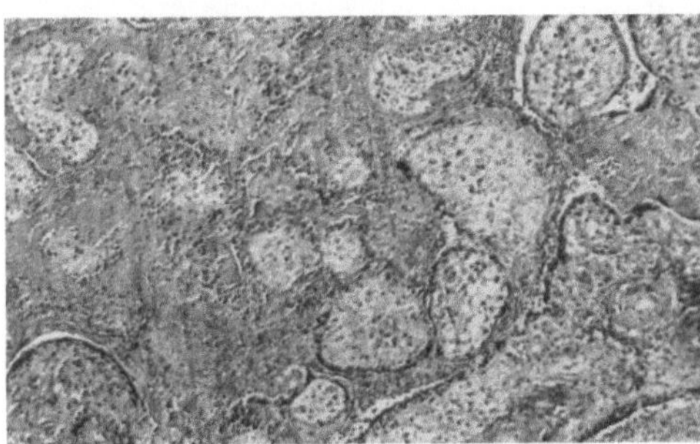 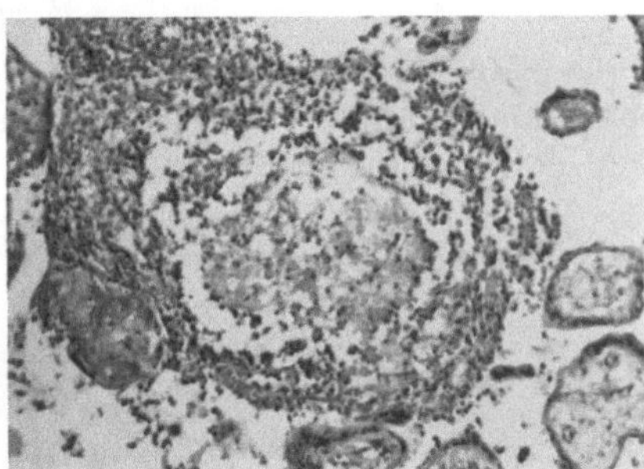

Fig. 239   Fig. 240

Fig. 239. Congenital fetoplacental vaccinia. Foci of villous necrosis are scattered throughout this placenta; trophoblast has disappeared; leukocytes surround and infiltrate these foci (van Gieson, × 100; case published through the courtesy of Dr. Biörn Ivemark).

Fig. 240. Same case as in previous figure. Villous destruction is associated with polymorphonuclear and mononuclear leukocytes. Fibrin desposits also contain degenerating leukocytes (van Gieson, × 160).

placentitis. Small, eosinophilic cytoplasmic inclusion bodies, morphologically consistent with Guarnieri bodies, were identified in the deciduas. No other placental components were found to contain inclusion bodies. No other unusual reaction was observed in the deciduas. Unfortunately, in each case the diagnosis of alastrim was based on clinical and morphologic data, without virologic or serologic studies.

Disseminated *vaccinia* of the placenta and fetus is a rare complication of intragestational vaccination (LYNCH; MACARTHUR; WIELENGA; NAIDOO et al., ENTWISTLE et al., HOOD, KILLPACK, TUCKER & SIBSON). Usually, the gravida has been vaccinated for the first time during pregnancy, and has experienced a brief systemic illness within a few weeks of this inoculation. Weeks to months following the vaccination, abortion or premature delivery occurs, and the fetus is usually born dead and macerated. LYNCH observed such a case in which "pemphigoid" vaccinia was seen in a 600 gm infant and the large placenta was flecked with white. MACARTHUR described fetal hydrops and an enlarged placenta under similar circumstances. Umbilicated necrotizing lesions afflict both the fetus and the placenta. Figures 239 and 240 depict placental lesions which were associated with intrauterine disseminated vaccinia. Although the intraovular spread of vaccinia is disastrous to the fetus, relatively few vaccinations performed during pregnancy are so complicated (BELLOWS *et al.*, MACARTHUR, BOURKE and WHITTY).

The placentitis of *varicella* is similar to that seen in disseminated variola and vaccinia. GARCIA described congenital chicken pox in a premature infant and a macerated fetus, each born some 4 weeks following maternal varicella, which had occurred at 28 and 14 gestational weeks. At autopsy, both the fetus and the infant demonstrated areas of necrosis in viscera and ulcers of skin and mucous membranes. The placenta associated with the fetal death was relatively large, weighing 280 gm. (fetal weight 520 gm), and was riddled with inflammatory foci. These were the size of grains of rice, and were composed of necrotic villi, enmeshed in exudate and fibrin. Trophoblast was necrotic. Granulomatous lesions occupied some villi, consisting of focal necrosis, surrounded by epithelioid cells, a few inflammatory giant cells, and round cells. Decidual cells contained occasional intranuclear, eosinophilic inclusion bodies. The placenta of GARCIA's second case and of those reported by SHUMAN, OPPENHEIMER, and LUCCHESI and *et al.* were not studied.

Herpes simplex

Few reports have appeared which suggest that *herpes simplex* virus may also be transmitted to the unborn child. In the single case reported in 1963 by MITCHELL and McCALL cutaneous lesions were present at birth and the clinical course of

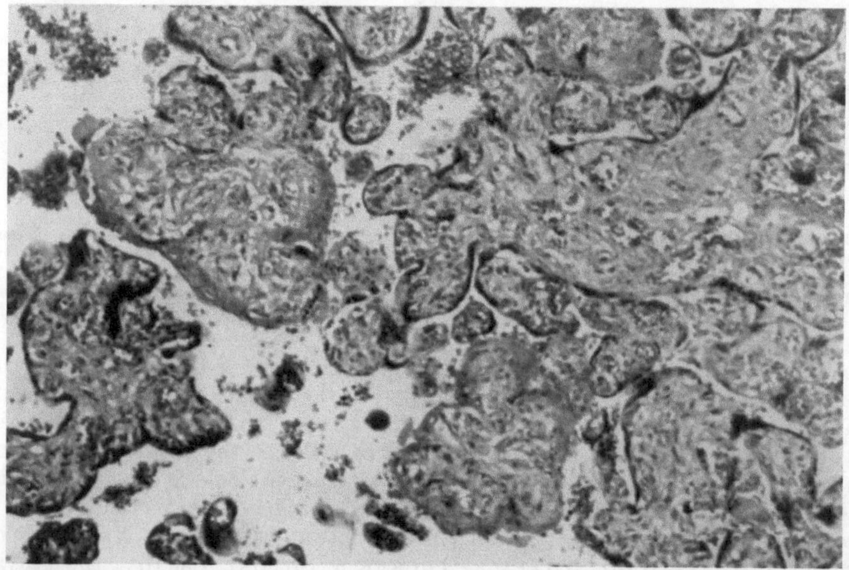

Fig. 241. Placenta associated with birth of distressed infant, who died neonatally as a result of disseminated herpes simplex infection. Necrosis of villi, with little or no inflammatory response, resembles that seen in the adrenal glands and liver, suggesting, with the clinical data, that this was herpetic placentitis (H & E × 40).

the infant was exceptionally mild. Unfortunately, the associated placenta and adnexa were not examined. None of the other reports of early neonatal herpes simplex which might have begun *in utero* includes a description of the placenta or attempts to isolate the virus therefrom.

BIEGELEISEN and co-workers have demonstrated passage of this virus from the experimentally infected rabbit to her fetuses.

Numerous microscopic villous lesions have been encountered in the placenta of an infant who died 9 days postnatally of disseminated herpes simplex. This child was delivered abdominally, during a brief, febrile, grippe-like illness of the mother, and was isolated from the parents immediately following birth. The placenta contained foci of villous necrosis, with agglutination of contiguous villi, and almost no accompanying inflammatory reaction (Figure 241). Structures resembling intranuclear inclusion bodies were seen within the trophoblast of such lesions. The unique morphology of the placentitis and the resemblance of the lesions to those typical of "hepato-adrenal necrosis" support the contention that they represent placental herpes. Unfortunately, this placenta was not studied virologically, although the herpes virus was isolated from multiple tissues of the infant at necropsy (WITZLEBEN & DRISCOLL).

Other Viral Diseases

Western equine encephalitis, influenza, poliomyelitis, mumps, infectious hepatitis, measles, herpes zoster, Coxsackie, adeno-, and echo-virus infections have been seen at birth or shortly thereafter (EICHENWALD & SCHINEFIELD; POTTER; BLANC; BENIRSCHKE; KIBRICK; MORISON). Although few case reports include placental examinations, no lesions of the placenta and its adnexa have been attributed to these viruses. Attempts to demonstrate viruses in placentas of infants with congenital disease have also been rare. However, SCHAEFFER & SHELEKOV and their co-workers mention isolation of poliomyelitis virus from the placenta associated with spontaneous abortion during acute maternal infection and from that of an infant with congenital subclinical poliomyelitis.

Systematic placental studies will be necessary to determine whether placental disease is a requisite for viral invasion of the fetus, either during maternal infections or in response to live vaccines administered during pregnancy.

Comment

With the exception of cytomegalovirus disease, the viral infections which involve the placenta are associated with clinical illness of the mother. This is in contrast to the commoner bacterial infections, which are usually silent in the gravida. However, in overtly normal pregnancies, there are occasional instances of focal acute, subacute, or chronic villous placentitis whose significance and pathogenesis are unknown. Like those of cytomegalovirus infections, these lesions are scattered, often very small, and consist of villous necrosis and inflammation (Figure 242). The cellular infiltrate within and around the lesions may include polymorphonuclear leukocytes, histiocytes, or lymphocytes and plasma cells. The distribution of these foci within the placenta suggests that they are produced by a blood-borne agent. Their morphology suggests a viral etiology. Examination of serial samples of sera during and following pregnancy may ultimately lead to identification of microbial etiology for these lesions and an indication of their relevance to the outcome of pregnancy. Similarly, their relevance to such diseases as the "aseptic pulmonary catarrh" described by FLAMM, and attributed by him to probable viral infection, is yet to be determined.

It seems probable that any microbial agent which can induce human infection can also infect the placenta, and thence, the fetus. The rarity of reported instances of some specific infections depends first, on the rarity of the responsible agent as a human pathogen, secondly, on its frequency during pregnancy, and thirdly, on the infrequency of placental studies. Surprisingly few data are available on the participation of the placenta in *experimental intrauterine infections*, such as lymphocytic choriomeningitis in mice (TRAUB, HOTCHIN), herpes simplex infections (BIEGELEISEN *et al.*), chronic toxoplasmosis (HELLBRÜGGE *et al.*, HULDT, NEIDITSCH, REMINGTON), anaplasmosis (NEITZ, PIERCY), attenuated vaccines (SCHULTZ, YOUNG), and even bacterial infections (RENOUX *et al.*, SCHULTZ). Recent observations on human gestational rubella (ALFORD *et al.*, DRISCOLL) and on congenital cytomegalovirus disease (BLANC, MEDEARIS) indicate that persistent viral infections occur in man as well as in other species, notably the remarkable "tolerant states" which are produced when fetal mice become infected with lymphocytic choriomeningitis (TRAUB, HOTCHIN). The participation of the placenta as an active tissue in these infections, perhaps by selective passage or exclusion of virus is suggested by limited histological data. ALFORD and his colleagues

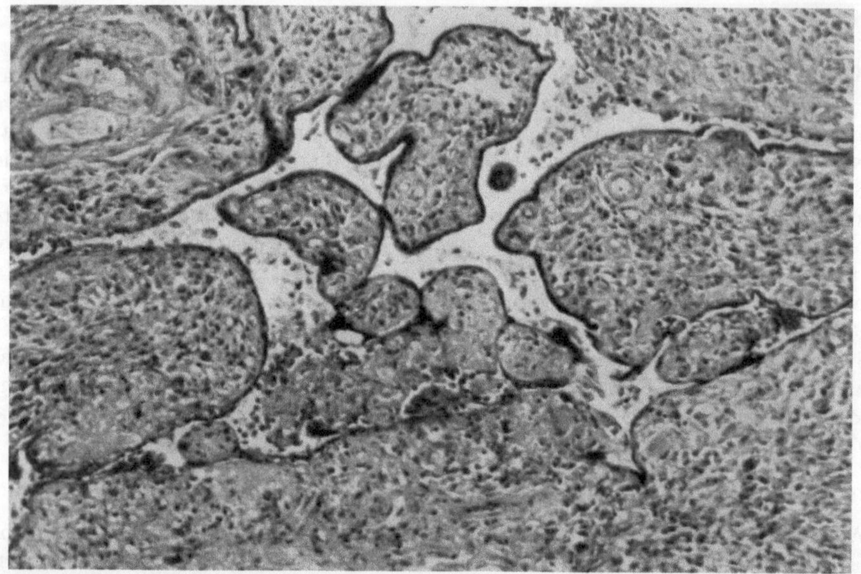

Fig. 242. Recurrent non-specific subacute or chronic villous placentitis. This was the third successive placenta delivered to this woman, all three demonstrating the same lesions. No clinical disease in the gravida or the infants (H & E × 40).

observed that rubella virus seemed to be denied access to the fetus when the maternal infection occurred after the first trimester of pregnancy. The real rôle of the placenta as a reactant in infectious diseases and immunity and other defense mechanisms is just beginning to unfold (SILVERSTEIN, DANCIS).

References

AHERNE, W. & P. A. DAVIES: Congenital pneumonia. Letter to the Editor. Lancet **i**, 275, 1962.

ALFORD, C. A., F. A. NEVA & T. H. WELLER: Virologic and serologic studies on human products of conception after maternal rubella. New Engl. J. Med. **271**, 1275, 1964.

ANDERSON, G. S., C. A. GREEN, G. A. NELIGAN, D. J. NEWELL & J. K. RUSSELL: Congenital bacterial pneumonia. Lancet **ii**, 585, 1962.

BAIN, A. D., J. H. BOWIE, W. F. FLINT, J. K. A. BEVERLEY & C. P. BEATTLE: Congenital toxoplasmosis simulating haemolytic disease of the newborn. J. Obstet. Gynaec. Brit. Commw. **63**, 826, 1956.

BAKER, R. L.: Pregnancy complicated by coccidioidomycosis: Report of two cases. Amer. J. Obstet. Gynec. **70**, 1033, 1955.

BARTER, R.: The histopathology of congenital pneumonia: A clinical and experimental study. J. Path. Bact. **66**, 407, 1953.

BARTER, R. A.: Congenital pneumonia. Letter to the Editor. Lancet **i**, 165, 1962.

BECKETT, R. S. & F. J. FLYNN: Toxoplasmosis. Report of two new cases, with a classification and with a demonstration of the organism in the human placenta. New Engl. J. Med. **249**, 345, 1953.

BECKMANN, S. & E. ZIMMER: Über die Bedeutung der „Nabelschnurentzündung". Arch. Gynäk. **145**, 194, 1931.

BELLOWS, M., M. E. HYMAN & K. MERRITT: The effects of smallpox vaccination on the outcome of pregnancy. Pub. Health Rep. **64**, 319, 1949.

BELTER, L.: Thrush of the umbilical cord. Obstet. Gynec. **14**, 796, 1959.

BENIRSCHKE, K.: Routes and types of infection in the fetus and the newborn. A.M.A. J. Dis. Child. **99**, 714, 1960.

— Review of the pathological anatomy of the human placenta. Amer. J. Obstet. Gynec. **84**, 1595, 1962.

— & G. L. BOURNE: Plasma cells in an immature human placenta. Obstet. Gynec. **12**, 495, 1958.

— & S. H. CLIFFORD: Intrauterine bacterial infection of the newborn infant. Frozen sections of the cord as an aid to early detection. J. Pediat **54**, 11, 1959.

— & S. O. RAPHAEL: Candida albicans infection of the amniotic sac. Amer. J. Obstet. Gynec. **75**, 200, 1958.

BEVERLEY, J. K. A.: Congenital transmission of toxoplasmosis through successive generations of mice. Nature **183**, 1348, 1959.

BIEGELEISEN, J. Z., L. V. SCOTT & W. JOEL: Further evidence of fetal infection with herpes simplex virus. Amer. J. Clin. Path. **37**, 289, 1962.

BLACKLOCK, D. B. & R. M. GORDON: Malarial parasites in the placental blood. Ann. Trop. Med. Parasit. **19**, 37, 1925.

BLANC, W. A.: Infection amniotique et néonatale. Diagnostic cytologique rapide. Gynaecologia **136**, 101, 1953.

— Amniotic infection syndrome (pathogenesis, morphology, and significance in circumnatal mortality). Clin. Obstet. Gynec. **2**, 705, 1956.

— Role of the amniotic infection syndrome in perinatal pathology. Bull. Sloane Hosp. for Women **3**, 79, 1957.

— Pathways of fetal and early neonatal infection. Viral placentitis, bacterial and fungal chorioamnionitis. J. Pediat. **59**, 473, 1961.

BOESAART, J. W.: Een geval van placenta-tuberculose. Ned. T. Geneesk. **103**, 1849, 1959.

BOURKE, G. J. & R. J. WHITTY: Smallpox vaccination in pregnancy: A prospective study. Brit. Med. J. **1**, 1544, 1964.

BOURNE, G. L.: The Human Amnion and Chorion. London: Lloyd-Luke. 1962.

BROWNE, F. J.: Congenital pneumonia. Letter to the Editor. Lancet **i**, 748, 1962.

BROWNING, R. W.: Actinomycosis in pregnancy. Mississippi Doctor **35**, 245, 1958.

BURRY, A. F.: Hydrocephalus after intrauterine fungal infection. Arch. Dis. Child. **32**, 161, 1957.

CALLAHAN, W. P., W. O. RUSSEL & M. G. SMITH: Human toxoplasmosis. Medicine **25**, 343, 1946.

CLIFFORD, S. H.: High-risk pregnancy I. Prevention of prematurity the *sine qua non* for reduction in mental retardation and other neurologic disorders. New. Engl. J. Med. **271**, 243, 1964.

COATZ, A. S.: The etiology of premature rupture of membranes. Obst. y Ginec. (Buenos Aires) **14**, 529, 1935. (Abst. in Amer. J. Obstet. Gynec. **32**, 905, 1936).

CONTI, M.: Histological aspects of premature rupture of membranes. Riv. Ostet. Ginec. **13**, 375, 1958.

CORT, W. W.: Prenatal infestation with parasitic worms. J. Amer. Med. Ass. **76**, 170—171, 1921.

COUVREUR, J.: Current aspects of congenital toxoplasmosis. Apropos of 300 cases. Rev. Hyg. Med. Sociale **10**, 187, 1962.

— & G. DESMONT : Congenital and maternal toxoplasmosis: Review of 300 cases. Develop. Med. Child. Neurol. **4**, 519, 1962.

CRAIG, J. M. & T. H. WELLER: Unpublished observations.

CREADICK, A. N.: The frequency and significance of omphalitis. Surg. Gynec. Obstet. 30, 278, 1920.

CRUIKSHANK, R. & D. BAIRD: A study of the vaginal flora in pregnancy, Edenb. Med. J. 37, 135, 1930.

DANCIS, J., B. SAMUEL S. C. & G. DOUGLAS: Immunological competence of placenta. Science 136, 382, 1962.

DIPPEL, A. L.: The relationship of congenital syphilis to abortion and miscarriage and the mechanism of intrauterine protection. Amer. J. Obstet. Gynec. 47, 369, 1944.

DOMINGUEZ, R., A. J. SEGAL & J. A. O'SULLIVAN: Leukocytic infiltration of the umbilical cord. J. Amer. Med. Ass. 173, 346, 1960.

DORMAN, H. G. & P. F. SAHYUN: Identification and significance of spirochetes in the placenta, Amer. J. Obstet. Gynec. 33, 954, 1937.

DOUGLAS, R. G. & H. J. STANDER: Infantile mortality. Effect of prolonged labor on the baby. Amer. J. Obstet. Gynec. 46, 1, 1943.

DRISCOLL, S. G., J. MACLAREN, L. GILLESPIE & W. COCHRAN: Correlative study of clinical, histopathological, and bacteriological aspects of congenital bacterial infection. In preparation.

DUNGAL, N.: Listeriosis in four siblings. Lancet ii, 513, 1961.

EASTMAN, N. J.: Placental Syphilis. In Williams Obstetrics. Tenth edition. Appleton, Century Crofts, Inc. New York, 1950, pp. 1029.

— Discussion of early rupture of membranes: significance, etiology, and prognosis. Obstet. Gynec. Surv. 10, 14, 1955.

ECKSTEIN, A. & W. C. W. NIXON: Congenital malaria. Brit. Med. J. 1, 432, 1946.

EICHENWALD, H.: Experimental toxoplasmosis. I. Transmission of the infection in utero and through the milk of lactating female mice. Amer. J. Dis. Child. 76, 307, 1948.

— & H. R. SHINEFIELD: Viral infections of the fetus and of the premature and newborn infant. Advances Pediat. 12, 249, 1962.

EMANUEL, B., A. D. LIEBERMAN, M. GOLDIN, J. SANSON: Pulmonary candidiasis in the neonatal period. J. Pediat. 61, 44, 1962.

ENTWISTLE, D. M., P. T. BRAY & K. M. LAURENCE: Prenatal infection with vaccinia virus: Report of a case. Brit. Med. J. 2, 238, 1962.

FELDMAN, G. V.: Herpes zoster neonatorum. Arch. Dis. Child. 27, 126, 1952.

— H. A.: The relationship of toxoplasma antibody activator to the serum-properdin system. Ann. N. Y. Acad. Sci. 66, 263, 1956.

— Congenital toxoplasmosis. Letter to the Editor. New Engl. J. Med. 269, 1212, 1963.

FLAMM, H.: Proliferating aseptic pulmonary catarrh in a human foetus. Klin. Wschr. 35, 364, 1954.

— Die Pathogenese der Listeriose. In Listeriosen Symposion. Edited by Roots, E., and Strauch, D. Zbl. für Veterinärmedizin. March 1958.

— Die pränatalen Infectionen des Menschen. Georg Thieme Verlag, Stuttgart, 1959.

FRENKEL, J. K.: Pathogenesis of toxoplasmosis and of infections with organisms resembling toxoplasma. Ann. N. Y. Acad. Sci. 64, 215, 1956.

— & S. FRIEDLANDER: Toxoplasmosis: pathology of neonatal disease: pathogenesis, diagnosis and treatment. Report 141, Fed. Sec. Agency, U. S. Pub. Health Service, 1952.

FUJIKURA, T. & R. C. BENSON: Placentitis due to bacteria ascending the cervical canal. Amer. J. Obstet. Gynec. 85, 876, 1963.

GALTON, M. & K. BENIRSCHKE: The implications of Candida albicans infection of the amniotic sac. J. Obstet. Gynaec. Brit. Emp. 67, 644, 1960.

GARCIA, A. G. P.: Fetal infection in chickenpox and alastrim, with histopathologic study of the placenta. Pediatrics. 32, 895, 1963.

GOSSELIN, O.: Etude de l'invasion microbienne de l'oeuf au cours du travail par la ponction abdominale du liquide amniotique; (note préliminaire). Bruxelles-Med. 17, 1600, 1937.

GRÄFF, S.: Die Abhängigkeit der Leukocytenbewegung von der pH-Ionenkonzentration. Münch. Med. Wschr. 69, 1721, 1922.

GRAY, M. L.: Listeriosis in Animals. In Listeriosen Symposion. Edited by E. Roots and D. Strauch. Zbl. für Veterinärmedizin. March 1958.

— Epidemiological aspects of listeriosis. Amer. J. Pub. Health 53, 554, 1963.

GREENWAY, A. S.: Congenital small pox. Verified by microscopic examination. Brit. Med. J. 1, 848, 1880.

HALL, E. G., J. D. HAY, P. D. MOSS & E. M. P. RYAN: Congenital toxoplasmosis in the newborn. Arch. Dis. Child. 23, 117, 1953.

HARNAES, K. & K. H. TORP: Congenital pneumonia and pneumonia in the neonatal period. Arch. Dis. Child. **30**, 99, 1955.

HARRIS, J. W.: Influenza in pregnant women. J. Amer. Med. Ass. **72**, 978, 1919.

HELLBRÜGGE, T.: Die Fetale Infektion im Verlauf der akuten und chronischen Phase bei der latenten Rattentoxoplasmose. Arch. Gynäkol. **186**, 384, 1954.

— E. DAHME & F. K. HELLBRÜGGE: Tierexperimentelle Beobachtungen zur Diaplazentaren Infektion der Toxoplasmen. Ztschr. Tropenmed. u. Parasit. **4**, 312, 1953.

HELLENDALL, H.: Experimental transmission of lymphogranuloma venereum virus through the placenta. Amer. J. Surg. **70**, 320, 1945.

HINRICHS, W. L.: Transmission of toxoplasmosis. Letter to the Editor. New Engl. J. Med. **269**, 927, 1963.

HOOD, C. K., G. E. McKINNON: Prenatal vaccinia. Amer. J. Obstet. Gynec. **85**. 238, 1963.

HÖRMANN, G.: A comment on the diagnosis and prognosis of congenital syphilis. Arch. Gynäk. **184**, 481, 1954.

HOTCHIN, J.: The Biology of Lymphocytic Choriomeningitis Infection: Virus-induced Immune Disease. In Basic Mechanisms in Animal Virus Biology, Cold Spring Harbor Symposia on Quantitative Biology, XXVII. p. 479, 1963.

HULDT, G.: Experimental toxoplasmosis. Transplacental transmission in guinea pigs. Acta Path. Microbiol. Scand. **49**, 176, 1960.

IKEDA, K.: Über Aetiologie und Pathogenese der Leukocyteninfiltration in der Menschlichen Placenta. Beitr. Path. Anat. Allg. Path. **78**, 16, 1927.

INABA, T.: La Lepro. 9: Suppl. 3, 1938 (Abstract). Author's summary in: International J. Leprosy **8**, 394, 1940.

IRVING, F. C.: A study of 308 cases of placenta previa. Amer. J. Obstet. Gynec. **32**, 1936. 36,

JACOBS, L.: Toxoplasma and toxoplasmosis. Ann. Rev. Microbiol. **17**, 429, 1963.

KAHLE, P. J. & G. T. MELLINGER: Renal actinomycosis in pregnancy. Urol. Cutan. Rev. **53**, 720, 1949.

KASS, E. H.: Bacteriuria and the prevention of prematurity and perinatal death. In: Kowlessar, N.; Editor: Physiology of Prematurity. Trans. of the Fifth Conference, New York, 1961, Josiah Macy, JR. Foundation.

KETTLER, L. H.: Kongenitale Toxoplasmose und Erythroblastose. Zbl. Path. **91**, 92, 1954.

KIBRICK, S.: Viral Infections of the Fetus and Newborn. Perspectives in Virology **2**, 140, 1961.

KILLPACK, W. S.: Prenatal vaccinia. Lancet **i**, 388, 1963.

KING, J. A. & R. A. MARKS: Pregnancy and leprosy. A review of 52 pregnancies in 26 patients with leprosy. Amer. J. Obstet. Gynec. **76**, 438, 1958.

KJESSLER, A.: The time factor in rupture of the membranes and its influence on perinatal fetal mortality. Acta. Obstet. Gynec. Scand. **35**, 495, 1956.

KNOX, JR., I. C. & J. K. HOERNER: The role of infection in premature rupture of the membranes. Amer. J. Obstet. Gynec. **59**, 190, 1950.

KOBAK, A. J.: Fetal bacteremia; a contribution to the mechanism of intrauterine infection and to the pathogenesis of placentitis. Amer. J .Obstet. Gynec. **19**, 299, 1930.

LANGER, H.: Repeated congenital infection with Toxoplasma gondii. Obstet. Gynec. **21**, 318, 1963.

— The significance of toxoplasma infections in pregnancy. Deutsche Med. Forsch. **1**, 155, 1963.

— & H. GEISSLER: Nachweis von Toxoplasmen bei Aborten und Frühgeburten. Archiv. Gynäk. **192**, 304, 1960.

LARROCHE, J. C.: Trois cas de moniliase pulmonaire chez des prématurés. Presse Med. **33**, 1913, 1956.

— Candidiose pulmonaire chez des prématurés. Discussion de leur origine foetale. Semaine Hosp. Paris **33**, 1, 1957.

LAWLER, F. C., W. S. WOOD, S. KING & W. I. METZGER: Listeria monocytogenes as a cause of fetal loss. Amer. J. Obstet. Gynec. **89**, 915, 1964.

LELONG, M., F. LEPAGE, VINH LETANH, P. TOURNIER & C. CHANY: Le virus de maladie des inclusions cytomegaliques. Arch. Franç. Pediat. **17**, 1, 1960.

LEPAGE, F. & B. SCHRAMM: Histological pictures of the placenta and membranes in cytomegalic inclusion disease. Gynec. et. Obstet. **57**, 273, 1958.

LUCCHESI, P. F., A. C. LABOCCETTA & A. R. PEALE: Varicella neonatorum. A. M. A. J. Dis. Child. **73**, 44, 1947.

LYNCH, F. W.: Dermatologic conditions of the fetus. Arch. Derm. Syph. **26**, 997, 1932.

MacArthur, P.: Congenital vaccinia and vaccinia gravidarum. Lancet ii, 1104, 1952.

MacDonald, A. M. & P. MacArthur: Foetal vaccinia. Arch. Dis. Child. 28, 311, 1953.

Manciaux, M., G. Rauber, G. Gentin, S. Gilgenkrantz & O. Guerci: Maladies des inclusions cytomegaliques diagnostiqué in vivo, Le Nourrisson 47, 77, 1959.

Mannausa, L. R., R. E. Bogue & J. L. Kitzmiller: Bacteremic shock following the Shirodkar operation. Grace Hosp. Bull. 39, 21, 1961.

McCord, J. R.: Study of 200 autopsies made on syphilitic fetuses. Tr. Am. Gynec. Soc. 54, 52, 1929.

— A probable case of direct intrauterine transmission of tuberculosis from mother to baby. Amer. J. Obstet. Gynec. 19, 826, 1930.

— Syphilis of the placenta. The histological examination of 1085 placentas of mothers with strongly positive blood Wasserman reactions. Amer. J. Obstet. Gynec. 28, 743, 1934.

McIlwaine, H.: Quoted by Morison, 1952.

McKell, W. M., H. K. Helseth & J. G. Brunson: Influence of endotoxin on the placental-fetal barrier. Fred. Proc. 19, 246, 1960.

Medearis, D. N.: Viral infections during pregnancy and abnormal human development. Amer. J. Obstet. Gynec. 90, 1140, 1964.

Mellgren, J., L. Alm & A. Kjessler: Isolation of toxoplasma from the human placenta and uterus. Acta. Path. Microbiol. Scand. 39, 59, 1952.

Mendenhall, J. C., W. C. Black & G. E. Pottz: Progressive (disseminated) coccidioidomycosis during pregnancy. Rocky Mount. Med. J. (Denver). 45, 472, 1948.

Mitchell, J. E. & F. C. McCall: Transplacental infection by Herpes simplex virus. Amer. J. Dis. Child. 106, 207, 1963.

Møller, H. J.: Perinatal non-specific pneumonia. Acta. Obstet. et Gynec. Scand. 40, 309, 1961.

Morison, J. E.: Foetal and Neonatal Pathology. London, Butterworth & Co., Ltd., 1963, p. 280.

Müller, G.: Die primäre Fruchtwasserinfektion und die Möglichkeiten ihrer Entstehung. Virch. Arch. 328, 68, 1956.

Naidoo, P. & H. Hirsch: Prenatal vaccinia. Lancet i, 196, 1963.

Neghme, A., E. Thiermann, F. Pino, R. Christen & M. Agosin: Toxoplasmosis humana en Chile. Bol. de Inform. Paras. Chil. 7, 6, 1952.

Neiditsch, L.: Klinische Beobachtungen an einigen Toxoplasmosefällen sowie Sektionsbefunde bei einem menschlichen Falle und bei Tieren. Schweiz. M. Wschr. 81, 485, 1951.

Neitz, W. O.: Classification, transmission and biology of piroplasms of domestic animals. Ann. N. Y. Acad. Sci. 64, 56, 1956.

Olding, L. & L. Philipson: Two cases of listeriosis in the newborn, associated with placental infection. Acta. Path. Microbiol. Scand., 48, 24, 1960.

Oppenheimer, E. H.: Congenital chickenpox with disseminated visceral lesions. Bull. Johns Hopkins Hosp. 74, 240, 1944.

Osborn, G. R.: Congenital pneumonia. Letter to the Editor. Lancet i, 275, 1962.

Piercy, P. L.: Transmission of anaplasmosis. Ann. N. Y. Acad. Sci. 64, 40, 1956.

Plass, E. D.: Fetal and placental syphilis. Amer. J. Obstet. Gynec. 74, 561, 1916.

Potel, J.: Die Listeriose beim Menschen; in Listeriosen Symposion. Edited by E. Roots and D. Strauch, Zbl. für Veterinärmedizin. March, 1958.

Potter, E. L.: Placental transmission of viruses with especial reference to the intrauterine origin of cytomegalic inclusion body disease. Amer. J. Obstet. Gynec. 74, 505, 1957.

— Pathology of the Fetus and Infant. Second Edition. Chicago, Yearbook Publishers, 1961.

Quan, A. & L. Strauss: Congenital cytomegalic inclusion disease. Amer. J. Obstet. Gynec. 83, 1240, 1962.

Rappaport, F., M. Rabinovitz, R. Toaff & N. Krochik: Genital listeriosis as a cause of repeated abortion. Lancet 1, 1273, 1960.

Remington, J. S.: Chronic toxoplasma infection in the uterus. J. Lab. and Clin. Med. 56, 879, 1960.

— L. Jacobs, M. J. Melton & H. E. Kaufman: Chronic toxoplasma infection in a human uterus, Research Note. J. Parasit. 44, 587, 1958.

— — — Congenital transmission of toxoplasmosis from mother animals with acute and chronic infections. J. Infect. Dis. 108, 163, 1961.

— — — Chronic toxoplasma infection in the uterus. J. Lab. Clin. Med. 56, 879, 1960.

RENOUX, G., G. ROMAN & H. QUATREFAGES: Latent infection of a newborn guinea pig born of a mother infected with *Brucella melitensis*. Compt. Rend. Soc. Biol. **144**, 349, 1950.
ROBERTSON, J. S.: Toxoplasmosis. Devel. Med. Child. Neurol. **4**, 507, 1961.
RUFFOLO, E. H., R. B. WILSON & W. A. LYLE: *Listeria monocytogenes* as a cause of pregnancy wastage. Obstet. Gynec. **19**, 533, 1962.
SABIN, A. B.: Toxoplasmosis: Current status and unsolved problems. Amer. J. Trop. Med. Hygiene. **2**, 360, 1953.
SANGALANG, G. A.: Premature rupture of the membranes, an obstetric problem. Obstet. Gynec. **9**, 390, 1957.
SCHAEFFER, M., M. F. FOX and C. P. LI: Intrauterine poliomyelitis infection. J. Amer. Med. Ass. **155**, 248, 1954.
SCHAFFER, A. J., M. MARKOWITZ & A. PERLMAN: Pneumonia in newborn infants. J. Amer. Med. Ass. **159**, 663, 1955.
SCHICK, B.: Diaplacental infection of the fetus with the virus of german measles despite immunity in the mother. Analogous observations in smallpox. Acta Paediat. **38**, 563, 1949.
SCHMORL, G. & GEIPEL: Über die Tuberkulose der menschlichen Plazenta. Münch. Med. Wschr. **51**, 1676, 1904.
SCHUBERT, W.: Fruchttod und Hydrops universalis durch Toxoplasmosis. Virch. Arch. Path. Anat. **330**, 518, 1957.
SCHULTZ, W.: Diaplacental infection in animal experimentation. Geburtsh. Frauenheilk., **18**, 315, 1958.
SEELIGER, H. P. R.: Some new aspects of human listeriosis; in *Human Listeriosis. Its Nature and Diagnosis*. United States Dept. of Health, Education and Welfare. Public Health Service Communicable Disease Center, Atlanta, Ga., **1957**.
SEVER, J. L., R. J. HUEBER, G. A. CASTELLANO & J. A. BELL: Serologic diagnosis "En Masse" with multiple antigens. Amer. Rev. Resp. Dis. **88**, 342, 1963.
SHELEKOV, A. & L. WEINSTEIN: Poliomyelitis in the early neonatal period: Report of a case of possible intrauterine infection. J. Pediat. **38**, 80, 1951.
SHUMAN, H. H.: Varicella in the newborn. A. M. A. J. Dis. Child. **58**, 564, 1939.
SIDDALL, R. S.: The significance of inflammation of the umbilical cord. Amer. J. Obstet. Gynec. **14**, 192, 1927.
— Inflammation of the amnion and chorion. Amer. J. Obstet. Gynec. **15**, 828, 1928.
SIEGEL, M. & B. SINGER: Occurrence of tubercle bacilli in blood of umbilical cord and in newborn infants of tuberculous mothers. Amer. J. Dis. Child. **50**, 636, 1935.
SILVERSTEIN, A. M. & R. J. LUKES: Fetal response to antigenic stimulus. I. Plasma cellular and lymphoid reactions in the human fetus to intrauterine infection. Lab. Invest. **11**, 918, 1962.
SLATKIN, M. H. & C. T. NELSON: Syphilis in pregnancy. Serologic diagnosis and treatment. Clin. Obstet. Gynec. **2**, 658, 1959.
SLEMONS, J. M.: Placental bacteremia. J. Amer. Med. Ass. **45**, 1665, 1915.
SONNENSCHEIN, H., H. L. CLARK & C. L. TASCHDJIAN: congenital Cutaneous candidiasis in a premature infant. A.M.A.J. Dis. Child. **99**, 81, 1960.
— C. L. TASCHDJIAN & D. H. CLARK: Congenital cutaneous candidiasis. Amer. J. Dis. Child. **107**, 260, 1964.
SORBA, M.: Etudes de Pathologie Foetale et Néonatale, Lausanne, 1948, Rouge et Cie.
— La mort du foetus in utero. Etiologie, anatomie et physiologie pathologique. Gynaecologia **127**, 337, 1949.
STAEMMLER, M.: Infektion und Abwehr im fetalen Leben: Fetale Sepsis. Arch. Gynäk. **176**, 548, 1949.
— Die Beteiligung mütterlicher Leukocyten an Abwehr- und Entzündungsprozessen im fetalen Organismus. Frankfurt. Ztschr. Path. **62**, 262, 1951.
— Fetale Infectionen. Geburtsh. u. Frauenh. **12**, 301, 1952.
STOKES, H., H. BEERMAN & N. R. INGRAHAM: Modern Clinical Syphilology. Third Edition. W. B. Saunders & Co., Phila. 1945. Chap. XXI.
STUDDIFORD, W. E. & G. W. DOUGLAS: Placental bacteremia: Significant finding in septic abortion accompanied by vascular collapse. Amer. J. Obstet. Gynec. **71**, 842, 1956.
THALHAMMER, O.: Diagnosis and treatment of a toxoplasma infection in pregnancy. Dtsch. Med. Wschr. **85**, 177, 1960.
THOMSEN, K.: Placental findings in late gestoses. Etiologic classification. Arch. Gynäk. **185**, 476, 1955.
TRAUB, E.: Epidemiology of lymphocytic choriomeningitis in a mouse observed for four years. J. Exp. Med. **69**, 801, 1939.

TRAUB E.: The epidemiology of lymphocytic choriomeningitis in white mice. J. Exp. Med. **64**, 186, 1936.

TUCKER, S. M. & D. E. SIBSON: Foetal complication of vaccination in pregnancy. Brit. Med. J. **ii**, 237, 1962.

VAUGHAN, J. E. & H. RAMIREZ: Coccidioidomycosis as a complication of pregnancy. Calif. Med. **74**, 121, 1951.

WARTHIN, A. S.: Tuberculosis of the placenta. J. Infect. Dis. **4**, 347, 1907.

WEINSTEIN, L.: The bacterial flora of the human vagina. Yale J. Biol. Med. **10**, 247, 1938.

— M. BOGIN, J. H. HOWARD & B. B. FINKELSTONE: A survey of the vaginal flora at various ages with special reference to the Döderlein bacillus. Amer. J. Obstet. Gynec. **32**, 211, 1936.

WERNER, H.: Experimenteller Beitrag zur Konnatalen Toxoplasmose. Abl. Bakt., Parasit., Infekt. Hyg. **186**, 391, 1962.

— L. SCHMIDTKE & G. THOMASCHECK: Toxoplasma-Infektion and Schwangerschaft. Klin. Wschr. **15**, 96, 1963.

WHITMAN, R. C. & L. W. GREENE: A case of disseminated miliary tuberculosis in a stillborn fetus. Arch. Int. Med. **29**, 261, 1922.

WICHRAMASURIYA, G. A. W.: Some observations on malaria occurring in association with pregnancy. J. Obstet. Gynaec. Brit. Emp. **42**, 816, 1935.

WIDHOLM, O., M. L. HJELT & K. CANTELL: The birth canal as the origin of primary infantile infections. Ann. Med. Exp. Fenn. **36**, 191, 1958.

WIELENGA, G., H. A. E. VAN TONGEREN, A. H. FERGUSON & T. G. VAN RIJSSEL: Prenatal infection with vaccinia virus. Lancet **i**, 258, 1961.

WIERSUM, A. K.: Variolois bij een Foetus. Ned. Tidschr. Geneesk. **100**, 971, 1956.

WILSON, M. G., D. H. ARMSTRONG, R. C. NELSON & R. A. BOAK: Prolonged rupture of fetal membranes. Effect on the newborn infant. Amer. J. Dis. Child. **107**, 138, 1964.

WITZLEBEN, C. L. & S. G. DRISCOLL: Possible transplacental transmission of Herpes simplex virus infection. Pediatrics (In press) 1965.

WOHLWILL, F. & H. E. BOCK: Über Entzündungen der Placenta und fetale Sepsis. Arch. Gynaek. **135**, 271, 1929.

— — Weitere Untersuchungen über Entzündungen der Placenta und Fetale Sepsis: Zugleich ein Beitrag zur Kenntnis der Fetalen „Entzündung". Beitr. Path. Anat. u. Allg. Path. **85**, 469, 1930.

WOLF, A., D. COWEN & B. H. PAIGE: Human toxoplasmosis: Occurrence in infants as an encephalomyelitis. Verification by transmission to animals. Science **89**, 226, 1939.

— — — Fetal encephalomyelitis: prenatal inception of infantile toxoplasmosis. Science **93**, 548, 1941.

WRIGHT, W. H.: A summary of the newer knowledge of toxoplasmosis. Amer. J. Clin. Path. **28**, 1, 1957.

YOUNG, G. A.: Preliminary report on the etiology of edema in newborn pigs. J. Amer. Vet. Med. Ass. **121**, 394, 1952.

Additional Relevant References

BALLARD, M. B.: Spontaneous rupture of the membranes before the onset of labor. Amer. J. Obstet. Gynec. **32**, 445, 1936.

BENNER, M. C.: Congenital infection of the lungs, middle ears and nasal accessory sinuses. Arch. Path. **29**, 455, 1940.

BERNSTEIN, J. & J. WANG: The pathology of neonatal pneumonia. Amer. J. Dis. Child. **101**, 350, 1961.

BREESE, M. W.: Spontaneous premature rupture of the membranes. Amer. J. Obstet. Gynec. **81**, 1086, 1961.

BRET, A.-J., P. COIFFARD, R. DURIEUX & C. DEMAY: A propos de l'infection néo-natale, ses modes de transmission de la mère à l'enfant. Arch. Franç. de Pediat. **20**, 321, 1963.

BUEMANN, B. & P. LANGE: Premature rupture of the membranes at foetal weights of 1,000—2,500 G. Acta Obstet. Gynec. **41**, 346, 1963.

CALKINS, L. A.: Premature spontaneous rupture of the membranes. Amer. J. Obstet. Gynec. **64**, 871, 1952.

CORNER, G. W., R. W. KISTNER & R. L. WALL: The relationship of prolonged labor to fetal mortality. Amer. J. Obstet. Gynec. **62**, 1086, 1951.

CRON, R. S. & R. C. BROWN: Premature rupture of the fetal membranes. Obstet. Gynec. **1**, 234, 1953.

EASTERDAY, C. L. & D. E. REID: The incompetent cervix in repetitive abortion and premature labor. New Engl. J. Med. **260**, 687, 1959.

EMIG, O. R., J. V. NAPIER & J. V. BRASSIE: Inflammation of the placenta. Correlation with prematurity and perinatal death. Obstet. Gynec. **17**, 743, 1961.

FRANKLIN, H. C.: Bacterial flora in infants encountered at the time of delivery. Amer. J. Obstet. Gynec. **56**. 738, 1948.

GOODPASTURE, E. W.: Virus infection of the mammalian fetus, Science **95**, 391, 1942.

KINCAID-SMITH, P. & M. BULLEN: Bacteriuria in pregnancy. Lancet i, 395, 1965.

LANGLEY, F. A. & J. A. M. SMITH: Perinatal pneumonia: A retrospective study. J. Obstet. Gynaec. Brit. Emp. **66**, 12, 1959.

LARROCHE, J. C. & A. MINKOWSKI: Broncho-pneumonies foetales et néonatales. Etudes Néonatales **5**, 175, 1955.

MAGNUSSEN, J. H. & F. WAHLGREN: Human toxoplasmosis. An account of 12 cases in Sweden. Acta Path. Microbiol. Scand. **25**, 215, 1948.

PISARSKI, T., H. BREBOROWICZ & L. A. PRYZBORA: Leukocytic infiltration in the placenta and membranes. Biol. Neonat. **5**, 129, 1963.

ROTH, L. G.: Early rupture of the membranes. significance, etiology, and prognosis. Obstet. Gynec. **4**, 87, 1954.

SCHINEFIELD, H. R. & T. E. TOWNSEND: Transplacental transmission of western equine encephalomyelitis. J. Pediat. **43**, 21, 1953.

SMITH, J. W. & A. L. BLOOMFIELD: The development of the aerobic bacterial flora of the throat in newborn babies. J. Pediat. **36**, 51, 1950.

SMITH, J. A. M., R. F. JENNISON & F. A. LANGLEY: Perinatal infection and perinatal death. Lancet. **ii**, 903, 1956.

STAEMMLER, M.: Die Infektion des Fruchtwassers und ihre Folge für die Frucht. Virch. Arch. **320**, 577, 1951.

TAYLOR, E. S., R. L. MORGAN, P. D. BRUNS & V. E. DROSE: Spontaneous premature rupture of the fetal membranes. Amer. J. Obstet. Gynec. **82**, 1341, 1961.

TORREY, J. C. & M. K. REESE: Initial aerobic flora of newborn premature infants. Amer. J. Dis. Child. **67**, 89, 1944.

— — Initial aerobic flora of newborn infants. Amer. J. Dis. Child. **69**, 208, 1945.

TRETHWIE, E. R.: Age and lung-histamine. J. Immunol. **56**, 211, 1947.

VARGA, A. & B. BRODWELL: Viral inclusion bodies in vaginal smears. Obstet. Gynec. **16**, 441, 1960.

WEINMAN, D.: Toxoplasma and toxoplasmosis. Ann. Rev. Microbiol. **6**, 281, 1952.

WILDFUHR, G.: Tierexperimentelle Untersuchungen zur Frage der diaplazentaren Übertragung der Toxoplasma beim vor Gravidität infizierten Muttertier. Ztschr. Immunitätsforsch. **111**, 110, 1954.

WINTER, E. W.: The premature and very early rupture of the membranes. Monatschr. Geburtsh. Gynäk. **99**, 332, 1935.

X. Hemolytic disease of the newborn

In the pathologic states, collectively known as "hemolytic disease of the newborn", the placenta is an integral component of the reacting system, and often reflects injury shared with the fetus. HELLMAN and HERTIG described the salient features of placentas associated with the hydropic and icteric forms of this disease. Later authors reiterated their observations and pointed out certain features suggestive of pathogenesis (KING, SCHMIDT, POTTER, ALVAREZ, *et al.*). Just as HELLMAN and HERTIG remarked on the morphologic similarities between these placentas and those associated with congenital syphilis, others have commented on resemblances to less common fetoplacental diseases, which may mimic erythroblastosis fetalis as the latter affects both the fetus and the placenta (MORISON, SCOTT, BURSTEIN *et al.*, HIRSZFELD *et al.*, ENG, CALLAHAN, BAIN, HALL, ESCH, SCHUBERT, KOUVALAINEN *et al.*, DUSSART).

Hemolytic disease of the newborn, or erythroblastosis fetalis, results from destruction of fetal erythrocytes by antibodies manufactured in the mother and transferred from her circulation to that of the child. Most commonly, a gravida has been sensitized to an erythrocyte-borne antigen by a previous heterospecific pregnancy. Less frequently, the initial introduction of the foreign antigen into the tissues of the gravida has occurred through blood transfusion or injection of blood of an unmatched donor, with the intention of enhancing resistance to infections or combatting hemorrhagic diatheses. The antibodies traverse the placenta in ensuing pregnancies, and, when similar antigens are present, destruction of fetal blood results. Fetal hemolysis and erythropoiesis tend to balance, until such time as the latter fails, and fetal anemia is the result. The latter may be fatal *in utero*, or neonatally. In other cases, the excess load of bilirubin, which can be handled prior to birth by transfer to the maternal circulation, accumulates postnatally, and kernicterus may result. The syndromes of fetal death, neonatal hydrops and death, neonatal anemia, and kernicterus exact a toll of life and disability of considerable magnitude.

Since the normal fetal and maternal circulations do not communicate, the precise mode of introduction of antigens into the maternal organism during heterospecific pregnancy is not clear. However, the rising level of fetal hemoglobin in the gravida's blood as pregnancy progresses suggests that this placental "barrier" may often be less than impassable (RUCKNAGEL). Antigenic differences between fetal and maternal erythrocytes have been exploited to permit the specific recognition of fetal cells admixed with maternal blood during uncomplicated pregnancies (HOSOI, FINN *et al.*, FRASER and RAPER). Rarely, fetal bleeding into the maternal circulation is massive enough to produce, on the one hand, fetal anemia, and on the other, clinical evidence of intravascular hemolysis with transfusion reaction in the mother (CHOWN, BLAIR, GUNSON, FINN, APLEY). The significance of placental disease in the pathogenesis of maternal isoimmunization is difficult to assess. In a high percentage of "normal" placentas even the procedures of gross slicing disclose areas of infarction, which consist of chorionic villi, *i. e.* fetal tissue, undergoing necrosis, bathed in maternal blood. The latter, although clotted, is contiguous with the blood circulating in the intervillous space. These lesions might be expected to afford access to the maternal circulation and thence to the maternal antibody-producing loci. Intervillous thrombi of maternal blood frequently encase fetal tissues, with necrosis of the latter, also a suggestive portal of entry for antigens. JAVERT and others suggested that these lesions are not maternal blood coagula, but sites of transplacental leakage of fetal blood into maternal intervillous "lakes". The presence of inordinately large numbers of nucleated red blood cell precursors in "hematomata" in immature pregnancies affords occasional evidence for such an occurrence (Figure 150). However, POTTER's studies, in which the blood of intervillous coagula was grouped and compared with the blood groups of mother and child in heterospecific pregnancies, tend to negate the hypothesis that this is a common lesion initiating maternal isoimmunization. If, however, such thrombi contained a preponderance of maternal blood and few fetal cells, the detection of the latter might be difficult, yet their presence sufficient to sensitize the gravida. Quantitative studies of placentas of Rhesus negative gravidas in successive pregnancies might be enlightening in this respect. Similarly, a retrospective survey of past obstetrical experience of Rh negative women who have and who have not become sensitized against the Rhesus factor of their husbands aids in the interpretation of factors in pathogenesis. Recent studies by ZIPURSKY and co-authors have shown that isoimmunization to the erythrocyte antigens may follow the introduction of as little as 1.3 milliliters of blood into the circulation of an individual lacking said antigens. It is, therefore, not surprising that traumatic deliveries, amniocentesis, and other uterine manipulations during pregnancy increase the probability of such sensitization (NEVANLINNA et al., KNOX, FINN, WIMHÖFER, SAUER et al.). The observations of LEVINE, and others, that feto-maternal incompatibility within the ABO system is partially protective against Rhesus sensitization during the same pregnancy are relevant (ALLAN, RACE & SANGER). Similarly, fewer fetal erythrocytes are demonstrable in the maternal blood stream during and immediately following an ABO incompatible gestation than one in which fetomaternal ABO compatibility exists (ZIPURSKY et al.). Anatomic expressions of the mechanisms responsible for this protection are not recognized. Such phenomena as tolerance, genetic differences, and other aspects of "individual, biologic variation" may be important. The suggestion that the Rhesus negative woman whose own mother was Rhesus positive enjoys relative tolerance to the Rhesus antigen when such is present in her own fetus now seems to not have statistical support (RACE & SANGER). The possibility that ABO incompatibility results in early elimination of the affected conceptus as an abortion has also received considerable study (VOS et al.) [See also Chapter XI, Abortion).

SILVERSTEIN reminds us that the placenta is "the first tissue in which maternally derived antibody might react with antigen from the fetal circulation, giving rise to an allergic reaction that would prove embarrassing to the fetus". This fact may explain the decreased risk of anti-Rh sensitization in the presence of fetomaternal ABO incompatibility. Appropriate use of immunofluorescent techniques might reveal antigen-antibody interaction in sites at which the fetal tissues confront the maternal blood. It would also be interesting to examine the "fibrinoid" deposited upon and within villi for evidence of in vivo precipitation of antigen-antibody complexes. REICH and FREDA have identified ABO (H) blood group substances in the tissues of the "placental barriers" (the placenta and adnexa, amniotic fluid, and decidua), and have related their findings to the blood groups and secretor status of mother and child. Further study of these phenomena may indicate their significance to the development of ABO incompatibility erythroblastosis fetalis, to the failure of development of anti-Rh sensitization in the presence of ABO incompatibility and, finally, to the pathogenesis of fetoplacental disease once sensitization has been established. Unlike the ABO substances, which have been demonstrated in a large number of different tissues and secretions, the Rhesus factors have been thought to be limited to the red blood cells (ALLEN, RACE & SANGER). However, by the use of potent anti-Rho (D) antisera, followed by fluorescein-conjugated rabbit anti-human globulin antiserum, JARKOWSKI et al. identified Rho (D) in the syncytium and villous basement membranes when the fetus was Rho (D) positive, but not with Rho (D) negative fetuses. Confirmation of these findings may explain much of the pathogenesis of fetoplacental disease associated with maternal circulating antibodies. Direct placental injury and/or active placental participation in the immune reactions may then account for the variability of placental morphology in erythroblastosis fetalis *(vide infra)*. BURSTEIN and his colleagues sought an immunological explanation for some of the histologic abnormalities of placentas associated with erythroblastosis fetalis. Sections reacted with fluorescein-labeled anti-Rh antibody exhibited specific immunofluorescence, localized to the basement membranes of the syncytium and of the endothelia of villous vessels.

The placental manifestations of fetal erythroblastosis result from hemolysis, anemia, active erythropoiesis, edema, placental "growth" and, perhaps, active immune phenomena. Their degrees vary greatly, depending, in part, on the gravity of the fetal disease. In the most severe cases, presenting as fetal hydrops, placental hydrops is usual. In the mildest cases, no morphologic evidence of the fetal disease may be detectable on placental examination.

In hydrops fetalis due to hemolytic disease, the placenta is typically a bulky, friable, large, pale organ, which may weigh as much as two kilograms (Figure 243). The villous and ramifying structure is coarsened by virtue of enlargement of all components, and thin fluid streams from its members on standing or

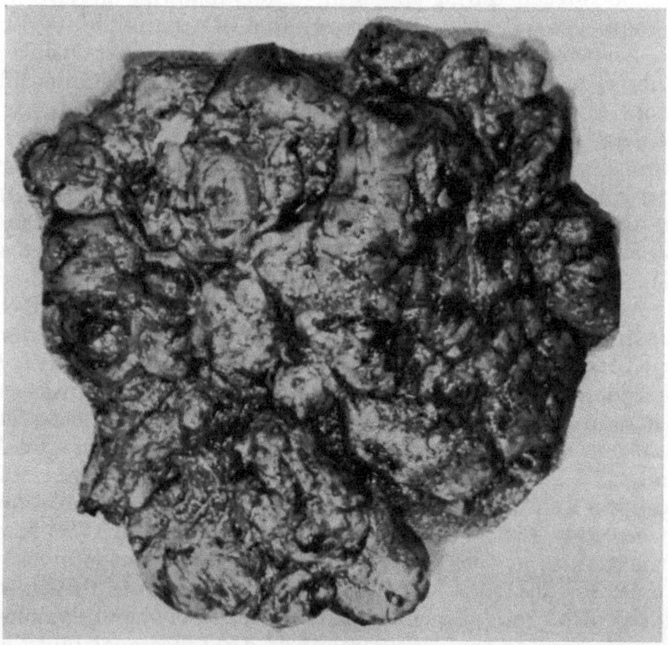

Fig. 243. Maternal surface showing the bulky, friable and nearly white cotyledons.

with handling. The umbilical cord is edematous, with viscid translucent jelly, and may be yellow or green in color. Often the appearance is that of circummarginate insertion of the membranes, perhaps resulting from the massive edema of villous tissues, expanding the placental mass marginally, beyond the stretch of the chorionic plate. The fetal membranes are sometimes edematous and often friable. A yellow, brown, or green discoloration of these structures may be visible against the pallid, near-white or yellow-pink of the placental substance. With profound fetal anemia, the contents of the large fetal vessels may be thin and watery. The cotyledonary structures appear bulky and large. Infarcts *(q. v.)* and decidual necrosis are common, although neither constant nor pathognomonic, features of these placentas.

When the intrauterine disease is less severe, the alterations in placental morphology are also less impressive. In many cases, requiring neonatal exchange transfusions because of isoimmunization and erythroblastosis fetalis, the *gross appearance* of *the placenta* is not unusual. On the other hand, the features of more advanced isoimmune disease may be simulated in placentas associated with other maternal and fetal disorders. Rarely, intrauterine hemolytic anemia, produced by other mechanisms than isoimmunization, *e. g.* congenital non-spherocytic hemolytic anemia and hereditary hemoglobinopathies (especially Bart's hemoglobin), is responsible for hydrops placentalis and hydrops fetalis (ENG, MOTULSKY). Also, the fetal anemia, which results from feto-maternal hemorrhage prior to labor, may be associated with a similar clinical and morphologic picture (RUDOLPH, WEISERT). Typically, the placenta of congenital nephrosis is large and pale, *i. e.* hydropic (KOUVALAINEN). That of the diabetic patient is often heavier than normal, with congested parenchyma, and may even be edematous, with edema of the umbilical cord as well (DRISCOLL, MAQUEO, McKAY). The most striking resemblance to the hydropic placenta of severe erythroblastosis fetalis among diabetics is seen in poorly controlled, or even untreated disease

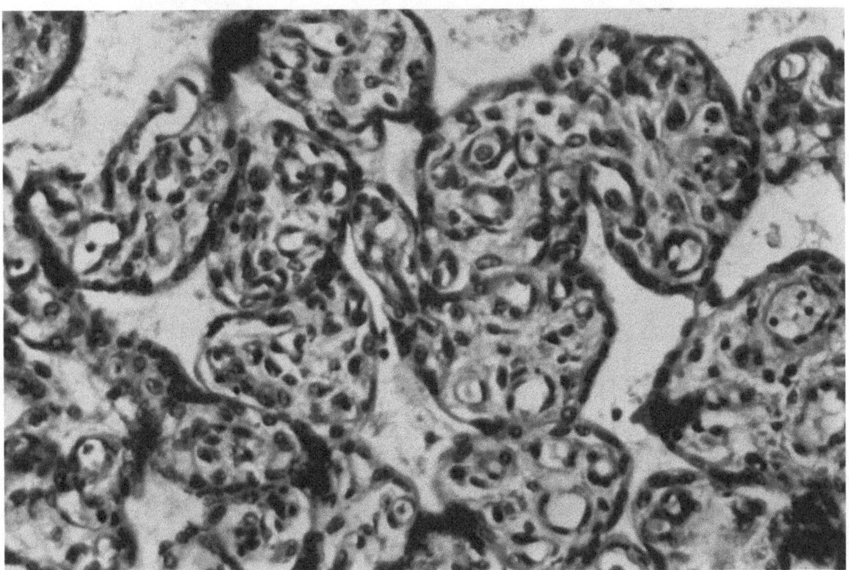

Fig. 244. Placenta in severe erythroblastosis fetalis. These villi are large; the encasing trophoblast is thick; the stroma is cellular and rich in Hofbauer cells (H & E × 250).

(MAQUEO). Certain infants born with malformations (cystic adenomatoid malformation of lung, cardiac anomalies, *inter alia)*, or with chronic infections, *e. g.* syphilis and toxoplasmosis, are also often accompanied by placentas grossly suggestive of severe hemolytic disease of the newborn (ESCH, GOTTSCHALK, CALLAHAN, HERTIG). Finally, in three cases of perinatal death due to disseminated fetal neuroblastoma, the placentas were very similar in gross features to those of erythroblastosis fetalis (BIRNER, STRAUSS and DRISCOLL). In two of these massive intravascular spread of the neoplasm was evident throughout the fetal portion of the placenta. In spite of the gross placental similarities among a host of fetal diseases, the histologic features usually differentiate the specific entities. However, "cryptogenic" placental hydrops is also seen, again with fetal hydrops (MORISON, POTTER). In retrospect, it is not clear whether earlier descriptions of generalized fetal and placental edema were concerned with specific etiologic entities (BALLANTYNE, SCHRIDDE, SITZENFREY, TEUFFEL, EICHELBAUM, KOVACS).

The *histologic features* of the placenta *in fetal hemolytic disease* due to isoimmunization vary in kind and in degree of severity. The wet, pale, hydropic placenta, described as the extreme, is an edematous organ, composed of large villi and villous stems, and thick membranes. The villous vessels usually appear to be arranged at the periphery of the villi, and are choked with blood, within which are numerous very immature and large erythrocyte precur-

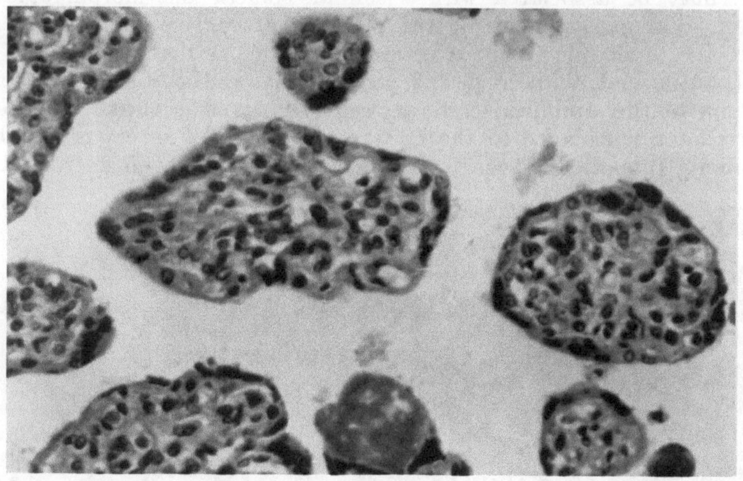

Fig. 245. Immature-appearing villi in a placenta associated with erythroblastosis fetalis. The trophoblastic envelopes are thick. Cytotrophoblastic mitoses are seen (H & E × 130).

sors. The stroma is widened by edema, and increased cellularity. The envelope of trophoblast encasing the villus is thick, often two-layered (Figure 244). In addition to the persistence or recurrence of the Langhans layer on villi, trophoblastic mitoses may be seen (Figure 245). Only rarely does the placenta itself participate in the extramedullary erythropoiesis which is manifested in many fetal organs when the fetal disease is severe (Figure 246) (GOORMAGHTIGH, SCHMIDT). In such unusual circumstances the villous capillaries contain clusters of large erythrocyte precursors at various stages of development, among which are occasional cells in mitosis (Figure 247). In this response the villous capillaries simulate the hepatic sinusoids. Interstitial intraplacental hematopoiesis is very rare. Microdissections of partially digested placental tissues from some cases of erythroblastosis fetalis show that the branching of villi is increased (CRAWFORD). Taken with the more frequent identification of mitotic cells in such placentas, these findings indicate continued or renewed growth of the placenta in this disease, at least in its severe forms. Conversely, the syncytial knotting and nuclear clumping are decreased in relation to the gestational age of the pregnancy. The deposition of fibrin within the cytotrophoblast and at the fetal-maternal interfaces is not increased in erythroblastosis fetalis. Although the usual picture is aptly described as "relative immaturity" of the placenta, some cases show additional unusual features which suggest immune reactions. The villous capillary endo-

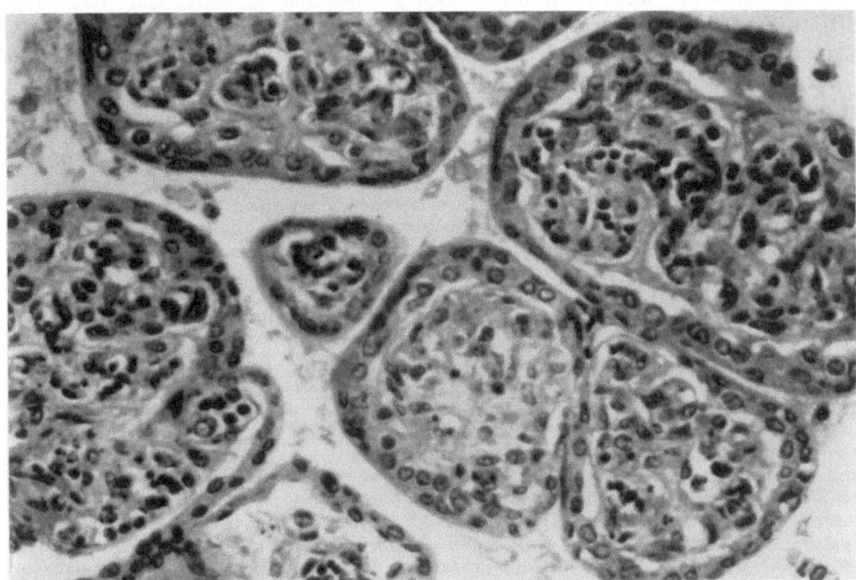

Fig. 246 Erythrocytopoiesis in the chorionic villi in association with severe fetal hemolytic anemia. This process is predominantly intravascular, only very rarely occurring in the villous stroma. The edema and trophoblasticproliferation are also evident (H & E × 360).

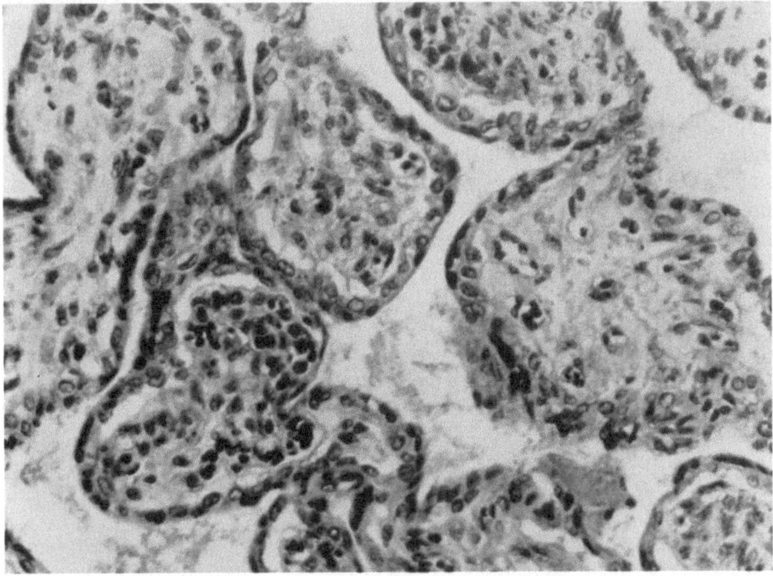

Fig. 247. Massive erythropoietic activity in the chorionic villi in erythroblastosis fetalis. The erythrocytic precursors develop in the villous capillaries, which thus resemble hepatic sinusoids in this disease. Mitoses are seen (H & E × 350).

thelium may be swollen by virtue of hypertrophy of cells, which then bulge into the capillary lumina. Often the stromal cells, including the Hofbauer cells, are also hyperplastic and appear "active". Recent studies of fresh, unfixed placental tissue by phase-contrast microscopy disclosed characteristic morphological details at various gestational ages (ALVAREZ). Similar studies of abnormal placentas, especially those of histologic immaturity or maturity inappropriate for gestational age, may clarify some aspects of the pathophysiology of such states as hydrops fetalis and hydramnios.

KLINE's observations of agglutinated erythrocytes and fibrin thrombi in vascular trunks, necrosis of vascular walls and regional tissues, and resulting spillage of fetal blood into contact with that of the mother led him to designate this disease as "transplacental erythrocytotoxic anemia". In these studies, KLINE did not differentiate the placentas of stillbirths, even those which had become macerated and autolyzed, from those without such explanations for secondary changes in placental morphology. Furthermore, he described similar evidences of injury in placentas associated with normal gestations. A few other observers have also commented on histologic evidence of villous damage, such as necrosis and breaks in the "barrier" (BICKENBACH, MARTIUS, NIJHOFF). However, a large personal experience indicates that such phenomena are not seen with any degree of consistency or frequency. Moreover, frank histological evidence of villous injury, except for that which is associated with infarcts and intervillous thrombi (q.v.), is not striking.

BURSTEIN et al. described two additional abnormalities in the placentas of erythroblastosis fetalis caused by anti-Rhesus sensitization. The average number of syncytial knots per villus was increased and the villous stem vessels showed endothelial proliferation, associated with deposition of PAS-positive, iron-negative material in the vessel walls. This lesion sometimes progressed to complete vascular occlusion. BECKER and BLEYL used fluorescent microscopy to demonstrate increased quantities and condensation of interfibrillar material in the villous connective tissues in erythroblastosis. Whether these observations are related to immune phenomena is not known.

According to ZACKS and BLAZAR, who studied 6 placentas of erythroblastosis fetalis by electron- and phase microscopy of thin sections, as well as a battery of histologic stains, no structural deviations from the normal could be recognized, except in the two cases of hydropic erythroblastosis. *Electronmicrographs* of these specimens showed extreme vacuolation of the syncytial cytoplasm, vacuolated mitochondria, nuclear swelling, and electron dense semicircular granules lining vacuoles. DROGENDYK, who also noted vacuolation of the syncytiotrophoblast, postulated on this basis that hydrops resulted from a functional disorder of the placenta.

When the erythroblastosis fetalis is severe or moderate in degree, the chorionic plate, amnion, and extraplacental membranes may be thick and edematous, with prominent phagocytic mononuclear cells. These are often engorged with iron-pigment or with other pigments, probably derivatives of bilirubin (Figure 248). The amniotic epithelium may be similarly stained. Usually the umbilical cord is discolored, either bright yellow or orange-yellow. On the usual microscopic study, no pigment is recognizable in the cells of such cords. If the products of pregnancy be retained for many weeks following fetal death in erythroblastosis fetalis, as in any feto-placental disease, the placental evidences of the original process disappear, being obliterated by gradual atrophy and desiccation. Thus, it may not be possible to diagnose or even to suggest the nature of the disease which had proved lethal to the conceptus.

The pathogenesis of the placental changes in hemolytic disease of the newborn is complex, and, in some respects, is still obscure. Like most other conditions in which fetal edema occurs, hydropic erythroblastosis fetalis is always accompanied by hydrops placentalis, and seems to be explained by the same phenomena. Milder disease shares many of the same general mechanisms. Disparate severities of fetal and placental disease in pairs of twins, both of whom are affected by isoimmune hemolytic anemia (SOERGEL), indicates that in addition to antibody titers, maternal blood group, and intragestational health of the gravida, other factors participate in its pathogenesis. Fetal anemia with cardiac failure, hypoxia with increased passage of fluid from vessels into the interstitial space, and hypoproteinemia may account for the frank edema of both baby and placenta. Whether any of these aspects is indicative of active placental participation in the immune phenomena is not known.

The yellow discoloration of tissues which surround the amniotic fluid, *i.e.* the amnion and the surface of the umbilical cord, is probably a consequence of excretion of bile pigments in fetal urine, which becomes mixed with amniotic fluid. Growth and hyperplasia of the villous trophoblast, the Langhans' epithelium, is difficult to explain. Similarities among conditions so associated suggest common mechanisms, *e.g.* hypoxia, as proposed by McKAY, WIGGLESWORTH. In hydatidiform moles, within fibrin-entrapped masses of cytotrophoblast, in some diabetic patients, and in such unrelated conditions as chronic feto-placental infections, proliferation of cytotrophoblast is common.

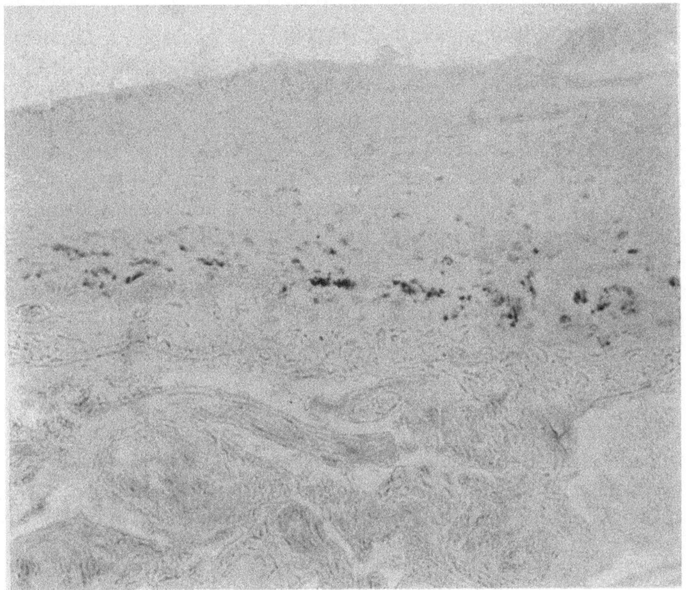

Fig. 248. Hemosiderin granules are seen within macrophages of the fetal membranes in severe erythroblastosis. (Prussian blue × 100).

Not only do the placental responses to isoimmune hemolytic anemia of the fetus vary in degree and kind, but they are mimicked by other fetoplacental disorders. Some clues as to pathogenesis may be derived from comparisons with other states sharing some of the morphologic features of these placentas. SILVERSTEIN's remarks on the morphologic similarities between placentas in erythroblastosis fetalis and congenital syphilis are relevant to the pathogenesis of these disease states and the placental participation therein. Reference to the wealth of material described and illustrated by HÖRMANN *inter alia,* and a limited personal experience indicate that the placentas of congenital lues and of erythroblastosis fetalis share a few morphologic features. In the minority of instances, the placenta of congenital syphilis is large, bulky, and pale, but not friable and wet with weeping surfaces. Only one of HÖRMANN's series of carefully studied cases of antenatal syphilis was associated with a placenta exceeding 840 gm., a weight which is not unusual in moderately severe or severe erythroblastosis. Histologically, the placental features shared by the two diseases are edema, fetal normo- or erythroblastemia, sometimes increased villous cellularity, and proliferation of trophoblast. However, endovasculitis obliterans, angiitis, and chronic villous inflammation, so characteristic of luetic infections, are not seen in erythroblastosis fetalis. The lesions described in erythroblastotic placentas by BURSTEIN *et al.* involve some of the same vasculature as lues, but the former are bland, and not associated with inflammation.

Recent revival of interest in toxemia-like syndromes associated with ovular diseases has focused attention on the trophoblast of associated placentas. According to SCOTT, trophoblastic hyperplasia is evident in the placenta in many such cases, including hydrops fetalis. This is interpreted as evidence of an active placental factor, of which the maternal syndrome is a clinical expression. The possibility that maternal symptoms, which occur without prior disease and regress following termination of the pregnancy, are produced in response to abnormal or perverse placental and/or fetal metabolism has not been excluded. It would be interesting to study systematically all placentas associated with these maternal syndromes, for evidence of a common metabolic or histochemical lesion.

Finally, the recent reports of DESAI and coworkers on transport of white blood cells from fetus to mother in erythroblastosis fetalis require comment. When atabrine-labeled homologous leukocytes are included in the intraperitoneal transfusion of the fetus *in utero*, said cells can be recovered from the peripheral circulation of the mother. To date the recipients of such transfusions have been selected because of the grave prognosis for survival of the fetus without intrauterine treatment, *i. e.* severe disease is already manifest. Whether the mechanisms by which leukocytes and platelets permeate from fetus to mother under these conditions are relevant to the pathogenesis of isoimmunization *ab initio* or to the general phenomena of the disease itself cannot be ascertained in light of current knowledge.

In a recent contribution MAYER and colleagues have shown by serial sections and electronmicroscopic study that, indeed, fetal red cells may traverse between capillary endothelial cells. They were traced to the villous basement membrane and similar studies may eventually show a "physiologic leakage" since no frank disruption of this admittedly pathologic specimen was seen.

References

ALLAN, T. M.: ABO blood groups and Rh iso-immunization. Brit. J. Prev. Soc. Med. **18**, 210, 1964.

ALLEN, F. H. & L. K. DIAMOND: Erythroblastosis Fetalis, Boston; Little, Brown, and Company, 1958.

ALVAREZ, H.: Morphology and physiopathology of the human placenta. I. Studies of morphology and development of chorionic villi by phase-contrast microscopy. Obstet. Gynec. **23**, 813, 1964.

—, R. DE BEJAR, S. ALADJEM, C. A. SANTIN, M. R. REMEDIO & Y. S. BLANCO: La Placenta humana—aspectos morfologicos y fisiopatologicos. Quarto Congreso Uruguayo de Ginecologia. **1**, 190, 1954.

APLEY, J., P. A. COLLEY & I. D. FRASER: Foetal haemorrhage into the maternal Circulation. Lancet **1**, 1375, 1961.

BAIN, A. D., J. H. BOWIE, W. E. FLINT, J. K. A. BEVERLEY & C. P. BEATTIE: Congenital toxoplasmosis simulating haemolytic disease of the newborn. J. Obstet. Gynaec. Brit. Emp. **63**, 826, 1956.

BALLANTYNE, J. W.: The Diseases and Deformities of the Foetus. Oliver & Boyd, Edinburgh, 1892—1895.

BECKER, V., & U. BLEYL: Placentazotte bei Schwangerschaftstoxikose und fetaler Erythroblastose. Virchows Arch. Path. Anat. **334**, 516, 1961.

BICKENBACH, W.: Über die Neugeborenen-Erythroblastose. Arch. Gynäk. **178**, 332, 1950.

BICKENBACH, W., & F. KIVEL: Mikroskopische Untersuchungen an Erythroblastose-placenten. Archiv Gynaek. **177**, 559, 1950.

BIRNER, W. F.: Neuroblastoma as a cause of antenatal death. Amer. J. Obstet. Gynec. **82**, 1388, 1961.

BLAIR, B. G.: Oliguria caused by the transference of foetal blood into the maternal circulation. J. Obstet. Gynaec. Brit. Commw. **68**, 283, 1961.

BURSTEIN, R.: Vascular lesions of the placenta of possible immunogenic origin in erythroblastosis fetalis. Amer. J. Obstet. Gynec. **83**, 1062, 1962.

— A. W. BERNS, Y. HIRATA, H. T. BLUMENTHAL: A comparative histo- and immuno-pathological study of the placenta in diabetes mellitus and in erythroblastosis fetalis. Amer. J. Obstet. Gynec. **86**, 66, 1963.

CALLAHAN, W. P., W. O. RUSSEL & M. G. SMITH: Human toxoplasmosis. Medicine **25**, 343, 1946

CHOWN, B.: Anemia from bleeding of the fetus into the mother's circulation. Lancet i, 1213, 1954.

CLARKE, C. A., W. T. A. DONOHOE, R. B. McCONNELL, J. C. WOODROW, R. FINN, J. R. KREVANS, W. KULKE, D. LEHANE & P. M. SHEPPARD: Further experimental studies on the prevention of Rh haemolytic disease. Brit. Med. J. i, 979, 1963.

CLIFFORD, S. H. & A. T. HERTIG: Erythroblastosis of the newborn. New Engl. J. Med. **207**, 105, 1932.

CRAWFORD, J. M.: A study of human placental growth with observations on placenta in erythroblastosis foetalis. J. Obstet. Gynaec. Brit. Emp. **66**, 885, 1959.

DESAI, R. G., E. McCUTCHEON, B. LITTLE & S. G. DRISCOLL: Direct evidence of fetomaternal passage of leucocytes and platelets in man. (In press, 1965).

DRISCOLL, S. G.: The pathology of pregnancy complicated by diabetes mellitus. Med. Clin. N. A. **49**, 1053, 1965.

DROGENDYK, A. C.: The pathogenesis of foetal hydrops. Gynecologia **156**, 129, 1963.

DUSSART, R.: Attempt at explaining recurring foetoplacental oedema. Bull. Soc. Belge. Gynec. Obstet. **27**, 140, 1957.

EICHELBAUM, H. R.: Über die Erythroblastose (Hydrops-congenitus) der Neugeborenen und ihre Beziehung zum Icterus neonatorum. Arch. Gynäk., **119**, 149, 1923.

ENG, I. I. L.: Alpha-chain thalassemia and hydrops fetalis in Malaya: Report of five cases. Blood **20**, 581, 1962.

— & Y. B. HIE: Hydrops foetalis with a fast moving haemoglobin. Brit. Med. J. **2**, 1649, 1960.

ESCH, P.: Das kongenitale Lungenadenom und seine Beziehung zum Hydrops fetus universalis und Hydramnion acutum. Arch. Gynäk. **133**, 32, 1928.

FINN, R., C. A. CLARKE, W. T. A. DONOHOE, R. B. McCONNELL & P. M. SHEPPARD: Transplacental passage of red cells in man. Nature **190**, 922, 1961.

— — — — — — D. LEHANE & W. KULKE: Experimental studies in the prevention of Rh hemolytic disease. Brit. Med. J. i, 1486, 1961.

— D. T. HARPER, S. A. STALLINGS & J. R. KREVANS: Transplacental hemorrhage. Transfusion **3**, 114, 1963.

FRASER, I. D. & A. B. RAPER: Observation of compatible and incompatible foetal red cells in the maternal circulation. Brit. Med. J. ii, 303, 1962.

FREDA, V. J.: ABO (H) Blood group substances in the human maternal-fetal barrier and amniotic fluid. Amer. J. Obstet. Gynec. **76**, 407, 1958.

GOTTSCHALK, W. & D. ABRAMSON: Placental edema and fetal hydrops. Obstet. Gynec. **10**, 626, 1957.

GUNSON, H. H.: Neonatal anemia due to hemorrhage into the maternal circulation. Pediatrics **20**, 3, 1957.

HALL, E. G.: Congenital toxoplasmosis in the newborn. Arch. Dis. Child. **23**,117, 1953.

HELLMAN, L. M. & A. T. HERTIG: Pathological changes in the placenta associated with erythroblastosis of the fetus. Amer. J. Path. **14**, 111, 1938.

HERTIG, A. T.: The placenta and fetal membranes. Edited by Claude A. Villee. Williams Wilkins Co., 1960.

HIRSZFELD, L. & H. ZOBROWSKI: Connection of placental permeability with group agglutination in mother and fetus. Klin. Wschr. **4**, 1152, 1925.

HÖRMANN, G.: Placenta und Lues. Arch. Gynäk. **184**, 481, 1954.

HOSOI, T.: Serological identification of fetal blood in the maternal circulation. Yokahama Med. Bull. **9**, 61, 1958.

JARKOWSKI, T. L., P. ROSENBLATT, WOIF & B. PEARSON: Tissue-fixed antigens of the Rh blood group system in placentae and fetuses; with particular reference to hemolytic disease of the newborn. Int. Acad. Path. Chicago, April 6, 1964. (Abst.) Lab. Invest. **13**, 937, 1964.

JAVERT, C. T. & C. REISS: The origin and significance of macroscopic intervillous coagulation hematomas (red infarcts) of the human placenta. Surg. Gynec. Obst. **94**, 257, 1952.

KING, D.: Placental findings associated with erythroblastosis fetalis. West. J. Surg. **59**, 192, 1951.

KLINE, B. S.: Microscopic observations of the placental barrier in transplacental erythrocytotoxic anemia (erythroblastosis fetalis) and in normal pregnancy. Amer. J. Obstet. Gynec. **56**, 226, 1948.

— The pathogenesis of erythroblastosis fetalis. Blood **4**, 1249, 1949.

KNOX, E. G., S. MURRAY & W. WALKER: The mechanism of Rhesus isoimmunization. J. Obstet. Gynaec. Brit. Commwlth. **68**, 11, 1961.

KNOX, G. & W. WALKER: Nature of the determinants of Rhesus isoimmunization. Brit. J. Prev. Soc. Med. **11**, 126, 1957.

KOUVALAINEN, K., L. HJELT & N. HALLMAN: Placenta in congenital nephrotic syndrome. Annales Paed. Fenn. **8**, 181, 1962.

KOVACS, FRANZ: Über die angeborene allgemeine Wassersucht der Frucht an der Hand eines Falles. Zentralbl. Gynäk., **54**, 1948, 1930.

Leading Article. Lancet **ii**, 501, 1963. Transplacental foetal blood loss.

LEVINE, P.: The influence of the ABO system on Rh hemolytic disease. Hum. Biol. **30**, 14, 1958.

MAQUEO, M. T.: Personal communication.

MARTIUS, G.: Die Pathogenese des Morbus Haemolyticus Neonatorum. Habil.-Schr. Stuttgart: Georg Thieme, 1956.

McKAY, D. G.: Quoted by White, P. In Joslin, E. P., H. H. Root, P. White & A. Marble (eds.): Treatment of Diabetes Mellitus, 10th ed. Philadelphia, Lea & Febiger, 1959, p. 697.

— A. T. HERTIG, E. C. ADAMS & M. V. RICHARDSON: Histochemical observations on the human placenta. Obstet. Gynec. **12**, 1, 1958.

MAYER, M. M., H. ANH J. NGUYEN & M. M. PANIGEL: Observation au microscope électronique du passage d'hématies ä travers la paroi des capillaries foetaux dans le placenta humain. Compt. Rend. Acad. Sc. (Paris) **260**, 4605, 1965.

MORISON, J. E.: Foetal and Neonatal Pathology. Second edition. Washington, D. C., Butterworth's 1963.

MOTULSKY, A. G., W. H. CROSBY & H. RAPPORT: Hereditary nonsperocytic hemolytic disease. A study of a singular familial hemolytic syndrome. Blood **9**, 749, 1954.

NEVANLINNA, H. R.: Factors affecting maternal Rh-immunization. Ann. Med. Exper. Biol. Fenniae (Suppl. 2) **31**, 1, 1953.

NIJHOFF, G. C.: Zur Pathologie des Hydrops universalis foetus et placentae. Zbl. Gynäk. **35**, 808, 1911.

POTTER, E. L.: Universal edema of the fetus unassociated with erythroblastosis. Amer. J. Obstet. Gynec. **46**, 130, 1943.

— Rh. Chicago, The Yearbook Publishers Inc. 1947.

— Intervillous thrombi in placenta and their possible relation to erythroblastosis fetalis. Amer. J. Obstet. Gynec. **56**, 959, 1948.

RACE, R. B. & R. SANGER: Blood Groups in Man. Second edition. Springfield, Charles C. Thomas, 1954.

REICH, H.: Die gruppenspezifische Differenzierung der Plazentarorgane. Immunitäts-forsch. u. Exper. Therapie. **77**, 449, 1932.

RUDOLPH, A. J., A. A. ABRAHAMOV & J. F. DE VENECIA: Another case of fetomaternal transfusion. J. Philipp. Med. Ass. **38**, 134, 1962.

SAUER, J., J. SIMEK & V. KULICH: ABO Isoimmunisation following termination of pregnancy. Zbl. Gynäk. **85**, 295, 1963.

SCHMIDT, A. L. C.: De placenta bij erythroblastosis. Nederl. Tschr. Geneesk. **93**, 3732, 1949.

SCHRIDDE, H.: Die angeborene allgemeine Wassersucht. Münch. Med. Wschr., **57**, 397, 1910.

SCHUBERT, W.: Fruchttod und Hydrops Universalis durch Toxoplasmosis. Virch. Arch. Path. Anat. **330**, 518, 1957.

SCOTT, J. S.: Pregnancy toxaemia associated with hydrops foetalis, hydatidiform mole and hydramnios. J. Obstet. Gynaec. Brit. Emp. **65**, 589, 1958.

SILVERSTEIN, A. M.: Congenital syphilis and the timing of immunogenesis in the human foetus. Nature (Lond.) **194**, 196, 1962.

— Ontogeny of the immune response. Science **144**, 1423, 1964.

— & R. J. LUKES: Fetal response to antigenic stimulus. Lab. Invest. **11**, 918, 1962.

SITZENFREY, A.: Ödem der Placenta und Kongenitale Akute Nephritis mit Hochgradigem Universellen Ödem bei Zwillingen, die von einer an akuter Nephritis leidenden Mutter stammen. Zbl. Gynäk. **34**, 1381, 1910.

SOERGEL, W.: Different degrees of haemolytic disease due to Rhesus incompatibility in a pair of twins following repeated stillbirths. Zbl. Gynäk. **85**, 768, 1963.

STRAUSS, L. & S. G. DRISCOLL: Congenital neuroblastoma involving the placenta. Reports of two cases. Pediatrics **341**, 23, 1964.

TEUFFEL, R.: Zur Pathologie des Hydrops Foetus Universalis. Zbl. Gynäk. **35**, 406, 1911.

WEISERT, O. & J. MARSTRANDER: Severe anemia in a newborn caused by protracted feto-maternal "transfusion". Acta Paediat., Uppsala **49**, 426, 1960.

WIGGLESWORTH, J. S.: The Langhans layer in late pregnancy: a histological study of normal and abnormal cases. J. Obstet. Gynaec. Brit. Emp. **69**, 355, 1962.

WIMHOFER, H., J. SCHNEIDER & F. LEIDENBERGER: Studies on the passage of fetal erythrocytes into the maternal circulation in spontaneous delivery and obstetrical surgery. Geburtsh. Frauenheilk. **22**, 589, 1952.

ZACKS, S. I. & A. S. BLAZAR: Chorionic villi in normal pregnancy, pre-eclamptic toxemia, erythroblastosis, and diabetes mellitus. Obstet. Gynec. **22**, 149, 1963.

ZIPURSKY, A. & B. CHOWN: Fetal erythrocytes in the circulation of the pregnant woman. Amer. J. Dis. Child. **100**, 750, 1960.

— A. HULL, F. D. WHITE, L. G. ISRAELS: Fetal erythrocytes in the maternal circulation. Lancet i, 451, 1959.

— J. POLLOCK, P. NEELANDS, B. CHOWN & L. G. ISRAELS: Transplacental passage of fetal red blood cells and pathogenesis of Rh immunization during pregnancy. Lancet ii, 489, 1963.

—, J. POLLOCK, B. CHOWN & L. G. ISRAELS: Transplacental isoimmunization by fetal red blood cells. Birth Defects. Original Article Series 1, 84, 1965.

XI. Abortion

Estimates of the frequency of abortion of human pregnancies vary from 10 to 35% of all conceptions (HERTIG, TIETZE, VALAORAS, STEVENSON). Doubtless much of the wide variation in reported rates of abortion reflects the different methods of ascertainment, not true differences among populations. Recognizing the many sources of inaccuracy in compilation of such statistics, NESBITT suggests that previable wastage of human lives occurs at an annual rate of 400,000 in the United States alone. It is also probable that a significant number of early spontaneous abortions are not recognized by the patient herself or her physician. The legal interruption of pregnancy by surgical means or intrauterine injections contributes to the early pregnancy losses. Of course, local variation in custom and law influence the latter groups. (See WILLIAMS for thoughtful discussion.) Except in countries where social indications permit the legal performance of abortions, "therapeutic abortions" constitute but a small minority of the deliberate or intentional, artificial terminations of gestation. Illegal induced abortions account for an unknown portion of the total "fetal wastage". According to PARISH, more than 50% of 1000 consecutive patients hospitalized because of abortions admitted interference with the pregnancies, usually by mechanical methods. CALDERONE estimates that 200,000 to 1,200,000 criminal abortions occur annually in this country. According to BATES and ZAWADZKI, one in every five pregnancies in the United States ends in an illegal abortion.

Evidence that spontaneous abortion may be clinically silent has been derived from anatomic studies, examination of tissue specimens from patients subjected to surgical treatment or diagnostic procedures without prior knowledge of the presence of a conceptus, and from statistical surveys of various traits in populations. The occasional discovery of remnants of ovular derivatives encountered accidentally in the course of surgery supports the impression that *inapparent pregnancies* and their similarly *inapparent spontaneous terminations* account for an important, although presently inestimable, wastage of human lives. Deficits of particular traits among progeny of matings predictably productive of zygotes bearing these traits have been demonstrated statistically. These observations have been interpreted as indicative of early ovular death on the basis of *lethal genes* or massively hostile environment.

The classic studies of HERTIG and ROCK demonstrated ovular anomalies in 12 of 28 early human pregnancies in demonstrably fertile marriages. These lesions were such as to suggest that abortion would supervene, and 4 were likely to abort prior to the first "missed period", *i.e.* before the gravida would have been known to have been pregnant. If this small sample of carefully studied cases is representative of the larger population, spontaneous termination of inapparent pregnancy must be a very frequent event! The lesions which led to this prediction comprised: multinucleated blastomeres, absence of the embryonic disc, and/or of the chorionic cavity, and hypoplasia of the placental anlage.

By custom and for legal and social reasons, fetal wastage is arbitrarily divided into *previable losses or abortions* and *perinatal deaths*, comprising both stillbirths and neonatal deaths. This arbitrary separation of early interruptions of pregnancies into "abortions" and "premature births" has led to an unfortunate similar division of data and of investigative approaches to these phenomena. However, the pathogenesis may often be the same, critical factors may be shared, and, once again, a continuum of abnormality, varying only in degree and time of expression may exist. Although it is extremely difficult to apply the same systematic approach to the investigation of the aborted conceptus as is applied to the premature delivery in a search for responsible mechanisms, recent studies indicate the validity and the value of doing so. In a number of respects it is more reasonable to study the dynamic pathology of the *embryonic* and *fetal* periods of development, than to separate categories primarily on the arbitrary basis of "viability". Since the overlap of pathogenetic mechanisms of "late abortions" and premature births is especially great, it is not surprising that many placental lesions are common to the 2 groups. (For examples, see Chapters III, V, IX, re: Membranes, Multiple Gestations, Infections.) Among other species, the incidence of abortion is similarly high. Some mechanisms of previable pregnancy wastage are common to humans and other mammals.

A variety of possible specific etiologies for abortion can be discussed. However, no series of cases has been studied systematically in sufficient detail to answer the critical questions: 1) Why is pregnancy wastage as common as it is ? 2) What is the impact of this particular cause on the total previable wastage of human lives ? 3) How large is the residue of unexplained abortions ? 4) How do populations differ in these respects ? Because of the large number of variables involved, an extremely large series of cases would be necessary to answer these questions. Habitual abortion is even less clearly understood.

The genetic aspects of abortion have been ably discussed by WARBURTON and FRASER, whose brief, but critical and comprehensive review indicates the paucity of actual data on the subject. Since then, cytogenetic studies have revealed frequent *errors of chromosomal number* and *configuration* among aborted products of gestation. According to WARBURTON and FRASER, the theoretical genetic bases for abortion are three: 1) lethal genes, either recessives or mutant dominants, in the embryo itself, 2) "abortion genes" in the gravida herself, and 3) genetically determined antigenic incompatibility of fetus and mother. In a discussion of the load of hereditary defects in human populations, STEVENSON expressed the opinion that specific lethals may be responsible for some abortions and stillbirths in man. However, probably because of the inadequacy of current methods of detection, he was unable to find any direct evidence of their occurrence. STEVENSON found a higher frequency of consanguinity among "parents" of abortions than those of livebirths. BÖÖK failed to demonstrate such a relationship in his studies of first-cousin marriages. Data bearing on the question of lethal genes have been presented by LYON. In 3 inbred strains of mice, crossed reciprocally and compared with intra-strain matings, no increase in pre-implantation losses occurred within strains. However, following implantation, more wastage was evident from the inbred pairs than from those outbred, and was relatively specific in timing within a highly inbred strain. Such losses are compatible with known lethal gene effects. Also, although pre-implantation losses were not increased in the highly inbred pairs, the female progeny of such matings manifested increased pre-implantation wastage. The latter observations are consistent with the hypothesis of WARBURTON & FRASER that the maternal genotype may influence her reproductive success, just as that of the zygote may affect its susceptibility to abortion. Such investigations as BATEMAN'S, on x-irradiated mice, indicate that many abnormal embryos, bearing varying numbers of dominant lethal mutants, either die prior to implantation or fail to implant. SZULMAN has suggested a similar early lethality of some aneuploidies to account for the limited array of chromosomal aberrations found in products of clinically overt spontaneous abortion. The problems of recognition of the earliest human abortions are obvious.

Repeated studies have shown a *preponderance of male sex* among products of spontaneous abortion (TIETZE, SCHULTZE, SERR et al., HATHOUT, PULLE and RIGANO, *inter alia*). Estimates of the primary sex ratio, combined with observed sex ratio of expelled products, premature and term births, indicate that males predominate at conception and that more males are "wasted", especially prior to viability. The differential loss of male progeny over female is usually ascribed to the unopposed effects of deleterious genes in the XY genome, *i.e.* the "unmasking" of lethal genes. The new and expanding field of cytogenetics has already shed appreciable light on this phenomenon, and on the long suspected existence of genetic aberrations in many human pregnancy failures. On the basis of early cytogenetic studies, VALENTI has cast some doubt on the validity of the prevalent views on the predominance of male over female abortuses.

Carr, Clendenin and Benirschke, Thiede and Salm, Delhanty, Delhanty and Penrose, Klinger and Schwarzacher, Hall and Källen, Menitskii, Naujoks, Aula & Hjelt, Szulman, and others have exploited the methods of cytogenetics to evaluate the occurrence and frequency of karyotypic anomalies among products aborted spontaneously (Table I). These combined series indicate that a major portion of spontaneous abortions is associated with abnormalities of chromosome number and/or morphology. Indeed, 28.5% of the cases from which technically successful preparations were obtained manifested some chromosomal anomalies. The latter comprised the same array as has been found in surviving individuals, as well as rare instances of aneuploidies not seen in extrauterine life (Table II).

A representative sample of a chromosomally abnormal abortus is shown in Figs. 249—252. This material was obtained at curettage from a 34 year old multigravida, following vaginal bleeding and spontaneous dilatation of the cervix at 16 weeks' gestation. The empty ovisac measured three by five centimeters; a five centimeter umbilical cord and, three centimeters from it, a one millimeter yolk sac were seen. Tissue culture of chorionic fibrous tissue consistently yielded 47 chromosomes; no Barr bodies were seen in sections; apparently trisomy 21—22.

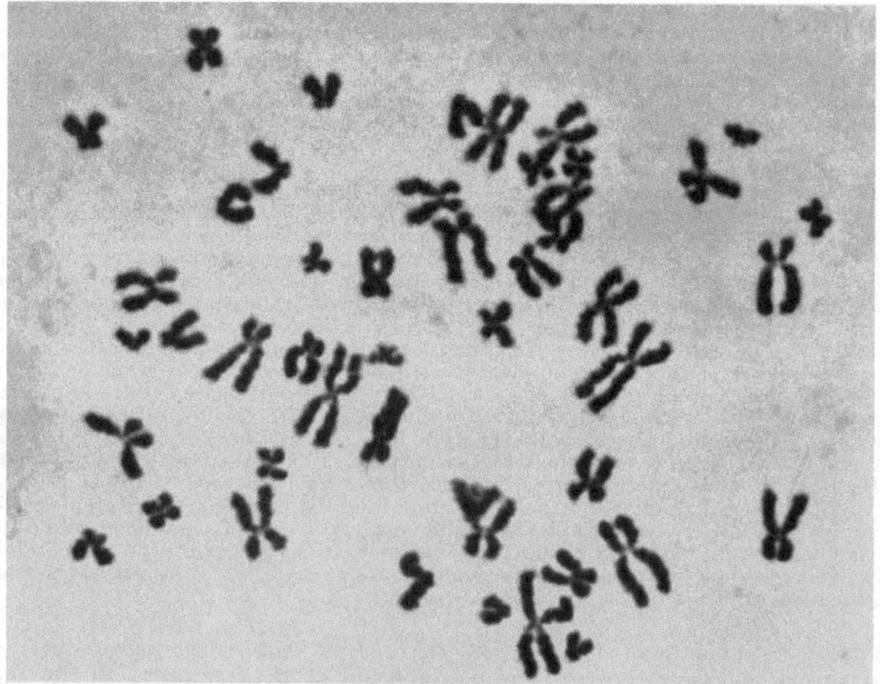

Fig. 249. Representative sample of chromosomally abnormal abortus. Metaphase plate of chorionic tissue culture. (See Figs. 250—252).

These early studies culminated in Carr's recent report on a series of "more than 400" spontaneous abortions whose products were investigated cytogenetically. This series was limited to previable wastage which occurred within 154 days following the last menstrual period; no fetus weighed more than 500 gm. Explants were taken from amnion, chorion, umbilical cord, embryonic parts, and muscle sheaths from the larger fetuses. Comparison of the distribution of gestational ages among the abortions studied by Carr and other reported series of spon-

Table I.

Cytogenetic studies in spontaneous abortion[1])

Initial tissue cultures were taken from: 544 products of spontaneous abortion

Technical success was achieved in: 246 (45%) cases

Chromosomal abnormalities were demonstrated 70 (28.5%) of these

Maternal ages, 70 abnormal cases: Range 16—48 years; Mean 29 years

Gestational ages, 63 abnormal cases[2]): Range 56—158 days; Mean 88 days

Similar studies of 158 products of therapeutic abortion disclosed abnormal chromosomes in three cases—Combined data of MAKINO, THIEDE & SALM, SZULMAN.

[1]) Combined data of CARR (1963, 1965), CLENDENIN & BENIRSCHKE (1963), THIEDE & SALM (1964), and SZULMAN (1965).

[2]) Excluding series of THIEDE & SALM.

Table II.

Chromosomal abnormalities demonstrated in products of spontaneous abortion[1])

Chromosomal Anomaly and Chromosomal Sex	Number of Cases
45 XO	18
Triploidy (69 Chromosomes):	15
XXY	10
XXX	3
XYY	1
?	1
Single Autosomal Trisomy (47 Chromosomes)	32
Group E, XX	8
Group E, XY	4
Trisomy for # 16	8
Trisomy for # 17—18	2
Trisomy for # 16—18 (i.e. unspecified)	2
Group G, XX	7
Group G, XY	2
Group D, XX	4
Group D, XY	2
Group C, XX	2
Group C, XY	1
Group A, XX	1
Group B, XX	1
Tetraploidy (92 Chromosomes)	3
XXXX	1
XXYY	1
?	1
Mosaic, 46XY/47XY Trisomy E	1
Translocation, Group A, pair # 1	1
Total	70

[1]) Combined data of CARR (1963, 1965), CLENDENIN & BENIRSCHKE (1963), THIEDE & SALM (1964), and SZULMAN (1965).

taneous abortions indicated relative deficiency of specimens from the first 56 days
and relative excess of those older than 16 weeks in the former series. Once more,

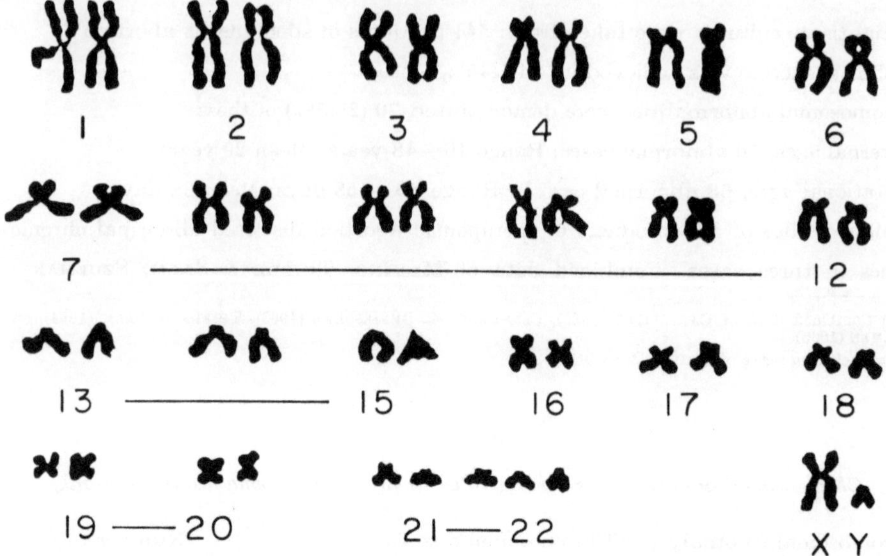

Fig. 250. Karyotype prepared from spread in Figure 249. The additional (trisomic) element is in the G group
(# 21—22), *i.e.* trisomy 21—22, indistinguishable from Down's syndrome by present techniques.

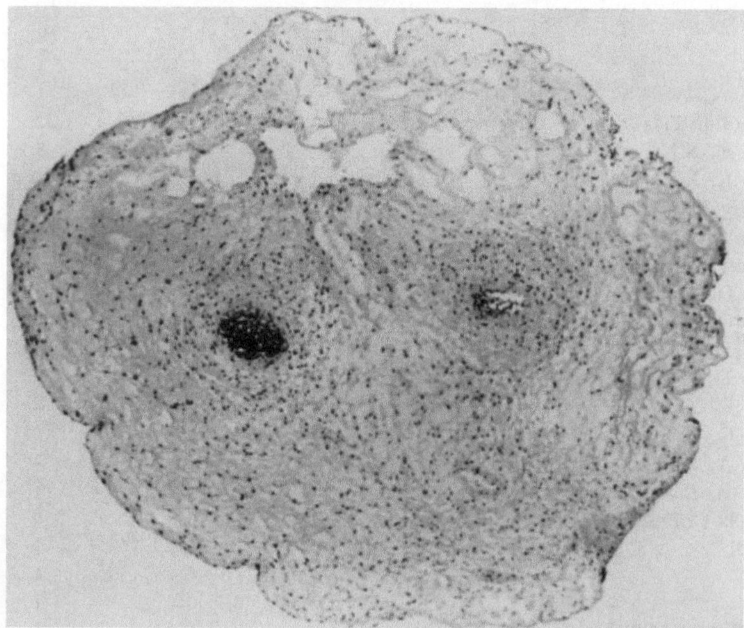

Fig. 251. Cross section of umbilical cord from this specimen (Figs. 249, 250, 252) containing single atery and vein.
(H & E × 60).

technical failures were common, only 54% of the abortuses yielding preparations
suitable for cytogenetic interpretation. The validity of equating the cytogenetic

status of the fetal adnexa with that of the fetus, or embryo, was again corroborated. However, it was interesting that one specimen yielded a line of cells

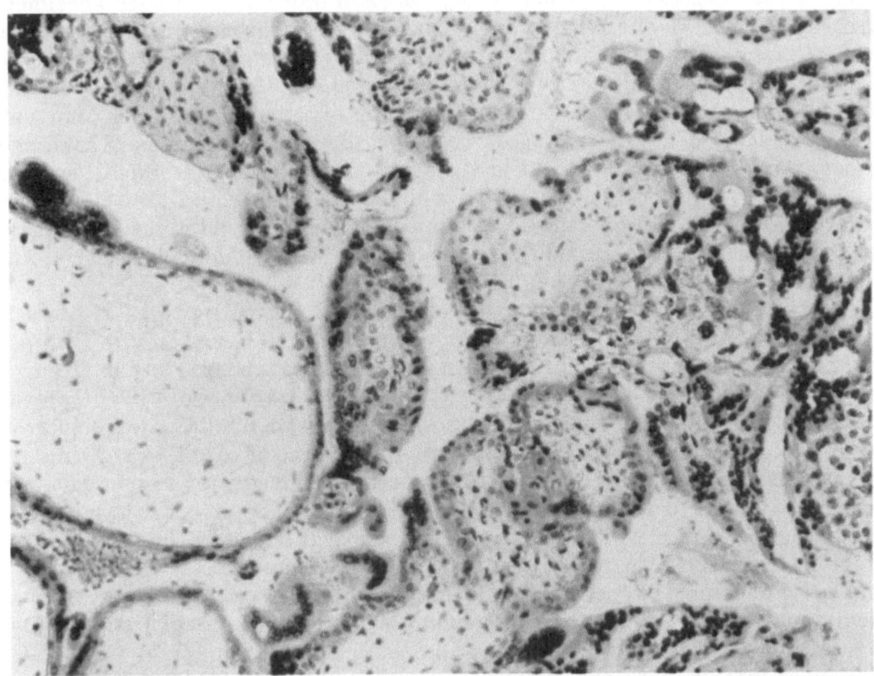

Fig. 252. Random section of this immature placenta showing well preserved, focally vacuolated trophoblast and relatively large, edematous, hypovascular villi. (Same as Figs. 249—251. H & E × 160).

with a triploid-XYY karyotype on culture and the sections of chorionic villi were chromatin negative, yet that of a whole mount of amnion was positive, strongly suggesting that the abortus was a chromosome mosaic. Chromosomal abnormalities were uncovered in 44 of the 200 specimens studied successfully. These comprised: X monosomy (11 cases), triploidy (nine cases: six XXY, two XXX, and one XYY), tetraploidy (two cases, XXXX and XXYY), and autosomal trisomy (22 cases, assorted). The latter group included: Group E, seven cases, six involving Number 16, and one, Number 17 or Number 18 chromosome; Group D, six cases; Group G, five cases, in one of which the extra chromosome lacked a short arm, and none of the supernumerary chromosomes seemed to resemble a normal Y chromosome; Group C, two cases, neither of which appeared, on analysis of sex-chromatin of sectioned and spread uncultured tissues, to be an X trisomy; Group B, one case and Group A, one case, apparently involving chromosome Number 3.

The abnormal karyotypes differed from chromosomal abnormalities heretofore demonstrated in liveborn infants and in surviving individuals in relative frequencies of X monosomy, trisomy of chromosome Number 16, and the polyploidies. Also, some of the karyotypes which were discovered had not been described previously in the living, or even among the smaller series of abortions reported prior to this. They comprised: XYY triploidy, and trisomies in Groups A and B. In light of the limited tissue available from many of the specimens for such studies, in many instances the difficulties of excluding the possibility of mosaicism were unsurmountable. Once more, *chromosomal anomalies were more frequent among the earlier abortions than in the later ones. Furthermore, abnormal karyotypes were especially common among "blighted ova"*: 50% of such specimens had chromosomal anomalies and more than 40% of chromosomally abnormal specimens were "blighted"; 11.5% of the chromosomally normal were also "blighted". Unfortunately, except for the blighted ova, these, abortuses were not described from an anatomical viewpoint, in spite of the inclusion of 23 abortions which took place at gestational ages exceeding 12 weeks. Specimens of such age, and size, would be expected to yield sufficient material for anatomic dissection, as well as the cytogenetic analyses with which correlations could then be sought. The sex ratio of the 200 abortuses was unusual, there being 85 male, 104 female, and 11 XO, perhaps also partially an effect of the relative deficits of early, and excesses of late, abortions.

Still other investigators continue to report single or small groups of cases in which chromosomal anomalies were found. These include: monosomy in Group A (KELLY *et al.*), trisomy in Group A (RASHAD and KERR), and trisomy in Group B (SATO). These abortions occurred at about 10 weeks' gestation and "blighted ova" were described. Doubtless the list of abnormal karyotypes will continue to grow as techniques and interest spread. The present methods of characterizing the chromosomes are relatively crude and nonspecific. With greater refinement, this approach may lead to a separation of, for example, the XO or XXY zygote with 45 or 47 chromosomes which is incapable of survival beyond a few weeks from conception from those to whom a normal lifespan is possible.

Similarly, one may expect that abnormalities at the levels of groups of genes or individual genes, or at the "molecular level" will be uncovered in some abortuses.

Mother of infants with the autosomal trisomies have an increased frequency of abortions in their obstetrical experiences. Whether these represent related chromosomal anomalies has not yet been reported. There was also an increase in mean age among women whose aborted products of gestation were shown to contain anomalous chromosomes. Perhaps these and other chromosomal aberrations, which are more common among products of pregnancies as maternal age increases, explain, in part, MAC MAHON and his co-workers' observations that the products of spontaneous abortion contain a normal living fetus with steadily decreasing frequency as maternal age advances—from 33%, at ages under 25 years, to 3.2% at age 40 years or older. Most studies related to chromosomal aberrations and abortion have dealt primarily with aborted products. However, BISHUN and co-workers reported chromosomal mosaicism in a woman who had produced 3 successive "abortions", severely malformed offspring who died perinatally and were not themselves studied cytogenetically.

Except for a general tendency toward occurrence in pregnancies of older mothers, the *etiology of the chromosomal aberrations* seen in aborted products is unknown. It may be of interest that WITSCHI observed frequent nondisjunction in meiotic and mitotic divisions of overripe eggs of Rana and Xenopus species of frog. Also, BOMSEL-HELMREICH and associates produced heteroploid, mainly triploid, embryos by introducing colcemid into the culture medium just prior to penetration of the rabbit ovum by the spermatozoid. Such embryos deteriorated progressively after the fifteenth gestational day, and none was alive by seventeen days. It is impossible to evaluate at the present time the potential role of environmental irradiation of the gonads in the production of chromosomally abnormal human zygotes.

At first glance, these data might be interpreted as indicating that some 35 to 40%

of spontaneous abortions are "due to" chromosomal abnormalities. Such a conclusion is not valid for the following reasons:

1) The cases studied cytogenetically were selected.

2) A relatively high proportion of tissue samples which were selected were not successfully grown in tissue culture.

3) Inapparent abortions were not studied.

4) Most of the karyotypic lesions which have been demonstrated in tissues from spontaneous abortions have also been seen in individuals who have survived gestations of normal duration, and even into adult life.

The anatomic features of the abortuses which have been shown to be associated with chromosomal anomalies have not been described in detail. BENIRSCHKE's group identified an abnormal karyotype on cytogenetic study of embryonic and placental explants from a malformed abortus. This embryo, which measured 11 mm in length, manifested an exencephalus, but no structural abnormality of the placenta and its adnexa. The same workers studied an abortus with an abnormal chromosomal constitution (45 chromosomes), whose placenta manifested overtly anomalous chorionic vasculature (Fig. 253). It may also be relevant

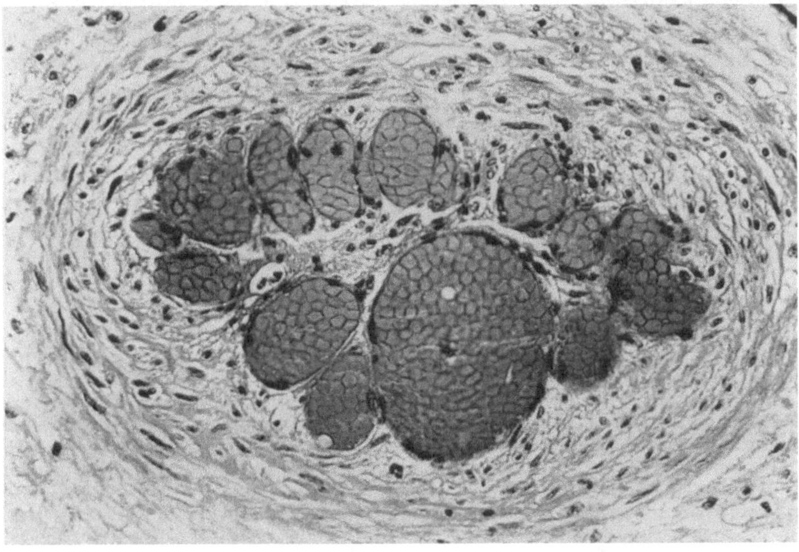

Fig. 253. Vascular anomaly on the chorionic surface of the placenta of an abortus with chromosomal findings of 2n = 45 (XO). Multiple endothelium-lined channels are surrounded by a collar of smooth muscle. Others have interpreted this pathologic finding as representing vascularization of a thrombus. (H & E × 300).

to note that absence of one umbilical artery is a common lesion among autosomal trisomic births and that the placentas associated with D_1 and E trisomies are often unsually small relative to gestational age. Perhaps the cause of the abortion of a chromosomally aberrant conceptus may be identified on careful study of the structure and function of the associated placenta. However, most workers agree that many of the chromosomally abnormal aborted products are "blighted ova", implyng that the embryo, if it had formed at all, died an appreciable time before the event of abortion. Such abortions may be the consequence of death of the embryo, regardless of the primary cause of the latter. In this area, as in the entire field of cytogenetics, detailed documentation of structural, and, wherever possible, serologic and chemical, features of the conceptus are needed. For example, the important report of KLINGER and SCHWARZACHER documents meticulously the distribution of cell types in a young human abortus (fetal length 60 mm). These investigators were able to "map" the distribution of XY and XXY cells in each of the now juxtaposed fetal membranes, thus demonstrating the separate origins of the component cell lines in this abnormal early ovisac.

Except for ionizing radiation, the specific environmental teratogens which are also abortifacients do not appear to influence the chromosomal constitution of the damaged conceptus.

Relationships to Teratology

Fetal malformations are more common among aborted products than among viable births. MALL and MEYER classified 396 of the first 1000 abortuses accessioned at the Carnegie Institute of Embryology as "pathologic". No doubt some of these were valid instances of malformation of the cyemata. In addition to the features which led to the classification of pathologic ova, 38 of the 396 showed localized anomalies, such as spina bifida, hydrocephaly, anencephaly, and the like. Among the 604 abortuses not classified as "pathologic ova", another 37 presented localized anomalies. While this material was selected and hence biased, the frequency of overt structural maldevelopment is increased over that found in the mature fetus. HERTIG and SHELDON classified 617 of 1000 spontaneous abortions as representing ovular abnormalities, 489 of which were pathologic ova with absent or defective embryos, another 32 were embryos with localized anomalies, and the remaining 96 presented abnormal placentas. Both these large early series were interpreted as indicating the importance of "ovular factors" in the occurrence of spontaneous abortion. JAVERT found 34.9% of his series of 2000 abortuses to be developmentally abnormal. The relative frequency of fetal anomalies in these and other reports on the subject is much greater than that observed in intentional and accidental interruptions of gestation and in viable births (BAYER).

What mechanisms might link maldevelopment of the fetus and foreshortening of his intrauterine life ? Fetal death, from whatever cause (including developmental abnormality) is commonly followed by expulsion of the ovisac, yet many abortions are not preceded by death of the embryo-fetus. Fetal anomalies may be regarded as stigmata indicative of abnormal gestation, other sequelae of which may precipitate the abortion, rather than the latter event resulting from the fetal or embryonic abnormality, as JAVERT, HERTIG and others seem to imply. Too often it has been assumed that the concurrence of malformation and abortion of a conceptus indicates that the malformation gave rise to the abortion. In his discussion of the association of fetal anomalies and abortion, JAVERT states: "When obvious external or internal fetal malformations are found, it is not too difficult to conclude that they were responsible for the abortion". He then lists the anomalies presented by 20 such specimens, all of which lesions (such as ankylosis of the wrists, bilateral cysts of the neck, volvulus of the ileum) have been seen in viable, even term births! Perhaps the relationship of the malformation and the abortion is not one of cause and effect, but rather of sharing a common cause.

Early efforts to study normal human embryogenesis as represented in naturally aborted products of conception were soon recognized to be misdirected, and embryologists wisely turned to specimens obtained from therapeutic and accidental interruptions of pregnancy. Unfortunately, the abnormal specimens which are aborted spontaneously are rarely considered from the point of view of mechanisms, and especially that of teratogenesis. When the state of preservation of such specimens is satisfactory, their detailed examination is necessarily a part of any investigation of pathogenesis of fetal wastage, and is essential for an understanding of the effects of physical or microbial agents, drugs, and genes.

WARBURTON and FRASER have discussed the known and suspected roles of genetic factors and abortion, some of which, if they do act, may also be associated with malformations of the conceptus—embryo and/or placenta. Similarly, the errors of chromosomal distribution and morphology which are related to abortion may be accompanied by malformations (See above for discussion).

Few data are recorded relevant to the possible relationships of environmental teratogens and human abortions. Observations in mammalian species other than *Homo sapiens*,and limited data from humans, have led to several generalizations which seem to be valid, and pertinent to this discussion. Chief among these is the association of a spectrum of damage with the action of a teratogen. Exposure to agents known to induce malformations in a species or strain of animals is followed by increased incidence of abortion, affecting even those progeny not overtly malformed. Whether and how often "spontaneous abortions" are the clinical results of such phenomena are not known. Similarly, there are few data bearing on the question of whether interference, usually mechanical, with the purpose of inducing an abortion, increases the probability of subsequent maldevelopment in a conceptus which survives such an attempt (WHITEHOUSE and McKEOWN).

The accessibility of abortifacient and abortionist is such that induced abortions are very common, as has been indicated above. Certainly, not all attempted abortions are successful, even when the operator is an experienced professional. Failed efforts may, nonetheless, disturb the fetus, placenta, and/or decidual circulation. For obvious reasons, valid data relevant to these effects are extremely difficult to obtain. However, the results of such local disturbances might be similar to those accompanying threatened abortions. According to TURNBULL and WALKER, fetal malformations are more common among births, whether viable or not, which occur some time after threatened abortion, *i.e.* bleeding during early pregnancy attributable to vascular damage at the placental site. The same sort of local vascular lesions might be produced by unsuccessful mechanical efforts to interfere with the progress of gestation.

THIERSCH was the first to exploit *folate deficiency* of the conceptus when he induced abortion by treating the gravida with the antifolic compound, 4-aminopteroylglutamic acid (Aminopterin®). Two series of twelve patients each received this substance for the purpose of abortion. Three of the first series failed to abort; one of these three was delivered 17 days later of a severely malformed fetus, with meningoencephalocele and facial anomalies. One of the second series also produced an exencephalic monster at 34 weeks' gestation, having failed to abort when treated with Aminopterin from the seventeenth to the twentieth days of pregnancy. The same agent has been used for illicit abortions; on several occasions failure to abort has been followed by the birth of anomalous children (WARKANY, THIERSCH). Undoubtedly the maldevelopment and the expulsion of the conceptus were consequences of folic acid deficiency. The mechanisms of abortion may be similar to those which render folate deficient gravidas susceptible to abruptio placentae and upon which depend the therapeutic benefits of antifolics in chorionic tumors. Whether nutritional deficiencies which occur in the human gravida are severe enough to be abortigenic is uncertain (See JAVERT for his evidence on this point). Also, the validity of the usual assumption that teratogenic degrees of nutritional deficiency do not occur during human gestation bears review.

Opinions differ concerning the relevance of *placental anomalies*, especially circumvallation, to abortion and premature birth (AGUERO; EARN; GOODALL; MORGAN; PAALMEN and VANDER VEER; JANOVSKI; PINKERTON; SCOTT; TORPIN, *inter alia*). The link between circumvallation and abortion may be the increased risk of decidual hemorrhage and placental detachment associated with placentas of this configuration. Furthermore, the factors which led to the anomalous form, whether they be local endometrial disturbances or, perhaps, even intrinsic ovular abnormalities of whatever origin, may also precipitate the premature expulsion of the conceptus, as has been postulated in the section dealing with embryonic-fetal anomalies and abortion. Since the placenta participates in the union of ovum to endometrium, it is easier to visualize that structural abnormalities of the placenta might influence the stability of its attachment, than that anomalies of the relatively remote and isolated fetus might have such consequences (TILAK).

Malformations of the umbilical cord and its insertion are also associated with increased hazards of abortion. In studies on consecutive spontaneous abortions, JAVERT and BARTON found 35% of those with well preserved umbilical cords had cord abnormalities, in comparison to 4.8% of their control series of unintentional abortions. This incidence was greater than that of abnormal fetuses, 35% as compared to 24%, in the same series of spontaneous abortions. Furthermore, 56% of the pathologic fetuses had abnormal cords, a large increase over the 6% of the normal fetuses with cord lesions. A representative case is shown in Fig. 254.

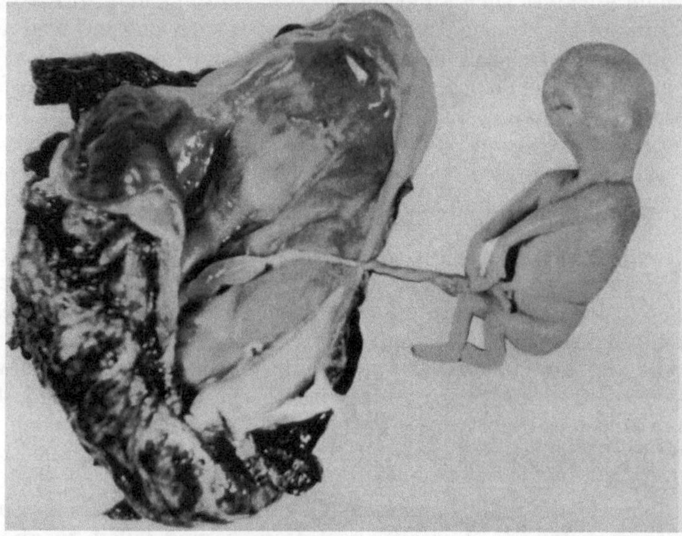

Fig. 254. Spontaneous abortion specimen with intense spiraling of the umbilical cord and adhesions to hands. Note also the abnormal head and cleft palate. The placental surface shows incipient subchorionic hematoma formation (Breus).

HATHOUT found one umbilical artery to be present in 6.9% of abortuses (less than 28 weeks' gestation) in which cords could be recognized; 3 of his 9 cases of absence of one umbilical artery were without other anomalies. However, as has been discussed in the section on chromosomal abnormalities, the placental structure might have harbored significant anomalies, more directly relevant to the mechanism of abortion (see Fig. 251). BRODY suggests that anomalous insertion of the umbilical cord may impede fetal circulation and nutrition, thus leading to premature labors.

Isoimmunization and Abortion.

There has long been statistical evidence that *blood group incompatibility* may be responsible for some spontaneous and for rare instances of habitual abortions. The strongest evidence is in the ABO system of erythrocyte antigens. LEVINE first commented on the relative deficiency of children of Blood Group A among progeny of Group O mothers and Group A fathers, suggesting that this might result from selective diminution of fertility and/or from increased rate of abortion. McNeil, Matsunaga, Reed, Grubb, Sjostedt and their colleagues corroborated Levine's observations and established that abortion is a major factor in the disproportionate distribution of blood groups among offspring. Fewer data seem to indicate that the same increased frequency of abortion may occur in the presence of other blood group incompatibilities of gravida and fetus. Furthermore, some of the differential fertility among matings of individuals of particular blood groups, such as have been discussed by Reed, McNeil, and others, may sometimes represent inapparent early abortions, as the conceptus is destroyed by immune reactions of the gravida. Levine has reported habitual abortion in women with antibodies to the rare erythrocyte antigen Tj^a.

Wren and Vos found hemolysins in sera of incompatibly mated aborters more often than in sera of "compatible" aborters, 82% as compared to 40%. However, they found no relationship to the secretor status of the couple. The hemolysins were active both within and not within the ABO blood group system. The relationship, if any exists, of the unusual hemolysin which Levine found in sera of aborters from the city of Perth, Australia, and these observations is unknown. The latter activity was demonstrated in sera from 89.2% of aborting women who lived in that city, but was not found in any of more than 100 women with similar clinical histories, who resided in other cities, principally in the United States. The active substance hemolysed erythrocytes of group O individuals; it did not have the characteristics of an enzyme or antibody.

Although the pathogenesis of these abortions is unknown, it is interesting to speculate that pregnancy is terminated when the genetically determined antigen appears in the conceptus, as a result of its interaction with antibody transferred from the maternal to the embryonic or fetal circulation. Wren and Vos suggest that fetal tissues be studied for evidence of hemolytic activity and/or cellular destruction as part of the reason for relative deficiency of offspring of particular blood groups from certain matings which should give origin to children of those blood groups. Ebert's studies of the time table of appearance of antigens in the chick embryo suggest that maternal antibodies which do not "quarrel" with constituents of the primitive zygote may become lethal when the appropriate antigen, whether blood group substance or other tissue antigen, is first formed during embryogenesis.

It would also be interesting to characterize specific embryonic tissue components chemically, and test antigenicity as compared with the homologous constituents of mature tissues. For instance, embryonic hemoglobin can be differentiated antigenically from fetal and from adult hemoglobin. Perhaps abortion may sometimes result from maternal sensitization against this particular molecular species. A few data have appeared which indicate that pregnancy wastage may be increased in the presence of type specific antileukocyte antibodies in the circulation of the gravida (van Rood et al.; Jensen).

Although different investigators disagree on the significance of *Rh-incompatibility* and of *anti-Rh immunization* in abortion and habitual abortion, most recent data indicate that these phenomena are of little or no importance in early pregnancy failures. However, in rare cases of anti-Rh sensitization, the fetal hemolytic anemia is lethal as early as 18 weeks' gestation, resulting in middle trimester abortion. Of course, the pathogenesis and morbid anatomy of these abortions recapitulate, in miniature, the features of the same disease in later fetal life (Race and Sanger).

Infections and Abortions.

Bacterial infections of the previable conceptus may have the same pathogenesis as infections later in gestation (See Chapter IX, Infections). Hematogenous dissemination of pathogens to the uterus from extragenital sites of infection in the gravida may result in fetal death and/or abortion or premature labor (Fig. 255). Although ascent of bacterial infection from the lower genital tract also occurs, chorioamnionitis is a lesion of the middle trimester, rarely occurring earlier in gestation. Thus the other portals of entry become relatively more important, and the clinical signs more varied.

Perhaps the absence of inflammation of the fetal membranes in spontaneous early abortion is yet another indication that most intrauterine infections occur by ascent from the lower genital tract (See also Chapter IX, Infections). Conditions which predispose to such infections indicate that contiguity of chorionic tissues to the internal cervical os or instrumentation with direct invasion of such tissues is

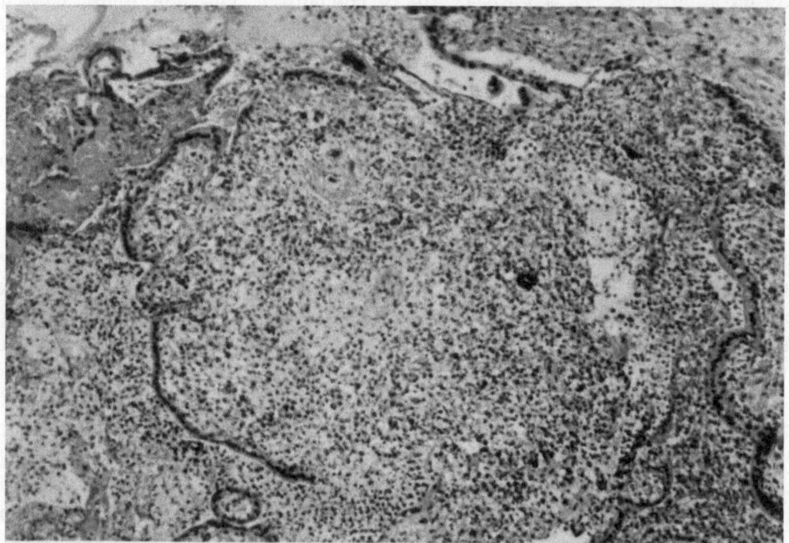

Fig. 255. Villous and intervillous abscess in abortus expelled during maternal septicemia. (H & 1E × 20).

necessary for the production of chorionitis. The increased frequency of infections of placentas previa and of the leading twin ovisac attest to this. Such spontaneous infection of membranes of the normally implanted placenta cannot occur until the young chorionic vesicle incorporates the endometrium contiguous to the endocervix into its own expanding shell. Physical separation from the source of infection would then be protective until 12 weeks' gestation. Too few data are available on early abortions whose sites of implantation are known to test this hypothesis. However, the studies of HERTIG and JAVERT led these workers to conclude that low implantation predisposes to spontaneous abortion. The isthmus, that zone which separates the anatomical and the histological internal cervical ostia, lengthens in the first trimester, then shortens between 12 and 16 weeks (REID). These changes may at first protect the normally implanted ovisac from bacterial invasion from the cervix. Then the expansion of the sphere and the simultaneous diminution in the isthmus may place the membranes ever nearer the source of potential infection. TORPIN's method of examination of the expelled ovisac, while the latter is immersed in fluid, would be helpful in evaluating these relationships. Other factors which must be taken into account in a consideration of the pathogenesis of "spontaneous" septic abortion comprise the available micro-organisms, local hygiene, and underlying immunological and endocrinological phenomena. No doubt the many instances of chorioamnionitis which present as abortions at 16 to 20 weeks' gestation, share mechanisms with those associated with premature labor at 20 to 30 weeks (See Chapter IX, and Table III of that Chapter, for relevant data and discussion).

The bacteria which may be implicated in intrauterine infections and eventuate in abortion comprise those discussed in Chapter IX. However, whether the relative importance of the array of potential pathogens is the same at various gestational maturities is not clear. For instance, syphilis is not currently regarded as a cause of previable fetal wastage (DIPPEL). On the other hand, *Vibrio fetus*, which rarely infects humans, has been implicated in a few instances of intrauterine infection, with abortion or congenital disease of the infant, often a premature (KING, CURTIS, HOOD and TODD, VINZENT). Pleuropneumonia-like organisms, rarely demonstrated to cause human genital infections or perinatal disease, have been observed in products of a series of abortions of one patient, who then bore a healthy child after antimicrobial eradication of these bacteria from the cervix and vagina.

The importance of *Listeria monocytogenes* as a cause of abortion and of habitual abortion is difficult to assess (GRAY, SEELIGER and CHERRY, FLAMM, ROST, HOOD, BRET and VALENTIN, OEHLSCHLAGER, LAWLER). According to RAPPAPORT and his colleagues, this organism was a major offender among a series of habitual aborters studied serologically and by cervical cultures, in Israel. However, RABAU and DAVID were unable to reproduce these results in similar studies of aborters, also from Israel. Other studies, seeking these correlations, have also had negative results (See RUFFOLO *et al.* from Rochester, Minnesota, MACNAUGHTON from Aberdeen, Scotland).

Valuable data on the bacteriologic findings in association with abortions, whether induced or spontaneous, have been published by BROWN and HUNT, CARTER *et al.*, CHOSSON and RUF, and DUMONT and LAFOND. Many of the women from whom pathogens were recovered were without clinical evidence of infection. DUMONT and LAFOND's study is especially interesting in that bacteria were isolated from placental debris in only 9.37% of 64 cases studied, although most of the abortions had been induced. The authors suggested that these results reflected the great antibiotic sensitivity of the organisms which had produced the postabortal infections in most cases. BUTLER advised the examination of cervical smears to permit the rapid diagnosis of severe Clostridial infections following abortions. The published reports on the occurrence of particular organisms in aborting women and/or their products may give a distorted impression of the relative frequency of such organisms. Data from unselected case material have not appeared.

According to GOODNO *et al.* 34% of patients hospitalized because of abortion, *i.e.* termination of pregnancy prior to 20 weeks' gestation, were infected, as judged clinically. They assumed that all instances of septic abortion followed interference with the pregnancies. In light of the mechanisms discussed above and in Chapter IX, the validity of the latter assumption can be questioned. The morphologic features of septic, induced abortions may recapitulate those seen with "spontaneous" ascending infections. However, acute villous placentitis and severe deciduitis are frequent when abortion follows illicit instrumentation of the gravid uterus. STUDDIFORD and DOUGLAS described an additional and significant feature

of the septic abortus which they designated "placental bacteremia". The villous
capillaries of such placentas contain masses of bacteria, usually bacilli (Fig. 256).
The lesions constitute sources of bacterial endotoxin, and hence are important in
the pathogenesis of "septic shock", a grave, sometimes lethal, complication of
infected abortions (UDOHOJI *et al.*).

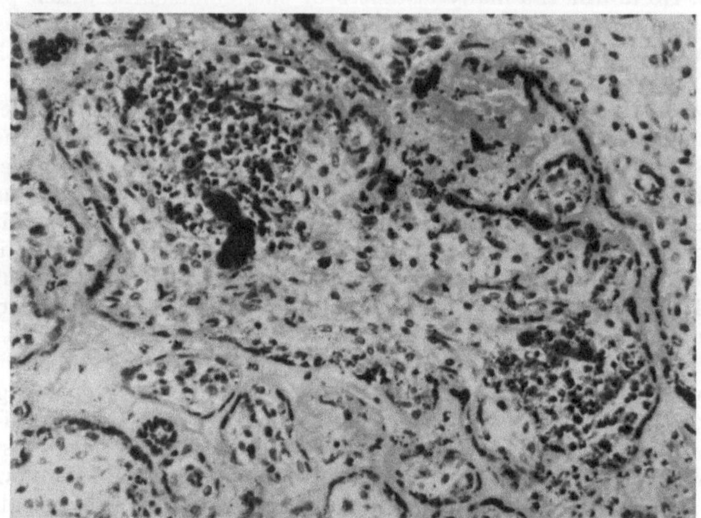

Fig. 256. Masses of coliform bacilli within villous capillaries. Septic, induced abortion. (H & E × 160).

CURTIS encountered several instances of recurrent reproductive wastage associated with focal extragenital infections; successful pregnancies followed eradication of the foci; corroboration was sought in animal experimentation. Such
observations are supported and mechanisms suggested by the work of ZAHL and
BJERKNES, TAKEDA and TSUCHIYA, RIEDER and THOMAS, and THIERSCH, who
induced decidual hemorrhage and interrupted pregnancies by injecting bacterial
endotoxins intravenously in rats, mice, and rabbits. The relevance of such findings
to the decidual hemorrhage so characteristic of early human abortions is untested.
THIERSCH related his findings to those of KASS and coworkers, who demonstrated
that inapparent urinary tract infections, usually caused by gram negative bacilli,
are associated with increased hazards of premature delivery, yet the conceptus is
not infected.

The veterinary literature contains many references to abortions in various species
of animals, which could be traced to intrauterine, usually bacterial, infections (BARNER,
FENNESTAD, BORG-PETERSEN, MAHAFFEY, PAULSEN, MOLLELO, YOUNG, and their coworkers, *inter alia*). However, many such occurrences take place later in gestation,
although prior to gestational maturity, and are analogous to, or even pathogenetically
identical with, human perinatal infections (See Chapter IX, Infections, for other
relevant material).

Although specific *viral infection* of the conceptus has rarely been documented
as causing abortion, no systematic virologic survey of aborted products has been
reported. Most studies on the role of viruses in pregnancy have focused on questions
of teratogenicity. However, it is not surprising that the viruses which have been
implicated in congenital infections of viable births have also been found in products of late abortion, recapitulating disease of the older fetus. For example,
KILLPACK described fetal vaccinia in an abortus at 18 weeks' gestation. *Poliomyelitis* virus has been isolated from an abortus expelled during the acute phase

of the disease in the gravida (SCHAEFFER). The histopathologic features of the specimen were not described. GORONOV and GANCEV report two *cytomegalovirus-induced* abortions, which were diagnosed on histologic grounds, without virologic confirmation. "Inclusion bodies" were seen in the endometrial cells in one of these and in trophoblast of the other. We have seen similar "bodies" in endometrial glandular epithelia of occasional early abortions, without any concurrent histologic abnormalities of the conceptus. Somewhat similar nuclear changes are seen in normal hypersecretory endometria associated with normal pregnancy. The inclusions in the trophoblastic nuclei are strongly suggestive of viral infection and resemble the nearly pathognomonic structures associated with documented congenital cytomegalovirus disease. Virological confirmation of the presence and nature of the infecting agent in this unusual abortus would have been most valuable.

Indirect statistical evidence of the abortifacient effect of *rubella* is obtained from surveys of pregnancies complicated by this infection. As is generally true in respect to environmental teratogens, gestational rubella is associated with increased pregnancy wastage, including abortions, as well as the overt rubella embryopathies. Moreover, in a few instances the virus has been isolated from products of "spontaneous" abortion in the wake of rubella (SELZER, ALFORD *et al*). In view of the diffuse chorionic vasculitis as well as the vascular damage evident in embryonic tissues from which the virus has been isolated, the mechanism of abortion may be that of a devastating ovipathy, affecting embryo and placenta (DRISCOLL).

Toxoplasmosis and Abortion.

There has been considerable difference of opinion regarding the importance of toxoplasmosis of the gravida and her susceptibility to abortion, especially "habitual" abortion. GARD, quoted by MELLGREN *et al.*, isolated the organism from half of an abortus, while the other half, studied histologically, gave no sign of specific etiology. *Toxoplasma gondii* rarely, if ever, produces congenital disease in more than one child born to an individual mother. This is usually regarded as evidence of primary intragestational infection of the gravida, with hematogenous spread to the conceptus, as has been discussed in Chapter IX, Infections. Yet, chronic infections in experimental animals are often associated with the birth of successive infected litters (REMINGTON). Furthermore, the parasite has been recovered from myometria of asymptomatic women with low antibody titers, compatible with chronic infections (REMINGTON). These observations strongly suggest that recurrent intrauterine toxoplasmosis is a possibility in the human, and may be responsible for rare recurrent abortions. LANGER and GEISSLER, WERNER, MELLGREN *et al.* and REMINGTON have supplied evidence to support this hypothesis. LANGER and his colleagues isolated the parasite from a variety of tissue samples and fluids from 23 habitual aborters, whose serological dye test titers suggested chronic toxoplasmosis. Moreover, the organism was demonstrated in fetal brain from two successive abortuses of one patient, and from one abortus and the subsequent menstrual blood samples which preceded another abortion of a second patient. These findings were regarded as indicative of toxoplasmosis-induced repetitious abortions. WERNER and his group studied similar cases histologically, and found the parasite in two separate abortuses of one patient. REMINGTON *et al.* report the isolation of *Toxoplasma gondii* from an abortus produced by a patient with a history of recurrent prior abortions and an antibody titer commensurate with chronic toxoplasmosis.

The histopathological features of toxoplasmosis with abortion are not clear. Encysted parasites are easily recognized in placentas and adnexa associated with the disease in the older conceptus, and chronic villous and decidual inflammation are seen. Perhaps these are recapitulated when the infection induces abortion. However, the variable and relatively non-specific microscopic changes of early abortions are such that the etiology may be masked, especially when proliferative forms of the parasite are present. Exceptional diligence, or, more profitably, the use of immunofluorescent techniques may be required to identify the responsible agent in the inflamed tissues. Of course, parasitological methods are necessary to substantiate the specific etiologic diagnosis, with which the histopathological changes are associated.

Morphology of Abortion

The morphologic aspects of tissues obtained from spontaneous abortion and subsequent curettage "for completion" may often be disappointing. Most frequently a decidual cast is recovered, and nondescript residual tissue is curetted from the uterus. Examination of the fresh specimen is facilitated by immersion in saline solution. Often the shape of a cast is then indicative of that of the uterine cavity and the site of implantation can be deduced from identification of the cornual projections of decidua (TORPIN). Uterine malformation may first be suspected from such a gross examination and cervical or lower segment implantations may also be diagnosed (BERGMAN, HOLMES). A chorionic vesicle may be found and, if intact, may provide the data required to classify the abortus as a "Pathologic Ovum", as was done by MALL and MEYER, and with later modifications, by HERTIG. Such taxonomy is useful in that structurally normal embryo-fetus, amnion, and chorion can be separated from those with manifest abnormalities of these components. An approach is then possible to questions regarding the "primary" basis of the abortion.

The size and state of preservation of the components of the abortus can be recorded, data of importance for estimation of the normality of embryonic-fetal growth and interval of retention of a dead cyema prior to its expulsion. Placental configuration, sites of insertion of cord and membranes, and structural anomalies of any member can be observed. The gross examination affords the only opportunity for valid assessment of the "adequacy" of chorionic development and ultimate placental size, as well as an objective, nearly quantitative evaluation of the extent of decidual development, hemorrhage, and necrosis. Only by comparison of gross data from products aborted spontaneously and those recovered from therapeutic and incidental abortions can one resolve differences of opinion regarding the interpretation of these phenomena (RUTHERFORD, JAVERT, McCOMBS and CRAIG, GRUENWALD). Occasionally, gross vesicles are visible, indicating a greater degree of "hydatid change", than is usual in the abortus. Since such phenomena are regarded as significant in one of the major theses on the pathogenesis of hydatidiform mole, they will be discussed in the following chapter.

The "blighted ovum" constitutes one of the major morphologic types of abortus. The embryo is absent, minute, or autolysed, hence "blighted". The chorionic tissues show degenerative changes, compatible with subsequent or simultaneous damage. Such an abortus has been observed among products of gestational rubella, others among chromosomally abnormal products of conception, indicating the pathogenetic heterogeneity of the "blighting". When the ovisac is recovered intact, valid information can be gained concerning the presence of an embryo and an amnion (Fig. 257). Of course, absence of these structures cannot be interpreted when the sac is incomplete or has ruptured prior to examination. The later in gestation that the abortion takes place, the less likely it is that a "blighted ovum" or even a macerated cyema will be found.

The histologic aspects vary, often comprising evidence of specific causation. However, many of the common first trimester abortions yield tissues in which villi are avascular, focally "hydropic", and the decidua presents the descriptive tetrad: thrombosis (of sinusoids), hemorrhage (usually focal, occasionally extensive), inflammation (polymorphonuclear leukocytic infiltration), and necrosis (recent and variable in extent). HUBER *et al.* reported that 40% of 90 "intact specimens" from abortions showed histologic evidence of "molar change", which they regarded as indicative of the beginnings of hydatidiform mole. The three features which led to this interpretation were: avascularity of villi, edema of villous stroma with apperance of cystic spaces, and proliferation of trophoblast to form more than two layers, excluding the normal proliferation at anchoring villi. THORBURN described the presence of sex chromatin in trophoblastic nuclei of a 13 day human conceptus; none was seen in the chorionic mesoderm and intraembryonic tissue of the specimen. PARK observed no sex chromatin in human intraembryonic tissues until after the eighteenth day. THORBURN regards this sequence as compatible with the hypothesis that sex chromatin appears only after the first few cells of a particular anlage have differentiated; *i.e.* sequential,

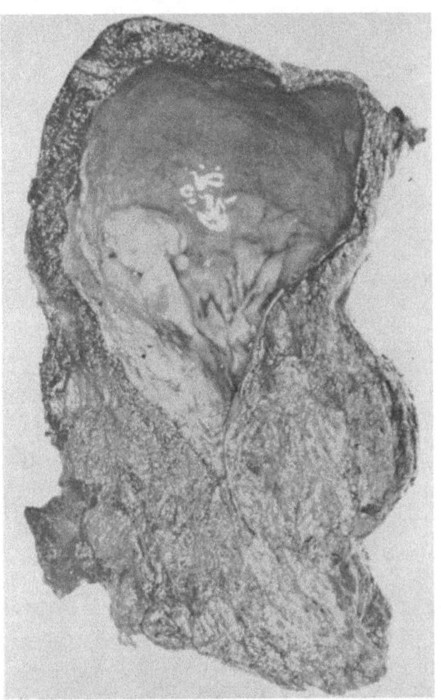

Fig. 257. Complete spontaneous abortion specimen, hemisected. In the amnionic cavity a macerated nodular embryo is seen attached to a very short umbilical cord. Remnants of fetal vessels can be seen under the amnion. Note that the amnion is (prematurely) closely applied to the chorionic surface, a frequent finding in complete abortion specimens. The villous tissue is dark because of the intervillous stuffing with blood. This type of abortion has been mislabeled a "Breus mole"; more correctly it has been named hematoma or carneous mole. It would have been most suitable for cytogenetic study.

rather than simultaneous, "lyonization" of the cells of the developing zygote is suggested. It is often possible to identify "sex-chromatin" in the aborted tissues, especially the stromal cells of villi (Fig. 258). In view of the peculiarities of sex ratio among aborted products, and, indeed, among victims of a host of diseases at all ages, it is important to ascertain the sex of the conceptus as accurately as possible. As has been indicated previously, the late abortus shares many features, morphologic, pathogenetic, and etiologic, with the product of early premature labor, the differences being mainly those of arbitrary clinical classification, based on gestational age, or "viability" (See chapters dealing with multiple gestation, particular diseases of the conceptus and of the gravida. For specific features of septic and "missed" abortions, and response of conceptus to intra-amniotic hypertonic saline infusions, see later sections of this chapter.)Except for instances of abnormal placental configuration and of unusually shaped decidual casts, the abortus from a malformed uterus presents no particular anatomic features. The latter is also true in most cases of abortion related to an incompetent internal cervical os, a condition to be diagnosed on clinical grounds (EASTERDAY and REID). However, some of the middle trimester abortions which are associated with cervical incompe-

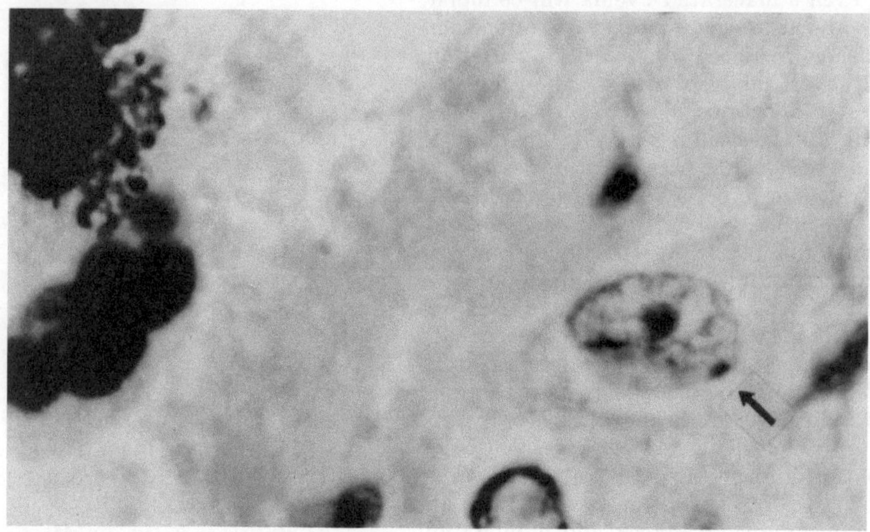

Fig. 258. Sex chromatin in villous stromal cell of abortus (at arrow). Syncytial cell at left top. (H & E × 2000).

tence yield placentas with severe deciduitis and chorioamnionitis, often demonstrably bacterial in etiology. Transorificial fetal infections may then ensue. (Fig. 259). (See Chapter IX.)

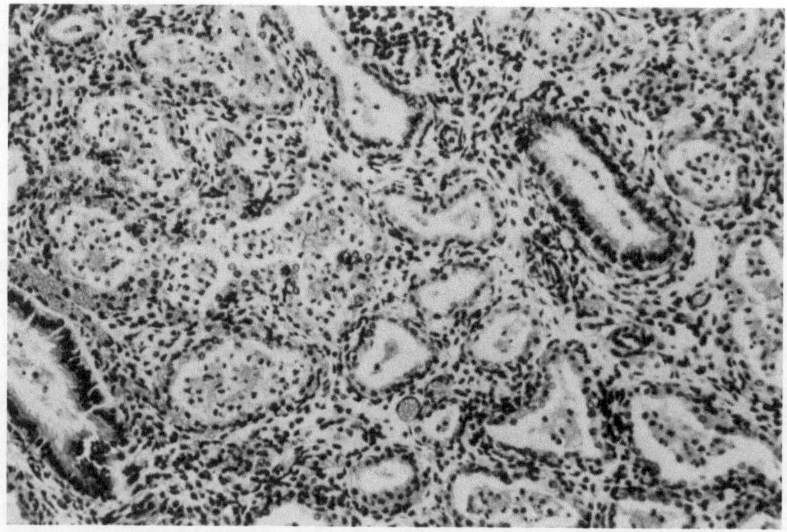

Fig. 259. Lung from fetus aborted following suturing of cervix. Massive aspiration of amniotic sac contents, including many polymorphonuclear leukocytes and amniotic debris, as a consequence of necrotizing chorioamnionitis. (H & E × 160).

Trauma and Abortion

HERTIG and SHELDON published a critical review and discussion of the role of external trauma in abortion. Abortion can be attributed to a specific trauma when two major conditions are met: (1) the conceptus can be shown to have been anatomically normal prior to the trauma; and (2) the events leading to the expulsion of this normal ovum began within minutes to hours of the trauma. Among 1000 abortions, only one was regarded as a valid instance of abortion resulting from trauma. Of course, direct trauma is a mechanism of inducing abortion, whether for therapeutic or illicit reasons.

Miscellaneous other Types of Abortion

Many reports have appeared concerning a large number and wide variety of other factors suspected of having an etiologic relationship to spontaneous abortion, especially repetitious abortions. Among these are endometrial abnormalities, such as chronic infections and inadequate responses to ovarian hormones, other endocrinopathies, vitamin deficiencies, other nutritional abnormalities, abnormal spermia, and psychologic factors. (See ROBINSON et al.; HUGHES et al.; LEVINE et al.; NOYES; JOEL; SCOTT; ABRAMSON and SAPHIRSTEIN; AARON et al., inter alia, for relevant reports). Few morphologic data have appeared relative to mechanisms which may be involved and effects of therapy. Often the studies have been uncritical, and empiric use of therapeutic regimens has been recommended with enthusiasm not supported by valid data. Gestations complicated by a variety of maternal diseases are unusually susceptible to abortion, yet the immediate mechanisms may not be apparent. Even the hydramnios of the twin transfusion syndrome (q.v.) may rarely eventuate in previable termination of the affected pregnancy.

HERTIG has pointed out that the pathologic examination of the abortus omits one aspect of the problem which may sometimes be its most important aspect, the pathologic examination of the uterus. However, NOYES has expressed the opinion that the importance of abnormal endometrium in abortion has been overrated. HOLMES, BERGMAN, LEVINE et al., inter alia, consider that congenital abnormalities of the uterus in which the conceptus becomes implanted increase the hazards of spontaneous abortion. Malformed uteri and thin endometrium seem to be associated with abnormal placental configuration, such as multilobation and membranous placentas, which may then enhance the risks of premature interruption of the gestation. However, abortions which result from uterine malformations probably reflect functional disturbances of the abnormal uteri. Also, the abortions which are attributed to incompetence of the cervical os are not usually associated with placental lesions (EASTERDAY and REID). Whether local infections, past or active, contribute to cervical incompetence, and whether premature dilatation of the cervical os predisposes the placenta to membranous placentitis have yet to be answered.

The relevance of experimental studies in other species is yet to be demonstrated. For example, POULSON et al. demonstrated hemorrhagic phenomena and interruption of pregnancies when 5-hydroxytryptamine or iproniazid was injected into mice. They suggested that these agents may also prevent implantation. More recently, STEINER et al. described placental necrosis in rats which aborted after intraperitoneal injection of tetracycline.

Threatened Abortion

Threatened abortion, defined clinically as an episode of painless uterine bleeding sometimes accompanied by uterine contractions, is an exceedingly common event, affecting some 16% of recognized pregnancies (HERTIG). Of these, 60% proceed to spontaneous abortions, while in the remainder, the pregnancy progresses to a later termination. As reported by HERTIG, the products which abort promptly comprise pathologic ova (50%), fetal deaths preceding the threat to abort (20%), and fetuses which were alive at the onset of vaginal bleeding (the remaining 30%). Obviously, therefore, not all of these abortions have a common pathogenesis, yet all present clinical evidence of vaginal bleeding, indicating decidual necrosis and hemorrhage. RUTHERFORD studied decidual biopsies from 100 consecutive cases of vaginal bleeding during the first four months of pregnancy, with and without cramps. None appeared to be disturbed by the biopsy procedure. Decidual hemorrhage and necrosis were found in all instances, varying in extent. Of these patients, who constituted 4% of the prenatal clinical population, only 25% proceeded to fetal viability following the clinical bleeding episode. JAVERT and GRUENWALD also stress the importance of necrosis and bleeding of the decidua in the pathogenesis of many spontaneous abortions. On the other hand, McCOMBS and CRAIG claim that decidual necrosis is a physiological process, occurring during all gestations. No doubt these differences of interpretation can be resolved by consideration of both the extent and the site of the decidual "damage".

WALKER *et al.* have pointed out that threatened abortion is a frequent antecedent of other overt obstetrical abnormalities, among those gestations which are not aborted at the time that the "threat" is observed. They reported increased hazards of premature labor, fetal abnormalities, fetal and neonatal deaths, and abruptio placentae in this group. The same phenomena have been discussed by HOLLSTEIN. WALKER and his colleagues emphasized the wisdom of heeding the warning of threatened abortion, as an indication for special care for the gravida, including elective early delivery. According to these observers, threatened abortion is an external evidence of abnormal placentation; therefore, it is frequently correlated with later manifestations of placental failure. Again, the assumed cause and effect relationship is not proved, and a common cause of the two is an equally tenable interpretation. A systematic study of the products of pregnancies complicated by "failure" of threatened abortion might shed some light on this.

"Habitual" Abortion

The prevalence of factors which interfere with the normal fulfilment of the promise of each human conception has already been discussed. Against this background of deleterious influences, a small portion of matings experiences additional risks of recurrent pregnancy wastage, so-called habitual abortion. In view of the spectrum of prenatal damages which can be produced by single etiologic agents, and the arbitrary and artificial separation of data on "abortion" from those on perinatal deaths and the residual defects from prenatal damage, it seems more useful to discuss recurrent *total pregngncy wastage*. Certain infections, maternal isoimmunization, chronic maternal vascular diseases, and diabetes mellitus, among other abnormal states, are reflected in repeated fetal disasters, at various gestational maturities. Abortions in the absence of such maternal disorders may also recur, sometimes in consecutive pregnancies.

HERTIG estimates that habitual abortions account for some 0.4% of all pregnancy outcomes, *i.e.* about 4% of abortions represent habitual abortion. WARBURTON and FRASER estimated risks that a given gestation would end as a spontane us abortion as follows: 20% after one abortion, 23% after two, and 26% after three abortions, an effect independent of advancing maternal age. Most data estimate that approximately 20% of patients who have aborted twice will abort again at the next pregnancy (TIETZE, RUCKER, WARBURTON and FRASER; SPEERT).

MALPAS interpreted statistical data on sequential abortions as indicating the influence of recurrent similar causes within the sequence. HERTIG and his co-workers have emphasized that the products of recurrent abortions demonstrate similar abnormalities. A series of 14 patients, each of whom had aborted twice, seemed to have done so because of the same or similar factors on both occasions (Hertig and Livingstone). Wall and Hertig studied 100 cases of habitual abortion and compared them with 1000 spontaneous abortions examined previously. Fifty-eight of the repetitive cases were ascribed to the same etiology, 43 being classified as due to ovular abnormalities and 15 to maternal factors. While the distribution of causes was generally similar in the "repeaters" and the series of 1000 abortions, the habitual abortions included fewer pathologic ova, fetal abnormalities, and placental anomalies, and slightly more maternal abnormalities.

Although the morphologic features have come under study, few data are available concerning questions of recurrent immune phenomena, repetition of chromosomal errors, and possible metabolic disorders of the conceptus, in recurrent previable pregnancy wastage. Once more there is the question of applicability of observations in experimental animals to human experiences. Suggestive findings include those of Cohen and Nedzel, who induced abortions in guinea pigs by injections of rabbit antisera to guinea pig placental proteins. The associated histological findings in the placentas were similar to those seen in many spontaneous human abortions. The blood sera of women known to have aborted "habitually" also gave positive precipitin reactions with "proteins" prepared from full term human placentas, recapitulating *in vitro* the phenomena observed in the experiments. Bardawil and coworkers have used the skin graft as a system in which to test the role of immune reactions in habitual abortion (See Chapters VI and XIII).

Diagnostic studies have included a wide range of procedures, based on a host of hypotheses and, scattered, often unsystematic data. Therapies have been just as varied. Among studies of interest are those of Asplund (comprehensive examinations of 49 patients in the non-pregnant state), Levine *et al.* (emphasis on status of uterus, anomalies, endometrial glycogen; 56 cases, non-pregnant) Jöel (5.8% of 170 husbands of a habitual aborters had pathological spermia; 11 of 48 men whose wives aborted three or more times had significantly decreased deoxyribose nucleic acid content of semen), Greenblatt (vitamin C and P given to decrease abnormally increased capillary fragility), and Javert *(q.v.)*. Klopper and MacDonald have disagreed on the importance of progestogens in management of recurrent abortion. Such controversy seems fruitless, in view of the obvious heterogeneity of phenomena which contribute to the pregnancy wastage which we call "abortion".

"Missed" Abortion

"Missed" abortion is a curious phenomenon which may also be attributable to multiple and varied causes. Clinically, such a diagnosis is made when the death of the conceptus antedates its expulsion by at least eight weeks. Is it valid to assume that the "abortion" may have one etiology, and the failure of expulsion of the products, another? Normally, the ovisac separates from the uterus by hemorrhagic cleavage within the decidua, and is expelled by the contracting uterus. This mechanism fails in missed abortion, either because of abnormal implantation, *i. e.* attachment of the trophoblast to the myometrium, abnormal preservation of the decidua, suppression of myometrial activity, or combinations of these factors. Examination of the tissues which are ultimately recovered rarely clarifies the question of mechanism. However, in a few instances in which the pregnancy wastage could be attributed to a specific etiology, fetal disease, notably erythroblastosis fetalis, has been present. Such a disorder may be less likely to disturb the attachment of the ovisac to the uterus. In cases of fetal death due to cord obstruction, one might expect a similar tendency to missed abortion, unless the endocrinopathy of erythroblastosis fetalis is also a factor in the associated missed abortions. Abortuses which are expelled by gravidas who have been treated with estrogen and progestin from early in gestation have almost always been retained for many days or weeks before expulsion, and preservation of the decidua is exceptionally good. FISHER reviewed 30 cases of missed abortion, and found none of the affected gravidas to have experienced the same phenomenon in a previous or a subsequent pregnancy.

BENGTSSON has presented cogent evidence in support of his concept of the etiology and pathogenesis of missed abortion, based on studies of CSAPO, CASSMER, and in his own laboratory. According to these workers, missed abortion occurs only in instances of fetal death with maintenance of placental function. Initially, because of a sharp diminution of estrogen following fetal death (CASSMER), the myometrium is progesterone dominated and incapable of effective contraction. Later, with placental failure, progesterone is removed, and the myometrium is "castrated" and unresponsive to stimulation. BENGTSSON recommends therapy appropriate to the myometrial state, the latter reflecting the viability or non-viability of fetus and placenta. CSAPO also ascribes defense mechanisms of pregnancy to the placental progesterone. The mode of action of intra-amniotic hypertonic injections in aborting a normal conceptus is seen as that of removal of this protective agent, by destroying placental function (See Therapeutic Abortion for further discussion of divergent views and observations on this mechanism).

The morphologic features of "missed abortions" vary, depending, in part, on the gestational age at which the progress of pregnancy was interrupted and the cause of its interruption, on the time interval prior to expulsion or removal of the specimen, and on unknown factors. Often the placental changes recapitulate those seen after retention of the older fetus for weeks after its demise, which have been described previously (See Chapter VIII, Circulatory Disorders). In other instances, dry, firm, grossly amorphous tissues are recovered, which may contain calcific deposits. Fibrin encasement of villi and chronic inflammation may be evident microscopically (Fig. 260a, 260b). Whether such phenomena are of immunologic

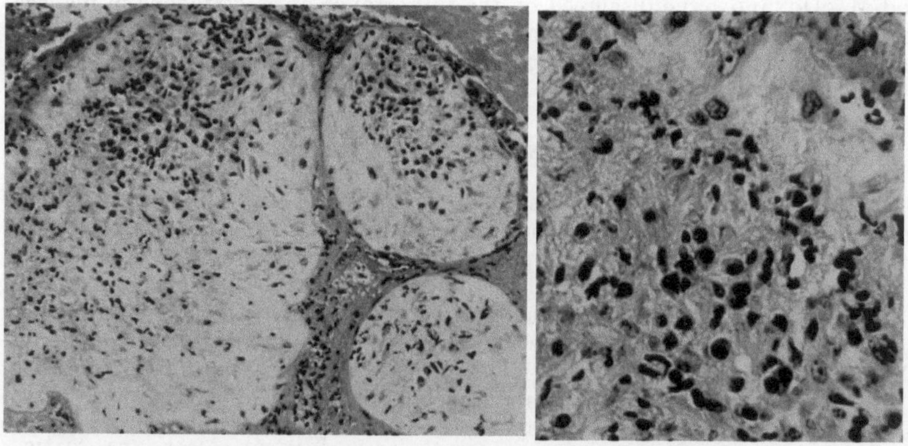

Fig. 260. Villous tissue from a missed abortion, curetted at 16 weeks' gestation. The avascular and atrophic villi are embedded in fibrin and infiltrated by plasma cells. a) H & E × 160), b) H & E × 400).

significance, in terms of altered maternal reactivity to substances in the regressing placenta, membranes, or even the degenerating fetal tissues is unknown. Breus' mole constitutes another morphologic expression of "missed abortion". In a sense, hydatidiform moles *(q. v.)* and transitions from blighted ova to such "moles" may also be considered in this general category.

Breus' mole

In 1892 BREUS described the condition of "subchorial tuberous hematoma of the decidua", *a morphologic variant of missed abortion* to which the appellation "Breus' mole" is now given. The paucity of reports relevant to this lesion is not a valid indicator of its incidence, but merely a reflection of the widespread disinterest in the morbid anatomy of abortion.

Typically, the abortus, whether obtained surgically or expelled spontaneously, comprises a small chorionic vesicle, surrounded by nodular masses of blood clot, placenta, and decidua (Figs. 152, 153). Usually an autolyzed embryo, a few millimeters to one or two centimeters in length, and often malformed, lies within the sac, attached to the chorion by a fragile, degenerate cord. The smooth membranous lining of the vesicle covers multiple hemorrhagic masses of various sizes, which bulge into and distort the chorionic cavity (Fig. 261). Amniotic fluid varies

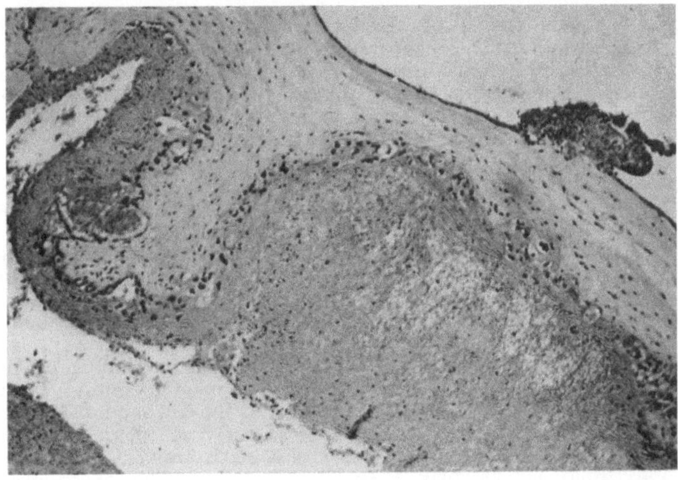

Fig. 261. Breus' mole. Nodular thrombus occupies diverticulum-like subchorionic region of intervillous space. (H & E × 40).

in volume and character. Transections of the nodules reveal thrombi within the subchorionic intervillous space, and varying in appearance from brown laminations to homogenous, dark red coagula. Dry, pale, firm placental tissue separates these from the decidual surface, at which cleavage from the uterus took place.

The characteristic clinical history in cases of Breus' mole is that of amenorrhea, at first accompanied by other signs of early pregnancy, followed by cessation of uterine growth and retention of the conceptus for months thereafter, then vaginal bleeding and expulsion of the "mole". BREUS' cited intervals of amenorrhea of five to eleven months in his original group of five cases.

Why does a Breus' mole develop? The appearance of the hematomas and the variations in degree and extent of their formation in different specimens indicate that they follow rather than antedate the embryonic death. Whether the deaths of embryos and fetuses which occur in cases of Breus' mole are attributable to the same host of causes as those which do not evolve into such "moles" is unknown. However, there is no reason to expect that all Breus' moles are initiated by the same specific lethal insult to the associated embryos or fetuses. Some of the mechanisms suggested as bases for Breus' mole include excessive growth of surviving chorion after embryonic death, hydramnios, endometrial vascular abnormalities, and excessively deep implantation (TORPIN; LINTHWAITE; THOMAS; VON DER AHE). Much of the discussion of missed abortion is relevant to this subject, as well. The sizes and distribution of the tuberous hematomas is compatible with limits placed by planes of attachment of decidua and chorionic septa. Perhaps the hematomas follow decidual bleeding which cannot dissect and detach a chorion grown adherent to the uterine wall. The subchorionic hematomas would then constitute concealed sites of hemorrhage, sealed off by fibrin deposition and fibrosis. (For additional discussion of Breus' mole, see Chapter VI.)

"Therapeutic" Abortion

Numerous methods have been employed for the purpose of legitimate, legal and controlled interruptions of pregnancies. Curettage continues to be the most effective, simplest, and safest means used during the first 10 or 12 weeks. Later terminations have been carried out by vaginal or abdominal hysterotomy or by the local introduction of abortifacients. Some of the latter methods have also proved useful in terminating the state of "missed abortion" and in inducing delivery following fetal death, at greater gestational maturities, *e.g.* in association with severe erythroblastosis fetalis.

WEILERSTEIN reviewed the use of intrauterine pastes as abortifacients, citing a 50% success rate of the method. These substances, whose main ingredient was soft soap, were inserted transvaginally, just inside the internal cervical os, and promoted extensive necrosis of tissues. WILLIAMS *et al.* later reported 32 cases so treated, with 9 complete abortions, 18 instances in which the fetus was passed but the placenta retained, 5 failures, and 2 severe complications. According to their own experience and reports available to these authors, both local and systemic complications were frequent (Fig. 262). They comprised: local inflammation and its sequelae, bleeding, hemolysis, pulmonary embolism, and septicemia. FOURACRE-BARNS described an 80% success rate with extra-ovular transcervical instillation of soft soap pastes for the purpose of abortion at gestations of 16 weeks or less. Controlled skilled surgical methods are obviously preferable to these unreliable and dangerous procedures. However, in recent years abortion by amniocentesis followed by intra-amniotic infusion of hypertonic fluids, such as 50% glucose or 20% sodium chloride solution, has become a commonplace, effective, and usually a safe procedure.

In 1935 BOERO described transabdominal intra-amniotic instillation of concentrated formaldehyde solutions for the purpose of interruption of pregnancy at the age of fetal viability. According to SVANE, ABUREL reported the transabdominal replacement of amniotic fluid by sodium chloride solutions as early as 1938. During a study of amniography, utilizing "uroselectan B" (iodoxylan) as contrast medium, BURKE noted that labor began fairly consistently after the procedure. This observation was exploited by the same investigator, who induced labor in 27 patients, nine at 36 to 40 weeks, and the remainder at term or postmature gestational ages. Subsequent to its successful and apparently safe use in late gestation, the same procedure was utilized to effect abortion in five patients at gestations of 18 to 28 weeks, and without complications. PLAYFAIR enjoyed similar success with this means of inducing labor at or near term, again with live and surviving fetuses. An interesting observation of BURKE's suggests that, at least in the case of "uroselectan" inductions, the effects are mediated locally. The material was injected into one of twin amniotic sacs; the labor, which began five hours later, at first involved only that half of the uterus containing the injected sac.

Later ABUREL and his coworkers introduced 20 to 35% sodium chloride solutions between the fetal membranes and the lower uterine segment, to effect delivery within an average of 20 hours in 30 of 31 patients in whom the method was tried. SVANE also injected 20% sodium chloride solution extraovularly, via a catheter introduced transcervically, so that the tip lay just inside the internal os. This procedure, used in 100 patients at eight to 21 weeks' gestation, produced abortion within one to two days of a single instillation in 80 cases. There were four failures, one serious complication (central rupture of the cervix), and the remainder required more than one treatment to produce the desired result.

In 1958, BROSSET described the induction of therapeutic abortions by means of intra-amniotic injection of hypertonic glucose solutions as a safe, effective alternative to operative delivery of the conceptus. Abortion followed this treatment in 13 to 108 hours (mean 38 hours). Others have reported success with the use of hypertonic

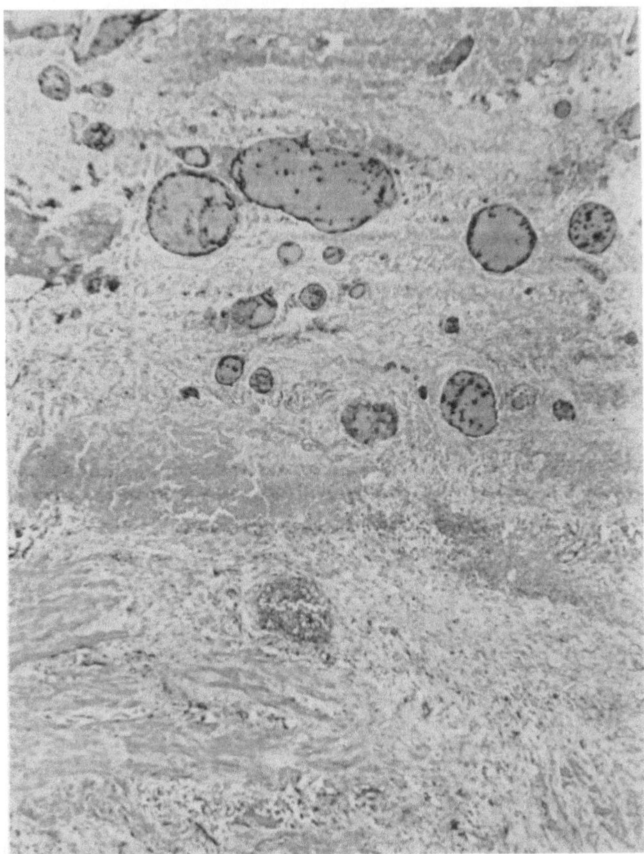

Fig. 262. Uterus after nearly fatal, soap-induced abortion with hemolysis, massive hemorrhage and necrosis. Infiltrated, partially necrotic myometrium below, coagulation and hemolysis in disrupted placental site above (H & E × 40).

saline, instead of the glucose solution (WOOD, BENGTSSON, JAFFIN, WAGNER, SCIARRA, and their coworkers, *inter alia*). Most authors fail to mention the morphology of the expelled conceptus, or describe it as normal. However, BENGTSSON and STORMBY observed vacuolization of both syncytio- and cytotrophoblast as early as 4 hours following intra-amniotic infusions of hypertonic saline and glucose. They found necrotizing placentitis adjacent to the fetal membranes, decreasing in severity toward the uterine wall, edematous villi, and no myometrial reaction. JAFFIN *et al.* described maceration of the fetal skin and thrombosis in the subchorionic region of the intervillous space, in products of abortions induced in this manner.

In a series of 20 patients whose pregnancies were interrupted in the twelfth through the twenty-eighth weeks by intra-amniotic injection of 20% saline solution, 19 showed similar placental responses. In each of these, a plate-like zone of bland intervillous thrombosis and necrosis of chorionic villi underlay the entire chorionic plate (Fig. 263). Typically, the subchorionic layer of thrombosis and necrosis measured one to two millimeters in thickness; histologically, the remaining chorionic villi and intervillous blood appeared normal. In the single case not

associated with these placental lesions, hemorrhages within the decidua suggested
that the infusion needle had been misdirected. The vessels of the umbilical cord
and chorionic plate were autolysed; bland thrombosis of a chorionic vessel was

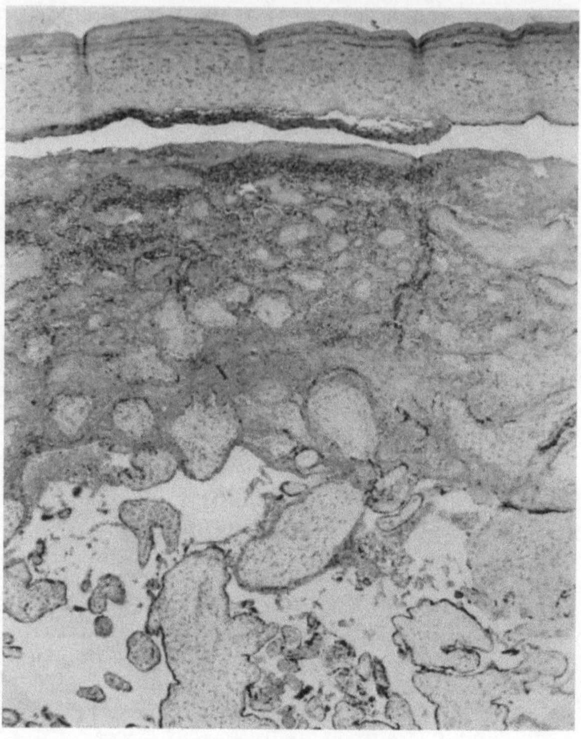

Fig. 263. Subchorionic intervillous thrombosis with necrosis of entrapped villi. Abortion induced by intra-
amnionic instillation of hypertonic saline solution. (H & E × 40).

observed only once. The accompanying fetuses were unusually fragile, soft,
macerated, even edematous. No overt focal lesions of fetal organs were recognized.

The pathogenesis of abortions which follow intra-amniotic instillations of
hypertonic solutions is not understood. CSAPO and BENGTSSON postulate that
the effects are mediated through destruction of placental tissue, hence withdrawal
of the protective hormone, progesterone, normally synthesized by the placenta.
Uterine contractions are no longer suppressed, and the conceptus is expelled.
However, others have been unable to prevent or delay abortion induced by these
methods by the administration of progesterone to the gravida (ALLING-MOLLER
et al.). Moreover, the reported results of assays of blood progesterone levels during
successful interruptions of pregnancies by intra-amniotic hypertonic infusions
have not always been consistent with CSAPO's and BENGTSSON's hypothesis
(WOOD *et al.*). The morphologic features of the associated conceptus suggest that
fetal death occurs promptly and subchorionic thrombosis at approximately the
same time. Yet much villous trophoblast appears normal, any functional lesion
being invisible on light microscopy. (See other relevant discussion in section on
"Missed abortion").

The simplicity and apparent safety of the intra-amniotic infusions as means
of interrupting gestation, for therapeutic abortion or to induce expulsion of a

dead fetus, have obvious advantages over methods heretofore in use. However, in rare instances, severe maternal morbidity, even mortality have followed. BRIGGS and MacDONALD *et al.*, report fulminating clostridial infection of the uterus following the instillation of hypertonic glucose solution to effect expulsion of a dead fetus. We have observed grave maternal "toxemia", in response to massive feto-placental infection which followed therapeutic instrumentation of amniotic sac and live fetus. The wise choice of infusate (should glucose be injected into a uterus containing a large quantity of dead tissue ?) and scrupulous attention to techniques reduce the risks of such disasters to a minimum.

References

AARON, J. B., W. LEVINE, and L. GITTMAN: Pregnancy wastage. Obstet. Gynec. **2**, 461 (1953).

ABRAMSON, D. & H. SAPHIRSTEIN: The relation of abnormal sperm morphology to spontaneous abortion. Proceedings of the Second World Congress on Fertility and Sterility. Naples (1956).

ABUREL, E. A., MIRESCU & P. ELIAS: Obstet. Ginec. (Bucaresti). **4**, 283 (1956). Cited by Svane, 1960.

AGUERO, O.: Anomalies morfologicas de la placenta y a su significado clinico. Caracas, Venezuela. Artegrafia CA. 107 pp. (1957).

ALFORD, C. A., F. A. NEVA, and T. H. WELLER: Virologic and serologic studies on human products of conception after maternal rubella. New Engl. J. Med. **271**, 1275 (1964).

ALLING-MOLLER, K. J., G. WAGNER, and F. FUCHS: Inability of progesterone to delay abortion induced with hypertonic saline. Amer. J. Obstet. Gynec. **90**, 694 (1964).

ASPLUND, J.: Factors concerned in the causation of habitual abortion. La Prophylaxie en Gynécologie et Obstetrique. Congr. Internat. Gynec. Obstet. Genève, 710 (1954).

AULA, P., and L. HUELT: A structural chromosome anomaly in a human foetus. Ann. pediat. Fenniae **8**, 297 (1962).

BARDAWIL, W. A., G. W. MITCHELL Jr., R. P. McKEOUGH, and D. J. MARCHANT: Behavior of skin homografts in human pregnancy. Amer. J. Obstet. Gynec. **84**, 1284 (1962).

BARNER, R. D., & F. H. OBERST: Vibrionic abortion in cattle. Vet. Med. **45**, 389 (1950).

BATEMAN, A. J.: The partition of dominant lethals in the mouse between unimplanted eggs and deciduomata. Heredity **12**, 467 (1958).

BATES, J. E., & E. S. ZAWADZKI: Criminal Abortion: A Study in Medical Sociology. Springfield, Illinois. C. C. Thomas, 1964. 250 pp.

BAYER, R.: Aborted ova in ovipathies and embryopathies. Zbl. Gynäk. **86**, 281 (1964).

BENGTSSON, L. P.: Missed abortion. The aetiology, endocrinology, and treatment. Lancet i, 339 (1962).

— & A. T. CSAPO: Oxytocin response, withdrawal and reinforcement of defense mechanism of human uterus at mid-pregnancy. Amer. J. Obstet. Gynec. **83**, 1083 (1962).

— & N. STORMBY: The effect of intraamniotic injection of hypertonic sodium chloride in human mid-pregnancy. Acta Obstet. Gynec. Scand. **41**, 115 (1962).

BENIRSCHKE, K.: Chromosomal studies on abortuses. Trans. New Engl. Obstet. Gynec. Soc. **17**, 171 (1963).

BERGMAN, P.: Accidental discovery of uterus bicornis on examination of placenta. Obstet. & Gynec. **17**, 649 (1961).

BIGBY, M. A. M. & F. A. JONES: Postabortal infection with *Clostridium welchii*: report of 2 cases with special reference to oliguria and to penicillin treatment. J. Obstet. Gynaec. Brit. Emp. **56**, 636 (1949).

BISHUN, N. P. & W. R. M. MORTON: Mosaicism in a case of repeated abortion. Human Chromosome Newsletter **13**, 9 (1964).

BOMSEL-HELMREICH, O. & C. THIBAULT: Developpment d'oeufs triploides expérimentaux chez la lapine. Ann. Biol. anim. Bioch. Biophys. **2**, 265 (1962).

Borg-Petersen, C. & K. L. Fennestad: Studies on bovine leptospirosis and abortion. I. Serological examination of aborting and "normal" cattle in Denmark. Nord. Vet. Med. **8**, 465 (1956).

Boero, E. A.: Interruption de la grossesse incompatible avant la viabilité foetale. Nouveau concept et nouvelle méthode opératoire. Gynec. Obstet. **32**, 502 (1935).

Böök, J. A.: Genetical investigations in a North Swedish population: The offspring of first-cousin marriages. Ann. Hum. Genet. **21**, 191 (1957).

Bret, A. J. & L. Valentin: *Listeria monocytogenes* septicemia in a pregnant woman. Subsequent abortion. Rev. Franc. Gynec. Ostet. **55**, 143 (1960).

Breus, C.: Das Tuberöse Subchoriale Hämatom der Decidua. (Eine typische Form der Molen-Schwangerschaft.) Deuticke, Wien, 1892.

Briggs, W. B.: Induction of labour with hypertonic glucose. Brit. Med. J. **i**, 701 (1964).

Brody, S. & D. A. Frenkel: Marginal insertion of the cord and premature labor. Amer. J. Obstet. Gynec. **65**, 1305 (1953).

Brosset, A.: The induction of therapeutic abortion by means of hypertonic glucose solution injected into the amniotic sac. Acta Obstet. Gynec. Scand. **37**, 519 (1958).

Brown, T. K. & G. A. Hunt: A bacteriologic study of 500 consecutive abortions with treatment and results. Amer. J. Obstet. Gynec. **32**, 804 (1936).

Burge, E. S.: The relationship of threatened abortion to fetal abnormalities. Amer. J. Obstet. Gynec. **61**, 615 (1951).

Burke, F. J.: Amniography. J. Obstet. Gynaec. Brit. Emp. **42**, 1096 (1935).

— Inducing labour by intra-amniotic injection. Brit. Med. J. **ii**, 1129 (1962).

Butler, H. M.: The examination of cervical smears as a rapid diagnosis in severe *Clostridium welchii* infections following abortion. J. Path. Bact. **54**, 39 (1942).

Calderone, M. S. (Ed.): Abortion in the United States. New York, Hoeber and Harper, 1958.

Carr, D. H.: Chromosome studies in abortuses and stillborn infants. Lancet **ii**, 603, (1963).

— Chromosome studies in spontaneous abortions. Obstet. Gynec. **26**, 308 (1965).

Carter, F. B., C. P. Jones, R. N. Credick & W. L. Thomas: Bacterioides infections in obstetrics and gynecology. Obstet. Gynec. **5**, 491 (1953).

Casida, L. E.: Fertilization failure and embryonic death in domestic animals. In Pregnancy Wastage. Edited by Engle, E. Springfield, Illinois. 1953. C. C. Thomas. p. 27.

Cassmer, O.: Hormone production of the isolated human placenta. Acta Endocrin. **32**, Suppl. 45 (1959).

Chosson, J. & H. Ruf: Studies on the microbial flora in placental retention following abortion. Marseille Chir. **11**, 401 (1959).

Clendenin, T. M. & K. Benirschke: Chromosome studies on spontaneous abortions. Lab. Invest. **12**, 1281 (1963).

Cohen, H. R. & A. J. Nedzel: Specific action of an antiserum for placental proteins on placenta and normal progress of pregnancy. Proc. Soc. Exper. Biol. Med. **43**, 249 (1940).

Cowen, D. & A. Wolf: Experimental congenital toxoplasmosis. II. Transmission of toxoplasmosis to the placenta and fetus following vaginal infection in the pregnant mouse. J. Exper. Med. **92**, 403 (1950).

Csapo, A.: Defence mechanism of pregnancy. In Wolstenholme, G. E. W., and M. P. Cameron: Progesterone and the Defence Mechanism of Pregnancy. London, 1961, Ciba Foundation Study Group No. 9, J. and A. Churchill, Ltd.

Curtis, A. H.: A motile curved anaerobic bacillus in uterine discharge. J. Infect. Dis. **12**, 165 (1913).

— Spontaneous recurrent abortion. J. Amer. Med. Ass. **84**, 1262 (1925).

Delhanty, J. D. A., J. R. Ellis & P. T. Rowley: Triploid cells in a human embryo. Lancet **i**, 1286 (1961).

Dippel, A. L.: The relationship of congential syphilis to abortion and miscarriage and the mechanism of intrauterine protection. Amer. J. Obstet. Gynec. **47**, 369 (1944).

Douglas, R. G. & H. S. Rhees: Bacteriologic findings in the uterus during labor and the early puerperium. Amer. J. Obstet. Gynec. **27**, 203 (1934).

Driscoll, S. G.: Histopathologic observations in gestational rubella. (In preparation).

Dumont, M., & H. Lafond: Les placentocultures des avortements. Rev. Franc. Gynéc. Obstet. **58**, 403 (1963).

Earn, A. A.: Placental anomalies. Canad. Med. Ass. J. **64**, 118 (1951).

EASTERDAY, C. L. & D. E. REID: The incompetent cervix in repetitive abortion and premature labor. New Engl. J. Med. **260**, 687 (1959).
EBERT, J. D.: Appearance of tissue-specific proteins during development. Ann. New York Acad. Sci. **55**, 67 (1952).
FENNESTAD, K. L. & C. BORG-PETERSEN: Studies on bovine leptospirosis and abortion. II. Experimental leptospirosis in pregnant heifers. Nord. Vet. Med. **8**, 815 (1956).
— — Studies on bovine leptospirosis and abortion. III. Attempts to demonstrate Leptospira in cotyledons from aborting cattle. Nord. Vet. Med. **8**, 882 (1956).
— — Fetal leptospirosis and abortion in cattle. J. Infect. Dis. **102**, 227 (1958).
— — Studies on bovine leptospirosis and abortion. IV. Demonstration of Leptospira in foetuses from field cases of abortion in cattle. Nord. Vet. Med. **10**, 302 (1958).
FISHER, J. J.: Missed abortion. Analysis of 30 cases and discussion of etiology. Obstet. Gynec. **1**, 529 (1953).
FLAMM, H.: Die Pathogenese der Listeriose. In Listeriosen Symposion. Edited by Roots, E. & D. Strauch: Zbl. Veterinärmedizin, March 1958.
FOURACRE-BARNS, H. H.: Therapeutic abortion by means of softsoap pastes. Lancet ii, 825 (1947).
GARD, S.: Meddelande vid disputation i Lund den 9/12, 1949 (Cited by Mellgren et al. 1952).
GOODALL, J. R.: Circumcrescent and circumvallate placentas. Obstet. Gynec. **28**, 707 (1934).
GOODNO, J. A., I. M. CUSHNER & P. E. MOLUMPHY: Management of infected abortion. Amer. J. Obstet. Gynec. **85**, 16 (1963).
GORANOV, I. & S. GAVCEN: Fehlgeburt bei Zytomegalie. Zbl. Gynäk. **85**, 1037 (1963).
GRAY, J. D.: The problem of spontaneous abortion. II. Changes in the placental villi. Amer. J. Obstet. Gynec. **72**, 615 (1956).
GRAY, M. L.: Genital listeriosis as a cause of repeated abortion. Lancet ii, 315 (1960).
—, H. P. R. SEELIGER & J. POTEL: Perinatal infections due to *Listeria monocytogenes*. Do these affect subsequent pregnancies? Clin. Pediatrics 2, 614 (1963).
—, C. SINGH & F. THORP: Abortion, stillbirth, early death of young in rabbits by *Listeria monocytogenes*. I. Ocular instillation. Proc. Soc. Exper. Biol. Med. **89**, 163 (1955).
GREEN, C. R.: The frequency of maldevelopment in man. Amer. J. Obstet. Gynec. **90**, 994 (1964).
GREENBLATT, R. B.: The management of habitual abortion. Ann. N. Y. Acad. Sci. **61**, 713 (1955).
GRUBB, R. & S. SJOSTEDT: Blood groups in abortion and sterility. Ann. Hum. Gen. **19**, 183 (1955).
GRUENWALD, P.: Decidual sloughing in abortion, premature birth and abruptio placentae. Bull. Johns Hopkins Hosp. **116**, 363 (1965).
HAGA, H.: Studies on natural selection in ABO blood groups with special reference to the influence of environmental changes upon the selective pressure due to maternal-fetal incompatibility. J. Jap. Hum. Gen. **4**, 1 (1959).
HAGEMANN, U. & H. SIMON: Fruchttod der Frühgeburt durch diaplacentare Listerien-infektion. Geburtsh. Frauenh. **12**, 1089 (1953).
HALL, B. & B. KÄLLEN: Chromosome studies in abortuses and stillborn infants. Lancet i, 110 (1964).
HATHOUT, H.: The vascular pattern and mode of insertion of the umbilical cord in abortion material. J. Obstet. Gynaec. Brit. Commonw. **71**, 963 (1964).
— On the primary sex ratio. J. Obstet. Gynaec. Brit. Commonw. **70**, 859 (1963).
HENRY, J. S.: Some biological aspects of spontaneous abortion. Amer. J. Obstet. Gynec. **73**, 1229 (1957).
HERTIG, A. T.: The pathology of late pregnancy hemorrhage. Prematurity, Congenital Malformation and Birth Injury. New York, Association for the Aid of Crippled Children, 1953, p. 202.
— & R. G. LIVINGSTONE: Spontaneous, threatened and habitual abortion; their pathogenesis and treatment. New Engl. J. Med. **230**, 797 (1944).
— & J. ROCK: On the eleven-day pre-villous human ovum with special reference to the variations in its implantation site. Anat. Rec. **82**, 420 (1942).
— — A series of potentially abortive ova recovered from fertile women prior to the first missed menstrual period. Amer. J. Obstet. Gynec. **58**, 968 (1949).
—, —, E. C. ADAMS, & M. C. MENKIN: Thirtyfour fertilized human ova, good, bad and indifferent, recovered from 210 women of known fertility. A study of biologic wastage in early human pregnancy. Pediatrics **23**, Suppl. I: 202 (1959).
— — — & W. J. MULLIGAN: On the preimplantation stages of the human ovum: a

description of four normal and four abnormal specimens ranging from the second to the fifth day of development. Contrib. Embryol. Carnegie Inst., Washington, D. C. **35**, 199 (1954).

— & W. H. SHELDON: Minimal criteria required to prove *prima facie* case of traumatic abortion or miscarriage. Ann. Surg. **117**, 596 (1943).

HILL, A. M.: Post-abortal and puerperal gas gangrene: report of thirty cases. J. Obstet. Gynaec. Brit. Emp. **42**, 201 (1936).

HOLLSTEIN, D.: Das Schicksal der Frucht nach drohendem Abortus. Zbl. Gynäk. **80**, 16 (1958).

HOLMES, J. A.: Congenital abnormalities of the uterus and pregnancy. Brit. Med. J. i, 1144 (1956).

HOOD, M.: Listeriosis as an infection of pregnancy manifested in the newborn. Pediatrics **27**, 390 (1961).

— & J. TODD: *Vibrio fetus:* A cause of human abortion. Amer. J. Obstet. Gynec. **80**, 506 (1960).

HÖRMANN, G.: Pathogenese und Definition des Abortiveies. Geburtsh. Frauenheilk. **8**, 809 (1948).

HUBER, C. P., J. R. MELIN & F. VELLIOS: Changes in chorionic tissue of aborted pregnancy. Amer. J. Obstet. Gynec. **73**, 569 (1947).

HUGHES, E. C., C. W. LLOYD & C. P. LEDERGERBER: The role of preconceptional study and treatment in abortion and premature labor. La Prophylaxie en Gynécologie et Obstetrique. Congr. Internat. Gynéc. Obstet. Genève, 715 (1954).

— — A. W. VANNESS & W. T. ELLIS: The role of the endometrium in implantation and fetal growth. In: Pregnancy Wastage. Edited by Engle, E. Springfield, Illinois. 1953. C. C. Thomas. p. 51.

— A. W. VAN NESS & C. W. LLOYD: The nutritional value of the endometrium for implantation and in habitual abortion. Amer. J. Obstet. Gynec. **59**, 1292 (1950).

ISHAM, R. L. & S. C. FINCH: Postabortal *Clostridium welchii* sepsis with massive hemolysis. New Engl. J. Med. **254**, 317 (1956).

JACOBS, L.: Toxoplasma and toxoplasmosis. Ann. Rev. Microbiol. **17**, 429 (1963).

JAFFIN, H., T. KERENYI & E. C. WOOD: Termination of missed abortion and induction of labor in midtrimester pregnancy. Amer. J. Obstet. Gynec. **84**, 604 (1962).

JANOVSKI, N. A. & E. T. GRANOWITZ: Placenta membranacea. Report of a case. Obstet. Gynec. **18**, 206 (1961).

JAVERT, C. T.: Decidual bleeding in pregnancy. Ann. N. Y. Acad. Sci. **61**, 700 (1955).

— Spontaneous and Habitual Abortion. New York, 1957, Blakiston Division, McGraw-Hill Book Company Inc. 450, pp.

— & B. BARTON: Congenital and acquired lesions of the umbilical cord and spontaneous abortion. Amer. J. Obstet. Gynec. **63**, 1065 (1952).

— & C. REISS: The origin and significance of macroscopic intervillous coagulation hematomas (red infarcts) of the human placenta. Surg. Gynec. Obst. **94**, 257 (1952).

JENSEN, K. G.: Transplacental passage of leucocyte agglutinin occurring on account of pregnancy. Dan. Med. Bull. **7**, 54 (1960).

JÖEL, C. A.: Sperma und Abort. La Prophylaxie en Gynécologie et Obstetrique. Congr. Internat. Gynéc. Obstet. 736 (1954).

— Zur Aetiologie des habituellen Abortes unter Berücksichtigung des männlichen Faktors. Gynecologia **154**, 257 (1962).

KAESER, O.: Studien an menschlichen Aborteiern mit besonderer Berücksichtigung ·der frühen Fehlbildungen und ihrer Ursachen. I., II. und III. Mitteilung. Schweiz. med. Wschr. **79**, 509, 780, 803, 1050, 1079 (1949).

KASS, E. H.: The role of asymptomatic bacteriuria in the pathogenesis of pyelonephritis. In: Biology of Pyelonephritis. Henry Ford Hospital International Symposium. Edited by Quinn, E. L., and E. H. Kass, Boston, Mass. 1960. Little Brown, and Co. p. 399.

KELLY, S., R. ALMY, L. JAKOVIC & L. BUCKNER: Autosomal monosomy in a spontaneous abortion. Lancet i, 166 (1965).

KILLPACK, W. C.: Prenatal vaccinia. Lancet i, 388 (1963).

KING, E. O.: Human infections with *Vibrio fetus* and a closely related vibrio. J. Infect. Dis. **101**, 119 (1957).

KLINGER, H. P., & H. G. SCHWARZACHER: XY/XXY and sex chromatin positive cell distribution in a 60 mm. human fetus. Cytogenetics **1**, 266 (1962).

KLOPPER, A.: Progestogens in recurrent abortion. Lancet ii, 543 (1965).

Langer, H.: Intrauterine Toxoplasma-Infektion. Stuttgart, Georg Thieme, 1963. 55 pp.
— Repeated congenital infection with *Toxoplasma gondii*. Obstet. Gynec. **21**, 318 (1963).
— & H. Geissler: Nachweis von Toxoplasmosen bei Aborten und Frühgeburten. Arch. Gynäk. **192**, 304 (1960).
Lawler, F. C., F. S. Wood, S. King & W. I. Metzger: *Listeria monocytogenes* as a cause of fetal loss. Amer. J. Obstet. Gynec. **89**, 915 (1964).
Levine, P.: Serological factors as possible cause of spontaneous abortions. J. Hered. **34**, 71 (1943).
— The rare human isoagglutinin anti-Tj[a] and habitual abortion. Science **120**, 239 (1954).
— Preliminary observations of a hemolysin in the sera of aborters in Perth, Australia. Transcript of the Second Rochester Trophoblast Conference. Edited by Lund, C. J. and H. A. Thiede: Department of Obstetrics and Gynecology of the University of Rochester School of Medicine and Dentistry, Rochester, New York, 1963, 443.
Levine, W., J. B. Aaron & L. Gitman: Preconception studies in repeated fetal loss. La Prophylaxie en Gynécologie et Obstetrique. Congr. Internat. Gynéc. Obstet. 724 (1954).
Linthwaite, R. F.: Subchorial hematoma mole. (Breus' mole). J. Amer. Med. Ass. **186**, 867 (1963).
Lyon, M. F.: Some evidence concerning the "mutational load" in inbred strains of mice. Heredity **13**, 341 (1959).
MacDonald, D., M. K. O'Driscoll & F. J. Geoghegan: Intraamniotic dextrose— a maternal death. J. Obstet. Gynaec. Brit. Cwlth. **72**, 452 (1965).
MacDonald, R. R.: Norethynodrel and mestranol (Enavid) in the prevention of recurrent abortion. Lancet ii, 362 (1965).
MacMahon, B., A. T. Hertig & T. Ingalls: Association between maternal age and pathologic diagnosis in abortion. Obstet. Gynec. **4**, 477 (1954).
MacNaughton, M. C.: *Listeria monocytogenes* in abortion. Lancet ii, 484 (1962).
Magnusson, J. H.: Toxoplasmosis klinik. Nord. Med. **45**, 344 (1951).
Mahaffey, L. W. & N. M. Adam: Abortions associated with mycotic lesions of the placenta in mares. J. Amer. Vet. Med. Ass. **144**, 24 (1964).
Maizels, G.: Abscess of the placenta in early pregnancy. Amer. J. Obstet. Gynec. **85**, 128 (1963).
Makino, S., Y. Kikuchi, M. Sasaki & M. Yoshida: A further survey of the chromosomes in the Japanese. Chromosoma **13**, 143 (1962).
Mall, F. P.: On the fate of human embryo in tubal pregnancy. Contrib. Embryol. Carnegie Inst. Washington **1**, 3 (1915).
— & A. W. Meyer: Studies on abortions: Survey of pathologic ova in Carnegie Embryological Collection, in Contributions to Embryology **12**, 56 (1921).
Malpas, P.: A study of abortion sequences. J. Obstet. Gynaec. Brit. Emp. **45**, 932 (1938).
Marchant, D. J., W. A. Bardawil, G. W. Mitchell & E. Carey: Observations on the behavior of skin homografts in human pregnancy. Fertil. Steril. **15**, 272 (1964).
Matsunaga, E. & Y. Hiraizumi: Prezygotic selection in ABO blood groups. Science **135**, 432 (1962).
— & S. Itoh: Blood groups and fertility in a Japanese population, with special reference to intra-uterine selection due to maternal-foetal incompatibility. Ann. Hum. Gen. **22**, 111 (1958).
McCombs, H. L. & J. M. Craig: Decidual necrosis in normal pregnancy. Obstet. Gynec. **24**, 436 (1964).
McNeil, C., E. F. Trentelman, C. D. Fullmer, V. O. Kreutzer & R. B. Orlob: The significance of blood group conflicts and aberrant salivary secretion in spontaneous abortion. Amer. J. Clin. Path. **28**, 469 (1957).
—, L. C. Warenski, C. D. Fullmer & E. F. Trentelman: A study of the blood groups in habitual abortion. Amer. J. Clin. Path. **24**, 767 (1954).
Mellgren, J., L. Alm & A. Kjessler: The isolation of toxoplasma from the human placenta and uterus. Acta path. microbiol. Scand. **30**, 59 (1952).
Menitskii, Y. L.: Aberrant karyotypes in the tissue cells of an aborted fetus. Vestn. Akad. Med. Nauk. SSSR **18**, 22 (1963).
Miller, J. K. & T. Muraschi: Relation of *Listeria monocytogenes* in vaginal flora as detected by immunofluorescence and the interruption of pregnancy. Second Symposium on Listeric Infection: Ed. by M. L. Gray, Montana State College, 1963, 398 pp.

Molello, J. A., R. Jensen, J. R. Collier & J. C. Flint: Placental pathology. III. Placental lesions of sheep experimentally infected with *Brucellaabortus*. Amer. J. Vet. Res. **24**, 915 (1963).

Morgan, J.: Circumvallate placenta. J. Obstet. Gynaec. Brit. Emp. **62**, 899 (1955).

Naujoks, H.: Culture of tissues from spontaneous human abortions. Acta Cytolog. **7**, 300 (1963).

Nesbitt, R. E. L.: Current attitude toward previable fetal wastage. N. Y. State J. Med. **58**, 3791 (1958).

Novitski, E.: Meiotic drive. Science **137**, 861 (1962).

Noyes, R. W.: The underdeveloped secretory endometrium. Amer. J. Obstet. Gynec. **77**, 929 (1959).

Oehlschlager, F. K.: Listeriosis as a possible cause of abortion. Obstet. Gynec. **16**, 595 (1960).

Paalman, R. J. & C. G. Van der Veer: Circumvallate placenta. Amer. J. Obstet. Gynec. **65**, 491, 1953.

Parish, T. N.: A thousand cases of abortion. J. Obstet. Gynaec. Brit. Emp. **42**, 1107 (1935).

Park, W. W. J.: The occurrence of sex chromatin in early human and macaque embryos. J. Anat. **91**, 369 (1957).

Paulsen, M. & G. R. Moule: Infectious ovine abortion. Austral. Vet. J. **29**, 133 (1953).

Penrose, L. S. & J. D. A. Delhanty: Triploid cell cultures from a macerated foetus. Lancet **i**, 1261 (1961).

Pinkerton, J. H. M.: Placenta circumvallata. Its a etiology and clinical significance. J. Obstet. Gynaec. Brit. Emp. **63**, 743 (1956).

Playfair, P. L.: Uroselectan B as a method of inducing labour. J. Obstet. Gynaec. Brit. Emp. **48**, 41 (1941).

Poulson, E., M. Botros & J. M. Robson: Effect of 5-hydroxytryptamine and iproniazid on pregnancy. Science **131**, 1101 (1960).

Pulle, C. & A. Rigano: Sex chromatin in the human placenta. Minerva Ginec. **12**, 934 (1960).

Rabau, E. & A. David: *Listeria monocytogenes* in abortion. Lancet **i**, 228 (1963).

Race, R. R. & R. Sanger: Blood Groups in Man. Springfield, Illinois. C. C. Thomas, 1950.

Rappaport, F., M. Rabinovitz, R. Toaff & N. Krochik: Genital listeriosis as a cause of repeated abortion. Lancet **i**, 1273 (1960).

Rashad, M. N. & M. G. Kerr: Trisomy of chromosome 3 in an abortion. Lancet **ii**, 136 (1965).

Reed, T. E., H. Gershowitz, A. Soni & J. Napier: A search for natural selection in six blood group systems and ABH secretion. Amer. J. Hum. Gen. **16**, 161 (1964).

Reid, D. R.: A Textbook of Obstetrics. Philadelphia, Penna. 1962. W. B. Saunders, Co.

Remington, J. S.: Toxoplasmosis and human abortion. Prog. Gynec. **4**, 303 (1963).

— L. Jacobs, M. J. Melton & H. E. Kaufman: Chronic toxoplasma infection in a human uterus. Research note. J. Parasitol. **44**, 587 (1958).

— J. W. Newell & E. Cavanaugh: Spontaneous abortion and chronic toxoplasmosis. Obstet. Gynec. **24**, 25 (1964).

Rieder, R. F. & L. Thomas: Studies on the mechanisms involved in the production of abortion by endotoxin. J. Immunol. **84**, 189 (1960).

Robinson, A., J. R. Barker, B. Whitehouse, O. Stinson, S. R. Douglas, L. Sheather, H. S. Forsdike, L. Pugh & A. E. Giles: Discussion on the causes of early abortion and sterility. Proc. Roy. Soc. Med. (Sect. Obstet. Gynaec. & Sect. Compar. Med.) **23**, 1 (1929).

Rost, H. F., H. Paul & H. P. R. Seeliger: Habitueller Abort und Listeriose. Dtsch. Med. Wschr. **83**, 1893 u. 1934 (1958).

Rucker, M. P.: Spontaneous abortions: too many or too few ? J. Internat. Coll. Surg. **17**, 328 (1952).

Ruffolo, E. H., R. B. Wilson & L. A. Weed: *Listeria monocytogenes* as a cause of pregnancy wastage. Obstet. Gynec. **19**, 533 (1962).

Rutherford, R. N.: The significance of bleeding in early pregnancy as evidenced by decidual biopsy. Surg. Gynec. Obstet. **74**, 1139 (1942).

Sato, H.: Chromosome studies in abortuses. Letters to the editor. Lancet **i**, 1280 (1965).

Schaeffer, M., M. F. Fox & C. P. Li: Intrauterine poliomyelitis infection. J. Amer. Med. Ass. **155**, 248 (1954).

SCHAUB, I. G. & J. A. GUILBEAU: The occurrence of pleuropneumonia-like organisms in material from postpartum uterus; simplified methods for isolation and staining. Bull. Johns Hopkins Hosp. **84**, 1 (1949).

SCHULTZE, K. W.: The significance of abortive ova and determination of their chromosomal sex. Dtsch. Med. Wschr. **83**, 1818 (1958).

SCIARRA, J. J., T. M. KING & C. M. STEEV: Induction of labor by the intra-amniotic instillation of hypertonic solutions. Bull. Sloane Hosp. Women **10**, 48 (1964).

SCOTT, J. S.: Placenta extrachorialis. (Placenta marginata and placenta circumvallata). J. Obstet. Gynaec. Brit. Emp. **67**, 904 (1960).

SEELIGER, H. P. R., & W. B. CHERRY: Human Listeriosis. Atlanta, U.S. Department of Health, Education, and Welfare Communicable Disease Center, 1957.

SELZER, G.: Virus isolation, inclusion bodies, and chromosomes in rubella-infected human embryo. Lancet ii, 336 (1963).

— Rubella in pregnancy. S. Afr. J. Obstet. Gynaec. **2**, 5 (1964).

SERR, D. M., & B. ISMAJOVICH: Determination of the primary sex ratio from human abortions. Amer. J. Obstet. Gynec. **87**, 63 (1963).

SJOSTEDT, S., R. GRUBB & F. LINELL: Blood group incompatibility in abortion and sterility. Acta path. microbiol. Scand. **28**, 375 (1951).

SPEERT, H.: Pregnancy prognosis following repeated abortion. Amer. J. Obstet. Gynec. **68**, 665 (1954).

STEINER, G., W. BRADFORD & J. M. CRAIG: Tetracycline-induced abortion in the rat. Lab. Invest. **14**, 1456 (1965).

STEVENSON, A. C.: The load of hereditary defects in human populations. Radiation Research Suppl. **1**, 306, (1959).

— & H. A. WARNOCK: Observations on the results of pregnancies in women resident in Belfast. I. Data relating to all pregnancies ending in 1957. Ann. Human Gen. **23**, 382 (1959).

— M. Y. DUDGEON & H. I. MCCLURE: Observations on the results of pregnancies in women resident in Belfast. II. Abortions, hydatidiform moles and ectopic pregnancies. Ann. Human Gen. **23**, 395 (1959).

— Observations on the results of pregnancies in women resident in Belfast. III. Sex ratio with particular reference to nuclear sexing of chorionic villi of abortions. Ann. Human Gen. **23**, 415 (1959).

STOKES, E. J.: Human infection with pleuropneumonia-like organisms. Lancet i, 276 (1955).

STOTT, D. H.: Some psychosomatic aspects of casualty in reproduction. J. Psychosomat. Res. **3**, 42 (1958).

STUDDIFORD, W. E.: An abnormal early human ovum. Amer. J. Obstet. Gynec. **59**, 448 (1950).

— & G. W. DOUGLAS: Placental bacteremia: A significant finding in septic abortion accompanied by vascular collapse. Amer. J. Obstet. Gynec. **71**, 842 (1956).

SVANE, H.: Interruption of pregnancy by intrauterine instillation of saline. Dan. Med. Bull. **7**, 51 (1960).

SZULMAN, A. E.: Chromosomal aberrations in spontaneous human abortions. New Engl. J. Med. **272**, 818 (1965).

TAKEDA, Y., & L. TSUCHIYA: Studies on the pathological changes caused by the injection of the Shwartzman filtrate and the endotoxin into pregnant rabbits. Jap. J. Exper. Med. **23**, 9 (1953).

— — Studies on the pathological changes caused by the injection of the Shwartzman filtrate and the endotoxin into pregnant rabbits. II. On the relationship of the constituents of the endotoxin and the abortion-producing factor. Jap. J. Exper. Med. **23**, 105 (1953)

THIEDE, H. A., & S. B. SALM: Chromosome studies of human spontaneous abortions. Amer. J. Obstet. Gynec. **90**, 205 (1964).

THIERMANN, E.: Transmission congenita del *Toxoplasma gondii* en ratas con infeccion leve. Biologica (Chile) **23**, 59 (1957).

THIERSCH, J. B.: Discussion, in Ciba Foundation Symposium. Congenital malformations. Boston, Little, Brown and Company, 1960. pp. 49, 57, 114.

THOMAS, J. B.: Breus' mole. Obstet. Gynec. **24**, 794 (1964).

THORBURN, M. J.: Sex-chromatin in a 13-day embryo. Lancet i, 277 (1964).

TIETZE, C.: A note on the sex ratio of abortions. Human Biol. **20**, 156 (1948).

— Introduction to the statistics of abortion. In: Pregnancy Wastage. Edited by Engle, E. Springfield, Illinois. 1953. C. C. Thomas. p. 141.

— A. F. GUTTMACHER & S. RUBIN: Unintentional abortion in 1497 planned pregnancies. J. Amer. Med. Ass. **142**, 1348 (1950).

— & C. E. MARTIN: Foetal deaths, spontaneous and induced, in the urban white population of the United States. Population Studies **11**, 170 (1957).

TILAK, H. V.: Investigation into the problem of late abortion from four to seven months of pregnancy. Indian J. Med. Res. **43**, 707 (1955).

TORPIN, R.: Classification of human pregnancy based on depth of intrauterine implantation of ovum. Amer. J. Obstet. Gynec. **66**, 791 (1953).

— Correlation of placental anomalies with spontaneous abortion or premature separation. J. Obstet. Gynaec. Brit. Emp. **62**, 385 (1955).

— Placental anomalies and their relation to habitual abortion and the premature abruption of the placenta. Obst. y Ginecol. (L. A.) **15**, 431 (1957).

— Subchorial haematoma mole: Hypothetical aetiology. J. Obstet. Gynaec. Brit. Emp. **67**, 990 (1960).

TURNBULL, E. P. N., & J. WALKER: The outcome of pregnancy complicated by threatened abortion. J. Obstet. Gynaec. Brit. Emp. **63**, 553 (1956).

UDOHOJI, V. N., M. H. WEIL, M. P. SAMBIH & L. ROSOFF: Hemodynamic studies on clinical shock associated with infection. Amer. J. Med. **34**, 461 (1963).

VALAOURAS, V. G.: Introduction to statistics of abortion. Discussion. In: Pregnancy Wastage. Edited by Engle, E. Springfield, Illinois. 1953. C. C. Thomas. p. 143.

VALENTI, C.: Chromosomal study of trophoblastic tissue. Amer. J. Obstet. Gynec. **92**, 211 (1965).

VAN ROOD, J. J., A. VAN LEEUVAN & J. G. EERNISSE: Leucocyte antibodies in sera of pregnant women. Vox Sang. **4**, 427 (1959).

VINZENT, R.: An unknown affliction of pregnancy. Placental infection with the *Vibrio fetus*. Presse med. **57**, 1230 (1949).

VON DER AHE, C. V.: The Breus mole. Amer. J. Obstet. Gynec. **92**, 699 (1965).

WAGNER, G., H. KANKER, F. FUCHS & L. P. BENGTSSON: Induction of abortion by intraovular instillation of hypertonic saline. Dan. Med. Bull. **9**, 137 (1962).

WALL, R. L., & A. T. HERTIG: Habitual abortion: A pathologic analysis of 100 cases. Amer. J. Obstet. Gynec. **56**, 1127 (1948).

WARBURTON, D., & F. C. FRASER: Genetic aspects of abortion. Clin. Obstet. Gynec. **2**, 22 (1959).

— — On the probability that a woman who has had a spontaneous abortion will abort in subsequent pregnancies. J. Obstet. Gynaec. Brit. Commonw. **68**, 784 (1961).

— — Spontaneous abortion risks in man: Data from reproductive histories collected in a medical genetics unit. Amer. J. Hum. Gen. **16**, 1 (1964).

WARKANY, J., P. H. BEAUDRY & S. HORNSTEIN: Attempted abortion with aminopterin (4-Aminopteroylglutamic Acid). Amer. J. Dis. Child. **97**, 274 (1959).

WEILERSTEIN, R. W.: Intrauterine pastes. J. Amer. Med. Ass. **125**, 204 (1944).

WEINMANN, D.: Toxoplasma and abortion. Fertil. Steril. **11**, 525 (1960).

WERNER, H.: Experimenteller Beitrag zur konnatalen Toxoplasmose. Zbl. Bakt. Parasit. Infektionskr. Hyg. **186**, 391 (1962).

WERNER, H., & H. KUNERT: Über die Ursache von congenitalen Protozoen-Infektionen. Ztschr. Tropenmed. Parasitol. **9**, 17 (1958).

—, L. SCHMIDTKE & G. THOMASCHECK: Toxoplasma-Infektion und Schwangerschaft. Der histologische Nachweis intrauterinen Infektionsweges. Klin. Wschr. **41**, 96 (1963).

WHITEHOUSE, D. B., & T. McKEOWN: A note on the significance of attempted abortion in the aetiology of congenital anomalies. J. Obstet. Gynaec. Brit. Emp. **63**, 224 (1956).

WILLIAMS, G.: The Sanctity of Life and the Criminal Law. New York, 1957. Alfred A. Knopf, 350 pp.

WILLIAMS, G. F., E. A. DANINO & V. J. DAVIES: Intrauterine pastes for therapeutic abortion. J. Obstet. Gynaec. Brit. Emp. **62**, 585 (1955).

WITSCHI, E., & R. LAGUENS: Chromosomal aberrations in embryos from overripe eggs. Develop. Biol. **7**, 605 (1963).

WOOD, C., R. T. BOOTH & J. H. M. PINKERTON: Induction of labour by intraamniotic injection of hypertonic glucose solution. Brit. Med. J. **ii**, 706 (1962).

WREN, B. C., & G. H. VOS: Blood group incompatibility as a cause of spontaneous abortion. J. Obstet. Gynaec. Br. Emp. **68**, 637 (1961).

WRIGHT, W. H.: A summary of the newer knowledge of toxoplasmosis. Amer. J. Clin. Path. **28**, 1 (1957).

YOUNG, S., & B. D. FIREHAMMER: Abortion attributed to *Listeria monocytogenes* infection in a range herd of beef cattle. J. Amer. Vet. Med. Ass. **132**, 434 (1958).

ZAHL, P. A., & C. BJERKNES: Induction of decidua-placental hemorrhage in mice by the endotoxins of certain gram-negative bacteria. Proc. Soc. Exper. Biol. Med. **54**, 329 (1943)

— — The effect of the endotoxin of *Shigella paradysenteriae* on pregnancy in rabbits. Proc. Soc. Exper. Biol. Med. **56**, 153 (1944).

XI A. Ectopic pregnancy

Ectopic pregnancy occurs whenever the implantation site is other than within the uterine endometrium. The most frequent sites are the oviduct, the ovary, the peritoneum and the cervix uteri. Incidence varies, but data are most abundant and most accurate in tubal pregnancy. In the latter circumstance, the incidence depends on and is proportional to, that of salpingitis. The course and outcome depend on the development of phenomena of placenta percreta in the usual tubal and ovarian pregnancies, increta with the cervical pregnancy, and accreta with that which occurs on the peritoneum.

Most frequently, ectopic implantation takes place when the fertilized ovum reaches a stage of trophoblastic stickiness and invasive potential prior to, or in cases of cervical pregnancy, later than, its arrival at the appropriate site within the corpus uteri. Obviously, anatomic factors, such as the presence of blind pockets in the tubal mucosa, and functional ones, such as defective ciliary motion, might delay the normally ripening previllous ovum *en route* to the latter destination, and result in attachment and embedding at abnormal sites. Also, delayed ingress of the ovum into the oviductal lumen from the peritoneum in which it has been fertilized, or even ovulation with fertilization within or upon the ovarian surface might permit implantation. Evidence for these mechanisms is best when an anatomic abnormality of the course and configuration of the oviduct is suspected. Therefore, the correlations with frequency of genital tuberculosis and with non-tuberculous pelvic infections are strong. Congenital malformations of the oviducts, inflammatory distortion of their lumens, especially that designated "follicular salpingitis", endometriosis, and even post-surgical states, *i. e.* after plastic reconstructive procedures, result in crypts and pockets in which the migrating zygote may become trapped and begin to attach. Whether ovarian and extrauterine abdominal pregnancies occur secondarily to detachment of primarily tubal ovular sacs seems debatable. Detachment of the implanted ovisac would appear to be too great an insult to the embryo to permit it to survive following secondary implantation at another site, if the latter were to ensue. Rarely, implantation occurs intramurally, adjacent to a pocket of deficient endometrium, perhaps following uterine surgery.

MALL emphasized, and LAUFER *et al.* recently reiterated the frequency of pathologic ova among *tubal ectopic pregnancies* as evidence of the importance of abnormal environment in human maldevelopment and pregnancy wastage. Like many other such propositions, the antithesis seems equally tenable, to wit: the mechanisms of implantation may be triggered early in some cases of intrinsically abnormal conceptuses (See Chapter XI, Abortion, for further discussion of "blighted ova"). Detailed study of well preserved products of ectopic gestation, especially the unusual instances in which pregnancy continues into the second or even the third trimester, is of interest with respect to the influence of environment on fetal growth, and nutrition.

The criteria necessary for a diagnosis of *primary ovarian pregnancy* were clearly defined by SPIEGELBERG in 1878, and are still considered valid. Of course, it may be impossible to differentiate satisfactorily among primarily tubal, ovarian, and peritoneal implantations when the products of ectopic gestation are not examined until late in pregnancy.

The histologic features of endometria recovered simultaneously with removal of ectopic gestational products vary considerably. On the other hand, progestational hyperplasia and well developed predecidua are encountered in curettings from non-gravid patients, usually in association with multiple or cystic corpora lutea. Reliance on examination of such tissue samples in the diagnosis or exclusion of the diagnosis of ectopic pregnancy is, therefore, unwarranted and hazardous. However, recognition of epithelial atypias of the secretory glands in such specimens is the best evidence of pregnancy, short of identification of the trophoblast itself (Fig. 264). When this "Arias-Stella reaction" is demonstrated in the endometrium

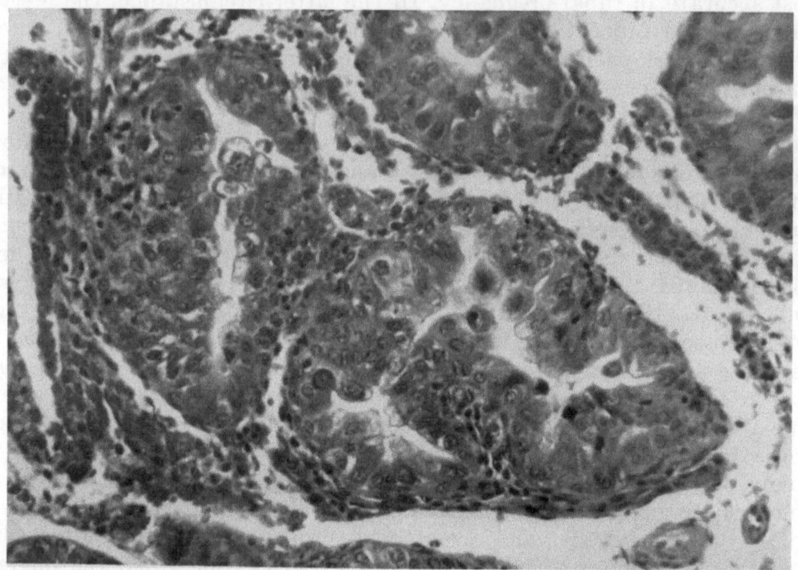

Fig. 264. Endometrial "atypia" associated with tubal ectopic pregnancy, so-called ARIAS-STELLA reaction. Nuclear enlargement, pleomorphism and hyperchromatism occur in response to chorionic gonadotropin. To the unwary, these anaplastic changes may suggest neoplasia. (H & E × 180).

without evidence of intrauterine gestation, careful search for an ectopic source of chorionic gonadotropin is indicated. Of course, the commonest of these is ectopic, tubal pregnancy.

The accompanying bibliography is intended to direct the reader to relevant sources for detailed consideration of specific aspects of ectopic gestation. However, the emphasis in the published reports and reviews has been on the clinical features, diagnosis and therapy, rather than on pathogenesis, morphology, and general biologic implications.

Selected bibliography - Ectopic pregnancy

General

BEACHAM, W. D., H. D. WEBSTER and D. W. BEACHAM: Ectopic pregnancy at New Orleans Charity Hospital. Amer. J. Obstet. Gynec. **72**, 830 (1956).
BELLINGHAM, F. A.: Tubal tuberculosis and pregnancy. Med. J. Australia **41**, 700 (1954).
BERENBAUM, M. C., and G. W. KORN: Pregnancy in tuberculous salpingitis. J. Obstet. Gynaec. Brit. Emp. **61**, 351 (1954).
BEVIS, D. C. A.: Ectopic pregnancy in a tuberculous fallopian tube. J. Obstet. Gynaec. Brit. Emp. **55**, 505 (1948).
BLAND, P. B.: Tubal pregnancy associated with tubal tuberculosis. Amer. J. Obstet. Gynec. **40**, 271 (1940).
BURNS, W. T., and F. D. BURNS: Extrauterine pregnancy complicating tuberculous salpingitis. Amer. J. Obstet. Gynec. **66**, 429 (1953).

Cope, E.: An ectopic pregnancy in a tuberculous fallopian tube. Proc. Roy. Soc. Med. **45**, 327 (1952).

Demick, P. E., and D. Cavanagh: Unilateral tubal twin pregnancy. Report of a case possibly involving dizygotic twins. Amer. J. Obstet. Gynec. **76**, 533 (1958).

Douglas, C. P.: Tubal ectopic pregnancy. Brit. Med. J. ii, 838 (1963). (Author emphasized hazards of recurrence.)

Grody, M. H., and R. D. Otis: Ectopic pregnancy after hysterectomy. Obstet. Gynec. **17**, 96 (1961).

Gustafson, G. W., H. E. Bowman and F. E. Stout: Extrauterine pregnancy at term. Obstet. Gynec. **2**, 17 (1953).

Hathout, H. M.: On the primary sex ratio] — a sex chromatin study of ectopic pregnancy. J. Obstet. Gynaec. Brit. Cwlth. **70**, 859 (1963).

Iffy, L.: Contribution to the aetiology of ectopic pregnancy. J. Obstet. Gynaec. Brit. Cwlth. **68**, 441 (1961).

Kistner, R. W., A. T. Hertig and J. Rock: Tubal pregnancy complicating tuberculous salpingitis. Amer. J. Obstet. Gynec. **62**, 1157 (1951).

Laufer, A., A. Sadovsky and E. Sadovsky: Histologic appearance of the placenta in ectopic pregnancy. Obstet. Gynec. **20**, 350 (1962). (Features of placentas were those associated with blighted ova twice as frequently as such changes were seen among spontaneously aborted products.)

Malkasian, G. D., J. S. Hunter and W. H. Re Mine: Ectopic pregnancy—analysis of three hundred twenty-two consecutive cases, 1935—1954. J. Amer. Med. Ass. **168**, 985 (1958).

Mall, F. P.: The cause of tubal pregnancy and the fate of the inclosed ovum. Surg. Gynec. Obstet. **21**, 289 (1915).

Nokes, J. M., Claiborne, Jr. W. N. Thornton and H. Yiu-Tang: Extrauterine pregnancy associated with tuberculous salpingitis and congenital tuberculosis in the fetus. Obstet. Gynec. **9**, 206 (1957).

O'Connell, C. P.: Full-term tubal pregnancy. Amer. J. Obstet. Gynec. **63**, 1305 (1952).

Olovson, T.: Sur les grossesses extra-utérines bilatérales. Acta Obstet. Gynec. Scand. **18**, 380 (1938). (Author reviewed 158 cases of bilateral extrauterine pregnancies cited in literature.)

Papierowski, Z., W. Wdowiaic and W. Gromadzki: Diagnosis of extrauterine pregnancy. Lancet ii, 763 (1964).

Polak, J. O.: Observations on ectopic pregnancies from a study of 307 cases. Amer. J. Obstet. Gynec. **2**, 280 (1921).

Priddle, H. D., C. W. Moulton and M. S. Dennis: Ectopic pregnancy. A clinical study of 136 consecutive cases. Amer. J. Obstet. Gynec. **64**, 1093 (1952). (Review.)

Schiffer, M. A.: A review of 268 ectopic gestations. Amer. J. Obstet. Gynec. **86**, 264 (1963). (Author emphasized hazards of recurrence.)

Shannon, D., and E. L. Heller: Tubal pregnancy associated with tubal tuberculosis. Amer. J. Obstet. Gynec. **45**, 347 (1943).

Stoddard, F. J.: Tubal pregnancy complicating tuberculous salpingitis. Amer. J. Obstet. Gynec. **62**, 691 (1951).

Studdiford, W. E.: Pregnancy and pelvic tuberculosis. Amer. J. Obstet. Gynec. **69**, 379 (1955).

Ware, H. H.: Observations on 13 cases of late extrauterine pregnancy. Amer. J. Obstet. Gynec. **55**, 561 (1948).

Webster, H. D., D. L. Barclay and C. K. Fischer: Ectopic pregnancy. A seventeen-year review. Amer. J. Obstet. Gynec. **92**, 23 (1965).

Wharton, L. R., and C. S. Stevenson: Genital tuberculosis and pregnancy with special reference to tubal gestation. Ann. Surg. **109**, 976 (1939).

Yahia, C., and G. Montgomery: Advanced extrauterine pregnancy. Obstet. Gynec. **8**, 68 (1956).

Zelenik, J. C.: Ectopic pregnancy: an increasing social disease? Obstet. Gynec. **23**, 810 (1964).

Intramural, interstitial pregnancy

Bazin, F., and B. C. Compton: Intramural pregnancy. Amer. J. Obstet. Gynec. **73**, 1141 (1957).

McGowan, L.: Intramural pregnancy. J. Amer. Med. Ass. **192**, 141 (1965).

Skulj, V., A. Bunarevic, G. Bacic, C. Stoiljkovic and A. Drazancic: Interstitial pregnancy. Review of 24 cases. Amer. J. Obstet. Gynec. **88**, 596 (1964).

Ovarian pregnancy

ASHLEY, D. J. B.: Are ovarian pregnancies parthenogenetic ? Aman. J. Humer Genet.
   11, 350 (1959). (Author includes data on sex chromatin of ovular derivatives,
   refuting hypothesis that parthenogenesis is a factor.)
BACILE, V. A., and W. NAGLER: Unruptured primary ovarian pregnancy. Amer. J.
   Obstet. Gynec. 81, 320 (1961).
BADEN, W. F., and O. H. HEINS: Ovarian pregnancy. Amer. J. Obstet. Gxnec. 64,
   353 (1952). (Classification of primary ovarian pregnancies.)
BORONOW, R. C., T. W. McELIN, R. H. WEST, and J. C. BUCKINGHAM: Ovarian
   pregnancy. Amer. J. Obstet. Gynec. 91, 1095 (1965). (A review.)
CASTLETON, K. B., and G. W. WYATT: Ovarian pregnancy, with report of a case.
   Amer. J. Obstet. Gynec. 63, 897 (1952).
DOWLING, E. A., F. C. COLLIER, and A. BRETSCHNEIDER: Primary ovarian pregnancy:
   report of a case and summary. Obstet. Gynec. 15, 58 (1960).
FULLERTON, J. M., and M. SALMOND: Case of primary ovarian pregnancy. Brit. Med.
   J. i, 932 (1958).
GARRY, J., and L. PARSONS: Ovarian pregnancy. Report of two cases. Obstet. Gynec.
   9, 29 (1957).
GENTILE, L. A., and J. P. PERRINE: Primary ovarian pregnancy. Report of case with
   brief review of literature. N. Y. State J. Med. 59, 4437 (1959).
HILL, R. M.: Ovarian pregnancy. Northwest Med. 57, 747 (1958).
HUBACKER, A. S.: Ovarian Pregnancy. Report of a case. West. J. Surg. Obstet. Gynec.
   71, 259 (1963).
MOYERS, E. D., and A. LACK: Primary ovarian pregnancy. Amer. J. Obstet. Gynec.
   76, 518 (1958).
ROSENBERG, M., and S. J. MOLINOFF: Ovarian pregnancy. N. Y. State J. Med. 64, 546
   (1964).
SCOFIELD, G. F.: Primary intrafollicular ovarian pregnancy: report of a case. Obstet.
   Gynec. 15, 217 (1960).
SHETTLES, L. B.: Parthenogenetic cleavage of the human ovum. Bull. Sloane Hosp.
   for Women 3, 59 (1957). (Author suggests that parthenogenesis may explain
   primary ovarian pregnancies.)
SPIEGELBERG, O.: Zur Casuistik der Ovarialschwangerschaft. Arch. Gynäk. 13, 73
   (1878).
WILSON, T. M.: Primary ovarian pregnancy; a case report. Amer. J. Obstet. Gynec. 69,
   447 (1955).

Abdominal pregnancy

CAVANAGH, D.: Primary peritoneal pregnancy. Rationalization or established entity ?
   Omental transference as an alternative explanation. Amer. J. Obstet. Gynec. 76,
   523 (1958).
DRURY, K. A. P.: Secondary abdominal pregnancy. J. Obstet. Gynaec. Brit. Emp. 16,
   327 (1960).
ELZEY, N. B.: Primary abdominal pregnancy in the lesser peritoneal cavity. West. J.
   Surg. 56, 410 (1948).
HELLMAN, A. M., and H. J. SIMON: Full term intra-abdominal pregnancy. Amer. J.
   Surg. 29, 403 (1935).
HENDERSON, D. N., and R. WILSON: Abdominal pregnancy. Amer. J. Obstet. Gynec.
   88, 356 (1964).
HRESHCHYSHYN, M. M., B. BOGEN and C. H. LOUGHRAN: What is the actual present-
   day management of the placenta in late abdominal pregnancy ? Amer. J. Obstet.
   Gynec. 81, 302 (1961). (Title of article is deceptive. Good review of clinical aspects
   of late abdominal pregnancy.)
HUNTER, R. M., A. A. HARTLEY, F. TROPEA, JR. and A. W. ULIN: Abdominal
   pregnancy followed by elimination of the placenta through the bladder. Amer. J.
   Obstet. Gynec. 76, 539 (1958).
JEAFFERESON, B. L., and J. S. NESTOR: Secondary abdominal pregnancy. J. Obstet.
   Gynaec. Brit. Emp. 57, 65 (1950).
KING, E. L.: Postoperative separation of the Cesarean section wound, with subsequent
   abdominal pregnancy. Report of 4 cases. Amer. J. Obstet. Gynec. 24, 421 (1932).
MILLAR, W. G.: Primary abdominal pregnancy. J. Obstet. Gynaec. Brit. Cwlth. 68,
   634 (1961).

Roberts, M.: Ruptured uterus with survival of extrauterine twin. Brit. Med. J. i, 1013 (1955).
Steptoe, P.: A case of abdominal pregnancy. J. Obstet. Gynaec. Brit. Emp. 57, 949 (1950).
Sutton, J. B.: Abdominal pregnancy in women, cats, dogs, and rabbits. Lancet ii, 1625 (1904).
Weinberg, M. S., M. Salz and S. Funaro: A case of intra-abdominal pregnancy with follow-up tests for disappearance of placental activity. Amer. J. Obstet. Gynec. 76, 542 (1958).
Ziel, H. K.: Advanced abdominal pregnancy. Report of a case. N. J. Surg. Obstet. Gynec. 70, 208 (1962).
Zuspan, F. P., E. J. Quilligan, and J. M. Rosenblum: Abdominal pregnancy. Amer. J. Obstet. Gynec. 74, 259 (1957).

Combined intra- and extra-uterine pregnancy

Adams, P. J., F. H. Leckie and R. Murdoch: Intra-uterine and extra-uterine pregnancy combined with ovarian cyst. J. Obstet. Gynaec. Brit. Emp. 68, 691 (1961).
Armitage, G. L., and H. V. Armitage: Combined intra-and extrauterine pregnancy; case. Amer. J. Obstet. Gynec. 69, 885 (1955).
Bell, T. G.: Combined tubal and intra-uterine pregnancy; report of a case. Amer. J. Obstet. Gynec. 74, 1270 (1957).
Bertling, M. H. and J. C. Burwell: Simultaneous intra-uterine and extra-uterine pregnancy. Obstet. Gynec. 11, 591 (1958).
Bisca, B. V., and M. E. Felder: Coexistent interstitial and intrauterine pregnancy following homolateral salpingo-oophorectomy; report of a case. Amer. J. Obstet. Gynec. 79, 263 (1960).
Brody, S., and F. L. Stevens: Combined intra- and extra-uterine pregnancy. Obstet. Gynec. 1, 129 (1963).
Burkhart, K. P., J. G. Mule, W. Begneaud and J. Kohen: Combined intrauterine and extrauterine gestations progressing to viability. Obstet. Gynec. 22, 680 (1963).
Casalis, A.: Twin pregnancy (one uterine and the other abdominal). Central African J. Med. 7, 332 (1961).
Chapman, J. D.: Simultaneous intra-uterine and abdominal pregnancies at term; report of a case. J. Internat. Coll. Surg. 27, 194 (1957).
Eberle, H.: Zweimaliges Vorkommen einer gleichzeitigen Intra- und Extrauteringravidität bei einer Patientin. Geburtsh. u. Frauenh. 8, 694 (1959).
Fuerstner, P. G.: A case of combined intrauterine and extrauterine pregnancy. West. J. Surg. 67, 285 (1959).
Gelb, R. H.: Combined intrauterine and extrauterine pregnancy. Canad. Med. Assoc. J. 80, 279 (1959).
Greene, G. G., and E. C. Strode: Simultaneous extra-uterine and intra-uterine pregnancy; term delivery of the uterine pregnancy after surgical removal of the extra-uterine pregnancy. South. Med. J. 51, 763 (1958).
Hathaway, H. R., and E. C. Vasquez: Combined pregnancies with survival of both babies, report of a case. Obstet. Gynec. 18, 352 (1961).
Horner, H.: Combined intra-uterine and extra-uterine pregnancy. California Med. 88, 445 (1958).
Irwin, H. W.: Intraligamentous and abdominal extrauterine pregnancy; report of 4 cases and review of literature. Obstet. Gynec. 16, 327 (1960).
Jacks, L. M.: Report of a case of coincidental intrauterine and extrauterine pregnancy. Med. J. Australia 1, 536 (1955).
Judelman, H.: Coexisting intrauterine and extrauterine pregnancy. South African Med. J. 30, 661 (1956).
Kariks, J.: Full term twin pregnancy—one foetus in the uterus, the other in the abdominal cavity—in a New Guinea native woman. Med. J. Australia 47, 937 (1960).
Kruschwitz, S.: Kombinierte extra- und intra-uterine Schwangerschaft. Zbl. Gynäk. 81, 1028 (1959).
Lawson, J. G., and F. J. G. Chouler: Case of primary ovarian pregnancy with coexistent uterine gestation. J. Obstet. Gynaec. Brit. Emp. 62, 951 (1955).
Lloyds, T. S., Jr.: Combined extra-uterine and intra-uterine pregnancy; case report. Virginia Med. Month. 88, 217 (1961).

LUFTMAN, I. I.: Combined intra-uterine and extra-uterine pregnancy. Report of a case.
    J. Med. Soc. New Jersey **58**, 208 (1961).
MANDAL, K. K., and S. K. MITRA: Notes on a case of coincident intra-uterine, extra-
    uterine gestation. Med. J. Malaya **15**, 10 (1960).
MARENUS, E. B., M. V. PLANAS and S. O. SILVERBERG: Extra-uterine abdominal and
    concomitant intra-uterine pregnancy. J. Amer. Med. Women's Assc. **13**, 187 (1958).
MIZBAH, G.: Combined intra-uterine and extra-uterine pregnancy. Canad. Med.
    Assoc. J. **81**, 36 (1959).
MULLA, N., and W. C. JOHNS: Combined intra-uterine and ovarian pregnancy. Obstet.
    Gynec. **11**, 336 (1958).
NOVAK, E.: Combined intrauterine and extrauterine pregnancy. Surg., Gynec.
    Obstet. **43**, 26 (1926).
SCHRAMM, G.: Über die koinzidente extrauterine-intrauterine Zwillingsschwanger-
    schaft. Zbl. Gynäk. **74**, 1984 (1952).
SMITH, J. L.: Ectopic pregnancy with concurrent intrauterine pregnancy. J. Iowa
    Med. Soc. **51**, 151 (1961).
STACY, L. T.: Combined extrauterine and intrauterine pregnancy. Virginia Med.
    Month. **88**, 217 (1961).
VASICKA, A. I., and E. E. GRALBE: Simultaneous extrauterine and intrauterine
    pregnancies progressing to viability. A review of the literature. Obstet. Gynec.
    Surv. **11**, 603 (1956). (Good review.)
VIVIANE, J. G.: Simultaneous tubal and intrauterine pregnancies; case. Amer. J.
    Obstet. Gynec. **72**, 191 (1956).
WINER, A. E., W. D. BERGMAN, and C. FIELDS: Combined intra- and extrauterine
    pregnancy. Amer. J. Obstet. Gynec. **74**, 170 (1947).
ZAROV, G. S., and A. SY: Combined intrauterine and extrauterine pregnancy pro-
    gressing to term. Amer. J. Obstet. Gynec. **64**, 1338 (1952).
ZLATNIK, A. P., S. L. WILD, S. S. SCHOCHET, JR., and S. S. SCHOCHET: Combined
    tubal and intrauterine pregnancy. A case report. Amer. J. Obstet. Gynec. **76**, 536
    (1958).

Cervical pregnancy

STUDDIFORD, W. E.: Cervical pregnancy. A partial review of the literature and a
    report of 2 probable cases. Amer. J. Obstet. Gynec. **49**, 169 (1945).

Endometrial findings associated with ectopic pregnancy

ARIAS-STELLA, J.: Atypical endometrial changes associated with presence of chorionic
    tissue. Arch. Path. **58**, 112 (1954).
— On the importance of the atypical endometrial changes associated with the presence
    of chorionic tissue in the diagnosis of pregnancy. Amer. J. Path. **34**, 601 (1958).
BERGE, T.: Arias-Stella's phenomenon. Acta path. et microbiol. Scand. **61**, 152 (1964).
    (An interesting report of endometrial atypia associated with gestation only 14 days
    in duration.)
BIRCH, H. W., and C. G. COLLINS: Atypical changes of genital epithelium associated
    with ectopic pregnancy. Amer. J. Obstet. Gynec. **81**, 1198 (1961).
BREWER, J. I., and H. O. JONES: The arterial phenomena associated with uterine
    bleeding in tubal pregnancy. Amer. J. Obstet. Gynec. **38**, 839 (1939).
DE BRUX, J., & M. ANCLA: Arias-Stella endometrial atypias. Amer. J. Obstet. Gynec.
    89, 661 (1964). (The electron microscopic features are qualitatively similar to those
    of progestational endometrium, but more severe in degree.)
GOLDBLATT, M. E., and H. A. SCHWARTZ: Correlation of Friedman test and phase
    of endometrium in ectopic pregnancy. Amer. J. Obstet. Gynec. **40**, 233 (1940).
HUGHES, E. C., A. W. VAN NESS, and C. W. LLOYD: Relationship of the endometrium
    to the chorioplacental development and its gonadotropin output. Amer. J. Obstet.
    Gynec. **60**, 575 (1950).
MACKLES, A., S. A. WOLFE, and S. N. POZNER: Cellular atypia in endometrial glands
    (Arias-Stella reaction) as aid in diagnosis of ectopic pregnancy. Amer. J. Obstet
    Gynec. **81**, 1209 (1961).
MORITZ, A. R., and M. DOUGLASS: A study of uterine and tubal decidual reaction in
    tubal pregnancy. Surg. Gynec. Obstet. **47**, 785 (1928).
NOVAK, E., and H. L. DARNER: Correlation of uterine and tubal changes in tubal
    gestation. Amer. J. Obstet. Gynec. **9**, 295 (1925).

Polak, J. O., and S. A. Wolfe: A further study of the origin of uterine bleeding in tubal pregnancy. Amer. J. Obstet. Gynec. **8**, 730 (1927).

Romney, S. L., A. T. Hertig, and D. E. Reid: The endometria associated with ectopic pregnancy. A study of 115 cases. Surg. Gynec. Obstet. **91**, 605 (1950).

Sampson, J. A.: The influence of ectopic pregnancy on the uterus, with special reference to changes in its blood supply and uterine bleeding based on the study of 25 injected uteri associated with ectopic pregnancy. Tr. Amer. Gynec. Soc. **38**, 121 (1913).

Siddall, R. S., and C. Jarvis: Uterine curettage as an aid in the diagnosis of ectopic pregnancy. Surg. Gynec. Obstet. **65**, 820 (1937).

Speert, H.: The uterine decidua in ectopic pregnancy: its natural history and some biologic interpretations. Amer. J. Obstet. Gynec. **76**, 491 (1958).

Telinde, R., and E. Henriksen: Decidua like changes in the endometrium without pregnancy. Amer. J. Obstet. **39**, 733 (1940).

XII. Hydatidiform mole

Hydatidiform mole is a lesion of the placenta which is usually discussed with chorionic neoplasms. This stems mainly from the fact that the commonest abnormal antecedent of choriocarcinoma is molar pregnancy, and the major diagnostic problem in this area is one of predicting the sequelae, benign to devastatingly malignant, from the manifest mole. Pertinent aspects of this subject are discussed in recent reviews by HERTIG and MANSELL, SMALBRAAK, and the many participants at the Conference on Trophoblast and its Tumors, New York Academy of Sciences, 1958 (See OBER; NOYES; EDMONDS; PARK; BARDAWIL and TOY; DELFS; SMALBRAAK; BUXTON; BREWER; GREENE; HERTZ *et al.* 1959) (See also COPPLESON; SCHULZE; DOUGLAS, for broad clinical reviews).

Hydatidiform moles are abnormal placentas, all or many of whose constituent villi are swollen and vesicular, producing a bizarre and characteristic gross appearance (Figs. 265, 266). Occasionally, the mole is not recognized prior to

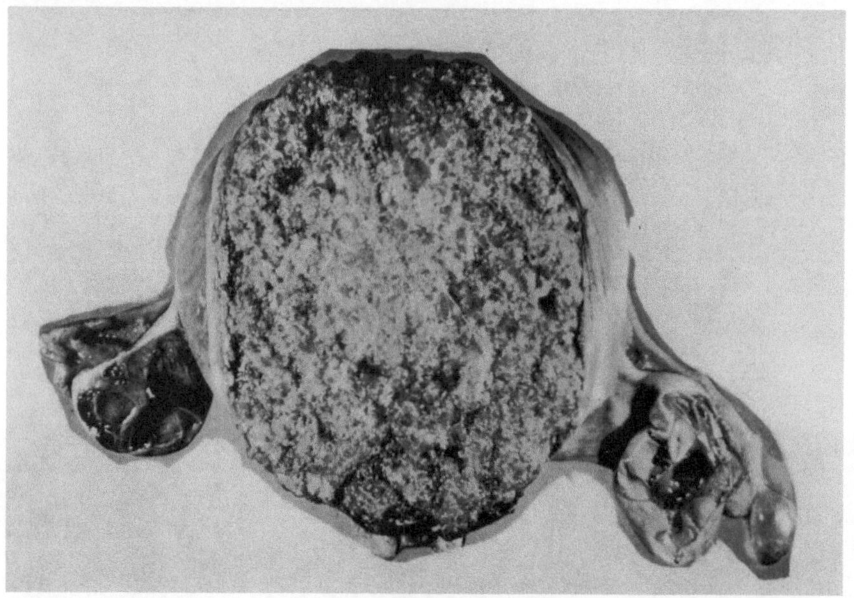

Fig. 265. Hydatidiform mole *in situ* within uterus. Vesicular transformation of villi is obvious. Uterine enlargement exceeds that expected for duration of gestation. Bilateral ovarian enlargement produced by multiple theca lutein cysts.

histologic study of the tissue specimen. This is likely to occur when molar vesicles have been shed and their nature hidden within blood clot, and when molar fragments have invaded, even penetrated the uterine wall, and/or "metastasized" to lungs or vagina. For purposes of data collection and comparative studies, it seems wise to apply the term "hydatidiform mole" only in instances in which the associated embryo has been "blighted" (See Chapter XI, Abortion).

The observation of "molar" conversion of all or nearly all of the placenta associated with a surviving normal fetus is cited. (STORCH; BEISCHER; BOWLES; BROWN; KIRSCH-BAUM; KRONE, *inter alia*). Such seems mainly due to severe edema of villi, without trophoblastic proliferation, and is probably due to other mechanisms, more like the placental edema of erythroblastosis fetalis, etc. *(q.v.)*. Whenever possible, simple placental edema, accompanying such fetal states as hydropic erythroblastosis, malformations, and infections, should not be equated to molar changes. Perhaps, in time, even this arbitrary limitation will be found to encompass more than one etiologically

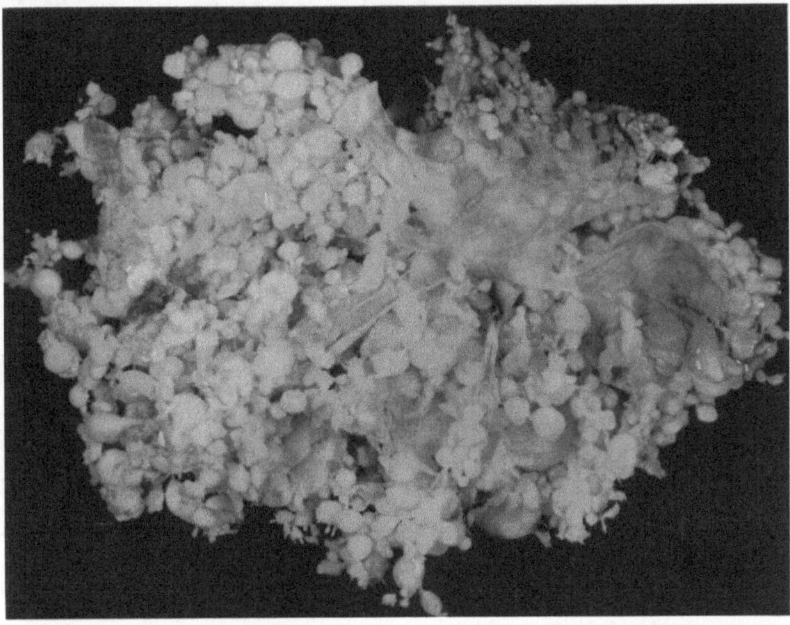

Fig. 266. Typical hydatidiform mole. Entire placenta is composed of enlarged, cyst-like villi. Portion of chorionic membrane can be seen.

distinct entity. However, restriction of the diagnosis to those instances in which no embryo or a severely stunted, a nodular or cylindrical embryo is associated with the affected placenta implies that the ovular disease had its onset very early in gestation.

Morphology

The hydatidiform mole is a striking gross specimen, resembling a "bunch of grapes", filling the uterus whose size is usually rendered considerably larger than would be expected on the basis of the period of amenorrhea. Usually, neither amnion, embryo nor chorionic cavity can be identified. Although hydatidiform moles vary considerably in size, they are often bulky, weighing as much as 2000 gm. The friable masses of distorted villi are composed of chains and clusters of vesicular structures, held together by delicate, branching stalks (Fig. 267). The molar vesicles range in size up to diameters of two, or even three centimeters. Their fluid contents may be watery and colorless, or, less often, turbid, yellow to brown. The anatomic interrelationships of the placental components may be completely lost. However, diligent search is sometimes rewarded by the demonstration of a chorionic cavity, rarely by an accompanying embryo (Fig. 268).

The characteristic *histologic features of hydatidiform moles* comprise: hydropic expansion of the villous stroma (edema, cystic degeneration), and abnormal trophoblastic proliferation (Fig. 269). As a result of the villous hydrops, segmental swelling of the villous branches occurs. The trophoblastic proliferation produces masses of both syncytium and cytotrophoblast. Many villi are avascular, while others contain scant, narrow and delicate patent capillaries. The state of preservation of the trophoblast and its degree of hyperplasia vary, as do its "anaplasia", dedifferentiation, and pleomorphism. Often the swollen villi and

Fig. 267. Portion of typical hydatidiform mole has been teased apart to demonstrate the branching structure, with delicate stalks and bulbous, swollen villi. (F. 28 years, MB 1142/65 Path. Anatom. Institut Zürich).

Fig. 268. Hydatidiform mole with chorionic cavity, at left top.

their trophoblastic envelopes are necrotic (Fig. 270). On the other hand, the actively hyperplastic trophoblast may contain mitoses, may exhibit other cytologic evidences of growth (cytoplasmic basophilia, increased nucleocytoplasmic ratio, nuclear hyperchromatism) and may become vacuolated (Fig. 271). Confluence of such vacuoles recapitulates that by which the primitive trophoblast of the normal 12 to 16 day ovum first forms the communicating intervillous space (HERTIG).

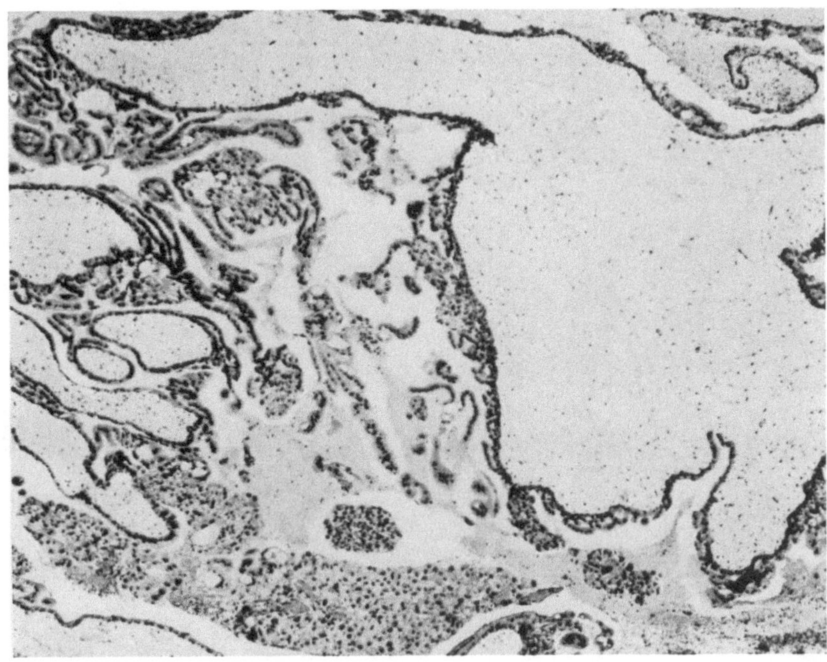

Fig. 269. Typical molar villus with absent chorionic vessels, marked stromal edema and proliferation of enveloping trophoblast (H & E × 40).

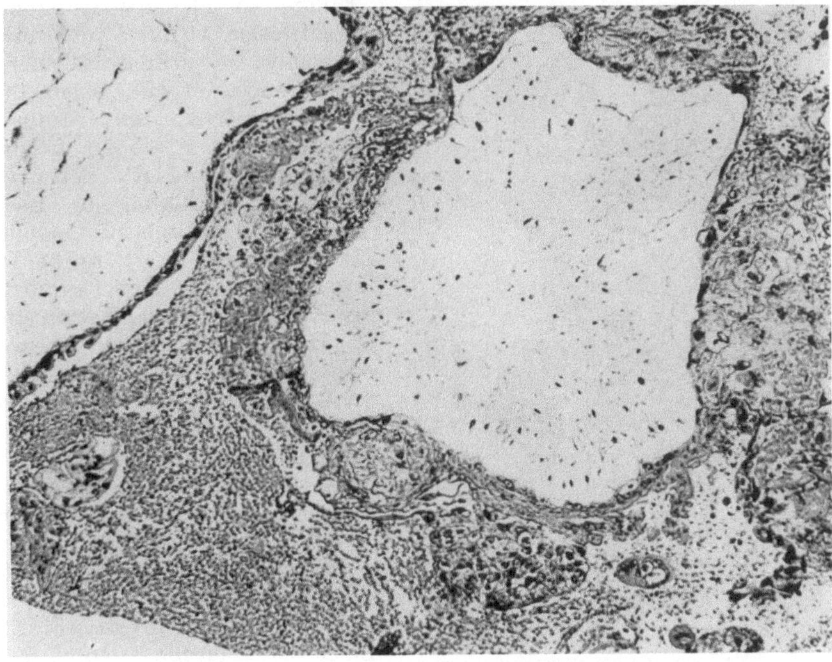

Fig. 270. Molar villus whose trophoblast has undergone degeneration. (H & E × 100).

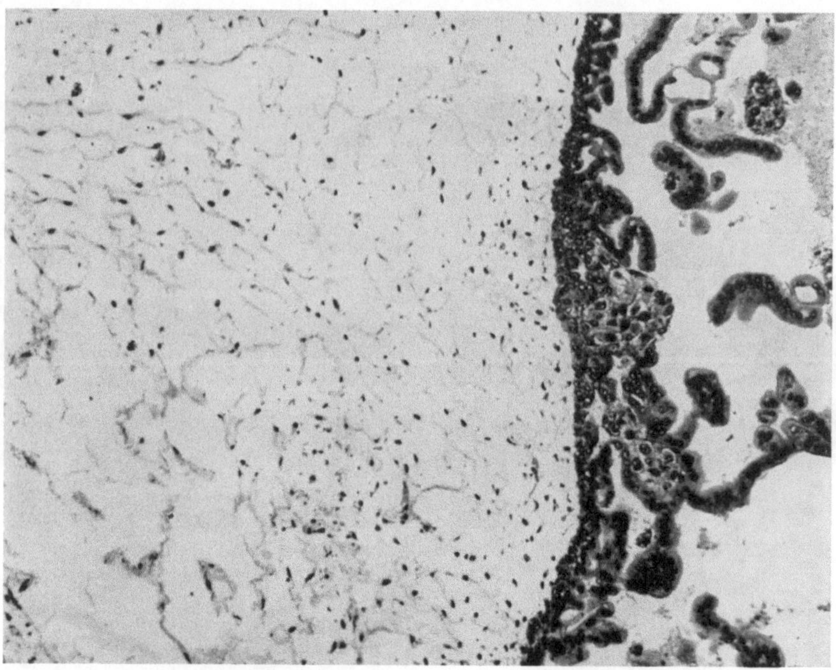

Fig. 271. Vigorous, proliferating trophoblast, with vacuole formation, reminiscent of trophoblast of early ovum, in its formation of primitive, communicating intervillous spaces. (H & E × 100).

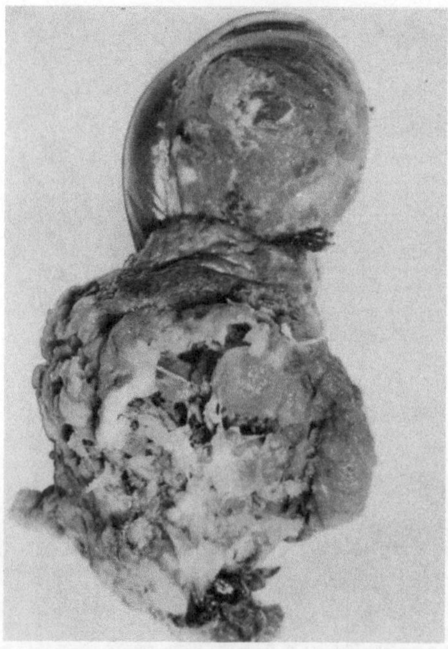

Fig. 272. Transitional mole. Cast of uterine cavity, comprising chorionic tissue, embryo, and decidua. Grossly vesicular transformation of portions of the placenta is evident.

Failure to identify trophoblastic proliferation within a mole may be indicative of diffuse degeneration and necrosis of the lesion, or, on the other hand, may result from biased sampling. Molar fragments without trophoblastic activity are probably analogous to necrotic (ischemic?) portions of a papilloma and especially likely to be found distant from the blood supply, *i. e.* away from the implantation site.

HERTIG and EDMONDS coined the convenient term, "transitional mole" to designate lesions intermediate between the aborted ovum with hydatidiform change and the frank hydatidiform mole. A transitional mole is defined as an abortus in which the original type of ovum is still recognizable, yet hydatidiform degeneration of some villi is sufficient to be visible grossly (Fig. 272). Since the lesion may evolve from a pathologic ovum, without embryo or amnion or with nodular or amor-

phous embryo and amnion, the transitional mole may include such ovular derivatives as amnion, chorion, villi, and embryo.

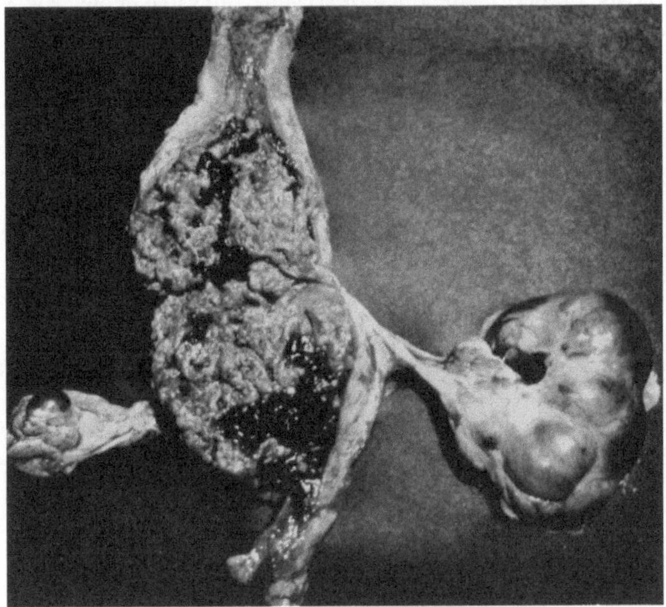

Fig. 273. "Chorioadenoma destruens", or invasive mole, *in situ*. Necrotic, hemorrhagic tissue lines uterus. Bilatera
cystic, enlarged ovaries indicate theca lutein cysts. Uterus opened laterally, cervical halves above and below.

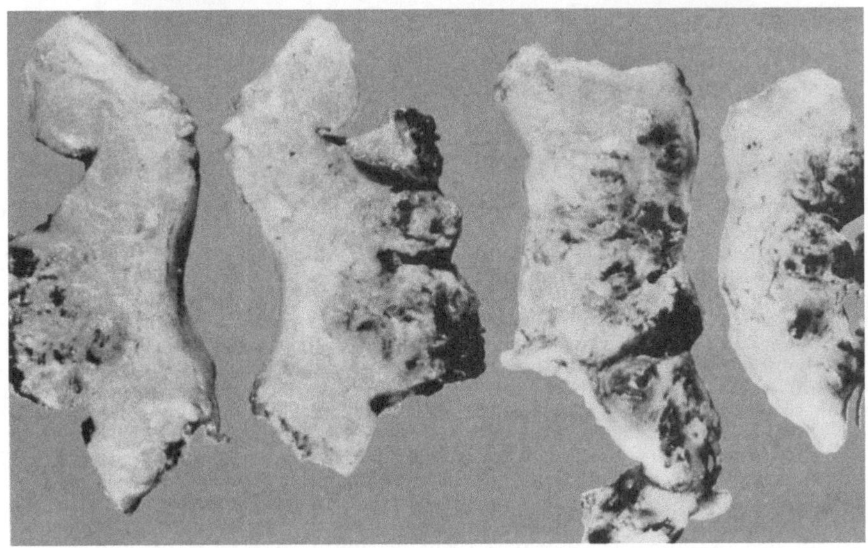

Fig. 274. Invasive mole, seen in slices of gross specimen. Invasion is evident in the presence of hemorrhagic nodules
within the myometrium.

Chorioadenoma destruens displays no definitive gross characteristics. Extensive, deep, and hemorrhagic penetration of the uterine wall may be obvious, and
perforation may ensue (Figs. 273, 274). On the other hand, the invasion may not

be suspected prior to histologic examination of the specimen, yet hydatidiform molar villi are encountered within the myometrium, pathognomonic evidence for the diagnosis of chorioadenoma destruens (invasive mole EWING; HERTIG et al.) (Fig. 275).

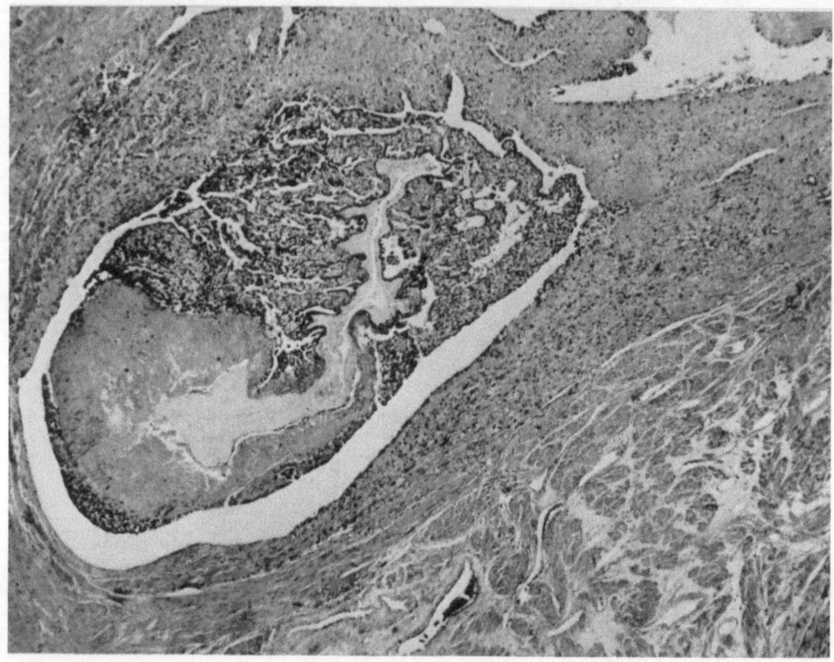

Fig. 275. Invasive mole, or chorioadenoma destruens. Molar villus, encased in thick, active trophoblast, lies deep within the myometrium (H & E × 16).

Histochemistry

WISLOCKI and DEMPSEY applied a battery of histochemical procedures to the study of two hydatidiform moles, compared with normal placentas. Methylene blue staining demonstrated intense cytoplasmic basophilia in areas of cytotrophoblastic proliferation; even the syncytium adjacent to these showed basophilic staining. The syncytiotrophoblast of one mole was rich in alkaline phosphatase, while the other showed minimal activity. Acid phosphatase was not found in molar tissues. Lipoid droplets were abundant in the healthy syncytium of the moles; birefringency to polarized light, positive Schiff's plasmal reaction, and greenish autofluorescence with ultraviolet light corresponded in distribution with these droplets. Langhans' cells, proliferating and invasive trophoblast, syncytium, and stromal fibroblasts contained more glycogen than is found normally. Virtual absence of iron and calcium was noted. Villous stromal collagen and reticulum fibers were indistinct, fragmented, and poorly stained. The functional significance of these findings was thought to comprise: (1) protein synthesis (basophilia), probably gonadotropin production; (2) steroid production (lipoids and associated reactions); (3) decreased circulation supplying the villi (glycogen accumulation); and (4) impaired transport (iron, calcium). McKAY et al. and SAURAMO agree that villous and trophoblastic ischemia may lead to glycogen accumulation in the stroma and proliferation of the villous epithelium.

Some of the histochemical properties of trophoblastic lesions were described by BUR et al. who studied 15 benign moles, two chorioadenomas destruens, and three choriocarcinomas. Cytoplasmic and nucleolar basophilia increased proportionately to the malignancy of the trophoblast. With increasing malignancy, this basophilia became more and more resistant to the action of ribonuclease. These workers propose that an assessment of ribonuclease-resistant basophilia may have prognostic value in the analysis of problematic lesions. BUR and his colleagues also observed that the glycogen content of cytotrophoblast reflected its degree of hyperplasia, but without relation to neoplasia. Primitive, but not necessarily neoplastic, syncytiotrophoblast contained glycogen. Finally, in malignant syncytium, alkaline phosphatase was distributed focally, while a diffuse pattern of this enzyme activity was seen in benign trophoblastic overgrowth.

UHER and coworkers compared the histochemical characteristics of a coexistent hydatidiform mole and its twin placenta, the latter being attached to a fetus of five months' gestational age. The syncytiotrophoblast of the mole contained glycoproteids (Schiff-positive material, resisted ptyalin digestion), which were absent from the non-molar syncytium. Much glycogen was demonstrated in the proliferating cytotrophoblast on the molar villi, but absent in the corresponding "normal" tissues. Alkaline phosphatase activity was present at the periphery of the syncytium of both the molar and non-molar villi. UHER suggested that these findings might indicate that the trophoblast of the hydropic villi retained absorptive capacity and produced chorionic gonadotropin (glycoproteids).

MIDGLEY demonstrated immunofluorescence of the syncytium, but none of the cytotrophoblast, of five hydatidiform moles, sections of which had been incubated with rabbit antiserum to human chorionic gonadotropin. Similar localization occurred in sections of one chorioadenoma destruens, seven choriocarcinomas, nine immature, and no mature placentas studied. These findings, like the electronmicrographs of chorionic tissues *(q.v.)*, support the contention that the syncytium is the source of the gonadotropins, as well as of the steroid hormones of the placenta.

MARQUEZ-MONTER used organ culture to study the incorporation of tritiated thymidine into the DNA of various components of molar vesicles. Irregular labeling of cytotrophoblast occurred, both in regions of hyperplasia, with or without anaplasia, and in thin, "inactive-looking" areas, and increased with longer periods of incubation (maximum: 24 hours). Stromal cells, including Hofbauer cells, also became labeled. No labeling of syncytiotrophoblast was observed. These findings were interpreted as compatible with the view that cytotrophoblast which appears quiescent, by usual histologic criteria, has the same potential for hyperplastic proliferation as overtly hyperplastic cytotrophoblast, but that syncytiotrophoblast is derived from precursor cytotrophoblast which lacks this capacity to proliferate. The labeling of stromal constituents was unexplained.

Electronmicrography

RIGANO and SERMANN compared three moles with normal early placentas viewed ultrastructurally. The "Langhans" cells were pleomorphic and disorderly, containing decreased mitochondria and increased ribonucleoprotein; nuclei were large; the nucleocytoplasmic ratio was increased. Syncytium also contained more ribonucleoprotein granules than normal, large numbers of osmiophilic bodies, and enlarged nuclei; microvilli and mitochondria were decreased, the latter structurally abnormal. The villous stroma was loose, containing few, but structurally normal fibers. These investigators observed ultrastructural analogies between molar trophoblast and neoplastic cells, thought the abnormalities became more intense with clinical malignancy of the mole, and deduced functional activity from particular aspects.

WYNN described certain electronmicrographic aspects of hydatidiform moles. An intermediate type of trophoblast, which would appear as cytotrophoblast by light microscopy and exhibits some features of cyto- but others of syncytiotrophoblast by the electronmicroscope, was prominent (Fig. 295). These ultrastructural features are interpreted as indicating vigorous metabolic activity. Undifferentiated trophoblast, similar to that of the normal previllous ovum, was also present. This tissue resembled anaplastic carcinoma in that it contained mitochondria but no other intracellular organelles, an ultrastructural feature of growing and dividing cells, rather than of biochemical maturity and physiological differentiation. The surface molar trophoblast was filled with secretory droplets and lipid granules, suggesting production of gonadotropin and steroid hormones. Villous stroma, relatively "empty" to the light microscope, was filled with collagen and cellular debris. According to WYNN's electronmicrographic studies, all large cystic villi of hydatidiform moles were covered, at least in part, by trophoblast which showed evidence of both metabolic activity (accounting for the imbibition of water and electrolytes against an osmotic gradient), and pinocytosis. These findings are compatible with the view that the villous swelling is produced by their active trophoblastic envelopes (See Pathogenesis for further discussion).

LARSEN described decreased cytotrophoblast and altered structure of its ergastoplasm in a hydatidiform mole. In view of the limitations of sampling for electronmicroscopic studies, and the notorious morphologic variability within and among chorionic lesions, inconsistencies of published findings may be understandable.

Incidence. Geographic Variations. Effects of Age and Gravidity. Repetition of Molar Gestation

The frequency of hydatidiform mole varies in different parts of the world and at different ages of the populations studied. HERTIG and EDMONDS cited an incidence of classical hydatidiform mole of one per 2062 full term deliveries at the Boston Lying-in Hospital. STROUP reported an incidence of 1:1488, and ALTER and COSGROVE, 1:1720 deliveries, from different clinics in the United States. KING estimated the incidence of molar pregnancy in Hong Kong as 1:530 deliveries. An extensive survey of relative frequencies of hydatidiform mole in various parts of the world was presented by SMALBRAAK (see TROPHOBLASTIC GROWTHS). MARQUEZ-MONTER and coworkers presented similar data in a table of ascending incidence of this lesion in various populations. They reported one hydatidiform mole for every 200 pregnancies cared for at the General Hospital in Mexico City. Comparable incidences were cited from other clinics in Mexico (1:400), Guatemala (1:670 — ARAMBURU), and South America (1:829 to 1:1,071).

Some of this variation may be due to the early marriage, high fertility, and advanced ages of the gravidas in the populations surveyed *(vide infra)*. While the differences in incidence and prognosis of molar pregnancy reported in various series may also reflect local systems of patient referral and the areas served by the hospitals, variations in diagnostic criteria may account for others. For example, SCHIFFER and his colleagues reclassified five of an original series of 68 cases of hydatidiform mole as abortuses with hydatid change, not true moles. An international study, aimed at recognition of factors which might account for geographic differences, first endeavored to standardize the diagnostic criteria, an obvious necessity before considering the problem epidemiologically. According to IVERSON and her collaborators within the *Joint Project for Study of Choriocarcinoma in Asia*, reliable data from Asia indicate frequencies of hydatidiform mole as high as one in 200 to one in 250 deliveries. These investigators concluded, after study of 497 cases of suspected trophoblastic "tumors" in eight Asian countries and 195 such cases in the United States, that an increased predilection for these lesions exists in Asian women. Evidence was obtained of correlations of incidence with low socio-economic status, and with pregnancies occurring in older aged women, but not with their ethnic origins or geographic locales. DOUGLAS commented that the women of low socio-economic status at Bellevue Hospital in New York City, who comprised Irish, Italian, Puerto Rican, and negro origins, did not exhibit the same increased susceptibility to these lesions. However, MARQUEZ-MONTER et al. also thought that poor nutrition enhanced the risk of trophoblastic disease among populations which they surveyed.

The average ages of Asian women with hydatidiform mole, chorioadenoma destruens, and choriocarcinoma were statistically greater in each diagnostic group than in the same diagnostic category of women in the United States. (JOINT COMMISSION, etc.). The average number of pregnancies and the numbers of pregnancies in older age groups of the Asian patients also exceeded those of the patients sampled in the United States. In general, the incidence of hydatidiform mole varies with the age of the population. SMALBRAAK's survey of the literature is summarized as follows: According to ESSEN-MOLLER's series of 50 cases of mole, the lesion occurred twice as often after the age of 45 years as it did prior to that age. EERLAND found the incidence to be the same at all ages under 40 years, namely one mole for every 1345 pregnancies; from 40 to 45 years, the incidence was one per 350 pregnancies; after age 45 years, one mole occurred in every 32 gestations. These observations were regarded as compatible with the generally increased risk of all kinds of abnormal products of gestation with advancing maternal age. Moreover, VASSBUCH and VERMELIEU observed five hydatidiform moles among products of 20 pregnancies of women aged 50 years or older. However, there is also some tendency to the occurrence of these gestational mishaps in the very young gravidas, FINDLEY having collected 111 cases in women aged 15 to 25 years, and citing two in 13 years old and one in a 14 year old patient. BOBROW and FRIEDMAN observed a 12 year old girl with a molar gestation. (See SMAL-BRAAK, TROPHOBLASTIC GROWTHS, for details). The mean age of patients with molar pregnancies observed by MALL and MEYER was 29.6 years, by HERTIG and SHELDON, 28.9 years and by DAS, also 28.9 years. The relationships to gravidity are less impressive than those to maternal age. Among SMALBRAAK's series of 74 molar gestations, 32.5% occurred in primigravidas. DAS reported a mean gravidity of 2.5 and a mean parity of 1.1 among patients with molar pregnancies.

The *phenomenon of "repeat" moles* is one of the most unusual features of molar gestations. HSU *et al.* reviewed this subject, culling the literature and adding their own seven cases. In the 15 case histories so accumulated, 100 pregnancies produced 33 hydatidiform moles. In addition, one of the 15 patients developed choriocarcinoma after two moles. Many of the molar gestations were separated by normal pregnancies. None of the 15 women was reported to have experienced an abortion —except for abortions of moles. MORRISON later described the occurrence of three successive moles, all benign, and ENDRES reported a patient who delivered six consecutive hydatidiform moles. MARQUEZ-MONTER and his colleagues cited four instances of repetition of molar gestations: two patients experienced two, one had three, and one aborted 11 hydatidiform moles. The latter history is also remarkable in that the patient's first pregnancy produced a living infant who expired, the second yielded a mole, the patient remarried, and then delivered a series of 10 consecutive moles. We have also seen a patient who bore repeated moles, despite remarriage. It might be instructive to compare series of repetitive moles produced by the same gravida with each other and with her interspersed non-molar gestations from standpoints of sex, cytogenetics, virology, detailed placental morphology, and histochemistry. Perhaps, the interspersion of normal pregnancies in series with those producing moles argues against an infectious etiology of the latter mishaps. It is also striking that only one among the series cited and one other patient observed to have delivered repeated moles at the Boston Lying-in Hospital are known to have developed choriocarcinomas.

According to reports, twin gestation is statistically more common in association with hydatidiform mole than without this association (CHAMBERLAIN). Figs. 115, 116 depict products of twin gestation, one of which was a large hydatidiform mole. This difference may be spurious, merely reflecting the increased probability of reporting the unusual over the usual, *i. e.* the molar pregnancy with a twin compared with the mole without a twin. However, if, as HERTIG and EDMONDS and HERTIG and MANSELL postulate, molar change is a consequence of retention of a blighted ovum as a "missed abortion", the coexistence of the surviving co-twin embryo-fetus may delay expulsion of the conceptus. The diagnosis of a multiple molar gestation, *i. e.* a double mole, would be difficult, indeed. Such a diagnostic possibility was raised in a recent case of hysterectomy with mole *in situ*, because of the simultaneous demonstration of paired corpora lutea of pregnancy, one in each ovary. If two chorionic cavities, with or without embryo(s) were demonstrated within a mass of molar tissue, the diagnosis would be sub-stantiated. Lacking such an observation, twin moles might be suspected from sexual dimorphism of constituent tissues, either as discordance of Barr bodies, or cytogenetically. Cytogenetic demonstration of two populations of cells would also tend to support such a diagnosis. However, differentiation from mosaicism might be impossible. Yet, the effort should be made, in case a pair of karyotypes incompatible with mosaicism should be recognizable (*e. g.* XX/XXY).

There are remarkably few data bearing on the question of *intrafamilial trophoblastic* disease. However, SMALBRAAK has described a most unusual pair of sisters (his Case # 28 and her sister), each of whom delivered no less than four hydatidiform moles, and died from complications of the fourth. The index patient expired from infection, following perforation of an invasive mole. Her sister's lethal lesion was thought to have been a choriocarcinoma, but SMALBRAAK suggests that it, too, was a chorio-adenoma destruens with complications. In each case, the series of moles exhibited increasingly aggressive features. The index patient also produced five other mis-carriages, any of which might also have been molar gestations, and, in the midst of the total sequence of pregnancy mishaps, a normal child. AZAR, reporting chorio-carcinomas in women mated to close relatives, suggested a rôle of consanguinity in the etiology of this tumor. Studies of the lineage of patients with trophoblastic disease might be undertaken with profit in areas where such lesions are common among the populace.

Ectopic Molar Pregnancy

Rare cases of ectopic, tubal pregnancy with development of hydatidiform mole are reported (PETTIT; MEYER; MILLER; KIKA and MATUDA; CHALMERS, *inter alia*). However, EWING, who mentioned 13 instances of primary choriocarcinoma of the fallopian tube, made no reference to tubal moles. MADDEN was impressed that chorion-epitheliomas of the oviduct were reported about three times more frequently than hydatidiform moles at this site. BARKLA pointed out that the ratio of tubal chorio-carcinomas to total tubal pregnancies was approximately ten times the ratio of uterine choriocarcinomas to total intrauterine pregnancies. No parallel increase in relative frequency of tubal hydatidiform moles has been observed. This divergence of in-cidence of the two major trophoblastic lesions suggests that a common, continuous pathogenesis does not exist, or that if the tubal abortion or rupture interrupts the sequence, no mole is formed, yet the residual trophoblast gives rise to carcinoma. SUTHERLAND described the rare combination of coexistent tubal mole and intrauterine pregnancy. HERTIG and MANSELL, commenting that they had not seen a molar tubal pregnancy, imply that the blighting of ova, so common in ectopic pregnancy, can easily be misinterpreted as true hydatidiform mole. WESTERHOUT reported a case of ruptured tubal mole, associated with a seven centimeter fetus. Because of the grossly vesicular aspect of a portion of the placenta, the simultaneous identification of the fetus, and the photomicrograph which accompanies the case report, this seems to have been an instance of transitional mole. The author cited 20 other cases reported previously. However, among the latter was a Breus' mole, which should not have been included in the cumulative series of ectopic hydatidiform moles.

Hydatidiform Mole With Fetus

As early as 1878, STORCH described cases of "partial myxoma of the placenta", *i.e.* hydatidiform mole, associated with livebirth and with twinning. KIRSCHBAUM cited the delivery of a living child with a placenta, 85% of which was converted to hydatidiform mole. BOWLES reported a case of extensive hydatidiform mole formation (weight 4 lb. 2 oz.) with delivery of a living child (4 lb. 6 oz.). KRONE described the birth of a female fetus, weighing 3200 gm., accompanied by a placenta with eccentrically inserted cord, and a mole without a cord. He suggested that this might represent twin gestation with one "twin" a complete mole, or a partial mole affecting only a succenturiate lobe, without twinning. BEISCHER estimated the incidence of hydatidiform mole accompanied by a fetus as about 1:14,000 pregnancies and 1:26 hydatidiform moles, in Melbourne from 1940 through 1959. He described 15 such cases. Three of the specimens were recognized as "hydatidiform moles" only upon microscopic examination. Seven specimens comprised fetus plus molar placenta; one of these was described as malformed. Five were fetuses with focal, or partial hydatidiform mole of associated placentas. One of the latter, delivered at 31 weeks, was associated with a living infant, who survived. One was a fetus with "molar tissue". Two were hydatidiform moles coexistent with normal placentas, the latter attached to the fetus. Of the 15 fetuses, four were female, three male, and the sex was not recorded in the other eight cases. SMALBRAAK also described fetuses with some of his series of moles, and KRONE observed a 4½ months' fetus with molar placenta. Unfortunately, the status of the associated fetus is rarely described and, when the fetus or infant has died, details of its necropsy are not given by the reporting authors. Fig. 276 depicts an anatomically normal fetus with a molar placenta.

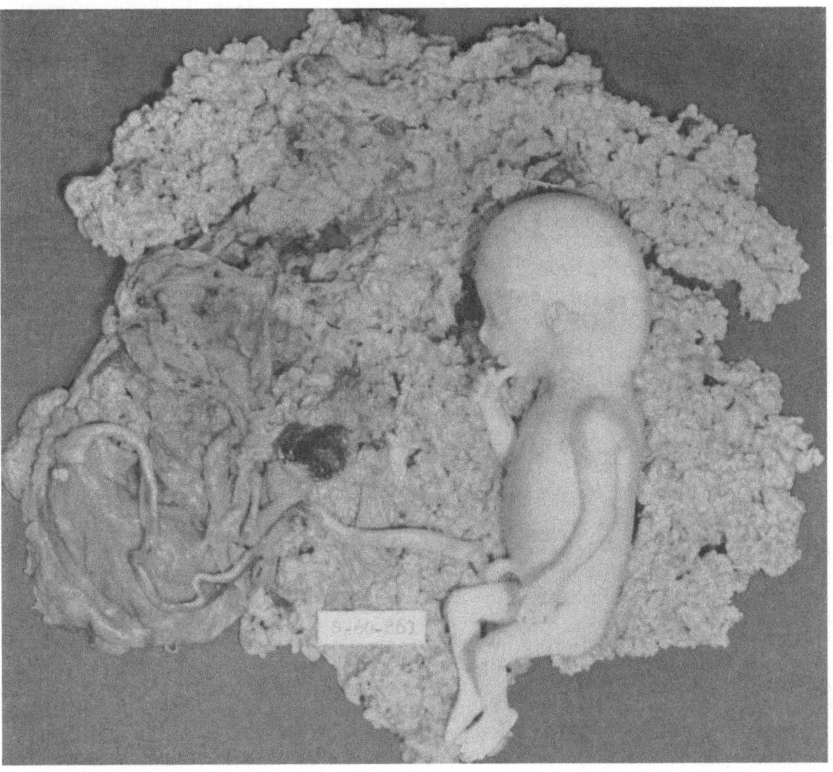

Fig. 276. Hydatidiform mole with fetus. The male fetus, 9 cm. crown to rump, was well preserved and not deformed. Approximately 80% of the placenta, which measured 14.5 × 12.0 × 5.0 cm, was composed of hydatidiform molar tissue.

Survey of the scattered reports of moles delivered with large fetuses, even viable infants, and those associated with twins discloses no case in which chorioadenoma destruens, symptomatic metastases, or choriocarcinoma followed. While this may be spurious, and reflect incomplete reporting, it may also indicate that these lesions are not identical with the classic moles, in pathogenesis and prognosis. A clearer view of the problems of molar gestation may be gained from eliminating those cases *not* associated with "blighted ova", or from including them in the broad category of transitional lesions. Simple hydrops placentalis should be differentiated from hydatidiform mole.

Diagnosis

Molar gestation is suspected when uterine size exceeds that expected for the period of amenorrhea. Although the frequency of abnormal uterine enlargement varies in different series, it is important to note that moles may be found without uterine enlargement. According to BUXTON, moles recognized at 20 to 22 weeks' gestation may be within uteri which are smaller than expected at this gestational age. When theca lutein cysts develop in the ovaries, ovarian enlargement may suggest associated molar gestation. Vaginal bleeding is common, and molar fragments may be discharged with the sanguineous material. Early onset of preeclampsia also suggests the presence of hydatidiform mole. Usually, the fetal heart tones cannot be heard and electrocardiography yields no evidence of fetal heart action (relevant observations after some 19 to 20 weeks of amenorrhea). No fetal skeleton is visible on roentgenography of the pelvis. However, molar gestation is rarely associated with a fetus *(vide supra)*. Gonadotropins are demonstrable in blood and urine by bioassay and immunoassay, titers often exceeding those which accompany normal gestations. (See Section on Hormonal Aspects, and Chapter XIV.)

BORELL, ROCA, HIGHMAN, COCKSHOTT, HENDRICKSE and their coworkers have found angiography of the pelvic and uterine vessels useful in demonstrating the disorderly vascular spaces, and, occasionally, the vesicular and bullous structures of an intrauterine hydatidiform mole. A recent diagnosis of hydatidiform mole *in situ* was made by transabdominal injection of contrast medium into the uterus. The bullous, vesicular, and completely disorganized structure of the mole is clearly delineated on the resulting roentgenogram (Fig. 277). Interestingly, prior efforts to demonstrate this lesion by introducing the radio-opaque medium transcervically were unsuccessful. DONALD and BROWN, MACVICAR and DONALD, and HARPER and MACVICAR recommended the use of ultrasonic echo sounding for the diagnosis of hydatidiform moles. In 50 cases suspected to be molar gestations, at 10 to 22 weeks' gestation, the sonar examination diagnosed 16 as hydatidiform moles; 15 of these were confirmed.

The vaginal smear of a patient with a molar gestation shows considerable estrogen effect and no distinct progesterone effect (DE NEEF). DE NEEF recommends the examination of serial vaginal smears to follow the postmolar status of patients. If such smears are taken beginning soon after evacuation of the mole, persistent pregnancy pattern indicates retained trophoblastic tissues. Trophoblast may also be recognized in smears. HOPMAN and CAVANAGH are in essential agreement with DE NEEF.

BROMBERG *et al.* described an increased concentration of fetal hemoglobin in blood specimens from four patients with hydatidiform moles. In the absence of fetus, the transplacental passage of whose blood might be the source of this substance, the authors suggest that the gravidas reactivated their own fetal hemoglobin synthesizing systems, as is known to occur in such genetically determined hematologic disorders as thalassemia and sickle-cell disease, as well as in acquired states, such as pernicious anemia.

TOBIN found elevation of the serum glutamic oxalacetic transaminase in four of five cases of hydatidiform mole.

HERTIG stated that 80% of classic moles are composed of masses of typical vesicular villi alone. Most of these are recognizable at a glance. The histologic diagnosis of hydatidiform mole requires the recognition of molar vesicles, usually associated with trophoblastic proliferation. The major problem is one of differentiating the innocuous mole, from the menacing chorioadenoma destruens and from choriocarcinoma. (See Morphology, for further discussion.) KITTERMASTER and STALLABRASS are among those who have pointed out the hazards of misdiagnosis of molar gestation, especially when the latter is complicated by pulmonary lesions, as chorionic carcinoma. Recognition of these difficulties led BARDAWIL and TOY to comment: "...one may wonder whether the commonest cause of spontaneous regression in choriocarcinoma has not been pure misdiagnosis".

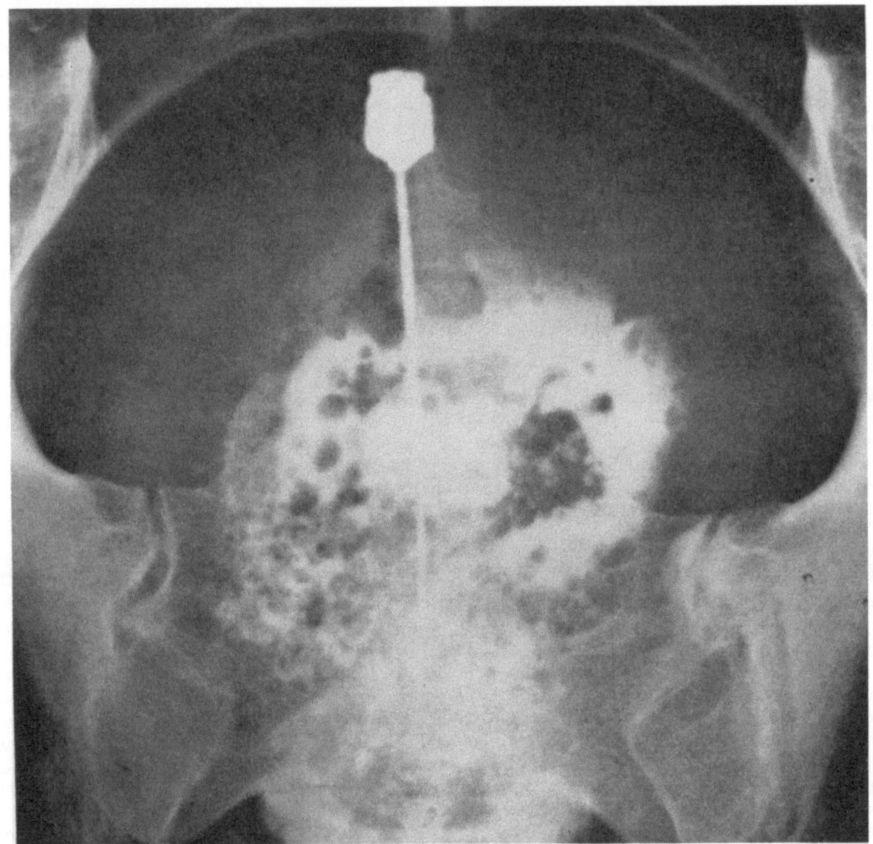

Fig. 277. Roentgenogram following transabdominal intrauterine injection of contrast medium. Hydatidiform mole is demonstrated by bizarre bullous and vesicular pattern produced. (Courtesy of Dr. Donald P. Goldstein).

While the pitfalls of erroneous *clinical* diagnosis are many, expert pathologists also remind us of the inaccuracies of morphologic diagnosis and prognosis (NOVAK, PARK, BARDAWIL and TOY, HAINES and TAYLOR, CANLAS, *inter alia*). The serious difficulties of histologic diagnosis of trophoblastic diseases were underscored by PARK's report on the diagnostic interpretations of experts who reviewed 200 cases collected by the Albert Mathieu Chorionepithelioma Registry. The great divergence of opinion is indicated by the fact that these authorities disagreed on the diagnosis of choriocarcinoma in 44.5% of the 200 cases. This nonuniformity of diagnostic criteria, combined with the fact that trophoblast has a much wider range of biologic than of histologic behavior, renders the entire problem of classification and prognostication exceedingly difficult. The error of diagnosing hydatidiform mole as choriocarcinoma is more common than that of interpreting a carcinoma as a mole.

Etiology

The cause or causes of hydatidiform mole are unknown. That the lesion is a kind of abortus, or evolves therefrom, is clear. Perhaps the etiologic factor of moles is common to many nonmolar abortions and acts through an effect on the trophoblast *per se*. Until knowledge of the causation of abortions is nearly complete, it will not be possible to ascertain whether hydatidiform mole results from a continuous influence of one, or of several such causes, acting simultaneously or in sequence. Studies from different countries and racial groups indicate a greater importance of socio-economic-related factors, rather than genetic ones *(vide supra)*. Much more sophisticated analyses of populations and their affected members will be necessary to ascertain how much the geographic heterogeneity of incidence of trophoblastic disease reflects genetic characteristics of its victims. Limited attempts to identify a living agent, *i. e.* a virus, or to discover consistent and characteristic structural or numerical abnormalities of chromosomes have also produced negative results *(vide infra)*. However, there is general agreement that molar changes take place in relation to "pathologic" ova much oftener than "nonpathologic". (DOLFF, HUBER *et al.*, NILSSON, PARK, HERTIG and EDMONDS, *inter alia*-see Pathogenesis).

There is little evidence that this disease is *viral in etiology*. DE RUYCK reported observations compatible with an effect of a filtrable agent, when material from moles was inoculated in allantoic membranes of chick embryos (See SMALBRAAK). Others have not been able to duplicate his results (SMALBRAAK). The occurrence of hydatidiform mole in just one of a pair of twin placentas also seems to imply that the lesion is not of viral etiology (SCHEBAT *et al.*; BEISCHER; CHAMBERLAIN; LAFFONT *et al.*; SITARATNA and SARMA).

PARK studied 22 hydatidiform males from the Mathieu Chorionepithelioma Registry from the point of view of sex chromatin bodies in constituent cells.

Both stromal and trophoblastic cells contained Barr bodies, but their incidence varied from 0 to 91% among the specimens. No sharp separation was found between high incidence and low incidence groups. Sex chromatin bodies were found in a higher percentage of trophoblastic than stromal cells, but the incidence in the two tissues seemed parallel. In general, the incidence of visible Barr bodies varied inversely in relation to the age of the patient, suggesting to PARK that degenerative changes which might obliterate these structures were commoner in older persons. There is general agreement that moles are predominantly sex chromatin positive (PARK; ATKIN and KLINGER; WENNER; WAGNER cited by ATKIN and KLINGER; SASAKI *et al.*, *inter alia*). SASAKI *et al.* suggest that this tendency is a reflection of polyploidy, but KLINGER finds the nuclear size in moles incompatible with a general tendency to polyploidy in "female" moles.

STOLTE *et al.* studied fresh squash preparations of three hydatidiform moles, all of which showed aneuploidy, the predominant chromosome number being 38 in all three. Karyotyping was unsatisfactory. SASAKI and coworkers examined dividing cells in direct preparations of six moles, and three normal early gestations at 10 to 12 weeks' gestation. Each specimen had a modal chromosome number of 46; three of the moles were female, one male, and two of indeterminate chromosomal sex. The four moles which were studied immediately showed increased percentages of dividing cells compared with the normal material. Two specimens stored overnight prior to study yielded fewer dividing cells. Polyploid cells were also more frequent in the moles. MAKINO and his associates made direct preparations from seven hydatidiform moles, two "destructive" hydatidiform moles, two choriocarcinomas, and three normal early placentas. Among the "benign" moles, 46 was the commonest chromosomal number, but there was an increase in percentage of tetraploid cells, endoreduplication of chromosomes was seen, and numerical deviations from diploidy and tetraploidy were observed. The "destructive" moles yielded fewer cells with diploid and tetraploid numbers, and frequent cells with aneuploidy and aberrant chromosomal constitution. More aneuploid cells were found in the portions of mole which were invading the endometrium than in the villi within the lumen. Choriocarcinomas contained still more aberrant heteroploid cells. These findings were thought to represent a chromosomal shift from diploid to tetraploid to heteroploid with successive stages of malignant transformation of the trophoblast. All specimens were karyotyped as female.

In a subsequent report, MAKINO et al. described three anembryonic blighted ova, portions of which consisted of mole-like villi while the remaining placental tissues were normal. All three were triploid, XXY. The authors suggested that such findings were compatible with a transitional lesion, both morphologically and cytogenetically intermediate between the normal and the typical hydatidiform mole. However, other explanations are also tenable, such as fertilization of an unreduced ovocyte or fusion with a polar body. ATKIN and KLINGER reported tissue culture study of a triploid XXX hydatidiform mole, attached to a fetus which was itself found to be a mosaic with respect to the sex chromatin bodies visible in sections of its tissues. (Unfortunately, because of previous fixation, the fetal tissues could not be cultured.) They also cited several instances of hydatidiform moles whose villous trophoblast and stroma showed divergent sex chromatin pattern, e.g. double sex chromatin in trophoblast and single in stroma, or single in stroma and none in trophoblast. SZULMAN found a transitional hydatidiform mole to have a triploid XXY chromosomal complement, on tissue culture of its vesicles. He also quotes a report of Patau et al., wherein a triploid XXX hydatidiform mole was cited. HARNDEN described 44 autosomes and two X chromosomes in each of two hydatidiform moles studied successfully in tissue culture. BURGOIN et al. attempted to characterize the chromosomes of ten hydatidiform moles by means of tissue culture studies. Technical success was achieved in only four, probably because of bacterial contamination of the other six. These four were found to have normal chromosomes, three were females and one was male. Diverse chromosomal anomalies were seen, but neither consistent nor constant. From these results, BURGOIN and his co-workers suggest that the etiology of hydatidiform mole is probably not related to abnormal chromosomal complements. Aneuploid mitoses, which were also observed, provided a possible index to the clinical severity of the mole as it evolved in the patient.

Few relevant animal experiments have been reported. SMALBRAAK cites the efforts of Courrier and Gros (1936) who removed the ovaries of cats at 15 to 17 days' gestation and subsequently observed fetal death and maintenance of placental growth with hydatid changes in the villi. SMALBRAAK also refers to the work of AICHEL, who reported similar changes in the fetal part of the canine placenta following experimental crushing of the gravid uterus. In both these experiments, fetal death occurred prior to the mole-like placental responses.

Pathogenesis

Two major hypotheses have been proposed to explain the pathogenesis of hydatidiform mole: (1) failure of abortion of a blighted ovum, with cessation of villous circulation secondary to this, proliferation and continued function of trophoblast, producing varied combinations of villous hydrops and trophoblastic overgrowth; (2) primary trophoblastic abnormality, with extinction of embryonic circulation, blighting of the embryo, continued proliferation of trophoblast, which retains some of its functions, and varying degrees of autonomy of growth.

HERTIG and EDMONDS espoused the former view, supporting their thesis with detailed morphologic studies of abortuses, and reference to early ova recovered from uteri removed from women of known fertility, presumed to represent normal early human gestations. They emphasized the frequency of "blighted ova" among products of spontaneous abortion, and described the associated hydatid change, i. e. focal, pathologic, albeit microscopic, regions of villous avascularity and edema among these. HERTIG and EDMONDS found such hydatid change in 38% of products of spontaneous abortion—in 66.9% of pathologic and in 11.65% of nonpathologic ova. KAESER found hydropic degeneration in 46.8% of 203 aborted ova. According to NILSSON, hydatidiform degeneration was most common in early abortions, becoming rare after 14 weeks' menstrual age. He observed hydatidiform change in about 50% of anembryonic ova, some 30% of ova with nodular embryos up to 5 millimeters long, and only about 3% of abortuses where the length of embryos exceeded 5 millimeters. These findings suggested to him that hydatidiform change begins very early in development and is associated with ova containing pathologic embryos. According to PARK, the more abnormal the ovum, the more likely are its villi to show hydrops. JAVERT also alludes to relationships between pathologic ova and molar change.

HERTIG and EDMONDS recommend that the interpretation of causation of hydatidiform changes in ova be based, as much as possible, on an evaluation of the status of the ovum at the time that the degeneration is initiated, not in terms of the end result, the full-blown mole. In all probability, hydatidiform degeneration of chorionic villi begins at about the fifth week of pregnancy (menstrual age), when the embryonic circulation should begin to function. According to HERTIG, a spectrum of reactions could be seen, ranging from the minimal degrees found in so many abortuses, through those in which the reaction was extreme enough to be recognized as gross vesicles, to the classic hydatidiform mole (Fig. 278).

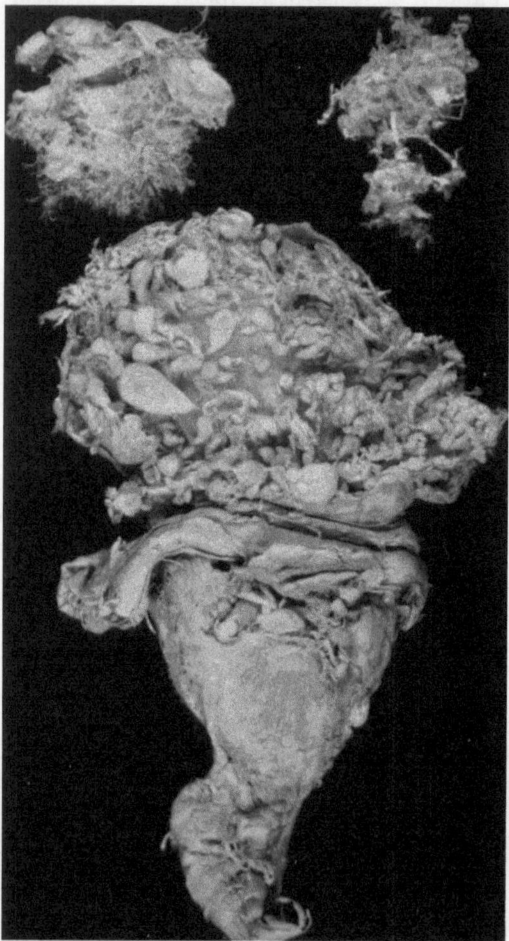

To HERTIG and his coworkers, this morphologic series indicates that the hydatidiform mole results from "missed abortion of a blighted ovum". The usual sequence is as follows: a blighted ovum is produced by whatever mechanism(s) may yield such a result (see Chapter XI, Abortions), because of the absence or death of the embryo-fetus, chorionic angiogenesis is interrupted, primitive villous circulation ceases, and disuse leads to atrophy of extant villous vessels. The trophoblast clothing the primitive villi continues its function of transfer of fluid from the maternal blood into the villi, whence it would normally be transported by the chorionic vessels, toward the "fetus". Lacking the circulation necessary for removal of this fluid, the villous stromal cords become distended and swollen (Fig. 279). HERTIG and his colleagues pointed out that less severe edema occurs focally, on a similar basis, at other sites of impaired chorionic circulation, such as the developing chorion laeve and the margins of the expanding discoid placenta. Such focal edema is explained by the same mechanisms—indeed, this constitutes part of the evidence of validity of HERTIG's hypothesis (See also HUBER *et al.*).

Fig. 278. Progressively greater degrees of hydatidiform change in a series of three abortuses. Focal hydatid change, (above, left), transitional mole (above, right), and classical mole (below) constitute an anatomic spectrum. (Compare these with Figs. 265-268.)

Hydrops of the villi occurs whenever and wherever vigorous trophoblast, nourished from the maternal blood in which it is immersed, retains its own function of transfer of fluid, which then accumulates within avascular villi. HERTIG, McKAY, and their coworkers also suggest that the trophoblastic hyperplasia at the surfaces of molar villi is a response to "stretching". Trophoblastic proliferation is thought to be stimulated by the enlargement of the villus-vesicle, which necessitates such growth in order to maintain the integrity of its epithelial surface. McKAY *et al.*,

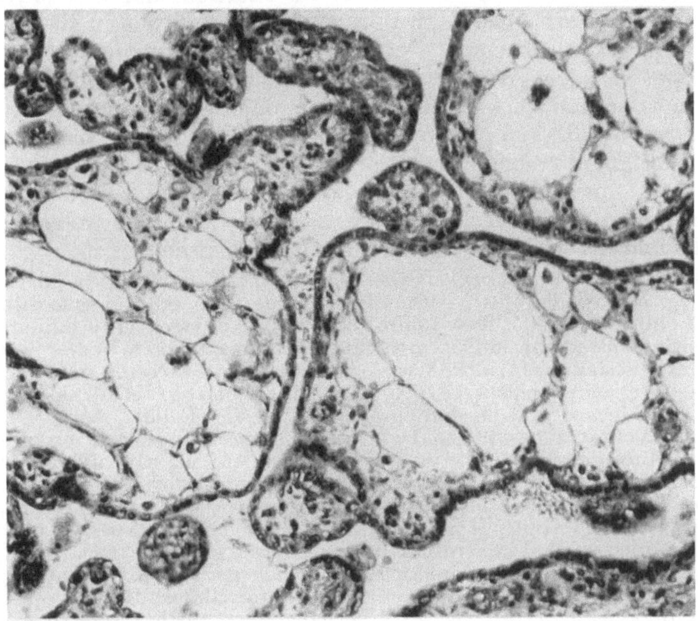

Fig. 279. Accumulation of fluid within villous cores produces hydatidiform change, eventually frank molar vesicles. (H & E × 160).

commenting on the predilection of villi to accumulate fluid following early death of the embryo and failure to do so when the fetus dies after five months' gestation, suggest that the water-binding properties of villous stromal mucopolysaccharides and fetal proteins may be greater earlier than later in development. However, third trimester villi, even those at term, can swell, as is evident from hydrops placentalis et fetalis.

Support for the concept of molar degeneration as a result of progressive trophoblastic overgrowth and continued function in a "missed abortion" is gained from review of the average clinical gestational ages at which the major types of abortuses are expelled. HERTIG and EDMONDS reported that pathologic ova were aborted at an average age of 10.2 weeks, nonpathologic ova at 15.4 weeks, transitional moles at 16.6 weeks, and typical hydatidiform moles at 17.4 weeks. However, transitional moles, expected to occur with a frequency intermediate between that of hydropic abortuses and classical hydatidiform moles, are observed less frequently than this (PARK). Moreover, their hormonal output, as measurable in urine and serum, is also not compatible with a transitional lesion, between abortus and true mole.

Unfortunately, knowledge of the causes of "blighting" of the ovum is so scant that one cannot answer whether this event and the ensuing hydatidiform mole represent a continuum of responses to one etiologic mechanism. Perhaps continued cytogenetic analysis of blighted ova, transitional, and classical moles will demonstrate common or progressive abnormality of chromosomal constitution among them. On the other hand, proven specific abortogenic factors in the environment could also initiate the sequence.

The hypothesis that hydatidiform mole develops from a retained blighted ovum, that chorioadenoma destruens may evolve from this missed abortion, and that choriocarcinoma may follow either or both of these implies a sequence of separate disturbances of the chorionic epithelium. If a mole evolves from a "missed abortion", what is the reason for the abortion, and why is the chorion retained? If, on the other hand, the primary abnormality is in the trophoblast, a continuity of related phenomena can be invoked to explain the blighting, the hydrops, hyperplasia, aggressiveness, and autonomy of its growth. A primary trophoblastic abnormality, with initial extinction of embryonic life (or failure to form an embryo at all), and continuing function to yield the typical transitional, benign, and malignant trophoblastic diseases seems tenable, as in PARK's persuasive exposition of this hypothesis. Interrelationships of lesions would then correspond to the benign papillomas, papillary carcinomas, and less well differentiated malignant neoplasms which arise in other epithelial tissues.

McKAY and coworkers described chemical composition of fluids harvested from molar vesicles, comparing them with edema fluids from other tissue sites, normal amniotic and chorionic fluids. They found mole fluid to be essentially similar in composition to ascitic and edema fluids, and fluid of normal tendon. Water was retained within the villus-vesicle, against the force of higher osmotic pressure in the surrounding maternal plasma; amino acids were also concentrated on the "fetal" side of the molar trophoblast. The mean total protein concentration of mole fluid was 1.07 grams per 100 milliliters, as compared with the mean maternal serum protein levels of 6.15 grams percent. The albumin: globulin ratio of molar fluid was slightly higher than that of serum. The latter protein values were, therefore, consistent with those found in a dialysate of serum. In general, the observations of these investigators are compatible with the view that the molar vesicle is produced by the actively functioning surface trophoblast, not by non-specific degeneration of the villus.

Whatever aspect is of primary importance pathogenetically, it is the trophoblastic proliferation of hydatidiform moles which produces the clinical difficulties—its aggressive variants, neoplastic derivatives, and, perhaps, its metastatic sequelae.

Chorioadenoma destruens

The invasive or destructive mole, or chorioadenoma destruens, has been likened to a placenta accreta, increta, or percreta of a molar placenta (HERTIG). There does not appear to be a predilection of moles to invade which can be related to antecedent endometrial injury, as is seen so often with non-molar placentas accreta, in-and percreta. Neither is there evidence that these latter phenomena are related to an intrinsic aggressiveness of their trophoblast. EWING regarded chorioadenoma destruens as the mildest form of genuine neoplasm of the chorionic epithelium.

NOVAK and SEAH found 34 cases of chorioadenoma destruens among 120 hydatidiform moles reviewed from the Albert Mathieu Chorionepithelioma Registry. In most cases, the pregnancy test became negative within two months after evacuation of the hydatidiform mole. CORSCADEN and SHETTLES found 79 cases of chorionic disease in a review of 30 years' experience at Sloane Hospital; 68 hydatidiform moles, six cases of chorioadenoma destruens, and five of choriocarcinoma were observed.

The characteristic clinical picture is one of vaginal bleeding and subinvolution of the uterus. Spontaneous rupture of the uterus, as reported by NIESERT, LEE and SIEGEL, ENGLUND and ODEBLUD, MERCHANTE, MEYNARD, and ZENKER, *inter alia,* and invasion of contiguous and adjacent structures, such as the urinary bladder (PRICE), are not surprising sequelae. Other aspects have been discussed by WILSON *et al.*

Syncytial endometritis

Some interest and a great deal of confusion have been focused on "syncytial endometritis". According to HERTIG and MANSELL, with whom we agree, this comprises an infiltration of the decidua (endometrium) and myometrium by trophoblastic cells and varying degrees of associated inflammation. With CANLAS and DOUGLAS, they regard the lesion as an accentuation of the placental site. However, in reporting their respective series of moles and outcome, HERTIG and SHELDON, and DOUGLAS included syncytial endometritis among chorionic malignancies. Furthermore, HERTIG and SHELDON found a proportional increase in frequency of this lesion with increasing anaplasia of the antecedent mole, *i.e.* their Groups V and VI *(vide infra)*. Perhaps this relationship merely indicates that the trophoblastic proliferation and anaplasia of hydatidiform mole occur diffusely and are not limited to the molar villi. "Syncytial endometritis" is characterized by an intermingling of trophoblastic cells with the endometrium and myometrium, without sheets of growing tissue and without necrosis and hemorrhage. CANLAS regarded syncytial endometritis or syncytioma as regressing trophoblastic cells which had for unknown reasons penetrated the underlying myometrium more deeply than usual. This condition is important principally because of difficulties of differentiating it from choriocarcinoma. Familiarity with the histological features of the normal site of implantation will serve to differentiate the physiologic and the pathologic variants. Syncytial endometritis may have other implications relevant to the pathophysiology of pregnancy. Does the lesion arise as frequently in primigravid uteri as in those which have housed other, even many, ova ? Is there a relationship with fetal states ? Is the mucosa reconstituted as completely and as rapidly following syncytial endometritis as in normal circumstances ? Obviously, more study is needed to answer those who deny the existence of the lesion, and to investigate questions regarding the tolerable variations in the placental site.

Prognosis

HERTIG and SHELDON presented a monumental series of 200 cases of hydatidiform mole and follow up data from which they sought indications of the basic nature of the lesions, their propensity to invade and/or to metastasize, and the prognosis for the patient. Six groups of moles were described, increasing in potential malignancy as the numerical designation rose from I to VI. The classification was based on conventional histological examinations of the moles themselves, using hyperplasia and anaplasia as the major criteria. Sixteen percent of the series studied by HERTIG and SHELDON were classified as chorioadenoma destruens, a diagnosis included among the 53 chorionic "malignancies" found in the 200 cases. However, all 32 of these pursued a benign course.

HERTIG and SHELDON admonish the investigator to examine a large number of tissue samples, selected from many portions of the mole itself, and all of the curettings obtained at the time of evacuation of the mole. These procedures will afford a more accurate pathologicoclinical correlation in the clinically malignant varieties of trophoblastic disease. They also allude to a suggestion in their small series of choriocarcinomas that some areas of the original mole and/or curettings obtained at that time resembled the ultimate metastases.

HUNT and coworkers attempted, without success, to reproduce these results, using the same criteria. These investigators credited EWING with pointing out the great histological variability within individual moles. They also suggested that sampling of the mole at its site of implantation may lead to a falsely high estimate of its activity and aggressiveness. HUNT *et al.* chose to classify their series of moles on the basis of histological anaplasia alone. NOVAK *et al.* also disagreed with the concepts of HERTIG and SHELDON, namely, that the histopathology of the mole anticipated, to some degree, its potentialities for malignant sequelae. NOVAK and SEAH chose to disregard morphology, preferring a composite study of clinical and laboratory data. More recently, HERTIG and MANSELL have presented a simpler classification, based on the same criteria as those used by HERTIG and SHELDON, but conforming more closely to the system devised by HUNT *et al.* This is especially appropriate, since analysis of the original data of HERTIG and SHELDON reveals no increased prognostic value of separating the individual Groups II, III, and IV, or V and VI. However, Groups I, II + III + IV, and V + VI were significantly different statistically, with respect to the prediction of potential aggressiveness of the lesions.

The Chi square test for significance indicates a p value of less than 0.001 for the data of HERTIG and SHELDON, arranged in the original six categories, as well as the same data grouped as follows: I, II+III+IV, and V+VI. A similar test, applied to the data on Groups II, III, and IV, taken separately, indicates no significant differences among the three groups. Groups V and VI cannot be so compared, because of the paucity of cases in Group VI.

DOUGLAS biopsied 11 uteri at the time of hysterotomy for removal of hydatidiform moles and found no histologic evidence of invasion, but later observed "progression" of disease. Chorioadenoma destruens "developed" in three instances. Two patients so treated "developed" choriocarcinoma, following hysterotomy. Such lack of correlation between morphological and features and clinical course of individual lesions may, perhaps, indicate absolute inaccuracies of histological criteria, or, as DOUGLAS suggests, "progression" of the anaplasia, but may also prove to reflect nonrepresentative sampling of the lesions. HERTIG and SHELDON seem to express a similar opinion regarding choriocarcinomas: "They, therefore, appear to be coincidentally malignant with respect to the pregnancy from which they arise." LOGAN and MOTYLOFF found no useful correlations between the histologic pattern of their series of 72 moles and subsequent malignant behavior. The difficulty of predicting the behavior of chorioadenomas destruens is illustrated by LUMSDEN and TOW, who observed two initially similar cases, with similar histological characteristics. Both patients were treated conservatively; one recovered and later experienced a normal pregnancy; the other developed pulmonary and probable intracranial metastases, and expired. (See DIAGNOSIS for further relevant discussion.)

According to the extensive experience of ACOSTA-SISON and her coworkers, advanced maternal age and concomitant pulmonary tuberculosis are two factors which exert unfavorable effects on the prognosis of hydatidiform mole. The vast majority of women who have produced a hydatidiform mole can expect to undergo subsequent normal pregnancies.

Hormonal Aspects

Detailed discussion of placental endocrinology constitutes Chapter XIV. Quantitative assays of urinary and plasma gonadotropins are necessary for the evaluation and longitudinal study of trophoblastic disease, both clinically and with respect to its fundamental biology. It is, therefore, appropriate that some of the hormonal aspects of hydatidiform mole be included, in brief, in this section.

MATHIEU appreciated the value of pregnancy tests in diagnosis of hydatidiform mole. TENNEY and PARKER, and PAYNE were among early investigators of chorionic gonadotropin excretion in postmolar patients. SMALBRAAK commented on the relatively long period of gonadotropin excretion which follows evacuation of a hydatidiform mole, often many weeks or months in duration, in contrast to the brief interval of three to ten days during which the Aschheim-Zondek test becomes negative after abortions and normal pregnancies. In SMALBRAAK's series of 63 patients, the interval between removal of the mole and the first negative Aschheim-Zondek test varied from one to 26 weeks. However, in two thirds of cases, this test was negative after six weeks.

DELFS studied 119 patients with hydatidiform moles throughout their entire courses. Sixty days after evacuation of the mole, 26 of these still gave evidence on serum gonadotropin assay of surviving trophoblast. In 15 of these cases, the assays showed a gradual decrease in gonadotropin, becoming negative between 70 and 250 days after molar evacuation. The other 11 showed persistent or rising titers, associated with clinical irregularities which led to hysterectomy. DELFS and SMALBRAAK agree that the serum levels and urinary excretion of gonadotropin reflect the vigor of growth of the mole. According to DELFS' postmolar studies of 119 patients, serum assays for chorionic gonadotropin were positive ten days after evacuation of the mole in 78.1%; at 30 days 37% were still positive; at 60 days, 21.8% were positive. In 12.6%, the assays became negative after 60 days had elapsed. Twenty-five of the 119 patients were not seen as early as ten days, and had negative assays when they were first seen. HOBSON measured the urinary chorionic gonadotropin of 109 women with hydatidiform moles, and 205 normal pregnant women, as well as the gonadotropin content of eight complete molar specimens. According to assays carried out serially during pregnancy, the presence of a mole is suspected when the gonadotropin excretion does not fall, or rises after the sixteenth week. Negative tests were obtained on two occasions on the day prior to spontaneous expulsion of moles. It was suggested that these anomalous results might indicate that the moles had separated from uteri prior to performance of the test. The test became negative within four weeks of complete evacuation of a mole. It was interesting that he found no difference in the gestational ages at which spontaneous abortions of molar and non-molar pregnancies occurred in his clinic. WIDE and HOBSON have attempted to differentiate molar from normal pregnancies by comparing the associated ratios of bioassayable and immunologically active urinary chorionic gonadotropin. Normally, this ratio is less than unity. In urines obtained from 27 normal pregnant women the mean ratio was 0.40; among 23 specimens from 12 women with hydatidiform moles, the mean ratio was 1.29; the difference in ratios was statistically significant. In 1931, HINSELMANN correlated the measured surface of chorionic epithelium on molar villi with the amounts of gonadotropic hormones produced by the lesion. SMALBRAAK was also of the opinion that the vitality of a mole and its production of hormones could be correlated. WALTZ et al. reported the synthesis of gonadotropin by portions of three hydatidiform moles grown in tissue culture. They were unable to correlate the cell morphology of their in vitro preparations and the recovery of gonadotropins therefrom. In light of recent information relevant to the sources of placental hormones, the hormonal output of a lesion is regarded as an index of syncytiotrophoblastic activity.

LAJOS and SZONTAGH suggested that temporary storage of chorionic hormone within lutein cysts may be responsible for persistently elevated serum and urine gonadotropin activity following the complete expulsion of a mole.

SMALBRAAK stated that Gregorini noticed cystic ovaries associated with hydatidiform moles as early as 1795. The enlarged and cystic ovaries may measure as much as 25 centimeters in diameter, and are bosselated and multicolored, as the cysts bulge beneath the tense capsules (HAINES and TAYLOR, inter alia) (See Figs. 265 and 273). Intracystic and, rarely, intraperitoneal hemorrhages may induce acute pelvic or abdominal discomfort. The histological features comprise many follicular cysts, most of which are lined by luteinized theca interna. Granulosa lutein cells are generally inconspicuous. Similar cysts are also observed in some women with hydropic, erythroblastotic fetuses, in occasional diabetic gravidas, and in newborn infants of diabetic mothers. Recently, GIROUARD et al. reviewed this phenomenon, and reported two instances, one a twin pregnancy and the other an uneventful single pregnancy, in which hyperreactio luteinalis was observed. Unless there is doubt as to the diagnosis, or clinical symptoms demand treatment of the cystic ovaries, no therapy is indicated, and regression ensues within about six weeks.

NOVAK attributed hyperreactio luteinalis to chorionic gonadotropin stimulation. Such cystic changes then constitute an intrinsic reflection of the hormonal activity of the responsible mole. Cyst fluid contains estrogen and progestogen, as well as chorionic gonadotropin. In HOBSON's series, cystic ovaries were found in 23% of women with molar and 4.7% of those with normal pregnancies. According to SMALBRAAK's review of the relevant literature, the reported incidence of lutein cysts in molar pregnancies varied from 2 to more than 90%. No doubt some of this variation is attributable to the methods used to evaluate the ovaries (external palpation, laparotomy, biopsy, microscopy).

Deportation, Metastasis, and Regression

According to BARDAWIL and TOY, KASSJANOW (1896) was the first to interpret so-called trophoblastic deportation as a normal phenomenon. SCHMORL noted trophoblastic deportation in the lungs of women who had died from eclampsia. Later, he regarded this deportation as a normal process.

BARDAWIL and TOY studied sections of lungs from 109 maternal fatalities, occurring at the Boston Lying-in Hospital, between 1930 and 1957. In 57 (53%) trophoblastic emboli were found; in 11 more, the findings were suggestive of such emboli; eight cases were classified as questionable; 33 were free of deported material. In two of the 57 which showed metastases, fragments of villi were identified within pulmonary vessels. They found syncytial deportation as early as the fourth month, and, in three cases, the extent of intravascular embolization seemed sufficient to have been lethal. No relationship with abnormal obstetric states could be demonstrated. It is conceivable that manipulations during labor might shear the decidua and placenta, resulting in traumatic detachment of villi lying within veins, allowing them to be washed away to the lungs (VIET).

ATTWOOD and PARK found trophoblastic emboli within small pulmonary arteries in 43.6% of 220 patients comprising pregnant, parturient, and puerperal women. They regarded "placental commotion" as an important factor in the deportation of tropho-blast to the lungs. No villi were seen. Thrombosis was infrequent and there was little or no histologic evidence of reaction to the emboli. In the opinion of these workers, such embolism is not important in relation to the immune mechanisms of pregnancy.

THOMAS and his coworkers sampled blood from the placental site, veins of the broad ligament, ovarian and femoral veins, inferior vena cava and peripheral veins. According to THOMAS et al., trophoblastic cells are detectable in the maternal venous blood draining the placental area in normal pregnancies as early as the third month, and until term. They found at least one syncytial cell in each milliliter of such blood. These investigators suggest that this continuous invasion of maternal circulation by syncytiotrophoblast may be important in producing a state of immunologic un-responsiveness of the gravida to the foreign cells of the conceptus.

According to SMALBRAAK, Hinglais and Hinglais demonstrated (1952), by serial hormonal assays, the presence of disseminated chorionic cells in all cases of hydatidi-form mole, destructive mole, and chorionepithelioma. Since normal trophoblast, even villi, may "break off" and be swept by the blood to the lungs, and since trophoblast has a strong capacity for implantation, it is not surprising that molar fragments may also be deported and grow intravascularly at new sites. Similarly, since placental site trophoblast and most physiologically deported trophoblast regress, regression of de-ported molar fragments is not surprising (BARDAWIL et al.). The significance of im-mune mechanisms in regression of normal trophoblast and of trophoblastic lesions is discussed in Chapter XIII, Tumors of the placenta, (B) Choriocarcinoma.

Aspects of invasion and control of invasion of normal rodent trophoblast, inter-relationships with hormones, and the influence of the fetus have been discussed by NOYES. PARK and BARDAWIL and TOY studied the fate of autologous, homologous, and heterologous trophoblastic emboli introduced experimentally in small mammals. The histologic aspects of their lodgement in the lungs recapitulated those seen in pregnant, parturient and puerperal women (q.v.). These findings were essentially the same as those of SCHMORL and MAXIMOW (cited by SMALBRAAK). PARK commented on the absence of tissue reaction to the experimental emboli.

The presence of villi within a trophoblastic lesion does not guarantee that said lesion will not threaten the life of the patient, either by local effects or by disse-mination. SCHMORL observed three instances in which syncytial cells had been transported to the lungs in molar pregnancy. SMALBRAAK credited Gregorini as

having already reported the occurrence of metastatic tumors in the lungs following expulsion of hydatidiform moles as early as 1795. MARK and MOEL, reporting
a case of metastases to the lungs with histologic verification, caution that not all
pulmonary lesions in trophoblastic disease be labeled, and their prognoses based on,
the presumptive clinical diagnosis of, choriocarcinoma. HUGHES observed multiple
small syncytial infarcts in the lung of a patient whose primary lesion was hydatidiform mole.

HSU et al. reported their own series comprising 48 hydatidiform moles plus
nine cases of chorioadenoma destruens. Metastases to vagina and the vicinity
of the urethra were commonest (in contrast to most reports which indicate that
pulmonary spread is the most frequent), the lungs were the next in frequency,
and in two cases, probable cerebral metastases occurred. While invasive moles
were more likely to metastasize, deportation of neither these nor the "benign"
moles seemed to be related to the concomitant presence of intrauterine lesions,
or even of a uterus per se. Because of the frequency of such dissemination and its
unpredictable relationship to the stage of evolution of the mole or its evacuation,
these authors suggest that hysterectomy may be indicated when no further
childbearing is desired. THIELE and DE ALVAREZ reviewed reports from 1947 to
1961 of metastases complicating hydatidiform mole and chorioadenoma destruens.
In nine series, varying from 38 to 195 cases of molar gestation and totalling 870
cases, the incidence of metastases varied from zero to five percent. On the other
hand, in six series of chorioadenomas destruens, each comprising 20 to 42 cases,
and totalling 171, metastases were observed in zero (HERTIG and SHELDON)
13.8, 26.2, 24.3 and 45%. GREENE surveyed 42 cases of chorioadenomas destruens
collected by the Albert Mathieu Chorionepithelioma Registry. Definite metastasis
had occurred in 11 and in 13 cases there was suspicion of metastasis. OBER
commented on a series of 142 patients with invasive mole; the mortality of this
series was 17.6%; 4.9% were proven to have had metastases.

BAGSHAWE and GARNETT described various roentgenographic patterns seen in association with pulmonary metastases in trophoblastic disease. In general, these fall
into three groups: snowstorm-like pattern, discrete lesions, and pulmonary hypertension.

A characteristic feature of pulmonary metastases of hydatidiform mole is a tendency
to intravascular, thrombotic and occlusive growth, without invasion of vascular walls
or/and lung parenchyma (ARNOLD and BAINBOROUGH; LIPP et al.). Often the syncytial
trophoblastic masses lying within the vessel lumina seem to be degenerating; less
commonly, well preserved cells, even with mitotic figures, are seen. Varying degrees
of inflammatory reaction in the surrounding vessel walls have been described (OBER,
PARK).

Clinically, the response to such embolism varies. (JACOBSON and ENZER;
SAVAGE; CANLAS; REED; SPADEMAN and TUTTLE; inter alia). Regression is
frequent, often spontaneous, yet massive, fatal embolism, with or without frank
infarction has also been documented. (ARNOLD and BAINBOROUGH; FAHRNER;
LIPP; MARCUSE; MILLER). The histological features of the original mole are of
little help in anticipating these grave, albeit rare, sequelae. Moreover, among
cases wherein surgery has not been done (and, therefore, the precise histologic
nature of the emboli not ascertained histologically) spontaneous regression is as
frequent without, as with therapy. LEEDER treated a 16 year old patient afflicted
by hydatidiform mole with pulmonary, vulvar, and vaginal metastases by
hysterotomy and systemic methotrexate therapy, with apparent success.

LAZARUS and SCHIFRIN described a most unusual case, perhaps representing diffuse
intra-abdominal dissemination of a hydatidiform mole. A 23 year old woman presented
evidence of an acute intra-abdominal hemorrhage three months after abortion by

curettage. Multiple masses of chorionic villi were found implanted on the peritoneum and within the omentum, without demonstrable primary pregnancy or tumor and associated with hemoperitoneum. The A—Z test was positive. Published photomicrographs illustrate the immature villi; villous vessels are neither seen nor described. These findings suggest intraperitoneal metastases of a mole, the original lesion having regressed or been removed at curettage, and may be analogous to deportation of benign molar elements to other sites.

Relationship to Toxemia of Pregnancy

Toxemia of pregnancy with its onset during the first half of gestation strongly suggests hydatidiform mole. SMALBRAAK reported the incidence of toxemia in women with hydatidiform mole to approach eight times that of toxemia in late nonmolar gestation. BREWS observed toxemia in 15% of his 100 patients with moles. LLOYD also described a case of hydatidiform transitional mole, associated with a seven inch fetus, and complicated by toxemia. CHESLEY et al. cited 35 cases of "probable or alleged" eclampsia in association with hydatidiform mole and added a case of their own. It is interesting that seven of the "moles" were accompanied by fetus, 19 were not, and the existence of a fetus was not mentioned in the other ten; six of the total series were partial moles. Many of the original reports appeared 50 or more years ago. Perhaps, in some, the diagnosis of hydatidiform mole would be revised if morphological details were available.

There is fairly general agreement that molar gestations which are complicated by preeclampsia are also characterized by unduly enlarged uteri, and/or gestational ages greater than four months. ACOSTA-SISON examined the relationships of gestational age and of uterine size to the occurrence of preeclampsia and eclampsia as complications of hydatidiform mole. Eighty-five cases were studied; 54 patients had normal blood pressures and urinalyses; 31 were hypertensive. Elevated blood pressures were correlated with the uterine size; most patients who developed toxemia exhibited uterine enlargement compatible with that of a normal pregnancy of six months' duration. ACOSTA-SISON discussed the etiology of preeclampsia-eclampsia in light of her observations on uterine enlargement in relation to toxemias with hydatidiform moles. This relationship was ascribed to a combined effect of increased circulating gonadotropins and increased intra-abdominal pressure.

SCOTT expressed the opinion that the pathogenesis of toxemia of pregnancy may not be the same in every patient. He observed trophoblastic proliferation to be common to the placentas of hydrops fetalis and hydatidiform mole, and correlated with the toxemia syndrome in the gravida. He suggested that in such states of "placentosis", trophoblastic hyperplasia results in increased and possibly disturbed hormonal synthesis and this, in the syndrome in the mother. MAQUEO and his colleagues evaluated their own series of 104 patients with hydatidiform mole from the point of view of preeclamptic toxemia. In all 12 instances of toxemia among the 104 women, the diagnosis of molar pregnancy was made at gestational ages greater than 16 weeks. Mild toxemia was observed in seven, and severe toxemia in five cases, the latter including one instance of eclampsia. Ten of the 12 moles from toxemic women were classified as Group III or IV (HERTIG and SHELDON); the other two were placed in Group II. The observations are compared with the 92 moles not associated with toxemia, 45 of which were classified as Groups III or IV. The authors conclude that the likelihood of complicating toxemia is greatest in women whose moles show marked trophoblastic hyperplasia at gestational ages exceeding 16 weeks' amenorrhea.

Relationship of Hydatidiform Mole and Chorioadenoma Destruens to Choriocarcinoma

MARCHAND was the first to recognize that chorionepitheliomas arose from the villous epithelium, the same tissue that gives rise to hydatidiform moles. Hydatidiform mole is the commonest abnormal antecedent of choriocarcinoma, constituting the precursor of 45% of the 497 cases of the latter disease reviewed by PARK and LEES and 24% of fatal cases in the same series, collected prior to the advent of chemotherapy. SMALBRAAK's series of 17 cases of chorionepithelioma included five patients whose antecedent pregnancies produced hydatidiform moles. Approximately one third of all choriocarcinomas registered with the Albert Mathieu Chorionepithelioma Registry followed molar gestation, another third occurred after nonmolar pregnancies of less than 20 weeks' gestation, and the remaining third, nonmolar pregnancies greater than 20 weeks' in duration (BREWER).

HERTIG and EDMONDS estimated that one in forty moles is followed by choriocarcinoma. However, NOVAK expressed the view that the risk of choriocarcinoma following a mole was not much in excess of 1%. PARK calculated that the risk of choriocarcinoma following hydatidiform mole lies between a minimum of 1% and a maximum of 10%. Within HERTIG and MANSELL's later three classes of moles *(q. v.)*, Group I implied a risk of 1%, Group II, 5%, and Group III, 10%, according to PARK. The latter investigator estimated that the risk of developing choriocarcinoma is about 2000 to 4000 times greater after passage of a hydatidiform mole than following a simple abortion or term delivery. After a normal term pregnancy, the probability of choriocarcinoma is about one in 160,000. GRADY estimated the risk of choriocarcinoma subsequent to molar gestation as less than 2%. None of the 104 molar gestations described by MARQUEZ-MONTER *et al.* was known to have been followed by choriocarcinoma. However, the follow up data are incomplete, only 50 of the 104 women being reevaluated even as long as one year after evacuation of the moles.

According to BAGSHAWE, there are four groups of trophoblastic tumors, (1) hydatidiform mole or benign mole, (2) invasive mole, (3) chorioadenoma destruens and chorionepithelioma *in situ*, and (4) choriocarcinoma or chorionepithelioma. In his opinion, gradations of these four lesions form "a more or less continuous spectrum of malignancy". However, the series of 23 patients, whose management and course he described in 1963, comprised 12 cases of choriocarcinoma, two of chorioadenoma destruens, and nine without histologic classification, seven of these with prior history of molar pregnancy. Six of the 23 died, while 17 experienced complete remission for periods of three months to four and three quarters years after repeated courses of methotrexate and mercaptopurine. In light of the usually favorable prognosis of hydatidiform mole, even following chorioadenoma destruens, BAGSHAWE's series seems to be biased, and his concept of a continuum of increasing malignancy not justifiably applicable to the entire population of *molar* gestations. The histologic characteristics, growth patterns, natural history, and potential hazards of hydatidiform mole do not seem to warrant its classification as a "neoplasm". It would seem more accurate and appropriate to consider the lesion as one of trophoblastic hyperplasia, villous stromal swelling and hypovascularity, either without an embryo or associated with one which has suffered severely early in its development.

Treatment

Molar pregnancies and their complications have been treated by curettage, hysterotomy, focal resections of uterine wall (chorioadenoma destruens), hysterectomy, and, in recent years, chemotherapy (WILLIAMS; SMALBRAAK; DOUGLAS; BREWER; HERTZ et al.; MANAHAN). The entire field of trophoblastocidal therapy was opened with a serendipitous observation of LI et al. in 1953. An antifolic agent, methotrexate, was administered to a young woman suffering from disseminated malignant melanoma, the latter associated with elevation of urinary excretion of chorionic gonadotropin; inexplicably, the urinary gonadotropin titer gradually declined after treatment began, becoming negative within the treatment period. Methotrexate, purine antagonists, and trophoblastocidal antibiotics, e. g. vincaleukoblastine, have nearly reversed the prognosis for female patients with chorionic neoplasms from almost certain lethality to probable remission, even cure, depending on the stage at which treatment begins. Because of the variations in biological behavior of hydatidiform moles and the efficacy of chemotherapy, such treatment has recently been advocated in instances of post-molar bleeding, uterine subinvolution, and persistent elevations of serum and urinary gonadotropins following evacuation of hydatidiform mole (BAGSHAWE). VOJTA & JIRASEK have reviewed this subject recently and advocate vacuum aspiration of the molar material as the therapy of choice. If a suspicion of malignant changes exists then treatment with methotrexate may be indicated. These authors also review frequency figures and find that histologic grading of moles with respect to malignancy is impractical.

References

ACOSTA-SISON, H.: The relationship of hydatidiform mole to preeclampsia and eclampsia. A study of 85 cases. Amer. J. Obstet. Gynec. **71**, 1279 (1956).
— Editorial. Etiology of preeclampsia-eclampsia and the role of hydatidiform mole. Obstet. Gynec. **9**, 233 (1957).
— Indications for immediate hysterectomy without curettage in cases of hydatidiform mole. Amer. J. Obstet. Gynec. **80**, 176 (1960).
— Influence of pulmonary tuberculosis on hydatidiform mole. Obstet. Gynec. **20**, 103 (1962).
— Changing attitudes in the management of hydatidiform mole. Amer. J. Obstet. Gynec. **88**, 634 (1964).
ALTER, M. N., & S. A. COSGROVE: Hydatidiform mole; practical considerations. Obstet. Gynec. **5**, 755 (1955).
ARAMBURU, G.: Memorias del II Congreso latinamericano de Obstetricia y Ginecologia (Cited by Marquez-Monter, et al.), Es. Aso. mex. ginec. y obst. (1958).
ARNOLD, H. A., & A. R. BAINBOROUGH: Subacute cor pulmonale following trophoblastic pulmonary embolism. Can. Med. Ass. J. **76**, 478 (1957).
ATKIN, N. B., and H. P. KLINGER: The superfemale mole. Lancet **ii**, 727 (1962).
ATTWOOD, H. D., and W. W. PARK: Embolism to the lungs by trophoblast. J. Obstet. Gynaec. Brit. Cwlth. **68**, 611 (1961).
AZAR, H. A.: Consanguinity: a possible etiological factor in choriocarcinoma. Transcript of the Second Rochester Trophoblast Conference. Edited by LUND, C. J., & H. A. THIEDE, Department of Obstetrics and Gynecology of the University of Rochester School of Medicine and Dentistry, Rochester, New York, 1963.
BAGSHAWE, K. D.: Trophoblastic tumours. Chemotherapy and developments. Brit. Med. J. **ii**, 1303 (1963).
— Hydatidiform mole and chorioncarcinoma. Brit. Med. J. **i**, 1509 (1964).
— & E. S. GARNETT: Radiological changes in the lungs of patients with trophoblastic tumors. Brit. J. Radiol. **36**, 673 (1963).
BARDAWIL, W. A., A. T. HERTIG, & J. T. VELARDO: Regression of trophoblast. I. Hydatidiform mole; a case of unusual features, possibly metastasis and regression; review of literature. Obstet. Gynec. **10**, 614 (1957).
— & B. L. TOY: The natural history of choriocarcinoma: problems of immunity and spontaneous regression. In: Trophoblast and its tumors. Ann. N. Y. Acad. Sci. **80**, 197 (1959).
BARKLA, P. C.: Hydatidiform mole and chorionepithelioma. J. Obstet. Gynaec. Brit. Emp. **62**, 239 (1955).
BEISCHER, N. A.: Hydatidiform mole with co-existent foetus. J. Obstet. Gynaec. Brit. Cwlth. **68**, 231 (1961).
BOBROW, M. L., & S. FRIEDMAN: Hydatidiform mole in 12-year-old girl. Amer. J. Obstet. Gynec. **73**, 448 (1957).

BORELL, U., I. FERNSTRÖM, K. LINDBLOM, & A. WESTMAN: Diagnostic value of arteriography of iliac artery in gynaecology and obstetrics. Acta Radiol. **38**, 247 (1952).
— — Hydatidiform mole diagnosed by pelvic angiography. Acta Radiol. **56**, 113 (1961).
BOWLES, H. E.: Extensive hydatidiform mole formation with living child. Amer. J. Obstet. Gynec. **46**, 154 (1943).
BREWER, J. I.: The Albert F. Mathieu Chorionepithelioma Registry. In: Trophoblast and its tumors. Ann. N. Y. Acad. Sci. **80**, 140 (1959).
— Personal communication from Albert Mathieu Chorionepithelioma Registry to Gore, H. M., & A. T. Hertig, 1961.
— A. B. GERBIE, R. E. DOLKART, J. H. SKOM, & E. E. TOROK: Chemotherapy in trophoblastic diseases. Amer. J. Obstet. Gynec. **90**, 566 (1964).
BREWS, A.: Hydatidiform mole and chorion-epithelioma. J. Obstet. Gynaec. Brit. Emp. **46**, 813 (1939).
BROMBERG, Y. M., M. SALZBERGER, & A. ABRAHAMOV: Alkali resistant type of hemoglobin in women with molar pregnancy. Blood **12**, 1122 (1957).
BROWN, D. B.: A case of coexisting hydatidiform mole and living child. J. Obstet. Gynaec. Brit. Emp. **64**, 446 (1957).
BUR, G. E., A. T. HERTIG, D. G. McKAY, & E. C. ADAMS: Histochemical aspects of hydatidiform mole and choriocarcinoma. Obstet. Gynec. **19**, 156 (1962).
BURGOIN, P., R. BAYLET & C. BALLON: Etudes des chromosomes de la grossesse molaire. Compt. rend. Soc. Biol. **159**, 957 (1965).
BUXTON, C. L.: Management of patients with hydatidiform mole. In: Trophoblast and its tumors. Ann. N. Y. Acad. Sci. **80**, 121 (1959).
CANLAS, B. D., JR.: Classification and transitions in chorionic tumors. Acta Med. Philippina **15**, 223 (1959).
— Benign lesions of aberrant trophoblasts in the lungs. Obstet. Gynec. **20**, 602 (1962).
CHALMERS, J. A.: Hydatidiform mole in the fallopian tube. J. Obstet. Gynaec. Brit. Emp. **55**, 322 (1948).
CHAMBERLAIN, G.: Hydatidiform mole in twin pregnancy. Amer. J. Obstet. Gynec. **87**, 140 (1963).
CHESLEY, L. C., S. A. COSGROVE, & J. PREECE: Hydatidiform mole with special reference to recurrence and associated eclampsia. Amer. J. Obstet. Gynec. **52**, 311 (1946).
COCKSHOTT, W. P., K. T. E. EVANS, & J. P. DE V. HENDRICKSE: Arteriography of trophoblastic tumors. Clin. Radiol. **15**, 1 (1964).
COPPLESON, M.: Hydatidiform mole and its complications. J. Obstet. Gynaec. Brit. Emp. **65**, 238 (1958).
CORSCADEN, J. A., & L. B. SHETTLES: Hydatidiform mole and choriocarcinoma. Bull. Sloane Hosp. Women. **5**, 41 (1959).
DAS, P. C.: Hydatidiform mole: a statistical and clinical study. J. Obstet. Gynaec. Brit. Emp. **45**, 265 (1938).
DELFS, B. E.: Quantitative chorionic gonadotrophin—prognostic value in hydatidiform mole and chorionepithelioma. Obstet. Gynec. **9**, 1 (1957).
DELFS, E.: Chorionic gonadotrophin determinations in patients with hydatidiform mole and choriocarcinoma. In: Trophoblast and its tumors. Ann. N. Y. Acad. Sci. **80**, 125 (1959).
DOLFF, C.: Über Abortiveier. Diskussion. Zbl. Gynäk. **67**, 1074 (1943).
— Unterschiedliche Befunde an den Zotten und der Decidua bei Aborten und ihre klinische Bedeutung. Arch. Gynäk. **175**, 319 (1944).
DONALD, I., & T. G. BROWN: Localisation using physical devices, radioisotopes and radiologic methods. I. Demonstration of tissue interfaces within the body by ultrasonic echo sounding. Brit. J. Radiol. **34**, 539 (1961).
DOUGLAS, G. W.: The diagnosis and management of hydatidiform mole. S. Clin. North America **37**, 379 (1957).
— Malignant change in trophoblastic tumors. Amer. J. Obstet. Gynec. **84**, 884 (1962).
— L. THOMAS, M. CARR, N. M. CULLEN & R. MORRIS: Trophoblast in the circulating blood during pregnancy. Amer. J. Obstet. Gynec. **78**, 960 (1959).
EDMONDS, H. W.: Genesis of hydatidiform mole: old and new concepts. In: Trophoblast and its tumors. Ann. N. Y. Acad. Sci. **80**, 86 (1959).
ENDRES, R. J.: Hydatidiform mole. Report of a patient with 5 consecutive hydatidiform moles. Amer. J. Obstet. Gynec. **81**, 711 (1961).
ENGLUND, S., & E. ODEBLOD: Uterusrupturer under graviditet och forlössning vid tumörer, endometrios och mola hydatidosa. Nord. Med. **44**, 1992 (1950).

Ewing, J.: Neoplastic Diseases; a Treatise on Tumors. Philadelphia, 1940, W. B. Saunders Co., pp. 608—623.

Fahrner, R. J., A. J. McQueeney, J. M. Moseley & R. W. Petersen: Trophoblastic pulmonary thrombosis with cor pulmonale. J.A.M.A. 170, 1898 (1959).

Girouard, D. P., D. L. Barclay & C. G. Collins: Hyperreactio luteinalis. Obstet. Gynec. 23, 513 (1964).

Grady, H. G.: Hydatidiform mole and choriocarcinoma. Ann. N. Y. Acad. Sci. 75, 565 (1959).

Greene, R. R.: Chorioadenoma destruens. In: Trophoblast and its tumors. Ann. N. Y. Acad. Sci. 80, 143, 1959.

Haines, M., & C. W. Taylor: Gynaecological Pathology. Boston, Little, Brown and Company, 1962.

Harnden, D. G.: Congenital abnormalities with an apparently normal chromosome complement. In: Conference on Human Chromosomal Abnormalities. Proceedings, London, 1959. Edited by Davidson, W. M. & Smith, D. R. London, Staples Press, 1961, p. 123.

Harper, W. F., & J. Mac Vicar: Hydatidiform mole and pregnancy diagnosed by sonar. Brit. Med. J. ii, 1178 (1963).

De V. Hendrickse, J. P., W. P. Cockshott, K. T. E. Evans & C. T. Barton: Pelvic angiography in the diagnosis of malignant trophoblastic disease. New Engl. J. Med. 271, 859 (1964).

Hertig, A. T.: Angiogenesis in the early human chorion and in the primary placenta of the macacque monkey. Contrib. Embryol. Carnegie Inst. Wash. 25 (146): 37 (1935).

— Hydatidiform mole and chorionepithelioma. In: Meigs, J. V., & S. H. Sturgis, Editors: Progress in Gynecology, New York, 1950, Grune and Stratton, Inc., chapter 7.

— & H. W. Edmonds: Genesis of hydatidiform mole. Arch. Path. 30, 260 (1940).

— & W. H. Sheldon: Hydatidiform mole — A pathologico-clinical correlation of 200 cases. Amer. J. Obstet. Gynec. 53, 1 (1947).

— & H. Mansell: Tumors of the Female Sex Organs. Part I. Hydatidiform mole and choriocarcinoma. Armed Forces Institute of Pathology, Washington, D. C., 1956.

Hertz, R., D. M. Bergenstal, M. B. Lipsett, E. B. Price & T. F. Hilbish: Chemotherapy of choriocarcinoma and related trophoblastic tumors in women. J.A.M.A. 168, 845 (1958).

— — — — — Chemotherapy of choriocarcinoma and related trophoblastic tumors in women. In: Trophoblast and its tumors. Ann. N. Y. Acad. Sci. 80, 262 (1959).

— — & R. H. Moy: Effect of Vincaleukoblastine on metastatic choriocarcinoma and related trophoblastic tumors in women. Cancer Res. 20, 1050 (1960).

— J. Lewis Jr. & M. B. Lipsett: Five years' experience with the chemotherapy of metastatic choriocarcinoma and related trophoblastic tumors in women. Amer. J. Obstet. Gynec. 82, 631 (1961)

— G. T. Ross & M. B. Lipsett: Primary chemotherapy of nonmetastatic trophoblastic disease in women. Amer. J. Obstet. Gynec. 86, 808 (1963).

— — — Chemotherapy in women with trophoblastic disease: Choriocarcinoma, chorioadenoma destruens, and complicated hydatidiform mole. Ann. N. Y. Acad. Sci. 114, 881 (1964).

Highman, J. H., & D. Sutton: Angiography in hydatidiform mole and chorion epithelioma. Clin. Radiol. 15, 9 (1964).

Hobson, B. M.: The excretion of chorionic gonadotrophin in normal pregnancy and in women with hydatidiform mole. J. Obstet. Gynaec. Brit. Emp. 62, 354 (1955).

— Further observations on the excretion of chorionic gonadotrophin by women with hydatidiform mole. J. Obstet. Gynaec. Brit. Emp. 65, 253 (1958).

Hopman, B. C., & D. Cavanagh: Cytology of hydatidiform mole. Amer. J. Obstet. Gynec. 92, 274 (1965).

Hsu, C. T., L. C. Huang & T. Y. Chen: Metastases in benign hydatidiform mole and chorioadenoma destruens. Amer. J. Obstet. Gynec. 84, 1412 (1962).

— C. S. Lai, C. L. Changchien & B. C. Changchien: Repeat hydatidiform moles. Amer. J. Obstet. Gynec. 87, 543 (1963).

Huber, C. P., J. R. Melin & F. Vellios: Changes in chorionic tissue of aborted pregnancy. Amer. Obstet. Gynec. 73, 569 (1957).

Hughes, J. E.: A case of hydatidiform mole with multiple small syncytial infarcts of the lung. Proc. Roy. Soc. Med. 23, 1151 (1929).

Hunt, W., M. B. Dockerty & L. M. Randall: Hydatidiform mole: a clinicopathologic study involving "grading" as a measure of possible malignant change. Obstet. Gynec. 1, 593 (1953).

Jacobson, F. J., & N. Enzer: Hydatidiform mole with "benign" metastasis to lung — histological evidence of regressing lesion in lung. Amer. J. Obstet. Gynec. 78, 868 (1959).

Joint Project for Study of Choriocarcinoma and Hydatidiform mole in Asia: Geographic variation in the occurrence of hydatidiform mole and choriocarcinoma. In: Trophoblast and its tumors. Ann. N. Y. Acad. Sci. 80, 178 (1959).

Kaeser, O.: Studien an menschlichen Aborteiern mit besonderer Berücksichtigung der frühen Fehlbildungen und ihrer Ursachen. Schweiz. Med. Wschr. 79, 509 (1949).

Kassjanow, Zur Frage über die Lungen-embolie von riesenkernhaltigen Zellen. Inaug.-Diss. St. Petersburg, 1896. Cited by Schmorl.

Kika, K., & I. Matuda: Primary tubal hydatidiform mole. Obstet. Gynec. 9, 224 (1957).

King, G.: Hydatidiform mole and chorion-epithelioma — the problem of the borderline case. Proc. Roy. Soc. Med. 49, 381 (1956).

Kirschbaum, H.: Hydatid degeneration of the placenta. Correspondence. Amer. J. Obstet. Gynec. 76, 466 (1958).

Kittermaster, A. R., & P. Stallabrass: Hydatidiform mole misdiagnosed as choriocarcinoma. Brit. Med. J. i, 1228 (1964).

Klinger, H. P.: Points from the discussion. Human Chromosomal Abnormalities. Proceedings, London, 1959. Edited by Davidson, W. M., & D. R. Smith, London, Staples Press, 1961, p. 130.

— & N. B. Atkin: Sex chromatin studies on hydatidiform moles. Human Chromosome Newsletter 3, 18 (1961).

Kohl, G. C.: Hydatidiform mole and a four and one-half month fetus. Amer. J. Obstet. Gynec. 79, 1091 (1959).

Krone, H. A.: Blasenmole mit einem ausgetragenen lebenden Kind. Zbl. Gynäk. 77, 1391 (1955).

Laffont, A., H. M. Fulconis & J. Perret-Bony: A propos d'une série de trois case de môle hydatiforme embryonée. Bull. Féd. Soc. Gynec. Obstet. de Langue Franc. 4, 348 (1952).

Larsen, J. F.: Electron microscopy of the human placenta. Transcript of the Second Rochester Trophoblast Conference. p. 280. Edited by Lund, C. J., & H. A. Thiede. Department of Obstetrics and Gynecology, of the University of Rochester School of Medicine and Dentistry, Rochester, New York (1963).

Lazarus, J. A., & A. Schifrin: An unusual case of benign multiple chorionic villi implants in peritoneal cavity accompanied by hemoperitoneum. Ann. Surg. 115, 93 (1942).

Lee, A. T., & I. Siegel: Hydatidiform mole with rupture of the uterus. Obstet. Gynec. 26, 133 (1965).

Leeder, J. R.: Metastasizing hydatidiform mole. Amer. J. Obstet. Gynec. 88, 833 (1964).

Li, M. C., R. Hertz & D. B. Spencer: Effect of methotrexate therapy upon choriocarcinoma and chorioadenoma. Proc. Soc. Exper. Biol. Med. 93, 361 (1956).

— — & D. M. Bergenstal: Therapy of choriocarcinoma and related trophoblastic tumors with folic acid and purine antagonists. New Engl. J. Med. 259, 66 (1958).

Lipp, R. G., J. D. Kindschi & R. Schmitz: Death from pulmonary embolism associated with hydatidiform mole. Amer. J. Obstet. Gynec. 83, 1644 (1962).

Lloyd, C. E.: A case of hydatidiform mole associated with toxaemia. J. Obstet. Gynaec. Brit. Emp. 28, 307 (1921).

Logan, B. J., & L. Moytyloff: Hydatidiform mole. A clinical and pathological study of 72 cases with references to their malignant tendencies. Amer. J. Obstet. Gynec. 75, 1134 (1958).

Lumsden, J. W. F., & S. H. Tow: Two contrasting cases of chorioadenoma destruens. J. Obstet. Gynec. Brit. Cwlth. 68, 225 (1961).

MacVicar, J.: Illustrative examples of ultrasonic echograms. Proc. Roy. Soc. Med. 55, 638 (1962).

— & I. Donald: Sonar in the diagnosis of early pregnancy and its complications. J. Obstet. Gynaec. Brit. Emp. 70, 387 (1963).

Madden, S.: Chorionepithelioma of the fallopian tube. J. Obstet. Gynaec. Brit. Emp. 57, 68 (1950).

MAKINO, S., M. S. SASAKI & T. FUKUSCHIMA: Preliminary notes on the chromosomes of human chorionic lesions. Proc. Jap. Acad. **39**, 54 (1963).
— — — Triploid chromosome constitution in human chorionic lesions. Lancet **ii**, 1273 (1964).
MALL, F. P., & A. W. MEYER: Studies on abortuses. A survey of pathologic ova in the Carnegie embryological collection. Contrib. to Embryol., Wash., D. C. **12**, No. 56 (1921).
MANAHAN, C. P., I. BENITEZ and F. ESTRELLA: Amethopterin in the treatment of trophoblastic tumors. Amer. J. Obstet. Gynec. **82**, 641 (1961).
MAQUEO, M., J. CHAVEZ AZUELA, S. KARCHMER & J. CINCO ARENAS: Placental morphology in pathologic gestations with or without toxemia. Observations in cases of diabetes mellitus, hydrops fetalis, twin pregnancy, placenta previa, and hydatidiform mole. Obstet. Gynec. **26**, 184 (1965).
MARCHAND, F.: Über die sogenannten „decidualen" Geschwülste im Anschluß an normale Geburt, Abort, Blasenmole und extrauterine Schwangerschaft. Monatsschr. Geburtsh. Gynäk. **1**, 419, 513 (1895).
MARCUSE, P. M.: Pulmonary syncytial giant cell embolism — Report of maternal death. Obstet. Gynec. **3**, 210 (1954).
MARK, L. K., & M. MOEL: Pulmonary metastasis from trophoblastic tumors. Radiology **76**, 601 (1961).
MARQUEZ-MONTER, H.: Deoxyribonucleic acid synthesis of hydatidiform moles in organ culture: an autoradiographic investigation. Nature **209**, 1037 (1966).
MARQUEZ-MONTER, H., G. A. DE LA VEGA, M. ROBLES & A. BOLIOCICERO: Epidemiology and pathology of hydatidiform mole in the General Hospital of Mexico. Study of 104 cases. Amer. J. Obstet. Gynec. **85**, 856 (1963).
MATHIEU, A.: Hydatidiform mole and chorioepithelioma. Internat Abst. Surg. **68**, 52, 181 (1939).
MCKAY, D. G., A. T. HERTIG, E. C. ADAMS & M. V. RICHARDSON: Histochemical observations on the human placenta. Obstet. Gynec. **12**, 1 (1958).
— M. V. RICHARDSON & A. T. HERTIG: Studies of the function of early human trophoblast. III. A study of the protein structure of mole fluid, chorionic and amniotic fluids by paper electrophoresis. Amer. J. Obstet. Gynec. **75**, 699 (1958).
— C. D. ROBY, A. T. HERTIG & M. V. RICHARDSON: Studies of the function of early human trophoblast. I. Observations on the chemical composition of the fluid of hydatidiform mole. Amer. J. Obstet. Gynec. **69**, 722 (1955).
— — — — Studies of the function of early human trophoblast. II. Preliminary observations on certain chemical constituents of chorionic and early amniotic fluid. Amer. J. Obstet. Gynec. **69**, 735 (1955).
MERCHANTE, F. R.: Mola distopica terebrante. Obstet. Ginec. Latino-Am. **11**, 451 (1953).
MEYER, A. W.: Hydatidiform degeneration in tubal pregnancy. Surg. Gynec. Obstet. **28**, 293 (1919).
MEYNARD, M. M.: Perforations uterines douze jours après un avortement molaire. Bull. Féd. Soc. Gynéc. Obstet. **14**, 474 (1962).
MIDGLEY, A. R.: localization of chorionic gonadotropin in the placenta. Transcript of the second rochester trophoblast conference. Edited by Lund, C. J., & H. A. Thiede. Department of Obstetrics and Gynecology of the University of Rochester School of Medicine and Dentistry, Rochester, New York, 1963 p. 91.
MILLER, J.: A case of malignant hydatidiform mole with pulmonary metastases. Edinburgh Med. J. Suppl. **217**, 1923—1924.
— Ectopic hydatidiform mole. South African Med. J. **27**, 246 (1953).
MORRISON, D. L.: Recurrent hydatidiform mole. J. Obstet. Gynaec. Brit. Cwlth. **71**, 640 (1964).
DE NEEF, J. C.: Clinical Endocrine Cytology. New York 1965, Hoeber Medical Division.
NIESERT, W.: „Destruierende" Blasenmole mit spontaner Uterusperforation. Zbl. Gynäk. **82**, 1178 (1960).
NILSSON, L.: Hydatidiform degeneration in aborted ova. A histopathological and clinical study. Acta Obstet. Gynec. Scand. **36**, Suppl. 7:1 (1957).
NOVAK, E.: Pathological aspects of hydatidiform mole and choriocarcinoma. Amer. J. Obstet. Gynec. **59**, 1355 (1950).
— & C. S. SEAH: Benign trophoblastic lesions in Mathieu Chorionepithelioma Registry (hydatidiform mole and syncytial endometritis). Amer. J. Obstet. Gynec. **68**, 376 (1954).
NOVAK, E. R., & J. D. WOODRUFF: Novak's Gynecologic and Obstetric Pathology. Fifth edition. Philadelphia, 1962, W. B. Saunders.

NOYES, R. W.: Trophoblast: problems of invasion and transport. In: Trophoblast and its tumors. Ann. N. Y. Acad. Sci. **80**, 54 (1959).
OBER, W. B.: Historical perspectives on trophoblast and its tumors. In: Trophoblast and its tumors. Ann. N. Y. Acad. Sci. **80**, 3 (1959).
PARK, W. W.: The occurrence of sex chromatin in chorionepitheliomas and hydatidiform moles. J. Path. Bact. **74**, 197 (1957).
— Experimental trophoblastic embolism of the lungs. J. Path. Bact. **75**, 257 (1958).
— Aspects of choriocarcinoma in the female. In: Trophoblast and its tumors. Ann. N. Y. Acad. Sci. **80**, 152 (1959).
— Disorders arising from the human trophoblast. In: Modern Trends in Pathology. Edited by Collins, D. H. New York, Paul. B. Hoeber (1959).
— & J. C. LEES: Choriocarcinoma: A general review, with analysis of five hundred and sixteen cases. Arch. Path. **49**, 73, 205 (1950).
PAYNE, F. L.: Hormone studies in the presence of hydatidiform mole and chorioepithelioma. Surg. Gynec. & Obstet. **73**, 86 (1941).
PETTIT, M. DE W.: Hydatidiform mole following tubal pregnancy. Amer. J. Obstet. Gynec. **42**, 1057 (1941).
PRICE, W. E.: Invasive hydatidiform mole in the urinary bladder. Minn. Med. **43**, 466 (1960).
QJANEN, R.: Hydatidiform degeneration in tubal pregnancy. Ann. Chir. Gynaec. Fenniae **479**, 134 (1958).
REED, S., J. I. COE & J. BERQUIST: Invasive hydatidiform mole metastatic to the lungs. Obstet. Gynec. **13**, 749 (1959).
RIGANO, A., & R. SERMANN: Prime osservazioni sull'ultrastruttura del villo coriale nella degenerazione vesicolo-molare. Riv. Ostet. Ginec. **18**, 12 (1963).
ROCA, J.: Uterine arteriography in hydatidiform mole. Amer. J. Roentgen. Radiol. Ther. Nuclear Med. **87**, 287 (1962).
RUYCK, R. DE: De la présence d'éléments corpusculaires particuliers et filtrables dans une môle hydatiforme compliquée de chorioépitheliome. Compt. Rend. Ac. Sc. **231**, 1106 (1950).
SALVAGGIO, A. T., G. NIGOGOSYAN & H. C. MACK: Detection of trophoblast in cord blood and fetal circulation. Amer. J. Obstet. Gynec. **80**, 1013 (1960).
SASAKI, M., T. FUKUSCHIMA & S. MAKINO: Some aspects of the chromosomal constitution of hydatidiform moles and normal chorionic villi. Gann **53**, 101 (1962).
SAURAMO, H.: Cytotrophoblast of the placenta and fetal membranes in normal and pathological obstetrics. Ann. Med. Exp. Fenn. **39**, 7 (1961).
SAVAGE, M. B.: Trophoblast lesions of the lung following benign hydatidiform mole. Amer. J. Obstet. Gynec. **62**, 346 (1951).
SCHEBAT, L., J. J. GALLEY & E. SCHEBAT: Un cas de grossesse gémellaire avec môle embryonée de l'un des oeufs. Bull. Féd. Soc. Gynec. Obst. Franc. **14**, 530 (1962).
SCHIFFER, M. A., W. POMERANCE & A. MACKLES: Hydatidiform mole in relation to malignant disease of the trophoblast. Amer. J. Obstet. Gynec. **80**, 516 (1960).
SCHMORL, C. G.: Über das Schicksal embolisch verschleppter Plazentarzellen. Verhandl. deutsch. path. Ges. **8**, 39 (1905).
SCHULZE, M.: Hydatidiform mole and chorionepithelioma. A clinical, pathological, and hormonal study. Clinics **1**, 685 (1942).
SCOTT, J. S.: Pregnancy toxaemia associated with hydrops foetalis, hydatidiform mole and hydramnios. J. Obstet. Gynaec. Brit. Emp. **65**, 689 (1958).
SITARATNA, A., & V. SARMA: Twin pregnancy: Well-formed hydatidiform mole associated with normal viable child. J. Obstet. Gynaec. Brit. Emp. **62**, 301 (1960).
SMALBRAAK, J.: Trophoblastic Growths. 1957, Elsevier, Amsterdam.
— Problems in the classification of hydatidiform moles. In: Trophoblast and its Tumors. Ann. N. Y. Acad. Sci. **80**, 105 (1959).
SPADEMAN, L. C., & W. M. TUTTLE: Chorioadenoma destruens. Amer. J. Obstet. Gynec. **88**, 549 (1964).
STOLTE, L. A. M., H. I. A. M. v. KESSEL, J. C. SEELEN & G. A. J. TIJDINK: Chromosomes in hydatidiform moles. Lancet **ii**, 1144 (1960).
STORCH, E. D.: Fälle von sogenannten partiellem Myxom der Plazenta. Virch. Arch. path. Anat. **72**, 582 (1878).
STROUP, P. E.: Study of 38 cases of hydatidiform mole at Pennsylvania Hospital. Amer. J. Obstet. Gynec. **72**, 294 (1956).
SUTHERLAND, C. G.: Tubal mole associated with intrauterine pregnancy. Amer. J. Obstet. Gynec. **65**, 1146 (1954).
SZULMAN, A. E.: Chromosomal aberrations in spontaneous human abortions. New Engl. J. Med. **272**, 811 (1965).

Tenney, B., & F. Parker: Hydatidiform mole and chorionepithelioma. New Engl. J. Med. **221**, 598 (1939).

Thiele, R. A., & R. R. De Alvarez: Metastasizing benign trophoblastic tumors. Amer. J. Obstet. Gynec. **84**, 1395 (1962).

Thomas, L., G. W. Douglas & M. C. Carr: The continued migration of syncytial trophoblasts from the fetal placenta into the maternal circulation. Trans. Ass. Amer. Phys. **72**, 140 (1959).

— — N. M. Cullen & M. G. Carr: Migration of fetal trophoblasts into maternal blood. Fed. Proc. **18**, 601 (1959).

Tobin, S. M.: A further aid in the diagnosis of hydatidiform mole the serum glutamic oxalacetic transaminase. Amer. J. Obstet. Gynec. **87**, 213 (1963).

Uher, J., J. E. Jirasek & A. Sima: Histochemische Studie von Blasenmole und Plazenta eines fünf Monate alten Fetus. Zbl. Gynäk. **85**, 477 (1963).

Valente, P. A.: On a rare case of Breus' mole in an ectopic site. Rass. Int. Clin. Ter. **39**, 753 (1959).

Viet, J.: Über Deportation von Chorionzotten (Verschleppung von Zotten in mütterliche Blutbahnen). Z. Geburth. Gynäk. **44**, 466 (1901).

Vojta, M., & J. Jirasek: Probleme der molaren Degeneration des Chorion. Zbl. Gynäk. **87**, 1215 (1965).

Waltz, H. K., W. W. Tullner, V. J. Evans, R. Hertz & W. R. Earle: Chorionic gonadotropin recovery from hydatid mole grown in tissue culture. Abstr. Proc. Amer. Assoc. Cancer Res. **1**, 57 (1953).

Wenner, P., A. Hauser & H. P. Klinger: Geschlechtsbestimmung mit Hilfe des Sex Chromatins bei Molen und Spontanaborten. Internat. Gynäk. Kongreß, Wien (1957).

Westerhout, F. C., Jr.: Ruptured tubal hydatidiform mole. Obstet. Gynec. **23**, 138 (1964).

Wide, F., & B. Hobson: New method for diagnosis of hydatidiform mole. Lancet **ii**, 699 (1964).

Williams, T. J.: Hydatidiform mole and associated tumors of the chorion. Amer. J. Obstet. Gynec. **45**, 433 (1943).

Wilson, R. B., J. S. Hunter & M. B. Dockerty: Chorioadenoma destruens. Amer. J. Obstet. Gynec. **81**, 546 (1961).

Wislocki, G. B., & E. W. Dempsey: Histochemical age changes in normal and pathological placental villi (hydatidiform mole, eclampsia). Endocrinology **38**, 90 (1946).

Wynn, R. M.: Fine structure of transplanted human choriocarcinoma and its endocrine function. Transcript of the Second Rochester Trophoblast Conference. P. 58. Edited by Lund, C. J., & H. A. Thiede. Department of Obstetrics and Gynecology of the University of Rochester School of Medicine and Dentistry, Rochester, New York, 1963.

— Electron microscopy of neoplastic trophoblast. Obstet. Gynec. **23**, 634 (1964).

Zenker, I. V.: Destruierende Blasenmole mit Spontanperforation des Uterus. Zbl. Gynäk. **84**, 93 (1963).

XIII. Tumors of the Placenta

With the exception of the rare tumors of the umbilical cord, only two tumorous processes occur in the placenta, one of which, the chorioangioma, may not represent a true neoplasm. In contrast, the chorionepithelioma or choriocarcinoma is a truly malignant neoplasm of the chorionic epithelium, the trophoblast. In most reports dealing with neoplasms of the placenta, particularly the larger reviews (BRIQUEL; MEYER; HERTIG & MANSELL; SMALBRAAK), the hydatidiform mole is also included as a tumorous condition. We do not share this view, but regard the molar swelling of villi as a degenerative change and the occasional sequel, the development of a choriocarcinoma, as a basically unrelated outcome of this degeneration. To accentuate this distinction, we have chosen to separate these conditions in this review and hope that it will serve to promote investigation designed to elucidate the possible etiologic connections between the two processes.

A. Chorangioma

Compared with the enormous literature which has accumulated on the subject of the chorionepithelioma, that concerned with the vascular and connective tissue tumors is much more limited. This does not reflect the relative incidence of these two diseases, however, the angiomata being doubtless much more frequent. Rather, it is indicative of our interest in the clinically and pathologically fascinating neoplasms of the chorionic epithelium as well as their importance because of the frequent malignancy. On the other hand, it should be pointed out here that, while chorangiomas may be only very rarely the cause of maternal mortality (from toxemia after the development of hydramnios), their association with fetal abnormalities or fetal death (or their cause of fetal deaths) certainly exceeds the frequency of maternal deaths from choriocarcinoma. Thus, STRAKOSCH in a comprehensive review, finds a 35% fetal mortality with chorangioma. For this reason it is felt that more inquiries into the complexities of this lesion are warranted.

Nomenclature

In his extensive monograph on placental tumors, BRIQUEL summarizes various characteristics of 52 such tumors reported to 1903 and comments on the large variety of synonyms. He supports DIENST who suggested that morphologically identical tumors, but described as fibrous myxoma, fibroma, angioma, hyperplasia of fibrous stroma etc., should all be classed as angiofibromyxoma of the chorion. Likewise, the term chorioma is rejected as too easily confused with the epithelial tumors. Occasionally, the term placentoma, used for the individual unit of the ruminant placenta, has been mistaken as connoting a similar neoplastic lesion.

The reason for the great variety of synonyms given this tumor stems from the fact that its basic components (blood vessels and fibrous tissue) are not only present in different proportions but the degree of their differentiation varies as well. Thus, in some tumors, masses of endothelial cells predominate (endothelioma), in others, sinusoidal spaces are most obvious (cavernous angioma); in some, the fibrous tissue elements are held responsible for the mucoproteins found (myxofibromas); in others still, the fibrous tissue participation in the composition of the tumor is impressive (fibromas). Finally, the frequent degenerative changes (infarction, fibrosis, hemorrhage) which are found, particularly in larger tumors, add to the complexity of structure, even within one and the same tumor nodule. Because of the usual predominance, at least invariable presence of the vascular component of these lesions, we feel that the name chorangioma or chorioangioma (BENEKE) is the most suitable. It is also the term which has been used most frequently in recent years (see also MARCHETTI).

Incidence

The number of cases reported (DECOSTA *et al.* find over 250; STRAKOSCH has 245) poorly reflects the true incidence of the lesions in that a majority goes unreported or undetected. SIDDAL has found them in 1% of his placentas and DUNN, who finds them to be slightly more common, combines his results with those of SIDDAL to arrive at a frequency of 1.2% of consecutively studied placentas. KLAFTEN refers to authors who give figures up to 1:20,000 pregnancies, THOMAS has 1 in 5,000 births. In a recent systematic study of the subject WENTWORTH finds 8 chorangiomas in 620 consecutive placentas studied by his large section technique, an incidence of 1:77. The reason for these discrepancies lies in the great variation in size of chorangiomas and it reflects the intensity with which they are sought in otherwise apparently normal placentas. Smaller tumors are undoubtedly much more common than is appreciated, while large ones are rare. Occasionally, they can be seen only microscopically (Fig. 285) and then it is uncertain whether the term tumor applies. BENSON & JOSEPH have probably described one of the largest tumors which weighed 542 g after fixation and measured $16.6 \times 10 \times 6$ cm. MARCHETTI mentions sizes up to 22 cm, EARN & PENNER's second case had a 600 g tumor on a stalk. Many authors refer to the multiplicity of tumors occasionally found, occurring in one sixth of the 52 cases reviewed by BRIQUEL.

Morphology

The majority of *chorangiomas* is found within the placental tissue itself, the larger ones bulging on the chorionic surface and being located beneath the amnion and chorion. In some cases, however, it is not clear whether the chorionic membrane covered the tumor as well. Thus, in WILLIAMS' case, a separate sac is mentioned; in DUNN's first case, the tumor was located in the membranes and only amnion is mentioned as covering it, and no trophoblast is described. In others, the lesion appeared attached to the cord. Thus, case 21 of BRIQUEL's list and the case of BARRY et al. (lit.) are lesions which seem to have arisen from vessels in the cord to which the tumor was attached by a pedicle. The latter tumor was on an 8 cm pedicle, it was enclosed in membranes and contained no chorionic elements. These authors express their opinion that this tumor did not represent at one time a succenturiate lobe but rather that it represents a true neoplasm, a hemangioma of the cord. These tumors of the cord are of some importance in considerations regarding the morphogenesis of chorangiomas (v. i.).

Many authors describe the tumors as more solid (meaty) than the remainder of the placenta (Figs. 280–282); its color varies from a deep purple to a pale pink-white as shown in color photographs by DECOSTA et al. Because of thrombosis of vessels or insufficient circulation in a very large tumor, degenerative changes are frequent. Calcification, infarction, hemosiderin deposition are mentioned by many authors (e. g. BRIQUEL; DUNN) and areas of fibrosis are invariably found in larger specimens. The predominant tissues are usually endothelium-lined vascular spaces which are surrounded by fibrous tissue. Mucin is not always demonstrable (DUNN) but its absence does not mitigate against the assumption that the connective tissue has similar potential as that of the umbilical cord. It is possible that the histologic demonstration of mucoproteins reflects not only the "maturity" of a tumor and its lack of degenerative changes but also its ultimate site of origin (viz. main stem villous trunk, or terminal villi). In some tumors, the vessels are extremely dilated; in others, their lumina are hardly visible and an endotheliomatous picture predominates (Fig. 283). This, together with the demonstration of mitoses in some cases (WILLIAMS), may be the reason for the designation "sarcoma" by HYRTL, although it is certain now that the chorangioma invariably pursues a benign course (STRAKOSCH). The older exceptions to this rule have been reviewed thoroughly by CARY who rejects all of the cases. On the other hand, he himself describes a tumor (6.5×4×3 cm) which he believes to be truly malignant and WILLIAMS supports this view. The temporary acceptance of this case as sarcoma is based entirely on the reputation of the reviewer, however. Mother and baby remained well, the tumor was a typical chorioangioma with much infarction, fibrosis and calcification. No pictures are provided and the description is in consonance with the more cellular variety discussed. Moreover, MARCHETTI states that later Williams believed the tumor to be a simple chorioangioma.

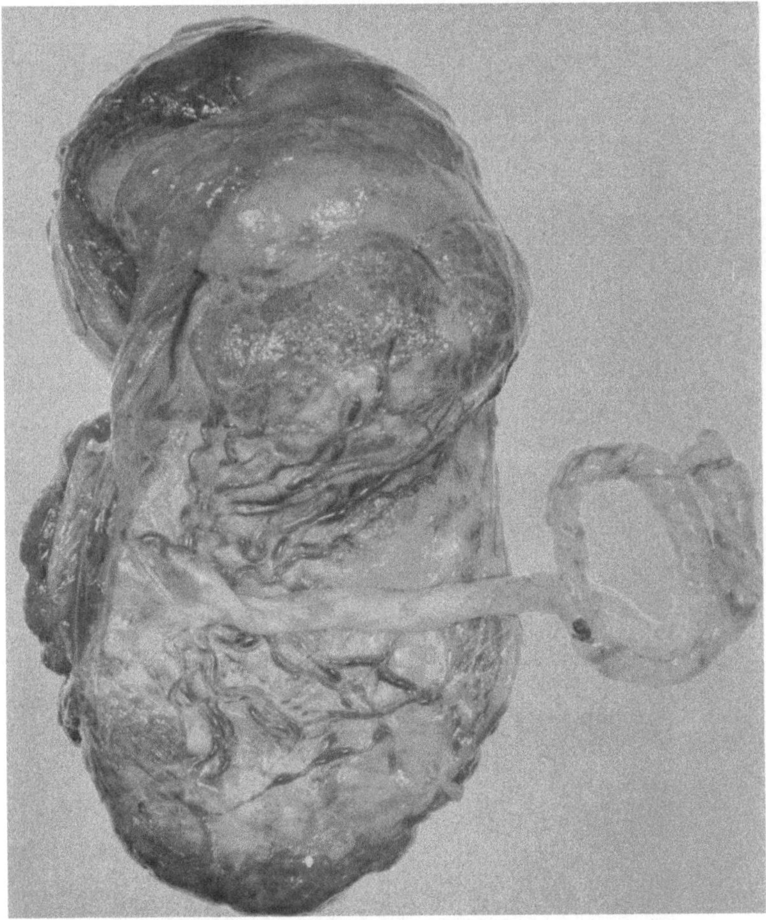

Fig. 280. Large chorangioma at top of 34 week placenta previa accreta with little infarction (white) and large vascular supply from chorionic vessels of normal placenta. Hysterectomy specimen. No hydramnios. Mentally retarded infant, now 13 yrs. old. No fetal hemangiomas known.

In a majority of cases, the tumor appears lobulated and, indeed a resemblance to villi with hyperplastic vessels (Figs. 284, 285; DUNN and others) is often apparent. Most writers mention the fact that the angiomatous nodules are covered with trophoblast which may be prominent in its crevices and which may seem to be "included" in the center of tumors on some sections. As the tumor grows, these apparent islands of trophoblast may well atrophy and be replaced by fibrous tissue. It should be mentioned, however, that curiously the placenta lacks the ability to produce granulation tissue (DUNN) and it remains speculative whether such lobules, formerly separated and covered by trophoblast, would "grow to-

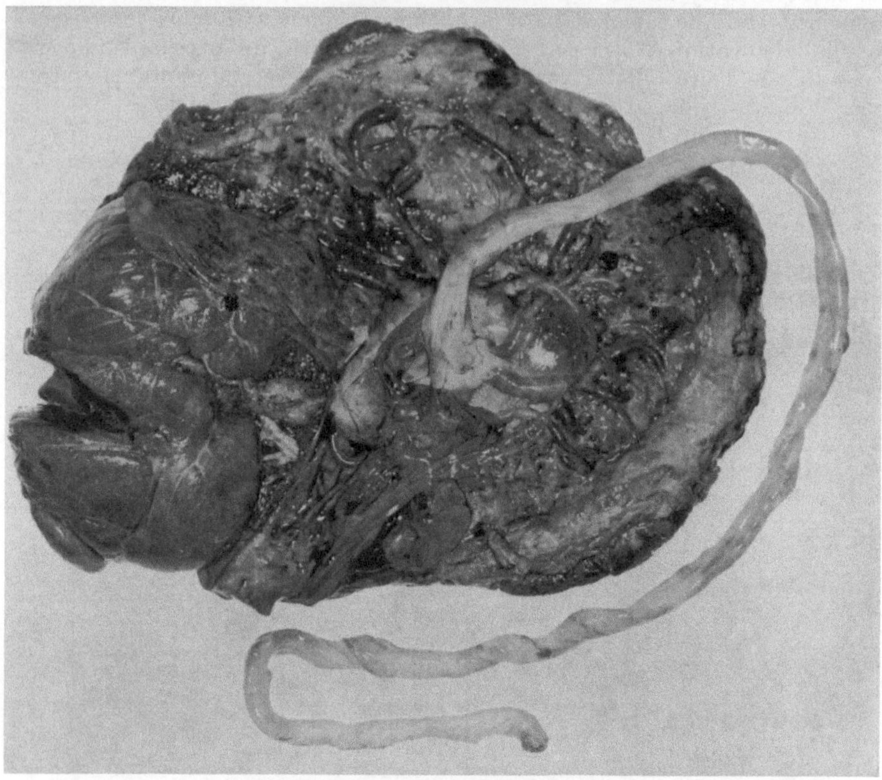

Fig. 281. Bulging, meaty uninfarcted chorangioma at left of mature placenta, partial circumvallation at right. Normal pregnancy and fetus.

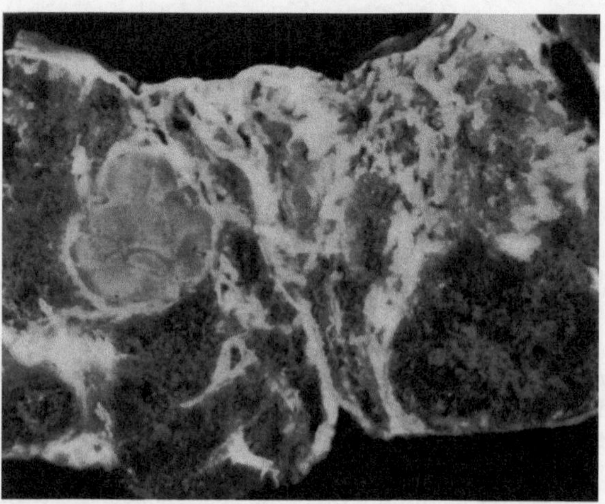

Fig. 282. Partially infarcted small (1 cm) solid chorangioma in center of otherwise normal mature placenta. Fetal surface above. This lesion is easily mistaken for an infarct.

gether'' by this means when degenerative events have taken place. The deficiency
of trophoblast in some tumors (those attached to the cord), may be reason enough

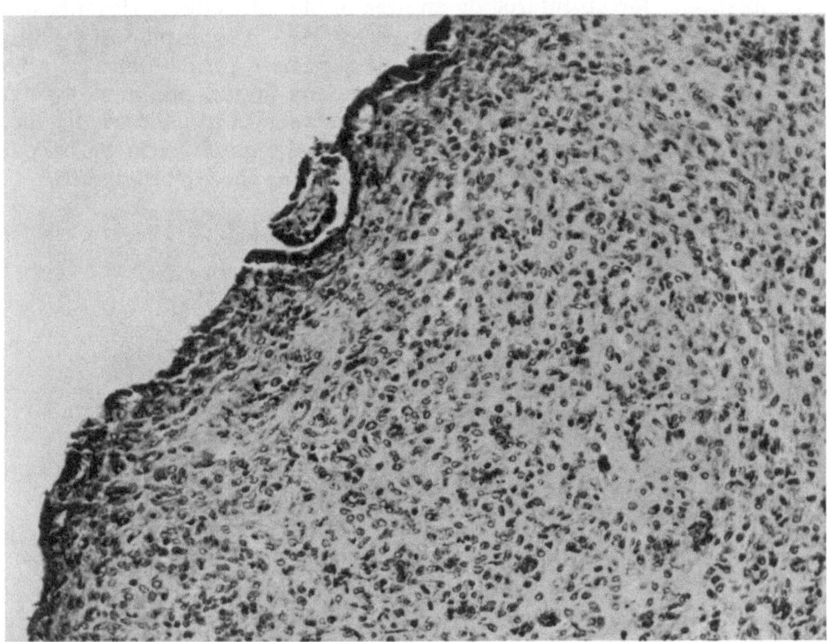

Fig. 283. Solid chorangioma (2.5 cm) in immature placenta at 29 weeks consisting almost completely of endothelial cells with few vascular channels filled. This type of lesion has been interpreted in the past as sarcoma.
The surface is covered by trophoblast. (H & E × 170).

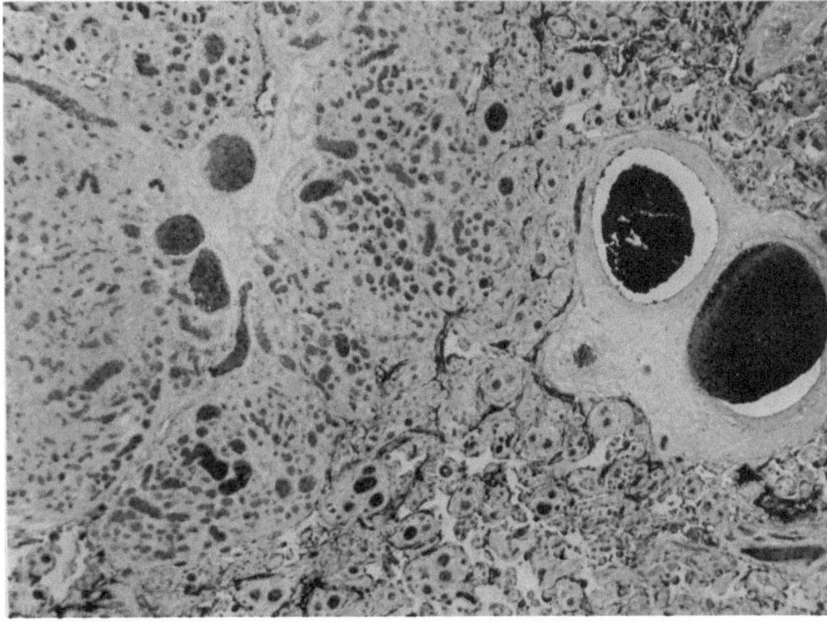

Fig. 284. Lobulated chorangioma, intermixed with normal villi of term placenta. Distended capillaries lie in myxo-
matous connective tissue. (H & E × 40).

to separate these as a distinct entity, angioma of the cord vessels. When the tumor is small and embedded in the placental tissue, usually under the chorion, it may easily be mistaken for an infarct or an area of old intervillous thrombosis (Fig. 282). Occasionally, chorangiomas have been reported in twin placentas (Briquel 4 cases; Conway & Barone 1 case, near the cord on a pedicle) and a variety of other placental anomalies (circumvallation, placenta previa, marginal or velamentous insertion of cord, etc.) has been described or is shown in photographs incidentally (Fig. 281). No consistent associated placental anomaly can be uncovered, however, when such an attempt is made by reviewing the reported cases.

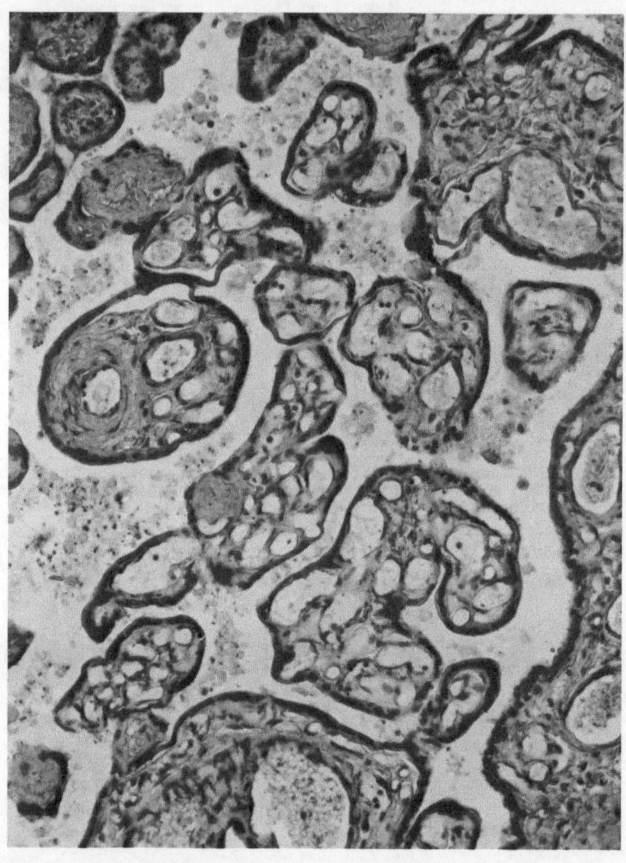

a

Fig. 285 a. Chorangioma. Well differentiated capillaries with benign endothelium are embedded in reticulocytic stroma. a) 150x b) 250x (MB 297/66 Patholog. Inst. Zurich).

Association with Hydramnios, and Fetal Cardiac Load

It has been noted by most authors that chorangiomas are frequently associated with, if not the cause of hydramnios during pregnancy. Indeed, Clarke who is reputed to have described the first case in 1798, found already an excessive amount of amniotic fluid and Decosta et al. pay special attention to this association. These authors and McInroy & Kelsey review the frequency with which hydramnios has been reported. They estimate that approximately one third of the cases of chorangioma is complicated by hydramnios, at times in large quantities (up to

6,000 ml – Klaften). Siddal considers that the principal correlation with hydramnios depends on the size of the tumor, although Kühnel has later differed with
this view. Klaften finds that the location of the tumor is of importance in this
respect; the closer it is to the umbilical cord the more frequent hydramnios occurs.
He believes this to be so because of its interference with the larger fetal vessels
which is thought to cause increased resistance to blood flow with greater transudation of fluid. Klaften finds no evidence to support Hinselmann's assumption
that the increased amniotic surface (because of the bulge) could be held responsible
for the excess amniotic fluid. To date, the actual cause of hydramnios (and with it,

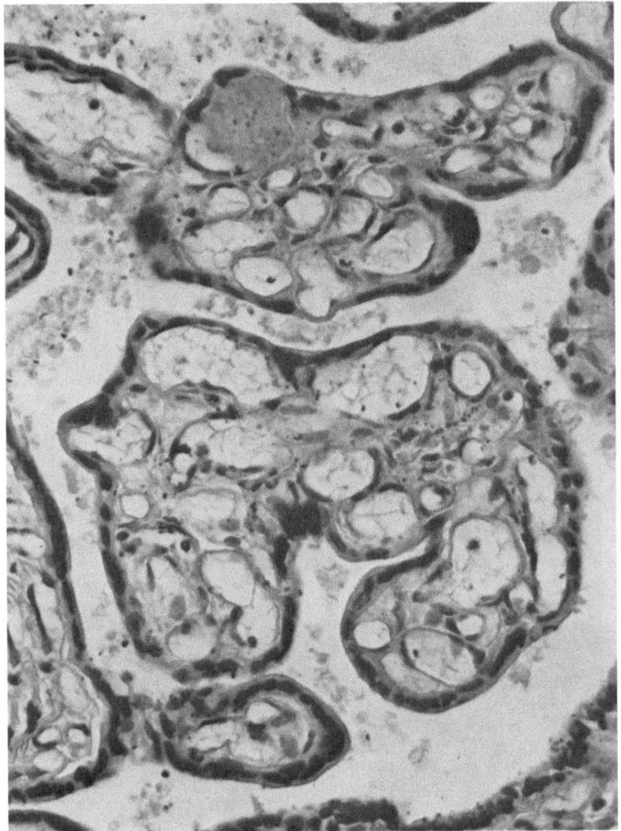

Fig. 285 b

the toxemia of pregnancy and premature labor) in chorangiomas is not settled and
no direct studies to elucidate its etiology have been made. A few facts, however,
are pertinent in attempts at understanding the association.

If one takes out of the series those cases in which fetal anomalies may be the reason
for the hydramnios (e.g. anencephali), then the majority of chorangiomas which were
associated with hydramnios have been relatively large masses. They were either on
the placental surface or, as in the cases of Barry et al. and McInroy & Kelsey, they
were attached to the cord by a long pedicle. Particularly the former case rules out
that an active participation of trophoblast is causing an excess of water transfer.
Several authors have referred to the vascular tumors as "dead space", i.e. dead so far

as metabolic exchange with the mother is concerned. Nevertheless, the angioma still needs to be circulated by the fetus unless it is to undergo infarction. This additional circulation, over that of the usually normal sized placenta, undoubtedly places a burden on the fetus' heart and MCINROY & KELSEY draw an analogy to the transfusion syndrome in twins. While their comparison is not entirely applicable, one could compare the tumor with the additional resistance an acardiac fetus may offer to the fetal circulation of a normal twin and BENSON & JOSEPH liken it to the existence of an arteriovenous fistula. The existence of such an arteriovenous aneurysm has recently been demonstrated in a chorangioma by REINER & FRIES. The child had slight cardiomegaly but no hydramnios accompanied the pregnancy. They urge that increased attention be paid to this association of fetal cardiomegaly and chorangiomas and discuss competently the pertinent literature. Cardiac failure has been reported when

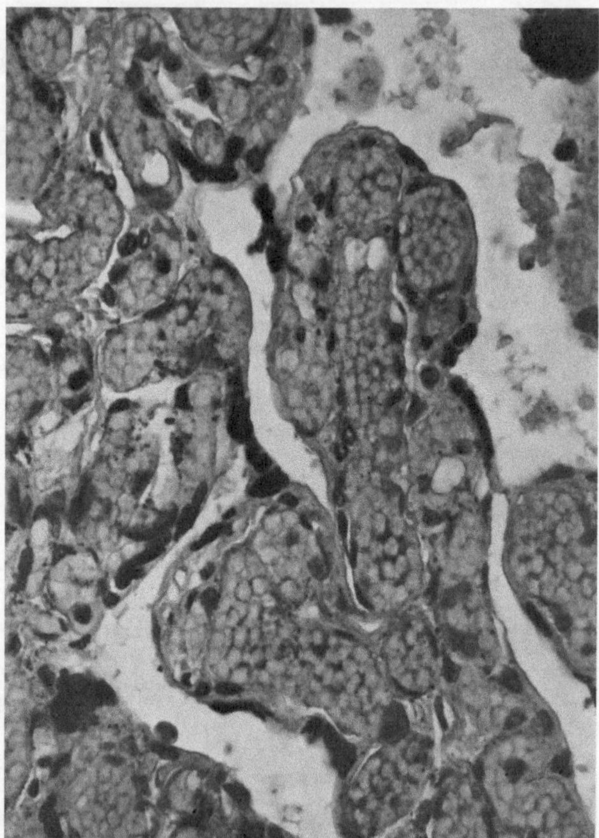

Fig. 286 Diffuse chorangioma of placenta. HE, 375 x (MB 4492/65 Path. Inst. Zurich).

large angiomas were present in the fetus (COHEN & SINCLAIR). The extremely large tumor of BENSON & JOSEPH was associated with hydramnios and the baby, who died in 69 hours (1,600 g) had cardiac hypertrophy (21 g *vs.* 10.8 g expected) for which no other reason could be found than the existence of a large chorangioma. This excessively large vascular surface, if located on the fetal surface, we feel can also adequately account for an excessive transfer of fluid. This is particularly true if it is realized that only a very small increment over the normal fluid exchange between fetus and amniotic fluid is necessary in order to produce hydramnios (PLENTL). Such a mechanism could readily take place even in the absence of venous obstruction (KÜHNEL), an increased amniotic surface because of the bulge of large tumors, or mechanical interference with large vessels (KLAFTEN; CORKILL). DECOSTA *et al.* believe that the reason for the lack of hydramnios in occasional large tumors is their different location, assuming KLAFTEN to be correct. FISHER's first case is a case in point: the 14 × 11 cm tumor was said to be unassociated with hydramnios and EARN & PENNER describe two smaller tumors (Case 1 and 4), also without this complication but give little details. Perhaps it is necessary for some degree of fetal cardiac failure to take place before hydramnios accumulates on a hydrostatic basis. This mechanism may also account for the stillbirths which are reported as due to chorangiomas (see review by DECOSTA et al.). BENSON & JOSEPH may not be correct when they assume that the edema and other signs of congestive failure which developed in the infant they describe bore no relation to the placental tumor.

Unfortunately, in almost all case reports, the size of the fetal heart is not given so that no statement can be made with respect to the likely possibility of frequent cardiac failure in chorangioma. In FISHER's well illustrated case, the infant was well, the tumor excessively large, bulging (5.5 cm) above the surface and it was closely approximated to the insertion of the cord. While it was hemorrhagic in areas, it was not completely infarcted and if size, location and bulging were the necessary prerequisites for hydramnios, this pregnancy should have been complicated by it. Further support for heart failure as an etiologic moment for hydramnios from chorangiomas comes from the second case of EARN & PENNER. In this remarkable case, a 3,300 g macerated stillborn was delivered to an hydramneic Rh-positive woman; the placenta contained a 14 cm (600 g) chorangioma which was attached to its margin by a 5 cm cord-like pedicle whose artery and (calcified) vein communicated directly with the cord vessels. Of interest is their hydropic placenta (850 g, photographs) without nucleated red blood cells or other evidence for hemolytic disease. We consider this instance also due to fetal cardiac failure, here causing intrauterine death. Unfortunately, the size of the fetal heart is not related in the article. MARCHETTI discusses the possibility that the association with hydramnios may be coincidental without giving firm support for this conclusion.

Other complications

Dystocia is reported to be caused by occasionally large tumors. Older authors discuss postpartum bleeding and, more uncommonly, premature placental separation in the absence of toxemia (CARY). HEGGTVEIT and his colleagues draw attention to the possible association of chorangioma and toxemia of pregnancy, a complication which also occurred in three of the eight cases described by WENTWORTH. This author also finds five babies to be underweight for their maturity. MARCHETTI believes that postpartum hemorrhage may have been seen in cases where a submucous uterine leiomyoma was embedded in the placenta and which was mistaken for an angioma and refers to pertinent case reports. Such a case in which a focal placenta accreta was found over the leiomyoma is shown in Figure 10. It is readily distinguished from chorangioma on histologic study. Other than cardiac hypertrophy and possible decompensation discussed above, an increased fetal mortality (prematurity) and anomaly rate have been cited (THOMAS; STRAKOSCH). This has been considered in greater detail by DECOSTA et al. who also draw attention to the fact that *fetal* hemangiomata are not uncommonly associated with these placental tumors. Often this is probably not reported and in other cases of fetal angioma one wonders what the placenta might have shown. One infant in their report without hemangioma had two siblings with larger angiomas of the skin. Likewise, cardiovascular anomalies of the infant are apparently more common in cases of chorioangioma (DECOSTA et al.; BENSON & JOSEPH; BARRY et al.). In this respect, we saw a fetus with true coarctation of the aorta recently in whose placenta there were 12 discrete chorioangiomas measuring up to 2 cm in size. These possible relationships will have to be studied further in the future, possibly also by examining animal material in which, to our knowledge, only a very few such lesions have been described. STRAKOSCH cites only two cases in cows and one in a dog. — CORCORAN and MURPHY have recently described a large chorangioma in a cow which was associated with an excess amount of fluid. These authors also collect the scant literature.
GRUENWALD describes a placenta with numerous chorangiomas and relates them to chronic fetal distress. (See also WENTWORTH.)

Morphogenesis

Neither the cause nor the exact morphogenesis of chorioangiomas is known, despite many extrapolations in various publications. It is certain that the tumors derive their blood supply from branches of the fetal vessels and, because of the distribution of some large vessels to some of the larger angiomas, including those on a cord-like pedicle (see Figure 47A of POTTER; EARN & PENNER; MCINROY & KELSEY; BRIQUEL and others), one must assume that some have been present for a long period during fetal development. It is of interest though that chorangiomas are most uncommonly reported in abortions. JAVERT (p. 153) finds no tumors in his 2,000 carefully studied abortuses, only once did he see a "localized hemangioma in the villi. Perhaps this represented a local area of angiectasis". The only other early cases are those of SULMAN & SULMAN (at 5 months, no description; placental detachment and elevated gonadotrophin titers thought to be due to the lesion), EARN & PENNER (5 mos. abortus, 2 mm. subchorial tumor) and BENIRSCHKE & BOURNE (incidental finding, 2.5 cm beneath cord, 29 weeks gestation, size of fetus 22 wks.; Fig. 283). KLAFTEN, as well as other authors have considered that the tumors may derive from vessels which have not reached the main stem villi, a notion which has been discarded, as has also the former assumption that endometritis may play an etiologic rôle. In almost all recent publications, the tumor has been considered to be of hamartomatous nature (discussion by MARCHETTI; STRAKOSCH; DUNN and others) while a minority feels that it represents a true neoplasm. This difference is difficult to define, as MARCHETTI has expressed beautifully and it is probably unimportant. What may be of future academic interest is to learn whether the lesions should be considered malformations, as fetal angiomas might be. Such classification may be more logical in view of the frequency with which fetal angiomas and other anomalies are associated; in view of the fact that some chromosomal disorders (trisomy D_1 – SMITH) have been shown to be associated commonly with angiomas (not placental) and because of the structural similarity of the angiomas of the cord (POTTER Fig. 47B; BARRY *et al.* and others) which probably preclude a chorionic villous origin. The lobular, often grape-like nature of chorangiomas and their usual location under the chorionic plate, suggests that excess vascular proliferation in large villi may, at times, be the mechanism of origin. This is particularly true of smaller angiomas (Fig. 285; EARN & PENNER case 5) and the morphologic character may also vary, depending on the time of original departure of this development from normal. The underlying reason for this abnormality is ill-understood. At present there is no indication that compensatory or degenerative mechanisms are involved although the sporadic association with other placental anomalies might suggest this. In particular, teleangiectasis on the basis of venous stasis (BENEKE, DIENST and others) or aging have been suggested and ruled out by DUNN who gives the matter of morphogenesis careful consideration. The differentiation of chorangiomas from teleangiectasis becomes important when the so-called *chorioangiomatosis* (v. MEYENBURG) of the placenta is considered. In this condition, all villi appear enlarged ("hypertrophied") and they contain an excess number of fetal vessels which may be considerably dilated. While chorioangiomatosis is apparently uncommon, several good cases have been described. POTTER (Fig. 31) refers to this as hypertrophy of the placenta and discusses the increase of vascular spaces (25–50 per villus) in her specimen, relating the lesion to chorioangiomas. HÖRMANN calls it chorioangiosis and believes that the disturbed "fetalization of the chorion", as he calls the phenomenon of vascularization, relates directly to the development of the chorioangioma, the latter being the focal expression of the former, and multiple angiomata *(lit.)* being the intermediate forms (see also THOMAS). Usually, intrauterine death with a much enlarged placenta occurs in the fourth or fifth month of pregnancy in "chorionangiosis", but HÖRMANN describes a term pregnancy (2,350 g fetus) with a 1,600 g placenta. MARCHETTI differed with this interpretation, believing that chorioangiomatosis represents merely angiectasis of villous vessels. While this may hold for some cases, the photograph provided by POTTER is difficult to explain on this basis.

References

BARRY, F. E., C. P. McCOY & W. P. CALLAHAN, Jr.: Hemangioma of umbilical cord. Amer. J. Obstet. Gynec. **62**, 675 (1951).

BENEKE, R.: Ein Fall von Chorionangiom. Verh. deutsch. Path. Ges. **2**, 407 (1900).

BENIRSCHKE, K., & G. L. BOURNE: Plasma cells in an immature placenta. Obstet. Gynec. **12**, 495 (1958).

BENSON, P. F., & M. C. JOSEPH: Cardiomegaly in a newborn due to placental chorioangioma. Brit. Med. J. i, 102 (1961).

BRIQUEL, P.: Tumeurs du Placenta et Tumeurs Placentaires (Placentomes malins). C. Naud, Paris, 1903.

CARY, W. H.: Report of a well-authenticated case of sarcoma of the placenta. Amer. J. Obstet. **69**, 658 (1914).

CLARKE, J.: Account of a tumor found in the substance of the human placenta. Philosoph. Trans. **88**, 361 (1798).

COHEN, M. I., & J. C. SINCLAIR: Neonatal death from congestive heart failure associated with large cutaneous cavernous hemangioma. Pediatrics **32**, 924 (1963).

CONWAY, D. F., Jr., & R. BARONE: Hemangioma of the placenta: Report of a case. Obstet. Gynec. **19**, 505 (1962).

CORCORAN, C. J. & E. C. MURPHY: Rare bovine placental tumour -A case report.. Vet. Rec. **77**, 1234 (1965).

CORKILL, T. F.: Infant's vulnerable life line. Austral. New Zealand J. Obstet. Gynaec **1**, 154 (1961).

DECOSTA, E. J., A. B. GERBIE, R. H. ANDRESEN & T. C. GALLANIS: Placental tumors: hemangiomas with special reference to an associated clinical syndrome. Obstet. Gynec. **7**, 249 (1956).

DIENST, A.: Quoted by BRIQUEL and STRAKOSCH.

DUNN, R. I. S.: Haemangioma of placenta (chorio-angioma); report of 9 cases. J. Obstet. Gynaec. Brit. Emp. **66**, 51 (1959).

EARN, A. A., & D. W. PENNER: Five cases of chorioangioma. J. Obstet. Gynaec. Brit. Emp. **57**, 442 (1950).

FISHER, J. H.: Chorioangioma of the placenta. Amer. J. Obstet. Gynec. **40**, 493 (1940).

GRUENWALD, P.: Chronic fetal distress and placental insufficiency. Biol. Neonat. **5**, 215 (1963).

HEGGTVEIT, H. A., R. D. CARVALHO & A. J. NUYENS: Chorioangioma and toxemia of pregnancy. Amer. J. Obstet. Gynec. **91**, 291 (1965).

HERTIG, A. T., & H. MANSELL: Tumors of the Female Sex Organs. Part. I. Hydatidiform Moles and Choriocarcinoma. A.F.I.P. Atlas of Tumor Pathology. Armed Forces Institute of Pathology, Washington 1956.

HÖRMANN, G.: Zur Systematik einer Pathologie der menschlichen Placenta. Arch. Gynäk. **191**, 297 (1958).

HYRTL, J.: Die Blutgefäße der menschlichen Nachgeburt in normalen und abnormen Verhältnissen. Braumüller, Wien, 1870.

JAVERT, C. T.: Spontaneous and Habitual Abortion. Blakiston, McGraw-Hill Co. N.Y. 1957.

KLAFTEN, E.: Chorionhaemangioma placentae. Z. Geburtsh. Gynäk. **95**, 426 (1929).

KÜHNEL, P.: Placenta chorioangioma. Acta obstet. et gynec. Scandinav. **13**, 143 (1933).

McINROY, R. A., & H. A. KELSEY: Chorioangioma (haemangioma of placenta) associated with acute hydramnios. J. Path. Bact. **68**, 519 (1954).

MARCHETTI, A. A.: Consideration of certain types of benign tumors of placenta. Surg. Gynec. Obstet. **68**, 733 (1939).

v. MEYENBURG, H.: Über Hämangiomatosis diffusa Placentae. Beitr. path. Anat. allg. Path. **70**, 510 (1922).

MEYER, R.: Plazentatumoren. Geburtsh. Gynäk. **86**, 419 (1923).

PLENTL, A.: The origin of amniotic fluid. Gestation, 4th Conference. p. 71—114. Josiah Macy, Jr. Foundation, N. Y. 1958.

POTTER, E. L.: Pathology of the Fetus and the Infant. Year Book Medical Publ. Chicago 1961 (2nd Ed.).

REINER, L., & E. FRIES: Chorangioma associated with arteriovenous aneurysm. A study on hamartoma. Amer. J. Obstet. Gynec. **93**, 58 (1965).

SIDALL, R. S.: The occurrence of chorioangiofibroma (chorioangioma); a study of six hundred placentas. Johns Hopkins Hosp. Bull., Balt., **38**, 355 (1926).

SMALBRAAK, J.: Trophoblastic Growths. Hydatidiform Mole and Chorionepithelioma. Elsevier Co., Amsterdam 1957.

SMITH, D. W.: The No. 18 trisomy and D¹-trisomy syndromes. Pediatric Clinics North Amer. **10**, 389 (1963).

STRAKOSCH, W.: Über Chorionangiome. Geburtsh. u. Frauenh. **16**, 485 (1956).

SULMAN, F. G., & E. SULMAN: Increased gonadotrophin production in a case of detachment of placenta due to placental haemangioma. J. Obstet. Gynaec. Brit. Emp. **56**, 1033 (1949).

THOMAS, J.: Die gestörte Vaskularisation der menschlichen Plazenta und ihre Auswirkungen auf die Frucht. Geburtsh. Frauenheilk. **19**, 801 (1959).

WENTWORTH, P.: The incidence and significance of haemangioma of the placenta. J. Obstet. Gynaec. Brit. Cwlth. **72**, 81 (1965).

WILLIAMS, J. T.: Angioma of the placenta; with pathological report and microphotographs by Frank B. Mallory. Surg. Gynec. Obstet. **32**, 523 (1921).

B. Chorionepithelioma (Choriocarcinoma).

The only malignant neoplasm of the placenta arises from the chorionic epithelium. as numerous studies have now proven. This distinction, the old argument of fetal *vs*, maternal origin of the trophoblast, has been reviewed in great detail by R. MEYER and, in a historical vein, more recently by OBER & FASS. The only modern author still entertaining its derivation from maternal elements is GORDON who considers it to originate from ovarian granulosa cells. The tumor has, at times, perplexing pathological and clinical behavior. Several summarizing and analytical theses have been written in recent years (R. MEYER; MATHIEU; HERTIG & MANSELL; SMALBRAAK; OBER) which in themselves are so comprehensive that the reader is referred to these and BRIQUEL's older book, rather than finding yet another complete review in these pages. What is intended here is to bring up to date the literature of the past years since these reviews were written and to emphasize those aspects of chorionic malignancies which are currently in the focus of investigation.

Definition

A chorionepithelioma is an invasive neoplasm, composed solely of cytotrophoblast and syncytial trophoblast, and having an exceptional propensity for vascular dissemination. It occurs principally as a complication of pregnancy, arising from the normal or altered placental tissue. On rare occasions it has been described in nulligravid women and in males (FINE, SMITH & PACHTER; FRIEDMAN), probably arising then from teratomas or primitive germ cell tumors. On occasion a choriocarcinoma develops in sites and under circumstances which prevent accurate assessment of its relationship to a possibly preceding pregnancy. Thus, TURNER *et al.* describe an ovarian tumor which is assumed to have followed an ectopic pregnancy but this could not be proven. Only the pregnancy-related choriocarcinoma will be discussed in this summary, a tumor which must be regarded as a tissue homograft, since it arises from the fetal zygote (the placental chorionic epithelium) and disseminates usually in the mother.

Choriocarcinoma is an uncommon tumor, the remarkable feature being, however, that its incidence is geographically (probably not racially) quite variable. While other malignant neoplasms also have striking geographic differences (*e.g.* hepatoma, carcinoma of breast, esophagus, *etc.*), the environmental factors leading to the development of these tumors are better understood. Whether similar environmental circumstances affect the evolution of choriocarcinoma is as yet unknown. This represents an important and challenging field of inquiry. *A priori*, analogies between this tumor and other cancers are particularly difficult because of the lack of the long latent period of cancer development, usually ascribed to nonchorionic malignancies. However, the evolution of choriocarcinoma may also proceed over a longer period of time, as has been described on rare occasion.

A review of the literature concerning the frequency of this tumor indicates an astonishingly wide range of figures. These are summarized by SMALBRAAK. Most authors compute their incidence per live births of the same population, or they give their total experience with this tumor over a certain period. KIMBROUGH finds 1 case in 4,167 deliveries, while JONES estimates it as 1:70,000 deliveries, both reporting from USA populations. The actual incidence is unknown and figures are biased for several reasons: many tumor cases are referred to certain authorities, the diagnosis is made according to variable standards (see HERTIG & MANSELL; NOVAK & SEAH) and some as yet unknown factors probably influence the occurrence of this rare tumor. MATHIEU also considers this a purely didactic point and stresses that, while the tumor is not frequent, it is by no means rare. By 1937 there had been reported well over 1,500 cases and with the revival of interest in recent years, many more cases have been documented.

Of even greater interest has been the attempt, by various authors, to relate the incidence of choriocarcinoma to possible antecedent events, more particularly to the occurrence of hydatidiform mole, abortion and normal pregnancy. Thus, HERTIG correlates the incidence from the 200 cases of hydatidiform mole collected from the USA and his personal experience at the Boston Lying-in Hospital: 1 hydatidiform mole arose in approximately 2,000 pregnancies. Choriocarcinoma was preceded by a mole in 50% of cases, by an ectopic pregnancy in 2.5%, by an abortion in 25%, and by a normal pregnancy in 22.5%. He further derives from these figures that a chorionepithelioma was found once in 40,000 total pregnancies or once in 160,000 normal pregnancies. These relationships are depicted in Figure 287 which is taken from HERTIG's review. It is in striking contrast to the incidence figure of 1:26,000 pregnancies given by SCHUMANN & VOEGELIN, referred to by HERTIG as representing an accurate study from a defined population, and differs also from later figures compiled by SMALBRAAK. This author, quoting NOVAK in support, endorses the view that chorionepithelioma does not follow hydatidiform moles much more frequently than in 1% which is still a much higher incidence than that expected following abortions or normal pregnancy. This statistical relationship between molar degeneration of the placenta and the occurrence of chorionepithelioma has led many authors to consider these abnormalities of pregnancies summarily as those of trophoblastic new growths (see MATHIEU), a view which is not shared by us. Consequently, molar degeneration is dealt with entirely separately in this contribution.

A much higher incidence of chorionepithelioma has been reported from other geographic regions. ACOSTA-SISON (1963) has been most instrumental in drawing this regional difference to our attention and suggests an incidence of 1 in 1,382 pregnancies in the Asiatic population she studied. It is emphasized that this increased incidence prevails in China, Indonesia, Japan and India, but that it pertains only to the poor population. Moreover, a relatively high age of the affected women is reported. Hou & PANG report an incidence of 1 in 3,708 pregnancies from Hong Kong and OETTLE,

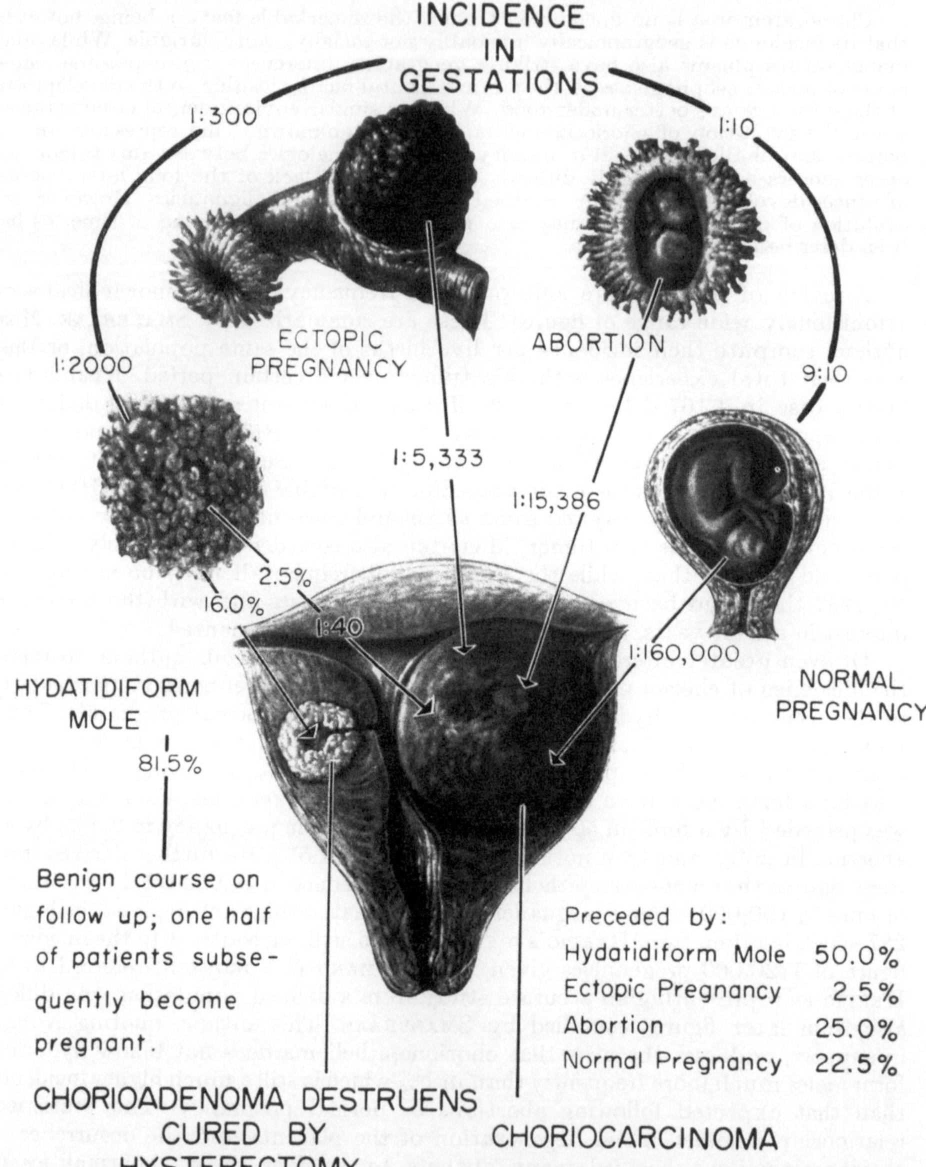

Fig. 287. The frequency relationship of chorionepithelioma to its various precursors as suggested by HERTIG & MANSELL. (With permission by the authors and publishers. From: Tumors of the Female Sex Organs. I. Hydatidiform Mole and Choriocarcinoma. Atlas of Tumor Pathology. Armed Forces Institute of Pathology, Washington 1956.)

in a cautious review of statistical and personal data, finds that in the African Bantu 1 chorionepithelioma is found in 7,440 registered births, an apparently marked excess when compared with the other colored and white pregnancies in South Africa studied by this author. Of further great interest is that OETTLE finds no undue excess of hydatidiform moles alongside the chorionepithelioma of the Bantu, a factor which should attract future studies of similar nature, since it contrasts with ACOSTA-SISON's (1949) original finding of a corrollary increase of moles in Philippinos (0.8% incidence), a view reiterated by MANAHAN et al. from the same region. STEINER adds to this list by describing a greater incidence of choriocarcinoma in the Mexican population, referring to various other autopsy or histologic studies from Africa, Japan and Ceylon. His material derives from Los Angeles where "5 cases were found in 9,911 necropsies on Caucasoid females (0.05 per cent) who had 1,991 cancers (0.26 per cent); four examples were observed in 2,817 necropsies on Mexican females (0.14 per cent) in which 290 cancers were seen (1.4 per cent); no chorionepitheliomas were observed in 1,044 necropsies on Negroid females (290 cancers) or in 61 autopsies (10 cancers) in Japanese females. The greater number in Mexicans than Caucasoids is statistically significant." But later this author cautiously states "it is impossible to declare whether the apparent high frequency of chorionepitheliomas in Mexican, Filipino, and Ceylonese women is hereditary or environmental." One could hope that a study of Chinese immigrants to the USA might resolve some of the questions regarding hereditary or environmental factors in the genesis of this tumor. Drs. E. W. Overstreet and T. Hum have consequently searched through the records of the Chinese Hospital of San Francisco (90% Chinese population, immigrants or Americans) and find an incidence of 1:2,000 pregnancies for hydatidiform moles and the occurrence of chorionepithelioma was so rare as to preclude obtaining a figure on its incidence (personal communication, 1964). WEI & OUYANG report a frequency of 1:496 deliveries for choriocarcinoma in Taiwan (Formosa) while that of moles was 1:125 deliveries. HSU and coworkers present another useful summary of their experience with 22 choriocarcinomas, 22 chorioadenomas destruens, 148 hydatidiform moles and 1 syncytial endometritis in Taiwan and review various previous reports. Abortion or term pregnancy preceded choriocarcinoma rarely, while in 27.2% chorioadenoma destruens was preceded by abortion and had an unusually favorable prognosis. Older maternal age and malnutrition are emphasized.

The difficulties of direct comparison of data have been discussed in detail in the study reported by IVERSON and representing the initial results of a group of collaborators wishing to define the nature of the higher incidence of this tumor in the Asiatic countries. Several pertinent results are given by this group which will here be summarized: 1) while in the files of the A.F.I.P. (Washington) there was an excess of choriocarcinomas in Asiatics, when only U.S. patients were considered, the 195 cases were distributed as is the remainder of the U.S. population (90% white, 10% negro). 2) The average ages of Asiatic women with choriocarcinoma (33), moles (32) and chorioadenoma destruens (32) were significantly above those of the control U.S. population with the same illnesses (28, 25, 25). 3) "Abnormal pregnancies that are predominantly abortions in both series are not associated with the relatively higher frequency of trophoblastic tumors in the Asian women as compared to the United States women studied in this series". 4) Hospital frequency of hydatid moles in Asia is 1:200–250 deliveries; similarly, the true incidence of choriocarcinoma lies between 1:250–3,708 deliveries in Asia. 5) The tumor may also be more common in Turkey and Iraq.

The association with a higher *maternal age* has been brought out by several other previous studies. Thus, REWELL refers to MARSDEN's study of Indians and Chinese of Malaya (the tumor was three times more common in the Chinese) and their higher maternal ages. He also quotes KAESER as having found a "linear increase in the incidence of hydatidiform moles from 25.30 per cent. at the age of 20 years to 50 per cent. at the age of 40". This contrasts with a recent study of Mexican women (MARQUEZ-MONTER et al.). in which the 1:200 frequency of moles was highest in young women, the average being 26 years and undernourishment was considered a possible etiologic factor. These authors refer to other studies of mole frequencies from Brazil (1:1,071), Chile (1:829), Guatemala (1:670) and Mexico (1:400), but no frequencies for chorionepithelioma are given. Similar socioeconomic implications are made by MANAHAN et al., however, the possible relationship to inbreeding (greater genetic similarity between husband and patient, see SCOTT) is not considered in these studies.

In summary, the incidence of chorionepithelioma is greatly variable in differing geographic areas. The studies cited suggest that this is not due to racial (*i. e.* hereditary causes) but relates to socioeconomic factors (? protein-under-nourishment, other deficiencies) and differences in age distribution. However, no specific causal relationship is yet established to the development of choriocarcinoma. Those authors who incriminate a virus etiology (*e. g.* NOTAKE) consider differences in susceptibility or rate of infection as the reason. The differences in incidence surely reflect a true phenomenon and are only slightly influenced by differences in diagnosis, reporting and hospital patient population in the various countries reporting.

Macroscopic, Radiologic and Microscopic Features

This spectacular lesion has always interested pathologists and for this reason numerous descriptions are available in the reference works cited at the beginning of the chapter. In particular, the profuse illustrations in color and black and white in the monograph of HERTIG & MANSELL serve to characterize the appearance of the tumor. More often than not, chorionepitheliomas are friable hemorrhagic lesions which, presumably because of their rapid growth, tend to be spherical.

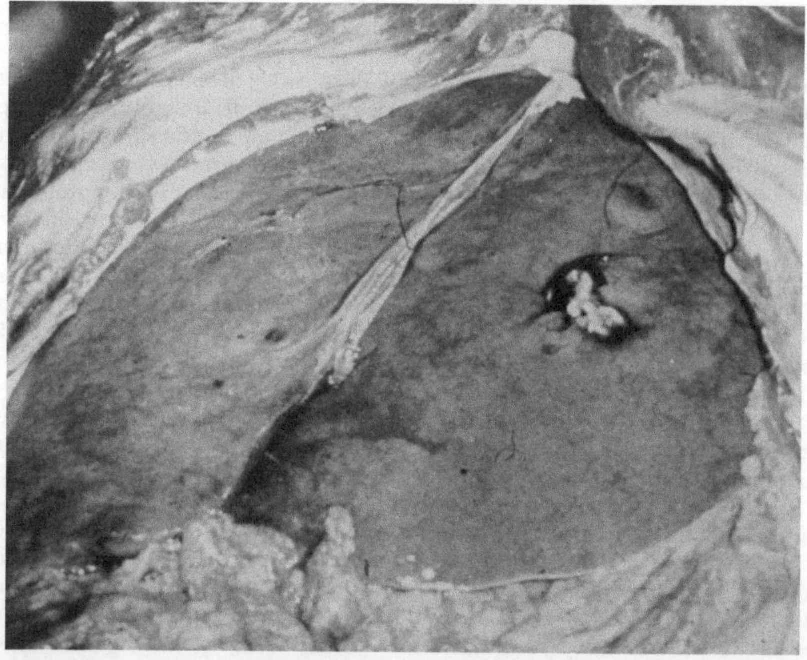

Fig. 288. Metastases of choriocarcinoma following third hydatidiform mole. Uterus was free of trophoblast. Enormously enlarged liver with large lesion in the center of left lobe which was the site of massive intraperitoneal hemorrhage, treated surgically.

The nodules are often spongy and, occasionally, they are septated by the pre-existing tissue elements which have been invaded. The tumor may be confined to the uterus but often it has already metastasized when it is first recognized and many fatal cases have been described in which the uterus contained no remnant of tumor, the metastases then having the typical gross appearance (*e. g.* ARIAS & BERTOLI). Such a case was seen by us:

A 27 year old negress who had had three pregnancies, all hydatidiform moles, conceived in two separate marriages. Three years after the last removal of a mole, by curettage, widespread metastases (lung, liver, duodenum) were recognized which caused death by exsanguination into the duodenum and, from the liver lesions (Figs. 288, 289), into the peritoneal cavity. The uterus was free of all trophoblastic elements and merely the cystic ovaries (see MEYER; MATHIEU; SMALBRAAK; others) were characteristic of the excess stimulation by chorionic gonadotropin from the tumor metastases. These consisted largely of hemorrhagic material, old and recent, and relatively little chorionic epithelium was present.

Embryos are never found in either primary lesions or their metastases, and the finding of a villous structure is held as evidence for the diagnosis of "destructive mole" or, less aptly termed, the "chorioadenoma destruens". The primary lesion of pregnancy-derived choriocarcinoma is almost invariably in the uterus, uncommonly it has been found in the fallopian tubes and we are not aware of a case reported following abdominal (peritoneal) pregnancy although no decidual "barrier" (SCHOPPER & PLIESS) is present in these "placentas accreta". The case by TURNER *et al.* cited previously may represent the single exception. MADDEN reports the development of a large, fleshy mass destroying the right fallopian tube two weeks after the abortion of a tubal pregnancy in the sixth week of pregnancy,

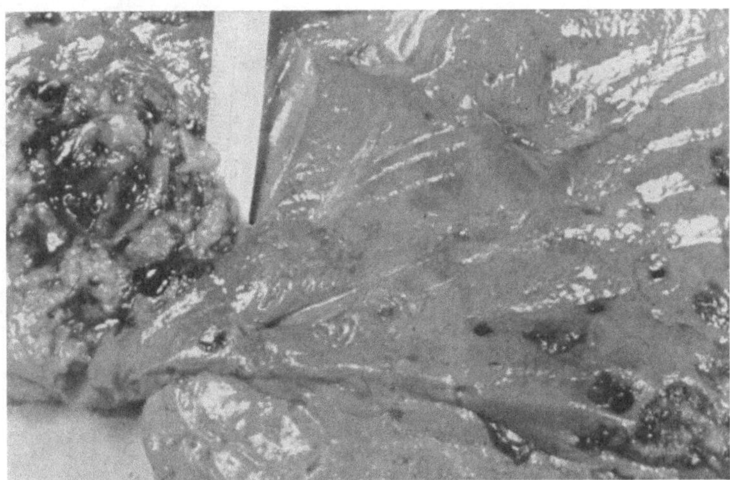

Fig. 289. Cross-section of liver in Figure 288 with friable, partially necrotic tumor mass in hepatic vein. Ruler lies within lumen of vein.

the uterine lumen being entirely normal and fatal metastases occurring. He refers to 42 previous cases (PETTIT), many of which, however, appear to have been "transitional moles" and he makes the point that, compared to the frequency of ectopic pregnancy, the sequel of choriocarcinoma in the tube is common and three times more frequent than the development of a tubal hydatidiform mole. The recent literature on this topic has been collected by RIGGS *et al.* who report a case with survival, surely a rare event in view of the difficulties of early diagnosis.

Radiologically, the pulmonary metastases appear also characteristically as round nodules, in the form of a "snowstorm" lesion or as vascular lesions when confined to intra-arterial growth (BAGSHAWE & GARNETT) but their radiographic visualization alone is insufficient evidence for the diagnosis of choriocarcinoma. Hydatidiform moles with metastatic dissemination of molar villi have been described (*e.g.* DELFS) and cases are recorded in which such lesions have disappeared spontaneously with coincident drop in gonadotropin titers (REED *et al.*). EVANS and HENDRICKSE describe the pulmonary lesions of malignant trophoblastic disease, paying particular attention to the development of acute pulmonary hypertension. This complication occurred in 12 cases and the authors warn against diagnostic curettage because of the danger of causing dissemination of tumor by this means (see also BAGSHAWE & NOBLE).

Microscopically, this tumor is always composed of *both* elements of trophoblast syncytium and cytotrophoblast, and only that. Many authors, particularly HERTIG & MANSELL and SMALBRAAK have drawn attention to the fact that the histologic appearance simulates very closely that of the early villous ovum (Figs. 290–291) and they have emphasized that competent observers have, on occasion, mistaken the trophoblast from a curetted early pregnancy for a chorionepithelioma. NOVAK & WOODRUFF make also a strong point that this differential

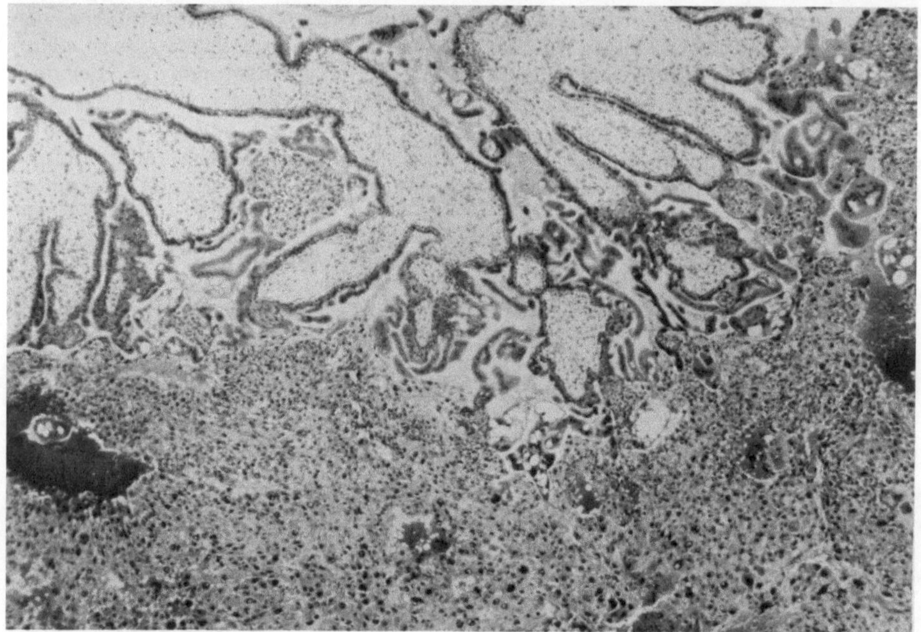

Fig. 290. Normal placental floor of early pregnancy. Note broad sheets of trophoblast with little "anaplasia".
(H & E × 40).

diagnostic mistake has often led to erroneous frequency figures of the tumor and others have stressed that caution must be exercised when the diagnosis of choriocarcinoma is attempted from curettings. It must be mentioned also that in many instances of choriocarcinoma the curettings produce no chorionic epithelial tissue and a false sense of security may thus be obtained which is not warranted when suspecting this tumor (HERTIG & MANSELL). This point has been made also in several excellent reviews considered by MATHIEU and, more recently by FREETH & MCCALL. These authors review 21 previous substantiated cases and add another where metastatic choriocarcinoma must have arisen from a pregnancy of which no trace could be found in the uterus. The complete absence of embryoid bodies in all published cases and our own material is in strong contrast to the one tumor produced in an experimental animal, the nine-banded armadillo (MARIN-PADILLA & BENIRSCHKE).

It is now recognized that the syncytium derives, in a process of maturation, from the cytotrophoblast whose mitotic activity apparently constantly replenishes the supply of the giant cells, the ideally unbroken investment of the placental intervillous space. Consequently, in the chorionepithelioma, mitoses are found only in cytotrophoblastic cells and light microscopic (HERTIG & MANSELL) and electronmicroscopic studies (PIERCE & MIDGLEY; WYNN & DAVIES; WYNN) show that the epithelium recapitulates, in various ways and with different degrees of accomplishment, the trophoblastic shell of the early ovum. WYNN & DAVIES

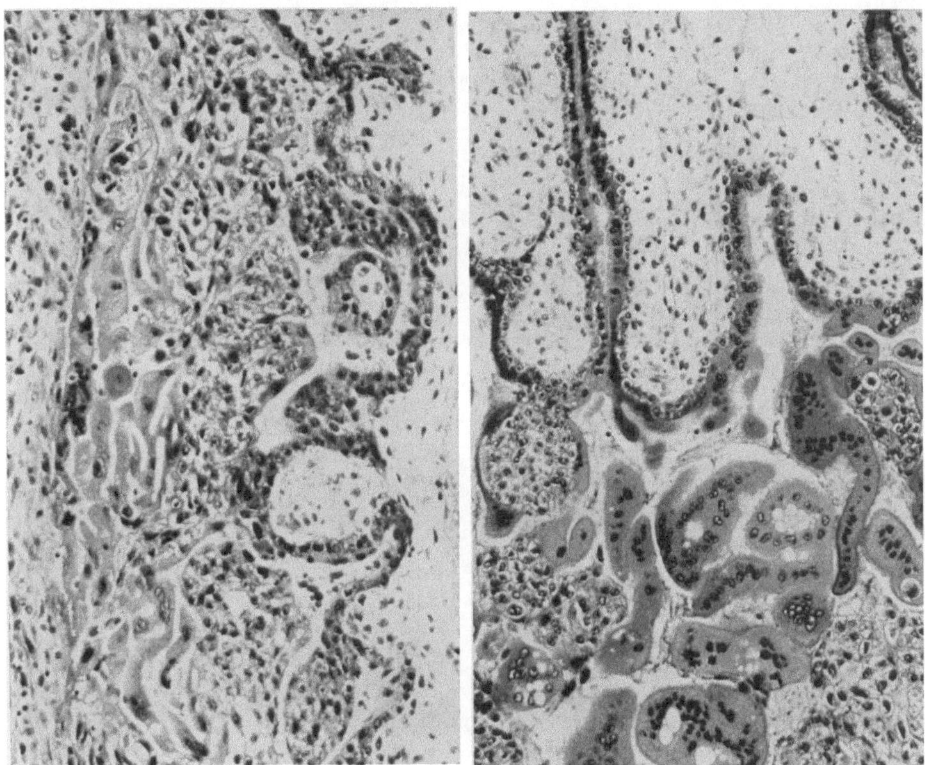

Fig. 291. Two different areas of trophoblast from Figure 290. Double-layered villous epithelium is seen in many areas. The solid cytotrophoblast and syncytium show no variability in nuclear morphology. (H & E × 125).

find that the trophoblastic nuclei are relatively larger in the transplanted choriocarcinoma they studied by electronmicroscopy but no essential differences were found to the descriptions of the fine structure of a choriocarcinoma from a patient at autopsy by WAKITANI. In general, the trophoblast resembled that of young normal placentas, phagocytic activity was found in some syncytial cells, the syncytium (Fig. 293) was much more highly organized than the cytotrophoblast (Fig. 294) and the authors describe a transitional cell ("intermediate type"). This cell (Fig. 295) has the light microscopic characteristics of cytotrophoblast and, electronmicroscopically, its nucleus had the higher concentration of fine dense granules characteristic of the syncytium (Fig. 296). Also, the granular endoplasmic reticulum was dense and other organelles appeared which are typical of syncytium (Fig. 296). Nevertheless, distinct cell borders and desmosomes relate this cell closest to the cytotrophoblast. The differences in the structural organization of

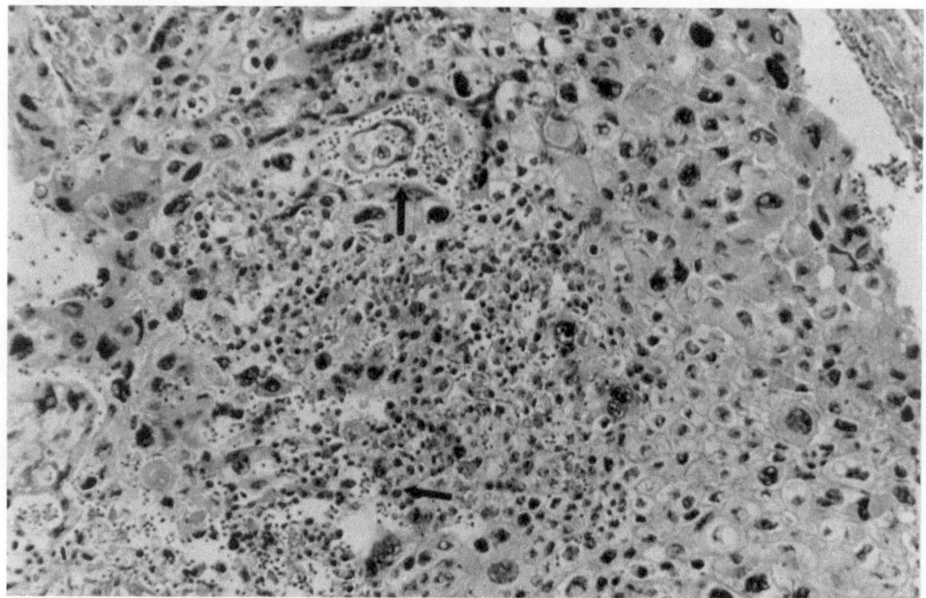

Fig. 292. Choriocarcinoma of uterus. Solid sheets of anaplastic cytotrophoblast, differentiating to syncytium at left with blood in primitive "intervillous" spaces at arrows.

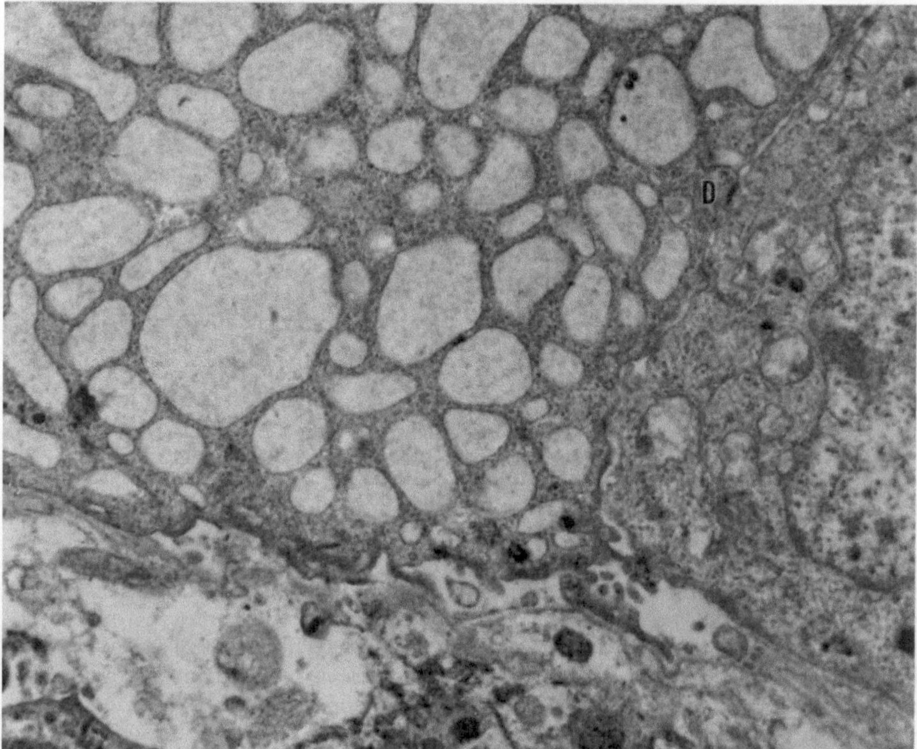

Fig. 293. Syncytial cell with numerous dilated spaces representing channels of endoplasmic reticulum surrounded by free ribosomes. At right is the junction with cytotrophoblastic cell showing desmosome (D). Microvillous projection of syncytium below. (From WYNN & DAVIES, by permission of authors. × 15,000 Araldite embedding, uranylacetate staining.)

this transitional cell which WYNN found in choriocarcinoma and hydatidiform moles perhaps account for the variety of staining characteristics of cytotrophoblast observed by many authors in conventional histologic preparations.

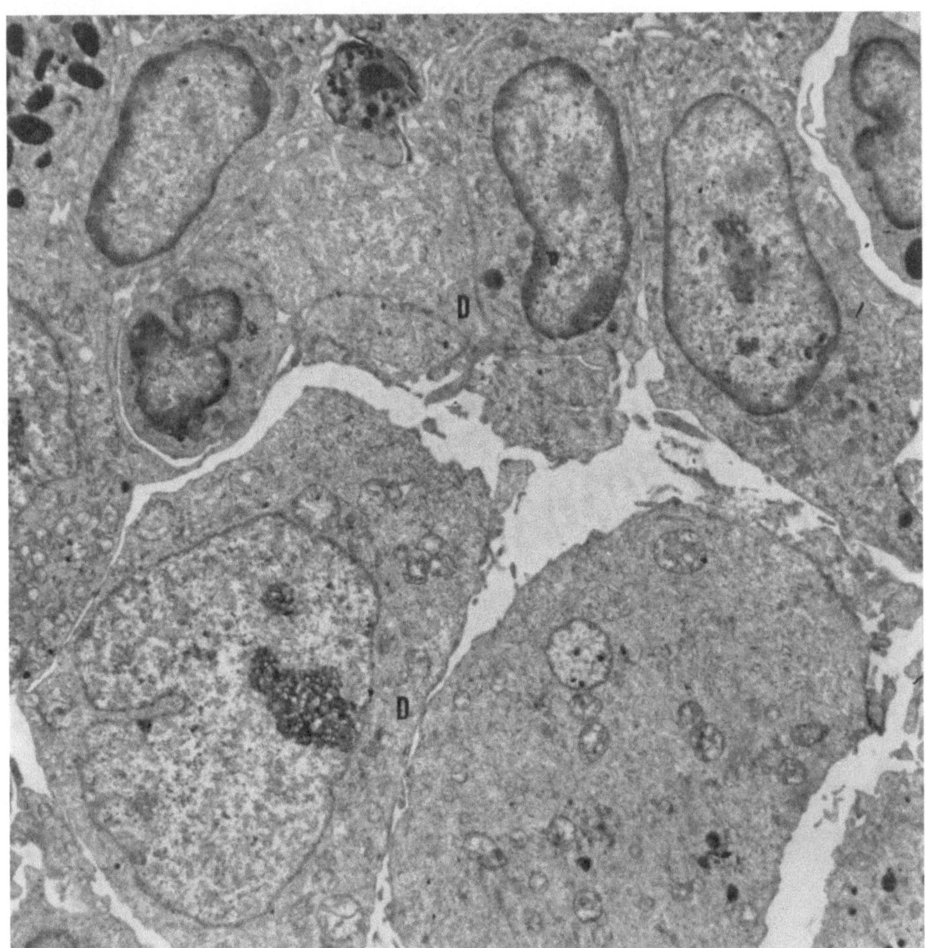

Fig. 294. Two cell types of cytotrophoblast. Top row has uniform oval nuclei, abundant ribosomes and few other cytoplasmic constituents. Below, the cells have larger, irregular nuclei, more mitochondria. Both have clear cell borders with desmosomes (D). Eosinophil at top left. (From WYNN & DAVIES, by permission of the authors. × 5,600, technique as before.)

The studies by PIERCE & MIDGLEY on transplanted choriocarcinomas also describe the development and differentiation of trophoblast and they show the formation of an "intervillous" space, features equalled by all types of choriocarcinomas, irrespective of their female or male, placental or testicular origin. The invasive qualities of the tumor are well represented by the invariable ingrowth into maternal vessels and the blood found in the spaces which the tumor forms. Functional organization, save for the invariably central cytotrophoblastic core covered by syncytium (? due to induction) as in the placenta, never occurs and consequently, necrosis and thrombosis are constant pathologic features (Fig. 292). EHRMANN & GLISERMAN have recently again demonstrated in transplanted chorio-

carcinomas that the tumor cells have phagocytic properties and ingest liver cells
during the expansion of the metastatic tumor spread. BUR *et al.* have described
the histochemical aspects of the tumor (*v.i.*).

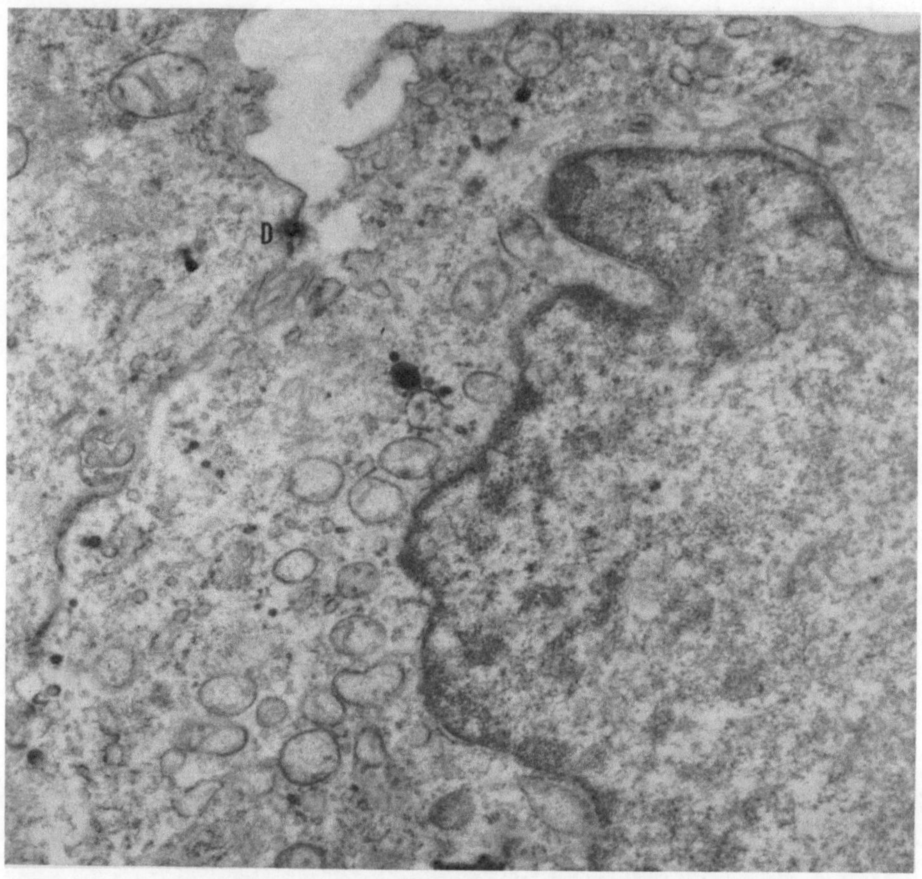

Fig. 295. Portion of intermediate cell type at right with numerous tonofibrils, some attached to desmosomes (D).
Numerous mitochondria; note irregular outline of nucleus with density of syncytium. (From WYNN & DAVIES,
by permission of authors. × 22,000, technique as before.)

Parenthetically, it is worth mentioning that two events never take place in the
growth of choriocarcinomas: the development of villous stroma with or without
vessels and the formation of the peculiar cells of the placental basal plate and septa,
the X-cells. If the cytotrophoblast, by delamination as discussed by HERTIG (1935),
were responsible for the connective tissue core of the normally developing villi, one
would perhaps expect similar phenomena to occur at times in the chorionepithelioma.
Such has never been observed, although FRIEDMAN has specifically looked for it in
testicular chorionepitheliomatous tumors. It may be necessary, as we personally
believe it to be the case, that the embryo is present for this induction, or these connective tissue cells may actually be derived from embryonic mesoderm. PIERCE,
MIDGLEY & VERNEY are the only authors who depict some questionable mesenchymal
cells in a transplanted uterine choriocarcinoma which are conceivably trophoblast-
derived. However, their hamster-host-origin cannot be excluded. Similarly, no chorionic
cavity has been seen to be produced by these tumors whose cells, so it seems to us,
have differentiated beyond the point of the possibility of producing embryoid bodies
and related placental structures. The exception to this is the peculiar and therefore

perhaps different choriocarcinoma induced in the armadillo (MARIN-PADILLA & BE-
NIRSCHKE). With respect to the disputed origin of the "X-cells" (see under cysts,
and MORISON) of the placental floor and septa, the same may be said. Since no such
cels are unequivocally present in these tumors, this may constitute one further
argument in favor of their decidual (maternal) derivation, although one should also
bear in mind that they could represent remnants of corona radiata granulosa cells
which GORDON considers to be the source of trophoblast.

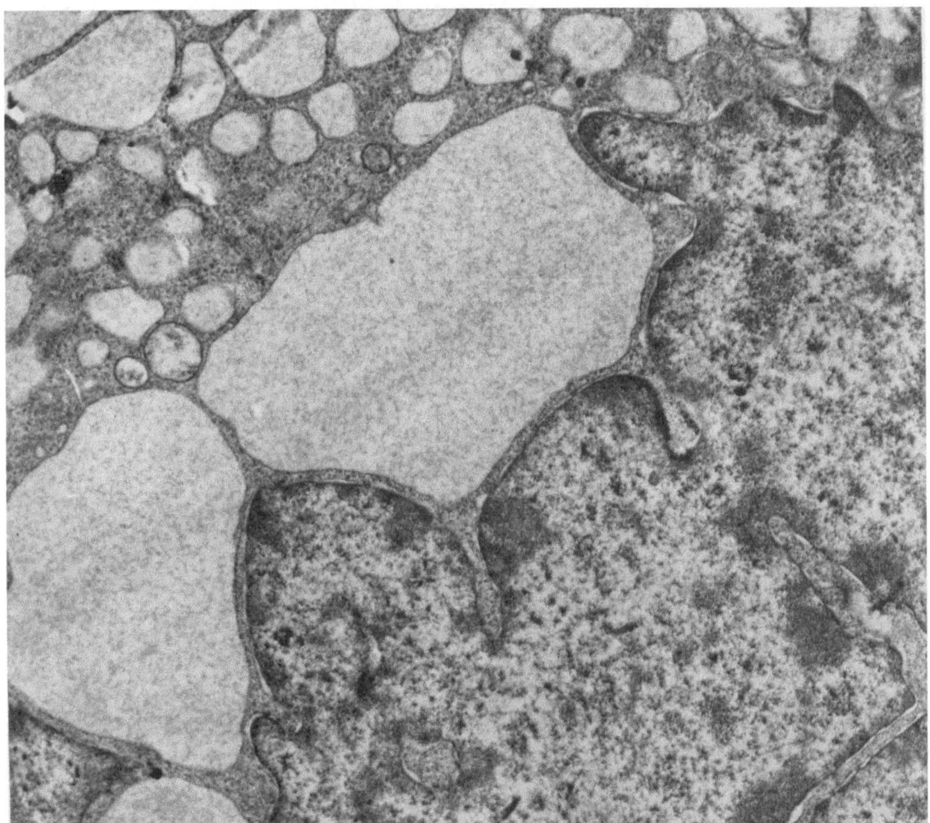

Fig. 296. Portion of syncytial cell. Irregular outline of nucleus (above) and its density are similar to the intermediate cell type of previous figure. Spaces represent dilated channels of endoplasmic reticulum seen only in
syncytium. They are surrounded by masses of ribosomal granules. (From WYNN & DAVIES, by permission of
the authors. × 20,000, technique as before.)

In contrast to the epithelium of the early villous ovum, many chorionepitheliomas show striking cellular abnormalities which would arouse the pathologist's
suspicion of the presence of a malignant neoplasm. These are, in particular, an
often marked variation in size and staining quality (aneuploidy) of both syncytial
and cytotrophoblastic nuclei. In addition, unusually large sheets of cytotrophoblast,
dissociated syncytium with less well formed brush border and often excessive
vacuolation may be found. Indeed, these may occur admixed with more normal
appearing tissue and SMALBRAAK has presented individual cases in which there
was a great difference in the histologic appearance of the tumor of the same
patient. The same features apply also to metastases. The most rigid criterion
then for the diagnosis of chorionepithelioma is the isolated neoplastic and *invasive*

growth of only trophoblast, be it uterine alone or in a metastatic site. If true villous
mesenchymal cores are seen, and these may be difficult to differentiate from pre-
existing fibrous tissue, the diagnosis is in doubt and chorioadenoma destruens
must be entertained. Of course, as HERTIG & MANSELL point out, the latter may
co-exist with a choriocarcinoma and arbitrary classification becomes difficult, if it
is useful. Chorioadenoma destruens should probably better be considered a placenta increta or placenta percreta of a molar pregnancy inasmuch as it does not
fulfill the criteria of malignancy. Indeed, local complete excision may suffice in
the treatment of this lesion (RUBIN) which endangers life primarily because of
the potentially severe hemorrhage.

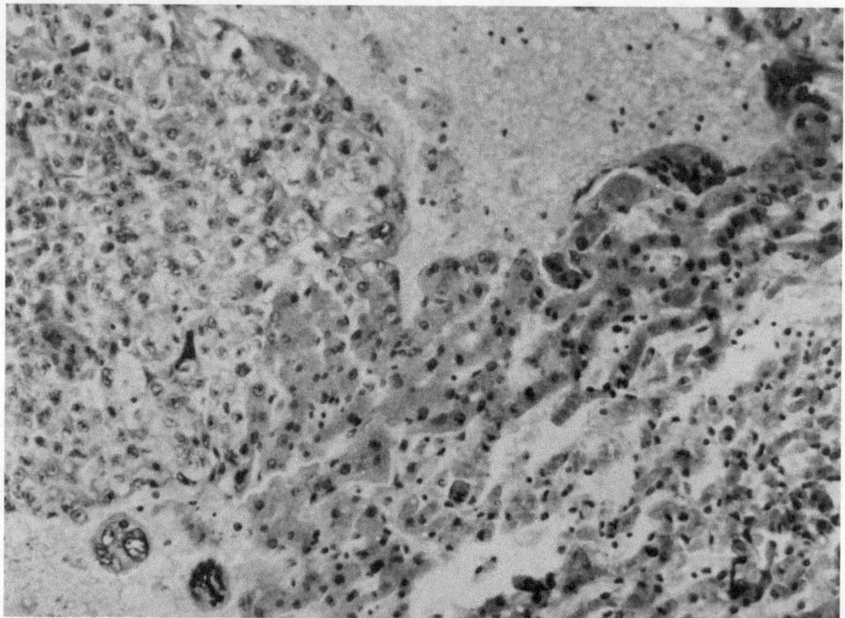

Fig. 297. Metastatic choriocarcinoma in liver. Large mass of solid, light-staining cytotrophoblast at left, covered
by few syncytial cells. (H & E × 160).

Choriocarcinoma in situ

Problems of classification arise of course also with the concept of *"choriocarcinoma in situ"*. DRISCOLL has recently described a minute lesion of a mature
placenta which, by histologic criteria, is so different from any normal placental
structure that we have no hesitancy in accepting it as a choriocarcinoma (Figs. 298,
299). Such should be expected to occur on occasion in view of the relative frequency of the development of chorionepithelioma following term pregnancy.
DRISCOLL quotes the A. MATHIEU chorionepithelioma registry as finding that one
third of their cases is preceded by a term pregnancy, another third by abortion
and one third by a hydatidiform mole. Her incidental finding was apparently
without metastatic sequelae and one wonders how frequently such lesions may
occur since this nodule was of such small size that it would easily have been
overlooked. Moreover, complete placental examination with histologic study is
still infrequently practiced. The other interesting features of this lesion are the

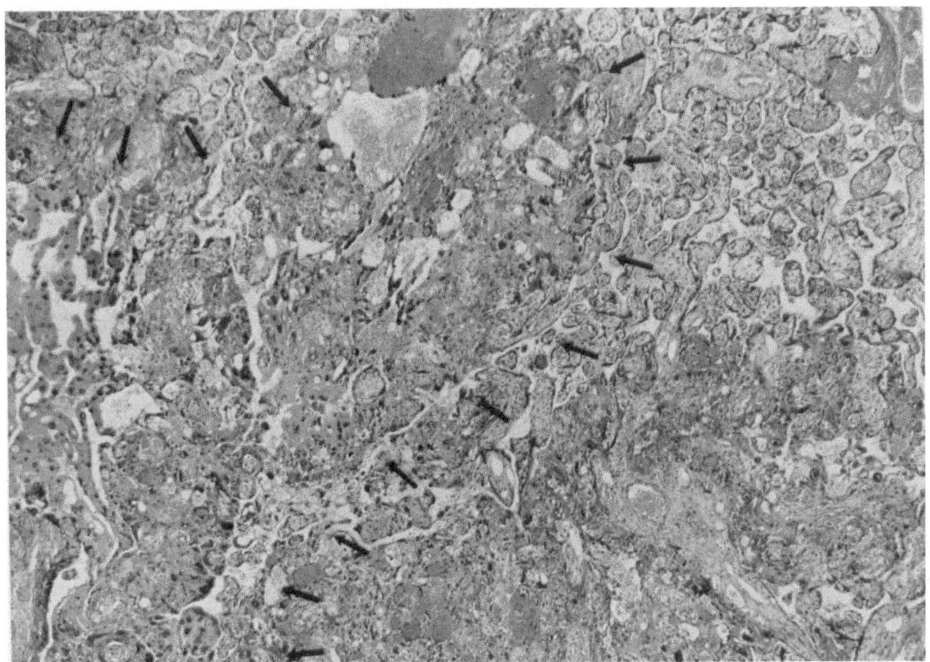

Fig. 298. Mature placenta with "choriocarcinoma in situ" (arrows). Histologically, this incidentally discovered lesion is indistinguishable from a typical metastatic choriocarcinoma and blends with normal placental tissue (H & E × 76). (From DRISCOLL; Choriocarcinoma: an "incidental finding" within a term placenta. Obstet. Gynec. 21, 96, 1963, with permission of the Editor.)

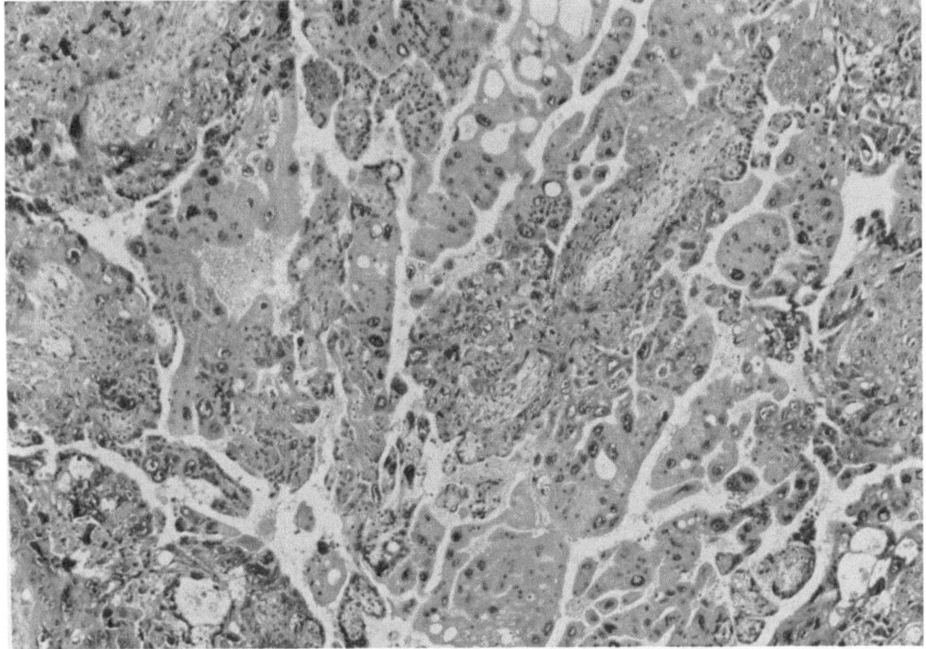

Fig. 299. Same as Figure 298, higher magnification. Pleomorphic trophoblast seemingly arising from villous surfaces (center) (H & E × 200). (From DRISCOLL, choriocarcinoma: an "incidental finding" within a term placenta. Obstet. Gynec. 21, 96, 1963, with permission of the Editor.)

deficiency of fibrin deposition, the patient's multiparity (gr. VII) and the identical blood groups of mother and child, all of which findings conform to the idea of an "immunological escape", if such were the basis for the development of this tumor *(v.i.)*. Finally, it points to the fact that, in maturing placentas, the cytotrophoblast may still be capable of mitotic activity which is also supported by findings quoted by the author and the proliferative activity seen in some specimens of retained placental cotyledons. Figure 300 gives further evidence for this notion, a micro-

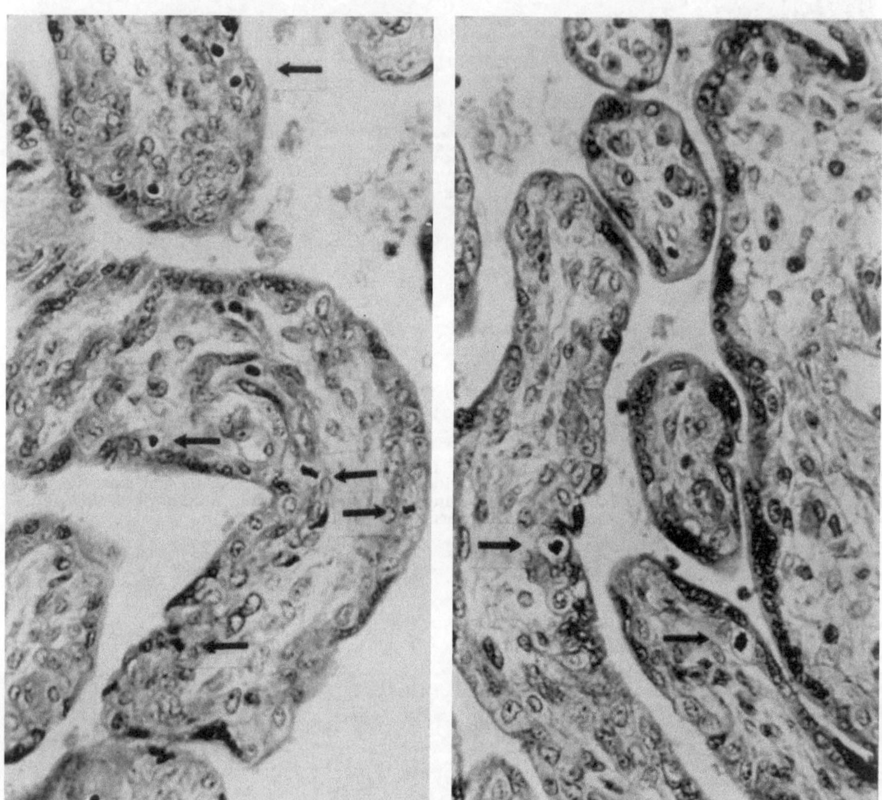

Fig. 300. Two areas of near-term placenta with numerous mitoses (arrows) in cytotrophoblast. Normal mature pregnancy. Courtesy Dr. J. Merriam. (H & E × 400).

photograph taken from the placenta of an uncomplicated term pregnancy. Dr. J. Merriam recognized the astonishing number of cytotrophoblastic mitoses in this placenta and kindly permitted the inclusion of this case. WIGGLESWORTH has recently presented evidence for a relatively frequent mitotic activity of cytotrophoblastic cells of mature placentas.

Metastases to Fetus

Choriocarcinoma disseminates on occasion also to the fetus if it accompanies a term pregnancy. This gives further support for DRISCOLL's contention of the validity of her diagnosis "Choriocarcinoma in situ" in the term placenta she described. Four cases have come to our attention in which infants suffered from placenta-derived choriocarcinoma metastases. They would seem to be of considerable potential importance in gaining an understanding of the immunologic consequences of this placental tumor. In the case of EMERY, the tumor of lung and liver of a 48 day old baby was histologically a chorionepithelioma and the interstitial cell activity of the testis, not expected at this age, supports this contention. The mother remained well. In the second case (BUCKELL & OWEN), the seven week old infant died with liver, rib and lymph node metastases of a chorionepithelioma. The mother (a gravida IV, age 25) had bled since delivery and, at 10 weeks post-partum, a hysterectomy was performed, following which she remained well. The uterus contained a typical choriocarcinoma. In the third case (MERCER et al.), the one month old infant had a lesion of the maxilla which recurred after excision and caused death at five months. The histology was that of a chorionepithelioma, and urinary gonadotropin titers reflected the recurrence of tumor. The mother suffered postpartum bleeding, and at hysterectomy (10 weeks p. p.) a chorionepithelioma was found. This metastasized to the lung and mediastinum, to cause death 7 months postpartum. In the fourth case (DAAMEN et al.), the gonadotropin-secreting tumor occurred in mother and child about 5 months after delivery and both succumbed 8 months later. Unfortunately, in none of these cases is the placenta described and one can only presume that the lesion must have been larger and, at least to some extent, it must have invaded into villi and placental floor, to cause the subsequent tumor spread. Then, cases have been described in which fatal choriocarcinoma, developing during pregnancy, did not disseminate to the fetus. Thus, McRAE discovered vaginal and pulmonary metastases, with hemoptysis and malignant cells in the sputum, during the 33rd week of a pregnancy. A normal living child was delivered by hysterotomy, the mother expiring a week later from generalized tumor spread.

Whether fetal hemorrhage can occur because of the possible existence of such a tumor within the placenta must await future study. BENSON, GOLDSMITH & RANKIN suggest that massive fetal to maternal hemorrhage had occurred in their case. While the placenta was not studied, the patient developed ultimately postpartum chorionepithelioma. Clearly, more well studied placentas are needed to answer the many questions which arise from these pertinent reports. An unusual case of dysgerminoma with choriocarcinoma arising in the maternal ovary did not disseminate to the placenta although widespread metastases caused the patient's death 6½ months postpartum (LIEBERT & STENT).

Histologic Grading and Prognosis

The peculiar biologic qualities of chorionepithelioma, in particular its well established capacity to regress spontaneously or after treatment (EVERSON), have cautioned pathologists in their attempts at classification and division of various histologic appearances with respect to possible prognosis. Since EWING (reviewed by MATHIEU) suggested that various features (preponderance of one cell type, anaplasia etc.) may have different prognostic significance, many authors have disclaimed any such implication of classification .These are summarized by MATHIEU who concludes that the pathologist should not be expected to furnish a prognosis on the histologic appearance of this lesion. The findings of SMALBRAAK most recently reassert this conviction, which we share as well. It may be difficult enough from a uterine curettage specimen (not so from metastases) to establish the diagnosis, when faced with the real possibilities of exuberant normal placental site, "syncytial endometritis" (HERTIG & MANSELL) or an incomplete specimen (see NILEHN & AKERMAN) and most authors have cautioned that from a curetting specimen alone, without history and physical findings, the pathologist is often unable to verify the diagnosis, let alone give a prognosis (MATHIEU; HERTIG & MANSELL). The same authorities also advise to prepare, in all cases, all material obtained at curettage or biopsy for histologic scrutiny. In addition to the histologic spectrum that may be displayed by the tumor, which so often resembles closely relatively normal albeit young trophoblast, in numerous cases recorded, a verified long time interval had passed between pregnancy and the onset of metastases. In some such cases, hysterectomy testifies to the impossibility of the tumor coming from an "unrecognized intervening pregnancy" (MATHIEU; BONNAR & TENNENT; HERTIG & MANSELL) and autopsy may rule out that the tumor arose from a teratoma. One can only assume then that small nests of trophoblast lay dormant (slowly proliferating) for years, to become malignant later or, that original malignant metastases had remained suppressed for long periods (see discussion by BONNAR & TENNENT).

HERTIG (1962) attempted to differentiate, by histologic means, those tumors in which the patients survived from the fatal cases and was unable to do so. Writes he: "was unable to find anything distinctive about the tumors in 20 of the 21 patients who survived. They showed the same variation in tumor-bed response, involution of tumor, and apparent intravascular spread as any other group of choriocarcinomas."

These considerations discourage any suggestions for a prognosis and make evaluation of the results of treatment by surgery, radiation, antifolic agents and immunotherapy difficult at best. Moreover, the tumor is infrequent enough to preclude large comparative series. It is the oft-stated impression of obstetricians, however, that early decisive treatment is most beneficial. Indeed, MATHIEU who urges that prompt complete diagnosis be made by all means possible, feels that it should be possible to improve survival to 95% by early treatment. This author, and many subsequent writers, cite cases where established metastases have disappeared soon after removal of the uterus, even when the uninvolved, if cystic, ovaries are left behind. The gonadotrophin within the luteal cysts may continue to be excreted and it confuses clinical evaluation for some weeks, but it does not appear to influence prognosis. Such a happy train of events does not always take place, as MATHIEU is careful to point out and the reasons for individual differences escape our interpretation at this time.

The newest approach in attempts at a histologic prognosis has been histochemical. BUR et al. have made elaborate studies of various histochemical parameters of trophoblastic lesions and compare them with the previous results on normal placentas (McKAY et al.). There was only one difference of possible prognostic significance: in the more aggressive lesions, the cytoplasmic basophilia of the trophoblast was increased and more resistant to ribonuclease digestion. None of the various enzyme localizations, glycogen, glycoprotein content, etc. proved of any value.

ACOSTA-SISON (1958) has recently analyzed the relationship of metastases to survival in 32 cases of chorionepithelioma. The lung was involved in 44% by primary metastases, vagina in 31% and other organs (brain, liver etc.) less frequently, figures essentially similar to other reviews. Eventually, the lung became the seat of metastases in 94%, the vagina in 44% and extensive metastasis was invariably fatal, although six patients with known metastases to lung or vagina recovered because of early decisive treatment.

Cytotoxic therapy

There is much to be said in favor of early treatment with *cytotoxic therapy* (HERTZ et al.), indeed, recent evidence suggests that this treatment is more advantageous in the early treatment of this disease.

BREWER, SMITH & PRATT reviewed the absolute 5 year survival of 122 patients with choriocarcinoma treated by hysterectomy (31.9%). In this study, 41.4% of patients not known to have had metastases survived, while only 19.2% did in the face of secondary deposits. The latter figure compares with 48% survivors of cytotoxic drug-treated patients by HERTZ et al. 1961, 1963; TAYLOR & DROEGEMUELLER. Similar advantageous results of this treatment over surgery are indicated in a study of 93 cases from China, suggesting that, despite possible environmental factors in the etiology of the tumor, it is equally responsive to chemotherapy. HUNG-CHAO et al. report that their mortality from choriocarcinoma has dropped from 90.2% to 48.4% upon this treatment; that from chorioadenoma destruens fell from 22.2% to 7%. Similar improvement of outcome is reported by MANAHAN et al. from the Philippines. BAGSHAWE had advocated recently that an additional means of effective treatment may be local perfusion of localized (pelvic) choriocarcinoma. A complete review of the frequency of metastases, spontaneous regression and efficacy of chemotherapy is found by HRESHCHYSHYN et al. who present their own material as well. BREWER and coworkers (1964) present the most recent review of chemotherapy and suggest a plan for treatment with various and combined cytotoxic agents. Additional surgery such as hysterectomy is considered to be beneficial only in occasional patients and in the discussions of these results it is suggested that perhaps 80% with choriocarcinoma can now be cured. Important considerations are early diagnosis and accurate and frequent quantitative gonadotrophin assays. Hendrickse, in the discussion of this paper presents data suggesting that angiography may be a useful adjunct in early diagnosis. Moreover, his experience indicates an unusual frequency of this tumor in Nigeria. LAMB et al. review their experience with methotrexate therapy of eleven chorionic malignancies and pay special attention to the quantitative gonadotrophin assays in these patients. They point out that choriocarcinomas produce, on occasion, only very small quantities of chorionic gonadotrophin which may not be detected unless such assay as the hemagglutinin inhibition test is used.

The usage of *antifolic agents* for the treatment of choriocarcinoma began (LI et al.) with the realization that deficiencies in folic acid have profound effect upon uterine and fetal growth in experimental animals (HERTZ et al., 1958) and that antifolic acid therapy may induce abortion in man (THIERSCH). Since then, various related drugs have been reported to produce a wide variety of fetal abnormalities in man and experimental animals (SOKAL & LESSMANN). Their efficacy in the treatment of chorionic tumors suggests that the action is exerted not only on the fetus but also on the placenta, but only rarely is a study of the placenta described following the use of these drugs in pregnancy.

Only HÖRMANN shows a placenta whose trophoblast appears to have degenerated possibly as a result of aminopterin therapy. On the other hand, FREEDMAN et al. find no ill-effect upon a pair of twins and their placentas after therapy with methotrexate and actinomycin D for what was thought to be a complication of choriocarcinoma. In this case, two pregnancies followed what was apparently a chemotherapeutically cured choriocarcinoma. This tumor had developed after a spontaneous abortion and it was diagnosed from a vaginal metastasis. The excessive production of chorionic gonadotrophin prevented accurate diagnosis of a subsequent pregnancy and led to extensive, repetitive chemotherapy. BREWER et al. (1964) also describe pregnancy after cytotoxic therapy and McKELVEY presents in the discussion a patient with three normal pregnancies after chemotherapeutic cure of a metastatic choriocarcinoma. In TURNER's patient pregnancy ensued after surgery alone. Another case of pregnancy following successfully irradiated choriocarcinoma metastasis has been reported by PATTERSON. DOUGLAS, who treated three women during the first trimester of pregnancy and prior to elective instrumental therapeutic interruption also finds no effect of aminopterin on the histologic appearance of the normal placenta. Thus, it is as yet uncertain where the effect of antifolic agents and other cytotoxic drugs takes place. It is thought they affect the survival and the efficacy of function of normal and malignant placental trophoblast, perhaps it varies at different stages of development. This aspect is in dire need of careful histologic study.

Immunologic considerations of maternal-fetal relationship, with particular reference to choriocarcinoma

Several aspects of the behavior of chorionepitheliomas have led investigators in recent years to speculate whether complex immune phenomena may not be at work which, if understood, could help answer the questions relating to the erratic nature of this malignancy. Thus, it has been learned that the response obtained after methotrexate therapy is better in chorionic tumors following pregnancy than if the choriocarcinoma arose from teratomas, despite their histologic and endocrine similarities (LI *et al.*, BREWER *et al.* 1964). The occasional spontaneous disappearance of apparent metastases, particularly after removal of the primary tumor, also suggests analogies to rejection of tissue transplants and its recognition has even led to treatment of chorionic malignancies along these lines. These considerations necessitate a survey of the present state of knowledge concerning the possible immunologic interactions of mother and embryo, or mother and placenta.

Hemochorial placentation establishes close contact of the maternal tissues with fetal placental cells of a different genetic background, a situation which can be considered *a true homograft* (see BILLINGHAM; MEDAWAR). If tissues other than placenta were thus transplanted, immunologic rejection would be expected in a span of some two weeks. THOMAS has once suggested cautiously that the termination of pregnancy may indeed be comparable to a homograft rejection process. However, not enough facts are known to warrant such speculation and it is at present doubtful whether the disappearance of metastatic choriocarcinoma, let alone the process of parturition, relates to such immunologic events. The possible analogies of placentation to homografts, and the various experimental approaches to the problem have been summarized by BILLINGHAM whose lucid essay should be consulted, particularly for the work in non-human species. Several theoretic possibilities exist which might explain the cellular apposition of two tissues with different genotypes without disastrous results occurring. Each of these will be considered briefly, those meritorious of more attention in greater detail.

That pregnancy is successful cannot be explained on the basis of the assumption that the uterus is a *privileged site*, from an immunologic point of view and having the analogy to the hamster cheek pouch in mind. Such an assumption does not hold for vascularized grafts (BILLINGHAM & SILVERS), as the placenta would be, and the number of successful abdominal (peritoneal) and tubal pregnancies testifies against this hypothesis. Moreover, experimental extrauterine transplantation of blastocysts may lead to normal placental development (FAWCETT) and finally, direct tissue transplantation into rodent uteri results in normal and accelerated rejection under appropriate circumstances (SCHLESINGER). Also, it has now been shown by various investigators that the *endocrine changes* characteristic of pregnancy cannot explain the extraordinary survival, for nine months and longer in some other species, of the placenta if it were in the same category as homografts. While prolongation of some test grafts has been reported during pregnancy, this has been refuted in other species and with different types of experiments (see BILLINGHAM). Another possibility to explain this apparent tolerance of the placental homograft is reflected in BILLINGHAM's considerations concerning the *antigenic competence of the fetus*. It is conceivable that those cells which are in contact with the mother and which are thus in the position to arouse immunologic recognition, in fact do not possess transplantation antigens, in analogy to red blood cells. While the latter are now known to cross the placenta and may stimulate antibody production with the possible result of fetal hemolytic disease, other cells are not known to reach the mother, save the trophoblast. The result of the possible passage and maternal "recognition" of fetal leukocytes is currently under active investigation (PAYNE *et al.* 1964). The occurrence of leukoagglutinins to fetal leukocytes in some pregnancies suggests that these elements gain access to the maternal circulation but PAYNE finds no evidence that any disease arises because of this presumptive immunization. HALVORSEN differs with this interpretation in his description of two cases of neonatal leukopenia due to fetomaternal leukocyte incompatibility. She believes that this condition may be more frequent than is currently recognized, that the infants are to be treated vigorously because of their susceptibility to infection and collects all pertinent literature. The findings of various experiments designed to test whether fetal tissue cells are antigenically mature are not totally conclusive, as is discussed at length by BILLINGHAM. However, this question is not strictly valid since one cannot necessarily conclude that possible somatic cellular antigenic maturity

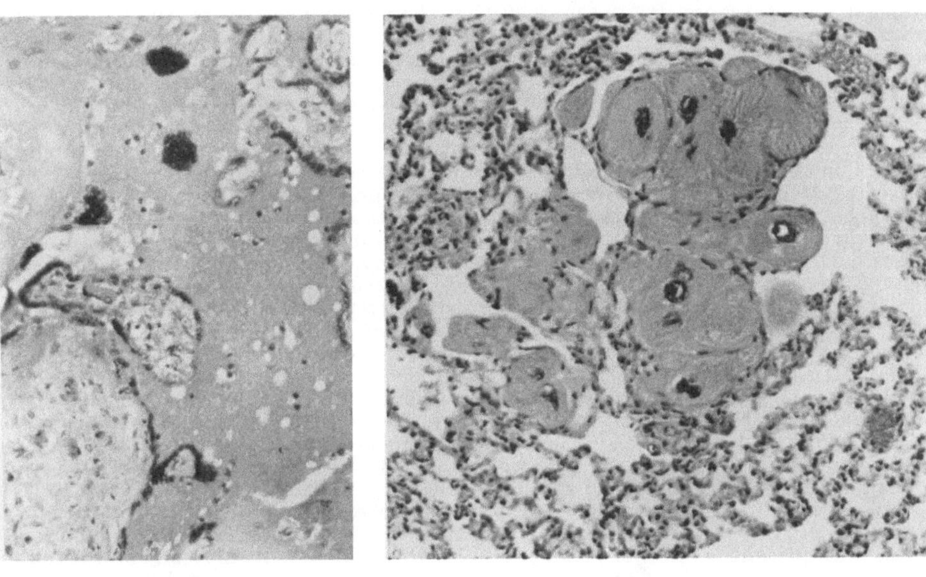

Fig. 301   Fig. 302

Fig. 301. Mature placenta of infant with trisomy 21 (mongolism) with two free syncytial cells and syncytial "buds" in intervillous space. This presumably is the origin of the cells deported into the lung during normal pregnancy (H & E × 160).

Fig. 302. Lung of chinchilla during pregnancy, near term. Numerous small yellow nodules are present macroscopically, made up of clusters of the bizarre placental giant cells of rodents. Occasionally there is a lymphocytic response (H & E × 160).

may be equated with equal trophoblastic capacity. After all, it is only the trophoblastic cells which are in contact with the competent mother, indeed showers of syncytial cells are likely to seed into her lung continuously (SCHMORL; IKLE; ATTWOOD & PARK; DOUGLAS et al.; BARDAWIL & TOY; WAGNER et al.) (Fig. 301). In some cases, extensive trophoblastic seeding has been thought to be the cause of maternal death during uncomplicated pregnancy (MARCUSE; others in ATTWOOD & PARK). Were these emboli capable of evoking an immunologic response, IKLE as well as ATTWOOD & PARK, and WAGNER et al. doubt it, then homograft response of the maternal organism was abolished by this excess antigen. However, this phenomenon of syncytial deportation has been demonstrated only in man and, with possibly different cells in the chinchilla (Fig. 302) (HELMBOLDT et al.) and one would have to seek alternate explanations in other species for persistent pregnancy. Unfortunately, it is difficult to obtain pure trophoblast for experiments designed to test the antigenicity of trophoblastic cells, tissue which is devoid of villous fibroblasts and fetal leukocytes. Moreover, the two cell types of trophoblast may differ appreciably in their surface antigenic structure, surfaces which certainly have a remarkable cytologic diversity (Figs. 293–296). Finally, the endocrine and other functional differences between species make it difficult to draw conclusions from mouse experiments to human placentation.

Possibly the strongest evidence in favor of antigenic competence of trophoblast comes from the regular rejection of choriocarcinomatous tissue transplanted into the cheek pouch of hamsters, which incidentally never develop metastases to other organs unless injected intravenously (EHRMANN & GLISERMAN). HERTZ has found anti-human antibodies in the circulation of these hamsters and such antibodies will inhibit the tumor growth. No antibodies specific to the tumor type have been found, however, and no antibodies to paternal leukocytes or red cells are made in transplanted choriocarcinoma experiments. It appears then that the regular rejection by the hamster of grafted choriocarcinoma may be on the basis of the heterograft response, one which, however, fails to reject the placenta in interspecific hybrids (*e.g.* that of a mule in a horse or a hinny in a donkey). Moreover, it must be appreciated that tissue graft rejection occurs in the absence of recognizable plasma cells or circulating antibodies, as SILVERSTEIN *et al.* were able to demonstrate recently. These authors found graft rejection by the fetal lamb lacking these constituents and even the additional supply of rabbit antisheep-7S-gammaglobulin did not alter this reaction. An up-to-date review of related facits of fetal/placental immunologic aspects is given by SILVERSTEIN in which the author speculates that the similarity of the appearance of erythroblastotic and syphilitic placentas may relate to the antigen-antibody interactions of the two diseases. Despite these findings in experimental animals, attempts to identify circulating *anti-fetus-antibodies* in human pregnancy have continued, their possible eventual demonstration may or may not indicate transplantation antigen sensitization. Specific maternal sensitization to fetal leukocyte antigens was demonstrated by PAYNE (1962), persisting at times for years but not with greater frequency at higher parity. CAGLIERO & MARCHIARO, on the other hand, found anti-leukocyte and anti-platelet antibodies more frequently in multiparous women. The antibodies did not react with the patient's own leukocytes or platelets but they did so with cells from the respective husbands. HULKA and his colleagues have searched for pregnancy-specific antibodies in human post-partum sera. By conjugating the globulin with fluorescein and absorbing with human liver powder, they found specific localization of this antibody (?) only in the cytoplasm of the syncytiotrophoblast. The nature of the antigen (? gonadotropin, other proteohormone, surface antigen) is not certain and, importantly, cross-reaction occurs with placentas of other pregnancies. Furthermore, it is highly conjectural that the reason for the peak of antibody levels (4th day post-partum) is due to specific absorption of antibody to the numerous syncytial cells during pregnancy or the elevated corticosteroid levels, as these authors suggest. Their attempts to relate the finding to toxemia of pregnancy has been criticized aptly by SOPHIAN, and BILLINGHAM points out the theoretic reasons why such antibodies could not relate to the homograft sensitization problem of pregnancy. BOSS, using a "sandwich technique", was unable to detect the localization of such globulins when a second incubation was carried out with fluorescein-tagged antiglobulin and this author refers to other negative studies. He is concerned with the ability of placental tissue to excite anti-basement-membrane-antibodies, nonspecific for the placenta and cross-reacting with kidney. These globulins do not appear to occur spontaneously and their postulated relationship to experimental abortion is discussed by BOSS. Their relationship, if any, to the toxemic renal lesion is the basic reason for these experiments, begun by others earlier. Similar studies have been conducted by STEBLAY who shows photographs which are impressive in that an apparently considerable degree of autofluorescence of trophoblastic cytoplasm is evident. Such autofluorescence must be evaluated critically if specific localization of antibodies is ever to be adjudged in the placenta.

Of course, the principal difficulty in all of these studies lies in our inability to demonstrate at present the location and specific cellular distribution of transplantation antigens. And what antibodies might be detected may bear no relation to the question of whether in fact, immunologically speaking, the exposed surface of the placenta, principally the syncytium, can be "recognized". LANMAN and colleagues conducted ingenious transfer experiments with rabbit blastocysts implanted into does who were sensitized specifically against the "grafts". They failed to detect any adverse effect of the sensitization. From these experiments and others, BILLINGHAM & SILVERS conclude that *two mechanisms* probably allow for the continuation of pregnancy in the face of apparent histoincompatibility of mother and fetus: 1) the probable *deficiency of transplantation antigen of trophoblast* and 2) the efficient *separation of fetus from mother by trophoblast*. They raise the question why true vascular communications are not ever established between placental and endometrial vessels and one might as well add, why does the placenta stop invading the uterus when it does ? Presumably, the answer is partly to be found in the complex hormonal and enzymatic relationship delineated recently by Böving for rabbit pregnancies. In a series of experiments, this author has attempted to answer by what mechanisms the trophoblast invades or rather, how it dissociates endometrial cells. It emerges that invasion of trophoblast can be construed to cease, once maternal vessels are tapped by the advancing trophoblast; as Böving sees it: because the liberated CO_2 can now be removed, decreasing the pH locally to a point where the dissociation of endometrial and other placental bed cells, a process normally favored by alkaline environment, no longer takes place. This interaction of a progesterone-dominated maternal, endometrial-vascular carbonic anhydrase and fetal carbonates works efficiently when the implanting rabbit embryo is considered. Whether similar mechanisms are at work in other species is unknown. (The excellent summary by Böving is recommended for details.) Also, how syncytial cells continue to permeate the placental site in man at later stages of gestation (Boyd & Hamilton) and why the placenta limiting effect does not apply to the choriocarcinoma with its continuous invasive capacity remain unsolved problems at present.

These considerations shed some doubt on the validity of the inferences made in studies which attempt to treat choriocarcinoma by immunologic means. If, as has been suggested, normal trophoblast development proceeds because of an interaction with maternal antibodies, then an understanding of the "escape" from this immunological model, by maternal incompetence or trophoblast mutation, might offer hope for immunologic treatment by specific sensitization with fetal antigens. Since no fetus is available in choriocarcinomas, the father's antigens should suffice, somewhat in analogy to the rabbit experiment of Lanman et al.. It is pertinent to remind, however, that these rabbit experiments had not shown any effect on implantation from sensitization of the doe to paternal antigens. Further justification for such treatment came from the finding that chorionepitheliomatous metastases occasionally regress after removal of a uterine primary site and spontaneous disappearance is not altogether unheard of either, as was pointed out previously (Johnson; Park; Everson). Moreover, methotrexate therapy appears to be less effective in choriocarcinomas not arising as a consequence of pregnancy (Li et al.) and surely the efficacy of this drug in pregnancy-derived tumors, at least for some time, is remarkable. On the other hand, this argument is not persuasive because of the following independent observations: 1) The male chorionepitheliomatous tumors under discussion were admixed with teratomas or other germinal tumors and may therefore have an indigenously different prognosis, and 2) Pierce, Midgley & Verney find no difference in the methotrexate-response of several lines of choriocarcinoma in the hamster cheek pouch, irrespective of their origin. They make the suggestion that the degree of maturation of the tumor may be the critical factor and we agree that this merits much future consideration.

Doniach et al. felt that active immunization was important in the recovery of their patient who was also treated by chemotherapy and irradiation, and Cinader et al. describe a failure of methotrexate therapy with ultimate cure of metastases by immunotherapy. Three courses of husband's leukocyte injection led to a reduction in radiologic pulmonary lesions and gonadotropin titers. Later, an injection of anti-husband-sperm-antibody, produced in rabbits, caused a temporary rise of gonadotropins which is regarded as support of their hypothesis that tumor tissue was destroyed by this means. Bagshawe has a patient who was also resistant to drugs and in whom, after transplantation and rejection (!) of skin transplants from an unrelated donor (6 days), from the husband (12 days), and child (34 days), and "further immunotherapeutic procedures" the tumor appeared to regress. Robinson et al., on the other hand, present two cases of postmolar choriocarcinoma in patients who rejected skin grafts from unrelated donors but retained those of their husbands, developed erythrocyte antibodies but no leukocyte agglutinins, their antigenic structure appearing similar between husband and wife. The outcome of these two patients is not described and immune paralysis against the tumor genotype or tolerance may have been produced, suggest the authors. MATHE *et al.* also present studies on five patients with choriocarcinoma with increased tolerance of skin transplants from the husbands inspite of leuko-agglutinins. HACKETT & BEECH describe the fatal outcome from widespread choriocarcinoma following a (?male) mole in a woman whose pulmonary meta-stases regressed initally when husband's leukocytes were injected. This, however, coincided also with removal of the primary tumor and from the detailed descrip-tion of their case, we conclude that the patient was neither immunologically in-competent nor was she helped by the immunotherapy. These authors also con-clude that trophoblast is non-antigenic.

Increased tolerance with higher parity has been suggested to occur by BREYERE & BURHOE; JOEL; *etc.* This might be a factor in some patients with this tumor since a higher maternal age of some patients with choriocarcinoma is found in some series, as has been referred to previously. However, the analysis of 175 cases by SCOTT indicates the opposite, namely a disproportionate tendency for the tumor to arise in association with the first pregnancy or from "fresh matings" in multiparous women. BILLINGTON (1964) reached the conclusion from his recent experiments with various strains of mice that: "it follows that trophoblastic invasion is more extensive when it is anti-genically dissimilar from the decidua than when it is similar". He found higher placental weights in a variety of carefully chosen experiments when the mother was most likely to "recognize" the fetal (placental) antigen. The pathogenetic mechanism of this striking result awaits further elucidation. In other words, more trophoblastic proliferation appeared to occur in antigenically dissimilar pregnancies, a result which is at variance with the current assumptions that genetic similarity in man predisposes to the development of choriocarcinoma as this author points out (BILLINGTON, 1965). These experimental results have been confirmed by various means and suggest that some homeostatic mechanisms exercise control over placental size and trophoblastic proliferative activity. Nevertheless, at this point it is too early to conclude that such a mechanism is based on immunologic phenomena. LAJOS *et al.* find by transplanting trophoblast into women with cancer and ectopic pregnancy that it is rejected in the former but not in the latter case. They suggest that the endocrine environment of pregnancy is the most important mediator of placental "acceptance". These con-siderations are further discussed in some recent reviews and new experimental data are presented from a variety of investigators using different models so that it can be anticipated that a satisfactory understanding of these complex fetal/maternal inter-relationships will soon be had (KIRBY *et al.*; ANDERSON & BENIRSCHKE; JAMES; LAN-MAN, 1965; GALTON, 1965; BILLINGHAM *et al.*; ANDERSON, 1965).

It is impossible to describe here many other experimental approaches and studies designed to unravel the complexity of the maternal/fetal immunological relationship. This has been done exhaustively by BARDAWIL & TOY, who also discuss their own work. One is forced to conclude at this time that, despite very active investigation in many laboratories, neither the mechanism limiting tropho-blastic invasion in the course of normal placentation nor that leading to the development of trophoblastic tumors is understood. Indeed, we do not know whether, immunologically speaking, the maternal organism takes any cognizance of the placenta and fetus, and studies such as by ANDRESEN *et al.*, attempting to alter placental development (in the rabbit, without effect) by maternal im-munization may be totally irrelevant. We believe that substantial progress will be made only after cellular identification and localization of transplantation anti-gens has become feasible. At present, it appears most probable that the syncytium does not possess these surface markers, while cytotrophoblast and villous tissue can be "recognized" by the mother. Further, the possibility exists that interaction occurs with gonadotropins and that the syncytium may actually be "mopping up" some antibody, as also the globulin localization in BARDAWIL & TOY's experiments would indicate.

Additional considerations concerning the interactions of trophoblast and the maternal organism.

Scott has recently reviewed the background of 175 cases of choriocarcinoma from the A. Mathieu Registry and confirms the association with pregnancy in older women. From his study of the ABO blood groups in these matings which had led to the development of this neoplasm, Scott postulated "that lack of maternal antibody response is a factor in the development of choriocarcinoma". This hypothesis needs much further detailed study, as the author is ready to admit and it is not actually consistent with the total absence of chorionic malignancies in inbred strains of rodents etc. (see also Hackett). Moreover, it hardly explains the development of only one small focus of tumor in an otherwise normal mature placenta (Driscoll), although this author favored this explanation as a possible hypothesis because of the similar constellation of blood groups. (The very few similar cases on record have been reviewed by Cordua). Also, the earlier attempts by Schmidt *et al.* of showing a correlation in the blood group relationship between patient and husband do not support this view and, of course, they need not reflect transplantation antigen relationship in any event. Therefore, further data of this nature must be collected before any positive statement can be made.

The concept of *chorionepitheliosis* is equally relevant in this context. Schopper & Pliess employed this term in an extensive discussion of spontaneously regressing vaginal chorionic lesions.

The case they describe (and they discuss 25 similar instances from the literature) is a hemorrhagic vaginal chorionic growth with the histologic characteristics of chorionepithelioma. It was excised during a normally terminating pregnancy in which a normal placenta was delivered. There was no recurrence or evidence of other metastasis.

They consider in detail the biological, chemical and clinical characteristics of trophoblast and feel that this lesion must be considered as trophoblast having escaped maternal (?decidual) control mechanisms rather than representing a true "inoculation tumor". While this may be true, the difficulty of distinguishing, by histologic study, between normal, innocuous trophoblast and choriocarcinoma is at times very great, as many authors have pointed out. Schopper & Pliess admit that this distinction can often only be made retrospectively, and most authors will not consider in their diagnostic endeavors only the histologic specimen, but demand also a clinical history and gonadotropin study for the complete evaluation of chorionic tumors. However useful the term chorionepitheliosis may be, it is as a theoretical concept, for the evaluation of individual cases it is of little help. Park has recently discussed these aspects in lucid detail and summarizes his basic studies and Hertig & Mansell have also pointed out that vaginal metastases have a considerably more favorable prognosis than metastases to the lung. The reasons for this difference are yet unknown, however, it is our opinion that this difference hardly suffices to set these lesions apart from the other chorionic malignancies as basically different.

All these aspects of choriocarcinoma are of considerable interest and provide challenges for future study. Still, some basic questions remain unanswered, as in the concluding remarks of Meyer's extensive survey. Thus, we may ask three pertinent questions:

1) How does normal trophoblast stop invading when it does ? Is Böving's model correct for human placentation or do we have to continue to search for an immunological explanation ?

2) How does the deported normal trophoblast become destroyed, *e.g.* in the pulmonary capillaries? Is it on an immunologic basis (BARDAWIL & TOY), via "syncytiolysins" (VEIT; SCHOPPER & PLIESS; JOHNSON) or by the fibrinenmeshing mechanism proposed by TEDESCHI & TEDESCHI?

3) Is choriocarcinoma biologically normal trophoblast or is it "mutated"?

With respect to the last question, recent studies suggest that the choriocarcinomatous cell does not differ much from other tumors, at least insofar as its chromosome complement is concerned. MAKINO *et al.* studied two choriocarcinomas; one had an aneuploid line with 86–90 chromosomes, another had a mode of 48–49, there being a considerable spread in both cases. GALTON *et al.* followed the chromosomes of a hamster-transplanted human choriocarcinoma over 9 months and saw a rise from a modal number of 80 to 88–92 without much histologic change. These findings are of particular interest since indications exist that hydatidiform moles also possess an abnormal chromosome complement in some cases (see hydatid moles). NOTAKE found a nearly triploid range on the second day of tissue culture, employing quantitative microspectrophotometry. It is desirable of course to have similar studies on larger material, of direct preparations, rather than after prolonged tissue culture or cheek-pouch growth and also, to have material from the rarer events of chorionepitheliosis or intraplacental choriocarcinoma. Undoubtedly, reports of this nature will soon be forthcoming and we can look forward to much clarification of this issue.

With respect to the first question, the evolution of the two types of trophoblast is certainly most remarkable and constant. (For an early review see Figs. 3–6 of BRIQUEL). The findings of an imitation of syncytium-lined "intervillous spaces" in recent E. M. studies cited reminds of MEYER's statement that wherever trophoblast is in contact with maternal blood syncytium develops. Perhaps this is by way of induction; in any event, this normal pattern is followed by malignant trophoblast and mitotic activity is never seen even then in the syncytial cells. GALTON studied the evolution of the syncytium by comparing the DNA content of its nuclei with that of Langhans cells and villous stromal cells. This study ruled out amitotic (or other) nuclear division in the syncytium and suggested that the syncytium must derive from cytotrophoblast because only diploid, unimodal values were found in microspectrophotometric studies of Feulgen-stained syncytial nuclei. This was soon supported by RICHART, using H_3-thymidine incorporation. Subsequent workers (QUINLIVAN; MIDGLEY *et al.*; PECKHAM & KIEKHOFER) have confirmed these findings by similar techniques and it is probable that from similar studies in choriocarcinoma much will be learned concerning its biology.

The evolution of syncytium is certainly unique among mammalian tissues, moreover, its functional capacity is unrivaled. Not only does it appear to control most of the transport across the placental barrier but it is also instrumental in the production of a variety of hormones. It apparently possesses ameboid motion and certainly its local invasion (BOYD & HAMILTON; PARK) and deportation into the lung (SCHMORL; BRIQUEL; others, reviewed by BARDAWIL & TOY) are unique. BARDAWIL & TOY also show deportation of complete villi into the lung (see Figs. 275, 301, 304). Whether the deported syncytial cells are removed by enzymes (syncytiolysins, VEIT; SCHOPPER & PLIESS; CARR and others) or through necrosis after fibrin envelopment (see TEDESCHI & TEDESCHI for experimental studies) is not clear. These syncytial cells are believed to have anticoagulant ability and when the syncytium becomes defective, localized fibrin deposits occur, at least this is how lesions as in Fig. 303 are interpreted (HUGUENIN; KLINE). The deportation of trophoblast into the fetus as reported by SALVAGGIO *et al.* has not been confirmed (IKLE) and only the rare cases of choriocarcinoma with metastases to the fetus indicate the occasional access of trophoblast to the fetal circulation. BOYD & HAMILTON (1964) have recently discussed this aspect in greater detail following their unequivocal demonstration of "stromal epithelial buds". They show trophoblastic ingrowth into the stroma of occasional villi in normal pregnancies. These peculiarities of syncytium may signal that trophoblast also differs in other qualities, *e.g.* the homotransplantation antigens. These markers are considered to be properties of the cell surface and MIDGLEY, PIERCE & BEALS have recently shown electron-microscopic evidence which indicates that the cell walls of the cytotrophoblast, with desmosomes, are broken up as the cell becomes incorporated into the syncytium (see also PIERCE & MIDGLEY; WYNN & DAVIES). Further excellent electronmicroscopic studies by TERZAKIS; CARTER and by ENDERS support this concept fully.

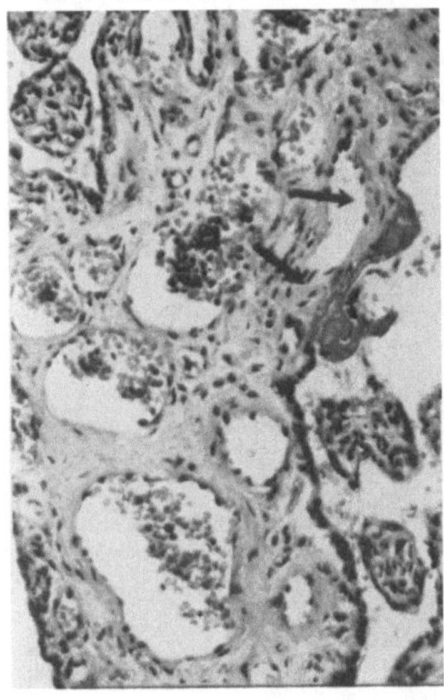

Fig. 303. Placenta in erythroblastossis fetalis with fibrin deposits (arrows) in areas of apparent defect in syncytial continuity. (H & E × 160).

We hypothesize then that the most likely reason for the tolerance of the mother to the foreign placenta is the deficiency of surface transplantation antigens on the syncytium. The mother does not "recognize" the placenta as having invaded, immunologically speaking. MEYER and others have indicated that, wherever maternal blood contacts the trophoblast, this becomes syncytium, a finding borne out be the electronmicroscopic studies of WYNN & DAVIES and PIERCE & MIDGLEY for choriocarcinoma. In this may be found the homeostatic mechanism which allows pregnancy to continue. At this time this is pure speculation, but occasional pathologic findings in placentas may contribute in the future to elucidate these relationships. If it is assumed, for the moment, that all fetal tissue other than syncytium can be "recognized" by the maternal organism, then larger areas of villi with defective syncytium may be "rejected". Such may be the case in the occasional lesions shown in Figure 305. Mononuclear cells accumulate about "naked" villi. Possibly more dramatic is an ill-understood lesion which we have termed, poorly, *"maternal floor infarction"* (BENIRSCHKE). In this condition, an excessive amount of fibrin is found in the placental floor and throughout the organ. In several patients it has led to repetitive abortions or premature stillbirths and no specific causal mechanism can be identified in detailed study. In one patient (Figs. 165, 194–196, 306) seven consecutive and similar pathologic events occurred. The principal finding being masses of fibrin, cysts and, as shown in the illustrations, dense accumulations of lymphocytes and plasma cells in the placental floor around denuded villi, in the absence of microorganisms. Of course we have been concerned of virus agents in these cases but to date there has been no indication for their presence. This is a difficult area of future investigation but one also of practical interest. The finding of pulmonary intravascular trophoblastic dormancy with occasional progression to right heart failure from vascular obstruction (WYCKOFF & BUNIM) is another relevant event. Long after the pregnancy which apparently was the cause of the metastatic intravascular seeding, the metastases, apparently growing slowly, become apparent by obstruction. If they transgress the arterial wall, then arteritis has been described (BARDAWIL & TOY; OBER) and Figures 307–311 of such a case indicate the focal accumulations of plasma cells and lymphocytes at the occasional sites where tumor appears to have attempted to break through the vascular wall. It is tempting to suggest that this response occurs because of the immunologic recognition of cytotrophoblast at these sites but no positive evidence has yet been marshalled to support this conjecture. The literature on this rare and interesting condition (10 cases) has been reviewed recently by SPIEGEL who also describes a classical case with possible dormancy for 6 years and intervening normal pregnancy. Recurrence of trophoblast 11 years and 7 months after twin gestation (one normal, one a mole) from which a chorioadenoma destruens developed has been reported by KIRK. The patient had a hysterectomy when lung metastases were present which regressed spontaneously. Apparently persistent gonadotropin secretion led to ovarian cysts and during their operative removal the retroperitoneal tumor mass was discovered. Chest X-rays were negative after this long period and the patient has recovered and is currently apparently free from tumor. This seems to represent the longest period of apparent symbiosis between choriocarcinoma and host.

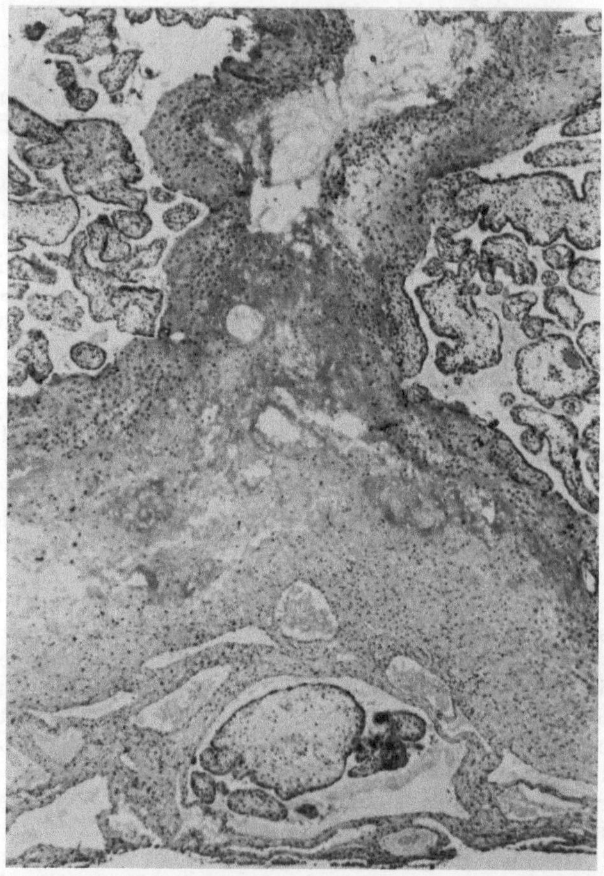

Fig. 304. Immature placenta, floor and decidual septum with "X-cells" and early mucus cyst. In the large decidual vein (bottom) several detached (?) villi are present which potentially become deported to the lung. (H & E × 40).

Similar considerations of immunologic interactions have been entertained in instances of fetal or maternal *nonchorionic tumors* (see Chapter VI). Despite extensive intervillous proliferation of metastases from carcinoma of the breast (ROSEMOND) and, more frequently, maternal leukemia (DIAMANDOPOULOS & HERTIG; MOLONEY) no acceptable case of dissemination of these tumors into the fetus has been described. In some instances, a long follow-up of babies assures their freedom from transplanted tumors. The rare exception to this is provided by the occasional transplacental melanoma seeding. Studies of these cases provide insufficient evidence, however, to conclude that such grafts result because of dissemination of tumor cells into the fetus prior to his inception of immunologic competence. The magnitude of cell transfer surely enters

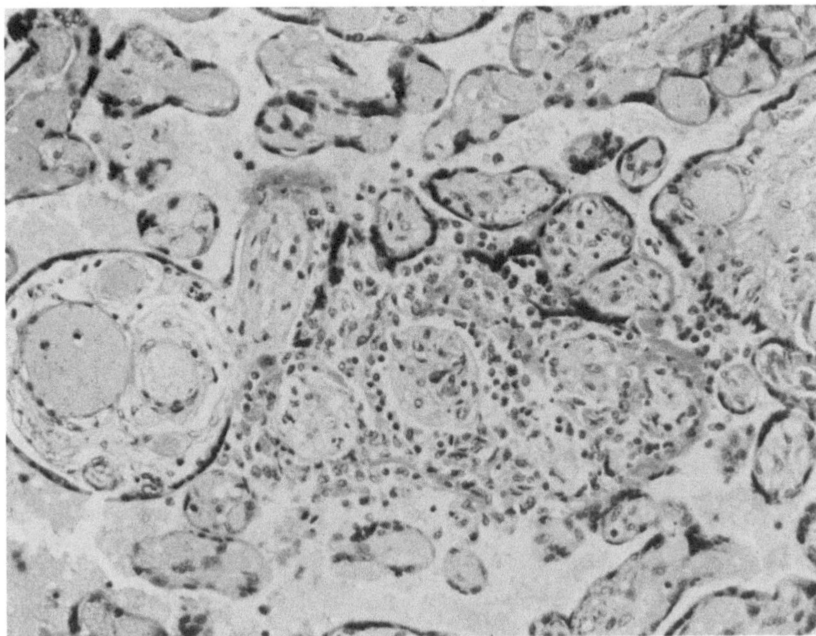

Fig. 305. Mature placenta of dizygous twins. The mononuclear cell accumulation about the denuded villi in the center is interpreted as possibly representing a maternal response against fetal tissue. No pathology of newborn or during pregnancy. (H & E × 200).

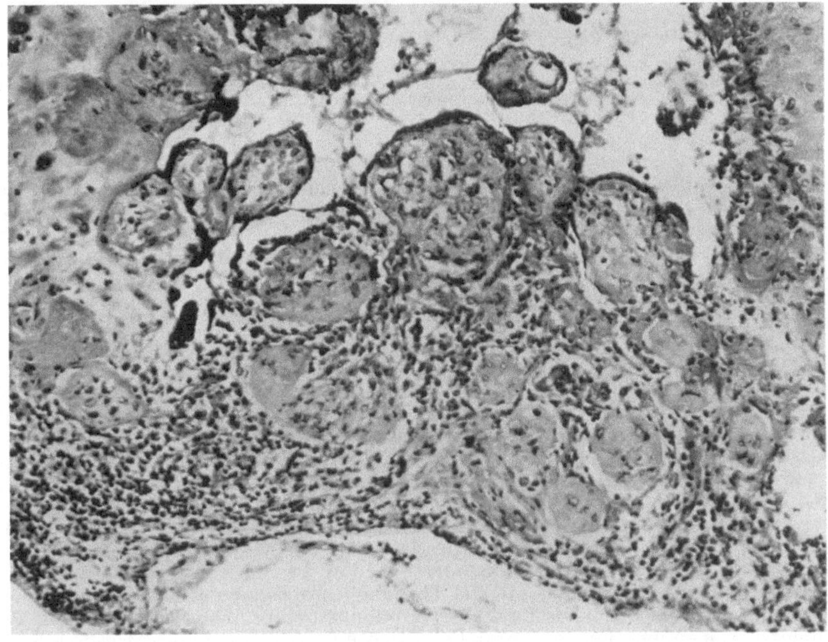

Fig. 306. Seventh pregnancy terminating with premature delivery of conceptus with "maternal floor infarction" (see Figs. 165, 194—196). Thickened maternal floor with accumulation of plasma cells and other mononuclear cells around dying villi which are denuded of trophoblast. (H & E × 160).

into this equation and it would be premature to accept the case of CAVELL as proof for immunologic melanoma rejection by the newborn. Conversely, we have seen at least two cases of fetal leukemia and three with disseminated fetal and placental neuroblastoma without maternal involvement.

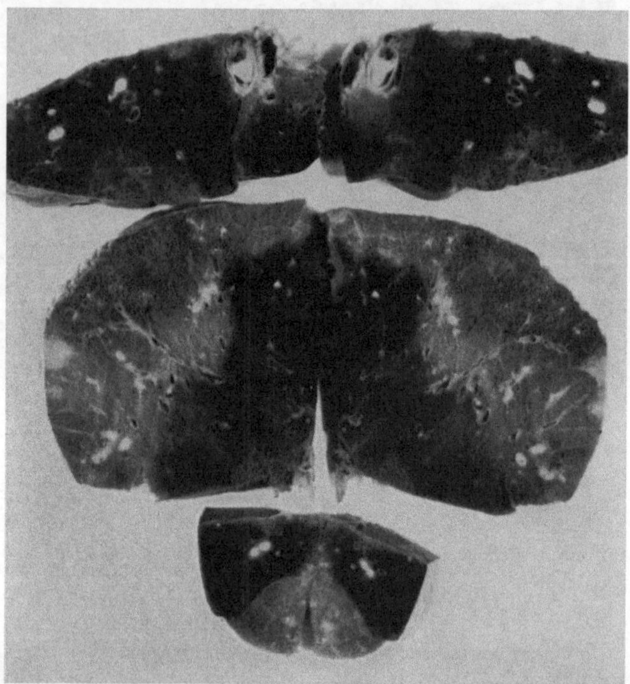

Fig. 307. Sections of lung of patient dying from pulmonary hypertension and infarction, 4 years after removal of hydatidiform mole. Same as Figures 308–311. Throughout the lung, the pulmonary arteries were occluded by trophoblast, active and in various stages of degeneration (white dots). Courtesy Dr. A. T. Hertig. This patient is discussed also by BARDAWIL & TOY with reference to their Figure 9.

From a theoretical point of view, one must consider in this context whether individual differences exist in the competence of the placental barrier and whether specific environmental insults influence this barrier. NAJARIAN & DIXON concluded from their studies in rabbits that hyaluronidase may enhance transplacental traffic. These studies need confirmation and extension to ascertain the mechanism by which this increased transfer is achieved. If confirmed, these findings may alter profoundly our interpretation of immunologic relationship between mother and fetus in the future. For these reasons, it is highly desirable that an experimental model be found in which to explore these relationships. To date, however, the success of producing choriocarcinomas in experimental animals has been disappointing. Perhaps the dissimilarities of trophoblast, placentation and length of gestation are too different in experimental animals for such tumor to develop. The one described in the rat by STEIN-WERBLOWSKY and later again by WYNN et al. is more likely an endometrial sarcoma than a true chorionic malignancy. The tumor in the nine-banded armadillo described from our laboratory (MARIN-PADILLA & BENIRSCHKE) is more typical but it differs in that it possessed numerous embryoid bodies. It was produced in a pregnant armadillo during thalidomide administration but in subsequent and similar experiments no such tumor developed. Only cytotrophoblast-column necrosis could be induced in addition to some embryonic damage. At the moment the chinchilla appeals to us as a useful model because of its long gestation and regular pulmonary trophoblast seeding (Fig. 302). It remains to be seen whether this animal's placenta produces a gonadotropin, a faculty which we could not demonstrate for the armadillo pregnancy despite prolonged study. Parenthetically, the ability of the human choriocarcinoma to produce large quantities of chorionic gonadotropin does not necessarily argue in favor of its cytologic normality.

One might liken this process to the keratin production of a squamous cell carcinoma and it will be of interest to learn whether the findings by SCHWARTZ & MANTEL, and ROBIN showing by immunologic means that some patients with choriocarcinoma may produce a structural variant of the usual chorionic gonadotropin, are reproduceable.

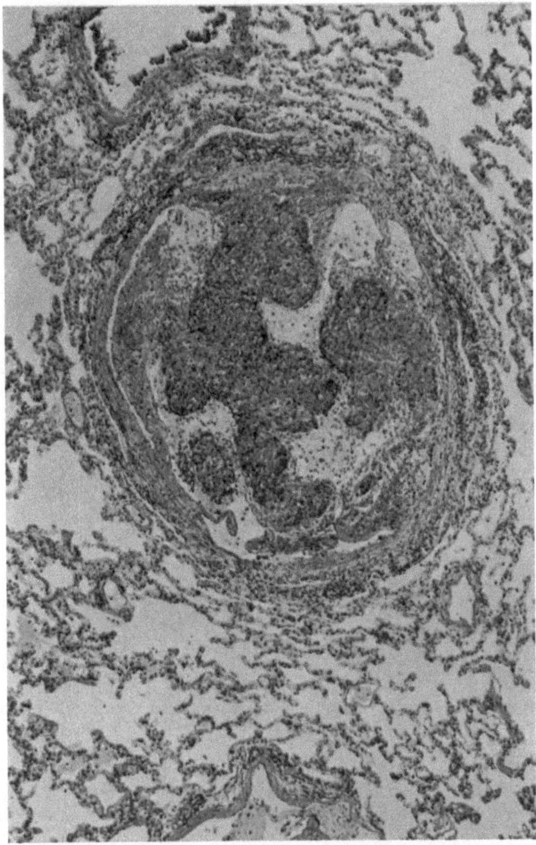

Fig. 308. (See Fig. 307): Pulmonary artery filled with typical choriocarcinoma (darker syncytium of surface) with structure of cell columns of primitive placenta and inflammatory cells in arterial wall (H & E × 40).

Finally, a word may be said concerning the occurrence of sex chromatin (Barr body) in trophoblast and its possible uses in the study of chorionic tumors. In particular, this marker may be of help in the difficult decision of whether a choriocarcinoma arose from the preceding, possibly normal pregnancy or whether it lay dormant as in other proven cases. PARK (1959) reviews the theories of choriocarcinogenesis with respect to the nature of antecedent pregnancies. With the unequivocal demonstration by DRISCOLL that a neoplasm may arise within an otherwise normal appearing placenta, it is no longer necessary now to speculate that a hydatidiform mole or unrecognized abortion must have preceded the development of a choriocarcinoma in cases where the last pregnancy was an apparently normal one. Nevertheless, it is of interest that PARK (1957) had identified three cases in which the tumor differed from the sex of the last pregnancy when judged by the "Barr body". To be sure, PARK admits to the difficulty of "sexing" trophoblast (see also WAGNER et al.) and it is possible that the "Barr body" could have

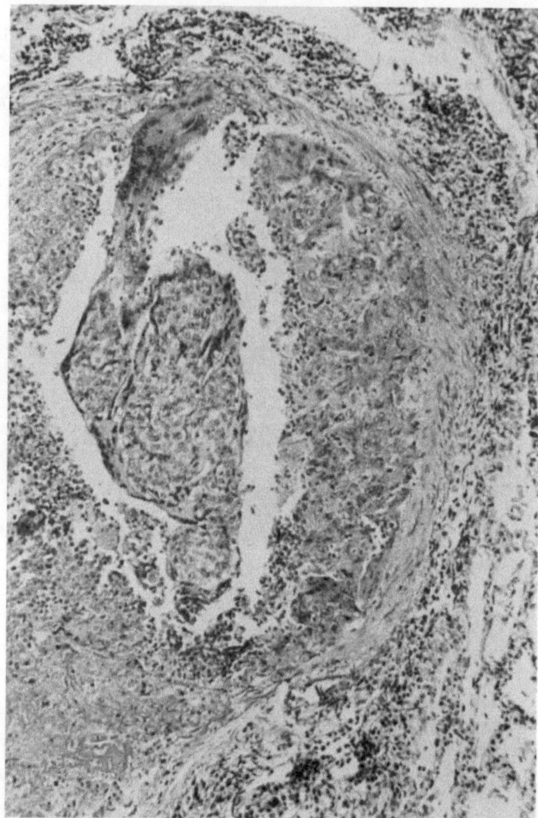

Fig. 309. (See Fig. 307): Pulmonary artery occluded by choriocarcinoma, necrotic and imbibed by fibrin at lower left, not penetrating through arterial wall at any section. Note consistent absence of production of mesenchymal villous core (H & E × 160).

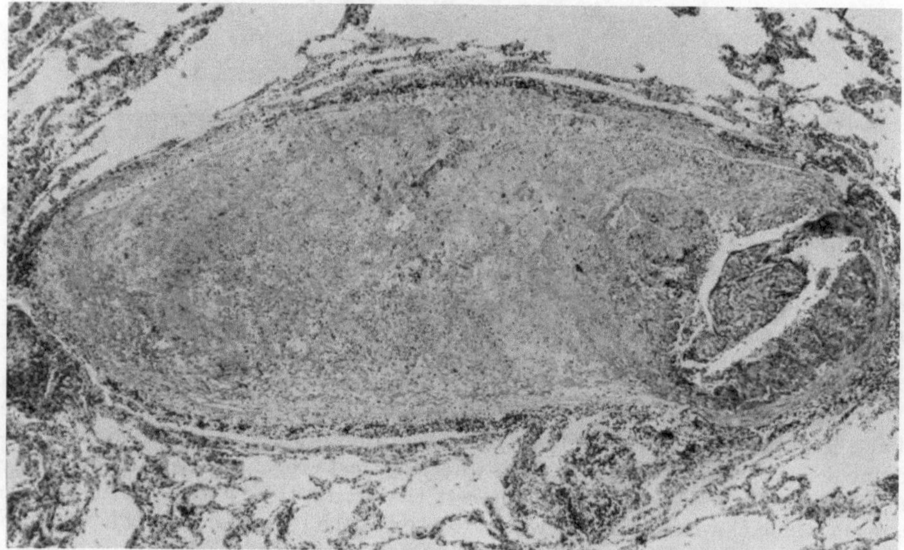

Fig. 310. (See Fig. 307): Almost completely occluded vessel with active trophoblast growth in right corner (H & E × 40).

been inapparent in two of the three cases with female babies, nor can one rule out its appearance by endoreduplication of the chromosome set in the case with a male infant. In future cases, the chromosome status of tumor and child will have to be established, particularly with reference to the Y chromosome, if a strong case for persistence of dormant choriocarcinoma through a normal pregnancy is to be made. And even then, the possibility of its derivation from an aborted

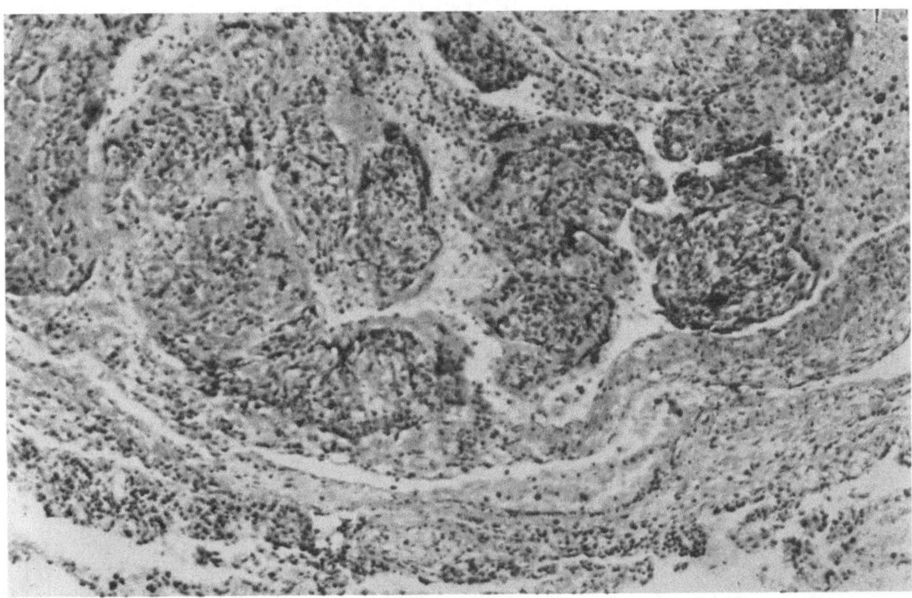

Fig. 311. (See Fig. 307): Pulmonary artery with typical but vascularly contained choriocarcinoma. Note its similarity to early villous tissue. Plasma cell infiltration at points of possibly attempted penetration of arterial wall (H & E × 100).

coincident twin cannot be ruled out. However, the sex chromatin, radioautographic and chromosome studies cited leave no doubt that the trophoblast is truly fetal tissue and that it cannot represent corona radiata (granulosa) cells as GORDON suggested.

Transfer of antibodies

The scope of this chapter prohibits a review of the extensive literature on the transplacental passage of antibodies. From a comparative point of view, and with respect to fetal disease (Rh-hemolytic disease *etc.*) and neonatal well-being by virtue of passive immunity, the acquisition of antibodies by the fetus before birth or shortly thereafter is of vital interest. Detailed reviews have recently been presented by FREDA and by BERGER & NOVICK. In addition, it will have to be considered possible now that the fetus and placenta are capable of producing some specific antibodies if appropriately challenged (SILVERSTEIN & LUKES; SILVERSTEIN *et al.;* BENIRSCHKE & BOURNE) despite former suggestions to the contrary and coming from an observation of a pregnancy in an hypogammaglobulinemic woman (GOOD & ZAK). Of considerable future interest will be the elucidation of the erratic nature of the transplacental transfer of antibodies, at least as demonstrated by the detection of globulins in the fetal blood. Thus, while many 19-S-antibodies are not exchanged, the recent studies by ESKIN & FRUMIN with cold agglutinins indicate that some in fact do reach the fetus. Moreover, there is as yet no good explanation for the variable transfer of isoantibodies (anti-A, B), seemingly dependent on the maternal and fetal genotypes (FREDA & CARTER). Perhaps, as SZULMAN suggests, who studies antigen distribution in the fetus by fluorescein-tagged antibodies, the vascular endothelially distributed antigens are capable of absorbing some of the antibodies as they transfer from the mother. If such absorption could be demonstrated it may help explain the usually mild nature of ABO-hemolytic disease, as compared to that ensuing from rhesus-factor incompatibility and it may be reflected in as yet unrecognized placental histologic changes. THIEDE *et al.* find no AB antigens by Coons fluorescence technique in either trophoblast or placental endothelial cells and conjecture that its presumed absence may be responsible for some ABO incompatible abortions. In such instances maternal antibodies, they feel, may traverse the placenta to injure fetal tissues bearing these surface antigens. Finally, the recent demonstrations of the transfer of L.E.-factors with occasional fetal disease but apparently normal placentas are of interest in this connection (JACKSON).

References

ACOSTA-SISON, H.: Statistical study of chorionepithelioma in Philippine General Hospital. Amer. J. Obstet. Gynec. **58**, 125 (1949).
— The relative frequency of various anatomic sites as the point of first metastasis in 32 cases of chorionepithelioma. Amer. J. Obstet. Gynec. **75**, 1149 (1958).
— Studies in choriocarcinoma from 88 patients admitted to the Philippine General Hospital from 1950–1961. Philipp. J. Cancer **4**, 197 (1962).
ANDERSON, J. M.: Immunological inertia in pregnancy. Nature **206**, 786 (1965).
— & K. BENIRSCHKE: Maternal tolerance of foetal tissue. Brit. med. J. **I**, 1534. (1964).
ANDRESEN, R. H., C. W. MONROE, G. M. HASS, D. A. MADDEN & S. SWARTZBAUGH: Attempts to influence placental aging by activation of mechanisms of tissue immunity. J. Lab. Clin. Med. **60**, 855 (1962).
ARIAS, R. E. & F. BERTOLI: Metastic choriocarcinoma without primary lesion; report of a case. Obstet. Gynec. **13**, 737 (1959).
ATTWOOD, H. D. & W. W. PARK: Embolism to the lungs by trophoblast. J. Obstet. Gynaec. Brit. Comm. **68**, 611 (1961).
BAGSHAWE, K. D.: Immunological treatment of choriocarcinoma. Brit. Med. J. **1962**, I, 944.
— Trophoblastic tumours. Chemotherapy and developments. Brit. Med. J. **ii**, 1303 (1963).
— & E. S. GARNETT: Radiological changes in the lungs of patients with trophoblastic tumours. Brit. J. Radiol. **36**, 673 (1963).
— & M. I. M. NOBLE: Cardio-respiratory aspects of trophoblastic tumors. Quart. J. Med. **35**, 39 (1966).
BARDAWIL, W. A. & B. L. TOY: The natural history of choriocarcinoma: Problems of immunity and spontaneous regression. Ann. N. Y. Acad. Sci. **80**, 197 (1959).
BENIRSCHKE, K.: Examination of the placenta. Obstet. Gynec. **18**, 309 (1961). (Many color plates are misnumbered).
— & G. L. BOURNE: Plasma cells in an immature placenta. Obstet. Gynec. **12**, 495 (1958).
BENSON, P. F., K. L. GOLDSMITH & G. L. RANKIN: Massive foetal haemorrhage into maternal circulation as a complication of choriocarcinoma. Brit. Med. J. **i**, 841 (1962).

BERGER, M. & O. NOVICK: Antibody transfer from mother to fetus. (Bibl. Gynaec. **28**, 30 [1964]). Fortschr. Geburtsh. Gynäk. **17**, 30 (1964).

BILLINGHAM, R. E.: Transplantation immunity and the maternal fetal relation. New Engl. J. Med. **270**, 667 & 720 (1964).

—, J. PALM & W. K. SILVER: Transplantation immunity of gestational origin in infant rats. Science **147**, 514 (1965).

— & W. K. SILVERS: Sensitivity to homografts of normal tissues and cells. Ann. Rev. Microbiol. **17**, 531 (1963).

BILLINGTON, W. D.: Influence of immunological dissimilarity of mother and foetus on size of placenta in mice. Nature, (London) **202**, 317 (1964).

— Immunological aspects of trophoblast activity. Lancet **i**, 823 (1965).

BÖVING, B. G.: Implantation mechanisms. Chapter VII in: Mechanisms Concerned With Conception. C. G. Hartman, Ed. Macmillan Co. N. Y. 1963.

— Das Eindringen des Trophoblasten in das Uterusepithel. Klin. Wschr. **42**, 467 (1964).

BONNAR, J. & R. A. TENNENT: Benign hydatidiform mole followed by late pulmonary choriocarcinoma. J. Obstet. Gynaec. Brit. Comm. **69**, 999 (1962).

BOSS, J. H.: The antigen distribution pattern of the human placenta. An immunofluorescent microscopic study using the kidney as an experimental model. Lab. Invest. **12**, 332 (1963).

— Observations on the species-nonspecificity of the human renal and placental basement membrane antigens. Experientia **19**, 517 (1963).

BOYD, J. D. & W. J. HAMILTON: The giant cells of the pregnant human uterus. J. Obstet. Gynaec. Brit. Emp. **67**, 208 (1960).

— — Stromal trophoblastic buds. J. Obstet. Gynaec. Brit. Commonw. **71**, 1 (1964).

BREWER, J. I., A. B. GERBIE, R. E. DOLKART, J. H. SKOM, R. G. NAGLE & E. E. TOROK: Chemotherapy in trophoblastic diseases. Amer. J. Obstet. Gynec. **90**, 566 (1964).

—, R. SMITH & G. PRATT: Choriocarcinoma. Absolute 5 year survival rates of 122 patients treated by hysterectomy. Amer. J. Obstet. Gynec. **85**, 841 (1963).

BREYERE, E. J. & S. O. BURHOE: The nature of the "partial" tolerance induced by parity. J. Nat. Cancer Inst. **31**, 179 (1963).

BRIQUEL, P.: Tumeurs du Placenta et Tumeurs Placentaires (Placentomes malins). C. Naud, Paris, 1903.

BUCKELL, E. W. C. & T. K. OWEN: Chorionepithelioma in mother and infant. J. Obstet. Gynaec. Brit. Emp. **61**, 329 (1954).

BUR, G. E., A. T. HERTIG, D. G. MCKAY & E. C. ADAMS: Histochemical aspects of hydatidiform mole and choriocarcinoma. Obstet. Gynec. **19**, 156 (1962).

CAGLIERO, L. & G. MARCHIARO: Biological significance of antileukocyte and antiplatelet antibodies in pregnancy. Minerva Ginec. **14**, 1163 (1962).

CARR, M. C.: Human term placental villi in explant tissue culture. 1. Behavior. Amer. J. Obstet. Gynec. **88**, 584 (1964).

CARTER, J. E.: Morphologic evidence of syncytial formation from the cytotrophoblastic cells. Obstet. Gynec. **23**, 647 (1964).

CAVELL, B.: Transplacental metastases of malignant melanoma. Report of a case. Acta. Paediat. Suppl. **146**, 37 (1963).

CINADER, B., M. A. HAYLEY, W. D. RIDER & O. H. WARWICK: Immunotherapy of a patient with choriocarcinoma. Canad. Med. Ass. J. **84**, 306 (1961).

CORDUA, R.: Zur Klinik und Pathologie des Chorion-Epithelioms und der "destruirenden" Blasenmole. In: Aktuelle Probleme der Pathologie und Therapie. H. Holthusen, ed. Stuttgart, G. Thieme, 1949.

DAAMEN, C. B., G. W. BLOEM & A. J. WESTERBEEK: Chorionepithelioma in mother and child. J. Obstet. Gynaec. Brit. Comm. **68**, 144 (1961) (also in Nederl. T. Geneesk. **105**, 651 [1961]).

DELFS, E.: Chorionic gonadotrophin determinations in patients with hydatidiform mole and choriocarcinoma. Ann. N. Y. Acad. Sci. **80**, 125 (1959).

DIAMANDOPOULOS, G. TH. & A. T. HERTIG: Transmission of leukemia and allied diseases from mother to fetus. Obstet. Gynec. **21**, 150 (1963).

DONIACH, I., J. H. CROOKSTON & T. I. COPE: Attempted treatment of a patient with choriocarcinoma by immunization with her husband's cells. J. Obstet. Gynaec. Brit. Emp. **65**, 553 (1958).

DOUGLAS, G. W.: Discussion remarks. Ann. N. Y. Acad. Sci. **80**, 278 (1959).

—, L. THOMAS, M. CARR, N. M. CULLEN & R. MORRIS: Trophoblast in the circulating blood during pregnancy. Amer. J. Obstet. Gynec. **78**, 960 (1959).

DRISCOLL, S. G.: Choriocarcinoma: an "incidental finding" within a term placenta. Obstet. Gynec. **21**, 96 (1963).

EHRMANN, R. L. & L. E. GLISERMAN: Choriocarcinoma: growth patterns in hamster tissues. Nature (London) **202**, 404 (1964).

EMERY, J. L.: Chorionepithelioma in a newborn male child with hyperplasia of interstitial cells of testis. J. Path. Bact. **64**, 735 (1952).

ENDERS, A. C.: Formation of syncytium from cytotrophoblast in the human placenta. Obstet. Gynec. **25**, 378 (1965).

ESKIN, B. A. & A. M. FRUMIN: Transplacental transfer of maternal cold agglutinins in pregnancy. Amer. J. Obstet. Gynec. **86**, 848 (1963).

EVANS, K. T. & P. D. V. HENDRICKSE: Pulmonary changes in malignant trophoblastic disease. Brit. J. Radiol. **38**, 161 (1965).

EVERSON, T. C.: Spontaneous regression of cancer. Ann. N. Y. Acad. Sci. **114**, 721 (1964).

FAWCETT, D. W.: Development of mouse ova under the capsule of kidney. Anat. Rec. **108**, 71 (1950).

FINE, G., R. W. SMITH Jr. & M. R. PACHTER: Primary extragenital choriocarcinoma in the male subject. Case report and review of the literature. Amer. J. Med. **32**, 776 (1962).

FREDA, V. J.: Placental transfer of antibodies in man. Amer. J. Obstet. Gynec. **84**, 1756 (1962).

— & B. A. CARTER: Placental permeability in the human for anti-A and anti-B isoantibodies. Clinical implications. Amer. J. Obstet. Gynec. **84**, 1351 (1962).

FREEDMAN, H. L., A. MAGAGNINI & M. GLASS: Pregnancies following chemically treated choriocarcinoma. Amer. J. Obstet. Gynec. **83**, 1637 (1962).

FREETH, D. & A. J. McCALL: Chorionepithelioma with amenorrhoea; massive hepatomegaly with undiscovered primary tumour. J. Obstet. Gynaec. Brit. Emp. **57**, 757 (1950).

FRIEDMAN, N. B.: Choriocarcinoma of the testis and extragenital choriocarcinoma in men. Ann. N. Y. Acad. Sci. **80**, 161 (1959).

GALTON, M.: DNA content of placental nuclei. J. Cell. Biol. **13**, 183 (1962).

— Parent-offspring homograft relationship in sheep. Transplantation **3**, 39 (1965).

—, P. B. GOLDMAN & S. F. HOLT: Karyotypic and morphologic characterization of a serially transplanted human choriocarcinoma. J. Nat. Ca. Inst. **31**, 1019 (1963).

GOOD, R. A. & S. J. ZAK: Disturbances in gamma globulin synthesis as "experiments of nature". Pediatrics **18**, 109 (1956).

GORDON, I.: Origin of placental trophoblast. Nature (Lond.) **185**, 118 (1960).

HACKETT, E.: Letter to the Editor. Lancet ii, 54 (1962).

— & M. BEECH: Immunologic treatment of a case of choriocarcinoma. Brit. Med. J. ii, 1123 (1963).

HALVORSEN, K.: Neonatal leucopenia due to fetomaternal leukocyte incompatibility. Acta Paed. Scand. **54**, 86 (1965).

HELMBOLDT, C. R., E. L. JUNGHERR & A. C. CAPARO: Pulmonary adenomatosis in the chinchilla. Amer. J. Vet. Res. **19**, 270 (1958).

HERTIG, A. T.: Angiogenesis in the early human chorion and in the primary placenta of the macaque monkey. Carnegie Contribut. Embryol. No. 145, Publication 459, p. 39 (1935).

— Hydatidiform mole and chorionepithelioma. In: Progress in Gynecology II, 372 (1950) Grune and Stratton, N. Y. 1950.

— The placenta: some new knowledge about an old organ. Obstet. Gynec. **20**, 859 (1962).

— & H. MANSELL: Tumors of the Female Sex Organs. Part I. Hydatidiform Mole and Choriocarcinoma. A.F.I.P. Atlas of Tumor Pathology. Armed Forces Institut of Pathology, Washington 1956.

HERTZ, R.: Choriocarcinoma of women maintained in serial passage in hamster and rat. Proc. Soc. Exp. Biol. Med. **102**, 77 (1959).

—, D. M. BERGENSTAL, M. B. LIPSETT, E. B. PRICE & T. F. HILBISH: Chemotherapy of choriocarcinoma and related trophoblastic tumors in women. J.A.M.A. **168**, 845 (1958).

—, J. LEWIS Jr. & M. B. LIPSETT: Five years' experience with the chemotherapy of metastatic choriocarcinoma and related trophoblastic tumors in women. Amer. J. Obstet. Gynec. **82**, 631 (1961).

—, G. T. ROSS & M. B. LIPSETT: Primary chemotherapy of nonmetastatic trophoblastic disease in women. Amer. J. Obstet. Gynec. **86**, 808 (1963).

— — — Chemotherapy in women with trophoblastic disease: choriocarcinoma, choriodenoma destruens, and complicated hydatidiform mole. Ann. N. Y. Acad. Sci. **114**, No. 2, 881 (1964).

HÖRMANN, G.: Zur Systematik einer Pathologie der menschlichen Placenta. Arch. Gynäk. **191**, 297 (1958).

HOU, P. C. & S. C. PANG: Chorionepithelioma: analytical study of 38 necropsied cases with special reference to possibility of spontaneous retrogression. J. Path. Bact. **72**, 95 (1956).

HRESHCHYSHYN, M. M., J. B. GRAHAM & J. F. HOLLAND: Treatment of malignant trophoblastic growth in women, with special reference to amethopterin. Amer. J. Obstet. Gynec. **81**, 688 (1961).

HSU, C. T., T. Y. CHEN, W. H. CHIU, C. C. YANG, C. H. LAI, C. H. CHANCHENG, P. H. TUNG & C. C. CHEN: Some aspects of trophoblastic diseases peculiar to Taiwan. Amer. J. Obstet. Gynec. **90**, 308 (1964).

HUGUENIN: Über die Genese der Fibringerinnung und Infarktbildung der menschlichen Placenta. Beitr. Geburtsh. Gynäk. **13**, 1909. Quoted by Geller, H. F.: Über die Bedeutung des subchorialen Fibrinstreifens in der menschlichen Placenta. Arch. Gynäk. **192**, 1 (1959).

HUNG-CHAO, S. W. PAO-GHEN & H. TS'UI-HUA: Treatment of choriocarcinoma and chorioadenoma destruens with 6-mercaptopurine and surgery: clinical report of 93 cases. Chin. Med. J. **82**, 24 (1963).

HULKA, J. F. & V. BRINTON: Antibody to trophoblast during early postpartum period in toxemic pregnancies. Amer. J. Obstet. Gynec. **86**, 130 (1963).

—, —, J. SCHAAF & C. BANEY: Appearance of antibodies to trophoblast during the postpartum period in normal human pregnancies. Nature **198**, 501 (1963).

—, K. C. HSU & S. M. BEISER: Antibodies to trophoblasts during the postpartum period. Nature (Lond.) **191**, 510 (1961).

IKLE, A.: Trophoblastzellen im strömenden Blut. Schweiz. Med. Wschr. **91**, 943 (1961).

IKLE, F. A.: Dissemination von Syncytiotrophoblastzellen im mütterlichen Blut während der Gravidität. Bull. Schweiz. Akad. Med. Wiss. **20**, 62 (1964).

IVERSON, L.: Geographic variation in the occurrence of hydatidiform mole and choriocarcinoma. Ann. N. Y. Acad. Sci. **80**, 178 (1959).

JACKSON, R.: Discoid lupus in a newborn infant of a mother with lupus erythematosus. Pediatrics **33**, 425 (1964).

JAMES, D. A.: Effects of antigenic dissimilarity between mother and foetus on placental size in mice. Nature **205**, 613 (1965).

JOEL, M.: Letter to the Editor. Lancet ii, 741 (1963).

JOHNSON, W. R.: Spontaneous and complete regression of extensive pulmonary metastases in a case of chorioepithelioma. Amer. J. Obstet. Gynec. **61**, 701 (1951).

JONES, G. S.: The Management of Endocrine Disorders of Menstruation and Fertility. Thomas, Springfield 1954.

KAESER, O.: Studien an menschlichen Aborteiern mit besonderer Berücksichtigung der frühen Fehlbildungen und ihrer Ursachen. Schweiz. Med. Wschr. **79**, 509 (1949); quoted by Rewell.

KIMBROUGH, R. A. Jr.: Value of hormonal study in diagnosis of chorionepithelioma. Amer. J. Obstet. Gynec. **28**, 12 (1934).

KIRBY, D. R. S., W.D. BILLINGTON, S. BRADBURY & D. J. GOLDSTEIN: Antigen barrier of the mouse placenta. Nature **204**, 548 (1964).

KIRK, J. A.: Persistence of abnormal trophoblast. Amer. J. Obstet. Gynec. **92**, 667 (1965).

KLINE, B. S.: Microscopic observations of development of human placenta. Amer. J. Obstet. Gynec. **61**, 1065 (1951).

LAJOS, L., J. GÖRCS, J. SZEKELY, I. CSABA & S. DOMANY: The immunologic and endocrinologic basis of successful transplantation of human trophoblast. Amer. J. Obstet. Gynec. **89**, 595 (1964).

LAMB, E. J., D. G. MORTON & R. C. BYRON: Methotrexate therapy of choriocarcinoma and allied tumors. Amer. J. Obstet. Gynec. **90**, 317 (1964).

LANMAN, J. T.: Transplantation immunity in mammalian pregnancy; mechanisms of fetal protection against immunologic rejection. J. Ped. **66**, 525 (1965).

—, J. DINERSTEIN & S. FIKRIG: Homograft immunity in pregnancy: lack of harm to the fetus from sensitization of the mother. Ann. N. Y. Acad. Sci. **99**, 706 (1962).

—, L. HEROD & S. FIKRIG: Homograft immunity in pregnancy. Survival rates in rabbits born of ova transplanted into sensitized mothers. J. Exp. Med. **119**, 781 (1964).

LI, M. C., R. HERTZ & D. M. BERGENSTAL: Therapy of choriocarcinoma and related trophoblastic tumors with folic acid and purine antagonists. New Eng. J. Med. **259**, 66 (1958).

— — & D. B. SPENCER: Effect of methotrexate therapy upon choriocarcinoma and chorioadenoma. Proc. Soc. Exp. Biol. Med. **93**, 361 (1956).

LIEBERT, K. I. & L. STENT: Dysgerminoma of the ovary with chorionepithelioma. J. Obstet. Gynaec. Brit. Emp. 67, 627 (1960).

McKAY, D. G., A. T. HERTIG, E. C. ADAMS & M. V. RICHARDSON: Histochemical observations on the human placenta. Obstet. Gynec. 12, 1 (1958).

McKELVEY, J. L.: Discussion remarks in BREWER et al. Amer. J. Obstet. Gynec. 90, 574 (1964).

MACRAE, D. J.: Chorionepithelioma occurring during pregnancy. J. Obstet. Gynaec. Brit. Emp. 58, 373 (1951).

MADDEN, S.: Chorionepithelioma of the fallopian tube. J. Obstet. Gynaec. Brit. Emp. 57, 68 (1950).

MAKINO, S., M. S. SASAKI & T. FUKUSHIMA: Preliminary notes on the chromosomes of human chorionic lesions. Proc. Japan Acad. 39, 54 (1963).

MANAHAN, C. P., G. MANUEL-LIMSON & R. ABAD: Experience with choriocarcinoma in the Philippines. Ann. N. Y. Acad. Sci. 114, 875 (1964).

MARCUSE, P. M.: Pulmonary syncytial giant cell embolism; report of maternal death. Obstet. Gynec. 3, 210 (1954).

MARIN-PADILLA, M. & K. BENIRSCHKE: Thalidomide induced alterations in the blastocyst and placenta of the armadillo, Dasypus novemcinctus mexicanus, including a choriocarcinoma. Amer. J. Path. 43, 999 (1963).

MARSDEN, A. T.: The geographical pathology of cancer in Malaya. Brit. J. Cancer 12, 161 (1958); quoted by Rewell.

MARQUEZ-MONTER, H., G. ALFARO DE LA VEGA, M. ROBLES & A. BOLIO-CICERO: Epidemiology and pathology of hydatidiform mole in the general Hospital of Mexico. Study of 104 cases. Amer. J. Obstet. Gynec. 85, 856 (1963).

MATHE, G., J. DAUSSET, E. HERVET, J. L. AMIEL, J. COLOMBANI & G. BRULE: Immunological studies in patients with placental choriocarcinoma. J.Nat. Ca. Inst. 33,193(1964).

MATHIEU, A.: Hydatidiform mole and chorioepithelioma; collective review of literature for the years 1935, 1936 and 1937. Internat. Abstr. Surg. 68, 52, 181, 1939, in Surg. Gynec. Obstet. 1939.

MEDAWAR, P. B.: Some immunological and endocrinological problems raised by the evolution of viviparity in vertebrates. p. 320, Symposia of the Society for Experimental Biology; No. VII: Evolution, 1953.

MERCER, R. D., A. C. LAMMERT, R. ANDERSON & J. B. HAZARD: Choriocarcinoma in mother and infant. J.A.M.A. 166, 482 (1958).

MEYER, R.: Mola hydatidiformis (Blasenmole) und Chorionepithelioma malignum uteri. Handb. Spez. Path. Anat. Hist. VII/I Springer, Berlin, 1930.

MIDGLEY, A. R., G. B. PIERCE & T. F. BEALS: Origin of syncytiotrophoblast: Autoradiographic and electron microscopic study. Federation Proc. Abstracts 23, 2835, p. 574 (1964).

—, —, G. A. DENEAU & J. R. GOSLING: Morphogenesis of syncytiotrophoblast in vivo: An autoradiographic demonstration. Science 141, 349 (1963).

MOLONEY, W. C.: Management of leukemia in pregnancy. Ann. N. Y. Acad. Sci. 114, 857 (1964).

MORISON, J. E.: Foetal and Neonatal Pathology. Butterworths, Washington, 1963.

NAJARIAN, J. S. & F. J. DIXON: Induction of tolerance to skin homografts in rabbits by alterations of placental permeability. Proc. Soc. Exp. Biol. Med. 112, 136 (1963).

NILEHN, B. & M. ÅKERMAN: Clinical and histopathological analysis of 20-year series of cases originally diagnosed as chorioepithelioma. Acta. Obstet. Gynec. Scand. 41, 412 (1962).

NOTAKE, Y.: Atlas of Tissue Culture in Obstetrics and Gynecology. Tokyo 1963.

NOVAK, E.: Pathological aspects of hydatidiform mole and choriocarcinoma. Amer. J. Obstet. Gynec. 59, 1355 (1950).

— & C. S. SEAH: Choriocarcinoma of uterus; study of 74 cases from Mathieu Memorial Chorionepithelioma Registry. Amer. J. Obstet. Gynec. 67, 933 (1954).

NOVAK, E. R. & J. D. WOODRUFF: Gynecologic and Obstetric Pathology. Saunders, Philadelphia 1962.

OBER, W. B., Consulting Editor: Trophoblast and its tumors. Ann. N. Y. Acad. Sci. 80, 1, pages 1–284 (1959).

— & R. O. FASS: The early history of choriocarcinoma. J. Hist. Med. Sci. 16, 49 (1961).

OETTLE, A. G.: Malignant neoplasms of the uterus in the white, "coloured", Indian and Bantu races of the Union of South Africa. Acta Un. Int. Cancr. 17, 915 (1961).

PARK, W. W.: The occurrence of sex chromatin in chorionepitheliomas and hydatidiform moles. J. Path. Bact. 74, 197 (1957).

— Disorders Arising from the Human Trophoblast. Chapter 10 in Modern Trends in Pathology. D. H. Collins, Ed., P. B. Hoeber, N. Y. 1959.

PATTERSON, W. B.: Normal pregnancy after recovery from metastatic choriocarcinoma. Amer. J. Obstet. Gynec. **72**, 183 (1956).

PAYNE, R.: The development and persistence of leukoagglutinins in parous women. Blood **19**, 411 (1962).

—, M. R. ROLFS, M. TRIPP & J. WEIGLE: Neonatal neutropenia and leukoagglutinins. Pediatrics **33**, 194 (1964).

PECKHAM, B. & E. KIEKHOFER: Figure 10, p. 151 in EASTMAN, N. J. & L. M. HELLMAN: Williams Obstetrics, 12th Ed., Appleton-Century-Crofts, N. Y. 1961.

PETTIT, M. DEWITT: Hydatidiform mole following tubal pregnancy. Amer. J. Obstet. Gynec. **42**, 1057 (1941).

PIERCE, G. B. & A. R. MIDGLEY: The origin and function of human syncytiotrophoblastic giant cells. Amer. J. Path. **43**, 153 (1963).

PIERCE, G. B. Jr., A. R. MIDGLEY Jr. & E. L. VERNEY: Therapy of heterotransplanted choriocarcinoma. Cancer Research **22**, 563 (1962).

QUINLIVAN, W. L.: Deoxyribonucleic acid content of syncytial nuclei treated with papain and trypsin. Nature (London) **196**, 694 (1962).

— Desoxyribonucleic acid content of syncytial nuclei. Amer. J. Obstet. Gynec. **84**, 1065 (1962).

REED, S., J. I. COE & J. BERGQUIST: Invasive hydatidiform mole metastatic to the lungs; report of a case. Obstet. Gynec. **13**, 749 (1959).

REWELL, R. E.: Obstetrical and Gynaecological Pathology for Postgraduate Students. Livingstone, Edinburgh, 1960.

RICHART, R.: Studies of placental morphogenesis I. Radioautographic studies of human placenta utilizing tritiated thymidine. Proc. Soc. Exp. Biol. Med. **106**, 829 (1961).

RIGGS, J. A., A. S. WAINER, G. A. HAHN & D. M. FARELL: Extrauterine tubal choriocarcinoma: A case report and review of recent literature. Amer. J. Obstet. Gynec. **88**, 637 (1964).

ROBINSON, E., J. SHULMAN, N. BEN-HUR, H. ZUCKERMAN & Z. NEUMAN: Immunological studies and behaviour of husband and foreign homografts in patients with chorionepithelioma. Lancet **i**, 300 (1963).

ROBYN, C.: Contribution a la caracterisation immunologique des gonadotropines urinaires humaines. Rev. belge Path. Med. exp. **31**, 334 (1965).

ROSEMOND, G. P.: Management of patients with carcinoma of the breast in pregnancy. Ann. N. Y. Acad. Sci. **114**, 851 (1964).

RUBIN, N. W.: Chorioadenoma destruens-perforation, resection, and subsequent pregnancy. Amer. J. Obstet. Gynec. **89**, 536 (1964).

SALVAGGIO, A. T., G. NIGOGOSYAN & H. C. MACK: Detection of trophoblast in cord blood and fetal circulation. Amer. J. Obstet. Gynec. **80**, 1013 (1960).

SCHLESINGER, M.: Uterus of rodents as site for manifestation of transplantation immunity against transplantable tumors. J. Nat. Cancer Inst. **28**, 927 (1962).

SCHMIDT, P. J., R. HERTZ & W. C. LEYSHON: Blood group factors in women with choriocarcinoma as compared with those of their husbands. Amer. J. Obstet. Gynec. **82**, 651 (1961).

SCHMORL, G.: Pathologisch-anatomische Untersuchungen über Puerperal-Eklampsie. F. C. W. Vogel, Leipzig 1893.

— Über das Schicksal embolisch verschleppter Plazentarzellen. Verh. Deutsch. Pathol. Ges. **8**, 39 (1905).

SCHUMANN, E. A. & A. W. VOEGELIN: Chorionepithelioma with especial reference to its relative frequency. Amer. J. Obstet. Gynec. **33**, 473 (1937).

SCHWARTZ, H. S. & N. MANTEL: Evidence for a variant of gonadotropin in choriocarcinoma. Cancer Research **23**, 1724 (1963).

SCOTT, J. S.: Choriocarcinoma. Observations on the etiology. Amer. J. Obstet. Gynec. **83**, 185 (1962).

SHOPPER, W. & G. PLIESS: Über Chorionepitheliosis. Ein Beitrag zur Genese, Diagnostik und Bewertung ektopischer chorionepithelialer Wucherungen. Virch. Arch. Path. Anat. **317**, 347 (1949).

SILVERSTEIN, A. M.: Ontogeny of the immune response. Science **144**, 1423 (1964).

— & R. J. LUKES: Fetal response to antigenic stimulus. I. Plasmacellular and lymphoid reactions in the human fetus to intrauterine infection. Lab. Invest. **11**, 918 (1962).

—, R. A. PRENDERGAST & K. L. KRANER: Homograft rejection in the fetal lamb: The role of circulating antibody. Science **142**, 1172 (1963).

—, G. J. THORBECKE, K. L. KRANER & R. J. LUKES: Fetal response to antigenic stimulus. III. Gamma-globulin production in normal and stimulated fetal lambs. J. Immun. **91**, 384 (1963).

SMALBRAAK, J.: Trophoblastic Growths. Hydatidiform mole and chorionepithelioma. Elsevier Co., Amsterdam 1957.

SOKAL, J. E. & E. M. LESSMAN: Effects of cancer chemotherapeutic agents on the human fetus. J.A.M.A. **172**, 1765 (1960).

SOPHIAN, J.: Letter to the Editor. Amer. J. Obstet. Gynec. **88**, 280 (1964).

SPIEGEL, J. A.: Endoarterial choriocarcinoma of the lung. Obstet. Gynec. **24**, 740 (1964).

STEBLAY, R. W.: Localization in human kidney of antibodies formed in sheep against human placenta. J. Immunol. **88**, 434 (1962).

STEIN-WERBLOWSKY, R.: Induction of a chorionepitheliomatous tumour in the rat. Nature **186**, 980 (1960).

STEINER, P. E.: Cancer. Race and Geography. Williams & Wilkins, Baltimore 1954.

SZULMAN, A. E.: The histological distribution of the blood group substances in man as disclosed by immunofluorescence. III. The A, B, and H antigens in embryos and fetuses from 18 mm in length. J. Exp. Med. **119**, 503 (1964).

TAYLOR, E. S. & W. DROEGEMUELLER: Choriocarcinoma, chorioadenoma destruens, and syncytial endometritis. Amer. J. Obstet. Gynec. **83**, 958 (1962).

TEDESCHI, L. G. & C. G. TEDESCHI: Experimental trophoblastic embolism and hyperplasminemia. Arch. Path. **76**, 387 (1963).

TERZAKIS, J. A.: The ultrastructure of normal human first trimester placenta. J. Ultrastruct. Res. **9**, 268 (1963).

THIEDE, H. A., J. W. CHOATE, H. H. GARDNER & H. SANTAY: Immunofluorescent examination of human chorionic villus for blood group A und B substance. J. Exp. Med. **121**, 1039 (1965).

THIERSCH, J. B.: Therapeutic abortions with folic acid antagonist, 4-aminopteroylglutamic acid (4-amino P. G. A.) administered by oral route. Amer. J. Obstet. Gynec. **63**, 1298 (1952).

THOMAS, L. E.: In "Cellular and Humoral Aspects of the Hypersensitive States": Symposium. H. S. Lawrence, Ed. Harper, N. Y. 1959.

TURNER, H. B., W. M. DOUGLAS & T. C. GLADDING: Choriocarcinoma of the ovary. Obstet. Gynec. **24**, 918 (1964).

VEIT, J.: Die Verschleppung der Chorionzotten (Zellendeportation): Ein Beitrag zur geburtshülflichen Physiologie und Pathologie. J. F. Bergmann, Wiesb. 1905.

WAGNER, D., R. SCHUNCK & H. ISEBARTH: Der Nachweis von Trophoblastzellen im strömenden Blut der Frau bei normaler und gestörter Gravidität. Gynaecologia **158**, 175 (1964).

WAKITANI, T.: Electronmicroscopic observation on the chorionic villi of the normal human placenta and chorionepithelioma malignum. 1. Electronmicroscopic observation on the chorionic villi of the normal human placenta. J. Jap. Obstet. Gynec. Soc. **8**, 208 (1961) and Mie M. J. **12**, 43 (1962) quoted by WYNN & DAVIES.

WEI, P. Y. & P. C. OUYANG: Trophoblastic disease in Taiwan. A review of 157 cases in a 10 year period. Amer. J. Obstet. Gynec. **85**, 844 (1963).

WIGGLESWORTH, J. S.: Morphological variations in the insufficient placenta. J. Obstet. Gynaec. Brit. Cwlth. **71**, 871 (1964).

WYCKOFF, J. & J. BUNIM: Observations on an apical diastolic murmur unassociated with valvular disease, heard in cases of right ventricular hypertrophy. Trans. Ass. Am. Phys. **50**, 280 (1935).

WYNN, R. M.: Electron microscopy of neoplastic trophoblast (Abstract). Obstet. Gynec. **23**, 634 (1964).

— & J. DAVIES: Ultrastructure of transplanted choriocarcinoma and its endocrine implications. Amer. J. Obstet. Gynec. **88**, 618 (1964).

—, R. STEIN-WERBLOWSKY & E. C. AMOROSO: Growth of transplantable cancer in rats previously injected with placental tissue. Nature **197**, 606 (1963).

XIV. The Hormones of the Placenta

Introduction

Since the prophetic forecast by HALBAN in 1905: "Aktive Schwangerschaft-substanzen sind ein Effekt der Placenta bzw. des Trophoblastes und Chorion-epithels" much analytical and experimental work has given ample support to his hypothesis. Indeed, currently more hormones are known to be produced by the placenta and, more specifically the syncytial trophoblast, than are seemingly needed for a successful gestation. To say it in another way, large quantities of hormones are produced, the need for whose production escapes our current appreciation. It would be presumptive to ascribe to the placenta unnecessary functions and consequently, currently much interest revolves around the *"raison d'être"* of such substances as chorionic gonadotropin, lactogen and estriol, produced in large quantities during the course of normal gestation.

Perhaps even more challenging at this time is the quest for an understanding of the regulatory phenomena which must be responsible for the predictability of levels of various hormones in the secretions of a normal pregnant woman since it is difficult to conceive that no feedback mechanisms exist for these various rises and declines of hormone titers. So predictable are they that some are now commonly employed in the assessment of the normality and stage of a given pregnancy and we are only at the beginning of these methodologies which improve at a rapid rate.

It is premature then to attempt a comprehensive review of the endocrine aspects of the placenta. In the past few years with biochemical and immunological techniques enormous strides have been made in this field and at the time of this writing the literature brings daily new findings and modifications of older concepts. What is attempted here is to give an access to the pertinent literature, to summarize what can be accepted as factual and to provide some concepts which may be useful in future deliberations about the subject.

Several important summaries, more or less complete, are worthy of special mention since they have been compiled by authorities in the field. RYAN (1962), to whom we owe the important conceptual advance of biologic aromatization of androgen-like precursors to estrogens, reviews all factual knowledge with understandable emphasis on steroids. Yet, even since his summary, work from his laboratory has provided strong evidence for the fetal production of a principal precursor for aromatization (16α-OH-DHEA, *v.i.*) which is not included in this review. BERGER & v. HORNSTEIN (1961) provide a comprehensive and critical review of all substances found in the human placenta, including hormones. It contains a wealth of literature citations which should be consulted if a comprehensive bibliography is desired. Finally, various authorities have summarized the narrower fields of gonadotropins, estrogen, progesterone, enzymes *etc.* as they pertain to human reproduction in a readable volume edited by CAREY (1963). Most recently, APOSTOLAKIS & VOIGT have reviewed the gonadotropins in book form and DICZFALUSY & LAURITZEN treat the estrogens most comprehensively.

The following pages are not meant to be repetitive of all former information but they bring up to date and correlate the biochemical investigations for use by the pathologist.

Broadly speaking, only *two principal classes of hormones* need be considered, the *protein hormones* and *steroid hormones*. Of the former, chorionic gonadotropin is the best known example, to which placental lactogen now has to be added. The evidence for other principles, such as melanocyte stimulating hormone and thyro-tropic activity *etc.*, is less convincing at this time. Of the steroid hormones, progesterone and the three principal estrogens occupy most of our attention, while the elaboration by the placenta of others, *e.g.* cortisol, is still problematic. Because of the intricate interaction with the fetal metabolism and because special considerations in patients with hydatidiform moles and placental tumors are in order, some of the fetal steroid physiology need be touched upon. It is of course possible that various other endocrine substances are elaborated by the placenta of which we have at the moment no knowledge or for which there is only speculative evidence. The very recent discovery of placental lactogen should serve as a reminder here to keep our minds open to the fact that we are just now entering a field of enormous complexity in which much further work will be challenging and probably fruitful.

Protein hormones

Chorionic Gonadotropin

Human chorionic gonadotropin (HCG) production is a characteristic feature of human gestation and its occurrence in man and the virtual absence of similar principles in most other species examined, provide a challenge in future studies of comparative aspects of reproduction. This glycoprotein is elaborated by the trophoblast in significant quantities, it occurs in the placenta, throughout the maternal body, is carried in the blood and excreted in the urine and apparently small quantities appear in the fetus. Soon after delivery it disappears from the maternal and fetal tissues. For these reasons its detection has served as the most unequivocal means of determining the presence of trophoblast, whether placental or that arising from a tumor, *e.g.* a testicular or ovarian teratoma. The very exceptional occurrence of a similar substance in association with other cancers (adrenal, breast, melanoma) has been reviewed by MCARTHUR. The rigorous tests to assure *placental production* of this hormone have been cited by RYAN (1962) and by DICZFALUSY (1960), among others.

Until recent years it was assumed, on the basis of several inferences and histochemical studies, that HCG is the product of the cytotrophoblast, or the Langhans layer. This view must now be corrected as all current evidence favors the production of proteohormones *and* steroid substances by the syncytiotrophoblast. In tissue culture preparations GEY *et al.* and JONES *et al.* found little preservation of syncytium in the simultaneous presence of HCG, and WISLOCKI & BENNETT concluded that the urinary excretion curve of HCG during pregnancy paralleled approximately the histologic prevalence of the Langhans layer of trophoblast. Likewise, HCG production has been placed in the cytotrophoblastic cells by investigators using histochemical techniques. Thus, HUGHES infers this from his glycogen localization studies and, using PAS and gallocyanin-chromealum techniques, WEBER among others, concludes that HCG is produced by the Langhans layer early in gestation while later this function was assumed to be taken over by the cells of the placental septa and the basal plate. Elsewhere we have discussed the question of whether these latter elements, particularly the septal cells should be regarded as of trophoblastic origin and conclude their derivation from decidual elements (Chapter VII-Cysts). All histochemical studies have been reviewed competently by DALLENBACH-HELLWEG & NETTE who conclude from their studies that the basophilic, glycoprotein-containing vacuoles of the basal plate cells represent gonadotropin.

Two reasons compel us now to regard the *syncytium* as the principal, if not sole source of HCG: a) the fine-structural morphology and b) the immunofluorescent antibody localization studies. It is now agreed that the Langhans cells do not disappear as pregnancy advances and all recent and technically improved electronmicroscopic studies have indicated that the syncytial trophoblastic cytoplasm contains the elaborate organelles (Golgi apparatus and endoplasmatic reticulum) necessary for the production of proteins. While such organelles are present in the cytotrophoblast (*e.g.* LISTER), their preponderance in syncytium is impressive and PIERCE & MIDGLEY have been the most outspoken proponents to assign to the latter cells this secretory function (see also YOSHIDA). This is correlated also with previously cited evidence that the syncytium develops ("differentiates") via an intermediate cell type from cytotrophoblast which represents the mitotic cell precursor without other known functions. The rhesus monkey placenta behaves similarly (PIERCE, MIDGLEY & BEALS) and the same holds true for the proliferating trophoblast of hydatidiform moles and choriocarcinoma (WYNN & DAVIES). The entire question has been illustrated and elegantly discussed in a recent symposium by WYNN. Also, the more recent work on trophoblastic tissue culture (SOMA *et al.*) gives a better correlation with the presence of syncytial giant cells and HCG production than the older studies cited.

The most impressive evidence for the syncytial derivation of HCG comes from the *immunofluorescent studies* initiated by MIDGLEY & PIERCE who could not detect fluorescence in cytotrophoblastic cells in their preparations. They worked with formalin fixed material and fresh frozen tissues and had ample controls and further supported their contention later by using cheek-pouch transplanted choriocarcinomatous tissue (PIERCE & MIDGLEY). These findings were confirmed independently, after describing the specificity of the antibody (THIEDE *et al.*), by THIEDE & CHOATE using COONS' indirect technique but failing in their attempts with formalin fixed material. Careful inspection of their photographs indicates strongest fluorescence to occur in the syncytium at all stages of gestation, considerably less in the cytotrophoblast and, surprisingly, a fairly strong localization was found in amnion epithelium. While HCG was detected in samples of amnionic fluid, the cord surface and fetal skin failed to react, thus precluding the simple explanation of surface penetration or contamination with this substance. On these grounds then one is led to believe that HCG is produced in large measure by the syncytium throughout pregnancy. The intimately related cytotrophoblast may participate to some extent, particularly as it differentiates and turns into the intermediary cell types. The reason for immunologic localization of this substance in amnion epithelium awaits further investigation. Furthermore, it must be pointed out that these immunofluorescent studies have been undertaken with antisera produced in rabbits and employing "purified" commercial HCG. HAMASHIGE & ARQUILLA have done extensive immunologic work on these antigens and criticize the results because of the lack of purity of the original antigen used for the production of antibodies. ROBYN comes to similar conclusions in his extensive and careful immunological study of HCG. This author also observes a difference in electrophoretic mobility of the HCG from a choriocarcinoma and in immunofluorescent studies he finds localization of the label only in the syncytium, not the cytotrophoblast and also not in the amnion.

Human chorionic gonadotropin has been purified by GOT & BOURRILLON as a glycoprotein with a molecular weight of 30,000, an isoelectric point of 2.9 and an activity of 12,000 international units per milligram dry weight. Further purification of this principle, however, appears possible (REISFELD & HERTZ) and immunologic impurities of most preparations have been shown to exist by critical techniques (HAMASHIGE & ARQUILLA). The principal action of HCG appears to be luteotropic and, teleologically it can be argued that its release from the implanting trophoblast is needed in early pregnancy in order to prevent involution of the pregnancy corpus luteum with its decidua maintaining activity. The evidence for this has been reviewed by RYAN. Whether the early peak in HCG production and its second peak *(v. i.)* are of biologic importance is unknown at present.

TROEN has suggested from placental perfusion results that the addition of HCG to the perfusate in the presence of estradiol increased the estriol output of the placenta while in younger placentas BOLTE *et al.* found no such influence. VARANGOT *et al.* in elaborate perfusion studies of term placentas confirm the slight enhancement by HCG on C_{16}-hydroxylation but find no increase in C_{19}-steroid aromatization (see also CEDARD *et al.*). After due consideration, these authors consider the possibility of an influence of HCG on the TPNH system necessary for above reactions, a suggestion which undoubtedly will soon be tested in various incubation systems. In any event, the effect of HCG on steroid secretory processes of other sites (ovary, testis) has been shown (review by FRIESEN & ASTWOOD) and such future investigations may well uncover important new reasons for the existence of this hormone.

The reason for the intense interest in the excretion pattern of HCG of course has been the fact that it has served as the best means of the early detection of pregnancy by the various well known biologic pregnancy tests (*e.g.* rat ovarian hyperemia, frog sperm release, *etc.*, review by HON). Moreover, these tests have served in some instances to follow individual pregnancies and allowed conclusions concerning their normality. More importantly though from a clinical point of view, it has been possible to make a judgement of the presence of a hydatidiform mole and to follow the disappearance of trophoblast in patients harboring a choriocarcinoma and to assess the efficacy of treatment of such tumors. The difficulty has been, to standardize the various biologic assay systems and their relatively wide margins of error. The introduction of immunologic techniques, pioneered in Sweden since 1960, has established numerous new possibilities for assays whose ease of performance, quantitative sensitivity and comparability and low cost opened an entirely new field of investigation. Already now it is difficult to survey these assays with any measure of completeness which also is probably not warranted in view of the fact that the last word has not been spoken. Suffice it to say that commercial and rapid tests are now in use which allow more unequivocal early pregnancy diagnosis and an appraisal of curves of excretion in individual pregnancies. LAU and coworkers have summarized most of these techniques and present a detailed complement fixation method, compare it with good results with DELFS' older excellent serum HCG biologic assays and their method allows a direct quantitation of the number of International Units (I.U.) of HCG. These authors also refer to the two WHO conferences on the subject and point out the problem inherent in all immunologic tests, that of impurities (see also BRODY & CARLSTRÖM, 1963).

Rapid slide tests for HCG activity in urine include the *latex particle agglutination* (LITTLE *et al.*), agglutination inhibition (SOLBACH & ZIMMERMANN) which, according to YAHIA & TAYMOR is extremely rapid and reliable, and inhibition of tanned red cells (*e.g.* WAYNFORTH *et al.*). The need for the use of fresh specimens is emphasized by several of these workers and it is particularly necessary when complement fixation tests are used because of anticomplementary activity of bacteria in urine samples (LYNCH & SCHWABACHER). Because these methods are sensitive and subject to new types of interferences as yet to be fully explored, the concurrence with other methods has not always been complete. HOBSON and others have discussed the possibility of unrecognized early abortions in such instances but other possibilities will have to be ruled out as well (SALZBERGER & NELKEN). In any event, these techniques have allowed a new assessment of the constancy or variability of HCG production in normal and abnormal pregnancies.

BRODY & CARLSTRÖM (1965) follow the serum levels throughout 20 normal gestations at intervals of 3–4 weeks by *complement fixation reaction*. They confirm the sharp and acute peak in the first trimester, the falling off in midgestation and a smaller but definite second rise in the last trimester. Particularly in the latter months, considerable scatter of levels was observed and women having male fetuses had lower levels than those with female fetuses. The hemagglutination-inhibition method was employed in CONNON's study of 10 normal pregnancy urines which also showed a biphasic excretion pattern, the secondary rise appearing at the 32nd week. At the height of its production, up to perhaps 150,000 I.U. are excreted daily (60th day), the level falling to 10,000 I. U. in midpregnancy and rising to perhaps 15,000 I. U. daily in the last trimester (LORAINE & SCHMIDT-ELMENDORFF); however, CONNON finds by her technique that levels never fall normally below 15,000 I. U./liter urine. Obviously, until the new methods are compared with one another and impurities removed from the starting antigen it is impossible to draw accurately new and as attractive curves as we have been used to memorize in the past.

In addition to ascertaining the precise quantities of HCG produced during normal pregnancies it would be useful to learn whether deviant levels appertain to specific gestational disturbances. Using a very sensitive disk electrophoretic method, LYTLE & HASKELL detected the first HCG 10 days following the missed period of normal pregnancy and find reduced amounts in threatened and prospective abortions. They suggest future densitometric adaptations of this attractive method. Multiple pregnancy can occasionally be anticipated, as the report of triplets and the review by JACOBOWITZ (rat ovarian hyperemia test) indicates. On the other hand, GOPLERUD & BRADBURY, using similar techniques, were not invariably so successful. These authors also refute from their study the notion that there is a demonstrable relationship between the development of toxemia, premature labor and fetal mortality and HCG levels in diabetics. On the other hand, elevated levels were found in a majority of pregnancies with hydramnios and hydropic fetuses with erythroblastosis. RYAN and LORAINE & SCHMIDT-ELMENDORFF review the older controversial findings which attempt to correlate HCG levels with the state of abnormal pregnancy. At this time, one looks forward to a renewal of interest in this field and employing modern, uniform techniques and accurate diagnostic criteria. Very few quantitative studies have been performed on the HCG content of fetal blood or the whole fetus. BRUNER concluded with older bioassay methods that only comparatively small quantities of HCG reach the fetus. A modern study, using immunological techniques comes from LAURITZEN & LEHMANN. These authors refer to all previous work, describe their findings in 50 newborns, 8 pregnant women and compare the levels obtained with titers after a single quantitative injection of HCG. Considerable scatter was observed in their urinary studies; nevertheless it was learned that the fetal/maternal ratio of HCG is of the order 1/10-20. Newborns excreted during the first 24 hours of life often no HCG, at times up to 750 I. U./liter and there was usually a significant increase in those babies delivered of toxemic mother (up to 2250 I. U./liter). Within four days all HCG was cleared from the fetal organism. They could detect an A/V difference in the cord blood (165–250 I. U./liter) and speculate on the possible fetal endocrine effect this substance might have. Also, the authors promise data on earlier gestational ages in the future. In the light of a higher HCG excretion in decompensated erythroblastosis (? because of proliferation of trophoblast around edematous villi) and the presumed direct relationship to maternal ovarian theca lutein cysts simulating those of molar pregnancies (BURGER; CHRISTIE; RABINOWITZ et al.) one would like to know whether these levels are also reflected in the fetuses because of the occasionally striking fetal follicular luteinization found at autopsy. CONNON has recently employed the hemagglutination-inhibition test to follow rhesus-incompatible pregnancies and points out that daily determinations are necessary if these tests are to be used for an assessment of the normality of an endangered pregnancy. In some patients with unfavorable outcome no change in HCG excretion was found, however, two patients who had hydropic offspring showed lowered HCG values in midpregnancy which were to be followed by a sharp rise in the third trimester, presumably coincident with the development of fetal and placental hydrops. McCARTHY & PENNINGTON report similar findings, however, despite high maternal HCG levels, those in the amnionic fluid of hydropic babies were decreased. CARUSO *et al.* employ pregnancy gonadotropin tests to follow the involution of the placenta in a peritoneal pregnancy.

The *quantitative determination of HCG in urine and serum* has been of the greatest value in pregnancies resulting in hydatidiform moles or leading to the development of choriocarcinoma. Not only have the HCG levels been often diagnostic of such complications but also, after the establishment of the diagnosis, regular determinations may gauge the progression of the disease, its involution or the therapeutic efficacy of drugs. Among others, MATHIEU provides an early appreciation of the value of pregnancy tests in this respect. He also indicates that the frequently cystically altered (nonneoplastic) ovaries which result from the excess HCG secretion are capable of storing HCG, slowly releasing it and accounting for prolonged excretion of this principle even after the removal of its chorionic source. SMALBRAAK brings this literature up to 1957 and adds his considerable personal experience. In these pregnancies, if degeneration has not already taken place at the time of analysis, the HCG levels are usually considerably elevated (HAMBURGER; LIMAGE & DE BLIECK; others) and because of the incredible values occasionally reached, they may in themselves be diagnostic or highly suggestive of the underlying condition. More recently, however, it has been possible to substantiate these findings further by the simultaneous determination of estrogens. Already in 1959, HERTZ had found that the response of hamsters bearing choriocarcinoma transplants was such as to suggest production of HCG in the simultaneous absence of estrogen secretion. Since then, quantitative studies (*e.g.* FRANDSEN & STAKEMANN, others *v.i.*) have supported this and one is now able to employ these methods not only for considerations of origin and turnover of various placental hormones but also for the clinical differential diagnosis. DELFS has summarized her extensive and painstaking studies which help in establishing prognosis and rendering care to women suffering from trophoblastic malignancies. TASHIMA *et al.* followed the HCG levels (rat ovarian hyperemia) in the cerebro-spinal fluid of two men with cerebral choriocarcinoma metastases, reaching levels of 200,000 and 600,000 I. U./liter. Of eight other patients with choriocarcinoma and not involving the brain, HCG was found only in three whose urinary excretion was over 1.4 mill. I. U./liter and they suggest quantitative determinations to be exceedingly helpful in differential diagnosis. These authors consider that in the latter three patients the cerebrovascular "barrier" was overwhelmed by circulating gonadotropin. Here again, it is likely that the future employment of immunologic and more sensitive techniques, particularly because they are easier to apply, will aid in our appreciation of such phenomena as spontaneous disappearance and long-term persistence of trophoblast to which we have made reference in Chapter XIII. Lacking any evidence to the contrary, one must assume that the elevated levels of HCG in moles and choriocarcinoma reflect the amount of syncytium present rather than a functional difference from that of normal trophoblast. However, it is apparent that the sharp decline of HCG levels after the third month of normal pregnancy is not correlated with a simultaneous disappearance of most of the syncytium and one is forced to invoke unknown regulatory phenomena which may equally apply to abnormal gestations. Much further work will be necessary before we can grasp these phenomena completely. In this connection it may be of interest to be aware of an interesting recent finding in the veterinary field. The pregnant mare carries in her serum a specific gonadotropin (pregnant mare serum gonadotropin-PMSG) which does not appear in the urine. In studies on mares pregnant with foals and those with mules, CLEGG *et al.* provide convincing evidence that the PMSG levels in the latter circumstances were remarkably lower (1/10th the expected for a pregnant mare) and they suggest that the fetal genotype may be an important modifier of placental physiology. Inasmuch as women carrying boys have a lower HCG excretion (BRODY & CARLSTRÖM, 1965) perhaps other regulatory mechanisms of this nature are worthy of study.

Placental Lactogen

There is now considerable evidence available for the production of a principle with lactogenic properties by the human placenta. EHRHARDT was the first to suggest its presence (? pituitary origin) and several Japanese publications give further details of methods of extraction and purification (ITO & HIGASHI; HIGASHI; KUROSAKI) using pigeon crop gland and mucous membrane maturation as the test method. In 1962, JOSIMOVICH & MCLAREN purified a protein from sera of pregnant women and retroplacental blood which possessed pigeon crop gland activity, stimulated lactation in pseudopregnant rabbits, had immunologic properties similar to pituitary growth hormone but it did not show such biologic activity in rat tibial plates. It could be obtained in large quantities from the term human placenta but despite its presence in the maternal serum at term it was not found in cord blood. Since this publication, numerous studies have further clarified many aspects of this new principle. Thus, JOSIMOVICH et al. describe the luteotropic activity of human placental lactogen (HPL) and show its being distinct from that of HCG. Because of their finding some degree of growth stimulation in rats, KAPLAN & GRUMBACH (1964) suggest the term human chorionic "growth hormone-prolactin" for this active substance. They confirm the immunologic relationship to pituitary growth hormone and speculate that this substance may have anabolic activity for the fetus. COHEN et al. present a column chromatographic method for purification and from the same group comes a report localizing the hormone to syncytiotrophoblast (SCIARRA et al.). Because of the immunologic cross reaction with pituitary growth hormone (HGH), these authors used anti-HGH, fluorescein labelled, and find it to localize specifically in the syncytial cytoplasm. Cytotrophoblast was unstained, anti-HCG did not inhibit the reaction and it was found in placentas from 12 weeks on to term. JOSIMOVICH & ATWOOD find the substance in serum and placenta of a hypophysectomized patient, in abortion specimens and in higher concentration in a hydatidiform mole and suggest a urinary excretion curve with a high early peak similar to that of HCG. They review the luteotropic and other activities of HPL and suggest that perhaps these two hormones have a synergistic activity in many aspects (luteotropic, anabolic). It was found to be absent from decidua (JOSIMOVICH & BRANDE) but production by in vitro placental cultures has been achieved by GRUMBACH & KAPLAN who were the first to report a sensitive radioimmunoassay method. These authors could not confirm a similar excretion pattern as that of HCG with a first trimester peak, and FRANTZ et al. as well as BECK et al. support this result. Moreover, these authors detect the hormone in two male patients with testicular neoplasms and, from the different ratios of HCG/HPL in these patients, they infer that their secretion is not governed by similar regulatory mechanisms. Two women with moles did not show striking levels of HPL. The authors make an interesting observation concerning the possible mammotropic activity of HPL in their two males. One patient with high levels had gynecomastia, but not the other and the authors suggest that HPL, in addition perhaps to estrogen, is physiologically mammotropic at certain levels, a suggestion which warrants future quantitative work. FRIESEN, as well as GRUMBACH & KAPLAN; TALLBERG et al.;

FRANCHIMONT, have provided detailed protocols for the purification of this substance and it is of considerable interest now to note that, while HPL increases steadily in the maternal serum as pregnancy advances, it is present in only minute quantities in fetal blood. In contrast, human pituitary growth hormone reaches "acromegalic" levels in fetal blood (GRUMBACH & KAPLAN; KAPLAN & GRUMBACH 1965). In their earlier paper, these latter authors speculate on the possible physiologic rôle (steroidogenesis, lactation promotion, luteotropin, interaction in glucose-fat metabolism) of this placental product. Currently it is most likely that both HCG and HPL interact synergistically with pituitary substances (luteinizing hormone and growth hormone) and that effects formerly ascribed to any one of these principles will have to be reassessed critically. The growth hormone-like activity of this principle, in addition to its lactogenic property, has often been emphasized by GRUMBACH & KAPLAN and, more recently by FRANCHIMONT. It is possible, as the studies of the latter author suggest, that more than one physiologically active moiety compose this protein extract from the placenta. TALLBERG and his colleagues describe its absence from fetal cord blood, its occurrence in pregnancy sera from the beginning of the second trimester onward, detection in maternal urine and in the amnionic fluid. BECK *et al.* measure HPL by radioimmunologic means, find it first in the 8th week of pregnancy, determine that at term the serum contains 1000 times the amount of growth hormone and follow its postpartum disappearance. Within four hours of delivery the serum levels are so low as to be unmeasurable. From these data they consider a half-life of 21–23 minutes for the hormone and estimate that toward term between 3 and 12 grams must be synthesized daily! A comparison with levels in diabetic pregnancies showed no differences.

Other protein hormones

Much less evidence exists for the presence or elaboration of other protein hormones by the placenta. Nevertheless, in view of the burgeoning investigations just cited and begun only a few years ago, one will have to keep on open mind. The presence of such other principles as *thyrotropic hormone (TSH)*, *melanocyte stimulating hormone (MSH)*, *adrenocorticotropic hormone (ACTH)* and *relaxin* has been suggested and is summarized by BERGER & v. HORNSTEIN. In addition to these papers, a few recent investigations may be cited. Thus, MSH-like material with very weak potency has been extracted from human placentas by VARON and the suggestion has been made that it may be responsible for such phenomena as chloasma during pregnancy. We concur with RYAN (1962) that little evidence for the placental production of ACTH exists although the material has been extracted from this organ. Critical evidence against a significant production of ACTH by the placenta comes from the two patients who had hypophysectomy during pregnancy and in whom corticoid replacement therapy was necessary (LITTLE *et al.*; KAPLAN). The possibility of TSH secretion by the placenta has been investigated by UEDA *et al.* These authors find only very small quantities upon extraction and conclude from various direct and inferential evidence that the elevated TSH levels during pregnancy are due to pituitary secretion. Contrary suggestions were made by ODELL *et al.* who consider the trophoblast to be capable of secretion of a weakly thyrotropic substance, at least the tissue of choriocarcinomas. A final decision is awaiting further purification of the activities. So far as relaxin is concerned, the evidence again is not complete although in other species (rabbit) its placental origin (usually it is ovarian) seems secure. The work with relaxin has been hampered by the necessity to work with difficult biologic assay techniques. There exists an abundant histochemical literature which has been summarized by DALLENBACH-HELLWEG & NETTE and from which it has been concluded that the so-called basophilic trophoblastic cells of the placenta and basal plate are concerned with secretory phenomena, perhaps relaxin production. In a more recent study, DALLENBACH & DALLENBACH-HELLWEG use the direct and indirect Coons technique with rabbit-anti-relaxin antibodies to localize this antibody. They find apparently sparse but specific fluorescence only in the cells with protein-inclusions previously referred to, namely "trophoblast" of the basal plate and endometrial granular cells and speculate on the significance this localization or the production of relaxin may have during labor and delivery. Inasmuch as the nature of these basal cells is still in dispute (see Chapter VII, Cysts) and since the villous trophoblast remained unstained, it seems doubtful that one should assign relaxin production to the human placenta at this time.

While from time to time suggestions have been made that other protein hormones than those cited may also be produced in placental tissue, evidence is inconclusive and no further reference will be made to these reports. Of great future interest will be studies concerning inactivation of some principles by enzymes of the placenta (*e.g.* oxytocinase) and transport of protein hormones across the placenta with possible action on the fetus. Too little quantitative information is currently available for a meaningful review of these topics.

Steroid Hormones

There is now ample evidence that the placenta has the capacity to produce *de novo* and secrete *several steroids*, principally *progestins* and *estrogens;* more importantly perhaps, it is now being shown that this organ is but one compartment of a highly complex system in which both maternal and fetal steroid products interact. The reviews of RYAN (1962) and of DICZFALUSY (1964) treat this subject in great detail, both of these investigators having made many important contributions in the recent past. While many of the metabolic potentials and pathways have now been clarified by the use of incubation studies and double-label precursor *in situ* perfusions of human placentas, it is still difficult to visualize all interactions in quantitative terms. Moreover, as will be seen, since these reviews, new findings have necessitated some adjustment of the predictions and clearly, the end is not yet in sight. What has emerged though is the realization that the *fetus* plays a very important rôle in the *consumption of steroids* shipped from the placenta and, in turn, he serves as a major source of precursors for estriol production by the placenta. A similar but different rôle is played by maternal precursors and the conjugation of steroids with sulfuric acid in the fetal system, so often emphasized by DICZFALUSY, is a new variable which is gradually being unraveled as an embryonic device, perhaps to "inactivate" the compounds or to render them more capable for further pathways. These rapidly advancing techniques have now progressed to the stage where they constitute a powerful tool in clinical medicine.

Where in the placenta is this steroid manufacture taking place ? Amazing as it seems, all evidence implicates the syncytial trophoblastic cells for this activity as well. WISLOCKI and colleagues have gathered the earlier histochemical evidence for this contention which has since been supported by the specific localization of several enzymes whose primary concern would seem to be steroidogenesis (WATTENBERG; LOBEL et al.; GOLDBERG et al.; BAILLIE et al.), usually in the syncytium, but weakly also in cytotrophoblast (LOBEL et al.; UHER & JIRASEK). HAGERMAN states in his complete review of placental enzymes that "of particular note is the large number of steroid-metabolizing enzymes, as predicted from the known functions of the placenta. Only the adrenal is more versatile than the placenta in steroid transformations". The homology of lipid droplets with steroid substances identified light-microscopically (WISLOCKI et al.) has recently been debated amongst electronmicroscopists and the final word is not at hand. RHODIN & TERZAKIS and TERZAKIS who produced superior electronmicrographs of term and early placentas point out that a discrepancy exists in that lipid droplets (light microscopic) diminish toward term while steroid content and production increases in the placenta. Because of vastly improved techniques they can differentiate strongly osmiophilic lipids and less dense granules. The former are intra- and intercellular, undoubtedly lipides and these authors consider them nutritive lipides in transit. The second granular products are associated with Golgi areas, they increase toward term and TERZAKIS proposes to equate this second type of droplet with steroid products. YOSHIDA takes issue with this concept on the basis of his own ultrastructural studies which he correlates with PAS stains. In his view, the granules under consideration do not represent steroids but glycoproteins such as HCG. With the immense steroid tasks performed by the placenta it is surprising that, as WYNN states (p. 249, *l.c.*), "I believe the syncytium produces both, although its mitochondria do not contain the tubular cristae said to be characteristic of other steroid-producing cells". Is it then possible that the primary steroidal function of the placental trophoblast is modification of precursors rather than synthesis and that this function calls for a cytoplasmic apparatus of different structure than that seen in other steroid-producing cells ? Future studies undoubtedly will clarify these difficult issues.

Progesterone

Steroid molecules are constructed in many steps, requiring numerous specific enzymes, ultimately from acetate via cholesterol.

$$H_3C-COOH \rightarrow$$

Acetate → Cholesterol

From cholesterol, the principal precursor Δ^5-pregnenolone (a 3β-hydroxy-Δ^5-steroid) leads directly to the formation of biologically active steroid hormones, particularly progesterone.

Δ^5–Pregnenolone → Progesterone

This C_{21}-steroid serves as the origin for many other principles which are produced through the specific activity of enzymes by hydroxylation, splitting of side chain, aromatization, *etc*. Only recently has it been shown in incubation experiments that the placenta is capable of *de novo* synthesis of steroids from acetate. Thus, v. LEUSDEN & VILLEE were able to show cholesterol synthesis in minced placental tissue and HCG influenced steroidogenesis. MORRISON *et al.* found a significant conversion by mitochondrial acetone-dried powder from a term placenta, in the presence of TPNH, of cholesterol to pregnenolone and progesterone. This latter step, rather than *de novo* synthesis is currently the one held most likely to be responsible for the appreciable secretion (263 mg per day, BENGTSSON & EJARQUE) of progesterone in the term pregnancy. It is suggested by DICZFALUSY and others that maternal blood furnishes cholesterol and/or pregnenolone in quantities sufficient for placental steroidogenesis to be initiated. Evidence suggests that the fetal circulation is unnecessary for this reaction to take place at a near normal pace (CASSMER). On the other hand, the demonstration by BENGTSSON *et al.* that radioactive progesterone localizes in many fetal tissues, particularly the fetal adrenal cortex, indicates perhaps that this placental product is utilized for further fetal steroidogenesis.

Progesterone is conjugated rapidly in the maternal circulation (turnover time 3.3 minutes) and changed by various enzymes to many further products (see RYAN). This may, in part, explain why progesterone therapy of threatened abortions has not been very successful (Fuchs *et al.*; Nilsson). In part (10–20%) the break-down products of progesterone appear in the urine as pregnanediol and its estimation has long been used to assess progesterone production during pregnancy. In view of recent findings the predictive value of many of these studies must now be questioned; moreover, the scatter of pregnanediol levels has been enormous. Recent quantitative and chemical serum progesterone determinations have not always shown good correlation with urinary pregnanediol levels and an interpretation with respect to survival of the fetus or degeneration of the placenta must be done with great care (see Ryan). In contrast, the estriol determinations have much better prognostic value (see for instance Ten Berge; Greene *et al.*, and others cited below). Rawlings & Krieger suggest that high levels of pregnanediol excretion are more characteristic of pregnancies with male fetuses. Patients with choriocarcinoma and hydatidiform moles produce pregnenolone as metabolite, however, the quantities are not as excessive, as those of HCG, and in some cases they are within the range of nonpregnant patients (Fine *et al.*; Frandsen & Stakemann; MacNaughton). The explanation for these apparently more frequent low values is not at hand as yet and in a recent review of endocrine factors in all types of pathologic pregnancies, Bengtsson & Fuchs come to the same conclusion.

The questionable value of low pregnanediol excretion figures and the subsequent therapy with progesterone *etc.* has been reviewed by some authors cited above and by Goldzieher. In view of the recent vogue of treating patients with habitual and threatened abortion with synthetic steroids, for which a progesterone-like effect obtains so far as the uterus is concerned, it must be cautioned that fetal complications, *e.g.* virilization of external female genitalia (see recent report by Hagler *et al.*) have been reported. Goldzieher insists, however, that a causal relationship is not proven and that of all these analogues only medroxyprogesterone may be of genuine value. Christ *et al.* provide analytical evidence that some of these compounds cross the placenta rapidly, while Wharton & Scott show that norethindrone has a catastrophic effect upon the developing monkey fetus. The chemistry of the various progestins has been summarized by Carey.

These various publications and those of Warren & Timberlake; Csapo & Pinto-Dantas; Kumar *et al.*; Fuchs also concern themselves with the *physiologic action* of progesterone in the pregnant woman. This subject is under very active study and extremely controversial. The decidua-producing activity of this steroid is well established and some influence upon human myometrium, at least *in vitro*, seems secure enough. What is controversial still is whether locally high progesterone concentrations at the placental site myometrium are responsible for the inhibition of uterine contraction (labor) and whether a speculative decrease in production toward term initiates birth. In addition to the local uterine response, progesterone elicits respiratory, central nervous and other changes which have been competently reviewed by Kappas & Palmer. As indicated previously, progesterone and other steroids are capable of crossing the placenta and appear rapidly in fetal blood. The intricate and variable mechanisms of this transfer have been summarized by Levitz & Dancis (*v.i.*), and Castren *et al.* among others show this transfer directly by the use of labeled progesterone injected intravenously prior to sterilization at midpregnancy. Earlier, Zander *et al.* showed its presence and various products in cord blood and Diczfalusy has summarized the substantial evidence which indicates that progesterone serves as one of the most important precursors for fetal steroidogenesis.

What emerges then is the following picture: From precursors such as cholesterol or pregnenolone (see Pion *et al.*), the placenta produces relatively large quantities of progesterone, increasing with gestational advance. The progesterone is, in part, elaborated into the maternal blood and/or uterus, where it is rapidly altered and has a very short life span. Part of it appears as pregnanediol in the urine. In part, progesterone appears in fetal blood and is used by fetal endocrine tissues for further steroidogenesis by adrenal and testis, perhaps the liver. In the case of fetal death, progesterone secretion of the placenta is not immediately markedly decreased and pregnanediol excretion therefore does not serve as a sensitive indicator for the disturbance of pregnancies. The trophoblastic production of progesterone in moles and choriocarcinomas is variable and its regulation warrants further sophisticated study. The decidua-maintaining capacity is undoubted and whether progesterone has other important maternal homeostatic implications needs further exploration.

Estrogens

In a highly readable story, G. W. CORNER has told the early history of estrogens, steroids which have occupied so much of our recent attention with respect to placental physiology. Large amounts of estrogenic hormones are excreted during normal pregnancy, the source of which resides in ovary and placenta. Inasmuch as little decline in estrogen levels can be demonstrated in oophorectomized patients during pregnancy (ALLAN & DODDS) and because estrogens can be extracted in substantial quantities from the placenta (*e.g.* DICZFALUSY & LINDQVIST; SCHMIDT-ELMENDORFF) the major source of these steroids must be the pregnant uterus. Moreover, estrogen levels fall rapidly during the post partum period.

Principally three estrogens can be demonstrated, of which the first two are readily interconvertable: 17-β-estradiol, estrone and estriol. The 16-α-hydroxy group of the latter substance is placed upon this steroid ring by a specific enzyme, 16-α-hydroxylase, which has not been found in the placenta and, until recently, the mechanism of production of the large amounts of estriol during normal gestation has been difficult to account for. It is now appreciated that the 16-α-hydroxylated precursors stem, in larger measure, from fetal production sites (adrenal and liver), in smaller part from the maternal blood. Thus, the production of estriol has become recognized to be intimately related to fetal endocrine organs and the fetal circulation. The assessment of ratios estradiol + estrone/estriol thus serves as a means to appreciate fetal wellbeing, often estriol values alone are useful as an accurate guide.

Formerly, estrogen assays were elaborate procedures but since the pioneering work of BROWN and others, quantitative and sensitive means are now available for the determination of these substances in blood and urine (SMITH & ARAI; DALE *et al.*). By these techniques a host of new estrogenic compounds has become uncovered which have presumably less physiological and practical implications. These are adequately covered in the reviews by RYAN; BROWN, 1963 and GOLDZIEHER.

In contrast to some other steroid hormones, estrogens (C_{18}-steroids) are not constructed directly by the cellular enzymatic activities from such innocuous precursors as cholesterol but take their issue from potent intermediates, principally androgens or androgen-like compounds (C_{19}-steroids). This is true whether the site of production is ovary, adrenal or placenta, and we owe the concept of this conversion to MEYER and the main experimental work to RYAN (1958; see there evidence of all former work). This conversion concerns principally an aromatization of ring A of the steroid nucleus as indicated in oversimplified fashion by this step:

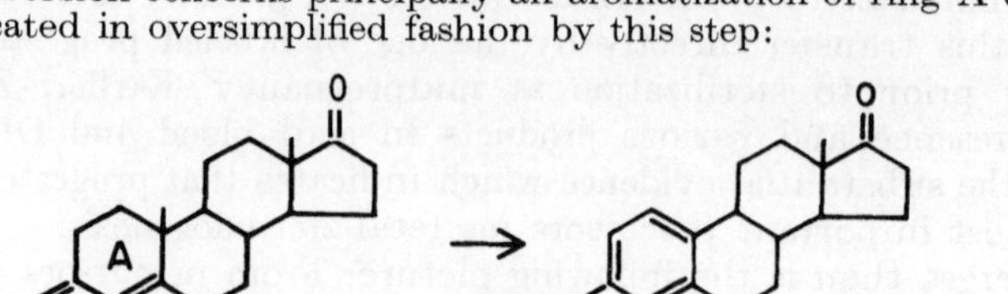

Androstenedione → Estrone

Most androgens (testosterone, androstenedione, dehydro-epiandrosterone (DHEA *etc.*) are capable of serving as direct precursor substances for estrone and estradiol. Since the placenta is unable to place a hydroxy group at position 16, the occurrence of large quantities of estriol has long been a puzzle. Very recently, however, it has been shown that 16-α-OH-DHEA occurs in suitable quantities in fetal blood and that this compound is readily converted to estriol, thus explaining previous hypothetical assumptions.

Estradiol   Estriol

The very active aromatizing enzyme activity accomplishing this reaction resides in the microsomal fraction of the term placenta. Progesterone is not an active direct precursor (JAFFE *et al.*). The *in vivo* conversion to estrogens of labelled DHEA—sulfate (DHEA-SO$_4$) was elegantly demonstrated in pregnant women by BAULIEU & DRAY and by SIITERI & MacDONALD, also in the presence of a hydatidiform mole and an anencephalic fetus. Previously it had not only been shown that the placenta possesses active sulfatases but also that much of the fetal steroids are produced in this conjugated form. Whether the sulfate enters the placental cells more readily, as the former authors conjecture, or not, it appears that in this form DHEA is a more efficient estrogen precursor. Subsequent work (BOLTE *et al.*) has extended these observations by showing that the placenta accomplishes this conversion most efficiently when perfused via the umbilical vessels and remaining *in situ*. Also, this work indicates the placental deficiency of 16α—hydroxylation. However, in their next publication, these authors find that DHEA, rather than its sulfate is more capable of being converted to estrogens, unlike BAULEAU & DRAY's results, which are discussed. Most recently, MORATO *et al.* could show preferential use of the sulfate in *in vitro* conversion experiments and they review the complex subject. Finally, BOLTE *et al.*, in their publication which employs simultaneous fetal and maternal precursor injections, elaborate on a detailed scheme which considers the "feto-placental" unit as a whole and the proposed placental androgen "barrier". This has been further amplified by critical studies of WARREN & TIMBERLAKE using DHEA & DHEA-SO$_4$. At this time it is perhaps accurate to say that the real meaning of active conjugation in the fetal organism is not fully understood although this real difference when compared with adult steroidogenesis is apparent and presumably important to fetal homeostasis. Not all *in vitro* and *in vivo* work is as yet readily reconciled, suffice it to say DHEA and 16α-OH-DHEA and their sulfates play major rôles as precursors for placental estrogen synthesis. The fetus produces little if any estrogen himself.

It has previously been outlined that progesterone and pregnenolone are readily available to the fetus and his capacity for steroidogenesis has long been known. Can he make the appropriate precursors in his huge adrenals ? Early indication came from extraction of C$_{19}$-steroids of fetuses (BLOCH *et al.*) and these have been followed by numerous *in vitro* experiments employing various precursors (*e.g.* BLOCH & BENIRSCHKE; SOLOMON *et al.*; VILLEE & LORING, among others). This is further supported *in vivo* by, for instance, SIMMER's *et al.* demonstration of an arteriovenous cord blood difference of DHEA-sulfate. Further literature may be found in these publications and the review articles previously cited. This has been, for the morphologist, the most interesting area because of the puzzling existence in man and a few other species of the huge fetal zones of the adrenals and their deficiency in older anencephalic fetuses (summary by BENIRSCHKE et al.; BENIRSCHKE). Similar usage of progesterone by the fetal testis has been documented by ACEVEDO et al. and BLOCH. Histochemically, JIRASEK & LOJDA have supported the enzymatic capacity of fetal adrenals and summarized the literature. More important perhaps for clinical practice and future exploration of the whole estrogen metabolism of the pregnant woman is the recent demonstration by MAGENDANTZ & RYAN and COLAS et al. of the isolation of 16α-hydroxydehydroepiandrosterone conjugate from umbilical cord blood and its rapid aromatization to estriol. REYNOLDS showed the excretion of this compound (i.a.) in neonatal life and these authors have summarized the evidence that 16α-OH-DHEA is likely to arise from the fetal adrenal gland. This gland has a high activity of the enzyme system for such synthesis (16α-hydroxylase) as shown for instance by VILLEE et al. and NEHER & STARK had early drawn attention to the fact that 16α-hydroxytestosterone occurred in larger quantities in placentas than corticoids (21-steroids, e.g. cortisol, cortisone) and that it might well be an efficient estrogen precursor.

Currently then it is held most probable that most estriol is formed from a 16α-OH precursor such as elaborated as a sulfated compound (16α-OH-DHEA-SO$_4$) by the fetus, rather than stemming from a conversion of estrone or estradiol. (It must be borne in mind, however, for future studies that TROEN has detected some radioactive estriol in a few placental perfusates when HCG and radioactive estradiol were supplied in the medium. CEDARD et al., on the other hand, showed an enhancement of aromatization when HCG was added. The former observation needs critical reevaluation).

That the *maternal adrenal* produces little of these precursors was shown directly by HAUSKNECHT who studied two patients before and after adrenal suppression and found no change in estrogen excretion. It is of parenthetic interest here that the study of JIRKU & LAYNE in a pregnant chimpanzee has indicated that a similar mechanism may be operative in that species. In another primate whose fetus has "fetal adrenal cortices", the marmoset monkey, the placenta was also active in aromatization (RYAN et al.) and future studies of such comparative nature are awaited with great interest. Current work on the armadillo by BRINCK-JOHNSEN et al. points in the direction that this species with its large fetal adrenal may have similar capacities.

In pregnancies complicated by anencephalic fetuses the urinary excretion of estrogens and more strikingly estriol is uniformly low (FRANDSEN & STAKEMANN; SIITERI & MACDONALD; COYLE), and MACDONALD & SIITERI provide quantitative evidence that maternal DHEA is the principal but minimal precursor for estriol in such cases. When an early anencephalic pregnancy is examined, at a stage when fetal adrenals are still large, then estrogen excretion may be normal (FRANDSEN & STAKEMANN, 1964). It is of interest also that the fetal precursor production for estrogens appears to be much impaired when his liver is deficient (COYLE). It would be of great interest now to know what the maternal estrogen excretion might be when she delivers infants which the adrenogenital syndrome, since JEFFCOATE et al. could show much increased levels of 17-ketosteroids and pregnanetriol in amnionic fluid of such a case, while these steroids were abnormally low in an anencephalic (see confirmation of low C$_{21}$-steroids by PENNINGTON).

These and the subsequent findings had been more or less predicted by CASSMER's elegant studies. When, at hysterotomy, the fetus was removed, the placenta left *in situ* and umbilical vessels were mechanically perfused, there was a continued maternal excretion of HCG, a slight initial fall in urinary pregnanediol and an immediate and marked decrease of estrogen excretion. When maternal blood was then introduced into the fetal circulation, the estrogen excretion increased, presumably because the perfusate contained now again appropriate precursors such as DHEA. In a way, this experiment also forecast the results now available from studies in patients with hydatidiform mole and choriocarcinoma. HERTZ had previously concluded that transplanted choriocarcinomas do not produce estrogens and careful interpretation of various reports supports the notion that a detailed analysis of the hormone status may give significant clues for the differential diagnosis (SIITERI & MACDONALD; MACDONALD & SIITERI; KOCK et al.; BONNANO et al., MACNAUGHTON; FRANDSEN & STAKEMANN). These studies all show that with well preserved molar tissues the excretion of HCG is increased over normal pregnancies, that of pregnanediol is in general approximately normal, while variable results were obtained with estrogen excretion. Almost always was the total amount greater than that of nonpregnant women but the levels were lower than for normal pregnancy and striking differences were noted when the estriol/estradiol + estrone ratio was studied. This ratio was much lower than in normal gestation because of a) less estriol excretion (because of lack of precursors—no fetal adrenals) and b) higher estrone + estradiol values (because of increased ovarian production—presumably because of HCG stimulation). These various interrelationships have been detailed in a highly readable conference monograph by MACDONALD and the evidence seems secure enough now that the fetus plays a major rôle for normal placental steroidogenesis even when large amounts of trophoblast are present.

What is difficult to understand at this time is just how placental *hormone production* is eventually *regulated*. So far as HCG is concerned, we have indicated that the numerical expanse of syncytium does not coincide with that of HCG titers as it would, say for lactogen and progesterone. What regulates fetal estrogen precursor production then, other than progesterone availability ? Certainly his hypothalamus-pituitary plays some rôle, as the anencephalic's story indicates, but is this reflected in an alteration of the placenta as well ? In other words, does the availability to the placenta of large quantities of precursors influence its structure and function, say by the induction of aromatizing enzymes and feedback change because of estriol production ? We have no knowledge on this important aspect other than the notion that the anencephalic's placenta shows some structural changes, like epithelial and villous stromal damage (TEN BERGE). GALTON et al. gave choriocarcinoma-bearing hamsters DHEA and saw a slight increase in syncytial transformations which hints in the same direction. In a quantitative study which compares microscopic preponderance of syncytium with estrogen excretion, on the other hand, there was no good correlation in cases of normal pregnancy, diabetes, toxemia, anencephaly etc. (BREBOROWICZ et al.). No quantitative enzyme studies have been made in this respect as yet and obviously, much needs to be learned.

From a practical standpoint the intensive studies in the field of pregnancy endocrinology just cited have yielded not only considerable insight into the homeostatic endocrine mechanisms but also they have led to the development of practical means by which a pregnancy can be assessed as to its normalcy. In some instances this has led to an appreciation of prognostic anticipation, particularly in diabetic pregnancies. All authors agree, however, that single determinations, because of considerable scatter of levels, are less helpful than serial determinations, preferably of several parameters. The literature on this subject is abundant and has been summarized under the title *"Placental Functions Tests"* by GREENE et al. These authors compile not only endocrine data but also the enzyme studies, vaginal cytology, protein changes, physical tests, radiologic parameters, amnionic fluid determinations and thus serve a very useful service for reference. In their hands, the urinary estrogen determination (DALE *et al.*) has served the best; within a few hours of obtaining urines, most laboratories can determine estriol excretion rates and these can be correlated with fetal well-being if curves are constructed over several days. The earlier studies with elaborate techniques by Smith, Zondek and many others referred to in these papers had shown a fall in estrogen excretion in cases of fetal death (see *e.g.* BREITNER). In the newer studies, such catastrophe could be more accurately documented or forecasted. Thus, GREENE & TOUCHSTONE found that no fetus survived when in the last trimester maternal estrogen values were consistently as low as 4 mg/day during more than two days. This correlation held with all types of disturbed gestations except erythroblastosis fetalis, where higher or normal levels (12 mg/24 hrs.) were frequently associated with sick babies. In diabetes, the elective interruption of an advanced pregnancy when estriol levels fall, in serial determinations, is particularly advocated but must be undertaken well before the levels have declined to 4 mg/day (GREENE *et al.* 1965; WRAY & RUSSELL); simultaneous pregnanediol determinations are helpful (STRAND). These studies are now so well accepted that in many clinics routine determinations are carried out in any endangered pregnancy and no more need be said, let alone all literature compiled at this early time (see BENGTSSON & FUCHS; FUCHS).

Inasmuch as such large quantitaties of estrogen and particularly estriol are made in pregnancy the teleological question-Why ?-is pertinent. Most investigators (*e.g.* MACDONALD), however shy away from answering this (see the extensive review by DICZFALUSY & LAURITZEN). Far less estrogen is necessary for gestational uterine homeostasis, as the anencephalic pregnancy indicates, and beyond that one can say but little. We know of the various myometrial, breast, *etc.* influences that estrogens have (review RYAN; FUCHS; *etc.*) and more work will be needed to answer the question of the "raison d'être" as DICZFALUSY discusses it. The important effect of estrogen on plasma protein concentrations has been investigated recently again by MUSA *et al.* (rise in corticosteroid binding globulin, beta-glucuronidase, ceruloplasmin) and the complicated transfer across placenta and membranes of conjugated and unconjugated compounds was investigated by LEVITZ & DANCIS and KATZ *et al.* No estriol was produced when placental membranes were maintained in tissue culture (JENSEN).

Corticoids

Very little conclusive evidence exists for the placental production of *other steroid hormones*, particularly C_{21}-steroids or those hormones which have an adrenocorticoid glucose and water regulating activity. The relevant literature has been compiled by FUCHS. While corticoids are extractable from the placenta, only the placental perfusion studies by TROEN indicate that this organ may be the source of some C_{21}-steroids. That these are insufficient to maintain a normal pregnancy when the maternal pituitary is excised during pregnancy is indicated by the two patients mentioned previously and the same is true of patients suffering from Addison's disease (review by WARREN & TIMBERLAKE, 1963). While placental tissue has the ability to convert hydrocortisone to cortisone *in vitro*, the addition of ACTH, HCG or lactogen to incubation media does not result in a measurable increase of corticosteroid production (SYBULSKI & VENNING). On the other hand, a variety of evidence exists that some C_{21}-steroids, such as cortisone or perhaps cortisol, are formed by the fetus at least *in vitro* (*e.g.* VILLEE & DRISCOLL, *lit.*) and substantial amounts circulate in the fetal blood. MIGEON *et al.* proved that corticoids pass the placental "barrier" relatively readily but cord blood values are always lower than those in the maternal circulation and from the finding of similar fetal and maternal levels of these hormones in anencephalics, NICHOLS *et al.* conclude that under normal conditions the fetus produces no large quantities of 17-hydroxycorticosteroids. EBERLEIN has recently done quantitative studies on cord bloods and discusses the problem in great detail. Contrary to the estrogen metabolism outlined above, corticoid metabolism of the fetus is much less well understood and there is good reason to believe that it is at least as dynamic and perhaps even more germane to fetal homeostasis. What is a puzzle at the moment is that considerably more cortisone rather than cortisol is found in fetal blood. The placenta can convert these two. EBERLEIN points out that the fetal adrenal cortex is deficient in 3-β-ol-dehydrogenase which is necessary to construct cortisol from pregnenolone. Whether the relative preponderance of cortisone (rather than cortisol) allows the fetal pituitary to go ahead with ACTH secretion remains speculative for the time being. It must be appreciated, however, that this pituitary function is intimately interrelated with estrogen metabolism (no fetal ACTH-no adrenal stimulation—no16α-OH— precursors for estriol). Moreover, presumably some adrenal preparedness of the newborn would be advantageous to meet the stress of neonatal life. That intricate regulatory mechanisms are at work is evidenced by the findings of KREINES *et al.* in two babies of *mothers with Cushing's syndrome*. The fetal zones of their much atrophied adrenals had largely involuted as a result perhaps, the authors conjecture, of maternal-derived cortisol suppression of fetal ACTH. On the other end of the spectrum, excessive stimulation by fetal ACTH in diabetes, as for instance HOET & OSINSKI suggest may lead to excessive fetal corticoid production, reflected in its occurrence in amnionic fluid and a "Cushingoid appearance". BAIRD & BUSH were unable to confirm these results in a similar study and LAMBERT & PENNINGTON also find lower polar steroids in the amnionic fluid of diabetics, in erythroblastosis, hydramnios and with anencephaly. It is apparent that much further work will need to be done here before the interrelations are uncovered. It is also clear that *in vitro* and *in vivo* experiments cannot be equated in all cases, yet both need to be pursued. A continuous attempt at correlating the chemical findings with disease states or congenital anomalies has proved most successful in the past (*e.g.* anencephaly, hydatidiform mole *etc.*) we feel that further work along these lines of thought need be done. Thus, what is the fetal plasma ACTH level in the normal, anencephalic and adrenogenital syndrome fetus ? Is fetus or mother-derived cortisol the ACTH feedback control ? Does fetal HGH stimulate the fetal adrenal ? Is fetal gonadal steroidogenesis in man under pituitary control as in the rat, does it need control at all or is it placental (HCG) controlled ? Is the quantity of placental aromatizing enzyme in anencephalics comparable to that of normal pregnancies and is it elevated (? induced) in the pregnancy which yields the typical adrenogenital infant ? Finally, does the placental enzyme complement suffer from identical deficiencies in this syndrome as the fetal adrenal ? These pertinent questions are answerable by present methodologies when a coordinated effort is made in which the pathologist can play a vital rôle. They will certainly provide deep insight into fetal homeostasis and we can expect that thus a fascinating and instructive story will be unfolded in the near future.

Legend to schematic representation of hormones of the placenta

In this schematic representation of the three compartmental system of gestational endocrinology the central syncytium is endowed with the most important rôle of being a barrier, a modifier and producer of most of the known active principles. On the right, the secretion and excretion values in the maternal organism are charted, avoiding logarithmic expression and representing the entire course of pregnancy. Shaded are the ranges of normal values, dark lines represent means. On the fetal side only few accepted interactions *(in vivo)* are indicated, the values for corticoids are omitted lacking conclusive evidence of their fetal origin, rather than maternal to fetal transfer. The curves are constructed from values given by BRODY & CARLSTRÖM (HCG); KAPLAN & GRUMBACH (HPL); CAREY (Pregnanediol); DICZFALUSY & LAURITZEN, after HEUSGHEM (estrone + estradiol); YOUSEM & STRUMMER (estriol); ZANDER *et al.* (fetal progesterone) and KELLER & KUBLI (fetal estrogens).

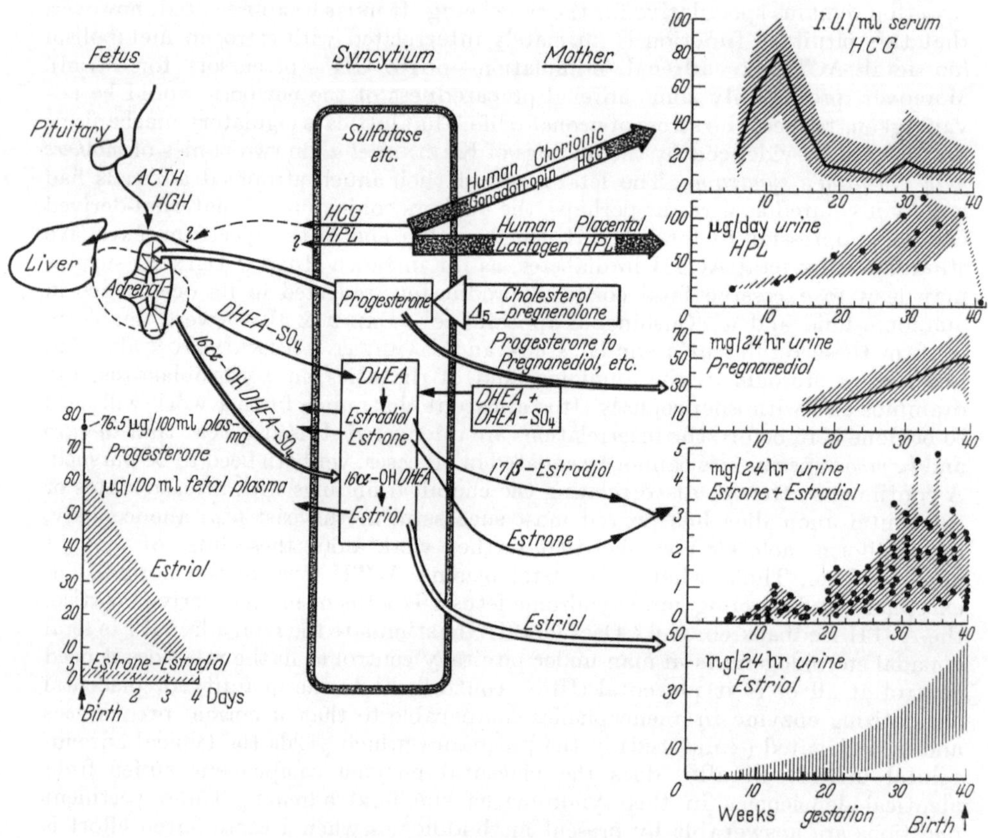

Schematic representation

The final *schematic representation* of these pages simplifies the up-to-date findings of the most important placental endocrine products. Although incomplete and pulled together from many sources, it attempts to show what is currently defensible from the evidence here reviewed. It does not include the transfer functions of the "placental barrier" but in contrast to most other representations it gives the excretion and secretion values in a nearly comparable manner, avoiding logarithmic scales and drawing whenever possible on publications which employ modern techniques.

References

ACEVEDO, H. F., L. R. AXELROD, E. ISHIKAWA & F. TAKAKI: Steroidogenesis in the human fetal testis: The conversion of pregnenolone—7-α-H^3 to dehydroepiandrosterone, testosterone and 4-androstene-3,17-dione. J. Clin. Endocrinol. Metabol. **21**, 1611 (1961).

ALLAN, H. & E. C. DODDS: Hormones in the urine following oophorectomy during pregnancy. Biochem. J. **29**, 285 (1935).

APOSTOLAKIS, M. & K. D. VOIGT: Gonadotropine. G. Thieme, Stuttgart 1965.

BAILLIE, A. H., E. H. D. CAMERON, K. GRIFFITHS & D. McHART: 3-β-hydroxysteroid dehydrogenase in the adrenal gland and placenta. J. Endocrinol. **31**, 227 (1965).

BAIRD, C. W. & I. E. BUSH: Cortisol and cortisone content of amniotic fluid from diabetic and nondiabetic women. Acta Endocrinol. **34**, 97 (1960).

BAULIEU, E. E. & F. DRAY: Conversion of H^3-dehydroisoandrosterone (3-β-hydroxy-Δ^5-androsten-17-one) sulfate to H^3 estrogens in normal pregnant women. J. Clin. Endocrinol. Metab. **23**, 1298 (1963).

BECK, P., M. L. PARKER & W. H. DAUGHADAY: Radioimmunologic measurement of human placental lactogen in plasma by a double antibody method during normal and diabetic pregnancies. J. Clin. Endocrinol. Metab. **25**, 1457 (1965).

BENGTSSON, L. P. & F. FUCHS: Endocrine factors in certain pathological conditions of pregnancy and labour. Acta Obstet. Gynec. Scand. **41**, Suppl. 1, 117 (1962).

— & P. M. EJARQUE: Production rate of progesterone in the last month of human pregnancy. Acta Obstet. Gynec. Scand. **43**, 49 (1964).

BENGTSSON, G., S. ULLBERG, N. WIQVIST & E. DICZFALUSY: Autoradiographic studies on previable human foetuses perfused with radioactive steroids. 1. Distribution of radioactive material following perfusion of progesterone $-4-^{14}$ C. Acta Endocrinol. **46**, 544 (1964).

BENIRSCHKE, K.: Adrenals in anencephaly and hydrocephaly. Obstet. Gynec. **8**, 412 (1956).

—, E. BLOCH & A. T. HERTIG: Concerning the function of the fetal zone of the human adrenal gland. Endocrinology **58**, 598 (1956).

BERGER, M. & B. v. HORNSTEIN: Die Inhaltstoffe der Placenta. In Fortschritte der Geburtshilfe und Gynäkologie **14**. Bibliotheca Gynaecologica. S. Karger, Basel 1961.

BLOCH, E.: Metabolism of $4-^{14}$-C-progesterone by human fetal testis and ovaries. Endocrinology **74**, 833 (1964).

— Hormones of the placenta and their transport between mother and fetus. In "Symposium on the Placenta". National Foundation, N. Y. April, 1965. Vol. 1, No. 1.

— & K. BENIRSCHKE: Synthesis *in vitro* of steroids by human fetal adrenal gland slices. J. Biol. Chem. **234**, 1085 (1959).

—, — & E. ROSEMBERG: C_{19} steroids, 17α-hydroxycorticosterone and a sodium retaining factor in human fetal adrenal glands. Endocrinology **58**, 626 (1956).

BOLTE, E., S. MANCUSO, G. ERIKSSON, N. WIQVIST & E. DICZFALUSY: Studies on the aromatisation of neutral steroids in pregnant women. 1. Aromatisation of C-19 steroids by placentas perfused in situ. Acta Endocrinol. **45**, 535 (1964).

— — — — — Studies on the aromatisation of neutral steroids in pregnant women. 2. Aromatisation of dehydroepiandrosterone and of its sulphate administered simultaneously into a uterine artery. Acta Endocrinol **45**, 560 (1964).

— — — — — Studies on the aromatisation of neutral steroids in pregnant women. 3. Overall aromatisation of dehydroepiandrosterone sulphate circulating in the foetal and maternal compartments. Acta Endocrinol. **45**, 576 (1964).

BONNANO, P., A. A. PATTI, T. F. FRAWLEY & A. A. STEIN: Abnormal urinary estrogen levels in hydatidiform moles determined by gas-liquid chromatography. Amer. J. Obstet. Gynec. **87**, 210 (1963).

BREBOROWICZ, H., F. KRZYWINSKA & T. PISARSKI: The relation between placental structure and urinary estrogen levels. Amer. J. Obstet. Gynec. **91**, 1107 (1965).

BREITNER, J.: Quantitativ-chemische Untersuchungen über die Oestrogenausscheidung bei der Frau und ihre Bedeutung für die Physiologie und Pathologie der Schwangerschaft und des Cyclus. Arch. Gynäk. **185**, 258 (1954).

BRINCK-JOHNSEN, T., K. BENIRSCHKE & K. BRINCK-JOHNSEN: In vitro steroid aromatization by armadillo placenta. Excerpta Med. Int. Congr. Ser. 99. Abstract 126. Mexico City, Oct. 1965.

BRODY, S. & G. CARLSTRÖM: The problem of specificity in serologic determination of human chorionic gonadotrophin. Acta. Endocrinol. **42**, 485 (1963).
— — Human chorionic gonadotropin pattern in serum and its relation to the sex of the fetus. J. Clin. Endocrinol. **25**, 792 (1965).
BROWN, J. B.: Urinary excretion of oestrogens during pregnancy, lactation, and the re-establishment of menstruation. Lancet **i**, 704 (1956).
— Oestrogens in the human female. Chapter IV in Carey, H. M., *l. c.*
BRUNER, J. A.: Distribution of chorionic gonadotropin in mother and fetus at various stages of pregnancy. J. Clin. Endocrinol. **11**, 360 (1951).
BURGER, K.: Mit Hydrops foetus et placentae einhergehende Luteinzysten. Zbl. Gynäk. **69**, 533 (1947).
CAREY, H. M. ed.: Modern Trends in Human Reproductive Physiology 1. Butterworths, London 1963.
CARUSO, L. J., B. LIEGNER & A. B. TAMIS: Advanced abdominal pregnancy. Report of a case. Obstet. Gynec. **22**, 795 (1963).
CASSMER, O.: Hormone production of the isolated human placenta. Acta Endocrinol. **32**, Suppl. 45, 1 (1959).
CASTREN, O., L. HIRVONEN, S. NARVANEN & SOIVA K.: Permeability of human placenta to progesterone-4-^{14}C in the middle of pregnancy. Acta Endocrinol. **39**, 506 (1962).
CEDARD, L., J. VARANGOT & S. YANNOTTI: Biosynthese de l'oestriol dans les placentas humains perfusés *in vitro:* Formation à partir de certains stéroides neutres phénoliques hydroxylés sur le carbone 16. C. R. Acad. Sc. (Paris) **254**, 3896 (1962).
— — — Influence des gonadotrophines chorioniques sur le métabolisme des steroides dans les placentas humains perfusés *in vitro*. C. R. Acad. Sc. (Paris) **258**, 3769 (1964).
CHRIST, R. D., K. E. KRANTZ & J. C. WARREN: Placental transfer of synthetic progestins. Obstet. Gynec. **25**, 89 (1965).
CHRISTIE, R. W.: Lutein cysts of ovaries associated with erythroblastotic hydrops fetalis. Assay of gonadotropin in serum of Rh-sensitized women in latter stages of pregnancy. Amer. J. Clin. Path. **36**, 518 (1961).
CLEGG, M. T., H. H. COLE, C. B. HOWARD & H. PIGON: The influence of foetal genotype on equine gonadotrophin secretion. J. Endocrinol. **25**, 245 (1962).
COHEN, H., M. M. GRUMBACH & S. L. KAPLAN: Preparation of human chorionic "growth hormone-prolactin". Proceed. Soc. Exp. Biol. Med. **117**, 438 (1964).
COLAS, A., W. L. HEINRICHS & H. J. TATUM: Pettenkofer chromogens in the maternal and fetal circulations: Detection of 3-beta, 16-alpha-dihydroxy androst-5-en-17-one in umbilical cord blood. Steroids **3**, 417 (1964).
CONNON, A. F.: The excretion of human chorionic gonadotrophin in normal pregnancy. An immunological investigation. J. Endocrinol. **30**, 79 (1964).
— Immunological assay of human chorionic gonadotrophin in rhesus-sensitised women. Lancet **i**, 747 (1964).
CORNER, G. W.: The early history of the oestrogenic hormones. The Sir Henry Dale Lecture for 1964. J. Endocrinol. **31**, iii (1965).
COYLE, M. G.: The urinary excretion of oestrogen in four cases of anencephaly and one case of foetal death from cirrhosis of the liver. J. Endocrinol. **25**, VIII (1962).
CSAPO, A. I. & C. A. PINTO-DANTAS: The effect of progesterone on the human uterus. Proceed. Nat. Acad. Sc. (USA) **54**, 1069 (1965).
DALE, E., J. W. GREENE & J. L. DUHRING: Comparison of three methods for determination of urinary estriol during late pregnancy. Amer. J. Obstet. Gynec. **92**, 112 (1965).
DALLENBACH, F. D. & G. DALLENBACH-HELLWEG: Immunohistologische Untersuchungen zur Lokalisation des Relaxins in menschlicher Placenta und Decidua. Virchows Arch. path. Anat. **337**, 301 (1964).
DALLENBACH-HELLWEG, G. & G. NETTE: Über Proteineinschlüsse in basalen Trophoblastzellen der reifen menschlichen Placenta. Virchows Arch. path. Anat. **336**, 528 (1963).
— — Über Glykoproteideinschlüsse in den Trophoblastzellen der menschlichen Plazenta und die Frage ihres Zusammenhanges mit der Bildung von Gonadotropin. Z. Zellf. **61**, 145 (1963).
— — Morphological and histochemical observations on trophoblast and decidua of the basal plate of the human placenta at term. Amer. J. Anat. **115**, 309 (1964).
DELFS, E.: Chorionic gonadotrophin determinations in patients with hydatidiform moles and choriocarcinoma. Ann. N. Y. Acad. Sc. **80**, 125 (1959).
DICZFALUSY, E.: Endocrine functions of the human placenta. First Int. Congr. Endocrinol. Copenhagen 1960, Symposium VII, Acta Endocrinol. Congress Abstracts p. 129.

DICZFALUSY, Endocrine functions of the human fetoplacental unit. Fed. Proceed. **23**, 791 (1964).
— & C. LAURITZEN: Oestrogene beim Menschen. Springer, Berlin, 1961.
— & P. LINDQVIST: Isolation and estimation of "free" oestrogens in human placentae. Acta Endocrinol. **22**, 203 (1956).
EBERLEIN, W. R.: Steroids and sterols in umbilical cord blood. J. Clin. Endocrinol. Metabol. **25**, 1101 (1965).
EHRHARDT, K.: Über das Laktationshormon des Hypophysenvorderlappens. Münch. Med. Wschr. **83**, 1163 (1936).
FINE, G., R. W. SMITH & M. R. PACHTNER: Primary extragenital choriocarcinoma in the male subject. Case report and review of the literature. Amer. J. Med. **32**, 776 (1962).
FRANCHIMONT, P.: Présence d'une hormone de croissance dans le placenta. Ann. d'Endocrinol. (Paris) **26**, 346 (1965).
FRANDSEN, V. A. & G. STAKEMANN: The site of production of oestrogenic hormones in human pregnancy. Hormone excretion in pregnancy. Hormone excretion in pregnancy with anencephalic foetus. Acta Endocrinol. **38**, 383 (1961).
— — The excretion of hormones in cases of hydatidiform mole and chorionepithelioma. Acta. Endocrinol. **45**, Suppl. **90**, 81 (1964).
— — The site of production of oestrogenic hormones in human pregnancy. III. Further observations on the hormone excretion in pregnancy with anencephalic foetus. Acta Endocrinol. **47**, 265 (1964).
FRANTZ, A. G., M. T. RABKIN & H. FRIESEN: Human placental lactogen in choriocarcinoma of the male. Measurement by radioimmunoassay. J. Clin. Endocrinol. Metab. **25**, 1136 (1965).
FRIESEN, H.: Purification of a placental factor with immunological and chemical similarity to human growth hormone. Endocrinology **76**, 369 (1965).
— & E. B. ASTWOOD: Hormones of the anterior pituitary body. New. Engl. J. Med. **272**, 1328 (1965).
FUCHS, F.: Endocrine factors in the maintenance of pregnancy. Acta Obstet. Gynec. Scand. **41**, Suppl. 1, 7 (1962).
—, A. R. FUCHS & R. V. SHORT: Progesterone in uterine blood in early human pregnancy. Acta Obstet. Gynec. Scand. **42**, Suppl. **6**, 94 (1963).
GALTON, M., P. B. GOLDMAN & S. F. HOLT: Karyotypic and morphologic characterization of a serially transplanted human choriocarcinoma. J. Nat. Ca. Inst. **31**, 1019 (1963).
GEY, G. O., G. E. SEEGAR & L. M. HELLMAN: The production of a gonadotropic substance (prolan) by placental cells in tissue culture. Science **88**, 306 (1938).
GOLDBERG, B., G. E. SEEGAR JONES, & D.A. TURNER: Steroid 3 3-ol-dehydrogenase activity in human endocrine tissues. Amer. J. Obstet. Gynec. **86**, 349 (1963).
GOLDZIEHER, J. W.: Estrogens and progestins. In Progress in Gynecology IV. Grune & Stratton, 1963.
GOPLERUD, C. P. & J. T. BRADBURY: Quantitative serum chorionic gonadotropin studies in abnormal pregnancy. Amer. J. Obstet. Gynec. **91**, 23 (1965).
GOT, R. & R. BOURRILLON: Nouvelle methode de purification de la gonadotropine choriale humaine. Biochim. et biophys. Acta **42**, 505 (1960).
GREENE, J. W., J. L. DUHRING & K. SMITH: Placental function tests. A review of methods available for assessment of the fetoplacental complex. Amer. J. Obstet. Gynec. **92**, 1030 (1965).
—, K. SMITH, G. C. KYLE, J. C. TOUCHSTONE & J. L. DUHRING: The use of urinary estriol excretion in the management of pregnancies complicated by diabetes mellitus. Amer. J. Obstet. Gynec. **91**, 684 (1965).
— & J. W. TOUCHSTONE: Urinary estriol as an index of placental function. Amer. J. Obstet. Gynec. **85**, 1 (1963).
GRUMBACH, M. M. & S. L. KAPLAN: On the placental origin and purification of chorionic "growth-hormone-prolactin" and its immunoassay in pregnancy. Trans. N. Y. Acad. Sc. **27**, 167 (1964).
HAGERMAN, D. D.: Enzymatic capabilities of the placenta. Fed. Proceed. **23**, 785 (1964).
HAGLER, S., A. SCHULTZ, H. HANKIN & R. H. KUNSTADTER: Fetal effects of steroid therapy during pregnancy. Amer. J. Dis. Child. **106**, 586 (1963).
HALBAN, J.: Die innere Secretion von Ovarium und Placenta und ihre Bedeutung für die Funktion der Milchdrüse. Arch. Gynäk. **75**, 353 (1905).
HAMASHIGE, S. & E. R. ARQUILLA: Immunologic and biologic study of human chorionic gonadotropin. J. Clin. Invest. **43**, 1163 (1964).

HAMBURGER, C.: Contribution to hormonal diagnosis of hydatidiform mole and chorionepithelioma, based on 76 cases with hormonal analyses. Acta Obstet. Gynec. Scand. **24**, 45 (1943).

HAUSKNECHT, R. U.: Maternal dehydroepiandrosterone and estrogen production in late pregnancy. Obstet. Gynec. **26**, 544 (1965).

HERTZ, R.: Choriocarcinoma of women maintained in serial passage in hamster and rat. Proceed. Soc. Exp. Biol. Med. **102**, 77 (1959).

HIGASHI, K.: Studies on the prolactin-like substance in human placenta. III. Endocrinol. Japon. **8**, 288 (1961) (English).

HOBSON, B. M.: Immunological pregnancy tests. Letter to the Editor Brit. Med. J. ii, 1203 (1963).

HOET, J. P. & P. A. OSINSKI: Analyses chromatographiques des corticoides extraits du liquide amniotique d'une femme diabetique. Experientia **10**, 467 (1954).

HON, E. H.: A Manual of Pregnancy Testing. Little, Brown & Co. Boston, 1961.

HUGHES, E. C.: The relationship of the chorion to the fetal liver in normal and abnormal pregnancy. Amer. J. Obstet. Gynec. **77**, 880 (1959).

ITO, Y. & K. HIGASHI: Quoted in the next paper. J. Pharm. Soc. Japan **73**, 89 (1953) (Japanese).

— — Studies on the prolactin-like substance in human placenta II. Endocrinol. Japon. **8**, 279 (1961) (English).

JACOBOWITZ, W. E.: Chorionic gonadotropin levels in triplet gestation. Obstet. Gynec. **23**, 788 (1964).

JAFFE, R., R. PION, G. ERIKSSON, N. WIQVIST & E. DICZFALUSY: Studies on the aromatisation of neutral steroids in pregnant women. IV. Lack of oestrogen formation from progesterone. Acta Endocrinol. **48**, 413 (1965).

JEFFCOATE, T. N. A., J. R. H. FLIEGNER, S. H. RUSSELL, J. C. DAVIS & A. P. WADE: Diagnosis of the adrenogenital syndrome before birth. Lancet ii, 553 (1965).

JENSEN, J. A.: Tissue culture of fetal membranes with special reference to hormonal activity. Obstet. Gynec. **23**, 935 (1964).

JIRASEK, J. E. & Z. LOJDA: Ein histochemischer Beitrag zur Entwicklung der Nebennierenrinde menschlicher Embryonen und Feten. Acta Histochem. **18**, 65 (1964).

JIRKU, H. & D. S. LAYNE: The metabolism of estrone $-^{14}$C in a pregnant chimpanzee. Steroids **5**, 37 (1965).

JONES, G. E. SEEGAR; G. O. GEY & M. K. GEY: Hormone production by placental cell maintained in continuous culture. Bull. Johns Hopkins Hosp. **72**, 26 (1943).

JOSIMOVICH, J. B. & J. A. MACLAREN: Presence in the human placenta and term serum of a highly lactogenic substance immunologically related to pituitary growth hormone. Endocrinology **71**, 209 (1962).

—, B. L. ATWOOD & D. A. GOSS: Luteotrophic immunologic and electrophoretic properties of human placental lactogen. Endocrinology **73**, 410 (1963).

— — Human placental lactogen (HPL), a trophoblastic hormone synergizing with chorionic gonadotropin and potentiating the anabolic effects of pituitary growth hormone. Amer. J. Obstet. Gynec. **88**, 867 (1964).

— & B. L. BRANDE: Chemical properties and biologic effects of human placental lactogen (HPL). Trans. N. Y. Acad. Sc. **27**, 161 (1964).

KAPLAN, N. W.: Successful pregnancy following hypophysectomy during the twelfth week of gestation. J. Clin. Endocrinol. Metab. **21**, 1139 (1961).

KAPLAN, S. L. & M. M. GRUMBACH: Studies of a human and simian placental hormone with growth hormone-like and prolactinlike- activities. J. Clin. Endocrinol. Metab. **24**, 80 (1964).

— — Serum chorionic "growth hormone prolactin" and serum pituitary growth hormone in mother and fetus at term. J. Clin. Endocrinol. Metab. **25**, 1370 (1965).

— — Immunoassay for human chorionic "growth hormone-prolactin" in serum and urine. Science **147**, 751 (1965).

KAPPAS, A. & R. H. PALMER: Selected aspects of steroid pharmacology. Pharmacol. Rev. **15**, 123 (1963).

KATZ, S. R., J. DANCIS & M. LEVITZ: Relative transfer of estriol and its conjugates across the fetal membranes *in vitro*. Endocrinology **76**, 722 (1965).

KELLER, M. & F. KUBLI: Plasmaoestrogenbestimmungen im normalen Cyclus, während der normalen Gravidität, im Retroplacentarblut, im Nabelschnurblut und beim Neugeborenen. Arch. Gynäk. **197**, 605 (1963).

KOCK, H., H. v. LEUSDEN, J. SEELEN & H. V. KESSEL: Hormonbepalingen bij molahydatidosa. Ned. T. Geneesk. **109**, 633 (1965).

KREINES, K., E. PERIN & R. SALZER: Pregnancy in Cushing's syndrome. J. Clin. Endocrinol. Metabol. **24**, 75 (1964).

KUMAR, D., P. R. ADAMS & A. C. BARNES: Inhibitory effect of progesterone on the activity of human myometrial actomyosin adenosinetriphosphatase. Nature **205**, 701 (1965).

KUROSAKI, M.: Prolactin-like substance of human placenta. Tohuku J. Exp. Med. **75**, 122 (1961) (English).

LAMBERT, M. & G. W. PENNINGTON: The estimation of polar steroids in liquor amnii. J. Endocrinol. **32**, 287 (1965).

LAU, H. L., G. SEEGAR JONES & C. M. SCHWARTZ: Immunoassay of serum human chorionic gonadotropin by quantitative complement fixation and its comparison with the Delfs bioassay and two International Standard preparations. Amer. J. Obstet. Gynec. **92**, 483 (1965).

LAURITZEN, C. & W. D. LEHMANN: Choriongonadotropin im Blut und Harn von Neugeborenen. Arch. Gynäk. **200**, 578 (1965).

LEUSDEN, H. v. & C. A. VILLEE: The *de novo* synthesis of sterols and steroids from acetate by preparations of human term placenta. Steroids **6**, 31 (1965) and Ned. Tidsch. Geneesk. **109**, 1520 (1865).

LEVITZ, M. & J. DANCIS: Transfer of steroids between mother and fetus. Clin. Obstet. Gynec. **6**, 62 (1963).

LIMAGE, J. & J. DE BLIECK: Gonadotrophine chorionique. Chapter 7 in Le Placenta Humain. Ed. by J. Snoeck. Masson, Paris, 1958.

LISTER, U. M.: Ultrastructure of the human mature placenta. 1. The maternal surface. J. Obstet. Gynaec. Brit. Cwlth. **70**, 373 (1963).

— Ultrastructure of the human mature placenta. 2. The foetal surface. J. Obstet. Gynaec. Brit. Cwlth. **70**, 766 (1963).

LITTLE, B., O. W. SMITH, A. G. JESSIMAN, H. A. SELENKOW, W. V. HOFF, J. EGLIN & F. D. MOORE: Hypophysectomy during pregnancy in a patient with cancer of the breast: Case report with hormone studies. J. Clin. Endocrinol. Metab. **18**, 425 (1958).

LITTLE, W. A., C. D. CHRISTIAN & J. B. HENRY: Slide immunological pregnancy test. J.A.M.A. **188**, 530 (1964).

LOBEL, B. L., H. W. DEANE & S. ROMNEY: Enzymic histochemistry of the villous portion of the human placenta from six weeks of gestation to term. Amer. J. Obstet. Gynec. **83**, 295 (1962).

LORAINE, J. A. & H. W. SCHMIDT-ELMENDORFF: Human Gonadotrophins. Chapter 2 in CAREY, *l.c.*

LYNCH, P. G. & H. SCHWABACHER: A method for the determination of human chorionic gonadotrophin in urine extracts. J. Clin. Path. **16**, 585 (1963).

LYTLE, I. M. & J. G. HASKELL: Human chorionic gonadotropin: Isolation by disk electrophoresis. Amer. J. Obstet. Gynec. **89**, 156 (1964).

McCARTHY, C. & G. W. PENNINGTON: Maternal chorionic gonadotrophin concentration as an aid to the antenatal prediction of hemolytic disease of newborn infant. Amer. J. Obstet. Gynec. **89**, 1069 (1964).

— — Immunological determination of chorionic gonadotropin in liquor amnii and its application in Rh incompatibility. Amer. J. Obstet. Gynec. **89**, 1074 (1964).

MACDONALD, P. C.: In Fetal Homeostasis R. M. WYNN ed. p. 265; N. Y. Acad. Sc. Interdiscipl. Comm. Progr. N. Y. 1965.

— & P. K. SIITERI: Study of estrogen production in women with hydatidiform mole. J. Clin. Endocrinol. Metabol. **24**, 685 (1964).

— — Origin of estrogen in women pregnant with an anencephalic fetus. J. Clin. Invest. **44**, 465 (1965).

MACNAUGHTON, M. C.: Urinary excretion of oestrogen and pregnanediol in hydatidiform mole. J. Obstet. Gynaec. Brit. Cwlth. **72**, 249 (1965).

MAGENDANTZ, H. G. & K. J. RYAN: Isolation of an estriol precursor, 16α-hydroxyde-hydroepiandrosterone from human umbilical sera. J. Clin. Endocrinol. Metabol. **24**, 1155 (1964).

MATHIEU, A.: Hydatidiform mole and chorioepithelioma. Collective review of the literature for the years 1935, 1936, 1937. Surg. Gynec. Obstet. **68**, (Part II): 52 & 181 (1939).

McARTHUR, J. W.: Para-endocrine phenomena in obstetrics and gynecology. In Progress in Gynecology, Vol. IV, Meigs & Sturgis Eds, Grune & Stratton, N. Y. 1963.

MEYER, A. S.: Conversion of 19-hydroxy-Δ^4-androstene-3,17-dione to estrone by endocrine tissues. Biochim. Biophys. Acta **17**, 441 (1955).

MIDGLEY, A. R. & G. B. PIERCE: Immunohistochemical localization of human chorionic gonadotropin. J. Exp. Med. **115**, 289 (1962).

MIGEON, C. J., H. PRYSTOWSKY, M. M. GRUMBACH & M. C. BYRON: Placental passage of 17-hydroxycorticosteroids: Comparison of the levels in maternal and fetal plasma and effect of ACTH and hydrocortisone administration. J. Clin. Invest. **35**, 488 (1956).

MORATO, T., A. E. LEMUS & C. GUAL: Efficiency of dehydroepiandrosterone sulphate as an estrogen precursor. Steroids Suppl. 1, 59 (1965).

MORRISON, G., R. A. MEIGS & K. J. RYAN: Biosynthesis of progesterone by the human placenta. Steroids Suppl. II, 177,(1965).

MUSA, B. U., U. S. SEAL & R. P. DOE: Elevation of certain plasma proteins in man following estrogen administration: A dose response relationship. J. Clin. Endocrinol. Metabol. **25**, 1163 (1965).

NEHER, R. & G. STARK: Nachweis von Corticosteroiden in menschlicher Placenta und Isolierung von 16-α-Hydroxytestosteron. Experientia **17**, 510 (1961).

NICHOLS, J., O. L. LESCURE & C. J. MIGEON: Levels of 17-hydroxy-corticosteroids and 17-ketosteroids in maternal and cord plasma in term anencephaly. J. Clin. Endocrinol. Metabol. **18**, 444 (1958).

NILSSON, L.: Treatment of threatened abortion with progesterone. Acta Obstet. Gynec. Scand. **42**, Suppl. 6, 128 (1963).

ODELL, W. D., R. W. BATES, R. S. RIVLIN, M. B. LIPSETT & R. HERTZ: Thyroid changes in choriocarcinoma. J. Clin. Endocrinol. Metab. **23**, 658 (1963).

PENNINGTON, G. W.: Adrenogenital syndrome before birth. Lancet **ii**, 848 (1965).

PIERCE, G. B. & A. R. MIDGLEY: The origin and function of human syncytiotrophoblastic giant cells. Amer. J. Path. **43**, 153 (1963).

— — & T. F. BEALS: An ultrastructural study of differentiation and maturation of trophoblast of the monkey. Lab. Invest. **13**, 451 (1964).

PION, R., R. JAFFE, G. ERIKSSON, N. WIQVIST & E. DICZFALUSY: Studies on the metabolism of C_{21}-steroids in the human foetoplacental unit. I. Formation of α-, β-unsaturated 3-ketones in midterm placentas perfused in situ with pregnenolone and 17-hydroxypregnenolone, Acta Endocrinol. **48**, 234 (1965).

RABINOWITZ, P., E. J. HARRIS & I. S. FRIEDMAN: Theca-lutein cysts of the ovaries. A case of erythroblastosis with abruptio placentae and acute renal failure. J.A.M.A. **177**, 509 (1961).

RAWLING, W. J. & V. I. KRIEGER: Pregnanediol excretion and sex of the fetus. Fertil. Steril. **15**, 173 (1964).

REISFELD, R. A. & R. HERTZ: Purification of chorionic gonadotropin from the urine of patients with trophoblastic tumors. Biochim. Biophys. Acta **43**, 540 (1960).

REYNOLDS, J. W.: Excretion of two Δ^5-3-β-OH, 16-α-hydroxysteroids by normal infants and children. J. Clin. Endocrinol. Metabol. **25**, 416 (1965).

RHODIN, J. A. G. & J. TERZAKIS: The ultrastructure of the human full-term placenta. J. Ultrastruct. Res. **6**, 88 (1962).

ROBYN, C.: Contribution a la caracterisation immunologique des gonadotropines urinaires. Rev. belge Path. Med. exp. **31**: 334 (1965).

RYAN, K. J.: Conversion of androstenedione to estrone by placental microsomes. Biochim. Biophys. Acta **27**, 658 (1958).

— Biological aromatization of steroids. J. Biol. Chem. **234**, 268 (1958).

— Hormones of the placenta. Amer. J. Obstet. Gynec. **84**, 1695 (1962).

—, K. BENIRSCHKE & O. W. SMITH: Conversion of androstenedione-4-C^{14} to estrone by the marmoset placenta. Endocrinology **69**, 613 (1961).

SALZBERGER, M. & D. NELKEN: The immunologic pregnancy test. Some reasons for false-positive and false-negative results. Amer. J. Obstet. Gynec. **86**, 899 (1963).

SCHMIDT-ELMENDORFF, H. W.: The content of estrone, 17-β-estradiol and estriol in the human placenta. Acta Endocrinol. **38**, 527 (1961).

SCIARRA, J. J., S. L. KAPLAN & M. M. GRUMBACH: Localization of anti-human growth hormone serum within the human placenta: Evidence for a human chorionic "growth hormone-prolactin". Nature **199**, 1005 (1963).

SIITERI, P. K. & P. C. MACDONALD: The utilization of circulating dehydroisoandrosterone sulfate for estrogen synthesis during human pregnancy. Steroids **2**, 713 (1963).

SIMMER, H. H., W. E. EASTERLING, R. J. PION & W. J. DIGNAM: Neutral C_{19}-steroids and steroid sulfates in human pregnancy. I. Identification of dehydroepiandrosterone sulfate in fetal blood and quantification of this hormone in cord arterial, cord venous and maternal peripheral blood in normal pregnancies at term. Steroids **4**, 125 (1964).

SMALBRAAK, J.: Trophoblastic Growths. Hydatidiform mole and chorionepithelioma. Elsevier, Amsterdam 1957.

SMITH, O. W. & K. ARAI: Blood estrogens in late pregnancy: An evaluation of methods with improved recovery. J. Clin. Endocrinol. Metabol. **23**, 1141 (1963).

STRAND, A.: Oestriol and pregnandiol estimations in the urine as an aid in the examination of placental function. Acta Obstet. Gynec. Scand. **42**, Suppl. 2, 96 (1963).

SOLBACH, H. G. & H. ZIMMERMANN: Quantitative Messung von Gonadotropinen mit dem Latex-Agglutinations-Hemmtest. Klin. Wschr. **42**, 445 (1964).

SOLOMON, S., J. T. LANMAN, J. LIND & S. LIEBERMAN: The biosynthesis of Δ-^{4}-androstenedione and 17-α-hydroxyprogesterone from progesterone by surviving human fetal adrenals. J. Biol. Chem. **233**, 1084 (1958).

SOMA, H., R. L. EHRMANN & A. T. HERTIG: Human trophoblast in tissue culture. Obstet. Gynec. **18**, 704 (1961).

SYBULSKI, S. & E. H. VENNING: The possibility of corticosteroid production by human and rat placental tissue under in vitro conditions. Canad. J. Biochem. Physiol. **39**, 203 (1961).

TALLBERG, T., E. RUOSLATHI & C. EHNHOLM: Immunological studies in human placental proteins and purification of human placental lactogen. Ann. Med. exp. Fenn. **43**, 67 (1965).

TASHIMA, C. K., R. TIMBERGER, R. BURDICK, M. LEAVY & R. W. RAWSON: Cerebrospinal fluid titer of chorionic gonadotropin in patients with intracranial metastatic choriocarcinoma. J. Clin. Endocrinol. Metab. **25**, 1493 (1965).

TEN BERGE, B. S.: Pregnandioluitscheiding in de urine en vergelijking met oestriolwaarden bij intrauterine vruchtdood. Med. T. Verlosk. en Gyn. **62**, 49 (1962).

— The placenta in anencephali. Gynaecologia **159**, 359 (1965).

TERZAKIS, J. A.: The ultrastructure of normal human first trimester placenta. J. Ultrastruct. Res. **9**, 268 (1963).

THIEDE, H. A., J. W. CHOATE & D. D. BINDSCHADLER: Chorionic gonadotropin localization in the human placenta by immunofluorescent staining. I. Production and characterization of anti-human chorionic gonadotropin. Obstet. Gynec. **22**, 310, 1963.

— — Chorionic gonadotropin localization in the human placenta by immunofluorescent staining. II. Demonstration of HCG in the trophoblast and amnion epithelium of immature and mature placentas. Obstet. Gynec. **22**, 433 (1963).

TROEN, P.: Perfusion studies of the human placenta. II. Metabolism of C^{14}-17-β-estradiol with and without added human chorionic gonadotropin. J. Clin. Endocrinol. Metab. **21**, 895 (1961).

— Perfusion studies of the human placenta. III. Production of free and conjugated Porter-Silber chromogens. J. Endocrinol. Metabol. **21**, 1511 (1961).

UEDA, Y., M. MOCHIZUKI, Y. KISHIMOTO, T. WASHIO, S. MIZUSAWA & O. ISHIGAMI: Thyrotropin in placenta and fetus. Endocrinol. Japon. **11**, 67 (1963).

UHER, J. & J. JIRASEK: Histochemical studies of lactic dehydrogenase and 3-beta-ol steroid dehydrogenase in tissue cultures of chorionic villi. Obstet. Gynec. **24**, 869 (1964).

VARANGOT, J., L. CEDARD & S. YANOTTI: Perfusion of the human placenta in vitro. Study of the biosynthesis of estrogens. Amer. J. Obstet. Gynec. **92**, 534 (1965).

VARON, H. H.: MSH-Like substance from human placenta. Proceed. Soc. Exp. Biol. Med. **100**, 609 (1959).

VILLEE, C. A. & J. M. LORING: Synthesis of steroids in the newborn human adrenal in vitro. J. Clin. Endocrinol. Metabol. **25**, 307 (1965).

VILLEE, D. B. & S. G. DRISCOLL: Pregnenolone and progesterone metabolism in human adrenals from twin female fetuses. Endocrinology **77**, 602 (1965).

—, L. L. ENGEL, J. M. LORING & C. A. VILLEE: Steroid hydroxylation in human fetal adrenals: Formation of 16-α-hydroxyprogesterone, 17-hydroxyprogesterone and deoxycorticosterone. Endocrinology **69**, 354 (1961).

WARREN, J. C. & C. E. TIMBERLAKE: Steroid synthesis in the placenta. Clin. Obstet. Gynec. **6**, 76 (1963).

— — Biosynthesis of estrogens in pregnancy: Precursor role of plasma dehydroisoandrosterone Obstet. Gynec. **23**, 689 (1964).

WATTENBERG, L. W.: Microscopic histochemical demonstration of steroid-3-β-ol dehydrogenase in tissue sections. J. Histochem. Cytochem. **6**, 225 (1958).

WAYNFORTH, H. B., H. E. H. JONES & A. L. MILLER: Accuracy of an immunological test for the diagnosis of pregnancy. Lancet i, 242 (1964).

WEBER, J.: Histochemical studies of the production of gonadotrophin in the placenta and foetal membranes. Acta obstet. gynec. Scand. **42**, Suppl. 2, 82 (1963).

WISLOCKI, G. B. & H. S. BENNETT: The histology and cytology of the human and monkey placenta, with special reference to the trophoblast. Amer. J. Anat. **73**, 335 (1943).

—, E. W. Dempsey & D. W. Fawcett: Some functional activities of the placental trophoblast. Obstet. Gynec. Survey **3**, 604 (1948).

Wray, P. M. & C. S. Russell: Maternal urinary oestriol levels before and after death of the foetus. J. Obstet. Gynaec. Brit. Cwlth. **71**, 97 (1964).

Wynn, R. M., ed. in Fetal Homeostasis. 1. N. Y. Acad. Sc. Interdiscipl. Comm. Progr. N. Y. 1965.

— & J. Davies: Ultrastructure of hydatidiform mole: Correlative electron microscopic and functional aspects. Amer. J. Obstet. Gynec. **90**, 293 (1964).

Yahia, C. & M. L. Taymor: A 3-min. immunologic pregnancy test. Obstet. Gynec. **23**, 37 (1964).

Yoshida, Y.: Ultrastructure and secretory function of the syncytial trophoblast of human placenta in early pregnancy. Exp. Cell Res. **34**, 305 (1964).

Yousem, H. L. & D. Strummer: Simple gas chromatographic method for estimation of urinary estriol in pregnant women. Amer. J. Obstet. Gynec. **88**, 375 (1964).

Zander, J., Münstermann & B. Runnebaum: Steroide im Plasma von menschlichem Plazentablut (Nabelschnurplasma). Acta Endocrinol. **41**, 507 (1962).

XV. Miscellaneous Conditions

There must be a large number of maternal and fetal diseases which have effects on placental structure and, perhaps, placental function. A few such conditions have been specifically investigated and structural changes described; in others no pathologic features were recognized in placentas studied by the usual techniques. A majority of significant maternal diseases coincident with pregnancy, however, has not been studied adequately and little information is available.

In these final pages an attempt has been made to bring together whatever seemed significant to us, where literature exists, personal experience, and areas in which we think further observations need be made and recorded in order to correlate maternal diseases with fetal well-being.

Diabetes mellitus

A variety of placental abnormalities has been described in association with maternal diabetes mellitus. Extensive infarction, premature senescence, various villous angiopathies, hydrops resembling that of erythroblastosis fetalis, increased glycogen content, and even morphologically normal placentas have been reported (DRISCOLL, HEIJKENSKJOLD and GEMZELL, HIROTA and STRAUSS, HÖRMANN, MAQUEO, *et al.*, McKAY, PAINE, PLOTZ and DAVIS, REIS *et al.*, SAURAMO, TEN BERGE, THOMSEN and LIESCHKE, WARREN and LE COMPTE, ZACKS and BLAZAR, HORKY). Some of these contradictions are explicable in terms of care and complications of the diabetes and/or supervention of fetal death, with secondary placental atrophy (see Chapter VIII). The presence and extent of maternal diabetic angiopathy also influence placental structure (Figs. 181, 188).

Most *placentas* from diabetic patients are heavier than those from other gravidas at the same gestational age (Figure 312). However, with advancing mater-

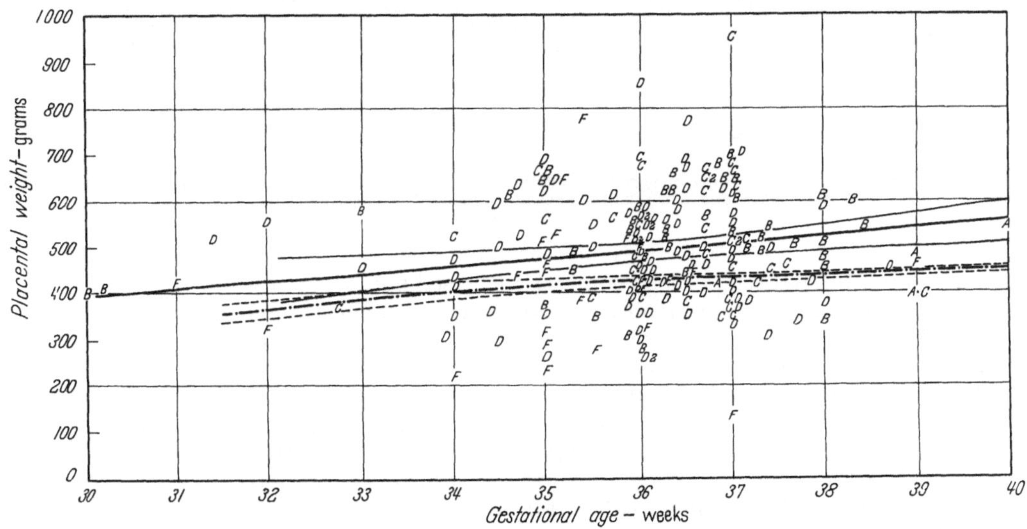

Fig. 312. Relationship of weight of placenta to gestational age, maternal diabetes mellitus. Solid lines indicate the regression of placental weight on gestational age among diabetics, and 95 percent confidence limits of mean weights. Broken lines represent mean weights of unselected placentas at various gestational ages, with limits of ± 2 standard errors about these means. Scattergram of the 200 individual observations in diabetics is also included. Each specimen is entered in the scattergram, using symbols A, B, C, D and F, according to the clinical classification of maternal diabetes. This classification depends principally on the duration of the diabetes and the presence or absence of maternal angiopathy. Class A is the mildest; Classes D and F imply vascular complications in the diabetic gravida (WHITE).

nal vascular disease, there is less tendency to placental enlargement, and with severe diabetic angiopathy (retinopathy, nephropathy), the placental weight may be normal or less than normal. *Fetal weight* tends to parallel placental weight. When diabetes is well controlled and delivery carried out a few weeks prior to term, destructive placental lesions are uncommon. With severe maternal vascular disease, extensive infarction may occur even as early as 32 to 34 weeks of gestation. *Histologically,* the usual picture is one of "relative immaturity" (Figure 313). The large, cellular, congested, and "edematous" villi are clothed in thick, obviously two-layered trophoblast, and mitotic activity may be evident in the Langhans'

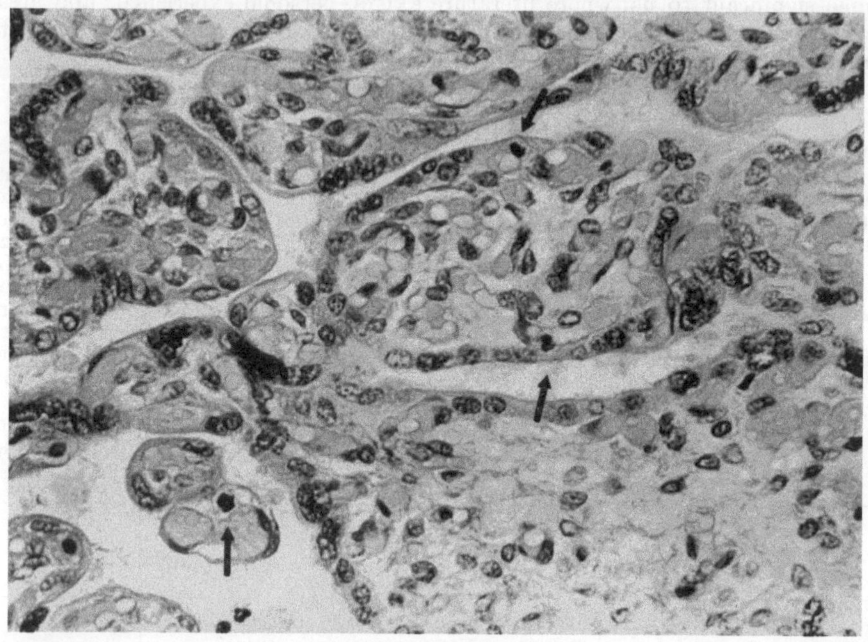

Fig. 313. Typical placenta from a diabetic gravida. Villi are large and "immature", with prominent, loosely cellular stroma, thick trophoblast, and little syncytial nuclear clumping. Three mitotic figures are seen at arrows (H & E × 400).

epithelium. Intravascular blood contains increased numbers of nucleated erythrocyte precursors, usually normoblasts. Rarely, islands of erythropoiesis are observed. This composite is obviously reminiscent of the placenta of erythroblastosis fetalis. The placentas of diabetics with the most severe angiopathy seem less "immature", may even be prematurely aged, or a mixture of the immature and mature may be seen. The placental findings in association with maternal *prediabetes* are similar to those of diabetes mellitus when the latter condition is of a relatively mild degree. Therefore, large placentas with histological immaturity are seen, but the complications of maternal angiopathy are unusual.

Absence of one umbilical artery occurs in three to five percent of progeny of diabetics. Diffuse alteration of the chorionic vasculature, such as chorangiomatosis ("fetalization" of HÖRMANN) may be seen, perhaps contributing to the congested aspect of the gross section, and may impose appreciable burdens on the fetal heart. Bland chorionic vascular thrombosis seems to be commoner in the presence of maternal diabetes than without it, perhaps on the same basis as renal vein thrombosis (Figs. 197, 199, 200). BURSTEIN *et al.* described endovascular proliferation of chorionic vessels associated with diabetes mellitus. We have not observed these vascular lesions, except distal to occlusive chorionic thrombi, and following fetal death *(q. v.).* BURSTEIN and coworkers also reported insulin binding at basement membranes in the villi of placentas from diabetics.

PINKERTON's study of placental site biopsies from 54 diabetics failed to uncover relationships between diabetes *per se,* and arteriolar disease, or diabetes complicated by essential hypertension, and arteriolar lesions. There was a suggestion of a relationship of arteriolar narrowing to preeclampsia in diabetics. However, in our experience with some 300 cases, decidual vascular lesions are common in diabetics; they comprise hyalinization with narrowing of arteriolar lumens and acute atherosis of small arteries (DRISCOLL). The former lesions are correlated with diabetes *per se,* the latter with severe systemic angiopathies and/or toxemias of pregnancy. Obviously, extensive arterial narrowing may produce significant impairment of uteroplacental perfusion, and sequelae thereof (See Chapter VIII).

According to PRYSTOWSKY, the placenta of the sheep grazing at an altitude of 16,000 feet is much larger than that of sheep at sea level. The human placenta at this altitude is also considerably larger than at sea level (ALZAMORA). The area available for diffusion is thus increased. As measured by HUCKABEE, the rate of uterine blood flow of the pregnant sheep is also much greater at high altitude than at sea level. These findings are interpreted as indicating the adaptive changes which take place in the pregnant animal at 16,000 feet, allowing it to maintain a rate of oxygen consumption identical to that of a similar animal at sea level. The same changes seem to occur in the human, permitting successful gestation at high altitudes. Perhaps the placental enlargement so characteristic of gestations in diabetics is on a similar basis, an adaptive response to uteroplacental hypoxia, the latter resulting from uterine, especially decidual, arteriolo- and arteriosclerosis *(q.v.).*

POLAK found more fat in the maternal part of placentas from two diabetics than in normals. POPJAK found increased deposition of neutral fat in the decidua and in the "fetal part" of placentas of rabbits fed high cholesterol diets. Perhaps these observations are pertinent to the subject of placental alterations in diabetes mellitus.

Non-immunologic hydrops placentalis

General Remarks

In hydrops fetalis, whether "immunologic" or not, placental hydrops is the rule. A detailed, comparative examination of placentas associated with non-immunologic hydrops seen in such states as fetal-maternal hemorrhage, congenital nephrosis, certain malformations, and "idiopathically" may help to distinguish what must be different pathogenetic mechanisms. Figure 314 depicts the hydropic placenta of a hydropic fetus, the latter afflicted with a massive cystic malformation of a lung and cardiopulmonary hypoplasia. POTTER, *inter alia,* described other instances of hydrops fetalis with a *pot-pourri* of fetal disorders, none fetal-maternal blood group incompatibility (See Chapter X for other relevant discussion). It would be interesting to determine which forms of hydrops impose maternal symptoms, in order to attempt to identify the pathogenesis of this syndrome and, perhaps, to elucidate preeclampsia-eclampsia, in general (see Chapter X).

Alpha-thalassemia

The hydrops fetalis which accompanies alpha-thalassemia is associated with striking placental abnormalities. This condition is responsible for the majority of hydropic births among Chinese, Rhesus incompatibility being rare in oriental populations. The disease occurs in individuals homozygous for alpha-thalassemia trait. Because of the

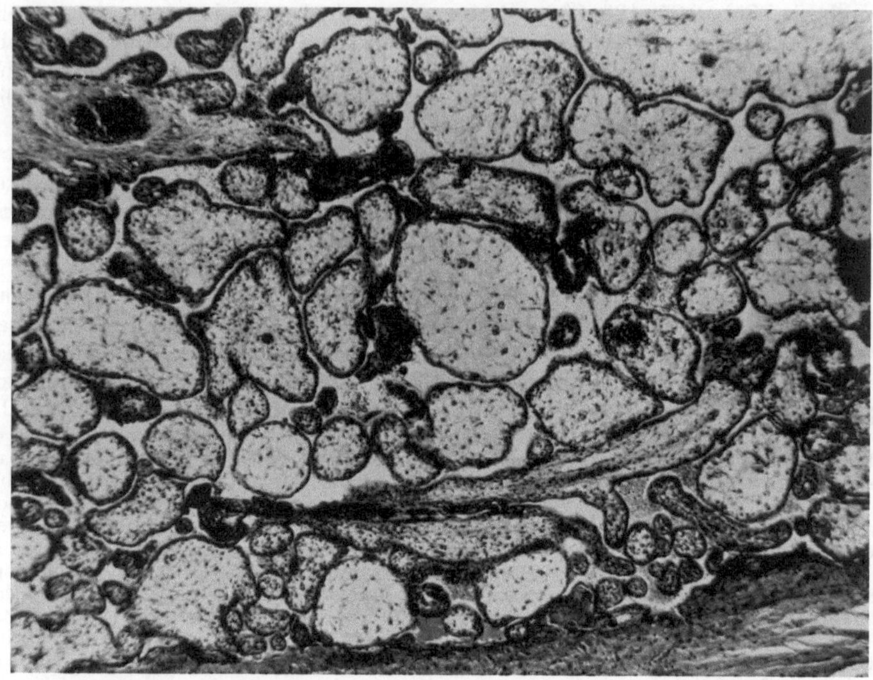

Fig. 314. Non-immunologic hydrops placentalis et fetalis. Premature infant with massive cystic adenomatoid malformation of lung, cardiopulmonary hypoplasia, and anasarca (H & E × 150).

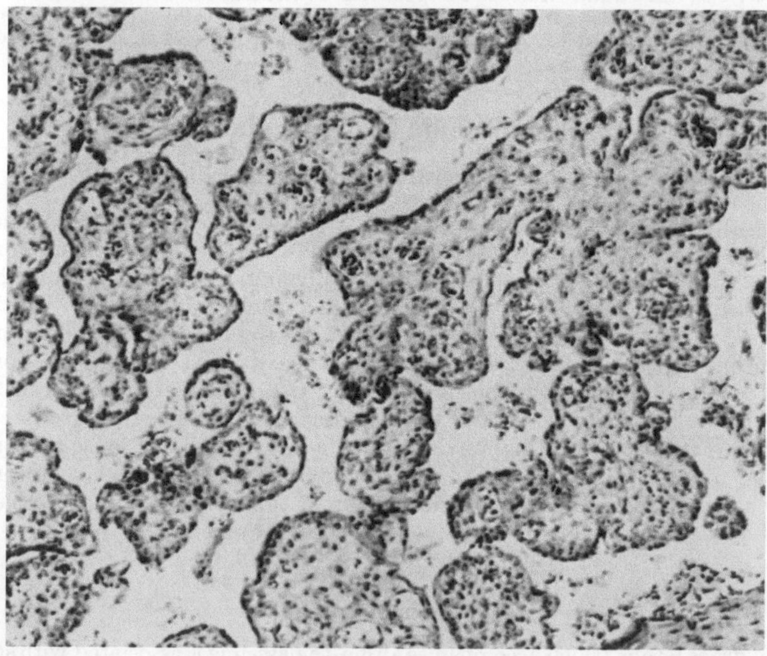

Fig. 315. Hydropic placenta associated with non-immunologic fetal hydrops due to alpha-thalassemia. The resemblance to severe erythroblastosis fetalis is apparent. (Compare with Figs. 244, 246, 247). Numerous nucleated red cell precursors in fetal capillaries, edema (H & E × 100).

strong affinity of the abnormal hemoglobin for oxygen, oxygen is not released to peripheral tissues and profound anoxia results. Hemolysis is not a major factor; the associated anemia is not as severe as that which occurs in hydrops of isoimmune fetal hemolytic anemia (LIE-INJO ENG; PAERSON *et al.*).

Three placentas of hydrops fetalis attributable to alpha-thalassemia recapitulated most of the features of severe antenatal disease due to Rhesus incompatibility with sensitization. Large and bulky (one weighed 1900 grams), they were not as pale nor as friable as the massive, hydropic placenta of severe hemolytic disease. Histological features comprised relative immaturity (prominent Langhans' epithelium, less syncytial knotting, increased villous cellularity) villous stromal edema, numerous nucleated erythrocyte precursors in fetal-placental vessels, and intravillous erythropoiesis (Figures 315, 316). The similarities between these placental changes and those of the commonplace hydropic erythroblastosis fetalis indicate the pathogenetic significance of fetal anoxia in the two diseases. It is also interesting that the two women who produced the three placentas upon which this description is based suffered from a syndrome of, or indistinguishable from, severe, even fulminating preeclampsia during the affected pregnancies (See SCOTT, HIRSCH & MARK; NICOLAI & GAINEY; and Chapter X for other remarks on this syndrome).

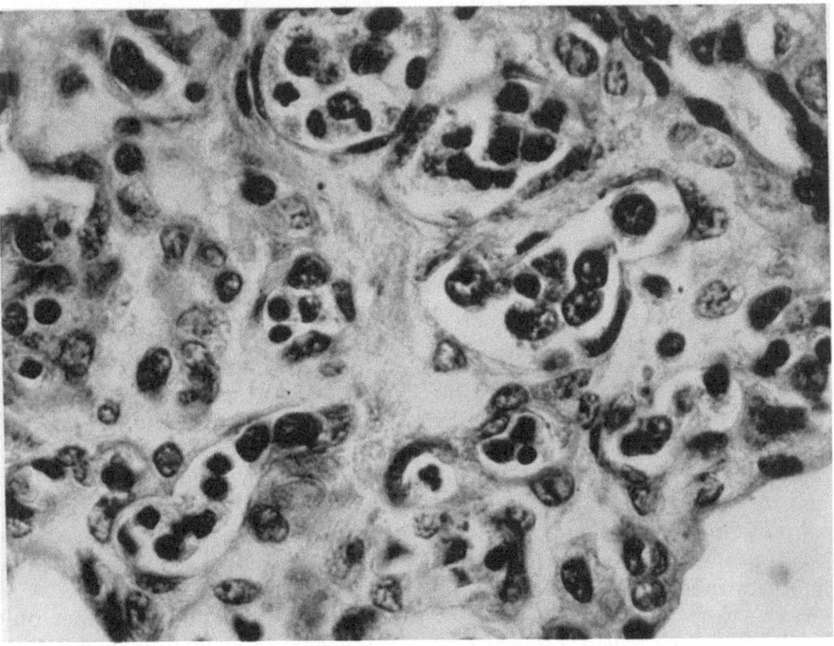

Fig. 316. Same case as previous figure, alpha-thalassemia. Erythropoiesis, recapitulating that seen in hepatic sinusoids, is evident within fetal capillaries (H & E × 640).

Congenital nephrosis

KOUVALAINEN and associates have described the placentas associated with 17 cases of congenital nephrotic syndrome. The placental weights varied from 560 to 2950 grams; the fetal-placental weight ratio varied from 0.9 to 3.9. Only four of these placentas weighed less than one kilogram. The histological features comprised those of villous edema, with relatively immature-appearing trophoblast. A similar specimen is illustrated in Figure 317.

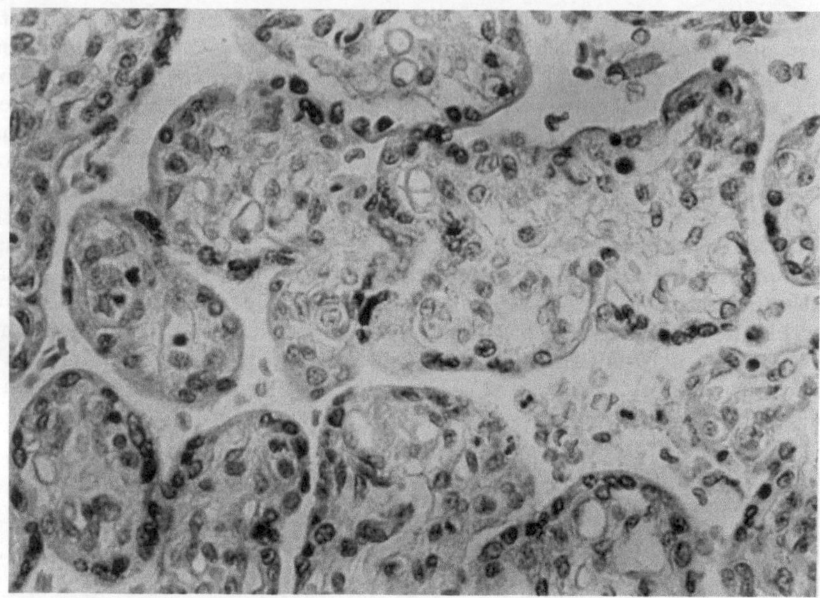

Fig. 317. Hydropic placenta associated with congenital nephrosis, term delivery. Simple villous edema and relatively thick Langhans' epithelium are seen (H & E × 400).

Anemia

Sickle-cell disease

Sickle-cell disease occurs, with few exceptions, in negroes and is characterized by the presence of sickle-shaped red blood cells which result from the crystallization into "tactoids" of the abnormal hemoglobin S, particularly under conditions of reduced oxygen tension. The heterozygous "trait" occurs in 9% of the US Negro population, as often as 45% in central Africa. The homozygous "disease" is found in, perhaps, one of 600 US negroes and has many serious sequelae. While CHERNOFF states that pregnancy in such persons is not associated with excessive hazards if properly managed, BEACHAM & BEACHAM find in a review that one of five mothers died and only two-thirds had living offspring. WINSTON & MASTROIANNI report three pertinent cases and comment in a lucid manner on the principal difficulties encountered if pregnancy occurs in women with the disease. These are primarily urinary tract infections (45%), toxemia (25%), respiratory infection (20%) and puerperal sepsis (20%). Heart failure is not infrequent. In contrast, patients with the sickle-cell trait (the heterozygous condition), have a better prognosis as WHALLEY *et al.* were able to demonstrate in a series of 500 women. They review the conflicting previous reports and add their own evidence that the only increased hazard to women with this trait and pregnancy is a higher incidence of pyelonephritis during pregnancy and the puerperium. They see the explanation for this concurrence in the probable relationship of an increased degree of sickling in hypertonic environment–the renal papilla, where most lesions are found (MOSTOFI *et al.*; PERILLIE & EPSTEIN). In another context we have presented what evidence exists that the maternal sickle-cells rarely enter the fetal circulation in significant numbers (Chapter VI, Cell transfer) and WINSTON & MASTROIANNI, among others report negative findings on newborns of mothers with sicklemia.

Hazards of fetal death are increased in sickle-cell anemia, and placentas are said to be infarcted (ANDERSON *et al.*). Without personal acquaintance with these lesions or adequate photographs thereof, one is uncertain as to their nature and pathogenesis. However, stasis in decidual vessels is a likely mechanism for such infarction.

The diagnosis of this disease is easily made when it is thought of (CHERNOFF) and the histologic appearance of the sickle-cells in surgical specimens or at autopsy is so characteristic that it warrants no further description. Unfortunately, the placenta has rarely been studied adequately in this disease and we know little more than that sickle-cells occur in the intervillous space (Fig. 318). In line with the discussion on calcification *(v. i.)* one may expect that calcium deposits may occur more frequently and, because thrombosis is common in other sites (*e. g.*

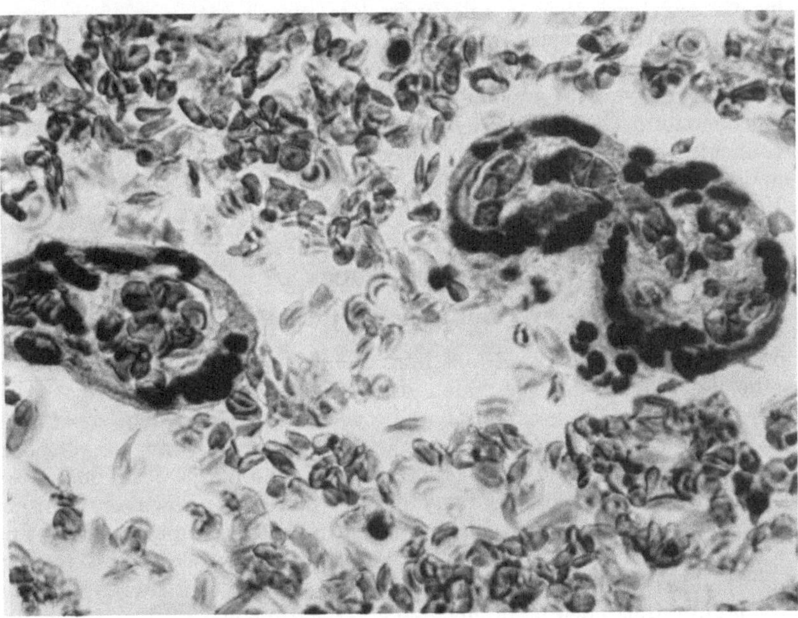

Fig. 318. Sickle-shaped maternal erythrocytes in intervillous blood. The fetal capillaries contain normal-shaped erythrocytes because even the homozygote's (S–S) fetal erythrocytes contain predominantly fetal hemoglobin before birth (H & E × 640).

spleen), one may expect an increased incidence of intervillous thrombi, but whether this is the case is not known. WIGGLESWORTH, in his pathologic study of the insufficient placenta, describes a 24 year old patient suffering from "mixed sickle-cell and thalassemia hemoglobinopathy" who had had several abortions. The first pregnancy observed by the author was complicated by mild anemia and resulted in the delivery of a term baby. In the next pregnancy fulminating pre-eclampsia developed; a stillborn premature baby was associated with a placenta which showed 15% acute infarction. In 4 patients with other types of anemia no characteristic placental changes were detected.

Other anemias

Pernicious anemia, treated and well controlled during gestation, was not reflected by morphologic abnormality of the placenta. Commonplace iron deficiency anemias and the megaloblastic anemias of pregnancy do not appear to influence placental morphology. However, recent studies in Britain, Australia, and the United States uncovered a surprisingly high incidence of folic acid deficiency among pregnant women, especially, but not exclusively, among those experiencing vaginal bleeding, threatened abortion, abruptio placentae, premature labors and, of course, megaloblastic anemias (McKenzie & Abbott, Hibbard & Hibbard, Hibbard, Martin & Davis, Streiff & Little). Folic acid deficiency, as reflected by megaloblastic erythropoiesis, was found by McKenzie and Abbott in 1 of every 26 pregnant women. On the basis of urinary excretion of formiminoglutamic acid (Figlu, an intermediary in the degradation of histidine, which accumulates in states of folic acid deficiency), Hibbard found 11.4% of 167 unselected pregnant women deficient in folic acid. Increasing parity was correlated with increased risk of folate deficiency. Bone marrow studies revealed megaloblastic erythropoiesis, a relatively late manifestation of folic acid deficiency, in 4.2% of this series from Liverpool. Perhaps, some of the structural variability of placentas which have been accepted as "within normal limits" (*e.g.* wide range in weights and measurements, marginal infarction, fibrin deposition, calcification, and decidual necrosis) may result from such deficiencies. In this connection, it is pertinent that only 5 of the 48 oral multivitamin preparations listed in the Physicians' Desk Reference of 1966, under the heading "Pregnancy, Vitamins and Minerals" contain folic acid.

Collagen diseases
Systemic lupus erythematosus

As in most of the other conditions here mentioned, little information is available on the pathologic changes which might occur in the placentas of patients suffering from collagen diseases. *Systemic lupus erythematosus* is the most common of these and, as Mund *et al.* in their review suggest, it cannot be considered a rare disease any longer. They observed 43 women who had 111 pregnancies. The rate of spontaneous abortion was considerably increased; however, no mention is made of possible decidual vascular changes in these specimens. They find no evidence that pregnancy mitigated the course of this disease and review the conflicting evidence. Friedman & Rutherford also find an increased abortion rate and a higher incidence of prematurity. The transplacental passage of antinuclear antibody has been recorded in nine cases according to the recent summary by Jackson. He reports the third case of discoid lupus in a newborn of a mother with the disseminated disease and considers the passage of all types of antibodies and the effect this may have on the fetus as well as how treatment may modify the finding of L. E. cells in the newborn. Unfortunately, even in his well studied case the placenta was not examined.

In five instances of lupus erythematosus disseminatus, placentas have been available for our examination, and in four of these, decidual curettings were also studied. The outcome varied from antepartum death, maceration and premature birth, to normal term delivery, with survival of a well-grown, well-nourished child. One placenta was small and multilobated, nearly a placenta membranacea, and massively infarcted (Fig. 319). Acute necrotizing decidual arteriolitis was recognized in curettings (Fig. 189). The same gravida had aborted previously and sections of the curetted decidua disclosed fibrinoid necrosis of smaller arteries. Another placenta, accompanying a wizened, underweight, but vigorous, premature infant, delivered at 34 weeks, showed "premature aging", in the form of abundant syncytial knotting and nuclear clumping. Intragestational corticosteroid therapy and maternal hypertension complicated this case, perhaps, also complicating the placental damage. Interestingly, BLACKBURN *et al.* have recently described premature senescence of the placenta, when prednisolone was administered to the

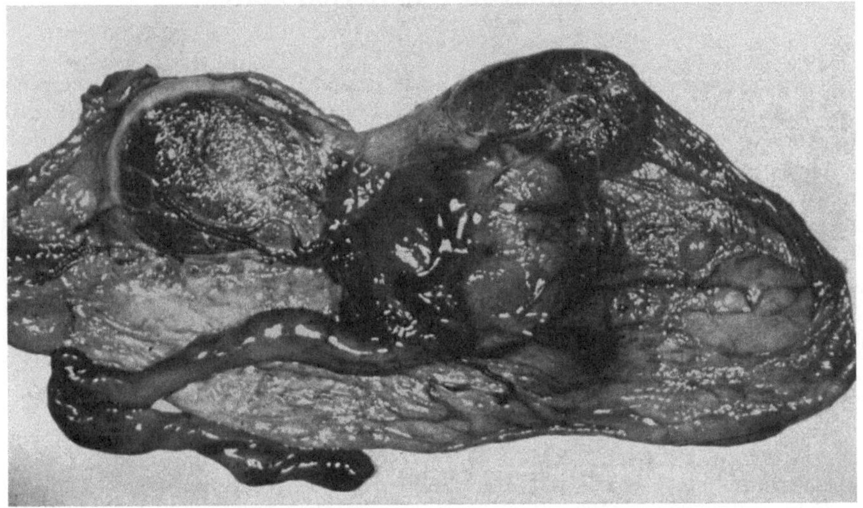

Fig. 319. Gross appearance of placenta from gravida with lupus erythematosus disseminatus, whose decidual curettings are depicted in Figure 189. The placenta is multilobated and extensively infarcted. Infarcts involved 55% of the placenta, by weight of formalin fixed specimen. Fetal death.

gravid animal in large doses throughout pregnancy. Doubtless the variation in observed structural and functional reactions of placentas are related to randomness of vasculitis, the duration, severity and sites of extragenital involvement, and therapies used.

Scleroderma

A patient with *scleroderma* described by TISCHLER *et al.* became pregnant while on prednisone treatment. A normal term infant was delivered who did well. The placenta is not described.

GUNTHER and HARER reviewed nine reported cases of pregnancy complicating scleroderma and described their own observations of a patient who had three successful pregnancies. Placenta previa was diagnosed on each of the three occasions, but no other placental data were presented. SPELLACY described a patient whom he observed, whose premature delivery produced a placenta described as grossly normal (weight not given), and containing microscopic infarcts. We have studied the placenta and attached decidua from a woman afflicted with scleroderma, who produced a normal child. The placental weight and configuration were normal; unusual numbers of cysts were seen on sectioning; no vascular lesions or connective tissue abnormalities were recognized in either fetal-chorionic or decidual tissues.

Allergic dermatitis

Another gravida, suffering from severe, chronic *allergic dermatitis* which necessitated cortisone therapy, also delivered a normal child, 12 days before term; this placenta, the attached and curetted decidua revealed no morphologic abnormalities.

Other abnormal maternal states

Pheochromocytoma

Pheochromocytoma of the adrenal gland is rarely diagnosed during pregnancy. PESTELEK & KAPOR describe a case in which abruptio placentae occurred in the third trimester (previous "abortion" at sixth month) with postoperative death of the patient. The tumor was diagnosed at autopsy. These authors refer to the review by DEAN in which 32 cases are gathered with a 50% mortality. They believe that adrenalin secretion by the tumor caused the separation of the placenta in their case. CANNON ascribes the frequent abortions and stillbirths (5 of 6 pregnancies) in his patient to an excessively large tumor. The patient had recurrent episodes of hypertension and albuminuria with these pregnancies. This erroneous diagnosis of "toxemia" or atypical eclampsia has apparently often been made in this condition; however, the placental findings have never been described (CALVY *et al.*).

Hyperlipemia

An unusual case of *hyperlipemia* in pregnancy was described by MILLEN *et al.* The patient was in severe keto-acidosis at term in the absence of glycosuria, had an elevated amylase level and "creamy blood". The retroplacental blood was described as having the appearance of "cream of tomato soup". The following lipid levels were recorded at birth (mg/100 ml plasma):

	Maternal blood	Cord blood
Total cholesterol	1,800	65
Free cholesterol	1,065	21
Phospholipids (P × 25)	2,180	108
Neutral fat	16,490	181
Total lipid	20,925	384

On the fourteenth postpartum day the lipid levels had fallen considerably but were still abnormal; cholesterol was elevated until the eighth month postpartum. Protein anomalies are also recorded in this publication. The authors assume that, perhaps, pancreatitis intervened in late pregnancy of a woman whose family showed evidence of hypercholesterolemia. It is of interest that the term infant did well and did not share the lipid derangement of the mother. The placenta is not described.

Radiation

The placenta may show changes when *radiation* is used therapeutically for carcinoma of the cervix as DRISCOLL *et al.* describe in two detailed case reports. The first pregnancy was 16–17 weeks in length when radium was inserted into the cervical canal for 28 hours and the fetus removed the next day. The placenta and membranes showed nonspecific decidual necrosis and inflammation in which chorion and amnion participated to a lesser extent. A few villi were infiltrated by leukocytes, they contained fewer Hofbauer cells and a few intervillous thrombi were found. The decidua basalis was partially necrotic and extensive degenerative and inflammatory changes were found in the 15 cm (CR) fetus. The second case had radium needles inserted into the cervix at 22 weeks for 100 hrs. Hysterotomy was undertaken six days later. Grossly, placenta and fetus (21 cm CR) were again normal. Microscopically, numerous degenerative changes were found in the fetus but, with the exception of edema of the cord, the placenta was normal. RUGH provides a detailed review of the available literature. He concludes that, while the placenta is readily passed by highly radioactive isotopes with demonstrable destructive activity in the fetus, it suffers no functional or anatomic damages, *i.e.*, it is highly radioresistant. In experiments with monkeys severe damage to the fetus could be produced by direct irradiation; however, the placenta remained anatomically and functionally normal, whether examined immediately or months after the insult.

FORAKER *et al.* produced placental injury by irradiating the rabbit placenta *in situ* on the ninth day of gestation. Damage to placentas was less impressive than that seen in associated embryos; larger doses and longer periods of exposure were required to produce these effects than had been reported by HICKS as injurious to the mammalian embryonic central nervous system. The effects involved the syncytium and perisyncytial decidua, and comprised degeneration, nuclear pyknosis, karyorrhexis, and cell necrosis, associated with histochemical changes regarded as nonspecific.

KUZNETSOVA produced acute radiation sickness in rats at different stages of gestation and observed inadequate development of cytotrophoblast, and abnormalities of subsequent development of cytotrophoblast, and of its conversion into syncytium. Edema, congestion of maternal blood vessels, and hemorrhages were seen. The findings varied with the age at the time of irradiation and the interval between irradiation and delivery.

Hepatitis

We have examined two placentas from gravidas who delivered during the icteric stage of presumed viral hepatitis, one at term and the other at about 28 weeks' gestation. Both placentas were unusually friable, membranes were meconium' stained; the chorionic vessels of the mature placenta contained nucleated erythrocyte precursors; no inflammatory lesions were seen and both infants remained well.

Thyroid disorders

HOET *et al.* recently reviewed the subject of *hypothyroidism* in relation to pregnancy and cited no placental abnormalities. Our series of three placentas delivered by a severely hypothyroid patient, under good therapeutic control, revealed no placental lesions. HERBST and SELENKOW reported their experiences with 24 *hyperthyroid* patients, treated and controlled during pregnancy. No placental abnormalities were observed by these investigators, except in one case additionally complicated by severe pre-eclampsia. Personal study of five placentas from this series of patients suggested that the placental weight and volume might be somewhat less than normal, but a larger series would be required to be certain of this.

Placental insufficiency

Dysmaturity, placental insufficiency syndrome, placental dysfunction, intrauterine growth retardation, low birth weight, infantile dystrophy, chronic fetal deprivation–all these terms have been applied to infants whose growth and/or nutrition suggested prenatal handicaps, often assumed to be due to inadequate placental function (CLIFFORD; GERSHON and STRAUSS; GRUENWALD; KUBLI and BUDLIGER; McKAY and HERTIG; SIEGEL; WIGGLESWORTH, *i. a.*). While a vigorous, well-nourished infant is the best proof of good placental function, the birth of a "dysmature" child is not necessarily valid evidence of inadequate placental function. The associated morphologic placental abnormalities vary greatly, from infarction, villous avascularity, fibrinosis, asynchronous or premature aging, to nonspecific chronic villous inflammation, and many associated placentas are indistinguishable from those of healthy babies (BECKER; BREBOROWICZ; GERSHON and STRAUSS; GRUENWALD; KUBLI and BUDLIGER; SIEGEL; WIGGLES-WORTH). Biased sampling probably accounts for some of the differences among reports (FOX). Some of the placental lesions which appeared to us to handicap the growth and nutrition of the child have been described in earlier chapters (See Circulatory Disorders, Chapter VIII; Infections, Chapter IX). Other condi tions which may be so associated comprise maternal states (*e. g.* heart

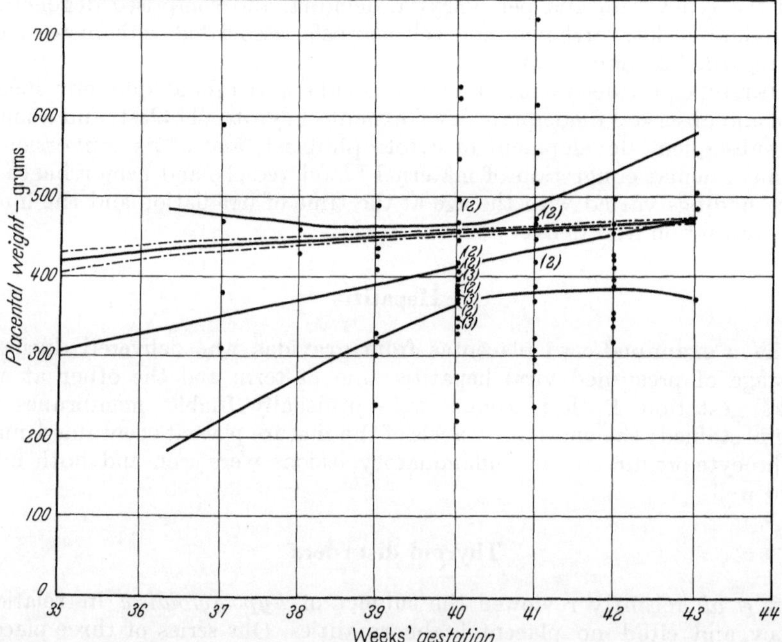

Fig. 320. Relationship of placental weight to gestational age in "dysmaturity". Solid lines indicate the regression of placental weight on gestational age among "dysmature" livebirths, and the 95 percent confidence limits of mean weights. Individual observations among dysmatures form the scattergram. Broken lines represent mean weights of unselected placentas at various gestational ages with limits of ± 2 standard errors about these means. (Unpublished data of BELTRAN-PAZ and DRISCOLL).

disease, renal disease, chronic undernutrition, malformed uteri, excessive cigarette smoking), multiple gestation *(q.v.),* and fetal abnormalities (such as certain chromosomal lesions, multiple malformations, and radiation injury). Despite the morphological heterogeneity among placentas of "dysmature" infants, they tend to be lighter in weight than those of the general population at comparable gestational ages, the decrease in weight being roughly proportional to that of the infants themselves (Fig. 320).

In the future, it will be possible to measure various parameters of fetal and placental health, as pregnancy progresses. GREENE and his colleagues recently reviewed the growing mass of data relevant to such an assessment. An encouraging battery of parameters promises firmer bases for future management of precarious, or potentially precarious gestations in years to come. Systematic study of the placenta should be carried out in all these cases, seeking correlations. BREBROWICZ and his coworkers have attempted this in studies of placental structure in relation to urinary estrogen excretion. They demonstrated no interrelationship of quantity of syncytium and urinary estrogen. However, the latter was correlated with fetal weight.

Trauma

The relationship of external *trauma* to the course of gestation has been reviewed by LEVI, who also provided an annotated bibliography. Among instances in which trauma has been thought to exert adverse effect on the intrauterine conceptus, few withstand critical review. Careful examination of the placentas and progeny of suspect pregnancies is necessary in order to evaluate feto-placental health prior to, and abnormalities thereof contemporaneous with or immediately subsequent to, the trauma.

Trisomy 18

HECHT reviewed the few available data on placentas associated with the syndrome of *trisomy 18*. Five case reports were cited and two additional ones were added by the author. Six of the seven placentas were "small", the seventh weighing 620 gm., with adnexa. The tacit assumption that a small placenta produces a small fetus is obviously unwarranted in view of the diverse and diffuse disturbances of growth of victims of this disorder of chromosomes, which does not spare their placentas.

High risk groups

New emphasis has been placed on identifying women in whom the risks of abnormal gestational outcome are enhanced, the so-called *high risk groups*. Selection of these patients, usually based on such data as age, race, weight, gravidity and parity, and by review of general medical history and past obstetrical performance, can then lead to additional special studies and provisions for extraordinary care in future pregnancies. In "high risk pregnancies" placentas are often abnormal. Clues to remediable, recurrent, and specific causes of habitual reproductive casualty can be expected from the careful study of placentas in these circumstances. (For examples, see Chapter IX, Infections.)

Stilbestrol therapy

SOMMERS and associates reviewed the morphology of placentas from pregnancies which had been treated with *stilbestrol*. Like the fetus from such pregnancies, the placentas were increased in weight, whether delivered at term or prematurely, with or without toxemia. Circummargination was relatively common. The fetal/placental weight ratio was the same as among the control specimens. However, among the prematures from pregnancies treated with stilbestrol, the weight ratio of fetus to placenta was decreased. Calcium and intervillous thrombi appeared to be increased in frequency among placentas from treated cases. It should be mentioned that the comparison was made with normal placentas and little consideration was taken of the fact that the gravidas who were treated had exhibited bad reproductive performance in the past.

Placental calcification

At times rather impressive amounts of calcium salts are deposited in placentas toward the end of pregnancy (Fig. 191). So *severe acalcification* it may be that the floor of the placenta is stiff, yellow and granular and, when sectioned, imparts to the knife a gritty sensation. Such relatively uncommonly severe degrees of calcium deposition have raised the question of their possible relationship to maternal disease and the possible impact this mineralization may have upon fetal development.

Calcium salts are deposited in the placenta in the same physicochemical form as that of bone. EINBRODT & SCHMID report on physicochemical study of two severely calcified placentas (11 and 10% calcium content of dry weight) and find a Ca/P ratio of 1/0.6, as is that of bone. They find no carbonate and by X-ray crystallography the pattern is that of apatite. In their patient with A.T. 10-treated *tetany*, maternal calcium level was found to be 13 mg % post partum, the placenta showed massive calcification and the baby was stillborn. During the next pregnancy, however, a normal baby was delivered with a placenta which again was massively calcified (10% of dry weight). Calcium levels in the mother had reached 8.9 mg % and no A.T.10 treatment had been instituted. They do not consider the placental calcification as cause of the fetal death.

Systematic studies of the calcium content of placentas, as well as other inorganic substances, were undertaken by MISCHEL which are summarized by BERGER & V. HORNSTEIN. Various compartments for calcium deposition (structure, liquids, transport, degenerative) are differentiated by this author. In this context, only that associated with fibrin, the placental floor and septa is relevant as it is the only calcification, for all intents and purposes, that can be recognized by the morphologist. Its quantitative variation produces the gritty placenta referred to at the outset. McKAY *et al.* considered the incrustations of the basement membranes occurring toward term and to which we have referred elsewhere. MISCHEL cannot find a relationship to sex of fetus and weight of placenta but toward term an increase was noted which is not further elevated in postmature placentas. According to Simon (quoted by BERGER & v. HORNSTEIN) there is no relationship to erythroblastosis and this author considers calcification in degenerate areas to be related to changes in local CO_2 and pH. The relationship of calcification to postmaturity is in dispute. MISCHEL finds no such relationship, and MASTERS & CLAYTON describe in only occasional cases an increased calcification in postmature placentas. In a recent chemical study, JEACOCK finds no increase in calcium content of 10 postmature placentas which she compares with 118 term pregnancies. In twins the content of calcium was comparable to that of singletons of similar weight but it is of interest that there was, at times, considerable difference in the content of the two placentas of a binovular twin pregnancy, a finding which TINDALL & SCOTT in a more recent publication support with additional data. JEACOCK describes a content of 4 mg/g dry weight in the first trimester, 3.6 mg/g in cases of premature labor (28–36 wks.) and 10 mg/g at term. In only severely toxemic patients was the calcium content increased and there was a very marked rise in those placentas associated with macerated fetuses before term. Rhesus factor incompatibility and hydramnios cases had normal values. TINDALL & SCOTT are critical of some of these findings since "one cannot equate total calcium levels with the amount of calcium precipitated". Infarcted areas in the placenta contained no more calcium than the remainder. Fox assessed calcification macroscopically and by histologic study. He classified 24.6% of normal term placentas as calcified and comments on the relative difficulty of comparing data obtained by this means, chemical analysis and radiographic study. He supports FUJIKURA's finding of a relationship to primigravidity which may relate to a higher blood calcium level of primigravid women. These authors also find no relationship to degenerative lesions. Fox emphasizes his finding of an association between placental calcification and fetal distress.

UEHLINGER observed an extensive calcification of the placenta of a stillborn girl who died in the 38th week of gestation (Fig. 321). The mother suffered from primary hyperparathyroidism with a blood calcium value of 11.7 mg%. She died on the day of delivery due to severe acute hemorrhagic pancreatitis.

Tindall & Scott criticize earlier studies because of techniques and inadequate sampling. They use standard X-ray techniques and find most placentas to have a uniform "reticular" calcification, increasing toward term. Multigravid women had less placental calcification but higher maternal age was a more important modifier in this respect as was already suggested by Fujikura (a). Calcification was significantly more common in the summer months (as in Fujikura's (b) study) and, after due consideration and discussion, these authors conclude that "calcification is a normal, physiological process rather than a pathological one when it occurs in the placenta". They found no increased calcification in stillbirths, discuss their different results (from those of Jeacock) and suggest that after fetal death calcium deposits may revert to a soluble form, perhaps secondary to pH changes. Also, contrary to Fox, they found in their

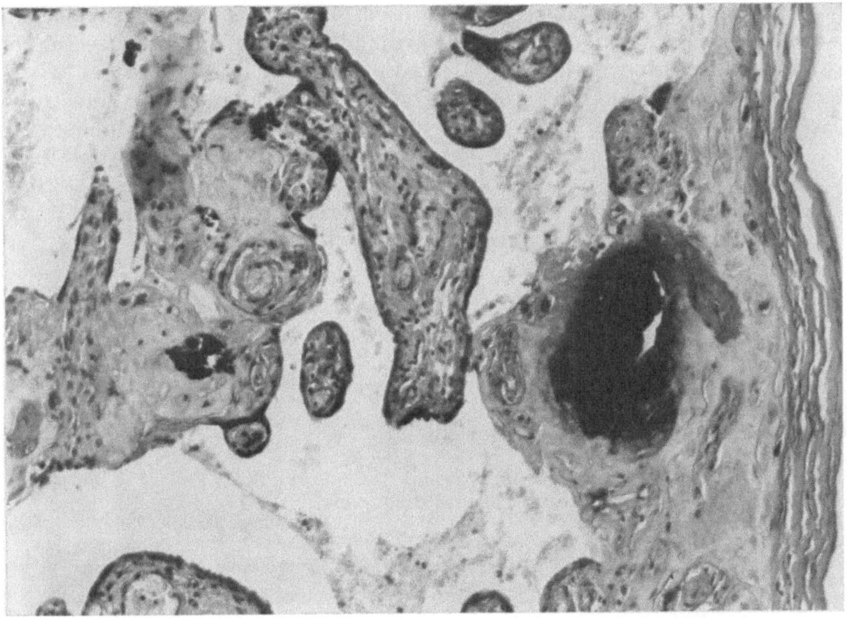

Fig. 321. Extensive calcification of placenta in primary hyperparathyroidism of the mother. HE, 115 x. (SN 1843/57 Patholog. Institut Zurich.

larger series no relationship of calcification to fetal asphyxia. Calcium deposits were much less in the cases of maternal *anemia*. In line what has been said earlier (Chapter V–Twins), it is of interest to learn that these authors found a fetus papyraceous (twin) in this X-ray study of placentas which had not been suspected on gross examination. They believe that the difference observed in calcification of some twin placentas reflects an influence the fetus may have on the degree of calcification.

In summary, one may say that placental calcification bears a close relationship to maternal calcium levels, dietary intake, vitamin D intake and ultraviolet exposure; little influence seems to be exerted by a heavily calcified placenta upon fetal well-being. The calcium deposits can be regarded as stores for the placental "calcium pump" and these last authors review the evidence which suggests that calcium deposits may represent the end stage of a fetal/maternal immunological interaction. The concept expressed by most of these authors differs from the opinions of Hörmann and Becker, who regard excessive calcification as an expression of placental insufficiency in a hypoplastic organ.

Closing Comment

With burgeoning interest in fetal and infant welfare, more and more attention is focused on pregnancy failure, whether the latter includes only fetal wastage or extends to the handicaps of damaged surviving progeny. Systematic reviews of these problems usually disregard the placenta as a potential source of valid data relevant to the pathophysiology of gestation and its outcome. Adequate placental function is paramount to fetal survival, and the placenta is the co-victim with the fetus in many antenatal disorders. Surely, the study of the placenta, as a maternal and fetal biopsy, is often rewarding in terms of specific disease, both diagnostically and pathogenetically. Systematic examination of the placenta is the *sine qua non* of the perinatal autopsy. The last table presents an illustrative years' experience with routine placental examination as one com ponent of the perinatal autopsy. A full appreciation of factors lethal to fetus and neonate requires that this large, diverse, yet available organ be consulted. The value of placental studies in the detection and interpretation of sublethal prenatal and natal injury, although inestimable, is obviously great.

Table

Placental examination as part of the perinatal autopsy*

Total autopsies which included placental examinations	167
Placentas abnormal	92% (154)
Findings diagnostic of "Cause of Death"	32% (13 NND + 40 FD)
Necessary to final diagnosis	16% (4 NND + 22 FD)
Findings contributory, but not diagnostic	30%
Abnormal, but not contributory to final diagnosis	30%
Placentas normal	8%

* (From Driscoll [1965]; data reproduced with permission of W. B. Saunders Co.; Philadelphia, Pa.)
NND = neonatal death
FD = fetal death

References

ALZAMORA, O.: Algunas observaciones sobre las alteraciones de la placenta human en la altura. Rev. Asoc. Med. Prov. Yauli **3**, 75 (1958).

ANDERSON, M., L. N. WENT, J. E. MACIVER & H. G. DIXON: Sickle cell disease in pregnancy. Lancet **ii**, 516 (1960).

BEACHAM, W. D. & D. W. BEACHAM: Sickle cell disease and pregnancy. Obstet. Gynec. Survey **6**, 455 (1951).

BECKER, V.: Über maturitas praecox placentae. Verh. d. Dtsch. Ges. f. Path. 1960. G. Fischer, Stuttgart. p. 256.

— Funktionelle Morphologie der Placenta. Arch. Gynäk. **198**, 3 (1962).

BERGER, M. & B. v. HORNSTEIN: Die Inhaltstoffe der Placenta. Fortschritte der Geburtshilfe und Gynäkologie **14**, Bibliotheca Gynaecologia. Fasc. 25. S. Karger, Basel 1961.

BLACKBURN, W. R., H. S. KAPLAN & D. G. McKAY: Morphologic changes in the developing rat placenta following prednisolone administration. Amer. J. Obstet. Gynec. **92**, 234 (1965).

BREBOROWICZ, H.: Fetal distress and the size of the chorionic surface. Gynaecologia **157**, 47 (1964).

—, F. KRZYWINSKA & T. PISARSKI: The relation between placental structure and urinary estrogen levels. Amer. J. Obstet. Gynec. **91**, 1107 (1965).

BURSTEIN, R., A. W. BERNS, Y. HIRATA & H. T. BLUMENTHAL: A comparative histo- and immunopathological study of the placenta in diabetes mellitus and in erythroblastosis fetalis. Amer. J. Obstet. Gynec. **86**, 66 (1963).

—, R., S. D. SOULE & H. T. BLUMENTHAL: Histogenesis of pathological processes in placentas of metabolic disease in pregnancy. II. The diabetic state. Amer. J. Obstet. Gynec. **74**, 96 (1957).

CALVY, G. L., M. E. RESNICK, D. R. KNAB & J. F. RICHARDSON: Hypertension, pregnancy, and pheochromocytoma. J.A.M.A. **171**, 151 (1959).

CANNON, J. F.: Pregnancy and pheochromocytoma. Obstet. Gynec. **11**, 43 (1958).

CHERNOFF, A. I.: The hemoglobinopathies and thalassemia. In Cecil-Loeb-Beeson-McDermott, Textbook of Medicine, p. 1100–1102. Saunders, Philadelphia 1963.

CLIFFORD, S. H.: Postmaturity-with placental dysfunction. J. Pediat. **44**, 1 (1954).

DEAN, R. E.: Pheochromocytoma and pregnancy. Obstet. Gynec. **11**, 35 (1958).

DRISCOLL, S. G.: Pathology of pregnancy complicated by diabetes mellitus. Med. Clin. N. Amer. **49**, 1053 (1965).

— Pathology and the developing fetus. Pediat. Clin. N. Amer. **12**, 493 (1965).

—, S. P. HICKS, E. H. COPENHAVER & C. L. EASTERDAY: Acute radiation injury in two human fetuses. Arch. Path. **76**, 113 (1963).

EINBRODT, H. J. & K. O. SCHMID: Über abnorme Verkalkungen der menschlichen Placenta bei Maternitätstetanie. Arch. Gynäk. **200**, 327 (1965).

FORAKER, A. G., W. DENHAM & D. MITCHELL: Histochemical studies of irradiation of the placenta. Arch. Path. **59**, 82 (1955).

FOX, H.: The pattern of villous variability in the normal placenta. J. Obstet. Gynaec. Brit. Cwlth. **71**, 749 (1964).

— Calcification of the placenta. J. Obstet. Gynaec. Brit. Cwlth. **71**, 759 (1964).

FRIEDMAN, E. A. & J. W. RUTHERFORD: Pregnancy and lupus erythematosus. Obstet. Gynec. **8**, 601 (1956).

FUJIKURA, T.: Placental calcification and maternal age. Amer. J. Obstet. Gynec. **87**, 41 (1963 a).

— Placental calcification and seasonal difference. Amer. J. Obstet. Gynec. **87**, 46 (1963 b).

GERSHON, R. & L. STRAUSS: Structural changes in human placentas associated with fetal inanition or growth arrest ("placental insufficiency syndrome"). (Abstract.) Amer. J. Dis. Child. **102**, 257 (1961).

GREENE, J. W., J. L. DUHRING & K. SMITH: Placental function tests. Amer. J. Obstet. Gynec. **92**, 1030 (1965).

GRUENWALD, P.: Abnormalities of placental vascularity in relation to intrauterine deprivation and retardation of fetal growth. Significance of avascular chorionic villi. New York State J. Med. **61**. 1508 (1961).

— Chronic fetal distress and placental insufficiency. Biol. Neonat. **5**, 215 (1963).

GUNTHER, R. E. & W. B. HARER: Systemic scleroderma in pregnancy. Obstet. Gynec. **24**, 98 (1964).

HECHT, F.: The placenta in trisomy 18 syndrome. Report of 2 cases. Obstet. Gynec. **22**, 147 (1963).

HEIJKENSKJOLD, F. & C. A. GEMZELL: Glycogen content in the placenta of diabetic mothers. Acta paediat. **46**, 74 (1957).

HERBST, A. L. & H. A. SELENKOW: Hyperthyroidism during pregnancy. New Engl. J. Med. **273**, 627 (1965).

HIBBARD, B. M.: The role of folic acid in pregnancy. J. Obstet. Gynaec. Brit. Cwlth. **71**, 529 (1964).

— & E. D. HIBBARD: Aetiological factors in abruptio placentae. Brit. Med. J. **ii**, 1430 (1963)

HICKS, S. P.: Mechanism of radiation anencephaly, anophthalmia, and pituitary anomalies. A.M.A. Arch. Path. **57**, 363 (1954).

HIROTA, K. & L. STRAUSS: Electron microscopic observations on the human placenta in maternal diabetes. Fed. Proc. **23**, 575 (1964).

HIRSCH, M. R. & M. S. MARK: Pseudotoxemia and erythroblastosis. Obstet. Gynec. **24**, 47 (1964).

HOET, J.-P., R. DE MEYER & L. DE MEYER-DOYEN: Hypothyroidie et grossesse. Helv. Med. Acta **27**, 178 (1960).

HORKY, Z.: Die quantitativen Veränderungen der Vaskularisation der Zotten in der diabetischen Plazenta. Zbl. Gynaek. **1**, 8 (1964).

HÖRMANN, G.: Schwangerschaft und Geburtsleitung bei Diabetes mellitus. Deutsch. Med. Wschr. **75**, 1741 (1950).

— Zur Systematik einer Pathologie der menschlichen Placenta. Arch. Gynäk. **191**, 297 (1958).

HUCKABEE, W. E. Quoted by C. A. VILLEE: In: Physiological Aspects of the Placenta. The Placenta and Fetal Membranes. Edited by C. A. VILLEE: Baltimore 1960. Williams and Wilkins. pp. 157–158.

JACKSON, R.: Discoid lupus in a newborn infant of a mother with lupus erythematosus. Pediatrics **33**, 425 (1964).

JEACOCK, M. K.: Calcium content of the human placenta. Amer. J. Obstet. Gynec. **87**, 34 (1963).

KOUVALAINEN, K., L. HJELT & N. HALLMAN: Placenta in the congenital nephrotic syndrome. Ann. Paediat. Fenniae **8**, 181 (1962).

KUBLI, F. & H. BUDLIGER: Beitrag zur Morphologie der insuffizienten Plazenta. Geburtsh. Frauenheilk. **23**, 37 (1963).

KUZNETSOVA, M. N.: Placental histology in radiation sickness. Akusherstvo i Ginekologiia **4**, 50 (1957).

LEVI, A. A.: The pregnant uterus—external trauma and its consequences: annotated bibliography. Obstet. Gynec. **21**, 755 (1963).

LIE-INJO LUAN ENG: Alpha chain thalassemia and hydrops fetalis in Malaya. Report of five cases. Blood **20**, 581 (1962).

—, LIE HONG GIE, J. AGER & H. LEMMANN: Alpha-thalassemia as a cause of hydrops foetalis. Brit. J. Haemat. **8**, 1 (1962).

— & YO BWAN HIE: A fast moving haemoglobin in hydrops foetalis. Nature **185**, 648 (1960).

— —, Hydrops foetalis with fast moving haemoglobin. Brit. Med. J. **ii**, 1649 (1960).

MAQUEO, M., J. CHAVEZ AZUELA, S. KARCHMER & J. CINCO ARENAS: Placental morphology in pathologic gestations with or without toxemia. Obstet. Gynec. **26**, 184 (1965).

MARTIN, J. D. & R. E. DAVIS: Serum folic acid activity and vaginal bleeding in early pregnancy. J. Obstet. Gynaec. Brit. Cwlth. **71**, 440 (1964)

MASTERS, M. & S. G. CLAYTON: Calcification of the human placenta. J. Obstet. Gynaec. Brit. Emp. **47**, 437 (1940).

McKAY, D. G., A. T. HERTIG, E. C. ADAMS & M. V. RICHARDSON: Histochemical observations on the human placenta. Obstet. Gynec. **12**, 1 (1958).

— Quoted by WHITE, P.: In: E. P. Joslin, H. F. Root, P. White and A. Marble (eds.): Treatment of Diabetes Mellitus. 10th. ed. Philadelphia, Lea and Febiger, 1959, p. 697.

— & A. T. HERTIG: Placental insufficiency. Bull. Marg. Hague Mat. Hosp. **10**, 3 (1957).

MCKENZIE, A & J. ABBOTT: Megaloblastic erythropoiesis in pregnancy. Brit. Med. J. **ii**. 1114 (1960).

MILLEN, R. S., E. M. RUSS, H. A. EDER & D. P. BARR: Pregnancy complicated by hyperlipemia. Amer. J. Obstet. Gynec. **71**, 326 (1956).

MISCHEL, W.: Die anorganischen Bestandteile der Placenta. IV. Mitteilung: Der Calciumgehalt der reifen und unreifen, normalen und pathologischen menschlichen Placenta. Arch. Gynäk. **190**, 228 (1958).

MOSTOFI, F. K., C. F. V. BRUEGGE & L. W. DIGGS: Lesions in kidneys removed for unilateral hematuria in sickle-cell disease. Arch. Path. **63**, 336 (1957).

MUND, A., J. SIMSON & N. ROTHFIELD: Effect of pregnancy on course of systemic lupus erythematosus. J.A.M.A. **183**, 917 (1963).

NICOLAI, K. S. & H. L. GAINEY: Pseudotoxemic state associated with severe Rh sensitization. Amer. J. Obstet. Gynec. **89**, 41 (1964).

PAINE, C. G.: Observations on placental histology in normal and abnormal pregnancy. J. Obstet. Gynaec. Brit. Emp. **64**, 668 (1957).

PEARSON, H. A., D. R. SHANKLIN & C. R. BRODINE: Alpha-thalassemia as cause of nonimmunological hydrops. Amer. J. Dis. Child. **109**, 168 (1965).

PERILLIE, P. E. & F. H. EPSTEIN: Sickling phenomenon produced by hypertonic solutions: A possible explanation for hyposthenuria of sicklemia. J. Clin. Invest. **42**, 570 (1963).

PESTELEK, B. & M. KAPOR: Pheochromocytoma and abruptio placentae. Case report. Amer. J. Obstet. Gynec. **85**, 538 (1963).

PHYSICANS' DESK REFERENCE TO PHARMACEUTICAL SPECIALTIES AND BIOLOGICALS. Medical Economics, Inc. Oradell, New Jersey, 1966

PINKERTON, J. H. M.: The placental bed arterioles in diabetes. Proc. Roy. Soc. Med. **56**, 1021 (1963).

PLOTZ, E. J. & E. DAVIS: Endocrine patterns in pregnant diabetic women. Clin. Obstet. Gynec. **5**, 346 (1963).

POLAK, R.: Fats in the pathologic placenta. Nederl. Tijdschr. Verl. Gynec. **52**, 81 (1952).

POPJAK, G.: Maternal and foetal tissue- and plasma-lipids in normal and cholesterol-fed rabbits. J. Physiol. **105**, 236 (1946).

POTTER, E. L.: Universal edema of fetus unassociated with erythroblastosis. Amer. J. Obstet. Gynec. **46**, 130 (1943).

PRYSTOWSKY, H. Quoted by C. A. VILLEE. In: Physiological Aspects of the Placenta. THE PLACENTA AND FETAL MEMBRANES. Edited by C. A. VILLEE, Baltimore, 1960. Williams and Wilkins. pp. 157–159.

REIS, R. A., E. J. DE COSTA & M. D. ALLWEISS: Diabetes and Pregnancy. Springfield, Charles C. Thomas, 1952, Chapt. VIII, p. 38.

RUGH, R.: Effect of ionizing radiations, including isotopes, on the placenta and embryo. In Symposium on the Placenta. National Foundation, N. Y. April 1965, 1. p. 64.

SAURAMO, H.: Histological and histochemical studies of the placenta and foetal membranes in pathological obstetrics. Ann. Chir. Gynaec. Fenn. **50**, 179 (1961).

— Cytotrophoblast of the placenta and foetal membranes in normal and pathological obstetrics. Ann. Med. Exper. Fenn. **39**, 7 (1961).

SCOTT, J. S.: Pregnancy toxaemia associated with hydrops foetalis, hydatidiform mole and hydramnios. J. Obstet. Gynaec. Brit. Emp. **65**, 689 (1958).

SIEGEL, P.: Die Placenta beim übertragenen dystrophischen Neugeborenen. Arch. Gynaek. **198**, 67 (1962).

SOMMERS, S. C., T. B. LAWLEY & A. T. HERTIG: A study of the placenta in pregnancy treated by stilbestrol. Amer. J. Obstet. Gynec. **58**, 1 (1949).

SPELLACY, W. N.: Scleroderma and pregnancy. Obstet. Gynec. **23**, 297 (1964).

STREIFF, R. R. & A. B. LITTLE: Folic acid deficiency as a cause of uterine hemorrhage in pregnancy. J. Clin. Invest. **44**, 1102 (1965).

TEN BERGE, B. S.: The influence of the placenta on cerebral injuries. Cerebral Palsy Bull. **3**, 323 (1961).

THOMSEN, K. & G. LIESCHKE: Untersuchungen zur Placentamorphologie bei Diabetes mellitus. Acta Endocrinol. **29**, 602 (1958).

TINDALL, V. R. & J. S. SCOTT: Placental calcification. A study of 3,025 singletons and multiple pregnancies. J. Obstet. Gynaec. Brit. Cwlth. **72**, 356 (1965).

TISCHLER, S., H. ZAROWITZ & I. DAICHMAN: Scleroderma and pregnancy. Report of a case. Obstet. Gynec. **10**, 457 (1957).

WARREN, S. & P. M. LE COMPTE: Pathology of Diabetes Mellitus. 3rd. ed. Philadelphia. Lea and Febiger, 1952, Chapt. 23.

WHALLEY, P. J., J. A. PRITCHARD & J. R. RICHARDS: Sickle cell trait and pregnancy. J.A.M.A. **186**, 1132 (1963).

WHITE, P.: Infants of diabetic mothers. Amer. J. Med. **7**, 609 (1949).

WIGGLESWORTH, J. S.: Morphological variations in the insufficient placenta. J. Obstet. Gynaec. Brit. Cwlth. **71**, 871 (1964).

WINSTON, H. G. & L. MASTROIANNI: Sickle cell disease in pregnancy. Obstet. Gynec. **2**, 73 (1953).

ZACKS, S. I. & A. S. BLAZAR: Chorionic villi in normal pregnancy, pre-eclamptic toxemia, erythroblastosis, and diabetes mellitus. Obstet. Gynec. **22**, 149 (1963).

Namenverzeichnis

Die *kursiv* gedruckten Ziffern beziehen sich auf die Literatur

Aaron, J. B., W. Levine u. L. Gittman 421, *429*
— S. H. Silverman u. J. Halperin 262, *265*
— s. Levine, W. 421, 423, *433*
Abad, R. s. Manahan, C. P. 491, 505, *524*
Abbott, J. s. McKenzie, A. 560, *570*
Abrahamov, A. s. Bromberg, Y. M. 278, *295*, 456, *471*
— s. Rudolph, A. J. 276, 297, 393, *400*
Abrams, S. F. 198, 199, 201, *265*
Abramson, D. u. H. Saphirstein 421, *429*
— s. Gottschalk, W. 393, *399*
Aburel, E. A., Mirescu u. P. Elias 426, *429*
Acevedo, H. F., L. R. Axelrod, E. Ishikawa u. F. Takaki 540, *545*
Acharya, P. T. s. Wood, C. 65, *96*
Acosta-Sison, H. 464, 468, *470*, 489, 491, 504, *520*
Adam, N. M. s. Mahaffey, L. W. 416, *433*
Adams, D. W. s. Queenan, J. T. 279, *297*
Adams, E. s. White, R. F. 11, *95*
Adams E. C. s. Bur, G. E. 450, 451, *471*, 498, 504, *521*
— s. Hertig, A. T. 10, 13, 16, 17, 41, *83*, 263, *269*, *431*
— s. McKay, D. G. 7, 14, 28, 53, 54, 55, 56, 63, 64, *86*, 102, *104*, 135, *150*, 305, *310*, *400*, 450, 461, 462, *474*, 504, *524*, 553, 566, *570*
Adams, J. Q. s. Graves, L. R. 262, *268*
Adams, P. J., F. H. Leckie u. R. Murdoch *441*
Adams, P. R. s. Kumar, D. 537, *549*
Adler, J., H. Leventhal u. N. Ben-Adereth 170, 173, 177, *182*

Ager, J. s. Lie-Injo Eng *570*
Aggeler, P. M. s. Biermann, H. R. 290, *295*
Agosin, M. s. Neghme, A. 370, *386*
Aguero, O. 411, *429*
— s. Mendoza, H. 112, *132*
Von der Ahe, C. V. 426, *436*
Aherne, W., u. P. A. Davies *382*
— s. Corney, G. *267*
Ahlfeld, F. 196, 199, *265*
Aichel 459
Aird, I. 198, 264, *265*
Akashi, K. s. Hashimoto, M. 51, 52, *82*
Åkerman, M. s. Nilehn, B. 503, *524*
Akichika, M. s. Kajii, T. 177, *184*
Aladjem, S. s. Alvarez, H. 390, *398*
Albert, S. N. s. Paul, J. D. 20, *89*
Alden, R. H. 7, *73*
— u. J. S. Davis *73*
Alexander, G., u. D. Williams 245, *265*
Alfaro de la Vega, G. s. Marquez-Monter, H. 491, *524*
Alford, C. A., F. A. Neva u. T. H. Weller 377, 382, *382*, 417, *429*
Alkan, M. K. s. Miller, J. Q. 177, *185*
Allahbadia, N. K. 258, *265*
Allan, G. W. s. Blanc, W. A. 155, 164, *182*
Allan, H., u. E. C. Dodds 538, *545*
Allan, T. M. 391, *398*
Allen, E., J. P. Pratt, Q. U. Newell u. L. J. Bland 1, *73*
Allen, F. H., u. L. K. Diamond *398*
Allen, G. 237, *265*
Alling-Moller, K. J., G. Wagner u. F. Fuchs 428, *429*
Alloiteau, J. J. 11, *73*
Allweiss, M. D. s. Reis, R. A. 553, *571*
Alm, L. s. Mellgren, J. 370, 374, *386*, 417, *433*
Almy, R. s. Kelly, S. 408, *432*

Alter, M. N., u. S. A. Cosgrove 452, *470*
Alvarez, H. 42, 47, *73*, 396, *398*
— R. De Bejar, S. Aladjem, C. A. Santin, M. R. Remedio u. Y. S. Blanco 390, *398*
— s. Hutchinson, D. L. 143, 144, *149*
De Alvarez, R. R. s. Thiele, R. A. 467, *476*
— s. Timmons, J. D. 195, 199, *274*
Alzamora, O. 555, 569
Amiel, J. L. s. Mathe, G. 510, *524*
Amoroso, E. C. 18, 19, 46, 50, *73*
— s. Austin, C. R. 2, *74*
— s. Wynn, R. M. 516, *526*
Amreich, A. I. s. Grosser, O. *82*
— Guggisberg, H. *82*
Amstutz, E. 41, *73*
Ancla, M. s. De Brux, J. *442*
Andersen, Th. s. Otey, E. 65, *88*
— s. Stenger, V. 66, *93*
Anderson, D., R. E. Billingham, G. H. Lampkin u. P. B. Medawar 245, *265*
Anderson, G. S., C. A. Green, G. A. Neligan, D. J. Newell u. J. K. Russell 343, 353, *382*
— s. Mitchell, A. P. 276, 277, 297
Anderson, G. W. 36, *73*
Anderson, H. C., P. C. Merker u. J. Fogh 146, *148*
Anderson, J. M., u. K. Benirschke 246, *265*, 510, *520*
Anderson, M., L. N. Went, J. E. MacIver u. H. G. Dixon 559, *569*
Anderson, R. s. Mercer, R. D. 503, *524*
Anderson, W. J. R. 232, 260, *265*
Andresen, R. H., C. W. Monroe, G. M. Hass, D. A. Madden u. S. Swartzbaugh 510, *520*
— s. Decosta, E. J. 477, 478, 482, 484, 485, *487*

Sachverzeichnis